W0257103

Franz Bruno Hofmann

Die Lehre vom Raumsinn des Auges

Reprint

Springer-Verlag Berlin Heidelberg GmbH 1970

Reprint aus „Handbuch der gesamten Augenheilkunde" (GRAEFE/SAEMISCH)
2. Aufl. Band III (Physiologische Optik),
Kap. XIII – Teil 1 (1920) und Teil 2 (1925)
Verlag von Julius Springer Berlin

ISBN 978-3-642-86307-3   ISBN 978-3-642-86306-6 (eBook)
DOI 10.1007/978-3-642-86306-6

Titelnummer 1175

Kapitel XIII

Die Lehre vom Raumsinn

Von **F. B. Hofmann**

Mit 155 Figuren im Text und 1 Tafel

Erster Teil

I. Einleitung.

Alltäglich können wir uns davon überzeugen, daß wir die Gegenstände unserer Umgebung durchaus nicht immer in der Form und in der räumlichen Anordnung sehen, die ihnen nach der Gesamtheit unserer Erfahrungen »wirklich« zukommt. Besonders auffallende Unterschiede ergeben sich daraus, daß uns alle Dinge, wenn wir sie aus sehr großer Entfernung sehen, viel kleiner erscheinen, als in der Nähe. An Objekten, die sich weit nach der Tiefe zu erstrecken, stimmen infolgedessen auch die sichtbaren Größenverhältnisse der einzelnen Teile nicht mit den wirklichen überein. So ragen ferne Bergriesen über die nahen Vorberge scheinbar nur ganz wenig hinaus, obwohl sie sie in Wirklichkeit an Höhe weit übertreffen. Daher sehen wir die Formen eines nahen Gebirgszuges vom Tale aus ganz falsch. Die Schienenstränge einer langen geraden Eisenbahnstrecke, auf der wir stehen, scheinen gegen die Ferne zu zusammenzulaufen usf. Wir müssen demnach einen Unterschied machen zwischen den wirklichen Objekten und den Gesichtswahrnehmungen, die durch sie hervorgerufen werden, und die wir nach HERING die »Sehdinge«[1] nennen. Die Gesamtheit aller gleichzeitig wahrgenommenen Sehdinge bildet den subjektiven Sehraum oder das Sehfeld. Ihm entspricht im objektiven Raum das Gesichtsfeld, d. i. jener Teil des wirklichen Raums, der uns bei einer gegebenen Augenstellung gleichzeitig sichtbar ist.

Der Unterschied zwischen den räumlichen Eigenschaften des äußeren Objekts und des ihm entsprechenden Sehdings, zwischen dem objektiven Gesichtsraum und dem subjektiven Sehraum, reicht aber noch weiter, als es die oben angeführten Beispiele zeigen, die bloß die vielfachen Widersprüche zwischen beiden veranschaulichen. Wenn wir einen Maßstab an ein Objekt anlegen und seine Ausdehnung messen, so kennen wir zwar das objektive Maß des Gegenstandes, aber damit ist gar nichts darüber ausgemacht, wie groß wir nun den Maßstab und das mit ihm gemessene Objekt subjektiv sehen. Beide können uns je nach den Umständen ver-

---

[1] Eine sehr eingehende Zergliederung dieses Begriffes findet man bei H. HOFMANN (20). Die damit zusammenhängenden erkenntnistheoretischen Fragen gehören nicht mehr zu unserem Thema.

schieden groß erscheinen. Man blicke mit einem Auge, während das andere
geschlossen ist, gegen ein mehrere Meter entferntes Fenster und halte nun
einen Finger so nahe vor das sehende Auge, daß man angestrengt auf ihn
akkommodieren muß. Sobald man dies tut, schrumpft das Fenster zusammen und erscheint viel kleiner, als wenn man es ohne Akkommodationsanstrengung betrachtet. Gerade so verhält sich natürlich auch ein Maßstab, der gleichzeitig an das Fenster angelegt ist. Das objektive Maß des
Fensters sagt uns also nichts darüber, wie groß uns sowohl der Maßstab,
als das mit ihm gemessene Objekt — das Fenster — subjektiv erscheint,
d. h. das räumliche Maß der Objekte gibt uns noch keineswegs zugleich
ein Maß für die Größe der Sehdinge. Daher wissen wir auch nicht, ob
andere Menschen die Gegenstände alle gleich groß sehen, wie wir, oder
ob sie ihnen etwa alle stets größer oder kleiner erscheinen, als uns. Wäre
das letztere der Fall, so würden wir es in keiner Weise merken. Was von
anderen Menschen gilt, trifft natürlich auch für den Vergleich mit dem
Sehen der Tiere zu. Man hat früher das leichte Scheuen der Pferde darauf
zurückführen wollen, daß sie alle Gegenstände viel größer sähen, als der
Mensch, aber diese Erklärung ist ganz unhaltbar (vgl. v. MÁDAY (22),
S. 15 ff.).

Nachweisbar sind bei uns, wie an Anderen, nur Änderungen im subjektiven Maßstabe des Sehfeldes. An uns selbst können wir sie subjektiv
durch Vergleich mit früheren Erfahrungen feststellen, wie in dem oben angeführten Versuch mit dem Fenster. Bei Anderen sind wir im allgemeinen
ebenfalls auf solche Vergleiche und die Aussagen der Personen darüber
angewiesen. Manchmal äußert sich die Änderung des subjektiven Größen-
maßstabes aber auch objektiv, z. B. beim Schreiben. Nehmen wir an, eine
Person sehe zeitweilig alle Gegenstände beträchtlich größer als vorher, so
werden ihr auch die Buchstaben beim Schreiben, die mit dem früher gewöhnlich gebrauchten Ausmaß von Bewegungsgröße ausgeführt sind, jetzt
viel zu groß erscheinen. Um sie wieder auf die gewohnte scheinbare Größe
zu bringen, muß sie dieselben nunmehr kleiner machen, als vorher, mit der
Makropsie ist eine Mikrographie verbunden. Voraussetzung dafür ist allerdings, daß sich die Person beim Schreiben mehr vom Gesichtssinn leiten
läßt, als von den Sinneseindrücken, die sie von der schreibenden Hand
empfängt. In dieser Beziehung sind besonders belehrend die von A. PICK (23),
FISCHER (18, 19), LIEBSCHER (21) und SITTIG (24; hier weitere Literatur) mitgeteilten Fälle von Makropsie mit Mikrographie bei Hysterischen. Es läßt
sich voraussehen, daß dieselben Erscheinungen, wie beim Schreiben, auch
beim Zeichnen in natürlicher Größe und bei plastischen Nachbildungen, überhaupt bei allen »Herstellungsarbeiten« auftreten würde, freilich nur dann,
wenn der Gesichtssinn bei der Ausführung leitend ist, und wenn sie sich
auf die Wiedergabe von Gegenständen aus dem Gedächtnis beschränken.

Bei der Nachbildung von Gegenständen der sichtbaren Umgebung stimmt ja der subjektive Maßstab für die Vorlage und die Nachbildung miteinander überein. Diese würden also richtig wiedergegeben werden, trotzdem sie der Person im angeführten Falle von Makropsie zu groß erscheinen. Solche Untersuchungen, die meines Wissens noch nicht angestellt worden sind, würden die hier besprochenen Zusammenhänge zwischen scheinbarer und »wirklicher« Größe sehr gut veranschaulichen. Sie würden namentlich anschaulich die Beschränkung aufzeigen, die uns in bezug auf das Erkennen der Raumgrößen auferlegt ist. Nehmen wir an, ein anderer hätte von jeher alles viel größer gesehen, als wir, so würden ihm auch seine Bewegungen entsprechend größer erscheinen, er würde sich gewöhnt haben, mit einem kleineren Ausmaß von Bewegung die Vorstellung einer viel größeren Strecke zu verknüpfen [1]). Wir würden also die abweichende Größenschätzung aus seinen Bewegungen nicht erkennen, und auch sonst könnte er es uns in keiner Weise mitteilen, daß ihm alles viel größer erscheint, als uns. Die Größe der Sehdinge ist also eine subjektive Reaktion unseres Sehorgans auf den äußeren Reiz, die individuell variieren kann und objektiv nicht meßbar ist.

Nach dem Gesagten ist ein Vergleich der absoluten Größe der Sehdinge mit einer gedachten »wirklichen« Größe der Objekte unmöglich; wir können nur die Größenverhältnisse der Sehdinge und ihre gegenseitige Lage vergleichen mit den Größenverhältnissen und der gegenseitigen Lage der ihnen entsprechenden äußeren Objekte. Wir bezeichnen die scheinbare gegenseitige Lagerung der Sehdinge, in der auch die scheinbare Form und die Größenverhältnisse derselben mit inbegriffen sind, als die **relative** optische Lokalisation.

Unter den Sehdingen zeichnen sich die sichtbaren Teile unseres eigenen Körpers dadurch aus, daß sich in ihnen die räumlichen Daten, die wir vom Gesichtssinn erhalten, mit denen der Hautsinne, der Sensibilität der tiefen Teile und vom statischen Organ zum Vorstellungsbilde unseres Leibes verbinden. Dieser unterscheidet sich ferner von allen übrigen Sehdingen dadurch, daß seine Lage und Bewegung ganz unmittelbar an unsere willkürlichen Innervationen geknüpft sind. Dadurch hebt er sich als das »Ich« von der fremden Umgebung ab.

Das leibliche Ich nimmt als Objekt einen bestimmten Platz im wirklichen Raum ein. Wir können es zum Anfang eines rechtwinkeligen räum-

---

[1]) Solange sich diese gegenseitige Anpassung noch nicht hergestellt hat, können allerdings die optische und die taktile Größenschätzung voneinander differieren. Beachtenswert ist in dieser Beziehung besonders die Angabe mehrerer operierter Blindgeborener, daß ihnen die sichtbaren Gegenstände im Anfang auffällig groß erschienen.

lichen Koordinatensystems machen, wobei wir zunächst den einfachsten Fall zugrunde legen, daß sich Rumpf und Kopf in aufrechter Lage befinden und der Kopf geradeaus nach vorn — in der sogenannten Primärstellung — steht. Als erste Ebene des rechtwinkeligen Koordinatensystems nehmen wir dann die gemeinsame sagittale Medianebene des Kopfes und Rumpfes, die in diesem Falle vertikal steht und die im wirklichen Raume nach rechts und links gelegenen Objekte voneinander scheidet. Als zweite Koordinatenebene nehmen wir die durch die Drehpunkte der beiden Augen gelegte Horizontalebene. Wir nennen sie die horizontale Hauptebene oder den Augenhorizont. Sie trennt die im objektiven Raum nach oben und nach unten von unseren Augen befindlichen Gegenstände. Die dritte Koordinatenebene ist die durch die Drehpunkte der beiden Augen gelegte Vertikalebene, die frontale Hauptebene. Sie trennt im objektiven Raum die vor und hinter uns liegenden Gegenstände voneinander. Da sich das binokulare Gesichtsfeld beim Blick geradeaus nach außen hin gewöhnlich nur wenig über 90° erstreckt, verläuft die frontale Hauptebene dicht an der hinteren Grenze desselben und die allermeisten sichtbaren Gegenstände liegen nach vorn von ihr. Rechts und links von der Medianebene liegen die ihr parallel verlaufenden seitlichen Sagittalebenen, nach oben und unten vom Augenhorizont die ihm parallelen Horizontalebenen, nach vorn von der frontalen Hauptebene die frontalparallelen Ebenen.

Von diesen Ebenen im wirklichen Raum unterscheiden wir nun die subjektiven Sagittal-, Horizontal- und frontalparallelen Ebenen im Sehraum. Die subjektive Medianebene, der subjektive Augenhorizont und die Frontalebene, in der uns unser Kopf zu liegen scheint, liefern uns ein Bezugssystem, das im Sehfeld ebenso zur Orientierung dient, wie das entsprechende objektive Koordinatensystem im wirklichen Raum. Wir bezeichnen die Lokalisation der Medianebene, des Augenhorizontes und der Frontalebene unseres Kopfes, sowie die Lagebestimmung der Sehdinge in bezug auf diese Ebenen als die absolute Lokalisation[1]). Wie zwei Sehdinge gegeneinander gelagert sind, ist also nach dieser Definition eine Frage der relativen optischen Lokalisation. Ob aber ein Gegenstand gerade vor uns in der Medianebene, oder nach rechts oder links von ihr — in Augenhöhe oder darunter oder darüber zu liegen scheint, ob er nahe vor uns oder weit weg erscheint, das alles fällt unter die absolute Lokalisation.

---

1) Der Ausdruck absolute Lokalisation bezieht sich hier ausschließlich auf die Orientierung im subjektiven Sehraum und hat nichts zu tun mit der Frage nach der Existenz eines wirklichen »absoluten Raumes«. Auch ist bei den obigen Auseinandersetzungen immer ruhige aufrechte Körperhaltung und Primärstellung des Kopfes vorausgesetzt. Wie sich die optische Lokalisation bei anderen Lagen des Kopfes und bei Bewegungen verhält, wird später zu besprechen sein.

Absolute und relative Lokalisation hängen eng miteinander zusammen. Das zeigt sich, wie wir später sehen werden, besonders in der Lokalisation nach der Tiefe. Der gleiche innige Zusammenhang besteht aber auch zwischen der absoluten und relativen Lokalisation nach Höhe und Breite, ja in gewissen Fällen lassen sich absolute und relative Lokalisation nach Höhe und Breite sogar schwer voneinander trennen. Wenn wir untersuchen, unter welchem Winkel sich zwei Striche schneiden müssen, um als rechtwinkeliges Kreuz zu erscheinen, so ist das eine Frage der relativen Lokalisation, denn es handelt sich dabei bloß um das gegenseitige Lageverhältnis der Sehdinge untereinander. Wenn wir aber fragen, wie ein Strich liegen muß, um uns vertikal, und wie ein anderer verlaufen muß, um uns horizontal zu erscheinen, so bewegen wir uns im Gebiete der absoluten Lokalisation. Wenn nun aber die Striche, die uns horizontal und vertikal erscheinen, in Wirklichkeit keinen rechten Winkel miteinander bilden, so ist dies gleichzeitig auch eine Angelegenheit der relativen Lokalisation.

Vergleichen wir die absolute Lokalisation im Sehraum mit der Lagerung der Objekte im wirklichen Raum, so können wir, soweit es sich um den Abstand der Nebenebenen des Bezugssystems von den Hauptebenen desselben handelt, auch hier nur Größenverhältnisse feststellen. Das Bezugssystem selbst aber ermöglicht darüber hinaus zu vergleichen, ob die wirkliche Lage der Hauptebenen durch den Gesichtssinn richtig wiedergegeben wird, oder nicht. Wir können demnach bestimmen, ob wir die in der wirklichen Medianebene liegenden Gegenstände auch gerade vor uns sehen. Wenn dies nicht der Fall ist, so können wir die Ebene im objektiven Raum feststellen, die uns subjektiv median zu liegen scheint. Wir nennen sie die scheinbare Medianebene. Ihre Abweichung von der wirklichen Medianebene können wir objektiv messen, und wir erhalten dadurch ein wirkliches Maß für die Abweichung der scheinbaren von der wirklichen Medianebene im objektiven Raum. Das Gleiche gilt vom scheinbaren und wirklichen Augenhorizont.

Wir werden uns im Folgenden zunächst mit der relativen Lokalisation nach Höhe und Breite beschäftigen, während wir die Lokalisation nach der Tiefe erst später erörtern wollen. Bei den Untersuchungen der Höhen- und Breitenlokalisation müssen wir aber wegen des Einflusses, den die Tiefenlokalisation auf die scheinbare Größe der Objekte ausübt, den scheinbaren Tiefenabstand der Gegenstände vom Beobachter mit berücksichtigen Wir untersuchen daher die Lokalisation nach Höhe und Breite zunächst in dem einfachen Falle, daß die Gegenstände, die wir zur Untersuchung benützen, in einem ebenen, frontalparallelen Sehfelde zu liegen scheinen. Das wird beim binokularen Sehen dann erreicht, wenn sich die sichtbaren Gegenstände im Längshoropter befinden. Dieser bildet aber nur bei einer gewissen mittleren Entfernung eine ebene Fläche, diesseits und jenseits dieses Mittelwertes sieht eine wirklich ebene Fläche gekrümmt aus. Soweit dies einen Fehler verursacht, kann man ihm dadurch entgehen, daß man bloß mit einem Auge beobachtet. Beim einäugigen Sehen treten die empirischen Motive der Tiefenlokalisation in den Vordergrund. In diesem Falle können wir daher die optische Lokalisation in gleichen Tiefenabstand dadurch sichern, daß wir die dem einen Auge allein sichtbaren Objekte auf einer frontalparallelen ebenen Fläche anbringen. Nur muß dann auch der Hintergrund, von dem sie sich abheben, als frontalparallele Ebene gesehen werden, die Fläche darf also nicht etwa infolge einseitig abschattierter Beleuchtung schräg zu liegen scheinen.

Die Möglichkeit, die Sehdinge an verschiedene Orte des Sehraums zu lokalisieren, ist dadurch gegeben, daß das von den äußeren Objekten ausgehende Licht als Reiz auf differente Stellen eines räumlich ausgedehnten Sinnesapparates einwirkt, zunächst auf das flächenhaft ausgebreitete Sinnesepithel der Netzhaut, dessen Erregungen durch die angeschlossene nervöse Leitung den zugehörigen Hirnteilen zugeführt werden. Den einzelnen Orten des subjektiven Sehfeldes korrespondieren also räumlich gesonderte Stellen des optischen Sinnesapparates — nicht bloß der Netzhaut —, deren Gesamtheit wir mit HERING als das somatische Sehfeld bezeichnen. Wenn wir daher den Beziehungen zwischen den räumlichen Verhältnissen im wirklichen oder objektiven Gesichtsfeld und der subjektiven Lokalisation im Sehfeld nachgehen wollen, so werden wir zunächst immer das Verhältnis der Lage der äußeren Objekte zu den Teilen des somatischen Sehfeldes zu berücksichtigen haben. Auch hier besprechen wir wiederum zuerst die einfachsten Verhältnisse, die beim Sehen mit einem Auge in bezug auf die Lokalisation nach Höhe und Breite im ebenen Sehfeld obwalten.

Dabei sind im allgemeinen bezüglich des Zusammenhanges zwischen dem Lichtreiz, den Vorgängen im somatischen Sehfeld und den damit einhergehenden Bewußtseinsvorgängen, dem Sehen von Gegenständen, folgende Sätze der Nervenphysiologie zu beachten. Man hat zunächst streng zu unterscheiden den äußeren Reiz und den durch ihn im Nerven ausgelösten Vorgang der Nervenerregung. Es ist nicht zulässig zu sagen, der Reiz pflanze sich im Nerven fort, vielmehr ist der Vorgang, der im Nerven fortgeleitet wird, wie wir heute mit gutem Grunde annehmen, ein Stoffwechselprozeß, der mit dem äußeren Reiz nichts Gemeinsames hat. Auch wird dabei nicht die Energie des Reizes nach konstanten Äquivalenten in die des Erregungsvorganges umgesetzt. Es erscheint also im Sehorgan nicht etwa die Energie des Lichtstromes oder eines Teiles desselben nach der Reizung in Form einer hypothetischen »Nervenenergie« wieder, vielmehr löst der äußere Reiz den Prozeß der Nervenerregung bloß aus. Übrigens gehen im Sehorgan Erregungsvorgänge nicht nur auf äußere Reize hin vor sich, sondern sie treten auch bei Abwesenheit derselben im völlig dunklen Raum von selbst auf. Wir fassen sowohl die durch äußere Reize ausgelösten, als auch die spontan auftretenden Erregungsvorgänge im Sehorgan unter dem von HERING (in diesem Handbuch) eingeführten Namen der Regungen des Sehorgans zusammen.

Mit dem Ablauf gewisser Erregungsprozesse in unserem Zentralnervensystem sind nun für uns Bewußtseinsvorgänge verbunden, und zwar ist es nach dem von FECHNER aufgestellten Prinzip des psychophysischen Parallelismus ein und derselbe Prozeß, der sich objektiv dem fremden Beobachter als ein physischer darstellt, subjektiv aber der Person, in deren Zentralnervensystem er sich abspielt, als psychischer Vorgang bewußt wird. Diese Prozesse haben also gewissermaßen ein doppeltes Gesicht, je nach dem Standpunkt, von dem aus man sie betrachtet, so wie etwa nach dem von FECHNER (17, S. 3) zur Erläuterung des Zusammenhanges angezogenen Beispiele ein und derselbe Kreisbogen gegen den Beschauer hin entweder konkav oder konvex gekrümmt erscheint, je nachdem er ihn vom Zentrum des Kreises aus oder von außen her betrachtet. Wir bezeichnen die Vorgänge im Zentralnervensystem, welche dergestalt das physische Korrelat unserer Bewußtseinsvorgänge darstellen, als psychophysische Prozesse und nennen die Substanz, in der sich die abspielen, die psychophysische Substanz. Wie weit sich die psychophysische Substanz im Zentralnervensystem erstreckt, darüber können wir heute noch nichts ganz bestimmtes aussagen. Nach den anatomischen Stationen wären im Sehorgan zu unterscheiden Vorgänge in der Netzhaut, in den subkortikalen Zentren, in der Sehsphäre und in ihr übergeordneten Zentren der Hirnrinde. Insoweit die Gesichtseindrücke mit denen anderer Sinnesorgane zusammenwirken, wird man zunächst der Ansicht zuneigen, daß die psychophysische Substanz in den übergeordneten »Assoziationszentren« der Großhirnrinde lokalisiert ist. Inwieweit sie sich auch noch auf untergeordnete Zentren erstreckt, ist freilich nicht sicher zu sagen, denn, wie HERING (dieses Handb., Teil I, Kap. XII, S. 22) bemerkt, schließt der Fortbestand von Gesichtsempfindungen nach dem Verlust beider Netzhäute noch nicht völlig aus, daß unter normalen Umständen nicht vielleicht schon Vorgänge in der Netzhaut selbst psychophysisch mitfungieren. Wir werden auf die hiermit zusammenhängenden Fragen unten noch eingehender zu sprechen kommen.

In der Kette der Vorgänge beim Sehen stehen also an dem einen Ende die äußeren Reize, der Lichtstrom, der von den äußeren Objekten unter Vermittlung des dioptrischen Apparates des Auges auf die Netzhaut geleitet wird, auf der anderen Seite die dadurch in unserem Bewußtsein hervorgerufenen lokalisierten Gesichtsempfindungen. Der äußere Reiz und die lokalisierte Empfindung sind uns gegeben. Die dazwischen liegenden

Erregungsvorgänge können wir aber nur erschließen. Dabei hat sich das Prinzip des psychophysischen Parallelismus als ein Hilfsmittel von großem Nutzen erwiesen.

II. Die relative Lokalisation im ebenen Sehfeld.

1. Die Irradiation.

Die Regungen des Sehorgans werden, soweit sie durch den Lichtreiz ausgelöst sind, hervorgerufen durch die vom dioptrischen Apparat des Auges auf der Netzhaut entworfenen Bilder der Objekte. Der Konstruktion und Berechnung der Netzhautbilder legen wir das Schema des reduzierten Auges mit den allgemein gebräuchlichen Zahlen nach DONDERS (vgl. C. HESS, dieses Handb. Teil II, Kap. XII, S. 94) zugrunde, müssen aber dabei stets dessen eingedenk sein, daß dieses Schema in Wirklichkeit nicht genau zutrifft. Das gilt zunächst für die Zahlenwerte, die wir dort, wo es nötig ist, durch die genaueren von GULLSTRAND ersetzen werden, insbesondere aber betrifft es die Abbildungsfehler im Auge. Infolge der mannigfachen Fehler des dioptrischen Apparates des Auges vereinigen sich nämlich auch im wohl akkommodierten emmetropen Auge die von einer leuchtenden Fläche minimalster Ausdehnung, einem sogenannten »leuchtenden Punkt«, des Außenraums ausgehenden Lichtstrahlen auf der Netzhaut nicht wieder in einem Punkt, sondern sie belichten ein etwas größeres Gebiet der Netzhaut. Wegen dieser Lichtausbreitung im gut eingestellten emmetropen Auge, wie ich sie im Gegensatz zu der Lichtzerstreuung im nicht akkommodierten Auge nennen will, werden daher auch im normalen Auge die Ränder einer leuchtenden Fläche auf der Netzhaut nicht ganz scharf, sondern verwaschen abgebildet.

Einen experimentellen Beweis dafür findet man bei HERING (dieses Handb., S. 151 ff). Einem anderen werden wir in der folgenden Darstellung begegnen (vgl. unten S. 41). Die Größe und die Verteilung der Lichtintensität in den durch ungenaue Akkommodation und durch die chromatische Aberration bewirkten Zerstreuungskreisen hat HELMHOLTZ (I, S. 131 ff.[1]) berechnet. Im gut akkommodierten Auge kommt aber außer der chromatischen Aberration noch der reguläre und der sogenannte »irreguläre« Astigmatismus, ferner die Beugung des Lichtes am Pupillarrande in Betracht. Das Beugungsscheibchen eines leuchtenden Punktes ist um so größer, je enger die Pupille ist. Man kann also auch nicht etwa durch Vorsetzen einer sehr engen Öffnung vor das Auge eine stigmatische Vereinigung der von einem leuchtenden Punkt ausgehenden Strahlen bewirken (vgl. dazu HESS, dieses Handb., l. c., S. 133 ff.).

---

[1]) Die römische Ziffer nach dem Namen von HELMHOLTZ weist immer auf die betreffende Auflage seines Handbuchs der physiologischen Optik hin.

Denken wir uns die Netzhaut flach ausgebreitet und über jedem Punkt derselben die Belichtungsintensität als Ordinate nach oben aufgetragen, so ergibt die Verbindung der Endpunkte aller dieser Ordinaten eine Fläche, die Lichtfläche nach MACH (28), deren Erhebung über die Netzhaut die Lichtverteilung innerhalb der belichteten Netzhautpartie darstellt. In Fig. 1 sei $aABd$ ein Schnitt durch die flach ausgebreitete Netzhaut. Sie werde bestrahlt durch eine kleine Fläche von gleichmäßiger Lichtstärke, deren Bild bei ganz scharfer Abbildung auf der Netzhautstrecke AB liegen würde. Bei vollkommen scharfer Abbildung wäre demnach $ADCB$ der Durchschnitt der Lichtfläche des schematischen Netzhautbildes, wie ich das theoretisch konstruierte scharfe Bild im Folgenden nennen will. Wegen der dioptrischen Fehler des Auges wird das Licht, das sich auf die Fläche des schematischen Netzhautbildes konzentrieren sollte, auf eine

Fig. 1.

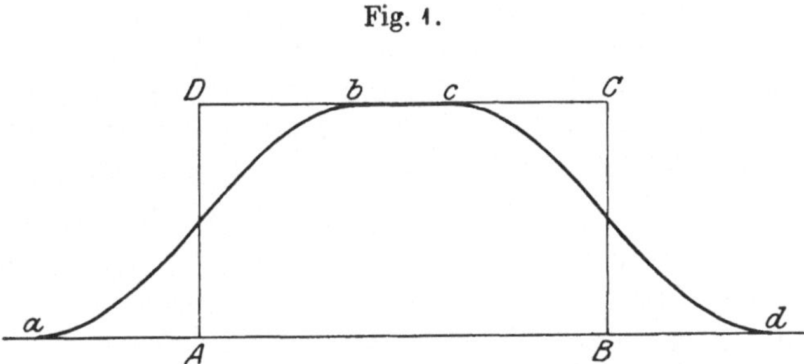

Fläche von etwas größerer Ausdehnung ausgebreitet. Dies ist in der Figur rein schematisch durch die Kurve $abcd$ versinnlicht, die also den Durchschnitt durch die wirklich vorhandene Lichtfläche andeuten soll. An Stelle der scharf absetzenden Konturen des schematischen Netzhautbildes bei AD und BC liegt demnach in Wirklichkeit zwischen ab und cd eine allmähliche Abnahme der Lichtintensität vor. HERING (26) bezeichnete das Gebiet, das im Netzhautbilde auch bei bester Akkommodationseinstellung die scharfe Kontur ersetzt, als das Aberrationsgebiet. Senden sowohl die helle Fläche, als auch der dunklere Grund, auf dem sie liegt, Licht ins Auge, so ändern sich die Verhältnisse gegenüber der Fig. 1 in der Weise, daß sich der Querschnitt der Lichtfläche nicht von der Nullinie, sondern von einem etwas höheren Niveau erhebt. Der Abfall der Lichtfläche zum Lichtniveau des Grundes erfolgt aber auch hier nicht mit einem plötzlichen Sprung, sondern in allmählicher Abdachung.

Würde nun die Lichtverteilung des Netzhautbildes in der Empfindung genau wiedergegeben, so könnten wir demnach von keinem Gegenstand scharfe Konturen, sondern nur verwaschene Grenzen sehen. Dem wirkt, wie HELM-

HOLTZ (I, S. 322 ff.) bemerkte, zunächst entgegen, daß wir einen Teil des Lichtunterschiedes, soweit er unter der Unterschiedsschwelle liegt, nicht wahrnehmen. Infolgedessen wird die Lichtabnahme neben b und c und die Lichtzunahme neben a und d eine Strecke weit der Wahrnehmung entgehen, und wir brauchen bloß den mittleren Teil der Aberrationskurve zu berücksichtigen. Hier greift nun weiter, wie insbesondere HERING (26; vgl. ferner dieses Handb., l. c. S. 154) auseinandergesetzt hat, der Grenzkontrast ausgleichend ein. Dieser ruft dort, wo zwei Flächen verschiedener Lichtstärke im Netzhautbild aneinanderstoßen, eine gegen die Grenze hin zunehmende subjektive Helligkeitserhöhung der lichtstärkeren und eine Herabsetzung der Helligkeit der lichtschwächeren Fläche hervor. Nimmt daher, wie im Aberrationsgebiet, die objektive Lichtstärke des helleren Netzhautbildchens gegen die Grenze zu allmählich ab, die des dunkleren gegen die Grenze hin zu, so wirkt der Grenzkontrast der objektiven Lichtabnahme am Rande des helleren Bildes und der Zunahme der Belichtung am Rande des dunkleren Bildchens gerade entgegen und gibt dadurch Anlaß, daß unter günstigen Umständen trotz der unscharfen Abbildung dennoch eine scharf absetzende Grenze gesehen wird. Tragen wir daher über der Netzhaut als Abszisse den subjektiven Helligkeiten proportionale Strecken als Ordinaten nach oben auf, so bildet die Verbindung ihrer Enden in diesem Falle eine scharf gegen die Umgebung absetzende Fläche, die von MACH (28) als Empfindungsfläche bezeichnet wird. In welchen Teil des Aberrationsgebietes die Grenze der Empfindungsfläche hineinfällt, das ist allerdings je nach den besonderen Verhältnissen des Einzelfalles verschieden. Im allgemeinen kann man zwei Grenzfälle unterscheiden:

1. Die Ausdehnung der Empfindungsfläche ist größer als das schematische Netzhautbild, die Grenze der Empfindungsfläche liegt also in Fig. 1 zwischen aA und Bd. In diesem Falle erscheint eine leuchtende Fläche auf lichtlosem Grund oder eine lichtstärkere Fläche auf lichtschwächerem Grund größer, als eine in Wirklichkeit gleich große lichtlose oder lichtschwächere Fläche auf einem Grund von höherer Lichtstärke. Dies ist der bei starken Helligkeitsunterschieden und an ausgedehnten Flächen gewöhnlich auftretende Fall, der gemeinhin unter dem Namen der Irradiation verstanden wird, und der von VOLKMANN als positive Irradiation bezeichnet wurde. Daß diese überwiegend zur Beobachtung gelangt, liegt daran, daß zufolge des WEBERschen Gesetzes die Abnahme der Lichtstärke neben den am hellsten belichteten Mittelpartien der Lichtfläche, also neben b und c in Fig. 1, weniger leicht wahrgenommen wird, als die Zunahme der Lichtstärke neben dem lichtschwächeren oder lichtlosen Grund, d. h. neben a und d in Fig. 1. Daher liegt die Grenze der Empfindungsfläche, wenn es nicht besondere Umstände verhindern, im Aberrationsgebiet unsymmetrisch, mehr gegen die schwächer belichtete Umgebung hin verschoben.

2. Die Empfindungsfläche ist kleiner als das schematische Netzhautbild der lichtstärkeren Fläche, ihre Grenzen fallen also in der Fig. 1 zwischen Db und cC hinein. In diesem Falle erscheint eine lichtschwächere Fläche größer, als eine gleich große lichtstärkere. Das ist die von VOLKMANN entdeckte negative Irradiation, die allerdings nur unter ganz besonderen Umständen beobachtet wird.

Fälle von positiver Irradiation sind in großer Zahl bekannt. So sieht ein weißes Quadrat auf schwarzem Grund bei guter Beleuchtung größer aus, als ein in Wirklichkeit gleich großes schwarzes Quadrat auf weißem Grund — vgl. Fig. 2. Ein und dieselbe Person erscheint in schwarzem Kleid schmäler, als in weißem Gewande, Hände bzw. Füße in weißen Handschuhen bzw. Schuhen breiter als in schwarzen. Die weißen Felder eines Schachbrettmusters scheinen größer zu sein als die schwarzen, und gehen dementsprechend an den Ecken, wo sie sich berühren, scheinbar

Fig. 2.

etwas ineinander über (vgl. Fig. 3 bei b). Ein helles Licht macht in die gerade Kante eines Lineals, durch das es halb verdeckt ist, einen Einschnitt, der an den hellsten Stellen des Lichtes am tiefsten ist (siehe die Abbildung bei HELMHOLTZ I, S. 322), ebenso die untergehende Sonne in den Horizont. Besonders auffällig ist die Irradiation an sehr kleinen hell leuchtenden Objekten auf lichtlosem Grund. Schmale leuchtende Spalte im dunklen Raum sehen viel breiter aus, als sie wirklich sind. Helle leuchtende Punkte, wie die Sterne, erscheinen als kleine Flächen, deren Ränder aber nicht kreisrund, sondern unregelmäßig strahlig sind, weil die Lichtausbreitung im Auge wegen des »irregulären Astigmatismus« nach den verschiedenen Richtungen hin verschieden weit reicht, das Ausbreitungsgebiet des Lichtes eines leuchtenden Punktes im Auge demnach nicht eine Kreisfläche, sondern eine unregelmäßig strahlige Figur bildet (vgl. HESS, l. c. S. 120).

Zur wissenschaftlichen Untersuchung der Irradiationsgröße benützte PLATEAU (29) folgenden Apparat. Eine viereckige Metallplatte wurde derart ausgeschnitten, wie es Fig. 3 zeigt, daß außer einem quadratischen Rahmen

nur noch das Quadrat B stehen blieb. In den Rahmen wurde ferner eine
weitere Metallplatte A eingefügt, die mittels der Schraube S meßbar nach
rechts und links verschieblich war. Rahmen und Platte wurden matt ge-
schwärzt und gegen den hellen Himmel betrachtet.
Infolge der positiven Irradiation erscheinen die hellen
Flächen gegen die schwarzen zu verbreitert, die
beiden Grenzen ab und bc erscheinen daher, wenn
sie wirklich in der geraden gegenseitigen Verlängerung liegen, seitlich gegeneinander verschoben,
ab nach links, bc nach rechts zu. Die Größe der
Irradiation konnte nun dadurch gemessen werden,
daß man mittels der Schraube S die Platte A soweit nach links verschob, bis ab und bc scheinbar
in einer Geraden lagen.

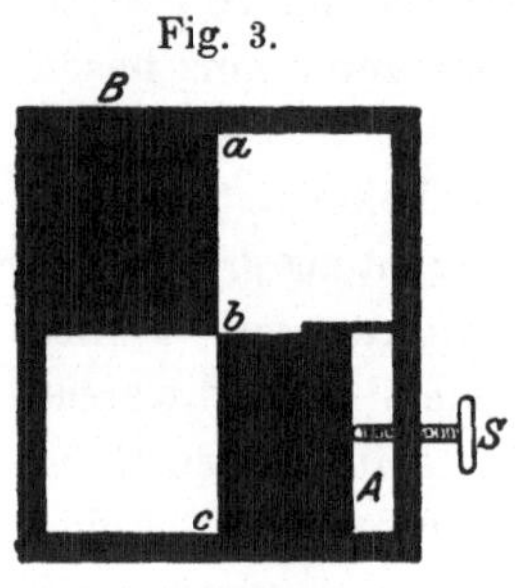

Fig. 3.

Nach PLATEAU (29).

VOLKMANN (13) bediente sich zur Messung der Irradiation zweier feiner
Drähte, die er einander genau meßbar soweit näherte, bis der Zwischen-
raum zwischen ihnen ihrer Dicke gleich zu sein schien. Statt der dünnen
Drähte verwendeten VOLKMANN und AUBERT (1, S. 211 ff.), um die tech-
nische Herstellung des Apparates zu erleichtern, auch verhältnismäßig breite
Streifen, die sie auf optischem Wege, mittels des unten S. 20 ff. beschriebenen
Makroskops verkleinerten.

Das Ausmaß der Irradiation ist unter sonst gleichen Umständen zunächst abhängig von dem Ausmaß der Lichtausbreitung im Auge. Die Irradiationsgröße schwankt daher individuell sehr, und sie wird besonders
erheblich, wenn infolge mangelhafter Akkommodation statt der verhältnismäßig schmalen Aberrationsgebiete größere Zerstreuungskreise auftreten. In
diesem Falle genügt die Wechselwirkung der Stellen des somatischen Sehfeldes nicht mehr, um den unscharfen Randsaum an der Grenze der Netzhautbildchen zu beseitigen, die Konturen der Gegenstände erscheinen verwaschen,
und es machen sich dann auch die Folgen des irregulären Astigmatismus
in hohem Grade bemerkbar. HELMHOLTZ (I, 324 u. 326) wollte den Namen
Irradiation auf das Sehen in Zerstreuungskreisen nicht ausgedehnt wissen.
In der Tat liegen dabei wegen des Verwaschensehens der Konturen die
Verhältnisse anders, als bei guter Akkommodation. Doch ist die Grenze
zwischen den beiden Fällen nicht immer ganz scharf zu ziehen, und man
ist oft genötigt, bei der Untersuchung der Irradiation auch das Sehen in
Zerstreuungskreisen mit zu berücksichtigen.

Außer vom Ausmaß der Lichtausbreitung im Auge ist die Irradiationsgröße ferner abhängig vom Unterschiede der Lichtstärke der aneinander
grenzenden Flächen. Untersuchungen darüber hat PLATEAU mit dem oben
beschriebenen Apparate vorgenommen, der bei äußerst lichtschwachem Grund
eine Änderung der Lichtstärke der irradiierenden Flächen gestattet. Sie

ergaben, daß bei einer Erhöhung der Lichtstärke der letzteren von mittleren Beträgen aus die positive Irradiation anfangs rasch, später immer langsamer zunimmt.

Aus diesen und anderen Erscheinungen der Irradiation schien zunächst zu folgen, daß zum physikalischen Faktor der Lichtabirrung im Auge noch ein physiologischer Faktor hinzukomme. PLATEAU vermutete, daß die Erregung in der Netzhaut von den direkt gereizten Stellen aus eine Strecke weit in die Umgebung fortgeleitet werde und wies als Analogie auf die Ausfüllung des blinden Flecks hin. Diese Annahme einer physiologischen Ausstrahlung der Erregung, analog den sogenannten »Mitempfindungen«, wurde aber von HELMHOLTZ (I, S. 326 ff.) als überflüssig und nicht genügend begründet zurückgewiesen. Für die Zunahme der Irradiationsgröße bei steigenden Unterschieden der Lichtstärke bietet sich nämlich eine ausreichende Erklärung, wenn man annimmt, daß sich die Empfindungsfläche bei zunehmender Lichtstärke auf immer weitere Teile der Lichtfläche ausbreitet, mit anderen Worten, daß infolge des steileren Anstieges der Belichtung am Rande der Lichtfläche der Reiz auf immer weiteren Bezirken derselben über die Schwelle tritt. Bei sehr hohen Lichtstärken werden sich aber die Grenzen der Empfindungsfläche denen der Lichtfläche immer mehr nähern und das weitere Anwachsen der Empfindungsfläche wird daher immer geringer werden.

Weitere Untersuchungen, in denen sowohl die Lichtstärke der irradiierenden Flächen, als auch die des Grundes verändert wurde, stellte VOLKMANN an. Er verglich einerseits eine weiße Kreisfläche auf schwarzem Grund mit einer schwarzen objektiv gleich großen Kreisfläche auf weißem Grund, andererseits ebenso große graue Scheibchen auf weißem und schwarzem Grund bei etwas unscharfer Akkommodation, also verwaschenen Konturen, miteinander, und änderte in weitem Umfang die Belichtung der Figuren. Bei sehr heller Belichtung erschien die weiße Kreisfläche auf schwarzem Grund am größten, darauf folgte die graue Fläche auf schwarzem Grund. Noch kleiner sah die graue Fläche auf weißem Grund aus und am kleinsten erschien die schwarze Fläche auf weißem Grund. Bei Herabsetzung der Beleuchtung nahmen die Größenunterschiede der vier Kreisflächen zunächst ab, und bei sehr stark vermindertem Licht erschien schließlich das graue Scheibchen auf weißem Grund sogar größer als das graue Scheibchen auf schwarzem Grund. Diese Umkehrung des gewöhnlich vorkommenden Verhaltens hat VOLKMANN, wie erwähnt, negative Irradiation genannt, wir wollen den soeben beschriebenen als den ersten Fall derselben bezeichnen.

Führt man den Versuch mit gleich großen, aber verschieden hellen grauen Kreisscheibchen aus, von denen man je eines von gleicher Helligkeit nebeneinander auf einen schwarzen und einen weißen Grund klebt, so ergibt sich folgendes: Bei heller Beleuchtung sehen die Scheibchen um so größer aus, je mehr ihre Helligkeit über die des Grundes überwiegt. Es erscheinen also alle grauen Scheibchen auf dem schwarzen Grund größer, als die auf dem weißen Grund und von den verschieden hellen Grauscheiben erscheinen die helleren sowohl auf dem schwarzen, als auf dem weißen Grund größer, als die dunkleren. Setzt man die Beleuchtung stark herab oder hält man Rauchgläser vor das Auge, so verwischen sich die Unterschiede, bleiben aber andeutungsweise in der früheren Ordnung weiter bestehen. Erst wenn man die Belichtung so stark abschwächt und dabei auch den Abstand der Scheibchen vom Auge soweit vergrößert, daß man die Kontur derselben nicht mehr ganz scharf sieht und sie sich nur mehr undeutlich vom Grunde unterscheiden, ändert sich das Bild. Es erscheinen jetzt jene grauen Scheibchen, die auf dem schwarzen Grunde eben noch als matte, verwaschene Flecken zu erkennen sind, kleiner, als die gleich großen grauen Scheibchen, die sich noch deutlich vom weißen Grunde abheben. Setzt man die Beleuchtung dann noch etwas weiter herab oder hält man noch ein Rauchglas mehr vor das Auge, so werden die vorher undeutlichen grauen Scheibchen auf dem schwarzen Grund vollends unsichtbar. Dieser erste Fall von negativer Irradiation ist also nach meinen Erfahrungen bloß als Vorstadium vor dem völligen Unmerklichwerden der Scheibchen und nur dann zu beobachten, wenn die grauen Scheibchen sich vom dunklen Grunde nur wenig, vom hellen aber noch deutlich abheben. Daraus ergibt sich auch die Erklärung: Ist der Lichtunterschied zwischen dem Grauscheibchen und dem dunklen Grund sehr gering, so erhebt sich die Lichtfläche des grauen Scheibchens auf dunklem Grund nur äußerst flach, und es wird bloß im mittelsten Teile derselben ein Lichtunterschied gegenüber der Umgebung bemerkbar. Ist gleichzeitig der Lichtunterschied zwischen der grauen Scheibe und dem hellen Grund größer, so ruft die Grauscheibe in der Lichtfläche des hellen Grundes eine etwas tiefere Einsenkung hervor, und diese tritt infolgedessen in etwas größerer Ausdehnung über die Schwelle.

Sehr eingehend studiert wurde mehrfach die Frage, welchen Einfluß die Größe des Gesichtswinkels, unter dem die Objekte gesehen werden, auf den Betrag der Irradiation besitzt. Zunächst stellte PLATEAU mittels der oben beschriebenen Anordnung fest, daß bei relativ großem Gesichtswinkel die Irradiationsgröße gleich bleibt, auch wenn der Gesichtswinkel (Knotenpunktswinkel) bzw. die Größe des nach ihm berechneten Netzhautbildchens wechselt. Dann gaben VOLKMANN (13, S. 14 ff.) und AUBERT (1) an, daß die Irradiation bei sehr kleinen irradiierenden Flächen, speziell sehr schmalen Strichen, mit der Verkleinerung des Gesichtswinkels für die letzteren zunehme. VOLKMANNs und AUBERTs Untersuchungsmethode bestand, wie oben schon angegeben wurde, darin, daß sie den scheinbaren Zwischenraum zwischen zwei sehr schmalen Strichen der scheinbaren Dicke der Striche gleich machten. Bezeichnet man die wirkliche Dicke der Striche mit B und den Zwischenraum zwischen ihnen mit D, so fand sich, daß man beim Versuch, die Dicke der Striche der Breite des Zwischenraumes gleichzumachen, wenn die Striche sehr schmal sind, immer D größer einstellt als B, wie dies in Fig. 4a angedeutet ist. Gehen wir von den Objekten zu den Abbildungsverhältnissen auf der Netzhaut über, und bezeichnen wir die Breite des schematischen Netzhautbildes von B mit β, wie in Fig. 4b, die des schematischen Netzhautbildes von D mit δ, so ist nach der Theorie die B entsprechende Ausdehnung der Empfindungsfläche um den Betrag der Irradiation ζ breiter als β, die Empfindungsfläche von D um denselben Betrag von ζ schmäler. Da nun $\beta + \zeta = \delta - \zeta$ gemacht worden war, so ist $\zeta = \dfrac{\delta - \beta}{2}$.

Fig. 4 a.   Fig. 4 b.

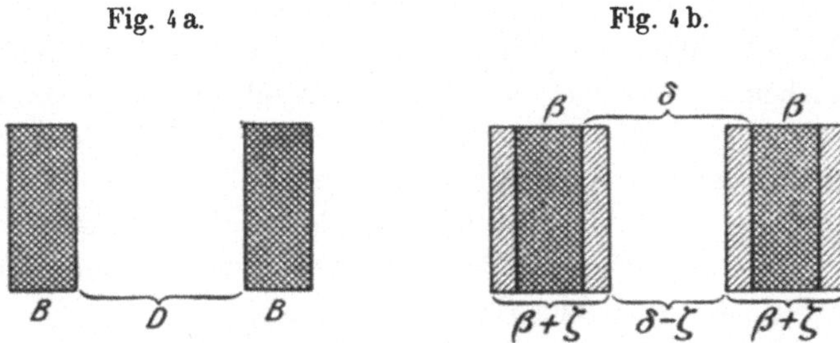

Tabelle 1.

	Weiße Linien auf Schwarz				Schwarze Linien auf Weiß			
b	d'	d	z	$d'-z$	d'	d	z	$d'-z$
45″	67″	146″	50″	17″	45″	112″	34″	9″
36	72	153	58	14	48	108	36	12
30	67	150	60	7	60	105	38	22
26	72	143	59	13	64	104	39	25
22,5	75	140	59	16	72	106	42	30
20	80	140	60	20	80	110	45	35
18	84	148	65	16	95	108	45	40
15	80	148	66	14				
13	88	146	66	22				
11,5	96	(165)	77	19				
10	100	153	72	28				

Ich führe in Tabelle 1 das Ergebnis einer derart ausgeführten Versuchsreihe von AUBERT (1, S. 215) an, in der unter b der Gesichtswinkel für die Strichbreite B, unter d der Gesichtswinkel für den Zwischenraum D,

unter z der Gesichtswinkel für die berechnete Irradiation ζ angeführt sind.
Außerdem sind unter d' noch der Gesichtswinkel angegeben, bei dem die
beiden Striche eben voneinander gesondert werden konnten, worüber, wie
über die Bedeutung der Kolumne $d'-z$ später gesprochen werden soll.
Aus der Tabelle geht nun zunächst hervor, daß der auf dem oben angegebenen Wege errechnete Betrag der Irradiation mit der Verkleinerung des
Gesichtswinkels für die Strichbreite merklich zunimmt. Ferner ersieht man
aus der Tabelle, däß nicht bloß die weißen Linien auf dunklem Grund
breiter erscheinen, als der in Wirklichkeit gleich breite Zwischenraum
zwischen ihnen, so daß der letztere, um der Strichdicke gleich zu erscheinen, vergrößert werden muß, sondern es erscheinen auch zwei schwarze,
sehr feine Linien auf weißem Grund verbreitert. Freilich ist die Irradiation
der weißen Striche auf schwarzem Grund stärker, als die gleich breiter
schwarzer Striche auf hellem Grund.

Während also größere schwarze Flächen auf hellem Grund bei guter
Beleuchtung durch die Irradiation verkleinert werden, werden äußerst
schmale schwarze Striche auf hellem Grund umgekehrt vergrößert: Zweiter
Fall von negativer Irradiation. Die Grenze, bei der die positive Ir-
radiation in die negative umschlägt, liegt nach Volkmann bei ungefähr 3′,
d. h. bei diesem Gesichtswinkel erscheinen schwarze Striche auf hellem
Grunde auch subjektiv gleich breit, wie der in Wirklichkeit ebenso breite
Zwischenraum zwischen ihnen. Man kann diese negative Irradiation ohne
jede besondere Vorrichtung auch beobachten, wenn man auf rein weißes
Papier zwei äußerst feine tiefschwarze Striche zieht, die sich unter einem
Winkel von 1—2° kreuzen. Sucht man nun aus etwas größerer Sehweite
die Stelle auf, an der die Dicke der schwarzen Striche ebenso groß erscheint, wie der helle Zwischenraum zwischen ihnen, so wird man nachher
bei Lupenvergrößerung finden, daß der weiße Zwischenraum in Wirklichkeit breiter ist, als die schwarzen Striche (Volkmann).

Zur Erklärung dieses zweiten Falles von negativer Irradiation nahm
Aubert (1, S. 220) Bezug auf die graue Randzone, welche bei unscharfer
Abbildung infolge ungenauer Akkommodation um einen schwarzen Streifen
auf hellem Grunde herum auftritt. Dieser graue Randstreifen werde bei
großen schwarzen Objekten zum Weiß des Grundes hinzugerechnet, von
dem er sich in seiner subjektiven Helligkeit weniger unterscheidet, als vom
Schwarz des Objektes. Sobald aber der schwarze Streifen so schmal gemacht wird, daß sich im Netzhautbilde das Licht der Umgebung auf der
ganzen Lichtfläche desselben ausbreitet, so daß der Streifen im ganzen
grau und nicht mehr tiefschwarz gesehen wird, unterscheidet sich das
Grau der Randzone nicht mehr so stark von der Mitte des Bildes des
schwarzen Strichs, es werde infolgedessen nicht mehr zum Grund, sondern
zum Strich hinzugerechnet. Um seine Auffassung an einem Beispiele zu

erläutern, führt AUBERT folgenden Versuch an. Man betrachte Fig. 5 mit
etwas ungenauer Akkommodation, so daß die Ränder der schwarzen Figur
unscharf gesehen werden. Dann erscheinen die beiden schmalen Striche
a und *b* — sofern nicht etwa eine Polyopia monocularis störend eingreift —
als etwas verwaschene dunkle Streifen und der Zwischenraum zwischen ihnen

sieht schmäler aus, als der
in Wirklichkeit gleich breite
weiße Zwischenraum zwi-
schen den beiden großen
schwarzen Quadraten. Die
graue Randzone neben den
Quadraten werde nämlich
dem Weiß des Zwischen-
raums hinzugefügt, während
sie an der Seite der schmalen
Striche *a* und *b* mit den
letzteren verschmelze.

Nun kann man gegen
AUBERTS Erklärung freilich
einwenden, daß man bei
scharfer Akkommodation und
guter Beleuchtung einen

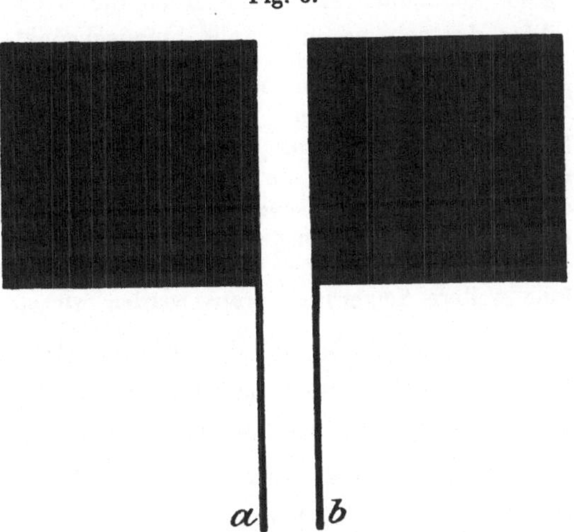

Fig. 5.

grauen Zerstreuungsrand gar nicht wahrnimmt, vielmehr erscheinen auch die
irradiierenden schmalen Striche in den Versuchen von AUBERT und VOLKMANN
mit ganz scharfen Konturen. Es fehlt daher an AUBERTS Erklärung offenbar
noch ein sehr wesentlicher Punkt, und den hat HERING (26) durch den Hinweis
auf den Simultankontrast hinzugefügt[1]). Liegt ein kleines weißes Objekt
auf einem ausgedehnten schwarzen Grund, so wird wegen der Wechselwirkung der Netzhautstellen die Weißempfindlichkeit innerhalb der Lichtfläche des Objekts höher sein, als wenn dieses nur von einem schmalen
schwarzen Saum umgeben ist. Infolgedessen ist die Grenzlinie der Empfindungsfläche im ersteren Falle weiter gegen die dunkle Umgebung vorgeschoben, als im letzteren Falle. Daher muß der weiße Zwischenraum
zwischen den schwarzen Quadraten der Fig. 5 heller und breiter erscheinen,
als der Zwischenraum zwischen den schmalen Strichen *a* und *b*. Da ferner
der Kontrast um so wirksamer wird, je kleiner die umschlossene Fläche ist,
so muß die Irradiation des Weiß um so bedeutender sein, je schmäler die

---

1) AUBERT gebraucht in diesem Zusammenhange wohl auch den Ausdruck
»Kontrast«, aber er bezeichnet damit den Unterschied zwischen der Lichtstärke
des Objektes und des Grundes. Dem gegenüber möchte ich ausdrücklich betonen,
daß ich hier und im folgenden unter »Kontrast« immer nur den auf der Wechselwirkung der Netzhautstellen beruhenden Vorgang im Sehorgan selbst verstehe.

weißen Striche auf schwarzem Grund sind. Ganz dasselbe gilt aber auch für schwarze Striche auf hellem Grund. Auch hier wird die Grenze zwischen Schwarz und Weiß durch den Simultankontrast um so mehr nach der Seite des Weiß vorgeschoben, je kleiner die schwarze Fläche ist, je stärker sich also der Kontrast geltend macht. An sehr schmalen schwarzen Strichen auf ausgedehntem weißem Grund kann dadurch die Grenze der Empfindungsfläche ausnahmsweise sogar über die Grenze des schematischen Netzhautbildes der schwarzen Fläche hinausgerückt werden.

Auf rechnerischem Wege hat Lehmann (27) unter bestimmten Annahmen über die Lichtverteilung im Aberrationsgebiet das gleiche Ergebnis abgeleitet. Er gelangt dadurch zum selben Schluß, den Aubert experimentell erhielt, daß nämlich bei Objekten, die unter so kleinem Gesichtswinkel gesehen werden, daß der Durchmesser des schematischen Netzhautbildchens kleiner ist als der Durchmesser des Aberrationsgebietes, die Irradiation derart mit der Abnahme des Gesichtswinkels anwächst, daß die scheinbare Größe des Objekts konstant bleibt. Eine weitere Folgerung daraus werden wir später besprechen.

Dieser Absatz ist mit denselben Lettern gedruckt, wie der unmittelbar vorhergehende, bloß sind die Abstände der Zeilen voneinander größer. Dies bewirkt aber, daß die Buchstaben, insbesondere wenn man flüchtig darüber hinwegblickt, größer erscheinen, als die des vorhergehenden Absatzes. Auch diese Erscheinung wird von Bourdon (3, S. 320) auf Irradiation zurückgeführt. Zwischen den weitgestellten Zeilen tritt nämlich der weiße Grund viel mehr hervor, daher erscheint der Grund im ganzen heller, als bei den enggestellten Zeilen, was besonders bei ungenauer Akkommodation merklich ist. Der hellere Grund kann in der Tat infolge des Simultankontrastes die negative Irradiation, das Größererscheinen der schwarzen Buchstaben, begünstigen.

Die negative Irradiation — die Verbreiterung des Schwarz auf Kosten des Weiß — bildet für diejenigen Forscher, die bloß die Weiß- und nicht auch die Schwarzempfindung auf eine Regung des Sehorgans zurückführen, einen endgültigen Gegenbeweis gegen jene Erklärung der Irradiation, die in ihr eine Ausbreitung der Erregung von erregten Stellen der Netzhaut auf unerregte erblickt. Für den freilich, der mit Hering davon überzeugt ist, daß der Schwarzempfindung geradeso eine Regung des Sehorgans zugrunde liegt, wie der Weißempfindung, ist dieser Gegenbeweis nicht zwingend. Denn wenn überhaupt eine Ausbreitung der Regungen im Sehorgan vorhanden ist, muß dies für die Schwarzregung ebenso gelten, wie für die Weißregung, und die Versuche von Brückner über den blinden Fleck machen es in der Tat wahrscheinlich, daß dies der Fall ist. Es wäre also die Frage so zu stellen, wieviel von den Erscheinungen der Irradiation auf die physiologische Miterregung der Nachbarstellen, wieviel auf die physikalische

Lichtausbreitung im Auge zurückzuführen sei Dann aber muß man allerdings sagen, daß die bisher besprochenen Tatsachen durch die physikalische Lichtausbreitung im Auge — zusammen mit der Wirkung des Simultankontrastes — im allgemeinen ausreichend erklärt werden können.

PLATEAU faßte die Erscheinung, daß ein schmaler schwarzer Strich durch die Irradiation des Weißen weniger eingeengt wird, als eine breite schwarze Fläche, in den Satz zusammen, zwei Irradiationen, die von entgegengesetzten Seiten her einwirken, also z. B. in Figur 5 auf den Strich a (oder b) von rechts und von links her, schwächen sich gegenseitig um so mehr ab, je näher sie gegeneinander heranrücken. Es war dies der Haupteinwand, den er zuletzt noch (30) gegen die physikalische Erklärung der Irradiation geltend machte, der aber durch die Erkenntnis hinfällig wird, daß es sich hierbei um die Mitwirkung des Simultankontrastes handelt.

2. Das Auflösungsvermögen des Auges.
a) Allgemeines und Methodik.

Aus den Erscheinungen der Irradiation ergibt sich, daß die schematische Berechnung der Netzhautbildgröße ebensowenig, wie sie die Ausdehnung der belichteten Netzhautstelle richtig darstellt, auch einen Schluß auf die Größe des erregten Netzhautgebietes zuläßt. Das ist wohl in Betracht zu ziehen bei der Untersuchung der Frage, bis zu welcher unteren Grenze herab Lageunterschiede der Objekte durch den Gesichtssinn noch wahrgenommen werden können, der Frage also nach der Feinheit des optischen Raumsinnes. Als ihr Maß hat man lange den kleinsten Gesichtswinkel angesehen, unter dem man zwei leuchtende Punkte eben noch voneinander gesondert wahrzunehmen vermag. Erst HERING (106) zeigte, daß auf diesem Wege nicht die räumliche Unterschiedsschwelle, sondern ein anderes Vermögen des Auges gemessen wird, das man nach Analogie mit den optischen Instrumenten als das optische Auflösungsvermögen des Auges bezeichnen kann. Das Auflösungsvermögen des Auges hat selbstverständlich die Feinheit des Raumsinnes der Netzhaut insofern zur Grundlage, als es nicht weiter reichen kann, wie die letztere. Es reicht aber tatsächlich nicht so weit, wie die Feinheit des Raumsinnes, und deshalb müssen wir beide Vermögen des Auges streng auseinander halten und gesondert besprechen.

Ganz allgemein wollen wir das Auflösungsvermögen des Auges als seine Fähigkeit definieren, feinste Einzelheiten der Objekte wahrzunehmen. Fassen wir den Begriff in dieser Weite, so fällt darunter das Sehen einzelner, in ihrer Farbe von der Umgebung verschiedener kleinster Flächen (sogenannter Punkte) und schmälster Streifen (sogenannter Linien), aber auch die Sonderung zweier oder mehrerer nebeneinander liegender Punkte und Linien und die gesonderte Wahrnehmung ausgedehnterer Flächen. Dagegen liegt das Erkennen der Form von Linien und Flächen schon außerhalb des eigentlichen Auflösungsvermögens und soll deshalb eingehend erst später behandelt werden. Hier muß es nur insoweit schon zur Sprache kommen, als das Erkennen der Form kleinster Flächen vielfach zu Sehschärfebestimmungen verwendet wurde.

Als Sehschärfe bezeichnet man allgemein die Fähigkeit des Auges, kleinste Flächen (Punkte) voneinander zu sondern. Die Fähigkeit, feinste einzelne Punkte wahrzunehmen, hat man von ihr abgetrennt und sie wohl auch »Punktsehschärfe« genannt. Dabei übersah man jedoch, daß das Erkennen eines einzelnen schwarzen Punktes oder Striches auf einer weißen Fläche grundsätzlich der Sonderung zweier weißer Flächen voneinander gleichsteht (vgl. unten S. 29). Noch bedenklicher aber war es, daß die Methoden, mittels derer man die so definierte Sehschärfe zu bestimmen vermeinte, wie schon erwähnt, zumeist auf dem Erkennen von Formen (Buchstaben, Zahlen, LANDOLTsche Ringe, SNELLENsche Haken) beruhten. Um jedes Mißverständnis zu vermeiden, sei daher hier betont, daß ich den bequemen Ausdruck »Sehschärfe« der obigen Definition gemäß im folgenden lediglich für das Sonderungsvermögen von Punkten — dann aber natürlich auch von Linien und von größeren Flächen — verwende. Die Grenze der Sehschärfe entspricht dann dem Minimum separabile, die untere Grenze für das Sehen einzelner Punkte und Striche dem Minimum visibile, die Grenze für das Formensehen dem Minimum legibile (cognoscibile) der Ophthalmologen (vgl. HESS, dies Handb. l. c. S. 214). Wenn nichts weiter hinzugefügt wird, ist dabei stets das Auflösungsvermögen in der Netzhautmitte, die »zentrale Sehschärfe«, gemeint.

In der Darstellung will ich den hier vorliegenden umfangreichen Stoff so gliedern, daß ich in diesem Kapitel zunächst bloß die Ergebnisse der Untersuchung des Auflösungsvermögens einzeln bespreche, und erst im folgenden, nachdem die eigentliche Feinheit des optischen Raumsinnes dargelegt ist, die Beziehungen des Auflösungsvermögens zur Raumsinnschwelle und zu den Elementen des nervösen Empfangsapparates im Auge erörtere.

Zur Untersuchung des Auflösungsvermögens können folgende zwei Methoden verwendet werden:

1. Man sucht für ein Objekt von gegebener Größe den Abstand auf, aus dem es eben noch sichtbar ist, und berechnet aus dem Gesichtswinkel die Größe des schematischen Netzhautbildchens.

2. Man variiert bei gleichbleibendem Abstand des Auges die Größe des Objektes, indem man entweder eine abgestufte Reihe verschieden großer Objekte fertig bereit hält, oder durch geeignete Vorrichtungen, wie sie z. B. AUBERT (1, S. 213) angibt, die Größe desselben ändert.

Ein wertvolles Hilfsmittel bei diesen Untersuchungen ist das Makroskop von VOLKMANN (13, S. 4; vgl. ferner AUBERT, 1, S. 199 ff.). Es besteht aus einer starken Konvexlinse, die in einem Ende eines innen geschwärzten ausziehbaren Tubus befestigt ist, während an das andere, offene Ende der Röhre das Auge angelegt wird. VOLKMANN verwandte die Objektivlinse eines Fernrohres, dessen Okular entfernt war, AUBERT nahm die Okularlinse eines Mikroskops dazu. Durch die Konvexlinse wird ein stark verkleinertes umgekehrtes Bildchen des Objektes erzeugt, und durch Ausziehen des Tubus jener Abstand des Auges vom Bildchen aufgesucht, bei dem das Objekt eben erkannt wird. Man kann auch einen photographischen Kopf mit kurzer Brennweite und weiter Blende verwenden, am einfachsten gleich eine Handkamera, aus der man die Mattscheibe entfernt. Der Apparat hat den Vorteil, daß man durch Änderung des Abstandes des Objektes von der Konvexlinse (eventuell auch durch Einschalten von Linsen verschiedener Brechkraft) das Objekt beliebig verkleinern kann, ohne daß man sich allzuweit von ihm entfernen muß. Dadurch werden kleine technische Fehler in der Herstellung und bei den Abmessungen der Objekte ganz in den Hintergrund gedrängt.

Für die Berechnung des Gesichtswinkels bei den Makroskopversuchen leitete AUBERT folgende Formel ab: Es sei E der Abstand des Objektes von der Linse, e der Abstand des Bildchens von ihr und f die Brennweite der Linse, so ist nach der Linsenformel

$$\frac{1}{e} = \frac{1}{f} - \frac{1}{E}.$$

Daraus folgt

$$e = \frac{Ef}{E-f}.$$

Ferner ist

$$o = \frac{eO}{E},$$

worin mit O die Objektgröße und mit o die Bildgröße bezeichnet ist.

Befindet sich das Auge in der Entfernung S vom Bilde, so ist $\frac{o}{S}$ die Tangente des Gesichtswinkels x für o. S ist gleich der Entfernung des Knotenpunktes des Auges von der Linse weniger dem Bildabstand von der Linse e. Ist E sehr viel größer als f, so kann man statt e ohne merklichen Fehler f setzen, und es ist dann

$$tg\, x = \frac{o}{S} = \frac{O \cdot f}{E \cdot S}.$$

Als Gesichtswinkel ist hier der Knotenpunktswinkel gerechnet. Diese Rechnung ist aber nicht ganz genau, denn aus den Knotenpunktswinkeln erhalten wir die »absolute Sehschärfe«[1] nur bei dem auf große Entfernung

---

[1] Betreffs der Definition der »absoluten«, »natürlichen« und »relativen« Sehschärfe vgl. man die Darstellungen von v. HESS und v. ROHR in diesem Handbuch.

eingestellten emmetropen oder ametropen Auge, dessen Ametropie durch
ein im vorderen Brennpunkt des Auges befindliches Glas korrigiert ist. Ist
der Beobachter emmetrop, so muß er bei Verwendung des Makroskops für
die Nähe akkommodieren, und beim Vergleich der Sehschärfe des emmetropen Auges bei verschiedener Akkommodation sind nach GULLSTRAND
nicht die Knotenpunktswinkel, sondern die Hauptpunktswinkel einzusetzen.
Besitzt der Beobachter, wie dies bei mir der Fall ist, eine Myopie, und
bringt er das durch das Makroskop entworfene Bild in den Fernpunkt seines
myopischen Auges, so ist gegenüber dem auf die gleiche Entfernung ak-
kommodierenden Emmetropen noch eine weitere Korrektur an der Sehschärfe anzubringen, die nach der Tabelle von NAGEL (dies Handb., 1. Aufl.,
Bd. 6, S. 398) für mein Auge mit $5\frac{1}{4}$ D Myopie in einer Division von rund
1,1 besteht. Da für die von VOLKMANN und AUBERT untersuchten Augen
die zu diesen Korrekturen erforderlichen Daten nicht immer angegeben
sind, so können die Zahlen dieser Autoren im allgemeinen nur zu Vergleichen unter sich, also der Zu- oder Abnahme des »makroskopischen Auflösungsvermögens« bei einer bestimmten Änderung der Versuchsbedingungen
verwandt werden.

Wenn ich diese rechnerischen Korrekturen bei mir anbringe, so finde ich
bei Verwendung des Makroskops meist eine etwas höhere Sehschärfe, als bei
Betrachtung derselben Objekte mit freiem Auge aus sehr großer Entfernung.
Das kann von Nebenumständen herrühren, z. B. davon, daß beim Sehen durch
das Makroskop das Nebenlicht stärker abgeblendet ist, als beim Sehen mit
freiem Auge in die Weite. Eine andere Möglichkeit, die zu erwägen ist, beruht darauf, daß man mit dem Makroskop die Objekte stark verkleinert und
nahe sieht, und daher vielleicht Analogien zu jenen Vorgängen auftreten könnten,
die im indirekten Sehen eine deutliche Erhöhung der Sehschärfe beim Blick in
die Nähe bewirken (sog. AUBERT-FÖRSTERsches Phänomen, s. unten S. 51). Bestimmt kann ich mich darüber nicht äußern, weil nach JAENSCH (9) das AUBERT-
FÖRSTERsche Phänomen beim direkten Sehen nicht nachzuweisen ist. Nun hat
freilich neuerdings M. JACOBSOHN (60) gefunden, daß bei tachistoskopischer Darbietung direkt gesehener Buchstaben das Erkennen näher gelegener gegenüber
den unter gleichem Gesichtswinkel erscheinenden ferneren ebenfalls begünstigt
ist. Wenn sich dies auch für die Untersuchung der eigentlichen zentralen Sehschärfe bestätigen sollte, so würde sich daraus eine wichtige praktische Folgerung
ergeben. Es würde dann nämlich nicht genügen, als Maß der Sehschärfe bloß
den reziproken Wert des Gesichtswinkels anzuführen, sondern man müßte entsprechend dem Verfahren von SNELLEN $\left(V = \dfrac{d}{D}\right)$ dabei stets auch den Abstand
der Sehprobe vom Auge mit angeben. Ich habe vorläufig davon abgesehen, weil
ein solcher Einfluß des Nahesehens auf die direkte Sehschärfe, wenn er überhaupt besteht, doch bloß für das Sehen aus nächster Nähe in Betracht käme.
und selbst bei den Makroskopversuchen, bei denen er dann allenfalls zu berücksichtigen wäre, der Unterschied gegenüber dem Sehen mit freiem Auge aus der
Ferne doch nur ganz unbedeutend und jedenfalls so gering ist, daß ein kleiner
Beobachtungsfehler ihn schon verdecken kann (vgl. die Tabelle 16 auf S. 96).

Immerhin habe ich mit Rücksicht darauf die Makroskopversuche immer deutlich als solche gekennzeichnet.

Wichtig ist, daß bei wissenschaftlichen Untersuchungen des Auflösungsvermögens die Weite der Pupille durch Vorschalten eines Diaphragmas konstant erhalten wird. Der Fehler, der durch Nichtberücksichtigen dieses Umstandes auftreten kann, ist von LAAN (67), COBB (41) und HUMMELSHEIM (59) studiert worden. Bezüglich weiterer technischer Details bei der Durchführung der Versuche vgl. man F. B. HOFMANN (8, S. 103 ff.) und LÖHNER (70).

b) Die Wahrnehmung einzelner Punkte und Linien.

Die Grenze der Unterscheidbarkeit ausgedehnter Flächen von ihrer Umgebung ist durch die Unterschiedsempfindlichkeit des Auges für Helligkeit und Farben bestimmt. Diese müssen demnach neben der Feinheit des Raumsinnes des Auges auch für die untere Grenze der Wahrnehmung kleinster Flächen von Bedeutung sein. Um die hier vorliegenden Beziehungen klarzulegen, gehen wir von dem Falle aus, daß auf einem lichtlosen Grunde eine einzige sehr kleine helle Fläche angebracht ist. Offenbar wird man diesen »leuchtenden Punkt« erst dann wahrnehmen können, wenn das von ihm ausgehende Licht genügend stark ist, um das Sehorgan überhaupt in Erregung zu versetzen. RICCÒ (82) fand nun, daß es für die Wahrnehmungsgrenze sehr kleiner Lichtflächen — bis zu einem Gesichtswinkel von 2′ für den Durchmesser — gleichgültig ist, ob das von ihnen ausgehende Licht auf eine kleinere oder größere Fläche verteilt ist, wenn nur die gesamte Lichtmenge, die von dem Objekt ausgesendet wird, gleich ist. Für die Reizschwelle ist also unter diesen Umständen bei gleichmäßiger Verteilung des Lichtes auf der Fläche das Produkt aus der Flächengröße mal Lichtstärke des Flächenelementes maßgebend. Die Gültigkeit dieses Satzes für das foveale Sehen wurde von mehreren Nachuntersuchern bestätigt (vgl. die Literatur bei TSCHERMAK, 31, S. 793 und HELMHOLTZ, III, Bd. 2, S. 283 ff.), für sehr kleine Objekte wurde er allerdings von KÜHL (66) etwas modifiziert. ASHER (32) fügte hinzu, daß bei kleinen Objekten und fovealer Abbildung auch die scheinbare Größe von demselben Produkt abhängig ist. Unterhalb einer Grenze von etwa 2′ erscheint also ein größeres, aber schwächer leuchtendes Objekt gleich groß, wie ein kleineres, aber entsprechend stärker leuchtendes, wenn die gesamte entsandte Lichtmenge in beiden Fällen gleich groß ist. Erst wenn die Objekte ungefähr unter einem Gesichtswinkel von 2′ gesehen werden, wird ein lichtschwächeres größeres Objekt mit Sicherheit größer gesehen, als das kleinere lichtstärkere Objekt. Bei Objekten, deren Gesichtswinkel kleiner ist als 2′, wird dagegen die scheinbare Größe durch die Gesamtlichtstärke bestimmt. Am bekanntesten ist dieses Verhalten bei den Sternen. Diese erscheinen uns nicht als feinste Punkte, wie es ihr schematisches Netzhautbild erwarten ließe, sondern als Scheibchen, die eine um so größere scheinbare Fläche besitzen, je lichtstärker der Stern ist. In gleicher Weise hängt die scheinbare Breite schmaler heller Striche wesentlich von ihrer Lichtstärke ab. Der Grund hierfür liegt in dem schon bei der Besprechung der Irradiation erörterten Umstande, daß das von einem leuchtenden Objekt ausgehende Licht sich auf der Netzhaut nicht zum scharfen »schematischen« Bildchen vereinigt, sondern sich darüber hinaus auf eine etwas größere Lichtfläche zerstreut. Lichtstarke Punkte und Linien erscheinen infolgedessen breiter, als sie wirklich sind. Bei lichtschwachen Punkten und Linien ist aber zu berücksichtigen, daß das schematische Netzhautbildchen derselben so viel an Licht verliert, als es außerhalb seiner Grenzen an die Umgebung abgibt. Bei größeren Flächen erfolgt dieser Lichtverlust nur an den Rändern ihres Netzhautbildchens, in dem Schema der Fig. 1 (oben S. 9) also nur auf den Strecken Db und cC. Im mittleren Teil der Lichtfläche, zwischen b und c in Fig. 1, bleibt die volle Lichtstärke bestehen, weil sich hier die Aberrationsgebiete der benachbarten leuchtenden Stellen übereinander lagern und Lichtgewinn und Lichtverlust sich gegenseitig ausgleichen. AUBERT nannte diese mittlere Partie der Lichtfläche mit der vollen Lichtstärke (nach Analogie des Ausdrucks »Kernschatten«) das Kernbild. Wird das Netzhautbildchen so klein, daß das Aberrationsgebiet vom Rande her bis eben zur Mitte der Lichtfläche reicht, so hat das Kernbild seine geringste Ausdehnung, die Lichtfläche erreicht allein noch im Mittelpunkt ihre volle Höhe. Verkleinert man das Objekt von da ab noch weiter, so geht nunmehr der Lichtverlust an die Umgebung auf Kosten des ganzen schematischen Netzhautbildchens vor sich, eine weitere Verkleinerung wirkt daher wie eine Abschwächung der Lichtstärke der Fläche, ein heller Punkt erscheint zunehmend dunkler grau, je kleiner man ihn macht, und er wird schließlich ganz unmerklich, sobald die Erhebung der Lichtfläche über die Umgebung unter die Schwelle für die Unterschiedsempfindlichkeit des Auges für Licht herabsinkt. Durch Erhöhung der Lichtintensität der leuchtenden Fläche kann man aber dann jedesmal die Lichtfläche wieder sichtbar machen, und zwar wie die Sterne zeigen, deren Gesichtswinkel ja minimal ist, auch bei ganz beliebig kleinem Gesichtswinkel. Andererseits wirkt eine Vergrößerung des Gesichtswinkels, unter dem man eine kleine leuchtende Fläche sieht, wie eine Erhöhung der Lichtstärke. Wir können demnach innerhalb gewisser Grenzen von einem kleineren, aber lichtstärkeren Objekt eine ebenso große Empfindungsfläche bekommen, wie von einem größeren, aber lichtschwächeren Objekt. Daher bieten aber auch die zahlreichen Beobachtungen über den kleinsten Gesichtswinkel, unter dem ein leuchtendes Objekt eben noch gesehen wurde, die man bei AUBERT (1, S. 194) zusammengestellt findet, für sich allein keinerlei Aufschluß über die Punktsehschärfe.

Nach den obigen theoretischen Auseinandersetzungen nimmt das Kernbild, sobald es einmal vorhanden ist, bei einer weiteren Vergrößerung der Fläche des Objekts nicht mehr an Lichtstärke, sondern nur noch an Größe zu. Darnach sollte man eigentlich erwarten, daß die Ebenmerklichkeit von der Grenze an, bei der eben ein Kernbild zustande kommt, nicht mehr von der Flächengröße des Objekts abhängt, sondern einzig und allein von der Lichtstärke desselben, daß also dann verschieden große Flächen stets bei derselben Lichtstärke über die Schwelle treten. Das ist aber, wie S. EXNER (46) gezeigt hat, an kleineren Objekten nicht der Fall. Vielmehr werden diese bis zu einer gewissen Grenze immer noch bei einer um so geringeren Lichtstärke wahrgenommen, je größer sie sind. Das hängt damit zusammen, daß, wie unten S. 99 ff. genauer besprochen wird, gleichartige Regungen benachbarter Netzhautstellen sich gegenseitig in ähnlicher Weise unterstützen, wie sich z. B. auch die gleichzeitigen Reizungen zweier benachbarter Tastpunkte gegenseitig über die Schwelle heben.

Legt man eine kleinste Fläche von konstanter Lichtstärke nicht auf lichtlosen Grund, sondern auf einen solchen, der selbst Licht ins Auge sendet, und erhöht man nun die Lichtstärke des Grundes allmählich, während die des Lichtpunktes gleich bleibt, der Unterschied zwischen der Lichtstärke des Grundes und der des Punktes somit immer geringer wird, so erhebt sich die Lichtfläche des Punktes immer weniger über das Niveau der Umgebung, und die Ausdehnung der Empfindungsfläche wird kleiner. Ist nun der Gesichtswinkel der leuchtenden Fläche (des Punktes) so klein, daß kein Kernbild mehr entsteht, so kann man die Abnahme des Lichtunterschiedes zwischen ihrer Lichtfläche und der des Grundes innerhalb gewisser Grenzen kompensieren durch eine entsprechende Vergrößerung der leuchtenden Fläche. War demnach die letztere durch die Erhöhung der Lichtstärke des Grundes bereits unmerklich geworden, so wird sie bei einer Vergrößerung ihres Gesichtswinkels wieder sichtbar. Nun beobachtete AUBERT (1, S. 204 ff.) bei derartigen Versuchen, daß der Gesichtswinkel, bei dem die kleine Fläche eben noch sichtbar blieb, nicht proportional der Erhöhung der Lichtstärke des Grundes zunahm, sondern bei allmählicher Erhöhung der letzteren anfangs rascher, dann trotz weiterer bedeutender Erhöhung der Lichtstärke des Grundes nur äußerst wenig, und erst zuletzt, wenn die Lichtstärke des Grundes sich nur noch wenig von der des Punktes unterschied, wieder sehr stark anstieg. AUBERT zog daraus den Schluß, daß bei mittlerer Lichtstärke des Grundes das aus dem Gebiet des schematischen Netzhautbildes abirrende Licht die Lichtstärke der Umgebung so wenig vermehre, daß die durch dasselbe bewirkte Lichtzunahme unbemerkt bliebe, und die Empfindungsfläche demnach gerade mit der Grenze des schematischen Netzhautbildes abschneide. Wenn das richtig wäre, würde demnach in diesem Sonderfalle die Größe des Gesichtswinkels wirklich die Ausdehnung der Empfindungsfläche wiedergeben. Da nun ferner unter diesen Umständen die leuchtende Fläche bei einer Verkleinerung ihres Gesichtswinkels unter den ziemlich konstanten Wert von rund 35″ unsichtbar wird, betrachtete er dieses Netzhautbild als das kleinste. das eben noch wahrgenommen werden könne, und nannte es den physiologischen Punkt.

Die gleiche Rolle. wie bei einzelnen leuchtenden Punkten auf lichtlosem Grunde, spielt die Lichtausbreitung im Auge auch bei einzelnen leuchtenden Linien. Nur fallen an Linien die Aberrationsgebiete der einzelnen Punkte derselben in der Längsrichtung der Linie übereinander. und der

Fig. 6.

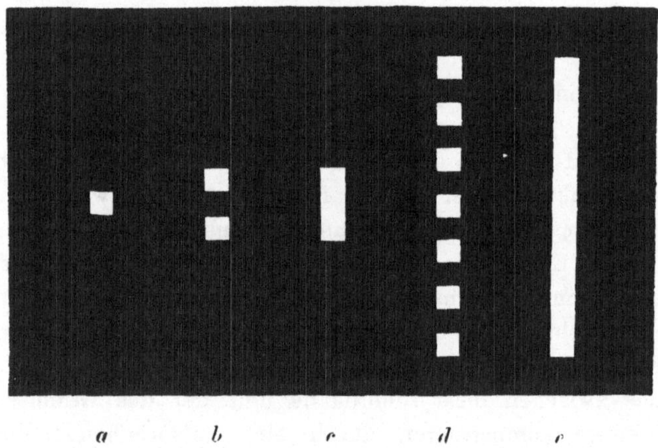

Lichtverlust erfolgt nicht, wie bei einem einzelnen Punkte, nach allen. sondern bloß nach zwei Seiten hin. Infolgedessen erscheint eine leuchtende Linie heller und ist auf größere Entfernungen hin zu erkennen. als ein leuchtender Punkt von gleicher objektiver Lichtstärke (zuerst JURIN; vgl. AUBERT, 4. S. 196). Die Sichtbarkeit einer leuchtenden Linie nimmt aber bis zu einer gewissen Grenze auch mit ihrer Länge zu. Diese zuerst von BERGMANN (34) gemachte, nachmals von PERGENS (80) bestätigte Beobachtung wurde schon von AUBERT auf die Vermehrung der Zahl der gereizten Netzhautelemente bezogen. sie entspricht durchaus der oben erwähnten gegenseitigen Unterstützung gleichartiger Regungen benachbarter Netzhautstellen. Übrigens gelten die eben angeführten Sätze nicht bloß für leuchtende Linien auf absolut lichtlosem Grund. sondern auch für lichtstärkere Punkte oder Linien auf lichtschwächerem Grund. und man kann sich daher die Verhältnisse an der von AUBERT (l. c. S. 197) gegebenen Fig. 6 veranschaulichen.

Betrachtet man die Teilfiguren derselben einzeln[1]), so kann man feststellen, daß der Strich e aus größerer Entfernung sichtbar ist, als der kürzere Strich c, und dieser wieder aus weiterer Entfernung, als das Quadrat a, dessen Seitenlänge gleich ist der Breite der Striche c und e. Dasselbe Verhältnis besteht zwischen a, b und d. Aus großer Entfernung gesehen, verschmelzen das Doppelquadrat b und ebenso die Quadratreihe d infolge der Irradiation zu grauen Strichen. Von diesen ist am weitesten sichtbar d, weniger weit b, aus der geringsten Entfernung das Quadrat a.

Für die untere Grenze der Sichtbarkeit eines isolierten schwarzen Punktes oder einer schwarzen Linie auf hellem Grunde gelten analoge Gesetze, wie für einzelne leuchtende Punkte oder Linien auf schwarzem Grunde, nur liegen die Verhältnisse quantitativ etwas anders. Man erkennt dies, wenn man die untere Grenze für die Wahrnehmung eines einzelnen Lichtpunktes auf dunklem Grunde vergleicht mit der Wahrnehmbarkeit eines eben so kleinen einzelnen dunklen Punktes auf einem Grunde, der ebenso stark leuchtend ist, wie der Vergleichspunkt auf dunklem Grunde. Dabei stellt sich heraus, daß der leuchtende Punkt auf dunklem Grunde meist (vgl. jedoch unten!) schon unter einem kleineren Gesichtswinkel sichtbar ist, als der dunkle Punkt auf dem hellen Grunde. So konnte beispielsweise AUBERT (1, S. 195) unter im übrigen gleichen Bedingungen ein Quadrat von weißem Papier auf schwarzem Papier unter einem Gesichtswinkel von 18″ für die Seite des Quadrates eben noch sehen, ein Quadrat von demselben schwarzen Papier auf demselben weißen Papier aber erst unter einem Gesichtswinkel von 35″. Der gleiche Unterschied besteht zwischen der Sichtbarkeit einer isolierten weißen und schwarzen Linie bei gleicher Differenz der Lichtstärke zwischen Linie und Grund. Der Zusammenhang mit der Irradiation ist auch hier wieder deutlich, und man kann kurz sagen: geradeso und insoweit, als bei gleichem Unterschied der Lichtstärke eine schmälste weiße Fläche auf schwarzem Grunde stärker irradiiert, als eine in Wirklichkeit eben so große schwarze Fläche auf weißem Grunde, verschwindet auch bei abnehmendem Gesichtswinkel die weiße, größer erscheinende Fläche später als die schwarze, kleiner erscheinende Fläche. Danach hängt aber auch die Sichtbarkeit eines dunklen Punktes auf hellem Grunde vom Unterschied der Lichtstärke beider in der gleichen Weise ab, wie die Sichtbarkeit eines hellen Punktes auf dunklem Grunde, und folgt also der oben S. 25 angegebenen Regel. Bemerkenswert ist dabei, daß bei mittleren Lichtstärken des Grundes der Unterschied zwischen der Sichtbarkeit eines dunklen und eines hellen Punktes sehr gering wird. Nach AUBERT erklärt sich dies wiederum daraus, daß in diesem Falle das abirrende Licht

---

[1]) Es empfiehlt sich, beim Versuch die einzelnen Teilfiguren isoliert sichtbar zu lassen und die anderen zu verdecken, weil sie etwas zu nahe aneinander liegen und sich gegenseitig stören.

unmerklich wird und die Ausdehnung der Empfindungsfläche des schwarzen
wie die des hellen Punktes demnach mit der Grenze des schematischen
Netzhautbildchens zusammenfällt.

c) Sonderung mehrerer Punkte, Linien und Flächen voneinander.

Liegen zwei sehr schmale leuchtende Streifen dicht nebeneinander auf
lichtlosem Grunde, so gibt jeder einzelne auf der Netzhaut eine längliche
Lichtfläche, die wie ein Gebirgskamm nach beiden Seiten hin allmählich
absinkt. Der zur Linienrichtung senkrechte Querschnitt durch die beiden

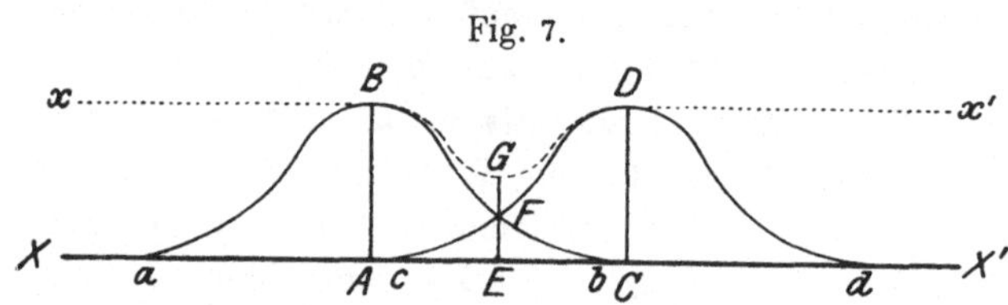

Lichtflächen sei durch Fig. 7 versinnlicht, in der XX' ebenso wie in Fig. 1
einen Schnitt durch die flach ausgebreitete Netzhaut, aBb und cDd schematisch die Querschnitte der beiden Lichtflächen darstellen sollen. Liegen
nun die beiden Leuchtlinien, wie im vorliegenden Falle, nahe genug nebeneinander, so überdecken sich die von ihnen erzeugten Lichtflächen zum
Teil, so daß die in der Mitte zwischen A und C gelegene Netzhautstelle E
Licht von der Intensität $2EF = EG$ empfängt und der Querschnitt durch
die gemeinsame Lichtfläche der beiden Leuchtlinien der Kurve $aBGDd$
entspricht. Die gemeinsame Lichtfläche der beiden Linien enthält daher
über E nur eine Einsattelung, die Lichtintensität ist dort nicht gleich Null,
sondern bloß etwas geringer, als über A und C. Die beiden Leuchtlinien
können aber nur dann voneinander gesondert wahrgenommen werden, wenn
zwischen ihnen ein dunkler Zwischenraum zu sehen ist. Betrachten wir,
wie dies unten näher begründet wird, in der Fovea centralis die Zapfen
als die Empfangseinheiten des somatischen Sehfeldes, so würde dies besagen, daß die beiden Leuchtlinien im direkten Sehen eben dann voneinander gesondert werden können, wenn zwischen den am stärksten belichteten
Zapfen an den Stellen A und C in E mindestens ein Zapfen eben merklich schwächer erregt wird, als die beiden ersteren. Ob dies der Fall ist,
hängt aber keineswegs allein vom Gesichtswinkel ab, unter dem die Distanz
der beiden Leuchtlinien voneinander gesehen wird, sondern ganz ebenso,
wie bei einer einzelnen Leuchtlinie oder einem isolierten leuchtenden Punkt,
von der Ausdehnung der Lichtfläche und der Art der Lichtverteilung in ihr,
also zunächst von den dioptrischen Eigenschaften des Auges und von den
objektiven Lichtintensitäten, dann aber auch von der subjektiven Unterschiedsempfindlichkeit der Netzhautstellen A, E und C für Licht.

Die Kurve $aBGDd$ in Fig. 7 stellt zugleich den schematischen Querschnitt durch die Lichtfläche zweier nahe nebeneinander liegender leuchtender Punkte dar. Die gesamte Lichtfläche derselben wird gebildet durch zwei kuppenartige Erhebungen, die durch eine flache, sattelförmige Einsenkung voneinander getrennt sind. Diese Kuppen besitzen aber an ihrem Rande infolge des »irregulären Astigmatismus« erhabene Rippen und zackige Ausläufer, stellen also keine richtigen Rotationsflächen dar.

Durch eine kleine Abänderung der Figur erhalten wir ferner den zur Längsrichtung senkrechten Querschnitt durch die Lichtfläche eines schmalen schwarzen Streifens auf gleichmäßig hellem Grunde. Wir brauchen nämlich bloß die Belichtungskurve von B gegen x hin und von D gegen x' hin parallel zur Abszisse XX' zu verlängern und finden dann in der Kurve $xBGDx'$ den gesuchten Querschnitt. Die Gesamtlichtfläche einer schwarzen Linie auf hellem Grunde erhalten wir, wenn wir den Querschnitt $xBGDx'$ senkrecht zur Papierfläche gerade fortführen, als eine längsverlaufende Rinne. Denken wir uns die Kurve $xBGDx'$ um eine durch EG gehende vertikale Achse gedreht, so ergibt diese napfförmige Vertiefung angenähert die Gesamtlichtfläche einer kleinen kreisrunden dunklen Fläche auf hellem Grunde. Aber auch hier springen vom hellen Grunde her unregelmäßige Rippen und Fortsätze gegen die Vertiefung hin vor. Liegen zwei kleine dunkle Flächen dicht nebeneinander, so erhalten wir als ihre Lichtfläche zwei derartige nebeneinander liegende und allenfalls etwas zusammenfließende napfförmige Vertiefungen. Besteht das Testobjekt aus parallelen, abwechselnd hellen und dunklen Linien, so muß man sich die streifenförmigen Erhebungen mit den dazwischen liegenden rinnenförmigen Senkungen vervielfältigt denken. Noch kompliziertere Gestalten erhält man für die Lichtfläche eines Gitters. Werden nicht leuchtende Objekte auf lichtlosem Grunde, sondern lichtstärkere auf lichtschwächerem Grunde verwendet, so bleiben die Formen der Lichtflächen dieselben, nur erhebt sich in diesem Falle die Lichtfläche nicht von der Nullinie, sondern schon von einem etwas höheren Niveau.

Untersuchen wir nun, wie sich die Fähigkeit zur Sonderung zweier schmaler Striche oder sonstiger Flächen verschiedener Größe bei gleichem Lichtunterschied zwischen Objekt und Grund verhält, so stellt sich heraus, daß die untere Grenze für die Sonderung zweier Striche oder Flächen — ganz einerlei, ob hell auf dunklem Grunde, oder dunkel auf hellem Grunde — nicht ausschließlich von der Breite des Zwischenraumes zwischen ihnen abhängt, sondern überdies von der Breite der Striche selbst, bzw. von der Größe der zu sondernden Flächen. Quantitative Untersuchungen darüber hat an verschieden breiten Strichen schon AUBERT angestellt. In Tab. 1 (oben S. 15) sind nach AUBERT in der zweiten Kolumne unter d' die Gesichtswinkel angegeben, unter denen zwei weiße Striche auf schwarzem Grunde, bzw. zwei schwarze Striche auf weißem Grunde mit dem Makroskop

eben gesondert wahrgenommen werden können, während in der ersten
Kolumne der Gesichtswinkel für die Breite der Striche eingetragen ist,
unter dem sie bei der Einstellung auf eben merkliche Sonderung gesehen
wurden. Man ersieht daraus, daß der Gesichtswinkel, unter dem man zwei
Striche eben gesondert wahrnehmen kann, bei ganz schmalen Strichen mit
der Verbreiterung der letzteren abnimmt.

Für die gesonderte Wahrnehmung kleiner quadratischer Flächen —
weißer auf schwarzem oder schwarzer auf weißem Grunde — gilt dieselbe
Abhängigkeit von der Größe der zu sondernden Flächen. Auch hierüber
liegen schon Versuchsreihen von AUBERT (1, S. 228) vor, der zeigte, daß
man zwei nebeneinander liegende gleich große Quadrate bis zu einer gewissen Grenze um so leichter voneinander sondern kann, je größer sie sind.
AUBERTs Zahlen sind in Tab. 2 enthalten, wobei b in der ersten Reihe
wieder den Gesichtswinkel angibt, unter dem die Seitenlänge jedes Quadrates gesehen wird, d' den Gesichtswinkel der eben merklichen Distanz der
Quadrate.

Tabelle 2.

b	d'			
	Weiße Quadrate auf Schwarz	Schwarze Quadrate auf Weiß	Weiße Quadrate auf Grau	Schwarze Quadrate auf Grau
114″	28″	28″	34″	28″
91″	60″	68″	68″	64″
76″	98″	114″	92″	100″
65″	145″	170″	140″	182″
57″	160″	262″	210″	
51″	204″		270″	
46″	230″			

Um dem Leser eine bequeme Möglichkeit zu bieten, sich selbst von
der wichtigen Tatsache der Abhängigkeit des Auflösungsvermögens von der
Größe der zu sondernden Flächen zu überzeugen, gebe ich in Fig. 8 ein
von LÖHNER (70) benütztes Muster zum Teil wieder. Es ist so zusammengestellt, daß in jeder Horizontalreihe, die ich von oben nach unten fortlaufend mit 1—4 numeriere, die schwarzen Kreisflächen gleich groß sind.
Dagegen sind sie von links nach rechts fortlaufend um den einfachen,
doppelten, drei-, vier- und fünffachen Betrag ihres Halbmessers voneinander
entfernt. In der Tab. 3 sind die Durchmesser der Kreisflächen und ihre
Abstände voneinander übersichtlich eingetragen, wobei die Doppelpunkte
jeder Horizontalreihe von links nach rechts fortlaufend mit A, B, C, D, E
bezeichnet sind. An einem sonnenhellen Tage nun konnte ich nach Korrektion meiner Ametropie im Zimmer aus einem Abstand von 12 m eben
den Doppelpunkt 4 E (Durchmesser 3,0 mm, Abstand 7,50 mm) sicher

getrennt wahrnehmen, alle übrigen noch nicht. Aus 11 m Entfernung kam die Sonderung von 4 D dazu, aus 9¹/₂ m 4 C, aus 8¹/₂ m 4 B, aus 8 m 3 C, aus 6 m 4 A, 3 B, 2 C und 1 B, aus 5 m 3 A, 1 C und etwa auch

Fig. 8.

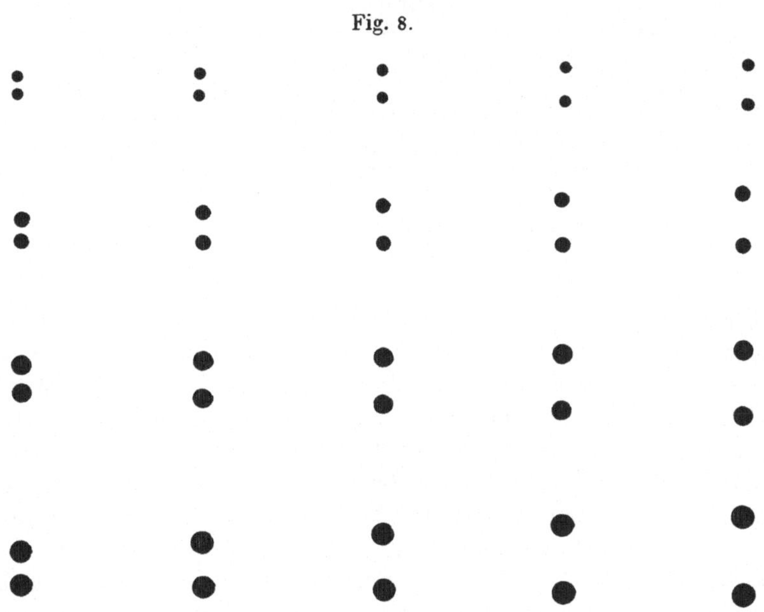

2 B, aus 4 m 2 A und 1 B, endlich aus 3¹/₂ m noch 1 A. Auf Gesichtswinkel umgerechnet ergibt dies die Zahlen der Tab. 4, in der unter b wieder die Gesichtswinkel für die Flächengröße, unter d' die Gesichtswinkel des eben merklichen Abstandes für die vier Horizontalreihen angegeben sind.

Tabelle 3.

Reihe	Durchmesser der Kreisflächen	Abstände der Kreisflächen				
		A	B	C	D	E
1	1,5	0,75	1,50	2,25	3,00	3,75
2	2,0	1,00	2,00	3,00	4,00	5,00
3	2,5	1,25	2,50	3,75	5,00	6,25
4	3,0	1,50	3,00	4,50	6,00	7,50

Das Ergebnis steht, wie man sieht, grundsätzlich in vollkommener Übereinstimmung mit den Angaben von AUBERT. Daß die absoluten Zahlenwerte für das Auflösungsvermögen bei gleichem Gesichtswinkel für die Objektgröße in beiden Fällen verschieden sind, das liegt an dem Unterschied der Versuchsbedingungen, insbesondere der Belichtung. Die verschiedene Form der zu sondernden Objekte hat dagegen nicht viel zu sagen, weil kleine Quadrate an der Grenze der Wahrnehmung von Kreisflächen nicht zu unterscheiden sind.

Tabelle 4.

Doppel-punkt	Reihe 1		Reihe 2		Reihe 3		Reihe 4	
	b	d'	b	d'	b	d'	b	d'
A	102″	52″	—	—	—	—	89	59
B	76	76	103	52	103	52	78	78
C	66	98	86	86	83	83	62	93
D	56	112	65	98	69	102	—	—
E	51	129	—	—	—	—	52	129

Fragen wir nun nach dem Grund für die Abhängigkeit des Auflösungsvermögens von der Größe der zu sondernden Flächen, so ist dabei zu berücksichtigen, daß diese Abhängigkeit nur bei sehr kleinen Gesichtswinkeln für die Flächengröße vorhanden ist. Bei so kleinen Gesichtswinkeln kommt aber auf der Netzhaut infolge der Lichtaberration kein »Kernbild« mehr zustande, und die Netzhautbilder der Objekte unterscheiden sich in ihrer Lichtstärke um so weniger von der der Umgebung, je kleiner ihr Gesichtswinkel ist. Dadurch entstehen hier dieselben Bedingungen für das Auflösungsvermögen, wie bei einer Herabsetzung des Lichtunterschiedes zwischen Objekt und Grund. Wir werden unten S. 38 ff. noch genauer besprechen, daß dann nach allgemeiner Erfahrung »die Sehschärfe abnimmt«, d. h. es muß die Distanz der zu unterscheidenden Objekte, damit sie eben erkennbar wird, um so größer gemacht werden, je kleiner der Lichtunterschied zwischen Objekt und Grund ist.

Mit diesen Verhältnissen hängt nun auch die Beobachtung zusammen, die schon TOB. MAYER machte (vgl. HELMHOLTZ, I, S. 217), daß das Sonderungsvermögen für parallele Linien gleich bleibt, wenn man zwar die Breite der Linien und ihres Zwischenraums ändert, aber die Summe der Linienbreite und des Zwischenraums konstant läßt. Die weitgehende Gültigkeit dieses Satzes geht deutlich aus Tab. 4 hervor, in der die Summe $d' + b$ nur innerhalb verhältnismäßig enger Grenzen schwankt (bei den weißen Linien zwischen 95 und 112″, bei den schwarzen zwischen 90 und 113″). Ein Versuch von LEHMANN (27) macht diese Erscheinung, die er aus seinen oben S. 18 erwähnten Berechnungen der Irradiation ableitet, sehr anschaulich. Bringt man auf einem schwarzen Grunde in quadratischer Anordnung mehrere parallele weiße Streifen derart nebeneinander an, wie es in Fig. 9 wiedergegeben ist, daß die weißen Streifen in jedem Quadrat verschieden breit sind, aber die Summe der Breite eines weißen Streifens und seines Abstandes vom nächsten Streifen jedesmal gleich ist, so werden alle diese

Quadrate im direkten Sehen ziemlich aus dem gleichen Abstand vom Auge aufgelöst. Für die Sonderung kleiner Quadrate oder Kreisflächen gilt dies nicht mehr, vielmehr nimmt hier, wie man aus Tab. 2 u. 4 ersehen kann, die Summe $d' + b$ mit der Verkleinerung des Gesichtswinkels für die zu sondernden Flächen zu.

Fig. 9.

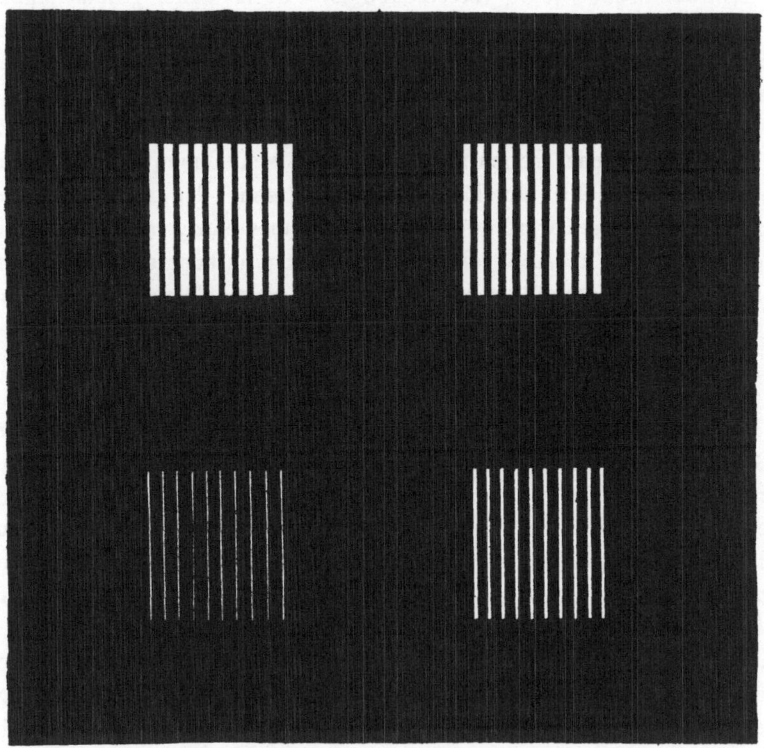

Helmholtz hat in seine Tabelle über die Sehschärfe (I, S. 217, II, S. 259) diese Summe $d' + b$ eingesetzt, während hier und im folgenden immer der Gesichtswinkel d' für den Zwischenraum berechnet ist. Dies ist bei Vergleichen der Werte für die Sehschärfe zu beachten.

Aus dem Vergleich der Werte d' in den Tabellen 1, 2 u. 4 ersieht man ferner, daß sie für Linien mit der Abnahme des Gesichtswinkels viel weniger ansteigen, als für kleinste Quadrate oder kreisrunde Flächen — kurz gesagt für »Punkte«. Das liegt daran, daß ein weißer Punkt auf schwarzem Grunde infolge der Lichtaberration nach allen Seiten hin Licht verliert (bzw. ein schwarzer Punkt auf weißem Grunde von allen Seiten her Licht empfängt) und daher blasser erscheint, als eine gleich breite Linie, bei der die Ab-

errationsgebiete der einzelnen Punkte in der Längsrichtung der Linie übereinander fallen (vgl. oben S. 26).

Das Ergebnis aller dieser Versuche läßt sich demnach kurz dahin zusammenfassen, daß es einen einheitlichen unteren Grenzwert für die gesonderte Wahrnehmung feiner Details nicht gibt, sondern daß dieser auch unter
sonst gleichbleibenden Verhältnissen der Belichtung usf. je nach der Größe
und Form der Probeobjekte verschieden ist. Es ist daher grundsätzlich unmöglich, den SNELLENschen Einheitswert von 1′ oder irgend einen anderen
als allgemeinen Wert der Sehschärfe anzusetzen. Vielmehr ist man bei
wissenschaftlichen Untersuchungen stets nur auf Vergleichswerte angewiesen.
Man wird demnach bei vergleichenden Untersuchungen über die Sehschärfe,
z. B. bei verschiedener Belichtung oder an verschiedenen Stellen der Netzhaut, stets die gleichen Objekte benützen müssen. Ist es in einem besonderen Falle wünschenswert oder nötig, statt eines einzigen Objektes mehrere
zu verwenden, so müssen rein empirisch jene herausgesucht und miteinander in Parallele gestellt werden, die unter sonst gleichen Umständen bei
dem gleichen Gesichtswinkel eben wahrgenommen werden.

d) Sehschärfe und Formensehen.

Noch verwickelter werden die Verhältnisse, wenn man zur Bestimmung
der Sehschärfe, wie dies in der Praxis zumeist geschieht, das Erkennen von
Figuren benützt. Dabei kommen ganz neue Faktoren in Betracht, deren
Wesen erst im folgenden genauer erörtert werden kann, deren Bedeutung
für die Sehschärfeprüfung wir uns aber hier schon durch die Analyse der
Erscheinungen, die bei der Betrachtung einfachster Objekte an der Grenze
der Wahrnehmbarkeit auftreten, klarmachen wollen. Nehmen wir eine einzelne kleine weiße Fläche auf schwarzem oder eine schwarze Fläche auf
weißem Grunde, so sieht man sie an der Grenze der Wahrnehmung zunächst als verwaschenen rundlichen Fleck, man erkennt daher auch die
Form der Fläche zunächst nicht, kann also Kreise, Dreiecke, Quadrate usf.
nicht voneinander unterscheiden. Erst bei weiterer Vergrößerung des Gesichtswinkels erkennt man dann allmählich deutlicher zunächst die Form
der Fläche. Untersuchungen darüber unter Berücksichtigung der Flächengröße und der Belichtung hat insbesondere S. EXNER (46) ausgeführt, indem
er als Kriterium für das Erkennen der Form die Fähigkeit benützte, ein
liegendes von einem stehenden Rechteck zu unterscheiden. Dabei erscheinen
aber die Umrisse der Figur immer noch etwas verwaschen. Ganz scharf
sieht man sie erst bei noch weiterer Vergrößerung des Gesichtswinkels.
An kreisrunden kleinen Flächen hat LÖHNER (70, S. 91 ff.) festgestellt, daß
der Unterschied im Gesichtswinkel für das Ebenmerklichwerden des Fleckes
und für das Scharfsehen seines Randes individuell sehr schwankt. Das
liegt zum Teil daran, daß es außerordentlich schwer ist, die Grenze anzu-

geben, bei der der Umriß der Figur eben scharf erscheint. Offenbar sehen verschiedene Beobachter verschiedene Phasen des allmählichen Überganges als den wirklichen Eintritt des Scharfsehens an. Wir haben demnach beim Sehen einzelner Flächen wohl voneinander zu unterscheiden die oben im ersten Abschnitt besprochene Grenze der Sichtbarkeit des zunächst verwaschenen Fleckes und das nunmehr in Rede stehende Erkennen der Form der Fläche. Man kann dies letztere wohl auch als das Formensehen bezeichnen (GUILLERY gebrauchte dafür den Ausdruck »Formensinn«).

Auch wenn man die eben merkliche Sonderung zweier kleiner Flächen (weiß auf schwarzem Grunde oder schwarz auf weißem Grunde) feststellen will, sieht man zu allererst einen durch die Verschmelzung der beiden Flächen entstandenen, verwaschen begrenzten, einheitlichen Fleck. Dieser wird mit der Vergrößerung des Gesichtswinkels allmählich länglich, erhält dann eine leichte Einbuchtung von der Seite her, die immer tiefer und tiefer eingreift, bis schließlich die Trennung eine durchgehende ist, womit die eigentliche Grenze des Auflösungsvermögens gefunden ist. Wird aber dem Beobachter die Frage gestellt, ob ein oder zwei Punkte vorliegen, so kann er die Entscheidung schon treffen, bevor er noch die beiden Punkte wirklich scharf gesondert sieht, wenn er sich an die erste leichte Einbuchtung hält. Günstiger liegen die Verhältnisse, wenn dem Beobachter mehrere parallele gerade Striche dargeboten werden und er anzugeben hat, welche Richtung sie besitzen. Man sieht zwar auch da zunächst eine verwaschene Schattierung des Grundes, und man lernt es, aus diesen verschwommenen Umrissen die Richtung der Striche merklich eher zu erraten, als man sie wirklich scharf getrennt sieht. Aber der Unterschied zwischen diesem ersten Erraten und dem wirklichen Erkennen der Sonderung der Striche ist hier nicht groß, und es hält nicht schwer, die Grenze anzugeben, von der an man die parallelen Striche deutlich gesondert sieht. Insofern sind also für Sehschärfebestimmungen parallele gerade Striche den Punkten vorzuziehen.

Gehen wir nun von diesen verhältnismäßig einfachen Fällen zu jenen Figuren über, die in der Praxis zur Untersuchung der Sehschärfe benützt werden, so wiederholt sich der Unterschied zwischen dem Erraten der Figur, die sich aus der Deutung des zunächst verwaschenen Bildes ergibt, und dem Scharfsehen der Umrisse in noch höherem Grade. Die einfachsten derartigen Figuren sind die SNELLENschen Haken, die in den

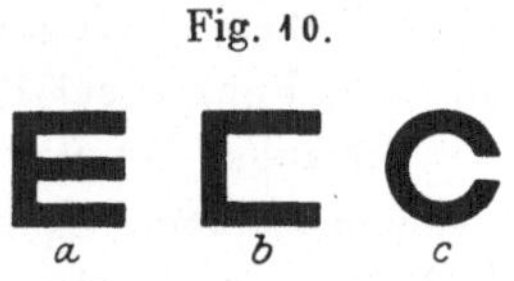

Fig. 10.

bekannten SNELLENschen Quadratblock so eingezeichnet sind, wie es Fig. 10 a u. b zeigen, und der LANDOLTsche Ring, der an einer Stelle eine Unterbrechung besitzt, die ebenso groß ist, wie die Dicke des Ringes. Die Untersuchung der Sehschärfe wird mit ihnen so angestellt, daß der Untersuchte, der die Form des Testobjektes kennt, bei Vorlage einer Anzahl von Haken oder

Ringen verschiedener Größe und Lage anzugeben hat, nach welcher Richtung hin der SNELLENsche Haken offen ist, bzw. an welcher Stelle des LANDOLTschen Ringes sich die Unterbrechung befindet. Zur Vereinfachung der Aussagen gibt man dem Untersuchten ein Pappmodell des Hakens oder Ringes mit einem Handgriff in die Hand, das er in dieselben Lagen zu bringen hat, wie er sie am Probeobjekt sieht.

Bei diesem Verfahren ist nun besonders wesentlich für die Deutung der Figur, daß man ihre Form von vornherein bereits kennt und nur noch ihre Lage anzugeben hat. Es ist dann verhältnismäßig leicht, schon aus der Verteilung von Hell auf der einen und von Dunkel auf der anderen Seite des verwaschenen Bildes die Richtung des SNELLENschen Hakens herauszubringen. Daraus geht aber hervor, daß das Erkennen dieser Proben, besonders bei Ungeschulten, durchaus nicht ohne weiteres der gesonderten Wahrnehmung der parallelen Striche des Hakens gleichzusetzen ist, und daß demnach auch der Gesichtswinkel des Zwischenraumes zwischen den Strichen unter diesen Umständen nicht für das Erkennen der Figur maßgebend ist. Aber auch das Erkennen der Lücke im LANDOLTschen Ring ist nicht gleichbedeutend mit der scharfen Sonderung ihrer Ränder, sondern erfolgt schon vorher aus dem Auftreten einer Erhellung an einer Stelle des Umfanges des Ringes.

Dem Nachteil, daß dem Untersuchten die allgemeine Form der Figur von vornherein bekannt ist, entgeht man, wenn man sehr verschiedene Probeobjekte durcheinander verwendet. Sehr eingeschränkt wird er daher schon durch die in der Praxis übliche Verwendung von Probebuchstaben und Probezahlen. Nur ist auch hierbei der Gesichtswinkel, unter dem die Distanzen der einzelnen Striche der Buchstaben und Zahlen gesehen werden, nicht das allein entscheidende Maß der Sehschärfe. Vielmehr hängt diese, wie besonders die Versuche von PERGENS (75—80), GUILLERY (51, 56, 57), GEBB und LÖHLEIN (69), LÖHNER (70) und vielen anderen zeigen, außerdem noch von der speziellen Form der Probeobjekte ab. Es ist sehr schwer, aus den zahlreichen Einzelbeziehungen, die von diesen Autoren an den verschiedensten Figuren, u. a. auch am LANDOLTschen Ring und den SNELLENschen Haken, nachgewiesen wurden, allgemeinere Sätze abzuleiten. Nur auf zwei Punkte sei hier besonders hingewiesen.

Zunächst beteiligt sich bei Figuren, die sich aus mehreren Einzelteilen zusammensetzen, regelmäßig auch der Simultankontrast. Ein hübsches Beispiel für seine Wirkung erhält man, wenn man die Fig. 11 bei recht heller Beleuchtung aus so großer Entfernung betrachtet, daß die Form der Quadrate eben an der Grenze der Wahrnehmung liegt. Wenn man dann etwas vor- oder zurückgeht, wird man leicht eine Entfernung finden, aus der man die Quadrate im Innern der Figur schon als solche erkennt, während die am Rande der Figur noch eine nach außen hin runde Begrenzung zeigen. Der Simultankontrast plattet die Flecken in der Mitte gleichsam gegeneinander ab. Genau genommen wird der Vorgang allerdings durch die später zu besprechenden Phänomene der »Gestaltauffassung« etwas komplizierter. Ganz scharf sieht man nämlich eigentlich nur die geraden Streifen, die durch die Figur hindurchziehen. Die schwarzen Quadrate im Innern der Figur besitzen dabei noch immer eine etwas unbestimmte Form.

In anderen Fällen soll das Erkennen von Figuren angeblich durch die Möglichkeit eines Vergleichs erleichtert werden. So erklärt es GUILLERY (56), daß er ebenso wie PERGENS (75) die Lücke im oberen Strich der Fig 12 b schon aus größerem Abstand erkennt, als die in Fig. 12 a, weil sie im ersteren Fall mit dem nicht unterbrochenen unteren Strich verglichen werde, was das Erkennen der Lücke besonders dann begünstige, wenn der untere Strich noch etwas verstärkt wird. Ich muß allerdings die Richtigkeit dieser Annahme ganz dahingestellt sein lassen, weil ich die Tatsachen selbst nicht sicher bestätigen kann.

Fig. 11.

Fig. 12.

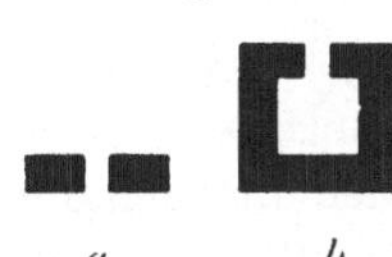

In zahlreichen weiteren Fällen ist es noch weniger möglich, den eigentlichen Grund für die leichtere oder schwerere Erkennbarkeit bei einer Änderung der Form der Figur anzugeben. Aber wenn auch auf diese Weise die Bedingungen für das Erkennen der gewöhnlichen Sehproben recht verwickelt und schwer zu erfassen sind, so bleiben die letzteren trotzdem für praktische Zwecke, ja in vielen Fällen sogar zu wissenschaftlichen Vergleichen der Sehschärfe unter verschiedenen Umständen wohl verwendbar. Man muß sich nur hüten, aus den Untersuchungen mit ihnen zu weitgehende theoretische Folgerungen zu ziehen oder ihre Konstruktion aus unzutreffenden theoretischen Voraussetzungen abzuleiten. Vielmehr muß ihre Ausgestaltung auf rein empirischem Wege erprobt werden. Ich verweise in dieser Hinsicht auf die Ausführungen von HESS zu den Internationalen Sehproben (58) und in diesem Handb. l. c. S. 217 ff.

e) Die Abhängigkeit der Sehschärfe von der Beleuchtung.

Der zweite Faktor, von dem das Auflösungsvermögen des Auges wesentlich abhängt, ist der Farbenunterschied zwischen Objekt und Grund. Beschränken wir uns zunächst auf die Besprechung der tonfreien Farben der Weißschwarz-Reihe, so ist der einfachste Fall der, daß als Objekt eine leuchtende Figur auf lichtlosem Grunde vorliegt und nur die Lichtstärke der Figur variiert wird. Sendet auch der Grund Licht aus, so werden die Verhältnisse verwickelter, weil dann außer der absoluten Lichtstärke des Objekts auch der Lichtunterschied zwischen Objekt und Grund mit berücksichtigt werden muß. Verwendet man zu den Versuchen nicht selbstleuchtende, sondern lichtreflektierende Flächen, z. B. weißes auf schwarzem oder schwarzes auf weißem Papier, so hängt der Lichtunterschied zwischen Objekt und Grund von der Beleuchtung der Flächen ab. In diesem Falle nimmt bei zunehmender Beleuchtung der absolute Lichtunterschied zwischen Objekt und Grund zwar immer mehr zu, aber die Lichtstärke des Objektes und des Grundes stehen bei jedem Beleuchtungsgrad in demselben Verhältnis zueinander.

Wie sich mit zunehmender Tagesbeleuchtung die Farbe der Objekte aus dem in schwacher Dämmerung zunächst nur wenig differenzierten mittleren Grau heraus immer stärker und stärker, sowohl nach dem Weiß, als auch nach dem Schwarz hin vertieft, das Dunkle schwärzlicher, das Helle immer weißlicher wird, hat HERING in diesem Handbuch (1. Teil, Kap. 12, S. 70 ff.) schon eingehend geschildert. Entsprechend dem zunehmenden Farbengegensatz nimmt dabei auch die Sehschärfe allmählich zu, doch ist ihre Abhängigkeit von der Belichtung höchst verwickelt. Die Änderung der allgemeinen Beleuchtung bewirkt nämlich außer der Änderung der von den Objekten reflektierten Lichtmenge auch eine Umstimmung der Lichtempfindlichkeit des Auges selbst, die wir in den Extremen als Hell- und Dunkeladaptation bezeichnen. Diese beeinflußt ihrerseits wieder die Sehschärfe, vorwiegend zwar der Netzhautperipherie, wo sie am ausgesprochensten ist, aber auch die zentrale. Ferner ändert sich mit der allgemeinen Belichtung auch die Weite der Pupille, was bei etwas höheren Lichtstärken, wie HUMMELSHEIM (59) zeigte, ebenfalls einen merklichen Einfluß auf die Sehschärfe hat, und endlich fällt bei heller Außenbeleuchtung außer von den Sehproben noch eine Menge Licht von seitlichen Objekten (etwa den hellen Fenstern) ins Auge, das sich zum Teil als falsches Licht über die Netzhaut ergießt. Nun haben sich die bisherigen Untersucher (ich verweise bezüglich der Literatur auf die Zusammenstellungen derselben bei UHTHOFF, 92, und OGUCHI, 72) zumeist mit der Ermittlung der ja praktisch außerordentlich wichtigen Beziehung zwischen Sehschärfe und Belichtung im allgemeinen beschäftigt, haben also dabei die Änderungen der Adaptation und meist auch die Änderung der Pupillenweite mit in Kauf genommen.

Daher ist es kein Wunder, daß sich in diesen Fällen keine einfache Beziehung zwischen Lichtstärke und Sehschärfe ergeben hat. Außerdem weichen die Versuchsbedingungen bei den einzelnen Autoren vielfach voneinander ab, so daß auch ihre Ergebnisse nicht immer direkt miteinander vergleichbar sind.

Setzen wir vorerst den Fall, es werden dem Auge verschieden stark belichtete Sehproben auf einem Grunde dargeboten, der lichtlos ist oder so wenig Licht reflektiert, daß wir dessen Lichtzunahme unberücksichtigt lassen können. Dann zeigt sich, daß die Sehschärfe bei zunehmender Belichtung der Proben anfangs rasch, später zunehmend langsamer ansteigt und schließlich ein Optimum erreicht, von dem sie bei noch höheren Lichtstärken unter Umständen sogar wieder absinken kann. Trägt man die Sehschärfen als Ordinaten über einer Abszisse, auf der die Lichtintensitäten angegeben sind, nach oben zu auf, so erhält man nach den Versuchen von UHTHOFF (l. c.) eine Kurve — sie ist in diesem Handbuch schon von LANDOLT (Bd. 4, Abt. 1, S. 455) reproduziert worden —, die anfangs bis zu einer Belichtung von etwa 3—4 Meterkerzen ganz steil ansteigt. Dann wird ihr Anstieg zunehmend flacher und bei einer Belichtung von 33 oder etwas mehr MK erreicht die Kurve ein Maximum, das bis zu 100 MK Belichtung nicht mehr überschritten wird. Nur trat bei manchen Personen bei den höchsten Lichtstärken schon wieder eine Verringerung der Sehschärfe ein. Ebenfalls vom dunkel adaptierten Auge ausgehend, fanden auch LAAN und PICKEMA (vgl. SNELLEN, 90), daß das Maximum der Sehschärfe bei einer Beleuchtung von 50 MK, und wenn das Auge gut dunkel adaptiert ist, schon bei 30 MK erreicht werde. COHN (42) fand in analogen Versuchen, daß der Anstieg der Sehschärfe mit zunehmender Lichtstärke der Sehproben individuell außerordentlich variiert.

Die Ergebnisse der angeführten Versuche haben, wie gesagt, ihre große praktische Bedeutung, aber sie geben keinen Aufschluß über die theoretische Frage, inwieweit die Änderung der Sehschärfe auf die Änderung der Lichtstärke an sich oder auf die Änderung der Adaptation bezogen werden darf. In diesen Versuchen war nämlich der ursprüngliche Anpassungszustand des Auges der einer völligen Dunkeladaptation. Bei der Darbietung der hellen Sehproben ändert sich dieser aber je nach der Lichtstärke und der Betrachtungsdauer der Proben. Zur weiteren Analyse wären daher Versuche heranzuziehen, in denen die Sehschärfe des hell und des dunkel adaptierten Auges bei wechselnder Lichtstärke der Sehproben direkt miteinander verglichen werden. Derartige Vergleichsversuche sind in sehr exakter Weise — mit vorgesetztem, stets gleich weitem Diaphragma; Ausschluß seitlicher Belichtung des Auges; Betrachtung durchleuchteter SNELLENscher Haken auf lichtlosem Grunde; gleicher objektiver Lichtstärke für Hell- und Dunkelauge — von BLOOM und GARTEN (37) ausgeführt worden. Das eine Auge der Versuchsperson war vor dem Versuch durch langen Lichtabschluß dunkel adaptiert worden, das andere war hell adaptiert. An letzterem ändert sich zwar beim Hereinblicken in den dunklen Apparat etwas die Adaptation, aber doch nur wenig und stets in gleicher Weise. Die Änderung der Dunkeladaptation im anderen Auge infolge Betrachtung der Sehproben wurde durch kurzdauernde Belichtung derselben mittels eines elektrischen Funkens verhindert. BLOOM und GARTEN fanden nun, daß bei sehr geringen Lichtstärken die zentrale Sehschärfe des Dunkelauges höher ist, als die des Hellauges, daß aber mit zunehmender Lichtstärke die Sehschärfe des Hellauges wesentlich rascher ansteigt, als die des Dunkelauges, so daß schließlich die Sehschärfe des ersteren der des letzteren weit überlegen ist. Ich gebe in Tabelle 5 die Zahlen für die Augen von GARTEN wieder, wobei als Einheit der Lichtintensität eine willkürlich gewählte, sehr schwache Belichtung eingesetzt und die Sehschärfe in Dezimalen der SNELLENschen Einheit ausgedrückt ist.

Tabelle 5.

Sehschärfe in Dezimalen der Snellenschen Einheit.

Lichtstärke	Sehschärfe	
	Hellauge	Dunkelauge
1	0,27	0,36
1,55	0,27	0,36
3,45	0,31	0,55
6,62	0,37	0,55
12,90	1,09	0,55

Ein ähnliches Ergebnis ließe sich, allerdings mit weniger Sicherheit, auch schon aus früheren Versuchen von KÖNIG (62) erschließen. KÖNIG selbst leitete aus seinen Versuchen ab, daß die Sehschärfe S von der Belichtungsintensität B nach der Formel $S = a \log \dfrac{B}{k}$ abhänge, wobei a und k Konstanten darstellen, die je nach den Verhältnissen verschieden seien. Die Konstante a sei beim »Stäbchensehen« 10 mal kleiner, als beim »Zapfensehen«. Die Konstante k hänge vom Helligkeitswerte des Lichtes ab. Proportionalität der Sehschärfe zu $\log B$ hatte für kleine Lichtunterschiede schon POSCH (81) angegeben. Vgl. ferner die Resultate von TWINING bei FECHNER (17, Bd. 1, S. 269) und FECHNERs Kritik derselben.

Nach SNELLEN (90, S. 176 ff.) sollte die Sehschärfe des dunkel adaptierten Auges durchschnittlich besser sein, als die des hell adaptierten. Zu dieser Angabe und denen von BUTTMANN (39), KOESTER (63) und A. E. FICK (47) vgl. man die Bemerkungen von BLOOM und GARTEN (l. c., S. 406).

Das Ergebnis dieser Versuche und alle sonstigen Erfahrungen machen es nun wahrscheinlich, daß ebenso wie dies HERING in diesem Handbuch

(l. c. S. 72 ff.) für die **Deutlichkeit des Sehens** (vgl. deren Definition unten S. 46) ausgesprochen hat, auch die Sehschärfe bei jedem Adaptationsgrad mit zunehmender Lichtstärke zunächst zunimmt, dann ein **relatives** Maximum erreicht, von dem sie bei noch höherer Lichtstärke wieder absinkt. Dieses Maximum liegt für das dunkel adaptierte Auge niedriger, als für das hell adaptierte, und der höchste, überhaupt erzielbare Betrag der Sehschärfe, ihr **absolutes Maximum**, wird daher vom hell adaptierten Auge bei einem bestimmten, aber individuell verschiedenen Optimum der Lichtstärke erreicht werden.

Die Abhängigkeit der Sehschärfe von der Lichtstärke bietet insofern ein besonderes theoretisches Interesse, als sie einen klaren Beweis für die auch im normalen, wohl akkommodierten Auge vorhandene Unschärfe der Netzhautbildchen liefert. Würde nämlich die Belichtung der Netzhaut durch die leuchtende Sehprobe auf lichtlosem Grunde ganz scharf mit der Grenze des schematischen Netzhautbildchens abschneiden, so wäre nicht recht abzusehen, warum bei herabgesetzter Lichtstärke größere Distanzen zur Unterscheidung zweier leuchtender Objekte voneinander notwendig sein sollten, als bei hoher Lichtstärke. Denn die Objekte sollten dann doch, wenn ihre Lichtstärke überhaupt über der Schwelle liegt, stets gleich groß erscheinen, und auch der Zwischenraum zwischen ihnen müßte trotz verschiedenster Lichtstärke gleich bleiben. Auch die Irradiation, die man unter der obigen Voraussetzung bloß noch auf eine physiologische Ausbreitung der Erregung im Sehorgan beziehen dürfte, könnte die Abhängigkeit der Sehschärfe von der Lichtstärke nicht erklären. Diese müßte nämlich bei leuchtenden Objekten eine mit steigender Lichtstärke zunehmende Vergrößerung derselben auf Kosten des dunklen Zwischenraumes herbeiführen — wie es bei sehr hohen Lichtstärken tatsächlich der Fall ist (siehe unten!) —, während bei den Sehschärfebestimmungen mit niedrigeren Lichtstärken doch gerade umgekehrt der Zwischenraum um so merklicher wird, je höher die Lichtstärke wird. Dagegen wird dieses Verhalten wohl verständlich, wenn wir uns auf die tatsächlich vorhandenen Formen der Lichtflächen beziehen, die wir oben besprochen haben. Es sei *abgef* in Fig. 13 der Querschnitt einer aus den beiden einfachen Lichtflächen *abc* und *def* zusammengesetzten Lichtfläche eines Doppelpunktes von verhältnismäßig geringer Lichtstärke auf lichtlosem Grunde. Erhöht sich die Leuchtkraft auf das Fünffache, so erhalten wir, da bei gleicher Pupillenweite nicht die Ausdehnung der Lichtflächen, wohl aber die Steilheit ihres Abfalles zunimmt, als Querschnitt der Gesamtlichtfläche beider Punkte die Kurve *ahikf*, deren Einbuchtung bei *hik* fünfmal größer ist, als die Einbuchtung *bge*. Wäre nun allein das Verhältnis der Höhe *mg* zu *lb* (oder *ne*) und *mi* zu *lh* (oder *kn*) für die Unterschiedsempfindlichkeit für Licht maßgebend, so müßte freilich die Senke *hik* ebenso merklich sein, wie die Senke bge. Dies trifft aber, wie wir sehen, nicht zu, vielmehr hängt die Merklichkeit des Unterschiedes, wie HERING in diesem Handbuch ausführlich gezeigt hat, auch von der absoluten Lichtstärke, sowie von der Wechselwirkung der Netzhautstellen, speziell vom Grenzkontrast ab. Sinkt der Lichtunterschied zwischen Sehprobe und Grund unter eine gewisse Grenze herab, so reicht der Grenzkontrast nicht mehr hin, das verwaschene Netzhautbild in ein Empfindungsbild mit scharfen Grenzen umzugestalten, man sieht dann die Ränder der Objekte verwaschen, und die

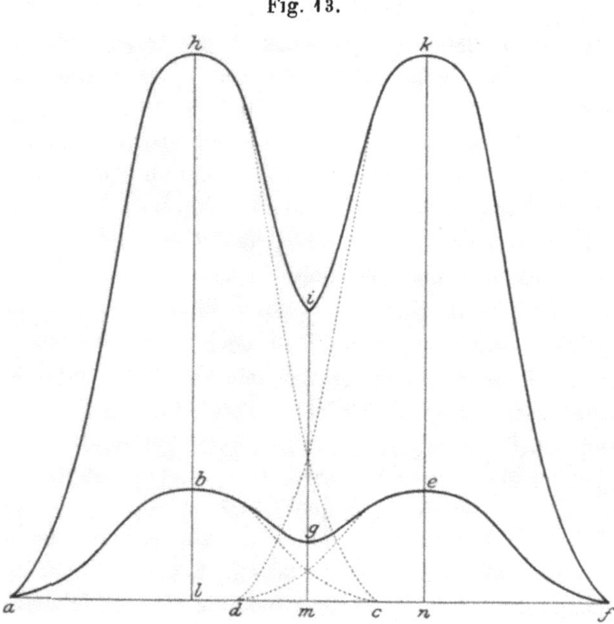

Fig. 13.

Sehschärfe nimmt dementsprechend stark ab. Bei den geringsten Lichtstärken, die eben über der Schwelle liegen, kommt dann noch eine andere Erscheinung hinzu, über die wir unten S. 99 ff. ausführlicher sprechen werden.

Auf der anderen Seite macht sich nun bei sehr hohen Lichtstärken der Einfluß der Irradiation immer mehr und mehr geltend. Stark leuchtende Punkte erscheinen unregelmäßig strahlig ausgebreitet. Liegen zwei solche Punkte dicht nebeneinander, so fließen ihre Empfindungsflächen um so mehr zusammen, und die Sonderung der beiden Punkte wird um so schwieriger, je höher ihre Lichtstärke ist. Ist einer der leuchtenden Punkte wesentlich lichtschwächer als der andere, so kommt es zu dem speziell an Doppelsternen sogenannten »Überglänzen« des lichtschwächeren durch den lichtstärkeren. Für das Auftreten dieser Erscheinung ist nun selbstverständlich nicht der Betrag der Lichtstärke allein maßgebend, sondern auch der Zustand des Auges. Je größer dessen Lichtempfindlichkeit ist, bei desto niedrigeren Lichtstärken tritt das Phänomen des Überglänzens und die dadurch bewirkte Herabsetzung der Sehschärfe auf. Daher rührt es denn auch — im Verein mit der an sich niedrigeren Sehschärfe des dunkel adaptierten Auges für größere Lichtstärken —, daß das Sonderungsvermögen für Doppelsterne vergleichsweise so niedrig ist: es geht bei den allermeisten Personen nicht unter 3—3$^{1}/_{2}'$ herunter (AUBERT, 1, S. 203, 210 und 233).

Sendet außer der Sehprobe auch der Grund Licht aus, handelt es sich also um lichtreflektierende Flächen von verschiedenem Remissionsvermögen, so ändern sich bei verschieden starker Belichtung die Kurven der Fig. 13 insofern, als ihre Erhebung nicht von der Nullinie, sondern von einem höheren Niveau ausgeht, das mit zunehmender Belichtung ebenfalls proportional ansteigt. Gesetzt den Fall, der Grund reflektierte bloß den zehnten Teil des Lichtes, wie das Probeobjekt, so würde in unserer Figur die Kurve *abgef* von einer Linie auszugehen haben, die 1,44 mm über der Abszisse verläuft, die Kurve *ahikf* bei fünffach höherer Belichtung von einer Linie, die 7,2 mm über der Abszisse liegt. Auch hier bleibt die Theorie dieselbe: die Sehschärfe nimmt bei zunehmender Beleuchtung zunächst bis zu einem dem betreffenden Adaptationsgrad entsprechenden relativen Maximum zu und von da an wieder ab.

Tabelle 6.

b	d'
114″	29″
91	46
76	60
65	72
57	97
51	107
46	110

Verwendet man, wie es bei der augenärztlichen Untersuchung am gebräuchlichsten ist, als Sehprobe schwarz gedruckte Figuren auf weißem Grunde, so wäre, da nach HERING (dieses Handb., l. c., S. 14) gute Druckerschwärze ungefähr den 15. Teil des Lichtes reflektiert, wie weißes Papier, das Verhältnis der Lichtstärken bei verschiedener Beleuchtungsintensität konstant ungefähr 1:15. Wenn man nun v e r s c h i e d e n e Sehproben bei wechselnder Beleuchtung untersucht, so stellt sich heraus, daß sich der Einfluß der Beleuchtung auch je nach der Größe und Form der Sehprobe verschieden äußert. Das kann man schon aus Versuchen von AUBERT ableiten. Als AUBERT die in der Tabelle 2 (oben S. 30) niedergelegten Versuche über die Sonderung verschieden großer weißer Quadrate auf schwarzem Grunde, die an einem nicht besonders hellen Tage ausgeführt worden waren, an einem auffallend hellen Tage wiederholte, fand er die in Tabelle 6 wiedergegebenen Beziehungen zwischen Sehschärfe d' und dem Gesichtswinkel b für die Seitenlänge der zu sondernden Quadrate. Für genügend große Quadrate war die Sehschärfe bei beiden Lichtstärken gleich. Je kleiner aber die Quadrate waren, desto deutlicher wurde sie durch die Zunahme der Belichtung begünstigt. Ich selbst habe derartige Vergleichs-

Fig. 14.

versuche außer an der in Fig. 8 wiedergegebenen Doppelpunktanordnung von LÖHNER auch an drei parallelen geraden Strichen, die fünfmal so lang als breit waren und deren Abstand voneinander gleich ihrer Dicke war (Fig. 8), sowie an SNELLENschen Haken gleicher Größe — sämtlich schwarz auf rein weißem Grunde gedruckt —, bei sehr verschiedener, aber beidemal heller Tagesbeleuchtung ausgeführt, nämlich a) im Freien bei grellem Mittagssonnenschein und direkter Sonnenbelichtung der Sehproben, und b) in einem sehr hellen Zimmer an einem sonnigen Tage bei indirekter Beleuchtung der Sehproben. Von dem letzteren Versuch stammt die Tabelle 4, welche das Ergebnis an den LÖHNERschen Doppelpunkten angibt. Im direkten Sonnenlicht fand ich die Zahlen der Tabelle 7. Sie sind freilich nicht ganz so

Tabelle 7.

b	d'
65″	65″
62	62
52	78
52	90
41	103
39	116

zuverlässig wie die anderen, weil sich bei der grellen Beleuchtung schon nach kurzer Betrachtung der Proben ein Schleier über dieselben legt und man daher nur auf den flüchtigen Eindruck des ersten Blickes angewiesen ist. Daher rühren die nicht unbeträchtlichen Unterschiede der Einzelbestimmungen. Trotzdem ist die Erhöhung der Sehschärfe im Sonnenlicht ganz bedeutend. Geringer, aber doch auch noch wahrnehmbar ist sie an den parallelen Strichen, die an der Sonne unter 36—37″ eben erkannt wurden, während im hellen Zimmer die äußerste Grenze des Erkennens bei 41″ lag und sie erst bei 44″ sicher erkannt wurden. Dreizinkige SNELLENsche Haken wurden etwas leichter, im direkten Sonnenlicht bei

$31-34''$ zwischen ihren Zinken, im hellen Zimmer bei $34-39''$ erkannt. Auch bei diesen Proben wurde bei direkter Sonnenbelichtung und dauernder Betrachtung die Sehschärfe infolge der Blendung durch den weißen Grund stark beeinträchtigt. Die Ursache für die angeführten Unterschiede der Sehschärfe ist offenbar in der Wirksamkeit des Simultankontrastes gegeben. Je stärker dieser wirksam ist, je ausgedehnter also die zu sondernden Flächen sind, desto eher bewirkt er schon bei niedrigeren Beleuchtungsstärken eine Annäherung an das Maximum der Sehschärfe — demnach bei größeren Quadraten eher als bei kleineren, bei Strichen eher als bei Punkten.

Bei schmalen Strichen bleibt die Abhängigkeit des Sonderungsvermögens von der Summe der Strichbreite plus dem Zwischenraum, die oben S. 32 beschrieben wurde, auch bei verschiedener Beleuchtung bestehen. Man kann dies am einfachsten dadurch feststellen, daß man die Teile der Fig. 9 auf S. 33 bei verschieden starker Beleuchtung betrachtet. Natürlich äußert sich die Zunahme der Sehschärfe bei stärkerer Beleuchtung darin, daß die Summe $b+d'$ abnimmt. Bei der Bestimmung des Sonderungsvermögens zweier feiner Drähte, die vor einem leuchtenden Hintergrunde meßbar verschieblich angebracht waren, fand ich in zwei aufeinanderfolgenden Versuchen, in denen die Werte von b und d' gerade miteinander vertauscht waren, die in Tabelle 8 enthaltenen Zahlen. Man sieht, daß bei einer und derselben Lichtstärke die Summe $b+d'$ konstant bleibt, mit zunehmender Lichtstärke aber kleiner wird.

Tabelle 8.

Lichtstärke	b	d'	$b+d'$
4	$24''$	$59''$	$83''$
2	$27''$	$66''$	$93''$
1	$29''$	$71''$	$100''$
4	$57''$	$23''$	$80''$
2	$67''$	$27''$	$94''$
1	$69''$	$27,5''$	$96,5''$

Benützt man, wie in den oben beschriebenen Versuchen, auf weißen Grund gedruckte Figuren als Sehproben, so ist man nur auf ein Verhältnis der Lichtstärke von Objekt und Grund beschränkt. Um die Versuche weiter auszudehnen, bediente ich mich einer Vorrichtung, bei der die Sehproben in Ausschnitten in einer Blechscheibe bestanden, die von hinten her gleichmäßig durchleuchtet wurden, und bei der außerdem noch Licht auf die mattweiß lackierte Vorderfläche der Scheibe zugespiegelt werden konnte. Auf diese Weise war es möglich, einerseits die mit einer bestimmten Lichtstärke durchleuchtete Sehprobe auf lichtlosem Grunde mit der gleichen

Probe auf verschieden hellem Grunde zu vergleichen, andererseits während der Versuchsreihe beliebig auch die absolute Lichtstärke zu ändern. Sucht man mit diesem Apparat zunächst die Lichtstärke für die durchleuchteten Sehproben auf lichtlosem Grunde auf, bei der das relative Maximum der Sehschärfe für einen bestimmten Adaptationsgrad liegt, die obere Grenze also, von der ab die Sehschärfe durch die Irradiation wieder eingeschränkt wird, und spiegelt sodann dem Grunde Licht zu, so muß man, um wieder dieselbe Sehschärfe zu erzielen wie vorher, die Lichtstärke der Sehproben um so mehr erhöhen, je mehr Licht der Grund selbst aussendet. Das beruht auf zweierlei Ursachen. Erstens mischt sich in diesem Falle das vom schematischen Netzhautbildchen der Sehprobe abweichende Licht mit dem Licht des Grundes. Je stärker nun das letztere ist, desto größer muß nach dem WEBERschen Gesetz der Zuwachs an Licht sein, damit die Zunahme der Lichtstärke eben merklich wird. Daher wird auch das irradiierende Licht um so weniger merklich, je lichtstärker der Grund ist. Weitaus wichtiger aber ist, daß durch die Belichtung der Umgebung die Lichtempfindlichkeit der von der leuchtenden Sehprobe selbst gereizten Netzhautstellen herabgesetzt wird. Die Sehprobe erscheint viel weniger hell, als auf lichtlosem Grunde. Die Belichtung der Umgebung wirkt also bis zu einem gewissen Grade so, wie eine Herabsetzung der Lichtstärke der Sehproben selbst.

Von der im flüchtigen Versuch bestimmten eigentlichen Sehschärfe ist zu unterscheiden, was HERING in diesem Handbuch (l. c., S. 68 ff.) als die Deutlichkeit des Sehens bezeichnet hat. Beim gewöhnlichen ungezwungenen Sehen kommt es uns nicht so sehr darauf an, daß wir möglichst feine Einzelheiten, aber nur auf kurze Zeit, wahrnehmen, als vielmehr darauf, daß wir sie dauernd gut und ohne Mühe erkennen können. Das ist einerseits erschwert bei stark herabgesetzter Beleuchtung, andererseits aber auch bei sehr hohen Lichtintensitäten. So ergab sich oben schon, daß bei der Betrachtung von Sehproben im hellen Sonnenlicht die Sehschärfe rasch abnimmt, das Optimum der Lichtstärke für die Deutlichkeit Sehens daher schon überschritten ist. Bezüglich alles weiteren verweise ich auf die Darlegungen von HERING.

Gehen wir von den tonfreien zu den bunten Farben über, so ist die erste Hauptfrage die, ob die bunten Farben einen spezifischen Einfluß auf die Sehschärfe besitzen, oder ob die Sehschärfe in diesem Falle bloß der subjektiven Helligkeit parallel geht. Wäre letzteres der Fall, so wäre das nicht bloß theoretisch, sondern auch praktisch wichtig, beispielsweise wäre dann in der vergleichenden Sehschärfeprüfung bei verschiedenfarbigem Licht eine bequeme Methode zur heterochromen Photometrie gegeben. In der Tat hatte HELMHOLTZ (II, S. 426 ff.) aus Untersuchungen von UHTHOFF (93, 94) geschlossen, daß die Wahrnehmbarkeit bunt gefärbter

Sehproben im allgemeinen von ihrer subjektiven Helligkeit abhängt, wenn sich auch im einzelnen noch mancherlei Abweichungen herausstellten (vgl. ferner KÖNIG, 62). Im Gegensatz dazu gaben freilich mehrere andere Autoren einen spezifischen Einfluß der Farbe auf die Sehschärfe an, doch waren ihre Methoden nicht ganz einwandfrei. Indessen fand auch PAULI (73; hier ausführliche Literatur und Kritik der früheren Untersuchungen) in neueren Versuchen, wenn er die Farben nach subjektiv gleicher Helligkeit auswählte, beträchtliche Unterschiede zwischen den langwelligen und den kurzwelligen Lichtern. Die Sehschärfe ist vergleichsweise am geringsten im Blau und Grün, viel höher im Rot und am besten im Gelb. Nimmt man mit W. SIEMENS (88) die Sehschärfe bei einem bestimmten Licht als das Maß seines Beleuchtungswertes an, so war bei der von PAULI benützten Anordnung (bei nahezu spektraler Sättigung der Farben) das Verhältnis des Beleuchtungswertes der verschiedenen Farben gegenüber weißem Licht folgendes:

$$\text{Blau : Weiß} \quad 1 : 5,74$$
$$\text{Grün : Weiß} \quad 1 : 4,26$$
$$\text{Rot : Weiß} \quad 1 : 2,27$$
$$\text{Gelb : Weiß} \quad 1 : 1,27\ [1].$$

Auf den von SCHANZ (87) betonten Einfluß der Fluoreszenz der Augenmedien im kurzwelligen Licht lassen sich diese Unterschiede nicht zurückführen, sonst müßte die Sehschärfe im gemischten weißen Licht niedriger sein, als im gelben und roten.

Die genauere Erörterung des Einflusses der bunten Farben auf die Sehschärfe reicht in Gebiete hinüber, die an anderen Stellen dieses Handbuchs behandelt werden, und soll daher hier unterbleiben. Das gleiche gilt für die Abhängigkeit der Sehschärfe von seitlich einfallendem Licht, die im Handbuch ausführlich schon von HERING (l. c., S. 145 ff.), und von der Abnahme der Sehschärfe im Alter, die von HESS (l. c., S. 293 ff.) besprochen worden sind.

Bekannt ist, daß die Sehschärfe bei binokularer Betrachtung der Sehproben regelmäßig höher gefunden wird, als bei Prüfung mit einem Auge, während das andere verdeckt ist. Dies beruht darauf, daß, besonders bei längerer Beobachtungsdauer, die Regungen des abgeschlossenen (verdunkelten) Auges das Gesichtsfeld etwas verschleiern und so die Deutlichkeit des Sehens herabsetzen. Wenn man daher das Optimum der Sehschärfe eines Auges genau feststellen will, tut man gut, während der Prüfung das andere Auge immer nur auf kurze Zeit zu verdecken und es während der Untersuchungspausen wieder freizugeben.

---

[1] Ein Überwiegen der Sehschärfe in Rot gegenüber Grün und Blau gab neuerdings auch RICE (83) an.

f) Das Auflösungsvermögen der Netzhautperipherie.

Bei der Untersuchung der Sehschärfe auf der peripheren Netzhaut erheben sich im allgemeinen dieselben Fragen wie für die Sehschärfe im direkten Sehen. Beim Vergleich beider werden wir daher sorgfältig darauf zu achten haben, daß er unter wirklich vergleichbaren Bedingungen erfolgt, daß er also mit den gleichen Sehproben, bei gleichbleibender Beleuchtung und gleichem Adaptationszustand ausgeführt wird. Solche Untersuchungen sind nach dem Vorbilde von AUBERT und FÖRSTER schon von einer ganzen

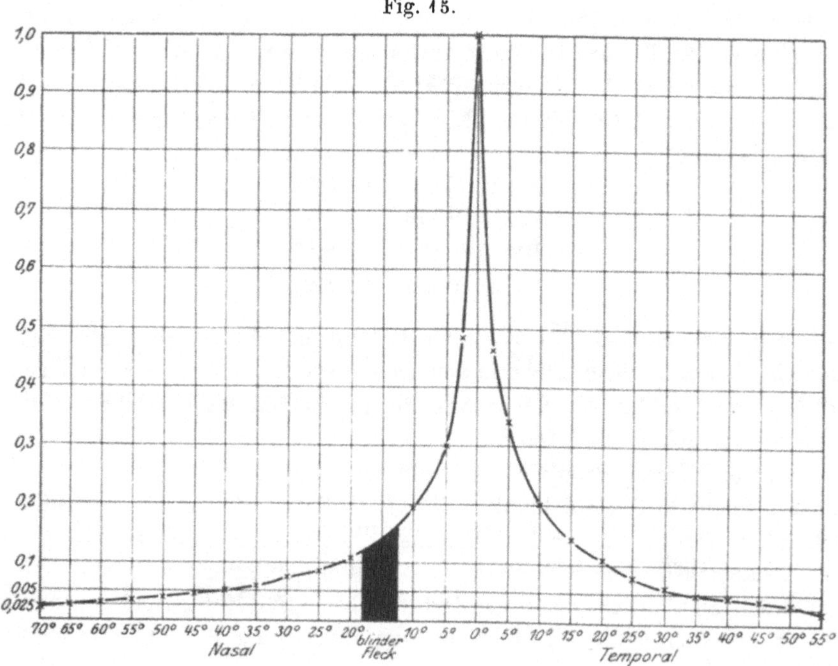
Fig. 15.

Reihe von Autoren angestellt worden, ich erwähne außer den bei WERTHEIM (95) und LANDOLT (dieses Handb. Bd. 4, Abt. 1, S. 570) angeführten neuerdings noch GROENOUW (48), GUILLERY (53), KÖSTER (63), BLOOM und GARTEN (37), RUPPERT (85).

Alle diese Untersuchungen ergaben im wesentlichen übereinstimmend eine Abnahme der unter gleichen Bedingungen gemessenen Sehschärfe vom Zentrum gegen die Peripherie hin, die neben der Stelle des direkten Sehens ungemein rasch, danach mehr allmählich erfolgt. Der Abfall ist nicht nach allen Seiten hin gleichmäßig, insbesondere geht er auf der temporalen Netzhauthälfte schneller vor sich, als auf der nasalen, nach oben hin schneller, als nach unten. Am übersichtlichsten lassen sich die

Verhältnisse graphisch darstellen, und ich gebe deshalb in Fig. 15 und 16 das Resultat einer ausgedehnten Versuchsreihe von WERTHEIM (95) nach seinen Diagrammen wieder. Fig. 15 zeigt das Verhalten der Sehschärfe im Horizontalschnitt des Auges auf der temporalen und nasalen Seite der Netzhaut, wobei auf der Abszisse der Grad der Exzentrizität, als Ordinaten die Sehschärfe in der Weise eingetragen ist, daß die zentrale Sehschärfe gleich 1 gesetzt und die periphere in Bruchteilen dieser Einheit angegeben ist. In Fig. 16 sind dann die Kurven gleicher Sehschärfe auf der Netzhaut dargestellt, wie sie sich nach den in vier verschiedenen Schnitten

Fig. 16.

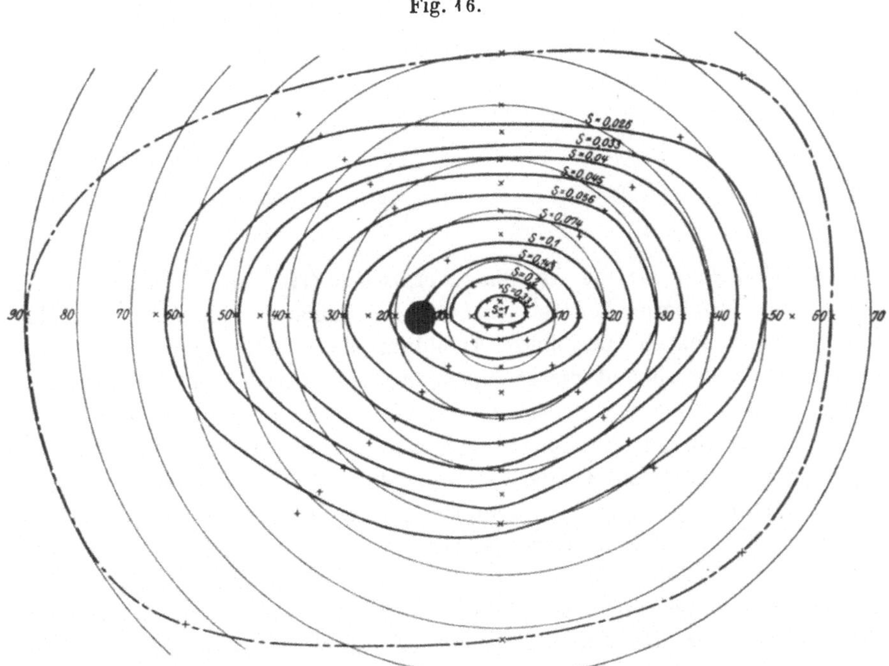

(horizontal, vertikal und zwei unter 45° geneigte Richtungen) erhobenen Werten etwas schematisch ergeben. Sie verlaufen, wie man sieht, angenähert der gestrichelt eingezeichneten Grenze des Gesichtsfeldes parallel.

Vergleichen wir die Angaben von WERTHEIM mit denen anderer Autoren (AUBERT und FÖRSTER, DOR, RUPPERT), so stimmen sie in bezug auf den allgemeinen Verlauf der Kurven recht gut miteinander überein, aber die absoluten Zahlenwerte für die Sehschärfe in der Netzhautperipherie weichen bei den verschiedenen Autoren doch recht beträchtlich voneinander ab. Ich bringe in Tabelle 9 eine kleine Auswahl aus den Versuchen von DOR, WERTHEIM und RUPPERT, wobei ich in abgerundeten Zahlen die periphere

Sehschärfe als Bruchteil der zentralen (diese gleich 1 gesetzt) angebe. Die Unterschiede beruhen z. T. vielleicht darauf, daß DOR anscheinend mit hell adaptiertem, WERTHEIM und RUPPERT mit dunkel adaptiertem Auge arbeiteten, ferner aber werden sie wohl auch durch die verwendeten Sehproben bedingt. Es ist nach dem weiter unten Gesagten verständlich, daß die periphere Sehschärfe um so höher gefunden wird, je »eindringlicher« die Sehprobe erscheint.

Tabelle 9.

Exzentrizität	DOR	WERTHEIM	RUPPERT
5 °	$1/4$	$1/3$	$1/3$
10 °	$1/15$	$1/5$	$1/5$
20 °	$1/40$	$1/10$	—
30 °	$1/70$	$1/14$	$1/25$
40 °	$1/200$	$1/20$	$1/42$
50 °	—	$1/26$	$1/52$
60 °	—	$1/32$	$1/66$
70 °	—	$1/44$	$1/77$

Als Ursachen für die Abnahme der Sehschärfe vom Netzhautzentrum gegen die Peripherie könnten mehrere in Betracht kommen. Zunächst könnte die unscharfe periphere Abbildung das Auflösungsvermögen verschlechtern, doch kommt diesem Umstande kein sehr beträchtlicher Einfluß zu, da die Abnahme der Sehschärfe in der nächsten Umgebung der Fovea, wo die Unschärfe der Abbildung noch sehr gering ist, am raschesten erfolgt (DOBROWOLSKI und GAINE, 44). Aus dem gleichen Grunde kann auch die von denselben Autoren angegebene geringere Unterschiedsempfindlichkeit für Licht in der Netzhautperipherie nicht das ausschlaggebende Moment sein. Von viel größerer Bedeutung ist es, daß wir unter gewöhnlichen Umständen beim ungezwungenen Sehen unsere Aufmerksamkeit dauernd nur den Gegenständen des direkten Sehens und ihrer nächsten Umgebung zuwenden. Erregt ein Gegenstand im indirekten Sehen unsere Aufmerksamkeit, so wenden wir Kopf und Augen derart, daß er sich auf der Stelle des direkten Sehens abbildet. Der Ungeübte kann daher anfangs nur schwierig bei festgehaltener Fixation seine Aufmerksamkeit einem exzentrisch abgebildeten Gegenstand zuwenden. Man erlernt dies aber allmählich, und es wird mit zunehmender Übung immer leichter. Nun hatte HELMHOLTZ (II, S. 605) die Beobachtung gemacht, daß er während ruhiger Fixation eines feinen Lichtpunktes im dunklen Felde, in dem ein mit großen Buchstaben bedecktes Blatt lag, bei plötzlicher Erhellung des Blattes durch einen elektrischen Funken die Buchstaben gerade jener exzentrischen Stelle des Gesichtsfeldes erkannte, dem er vorher seine Aufmerksamkeit zugewandt hatte, während die Buchstaben in den übrigen Teilen des Gesichtsfeldes größtenteils nicht

erkannt wurden. Daraus folgt, daß, je eindringlicher die peripheren Netzhauteindrücke ins Bewußtsein eintreten, je größer nach G. E. MÜLLERs und
HERINGS Bezeichnung ihr Gewicht ist, desto größer die Deutlichkeit des
peripheren Sehens wird. Vermutlich ist so die zunächst ganz befremdliche
Entdeckung von WERTHEIM (95) zu erklären, daß die periphere Sehschärfe
für Gitter abhängig ist von der Größe der Netzhautbilder: sie war höher,
wenn das Gitter eine größere Fläche bedeckte, und sie nahm ab, wenn er
das Gitter durch eine Blende verkleinerte und dadurch die Eindringlichkeit
seines Bildes abschwächte.

Auf den Einfluß der Aufmerksamkeit hat ferner neuerdings JAENSCH (9)
eine von AUBERT und FÖRSTER (33) entdeckte Erscheinung bezogen, die bis-
lang ganz rätselhaft erschien. AUBERT und FÖRSTER beobachteten nämlich,
daß die periphere Sehschärfe keineswegs allein vom Gesichtswinkel der Sehproben eindeutig abhängt. Die indirekte Sehschärfe bleibt nicht gleich groß,
wenn man die Untersuchung einmal mit dem Objekt o im Abstand a vom
Beobachter ausführt und
sie dann mit dem größe-
ren Objekt O aus dem
größeren Abstand A wie-
derholt, auch wenn o
und O vom Beobachter B

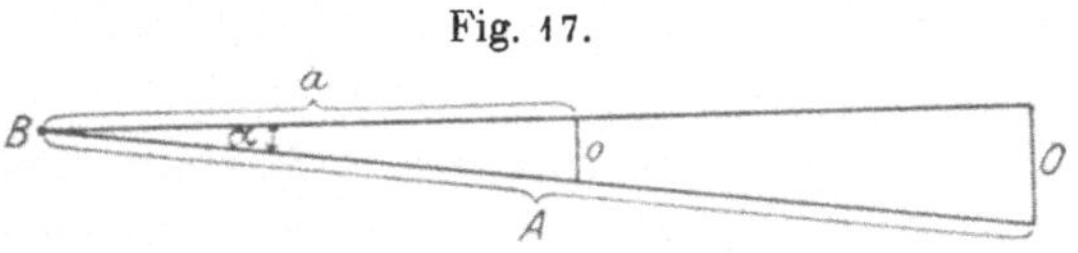

Fig. 17.

aus, wie in Fig. 17, unter dem gleichen Gesichtswinkel α erscheinen; vielmehr ist sie für nahe kleine Objekte (Buchstaben oder Doppelquadrate)
höher, als für große, weiter entfernte Objekte, die unter dem gleichen
Gesichtswinkel erscheinen. JAENSCH konnte diese von manchen Autoren
angezweifelte Beobachtung bestätigen und die Bedingungen für ihr Auftreten genauer feststellen. Er deutet sie dahin, daß es sich dabei um eine
Ausweitung und Verengerung des mit der Aufmerksamkeit erfaßten Teiles
des objektiven Gesichtsfeldes handle. Beim Sehen in die Nähe rücken
wegen des damit verbundenen Kleinersehens aller Distanzen die peripher
abgebildeten Gegenstände subjektiv näher an die Kernstelle des Sehraums,
dem Zentrum des Gebietes, dem die Aufmerksamkeit zugewandt ist, heran,
beim Sehen in die Ferne rücken sie dagegen wieder weiter von ihm ab.
Infolgedessen reicht das mit der Aufmerksamkeit umfaßte — das auf einmal »überschaubare« — Gebiet des objektiven Gesichtsfeldes beim Sehen
in die Nähe weiter gegen die Peripherie hin, als beim Sehen in die Ferne.
Dem entspricht auch das Verhalten der Sehschärfe. Sie ist demnach an
einer und derselben exzentrischen Netzhautstelle im ersteren Falle größer
als im letzteren. Parallel mit der Verbesserung der exzentrischen Sehschärfe
geht beim Sehen in die Nähe auch eine Änderung in der Farbe der Sehdinge.
Diese wird bei der Mikropsie, wie dies insbesondere von KOSTER (64) studiert
wurde, viel eindringlicher, als vorher, ihr »Gewicht« nimmt zu. JAENSCH

setzt seine Auffassung in bemerkenswerter Weise auch zu pathologischen Erscheinungen in Beziehung (s. Schielaugenamblyopie!), insbesondere benutzt er sie zur Erklärung der Gesichtsfeldeinschränkung bei Hysterischen, doch würde die nähere Besprechung dieser Dinge schon aus dem Rahmen dieses Kapitels herausfallen.

Da sich das Hinlenken der Aufmerksamkeit auf die Gegenstände der Netzhautperipherie bei festgehaltener Fixation mit der Übung immer leichter und leichter vollzieht, so ist zu erwarten, daß auch die indirekte Sehschärfe mit der Übung allmählich zunehmen wird. In der Tat wurde dies von DOBROWOLSKI und GAINE (44) nachgewiesen, und zwar stieg bei täglich einstündiger Versuchsdauer die periphere Sehschärfe in den ersten 6 Wochen bis zu einem Maximum, das in weiteren 2 Monaten nicht mehr überschritten wurde. Dabei war die Verbesserung der Sehschärfe durch die Übung in der äußersten Netzhautperipherie größer, als mehr gegen die Mitte zu.

Auch nach sehr langer Übung und möglichster Hinwendung der Aufmerksamkeit auf die Bilder exzentrischer Netzhautstellen bleibt indessen die Sehschärfe der letzteren immer noch weit niedriger, als die des Zentrums. Es müssen also in der Netzhautperipherie andere Gründe vorliegen, die eine so hohe Sehschärfe wie im Zentrum nicht zulassen. Welcher Art diese sind, läßt sich noch nicht mit voller Bestimmtheit sagen. Doch wird man in erster Linie an anatomische Besonderheiten in der Netzhautperipherie denken müssen.

Ein verhältnismäßig einfaches Schema würde sich darbieten, wenn die Duplizitätstheorie von v. KRIES und PARINAUD zuträfe, nach der die Zapfen die Perzeptionsorgane für das Hellsehen, die Stäbchen die Organe des Dämmerungssehens darstellen sollen. Dann würde die Abnahme der Sehschärfe im Hellauge durch die Abnahme der Dichte der Zapfen vom Zentrum gegen die Peripherie hin eine entsprechende Erklärung finden. Für das Dämmerungssehen läge dann allerdings von vornherein die Erwartung nahe, daß die Sehschärfe außerhalb der Makula gegen die Peripherie hin kaum merklich mehr abnähme, weil ja die Dichte der für das Dämmerungssehen in Betracht kommenden Stäbchen durch die Einlagerung von Zapfen nicht mehr geändert würde. In der Tat glaubte v. KRIES (65) nach Versuchen seines Schülers BUTTMANN (39) diese Folgerung bestätigen zu können. Doch zeigten BLOOM und GARTEN (37; dort auch die weitere Literatur über diesen Gegenstand), als sie die Sehproben für das hell und das dunkel adaptierte Auge subjektiv gleich hell machten, daß auch im dunkel adaptierten Auge eine mit der Exzentrizität der Abbildung wachsende Abnahme der Sehschärfe außerhalb der Makula vorhanden ist, wie im hell adaptierten Auge. was ähnlich auch schon von KOESTER (63: 47) beobachtet worden war. Es ergab sich ferner, daß bei gleicher subjektiver Helligkeit der Sehproben die Sehschärfe des dunkel adaptierten Auges allerorts der des hell adaptierten nachstand, während doch die Dichte der Zapfen in der Netzhautperipherie schließlich viel geringer wird, als die der Stäbchen. Diese Ergebnisse fügen sich nicht ohne weiteres den Folgerungen aus der Duplizitätstheorie. Um sie mit ihr zu vereinen, müßte man etwa auf die unten S. 70 bezüglich des Empfangsapparates im allgemeinen — ohne Rücksicht auf die Duplizitätstheorie — aufgestellte Hypothese zurückgehen und sie durch spezielle Annahmen über die Stäbchen und Zapfen erweitern. Man müßte also nicht bloß wie dort annehmen, daß die Erregung von mehreren Stäbchen im Laufe der zentralen Leitung in eine Nervenfaser zusammenfließen, und zwar von um so mehr Stäbchen, je weiter exzentrisch die betreffende Netzhautstelle liegt, sondern es müßten überdies die Stäbchen auf einem größeren Areale zu einer Einheit zusammengefaßt sein, als es bei den Zapfen der Fall ist. Sehr wahrscheinlich ist speziell das letztere gerade nicht.

g) Die Sehschärfe des Schielauges.

In besonders hohem Grade tritt der Einfluß, den das Beachten der Netzhautbilder nicht bloß auf die periphere, sondern auch auf die zentrale Sehschärfe ausübt, bei Schielenden zutage. Besteht bei diesen die normale Netzhautkorrespondenz weiter fort, so müssen, wenn störende Doppelbilder vermieden werden sollen, die Bilder des Schielauges völlig unterdrückt werden. Aber auch in den Fällen, in denen sich eine anomale Netzhautbeziehung ausgebildet hat, beteiligen sich die Bilder des Schielauges nur zum Teil am Aufbau des binokularen Sehfeldes, sie treten mit viel geringerer Eindringlichkeit und meist nur dann ins Bewußtsein, wenn die Aufmerksamkeit eigens auf sie gerichtet ist. Dies gilt insbesondere für die auf der Fovea des Schielauges gelegenen Bilder, die sich im binokularen Sehfeld noch am ehesten bemerkbar machen können. In dem Maße nun, als die Eindrücke vom Schielauge Jahre hindurch unbeachtet bleiben, sinkt allmählich die Sehschärfe, es kommt zu den Erscheinungen der »Schielaugenamblyopie«. Diese ist, wie sich nach dem Gesagten leicht erklärt, am stärksten ausgesprochen, wenn die Sehschärfe des Schielauges von vornherein minderwertig ist und seine Netzhautbilder sich also der Aufmerksamkeit wenig aufdrängen. Dagegen braucht die Amblyopie nur gering zu sein, oder sie kann ganz fehlen, wenn die Sehschärfe beider Augen von vornherein gut war, so daß Veranlassung zur Ausbildung alternierender Fixation gegeben war. Diese hier nur in den flüchtigsten Umrissen angedeuteten Verhältnisse, die von BIELSCHOWSKY in diesem Handbuch ausführlich erörtert werden, besitzen nun noch insofern eine große, schon von JAENSCH (9) betonte Ähnlichkeit mit der Herabsetzung der Sehschärfe in der Netzhautperipherie, als auch die Schielaugenamblyopie ebenso wie die Amblyopie der exzentrischen Netzhaut, durch das immer wiederholte Hinlenken der Aufmerksamkeit, also durch Übung, bedeutend verbessert werden kann.

Das ist insbesondere der Fall, wenn das vorher schielende Auge verloren geht, oder wenn man das führende Auge längere Zeit zubindet und der Schielende dadurch gezwungen wird, seine Aufmerksamkeit allein den Schielaugeneindrücken zuzuwenden, oder wenn sich nach einer Schieloperation wieder binokulares Sehen auf Grund der normalen Korrespondenz herstellt.

Nach Worth (98) erfolgt das Auftreten der Schielaugenamblyopie und ebenso die Verbesserung derselben bei alleiniger Benützung des Schielauges zum Sehen am raschesten in ganz jugendlichem Alter. Daß aber auch beim Erwachsenen unter Umständen eine überaus hochgradige Verbesserung der Sehschärfe des amblyopischen Schielauges erfolgen kann, zeigt der von Bielschowsky 36) lange Zeit hindurch beobachtete Fall von Doppelsehen mit einem Auge. Als diesem Patienten das früher führende Auge enukleiert worden war, betrug die Sehschärfe der Fovea des übrigbleibenden, früher schielenden Auges zunächst bloß $^1/_{15}$. Sie stieg nach 3 Monaten auf fast $^1/_6$ nach weiteren 16 Monaten auf $^1/_3$, nach weiteren 2 Jahren auf $^2/_5$—$^1/_2$, am Schluß der mehr als 15jährigen Beobachtung bis auf $^6/_8$.

Freilich ist in der Deutung der Schielaugenamblyopie noch manches unklar und bedürfte weiterer Untersuchung. Am meisten Schwierigkeit macht die Erklärung einer anderen hierher gehörigen Erscheinung, die auftritt, wenn sich beim Schielen eine anomale Netzhautbeziehung ausgebildet hat. Es besitzt dann öfters jene periphere Netzhautstelle, welche die gleiche Sehrichtung mit der Fovea des führenden Auges erworben hat (die sogenannte Pseudomakula), eine auffällig hohe Sehschärfe. Dies ist um so schwieriger zu deuten, als gerade die Eindrücke dieser Stelle des Schielauges beim binokularen Sehen ganz besonders von den Eindrücken der Fovea des führenden Auges unterdrückt werden, so daß es zumeist schwer fällt, ein auf diesen Stellen erzeugtes Netzhautbild überhaupt wahrzunehmen. Indessen hat doch die genauere Untersuchung in vielen Fällen gezeigt, daß die innere Hemmung der Eindrücke der »Pseudomakula« keine absolute ist, sondern daß man wohl eine gewisse Beteiligung derselben am binokularen Sehen annehmen muß, ob freilich auch gerade in den Fällen mit erhöhter Sehschärfe, steht noch nicht fest. Merkwürdig ist ferner, daß die Eindrücke dieser Stelle anscheinend nur deswegen so bevorzugt werden, weil sie in gleicher Richtung mit jenen Bildern des führenden Auges erscheinen, denen die volle Aufmerksamkeit zugewandt ist. Es würde sich also in diesem Falle der Einfluß der Aufmerksamkeit auch an der mit der Fovea des führenden Auges »korrespondierenden« Stelle des Schielauges geltend machen. und zwar vermutlich nur an dieser einen Stelle, denn daß sich die Erhöhung der Sehschärfe außer auf die »Pseudomakula« auch noch auf die ganze übrige Netzhautperipherie erstreckt, ist nicht anzunehmen.

Um die Erhöhung der Sehschärfe an der Pseudomakula zu erklären, hat Jaensch (9) die Hypothese aufgestellt. sie rühre davon her, daß der

Schielende das »Zentrum der Aufmerksamkeit«, das beim Normalen auf der
Fovea ruht, in die »vikariierende Makula« verlegt. Dadurch werde die
Sehschärfe gerade an dieser Stelle erhöht, die der wirklichen Makula des
Schielauges hingegen, die nicht mehr Aufmerksamkeitszentrum ist, herabgesetzt. Diese Annahme ist in der Tat sehr einleuchtend, aber es bleibt
dabei trotz der eingehenden Erörterungen von JAENSCH über diesen Punkt
immer noch die Frage offen, wie denn die Verlegung der Aufmerksamkeit
auf die Pseudomakula diese Wirkung auf die Sehschärfe ausübt, während
doch die Bilder dieser Stelle nicht merklich über die Schwelle treten.

3. Die Feinheit des optischen Raumsinns nach Höhe und Breite.

Zur Messung der Feinheit des optischen Raumsinnes nach Höhe und
Breite kann, wie HERING (106) zeigte, zunächst dienen die Bestimmung
der Unterschiedsempfindlichkeit für Lagen nach der sogenannten
»Noniusmethode« von WÜLFING (114). Ein sehr feiner, von hinten her
durchleuchteter Spalt oder ein über zwei
weiße Kartons gezogener schwarzer
Strich ist so eingerichtet, daß seine auf
dem Grund BB' befindliche untere
Hälfte 2 in Fig. 18 gegenüber der oberen, 1 auf dem Grunde AA', längs der
Grenze ab nach Art eines Nonius seitlich
verschoben werden kann. Der Gesichtswinkel der eben merklichen seitlichen
Verschiebung gilt als Maß für das Erkennen von Lageunterschieden. WÜL-
FING konnte in seinen Versuchen eine

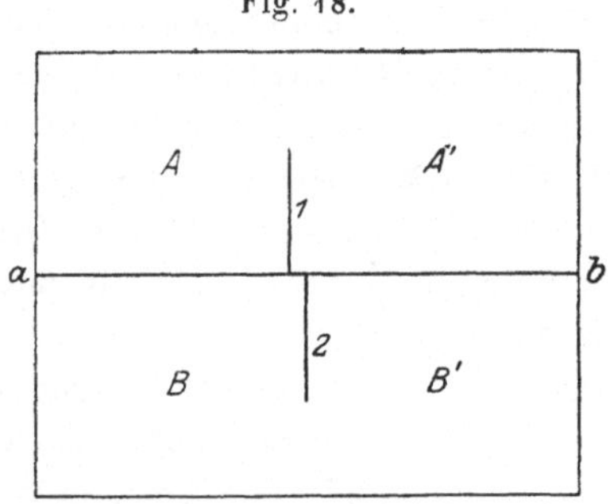
Fig. 18.

seitliche Verschiebung der beiden Strichhälften, die einem Gesichtswinkel
von 10—12 Winkelsekunden entsprach, eben noch sicher erkennen. Zu
noch niedrigeren Grenzwerten von 7—9″ gelangte später STRATTON (110, 111)
nach derselben Methode.

WÜLFINGs Anordnung wurde von BEST (100) auf HERINGs Vorschlag in
der Weise verbessert, daß an Stelle von Strichen die scharfen geraden Trennungslinien einer schwarzen und einer weißen Fläche verwendet wurden
(vgl. die Abbildung bei LANDOLT, dies Handb., Bd. 4, Abt. 1, S. 449).
BEST fand, daß die eben sicher erkennbare Verschiebung von der Richtung
der Trennungslinien abhängt. Waren diese vertikal gestellt, so war ihm
ein Lageunterschied entsprechend 13″ eben sicher wahrnehmbar. Bei horizontaler Richtung der Trennungslinien und besonders bei Schrägstellungen
war die Unterschiedsempfindlichkeit geringer. Bei Schrägstellungen betrug
sie nur ungefähr 16—19″.

Ist die Schrägstellung sehr gering, so findet man die Unterschiedsschwelle nach rechts und nach links ungleich. Man denke sich die Fig. 18 mit dem oberen Ende ganz wenig nach rechts geneigt, dann wird eine Verschiebung der unteren Linienhälfte 2 zwischen B und B' nach links viel eher erkannt, als eine Verschiebung derselben nach rechts. Der Beobachter läßt sich nämlich in diesem Falle durch die Abweichung der Linie von der vertikalen Richtung in seinem Urteil beeinflussen.

Wichtig ist, daß bei der Untersuchung nach der Methode der richtigen und der falschen Fälle eine noch viel geringere Verschiebung schon einen deutlichen Einfluß auf die Aussagen erkennen läßt, und zwar überwiegen schon bei einer Verschiebung um den Gesichtswinkel von 2,5″ die richtigen Aussagen über die falschen[1]. BOURDON (3, S. 145) erkannte mit seinem rechten Auge einen Unterschied von 7″ schon sicher, mit dem linken Auge und binokular sogar 5″ fast ohne Fehler. An meinem rechten Auge fand ich neuerdings nach vollständiger Korrektion meiner Ametropie und bei bestem Licht eine Unterschiedsempfindlichkeit von 8″, bei einer emmetropen Versuchsperson stellte ich 7″ fest.

Eine zweite Methode, aus der man Schlüsse auf die Feinheit des optischen Raumsinnes ziehen kann, ist die Bestimmung des eben merklichen Größenunterschieds kleinster Objekte. Solche Untersuchungen hat schon VOLKMANN angestellt, indem er durch drei feine vertikal gespannte Drähte zwei nebeneinander gelegene Strecken abteilte und nun durch Verschiebung des einen äußeren Drahtes eine der beiden Strecken eben merklich breiter machte, als die andere. Er fand in einer Versuchsreihe (13, S. 129 ff.), daß der eben erkennbare Größenunterschied sehr kurzer Strecken, die bloß unter einem Gesichtswinkel von 8—20′ gesehen wurden, einen von der Länge der Vergleichsstrecke unabhängigen konstanten Wert von $^1/_{90}$ mm aus 200 mm Abstand vom Auge annimmt, der einem Gesichtswinkel von rund 11″ entspricht. In einer anderen Versuchsreihe an einer weiteren Versuchsperson ergab sich mit Vergleichsstrecken von 4—6′ ein Wert von 7″. Wie man sieht, stimmen diese Werte durchaus mit denen überein, die mit der Noniusmethode gewonnen wurden.

Gegen diese Versuche hat BOURDON (3, S. 118) eingewandt, daß in ihnen nicht die Verlängerung der Strecken, sondern die Zunahme der Lichtstärke derselben maßgebend gewesen sei. Dem ist zunächst zu entgegnen, daß die Längen der Vergleichsstrecken in den Versuchen von VOLKMANN einem Gesichtswinkel von wenigstens 4′ entsprechen, der über der oberen

---

1) Bei der Untersuchung nach der Methode der wahren und der falschen Fälle wird dem Beobachter von einer zweiten Person eine bestimmte Einstellung dargeboten, und er hat dann anzugeben, welchen Eindruck sie ihm macht. Man kann dabei unterscheiden die 100%-Schwelle, bei der alle Angaben richtig sind, und die 50%-Schwelle, von der ab die wahren über die falschen Angaben überwiegen. In den Versuchen von BEST lag die erstere bei 13″, die letztere bei 2,5″.

Grenze von 2′ liegt, bis zu der nach den Versuchen von ASHER die ins Auge entsandte Lichtmenge allein für die scheinbare Größe maßgebend ist. Sie liegen vielmehr in dem Bereich, innerhalb dessen die Irradiation unabhängig von der Größe des Gesichtswinkels gleich groß bleibt, so daß wir guten Grund zu der Annahme haben, daß die Vergrößerung der Empfindungsfläche in diesen Versuchen tatsächlich der objektiven Verbreiterung der Streckenlänge proportional geblieben ist. Das scheint übrigens selbst bei noch kleineren Objekten der Fall zu sein, denn es ist sehr bemerkenswert, daß in den Versuchen, die BOURDON selbst mit einer Vergleichsstrecke anstellte, die unter Gesichtswinkeln von 22″ bis 1′30″ betrachtet wurde, die Grenze für den eben merklichen Größenunterschied ebenfalls wieder bei einer Vergrößerung der Strecke um 10,3—13,4″ herum lag.

Ein gewisser Aufschluß über die Feinheit des optischen Raumsinnes ergibt sich ferner aus der eben merklichen Bewegungsgröße. Genaueres darüber wird später bei der Lehre von den Bewegungsempfindungen berichtet werden. Hier sei nur so viel bemerkt, daß sich diese Schwelle ebenfalls in derselben Größenordnung bewegt, wie die nach den beiden anderen Methoden gefundene. VOLKMANN fand nämlich als Schwelle für die eben merkliche Bewegungsgröße an verschiedenen Versuchspersonen Werte, die meist zwischen 7″ und 18″ lagen, BASLER beobachtete an sich selbst 20″, STERN 15″, STRATTON (111) an zwei Versuchspersonen 6,8″ bzw. 8,8″. Die Unterschiede in diesen Zahlen lassen erkennen, daß hier außer der Raumschwelle noch andere Faktoren mit in Betracht zu ziehen sind, und daß sie sich der Raumschwelle nur mehr oder weniger nähern.

Vom Netzhautzentrum gegen die Peripherie hin nimmt die Unterschiedsempfindlichkeit für Lagen sehr rasch ab. BOURDON (3, S. 146) fand bei der Prüfung nach der Methode von WÜLFING an sich selbst folgende Werte für die Unterschiedsempfindlichkeit für Lagen

bei 1° Exzentrizität:	23″
⟩ 5° ⟩	3′ 57″
⟩ 10° ⟩	6′ 53″
⟩ 20° ⟩	13′ 56″.

Bei ihm nahm also die Unterschiedsempfindlichkeit für Lagen zwischen 5° und 20° Exzentrizität ziemlich genau proportional dem Abstande von der Fovea ab. Nehmen wir seine zentrale Raumschwelle zu 7″ an (siehe oben), so sank demnach die Raumschwelle bei 1° Exzentrizität auf $1/3$, bei 5° auf $1/34$, bei 10° auf $1/59$, bei 20° auf rund $1/120$ des zentralen Wertes. Bei mir selbst fand ich in zwei Versuchsreihen mit dem BESTschen Apparat für das Unterscheidungsvermögen auf der nasalen Netzhautpartie meines rechten Auges folgende Zahlen:

zentral   8—9″

2° Exzentrizität   54″

5°   :   2′ 4″;   2′ 1″

10°   »   3′ 56″; 3′ 40″.

Die Zahlen sind beträchtlich niedriger, als die von BOURDON, sie nehmen aber von 2° Exzentrizität ab ebenfalls ungefähr proportional dem Abstande von der Fovea ab. Für die weitere Netzhautperipherie liegen Bestimmungen über die Unterscheidbarkeit von Ruhelagen noch nicht vor, sondern nur Bestimmungen der Schwelle der eben merklichen Bewegungsgröße, auf die ich weiter unten (S. 68) nochmals zurückkomme.

4. Die Beziehungen der Raumschwelle und des Auflösungsvermögens zu den Elementen des Perzeptionsapparates.

WÜLFING hatte angenommen, daß der seitliche Lagenunterschied zweier Striche eben merklich werde, wenn die Netzhautbilder derselben um den Durchmesser eines Zapfens gegeneinander verschoben sind. Man könnte dann daraus schließen, daß wir eben noch imstande seien, die Erregung jedes einzelnen Zapfens in der Fovea centralis von der jedes benachbarten Zapfens verschieden zu lokalisieren, so daß demnach in der Fovea die Zapfen als die physiologischen Grundeinheiten des perzipierenden Apparates zu betrachten wären, deren Erregung eine einheitliche Empfindung vermittelt, die eine weitere Zerlegung in räumliche Teile nicht mehr zuläßt. Die Durchrechnung der Versuchsergebnisse scheint aber dieser Annahme zunächst nicht günstig zu sein. Einem Gesichtswinkel von 60″ entspricht im schematischen Auge nach HELMHOLTZ (I, S. 216) eine Netzhautstrecke von 4,38 μ, nach GULLSTRAND eine solche von 4,85 μ. Für die Zapfendurchmesser in der Fovea sind allerdings von verschiedenen Untersuchern sehr verschiedene Werte, 1,5—2,0 μ als unterster, 4,5 μ als oberster angegeben worden. Zum Teil beruht dies, wie die ausgedehnten Untersuchungen von FRITSCH (103) zeigten, darauf, daß die Zapfendurchmesser in der Fovea centralis in der Tat bei verschiedenen Personen stark variieren, von 1,5 μ im Minimum bis zu 4—5 μ im Maximum. Berücksichtigen wir bloß den Zapfendurchmesser und vernachlässigen den ebenfalls variablen Zwischenraum zwischen den Zapfen, so entspricht der Distanz der Zapfenmitte im untersten Grenzfalle, wenn wir die größere GULLSTRANDsche Zahl und den kleinsten Wert für den Zapfendurchmesser zugrunde legen. immer noch ein Gesichtswinkel von 18,6″, unter Zugrundelegung der HELM-HOLTZschen Zahl und des höchsten Wertes von 4,5 μ für den Zapfendurchmesser sogar ein Gesichtswinkel von 62″. Auch der kleinste dieser Werte ist also immer noch viel größer als der Gesichtswinkel des eben merklichen seitlichen Lagenunterschiedes vertikaler Strecken. Berücksichtigt man vollends

das Ergebnis der Versuche nach der Methode der wahren und der falschen
Fälle, so ergeben sich so beträchtliche Unterschiede zwischen Zapfendurchmesser und Merklichwerden des seitlichen Lagenunterschiedes, daß es zunächst scheinen muß, als ob selbst Teile eines einzelnen Zapfens in der Fovea
centralis noch verschiedene Lokalisationen im Raume vermitteln könnten.

Die genauere Analyse des WÜLFINGschen Versuches lehrt aber doch
etwas anderes. Zunächst ergibt sich nämlich aus den Versuchen von BEST,
daß wir es bei der Schwelle nicht mit einer auch nur irgendwie scharfen
Grenze zu tun haben, sondern mit einem ganz allmählichen, verwaschenen
Übergang, der ungemein weit (von 2,5—12″) reicht. Sodann zeigt die unbefangene Selbstbeobachtung, daß die Schwellenbestimmung nicht etwa vorwiegend auf dem Erkennen der seitlichen Verschiebung der Grenzlinien
— der Ecke — an jener Stelle beruht, wo sie aneinander stoßen (Näheres
darüber unten S. 98), sondern man vergleicht, ob die beiden Linien in ihrem
ganzen Verlauf in einer Flucht zu liegen scheinen oder nicht. Wir dürfen
also auch bei der Erklärung des Versuchs unser Augenmerk nicht ausschließlich auf die Lagerung der Bilder auf jenen Zapfen richten, wo die

Vergleichslinien einander am
nächsten liegen, sondern müssen
die Verhältnisse der ganzen
Strecke mit berücksichtigen.
Welche Gesichtspunkte dann für
die Beurteilung in Betracht kommen, hat HERING an folgendem
Schema entwickelt, das an die
Versuchsanordnung von BEST
anknüpft. Denken wir uns die
Zapfen in der Fovea lückenlos
aneinander schließend, so daß
sie sich im Querschnitt wie Poly-
gone irgendwelcher Form, etwa
als gleichseitige Sechsecke darstellen, und setzen wir nun zunächst den Fall, sie seien in

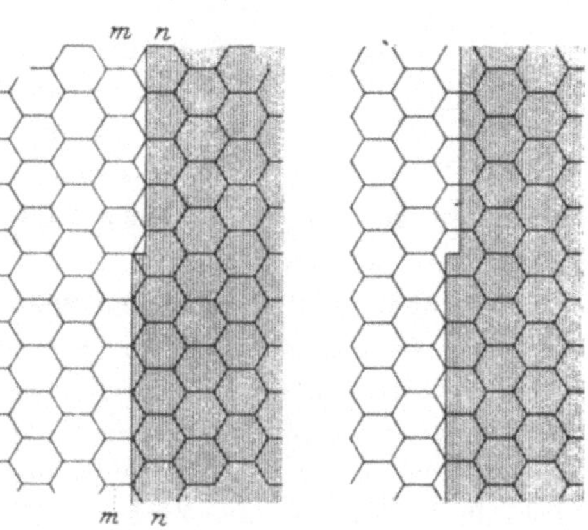

geraden und zufällig den Grenzlinien der schwarzweißen Fläche parallelen
Reihen angeordnet, dann ergeben sich zunächst zwei durch die Fig. 19 a
und b versinnlichte Möglichkeiten. In der unteren Hälfte der Fig. 19 a
liegt die Grenzlinie der weißschwarzen Fläche des BESTschen Apparates
eben noch auf der Zapfenreihe mm, in der oberen Hälfte ist sie ein
klein wenig nach rechts verschoben, so daß sie eben auf die Reihe nn
fällt. Wenn nun die beiden Zapfenreihen mm und nn eine eben merklich
verschiedene Lokalisation nach rechts und links vermitteln, so kann die

Lageverschiedenheit der beiden Linienhälften in diesem Falle wahrgenommen werden, wenn die Mitreizung der Elementenreihe *nn* in der oberen
Hälfte der Figur durch das weiße Licht so groß ist, daß sie als Erregung
über die Schwelle tritt. Nun wird freilich die Augenstellung auch bei beabsichtigter fester Fixation keineswegs ganz genau festgehalten, sondern es
kommen fortwährend kleine Verschiebungen des Netzhautbildes vor. Dadurch wird die Grenzlinie vorübergehend auch auf Elementenreihen von
einem und demselben Breitenwert entworfen, wie es in Fig. 19b angegeben
ist. Da dies aber nur ein vorübergehender Zustand ist, dem bei der

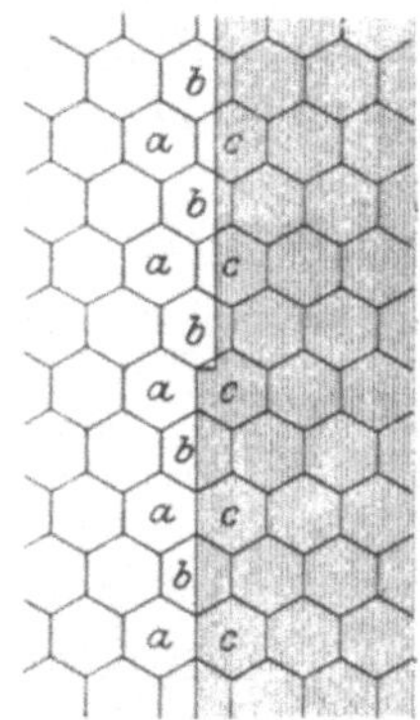

Fig. 20.

nächsten unwillkürlichen Schwankung der Augenstellung sogleich wieder eine Abbildung auf verschiedenen Elementenreihen, wie in Fig. 19a, folgt;
so kann man trotzdem daraus den Lageunterschied der
oberen und unteren Linienhälfte erkennen.

Denkt man sich die Zapfen in der Weise angeordnet, wie es in Fig. 20 dargestellt ist, wo die
Elemente *a* und *b* in der Richtung von unten nach
oben nicht in gerader Flucht, sondern zickzackförmig
übereinander liegen, dann werden bei der angezeichneten Lage der Grenzlinie außer den Elementen *a*
und *b* auch noch Elemente der Reihe *c* mitgereizt.
Auch in diesem Falle wird sich die Lageverschiedenheit der oberen und unteren Linienhälfte bemerkbar
machen, immer vorausgesetzt, daß die Mitreizung der
teilweise vom Licht getroffenen Zapfen *c* genügend stark ist, um über
die Schwelle zu treten.

Von dem zuletzt angenommenen Schema, das einer Schräglage der
Grenzlinie zu den noch immer in gerader, aber in anderer Richtung angeordneten Zapfenreihen entspricht, gelangt man weiterhin zum Falle einer
beliebig unregelmäßigen Anordnung der Zapfen. Schließlich kann man auch
die Annahme, daß die Zapfenquerschnitte eine regelmäßige Sechseckform besitzen und sich ohne jeden Zwischenraum aneinander schließen, fallen lassen,
obwohl diese Anordnung von HEINE (104) tatsächlich für die Fovea centralis des menschlichen Auges angegeben worden ist. Sie wird aber von
FRITSCH (103) für das Zentrum derselben entschieden bestritten und ist für
HERINGs Überlegungen auch gar nicht notwendig. Denn selbst, wenn sie nicht
zutrifft, läßt sich der Grundgedanke des Schemas der Fig. 20 immer noch
anwenden, d. h. es werden bei einer Verschiebung der Grenzlinienhälfte
auch nur um Teile eines Zapfendurchmessers immer schon neue Zapfen
mitbetroffen werden.

Die Sachlage wird allerdings weiterhin dadurch verwickelt, daß die
Grenze einer weißen Fläche im Netzhautbilde nach den Auseinandersetzungen

des vorigen Kapitels auch im günstigsten Falle nicht eine ganz scharf vom Maximum auf Null sich absetzende Stufe, sondern eine mehr oder weniger allmähliche Abdachung darstellt. Wenn nun der Lagenunterschied der Netzhautbilder bloß einen Teil des Durchmessers eines Zapfens beträgt, wird es sehr darauf ankommen, wie steil die Grenze der Lichtfläche absinkt. Je steiler das Absinken ist, auf je engerem Raum sich also starke Unterschiede der Belichtung ergeben, desto geringerer Verschiebung bedarf es, um schon eine eben merkliche Mitreizung neuer Zapfen hervorzurufen. Daher hängt die Unterschiedsempfindlichkeit des Auges für Lagen auch von der Schärfe der Netzhautbilder ab, und sie wird bei Refraktionsanomalien mit der Unschärfe der Netzhautbilder erheblich geringer. Aus demselben Grunde üben auch die Beleuchtungsverhältnisse einen Einfluß auf die Unterschiedsempfindlichkeit für Lagen aus.

Die Erklärung von HERING läßt uns nun auch verstehen, warum die 50%- und die 100%-Schwelle für das Erkennen von Lageunterschieden so weit auseinander liegen. Es kommt eben darauf an, ob man im Einzelversuch die unbedeutenden Lageunterschiede der Netzhautbilder mit voller Aufmerksamkeit erfaßt oder nicht. Das macht es dann auch vollkommen begreiflich, daß die Erkennbarkeit kleinster Lageunterschiede durch die Übung sehr deutlich erhöht wird.

Ähnliche Überlegungen wie bei der Unterschiedsempfindlichkeit für Lagen ergeben sich auch bei der eben merklichen Unterscheidung kurzer Streckenlängen, wenigstens soweit diese über mehrere Zapfen hinwegreichen. Auch da wird die Verlängerung der einen Strecke eben merklich werden können, wenn durch sie bei kleinen Augenbewegungen gelegentlich ein Bruchteil eines Zapfens mehr gereizt wird, als durch die kürzere Strecke.

Etwas schwieriger erscheint auf den ersten Blick die Erklärung für Versuche von SCHOUTE (109), der angibt, daß man nach einiger Übung imstande sei, an Objekten, deren schematisches Netzhautbild den Durchmesser eines einzigen Zapfens nicht übersteige, noch acht verschiedene Größen zu unterscheiden. Dabei rechnet er den Zapfendurchmesser zu $4,4\,\mu$, was einem Gesichtswinkel von $1'$ entspricht. Dürfte man mit den schematischen Netzhautbildchen rechnen, so würden die acht verschiedenen Stufen Differenzen von je $7,5''$ entsprechen, die nach dem oben Gesagten in der Tat als die niedrigsten Schwellenwerte für Größenunterschiede betrachtet werden können. Statt die Objekte verschieden groß zu machen, kann man auch ihre Lichtstärke variieren, wobei die lichtstärkeren entsprechend größer erscheinen. Um nun dem Einwand zu begegnen, die Größenunterschiede rührten davon her, daß sich der wahrnehmbare Teil des Netzhautbildchens (die Empfindungsfläche) bei den höheren Lichtstärken, bzw. den größeren Objekten, über mehrere Zapfen ausbreite, umgab SCHOUTE die Objekte, deren Größenunterschiede er feststellte, derart mit einem Ring von 6 Objekten, daß das schematische Netzhautbild jedes einzelnen Punktes und jedes Zwischenraumes zwischen ihnen wiederum einem Gesichtswinkel von $1'$ entsprach, also nach seiner Annahme gerade einen Zapfen deckte. Es sei in Fig. 24 ein schematischer Flachschnitt durch Zapfen von je $4,4\,\mu$ Durchmesser dargestellt, so fällt das schematische Netzhautbildchen der sechs äußeren ringförmig angeordneten Objekte auf die Zapfen 1 bis 6, zwischen dem schematischen Netzhautbilde jedes dieser Objekte liegt also ein Zapfen, entsprechend einem Gesichtswinkel von 60″, sodaß man die einzelnen Objekte eben von einander sondern kann. Die im Ring diametral einander gegenüber liegenden schematischen Netzhautbilder sind durch je drei Zapfendurchmesser, entsprechend einem Gesichtswinkel von 3′, von einander getrennt. Bringt nun Schoute in der Mitte des Ringes ein kleines

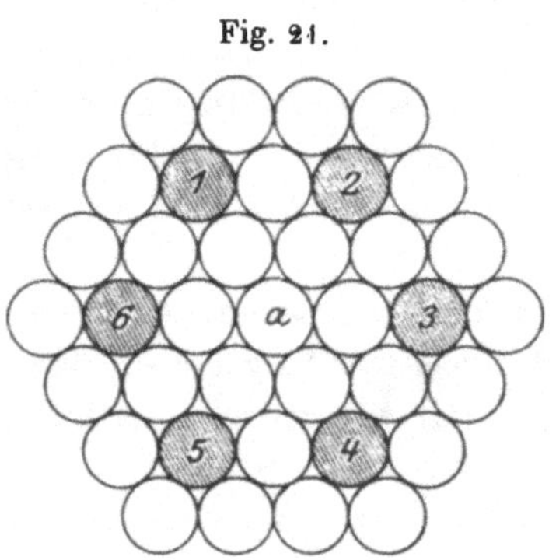

Fig. 21.

Objekt an, dessen schematisches Netzhautbild nicht über den Zentralzapfen a hinausreicht, das also wieder von jedem der Bilder 1 bis 6 durch einen vollen Zapfendurchmesser getrennt ist, und daher auch wieder von den äußeren Objekten getrennt wahrgenommen werden kann, so konnte er an einem solchen innengestellten Objekt noch mindestens vier Größen unterscheiden. Würde nun den verschiedenen Größenstufen jedesmal die Mitreizung eines neuen um den Zentralzapfen herum gruppierten Zapfenkranzes entsprechen, so käme man schon bei der zweiten Stufe bis an die schematischen Netzhautbilder der äußeren Punkte heran. Deshalb glaubte Schoute, die Empfindungsfläche des mittleren Objektes überschreite in diesen Versuchen das Areale des Zentralzapfens a überhaupt nicht, und der Unterschied der scheinbaren Größe hänge von der Stärke der Reizung dieses Einzelzapfens ab. Nun hat allerdings Schoute für den Zapfendurchmesser ziemlich den höchsten Wert angenommen, der überhaupt vorkommt. Legen wir den niedrigsten beobachteten Zapfendurchmesser von $1,5\,\mu$, also bloß $^1/_3$ des von Schoute angenommenen Wertes zugrunde, so entspricht schon dem von Schoute gezeichneten Mittelzapfen ein Zentralzapfen und ein erster Zapfenkreis um ihn herum, dem ersten Zapfenkranz von Schoute aber drei weitere konzentrische Zapfenkränze. Berücksichtigt man ferner, daß nach dem früher Gesagten ein Gegenstand schon etwas größer erscheint, als ein anderer, wenn er bei kleinen Augenbewegungen einen Bruchteil eines zweiten Zapfen eben miterregt, so läßt sich die Beobachtung von Schoute doch wohl mit der Annahme vereinigen, daß die Zapfen die Elemente des Empfangsapparates darstellen. Ich halte dies um so eher für die richtige Deutung, weil der Versuch von Schoute nur bei Personen mit hervorragend guter Sehschärfe so wie bei ihm gelingen dürfte. Ich selbst kann die vier Größen der zentralen Punkte eben noch mit Mühe voneinander unterscheiden, wenn zwischen den diametral einander gegenüber liegenden Netzhautbildern 1 und 4 (bzw. 2 und 5 oder 3 und 6) der Figur ein Gesichtswinkel von 5′ dazwischen liegt; eine emmetrope Versuchsperson mit sehr guter Sehschärfe bei einem Gesichtswinkel von 4′.

Nach allen diesen Erwägungen dürfen wir es trotz mancher Bedenken doch als sehr wahrscheinlich ansehen, daß in der Fovea centralis die Zapfen jene letzten Einheiten des Empfangsapparates darstellen, deren Erregung sich durch eine besondere Lokalisationsweise von der der benachbarten Elemente, aber nicht mehr in sich selbst unterscheidet. Physiologisch würde diese Annahme bedingen, daß jedem Zapfen eine einheitliche, nicht mehr teilbare Erregung zukommt, also nicht einzelne Teile des Zapfens isoliert für sich in Erregung geraten können. Wahrscheinlich ist es ferner, daß auch die Fortleitung der Erregung im Sehorgan zunächst von der Leitung der Nachbarelemente gesondert erfolgt. Wenigstens geben die Histologen an (vgl. Greeff, dieses Handb. Teil I, Kap. V, S. 181), daß in der Netzhautgrube jede Optikusfaserzelle über eine bipolare Zelle hinweg nur mit je einem Zapfen in Verbindung stehe. Das kann zwar im weiteren Verlauf der Sehbahn nicht immer so bleiben, vielmehr müssen schließlich die Erregungen der einzelnen Elementarleitungen sich ausbreiten und mit denen der benachbarten in gemeinsame Bahnen zusammenlaufen. Aber auch wenn dies der Fall ist, müssen die von den verschiedenen Empfangseinheiten herrührenden Erregungen, da sie sich durch ihren räumlichen Charakter voneinander unterscheiden, immer noch die ihrer Herkunft entsprechende Eigenart bewahren.

Auf der Haut hatte E. H. Weber (113) jene Partien, welche bei gleichzeitiger Reizung an verschiedenen Stellen nur eine einzige ungeteilte Berührungsempfindung ergeben, die also seiner Meinung nach bloß von einer einzigen Nervenfaser versorgt werden, als Empfindungskreise bezeichnet. Insoferne, als die Erregung eines einzelnen Zapfens einheitlich und nicht mehr teilbar ist, würde demnach jeder Zapfen der Fovea centralis auch einem Empfindungskreis entsprechen. Die Größe der Empfindungskreise auf der Haut hatte E. H. Weber mit Hilfe des Zweispitzenversuchs ermittelt. Er setzte gleichzeitig auf die Haut zwei Spitzen auf und bestimmte die kleinste Entfernung derselben, bei der sie eben noch getrennt wahrgenommen wurden. Weber nahm dann an, daß dann eben ein unerregter Empfindungskreis zwischen den beiden gereizten Kreisen dazwischen liege. Derselbe Gedanke ist von ihm auch auf das Auge übertragen worden. So wie die Haut durch zwei Zirkelspitzen, kann man sich die Retina an zwei Stellen durch die Spitze zweier Lichtkegel gereizt und die Größe der Empfindungskreise dadurch gemessen denken, daß man die Spitzen der beiden Lichtkegel soweit voneinander entfernt, bis sie eben zwei gesonderte Empfindungen im Sehorgan auslösen. Die praktische Ausführung dieses Gedankens stößt aber auf die Schwierigkeit, daß der von einem leuchtenden Punkt der Außenwelt ausgehende Lichtkegel nach der Brechung im dioptrischen Apparat des Auges die Netzhaut nicht mit einer punktförmigen Spitze berührt, oder anders ausgedrückt, ein leuchtender Punkt der Außenwelt auf der Netzhaut nicht als Punkt abgebildet wird, sondern über eine größere Fläche irradiiert. Nun hat ja allerdings Volkmann versucht, den Anteil der Irradiation bei den Sehschärfeversuchen in Rechnung zu stellen. Er maß zunächst in der oben S. 15 angegebenen Weise mit zwei parallelen schmalen Strichen den Betrag der Irradiation, indem er den Zwischenraum zwischen den Strichen der Strichdicke gleich einstellte. Unmittelbar darauf wurde in einem zweiten Versuch mit derselben Vorrichtung die kleinste, eben noch erkennbare Distanz zwischen den beiden Strichen bestimmt. Wäre nun im zweiten Versuch die Irradiation gleich groß geblieben, wie bei ihrer Bestimmung im ersten Versuch, so könnten wir den Durchmesser der eben merklichen Empfindungsfläche genau angeben. Er wäre, wenn wir den Gesichtswinkel der eben erkennbaren Distanz mit d', den Knotenpunktswinkel des Betrages der Irradiation mit x bezeichnen, gleich $d' - x$. In der Tabelle 1 auf S. 15 ist nach den Messungen von AUBERT dieser Betrag mit angeführt. Seine Größe schwankt infolge der Messungsfehler sehr, meist liegt er zwischen 12″ und 30″. Ganz vereinzelt finden sich sogar noch kleinere Werte. Gegen diese Art der Berechnung hat aber schon AUBERT (2, S. 583) eingewandt, daß es gar nicht bewiesen sei, daß die Irradiationsgröße bei der Verkleinerung des Zwischenraums zwischen den beiden Strichen konstant bleibt. Auch ist es nach den Erfahrungen, über die ich oben S. 36 berichtete, sehr wahrscheinlich, daß die Verbreiterung der beiden Striche B wegen des Simultankontrastes an ihrer einander zugewendeten Seite anders ist, als an der nach außen gewandten Seite. Beides macht aber die Berechnung unzuverlässig

Etwas weiter gelangt man auf einem anderen Wege, wenn man nämlich das absolute Maximum der Sehschärfe bei sehr heller Beleuchtung und unter Verwendung mehrerer paralleler Striche als Sehprobe bestimmt. Hierher sind zunächst Versuche zu rechnen, die VOLKMANN (112), angeregt durch Überlegungen von BERGMANN (99), unter Verwendung von vier parallelen schwarzen Strichen auf weißem Grund mit dem Makroskop ausgeführt hat. Er fand so bei einer Versuchsperson eine Sehschärfe von 23,3″ (unkorrigiert, s. oben S. 22)[1]. An mir selbst fand ich unter den günstigsten Bedingungen: Die parallelen geraden Striche der Fig. 14 als Sehprobe, Beobachtung mit dem Makroskop in greller direkter Sonnenbeleuchtung im Freien — ein Optimum der Sehschärfe von 34,6″ (korrigiert, nach S. 22), entsprechend einer Netzhautdistanz von 2,5 μ (nach GULLSTRAND von 2,8 μ). Das sind Zahlen, die sich vollkommen mit der Annahme vereinen lassen, daß zwischen den durch die weißen Linien gereizten Zapfenreihen gerade noch eine weniger stark erregte Zapfenreihe lag.

Drücken wir das Ergebnis in der SNELLENschen Einheit aus, so wäre demnach der höchste erreichbare Betrag der Sehschärfe bei mir rund 2, bei der Versuchsperson von VOLKMANN noch höher. Von anderer Seite liegen Angaben über ebenso hohe und noch höhere Grade der Sehschärfe mehrfach vor, insbesondere aus Untersuchungen von COHN (43), FRITSCH (103), RIVERS (84, 84a, 215) u. a. (siehe die Literatur bei FRITSCH, l. c.)

---

[1] War die Versuchsperson emmetropisch, so berechnet sich der Hauptpunktswinkel aus VOLKMANNS Angaben zu 24,6″, die Netzhautdistanz im DONDERSschen Auge zu 1,8 μ, nach GULLSTRAND zu 2,0 μ.

an Naturvölkern, aber auch an Europäern (COHN, 42a, 43a u. a.). Ja die Sehschärfe wurde sogar in Einzelfällen bis zum Sechsfachen des SNELLEN-schen Wertes angegeben[1]). Dabei ist aber zu bedenken, daß die Sehschärfe in diesen Fällen mit dem SNELLENschen, oder wohl gar (von COHN und FRITSCH) mit dem etwas modifizierten PFLÜGERschen (COHNschen) Haken, der einen kürzeren Mittelstrich hat, als der SNELLENsche, ausgeführt wurde. Das ist aber eine Prüfung des Formenerkennens, die zwar einen Vergleich desselben bei verschiedenen Personen, dagegen keinen Rückschluß auf die Sehschärfe im engeren Sinne gestattet, weil dadurch nicht die Unterscheidung der einzelnen Striche, sondern bloß das Unterscheiden der helleren und dunk-leren Seite des verwaschenen Hakenbildes bestimmt wird (s. oben S. 36). Daß dies so ist, geht deutlich auch daraus hervor, daß man den PFLÜGER-schen Haken, bei dem der Unterschied zwischen dem helleren und dunk-leren Teil des Bildes viel stärker hervortritt, unter noch kleinerem Gesichts-winkel erkennt, als den SNELLENschen (s. dazu LÖHNER, 70, S. 71). Aber auch den SNELLENschen Haken erkennt man, wie SEGGEL (87a, S. 1042) statistisch zeigte, immer noch leichter, als die Buchstabenproben. Mit den letzteren fand SEGGEL bei Soldaten zwar häufig Sehschärfen, die sich um 2 herum bewegten, dagegen unter 930 Personen nur eine mit $18/6$ und eine mit $19/6$ Visus[2]). Noch niedrigere Werte für die Sehschärfe findet man mit Punkt-proben, wie sie von KOTELMANN angewandt wurden (vgl. FRITSCH, l. c. S. 113). Wir können daher aus den oben angegebenen Höchstwerten für das Formen-erkennen keine unmittelbaren Schlüsse für unsere theoretischen Fragen ab-leiten. Wenn FRITSCH aus der Gesamtheit der bisher vorliegenden Unter-suchungen über das Sehen der Naturvölker und der Europäer folgert, die durchschnittlich Veranlagung des Sehvermögens der europäischen Rassen sei tatsächlich geringer, als diejenige vieler anderer Rassen, welche durch-aus nicht ausschließlich Naturvölker zu sein brauchen, so kann dies gewiß mit den von ihm gefundenen Rassenunterschieden in der Dicke und Ver-teilung der Zapfen zusammenhängen, die natürlich, wenn die obigen Über-legungen richtig sind, einen wesentlichen Einfluß auf die Sehschärfe aus-üben werden. Aber es bleibt die Frage offen, inwieweit an dem bisherigen Ergebnis der Sehschärfeprüfungen die individuell verschiedene Fähigkeit beteiligt ist, kleine Lichtunterschiede zugunsten des Erkennens von Formen auszunutzen.

Hier würde sich nun unmittelbar die oft erörterte Frage anschließen, ob es denn möglich sei, einen Zapfen ganz isoliert durch Licht zu reizen.

---

1) Der einmal von COHN gefundene achtfache Wert ist ein Unikum und beruht nach FRITSCH wohl auf einer Täuschung.

2) FRITSCHS Minimum von $1,6\,\mu$ ($1,5\,\mu$ Zapfendurchmesser plus $0,1\,\mu$ Zwischen-raum) würde im GULLSTRANDschen Auge einem Gesichtswinkel von $19,8''$ entsprechen. Das ist nach SNELLEN rund Sehschärfe 3.

Gewöhnlich wird die Frage so gestellt, ob man das Netzhautbild so klein
oder noch kleiner machen könne, als der Querschnitt eines Zapfens beträgt.
Das ist, wie wir früher sahen, in keiner Weise möglich, auch nicht etwa
beim Vorsetzen eines engen Diaphragmas und Verwendung monochroma-
tischen Lichtes. Wohl aber können wir fragen, ob nicht die über die
Schwelle tretende Kuppe der Lichtfläche, die der Empfindungsfläche entspricht,
auf den Querschnitt eines Zapfens einschrumpfen kann. AUBERT glaubte
dies daraus schließen zu können, daß der Gesichtswinkel für den kleinsten,
eben sichtbaren Punkt auch bei recht verschieden großen Differenzen der
Lichtstärke von Punkt und Grund konstant rund 35″ betrug (physiologischer
Punkt, s. oben S. 26). Er nahm deswegen an, daß die Empfindungsfläche
in diesem Falle gerade einen Zapfenquerschnitt von 2,5 μ Durchmesser
decke. Ich selbst kann unter den günstigsten Bedingungen — direkte
Sonnenbeleuchtung im Freien — einen kreisrunden Fleck von Druckerschwärze auf weißem Papier ebenfalls unter einem Gesichtswinkel von
etwa 34″ eben sehen. Diese Zahl stimmt nun sehr gut zu dem soeben
für meine Augen auf anderem Wege berechneten Zapfendurchmesser, man
könnte es daher für möglich halten, daß die Ausdehnung der Empfindungsfläche unter Umständen auf das Areale eines einzigen Zapfens beschränkt
sei, wenn sich aus dieser Annahme nicht verschiedene Schwierigkeiten er-
gäben. Die Empfindungsfläche müßte sich ja, wenn sie gerade die ganze
Fläche eines Zapfens ausfüllte, bei der allergeringsten Augenbewegung auf
zwei Zapfen verteilen, und man sollte doch von vornherein meinen, daß
der Punkt dann doppelt so groß erscheinen müßte, was offenkundig nicht
der Fall ist. Andere Bedenken hat BEST (35) geäußert. Man wird also der
Ansicht von AUBERT um so mißtrauischer gegenüberstehen, als vieles dafür
spricht, daß sich die Regungen eines Empfangselementes im zentralen Verlauf der Sehbahn auch etwas in die Nachbarschaft ausbreiten können (physiologische Irradiation, s. unten S. 100).

Alle diese Überlegungen wären freilich unhaltbar oder müßten mindestens
stark modifiziert werden, wenn eine Hypothese, die HENSEN (105) zur Erklärung der von ihm entdeckten und als »Punkttauchen« bezeichneten Erscheinung
aufgestellt hat, richtig wäre. Betrachtet man im mäßig erleuchteten Zimmer (etwa
bei schwachem Lampenlicht) eine Gruppe zerstreuter, feiner schwarzer Punkte auf
weißem Papier, die man mit Hife einer Konvexlinse noch weiter verkleinert, so
beginnen die einzelnen Punkte bei einer Verkleinerung, die knapp bis zur Grenze
ihrer Wahrnehmbarkeit heranreicht, in höchst wechselnder Weise zu verschwinden
und wiederzuerscheinen, sie tauchen gleichsam unter und wieder auf. Dasselbe
flimmernde Spiel sieht man, wenn die feinen Punkte sehr schwach hell auf
dunklem Grund sind. HENSEN hält, was nach HESS auch wirklich zutrifft, bloß
die Außenglieder der Zapfen für lichtempfindlich, nicht aber die dickeren Innenglieder derselben. Infolge dessen müssen in der Fovea, auch wenn die Zapfeninnenglieder einander dicht anliegen, zwischen den Außengliedern Lücken vorhanden sein. Je nachdem nun bei den kleinen Augenbewegungen während des

vermeintlich steten Fixierens das Bild eines Punktes bald auf eines der lichtempfindlichen Zapfenaußenglieder, bald auf eine Lücke zwischen ihnen falle, würde nach Hensens Ansicht der Punkt abwechselnd sichtbar sein und wieder verschwinden. Dieser Ansicht steht freilich zunächst die Ausbreitung der Lichtfläche über mehrere Zapfen entgegen, die Hensen noch nicht berücksichtigt hat. Man müßte also seine Hypothese zunächst dahin abändern, daß nur der mittlere Teil der Lichtfläche, der über die Schwelle tritt, unter Umständen so klein werden könne, daß er in die Lücke zwischen den Zapfenaußengliedern hineinfalle. Aber auch gegen diese an sich schon etwas gezwungene Annahme spricht zunächst die ganze Erscheinungsform des Punkttauchens. Beruhte sie auf den kleinen, tatsächlich während des Fixierens auftretenden Augenbewegungen, so müßten, da sich diese mehr ruckförmig vollziehen, die Punkte rasch zuckend auftauchen und wieder verschwinden, je nachdem sie gerade über einen Zapfen oder über eine Lücke hinweghuschen. In Wirklichkeit geht aber der Wechsel viel ruhiger vor sich, und er beruht auch auf einem ganz anderen Vorgange. Blickt man mit dunkel adaptierten Augen auf eine ganz schwach und gleichmäßig beleuchtete Fläche, so beobachtet man ein fortwährend wechselndes Spiel kleiner Flecken vom Eigenlicht der Netzhaut. Befinden sich auf der Fläche sehr wenig abstechende Details, so können diese durch das Spiel des Eigenlichtes vorübergehend verdeckt werden. Indessen gibt dies bei binokularer Betrachtung noch kein Punkttauchen in ausgebildeter Form. Dazu gehört, daß man das eine Auge schließt oder auf eine gleichmäßig graue Fläche blicken läßt, und mit dem anderen die feinen Punkte betrachtet. Dann drängen sich die Regungen des ersten Auges in höchst unregelmäßigem Wechsel stellenweise ins Gesichtsfeld und helfen an diesen Stellen sehr schwache Regungen des »sehenden« Auges, wie sie z. B. durch den geringen Lichtunterschied zwischen einem feinsten schwarzen Punkt und dem weißen Grund wegen des Fehlens eines Kernbildes verursacht werden, vorübergehend mit verdecken [1]. Klein (107, S. 190 ff.; 107a, S. 211) hat diese Verhältnisse eingehend untersucht.

Wenn man bei diesen Versuchen längere Zeit auf die Punkte hinstarrt, verändern sie scheinbar ihre Form, sie sehen gelegentlich zackig aus, wie das Bild eines fern fliegenden Vogels (Hensen). Manchmal sieht man auch vorübergehend statt eines Punktes zwei dicht nebeneinander. Man erhält durchaus den gleichen Eindruck, wenn man unter denselben Versuchsbedingungen das Blatt Papier, auf dem die Punkte angebracht sind, leicht zitternd hin und her bewegt. Demnach würde die Erscheinung auf unwillkürliche kleine Augenbewegungen zurückzuführen sein. Das wäre aber, da während derselben die Punkte dauernd sichtbar geblieben sind, der schlagendste Gegenbeweis gegen die Hensensche Deutung des Punkttauchens. Ich würde mich noch viel bestimmter für diese Auffassung aussprechen, wenn ich nachweisen könnte, daß alle Punkte diese Formveränderungen gleichzeitig durchmachen, wie dies bei einer Bewegung des Bulbus der Fall sein müßte. Das kann ich aber subjektiv nicht feststellen, wahrscheinlich deswegen, weil das Wandern der Aufmerksamkeit von einer Stelle des Gesichtsfeldes zur anderen Zeit braucht und dann schon wieder ein

---

[1] Bildet sich ein schwach leuchtender Punkt auf der Netzhautperipherie dauernd an einer Stelle ab, so verschwindet er wegen der Lokaladaptation ebenfalls nach einiger Zeit, und zwar, solange man keine willkürlichen Augenbewegungen ausführt, dauernd. Diese Erscheinung kann also nicht die Ursache des Punkttauchens sein.

anderes Stadium der Bewegung vorliegt. KLEIN (107a, S. 237) führt auch diese Erscheinung auf das wechselnde Spiel des Eigenlichtes der Netzhaut zurück.

Wie sich in der **Netzhautperipherie** die Empfindungskreise zur Verteilung der Stäbchen und Zapfen verhalten, ist noch unklar. Wir haben oben S. 53 schon auseinandergesetzt, daß man das Verhalten des Auflösungsvermögens in der Netzhautperipherie mit der Duplizitätstheorie nur unter Hinzuziehung der Hilfshypothese vereinen könnte, daß die Erregungen von mehreren Stäbchen in einer Nervenfaser des Optikus zusammenfließen, und zwar um so mehr, je weiter peripher die betreffende Netzhautstelle liegt. Daß diese Annahme jedenfalls auch auf die Zapfen übertragen werden muß, ergibt sich aus SALZERs vergleichenden Zählungen der Optikusfasern und der Zapfen in der Netzhaut. SALZER (108) fand, daß auf etwa 3^1/$_2$ Millionen Zapfen bloß rund ^{1}/$_2$ Million Sehnervenfasern kommen, die sich doch außer auf die Zapfen noch auf die Stäbchen verteilen. Nach der Darstellung von

Fig. 22.

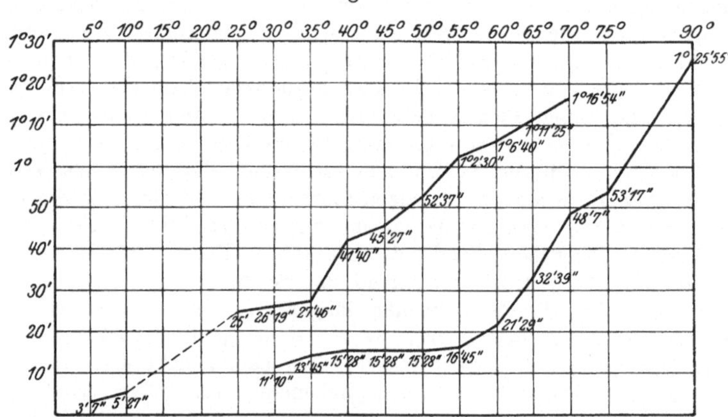

GREEFF in diesem Handb. (Teil I, Kap. V, S. 197) erfolgt das Zusammenströmen der Erregungen mehrerer Sehzellen im Laufe der zentralen Leitung stufenweise derart, daß zunächst die Erregung von mehreren Sehzellen auf eine bipolare Ganglienzelle und dann von mehreren Bipolaren auf nur eine Optikusganglienzelle übertragen wird.

Das würde an sich die allmähliche Abnahme der Sehschärfe gegen die Netzhautperipherie hin gut erklären, aber es ergibt sich eine Schwierigkeit aus dem Vergleich des Auflösungsvermögens mit der Unterschiedsempfindlichkeit für Lagen und Bewegungen in der Netzhautperipherie. Wenn wir die oben S. 50 und 57 ff. angeführten Zahlen für beide Leistungen des Auges miteinander vergleichen, so stellt sich heraus, daß die Werte für das Unterscheidungsvermögen für Lagen und für Bewegungen wie im Zentrum, so auch an den exzentrischen Netzhautstellen durchweg niedriger sind als die für das Auflösungsvermögen. Freilich ist bei den großen individuellen Unterschieden ein Vergleich dieser Zahlen bei verschiedenen Personen nur sehr angenähert möglich, und es ist daher richtiger, sie an einem und demselben Auge miteinander zu vergleichen. Hierüber liegen bisher folgende Bestimmungen vor. LAURENS (68) hat für eine und dieselbe Netzhautstelle des dunkel adaptierten Auges das Verhältnis der nach der Noniusmethode bestimmten Raumschwelle zum Auflösungsvermögen auf durchschnittlich 1 : 4 ermittelt. Das Verhältnis der Schwelle für das Erkennen von Bewegungen zu der des Auflösungsvermögens betrug bei Verwendung kleiner Objekte etwa 1 : 3. Vorher schon hatte RUPPERT (85) an zwei Personen das Auflösungsvermögen und die Schwelle für das Erkennen von Bewegungen im selben Auge gemessen. Ich gebe in Fig. 22 ein Diagramm von ihm wieder, das die Verhältnisse auf der nasalen Netzhautpartie eines dieser Augen darstellt, wobei auf der Abszisse die Grade der Exzentrizität, als Ordinaten darüber die Gesichtswinkel für das Auflösungsvermögen — obere Kurve — und der Schwelle für das Bewegungssehen — untere Kurve — aufgetragen sind. Wie man sieht, liegen an derselben Netzhautstelle die Werte für das Auflösungsvermögen bis in die äußerste Peripherie höher, als für die Schwelle des Bewegungssehens.

Wie diese Begünstigung des Bewegungssehens und der Unterscheidungsfähigkeit für Lagen gegenüber dem Auflösungsvermögen in der Netzhautperipherie zu erklären ist, läßt sich nicht ganz sicher angeben. Eine von HELMHOLTZ (II, S. 264) aufgestellte Hypothese zur Erklärung dieses Unterschiedes enthält einen sehr wertvollen Gedanken, muß aber wohl in ihrer Detailausführung nach den neueren histologischen Befunden aufgegeben werden. v. FLEISCHL (101) hatte die Möglichkeit erwogen, daß in den peripheren Netzhautpartien die einer Sehnervenfaser zugehörigen Zapfen nicht alle unmittelbar nebeneinander liegen, sondern daß verschiedenen Nervenfasern zugehörige Zapfen durcheinander gemischt seien. Auch bei dieser Anordnung würde eine Bewegungsempfindung schon durch das Wandern des Bildes von einem Zapfen zum anderen hervorgerufen werden, während eine getrennte Wahrnehmung zweier Punkte erst bei viel größerem Abstand derselben voneinander stattfinden könnte. Bestünde diese Anordnung aber wirklich, und wäre jeder Optikusganglienzelle ein besonderer Raumwert eigentümlich, so müßte beim Hinwegwandern eines Punktbildes über die periphere Netzhaut die Lokalisation streckenweise immer vorwärts und wieder zurück springen, je nachdem zuerst ein zur Ganglienzelle a, dann ein zur Zelle b, dann wieder ein zur Zelle a gehöriger Zapfen gereizt würde. Da dies nicht der Fall ist, so ist offenbar auch v. FLEISCHLS Hypothese in der Form, wie sie vorliegt, noch nicht ganz zutreffend. Wohl aber könnte man trotzdem ihren Grundgedanken zur Erklärung der Verschiedenheit der Raumschwelle und des Auflösungsvermögens in der Netzhautperipherie mit heranziehen, wobei wir allerdings die Sonderung von

Stäbchen und Zapfen in den Hintergrund rücken und bloß von Sehzellen im allgemeinen sprechen wollen. Nennen wir je eine Gruppe von Sehzellen in der Netzhautperipherie, deren Erregung in eine einzige Optikusfaser zusammenfließt, eine Empfangseinheit, so können wir zunächst auf die nebeneinander liegenden Empfangseinheiten die Überlegungen übertragen, die HERING im Netzhautzentrum bezüglich der einzelnen Zapfen angestellt hat. Es wird also zum Merklichwerden eines Lageunterschieds, etwa bei einer Bewegung, nicht nötig sein, daß das Netzhautbild eines Gegenstandes von einer Empfangseinheit vollständig auf die nächste hinüberrückt, sondern es ist nur notwendig, daß die nächste Empfangseinheit in der neuen Lage eben merklich mitgereizt wird. Zur Sonderung zweier leuchtender Punkte voneinander aber ist es allerdings notwendig, daß eine nicht erregte Empfangseinheit zwischen den Netzhautbildern der beiden leuchtenden Punkte dazwischen liegt. Zunächst bietet diese Annahme noch die Schwierigkeit, daß nach ihr eine Verschiebung des Netzhautbildes innerhalb des relativ großen Gebietes einer Empfangseinheit unbemerkt bliebe. Hier wäre nun der Gedanke v. FLEISCHLs anzuwenden. Wir müßten annehmen, daß die zu einer Empfangseinheit zugehörigen Sehzellen nicht alle in dicht geschlossener Gruppe unmittelbar nebeneinander stehen, sondern sich derart miteinander mischen, daß die Zahl der fremden Sehzellen gegen die Mitte der Gruppe zu abnimmt. Nun ist aber die Lichtausbreitung in der Netzhautperipherie noch größer als im Zentrum, es ist also dort noch weniger als auf der Fovea möglich, durch einen leuchtenden Punkt nur eine Sehzelle isoliert zu reizen, sondern man reizt immer mehrere zusammen. Setzen wir nun voraus, daß die Erregung einer Empfangseinheit um so stärker ist, je mehr ihr zugehörige Sehzellen gereizt werden, und nehmen wir ferner mit HELMHOLTZ an, daß Unterschiede im Verhältnis der Erregungsstärke der benachbarten Empfangseinheiten einen Einfluß auf die Lokalisation ausüben, so werden wir auch noch innerhalb des Areales, auf dem die Sehzellen zweier Empfangseinheiten durcheinander gemischt sind, einen Lagenunterschied wahrnehmen können, je nachdem mehr Sehzellen der einen oder der anderen Empfangseinheit gereizt werden. Diese Annahme ist zwar nur hypothetisch, aber sie bietet nicht bloß eine zureichende Erklärung für die Verschiedenheit des Auflösungsvermögens und der Raumschwelle auf der Netzhautperipherie, sondern sie macht es auch begreiflich, daß, wie GUILLERY (53) fand, die Fähigkeit, einen einzelnen schwarzen Punkt auf weißem Grund wahrzunehmen, gegen die Netzhautperipherie viel langsamer abnimmt, als die Fähigkeit, zwei ebenso große schwarze Punkte voneinander gesondert zu sehen. Mit Hilfe derselben läßt sich endlich auch sehr gut der große Einfluß der Übung auf die Sehschärfe in der Netzhautperipherie erklären, denn die Übung wäre nach ihr darauf zurückzuführen, daß man es erlernt, immer feinere Unterschiede in der Erregungsstärke der benachbarten Empfangseinheiten zu erkennen.

5. Vergleich von Richtungen und Winkeln.

Durch die Verschiedenheit der von den einzelnen Empfangseinheiten des Sehorgans gelieferten räumlichen Daten wird die gegenseitige Lage der Sehdinge im Sehfeld bestimmt, sie ist die Grundlage der relativen optischen Lokalisation. In dieser sind aber zweierlei Bestimmungen enthalten, nämlich

1. die der Richtung, in welcher die einzelnen Sehdinge gegeneinander zu liegen scheinen, und

2. die der scheinbaren Größe des Abstandes der Sehdinge voneinander.

Was zunächst die Bestimmung der Richtung anlangt, so beschränkt sich diese, so lange sie sich im Rahmen der relativen Lokalisation hält, lediglich auf den Vergleich der Richtungen, in denen die einzelnen Bestandteile des subjektiven Sehfelds relativ zueinander liegen, unter sich selbst und mit den ihnen entsprechenden Richtungen im objektiven Gesichtsfeld. Freilich sind, wie wir später sehen werden, zureichende Gründe für die Annahme vorhanden, daß schon in der ursprünglichen Lokalisationsweise des Auges über den bloßen Richtungsvergleich hinaus ein absolutes Moment, nämlich eine Festlegung der horizontalen und vertikalen Richtung, mit gegeben ist. Darnach wäre also den einzelnen Elementen des somatischen Sehfeldes bereits von vornherein eine bestimmt gerichtete Lokalisation nach rechts und links, nach oben und unten eigen. HERING drückt dies so aus, daß er einem jeden Element einen Raumwert zuschreibt, der aus einem Breitenwert (Rechts- oder Linkswert) und einem Höhenwert zusammengesetzt ist, und der demnach schon die Beziehung zur absoluten Lage der vertikalen und horizontalen Richtung enthält. Wenn wir uns daher im Folgenden zunächst auf die Besprechung des bloßen Relativvergleichs der Richtungen beschränken und die Bestimmung der scheinbaren Horizontalen und Vertikalen erst später bei der absoluten Lokalisation besprechen, so führen wir damit eine Sonderung ein, die zwar die Darlegung der Verhältnisse vereinfacht, auf der anderen Seite aber in Wirklichkeit stets miteinander verbundene Dinge voneinander trennt.

Mit der gegenseitigen Lage der Sehdinge ist ferner auch die Bestimmung der scheinbaren Größe des Abstandes der Sehdinge voneinander gegeben. Auch diese besteht zunächst in einem bloßen Relativvergleich, während die absolute Größe je nach den Umständen wechseln kann. Die letztere ist vor allem abhängig von der scheinbaren Entfernung der Sehdinge vom Beobachter nach der Tiefe zu. Wenn man eine Regung des somatischen Sehfeldes von konstanter Ausdehnung, z. B. ein dauerhaftes Nachbild, aus der Nähe in größere Entfernung verlegt, so nimmt seine scheinbare Größe zu. Die Größe des Sehdings wird also gewissermaßen mit einem je nach dem scheinbaren Abstande wechselnden Faktor multipliziert, der subjektive »Maßstab des Sehfeldes« ändert sich und mit ihm die absolute Größe. Die Breiten- und Höhenwerte der Netzhautstellen sind demnach keine konstanten, stets gleichbleibenden absoluten Werte, sondern sie bezeichnen bloß Größenverhältnisse (Hering, 7, S. 324).

Der Vergleich von Richtung und Abstand der Sehdinge voneinander bezieht sich nun nicht bloß auf gesondert wahrgenommene und isoliert lokalisierte Sehdinge, sondern er ist auch enthalten und bildet eine der Voraussetzungen für das Erkennen von Formen, in dem daneben allerdings noch etwas weiteres enthalten ist, nämlich das Verschmelzen der Einzeleindrücke zu einem zusammenhängenden einheitlichen Ganzen. Wir wollen die darauf bezüglichen Fragen später in einem besonderen Kapitel besprechen und vorerst den Richtungsvergleich und die relative Größenschätzung an durch diskrete Punkte abgegrenzten und an ausgefüllten Strecken gemeinsam besprechen.

Ehe wir aber an die Einzelerörterungen herangehen, müssen wir einige methodologische Bemerkungen vorausschicken. Bleiben wir vorerst beim Richtungsvergleich, so kann zunächst die subjektiv gesehene Richtung von der objektiv vorhandenen abweichen, die Richtung kann falsch gesehen werden. Bekannte Beispiele dafür sind die Ablenkung der scheinbaren Vertikalen von der wirklichen bei der Karusselbewegung oder die scheinbare Divergenz der parallelen Linien bei der Zöllnerschen Täuschung. Diese falsche Richtung kann aber trotzdem mit großer Sicherheit immer wieder so gesehen werden. Hering unterscheidet daher scharf voneinander die Richtigkeit und die Bestimmtheit der optischen Lokalisation.

Stellen wir einer Versuchsperson die Aufgabe, zu einer gegebenen vom Fixationspunkt nach oben hin verlaufenden Strecke eine gleich lange herzustellen, die vom Fixationspunkt nach unten zu verläuft, so wird die Person bei den einzelnen aufeinander folgenden Einstellungen im allgemeinen Fehler begehen. Sei a die gegebene Länge der oberen Strecke, bezeichnen wir ferner die Längen der nacheinander eingestellten unteren Strecken mit $b_1, b_2 \ldots b_n$, und nehmen von allen n Einstellungen das arithmetische Mittel $c = \dfrac{\Sigma (b_1, b_2 \ldots b_n)}{n}$, so ist dieses in dem angezogenen Beispiele von der Länge a verschieden. Die Differenz $c - a$ wird als der konstante Fehler bezeichnet, und seine Größe liefert uns einen Anhalt für die Richtigkeit der optischen Lokalisation. Von dem Mittelwert c für die Länge der unteren Strecke weichen nun die Einzeleinstellungen $b_1, b_2 \ldots b_n$ um je einen Betrag ab, den man den variablen Fehler nennt, und den wir in den Einzelversuchen mit $d_1, d_2 \ldots d_n$ bezeichnen wollen. Bilden wir die Summe aller dieser Abweichungen, indem wir sie alle als positiv rechnen und dividieren sie durch die Zahl der Versuche n, so erhalten wir den mittleren variablen Fehler: m. v. F. $= \dfrac{\Sigma (d_1, d_2 \ldots d_n)}{n}$. Die Größe desselben können

wir als das Maß der Bestimmtheit der optischen Lokalisation ansehen.

Wir wollen uns in diesem Abschnitt ausschließlich mit der Frage nach
der Bestimmtheit der optischen Lokalisation im ebenen Sehfeld befassen
und die Frage nach der Richtigkeit vorläufig beiseite lassen. Soweit es
möglich ist, sollen dabei die Versuchsbedingungen so gewählt werden, daß die
optische Lokalisation richtig ist, d. h. daß der konstante Fehler gleich Null ist.
Das läßt sich beim Vergleich von Richtungen mit einiger Genauigkeit erzielen,
wenn man Richtungen wählt, die durch den Fixationspunkt des in Primärstellung befindlichen Auges verlaufen. Für solche gilt nämlich — wenigstens in den meisten Augen — der Satz, daß objektiv gerade Richtungen
auch subjektiv als gerade erscheinen. Wir werden also die Versuchsobjekte
bei Primärlage des Kopfes und der Augen entweder ruhig fixieren oder
bei Augenbewegungen nur wenig von der Primärstellung abgehen dürfen.

Solche Vergleiche zweier Richtungen können nun entweder in der
Weise angestellt werden, daß wir Richtungsänderungen im Verlaufe eines
und desselben Linienzuges beurteilen, oder wir beurteilen den Parallelismus zweier getrennter Linien. Daran schließt sich dann an der Vergleich
von Winkeln.

Richtungsänderungen im Verlaufe eines und desselben Linienzuges
können sich entweder darstellen als plötzliche Abknickung einer Geraden
oder als stetige Richtungsänderung, als Krümmung. Die Genauigkeit, mit
der wir derartige Richtungsänderungen zu erkennen vermögen, hat zuerst
GUILLERY (116) untersucht. Er fand, daß die Merklichkeit der Abweichung
von der geraden Richtung nicht bloß
von der Größe des Knickungswinkels
bzw. dem Krümmungsgrade abhängt,
sondern außerdem noch von der Größe
des Netzhautbildes der untersuchten
Linien. Die Untersuchung geschah binokular mit bewegtem Blick. In einer
ersten Versuchsreihe war in 50 cm Abstand vom Beobachter ein auf einer
weißen Papierfläche gezogener in der
Mitte geknickter Strich ABC in Augen-

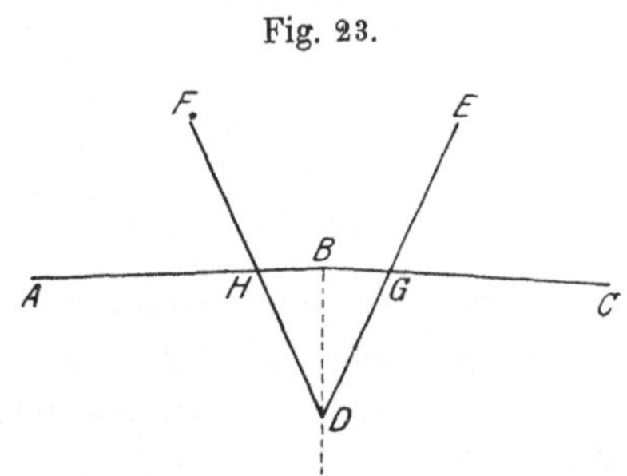

höhe derart aufgestellt, daß die Knickstelle B in der Medianebene des
Beobachters lag. Waren die beiden Hälften des Strichs AB und BC je
15 cm lang, so wurde der Knick eben sicher erkannt, wenn der Knickungswinkel 23′ betrug. Bei einem Knickungswinkel von 16′ war die Schätzung
bereits unsicher, d. h. bei abwechselnder Darbietung eines geraden und eines
geknickten Striches wurden dabei schon Fehler begangen.

Um den Einfluß der Bildgröße zu untersuchen, wurde ein Papier mit dem Ausschnitt EDF so über die Striche gelegt, daß bloß ein kurzes Stück derselben, GBH in der Fig. 23, sichtbar blieb. Dieses Stück wurde durch Verschieben des Deckblattes längs der Richtung BD soweit vergrößert, bis die Abknickung eben sicher merklich wurde. Dabei stellte sich heraus, daß die Länge der Striche, bei denen die Knickung eben erkannt wurde, wenn der Knickungswinkel den Schwellenwert von 23' um ein Geringes übersteigt, zunächst nur wenig abnimmt. Sobald aber die Knickungswinkel größer werden, nimmt die Länge der Striche, bei der er eben erkannt wird, stark ab, und sie nähert sich rasch einer für alle stärker geknickten Striche konstanten Minimallänge. An vertikal und horizontal gerichteten Strichen ist das Erkennen der Knickung gegenüber den Schräglagen deutlich begünstigt.

Eine ähnliche Abhängigkeit von der Netzhautbildgröße ließ sich auch nachweisen für die Unterscheidung von geraden Strichen und Kreisbögen und ebenso für die Erkennbarkeit von Krümmungsänderungen, wofür als Spezialfälle der kontinuierliche Übergang (ohne objektiven Knick) einer geraden Linie in einen Kreisbogen, sowie zwei kontinuierlich aneinander anschließenden Kreisbogen von verschiedenem Radius zur Untersuchung dienten. Auch hier war stets das Erkennen der Krümmung bzw. des Krümmungsunterschiedes bei vertikaler oder horizontaler Gesamtrichtung des Linienzugs gegenüber den Schräglagen begünstigt.

Tabelle 10.

Größe des Knickungswinkels	Gesichtswinkel	
	für die Länge der Grundlinie	für den seitlichen Lageunterschied der Strichenden
23' .	1°	12"
34½'	54'	16½"
69'	16'	10"

Fragen wir nun, wodurch diese Abhängigkeit des Erkennens von Richtungsänderungen von der Größe des Netzhautbildes bedingt sein könnte, so liegt es zunächst nahe, an eine Beziehung zum eben merklichen Lagenunterschiede bei der Noniusmethode zu denken. Nehmen wir den Fall der geknickten Linie und wenden darauf das Schema der Fig. 19a auf S. 59 an, so wird eine Richtungsänderung des geraden Striches jedenfalls erst erkannt werden können, wenn sie den Betrag des eben merklichen seitlichen Lageunterschiedes erreicht hat, d. h. wenn die Enden des Striches von der Elementenreihe mm auf die Reihe nn übergegangen sind. Dies wird aber auf einer um so kürzeren Netzhautstrecke erfolgen, je größer der Knickungswinkel ist. Ich habe nun, um zu sehen, inwieweit diese Überlegung zutrifft, aus den Angaben von GUILLERY berechnet, wie groß die seitliche Abweichung des sichtbaren Endes G des geknickten Striches von der geraden Fortsetzung von AB ist, wenn die Knickung eben erkannt wird, und finde die in Tabelle 10 zusammengestellten Beträge[1]). Ich selbst komme, wenn ich die Versuche ganz so anstelle, wie GUILLERY, nur im günstigsten Falle zu Werten von der gleichen Größe (12"), sonst aber zu höheren. Jedenfalls sind die Zahlen innerhalb der in der Tabelle angeführten Beträge der Knickungswinkel tatsächlich ziemlich gleich und entsprechen der Größenordnung nach dem Wert für den eben erkennbaren seitlichen Lagenunterschied, nur sind sie im allgemeinen etwas höher. Das ist aber ganz begreiflich, weil die Bedingungen für das Erkennen der Knickung doch andere sind, als die für das Erkennen des seitlichen Lagenunterschiedes bei der Noniusmethode, da es sich im ersteren Falle um den Vergleich von Lagen handelt, die durch Zwischenstufen ineinander übergehen. Erfolgt dieser Übergang sehr allmählich, so daß der seitliche Lageunterschied erst bei größeren Streckenlängen die Raumschwelle erreicht, so muß dies den Vergleich um so mehr erschweren, je weiter die Punkte des geknickten Striches, die um den Betrag der Raumschwelle seitlich verlagert sind, voneinander entfernt sind. Dadurch wird nun ohne weiteres verständlich, warum bei sehr kleinen Knickungswinkeln, die eben an der Grenze des Erkennens liegen, eine weitere Verlängerung der Striche nichts mehr nützt.

Die Erschwerung des Lagevergleichs weit voneinander entfernter Punkte, die aus theoretischen Gründen von besonderem Interesse ist, läßt sich noch auf eine andere Weise feststellen, indem man nämlich so, wie dies zuerst BOURDON (3, S. 96 ff.) in einigen Probeversuchen getan hat, die Bestimmtheit untersucht, mit dem man im Dunkelzimmer einen Lichtpunkt in die gerade Verbindungslinie zweier anderer einzustellen vermag. Man kann diesen Versuch so auffassen, daß durch die drei Lichtpunkte zunächst die Enden A, B und C (vgl. Fig. 23) einer geknickten Strecke markiert werden, und daß man nun den mittleren Punkt B so weit verschiebt, bis die Knickung eben unmerklich wird.

Um die Versuche mit den vorhergehenden streng vergleichbar zu machen, müßte man freilich auch hier die Schwelle für das Ebenmerklichwerden der

---

1) Bezeichnet man die von GUILLERY »Grundlinie« genannte gerade Entfernung GH in Fig. 23 mit g, den Knickungswinkel mit α, so ist die vom Endpunkt der zweiten Linie auf die gerade Fortsetzung der ersten gefällte Senkrechte gleich $g \sin \frac{\alpha}{2}$. Der Gesichtswinkel für diese Länge aus 50 cm Abstand vom Auge in die dritte Kolumne der Tabelle 10 eingesetzt. Nachträglich sah ich, daß BÜHLER (4, S. 77) anders rechnet. Er zieht die gerade Verbindungslinie von G nach H in Fig. 23 (GUILLERYS »Grundlinie«) und berechnet ihren Abstand vom Knickpunkt B. Das ergibt ungefähr die Hälfte der oben angegebenen Werte für den Gesichtswinkel (5—8"), Zahlen also, die bei der Noniusmethode bloß von einigen Personen unter den allergünstigsten Umständen noch erreicht werden. Es ist demnach äußerst unwahrscheinlich, daß diese Rechnungsweise hier anwendbar ist.

Knickung bestimmen. Auch dürfte man nicht mit der Methode der mittleren Fehler, die jetzt nach G. E. Müller (135 b) als Herstellungsmethode bezeichnet wird, arbeiten, denn der nach ihr bestimmte mittlere Fehler ist keineswegs ein genaues Maß der Unterschiedsschwelle. Ich habe aber diese Methode trotz ihrer verschiedenen Mängel deswegen angewandt, weil es mir mehr noch als auf die Analogie mit den Versuchen von Guillery auf einen Vergleich mit den später zu besprechenden Augenmaßversuchen ankam, die zum allergrößten Teil nach der Methode der mittleren Fehler ausgeführt wurden.

In einigen Versuchen dieser Art hatte zunächst schon Bourdon festgestellt, daß der mittlere variable Fehler bei fester Fixation des mittleren Punktes größer ist, als bei Beobachtung mit bewegtem Blick. Ferner gelang ihm die Einstellung bei einer um 45° geneigten Richtung wesentlich schlechter, als bei horizontaler und vertikaler Richtung, was mit dem oben erwähnten Befunde von Guillery übereinstimmt.

Mir handelte es sich bei diesen Versuchen zunächst darum, einen wenigstens vorläufigen Überblick darüber zu erhalten, wie die Bestimmtheit der Einstellung dreier Punkte in eine gerade Linie von der Entfernung der Endpunkte der durch sie abgegrenzten Strecke abhängt. Ich beobachtete binokular mit bewegtem Blick, nachdem ich mich ebenfalls davon überzeugt hatte, daß der mittlere variable Fehler bei fester Fixation des mittleren verschieblichen Punktes beträchtlich größer ist, als bei Beobachtung mit bewegtem Blick. Der Abstand der Augen vom mittleren Lichtpunkt betrug 298 cm, die Gesichtswinkel für die Streckenlänge betrugen nacheinander 10—40° (die Entfernung des mittleren Punktes von jedem Endpunkt daher 5—20°). Das aus je 80—160 Einzeleinstellungen für jede Streckenlänge gewonnene Ergebnis ist in Tabelle 11 zusammengestellt, wobei ich der leichteren Übersicht wegen die Streckenlänge und den mittleren variablen Fehler nicht bloß im Längenmaß anführe (die Ablesungen erfolgten mit Nonius auf 0,1 mm genau), sondern auch den Gesichtswinkel dafür daneben setze. Wie man sieht, geht der mittlere variable Fehler bei einer Streckenlänge von 10—20° ziemlich genau der Vergrößerung des Gesichtswinkels proportional, von da ab steigt er aber rascher an als die Streckenverlängerung[1]). Bis zu etwa 20° stimmt also das Ergebnis zu der Angabe Guillerys, daß der eben erkennbare Knickungswinkel mit der Verlängerung der Vergleichsstrecken nicht zunimmt. Darüber hinaus bleiben aber zunehmend größere Knickungswinkel unbemerkt.

------

1) Leider mußte ich als Myop mit einer Brille (Zeiss' Punktalglas) arbeiten, die, auch wenn sie gut zentriert ist, wenigstens bei den extremen Lagen schon eine merkliche Bildverzerrung im Sinne einer Verkürzung der Strecke bewirkt. Deshalb habe ich die Versuche nur soweit geführt, daß daraus das allgemeine Ergebnis abgelesen werden kann. Die Zahlen selbst werden, sobald eine emmetrope Versuchsperson zur Verfügung steht, noch genauer — und dann auch mit einer exakteren Methode — festzustellen sein.

Tabelle 11.

Länge der Strecke	Gesichtswinkel	Mittlerer variabler Fehler		Verhältnis der Gesichtswinkel
		in mm	Gesichtswinkel	
52,5 cm	10°	1,0	69″	1 : 522
108,4 »	20°	2,05	142″	1 : 517
172,0 »	30°	3,4	235″	1 : 459
250,0 »	40°	5,05	350″	1 : 411

Da GUILLERY und BOURDON angegeben hatten, daß man beim Vergleich schräger Richtungen viel größere Fehler mache, als beim Vergleich in der vertikalen und horizontalen Richtung, habe ich ferner eine Versuchsreihe angeschlossen, in der der Gesamtstrecke bei einer konstanten Länge derselben von 108,4 cm (gleich einem Gesichtswinkel von 20°) verschiedene Neigungswinkel erteilt wurden. Dabei ergaben sich aus je 80 Einzeleinstellungen für jeden Neigungswinkel die in der Tabelle 12 angeführten Zahlen, wobei der Neigungswinkel die Abweichung von der Vertikalen angibt, diese also mit 0°, die horizontale mit 90° bezeichnet ist. Wie man daraus ersieht, sind auch bei mir die schrägen Richtungen gegenüber den horizontalen und vertikalen im Nachteil, und zwar am meisten die Neigung von 45°. Von da ab nimmt die Genauigkeit der Einstellung gegen die horizontale und vertikale Richtung hin allmählich zu. Bei 10° Abweichung von der vertikalen und horizontalen Richtung ist der Unterschied gegenüber der reinen Vertikalen und Horizontalen schon sehr gering, oder er fehlt ganz. Außerdem scheint bei mir die horizontale Richtung gegenüber der vertikalen etwas bevorzugt zu sein.

Tabelle 12.

Neigung	Mittlerer var. Fehler mm
0°	2,05
10°	2,0
30°	3,85
45°	4,1
60°	3,78
80°	2,25
90°	1,7

Mit Rücksicht auf später zu erwähnende Überlegungen habe ich die letzteren Versuche auch bei unverwandter Fixation des mittleren beweglichen Punktes ausgeführt. Sie ergaben wieder dieselbe Abhängigkeit des mittleren variablen Fehlers vom Neigungswinkel der Strecke. Der mittlere variable Fehler aus 80 Einstellungen betrug hierbei, bei einer Distanz der

Endpunkte von 108,4 cm (gleich einem Gesichtswinkel von 20°) in vertikaler Richtung 3,5 mm, war also beträchtlich größer als bei Beobachtung mit bewegtem Blick. Das lag, wie die Selbstbeobachtung lehrte, daran, daß man die relative Lage der indirekt und unscharf gesehenen Punkte undeutlicher wahrnimmt, als wenn man sie abwechselnd fixieren kann und scharf sieht. Bei 30° Neigung gegen die Vertikale stieg der m. v. F. auf 4,5 mm, bei 45° Neigung auf 5,8 mm (Mittel aus je 40 Einstellungen). Die zunehmende Unsicherheit der Einstellung bei seitlicher Neigung war auch subjektiv sehr bemerklich.

Über die Unterscheidung gerader und gekrümmter Linien liegen Untersuchungen von GUILLERY (116) und von BÜHLER (4, S. 71 ff.) vor. GUILLERY verwendete wieder die oben angeführte Methode des sukzessiven Aufdeckens einer gekrümmten Linie, BÜHLER bestimmte die eben noch erkennbare Krümmung an äußerst schwach gekrümmten Kreisbögen von je 10 cm Sehnenlänge, die aus 1 m Augenabstand betrachtet wurden.

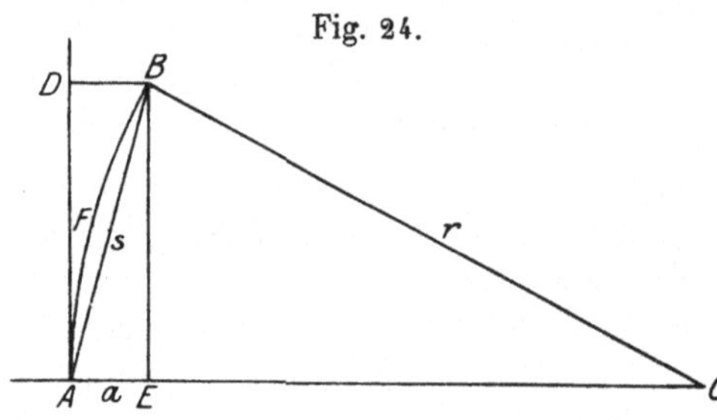

Fig. 24.

Es fragt sich nun, wonach man in diesen Fällen die Krümmung beurteilt. Man könnte zunächst vermuten, daß dafür der seitliche Lagenunterschied der beiden Enden des sichtbaren Bogens maßgebend sei, und man könnte diesen so bestimmen, daß man an das Ende A des Kreisbogens AB in Fig. 24 die Tangente AD anlegt und den seitlichen Abstand des anderen Endpunktes B von ihr (die Strecke BD) berechnet. Ist s die gegebene Länge der Sehne des Bogens (GUILLERYs Grundlinie) und r der Krümmungsradius, so ist $BD = AE = \dfrac{s^2}{2r}$. Aus den Versuchen von GUILLERY (Tabelle H) findet man dann die in Tabelle 13 in der dritten Reihe angeführten Zahlen.

Tabelle 13.

Länge des Krümmungsradius mm	die Länge der Sehne des sichtbaren Kreisbogens	Gesichtswinkel für	
		den seitlichen Lagenunterschied der Bogenenden	die Bogenhöhe
1000	2° 26′	94″	24″
500	1° 47′	96″	24″
250	1° 22′ (55′)	115″ (53″)	29″ (14″)
125	41 1/2′ (38′)	58″ (50″)	15″ (12 1/2″)
62,5	32′ (24′)	70″ (45″)	17 1/2″ (11″)
31	20′ (17′)	58″ (45″)	16″ (11″)
15	10′	29″	

Die in Klammern stehenden rühren von Versuchen her, die ich selbst anstellte. Indessen halte ich diese Rechnung nicht für zulässig. Der seitliche Lagenunterschied bei geknickten geraden Strichen, den man als Analogie heranziehen könnte, bietet nämlich bloß die Unterlage zum eigentlichen Richtungsvergleich, d. h. man benützt ihn, um die Richtung AB mit BC in Fig. 23 zu vergleichen. Auf den Krümmungsfall übertragen würde das heißen, man müßte die Richtung des äußersten mit der Tangente zusammenfallenden Endes des Bogens bei A in Fig. 24 mit der Richtung des äußersten Endes bei B vergleichen, und das geschieht gewiß nicht. Bühler (4) hat als Maß für die eben merkliche Krümmung die »Bogenhöhe« angenommen, d. h. den Abstand des Scheitels des Kreisbogens F von der Sehne AB (die punktierte Linie in Fig. 24). Ihre Länge ist

$$r - \sqrt{r^2 - \frac{s^2}{4}},$$ sie beträgt rund $^1/_4$ der Länge des Tangentenabstandes.

Ich habe die Gesichtswinkel für diese Strecke in der letzten Reihe der Tabelle 13 angeführt. Sie sind mit den nach der Noniusmethode erhaltenen gut vereinbar. Das Verfahren würde besagen, daß man den seitlichen Lagenunterschied der beiden Enden des Bogens gegenüber dem Scheitel miteinander vergleiche.

Zweifellos ist auch dies für das Erkennen der Krümmung nicht allein maßgebend, denn es würde noch immer nicht die Unterscheidung zwischen einem stetig gekrümmten und einem in der Mitte geknickten Strich ermöglichen. Eine stetige Krümmung sieht man dann, wenn man auch noch in der Zwischenstrecke Richtungsänderungen wahrnimmt, während man, wenn diese auf einer hinreichend langen Strecke fehlen, den Eindruck der Geraden erhält. Wir werden uns damit noch an einer anderen Stelle befassen (unten S. 102) und dort sehen, daß ein strenger Maßstab für die Unterscheidung kurzer gerader und gekrümmter Strecken noch nicht gefunden ist. Wir müssen uns daher hier vorläufig damit begnügen, daß uns die gefundenen Zahlen wenigstens den Vergleich der eben merklichen Krümmung bei verschiedenem Radius und verschiedenen Bogenlängen gestatten. Man sieht nämlich aus der Tabelle, daß die Bogenhöhe (und ebenso der seitliche Lagenunterschied der Bogenenden) bei Krümmungsgraden, die unter einem Gesichtswinkel von weniger als 1° für die gesamte Bogenlänge erkannt werden, ungefähr konstant ist[1]). Bei schwächeren Krümmungen, zu deren Erkennen eine größere Bogenlänge erforderlich ist, steigt auch der Grenzwert für die Bogenhöhe an, und es ist zu erwarten, daß er bei noch flacheren Bögen wegen der größeren Schwierigkeit des Vergleichs der Enden mit der Mitte des Bogens ebenso zunimmt, wie beim Vergleich von geraden Richtungen. Dafür spricht

---

1) Den niedrigsten Wert von 29″ lasse ich dabei außer Betracht, weil er wegen des Einflusses des Messungsfehlers zu unsicher ist.

besonders, daß Bühlers Versuchspersonen an äußerst schwach gekrümmten Bögen die Krümmung meist erst bei einem Gesichtswinkel von $5\,^3/_4{}^\circ$ für die ganze Länge des Bogens und einer Bogenhöhe von mehr als 60″ sicher erkannten[1]).

Während bei allen bisherigen Versuchen die miteinander verglichenen Richtungen in einem Zuge lagen, hat Mach (118) untersucht, mit welcher Bestimmtheit man zu einer gegebenen Richtung eine dazu parallele einzustellen vermag. Die Bestimmtheit erwies sich als abhängig von der absoluten Richtung: Sie war am größten in der Horizontalen und Vertikalen und nahm beim Übergang zu schrägen Richtungen immer mehr ab, so daß sie bei einer Neigung von 45° am geringsten war. Bezeichnet man die vertikale Richtung mit 0°, die Horizontale mit 90°, gibt also als Neigungswinkel die Abweichung der Richtung von der Vertikalen an, und trägt dann über den Winkelwerten als Abszisse die Größe des mittleren variablen Einstellungsfehlers als Ordinate auf, so erhält man nach Mach die ausgezogene

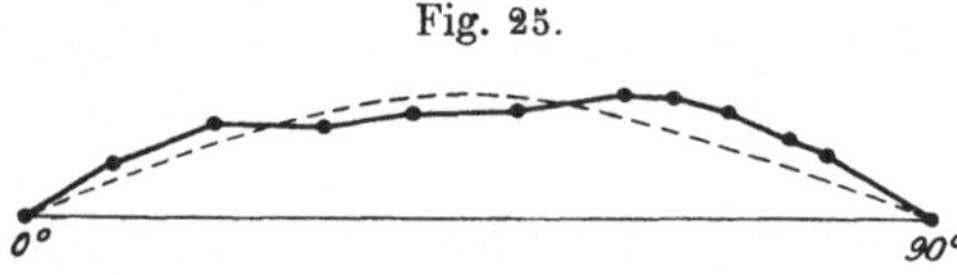

Fig. 25.

Kurve der Fig. 25. Es ist, wie man sieht, ein im wesentlichen analoges Verhalten, wie wir es oben bei der Einstellung eines mittleren beweglichen Lichtpunktes in die gerade Verbindungslinie zweier anderer fester Lichtpunkte erhalten haben, und wie es sich auch in den Versuchen von Guillery, ja sogar schon in den Versuchen von Best mit der Noniusmethode äußert. In allen diesen Versuchen wird das Ergebnis durch die absolute Richtung mit beeinflußt.

Auch in den Versuchen von Jastrow (117), der die Genauigkeit untersuchte, mit der man eine vorher gezeigte Richtung nach dem Verdecken wieder einzustellen vermag, ergaben sich Anhaltspunkte dafür, daß die horizontale und die vertikale Richtung mit größerer Bestimmtheit eingestellt wird, als die schrägen Richtungen. Besonders deutlich kam dies zum Vorschein, als Jastrow ohne jede Vorlage aus dem Gedächtnis und bei Ausschluß jeglicher sichtbaren geraden Linie im Gesichtsfelde seine Versuchspersonen die vertikale, horizontale und die unter 45° nach rechts oder links geneigten Richtungen einstellen ließ. Der mittlere variable Fehler betrug bei 10 Versuchspersonen im Durchschnitt und auf Minuten abgerundet: bei vertikaler Richtung 36′, bei horizontaler 39′, bei 45° Neigung, gleichgültig, ob die Linie von links oben nach rechts unten oder umgekehrt verlief, 2° 55′. Die horizontale und vertikale Richtung ist also in unserem Gedächtnis mit viel größerer Bestimmtheit festgelegt, als die schrägen

---

1) Verschiedene andere Versuche über das Erkennen von Krümmungsunterschieden usf., deren Erörterung hier zu weit führen würde, findet man bei Guillery (116) und bei Bühler (4).

Richtungen. Worauf dies beruhen kann, soll erst bei der Besprechung der absoluten Lokalisation erörtert werden.

Unter den Winkeln ist in der Bestimmtheit des Wiedererkennens der rechte besonders bevorzugt. Der mittlere variable Fehler, den man bei seiner Herstellung begeht, ist viel kleiner als bei der Herstellung (dem Nachzeichnen) spitzer oder stumpfer Winkel. Übrigens spielt auch hier die absolute Lokalisation wieder dieselbe Rolle, wie beim einfachen Richtungsvergleich, indem bei horizontaler und vertikaler Richtung der Schenkel die mittlere Variation der Einstellung geringer ist, als bei Schräglagen (BIHLER, 115).

Wenn man versucht, einen spitzen oder stumpfen Winkel nach einem anderen, gleichzeitig sichtbaren oder aus dem Gedächtnis nachzuzeichnen. so kann man entweder so vorgehen, daß man die Schenkel des zweiten denen der Vorlage parallel zu machen sucht, oder man sieht davon ab und sucht bei gleicher oder veränderter Richtung der Schenkel nur die Winkel gleich groß zu machen. BIHLER (115, S. 21 ff.) erhielt in beiden Fällen ein verschiedenes Resultat, das aber hauptsächlich wegen der Größe des konstanten Fehlers interessiert. Auch die Versuche über die Genauigkeit, mit der spitze oder stumpfe Winkel aus dem Gedächtnis nach einer kurz vorher gezeigten und dann verdeckten Vorlage nachgezeichnet werden, die JASTROW (117), BIHLER (115), RICHTER und WAMSER (119) ausgeführt haben. beziehen sich vorwiegend auf die absolute Größenschätzung.

6. Das Augenmaß.

Als zweite Leistung der relativen optischen Lokalisation hatten wir die Fähigkeit bezeichnet, die Größe der Sehdinge miteinander zu vergleichen. Man bezeichnet diese Fähigkeit auch als das Augenmaß, und wir müssen bei der Untersuchung desselben zweierlei berücksichtigen, nämlich 1. das Vermögen, Größenunterschiede zu erkennen und 2. das Vermögen, Größenverhältnisse (Proportionen) abzuschätzen.

Die Fähigkeit, Größenunterschiede zu erkennen oder die Feinheit des Augenmaßes ist sehr oft untersucht worden im Hinblick auf die Frage, ob auch hier das WEBERsche Gesetz gilt, d. h. ob der eben merkliche Unterschied beim Vergleich verschieden langer Strecken einen konstanten Bruchteil der Streckenlänge beträgt. Größere Versuchsreihen darüber durch Bestimmung des mittleren variablen Fehlers beim Versuch, einer gegebenen ersten Strecke eine zweite gleich zu machen (Herstellungsmethode), sind zuerst von FECHNER (17, Bd. I, S. 211; s. ferner 125a, S. 334 ff.; ältere Versuche von HEGELMAIER [129] sind zu wenig umfangreich, und von VOLKMANN (13) ausgeführt worden. VOLKMANN benützte zu diesen Versuchen drei meist vertikal ausgespannte Fäden, von denen die ersten zwei a und b,

feststanden, während der dritte c — bei kleinen Distanzen mittels einer
Mikrometerschraube — so lange nach rechts und links verschoben wurde,
bis die Distanz bc der von a und b gleich erschien. Die Beobachtungen erfolgten mit einem Auge und mit bewegtem Blick. Dabei fand nun VOLKMANN
für mittlere Längen, die unter einem Gesichtswinkel von 43' bis 16 1/2°
— entsprechend 4,21—101,04 mm aus 340 mm Sehweite — gesehen wurden,
daß der mittlere variable Einstellfehler ziemlich konstant rund $1/90$—$1/100$
der Streckenlänge ausmachte. Da man gewöhnlich annimmt, daß der mittlere Fehler der Größe der Unterschiedsschwelle proportional ist, so schließt
man daraus, daß das WEBERsche Gesetz innerhalb der genannten Breite
gültig ist[1]. Ebenso fand später MERKEL (135) das WEBERsche Gesetz für
mittlere Streckenlängen (5—100 mm, die »aus deutlicher Sehweite« betrachtet wurden) gültig. In den Versuchen von CHODIN (124) sind die
Schwankungen etwas größer, und zwar besitzt nach diesem Autor die relative Unterschiedsempfindlichkeit für horizontale Strecken ein Maximum bei
einer aus 350 mm Entfernung gesehenen Vergleichsstrecke von 20 mm Länge,
und nimmt von da nach den längeren und kürzeren Strecken hin ab. Die
Zahlen für vertikale Strecken stimmten auch bei ihm mit dem WEBERschen
Gesetz überein. FISCHER (126), der bei Halbierungsversuchen das WEBERsche
Gesetz für mittlere Streckenlängen zutreffend fand, hält die Abweichungen
vom WEBERschen Gesetz in CHODINs Tabellen für zufällige. Abweichungen
von diesem Gesetz gab auch HIGIER (130) an, gegen dessen Berechnungen
aber von MERKEL (135) und WUNDT (15a) Einwände erhoben wurden. Bei
der Untersuchung des eben merklichen Unterschiedes zweier Strecken
fanden VOLKMANN und MERKEL das WEBERsche Gesetz für mittlere .Längen
bestätigt, während CHODIN auch hierbei Abweichungen fand.

Für kurze Strecken, die unter weniger als 40' gesehen werden, gilt
das WEBERsche Gesetz nach VOLKMANN nicht mehr, und zwar wird die relative Unterschiedsempfindlichkeit, die nach diesem Gesetz konstant sein
sollte, um so geringer, je kürzer die Vergleichsstrecke ist. Für ganz kurze
Strecken, die unter etwa 8—20' gesehen werden, nimmt der eben erkennbare Längenunterschied einen von der Länge der Vergleichsstrecke unabhängigen konstanten Wert von $1/90$ mm aus 200 mm Abstand vom Auge
an, der einem Gesichtswinkel von rund 11'' entspricht, sonach mit dem nach
der Noniusmethode gemessenen Wert für die Unterschiedsempfindlichkeit für
Lagen übereinstimmt (vgl. oben S. 56).

Bei CHODIN war die Feinheit des Augenmaßes für horizontale Strecken
merklich größer als für vertikale, was vorher schon HEGELMAIER (129) und
an sehr kurzen Strecken auch VOLKMANN bemerkt hatten. Darin scheinen
aber individuelle Unterschiede zu bestehen, denn BOURDON (3, S. 122) fand

―――――――――

[1] Man vergleiche dazu die Ausführungen von G. E. MÜLLER (135b, S. 376 ff.).

bei sich umgekehrt ein besseres Unterscheidungsvermögen für vertikale Strecken als für horizontale, allerdings auch wieder nur an äußerst kurzen Strecken, die bloß infolge verschiedener Helligkeit verschieden lang aussahen. Durch Übung wird das Erkennen von Längenunterschieden wesentlich verfeinert, wofür insbesondere VOLKMANN (13, S. 88) Zahlenbelege anführt. Ferner ist das Augenmaß für Strecken von einiger Ausdehnung bei bewegtem Blick dem bei fester Fixation erheblich überlegen. Messungen darüber bei MÜNSTERBERG (136).

Die Messungen der Unterschiedsempfindlichkeit des Raumsinns sind mit denen der Unterschiedsempfindlichkeit des Drucksinnes oder des Lichtsinnes usf. grundsätzlich unvergleichbar, weil es sich im letzteren Falle um verschieden starke Reizungen der gleichen Endorgane handelt, beim Raumsinne dagegen um eine Ausdehnung der ihrer Intensität nach gleichen Reizung auf verschiedene Endorgane. Nun wird aber das einheitliche Erfassen räumlich ausgedehnter Objekte um so schwieriger, je größer sie sind, weil sich die Aufmerksamkeit den einzelnen Teilen des Objektes nur nacheinander zuwenden kann. Dazu kommt speziell beim Raumsinn des Auges, daß sich die einzelnen Stellen des gereizten Endorgans in bezug auf ihr räumliches Unterscheidungsvermögen in hohem Grade verschieden verhalten. So gelangt man beim Vergleich sehr kurzer Strecken, die in ihrer ganzen Länge in der Nähe der Stelle des schärfsten Sehens abgebildet werden, zu Werten für die Unterschiedsempfindlichkeit, welche denen für das Erkennen von Lageunterschieden bei der Noniusmethode gleichkommen. Je länger aber die zu vergleichenden Strecken werden, je weiter sich also ihr Bild auf exzentrische Netzhautstellen mit zunehmend geringerer Sehschärfe erstreckt, desto schwieriger wird der Längenvergleich. Daß das WEBERsche Gesetz für den Raumsinn des Auges beim direkten Sehen mindestens sehr angenähert gültig ist, braucht also nicht mehr zu besagen, als daß die Erschwerung des Längenvergleichs, die aus den beiden eben angeführten Gründen vorhanden ist, sehr angenähert der Zunahme der Streckenlänge parallel geht.

Für die Richtigkeit dieser Auffassung spricht zunächst, daß das Gesetz sofort ungültig wird (genauer gesagt, der mittlere variable Fehler bei der Herstellungsmethode nicht proportional der Streckenlänge anwächst), wenn man den zweiten der Faktoren, der oben als erschwerend für den Vergleich größerer Strecken angeführt wurde, nämlich die Verschiedenheit der Sehschärfe der gereizten Netzhautstellen möglichst beseitigt. So fand GUILLERY (128), daß das WEBERsche Gesetz beim Vergleich direkt gesehener mit indirekt gesehenen nicht mehr zutrifft. Dabei ändert sich aber wenigstens für die indirekt gesehenen Strecken die Feinheit des Ortssinnes nicht mehr in so hohem Maße mit der Verlängerung der Strecke wie beim direkten Sehen, und schon dadurch wird das Ergebnis wesentlich geändert. Zwar nahm auch in den Versuchen von GUILLERY der mittlere variable Fehler mit der Streckenlänge zu, aber lange nicht mehr proportional der letzteren. Nun erfüllen ja allerdings auch die Versuche von GUILLERY nicht genügend die Forderung, die zu vergleichenden Strecken in ihrer ganzen Länge auf Netzhautpartien mit gleicher Sehschärfe abzubilden. Diesem Ideal kann man sich noch mehr nähern, als es in GUILLERYs Versuchen der Fall war, wenn man beide Vergleichsstrecken auf exzentrischen Netzhautpartien abbildet, die so gewählt werden müssen, daß bei der Verlängerung der Strecken die Sehschärfe der gereizten Netzhautstellen möglichst wenig Verschiedenheiten zeigt. Wegen der quer-ovalen Form der Kurven gleicher Sehschärfe würden sich dazu am besten horizontale Strecken eignen, die gleich weit nach oben und unten vom Fixationspunkt abstehen. Da jedoch in diesem Falle bei größerer Exzentrizität die Bestimmtheit der Auffassung besonders der oberen Strecke sehr gering ist, wählte ich zum Vergleich lieber zwei gleichweit nach rechts und links vom Fixationspunkt liegende vertikale Strecken. Ich verfuhr demnach so, daß rechts und links vom Fixationspunkt mit je 20° Exzentrizität zwei 2 mm breite weiße Streifen (durchleuchtete Spalte) auf ebenem schwarzen Grund sichtbar gemacht wurden. Der eine wurde auf eine bestimmte Länge eingestellt, der andere ihm scheinbar gleich gemacht. Zur Untersuchung diente mein rechtes Auge (ohne Korrektion), der Abstand des Fixationspunktes vom Auge war 19 cm. Das Ergebnis aus je 80 Einzeleinstellungen für jede

Tabelle 14.

Länge der Vergleichsstrecke mm	Mittlerer var. Fehler mm	Verhältnis des mittl. var. Fehlers zur Streckenlänge
10	0,78	1 : 12,8
20	1,15	1 : 17,4
40	1,6	1 : 25
60	2,15	1 : 28

Streckenlänge zeigt die Tabelle 14. Wie man sieht, ist hier von einer Gültigkeit des WEBERschen Gesetzes auch nicht annähernd mehr die Rede, wenn schon der mittlere variable Fehler mit zunehmender Streckenlänge immer noch zunimmt. Dies kann zum Teil darauf beruhen, daß auch in diesen Versuchen die Enden der verglichenen Strecken immer noch auf Stellen von etwas geringerer Sehschärfe fallen als ihre Mitte, aber die Unterschiede sind doch zu groß, als daß sie ausschließlich auf diesen Umstand bezogen werden könnten. Man wird daher noch an andere Faktoren denken müssen, die den Vergleich längerer Strecken erschweren, und da dürfte die oben erwähnte größere Schwierigkeit des Gesamterfassens der längeren Strecke in erster Reihe stehen.

Eine ganz andere Erklärung für die Gültigkeit des WEBERschen Gesetzes bei optischen Längenschätzungen deutete schon FECHNER (17, Bd. I, S. 234; Bd. II, S. 336; 125, S. 63) und nach ihm WUNDT (15a, B. II, S. 574, 637) an. Da sich nämlich für Längenschätzungen mit dem Tastsinn auf unbewegter Haut das WEBERsche Gesetz als ungültig erwies, vermutete FECHNER, daß die Längenschätzung auf der Intensität des Muskelgefühls beim Durchwandern der Vergleichsstrecken mit dem Blick beruhe. Damit wären die »Extensitätsunterschiede« verschieden langer Strecken auf ›Intensitätsunterschiede‹ des Muskelgefühls zurückgeführt, und auf diese würden sich das WEBERsche Gesetz ebenso anwenden lassen, wie auf verschiedene Schallstärken usf. Freilich liegt dieser Annahme stillschweigend die früher allgemein geteilte Ansicht zugrunde, daß man beim Blick geradeaus den äußeren Augenmuskeln gar keine Innervation erteile, und daß erst bei der Seitenwendung und bei der Hebung oder Senkung die entsprechend wirkenden Muskeln innerviert würden, und zwar um so stärker, je größer die Bewegung des Bulbus ist. Diese primitive Ansicht ist nach neueren Untersuchungen, über die wir im Kapitel über die Augenbewegungen eingehender sprechen, wesentlich zu berichtigen. Wir innervieren schon beim Blick geradeaus alle Augenmuskeln, aber eben in einem solchen gegenseitigen Verhältnis, daß daraus die primäre Blickrichtung resultiert. Bei der Rechtswendung werden die Rechtswender stärker, die Linkswender schwächer, bei der Linkswendung umgekehrt die Linkswender stärker, die Rechtswender schwächer innerviert, und analog bei der Hebung und Senkung die Heber und Senker. Demnach ist jede Augenbewegung von einer Änderung der Innervation der Augenmuskeln hervorgerufen, die in einer Verstärkung der Innervation der »Agonisten« und einer gleichzeitigen Herabsetzung (Hemmung) der Innervation der Antagonisten besteht. Immerhin ließe sich auch damit die FECHNERsche Zurückführung der Augenbewegungen auf Intensitätsunterschiede des Muskelgefühls allenfalls noch vereinen. Es läßt sich aber direkt zeigen, daß bei optischen Raumschätzungen, bei denen gar nicht »Intensitätsunterschiede« der Augenbewegungen miteinander verglichen werden, aber sonst ähnliche Verhältnisse obwalten wie bei der Längenschätzung, ebenfalls ein dem WEBERschen Gesetz entsprechendes Ergebnis erzielt wird. Das ist der Fall, wenn man einen mittleren beweglichen Punkt in die gerade Verbindungslinie zweier anderer Punkte einzustellen versucht, mit denen die Enden verschieden langer Strecken markiert werden. Innerhalb der Grenzen für den Gesichtswinkel der Strecke, innerhalb derer für das Augenmaß die Gültigkeit des WEBERschen Gesetzes bestätigt worden ist bis zu 20°, nimmt auch hier der mittlere variable Fehler, wie wir oben S. 76 sahen, proportional der Länge der durch die beiden Endpunkte begrenzten Strecke zu, obwohl hier nicht die Streckenlänge als solche abgeschätzt wird, sondern der seitliche Abstand des mittleren Punktes von der

geraden Verbindungslinie der Endpunkte. Wenn man dies auch wieder
durch Muskelgefühle erklären wollte, so würden hier nicht Unterschiede im
Grade der Muskelspannung beim Durchlaufen der Strecke mit dem Blick
verglichen, sondern ein der Intensität nach veränderliches Muskelgefühl in
der Richtung der Strecke mit einem qualitativ anderen senkrecht dazu.
Demnach würden wir uns hier auf dem Gebiete qualitativer Unterschiede
bewegen, auf die das WEBERsche Gesetz überhaupt keine Anwendung findet.
Wenn nun trotzdem das Versuchsergebnis mit dem WEBERschen Gesetz
übereinstimmt, so liegt das eben daran, daß die sonstigen Versuchsbedingungen gleich sind: Die stärker indirekte Abbildung und die größere
Schwierigkeit für das Erfassen der Gesamtstrecke bei größerer Streckenlänge.

MACH wollte auch die Abhängigkeit der Genauigkeit des Parallelenvergleichs
vom Neigungswinkel (s. oben S. 80) aus Muskelgefühlen nach dem WEBERschen
Gesetz ableiten. Bei schrägen Blickwanderungen sollte man den Unterschied im
Spannungsgrad der Augenheber bzw. Senker einerseits und der Rechts- bzw.
Linkswender andererseits wahrnehmen können, und daraus ließe sich unter ge-
wissen vereinfachenden Annahmen das von ihm gefundene Resultat ableiten.
Man könnte nun vielleicht geneigt sein, diese Betrachtungsweise auch auf unsere
Versuche über die Unterscheidbarkeit schräger Richtungen und ihre Abhängigkeit
vom Neigungswinkel zu übertragen. Aber das wäre selbst dann unzulässig, wenn
MACHS Erklärung für seine Versuche zuträfen (was nach dem folgenden nicht der
Fall sein kann). Denn wir haben oben S. 77 gesehen, daß die Abhängigkeit vom
Neigungswinkel auch vorhanden bleibt, wenn der mittlere Punkt unverwandt
fixiert wird, folglich auch keine Spannungsänderungen der Augenmuskeln im
verlangten Sinne erfolgen. Man müßte dann so, wie es später (S. 139) auseinandergesetzt wird, auf die verschiedene »Stärke« der Innervationsimpulse
rekurrieren[1]). Von deren Verteilung auf die verschiedenen Muskeln hat aber unser
Bewußtsein gar keine Kenntnis, denn wir intendieren zwar bestimmte Bewegungen,
aber nicht die Innervation bestimmter Muskeln.

Die endgültige Entscheidung gegen die Auffassung von FECHNER und
WUNDT wird durch den Nachweis erbracht, daß die kinästhetischen Empfindungen, die wir von den Augen erhalten, seien es nun Spannungsempfindungen oder Empfindungen von den Augenlidern her, uns so außerordentlich schlecht über die Stellung der Augen unterrichtet, daß wir bei Ausschluß
von orientierenden Gesichtsempfindungen den gröbsten Täuschungen unterliegen können. So kommt es beim »Punktwandern« (das wir bei der Lehre
von den Scheinbewegungen später eingehender besprechen werden) vor, daß
man die Augen für stark seitwärts gewendet hält, während sie in Wirklichkeit ungefähr 'geradeaus stehen (BOURDON, 3, S. 340). Ferner beobachteten
RÄHLMANN und WITKOWSKI (137) an Blinden, daß sie meist »keine richtige

---

1) Ein Zurückgehen auf die Innervationsimpulse wäre übrigens bei dieser
Grundanschauung auch zur Erklärung des Streckenvergleichs bei fester Fixation
eines Punktes der Strecke notwendig. Nach FISCHER (126) bleibt auch in diesem
Falle das WEBERsche Gesetz gültig.

Vorstellung von der jedesmaligen Stellung der Augen« hatten, »was deutlich daraus hervorging, daß sie oft ganz andere Bewegungen, als die beabsichtigten, vornahmen«. Beispielsweise glaubte der eine beim Übergang von der Rechts- zur Linkswendung schon die volle Linkswendung ausgeführt zu haben, während die Augen noch in der Lidmitte standen; ferner gingen die Augen aus extremen Seitenwendungen, die dauernd eingehalten werden sollten, langsam zurück, ohne daß die Blinden es merkten. Diese große Unbestimmtheit in der Beurteilung der Augenstellung nach den kinästhetischen Empfindungen schließt also eine Längenschätzung mit Hilfe derselben von irgendwelcher Genauigkeit unbedingt aus.

Wundt glaubte zwar eine Übereinstimmung zwischen der Unterschiedsschwelle für die Tiefenwahrnehmung und den Spannungsempfindungen von Akkommodation und Konvergenz nachgewiesen zu haben, aber diese Meinung ist, wie sich bei der Lehre von der Tiefenwahrnehmung ergeben wird, irrig. Bourdon (3, S. 65 ff.) hält die Empfindungen von den Augenlidern für besonders wichtig zur Beurteilung der Augenstellung. Die groben Täuschungen über die Augenstellung beim Punktwandern sollen nach ihm auf einer Ermüdung dieser Sensationen beruhen. Er untersuchte mit Hilfe einer auf die geschlossenen Lider aufgesetzten Kappe, welche seitliche Verschiebung der Lider und dadurch erzwungene Drehung des Bulbus eben merklich ist, und fand als untere Grenze, daß eine Bulbusdrehung von 1,79'' schon sicher erkannt wurde. Ich glaube nicht, daß man daraus schließen kann. daß auch eine willkürliche Drehung des Bulbus um denselben Betrag schon an den Lidern merklich ist. Aber selbst wenn das der Fall sein sollte, wäre dies für die Genauigkeit der Längenschätzung ganz und gar unzureichend.

In anderer Form ließe sich allerdings eine Mitbeteiligung der Augenbewegungen bei der Längenschätzung denken, wenn man nämlich die von Hering (bei Fechner, 125, S. 49) und von G. E. Müller und Schumann (135 a) über die Vergleichung gehobener Gewichte aufgestellte Hypothese auf das Auge anwenden wollte. Nach diesen Forschern erteilen wir beim Heben zweier zu vergleichender Gewichte den Muskeln beide Male die gleiche Innervation. Wenn nun der Erfolg bei den beiden Huben merklich verschieden ist — wenn also das eine Mal auf denselben Impuls hin eine größere Hebung erfolgt, als das andere Mal —, so halten wir die Gewichte für verschieden. Übertragen wir das auf das Auge, so könnten wir uns demgemäß vorstellen, daß wir beim Durchlaufen zweier zu vergleichender Strecken mit dem Blick jedesmal die gleiche Innervation der Augenmuskeln erteilen. Führt diese nun nicht beide Male bis zum Endpunkt der Strecke, sondern etwa einmal weniger weit und das andere Mal darüber hinaus, so könnten wir daraus den Längenunterschied der Strecken erkennen.

Wie stimmen nun die tatsächlichen Verhältnisse mit diesen Überlegungen überein? Man hat verschiedentlich versucht, die Beteiligung der Augenbewegungen an der Schätzung von Streckenlängen rein für sich herauszuheben. So hat v. Kries (131) den mittleren variablen Fehler bei der

Längenschätzung bestimmt, wenn er nicht die ganze Strecke auf einmal sichtbar machte, sondern einem auf ganz gleichförmigem Grunde, auf dem sonst keine festen Marken zu sehen waren, hin- und herbewegten Gegenstande mit dem Blicke folgte. Neuerdings stellte M. BINNEFELD (123) das Augenmaß für die Bewegungsbahn eines isolierten Lichtpunktes, dem mit dem Blick gefolgt wurde, im sonst völlig dunklen Raum fest, und zwar war in einer ersten Versuchsanordnung der bewegte Lichtpunkt allein zu sehen, in einer zweiten war neben dem einen Endpunkt der Bahn, welche der bewegliche Punkt durchlief, ein zweiter feststehender Leuchtpunkt dauernd sichtbar. In beiden Fällen verglichen die Versuchspersonen eine zuerst exponierte »Normalstrecke« mit einer später dargebotenen »Vergleichsstrecke«. Die Schätzungen der Bewegungsgröße fielen den Versuchspersonen bei der ersten Anordnung anfangs schwerer, sie erreichten aber nach einiger Übung dieselbe Genauigkeit, wie bei der zweiten. Da bei der ersten Anordnung die Länge der Bewegungsbahn nach BINNEFELDs Meinung nur durch die Bewegungsempfindungen des Auges erkannt wurde, so schließt sie daraus, daß diesen letzteren ein bestimmender Einfluß auf die Längenschätzung zukommen müsse.

An sich wäre eine solche Genauigkeit der Innervation (nicht der »Bewegungsempfindungen«) wohl möglich. Wir kennen ja einen Fall, in dem wirklich eine so außerordentlich feine Abstufung der Innervationsimpulse gegeben wird, wie sie bei der obigen Erklärung vorausgesetzt wird, nämlich bei der Innervation der Kehlkopfmuskeln. Hier hat der geübte Sänger die Innervationsstärke so in der Gewalt, daß er sie von vornherein, ohne daß eine weitere Korrektur nötig wird, auf die richtige Tonhöhe einzustellen vermag. Aber bei genauerer Überlegung merkt man doch einen großen Unterschied zwischen den beiden Fällen: Der Sänger hat seine motorische Einstellung vorher unter der Leitung des Gehörs als Kontrollsinn so eingeübt, daß er sie von vornherein, ehe er noch den Ton singt, genau trifft. In den Versuchen von BINNEFELD dagegen ist der Kontrollsinn, in diesem Falle der Gesichtseindruck, nicht ausgeschaltet, vielmehr gehen die Augenbewegungen immer noch unter der Führung der Netzhautbilder vor sich. Wenn wir also die Feinheit der Abstufung für die Innervation der Augenmuskeln wirklich rein für sich studieren wollen, so müssen wir sie bei Ausschluß jeglicher Leitung durch einen Gesichtseindruck im dunklen Raum bestimmen.

Für einige Fälle liegen nun derartige Bestimmungen schon vor. So stellten SACHS und WLASSAK (137a) fest, mit welcher Genauigkeit wir imstande sind, im Finstern die scheinbare Medianebene anzugeben, indem sie vor dem Beobachter ein Licht aufblitzen und die Versuchsperson angeben ließen, ob es gerade vor ihr oder rechts oder links zu liegen schien. Da jeder andere Anhaltspunkt für das Urteil fehlte, so konnte der Beobachter dies nur daraus erkennen, daß er den Blick geradeaus zu richten suchte,

und nun beurteilte, ob die Lage des aufblitzenden Lichtes in die Blickrichtung hineinfiel oder nicht. Aus den Versuchen von SACHS und WLASSAK
ergab sich nun für die scheinbar mediane Richtung eine Streuungsbreite von
$1/_2$—1^0 nach jeder Seite hin, demnach eine außerordentlich große Unsicherheit der Innervation. Fehler von ähnlicher Größe fand MARX (133a), als
er feststellte, mit welcher Genauigkeit das Auge im Dunkeln eine gegebene
Stellung beizubehalten vermag. Daraus folgt, daß wir aus dem Vergleich
der Innervationsimpulse allein keine Genauigkeit erzielen würden, die auch
nur annähernd an die des Augenmaßes heranreicht.

Nun besagt freilich die unseren Überlegungen vorangestellte Hypothese,
daß wir nicht die Innervationen selbst, sondern ihren Erfolg miteinander vergleichen. Hätte dies einen Einfluß auf das Augenmaß, so müßten wir danach eine Strecke um so länger schätzen, je stärker wir die Augenmuskeln
bei ihrer Durchwanderung mit dem Blick innervieren müßten. Eine solche
Folgerung liegt in der Tat der Erklärung WUNDTs für die Unterschiede in
der Größenschätzung von Strecken in den verschiedenen Teilen des Gesichtsfeldes zugrunde (vgl. unten S. 187). Wäre dies richtig, so müßte es sich aber
auch, und zwar besonders auffällig, bei Paresen der Augenmuskeln äußern.
Ein Patient mit rechtseitiger Abduzensparese müßte z. B. mit dem rechten
Auge eine nach rechts von der Medianebene liegende Strecke viel größer
einschätzen, als eine nach links zu gelegene Strecke, weil er ja beim Blick
nach rechts eine viel stärkere Innervation erteilen muß als beim Blick nach
links. Davon ist aber gar keine Rede (vgl. S. 187 Anm.). Statt dessen erfolgt
bei der Blickwendung nach rechts eine Scheinbewegung des ganzen Gesichtsfeldes nach rechts, die ganze Strecke und alles andere mit ihr verschiebt sich nach rechts. Die Nichtübereinstimmung der Innervation mit
ihrem Erfolg hat also in der Tat eine Änderung der optischen Lokalisation
zur Folge, aber diese bezieht sich nicht auf die relative, sondern auf die
absolute Lokalisation, und wir werden bei der Besprechung der letzteren
darauf zurückkommen, wie nach HERING der Zusammenhang eigentlich zu
denken ist. Die Schätzung der Streckenlänge ändert sich dabei jedenfalls
nicht, wofern nicht etwa durch die geänderte Blickrichtung Motive für andersartige Gestaltauffassungen eingeführt werden, oder bei indirektem Sehen die
»zentrische Schrumpfung des Sehfeldes« (s. unten S. 172 ff.) mit hereinspielt.
Der Beweis dafür läßt sich unschwer auch am Normalen erbringen, wenn
man Verhältnisse einführt, welche Scheinbewegungen hervorrufen, wie sie
später ausführlicher beschrieben werden. Dadurch werden aber alle Erklärungen, welche das Augenmaß auf die Schätzung der Innervationsstärke
der Augenmuskeln zurückführen wollen, hinfällig.

In Wirklichkeit liegen nämlich, wie HERING zuerst betonte, die Verhältnisse gerade umgekehrt: Nicht die Augenbewegung ermöglicht die
Schätzung des Abstandes zweier Punkte voneinander, sondern die Inner-

vation zur Blickbewegung von einem Punkte zum anderen erfolgt erst auf
Grund der Abstandsschätzung. Letztere geht der Augenbewegung vorher.
Wie sich dies im einzelnen vollzieht, ergibt sich sehr anschaulich aus Untersuchungen von SUNDBERG (262), der mit einer objektiven Methode Verlauf
und Größe der Augenbewegungen maß, während die Versuchsperson von
der Fixation eines Punktes zu der eines anderen, der zuvor exzentrisch
abgebildet war, überging. Die dabei ausgeführte Augenbewegung zerfällt
in zwei Abschnitte: Es erfolgt zunächst eine rasche Zielbewegung auf den
zweiten Punkt hin, durch die aber in der Mehrzahl der Fälle noch keine
Fixation desselben erreicht wird. Der Einstellungsfehler schwankt dabei
zwischen 15 und 50'. Dabei folgen, wenn nötig, kurze Korrektivbewegungen,
welche das Bild des zweiten Punktes nun wirklich auf die Netzhautmitte
selbst bringen. Weitere Versuche zeigten, daß die erste Zielbewegung
während ihres Ablaufs durch die gleichzeitig sichtbaren Dinge in ihrem
Ablauf nicht beeinflußt, also auch nicht reguliert wird. Für die ihr zugrunde liegende Innervation muß daher die vorherige Abschätzung der Entfernung der beiden Punkte voneinander maßgebend sein. Der Fehler, der bei
der Zielbewegung begangen wird, wird verursacht zunächst durch den Fehler
in der Schätzung des Abstandes der beiden Punkte voneinander und dann
durch die mangelhafte Präzision der Innervation. Beide könnten sich natürlich gegenseitig kompensieren, der Punktabstand könnte etwa unterschätzt
werden, und im Verhältnis dazu könnte eine zu starke Innervation erteilt
werden, welche trotz der falschen Einschätzung den zweiten Punkt gleich
auf die Netzhautmitte brächte. Wir können deshalb aus der Fehlergröße bei
diesen Versuchen nicht allzuviel schließen. Bemerkenswert ist nur, daß
die Fehler der Zielbewegung bei einer Vergrößerung des Punktabstandes
von 7° bis auf 50° im Durchschnitt aller Versuche nur möglicherweise
etwas anwuchsen. Von einer Gültigkeit des WEBERschen Gesetzes dafür
ist jedenfalls nicht die Rede.

Bei alledem ist freilich nicht außer acht zu lassen, daß beim Durchwandern der ganzen Streckenlänge mit dem Blick, wie die Versuche deutlich zeigen, die Schätzung der Streckenlänge wesentlich begünstigt ist. Auf
diese Weise werden eben die verschiedenen Teile der Strecke, wenn auch
nicht gleichzeitig, so doch in kontinuierlicher Folge nacheinander, aus der
Undeutlichkeit des indirekten in die Schärfe des direkten Sehens hereingebracht und dadurch die Möglichkeit eines genaueren Vergleichs erleichtert. Daß gerade dies von großer Bedeutung ist, ergibt sich aus den Versuchen von BINNEFELD (123), die bei momentaner gleichzeitiger Exposition
der beiden Endpunkte einer Strecke im allgemeinen eine große Unsicherder Längenschätzung fand, derart daß die Vergleichsstrecke zweimal nacheinander exponiert werden mußte. Eine einigermaßen gute Schätzung ergab
sich aber selbst im letzteren Falle nur dann, wenn der Blick ungefähr auf

die Mitte der Strecke eingestellt war, die beiden Endpunkte derselben also nicht gar zu exzentrisch abgebildet wurden.

Beim ungezwungenen Sehen beteiligen sich an der Durchwanderung der Strecke sowohl Augen- als auch Kopfbewegungen. HABERLANDT (128a, hat versucht, den Anteil beider an der Verbesserung der Abschätzung von Punktdistanzen gesondert zu bestimmen. Das Ergebnis war aber individuell ganz verschieden.

Von dem WEBERschen Gesetz ist streng zu unterscheiden die Folgerung, die FECHNER (17) daraus ableitete, und die auch als das FECHNERsche Gesetz bezeichnet wird. Dieses setzt voraus, daß die eben merklichen Empfindungs-zuwüchse bei Verstärkung der äußeren Reize auch stets gleich groß sind. Auf das Augenmaß übertragen würde dies besagen, daß die eben merkliche Verlängerung zweier verschieden langer Strecken den gleichen Längeneindruck hervorrufen müßte. Würden wir also eine 50 mm lange Strecke durch eine Reihe eben merklicher Unterschiede um weitere 50 mm verlängern, so müßte diese Längenzunahme gleichgroß erscheinen, wie die einer Strecke von 50 cm, die durch ebensoviele eben merkliche Unterschiede um 50 cm verlängert worden ist (HERING, 129a). Da dies nicht der Fall ist, vielmehr die scheinbare Verlängerung in beiden Fällen wenigstens annähernd der wirklichen proportional geht, kann das FECHNERsche Gesetz ·für das Augenmaß jedenfalls nicht gelten. Wie sich FECHNER von seinem Standpunkt aus mit dieser Tatsache abgefunden hat, darüber vergleiche man 17, Bd. 2, S. 336; 125, S. 62.

Versuche über die Entwicklung des Augenmaßes bei Kindern wurden von BINET (122), BINET und HENRI (122a), GIERING (127), in etwas anderer Hinsicht teilweise auch von WOLFE (138a) angestellt. Im allgemeinen zeigten schon ganz kleine Kinder, wenn es gelingt, ihre Aufmerksamkeit der Aufgabe genügend zuzuwenden, eine ebenso hohe Unterschiedsempfindlichkeit für Längen wie ältere Kinder oder Erwachsene. Nach GIERING nimmt die Genauigkeit des auf verschiedene Weise geprüften Augenmaßes bei Kindern im schulpflichtigen Alter nicht zu. Dagegen wird nach BINET und HENRI das mit einer anderen Methode geprüfte Gedächtnis für Streckenlängen während der Schulzeit deutlich besser. Die absolute Größenschätzung aus der Erfahrung bekannter Gegenstände (Münzen, Maßstäbe) nimmt nach WOLFE mit der Bildungsstufe zu, das Alter tritt demgegenüber zurück.

Versuche von MC CREE und PRITCHARD (134), sowie einige vorhergehende von QUANTZ (136a), ob das WEBERsche Gesetz auch beim Größenvergleich von Flächen gilt, leiden darunter, daß die Verfasser die scheinbare Größe der einen Vergleichsfläche durch Änderung ihres Abstandes vom Beobachter variierten. Da sich nämlich, wie wir später sehen werden, bei Einstellung des Auges auf verschiedene Entfernungen nicht bloß der Gesichtswinkel, sondern auch der subjektive Maßstab des Sehfeldes in schwer übersehbarer Weise ändert, so lassen sich aus solchen Versuchen kaum irgendwelche sicheren Folgerungen ziehen. Nach neueren Untersuchungen von LEESER (133) soll das WEBERsche Gesetz auch für den Flächenvergleich angenähert gelten. Nach diesem Autor läßt man sich beim Vergleich von Flächen tatsächlich vom Eindruck der Flächengröße·selbst, nicht von der Schätzung linearer Dimensionen der Figur — beim Kreis z. B. des Durchmessers — leiten. Die Genauigkeit der Schätzung von Quadraten wird nach ihm nicht erhöht, wenn man die gewöhnliche Flächenschätzung durch eine Schätzung auf Grund der Seitenlänge oder des Durchmessers ersetzt.

Untersuchungen über die Genauigkeit des Proportionalitätsvergleichs an Strecken liegen vor von MERKEL (135), an Winkeln von WITASEK (138). Besonders eingehend aber hat den Proportionalitätsvergleich BÜHLER (4) an Flächen studiert. Diese Versuche besitzen ein großes psychologisches Interesse, greifen aber aus diesem Grunde auch so weit in andere Gebiete hinüber, daß ich von einer Erörterung derselben als nicht mehr in den Rahmen unserer Darstellung gehörig hier absehen muß.

7. Das Formensehen.

Die Empfindungen, welche durch die Regungen der Einzelelemente des Empfangsapparates des Sehorgans ausgelöst werden, gelangen, wenn überhaupt (vgl. oben S. 66), dann höchstens ganz ausnahmsweise voneinander gesondert zum Bewußtsein. Meist sind sie vielmehr miteinander zu höheren Einheiten verbunden, so die durch eine kontinuierliche Reihe von gereizten Elementen vermittelten Empfindungen zu der eines geraden, gezackten oder gekrümmten Striches, die durch Reizung einer größeren Zahl nebeneinander liegender Elemente ausgelösten zu einer flächenhaften Empfindung. Diese Verknüpfung der Erregung mehrerer Elemente des somatischen Sehfeldes miteinander stellt den Inhalt jener besonderen Leistung des Sehorgans dar, die wir oben schon als das Formensehen vom Auflösungsvermögen abgetrennt haben. Ein schlagender Beweis für die Sonderstellung dieses Vorganges scheint durch eine Mitteilung von GOLDSTEIN und GELB (140) erbracht zu sein, die an einem Patienten mit verletztem Okzipitalhirn bei gut erhaltener zentraler Sehschärfe, vorhandener Wahrnehmung der gegenseitigen Lage isolierter Sehdinge und normalem Augenmaß den Verlust des Vermögens nachwiesen, die Form der gesehenen Gegenstände zu erkennen. So war der Patient z. B. nicht imstande, eine quadratische Fläche von einer Kreisfläche oder einem Dreieck zu unterscheiden, auch erkannte er Umrißzeichnungen, Buchstaben usf. nicht ohne weiteres, sondern bloß dadurch, daß er die betreffenden Konturen mittels Bewegungen des Fingers oder des Kopfes nachfuhr. Wo ihm dies nicht gelang, wie an Nachbildern, war ihm auch das Erkennen der Form nicht möglich. Der Patient erhielt also nicht unmittelbar den optischen Eindruck der Form, sondern konnte sich nur auf

einem Umwege, durch die Umsetzung des optischen Bildes in das kinästhetische Bild eines Bewegungskomplexes, die Kenntnis desselben verschaffen.
Auf welche Weise diese Umsetzung im einzelnen zustande kam, brauchen
wir hier nicht weiter zu erörtern. Jedenfalls aber setzt die Möglichkeit
derselben voraus, daß der Patient die gegenseitige Lage der einzelnen Teile
der Konturen nach Richtung und Abstand sah — es fehlte ihm eben nur
die Fähigkeit zur optischen Zusammenfassung derselben. Die Tatsache,
daß die Zusammenfassung zum kinästhetischen Gesamtbild erhalten war
bei völligem Verlust des optischen Zusammenfassungsvermögens, gestattet
uns die wichtige Schlußfolgerung, daß diese beiden Prozesse, die einander
ihrem Wesen nach zwar durchaus homolog sind, doch voneinander derart
getrennt werden können, daß der eine unabhängig vom anderen ausfallen
kann. Für unser Thema ist ferner beachtenswert, daß nach den Angaben
von GOLDSTEIN und GELB dem Patienten Augenbewegungen das Nachfahren
der Konturen mittels Finger- oder Kopfbewegungen nicht ersetzen können.
Das würde also heißen, daß die Augenbewegungen kein so deutliches kin-
ästhetisches Bild vermitteln, wie Bewegungen der Finger oder des Kopfes,
was mit den sonstigen Erfahrungen, die wir oben besprochen haben, übereinstimmt.

Erweisen uns nun Beobachtungen, wie der Fall von GOLDSTEIN und
GELB, das Zusammenfassen der einzelnen Gesichtseindrücke zur einheitlichen
Form als Vorgang eigener Art im Sehorgan, so können wir die Besonderheiten dieses Vorganges natürlich nicht mehr aus dem Verlust desselben
erschließen, sondern müssen sie an uns selbst studieren. Dabei lernen wir
nun verschiedene Einzelheiten kennen, die wir, vom Primitiveren zum Komplizierteren fortschreitend, jetzt nacheinander besprochen wollen. Wir
knüpfen dabei zunächst an eine Schwierigkeit an, die aus der Mosaik-
anordnung der Empfangselemente, wie sie in den Fig. 19 und 20 rein
schematisch angenommen wurde, für das Verständnis des Sehens mit der
Netzhautgrube erwächst. Würde nämlich in der Lokalisation der Empfindung, die ein jedes dieser Elemente auslöst, die gegenseitige Lage derselben
ganz genau wiedergegeben, so könnten wir, worauf zuerst VOLKMANN (13,
S. 93 ff.) hinwies, fast niemals genau gerade oder ganz gleichmäßig gekrümmte Linie so sehen, wie sie wirklich sind, vielmehr müßten sie fast
stets gezähnt erscheinen, denn sie werden in den allermeisten Fällen auf
zickzackförmig angeordneten Elementen abgebildet. Für die gerade Linie
ergibt sich das unmittelbar aus den Fig. 19 und 20. Entspräche der Verlauf der Linie genau der Lage der gereizten Zapfen, so würden immer
nur jene Geraden, deren Richtung zufällig mit der der Zapfenreihen übereinstimmte, geradlinig erscheinen, schräg verlaufende und ebenso gleichmäßig
gekrümmte Linien müßten auch hier gezahnt aussehen. Dieser Gegensatz
zwischen der Zickzacklagerung der gereizten Zapfen und dem Geradesehen

des Netzhauteindrucks läßt sich auch nicht durch die Annahme beseitigen, daß die Elemente des Empfangsapparates kleiner seien als ein Zapfen. Denken wir uns z. B., die Sechsecke der Fig. 19 und 20 seien beliebig kleine Teile eines Zapfens, so würde sich, wenn jedem derselben eine von dem Nachbarteil gesonderte Lokalisation von genau derselben gegenseitigen Lage zukäme, wie sie die Elementarteile selbst besitzen, wieder ganz dieselbe theoretische Schwierigkeit ergeben wie früher. Nun bemerken wir in Wirklichkeit von dieser Zickzackform nichts. Wir müssen also nach einer Erklärung dafür suchen, wie der Widerspruch zwischen Theorie und Wirklichkeit zu beseitigen ist.

Betrachtet man parallele feine Striche, z. B. feinste, parallel gespannte Drähte gegen den hellen Himmel, so erscheinen sie nach kurzer Zeit nicht mehr geradlinig, sondern wellenförmig gebogen wie in Fig. 26 A, bzw. perlschnurförmig mit abwechselnd dickeren und dünneren Stellen. Diese Erscheinung hatte HELMHOLTZ (I, S. 217) auf die Abbildung der Linien auf zickzackförmig angeordneten Netzhautelementen bezogen. In der Tat drängt das Schema der Fig. 26 B nach HELMHOLTZ, in deren mittlerem Teil dd alle Zapfenquerschnitte, die ganz oder größtenteils vom Licht zwischen den schwarzen Strichen a, b und c getroffen werden, weiß, jene, die höchstens zur Hälfte vom weißen Licht getroffen werden, grau gemacht sind, diese

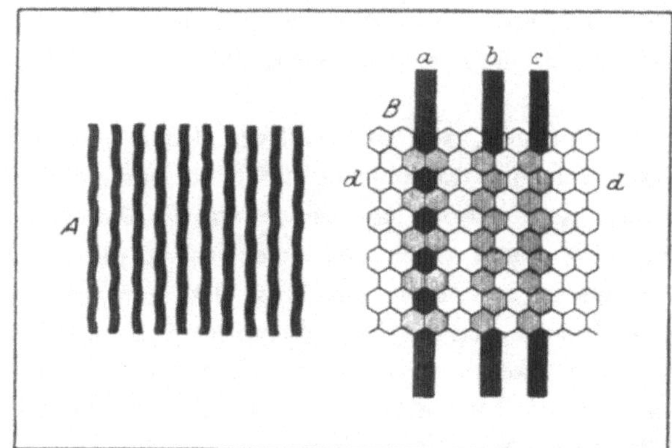

Fig. 26.

Erklärung für das Welligerscheinen feiner, gerader Linien direkt auf. Trotzdem trifft sie, wie v. FLEISCHL (139 a) darlegte, nicht zu. Zunächst ist die Länge der Wellen, die man in der Wirklichkeit dabei beobachtet, weitaus größer, als sie sein dürfte, wenn sie auf die Zapfenmosaik zurückzuführen wäre. FLEISCHL schätzte sie auf einen Gesichtswinkel von $1/4°$, während dem doppelten Zapfendurchmesser nur $36''$ bis höchstens $2'$ entsprechen würden. Durch die Annahme von HENSEN (140 a), daß es nicht auf die Reizung der Zapfeninnen- sondern der Außenglieder ankomme, wird der Einwand v. FLEISCHLs zwar abgeschwächt, aber nicht völlig beseitigt. Vor allem müßte man aber die Erscheinung, wenn sie wirklich auf der Zapfenmosaik beruhte, fast stets wahrnehmen, sobald man gerade oder stetig gekrümmte Linien betrachtet, während sie doch nur unter ganz bestimmten Umständen auftritt[1]. Insbesondere wird sie nach v. FLEISCHL nur an bewegten Objekten, bzw. bei Augenbewegungen wahrgenommen. Freilich ist die

---

[1] Aus diesem Grunde ist auch der Erklärungsversuch von HENSEN (140 a) unzureichend.

eigentliche Ursache der Erscheinung auch jetzt noch nicht sicher festgestellt. Nach BOURDON (3, S. 90) sollte die durch die Tränenflüssigkeit verursachte unregelmäßige Krümmung der Hornhaut dabei eine wesentliche Rolle spielen. KLEIN (107, S. 193; 107a, S. 236) setzt die Erscheinung zu entoptischen Phänomenen oder zum Eigenlicht der Netzhaut in Beziehung. Wir kommen darauf bei der Lehre vom Bewegungssehen nochmals zurück.

Um den oben dargelegten Widerspruch zu erklären, bezieht sich HE-RING (106) auf die unaufhörlichen kleinen Augenbewegungen, die auch bei scheinbar ruhiger Fixation immer vorhanden sind. Infolge der durch sie bewirkten fortwährenden Verschiebungen des Linienbildes auf der Netzhaut »schwanken die relativen Raumwerte der einzelnen Linienelemente innerhalb gewisser enger Grenzen um einen Mittelwert hin und her, welcher letztere für die Wahrnehmung das Bestimmende sein wird«. Die Erscheinung fällt nach ihm unter den allgemeineren Satz, daß die »Raumgebilde, welche auf Grund der Netzhautbilder in unserem Bewußtsein entstehen oder, anders gesagt, durch unser Vorstellungsvermögen geschaffen werden, ... im Vergleich zum bezüglichen Netzhautbilde stets schematisiert und idealisiert« sind.

Um nun in der Analyse dieser Erscheinung noch etwas weiter vorzudringen, fragen wir zunächst, wie durch die Erregung diskreter lichtempfindlicher Stellen der Netzhaut, die einander nicht einmal so dicht berühren, wie es in den Fig. 19, 20 und 26 dargestellt ist, das lückenlose Kontinuum des Sehraumes zustande kommt. Das erfolgt doch offenbar so, daß die Erregung jedes einzelnen Empfangselementes eine Flächenempfindung vermittelt, die lückenlos an die der Nachbarelemente anschließt. Nun wissen wir freilich nicht, welche räumliche Form die durch ein Einzelelement vermittelte Empfindung besitzt, denn wir haben oben schon bemerkt, daß es sehr zweifelhaft ist, ob wir ein einzelnes Empfangselement wirklich allein für sich durch Licht zu reizen vermögen. Aber selbst der lichtschwache »physiologische Punkt«, der wahrscheinlich schon die Reizung mehrerer Zapfen in sich schließt, hat noch immer eine recht unbestimmte Begrenzung. Zu bestimmten, scharfen Umrissen gelangen wir erst durch die gleichzeitige Reizung einer größeren Zahl von Elementen, also bei der Betrachtung von Strichen oder von Flächen etwas größerer Ausdehnung.

Um nun festzustellen, welche Grenzwerte hier maßgebend sind, habe ich zunächst den Gesichtswinkel bestimmt, bei dem man eben noch feine Zacken an sonst geraden Konturen erkennen vermag. Ich benützte zu diesen Versuchen schmale Laubsägeblätter, die auf der einen Seite geradlinig begrenzt sind, auf der anderen in regelmäßigen Abständen Zähne von ziemlich gleichmäßiger Form und Größe besitzen. Diese Zähne entspringen mit der einen Kante angenähert (nicht genau) senkrecht zur Längsrichtung des Sägeblattes, die andere Kante verläuft ganz schräg aus, beide sind

schwach gekrümmt. Sie bilden also annähernd an die Längskontur angesetzte, fast rechtwinklige Dreiecke. Die durchschnittliche Höhe der Zähne
und ihr Abstand an den drei von mir verwendeten Blättern gibt nach mikro-
metrischen Messungen[1]) die Tabelle 15 an.

Tabelle 15.

Blatt	Höhe der Zähne	Abstand der Zähne
a	0,33 mm	1,00 mm
b	0,42 »	1,70 »
c	0,25 »	1,50 »

Betrachtete ich die Laubsägeblätter gegen einen gleichmäßig hellen
Grund, so erhielt ich unter den günstigsten Beleuchtungsverhältnissen als
Grenzen, bei denen ich die Zacken eben noch erkannte, die in Tabelle 16
zusammengestellten Werte:

Tabelle 16.

Blatt	Betrachtung mit freiem Auge		Betrachtung mit Makroskop (korrigiert)	
	Gesichtswinkel		Gesichtswinkel	
	für die Höhe	für den Abstand	für die Höhe	für den Abstand
	der Zähne		der Zähne	
a	44″	133″	42″	127″
b	40″	160″	41″	163″
c	34″	200″	32″	186″

Die Grenze für das Erkennen von Zacken an einer geraden Kontur
bewegt sich demnach in derselben Größenordnung, wie die für die Sonderung zweier Striche voneinander. Dabei ist es ganz deutlich, daß die
Grenze nicht bloß vom Gesichtswinkel für die Zackenhöhe, sondern auch
von der Zackendistanz abhängen. Die Zacken sind um so weniger leicht
zu erkennen, je dichter sie aneinander heranrücken. Das ist auch begreiflich, weil die Zackenbilder ja bei noch größerer Annäherung aneinander
wegen der Lichtausbreitung im Auge vollkommen zusammenfließen würden.
Tatsächlich verschmelzen beim Blatt a und b knapp hinter der Grenze des
Erkennens die Zähne zu einem grauen Saum, von dem man allerdings nur
seine durch den Simultankontrast bedingte Grenze gegen den hellen Hintergrund deutlich wahrnimmt, d. h. man sieht dann neben dem scheinbar
scharfen glatten Kontur des Sägeblattes eine parallel dazu verlaufende graue

---

1) Die Zahlen sind in den Hundertstel-Millimetern wegen der Unregelmäßigkeiten der Zähne auf einige Einheiten ungenau.

Linie[1]). Es ist also ganz klar, daß in diesem Falle die Lichtausbreitung im Auge zunächst die Grenze der Zacken verwischt, und daß dann der Grenzkontrast aus diesen verwaschenen Bildern wieder die scharfen geraden Konturen schafft.

Über das Wesen dieses Vorganges liefern nun folgende Beobachtungen weitere Aufklärung. Ich schnitt aus der BESTschen Anordnung mittels einer schmalen rechteckigen Blende einen mittleren Streifen heraus, so daß von jeder Linienhälfte bloß noch eine Strecke von 2′ sichtbar blieb. Verschiebt man jetzt die eine Linienhälfte gegen die andere, so daß eine scharfe Ecke entsteht, wie am linken Rande der Fig. 27a, so sieht man von der Grenze der eben merklichen Verschiebung an keineswegs etwa die Ecke, sondern

Fig. 27.

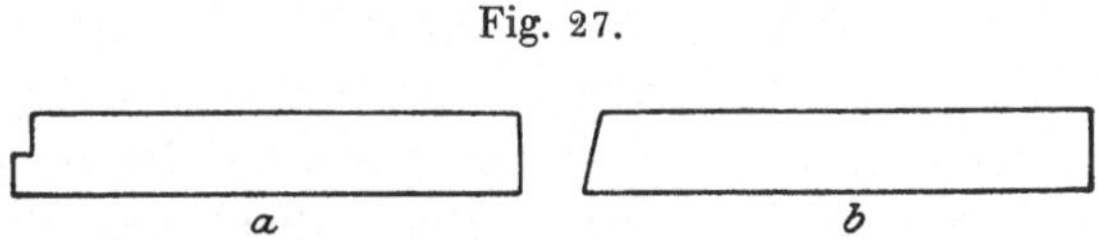

a   b

eine schräge gerade Grenzlinie, wie in Fig. 27b. Man muß die seitliche Verschiebung der Linienhälften noch bedeutend vergrößern, bis in der vorher scheinbar ganz geraden Linie die erste Spur einer Ungleichmäßigkeit auftritt, die zunächst auch nur ganz verwaschen ist und noch nicht die wirklich vorhandene scharfe Ecke erkennen läßt. Die untere Grenze, bei der die Unregelmäßigkeit in der schrägen Linie eben merklich wird, ohne daß man ihre Form noch sicher erkennt, variiert je nach den Versuchsbedingungen. Sie ging für meine Augen unter den günstigsten Bedingungen, in denen ich einen seitlichen Lageunterschied für die Grenzlinien der weißen und schwarzen Flächen bei einem Gesichtswinkel von $7^1/_2$—9″ eben noch erkannte, bloß bis auf 24—28″ herunter. Lag die Raumschwelle höher, so war auch die Ecke erst bei größeren Gesichtswinkeln zu erkennen, die untere Grenze dafür wuchs auf 30—40″, ja bis auf 60″. So hohe Werte traten allerdings bloß auf, wenn die Lichtausbreitung im Auge sehr merklich wurde, bei sehr hellen Objekten auf lichtlosem Grund und mäßig dunkeladaptierten Augen. Das Erkennen der Ecke im Verlauf einer geraden Linie erfordert also stets viel größere Gesichtswinkel, als das Unterscheidungsvermögen für Lagen an ausgedehnten Linien, und stimmt in ihrer

---

1) Einige einfache Versuche über die Verbindung diffuser Einzelheiten zu scheinbar geraden Linien sind aus Anlaß der Frage der Marskanäle auch von Astronomen (CERULLI, 139; NEWCOMB, 140b) angestellt worden (vgl. STUMPF, 261, S. 74 ff.). Ob die oben erwähnte Verdoppelung der Kontur gezackter Objekte etwas zur Erklärung der Verdoppelung der Marskanäle beizutragen vermag, kann ich nicht beurteilen. Zu erwähnen sind ferner die Messungen von VOLKMANN (13, S. 98 ff.) über das Erkennen sehr kleiner Figuren, die allerdings meist schon etwas kompliziertere Verhältnisse betreffen.

Größe und in ihrem Verhalten bei verschiedenen Lichtstärken nahezu mit
dem Sonderungsvermögen zweier Striche überein.

Der Zusammenhang mit den zuvor besprochenen Versuchen wird ganz
klar, wenn man sich die Ecke in kurzen Absätzen mehrmals wiederholt
denkt, so daß eine Art Treppenlinie zustande kommt. Eine solche Treppenlinie wird, wenn sich die Absätze unterhalb der Grenze für das Scharfsehen
von Zacken halten, natürlich ebenso als einfache schräge Linie erscheinen
müssen, wie unter den gleichen Umständen die Kontur eines schräg gehaltenen Sägeblattes. Auch hier wirken in der oben beschriebenen Weise
die Lichtausbreitung im Auge und der Simultankontrast derart zusammen,
daß sie bei entsprechend kleinem Gesichtswinkel zunächst die scharfen
Ecken abrunden und sie schließlich ganz zum Verschwinden bringen. Was
aber bei dem zweiten Versuch neu hinzukommt, das ist, daß eine kleine
Ecke zwar nicht mehr als solche erkannt wird, daß aber noch bis zur Raumschwelle herunter die durch sie bedingte Änderung der allgemeinen Richtung der Linie wahrgenommen wird. Diese Richtungsänderung erstreckt
sich, wenn die anstoßenden Linienstücke sehr kurz sind, auch noch auf
diese selbst, die letzten geraden Linienstücke werden mit in die schräge
Richtung einbezogen. An längeren geraden Linien, die nur wenig gegeneinander verschoben sind, wie z. B. am Bestschen Apparat, an dem die Grenzlinie auf längere Strecken sichtbar ist, bemerkt man von der
unteren Grenze an, bei der der Lageunterschied der beiden
Linienhälften schon zu erkennen, aber an der Berührungs-
stelle noch keine Ecke zu sehen ist, nur einen ganz verwaschenen Übergang von der oberen Geraden zur unteren.

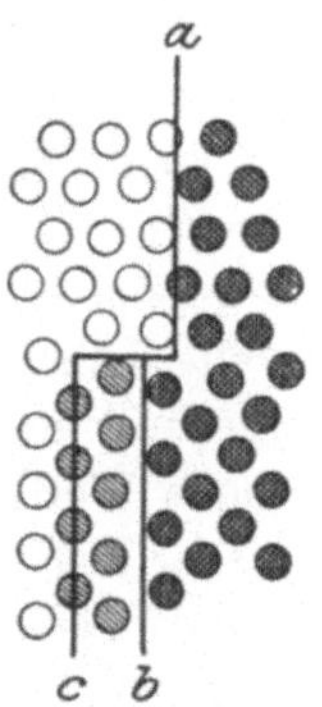

Für die Erklärung dieser Versuche scheinen mir folgende Umstände berücksichtigenswert. Die Fig. 19, 20
und 26 geben den wirklichen Sachverhalt insofern nicht
genau wieder, als nicht einmal die Zapfeninnenglieder, ge-
schweige denn die Außenglieder, die nach den Untersuchungen
von Hess die eigentlich lichtempfindlichen Teile der Zapfen
darstellen, kontinuierlich aneinander anschließen. Zeichnen
wir uns in ein Schema — Fig. 28 —, das den tatsächlichen Verhältnissen, wie sie etwa auf den Tafeln von
Fritsch (103) wiedergegeben sind, mehr entspricht, den eckigen Übergang
von einem Strich a zum anderen b ein, so folgt aus dem Schema unmittelbar, daß diese Ecke nicht als solche, sondern lediglich als eine der Form
nach ganz unbestimmte Verschiebung der Linie im ganzen gesehen werden
kann. Die Ecke selbst wird man erst erkennen, wenn auch in horizontaler
Richtung die zur Wahrnehmung einer geraden Linie erforderliche Zapfen-
zahl von differentem Licht getroffen werden, wie etwa beim Übergang von
Strich a auf Strich c in Fig. 28. Aber auch aus diesem Schema würde sich

wieder ergeben, daß man eine gerade Linie zwar nicht zackig, wohl aber unregelmäßig gekrümmt sehen müßte, wenn die Teile des subjektiven Sehfeldes, die von jedem der nebeneinander liegenden Zapfen herrühren, überall gleich groß wären. Das kann also, da wir die Konturen gerade sehen, nicht der Fall sein, vielmehr muß die Begrenzung der den einzelnen Zapfen zukommenden Sehfeldstellen derart gestaltet sein, daß ein Ausgleich der theoretisch zu erwartenden Krümmung erfolgt. Wie dieser zustande kommt, darüber lassen sich allerdings nur Vermutungen aufstellen. In erster Linie ist an die von Hering hervorgehobenen kleinen Verschiebungen der Netzhautbilder zu denken. Vielleicht ist aber dabei auch die in den bisherigen Schemen noch nicht berücksichtigte Ausbreitung des Lichtes im Auge von Bedeutung. Die Lichtfläche links von a in Fig. 28 fällt nicht mit einer scharfen Grenze gegen den dunklen Grund rechts von a ab, sondern mit einer allmählichen Abdachung. Es werden also die Zapfen links von a um so stärker belichtet, je weiter sie von der Grenze a entfernt sind, und um so schwächer, je näher sie der Grenze a anliegen. Die Zapfen rechts von a sind wiederum um so mehr verdunkelt, je weiter sie von der Grenze abliegen, und sie werden schon etwas mehr belichtet, wenn sie der Grenze näher liegen. Zwar bemerken wir das nicht, weil der Simultankontrast aus diesem verwaschenen Bilde eine scharfe Grenze schafft, aber dabei werden zugleich die Ecken und scharfen Spitzen abgerundet und bei genügender Kleinheit derselben zum Verschwinden gebracht. Das legt den Gedanken nahe, daß der Simultankontrast auch imstande ist, die durch die Netzhautmosaik verursachten kleinen lokalen Lageunterschiede eines Grenzstriches abzuschleifen und zu beseitigen. In der Tat entspricht die Grenze, bis zu der man die Zacken einer Kontur eben noch erkennen kann, etwa der Sehschärfe und hängt wie diese von dem Grade der Ausbreitung des Lichtes im Auge ab. Ist diese Überlegung richtig, so knüpft sich daran ein hohes biologisches Interesse. Dann wäre nämlich die dioptrisch bedingte Unschärfe der Abbildung im Auge und ihre Korrektur durch den Simultankontrast nicht ein biologisch gleichgültiger Vorgang, sondern das von der Natur verwendete Mittel, um gerade und stetig gekrümmte Konturen trotz ihrer Abbildung auf einem Mosaik verschiedenartig lokalisierender Elemente in der Empfindung wiederum in ihrer wahren Gestalt aufzubauen.

Indessen ist der Simultankontrast, d. h. die Herabdrückung der Regung einer Netzhautstelle durch die gleichartige Regung einer zweiten, nicht die einzige Form der Wechselwirkung der Stellen des somatischen Sehfeldes. Vielmehr besteht diese auch noch in der zweiten Form, daß sich gleichzeitige und gleichartige Regungen mehrerer Sehfeldstellen gegenseitig heben. Am bekanntesten ist diese bisher noch nicht genügend gewürdigte Form der Wechselwirkung beim Farbensinn der peripheren Netzhaut. Hier kann eine bunte Farbenempfindung, die an kleinen Reizflächen

fehlt, an größeren sichtbar werden: Kleine Flächen erscheinen grau, größere
bunt. Auch in der Netzhautmitte ist dieselbe Erscheinung nachweisbar, beim
normalen Farbentüchtigen nur an sehr kleinen Objekten, bei »schwachem
Farbensinn« aber auch an recht großen Flächen. Durch die gleichartige Mitreizung der Umgebung wird also hier eine an sich unterschwellige Reizung
einer Stelle über die Schwelle gehoben. Eine ganz analoge Erscheinung
hat v. FREY (vgl. 102, S. 120 ff.) beim Drucksinn nachgewiesen — gleichzeitige Reizungen zweier Druckpunkte verstärken sich gegenseitig, daher
wird der gleiche Reiz innerhalb gewisser Grenzen wirksamer, wenn mehr
Druckpunkte von ihm getroffen werden[1] — und (102a) auf die zentrale
Ausbreitung der Erregungsleitung für die Druckempfindungen bezogen. Der
gleiche Gedanke einer physiologischen Irradiation liegt auch für den
Gesichtssinn um so mehr nahe, als er sich hier mit den Beobachtungen und
Überlegungen BRÜCKNERS (s. unten S. 194 ff.) über die Ausfüllung des blinden
Flecks aufs engste berührt. Gilt er aber für die bunten Farben, so muß er
auch auf die Weißschwarz-Reihe Anwendung finden. In der Tat haben
wir schon oben S. 25 und 26 Beobachtungen anführen können, die darauf
hinweisen, daß das Vermögen zur Wahrnehmung kleiner weißer und
schwarzer Flächen mit Vergrößerung der Zahl der gleichartig erregten
Elemente zunimmt. Insbesondere heben sich, wie einfache Messungen an
Sehproben zeigen, bei sehr stark herabgesetzter Beleuchtung und dunkel
adaptiertem Auge erst so große Flächen merklich von ihrer Umgebung ab,
daß es sich hier ganz offenkundig nicht mehr um das räumliche Unterscheidungsvermögen von einzelnen Empfangselementen, sondern von ganzen
Komplexen derselben handeln kann. EXNER (46) hatte diese gegenseitige
Unterstützung gleichartiger Regungen ebenfalls schon auf eine Ausbreitung
derselben im Sehorgan zurückgeführt, und er glaubt, daß sie durch die
Querverbindungen in der Netzhaut selbst vermittelt werde[2].

In besonders eindringlicher Form konnte ich nun dieselbe Erscheinung
an einem Fall von parazentralem Skotom auch im hellen Tageslicht beobachten. Legte ich dem Patienten die oben S. 37 abgebildete Fig. 11 in
35 cm Abstand vom Auge vor, so erkannte er das Schachmuster auch auf
der geschädigten Stelle, es erschien hier aber ganz abgeblaßt. Brachte ich
nunmehr eine kleine Marke von etwa 1 mm Durchmesser an dieselbe Stelle,
so war sie völlig unsichtbar, und man konnte mit ihr die Grenzen des Skotoms geradeso abtasten, wie etwa die Grenze des blinden Flecks. Bei
diesem Patienten verhielten sich also die geschädigten Stellen des somati-

---

1) Das gleiche gilt für den Geschmackssinn und den Temperatursinn.

2) Eine starke Herabsetzung des Erkennens von Formen bei Beleuchtung mit
Natriumlicht und Vorsetzen einer trüben Brille hatte seinerzeit SIEMERLING (140 d)
beschrieben. Es handelt sich dabei wegen der schwachen Beleuchtung zum Teil
um die gleichen Erscheinungen, wie sie eben angegeben wurden.

schen Sehfeldes bei heller Beleuchtung ähnlich wie unser normales Sehorgan bei sehr herabgesetzter Beleuchtung. Hierher gehört auch die Erscheinung, daß man die Grenzen des Gesichtsfelddefektes bei Hemianopsie
usf. je nach der Größe der Testobjekts verschieden findet (vgl. POPPEL-
REUTER (11 a, S. 29)[1]).

Auch diese Form der Wechselwirkung der Sehfeldstellen mag nun bei
der Schaffung glatter Konturen mitwirken. Wir dürfen wenigstens vermuten,
daß ebenso, wie eine ganz isolierte kleine Fläche, auch eine scharf vorspringende und in andersartig erregtes Gebiet hineinragende Zacke bei genügender Kleinheit nicht mehr über die Schwelle gehoben wird und demnach wegfällt. Indessen werden wir doch den Erscheinungen des Grenzkontrastes dabei den Vorzug einräumen müssen. Wie immer wir aber die
Mitwirkung der beiden Formen der Wechselwirkung der Sehfeldstellen beim
Schaffen von Konturen bewerten, jedenfalls steht eines fest: Die Vorgänge
selbst vollziehen sich ganz unbewußt, und wir können sie auch durch
unsere Willkür nicht direkt beeinflussen.

Außer der Beseitigung von Zacken aus geraden oder gleichmäßig gekrümmten Konturen hatte sich in den bisherigen Versuchen noch eine weitere
eigentümliche Erscheinung gezeigt, auf die schon oben S. 97 hingewiesen
wurde: Die Anwesenheit einer kleinen seitlichen Verschiebung (Stufe) innerhalb des Verlaufs kurzer vertikaler Konturen übt auch einen Einfluß auf
die scheinbare Richtung der unmittelbar an die Stufe angrenzenden Vertikal-
konturen aus, sie erscheinen im ganzen schräg. Noch deutlicher ist diese
neue Art von Wechselbeziehung der somatischen Sehfeldstellen beim Vergleich sehr kurzer geknickter Striche mit kurzen Kreisbögen zu beobachten.
Wir hatten die allgemeinen Bedingungen für diese Unterscheidung schon
früher abgeleitet, uns aber dort auf verhältnismäßig lange Striche und kleine
Knickungswinkel beschränkt. Verwendet man hingegen geknickte gerade
Striche mit etwas größerem Knickungswinkel und verkleinert man die sichtbare Länge der Striche durch Abdecken derselben, so stellt sich heraus,
daß man schließlich einen sehr kurzen geknickten Strich nicht mehr von
einem stetig gekrümmten unterscheiden kann. Beide sehen gekrümmt aus,
die scharfe Ecke der Knickstelle wird, wenn die daran ansetzenden Striche
immer kürzer gemacht werden, abgerundet und zum Verschwinden gebracht.

Man kann dies sehr wohl schon an sauber mit Tusche auf weißes Papier
gezeichneten Strichen beobachten, die man nach der von GUILLERY angegebenen

---

[1]) Bemerkenswert ist, daß BEST (267 a) bei der Bestimmung der Gesichtsfeldgrenzen an Hemianopikern eine Erscheinung feststellen konnte, die dem oben
S. 47 beschriebenen AUBERT-FÖRSTERschen Phänomen vollkommen analog ist: Die
Grenzen des erhalten gebliebenen Gesichtsfeldes fielen enger aus bei Verwendung
eines entfernteren größeren, als bei Verwendung eines näheren kleineren Tast-
objektes, die beide unter gleichem Gesichtswinkel gesehen wurden.

Methode (vgl. oben Fig. 23 auf S. 73) mittels eines keilförmig eingeschnittenen Deckblatts abdeckt. Noch schöner wirkt es, wenn man die Striche mit einer Nadel in eine mit Mattlack überzogene Glasplatte einritzt, diese gegen helles Licht hält und die durchleuchteten Striche mittels einer keilförmig eingeschnittenen Metallplatte abdeckt, die man in einem Rahmen verschiebt.

Will man eine geknickte gerade Linie von einer gleichmäßig gekrümmten unterscheiden, so muß man sie demnach von der Knickstelle aus eine Strecke weit verlängern. Die Länge der Linien, bei der der Geradheitseindruck eben auftritt, hängt z. T. auch von der Größe des Knickungswinkels ab. In einigen Probeversuchen, die ich anstellte, lag die Grenze bei einem Knickungswinkel von 20° etwa bei einem Gesichtswinkel von $5^1/_2{}'$ für jede der beiden Strichhälften. Dieselben Verhältnisse wiederholen sich bei der Unterscheidung eines Polygons vom Kreise. Bei kleinen Gesichtswinkeln für die Seitenlänge des Polygons ist dessen Unterscheidung vom Kreis ebenfalls unmöglich. Erst wenn die Seitenlänge des Polygons einen Gesichtswinkel erreicht, dessen Größe von der Größe des Winkels abhängt, den die Seiten des Polygons miteinander einschließen, werden seine Seiten als Gerade gesehen, und dann werden auch seine Ecken deutlich. Einige Versuche darüber hat, allerdings in ganz anderem Zusammenhang, PERGENS (78) ausgeführt. Systematische Untersuchungsreihen fehlen aber noch ganz. Deshalb ist es auch jetzt noch nicht möglich, präzis die Bedingungen für die Unterscheidung der Krümmung von einem Knick an sehr kurzen Strecken anzugeben.

Gegenüber den früher besprochenen Formen der Wechselbeziehung der somatischen Sehfeldstellen stehen die soeben besprochenen Erscheinungen schon wieder auf einer etwas höheren Stufe, denn hier handelt es sich nicht mehr um eine gegenseitige Beeinflussung der Farbenempfindung, sondern um eine solche der Lokalisation, wie sie ähnlich auch bei den im folgenden zu erörternden Gestaltwahrnehmungen auftritt. Im Gegensatz zu diesen müssen wir aber den Mechanismus, der zum Entstehen des Eindrucks eines scharfen Knicks oder einer stetigen Krümmung führt, noch für einen solchen halten, der von der Übung und Erfahrung unabhängig ist, denn es ist nicht einzusehen, wie wir durch noch so große Übung und Erfahrung dahin bringen könnten, den Eindruck eines scharfen Knicks bei zu kurzen Ansatzlinien herbeizuführen oder umgekehrt einen deutlich sichtbaren scharfen Knick abzurunden.

Als den innersten Kern des Formensehens, auf den die zuletzt angeführten Einzelvorgänge schließlich zurückzuführen sind, müssen wir, wie schon erwähnt, das Verschmelzen der von den einzelnen Elementen gelieferten Empfindungen zu einem einheitlichen Ganzen betrachten, das auf dem Zusammenarbeiten der Elemente des somatischen Sehfeldes beruht. Es ist das ein Prozeß, der sich, wie es scheint, nicht bloß auf die

Zusammenfassung kontinuierlicher Empfindungsreihen beschränkt, sondern auch beim Zusammenfassen gesonderter Objekte zu einer Einheit betätigt wird. Dem Patienten von GOLDSTEIN und GELB, der die Fähigkeit, Formen zu sehen, verloren hatte, war auch die Fähigkeit abhanden gekommen, vier im Quadrat stehende einzelne Punkte zu einer Gesamtfigur (analog der auf S. 107 beschriebenen Vereinigung von neun Punkten) zusammenzufassen. Hiermit wäre eine noch größere Annäherung an die Prozesse der Gestaltwahrnehmung, die im folgenden besprochen werden, gegeben.

Im Gegensatz zu der eben erwähnten Unfähigkeit des Patienten von GOLDSTEIN und GELB, einzelne Punkte zu einer Gesamtfigur zusammenzufassen, steht seine Fähigkeit, aus der Art der Verteilung isolierter Farbenflecke, die er relativ zueinander richtig lokalisierte, Gegenstände zu erkennen. So konnte er z. B. bei der Betrachtung eines stark mit der Konkavität nach oben gekrümmten horizontalen Bogens angeben, daß es sich nicht um einen geraden Strich handeln könne, weil die beiden Enden höher stehen, als die Mitte, und er erriet oder erschloß auf ähnliche Weise auch die meisten Gegenstände seiner Umgebung, wofür GOLDSTEIN und GELB zahlreiche Beispiele anführen. Es handelt sich aber in allen diesen Fällen nicht um ein eigentliches Sehen der Gestalt, sondern bloß um Schlußfolgerungen aus dem ihm noch verbliebenen Rest primitiver optischer Raumempfindungen. Freilich wird man dann die Frage aufwerfen, warum der Patient nicht auch aus den vier im Quadrat stehenden einzelnen Punkten analoge Figuren erriet.

Mit der Verschmelzung der Einzelteile eines Linienzuges zu einem Ganzen ist auch der Vergleich der Richtung der einzelnen Teile verbunden, der zwar nicht als charakteristische Besonderheit des Formensehens — denn er tritt beim Richtungsvergleich isolierter Punkte ebenso in Erscheinung —, wohl aber als integrierender Bestandteil desselben anzusehen ist. Er vollzieht sich bei ruhendem Blick in der Weise, daß die Aufmerksamkeit der Linie entlang wandert und dabei die gegenseitige Lage der Bestandteile feststellt. Das Wandern der Aufmerksamkeit im Gesichtsfeld bei festgehaltenem Blick ist aber ein erzwungener Zustand. Beim ungezwungenen Sehen sind wir gewohnt, mit der Verlagerung der Aufmerksamkeit auf eine seitlich vom Fixationspunkt gelegenen Stelle des Gesichtsfeldes auch den Blick dorthin zu wenden. Das bietet den großen Vorteil, daß die einzelnen Teile der Linie nacheinander auf den Stellen der höchsten Sehschärfe abgebildet und daher deutlich gesehen werden, während bei fester Fixation eines einzigen Punktes jene Teile derselben, deren Bilder auf exzentrische Netzhautstellen fallen, viel schlechter wahrgenommen werden. Es ist daher ganz begreiflich, daß, wie wir es schon beim Richtungsvergleich und Augenmaß gefunden und ganz ebenso begründet hatten, auch das Erkennen von Formen bei bewegtem Blick gegenüber der festen Fixation wesentlich begünstigt ist. So fand SEYFERT (140 c), daß beim Nachzeichnen

einfacher Formen nach Vorlagen aus dem Gedächtnis, die Fehler größer
waren, wenn vorher ein Punkt der Vorlage fest fixiert worden war, und
daß sie viel kleiner wurden, wenn die Figur mit bewegtem Blick betrachtet
worden war. SEYFERT glaubte aus seinen Versuchen den Schluß ziehen
zu dürfen, daß wir die Formen mit Hilfe der Bewegungsempfindungen der
Augen genauer zu erkennen vermögen, als durch den Ortssinn der Netzhaut allein. Wir sind auf diese prinzipiellen Fragen schon früher (S. 85 ff.)
näher eingegangen und brauchen daher hier nicht nochmals auseinanderzu-
setzen, warum dieser Schluß unzulässig ist.

8. Die Gestaltwahrnehmungen.

a) Allgemeines und Metamorphopsien.

Wenn wir im vorhergehenden den einzelnen Empfangselementen der
Netzhaut bestimmte Höhen- und Breitenwerte zugeschrieben haben, so fragt
es sich weiter, ob durch die Reizung derselben Netzhautelemente konstant
immer dieselbe relative Lokalisation ausgelöst wird oder nicht. Da zeigt
sich nun zunächst, daß mit einer Verlagerung der Netzhautelemente, wie
sie als Folge von Exsudaten oder sonstiger Erkrankungen des Auges auftreten kann, in der Tat auch eine Änderung der Lokalisation im Sinne
einer solchen Konstanz verbunden ist. Es treten dann die zuerst von
FÖRSTER beschriebenen sogenannten Metamorphopsien auf, die in diesem
Handbuch schon von LEBER (Teil II, Kap. 10, S. 705 u. 1066) beschrieben
worden sind und von denen die nachfolgende Fig. 29 a ein Beispiel bietet.
Die Erklärung derselben ergibt sich daraus, daß die einzelnen Netzhautelemente ihre charakteristische Lokalisationsweise unabhängig von ihrer Lage
im Auge beibehalten, sie also bei einer Verlagerung gewissermaßen mit sich
mitnehmen. Rücken sie daher weiter auseinander, so fällt das Bild eines
Gegenstandes an dieser Stelle auf weniger Elemente als früher, bzw. als
es an den umliegenden unveränderten Nachbarstellen der Fall ist, und der
Gegenstand muß, so weit er auf die gedehnte Stelle der Netzhaut fällt,
kleiner erscheinen, als er früher erschien bzw. mit der unveränderten Netzhaut gesehen wird, es tritt Mikropsie auf. Daß neben den Stellen, an denen
kleiner gesehen wird, häufig das entgegengesetzte Symptom der Makropsie
auftritt, führt LEBER darauf zurück, daß, wenn die Netzhaut an einer beschränkten Stelle nach innen konvex vorgebuchtet ist, ein Bild von bestimmter Größe auf der Höhe der Prominenz eine kleinere Zahl von Elementen deckt als zuvor, an den seitlichen Abhängen der Prominenz hingegen eine größere. Aus diesen Beobachtungen geht die konstante Zuordnung
der relativen Raumwerte zu den einzelnen Netzhautelementen, die auch
nach ihrer Verlagerung sicher noch einige Zeit weiter bestehen bleibt, unzweifelhaft hervor.

Nun hat WUNDT (144) an seinem eigenen Auge eine derartige Metamorphopsie infolge einer Chorioiditis disseminata, die mit einem zentralen Skotom (mit Ausnahme eines ganz in der Mitte gelegenen Punktes) verbunden war, genau beobachtet und gibt das ungefähre Bild eines quadratischen Gitters, so wie er es in einem späteren Stadium der Erkrankung sah, durch Fig. 29 a wieder. Nach der Heilung des Krankheitsprozesses, 1 Jahr nach der vorigen Untersuchung, war aber die Metamorphopsie fast völlig verschwunden, und es war nur eine geringe Einwärtsbiegung der Linien an der Grenze der erblindeten Stelle übriggeblieben, wie sie in Fig. 29 b angedeutet ist. Da nun nach WUNDT nicht wohl anzunehmen ist, daß die Netzhautelemente nach dem Verschwinden des Exsudates fast genau wieder in ihre frühere Lage zurückgekehrt seien, so müßte sich die Lokalisationsweise der dauernd verlagerten Netzhautelemente mit der Zeit ge-

Fig. 29.

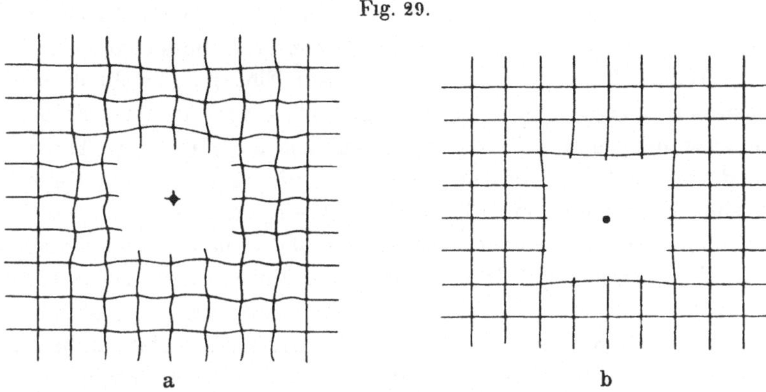

a   b

ändert haben, und zwar müßte sie sich im Laufe längerer Zeit den wirklichen Raumverhältnissen derart angepaßt haben, daß sie dieselben trotz der veränderten Lage der Sehelemente wieder nahezu richtig widergibt. Ist das richtig, so würde es sich um eine örtliche Änderung der Lokalisationsweise handeln, die jetzt ihrerseits wieder stabil geworden wäre, also um einen Neuerwerb durch Erfahrung. Ob das zutrifft, läßt sich natürlich auf Grund der bloßen einmaligen Beobachtung weder beweisen noch ablehnen.

Dagegen können wir in einer grundsätzlich ganz anderen Beziehung allerdings sicher feststellen, daß die relative gegenseitige Lage und der relative Abstand der Sehdinge voneinander trotz gleicher Abbildung auf der Netzhaut nicht immer derselbe bleibt, sondern je nach den sonstigen Umständen wechseln kann. Die relative optische Lokalisation ist nicht allein abhängig von der Lage der gereizten Netzhautelementen, sondern sie hängt außerdem noch ab vom augenblicklichen Zustand, der »Stimmung« des Sehorgans.

Die jeweilige Stimmung des Sehorgans ist bedingt:

1. Durch die Nachwirkung der Gesamtheit aller früheren Sinneseindrücke, also durch die Gesamterfahrung;

2. Durch das Zusammenwirken der dem Zentralnervensystem gleichzeitig mit dem gesetzten optischen Reiz zuströmenden anderen Regungen des Sehorgans und durch den Einfluß sonstiger, gleichzeitig sich abspielender zentraler Vorgänge.

Dem Einfluß der Erfahrung kann sich der Erwachsene beim Sehen überhaupt nicht entziehen. Um ihre Wirkungsweise zu erforschen, steht uns zunächst der Weg der Selbstbeobachtung und der kritischen Analyse der Vorgänge beim Sehen offen.

Wenn wir im beleuchteten Raum umherblicken, so sehen wir nicht ein wirres, regelloses Nebeneinander von Farben und Formen, sondern die ganze Umgebung zerfällt, so weit wir sie deutlich sehen, in eine Anzahl voneinander gesonderter Gegenstände. Jeder Gegenstand bildet für unsere unbefangene Wahrnehmung in sich eine gewisse Einheit, obwohl er sich bei der genaueren Analyse aus einer Mannigfaltigkeit von einzelnen Farben und Formen zusammensetzt. Beschränken wir uns hier, unserem Thema entsprechend, nur auf die Formen, so können wir sagen, jedem Gegenstand kommt eine bestimmte einheitliche Gesamtform oder Gestalt zu, in der die verschiedenen Einzel- oder Unterformen, die man an ihr unterscheiden kann, derart zusammengefaßt sind, daß die Einzelformen einer und derselben Gestalt inniger miteinander verbunden sind, als je eine Einzelform von verschiedenen nebeneinander liegenden Gestalten. Das bloße Nebeneinander oder die unmittelbare Aufeinanderfolge der Gesichtseindrücke bei wanderndem Blick kann nicht die Ursache dieser innigeren Verbindung derselben zur Gestalt sein. Vielmehr besteht das Band, das die Einzelformen zur Gesamtgestalt verknüpft, eben in der Beziehung auf den Gegenstand. Wie wir aus einem Gewirr von vielen Klängen ein gesprochenes Wort heraushören können, indem sich die dazugehörigen Einzelklänge miteinander zu einer Einheit verbinden, so heben sich aus der großen Mannigfaltigkeit von Gesichtsempfindungen, die uns zu irgendeiner Zeit zuströmen, die zusammengehörigen heraus und verbinden sich zum einheitlichen Komplex der »Gestalt« eines Gegenstandes.

An diesem Herausheben und Verbinden des Zusammengehörigen ist, wie die Beobachtungen des täglichen Lebens zeigen, unsere Aufmerksamkeit wesentlich mitbeteiligt. Wer in Gedanken versunken ist, bemerkt nichts, und umgekehrt sieht der mit geschärfter Aufmerksamkeit auf die ihn interessierenden Objekte aufpassende Botaniker, Jäger usf. viel mehr, als ein anderer. Für den Laien ist etwa das Grün einer Wiese ununterscheidbares »Gras«, während der Botaniker darin eine Unzahl einzelner Pflanzen unterscheidet. Studieren läßt sich der genannte Vorgang des Heraushebens und Zusammenfassens zusammen gehöriger Einzelheiten an Zeichnungen, insbesondere beim Aufsuchen einer versteckten Figur in den sogenannten Vexierbildern. Sehr belehrend sind auch Zeichnungen, die mehrere Deutungen zulassen. So kann man die Punkte ⣏ entweder als Quadrat mit Mittelpunkt ⊡, oder als Kreuz mit Punkten ✛ oder als parallele Linien ☰ ||| usf. auffassen. Dieser Vorgang des Heraushebens und Verbindens einzelner Teile eines Komplexes ist besonders von SCHUMANN (219) studiert und als Folge einer bestimmten Verteilung der Aufmerksamkeit gedeutet worden. Andere Psychologen, insbesondere MEINONG und seine Schule (WITASEK, 14; BENUSSI) bezeichnen den Vorgang als »Gestaltproduktion« und sondern ihn als Prozeß sui generis von der rein reproduktiven Tätigkeit des Geistes ab.

Die Sonderstellung dieses Vorganges wurde zuerst von CH. V. EHRENFELS (141) begründet, der sie insbesondere am Erfassen einer Melodie aus einer Reihe aufeinanderfolgender Klänge veranschaulicht hat. Nach seiner Meinung muß zur Aufeinanderfolge noch etwas Neues, was er »Gestaltqualität« nannte, hinzukommen, das erst aus dem bloßen Nacheinander der Klänge die Melodie schafft. Das gelte dann auch für das Zusammenfassen gleichzeitiger Eindrücke zur einheitlichen Gestalt. In der Tat haben wir in dem oben angezogenen Beispiele eines Wortes, das wir aus einem Klanggewirr heraushören, denselben Fall vor uns. Das gibt uns aber auch den Anhalt dafür, worin denn eigentlich die Gestaltqualität besteht. Es ist keine Empfindung von derselben Art, wie eine Farbenempfindung, auch keine Eigenschaft derselben, wie die Lokalisation, sondern es ist der zugrunde liegende Sinn des Wortes oder der Melodie — der Unmusikalische »versteht« die Melodie nicht —, der die einzelnen Bestandteile zusammenhält. Ebenso ist es der Sinn des Gesehenen, das was wir oben die Beziehung auf den Gegenstand genannt haben, der beim Gesichtssinn die Gestaltqualität ausmacht[1]). Man steht ratlos vor den verwirrenden Farbenflecken eines impressionistischen Gemäldes, sowie man aber den Sinn des Gesehenen erfaßt hat, fällt es einem wie Schuppen von den Augen und man hat plötzlich den packenden Eindruck der Wirklichkeit[2]). Auch mehrdeutige Eindrücke dieser Art kann man im gewöhnlichen Leben beob-

---

[1]) So, wie es nach HOFMANN (20, S. 59 Anm.) scheint, zuerst HUSSERL. POPPELREUTER (11a, S. 159) definiert die Gestaltqualität direkt als den »sinnvollen Anteil« der Gestaltwahrnehmung. Zur psychologischen Analyse der »Gestaltqualität« und der Gestaltwahrnehmungen überhaupt vgl. man außer WITASEK (14) und den Abhandlungen von BENUSSI noch GELB (142), BÜHLER (4, S. 5 ff.), KOFFKA (142a), LINKE (142c). Hier findet man dann noch weitere Literatur.

[2]) Einen leichten Anklang daran werden vielleicht manche Leser bei der Betrachtung der Fig. 59 auf S. 133 verspüren. Man sehe sie zuerst an und lese dann erst den begleitenden Text.

achten, wie z. B. die von Hering in diesem Handbuch (l. c. S. 9) beschriebene Verwechslung eines Sonnenflecks auf dem Rock mit einem Staubfleck.

Die angeführten Beispiele zeigen nun auch schon deutlich den Einfluß, den die Erfahrung auf den Vorgang der Gestaltauffassung nimmt. Wir kennen von früher her die Gestalt des Gegenstandes. Sie erscheint uns als eine ihm zugehörige Eigenschaft, die er unabhängig von seinen verschiedene Netzhautbilder liefernden verschiedenartigen Lagen im Raume konstant beibehält. Diese dem bekannten Gegenstande eigentümliche Gestalt wird nun durch die zufällige Form, in der er sich im Augenblick auf der Netzhaut abbildet, aus der Erinnerung geweckt und ins Bewußtsein gerückt. Wir erkennen den Gegenstand wieder. Dazu ist es nicht nötig, daß alle Einzelheiten desselben sichtbar sind, vielmehr wird sein Bild auch aus der teilweisen Darbietung seiner Form erkannt. Das machen sich die Maler zunutze, indem sie nur die allgemeinen, charakteristischen Umrisse der Figuren in der Zeichnung wiedergeben, aus denen wir trotzdem die Gestalt des dargestellten Gegenstandes erkennen. Denn dazu braucht nur durch den vorliegenden, wenn auch unvollständigen Gesichtseindruck die Gesamtform ins Bewußtsein gehoben zu werden. Was zum vollen Bilde noch fehlt, darüber sehen wir hinweg. Es ist derselbe Vorgang, der uns einen fehlenden Buchstaben in einem Wort beim Lesen übersehen läßt, wenn nur das allgemeine Druckbild des Wortes genügt, um uns den Sinn desselben zu vermitteln. Erst wenn wir die Aufmerksamkeit ganz besonders auf die Einzelheiten hinlenken, beim Suchen nach Druckfehlern z. B., entdecken wir das Fehlende. Die fehlenden Einzelheiten werden also in diesen Fällen nicht eigentlich zum Gesichtseindruck hinzugefügt, sondern ihr Fehlen bleibt nur unbemerkt. Daneben gibt es aber auch eine wirkliche Ergänzung der fehlenden Einzelheiten. So wird insbesondere an perspektivischen flächenhaften Zeichnungen die fehlende Tiefendimension ergänzt und hinzugefügt. Wir können hier von einer wirklich ergänzenden Gestaltproduktion sprechen.

Auf demselben Untergrund der Gestaltproduktion, aber als Vorgang für sich, steht jene Art der Ausdeutung eines Sinneseindrucks, der im Gegensatz zum vorigen nichts hinzufügt, sondern den augenblicklichen Eindruck unter dem Einfluß früherer Erfahrungen umformt. Dieser Vorgang ist bisher meist bei gleichzeitiger Beteiligung der dritten Dimension, der Tiefe, in Betracht gezogen worden, die wir selbstverständlich bei solchen allgemeinen Überlegungen ebenfalls mit heranziehen müssen. Blicke ich etwa mit einem Auge aus geringer Höhe auf eine quadratische horizontale Tischplatte herab, so sehe ich sie auch ungefähr quadratisch und bemerke nur, wenn ich genauer darauf achte, daß doch infolge der Perspektive die beiden seitlichen Kanten der Platte nach der Tiefe zu etwas konvergieren, die beiden nahen Ecken rechts und links spitze, die beiden fernen stumpfe

Winkel bilden, der fernere Rand des Tisches kürzer ist und etwas höher liegt, als der nähere. In Wirklichkeit ist aber die perspektivische Verzeichnung der Platte viel beträchtlicher, als ich sie selbst bei voller Aufmerksamkeit sehe. Sehr schön sichtbar ist die Umformung an perspektivischen Zeichnungen. Betrachtet man z. B. die eines Würfels mit einem Auge (vgl. unten Fig. 65 auf S. 138), so wandeln sich, sobald die Tiefenauslegung deutlich wird, ebenfalls die stumpfen und spitzen Winkel in rechte um, und die Längenverschiedenheit der Seiten gleicht sich aus. Ein anderer schöner Versuch wurde von VOLKMANN (13, S. 145 ff.) angegeben. Erzeugt man im Auge das dauerhafte Nachbild eines rechtwinkligen Kreuzes[1]) und sieht man dann auf eine ebene Fläche, so erscheint das Nachbild schiefwinklig, wenn die ebene Fläche nicht zur Gesichtslinie senkrecht steht. Dasselbe ist der Fall, wenn man am Ende einer kurzen Röhre ein Fadenkreuz anbringt und nun durch das Rohr hindurch auf eine schrägstehende ebene Fläche hinsieht; in diesem Falle aber nur dann, wenn man das Fadenkreuz als Schatten auf der Fläche sieht und es nicht von ihr losgelöst als selbständiges vor ihr liegendes Objekt aufgefaßt wird. Hierbei spielt auch wieder die verschiedene Tiefe eine Rolle. Aber derartige Änderungen der scheinbaren Richtung und der scheinbaren Länge sind, wie wir im folgenden sehen werden, keineswegs auf die Mitwirkung der Tiefendimension beschränkt, wir werden ihnen auch im ebenen Sehfeld begegnen. Es handelt sich dabei offenbar um eine ähnliche Ummodelung des Erregungsvorganges im Sehorgan unter dem Einfluß der aus der Erfahrung bekannten Form des Gegenstandes, wie sie auch in bezug auf die Farbe besteht. Man kann der »Gedächtnisfarbe« von HERING (dieses Handb., l. c., S. 6 ff.) geradezu eine **Gedächtnisform** an die Seite stellen.

Zu diesen Abänderungen des Erregungsvorganges im Sehorgan durch die Erfahrung gehören auch die den Augenärzten bekannten Erscheinungen, die auftreten, wenn korrigierende Gläser oder auch Prismen dauernd getragen werden. Eine gewöhnliche sphärische Bikonkav- oder Bikonvexlinse gibt beim schrägen Durchblicken eine Bildverzerrung eines Quadrates, die beim Konvexglas als eine kissenförmige, beim Konkavglas als eine tonnenförmige Verzeichnung bezeichnet wird (vgl. M. v. ROHR in diesem Handb., Anhang, S. 36 und 55). Gleichzeitig erscheinen die schräg durch die Brille betrachteten Teile des Gesichtsfeldes bei der Konkavbrille näher gegen die Mitte des Glases zu gerückt, bei der Konvexbrille weiter von der Mitte entfernt; der Fußboden erscheint, schräg nach unten durch die Brille gesehen,

---

1) Man kann dies heute sehr bequem erreichen, wenn man eine elektrische Glühlampe mit geraden Kohlenfaden, wie sie von SIEMENS-SCHUCKERT geliefert wird, in einem Halter einmal vertikal stellt, aufleuchten läßt und eine in der Mitte angebrachte Marke fixiert, sie dann rasch horizontal dreht, wieder aufleuchten läßt und nochmals die Mitte kurz fixiert.

bei der Konkavbrille gehoben, bei der Konvexbrille gesenkt. Die Folge
davon ist, daß im ersteren Falle beim Gehen auf ebenem Boden die Füße
zu hoch gehoben, im letzteren Falle zu tief gesenkt werden, wie beim
Stiegensteigen, und daß andererseits das Stiegensteigen ungeschickt ausgeführt wird, was besonders beim unvermittelten Vorsetzen starker Gläser
(z. B. bei Starbrillen) sehr unangenehm empfunden wird. Ähnlich unangenehm ist manchen Astigmatikern anfangs das Vorsetzen von korrigierenden
Zylindergläsern wegen der damit verbundenen Bildänderung, und ebenso
das Tragen von Prismen bei Innervations- oder Stellungsanomalien. Es
ist aber bekannt, daß sich diese anfänglichen Beschwerden beim ständigen
Tragen der Brille allmählich verlieren, man »gewöhnt« sich an die Brille
und merkt die Bildveränderung nicht mehr. WUNDT (144) hat diese Erscheinung als dioptrisch erzeugte Metamorphopsie bezeichnet und nach einer
Beobachtung von O. SCHWARZ noch folgendes hinzugefügt: Sobald infolge
ständigen Tragens eines Prismenpaares die Bildverzerrung nicht mehr gesehen wurde, trat sie wieder auf, und zwar im entgegengesetzten Sinne
wie vorher, als die Brille wieder abgelegt wurde, verschwand aber dann
ebenfalls nach einiger Zeit. Ähnliche Anpassungen werden auch nach der
Korrektion des Astigmatismus durch Zylindergläser berichtet (vgl. LIPPIN-
COTT, 143; FRIEDENWALD, 141a; in etwas anderer Beziehung auch WOLFF-
BERG, 143a).

Eine genauere Analyse dieser Vorgänge, die nur auf Grund sorgfältiger
Selbstbeobachtung möglich ist, wurde bisher nicht gegeben. Ich kann hier
auch nur das darüber beibringen, was mir aus eigener Erfahrung bekannt
ist. Die anfänglichen Beschwerden, insbesondere beim Gehen, sind mir
noch wohl erinnerlich, als meine Myopie mit einemmal durch beiderseits
rund — $2\frac{1}{2}$ D (alte Nr. 18) korrigiert wurde. Jetzt trage ich seit Jahren
beiderseits — 5 D und merke für gewöhnlich keine besondere Bildverzerrung, auch wenn ich schräg durch das Glas sehe[1]). Wenn ich
darauf achte, kann ich sie mir aber unter geeigneten Umständen aufs deut-
lichste sichtbar machen. Am eindringlichsten ist sie, wenn ich schräg
durch die Brille hindurch auf nahe, lange gerade Linien hinsehe. Die Begrenzungslinie eines halboffenen Türflügels sehe ich dann geschwungen,
als ob der Türflügel »geworfen« wäre, und diese Beobachtung wird besonders erleichtert, wenn ich während derselben den Kopf abwechselnd
nach rechts und nach links drehe, so daß ich bald schräg nach links,
bald nach rechts durch die Brille hindurchsehe. Dann biegt sich die Linie
abwechselnd nach rechts und nach links ein, und ich bemerke dann auch
schwächere Krümmungen derselben, die ich bei ruhig gehaltenem Kopf

---

1) Die Beobachtungen stammen aus einer Zeit, da ich ständig gewöhnliche
Konkavgläser, nicht Punktalgläser, trug.

übersehen hätte, ganz deutlich. Beobachte ich dagegen Objekte mit unregelmäßigen oder stark perspektivisch verkürzten Formen, blicke ich etwa mit einem Auge aus der Nähe auf ein aufgeschlagenes, horizontal und etwas schief liegendes Buch, dessen Blätter nicht ganz flach liegen, sondern etwas gebogen sind, so erscheinen mir Seiten und Zeilen desselben in der wahren Form, auch wenn ich ganz schräg durch die Brille sehe. Erst wenn ich mir aus der Verzeichnungsfigur vergegenwärtige, wie denn das Bild der Seite verzerrt ist, merke ich einen Rest davon, und das wird wiederum deutlicher, wenn ich den Kopf nach rechts und links wende, wobei ich die aufeinanderfolgenden Verzerrungen miteinander vergleichen kann. Daraus geht also hervor, daß ich die vorhandenen Bildverzerrungen zwar noch sehen kann, sie aber für gewöhnlich nicht beachte und sie in die sonstigen perspektivischen Bildänderungen mit einbeziehe. Besonders entgehen sie mir bei komplizierteren Formen, während sie bei einfachen Formen, speziell an langen geraden Linien, ganz deutlich zum Bewußtsein kommen. Es ist dies ein ganz ähnliches Verhalten, wie es der Unkundige gegenüber Verzeichnungen an Figuren zeigt: Je einfacher und bekannter die Form ist, desto leichter erkennt er den Zeichenfehler, während er ihn an komplizierteren und weniger geläufigen übersieht. Es dürfte sich daher empfehlen, Personen, denen man verzeichnungsfreie Gläser nicht geben kann, zur Erleichterung der Angewöhnung außer der Anweisung, möglichst durch die Mitte der Gläser zu schauen, auch noch den Rat zu erteilen, sich anfangs des Schreibens, Zeichnens, weiblicher Handarbeiten und ähnlicher Beschäftigungen, bei denen die scharfe Beobachtung einfacher Konturen eine Rolle spielt, zu enthalten.

Die Verschiebung der seitlichen Gesichtsfeldpartien nach der Mitte zu beim gewöhnlichen Konkavglas führt nun, wenn man den Kopf nach rechts und links dreht, auch zu Scheinbewegungen der Objekte. Wenn man die Brille ständig trägt, stören sie einen nicht. Als ich aber nach langem Tragen der ZEISSschen Punktalgläser, bei denen die Verschiebung der seitlichen Gesichtsfeldpartien gering ist, vorübergehend wieder zu gewöhnlichen Gläsern zurückkehrte, wurde mir die Scheinbewegung anfangs eine kurze Zeit hindurch so lästig, daß ich fast schwindlig wurde. Allerdings dauerte es nicht lange, bis ich mich wieder daran gewöhnte und die Scheinbewegung wieder nicht beachtete.

Dieses Übersehen, Nichtbeachten ist beim Tragen von Konkavgläsern noch an einer anderen Erscheinung beteiligt, nämlich bei der Bewegung eines Gegenstandes, den man anfänglich neben dem Brillenrand vorbei sieht, in das von der Brille abgebildete Gebiet hinein. An dieser Grenze sieht man den Gegenstand infolge der Prismenwirkung des Brillenrandes doppelt, und man sollte eigentlich, wenn man dem mäßig rasch bewegten Gegenstand mit dem Blick folgt, ein Springen wahrnehmen, sobald man von der Fixation des Gegenstandes neben der Brille vorbei zu der des Brillenbildes übergeht. Ein solches Springen am Brillenrand — wegen des Kleinersehens auch nach der Tiefe zu — wurde mir in der Tat von Personen, die vorübergehend ein Konkavglas aufsetzten, angegeben. Ich selbst bemerke nur noch im indirekten Sehen, wenn ich geradeaus starre und einen Gegenstand mit mäßiger Geschwindigkeit von unten her von dem außerhalb der Brille befindlichen Bereich des Gesichtsfeldes in das der Brille hineinführe, an der Übergangsstelle eine kurze ruckartige Beschleunigung. Wenn ich dem Gegenstande mit dem Blick folge, gleitet die Aufmerksamkeit so glatt von einem Bilde zum anderen über, daß ich selbst beim schärfsten Aufpassen nichts von einem Sprunge wahrnehme. Es scheint sich hier um einen ähnlichen durch Übung erworbenen Vorgang zu handeln, wie bei der Unterdrückung der Scheinbewegungen beim »angeborenen« Nystagmus. Deshalb sind diese Vorgänge zweifellos der Beachtung wert, sie müßten aber noch durch genaue Selbstbeobachtungen vom Beginn des Brillentragens an ergänzt werden, wobei auch festzustellen wäre, ob wirklich alle Personen anfangs das Springen des Objekts am Brillenrand wahrnehmen.

b) Die geometrisch-optischen Täuschungen.

Außer von der Nachwirkung früherer Eindrücke in Form der Erfahrung hängt die »Stimmung« des Sehorgans auch von sonstigen Vorgängen im Zentralnervensystem ab, vor allem kann sich die Lokalisation eines Netzhautbildes infolge des Hinzutretens anderer optischer Reizungen ändern. Solche Fälle sind in außerordentlich großer Zahl bekannt. Sie sind fast ausnahmslos in der Weise studiert worden, daß man die sich gegenseitig beeinflussenden optischen Reize dem Beobachter auf einer ebenen Fläche als Zeichnungen darbot. Man faßt sie daher gewöhnlich mit einigen anderen Abweichungen der subjektiven Lokalisationsweise von der objektiv dargebotenen Anordnung, die bei der Betrachtung von einfachen Zeichnungen auftreten, als geometrisch-optische Täuschungen zusammen. Dieser von OPPEL (205) eingeführte Sammelname hält sich allerdings an ein ganz nebensächliches Merkmal und wird aufzulassen sein, sobald man die darunter zusammengefaßten Fälle nach ihren Ursachen klar erkannt hat und sie sozusagen in ein natürliches System einordnen kann. Dazu sind aber bisher bloß Ansätze vorhanden. So werden wir die von WUNDT (232; 15a, Bd. 2, S. 575) ebenfalls hierher gerechneten »konstanten Strecken- und Richtungstäuschungen« im folgenden Abschnitt gesondert behandeln, und ebenso bilden die »umkehrbaren« perspektivischen Täuschungen eine von den übrigen geometrisch-optischen Täuschungen geschiedene Gruppe für sich, die später bei der Lehre von der Tiefenwahrnehmung zur Sprache kommt.

Erst die dann noch übrigbleibenden Fälle von geometrisch-optischen

Täuschungen, die WUNDT in die Gruppe der »variablen Strecken- und Richtungstäuschungen« und der »Assoziationstäuschungen« einteilt, gehören in unser Kapitel der Beeinflussung der optischen Lokalisation nach Höhe und Breite durch neu hinzukommende optische Eindrücke hinein. Man kann diese charakteristische Eigenschaft der Beobachtungen dadurch besonders deutlich hervortreten lassen, daß man zunächst jenen Teil der Figur, dessen Lokalisation durch den neu hinzukommenden Reiz modifiziert wird, und den wir etwa den »Hauptreiz« nennen können, wie z. B. in der ZÖLLNERschen .Figur die parallelen langen Hauptstriche, allein für sich auf eine ebene Fläche projiziert und dann erst die modifizierenden »optischen Nebenreize«, im angezogenen Beispiele die kurzen Schrägstriche, darüberfallen läßt (WUNDT, 232a).

Eine andere sehr hübsche und einfache Methode, von der wir gelegentlich (unten S. 115 und 116) Gebrauch machen werden, rührt von BÜHLER (4) her. Man zeichnet den Hauptreiz auf die Vorderseite eines durchscheinenden Papiers, die Nebenreize auf die Rückseite, und hält nun das Papier so gegen einen hellen Hintergrund, daß sowohl die Vorderseite gut beleuchtet wird, als auch genügend Licht durch das Papier hindurchscheint. Deckt man nun das durchscheinende Licht mittels eines Schirmes ab, so ist bloß die Zeichnung auf der Vorderseite sichtbar, beim Wegziehen des Schirmes kommt die Zeichnung auf der Rückseite hinzu.

Über die Ursache der Lokalisationsänderung beim Hinzufügen der Nebenreize gehen freilich die Meinungen noch weit auseinander. Außerdem ist es wahrscheinlich, daß, wenigstens in gewissen Fällen, mehrere verschiedene Momente im gleichen Sinne zusammenwirken. Daher ist es am angezeigtesten, die Darlegungen dieses Kapitels so anzuordnen, daß zunächst die reinen Tatsachen aufgezählt und erst hinterher die Erklärungsversuche daran angeschlossen werden. Allerdings ist die Zahl der Einzelbeobachtungen heute schon so groß — und sie vermehrt sich immer noch weiter —, daß wir hier nur die wichtigsten derselben bringen, im übrigen aber bloß die Literatur anführen können.

Allgemein sei hier gleich noch bemerkt, daß die Täuschungen besser hervortreten, wenn man den Blick flüchtig über die Figur hinschweifen läßt und sie dabei möglichst in ihrer Gesamtheit einheitlich zu erfassen sucht, daß sie aber weniger deutlich werden, wenn man die Aufmerksamkeit bloß auf einzelne Striche unter Außerachtlassung der Umgebung konzentriert. Den Grund hierfür werden wir unten kennen lernen.

α) Übersicht der wichtigsten Täuschungen.

1. Eine mit Details ausgefüllte, etwa mehrfach geteilte Distanz erscheint länger, als eine leere — ungeteilte — gleich lange Distanz (OPPEL, 206b; HERING, 7, S. 68). In Fig. 30 scheint die linke, durch kurze Vertikalstriche

untergeteilte Strecke länger zu sein, als die in Wirklichkeit gleich lange,
aber leere Distanz rechts. Das Quadrat *A* in Fig. 31 erscheint als Rechteck mit vertikaler, *B* als Rechteck mit horizontaler langer Seite. Die leere

Fig. 30.

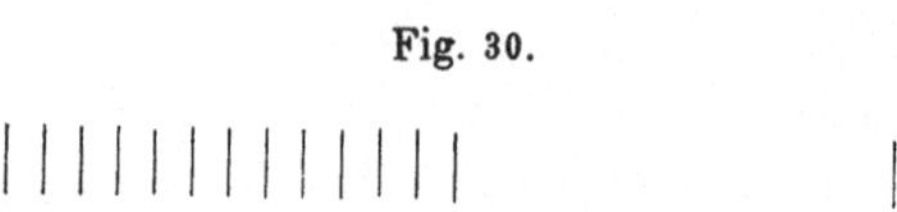

Distanz zwischen zwei Punkten sieht kürzer aus, als ein gleich langer, aus-
gezogener Strich; ein mehrfach geteilter Winkel erscheint größer, als ein
in Wirklichkeit gleich großer ungeteilter, u. ä. Quantitative Untersuchungen
über diese Art von Täuschungen wur-
den von AUBERT (1, S. 266), KUNDT
(282, S. 118), KNOX (190) und LEWIS
(196) angestellt.

Fig. 31.

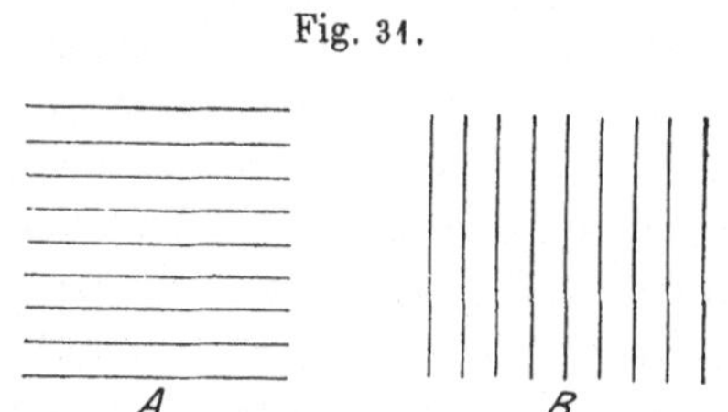

Die eben angeführte Regel kann
sich aber auch umkehren. Sind die
Teilstriche gering an Zahl und weit
voneinander entfernt, so kann die
geteilte Distanz gleich groß oder so-
gar kleiner erscheinen, als die ungeteilte. So verschwindet die Täuschung
oder kehrt sich sogar ins Gegenteil um in Fig. 32, wo *AB* größer erscheinen
kann als *BC*. Allerdings kommen bei diesen Längenschätzungen individuelle
Variationen vor (LEWIS, l. c.).

Fig. 32.

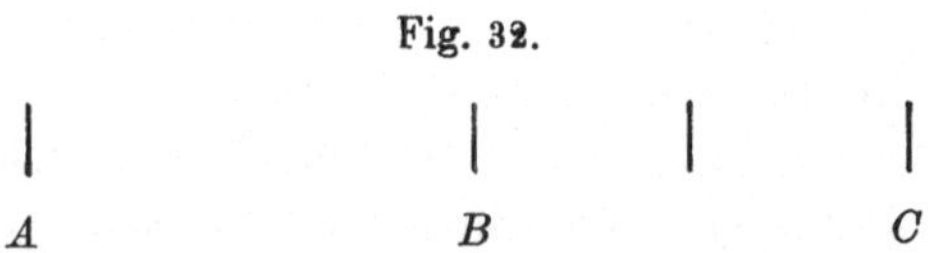

2. In eine zweite Gruppe gehören die Täuschungen, die man gewöhnlich in den allgemeinen Satz zusammenfaßt, daß spitze Winkel im Vergleich
zu stumpfen in ihrer Größe überschätzt werden. Man kann diese Beobachtung schon an einem einzigen Winkelpaar machen. So erscheint in Fig. 33

Fig. 33.

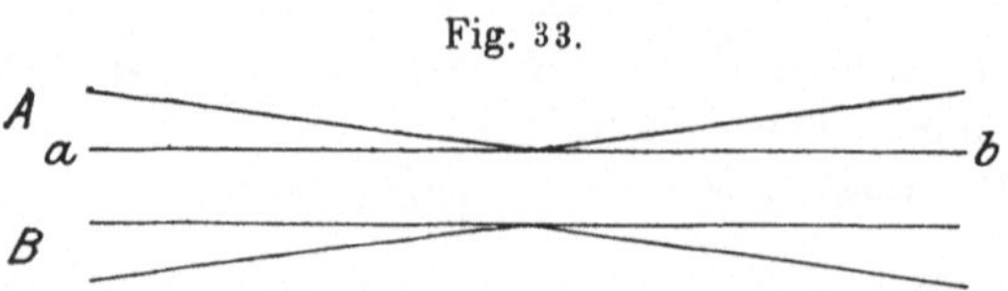

die in Wirklichkeit gerade Linie *ab* infolge Überschätzung der Größe der
Winkel in der Mitte schwach geknickt. Die Erscheinung wird noch deutlicher, wenn man die Figur verdoppelt, also durch Hinzufügen von *B*, und

sie ist am stärksten ausgesprochen, wenn die Zahl der spitzen Winkel vervielfacht wird, wie in den HERINGschen Zeichnungen (7, S. 100), von denen die eine in Fig. 34 u. 34a nach der oben S. 113 beschriebenen Methode von BÜHLER wiedergegeben ist. Man betrachte das Blatt im durchfallenden

Fig. 34.

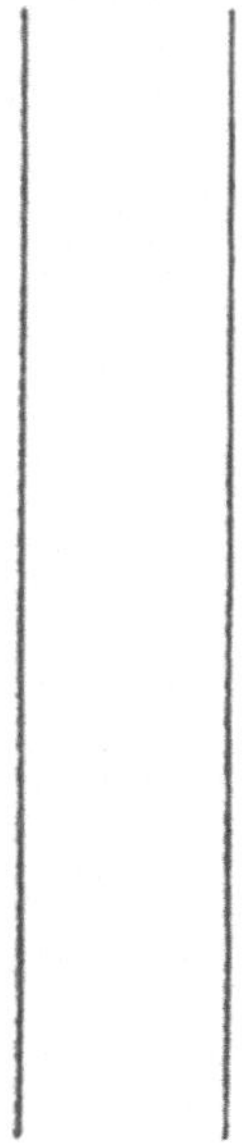

Fig. 35.

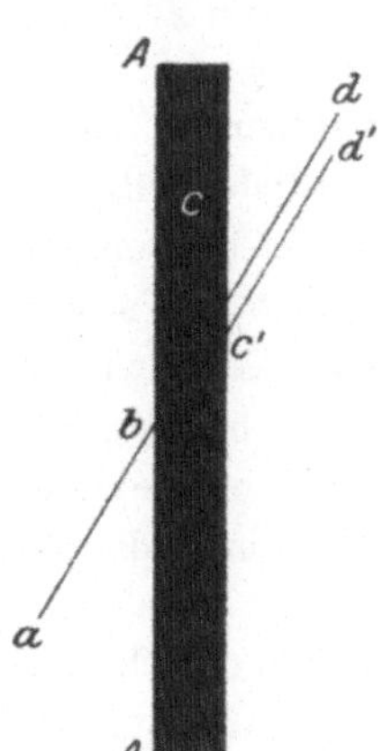

Fig. 36.

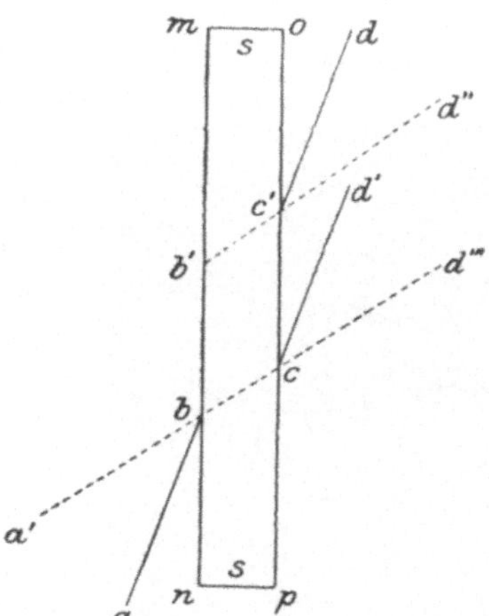

Fig. 37.

Licht gegen einen hellen Hintergrund unter gleichzeitiger Belichtung der Vorderseite und decke die Rückseite vorübergehend ab! Im ersteren Falle erscheinen die beiden geraden Striche der Figur gebogen, weil die einzelnen

Teilstücke derselben an jedem Schnittpunkt mit einer schrägen Linie die beschriebene Ablenkung erleiden. Eine andere hierher gehörige Täuschung ist die scheinbare Knickung eines Kreises an den Ecken eines eingeschriebenen Quadrates (HERING, 7, S. 70).

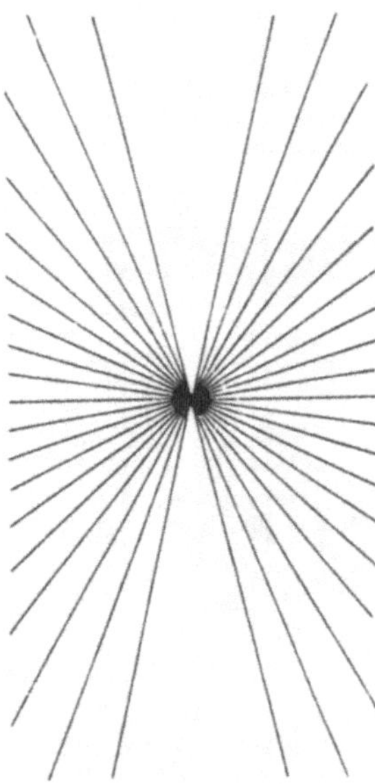

Fig 34 a.

Auf die Überschätzung der spitzen Winkel hat HERING (7, S. 75) auch die bekannte ZÖLLNERsche Täuschung (ZÖLLNER, 234, 234 a), vgl. Fig. 35, zurückgeführt, daß nämlich die vertikalen, einander genau parallelen Hauptstriche der Figur, wenn sie von kurzen schrägen parallelen Strichen geschnitten werden, zu divergieren scheinen. POGGENDORFF (s. ZÖLLNER, 234, S. 501) entdeckte an diesem Muster noch eine andere damit verknüpfte Täuschung, die in Fig. 36 gesondert wiedergegeben ist. Der an den Streifen AA angesetzte Schrägstrich ab findet seine scheinbare Fortsetzung in $c'd'$, nicht aber in seiner wirklichen Verlängerung cd. Diese scheint zwar parallel der scheinbaren Fortsetzung $c'd'$, jedoch zu weit nach oben zu liegen. HERING erklärt dies durch die Überschätzung des spitzen

Winkels welchen die schrägen Striche mit dem Streifen AA bilden. Der Winkel nba in Fig. 37 erscheint vergrößert, übertrieben gezeichnet wie nba', ebenso

Fig. 38.

erscheint der Winkel $oc'd$ wie $oc'd''$ und der Winkel ocd' wie ocd'''. Im subjektiven Sehfeld bildet daher cd''' die Fortsetzung von $a'b$. Eigentlich müßten infolge der Überschätzung des spitzen Winkels beide Schenkel desselben ihre scheinbare Richtung ändern. Indessen wird diese Richtungsänderung je nach den Umständen mehr auf den einen oder anderen Schenkel übertragen. Hält man die ZÖLLNERsche Figur so vor sich hin, daß die langen Hauptlinien vertikal oder horizontal liegen, so bezieht man, nach HERING wegen der ziemlich genauen Beurteilung dieser Richtungen, die Richtungsänderung mehr auf

die Schrägstriche, es überwiegt die POGGENDORFFsche Täuschung. Dreht man dagegen die Zeichnung so, daß die Hauptstriche schräg liegen, so tritt die ZÖLLNERsche Täuschung, die Divergenz der Hauptstriche, stärker hervor.

Die ZÖLLNERsche Täuschung wird durch Augenbewegungen bedeutend verstärkt, sie bleibt aber, allerdings abgeschwächt, auch bei fester Fixation bestehen. Doch tritt bei einäugiger Fixation statt der Divergenz der Hauptstriche in einer Ebene leicht eine Tiefenauslegung ein, die besonders schön an der in Fig. 38 abgebildeten Abänderung des Musters nach HERING zu sehen ist. Man sieht dann die einzelnen Teile des Musters wie Leitern, deren Sprossen sich nach der Tiefe erstrecken: die kurzen horizontalen Querlinien treten mit ihren linken Hälften nach hinten zurück, mit ihren rechten Hälften nach vorne vor, die vertikalen springen oben vor und treten unten zurück. Oder es kann (nach WUNDT, 15a, Bd. 2, S. 587) auch die Konvergenz und Divergenz der Hauptstriche perspektivisch ausgedeutet werden.

Beachtenswert ist ferner, daß die ZÖLLNERsche Täuschung schwächer wird und schließlich ganz verschwindet, wenn man bei einäugiger Betrachtung die Längsstriche vertikal stellt und dann die Fläche der Zeichnung nach vorn und hinten neigt, so daß man schräg auf sie blickt. Stellt man die Hauptstriche horizontal und neigt das Blatt nach vorn und hinten, so wird die Täuschung umgekehrt bedeutend verstärkt (HERING, 7, S. 76).

Verschiedene Abänderungen der POGGENDORFFschen Figur zum Zweck genauerer Untersuchung des Zustandekommens der Täuschung finden sich bei DELBOEUF (167), JUDD (185), BLIX (158), HASSERODT (178).

Quantitative Untersuchungen über die POGGENDORFFsche und ZÖLLNERsche Täuschung wurden von THIÉRY (229), HEYMANS (180), BURMESTER (163), JUDD (185), PIERCE (211, S. 259) und insbesondere von BENUSSI (147) ausgeführt. Die Literatur über die ZÖLLNERsche und POGGENDORFFsche Täuschung bis zum Jahre 1899 findet man bei WITASEK (231), Nachträge dazu für die späteren Jahre bei BENUSSI (Z. f. Psychol., Bd. 34, S. 310, 1904, und Bd. 43, I. Abt., S. 303, 1906).

Fig. 39.

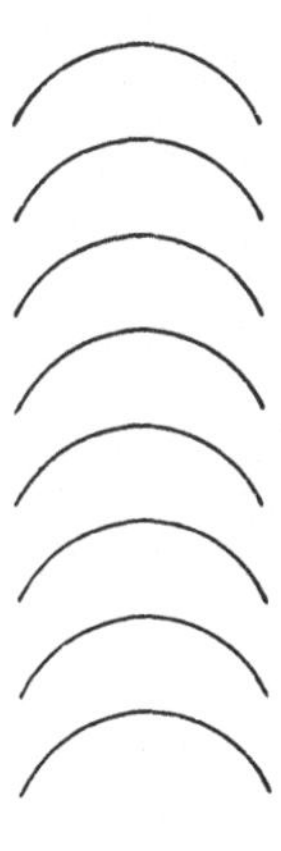

Die ZÖLLNERsche Täuschung tritt auch noch auf, wenn die parallelen Hauptstriche fehlen und bloß die Reihen der schrägen Nebenstriche vorhanden sind. Wenn man z. B. in der Fig. 38 in den mittleren Reihen die langen geraden Striche mit Tinte wegtuscht, so divergieren die Schrägstrichreihen immer noch, nur nicht so deutlich wie früher. Nimmt man eine einzige Doppelreihe von Schrägstrichen isoliert heraus, so ist die Täuschung schließlich recht geringfügig. Besser sichtbar ist sie in diesem Falle, wenn man eine Serie von gleichen Kreisbögen in der Weise übereinander zeichnet, wie es in Fig. 39 geschehen ist. Diese scheinen nach oben hin allmählich größer zu werden, weil man, wie MÜLLER-LYER 202, S. 270) ausführt, unwillkürlich die Enden der Bögen beiderseits durch eine gerade Linie ver-

bindet, die mit den Endstücken der Bögen spitze Winkel einschließt. Diese
beiden hinzugedachten seitlichen Begrenzungslinien entsprechen dann einem
Parallelenpaar aus dem Zöllnerschen Muster, das infolge der angesetzten
schrägen Linien nach oben zu divergieren scheint, woraus dann sekundär
die scheinbare Vergrößerung der oberen Bögen folgt. Eine Abart dieser
Täuschung stellt die Müller-Lyersche Trapeztäuschung dar. Von den
beiden gleichen Trapezen der Fig. 40 A erscheint das untere größer als

Fig. 40.

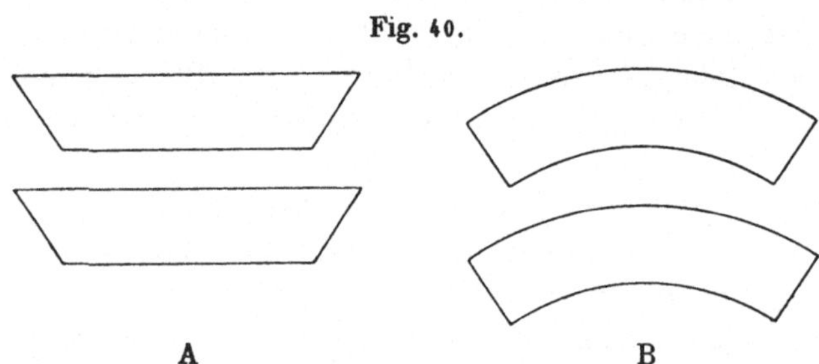

A   B

das obere, weil die beiden schrägen Seiten des Trapezes wie die schrägen
Linien in der Zöllnerschen Figur wirken. Auch hier wird die Täuschung
deutlicher, wenn man statt gerader Linien gekrümmte nimmt, wie in Fig. 40 B.

Als Modifikation des Zöllnerschen Musters ist auch die »verschobene
Schachbrettfigur« von Münsterberg (204; vgl. auch Heymans, 180, S. 118)
aufzufassen. Die Täuschung wurde genauer untersucht von Pierce (211),
Benussi und Liel (153) und von Lehmann (193). Eine Abänderung der
Figur stellt das »Kindergartenmuster« von Pierce (210) dar, das bei Ebbing-
haus-Dürr (5, Bd. 2, S. 58) abgebildet ist.

Fig. 41.

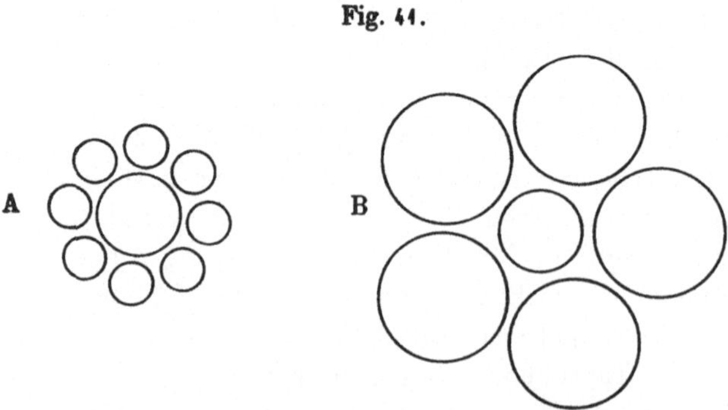

A   B

3. In manchen Fällen sehen Räume oder Strecken objektiv gleicher
Größe größer aus, wenn sich in ihrer Nähe kleinere Raumgebilde gleicher
Art befinden, als wenn sie an größere Raumgebilde angrenzen. So erscheint
ein und derselbe Kreis, wenn er von größeren umgeben ist, kleiner, als

wenn er von kleineren umgeben ist, wie Fig. 41 zeigt. Ein und derselbe Winkel wird für größer geschätzt, wenn er beiderseits an kleinere, als wenn er an größere anstößt, vgl. Fig. 42; eine durch Marken abgegrenzte Strecke

Fig. 42.

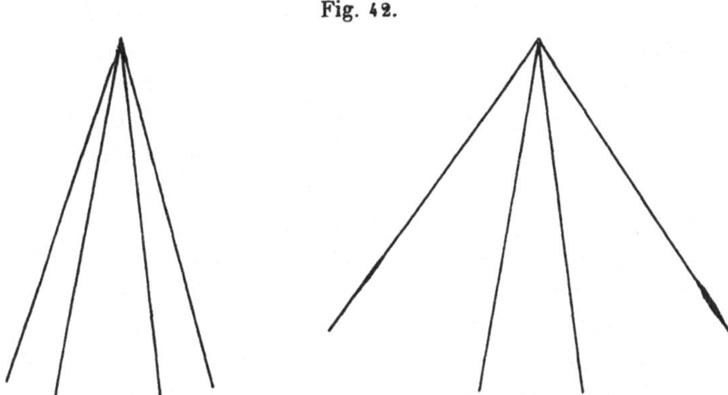

wird für länger gehalten, wenn sie rechts und links an kürzere, als wenn sie an längere Nebenstrecken angrenzt; vgl. Fig. 43. Beide Täuschungen wurden von Müller-Lyer (202) angegeben. Ferner erscheinen von zwei

Fig. 43.

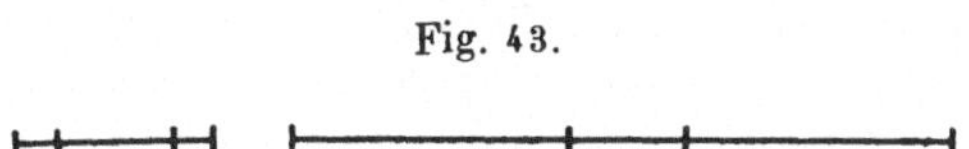

Rechtecken gleicher Breite, aber verschiedener Höhe — in Fig. 44 werden ein Quadrat und ein Rechteck gleicher Breite miteinander verglichen —, das höhere schmäler als das niedrigere. Dem entspricht auch eine be-

Fig. 44.

Fig. 45.

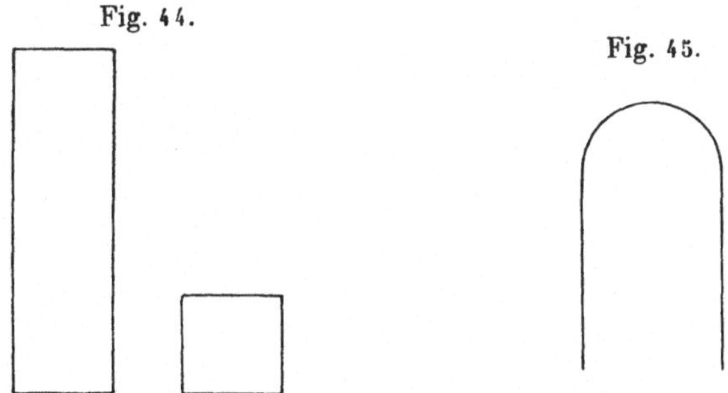

kannte Täuschung über den Körperumfang verschieden großer Personen. Alle diese Erscheinungen wurden von verschiedenen Autoren als »Kontrasterscheinungen« zusammengefaßt (vgl. unten S. 130 ff.).

Eine ähnliche Täuschung kann als »Krümmungskontrast« durch krumme Linien hervorgerufen werden. So erscheint ein an eine gekrümmte Linie

anschließender gerader Kontur schwach nach der entgegengesetzten Seite
gebogen (OPPEL, 206b; HÖFLER, 181). Ein in gerade Linien verlängerter
Halbkreis erscheint gedrückt, und dort, wo die geraden Linien tangential
in den Halbkreis übergehen, sieht man einen Knick (LIPPS, 198, S. 295,
vgl. die beistehende Fig. 45). Erst wenn
man den Bogen entsprechend etwas über-
höht, erscheint er dem Beobachter als
Halbkreis. Noch deutlicher wird dies,
wenn man zwei Halbkreise in Form einer
»Pseudowelle« ineinander übergehen läßt,
wie in Fig. 46.

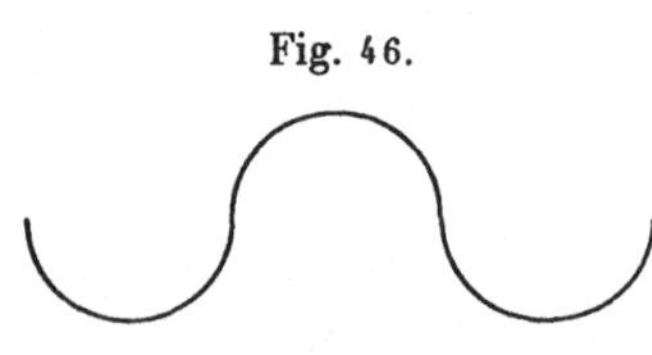

Fig. 46.

4. Unter gewissen Umständen erscheinen Raumgrößen oder Richtungen
benachbarten Raumgrößen oder Richtungen, die nur wenig von ihnen verschieden sind, ähnlicher. Diese Erscheinung, die das gerade Gegenteil zum
sogenannten Kontrast bildet, wurde von MÜLLER-LYER (202, 203) als Konfluxion, von WUNDT (15a, Bd. 2, S. 598) als »Angleichung« bezeichnet. Man

Fig. 47.

beobachtet dies z. B., wenn man die spitzen Winkel der Fig. 33, die wir
oben besprochen haben, schwarz ausfüllt, wie in Fig. 47. Jetzt erscheint
die gerade Linie, welche die beiden Winkel nach unten zu begrenzt, nicht
mehr rechts und links von der Mitte nach unten zu, wie in Fig. 33, sondern
umgekehrt nach oben zu abgelenkt, ihre Richtung nähert sich auf beiden
Seiten mehr der der oberen Grenzlinie. Hierher gehört ferner Fig. 48,

Fig. 48.

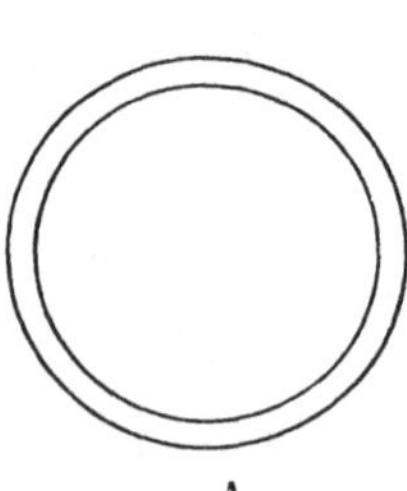

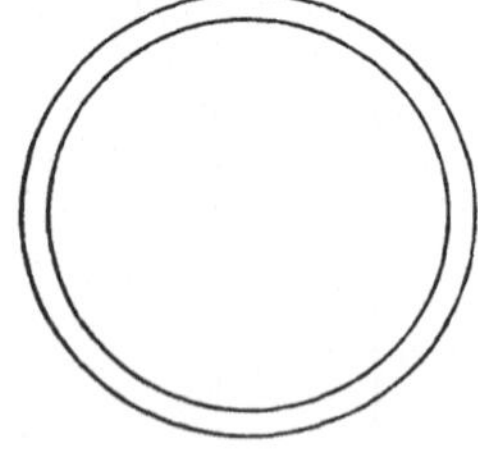

A						B

in der links der äußere, rechts der innere Kreis objektiv gleich groß sind,
aber verschieden groß aussehen, nämlich ähnlicher den hinzugefügten Kreisen
von etwas anderer Größe. In Fig. 49 nach LIPPS (198, S. 127) bildet links
die Tangente an alle Kreise eine gerade Linie, die linken Ränder der Kreise
zeigen aber für unser Auge trotzdem eine Abweichung nach rechts, ähnlich
wie ihre rechten Ränder.

EILE

EILE EILE EILE

Fig. 1

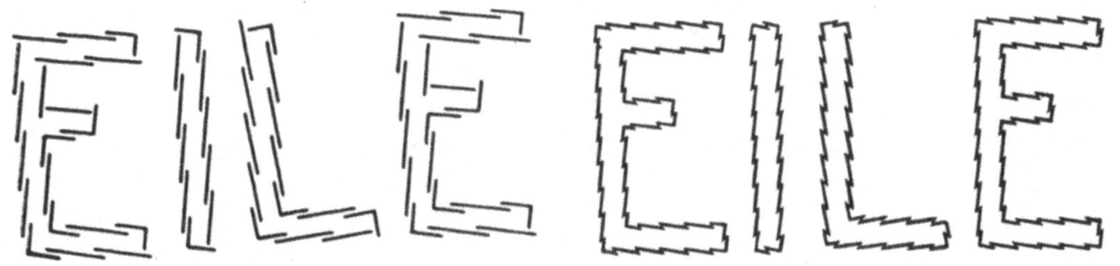

Verlag von Julius Springer, Berlin.

In diese Gruppe hinein gehört auch die in Fig. 50 abgebildete Täuschung von MÜLLER-LYER (202, 203), die außerordentlich häufig besprochen und quantitativ untersucht worden ist (AUERBACH, 145; BENUSSI, 149a; BERRETTONI, 154; BINET, 156; BRENTANO, 161, 162; DELBOEUF, 168; HEYMANS, 179; JUDD, 186, 187; LEWIS, 194, 195; PIÉRON, 211a; SMITH, 222; STILLING, 228); Literaturübersicht bei SCHWIRTZ, 218), und die im folgenden Text immer gemeint ist, wenn kurz von der MÜLLER-LYER-Figur die Rede

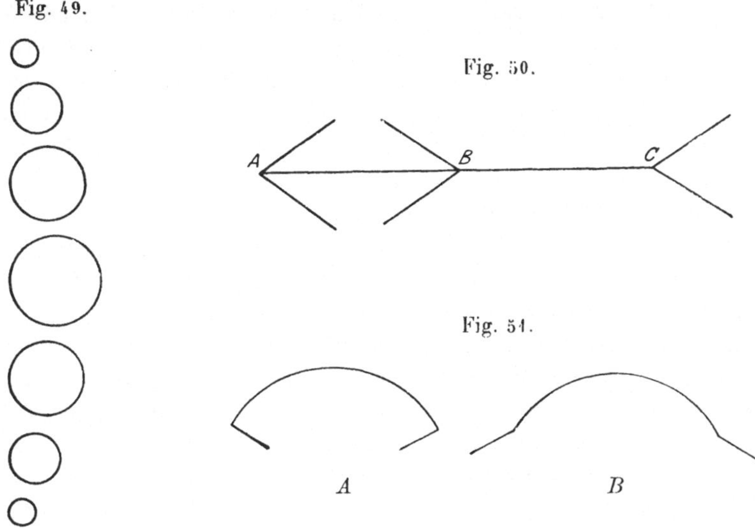

Fig. 49.

Fig. 50.

Fig. 51.

ist. Die Strecken AB und BC sind in Wirklichkeit gleich lang, AB, die von einwärts gerichteten Schenkelpaaren begrenzt wird, erscheint aber viel kürzer, als die Strecke BC, an welche sich nach auswärts gerichtete Schenkelpaare anschließen. Von den zahlreichen Modifikationen der Täuschungsfigur sei noch die in Fig. 51 angeführt, in der die nach einwärts gerichteten geraden Anschlußlinien den Bogen A viel kleiner erscheinen lassen, als den Bogen B mit den nach außen gerichteten Anschlußlinien.

Als Angleichungserscheinungen im Gebiete der Richtungen dürfen wir endlich auch die von FRASER (176) mitgeteilten Täuschungen betrachten, von denen die wichtigsten auf Tafel I wiedergegeben sind. In Fig. 1 erleiden die in Wirklichkeit senkrechten und wagerechten Gesamtkonturen der Buchstaben infolge ihrer Zerlegung in schräge parallele Striche eine Richtungsänderung im Sinne der letzteren. Die Täuschung wird sehr verstärkt durch die an die geraden parallelen Striche angesetzten Dreiecke, die in der Mitte der Buchstabenbalken die Form ⯈ besitzen, und von denen zunächst die schwarzen auffallen. Erst wenn man genauer hinsieht, bemerkt man, daß auch die weißen Lücken dieselbe Anordnung zeigen. Man kann dieselbe Täuschung zwar auch hervorrufen, wenn man, wie in Fig. 3 auf der Tafel, die parallelen schrägen Striche allein für sich auf weißem Grunde zieht, doch ist sie dann viel geringer. Setzt man einen Kreis aus schräg gestellten abwechselnd schwarzen und weißen Bogen zusammen, die, wie in Fig. 5, mit ähnlichen dreieckigen Anhängseln versehen sind, so ändern sich die Kreise entsprechend der schrägen Verlaufsrichtung der sie zusammensetzenden Bögen in scheinbare Spiralen um. Auch diese Figur läßt sich, wie FRASER zeigt, mannigfach abändern. Stark abgeschwächt wird die Wirkung, wenn man, wie in Fig. 4 der Tafel, die Enden der schrägen Linien miteinander verbindet, oder wenn man sich so weit von der Fig. 3 entfernt, daß ihre Zusammensetzung aus einzelnen Strichen verwischt wird. Ferner auch dadurch, daß man die Konturen durch Darüberdecken eines Seidenpapiers undeutlich macht, oder auch, wenn man durch die Mitte der schrägen Striche eine gerade Linie zieht. Sie hat also nichts mit der ZÖLLNERschen Täuschung zu tun, sondern stellt sogar das Gegenteil zu ihr dar, denn beim ZÖLLNERschen Muster werden ja die geraden Hauptlinien nach der entgegengesetzten Richtung abgelenkt, wie in den FRASERschen Figuren.

Die Wirkung der dreieckigen Anhängsel für sich kann man an den geraden Linien der Fig. 2 auf der Tafel studieren. Hier erscheinen die Konturen infolge der anhängenden Dreiecke leicht wellig gekrümmt, indem die Verbreiterung der Linienenden die letzteren gleichsam zu sich herüberzieht nach dem Schema: ∼. Sobald man freilich durch genaue Betrachtung die schwarzen geraden Konturen der Buchstaben gewissermaßen isoliert herausholt, verschwindet die Täuschung, und sie wird schon undeutlicher, wenn man die Figur öfter betrachtet (vgl. unten S. 136).

Fig. 52.   Fig. 53.

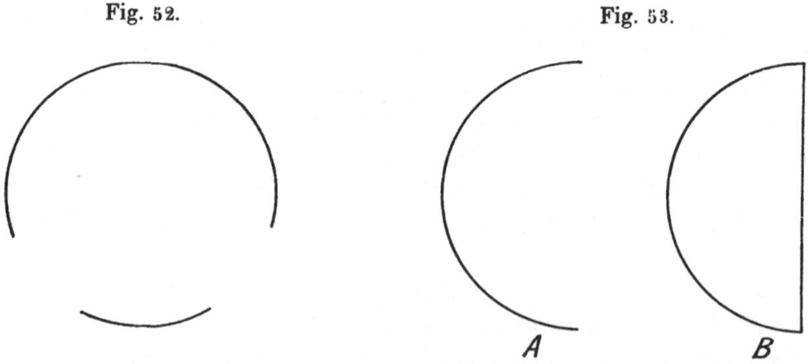

5. Von weiteren Täuschungen, die sich nicht sicher in eine der eben abgeteilten Gruppen einreihen lassen, seien schließlich noch jene Veränderungen im Aussehen geometrischer Figuren erwähnt, die auftreten, wenn man einzelne Begrenzungsstücke derselben wegläßt (MÜLLER-LYER, 202). So

sieht von zwei gleichen Quadraten, deren einem die obere, deren anderem die rechte oder linke Seite fehlt, das nach oben offene höher, das nach rechts oder links offene breiter aus, als das andere. Ein kurzes Bogenstück eines Kreises erscheint viel schwächer gekrümmt, als ein längeres Stück eines Kreises von demselben Radius; vgl. Fig. 52. Dieser Täuschung unterliegt man auch, wenn man die dunkle Mondscheibe beim ersten oder letzten Mondviertel betrachtet. Sie liegt dann in der hellen Sichel wie in einem etwas flacheren Napf darin. Allerdings wird in diesem Falle die helle Sichel noch durch die Irradiation vergrößert. Endlich erscheint ein offener Kreisbogen gewölbter und als kürzerer Bogen, wie ein anderer gleicher Bogen, dessen Endpunkte durch eine gerade Linie verbunden sind (Fig. 53).

Im übrigen sind noch eine große Zahl weiterer Täuschungsfiguren mitgeteilt worden, die sich zum Teil auf die hier schon besprochenen zurückführen lassen, zum Teil selbständig dastehen. Man findet solche außer in den schon im obigen Text zitierten Abhandlungen und in ·der Zusammenfassung von Ebbinghaus-Dürr (5, Bd. 2, S. 51) noch in den Schriften von Baldwin (146), Berrettoni (154), Botti (159, 160), Delboeuf (167, 168), Kiesow (189), Laska (191), Lipps (198), Oppel (205, 206), Pozzo (213), Schumann (219), Seashore und Williams (220), Smith und Mitarbeiter (223, 224, 225), auf die ich bezüglich der Einzelheiten verweise. Einige sonstige Täuschungsfiguren werden auch noch im folgenden zur Sprache kommen.

β) Erklärungsversuche.

Die Erklärungsversuche für das Entstehen der geometrisch-optischen Täuschungen können wir in zwei Gruppen sondern, nämlich 1. in solche, die eine im peripheren Sinnesorgan selbst gelegene Ursache für die Täuschung annehmen, und 2. in solche, welche die Täuschung auf Vorgänge in höheren Zentren zurückzuführen. Wollte man die peripheren Ursachen als physiologische den zentralen als »psychologischen« gegenüberstellen, so würde man den Gegensatz zwischen den beiden nicht ganz zutreffend kennzeichnen. Denn nach der Annahme des psychophysischen Parallelismus laufen auch allen psychischen Vorgängen physische Prozesse parallel, und es ist bloß die Folge unserer Unkenntnis der letzteren, wenn wir uns auf die Beschreibung des uns unmittelbar bewußt werdenden psychischen Vorganges beschränken. Oft weist dieser dann noch Lücken auf, die man durch die Annahme zentraler Vorgänge, die nicht zum Bewußtsein gelangen, ausfüllen muß — was gerade auf unseren Fall zutrifft.

A. Annahme peripheren Ursprungs der geometrisch-optischen Täuschungen.

1. Von diesen Annahmen ist zuerst der Versuch EINTHOVENS (172) anzuführen, eine Anzahl optischer Täuschungen, vornehmlich aber die von MÜLLER-LYER angegebene, in Fig. 50 abgebildete, durch die mangelhafte Sehschärfe der Netzhautperipherie zu erklären. Jedes Netzhautbild von einiger Ausdehnung fällt nur zum kleinsten Teil auf die Stelle des schärfsten Sehens, der größere Teil wird auf exzentrischen Netzhautstellen abgebildet, deren Sehschärfe vom Zentrum weg ungemein rasch abnimmt. Die mangelhafte Sehschärfe bewirke aber einen ähnlichen Gesichtseindruck, wie eine Abbildung in Zerstreuungskreisen. Man kann sich diese Wirkung nach EINTHOVEN veranschaulichen, wenn man die Täuschungsfigur unscharf photographiert. Eine solche Aufnahme der in Fig. 54 oben abgebildeten MÜLLER-LYER-Zeichnung zeigt Fig. 54 unten. Die an A, B und C angehängten Schenkel erscheinen jetzt in Zerstreuungsflächen, deren »Schwerpunkte« bei A und B in Wirklichkeit näher aneinander liegen, als die bei B und C. In ähnlicher Weise lasse man sich aber auch bei undeutlich gesehenen Figuren durch den Schwerpunkt ihres Netzhautbildes leiten, und darauf beruhe die Täuschung. Die kurzen Schenkel bei A und C verschmelzen gewissermaßen bei Fixation von B eine Strecke weit mit der horizontalen Hauptlinie, daher erscheine AB verkürzt, BC verlängert, und das wiederhole sich mit B und C, wenn man A fixiert, usf.

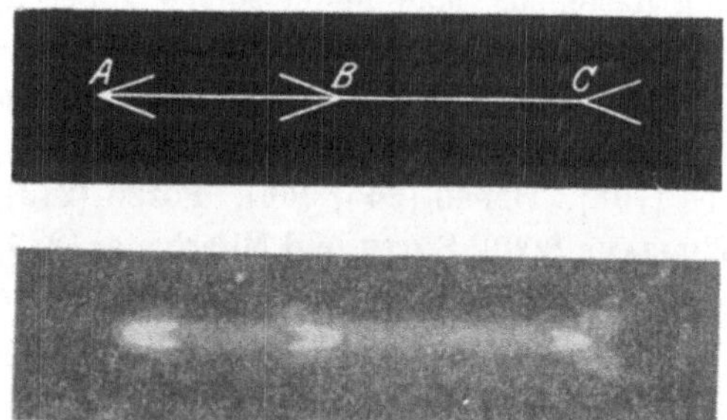

Fig. 54.

Gegen diese Erklärung wandte BOURDON (3, S. 309) ein, daß man die Täuschung bei fester Fixation eines Punktes der Figur, z. B. der Stelle B, nicht mehr so deutlich sehe, wie bei bewegtem Blick. Dieser Unterschied lasse sich aber durch EINTHOVENS Annahme nicht erklären. Überdies ersetze man bei bewegtem Blick die unscharfen exzentrischen Bilder fortwährend durch die scharf gesehenen zentralen. Es handle sich also um einen Sukzessivvergleich scharf gesehener Bilder, nicht um einen Vergleich scharfer mit unscharfen Bildern. Nun könnte immerhin EINTHOVENS Deutung noch auf den Rest der Täuschung, der bei fester Fixation bestehen bleibt, zutreffen. Dem widersprechen aber die Messungen von SCHOUTE (217), der zeigte, daß der Einfluß des fixierten, also scharf gesehenen Schenkelpaares bei *B* auf die Längenschätzung der beiden Teile der MÜLLER-LYER-schen Figur fast eben so groß ist, als der Einfluß der beiden äußeren Schenkelpaare bei *A* und *C*, welche dabei indirekt und unscharf gesehen werden.

EINTHOVEN glaubte seine Erklärung auch noch zur Deutung anderer Täuschungen heranziehen zu können und suchte dies durch unscharfe photographische Aufnahmen der betreffenden Figuren zu erläutern. Doch zeigen diese Bilder zum Teil die erwartete Schwerpunktsverschiebung nicht, während man allerdings die optische Täuschung bei der Betrachtung derselben meist viel deutlicher sieht, als bei der Betrachtung der scharf konturierten Originalfiguren (vgl. dazu SCHOUTE, l. c., S. 384 ff.).

2. Eine zweite Erklärung — insbesondere der POGGENDORFFschen und der ZÖLLNERschen Täuschung — wird hauptsächlich von LEHMANN (193) verfochten, der in eingehender Weise die schon von HELMHOLTZ (I, S. 707) für die POGGENDORFFsche Täuschung vermutete, von MÜNSTERBERG (204) und besonders von PIERCE (211) für die verschobene Schachbrettfigur angegebene Wirkung der physikalisch bedingten Irradiation zu begründen sucht. — Als Hauptbeweis für die ausschlaggebende Rolle der Irradiation bei der ZÖLLNER-schen Täuschung führt LEHMANN an, daß die Täuschung vollständig ausbleibe, wenn man das ZÖLLNERsche Muster binokular derart erzeugt, daß man im Stereoskop dem einen Auge die langen Hauptlinien, dem anderen die schrägen Nebenlinien allein sichtbar macht, was vorher, wenn auch nicht ganz so entschieden, schon KUNDT (282) und WITASEK (231) angegeben hatten und später EBBINGHAUS (171) bestätigte. Ferner gibt LEHMANN eine besondere Versuchsanordnung an, mittels welcher man die Haupt- und Nebenlinien einem und demselben Auge in verschiedenen Farben von der gleichen Helligkeit darbieten kann. Auch in diesem Falle verschwindet nach LEHMANN die Täuschung bei der ZÖLLNERschen Figur vollständig, ebenso bei der gleichen Anordnung die POGGENDORFFsche Täuschung und die Täuschung der verschobenen Schachbrettfigur. Alles dies wird freilich von BENUSSI (147; ferner Z. f. Psychol. Bd. 41, S. 204) bestritten, der für die binokulare Vereinigung angibt, daß die ZÖLLNERsche Täuschung nur abgeschwächt wird und bei Verwendung verschiedener Farben und Helligkeiten findet, daß die Täuschung bei Herabminderung des Helligkeitsunterschiedes der Haupt- und Nebenreize zwar zunächst abnimmt, von einer gewissen Grenze an aber bei weiterer Herabsetzung des Helligkeitsunterschiedes sogar wieder stark zunimmt, wofür er aber zentrale Ursachen — die mehr oder weniger große Eindringlichkeit der Haupt- und Nebenlinien — verantwortlich macht. Ich selbst meine bei stereoskopischer Vereinigung, und zwar sowohl im Haploskop, als im Prismenstereoskop und beim freiäugigen Stereoskopieren, von der POGGENDORFFschen Täuschung nichts mehr zu sehen, kann es aber nicht sicher behaupten. Dagegen irre ich wohl nicht, wenn ich von der ZÖLLNERschen Täuschung

noch einen Rest wahrzunehmen glaube. Fällt nun bereits diese rein tatsächliche Entscheidung wegen des binokularen Wettstreites, wie schon BOTTI (160) bemerkte, außerordentlich schwer, so ist aus demselben Grunde auch die theoretische Beweiskraft des Versuchs nicht so durchschlagend, wie man von vornherein meinen sollte. Man muß nämlich, um dem Wettstreit entgegenzuarbeiten, seine Aufmerksamkeit konzentriert auf die Figuren hinlenken, und es fällt daher jenes flüchtige Darüberhinschweifen des Blickes fort, welches das Auftreten der POGGENDORFFschen und ZÖLLNERschen Täuschung nach allgemeiner Erfahrung so sehr begünstigt. Überdies gibt BÜHLER (4, S. 97) für die oben S. 115, 116, Fig. 34 und 34a, abgebildete HERINGsche Täuschung, die ja auf der gleichen Überschätzung spitzer Winkel beruht, direkt an, daß er nach vielfachen Versuchen an ihrem Auftreten im Stereoskop nicht mehr zweifle, wenn er abwechselnd die Nebenreize abdeckt und wieder frei läßt.

Wichtiger ist, daß, wie schon LEHMANN erwähnt, die POGGENDORFFsche Täuschung sehr gesteigert wird, wenn man die verhältnismäßig steil abfallenden Grenzen des Aberrationsgebietes ersetzt durch wirkliche Zerstreuungskreise, wie sie bei unscharfer Einstellung auf die Figur auftreten. Wenn ich z. B. als Kurzsichtiger die Fig. 35 S. 115 jenseits meines Fernpunktes halte, so wird die Täuschung ungemein groß, die schrägen Halbstriche auf der einen Seite jedes Längsstriches erscheinen geradezu in die Mitte des Intervalls zwischen den Halbstrichen der anderen Seite hereingerückt. Bringe ich dann die Figur in mein Akkommodationsgebiet herein und akkommodiere ganz scharf darauf, so verschwindet die Täuschung im direkten Sehen fast völlig. Erst beim flüchtigen Darüberhinstreifen mit dem Blick und etwas ungenauer Akkommodation wird sie wieder deutlich. Bei der ZÖLLNERschen Täuschung scheint sich dieser Einfluß der unscharfen Abbildung darin zu äußern, daß die Täuschung an den indirekt gesehenen Teilen des Musters wegen der etwas unschärferen Abbildung in der Netzhautperipherie größer ist, als an den jeweils direkt gesehenen, was z. B. schon BOURDON (3, S. 30) beschrieben hat und LEHMANN (l. c., S. 99) ausführlich erörtert. In dieser Form, in Verbindung mit der Irradiation, wird also der EINTHOVENsche Gedanke in der Tat fruchtbar. Bei der MÜLLER-LYER-Figur, von der EINTHOVEN ausging, spielt hingegen, wie LEHMANN auseinandersetzt, die Irradiation nur eine untergeordnete Rolle.

Wie die unscharfe Abbildung zur POGGENDORFF-Täuschung mitwirkt, kann man sich am besten durch Betrachtung der Fig. 55a und b klarmachen. Fig. 55b ist die unscharfe Photographie EINTHOVENS von Fig. 55a, welch letztere die ZÖLLNER'sche Täuschung — die beiden parallelen vertikalen Striche scheinen nach oben zu divergieren — mit der POGGENDORFF-Täuschung — die beiden Hälften der schrägen Striche erscheinen gegeneinander verschoben — vereint. Betrachtet man nun Fig. 55a im ganz hellen Zimmer mit ungenauer Akkommodationseinstellung, so sieht man tatsächlich eine ähnliche Form, wie es Fig. 55b angibt. Die Gegend des Scheitels der spitzen Winkel α wird ausgefüllt von einem dunkeln Keil ähnlich wie in Fig. 55 b. Zwischen den einander zugewendeten Enden der Keile, an der Schnittstelle der Striche bei a sieht man eine etwas dünnere, hellere Stelle, die im unscharfen Photogramm nicht so gut zu sehen ist, wie bei unscharfer Akkommodation auf Fig. 55 a. Die Scheitel der spitzen Winkel α stoßen daher nicht mehr direkt aneinander, sondern erscheinen durch einen dünneren schrägen Streifen miteinander verbunden, und dabei tritt in auffallender Weise die POGGENDORFF-Täuschung hervor. Diese wird noch viel beträchtlicher, wenn man während der Betrachtung mit ungenauer Akkommodation auch noch die Beleuchtung herabsetzt. Dann verwischen sich die Details der Irradiationsfigur noch mehr, und bei einer passenden, nicht zu schwachen Beleuchtung erreicht die POGGENDORFF-Täuschung einen

Fig. 55.

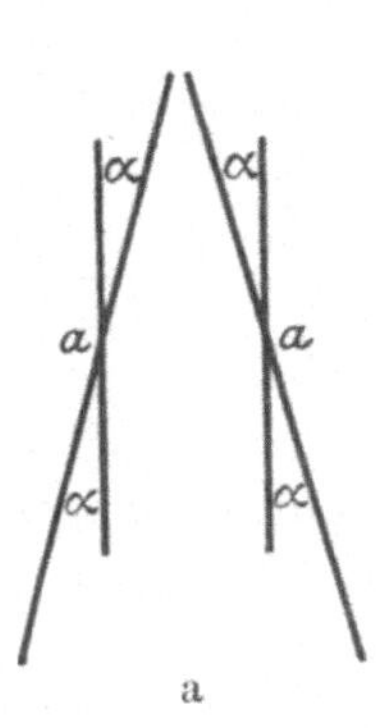

a

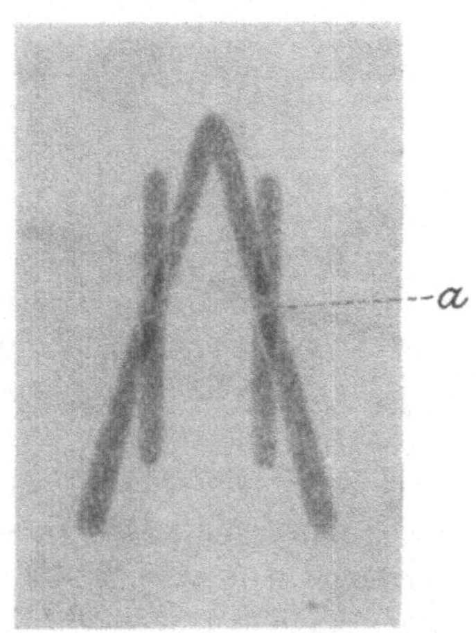

b

sehr hohen Grad. Dabei zeigt sich ein gewisses Schwanken: die POGGENDORFFSCHE Verschiebung kann entweder auf den Vertikalstrich oder auf den Schrägstrich bezogen werden, wobei dann der andere Strich gerade durch die Schnittstelle hindurchzulaufen scheint. Diese Schwankungen treten bei längerer Betrachtung von selbst auf, können aber auch willkürlich hervorgerufen werden: Jener Strich, den man besonders beachtet, scheint gerade zu verlaufen, der weniger beachtete erleidet die Verschiebung. Es wirkt also auch hier ein zentraler Faktor mit, der sich auf die Deutung oder Auffassung des Netzhautbildes bezieht, doch ist nach diesen Versuchen die Irradiation als eine Hauptursache der Täuschung kaum zu bezweifeln.

Daß aber bei der POGGENDORFFSchen Täuschung zur Wirkung der Irradiation noch anderes hinzukommt, ist höchst wahrscheinlich. So hat WUNDT (15 a, Bd. 2, S. 601) auf einen Faktor aufmerksam gemacht, den wir zu den peripher bedingten rechnen müssen, und der besonders dann, wenn die

Hauptstriche sehr dick sind, mit zur Täuschung beitragen kann. Die Täuschung bleibt nämlich zum Teil auch in der durch v. ZEHENDER (233) angegebenen Modifikation bestehen, die in Fig. 56 wiedergegeben ist. Auch hier erscheinen die zwei Bruchstücke *a* und *b* einer durch einen leeren Zwischenraum unterbrochenen schrägen Linie, wenn man die Figur aufrecht hält, gegeneinander verschoben, die scheinbare Fortsetzung von *a* liegt etwas

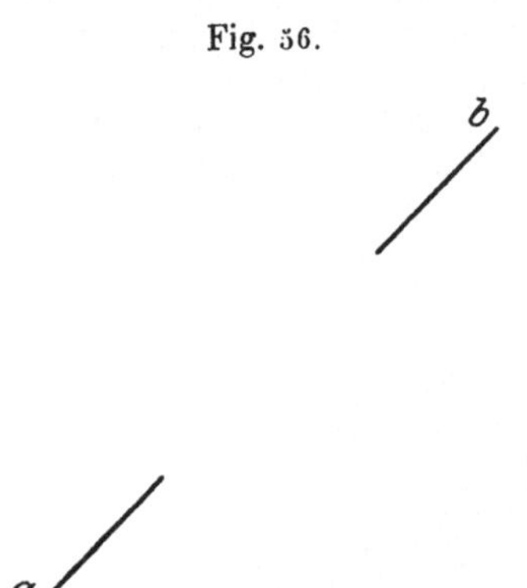

Fig. 56.

tiefer unten, als *b*. Dreht man die Figur so, daß die Striche horizontal oder vertikal liegen, so verschwindet in diesem Falle die Verschiebung ganz, während sie an der ursprünglichen Täuschungsfigur (vgl. oben Fig. 36), wenn man die Schrägstriche horizontal stellt, zwar abnimmt, aber nicht ganz aufhört. WUNDT bezieht die Täuschung in diesem Falle auf die Überschätzung der vertikalen gegenüber der horizontalen Strecken. SCHUMANN, der diese Täuschung und ihre individuellen Schwankungen genauer untersucht hat (219 d), hielt sie im Anschluß an BLIX (158) hauptsächlich für eine Folge davon, daß der Blickpunkt bei Augenbewegungen in schräger Richtung nicht in geraden, sondern in gekrümmten Bahnen verläuft. Dagegen ist aber, wie wir oben S. 89 schon auseinandergesetzt haben, zu sagen, daß, wenn die wirklich ausgeführte Augenbewegung der Willensintention nicht entspricht, eine Verschiebung des gesamten Gesichtsfeldinhaltes und nicht nur eines Teiles auftritt, also beide Striche und nicht bloß der eine von ihnen nach oben oder unten rücken müßten. Überdies ist die Voraussetzung, von der SCHUMANN ausging, insofern nicht zutreffend, als, wie STRATTON (228 a) durch photographische Aufnahmen zeigte, die Bewegungsbahn des Auges in der vertikalen Richtung nicht weniger unregelmäßig ist, als in den schrägen Richtungen.

Bei den anderen Täuschungen, die man gewöhnlich auf die Überschätzung der Größe spitzer Winkel zurückführt[1]), der ZÖLLNERschen Täuschung und der HERINGschen Sternfigur, dürfte die Irradiation als Ursache mehr in den Hintergrund treten, als bei der POGGENDORFFschen Täuschung. Daß sie nicht die alleinige Ursache derselben sein kann, geht daraus hervor, daß bei stereoskopischer Vereinigung der einzelnen Bestandteile doch wohl noch ein Rest der ZÖLLNERschen und der HERINGschen Täuschung

---

1) Diese Auffassung ist von verschiedenen Seiten her scharf kritisiert worden, doch möchte ich eine Erörterung dieser Streitfrage als zu weitgehend um so mehr unterlassen, als unten S. 138 eine wichtige Einschränkung des obigen allgemeinen Satzes ohnehin zur Sprache kommt.

bestehen bleibt; daß ferner nach dem oben S. 117 Gesagten der Zöllnerschen analoge Täuschungen auch dann auftreten, wenn man sich die geraden
Hauptlinien bloß hinzudenkt. Endlich hat neuerdings Blatt (157) angegeben, daß die Zöllnersche Täuschung auch noch fortbesteht, wenn
man die Haupt- und Nebenlinien dem Auge nacheinander darbietet (kinematographische Vereinigung). Hierbei fällt, wie immer man den Versuch
sonst deuten mag, die physikalisch bedingte Irradiation im peripheren Sinnesorgan jedesfalls ganz weg, und außerdem hat dieser Versuch vor der stereoskopischen Vereinigung den großen Vorzug, daß auch kein Wettstreit der
Sehfelder vorhanden ist. Der einfachste Versuch dieser Art besteht aber
darin, daß man sich durch längere Betrachtung eines glühenden geraden
Kohlenfadens ein dauerhaftes lineares Nachbild erzeugt (vgl. S. 109, Anm.) und
dieses. dann auf das Heringsche Sternmuster fallen läßt. Das Nachbild
erscheint dann ebenfalls gebogen, ja, wenn es dicht neben einer in das
Sternmuster eingezeichneten geraden Linie verläuft, so sieht man keinen
merklichen Unterschied in der Krümmung des Nachbildes und der gezeichneten Linie[1]). Da beim Nachbild von einer physikalisch bedingten Irradiation
keine Rede sein kann, so muß demnach diese Täuschung mindestens in der
Hauptsache auf andere Ursachen zurückgeführt werden. Die Mitwirkung
einer eventuellen physiologischen Irradiation — Ausbreitung der Regungen
in der zentralen Leitung des Sehorgans — kann dabei allerdings ebensowenig ausgeschlossen werden, wie bei den anderen angeführten Versuchsanordnungen, welche die Ausschaltung der physikalisch bedingten Irradiation
bezwecken.

Die oben unter 1 angeführte Täuschung der eingeteilten Strecke verschwindet nach Ebbinghaus (171) bei stereoskopischer Zusammensetzung aus
ihren Teilen vollständig. Das ist wohl richtig, aber sie verschwindet mir
auch dann, wenn ich im Stereoskop dem einen Auge die volle Täuschungsfigur der eingeteilten Strecke (Fig. 30, oben S. 114) und dem anderen bloß
die Endstriche darbiete. Das ist offenbar bloß die Folge des fortwährenden Fluktuierens und Gleitens der Figuren und der dadurch erschwerten
Beobachtung. Ich kann daher auch diesen stereoskopischen Versuchen
keine entscheidende Bedeutung beilegen, und glaube auch nicht, daß für

---

1) Um das Nachbild möglichst fein strichförmig zu erhalten, betrachte man
den glühenden Kohlenfaden aus größerer Ferne und bringe die Sternfigur in kurzen
Abstand vom Auge. Für die Poggendorffsche Täuschung bietet der Versuch nichts
Neues. Wenn das Nachbild des Kohlenfadens ohne Unterbrechung über die Fovea
hinwegzieht, so ist es auch über dem schwarzen Streifen der Fig. 36, wenn auch
in anderer Farbe, sichtbar, und solange dies der Fall ist, ist von der Täuschung
nichts wahrzunehmen. Deckt man aber den mittleren Teil des Kohlenfadens ab,
dann erhält man als Nachbild einfach das Bild der Fig. 36, und es ist dann gleichgültig, ob man es auf einen gleichmäßigen Grund entwirft, oder ob die Lücke desselben durch einen schwarzen Streifen ausgefüllt wird. In beiden Fällen sieht man
den oben bei der Besprechung der Fig. 36 erwähnten Rest der Täuschung.

die Täuschungen der Gruppe 1 periphere Ursachen wesentlich in Betracht
kommen. Das letztere gilt auch für die Täuschungen der Gruppen 3 und 4.
Die MÜLLER-LYER-Täuschung verschwindet bei Vereinigung der Bestandteile
im Stereoskop nicht (EBBINGHAUS), auch läßt sie sich im Stereoskop nach
der Tiefe zu hervorrufen, wenn die Konvergenz und Divergenz der Ansatzschenkel im wesentlichen erst durch die binokulare Tiefenwahrnehmung
erzeugt werden (EXNER, Zentralbl. f. Physiol. Bd. 12, S. 901).

B. Annahme zentraler Ursachen der geometrisch-optischen Täuschungen.

1. Von den Annahmen, welche den optischen Täuschungen zentrale
Ursachen zugrunde legen, ist zunächst die zur Erklärung der oben S. 118ff.
unter 3 angeführten Erscheinungen aufgestellte Kontrasthypothese zu erwähnen, die schon von HELMHOLTZ (I, S. 571) und MACH erwogen, später
von MÜLLER-LYER (202, 203), HÖFLER (181), HOLTZ (183), REICHEL (214),
J. LOEB (201), HEYMANS (180), SCHUMANN (219b), BOURDON
(3, S. 309), v. TSCHERMAK (230), SMITH und SOWTON (223)
u. a. vertreten wurde.

Fig. 57.

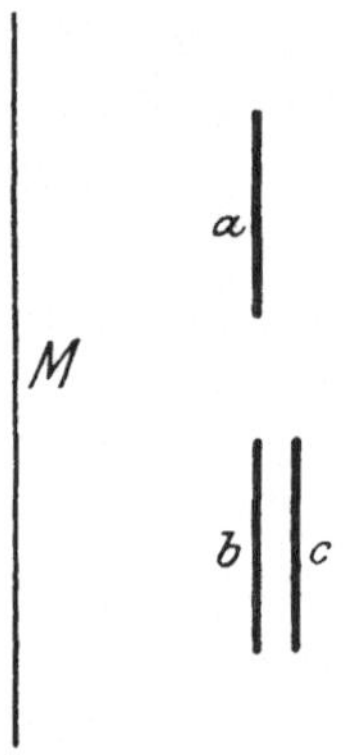

Als hauptsächlichsten Beweis für das Vorhandensein
räumlicher Kontrasterscheinungen führte J. LOEB folgenden Versuch an: Der Beobachter blickt mit fixiertem
Kopf (aus mittlerer Sehweite von ungefähr 30 cm) auf
einen horizontalen Tisch herab, auf dem parallel zur
Medianlinie M und etwa 40 cm nach rechts von ihr ein
langer schmaler Pappstreifen a liegt, wie es in Fig. 57
angezeichnet ist. Die Versuchsperson hat die Aufgabe,
bei bewegtem Blick einen zweiten, ebensolchen Pappstreifen b in die gerade Verlängerung von a einzustellen.
Legt man, sobald dies geschehen ist, in etwa 2 cm Entfernung von b einen dritten Streifen c hin, so ändert die
Versuchsperson die Einstellung von b. Liegt der Streifen c näher zur Medianebene als b, so muß auch b, um in der geraden Verlängerung von a zu
erscheinen, der Medianebene etwas genähert werden. Ist der Streifen c,
wie es in Fig. 57 der Fall ist, weiter von der Medianebene entfernt als b,
so rückt auch die scheinbare Verlängerung von a weiter von der Medianebene ab [1].

Der Versuch zeigt nach J. LOEBs Meinung gerade das, was man erwarten
müßte, wenn der »Breitenwert« der zuerst gereizten Netzhautstelle durch
eine hinzugefügte zweite Reizung im Sinne einer Kontrastwirkung abgeändert

---

[1] Analoge Versuche, aber mit Variation der Expositionszeit der »Nebenreize«,
hat später PEARCE (207) ausgeführt. Auf die ziemlich verwickelten Ergebnisse derselben kann ich hier nicht eingehen.

würde: Ist zunächst ein Punkt A mit einem Rechtswert a gegeben, so müßte in diesem Falle ein zweiter Punkt B »von größerem Rechtswert b den Rechtswert von A herabsetzen, a müßte kleiner werden oder, mit anderen Worten, A müßte weniger weit rechts erscheinen. Ist dagegen der Rechtswert b des Punktes B kleiner als a, so muß im Falle einer Kontrastwirkung a hierdurch größer erscheinen oder m. a. W. A weiter nach rechts zu liegen scheinen«, und ähnliches gilt für jede andere Lage der beiden Punkte.

Auf den Kontrast führt LOEB auch die Überschätzung geteilter Strecken zurück. Sie werden nach ihm größer geschätzt, weil bei geringerem Abstand der optischen Reize voneinander der Kontrast leichter eintrete, als bei weiterem Abstand. Endlich könne der Kontrast auch auftreten, wenn die sich beeinflussenden Linien einander nicht parallel sind. Es erscheine dann ein Richtungskontrast, und in der Tat hat HEYMANS (180) bei vergleichenden Messungen der ZÖLLNERschen und LOEBschen Täuschung unter ähnlichen Versuchsbedingungen eine weitgehende Übereinstimmung im Ausmaß der beiden Täuschungen gefunden.

Mit der bloßen Benennung der erwähnten Täuschungen als Kontrast ist allerdings für das Verständnis der ihnen zugrunde liegenden Vorgänge noch nicht viel gewonnen. Wollte man sie etwa mit dem Simultankontrast des Farbensinnes vergleichen, so wäre in erster Linie zu bedenken, daß dieser letztere — die Wechselwirkung der Netzhautstellen — sich nach den bekannten Binokularversuchen HERINGs in den nervösen Apparaten jedes Einzelauges für sich gesondert von dem des anderen abspielt und als solcher von dem bewußt werdenden Farbeneindruck des Hintergrundes unabhängig ist. Im Gegensatz dazu würde es sich beim Raumkontrast um Vorgänge handeln, die sich in einer beiden Augen gemeinsamen psychophysischen Zone abspielen. Das geht daraus hervor, daß im LOEBschen Versuch die Aufmerksamkeit einen ausschlaggebenden Einfluß auf die Lokalisation ausübt: nur wenn die Nebenlinie vom Beobachter mit beachtet wird, ändert sie den Raumwert des Hauptreizes. Wir gehen also wohl nicht fehl, wenn wir den farbigen Simultankontrast als einen Vorgang in einer der direkten psychophysischen Einwirkung unzugänglichen Substanz auffassen, während der Raumkontrast auf Vorgänge in einer psychophysisch beeinflußbaren Region zurückzuführen wäre.

Einen Versuch, tiefer in das Wesen des Raumkontrastes einzudringen, macht SCHUMANN (219 c, S. 280 ff.). Er weist, ebenso wie BOURDON (3, S. 310), auf jene allmählichen Änderungen der Größenschätzung hin, die man gemeinhin als Gewöhnung bezeichnet. Hat man beispielsweise mehrere Jahre im Flachland zugebracht, so imponiert einem eine Kette mittelhoher Berge als sehr hoch. Sieht man dieselbe Bergkette wieder, nachdem man jahrelang im Hochgebirge gelebt hat, so macht sie den Eindruck unscheinbarer, niedriger Hügel. SCHUMANN bezeichnet diese Gewöhnung, zu der wir später bei der absoluten Lokalisation ein interessantes Gegenstück finden werden, als innere Anpassung oder Einstellung. Sie führt dazu, daß die gewohnte Größe zur Grundlage, gewissermaßen zum Maßstab der absoluten Größenschätzung gemacht wird. Ändert sich dieser, so ändert sich auch die Größenschätzung der anderen Objekte.

Eine solche innere Einstellung müßte nun auch vorübergehend auftreten, wenn man der Versuchsperson in einer Versuchsreihe zunächst mehrmals einen Normalkreis und nur wenig davon verschiedene Kreise darbietet und dann plötzlich einen erheblich verschieden großen Kreis einschaltet. Man könnte also eine solche innere Anpassung auch zur Erklärung der in Fig. 41 A u. B wiedergegebenen Täuschung heranziehen: der mittlere Kreis würde in A und B verschieden groß erscheinen, weil sich infolge des Anblicks der ihn umgebenden größeren und kleineren Kreise der Größenmaßstab ändert. Auf den Widerstand gegen eine innere Bereitschaft zur Wiederholung des zuerst Gesehenen, welch letztere jedem Sukzessivvergleich zugrunde liege, führt den Raumkontrast auch PIKLER (11) zurück. Es ist dies bei ihm

Fig. 58.

ein Teil einer ganz eigenartigen Empfindungstheorie, auf die ich hier nur hinweisen kann, die wir aber später verschiedentlich werden streifen müssen. Jedenfalls, und das ist das Gemeinsame dieser Ansichten, handelt es sich beim Raumkontrast um unbewußte innere Einstellungen, die durch die Nebenreize herbeigeführt werden, und die eine veränderte Reaktion unseres Bewußtseins auf den Hauptreiz nach sich ziehen.

2. Von großer Bedeutung für das Verständnis vieler geometrisch-optischer Täuschungen sind die Versuche insbesondere von WITASEK (14, 231), SCHUMANN (219) und BENUSSI (148, 149, 151, 152), sie zu jenen Vorgängen in Beziehung zu setzen, die wir oben bei der Lehre von der Gestaltwahrnehmung besprochen haben. Zwar gehen die theoretischen Ansichten der Autoren über den psychischen Vorgang beim Zustandekommen der Gestaltwahrnehmung weit auseinander, in den Tatsachen selbst stimmen sie vielfach überein.

Betrachtet man eine Zeichnung, wie etwa die Fig. 58 von SCHUMANN, so kann man die kleinen Quadrate derselben ganz nach Willkür in der verschiedensten Weise zusammen gruppieren, z. B. in vier Gruppen zu je neun kleinen Quadraten oder in andere größere oder kleinere Gruppen. Dabei treten die weißen Streifen, welche die zu einer Einheit zusammengefaßten Gruppen von den benachbarten trennen, lebhaft im Bewußtsein hervor. Zugleich erscheint dann ein so hervortretender weißer Streifen häufig breiter als die anderen, objektiv gleich breiten, aber mehr im Hintergrund befindlichen Streifen. Das Hervor- und Zurücktreten bezieht sich zunächst auf das Bewußtwerden im Sinne des Auffallens, Eindringlichseins. Doch kommt es vor, daß die besonders auffallenden Distanzen tatsächlich auch aus der Ebene der Figur nach vorn treten. Da mit diesem Vor- und Zurücktreten überdies eine eigentümliche Veränderung im Aussehen (in der Farbe) verbunden ist — die vortretenden Konturen sind schärfer, kontrastierender —, so könnte man auch an einen Zusammenhang mit der geänderten Tiefenlokalisation denken, wie sie JAENSCH (9a) besonders betont hat (worauf wir später zu sprechen kommen), die dann indirekt wieder einen Einfluß auf die Größenschätzung nehmen könnte. Sei dem, wie ihm wolle, jedenfalls weisen diese Versuche darauf hin, daß die scheinbare Größe der einzelnen Teilstücke je nach der Auffassung der Gesamtfigur variieren kann.

Viele Personen bemerken, wie SCHUMANN (219b) mitteilt, den Einfluß, den die wechselnde psychische Einstellung auf die scheinbare Größe der Teile ausübt, auch an Quadraten. Wenn sie zwei einander gegenüberliegende parallele Seiten desselben gemeinsam besonders beachten, so erscheinen ihnen diese beiden durch die Aufmerksamkeit herausgehobenen Seiten länger, als die beiden anderen, weniger beachteten, das Quadrat sieht aus wie ein Rechteck. Eine analoge Beobachtung — ein auf der Spitze stehendes Quadrat erscheint beim Hervorheben zweier aneinander stoßender Seiten als Rhombus, zweier gegenüberliegender Seiten als Rechteck — führt LEESER (133) an. Besser als am Quadrat mit seinen geraden Begrenzungslinien sehe ich die Formänderung beim

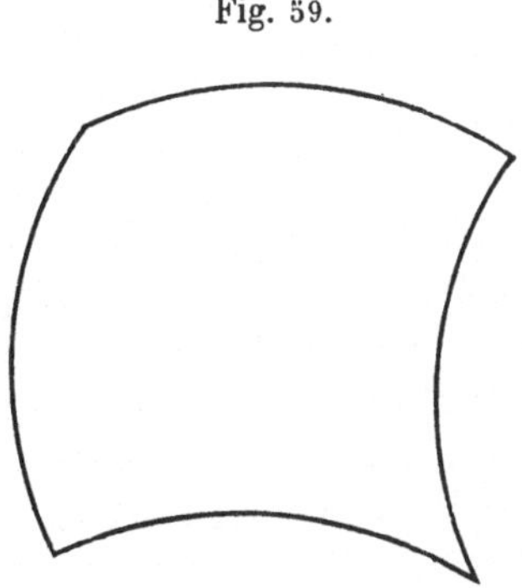

Fig. 59.

Wechsel der Auffassung an Fig. 59, die man einmal als eine quadratische Fläche mit gekrümmten Seiten auffassen kann, das anderemal als einen »Kinderdrachen« mit dem Kopf nach links oben und dem Schwanz nach rechts unten. Gehe ich nun abwechselnd von der einen Auffassung zur anderen über, so erhält die Figur beide Male eine andere Form. Jedesmal, wenn ich die Figur als Drachen auffasse und dabei besonders die rechte und untere Begrenzungslinie beachte, rückt die linke obere Ecke nach ein-

wärts und wird stumpfer, die rechte untere Spitze hingegen verlängert sich.
Beim Übergang zur Quadratauffassung erfolgt die entgegengesetzte Änderung [1]).   Schwieriger wahrnehmbar ist, daß sich die untere und die obere
Seite der Figur bei der Quadratauffassung etwas mehr voneinander entfernen,
daß also das Quadrat höher aussieht, als der Drache.   Das wird dadurch
unterstützt, daß ich bei der Quadratauffassung nicht die obere und untere
Seite zusammen mit der Aufmerksamkeit heraushebe, sondern vorwiegend
die rechte und linke Seite, die mir infolgedessen länger erscheinen.

   Auch an der nebenstehenden, von BENUSSI (148) angegebenen Fig. 60
kann man den Einfluß der Gestaltauffassung auf die scheinbare Länge von
Distanzen gut erkennen.   In ihr ist die Distanz der beiden Punkte c und h
veränderlich, je nachdem man aus den hinzugedachten Verbindungslinien
der übrigen Punkte der Figur eine bestimmte Gestalt konstruiert.   Besonders deutlich ist die Änderung der scheinbaren Länge von ch, wenn man

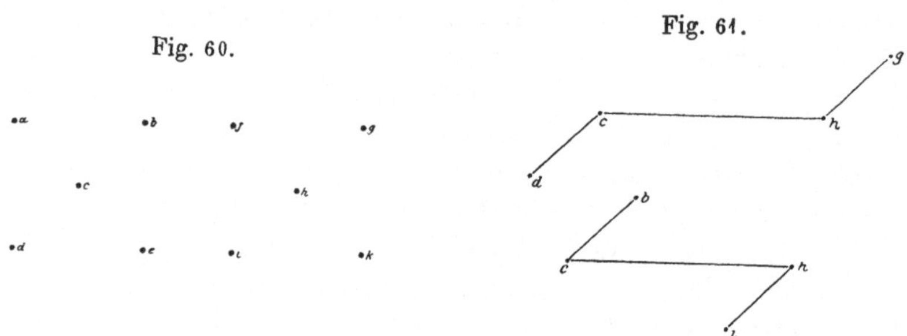

Fig. 60.

Fig. 61.

sich unmittelbar nacheinander zuerst die aus der Verbindung von $dchg$,
sodann die aus der Verbindung von $bchi$ hervorgehenden Gestalten, die
in Fig. 61 wiedergegeben sind, lebhaft vorstellt.   Im ersteren Fall erscheint
die Distanz ch deutlich länger, als im letzteren.   Ganz ebenso deutlich ist
für mich der Unterschied in der Länge von hc, wenn ich aus der Figur
einmal durch die hinzugedachte Verbindung einmal von ac und cd auf der
einen, gh und hk auf der anderen Seite, das nächste Mal durch Hinzufügen
von bc und ec einerseits, von fh und hi andererseits die beiden entgegengesetzten Teile der MÜLLER-LYERschen Figur konstruieren.

   BENUSSI hat diesen Einfluß hinzugedachter Verbindungslinien auf die
scheinbare Größe späterhin (149a) auch an einer einfachen Figur quantitativ untersucht.   Er bot seinen Versuchspersonen im Tachistoskop drei

---

1) Wenn man bei diesem Wechsel der Auffassung Augenbewegungen ausführt,
etwa bei der Auffassung der Figur als Quadrat die Mitte der Fläche fixiert, bei der
Auffassung als Drache die rechte untere Spitze, so wird schon infolge der
»zentrischen Schrumpfung des Sehfeldes« (s. unten S. 172 ff.) die scheinbare Annäherung der linken oberen Ecke an die Mitte der Figur begünstigt.   Sie ist aber auch
bei fester Fixation des Mittelpunktes zu sehen.

Punkte a, b, c dar, deren Verbindungslinien, wenn sie wie in Fig. 62 A eingezeichnet gedacht werden, miteinander den Winkel φ einschließen. Die
Größe des Winkels φ wurde in der Versuchsreihe variiert. Ferner wurde
die Versuchsperson angewiesen, die drei Punkte in verschiedener Weise zu
einer Gesamtfigur zusammenzufassen, einmal wie in Fig. 62 A, oder wie in
B, C, D usf. Benussi gibt nun an, daß die Distanz ab und bc je nach

Fig. 62.

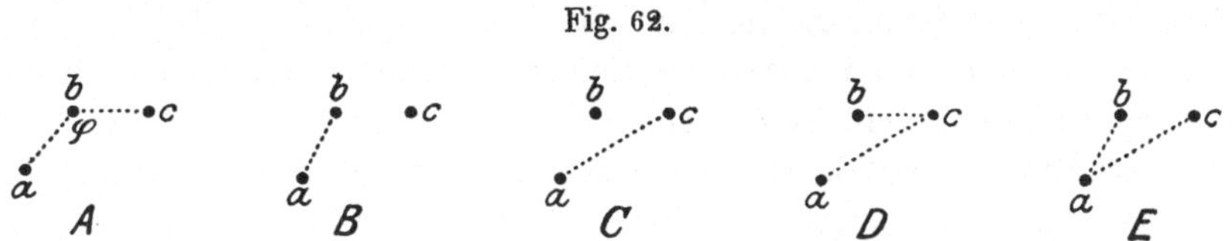

der Auffassung der Figur verschieden lang erschien. Da nun auch der
Längenvergleich bei verschiedener Größe des Winkels φ verschieden aus-
fiel, so folgt daraus, daß der Gestaltauffassung auch beim Vergleich vertikaler mit horizontalen Strecken und solchen verschiedener Neigung ein Einfluß zukommt.

Wie wir im vorhergehenden sahen, daß sich die scheinbare Länge
einer Strecke durch die bloß vorgestellte Hinzufügung der Schenkel der
Müller-Lyer-Figur ändern läßt, so ist es umgekehrt auch möglich, die
Täuschung in dieser Figur selbst dadurch herabzudrücken, daß man die an
die gerade Hauptlinie angesetzten Schenkel unbeachtet läßt. Die Fähigkeit, die Ansatzschenkel unberücksichtigt zu lassen, wird bei vielen Versuchspersonen durch Übung erleichtert. In diesem Falle nimmt auch Täuschung immer mehr ab und kann im günstigsten Falle ganz verschwinden.
Daß tatsächlich die Täuschung der Müller-Lyer-Figur — ähnlich auch
die Zöllnersche und die Poggendorffsche Täuschung — kleiner wird
und eventuell schließlich verschwinden kann, wenn sich die Versuchsperson
durch öftere Betrachtung völlig mit der Figur vertraut gemacht hat, ist
wiederholt angegeben worden, insbesondere von Judd (186 u. 187), Judd
und Courten (188), Cameron und Steele (164); man vgl. ferner Lewis (194)
und Seashore mit seinen Mitarbeitern (221). Von Benussi (148) rührt aber
die wichtige Feststellung her, daß dieses Ergebnis nur von der Einübung
der Versuchsperson auf eine ganz bestimmte Reaktionsweise herrührt, indem
sie allmählich lernt, die zu vergleichenden Hauptlinien der Müller-Lyer-
Figur isoliert für sich zu erfassen, daß aber andererseits durch Übung im
Zusammenfassen der Figur zu einer Einheit gerade umgekehrt die Täuschung
mehr und mehr bis zu einem Maximum gesteigert werden kann. Das
gleiche gilt nach Benussi und Liel (153) für die verschobene Schachbrettfigur, deren Täuschungsgröße ebenfalls durch Übung entweder vergrößert
oder verkleinert werden kann.

Sehr rasch wirksam ist der Einfluß des Vertrautwerdens insbesondere
auch bei der in Fig. 2 der Tafel I abgebildeten Täuschung. Am stärksten
sah ich hier die Täuschung beim allerersten Anblick der Figur, als ich
ihre Einzelheiten noch nicht isoliert erfaßt hatte. Sobald ich sie aber
genauer studiert und ihre Zusammensetzung erkannt hatte, wurde die
Täuschung viel schwächer, und ich sehe sie jetzt nur noch, wenn ich
den Blick ganz flüchtig über die Figur hinwegschweifen lasse, leicht angedeutet. Das Verschwinden der Täuschung ist aber verbunden mit einer
Hervorhebung der geraden Striche und der Nichtbeachtung des Musters,
auf dem sie angebracht sind; ich bemerke deutlich, daß mir dabei die
schwarzen und weißen Striche wie losgelöst vom Grunde erscheinen. Nun
geht aber das Welligerscheinen der Konturen an sich auf einen Vorgang

Fig. 63.

zurück, der zweifellos unter die S. 95 ff.
erörterten Erscheinungen des Formensehens
gehört. Betrachtet man Fig. 63 aus etwas
größerer Entfernung, so sieht man die geraden
Linien, denen die dreieckigen Anhängsel aufsitzen, zackig hin und her gebogen. Je enger
die Anhängsel aneinanderschließen, aus desto
geringerem Abstand ist das Phänomen sichtbar. Zwingend wird das Zackigerscheinen
von dem Abstand an, von dem man die
Anhängsel nicht mehr deutlich vom Strich
sondern kann. Geht man etwas näher heran,
so gibt es ein Zwischenstadium, in dem man
die Striche ganz gerade sieht, wenn man sie
scharf von den Anhängseln getrennt auf-
faßt, wo sie aber wieder zackig werden, wenn man sich gehen läßt und
den Gesamteindruck der Figur auf sich wirken läßt. Besonders leicht gelingt es, den Wechsel an jenem Strich wahrzunehmen, an dem die Anhängsel
am weitesten auseinander liegen. Nähert man die Figur dem Auge noch
mehr, so wird schließlich umgekehrt der Eindruck des geraden Striches
mit angesetzten Dreiecken zwingend und das Zackigerscheinen verschwindet ganz.

Die angeführten Beispiele zeigen, daß in der Tat, wie SCHUMANN, BE-
NUSSI und RIVERS (215) im wesentlichen übereinstimmend meinen, die Täuschung in diesen und in anderen ähnlichen Fällen dadurch zustande kommt,
daß wir den Gesamteindruck der Figur auf uns einwirken lassen, während sie zurücktritt, wenn wir die zu vergleichenden Details isoliert aus
ihr herausheben. Je besser dies gelingt, desto mehr verschwindet die Täuschung. Daher der Einfluß der Übung einerseits, des flüchtigen Darüber-
hinblickens andererseits. Daher sind die Täuschungen bei Kindern wegen

ihrer Unfähigkeit, sich vom Gesamteindruck freizumachen, stärker als bei Erwachsenen (BIERVLIET, 155, BINET, 156, HASSERODT, 178; vgl. dagegen BENUSSI, 148, S. 429 Anm. 2, und GIERING, 38), während doch, wie wir oben sahen, die Feinheit des Augenmaßes bei Kindern schon eben so hoch entwickelt ist, wie beim Erwachsenen.

So sicher man nach dem Gesagten annehmen muß, daß die Gestaltauffassung bei vielen geometrisch-optischen Täuschungen die optische Lokalisation mit bestimmt, so schwierig ist es, die Gesetzmäßigkeiten, nach denen sich dies in den einzelnen Fällen vollzieht, festzulegen. Zwar gibt BENUSSI (148, S. 395; 151) allgemeine Regeln über die gegenseitige Beeinflussung der Einzelteile eines Komplexes, die zueinander in Beziehung treten, an, aber auch diese stellen, selbst wenn wir sie als richtig annehmen, bloß eine Zusammenfassung, keine Erklärung der Phänomene dar.

Versuchen wir, aus der Mannigfaltigkeit der Erscheinungen wenigstens das wichtigste herauszuheben, so lassen sich nach SCHUMANN (219a) auf manche Fälle die oben S. 133 erwähnte Regel anwenden, daß Distanzen, die sich der Aufmerksamkeit besonders aufdrängen, größer erscheinen, als die weniger beachteten. Quantitative Untersuchungen darüber hat BENUSSI (150) ausgeführt. In den meisten anderen Fällen wird durch die Einbeziehung der miteinander zu vergleichenden Einzelheiten in eine komplexe Gesamtgestalt die erstere durch das Aussehen der letzteren im Sinne einer Angleichung modifiziert. Es handelt sich also in diesem Falle geradezu um einen Gegensatz gegenüber dem Kontrast. Dieser stellt sich ein, wenn die Vergleichsfiguren so verschieden sind, daß der Unterschied derselben ins Bewußtsein tritt. Die Angleichung erfolgt, wenn die Anordnung der Einzelheiten derart ist, daß sie eine Zusammenfassung derselben zu einer Einheit bedingt, wofür aber durchaus nicht allein, wie man oft meint, eine gewisse Geringfügigkeit der Größenunterschiede den Ausschlag gibt. In den Figuren 33 und 47 sind die Größenverhältnisse ganz gleich. In Fig. 33 bilden aber die Schenkel des spitzen Winkels isolierte, verschieden gerichtete Striche, und treten daher in Kontrast zueinander. In Fig. 47 liegen statt der isolierten Striche die Begrenzungslinien eines einheitlich zusammengefaßten Keils vor, dessen Gesamtrichtung auch die scheinbare Richtung seiner Grenzlinien mit beeinflußt. Einen ganz analogen Fall siehe bei BRENTANO (162). In Fig. 48 fassen wir auf den ersten Blick die beiden konzentrischen Kreispaare zu einem Ring zusammen. Da nun der Ring in Fig. 48A größer ist, als in Fig. 48B, so erscheint uns auch der innere Kreis der Figur A kleiner, als der äußere von Figur B. Wenn wir aber bei aufmerksamer Betrachtung den inneren Kreis von A mit dem äußeren von B isoliert zu vergleichen suchen, und zu dem Behufe möglichst wenig auf die beiden anderen Kreise achten, so wird die Täuschung viel geringer. Daß auch bei der MÜLLER-LYER-Figur die Wirkung der Ansatzschenkel auf die zu vergleichenden Mittelstrecken darauf beruht, daß man beide in eine gemeinsame Einheit einbezieht, geht aus dem schon oben erwähnten Einfluß der Übung hervor, läßt sich aber auch an einer von AUERBACH (145) angegebenen Modifikation der Figur zeigen. Wenn man nämlich die Endpunkte der beiden Vergleichsstrecken stark markiert, wie dies in Fig. 64 B geschehen ist, und dadurch ihr isoliertes Herausheben erleichtert, so wird die Täuschung viel schwächer. Umgekehrt nimmt sie zu, wenn man die Ansatzschenkel in der Zeichnung besonders betont, wie in Fig. 64 A, und dadurch die Aufmerksamkeit eigens auf sie hinlenkt.

Fig. 64.

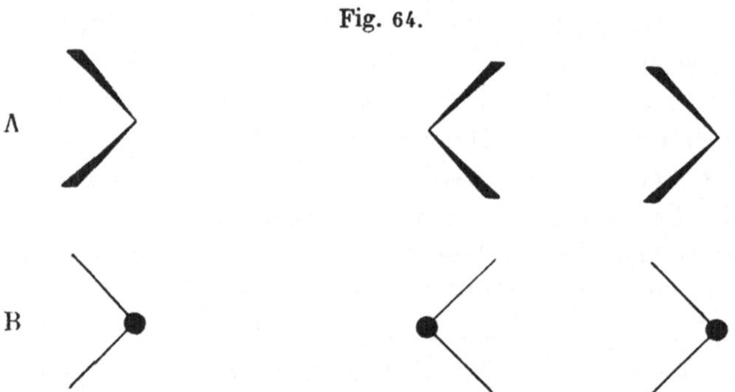

Eine andere Erklärung für manche Täuschungsfiguren, die ebenfalls unter den Vorgang der Gestaltproduktion einzubeziehen ist, wurde im Anschluß an VOLKMANN (13, S. 163 ff.) und THIÉRY (229) von FILEHNE (174) gegeben, der insbesondere die Überschätzung der spitzen und die Unterschätzung der stumpfen Winkel als sekundäre Folge einer latenten Tiefenauslegung der Figur auffaßt. In Fig. 65 A fehlt jeder Anlaß zur Tiefenauslegung, die spitzen und stumpfen Winkel werden in ihrer wirklichen Größe gesehen. Sobald wir aber die Figur, wie in 65 B, durch Ausziehen der Verbindungslinien zum perspektivischen Bild eines Würfels ergänzen, erscheinen die spitzen und stumpfen Winkel zugleich mit der Tiefenauslegung der Figur als rechte. Eine analoge Überschätzung der spitzen und

Fig. 65.

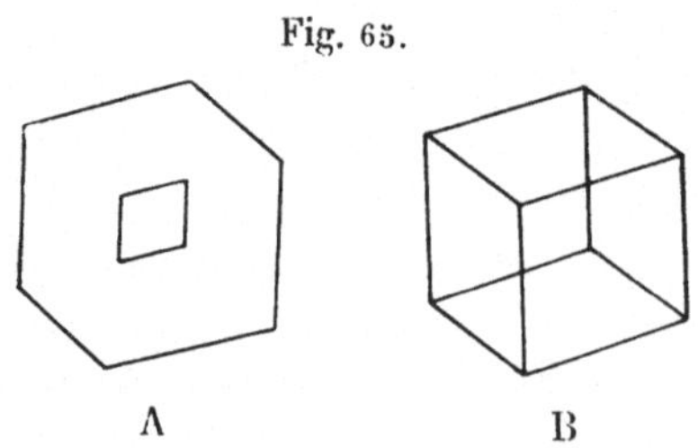

Unterschätzung der stumpfen Winkel tritt nun nach FILEHNE überall dort — aber auch nur dort — ein, wo in der Zeichnung ein Motiv zur Tiefenauslegung gegeben ist, selbst wenn dies dem Beschauer nicht bewußt wird. FILEHNE erklärt auf diese Weise die ZÖLLNERsche und die POGGENDORFFsche Täuschung, die verschobene Schachbrettfigur und den LOEBschen

Kontrastversuch. Indes begegnet die Anwendung des Prinzips auf die
ZÖLLNERsche Täuschung Schwierigkeiten, die besonders EBBINGHAUS-DÜRR
(5, Bd. 2, S. 90 ff.) auseinandergesetzt haben. WUNDT (15 a, Bd. 2, S. 582 ff.,
587) hält die perspektivische Deutung bei der ZÖLLNERschen und anderen
Täuschungsfiguren umgekehrt nicht für die Ursache, sondern für eine sekundäre Wirkung der Täuschung: sie sei eine von den Möglichkeiten, wie man
die Figur auslegen kann, so daß sie mit den sonstigen Verhältnissen in Einklang steht, wie dies an der ZÖLLNERschen Figur schon oben S. 117 auseinandergesetzt wurde.

Ziemlich allgemein abgelehnt wurde die von LIPPS (197, 198, 199) aufgestellte »mechanisch-ästhetische« Theorie der geometrisch-optischen Täuschungen.
Nach LIPPS legen wir in die sichtbaren Raumformen mit unserer Phantasie Kräfte,
Tätigkeiten und Bestrebungen hinein, die wir von uns selbst her kennen, wir
beleben sie gewissermaßen. Eine Säule »richtet sich auf«, die Form des Dachs
eines Gebäudes »senkt sich herab« usf. Wir deuten daher auch die Zeichnungen
entsprechend dieser Belebung aus. Wenn in einer Form die Tendenz der Ausweitung liegt, so dehne sich tatsächlich das nach der Wahrnehmung derselben
zurückbleibende Vorstellungsbild aus. Wenn wir dieses nachher mit einer neuen
Wahrnehmung vergleichen, so »messen wir infolge der vorgestellten Kräfte statt
der ersten Raumform deren modifiziertes Vorstellungsbild an der zweiten Raumform und dadurch wird unser Vergleichsurteil abgelenkt«. An dieser Theorie
haben SCHUMANN (219 c) und WUNDT (vgl. 15 a, Bd. 2, S. 608) eingehend Kritik
geübt, auf die ich, ebenso wie auf die Antwort von LIPPS (200) verweise. Insbesondere bemerkt WUNDT, daß, die ästhetischen Wirkungen der Raumform zugegeben, diese doch das sekundäre seien, die durch die Strecken- und Richtungstäuschungen erst hervorgerufen oder verstärkt werden.

Mehrere Forscher, insbesondere HEYMANS (179, 180), WUNDT (232, 144
und 15 a) und EBBINGHAUS (5, Bd. 2, S. 87 und 106) haben die geometrisch-
optischen Täuschungen zu Bewegungsempfindungen des Auges in Beziehung gesetzt. Zwar wird die Annahme, daß sie durch Augenbewegungen hervorgerufen
werden, dadurch hinfällig, daß die Täuschungen, wenn auch oft abgeschwächt,
auch bei fester Fixation, bei Momentanbeleuchtung und im Nachbild bestehen
bleiben. Aber man könnte dann voraussetzen, daß es nicht notwendig zur Ausführung der Augenbewegung kommen müsse, sondern daß schon die Innervationstendenz oder die bloße Bewegungsvorstellung die Täuschung erzeuge.
Wir haben die Frage nach dem Einfluß der Augenbewegungen und ihrer
Innervation auf die relative optische Lokalisation bereits oben S. 85 ff. ausführlich erörtert. Wenn wir dort zum Schluß kamen, daß durch die
Augenbewegungen eine Änderung der relativen Lokalisation nicht gesetzt
wird, so muß dieses negative Ergebnis natürlich auch für den Spezialfall der
geometrisch-optischen Täuschungen zutreffen, und wir können uns daher hier
auf die Erörterung der Teilfrage beschränken, ob sich etwa aus den Beobachtungen an Täuschungsfiguren ein positiver Beweis für den Einfluß von
Augenbewegungen auf die relative optische Lokalisation ableiten läßt. Als
solchen führt WUNDT folgenden Befund von JUDD und seinen Mitarbeitern (164,
187, 188) an, welche die Augenbewegungen bei Betrachtung der ZÖLLNERschen,
der POGGENDORFFschen und der MÜLLER-LYERschen Figur photographisch aufnahmen. Es zeigte sich, daß die Augenbewegungen sich sehr merklich änderten,

sobald durch wiederholte Übung die Täuschung sich stark verringerte und fast schwand. Nun kann natürlich der Zusammenhang der sein, daß die Änderung der Augenbewegungen das primäre und die Änderung der optischen Lokalisation ihre Folge ist. Es kann aber auch umgekehrt die veränderte Augenbewegung die Folge der geänderten optischen Lokalisation, noch wahrscheinlicher aber der geänderten Verteilung der Aufmerksamkeit auf die verschiedenen Teile der Täuschungsfigur sein. Dies stimmt dann mit unserem allgemeinen Ergebnis gut überein, und auch JUDD selbst zieht aus den Versuchen den Schluß, daß eine Mitwirkung der Augenbewegungen beim Entstehen der genannten Täuschungen wohl kaum anzunehmen sei. Zur selben Ansicht gelangte auf Grund photographischer Aufnahmen der Augenbewegungen auch STRATTON (228 a). Vergleiche ferner LEWIS (194).

Als weiteren Beweis für die Theorie führt EBBINGHAUS an, daß mehrere Täuschungen bei ruhiger Fixation abgeschwächt werden. Aber diese Tatsache beweist zwar, daß in diesen Fällen bei bewegtem Blick, insbesondere beim flüchtigen Darüberhinblicken, günstigere Bedingungen für das Entstehen der Täuschung vorhanden sind, als bei fester Fixation, die mit einer konzentrierten Anspannung der Aufmerksamkeit verbunden ist, sie zwingt aber keineswegs zu dem Schluß, daß diese Begünstigung nun auch auf die Bewegungsempfindungen des Auges zurückzuführen ist.

Endlich weist derselbe Autor darauf hin, daß manche Täuschungen, z. B. die MÜLLER-LYERsche Täuschung, wenn man sie durch wiederholte Betrachtung in der einen Lage zum Verschwinden gebracht hat, bei der bloßen Umkehrung der gegenseitigen Lage der Täuschungsfigur wieder auftritt. Aber auch hier hat sich ja durch den Lagewechsel die ganze Konstellation geändert, und ich würde diese Beobachtung eher für einen Beweis der zuerst von MACH (10 a) hervorgehobenen Tatsache halten, daß die einfache Änderung der »absoluten« Lage psychologisch etwas Neues darstellt. Übrigens hat JUDD (186) diesen Fall genauer untersucht und gefunden, daß der Erfolg der Übung bei einer Lage der Täuschungsfigur auch bei Lageänderung derselben doch in gewisser Beziehung merkbar ist. (Bezüglich der etwas verwickelten Verhältnisse im einzelnen muß ich auf die Abhandlung selbst verweisen.)

HERING hatte anfangs (7, S. 66 ff.) die Überschätzung spitzer Winkel und die geteilter Strecken gegenüber ungeteilten darauf zurückgeführt, daß wegen der Netzhautkrümmung nicht eine ebene, sondern eine kugelig gekrümmte Fläche im Objektraum den Netzhautbildern kongruente Dimensionen besitzt. Bei der Betrachtung ebener Zeichnungen müsse nun die ursprüngliche Lokalisation in eine Kugelfläche der aus den übrigen optischen Eindrücken entspringenden Kenntnis der Anordnung in einer Ebene angepaßt werden, und daraus würde dann folgen, daß die scheinbare Länge einer durch zwei Marken abgegrenzten Strecke nicht der Länge des Bogens zwischen den Netzhautbildern, sondern der Länge der Sehne dieses Bogens proportional ist. Tatsächlich fand auch KUNDT (282) in seinen Messungen diese Proportionalität. HERING hat aber, wie er mir sagte[1], diese seine Ansicht sehr bald wieder aufgegeben, weil nach ihr die Täuschungen so gut wie verschwinden müßten, wenn man die Netzhautbilder, etwa unter Zuhilfenahme eines Makroskopes, stark verkleinerte, was nicht der Fall ist.

Wenn wir von allen Spezialausführungen absehen, deren Anwendbarkeit auf die Einzelfälle der geometrisch-optischen Täuschungen noch keines-

---

[1] Ich bin von ihm zu dieser Mitteilung ausdrücklich ermächtigt worden.

wegs voll geklärt ist, so bleibt jedenfalls als sicher eines bestehen, daß zum Zustandekommen der geometrisch-optischen Täuschungen neben den etwa vorhandenen peripheren auch zentrale Ursachen mitwirken. Dies geht unzweifelhaft daraus hervor, daß die Täuschungsgröße vom Beachten oder Nichtbeachten einzelner Bestandteile der Täuschungsfigur, ferner von der willkürlichen Deutung mehrdeutiger Figuren abhängt und durch Einübung in der Auffassung der Figur abgeändert werden kann. Man hat daher von verschiedenen Seiten die geometrisch-optischen Täuschungen als »Urteilstäuschungen« den sogenannten »Empfindungstäuschungen« gegenübergestellt. So meint z. B. SCHUMANN (219 c, S. 289), daß man bei der MÜLLER-LYERschen Täuschung die zu vergleichenden Hauptlinien gar nicht verschieden groß sehe, sondern sie nur als verschieden beurteile. Als Beweis dafür führt er an, daß man der Täuschung nicht mehr unterliegt, wenn man die beiden Teile der Figur untereinander zeichnet, und sich dann die Enden der Halbfiguren durch Hilfslinien verbunden denkt. Der Versuch läßt sich erklären durch das Hervorheben der Endpunkte der Vergleichsstrecken und entspricht dem oben an Fig. 60 erläuterten Versuche von BENUSSI über den Einfluß hinzuphantasierter Verbindungslinien. Sobald man die hinzugedachten Hilfslinien wieder fallen läßt, tritt die Täuschung wieder auf. Wenn nun in diesem Falle die den Horizontalen entsprechenden Bewußtseinsinhalte wirklich verschieden ausgedehnt wären, so müßte man bei dieser Änderung doch den unmittelbaren Eindruck haben, daß die eine Strecke sich verkleinere, die andere größer werde. Davon merkte aber SCHUMANN nichts. Ich sehe dies auch nicht. Dagegen sehe ich es deutlich bei der oben S. 134 erwähnten Fig. 60 von BENUSSI, wo mir die Vergrößerung und Verkleinerung der Strecke ch je nach dem Hinzudenken von dc und hg, oder von bc und hi sogar auffälliger ist, als der nachträgliche Längenvergleich. Daß man dies bei der MÜLLER-LYER-Figur nicht deutlich sieht, liegt wohl daran, daß die Aufmerksamkeit beim Übergang von einer Figur zur anderen zu stark abgelenkt wird. Zeichnet man die beiden Vergleichsstrecken und die Ansatzstücke der MÜLLER-LYER-Figur nach der Methode von BÜHLER (oben S. 113) auf durchscheinendes Papier, so kann man die Größenänderung der Vergleichsstrecken beim Zutreten und Wegbleiben der Ansatzschenkel sehr schön sehen (BÜHLER, 4). Sehr deutlich ist dies auch nach derselben Methode an der HERINGschen Sternfigur (Fig. 34, oben S. 115—116) und der ZÖLLNERschen Täuschung zu sehen. Wir müssen also annehmen, daß bei diesen Täuschungen wirklich der anschauliche Bewußtseinsinhalt selbst aus zentralen Ursachen eine Änderung erfährt. Es handelt sich hier offenbar um ganz analoge Vorgänge, wie sie beim Tiefensehen mit einem Auge auf Grund der sogenannten empirischen Motive der Tiefenlokalisation schon längst wohlbekannt sind.

Den geometrisch-optischen analoge Täuschungen treten auch auf dem Gebiete des Tastsinnes auf, so die Täuschung von Müller-Lyer, die Überschätzung
geteilter Strecken usf. (Cook, 165; Dresslar, 169; Jaensch, 184; Pearce, 208,
209; Robertson, 216; Sobeski 226; u. a.). Man hat diese Erscheinungen mehr-
fach, zum Teil auch in der Hoffnung studiert, dadurch Aufklärung über das
Wesen der geometrisch-optischen Täuschungen zu erhalten. Doch liegen die
Verhältnisse auch hier nicht ganz einfach. So fällt z. B. die Poggendorffsche
Täuschung beim aktiven Betasten der Figur gerade entgegengesetzt aus, wie beim
Sehen (Robertson, 216). Ich muß es daher hier beim Hinweis auf die zitierte
Literatur und auf die Handbücher der Psychologie bewenden lassen.

9. Einfluß der Erfahrung auf die Lokalisation im ebenen Sehfeld.

Das Ergebnis, zu dem wir bei der Erklärung einer Anzahl geometrisch-
optischer Täuschungen schließlich gelangt sind, daß es sich bei ihnen um
eine Änderung der Raumempfindung durch die Gestaltauffassung, also durch
einen zweifellos auf individueller Erfahrung beruhenden Vorgang handelt,
widerspricht der weit verbreiteten Annahme, daß eine eigentliche Sinnesempfindung durch Erfahrungsmotive nicht abgeändert werden könne. Auf
diesem Standpunkt fußte insbesondere Helmholtz, der es als allgemeine
Regel aussprach, »daß nichts in unseren Sinneswahrnehmungen als Empfindung anerkannt werden kann, was durch Momente, die nachweisbar die
Erfahrung gegeben hat, im Anschauungsbilde überwunden und in sein
Gegenteil verkehrt werden kann« (I, S. 438). Träfe diese Annahme zu, so
könnten wir demnach, wenn wir nach dem Vorhergehenden eine Änderung
der Lokalisation unter dem Einfluß der Erfahrung als erwiesen betrachten,
die optische Lokalisation nicht auf die gleiche Stufe stellen, wie die
sonstigen Empfindungsqualitäten. Sie würde dann nicht zum eigentlichen
Empfindungsinhalt selbst gehören, sondern nur einen durch die Erfahrung
zur eigentlichen »reinen« Empfindung, die nur aus der Farbe bestehen würde,
hinzugefügten, am voll ausgebildeten Sehorgan allerdings untrennbar mit
ihr verbundenen Anhang bilden. In der Tat folgert Helmholtz aus dem
oben zitierten allgemeinen Satz, daß, wenn wir dieser Regel folgen, »nur
die Qualitäten der Empfindung als wirkliche reine Empfindungen zu betrachten sind, bei weitem die meisten Raumanschauungen aber als Produkt
der Erfahrung und Einübung«.

Weitere Erfahrungen haben indes gezeigt, daß sich die Regel von
Helmholtz, selbst wenn man sie in seinem Sinne auf die reine Qualität
der Sinnesempfindung einschränkt, in ihrer Allgemeinheit nicht aufrecht
erhalten werden kann. Denn es gibt, wie schon Stumpf (259, S. 208 ff.)
anführt, in der Tat Fälle, in denen der qualitative Empfindungsinhalt selbst
durch Bewußtseinsvorgänge wie durch die Aufmerksamkeit oder durch
die Willkür umgewandelt werden kann. Stumpf hat dafür später insbesondere auf dem Gebiet der Tonempfindungen Beispiele angeführt, so,

daß jene Teiltöne eines Klanges, die man durch besonders darauf gerichtete Aufmerksamkeit hervorhebt, stärker gehört werden (260, I, S. 373 ff.; II, S. 299 ff.). Ferner kann man sehr schwache oder tiefe einfache Töne anscheinend beliebig bis zu einem halben Ton tiefer oder höher hören (260, I, S. 243, 261; II, S. 114, Anm.; vgl. auch 261, S. 88, Anm.). Im Besonderen hat aber gerade für die Gesichtsempfindungen HERING (dies Handb. S. 8 ff. und S. 209) dargelegt, in welch eingreifender Weise die Gedächtnisfarbe, bezw. die Art der Lokalisation unsere Farbenempfindungen zu modifizieren vermag. Ein Schatten, der auf ein weißes Blatt Papier fällt, sieht anders aus, als ein graues Papierstück, auch dann, wenn von beiden genau dieselbe Lichtmenge ins Auge entsendet wird. »Das Dunkel, welches im Grau gesehen wird, ist mit dem gleichzeitig darin enthaltenen Weiß vollständig zu einer Empfindung besonderer Qualität verschmolzen; das Dunkel aber, welches als Schatten auf dem Weiß erscheint, wird als ein besonderes, über dem Weiß liegendes Etwas aufgefaßt, durch welches hindurch wir noch das Weiß zu sehen meinen.« Die bewußte Empfindung ist also in beiden Fällen trotz Gleichheit des äußeren Reizes eine andere.

Demgegenüber behauptet allerdings v. KRIES (HELMHOLTZ, III, Bd. 3, S. 491), die Selbstbeobachtung lehre in unzweideutiger Weise, daß, wenn in dem angeführten Falle der Eindruck aus dem eines grauen Flecks in den eines Schattens umschlage, irgend etwas an ihm oder in ihm sich unverändert erhalte. Dies letztere werde damit gemeint, wenn man sagt, es sei »die eigentliche Empfindung unverändert geblieben, dagegen ihre Verknüpfung mit empirischen Begriffen ... in eigentümlicher Weise modifiziert worden.« Aus diesen Worten geht indessen nicht klar genug hervor, was v. KRIES mit dem unveränderten Anteil der Empfindung eigentlich meint. Natürlich können bei einer Änderung der Gestaltauffassung gewisse Teilempfindungen unbeeinflußt weiter bestehen. Dann haben wir auch keinen Grund, eine eigentliche oder reine Empfindung von einer sekundär abgeänderten zu unterscheiden. Soweit aber die Teilempfindung durch die Gestaltwahrnehmung modifiziert wird, ist es, wie schon HILLEBRAND (246) ausführlich dargelegt hat, unmöglich anzunehmen, daß im Bewußtsein gleichzeitig die ursprüngliche »reine« Empfindung und die durch das Erfahrungsurteil abgeänderte nebeneinander vorhanden seien. Das, was wir unmittelbar im Bewußtsein vorfinden, ist dann eben nur die letztere. Von einer vorhergehenden reinen Empfindung, einem nachfolgenden bewußten Urteil und der durch dasselbe bewirkten Abänderung der Empfindung merken wir nichts. Man hat deshalb angenommen, daß sich diese ganze Reihenfolge von Prozessen unbewußt abspiele und sprach von unbewußten Empfindungen und unbewußten Schlüssen. Mit solchen Annahmen verlegen wir aber rein hypothetisch Empfindungen und Urteile, Vorgänge also, die uns nur vom Bewußtsein her bekannt sind, und die auch nur von dorther ihren Namen erhalten haben, in ein Gebiet hinein, auf dem wir sie absolut nicht nachweisen können und vermengen dadurch die Begriffe. Eine saubere und scharfe Scheidung erhalten wir nur, wenn wir die Bezeichnung »Empfindung« ausschließlich auf die Einzelelemente der Bewußtseinsvorgänge anwenden, aus denen sich die komplexen Gestaltwahrnehmungen zusammensetzen, gleichgültig, wie sie entstanden sind. In diesem Sinne wird der Name von HERING und ebenso von EXNER (240) angewendet. Alle jene Vorgänge im Nervensystem, zu denen wir ein psychisches Korrelat in unserem Bewußtsein nicht aufweisen können, können wir nicht mehr von der psychischen Seite her betrachten, sie sind für die wissenschaftliche Forschung lediglich physische Regungen.

Diese Auffassung führt aber weiterhin zu Sätzen allgemeinster Art, die auch noch andere Gebiete der Bewußtseinserscheinungen umfassen, hinüber. Auch hier weisen uns wieder Beobachtungen, die an geometrisch-optischen Täuschungen angestellt worden sind, den Weg.

STADELMANN (227) und SCHWIRTZ (218) geben übereinstimmend an, daß es nicht gelingt, die MÜLLER-LYERsche Täuschung durch Wegsuggerieren der schrägen Ansatzlinien in der Hypnose oder im posthypnotischen Suggestionsversuch zu beseitigen. MARTIN (252) gelang dies zwar in einigen Versuchen bei einer Person, die die Täuschung kannte, SCHWIRTZ erhielt aber bei mehreren Personen, denen die Täuschung ganz unbekannt war, in zahlreichen Versuchen das oben angegebene Resultat. Diese Tatsache bildet nun auf den ersten Blick einen anscheinend unüberbrückbaren Gegensatz zu dem Einfluß, den das Herausheben der Hauptstrecken durch die Aufmerksamkeit, also ein Vorgang des klaren Bewußtseins, auf die Größe der MÜLLER-LYERschen Täuschung ausübt. Die Erklärung dürfte aber darin zu suchen sein, daß die wechselseitige Beeinflussung der Einzelteile einer Gestalt infolge der reichen Übung, die wir beim alltäglichen Sehen im Gestalterfassen erworben haben, schließlich unbewußt abläuft, ähnlich wie wir uns bei zahlreichen komplizierten Handlungen, die wir lange genug eingeübt haben, z. B. beim Finden des Weges nach einem bekannten Ziele (etwa beim Nachhausegehen) trotz vollständiger Ablenkung der Aufmerksamkeit doch durch den Gesichtssinn ganz richtig leiten lassen. Auf diesen Zusammenhang deutet ja auch der von SCHUMANN (219c, S. 336) angeführte Analogiefall hin, daß Personen in der posthypnotischen Suggestion zwar den ihnen wegsuggerierten Tisch nicht mehr sehen, ihm aber beim Gehen sorgfältig ausweichen.

Mit diesem Vergleich ist freilich der Hypnoseversuch durchaus noch nicht voll erklärt, aber wir stellen damit den Sachverhalt mitten hinein in die bekannteren Vorgänge der Übung, wie wir sie auf motorischem Gebiet auch noch als Erwachsene beim Erlernen einer komplizierten Handlung an uns selbst beobachten können. In diesen Fällen handelt es sich darum,

daß wir zuerst mit gespanntester Aufmerksamkeit Komplexe von Muskel-
aktionen oder ihre Aufeinanderfolge solange willkürlich hervorrufen, bis sie
durch die häufige Wiederholung immer geläufiger und geläufiger werden
und endlich der ganze Mechanismus auch ohne Mitwirkung des Bewußtseins ganz »von selbst« abläuft, sobald wir ihn nur willkürlich in Gang
setzen. Schließen wir von der Motilität auf die Sensibilität zurück, so
dürfen wir annehmen, daß die Gestaltwahrnehmungen ebenfalls ursprünglich unter der Mitarbeit des Bewußtseins bei voller Aufmerksamkeit erworben worden sind. Ein Beispiel dafür liefert uns, freilich in abgekürzter
und abgeblaßter Form, das Verhalten operierter Blindgeborener beim Versuch, sich neue Gestalten einzuprägen und ihre Gedächtnisform aus dem
Wechsel ihrer jeweiligen Farbe, Lage und Umgebung herauszuschälen
(vgl. unten S. 158). Was sich aber im Anfang nur ganz allmählich und
schwierig entwickelt hatte, ist dann durch die häufige Wiederholung so
fest geworden, daß die Gestaltwahrnehmung schließlich, sobald die ge-
nügenden Vorbedingungen dafür gegeben sind, ganz von selbst fertig ins Bewußtsein tritt.

Man pflegt derartige Entwicklungen, d. h. die Fähigkeit gewisser Teile
des Zentralnervensystems, nach öfterem gleichartigem Gebrauch immer
leichter und leichter auf die betreffende Erregung anzusprechen, gewöhnlich unter den EXNERschen Begriff der »Bahnung« zu subsumieren.
In diesem Sinne haben sich insbesondere EXNER (240, 241) und WUNDT
(15a, Bd. 3, S. 538 ff.) ausgesprochen. Natürlich soll diese Hypothese nicht
bloß das Zustandekommen der optischen Gestaltwahrnehmungen erklären,
sondern sie soll als allgemeines Prinzip auch auf alle anderen Sinneswahrnehmungen anwendbar sein und zur Erklärung des Gedächtnisses überhaupt dienen, und sie ist in dieser Allgemeinheit besonders von SEMON
(256) in sehr bemerkenswerter Weise ausgebaut worden. In der letzteren
Beziehung ersetzt sie die vulgäre Annahme, nach welcher das Gedächtnis
darauf beruht, daß in der Hirnrinde abgeblaßte Reste früherer Erregungsvorgänge als physische Korrelate von Erinnerungsbildern deponiert seien,
durch die viel ansprechendere Annahme einer durch Bahnung hergestellten
Bereitschaft der Hirnzentren für bestimmte Erregungsweisen, welche auf
der sensorischen Seite das Homologon zum geordneten Zusammenspiel
der motorischen Erregungen bei den koordinierten Bewegungen darstellen
würden.

Trotz dieses unleugbaren Fortschrittes besitzt auch die Bahnungshypothese eine Anzahl von Schwächen, auf die besonders v. KRIES (248a) und
BECHER (235a und b; hier weitere Literatur) hingewiesen haben[1]. An

---

[1] Es kann dabei nicht unerwähnt bleiben, daß der Grundversuch, mit
dem S. EXNER (239) die Bahnung physiologisch begründen wollte, nicht eine Erleichterung des Erregungsablaufes auf lange Zeit hinaus, sondern vor allem die Tat-

dieser Stelle seien nur jene erwähnt, die eng mit unserem Gegenstande zusammenhängen: Zunächst könne durch die Bahnung wohl die Festigung einer schon bestehenden, nicht aber die erste Bildung einer Verknüpfung oder »Assoziation« zweier oder mehrerer Empfindungen miteinander erklärt werden. Eine einfache Summation der Erregungen an der Stelle, wo sie zusammentreffen, genüge nicht zur Erklärung. Vor allem aber ist es nach der Bahnungshypothese ganz unbegreiflich, wie durch das Zusammentreffen mehrerer Erregungen eine gegenseitige Beeinflussung derselben im Sinne einer Angleichung oder eines Kontrastes, wie wir sie speziell bei den geometrisch-optischen Täuschungen vorfinden, zustande kommen sollte. Endlich müßten, wenn die Erregungen etwa des Sehorgans irgendwelche Residuen, sei es auch nur in der Form von Bereitschaften, hinterläßt, die Residuen der aufeinander folgenden verschiedenen Erregungen sich gegenseitig überdecken, wie die Bilder auf einer photographischen Platte, auf die fortwährend neue Aufnahmen gemacht werden.

Man wird die Berechtigung dieser Einwände gegen die Bahnungshypothese in der bisherigen Form nicht bestreiten können. Man hat eben bei den bisherigen Ausarbeitungen derselben viel zu einseitig die Leitungsfunktion des Nervensystems in den Vordergrund gerückt und dabei die Nervenleitung als einen überall ganz gleichartigen Erregungsvorgang betrachtet. Gegen diese ungerechtfertigte Meinung hat sich nun HERING (244, 245) sehr nachdrücklich gewendet. Die Nervenfasern sind Fortsätze von Zellen, und wie jede Zelle ihr spezifisches Eigenleben besitzt, so auch die Nervenzellen. Danach würden also Unterschiede der Erregungsvorgänge in den verschiedenen Nervenzellen und ihren Fortsätzen möglich sein, ja die Lehre von den spezifischen Sinnesenergien fordert geradezu derartige Unterschiede, wenigstens in den Sinneszentren. Aber an diese spezifische Erregungsart sind keineswegs alle Nervenzellen für immer starr gebunden. Ihre Erregungsweise kann sich unter Umständen auch ändern. Wir kennen derartige Umstimmungen vom motorischen Apparat. Wenn motorische Nerven, die früher zu Beugemuskeln hinzogen, experimentell mit Streckmuskeln verheilt werden, so innerviert das Tier mit der Zeit die Strecker wieder in der richtigen Weise. Es müssen also die Zentren für die willkürliche Innervation »umgelernt« haben. Diese Fähigkeit zum Lernen ist am meisten ausgebildet an jenem Teile des Gehirns, den EDINGER als das

sache beweist, daß ein Zentrum, wenn es nach längerer Ruhe einmal in Tätigkeit war, darnach kurze Zeit hindurch leichter auf eine neuerliche Reizung anspricht. Das ist aber ein sogenanntes »Treppenphänomen«, das ebensogut am Herz- und Skelettmuskel, wo von »Bahnung« keine Rede ist, auftritt, und das daher mit der Ausschleifung von Leitungsbahnen zunächst noch nichts zu tun hat. Das Ausschleifen von Leitungsbahnen ist also nicht etwa eine durch das physiologische Experiment festgestellte Tatsache, sondern eine aus den Erfahrungen am Zentralnervensystem abgeleitete Hypothese.

Neenzephalon vom Paläenzephalon schied, und in dem gerade die höchsten
»Assoziationszentren« liegen.

Sowie man aber einmal die Vorgänge im Nervensystem als Ausdruck
des Lebens der Nervenzellen betrachtet, so ergibt sich daraus, wie Hering
auseinandersetzt, noch ein weiterer wichtiger Gesichtspunkt. Die Eizelle
birgt die Anlage zu sämtlichen Funktionen, die später auf die verschiedenen
Organe verteilt sind, noch alle vereint in sich. Mit der zunehmenden Teilung
und Entwicklung differenzieren sich aber die Zellen des Körpers immer mehr
und mehr, und je differenzierter sie werden, desto einseitiger werden auch
die Lebensvorgänge in ihnen. Wir dürfen nun annehmen, daß die Zellen
des Neenzephalon noch nicht so einseitig zu einer einzigen Leistung diffe-
renziert sind, wie die des Paläenzephalon und des Rückenmarks; sie können
daher nicht nur leichter umlernen (am Rückenmark haben sich bisher noch
keine Erscheinungen des Gedächtnisses feststellen lassen) sondern sie werden
auch noch nacheinander oder sogar gleichzeitig zu verschiedenartigen
Leistungen fähig sein. Allerdings wirken auf sie seit der Geburt die dem Gehirn
zuströmenden Sinneserregungen modelnd und umbildend ein, und je nachdem einzelne Zellen öfter zu Erregungen einer Art angeregt werden, wird
in ihnen eine Neigung zu bestimmten Erregungsabläufen hervorgerufen.
Auf diese Weise kommt es zu einer im Laufe des Lebens immer mehr
zunehmenden Spezialisierung und Individualisierung der Zellen auch dieser
Hirnteile, und es entwickelt sich das, was wir als die im Individualleben
erworbene Organisation des Zentralnervensystems bezeichnen können, die
Grundlage der Erfahrung und Übung.

Auf Grund dieser von Hering in großen Zügen entworfenen Auffassung
der Lebensvorgänge in den Nervenzellen lassen sich zweifellos eine Anzahl
der Einwände gegen die physiologische Deutung der Gedächtnis- und Asso-
ziationsprozesse beseitigen. Wirken z. B. auf eine Zelle zwei verschiedene
Leitungsreize gleichzeitig ein, so wird sich ihr Effekt nicht bloß im Sinne
einer Verstärkung, sondern auch in einer Abänderung der Erregungsform
der Zelle äußern können, und bei Wiederkehr derselben Kombination, ja
eventuell nur eines Teiles derselben, kann sich dann wieder dieselbe Tönung
des Erregungsvorganges einstellen. Die Assoziation beruht dann in der
Tat auf der Umbildung eines physischen Prozesses, und es ist dann auch
begreiflich, daß diese Umbildung am ausgesprochensten ist, wenn die beiden
Erregungen als gleichzeitig eintreffende Leitungsreize auf die Zelle einwirken. Aber auch die sukzessiven Residuen, die Semon in verschiedenen
»Schichten« der Zelle annahm, werden so verständlich. Die Zellen sind,
wenn sie von den späteren Reizen getroffen werden, nicht mehr dieselben
wie vorher, sie sind durch ihre dazwischen liegenden Erlebnisse umgestimmt
und reagieren daher auf die neuerliche Reizung in anderer Weise als früher.
Weiterhin kann man sich vorstellen, daß, wenn eine Erregung auf ein

größeres Feld von Nervenzellen einzuwirken vermag, in jeder dieser Zellen
je nach ihrer Eigenart und Stimmung ein etwas anders getönter Erregungsvorgang ausgelöst wird. Vor allem aber liegt bei dieser Auffassung die
Möglichkeit vor, daß der Erregungsvorgang einer Zelle nicht einer einzelnen
gesonderten Empfindung entspricht, sondern einem einheitlichen Komplex
von solchen, einer »Gestalt«, die dann durch das Zusammenwirken mehrerer
Zellen zu noch höheren Einheiten ganz allgemeiner Art zusammenfließen
können [1]).

Annahmen dieser Art, die sich in manchen Punkten mit Gedanken
treffen, die v. KRIES (248a) ausgesprochen hat, scheinen nun in der Tat
eine geeignete Unterlage dafür zu bieten, um die gegenseitige Beeinflussung
der Erregungsvorgänge im Sehorgan auch von der physiologischen Seite
her verständlich zu machen. Freilich muß vorher noch ein Bedenken beseitigt werden, das insbesondere BECHER stark betont hat. Hat sich etwa,
um ein Beispiel anzuführen, eine assoziative Verknüpfung zwischen einem
direkt gesehenen Gegenstande und einem gleichzeitig gehörten Ton gebildet,
so taucht die assoziierte Vorstellung auch auf, wenn man den betreffenden Gegenstand später im indirekten Sehen wahrnimmt. Die Assoziation
ist also nicht an die Leitung vom Netzhautzentrum allein angeschlossen,
sondern sie läßt sich auch von allen anderen Netzhautstellen her auslösen.
Das ist nun offenbar darin begründet, daß die Erregungen von jeder Stelle
aller Sinnesorgane schließlich in dem einheitlichen Organ des Bewußtseins zusammentreffen, in dem sie sich gegenseitig verbinden und beeinflussen. Physiologisch ließe sich dieses Organ denken als ein Komplex
von Nervenzellen, die entweder untereinander anastomosieren odes sonstwie durch Zwischenglieder derart miteinander verbunden sind, daß die
Möglichkeit einer allseitigen Ausbreitung der Erregungen in ihm vorhanden
ist. Aus psychologischen Gründen muß die Forderung hinzugefügt werden,
daß die Aufnahme der von den untergeordneten Zentren zugeleiteten Erregungen ins Organ des Bewußtsein durch die Tätigkeit desselben bis zu
einem gewissen Grade abgeändert werden kann, denn wir können ja durch
Ablenkung der Aufmerksamkeit verhindern, daß uns Sinneseindrücke, wenn
sie sich nicht allzu lebhaft aufdrängen, bewußt werden, und umgekehrt
kann das Vordringen von Sinnesregungen ins Bewußtsein durch erhöhte
Aufmerksamkeit begünstigt werden. Physiologisch ist dafür die Erklärung
gegeben, wenn wir den von HERING (245) für die zentrale Erregungsleitung
im allgemeinen aufgestellten Satz in Anwendung bringen, daß die Weiter-

---

[1]) Nach den Andeutungen von KOFFKA (142a) scheint es, als ob ein ähnlicher
Gedanke auch der bisher noch nicht ausführlich veröffentlichten »Querleitungs-
hypothese« von WERTHEIMER zugrunde lägen. Ganz besonders bedeutungsvoll ist
aber die obige Auffassung für die Bildung von »Totalvorstellungen«, wie sie POPPEL-
REUTER (253b; 11a, S. 163 ff.) annimmt.

leitung von Erregungen von einer Nervenzelle zur anderen nicht bloß von der Stärke der Erregungen, sondern auch von ihrem Charakter und von der Stimmung der Anschlußzellen abhängt: Die Erregung pflanzt sich nur auf jene Anschlußzellen fort, die für sie aufnahmsfähig sind. Gerade am Einfluß der Aufmerksamkeit auf das Bewußtwerden von Sinnesregungen läßt sich dieser allgemeine Gedanke am anschaulichsten klar machen.

Für die Bildung von Assoziationen ist aber das Eintreten der Sinnesempfindungen ins Bewußtsein die erste Voraussetzung. Ist diese erfüllt, dann ist die Assoziation von selbst gegeben. Im Grunde genommen sollte man nämlich garnicht von einer nachträglichen Verbindung der ursprünglich getrennt gedachten Empfindungen sprechen, denn diese letzteren existieren ja nicht isoliert für sich, vielmehr sind alle Sinnesempfindungen, die gleichzeitig im Bewußtsein vorhanden sind, in ihm miteinander verbunden. Die Verbindung ist aber bei jenen inniger, denen die Aufmerksamkeit zugewandt ist, während die anderen mehr im Hintergrund bleiben. Solange solche Unterschiede der Aufmerksamkeit noch nicht gemacht werden, sind alle einzelnen Empfindungen untereinander gleichwertig, so wie etwa dem operierten Blindgeborenen anfangs die nebeneinander liegenden Formen und Farben des Gesichtsfeldes. Erst dann, wenn sich einzelne Komplexe von Empfindungen durch ihr besonderes Verhalten, etwa die gesamten Formen und Farben eines bewegten Objektes durch ihre gemeinsame Bewegung u. dgl., aus der Gleichmäßigkeit der übrigen herausheben, dadurch die Aufmerksamkeit vereint auf sich ziehen und durch sie in besonders enge Beziehung zueinander gebracht werden, stellt sich die Differenzierung der Empfindungen und ihre Gruppierung nach einzelnen Gegenständen her. Die Wirkung der Aufmerksamkeit auf die Bildung von Assoziationen ist also nur eine mittelbare, sie schafft nur die Bedingungen für die Assoziation und unterstützt und festigt sie, erzeugt sie aber nicht unmittelbar selbst. Hat sich die Assoziation einmal gebildet, und wiederholen sich dann die Erregungskomplexe öfter in der gleichen oder in sehr ähnlicher Weise, so setzt nunmehr jener Vorgang ein, der die Erregungskombination so geläufig macht, daß sie sich, allerdings unter der im Folgenden angeführten Voraussetzung, dem Bewußtsein von selbst darbieten. Das was wir sehen, ist dann kein ungeordnetes Nebeneinander mehr, sondern es ist gleich von vornherein gegliedert in voneinander gesonderte Gestalten, deren Einzelelemente in bestimmter Weise eng miteinander vereinigt sind.

Allerdings kommt als Voraussetzung für die Gestaltwahrnehmung außer dem bloßen Beachten der Gesichtseindrücke auch dann noch etwas anderes in Betracht, das wir uns wieder besser an einem Beispiel von der motorischen Seite klar machen können. Man führt zwar, wenn man in Gedanken versunken nach Hause geht, durchaus nicht alle Bewegungen bewußt aus, aber die allgemeine Tendenz, nach Hause zu gehen, muß vorhanden sein.

Die genügt dann freilich, um auf ihr als Basis reflexartig alle jene Einzel-
bewegungen auszulösen und zu regulieren, die für die Ausführung der
Gesamthandlung nötig sind. Ähnlich ist es beim Sprechen und bei allen
komplizierteren »sinnvollen« Handlungen überhaupt. Ebenso erfordert aber
auch die Gestaltwahrnehmung eine gewisse geistige Einstellung, auf deren
Basis dann die Einzelempfindungen sich zur Einheit zusammenschließen.
Die Bedeutung dieser geistigen Einstellung auf den Sinn des Wahrgenommenen tritt am offenkundigsten hervor bei mehrdeutigen Gestalten, insbesondere an perspektivischen Zeichnungen, bei denen die Tiefendimension
mitbeteiligt ist, die man nur dann richtig sieht, wenn man ihren Sinn kennt,
deren Bild sich aber dann je nach der Auslegung, die man ihm gibt,
ändert. Wir kommen auf diesen Punkt später noch einmal zurück.

Man kann die hier kurz gekennzeichneten Prozesse physiologisch verschieden deuten. Am annehmbarsten erscheint mir die Auffassung, daß das
psychophysische Feld einen stufenförmigen Aufbau besitzt mit mindestens
zwei — vielleicht auch mehreren — übereinander geschalteten Zonen. Schon
in die untere Zone können die Erregungen von allen Stellen der verschiedenen
Sinnesorgane in weitester Ausdehnung einstrahlen und sich überallhin ausbreiten, so daß schon hier eine allseitige Kombinationsmöglichkeit der Erregungen vorliegt. Wie allerdings diese Möglichkeit im speziellen Falle aus-
genützt wird, wie und wohin also die Erregungen in jedem Einzelfalle in dieser
Zone geleitet werden, das wäre in weitem Umfang von dem Eingreifen eines
übergeordneten Zentrums abhängig zu denken, das auf die vorgeschaltete
Zone durch rückläufige Leitungen einwirkt, Verbindungen herstellt und
wieder aufhebt, bzw. durch sein Eingreifen auch die Erregungsweise der
einzelnen Nervenzellen abzuändern vermag. Dadurch würde schon in dieser
Zone eine physiologische Organisation zustande kommen, die es bewirkt,
daß die Einzelerregungen bereits dort so geordnet und miteinander verknüpft
werden, daß sie ins Bewußtsein gleich als einheitliche Gestalten eintreten.

Zu dieser Auffassung scheinen nun gewisse anatomische Einrichtungen
im Zentralnervensystem gut zu stimmen, wenn es auch freilich schwer ist, die
eben angenommenen Stufen anatomisch auf die einzelnen Glieder der Sehbahn zu beziehen, sie in ihr zu »lokalisieren«. Auf den ersten Blick sieht
es wenigstens so aus, als ob die Neuronentheorie eine brauchbare Unterlage
für unsere Annahmen böte, insofern wir uns nach ihr die gesamte Sehleitung
in eine Kette hintereinander geschalteter Nervenzellen mit ihren Fortsätzen
zerlegt denken können, die sich vom Aufnahmeapparat, dem Sinnesepithel,
an über die bipolaren Zellen, die Ganglienzellen des N. opticus und dessen
Nervenfasern, die subkortikalen Kerne der Sehleitung mit der aus ihnen
entspringenden Sehstrahlung zur kortikalen Sehsphäre und ihren weiteren
Verbindungen mit den übrigen Teilen der Hirnrinde erstreckt. Auf diesem
langen Wege können die Erregungen auch bei gleichartiger Reizung des

Empfangsapparates in der mannigfachsten Weise abgeändert werden. Zunächst kann die Erregung, wenn sie nicht genügend stark ist, um das betreffende Anschlußneuron in Erregung zu versetzen, wenn sie also die GOLDSCHEIDERsche (243) Neuronschwelle nicht überschreitet, in der Leitung stecken bleiben und garnicht bis an die Endstation gelangen. Ferner wird die Fortleitung der Erregung nach der Hypothese von HERING auch davon abhängen, ob die Anschlußneurone zur Aufnahme der Erregung richtig abgestimmt sind oder nicht. Zu diesen Variationsmöglichkeiten in der Längsrichtung kommt nun noch die oben angenommene Möglichkeit einer qualitativen Umstimmung der Erregungen infolge der Querverbindungen der Neurone untereinander dazu, die wir als die Grundlage für jene Phänomene betrachten können, die sich allgemein als Wechselwirkungen innerhalb des somatischen Sehfeldes darstellen, und die sich, wie wir früher sahen, durchaus nicht bloß auf das Farbensehen beziehen, sondern sich auch auf die räumliche Wahrnehmung erstrecken. Eine derartige Querleitung kann zunächst schon in der Netzhaut selbst stattfinden, und diese hat S. EXNER (46) als anatomisches Substrat für jene Form der Wechselwirkung der Sehfeldstellen angenommen, die sich speziell in einer gegenseitigen Unterstützung gleichartiger Regungen äußert (vgl. oben S. 100). Am Simultankontrast scheint nach den neueren Beobachtungen von BRÜCKNER und KÖLLNER die Sehsphäre, wenn nicht transkortikale Zentren, beteiligt zu sein. Die wechselseitige Verknüpfung, die der Assoziationsbildung zugrunde liegt, wird man am ehesten in den transkortikalen Zentren vermuten. Indessen darf man mit solchen Folgerungen nicht allzu zuversichtlich sein. In der zentralen Sehbahn befinden sich nämlich ebenso, wie in anderen höheren Leitungsbahnen, nicht bloß zentripetale, sondern auch zentrifugale Leitungen. Es besteht also nicht bloß die Möglichkeit einer Querleitung und dadurch der Beeinflussung der Nachbarstellen eines Querschnittes untereinander, sondern auf diesem Wege können auch von einem höher gelegenen Zentrum aus weiter peripher gelegene Stellen der Leitungsbahn umgestimmt werden. Die gesamte Sehbahn bildet demnach ein einheitlich organisiertes Ganze, in das von der Peripherie gegen das Zentrum hin, aber auch umgekehrt vom Zentrum zur Peripherie her eingegriffen werden kann. Eine bestimmte Erregung des höheren Zentrums kann die Erregungsvorgänge der peripheren Teile abändern und dadurch rückwirkend wieder auf die zentraleren Vorgänge einen Einfluß ausüben. Das könnte zwar geradezu als die anatomische Grundlage für die früher angenommene Einwirkung der höheren Zentren auf niedere angesehen werden, es erschwert aber natürlich die Lokalisation im neurologischen Sinne außerordentlich. Man wird deshalb vor allen Dingen aus dem Wegfall eines Vorganges nach Läsion einer zentralen Stelle nicht zwingend auf eine Lokalisation desselben allein an dieser Stelle schließen dürfen, sondern es bedarf dazu möglicherweise auch der Mitwirkung noch weiter peripher gelegener Stellen. Andererseits beweist, wie schon FECHNER (17, Bd. 2, S. 425) darlegt, unverändertes Fortbestehen eines psychischen Prozesses nach Entfernung einer peripheren Stelle nicht ohne weiteres, daß diese auch unter normalen Umständen keinen Anteil an ihm hat. Vielmehr könne der Verlust einer mittätigen Stelle nach dem »Prinzip der solidarischen Vertretung« durch die Tätigkeit anderer Stellen gedeckt werden. Einen zwingenden Beweis für das letztere würde allerdings nur eine wirklich nachweisbare Veränderung des Prozesses nach dem Wegfall der peripheren Stelle erbringen. Mehr läßt sich über alle diese Dinge auch heute noch nicht mit voller Bestimmtheit sagen, und deshalb ist auch die Vorstellung von der Gliederung der Sehbahn in mehrere hintereinander geschaltete Stufen nur als eine vorläufige Arbeitshypothese anzusehen, die uns aber dazu dienen kann, die hier vorhandenen Möglichkeiten zu entwickeln.

Das eben Gesagte berührt sich in mancher Beziehung mit Ausführungen von POPPELREUTER (253b), die mir erst nachträglich bekannt wurden[1]. Insbesondere entspricht die Annahme POPPELREUTERS von den übereinander gestaffelten »registrierenden« Systemen weitgehend der Ansicht, daß sich in der Kette der Sehbahn jedem Anschlußneuron höherer Ordnung die ihm durch die vorgeschalteten Neurone zugeleiteten Erregungen gleichsam als sein eigenes Erlebnis darstellen. Für die optischen Auffassungsvorgänge speziell nimmt POPPELREUTER eine Staffelung im Sinne einer Steigerung oder Vervollkommnung der Leistung an, die sich von unten nach oben nach folgendem Schema (11a, S. 75) vollziehen soll: Empfindung und Wahrnehmungen; Bemerken; Formauffassung; Dingauffassung; Gesamterfahrung. Soweit diese Dinge zu unserem Thema gehören, werden sie im Folgenden mit berücksichtigt.

Wenn nun die räumliche Anordnung unserer Gesichtswahrnehmungen zum Teil von der durch individuelle Erfahrung erworbenen Organisation des Zentralnervensystems abhängt, so fragt es sich nunmehr, wie weit reicht diese letztere, und was können wir im Gegensatz zu ihr als die ursprünglich gegebene Leistung des Sehorgans betrachten. Hier müssen wir nun wieder eine Überlegung vorausschicken, die ganz allgemeiner Natur ist und sich gleichmäßig auf die sensorische wie die motorische Seite des Geschehens im Zentralnervensystem bezieht. Wir müssen nämlich unterscheiden zwischen der in der Organisation des Zentralnervensystems gegebenen ursprünglichen Anlage und ihrer Ausbildung durch die Übung auf der motorischen, die Erfahrung auf der sensorischen Seite. Am sichersten und leichtesten ist die angeborene Anlage[2] dann nachweisbar, wenn sie

---

[1] Einige der oben geäußerten Ansichten sind übrigens, wie A. PICK (253a) bemerkt, in den Grundzügen auch schon von HUGHLINGS JACKSON ausgesprochen worden.

[2] Mit diesem Ausdruck ist, wie aus dem Text hervorgeht, hier nicht gemeint, daß die Anlage schon bei der Geburt voll ausgebildet ist, sondern nur, daß sie im Zentralnervensystem von vornherein gegeben ist, sei es durch anatomische, sei es durch physiologische Einrichtungen. Dadurch erledigen sich die von manchen Autoren gegen das Wort »angeboren« erhobenen Einwände.

sich schon vor jeder Übung und Erfahrung am Neugeborenen äußert. Hierher gehören die Lokomotionsbewegungen bei den meisten Tieren. Es zweifelt wohl niemand daran, daß das Schreiten der Hühner, das Hüpfen der Sperlinge u. dgl. auf einer angeborenen Organisation des Zentralnervensystems dieser Tiere beruht. Anders wird es, wenn die betreffenden Bewegungen wegen der nachträglichen Reifung des Gehirns erst im Laufe der postfetalen Entwicklung nach der Geburt zum Vorschein kommt, wie beim Menschen. Dann ist oft nicht mehr mit voller Bestimmtheit zu unterscheiden, was davon auf der Ausbildung einer angeborenen Anlage, was auf bloßer Übung beruht. Auch die Möglichkeit, die Bewegungsformen durch Übung abzuändern, liefert keinerlei sicheres Kriterium für diese Unterscheidung. Das Laufen der Pferde im Schritt beruht doch gewiß auf einer angeborenen Anlage, und dennoch kann man die Pferde durch Dressur zum Paßgang erziehen. Auch der Wegfall bestimmter Bewegungserscheinungen infolge von Erkrankung oder Verletzung des Zentralnervensystems kann nichts darüber aussagen, ob die verlorene Erscheinung angeboren oder erworben ist. Wenn infolge des Ausbleibens der regulatorischen Antagonistenspannung bei Tabes dorsalis der Gang ausfahrend und schleudernd wird, so liegt das am Wegfall von Rückenmarksreflexen, die sicherlich nicht durch Übung erworben, sondern in der ursprünglichen Anlage des Zentralnervensystems begründet sind.

Diese Überlegungen, die im Gebiete der Motilität wohl nicht bestritten werden können, müssen wir nun auch auf das sensorische Gebiet übertragen. Daß die postfetale Entwicklung des Sehens an sich nichts gegen die angeborene Anlage beweist, hat in diesem Falle keine praktische Bedeutung, weil wir ja über die allmähliche Entwicklung des Gesichtssinns beim Kind nur auf ganz wenige und für unser Thema wenig bedeutsame Beobachtungen beschränkt sind, wie solche oben S. 91 und 136 ff. berichtet wurden und später (S. 190) noch zur Sprache kommen. Dagegen haben wir beim Gesichtssinn die wohl einzig dastehende Möglichkeit, am Erwachsenen mit voll ausgereiftem Gehirn die Ausbildung des Gesichtssinns für sich zu studieren, nämlich an mit Erfolg operierten Blindgeborenen [1]. Diese Personen besitzen freilich schon eine Anzahl räumlicher Kenntnisse. Sie kennen von ihren kinästhetischen Erfahrungen her den haptischen Raum, sie besitzen auf diesem Gebiete die Fähigkeit zum Wiedererkennen von Gestalten (den sogenannten stereognostischen Sinn), und sie haben darüber hinaus

---

[1] Die ältere Literatur über diese Fälle ist in den Abhandlungen von v. Hippel (247), Uhthoff (263) und Schlodtmann (255) zusammengestellt. Sehr ausführliche Zitate bietet Helmholtz (I, S. 586 ff.), umfassende Übersichten Stumpf (259) und besonders Bourdon (3, S. 362 ff.). Neuere Mitteilungen rühren her von Francke (241a), Latta (249), Le Prince (250), Miner (253), Seydel (257) und Uhthoff (264).

abstrakte Raumvorstellungen und die Fähigkeit zur Orientierung im Raum erworben. Dies muß man natürlich bei der theoretischen Verwertung der Beobachtungen sehr wohl beachten, und wir werden festzustellen versuchen, inwieweit diese Erfahrungen vom haptischen Gebiet auf die Verwertung der Gesichtseindrücke rückwirken.

Was sieht nun der operierte Blindgeborene, sobald er zum erstenmal die Augen aufschlägt, vor sich? Es wird von den Autoren wenig betont, geht aber aus den Beschreibungen mit voller Sicherheit hervor, daß die Patienten sogleich das Nebeneinander der Farbenflecke richtig lokalisieren. Der operierte Blindgeborene besitzt sogleich, wenn er die Augen aufschlägt, das, was wir oben als die relativen Raumwerte der Netzhaut nach Höhe und Breite gekennzeichnet haben, er lokalisiert im ebenen Sehfeld nach Abstand und Richtung wenigstens im Groben sofort so, wie der dauernd Sehende. Insbesondere sieht er ferner die Dinge nicht etwa umgekehrt, wie sie auf der Netzhaut abgebildet werden, sondern auch in der absoluten Lokalisation nach Höhe und Breite richtig. Man könnte darin einen schlagen-den Beweis für die angeborene Anlage mindestens der relativen Lokalisation nach Höhe und Breite erblicken, wenn nicht sogleich ein wichtiger Einwand gemacht werden müßte. Sämtliche operierte Blindgeborene besaßen nämlich schon vor der Operation eine mehr oder weniger deutliche Lichtempfindung, und sie konnten auch die Richtung, aus der das Licht herkam, bis zu einem gewissen Grade erkennen. Sie konnten also je nach der Verteilung der diffusen Belichtung über größere Netzhautpartien und ihrer Änderung bei Bewegungen der Augen Schlüsse auf die Lage des Lichts gegenüber ihren Augen und ihrem Körper ziehen. Zwar gehören solche Beobachtungen in das Gebiet der absoluten Lokalisation hinein, aber es ist von vornherein denkbar, und die Theorie der »komplexen Lokalzeichen« z. B. nimmt das auch an, daß sich aus derartigen Daten über die absolute Lokalisation die relative im Laufe der Erfahrung allmählich entwickle. Nun muß man frei-lich sagen, daß von einer Entwicklung der relativen Lokalisation beim operierten Blindgeborenen nichts zu merken ist, die relative Lokalisation ist sofort in einer Ausbildung fertig da, wie es die meist ganz diffusen Lichtempfindungen, die die Patienten vorher besaßen, und die irgendwie genauere Ortsbestimmungen gänzlich ausschlossen, nicht im Entferntesten erwarten ließen. Immerhin sind das doch sozusagen unreine Versuche, und es wäre wünschenswert, ein Mittel zu einwandfreieren Beobachtungen ausfindig zu machen. Als solches schlug DUFOUR vor, an Menschen, die zwar noch eine erregungsfähige Netzhaut besitzen, aber die Richtung des Lichtes nicht zu erkennen vermögen, die Lokalisation des Druckphosphens zu studieren. Er selbst fand in einem solchen Falle, wie ich dem Referat (238a) entnehme, daß die Person die Druckphosphene »durchaus nicht korrekt in die Außenwelt projizierten«. Aber sie »projizierten« sie doch nach außen[1]), und neuere Untersuchungen von SCHLODTMANN (255) geben auch Aufschluß darüber, in welcher Weise dies geschieht. SCHLODTMANN berichtet, daß bei zirkumskriptem Druck auf den Bulbus von allen drei von ihm untersuchten Blinden, »die vorher niemals über den Ort eines empfundenen Lichteffektes etwas aussagen konnten, übereinstimmend und ohne Zögern stets die der Druckstelle gegenüberliegende Seite als der Ort der Lichtquelle angegeben wurde«. Bei Druck unten am Bulbus wurde ein begrenzter Lichtschein oben, bei Druck an der temporalen Bulbushälfte ein nasalwärts gelegener Lichtschein wahrgenommen. »Wurde der Druck gleitend, z. B. von oben nach der temporalen Seite geführt, so wurde eine entsprechend gegensinnige Bewegung des Lichtscheines von unten nach der Nase hin angegeben«. Wenn diese Beobachtungen ganz einwandfrei sind, und nach den Angaben von SCHLODTMANN scheint die Zuverlässigkeit der Aussagen doch außer Zweifel zu stehen, so wäre durch sie in der Tat der direkte Beweis geliefert, daß nicht bloß die relative, sondern auch die absolute Lokalisation nach rechts, links, oben und unten mindestens in den groben Grundzügen schon vor jeder Erfahrung gegeben ist. Der Einwand von WUNDT (15a, Bd. 2, S. 716), daß die Blinden noch normale Augenbewegungen besaßen, und durch diese die optische Lokalisation hätten erwerben können, ist nicht stichhaltig, denn der Erwerb einer optischen Lokalisation durch die Augenbewegungen setzt doch voraus, daß sich bei den Augenbewegungen die Abbildung auf der Netzhaut verschiebt, und daß durch die Erfahrung diese beiden gleichzeitigen Veränderungen miteinander verknüpft werden. Wenn nun nach den Angaben von SCHLODTMANN die Patienten bloß noch den Unterschied von Hell und Dunkel erkannten, den diffusen Lichtschein bei Belichtung des Auges aber nicht zu lokalisieren vermochten, so konnte sich doch auch keine Verknüpfung der Augenbewegung mit bestimmten Lokalzeichen der Netzhaut ausbilden.

Das, was dem operierten Blindgeborenen zu Anfang noch fehlt, ist die geistige Verwertung des Gesehenen und in den Grundzügen richtig Lokalisierten. Diese beginnt allerdings schon bei solchen Vorgängen, die wir gewöhnlich noch als ganz einfache und elementare ansehen. So ergaben eingehende Untersuchungen von UHTHOFF (263, 264), daß schon das Augenmaß operierter Blindgeborener anfangs sehr schlecht war und sich erst allmählich durch Übung bessern ließ, bis es schließlich dem normalen ungefähr gleichkam. Es kommt eben schon beim bloßen Vergleich von

---

1) ALBERTOTTI (235) berichtet über einen Fall von kongenitalem Star, bei dem nicht einmal dies der Fall sein sollte, denn der Patient behauptete, das Druckphosphen an der Stelle zu sehen, an der der Finger die Augenlider berührte. Da er trotzdem die Lage heller Sterne richtig anzugeben vermochte, ist die Aussage des Patienten als ganz unzuverlässig zu betrachten (vgl. UHTHOFF, 263).

Längen nicht allein auf den reinen, sozusagen rohen Ortsunterschied an, sondern auf einen geistigen Prozeß, dessen Handhabung eigens erlernt werden muß. Daß dies in dem Falle von UHTHOFF so besonders schwer war und solange dauerte, lag übrigens wohl, wie schon BOURDON vermutet, an den geringen geistigen Fähigkeiten des Patienten [1]. Wenigstens scheint dies aus dem Vergleich mit einem Falle von DUFOUR (238) hervorzugehen, der uns insbesondere einen Einblick in den Vorgang beim Erlernen des Erkennens einfacher Formen gestattet.

Der Patient von DUFOUR hatte vor der Operation nur Hell und Dunkel, bis zu einem gewissen Grade auch Farben unterscheiden können, jedenfalls aber niemals den Gesichtseindruck einer Form, einer Linie oder einer Kontur gehabt. Beim zweiten Sehversuch wurde ihm eine Taschenuhr gezeigt, er kann auf die Frage, ob der Gegenstand rund oder viereckig sei, nicht antworten. Beim dritten Versuch am nächsten Tage ist dies zunächst ebenso, sobald aber der Patient die Uhr betastet, sagt er sofort: »Das ist rund, das ist eine Uhr.« Darauf werden ihm zwei verschieden lange Rechtecke aus weißem Karton gezeigt. Frage: »Sind sie gleich?« Antwort, zögernd: »Nein«. »Ist das eine länger als das andere?« Keine Antwort. »Welches ist das längere?« Das weiß der Patient nicht zu sagen. Sodann werden ihm zwei weiße Papiere vorgelegt, das eine ist kreisförmig, das andere quadratisch zugeschnitten. »Sehen Sie einen Unterschied zwischen diesen Papieren?« »Ja.« »Was für einen?« Keine Antwort. »Nun, das eine ist rund, das andere viereckig. Welches ist das Viereckige?« Das kann der Patient nicht sagen. Darauf darf er die Papiere betasten, und sobald er die eine Ecke des Vierecks fühlt, erklärt er sogleich, das sei das viereckige Papier. Dann erkennt er durch Betasten auch das runde, vergleicht sehr genau die beiden Gesichtsbilder miteinander, und von diesem Augenblick an ist er stets imstande, einen runden Gegenstand bloß mit Hilfe des Gesichts zu erkennen, während er andere Gegenstände, die er nicht betasten konnte, z. B. eine Schere, auch in den folgenden Tagen noch nicht erkennt. Aber auch an diesem Objekt wiederholt sich dann derselbe Vorgang: Nach dem Betasten der Schere erkennt er bloß auf Grund des optischen Bildes auch eine andere von geringerer Größe.

Die hier möglichst nach den Worten des Originals wiedergegebene Beschreibung zeigt in schlagender Weise, daß es dem operierten Blindgeborenen nicht an dem Unterscheidungsvermögen der verschiedenen optischen Bilder selbst fehlte, wohl aber an dem Vermögen, diese ihm sichtbaren Unterschiede zu beschreiben. Er verstand nicht, was lang und kurz, rund und eckig auf optischem Gebiete bedeutet, man konnte ihm das aber beibringen, wenn man ihm durch Vergleich des optischen Bildes mit dem Tastbild die ersteren auf das ihm wohlbekannte letztere zurückführte. Von dem Zeitpunkt ab, als diese Zurückführung

---

1) Vielleicht spielt bei der anfänglichen Unbeholfenheit operierter Blindgeborener auch der von MACH (10a, S. 111, Anm. 2) betonte Umstand mit, daß bei dauerndem Fehlen optischer Reize in früher Kindheit die Entwicklung der Sehsphäre mangelhaft bleibt (vgl. auch die Versuche von BERGER, 236).

gelungen war, vermochte er auch den betreffenden optischen Eindruck richtig zu benennen. Daraus geht klar hervor, daß ihm allerdings die Kenntnis der haptischen Form zur Verknüpfung des optischen Eindrucks mit dem Begriff des Runden, Eckigen usf. verholfen hat, aber ebenso klar ist, daß der Patient einen optischen Unterschied zwischen dem Runden, Eckigen usf. doch schon vorher sah, was er ja auf Befragen auch direkt angab[1]). Der Patient von FRANZ (242), ein hochgebildeter junger Mann, war sogar imstande, sobald er überhaupt deutlich sah, einen Kreis, ein Quadrat und ein Dreieck nicht nur sofort voneinander zu unterscheiden, sondern sie auch richtig zu benennen. Auch erkannte er sogleich den Unterschied zwischen einem horizontalen und einem vertikalen Strich und bezeichnete sie, allerdings mit anfänglicher Unsicherheit, richtig.

Um den Fehler, der durch die Unkenntnis der Benennung hereingebracht wird, auszuschalten, wäre es das richtigste, die Versuche über das Formensehen beim operierten Blindgeborenen so anzustellen, wie bei der Untersuchung eines Farbenblinden, daß man ihn nämlich nicht die Formen beschreiben läßt, sondern ihm ähnlich, wie bei der HOLMGRENschen Wollprobe, eine große Zahl von Formen vorlegt und ihn auffordert, anzugeben, welche einander am ähnlichsten, bzw. gleich sind. Auf diese Weise würde man auch objektive Auskunft über die Feinheit des Formensinns beim operierten Blindgeborenen erhalten können. Solange solche Versuchsreihen nicht vorliegen, sind wir darüber bloß auf Vermutungen angewiesen. Wir können aber nach Analogie mit der allmählichen Entwicklung der Größenschätzung im Falle von UHTHOFF annehmen, daß auch das Unterscheidungsvermögen von Formen im Anfang nur gering sein wird und sich erst allmählich zur vollen Feinheit entwickeln dürfte. Es würde dies dem allgemeinen Satz von HERING (7, S. 332) entsprechen, daß ein Sensorium selbst sehr differente Empfindungen um so weniger voneinander zu unterscheiden vermag, je ungebildeter es ist.

Das Formensehen bildet den Übergang zu den Gestaltwahrnehmungen, die wir schon im Vorhergehenden als ein Ergebnis der individuellen Erfahrung hingestellt hatten. .Es ist daher vollkommen begreiflich, daß dem operierten Blindgeborenen die optische Gestaltwahrnehmung anfangs gänzlich fehlt. Dieser Mangel ist die auffallendste und interessanteste Erscheinung am operierten Blindgeborenen, und die Beschreibungen der Fälle bieten dafür zahlreiche und mannigfaltige Beispiele. Die Patienten erkennen, kurz gesagt, mit dem Gesicht zunächst keinerlei Gegenstände, die optischen Eindrücke bilden ein unzusammenhängendes Nebeneinander. Intelligente Patienten finden auch richtig heraus, woran es ihnen fehlt, am Verständnis, dem Sinne

---

[1]) Die Aussagen der Fälle von WARE und HOME sind in dieser Beziehung nicht recht zuverlässig (vgl. BOURDON, 3, S. 381).

des Gesehenen, und da ihnen von anderen Sinnesgebieten her die geistige
Verarbeitung der Sinneseindrücke geläufig ist, so stellt sich ihnen dieser
Ausfall als ein geistiger Mangel dar (vgl. das Zitat bei HELMHOLTZ, I, S. 589).
Aber auch hier genügt der eindringliche Vergleich der Gesichtseindrücke
mit dem Tastbild des Gegenstandes oder mündliche Belehrung, um das
optische Gesamtbild desselben als solches einheitlich zu erfassen und soweit dem Gedächtnis einzuprägen, daß es später wiedererkannt wird. In
dieser Beziehung verleiht aber die vorherige Ausbildung des stereognostischen
Sinnes dem Blindgeborenen einen gewaltigen Vorsprung gegenüber einem
völlig ungeübten Sensorium. Denn es ist von vorneherein nicht daran zu
zweifeln, daß der operierte Blindgeborene, wenn er vom Tastsinne her. die
Übung in der Zusammenfassung der Einzelheiten zum Gesamtbilde noch
nicht besäße, erst durch oft wiederholte Vergleiche zur richtigen Deutung
des je nach seiner augenblicklichen Lage variablen Gesamtbildes eines
Gegenstandes gelangen würde. Reste von solchen Schwierigkeiten finden
sich ja auch bei den Patienten immer noch vor, so z. B. in der Mühe, die
ihnen die Verkleinerung des Bildes oder eine Änderung seiner Farbe oder
Lage für das Wiedererkennen eines Gegenstandes macht (vgl. UHTHOFF, 263)[1].

Am instruktivsten für die Beurteilung dieser Verhältnisse sind Versuche
von UHTHOFF (263), der die Fähigkeit seines (7jährigen) operierten Blindgeborenen, Gegenstände wiederzuerkennen und richtig zu benennen, mit der
eines $1\frac{1}{2}$jährigen normalen Kindes verglich. Beiden wurden zunächst vier
Gegenstände vorgewiesen, deren Namen ihnen wiederholt genannt und deren
Verwendung ihnen mehrmals gezeigt wurde, wobei sie die Gegenstände
auch betasten durften. Beide Versuchspersonen begriffen die Bedeutung
der Gegenstände ungefähr gleichzeitig, die Benennung derselben wurde
jedoch vom operierten Blindgeborenen erheblich rascher erlernt, als vom
Kinde. In einer zweiten Versuchsreihe wurde verglichen, wie rasch
beide Versuchspersonen Gegenstände (natürlich andere, als im ersten Versuch) bloß nach dem Gesicht, ohne Kenntnis von ihrer Bedeutung und Verwendung und ohne Vergleich mit dem Tastbild wiedererkannten. Hierbei
lernte nun das Kind die Gegenstände viel später wiederzuerkennen und zu
benennen, als der operierte Blindgeborene, der die Namen der Gegenstände
lediglich nach dem Gesichtsbilde ungefähr ebenso rasch erlernte, wie nach
dem Vergleich mit dem Tastbilde. Daraus geht hervor, daß die Zurückführung auf das Tastbild nicht der einzige Nutzen war, den dem operierten
Blindgeborenen seine früheren haptischen Erfahrungen darboten, daß er
vielmehr tatsächlich durch die Übung im »stereognostischen Sinn« über-

---

1) Aus dem Gesagten ergibt sich auch die Antwort auf das berühmte Problem,
das MOLYNEUX mit LOCKE diskutierte (250b, Bd. 2, Kap. 9, § 8), ob der operierte
Blindgeborene durch den Gesichtssinn allein eine Kugel von einem Würfel unterscheiden würde.

haupt in der Fähigkeit, Sinneseindrücke zu Gestaltwahrnehmungen zu verwerten, gewandter geworden war. Allerdings hafteten die optischen Erinnerungsbilder allein für sich nicht so fest im Gedächtnis, wie nach ihrer
Kombination mit dem Tastbild. Der Patient vergaß in der zweiten Versuchsreihe die Namen viel leichter wieder, als in der ersten.

Die Leichtigkeit, mit der der operierte Blindgeborene in gleicher Weise
sowohl die verschiedenen Formen zu beschreiben erlernt, als auch zum
Verständnis komplexer Gestalten gelangt, könnte den Anschein erwecken,
als ob kein besonderer Unterschied zwischen den Vorgängen beim Formensehen und den eigentlichen Gestaltwahrnehmungen bestehe. Dieser Schluß
wäre aber irrig. Vielmehr wird, wie schon bemerkt, der Unterschied der
Form sofort gesehen, die Gestaltwahrnehmung hingegen fehlt zunächst. Die
Analogie zwischen beiden besteht nur darin, daß der operierte Blindgeborene
den Formunterschied, den er wohl sieht, zuerst ebensowenig versteht[1]
und zu benennen vermag, wie die aus mehreren Einzelformen zusammen-
gesetzte Gestalt. Die Zurückführung auf das Tastbild bzw. die mündliche
Belehrung liefert ihm dort den noch fehlenden Begriff, hier das die Einzelempfindungen einigende geistige Band. Das Formensehen an sich aber ist,
wie daraus hervorgeht, schon in der ursprünglichen Organisation des Gesichtssinns so fest begründet, daß die Erfahrung nur noch die Verknüpfung
mit dem Begriff und der Benennung hinzuzufügen braucht, während sie
bei der Gestaltwahrnehmung auch noch die Zusammenfassung der zueinander gehörigen Einzelempfindungen zum Ganzen, die nur aus der Erfahrung
erlernt werden kann, zu leisten hat. Sobald diese allerdings einmal gründ-
lich eingeübt ist, geht sie auch unbewußt vor sich, sie ist dann unter die
erworbenen Organisationen des Zentralnervensystems eingereiht.

Überblicken wir noch einmal kurz den Inhalt dieses Kapitels, so erhalten wir, wenn wir von der relativen Lokalisation isolierter Objekte ausgehen, über den Richtungs- und Größenvergleich und das Formensehen
bis zu den Gestaltwahrnehmungen hin eine Reihenfolge der geistigen Verwertung der Gesichtseindrücke, die stufenweise vom Einfacheren zum
Komplizierteren fortschreitet. Mit den Gestaltwahrnehmungen ist dann auf dem
Gebiete der relativen Lokalisation ein vorläufiges Ende der Reihe gegeben[2],
aber wie wir später bei der Besprechung der absoluten Lokalisation sehen

---

[1] Es ist wahrscheinlich, daß auch beim Formensehen, ähnlich wie beim Augenmaß, zwei Prozesse übereinander gestaffelt sind. Beim Formensehen wäre es zunächst ein rein unbewußter Vorgang, der unter die Wechselwirkungen der somatischen Sehfeldstellen einzureihen ist, und ein darüber stehendes Verständnis
der Form. Eine ähnliche Staffelung nimmt insbesondere POPPELREUTER (11a, S. 75) an.

[2] Allerdings nur soweit, als es sich um die bloße Raumwahrnehmung handelt.
Die weitere geistige Verwertung des Gesehenen, das Verständnis des Gelesenen, die
Auffassung des Sinnes einer bildlich dargestellten Handlung usf. geht natürlich noch
darüber hinaus.

werden, durchaus noch nicht der Gipfel der Entwicklung des optischen
Raumsinnes erreicht.

Soweit in den vorhergehenden Erörterungen von dem Einfluß der Er-
fahrung und Übung die Rede war, handelte es sich immer um die Unterscheidung oder gegenseitige Verknüpfung ursprünglich gegebener räumlicher
Einzeldaten, nicht aber um das Hereinspielen fremder, nicht im optischen
Eindruck selbst enthaltener Sinnesempfindungen. Wir besitzen im Besonderen
keinerlei Beweis dafür, daß speziell die kinästhetischen Eindrücke der
Augenbewegungen an sich bei der Ausbildung der relativen optischen
Lokalisation beteiligt sind. Allerdings ermöglichen erst die Augenbewegungen
die volle Ausnutzung des Lokalisationsvermögens, weil sie eine genaue
Durchmusterung des Sehfeldes mittels des direkten Sehens gestatten. Ferner
kommt ihnen eine hervorragende Bedeutung für die absolute Lokalisation
zu — was oft genug mit der relativen Lokalisation verwechselt wird —
aber auch dies beruht wiederum nicht auf kinästhetischen Eindrücken von
den Muskeln, oder wie BOURDON will, von den Augenlidern her, sondern
wie wir später ausführlich besprechen werden, auf dem Zusammenhange
zwischen dem bewußt gegebenen Innervationsimpuls und der entsprechenden Verschiebung der Netzhautbilder.

Es ist freilich wiederholt der Versuch gemacht worden, auch die relative optische Lokalisation aus dem Zusammenwirken von Augenbewegungen
und der Verschiebung der Netzhautbilder herzuleiten. Ein solcher, wegen
seiner geistreichen Anwendung auf das indirekte Sehen zunächst sehr an-
sprechender Versuch rührt von HELMHOLTZ her. HELMHOLTZ sprach
(I, S. 548 ff.) die Meinung aus, die Wahrnehmung der geraden Richtung
und ihre Unterscheidung von gekrümmten Konturen komme dadurch zustande, daß die Teile einer in der Primärstellung durch den Blickpunkt
verlaufenden geraden Linie, wenn wir sie mit dem Blick verfolgen, gemäß
dem LISTINGschen Gesetz stets über die gleichen Netzhautstellen hinwegwandern. Man brauche deshalb lediglich anzunehmen, daß sich die von
den einzelnen Netzhautelementen vermittelten Empfindungen nur irgendwie
— zunächst noch nicht räumlich — voneinander unterscheiden. Dann
würden wir rein aus der Erfahrung heraus, daß sich die Teile einer geraden
Linie bei einer Augenbewegung, die durch die Primärstellung hindurchgeht,
in sich selbst und nicht seitlich verschieben, den Geradheitseindruck erhalten. Gegen diese Auffassung ist in erster Linie der grundsätzliche Einwand erhoben worden (WUNDT, 15a, Bd. 2, S. 712; v. KRIES in HELM-
HOLTZ III, Bd. 3, S. 522 ff.), daß nicht einzusehen ist, wie aus nichträumlichen
Merkmalen der Gesichtsempfindungen durch noch so häufige Wiederholung
und Vergleichung ein neues psychisches Phänomen von so spezifischer Eigenart, wie es die räumliche Bestimmung der Gesichtsempfindungen ist, entstehen
sollte. Aber auch, wenn wir von derartigen allgemeinen Erwägungen

absehen, so sprechen direkt gegen diese Annahme die Beobachtungen an operierten Blindgeborenen, die vorher, wie der Fall von DUFOUR, nie eine Kontur gesehen hatten und trotzdem gleich in den ersten Sehversuchen eine gerade von einer Kreiskontur unterscheiden können. Endlich sind wir durch neuere, insbesondere photographische Untersuchungen heute weitaus besser über den wirklichen Ablauf der Augenbewegungen unterrichtet, als es zur Zeit HELMHOLTZ' der Fall war. Schon aus den oben S. 90 mitgeteilten Beobachtungen von SUNDBERG (262) über die Ziel- und Korrektivbewegungen geht hervor, daß wir mit dem Blick einer Kontur nicht genau nachfolgen können. Direkt aber beweisen dies die photographischen Aufnahmen der Bewegung. Fig. 66a zeigt die von STRATTON (258) photographisch aufgenommene Bewegungsbahn des Auges beim Verfolgen der Kontur eines stehenden Rechtecks. Man erkennt die vorübergehenden Ruhelagen des Auges in Form von Punkten, die durch die kurzen Korrektiv-

Fig. 66.

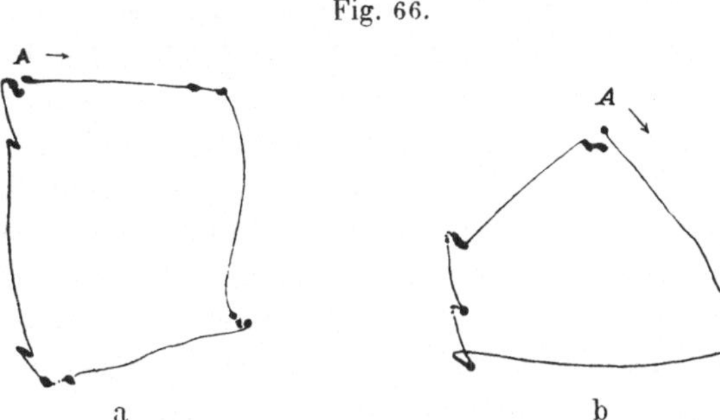

bewegungen und die Stellungsschwankungen des Auges während der Fixation, sowie durch die längeren Bahnen der Zielbewegungen miteinander verbunden sind. Daraus ist ganz deutlich ersichtlich, daß die Zielbewegungen keineswegs streng den Konturen folgen, sondern sie höchstens ganz andeutungsweise wiedergeben. Noch viel stärker tritt die Abweichung der Bewegungsbahn des Auges von der betrachteten Kontur beim Kreise hervor (siehe Fig. 66b). Hier sind beide einander ganz unähnlich. Demnach wird die von HELMHOLTZ vorausgesetzte Verschiebung der Teilstücke der geraden Linie in sich selbst nur ganz ausnahmsweise eine Strecke weit vorkommen, selbst wenn man der Linie ganz genau mit dem Blicke zu folgen glaubt. Niemals aber wird man durch eine mit derart groben Fehlern behaftete Ausmessung des Gesichtsfeldes eine Geradheitsschwelle erklären können, die bis auf 20″ und weniger heruntergeht.

Ein zweiter Versuch, den Raumsinn des Auges aus der Mitwirkung von Augenbewegungen abzuleiten, geht auf LOTZE zurück. Nach LOTZE (251; vgl. auch 259, S. 320) sind die Nervenerregungen, welche die Farben-

empfindungen hervorrufen, begleitet von einem anderen Nervenprozeß, der
je nach der Lage der gereizten Nervenendigungen verschieden ist. Dieser
Nervenprozeß bewirke einen zur Farbenempfindung hinzukommenden Eindruck, verleihe derselben dadurch ein Merkzeichen, das »Lokalzeichen«,
das an sich noch nichts Räumliches enthalte, aber die Seele zur Lokalisation veranlasse. Das Lokalzeichen entstehe aus den Spannungsempfindungen, welche die Augenbewegungen begleiten, die nötig sind, um das
Bild des zunächst exzentrisch abgebildeten Lichtpunktes auf die Stelle des
direkten Sehens zu bringen. Wird diese Bewegung häufig wiederholt, so
verbinden sich die Spannungsempfindungen der Augenmuskeln bei derselben so fest mit der von der betreffenden exzentrischen Netzhautstelle
gelieferten Empfindung, daß sie auch dann reproduziert werden, wenn die
Bewegung gar nicht wirklich ausgeführt wird. Es dient dann die bloße
Bewegungstendenz als Lokalzeichen der betreffenden exzentrischen Netzhautstelle.

LOTZEs Theorie ist von WUNDT zur Theorie der »komplexen Lokalzeichen« weiter ausgebildet worden. Nach WUNDT (15, S. 164 ff.; 144;
15 a, Bd. 2, S. 716 ff.) weisen die Empfindungen von zwei verschiedenen
Stellen der Netzhaut auch dann, wenn der äußere Reiz genau gleich ist,
gewisse qualitative Unterschiede auf, die nicht räumlicher Natur sind, die
aber genügen, die betreffenden Empfindungen um so deutlicher voneinander
zu unterscheiden, je weiter die beiden Netzhautstellen voneinander entfernt
sind. Das ergebe ein von der Netzhaut herrührendes Lokalzeichen. Mit
ihm verschmelzen aber die »Muskel-« oder »Spannungsempfindungen«, die
bei den reflexmäßigen Einstellbewegungen des Auges auftreten, durch welche
die zuerst indirekt gesehenen Punkte nacheinander auf die Stelle des direkten Sehens gebracht werden zu einem einheitlichen Komplex, eben dem
komplexen Lokalzeichen. Durch diesen Verschmelzungsprozeß entwickele
sich aus den qualitativen Unterschieden der Netzhautbilder und aus der
Intensitätsabstufung der Spannungsempfindungen etwas Neues, das »in dem
sinnlichen Material, das zu seiner Ausbildung verwendet wurde, nicht unmittelbar enthalten ist«, nämlich die Wahrnehmungen des Raumes.

Grundsätzlich ist zweifellos auch gegen diese Hypothese von WUNDT
derselbe Einwand zu erheben, wie gegen alle Annahmen, welche die Entstehung der Raumempfindung aus nicht räumlichen Elementen dartun wollen,
daß man nicht recht versteht, wie der psychisch eigenartige Prozeß der
Raumempfindung aus gänzlich andersartigen Vorgängen, in denen er nicht
enthalten ist, neu entstehen soll. Der Terminus »Verschmelzung« ist eben
doch nur eine Umschreibung, und liefert keine Erklärung für eine solche
Neubildung. Aber selbst wenn wir uns darüber hinwegsetzen, so ist gegen
WUNDTs Hypothese ferner einzuwenden, daß die von ihm angenommenen
qualitativen Unterschiede der Erregung in den verschiedenen Sehfeldele-

menten höchstens, wie die von WUNDT als Beispiel herangezogene sogenannte »Farbenblindheit« der exzentrischen Netzhautpartien, für ganz weit voneinander entfernte Netzhautstellen zutreffen. Innerhalb kleiner Bezirke oder gar von einem Empfangselement zum andern sind solche Unterschiede nicht nachweisbar. Auch die Voraussetzung, daß uns Spannungsempfindungen, seien es nun Muskelempfindungen oder Spannungsgefühle am Bulbus oder Empfindungen von den Lidern usf., eine irgendwie genauere Kenntnis der Stellung und Bewegung des Bulbus vermitteln, ist ganz unhaltbar. Wir haben die Beweise dafür schon oben S. 86 ff. angeführt. Nicht irgendein »Spannungsbild« oder »Muskelempfindungen« könnten also mit dem Lokalzeichen der Netzhaut verschmelzen, sondern man dürfte höchstens annehmen, daß es die Kenntnis, das »Vorwissen« der bewußten Innervation sei, die wir erteilen müssen, um das Bild von der exzentrischen Netzhautstelle auf die Stelle des direkten Sehens zu bringen. Von der Stärke dieses Innervationsimpulses müßte dann auch die relative Lokalisation des indirekt gesehenen Punktes gegenüber dem direkt gesehenen abhängen. Je größer die Innervationsstärke wäre, die aufgewendet werden muß, um zur Fixation des indirekt gesehenen Punktes überzugehen, desto größer müßte uns der Abstand der beiden Punkte erscheinen. So hat WUNDT die konstanten Täuschungen über die Streckenlängen nach den verschiedenen Richtungen des Gesichtsfeldes hin, die wir im folgenden Abschnitt besprechen, auf die verschiedene Beweglichkeit der Augen nach den verschiedenen Richtungen hin zurückgeführt. Wir werden aber sehen, daß diese Annahme durch die darüber bekannten Tatsachen direkt widerlegt wird, daß vielmehr die relative Lokalisation — das Augenmaß — wie wir schon oben S. 89 auseinandergesetzt haben, vom Erfolg der Augenmuskelinnervation unabhängig ist, und daher die WUNDTsche Theorie der komplexen Lokalzeichen auch in dieser modifizierten Form nicht aufrecht erhalten werden kann[1]).

Mit einigen Worten sei schließlich darauf hingewiesen, daß man häufig versucht hat, auf der Grundlage des Entwicklungsgedankens eine gewisse Versöhnung zwischen den einander entgegenstehenden Prinzipien des »Nativismus« und des »Empirismus« anzubahnen. Gibt man nämlich die Möglichkeit einer Vererbung erworbener Eigenschaften zu, so kann man ja die dem Individuum angeborenen Anlagen als im Laufe der früheren Generationen erworbene Fähigkeiten betrachten, indem sich die im Einzelleben erworbenen Organisationen des Zentralnervensystems durch fortwährenden gleichartigen Gebrauch schließlich immer fester und fester einprägen. In diesem

---

[1]) Man vgl. zu dieser Diskussion in einigen Punkten noch LIPPS (250 a) und WIRTH (264 a). Bezüglich der zahlreichen weiteren Hypothesen und ihrer Modifikationen, die nur noch historisches Interesse haben, siehe die geschichtlichen Überblicke bei HELMHOLTZ (I, S. 593 ff.), STUMPF (259), WUNDT (15a, Bd. II, S. 729 ff.), FRÖBES (6, S. 271 ff.), TSCHERMAK (12, S. 558).

Sinne haben sich denn auch eine ganze Reihe der bedeutendsten Forscher ausgesprochen, so Du Bois-Reimond (236 a), Donders (237 a), Lipps (250 a) und Hering (245 a). Wie man sich diese allmähliche Ausbildung des Raumsinns von den primitiven Lebewesen ab im einzelnen denken soll, darüber lassen sich allerdings kaum irgendwie begründete Vermutungen aufstellen. Eine Entstehung des Raumsinns aus einem räumlichen Nichts ist doch auch hier nicht anzunehmen, und über die Art, wie ein solches primitives Lebewesen den Raum empfindet, können wir uns keine genügend begründete Vorstellung machen.

10. Die Verteilung der Raumwerte auf der Einzelnetzhaut.

Nachdem wir im Vorigen die Einflüsse kennen gelernt haben, welche die optische Lokalisation im ebenen Sehfeld abzuändern vermögen, können wir nunmehr an die Frage herangehen, inwieweit die durch solche Umstände unbeeinflußte relative optische Lokalisation in den verschiedenen Teilen des ebenen Sehfelds richtig ist. Um dies festzustellen, müssen wir, abgesehen von dem Ausschluß aller die Lokalisation modifizierenden Nebenumstände, auch noch ganz exakt die in der Einleitung angeführte Vorbedingung einhalten, daß wir die gesehenen auch wirklich in eine frontalparallele, zur Gesichtslinie senkrechte Ebene lokalisieren. Das untersuchte Auge muß also in fester Stellung eine gerade vor ihm auf einer frontalparallelen ebenen Fläche befindliche Marke fixieren. Das erfordert zunächst, daß der Kopf genügend festgehalten wird. Dies kann entweder — für

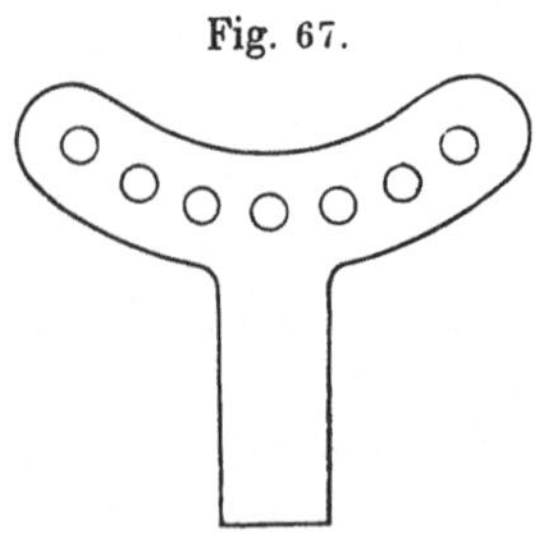

Fig. 67.

den vorliegenden Zweck allerdings nicht immer hinreichend genau — durch eine Kinnstütze samt Stirnhalter erfolgen, wie sie ähnlich bei größeren Perimetern Verwendung finden. Besser und für alle genaueren Versuche unbedingt erforderlich ist ein sogenanntes »Beißbrettchen«. Das ist ein nach Fig. 67 geformtes Stück Blech, dessen gekrümmter und durchlöcherter Teil dick mit Siegellack oder mit der von den Zahnärzten benützten Stent-Masse überzogen wird. Diese Masse wird in warmem Wasser erweicht, und dann beißt die Versuchsperson (vor dem Spiegel oder unter Leitung einer anderen Person) fest hinein. Der Abdruck (zur Erleichterung des Ablösens müssen die Zähne vorher eingefettet werden) dient dann, in einen passenden Halter eingespannt dazu, den Kopf beim jedesmaligen Einbeißen immer wieder in genau dieselbe Lage zu bringen. (Weiteres darüber bei Hofmann, 8, S. 116.)

Daß die Ebene, in welcher der Fixationspunkt liegt, genau senkrecht zur Gesichtslinie steht, wird dadurch erzielt, daß man im Fixationspunkt eine zur ebenen Scheibe, auf der er sich befindet, senkrechte Nadel anbringt (mit einem Winkel zu kontrollieren!) und sodann die Scheibe, bzw. das Auge solange verrückt, bis man die Nadel in totaler Verkürzung sieht. Durch passende Einstellung der Beleuchtung (von zwei Seiten her) hat man ferner zu verhindern, daß die Helligkeit der ebenen Fläche nicht etwa nach einer Seite hin gleichmäßig abnimmt, weil dadurch bei einäugiger Betrachtung leicht eine scheinbare Neigung der Fläche vorgetäuscht werden könnte. Auf einer derartig geneigten Fläche kann aber, wie wir oben S. 109 sahen, ein rechtwinkliges Kreuz schief erscheinen usf. Besteht die Möglichkeit, daß bei den Versuchen die scheinbare Richtung von Linien durch die Ränder der ebenen Fläche, auf die man hinblickt, beeinflußt wird, so muß man die Ränder durch ein kurzes Rohr aus mattschwarzer Pappe, an das man das Auge dicht heranbringt, abblenden. (Genaueres über solche Abblendungsvorrichtungen siehe bei HOFMANN, 8, S. 117.)

Untersuchen wir nun mit Hilfe einer derartigen Anordnung zunächst, welche objektiven Linien im ebenen Gesichtsfeld uns subjektiv als Gerade erscheinen, so stimmen die meisten Beobachter darin überein, daß ein durch den Fixationspunkt selbst hindurchlaufender langer gerader Strich auch wirklich gerade gesehen wird, gleichviel, in welcher Richtung er verläuft. Nur RECKLINGHAUSEN (285) und BERTHOLD (266) gaben an, daß sie die Schenkel eines rechtwinkligen Kreuzes, deren Schnittpunkt sie fixierten, gekrümmt sahen. RECKLINGHAUSEN bezog dies auf eine beträchtliche Schief-

stellung der Hornhaut in seinem Auge, der zu einer Verzerrung der Abbildung langer gerader Striche Veranlassung gebe.

Eine zweite Frage ist die, ob zwei im Fixationspunkt senkrecht zueinander stehende Richtungen auch subjektiv (»scheinbar«) einen rechten Winkel miteinander bilden, oder nicht. Bei der Untersuchung dieser Frage hatten HELMHOLTZ (279) und VOLKMANN (13, S. 223 ff.) zunächst entdeckt, daß in ihren Augen die Richtung der scheinbaren Horizontalen und Vertikalen keinen rech-

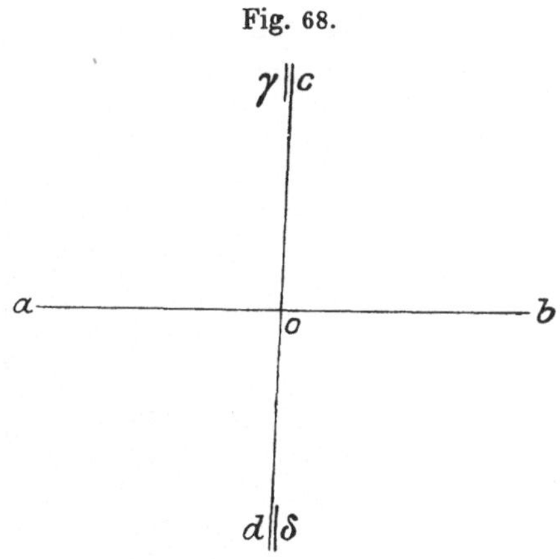

Fig. 68.

ten Winkel miteinander bildeten. Wenn HELMHOLTZ auf der Mitte einer gegebenen horizontalen Linie die scheinbare Vertikale errichtete, so wich sie gegenüber der wirklichen Vertikalen für beide Augen mit dem oberen Ende um etwa einen Grad nach der temporalen Seite hin ab. In Fig. 68 ist ab die gegebene Horizontale, cd die scheinbare Vertikale für das rechte Auge von HELMHOLTZ, dessen Gesichtslinie im Kreuzungspunkt o

senkrecht auf der Papierfläche steht, $\gamma\delta$ markieren die Enden der wirklichen Vertikalen. Bei VOLKMANN, der einen Strich abwechselnd horizontal und vertikal einstellte, ging die Abweichung des oberen Endes der Vertikalen ebenfalls in beiden Augen nach der temporalen Seite, u. z. betrug sie im linken Auge 1,1°, im rechten Auge 0,6°. HELMHOLTZ bezeichnete diese Abweichung, die nicht mit der später zu besprechenden, vom Muskelzuge abhängigen Rollung der Augen zu verwechseln ist, als Netzhautinkongruenz.

Diese konstante Abweichung des scheinbaren rechten Winkels vom wirklichen hängt aber, wie schon HELMHOLTZ fand, von der Lage der Schenkel ab. HELMHOLTZ sah den rechten Winkel mit dem rechten Auge wieder richtig, wenn er ihn so drehte, daß der eine Schenkel um etwa 18° mit dem oberen Ende nach links von der Vertikalen, mit dem linken Auge, wenn er um etwa ebensoviel nach rechts von der Vertikalen abwich. War dagegen die Stellung der beiden Winkelschenkel um 45° von der vorigen verschieden, so erreichte die »Netzhautinkongruenz« bei HELMHOLTZ ein Maximum von etwa 2°. Erweitert wurden diese Angaben durch FISCHER (275) und BIHLER (115). BIHLER legte quer über eine gerade Linie, der im frontalparallelen Gesichtsfeld eine beliebige Neigung erteilt werden konnte, ein Lineal so an, daß die Richtung seiner Kante mit der gegebenen Geraden einen rechten Winkel zu bilden schien. Nimmt man die vertikale Richtung der Geraden als Neigung von 0° zum Ausgang der Zählung, und rechnet man von ihr aus die Neigungswinkel im Sinne des Uhrzeigers als positiv, so erhielt BIHLER für sein rechtes Auge die in Tabelle 17 verzeichneten

Tabelle 17.

Neigung der gegebenen Geraden	Konstanter Fehler
0°	— 0° 19'
30°	+ 2° 8'
45°	+ 4° 18'
70°	+ 2° 57'
90°	+ 1° 54'
110°	— 0° 42'
135°	— 3° 32'
150°	— 2° 28'

Werte für den konstanten Fehler, der wieder als positiv bezeichnet wird, wenn die Abweichung der intendierten Senkrechten von der wirklichen im Sinne des Uhrzeigers erfolgt. Wie man sieht, ist bei BIHLER innerhalb des Umkreises von 180° eine periodische Abwechslung zwischen positiven und negativen Fehlern vorhanden. Das Maximum des Fehlers liegt bei ungefähr 45°, bzw. 135°, der Umschlag vom positiven zum negativen Wert, bzw. umgekehrt, erfolgt um 0° herum und zwischen 90° und 110°. Eine ähnliche Periodik bestand auch im linken Auge.

In Bihlers Versuchsanordnung wurde ein gestreckter Winkel von 180° durch eine gerade Linie scheinbar halbiert. Dieses Problem war aber schon vorher von Fischer sehr genau studiert worden, und dabei hatte sich ebenfalls beim Umlauf um 360° eine charakteristische Periodik des konstanten Fehlers gefunden. Nehmen wir wie oben die vertikale Richtung zum Ausgang und rechnen von ihr aus die Winkel im Sinne des Uhrzeigers als positiv, so wird Fischers Ergebnis an seinem rechten Auge durch das Diagramm der Fig. 69 übersichtlich zusammengefaßt. Die am Ende der

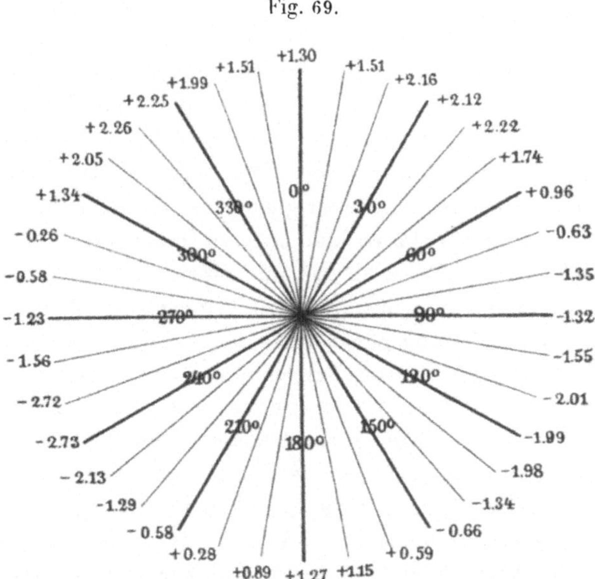

Fig. 69.

vom Zentrum ausgehenden Radien angeschriebenen Zahlen geben in Prozenten die Größe des konstanten Fehlers an, den Fischer beging, wenn der betreffende Radius die wirkliche Halbierungslinie eines gestreckten Winkels darstellte. Gesetzt den Fall, es wäre der gestreckte Winkel zu halbieren, der durch eine gerade Linie gegeben ist, deren oberes Ende um 30° im Sinne des Uhrzeigers von der Vertikalen abwich, so stellte Fischer mit dem rechten Auge nicht die wirkliche Halbierungslinie 120° ein, sondern die scheinbare Halbierungslinie wich um 1,99 % entgegengesetzt dem Sinne des Uhrzeigers von der wirklichen ab. Wie man sieht, schlägt auch bei Fischer der Fehler im ganzen Umkreis von 360° viermal um: zwischen 60 und 70°; zwischen 150 und 160°; zwischen 200 und 210°; zwischen 290 und 300°: und erreicht dazwischen je ein Maximum. Aber nur zwei

Umschlagsstellen differieren um je 90°, und die Maxima sind nicht gleich groß und liegen einander nicht diametral gegenüber.

Daraus ergibt sich aber eine bemerkenswerte Folgerung für den Fall, daß man statt eines Nebenwinkelpaares von je 90° auch noch die Scheitelwinkel berücksichtigt, wenn man also einen geraden Strich genau senkrecht über die Mitte eines anderen hinweg übers Kreuz legen will. Nehmen wir zunächst an, der eine Schenkel des Kreuzes sei genau vertikal (Durchmesser 0°—180° im Schema), der andere genau horizontal (90°—270°). Dann erscheint das Kreuz zwar zunächst schiefwinklig, aber es läßt sich in ein scheinbar rechtwinkliges umwandeln, wenn der vertikale Strich um ein Geringes im Sinne des Uhrzeigers gedreht wird, oder der horizontale um ein Geringes entgegengesetzt dem Sinne des Uhrzeigers. Dann gleichen sich die konstanten Fehler aller vier Radien gerade aus und man erhält vier scheinbar rechte Winkel. Erstreckt sich aber der eine Strich etwa schräg von rechts oben nach links unten, z. B. im Durchmesser 30°—210° des Schemas, so können die vier Winkel des Kreuzes bei keiner Lage des zweiten Strichs alle gleichzeitig als Rechte erscheinen. Man kann dann nur das eine Paar von Nebenwinkeln einander scheinbar gleich machen oder das andere, denn zur Linie 30°—120° gehört im rechten unteren Quadranten eine Abweichung der Halbierungslinie von — 1,99 %, im linken oberen Quadranten eine solche von + 1,34 %, also nach der entgegengesetzten Richtung. Eine gerade, durch den Kreuzungspunkt verlaufende Linie muß also in diesem Falle geknickt erscheinen. Diese Erscheinung hatte zuerst BERTHOLD (266) an sich selbst und an einer seiner Versuchspersonen bei dem Versuche beobachtet, zwei gerade Striche rechtwinklig zueinander zu stellen, und FISCHER hatte dies für seine Augen bestätigt. Ich habe eine ähnliche Beobachtung an meinen Augen mittels einer der FISCHERschen analogen Versuchsanordnung ebenfalls gemacht. Auch für meine Augen gibt es Lagen, in denen die vier Winkel, die durch die Kreuzung zweier gerader Striche gebildet werden, nicht gleichzeitig alle als rechte erscheinen können. Das wird aber bei mir nicht durch eine Knickung der Linien im Kreuzungspunkt, sondern durch eine ganz schwache Krümmung derselben verursacht, die so unbedeutend ist, daß ich sie an einer einfachen Geraden gar nicht wahrnehme. Erst bei der Aufgabe, ein genau rechtwinkliges Kreuz einzustellen, wird sie mir bemerkbar.

Halbierte FISCHER kleinere Winkel als solche von 180°, so erhielt er einen ähnlichen periodischen Wechsel des konstanten Fehlers in den vier Quadranten, wie bei der Halbierung gestreckter Winkel. Es ist nicht nötig, über diese Ergebnisse hier ausführlich zu berichten, weil sie sich schon aus dem Vorhergehenden, noch leichter aber aus einem Prinzip, das wir weiter unten eingehend besprechen, übersichtlich entwickeln lassen. Natürlich muß die dort zu erwähnende Erklärung auch auf die sonstigen Beobachtungen erstreckt werden, die bei derartigen Winkelvergleichen gemacht wurden, so von HELMHOLTZ (I, S. 546) beim Anzeichnen eines Nebenwinkels von 30° oder 45° an einen vorher gegebenen gleich großen Winkel; von BIHLER (l. c.) und JASTROW (117) beim Nachzeichnen von stumpfen oder spitzen Winkeln verschiedener Größe.

Lange gerade Linien, die neben dem Fixationspunkt vorüberlaufen, also in ihrer ganzen Ausdehnung auf exzentrischen Netzhautstellen abgebildet werden, erscheinen bei ruhiger Fixation mit einem Auge gegen den Fixationspunkt zu gekrümmt u. z. ist die scheinbare Krümmung um so stärker, je weiter exzentrisch die Abbildung auf der Netzhaut liegt. Man kann diese von HERING (7, S. 189) und HELMHOLTZ (I, S. 551 ff.) entdeckte Erscheinung schon bei ganz einfachen Versuchen sehen. Man legt z. B. auf einen großen schwarzen Tisch, auf dem sich sonst keine Gegenstände befinden, einen langen weißen, etwa 10 cm breiten Papierstreifen mit parallelen Rändern, bringt in seiner Mitte einen Fixationspunkt an und beugt sich nun soweit darüber, daß die Begrenzung des Tisches im indirekten Sehen nicht mehr deutlich zu erkennen ist. Die beiden Enden des Papierstreifens erscheinen dann schmäler als seine Mitte, die begrenzenden Ränder als zwei gegen den Fixationspunkt zu konkave Kurven.

Linien, welche im indirekten Sehen als Gerade erscheinen sollen, muß man daher eine konvexe Krümmung gegen den Fixationspunkt zu erteilen. Man erkennt dies schon, wenn man in der Mitte eines gleichmäßigen dunklen Grundes, z. B. auf einem leeren Tische eine Fixationsmarke anbringt und nun seitlich ein kleines Papierstückchen mittels eines schwarzen Stieles in die gerade Verbindungslinie zweier anderer, seitlich gelegener Marken zu bringen versucht. Messende Versuche dieser Art hat BOURDON (3, S. 103) angestellt.

Auf Grund von theoretischen Überlegungen nahm HELMHOLTZ an, daß die Projektionen der Richtkreise des kugeligen Blickfeldes[1]) auf eine das letztere im Hauptblickpunkt tangierende Ebene, die Hyperbeln darstellen, im indirekten Sehen als gerade Linien erscheinen müßten. Er zeichnete die Projektionen jener Richtkreise, welche mit der durch den Blickpunkt gehenden Horizontalen und Vertikalen gleiche Richtung besitzen, auf eine Tafel und füllte das Gitter, das er erhielt, um es im indirekten Sehen deutlicher sichtbar zu machen, nach Art eines Schachbretts mit abwechselnd schwarzen und weißen Feldern. In Fig. 70 ist das auf solche Weise erhaltene Muster auf $^3/_{16}$ der Originalgröße reduziert wiedergegeben. Wenn nun HELMHOLTZ bei fester einäugiger Fixation des Mittelpunktes der senkrecht zur horizontal gestellten Gesichtslinie aufgehängte Tafel dieser den

____

1) Zur Erklärung dieser Bezeichnung verweise ich auf das später bei der Lehre von den Augenbewegungen Gesagte.

Kopf näherte, so sah er bei einem bestimmten Abstande des Auges die schwarz-weißen Felder als Quadrate und die Hyperbeln als Gerade. Die Entfernung, in der HELMHOLTZ sie so sah, entsprach für den größten Teil des Gesichtsfeldes dem Augenabstand von 20 cm, für den die Figur konstruiert ist. Dieser Abstand ist, ebenfalls auf $^3/_{16}$ verkleinert, in der Figur durch A wiedergegeben. Zur Wiederholung des Versuches muß man, die Figur durch Projektion auf Zeichenpapier vergrößern. Die Beurteilung der Linienrichtung erfolgt am sichersten, wenn

Fig. 70.

man durch anhaltende Fixation des Mittelpunktes der Tafel ein dauerhaftes Nachbild erzeugt und dies bei geschlossenen Lidern gegen Licht gewendet betrachtet. Für das Auge von HELMHOLTZ war demnach die Annahme, daß die Projektionen der Richtkreise des kugeligen Gesichtsfeldes auf eine frontalparallele Ebene den scheinbar geraden Richtungen im indirekten Sehen entsprechen, im wesentlichen erfüllt. Nur im temporalen Teile des Gesichtsfeldes müßten die Vertikallinien etwas weniger gekrümmt sein als die zugehörigen Projektionen der Richtkreise, um gerade zu erscheinen.

Auf analoge Weise hat KÜSTER (281) die Übereinstimmung der Projektionen der Richtkreise mit den scheinbar geraden Richtungen des indirekten Sehens darzutun gesucht. Er verwendete dazu einen von Donders konstruierten Apparat, das Kykloskop. Dem in Primärstellung befindlichen Auge wird im Dunkelzimmer eine Reihe von leuchtenden Punkten (erzeugt durch elektrische Funkenstrecken) dargeboten, die auf einem Kreisbogen angebracht sind, der bei Fixation seiner Mitte einem größten Kreise durch ein kugeliges Blickfeld entspricht, dessen Zentrum im Drehpunkte des Auges liegt. Er ist um eine durch den Okzipitalpunkt verlaufende horizontale Achse drehbar. Der Beobachter hatte zu beurteilen, ob ihm die Lichtpunkte im indirekten Sehen in gerader Richtung zu liegen schienen oder nicht. Küster glaubte dabei eine vollständige Übereinstimmung mit der Helmholtzschen Theorie gefunden zu haben. In Wirklichkeit würde sich aber, worauf Hering (R. [1]) S. 370) hinwies, aus seinen Versuchen ergeben, daß die als gerade erscheinenden Richtungen bei ihm eine geringere Krümmung aufweisen, als die Projektionen der Helmholtzschen Richtkreise. Bei diesen nimmt nämlich der Krümmungsradius mit ihrer Abweichung von der Hauptblickebene ab, während in der Anordnung von Küster der Radius des Kreisbogens, auf dem die Lichtpunkte angebracht waren, konstant blieb. Zwar würde dies, wie Hering meint, wegen der Unbestimmtheit der Lokalisation im indirekten Sehen nicht viel ausmachen, aber eben deshalb wäre eine Untersuchung nach anderen Methoden zu fordern.

Verschiebt man im ebenen frontalparallelen Gesichtsfeld einen kurzen Strich vom Fixationspunkt weg immer weiter nach der Peripherie zu, so nimmt der Gesichtswinkel, unter welchem er gesehen wird, mehr und mehr ab. An Gegenständen von bekannter Form kann allerdings diese perspektivische Verkürzung der seitlichen Strecken zu einem Teil unter dem Einfluß der »Gedächtnisform« wieder ausgeglichen werden. Blickt man z. B. geradeaus vor sich auf eine nicht zu nahe vertikale Wand, so erscheinen einem die indirekt gesehenen, an der Wand befindlichen Objekte trotz der verzerrten Abbildung auf der Netzhaut einigermaßen in ihrer richtigen Form. Es werden also etwa die Winkel eines rechteckigen Bildes, das an der Wand hängt, ungefähr wieder als Rechte gesehen, und die sonstigen perspektivischen Verkürzungen des Rahmens subjektiv wieder etwas ausgeglichen annähernd (aber nicht so weitgehend) so, wie es auch der Fall ist, wenn wir den Blick direkt auf das Bild richten.

Freilich reicht diese Ausgleichung nur bis zu einer gewissen Grenze, und sie wird umso geringer, je weniger stark sich die Auffassung der wirklichen Gestalt geltend machen kann. Man halte ein frontalparallel gestelltes Schachbrett recht nahe vor das rechte Auge und blicke dann ganz schräg nach der rechten unteren Ecke desselben hin. Man sieht dann die rechts unten gelegenen Felder um so mehr verkleinert, je weiter exzentrisch sie liegen. Gibt man sich dabei ganz dem unmittelbaren Eindruck hin und drängt möglichst die Beziehung zur wirklichen Gestalt zurück, so sieht man die Quadrate auch verzerrt, u. z. sind sie entsprechend der perspektivischen Verzeichnung in der radiären Richtung stärker verkürzt, als in der tangen-

---

[1]) Damit ist hier und im folgenden stets Hering's Darstellung des optischen Raumsinns in Hermann's Handbuch der Physiologie gemeint.

tialen, senkrecht dazu stehenden Richtung. Was hier für das direkte Sehen bei schräger Blickrichtung beschrieben wurde, tritt, — wenigstens dem Sinne nach, wenn auch nicht in ganz gleichem Betrage —, auch auf, wenn man den Blick geradeaus richtet und die seitlichen Quadrate im indirekten Sehen betrachtet. Wird diese Verzerrung der Bilder, soweit sie subjektiv als solche gesehen wird, durch eine entsprechende Vergrößerung der Felder im entgegengesetzten Sinne gerade ausgeglichen, so erscheinen die Felder als Quadrate. Ein solcher Fall liegt angenähert beim HELMHOLTZschen Muster vor, wenn man es aus der richtigen Entfernung, für die es konstruiert ist, betrachtet, allerdings nur dann, wenn man streng seine Mitte fixiert und die seitlichen Felder indirekt sieht. Die subjektiven Streckenlängen erscheinen also ·im indirekten Sehen gegenüber den objektiven verkürzt u. z. am meisten die radiären vom Fixationspunkt ausstrahlenden, viel weniger die dazu senkrechten, tangential gerichteten[1]). Die scheinbare Verkürzung ist umso stärker, je weiter exzentrisch die Strecken abbildet werden. Man hat die Verkürzung der indirekt gesehenen, insbesondere der radiären Strecken im ebenen Sehfeld als »scheinbare Sehfeldzusammenziehung«, (FISCHER) oder als »zentrische Schrumpfung des Sehfeldes« (TSCHERMAK, 12) bezeichnet. Sie ist von MORREY (284) auch vermittels des Tastversuchs nachgewiesen worden. Er ließ im Dunkelzimmer während anhaltender Fixation eines Lichtpunktes einen zweiten Lichtpunkt exzentrisch kurz aufleuchten und markierte nach dessen Erlöschen mit einem Stabe die Stelle, an der er ihm vorher zu liegen schien. Dabei zeigte sich, daß er immer näher an den Fixationspunkt heran verlegt wurde, als er sich wirklich befand[2]).

Fragen wir nun, ob die scheinbare Größenänderung in der Netzhautperipherie der Perspektive aus dem Knotenpunkt entspricht, ob also die Größe des Gesichtswinkels für die Größenschätzung in der Netzhautperipherie maßgebend ist, so ergibt sich schon aus dem HELMHOLTZschen Muster, daß das nicht streng zutrifft. In diesem erscheinen nämlich zwar die Abstände der Hyperbelscheitel in der mittleren Horizontal- und Vertikallinie unter gleichem Gesichtswinkel, nicht aber die Abstände der indirekt gesehenen seitlichen Hyperbelpunkte von der horizontalen und vertikalen Mittellinie. Vielmehr nehmen

---

1) Daß im allgemeinen ein Gegenstand im indirekten Sehen kleiner erscheint, als im direkten, haben auch FECHNER (17, Bd. 2, S. 313), v. WITTICH (302) und AUBERT (1, S. 555) angegeben. Wie TSCHERMAK (12) anführt, kann man dies auch sehen, wenn man ein gut vom Grunde abstechendes Objekt, z. B. die Mondscheibe, durch willkürliches Schielen in Doppelbilder zerlegt. Das indirekt gesehene Doppelbild ist merklich kleiner, als das direkt gesehene.

2) Besonders hochgradiges Vorbeigreifen nach innen fand POPPELREUTER (11 a, S. 103) als pathologisches Symptom bei Hirnverletzten mit oder ohne Gesichtsfelddefekt. Eine abnorm große zentrische Schrumpfung des Gesichtsfeldes nimmt ferner BEST (267 b) zur Erklärung der Lokalisationsstörungen bei Hemiamblyopie an (siehe unten S. 189).

die Gesichtswinkel für die tangential gerichteten Strecken im Muster vom Zentrum nach der Peripherie hin sogar ab. Entspräche also gleichen Gesichtswinkeln im indirekten Sehen durchwegs die gleiche scheinbare Größe, so müßten die nach oben und unten vom Fixationspunkt gelegenen Felder relativ zu schmal gegenüber ihrer Höhe aussehen, die nach rechts und links zu gelegenen zu niedrig gegenüber ihrer Breite. Helmholtz fand aber gerade das umgekehrte: Die weit nach oben zu gelegenen Felder erschienen zu niedrig gegenüber ihrer Breite, die nach rechts und links zu gelegenen — allerdings weniger ausgesprochen — etwas zu schmal gegenüber ihrer Höhe. Also stimmt ·die Größenschätzung im indirekten Sehen nicht ganz mit der Größe des Gesichtswinkels überein, u. z. ist der Grad der Nichtübereinstimmung auf den verschiedenen Teilen der Netzhaut verschieden.

Um nun diese Änderungen der Größenschätzung auf verschiedenen Partien der Netzhaut möglichst genau messend zu verfolgen, kann man so vorgehen, daß man entweder zwei Objekte miteinander vergleicht, die an zwei Stellen eines Perimeterbogens angebracht sind, dessen Zentrum mit dem Knotenpunkt des Auges zusammenfällt, oder man bringt die Vergleichsobjekte auf einer senkrecht zur Gesichtslinie liegenden Ebene an. Bei der ersteren Anordnung bleibt der Gesichtswinkel (Knotenpunktswinkel) bei einer Verschiebung des Objekts auf dem Perimeterbogen gleich (gleichen Streckenlängen entsprechen also gleiche Gesichtswinkel), bei der zweiten nimmt er dagegen mit der Entfernung der Strecke vom Fixationspunkt, also mit der größeren Exzentrizität der Abbildung, ab. Da man indes die Größe des Gesichtswinkels auch in dem letzteren Falle leicht berechnen kann, so wäre es in dieser Hinsicht gleichgültig, ob man die eine oder die andere Anordnung wählt, vorausgesetzt, daß die Größe der Bilder auf den verschiedenen Teilen der Netzhaut überhaupt durch die Größe des Knotenpunktwinkels eindeutig bestimmt wird. Wir werden später sehen, daß diese Voraussetzung nicht zutrifft, und insofern sind also die Versuche mit einer gewissen Unsicherheit behaftet.

Vor allem leidet aber die exakte Untersuchung dieser Verhältnisse am Auge unter der Schwierigkeit, daß wir nicht wissen, inwieweit der Einfluß der Gestaltwahrnehmung auch schon beim bloßen Streckenvergleich mitbeteiligt ist. Verschieben wir eine Strecke auf einer zur Gesichtslinie senkrechten Ebene von der Stelle des direkten Sehens aus weiter nach der Peripherie hin, so brauchte der Abnahme des Gesichtswinkels keineswegs eine gleiche Abnahme der scheinbaren Größe zu entsprechen, wenn nämlich durch die Verlegung der Strecke in das ebene Sehfeld ebenso eine Korrektur der Größenabnahme des Netzhautbildes bewirkt würde, wie in dem oben angezogenen Beispiele an der peripheren Kontur eines an der Wand hängenden Bildes. Wir dürfen aber wohl annehmen, daß sich der modifizierende Einfluß der Gedächtnisform beim Vergleich einfacher isolierter Striche viel weniger geltend machen wird, als bei der Betrachtung komplizierter Gestalten, speziell schon des HELMHOLTZschen Musters[1]).

Am ehesten entgeht man den eben besprochenen Schwierigkeiten bei vergleichenden Größenschätzungen, wenn man untersucht, ob gleichem Abstand vom Fixationspunkt im ebenen oder kugeligen Gesichtsfelde nach allen Richtungen hin auch die gleiche scheinbare Länge im subjektiven Sehfeld entspricht, wobei man natürlich die oben S. 164 erwähnten Vorsichtsmaßregeln streng einzuhalten hat. Der Größenvergleich in der horizontalen Richtung nach rechts und links ist bekannt in der Form des KUNDTschen Teilungsversuchs (282). Auf einem sonst ganz gleichmäßigen ebenen Grund werden durch zwei scharf vom Grunde abstechende Marken die Enden einer horizontalen Strecke bezeichnet. Eine verschiebliche mittlere Marke wird, während man sie andauernd fixiert, in die scheinbare Mitte zwischen den beiden Endmarken eingestellt. KUNDT (282, S. 134 ff.) fand nun, wenn er eine Strecke von 100 mm Länge aus einer Entfernung von 226 mm vom Knotenpunkt mit einem Auge zu halbieren versuchte, daß die scheinbare Mitte vom linken Auge um 0,33 mm (entsprechend einem Gesichtswinkel von rund 5′) zu weit nach rechts, vom rechten Auge dagegen um 0,155 mm (entsprechend einem Gesichtswinkel von rund $2^1/_2′$) zu weit nach links von der wirklichen eingestellt wurde. Das Verhältnis der gleich erscheinenden linken zum rechten Teil der Strecke war daher für das linke Auge 50,33 : 49,67, für das rechte Auge 49,845 : 50,155. Demnach wurde in jedem Auge die auf der temporalen Hälfte der Netzhaut abgebildete Strecke gegenüber der auf der nasalen abgebildeten überschätzt. Der größte Teil der späteren Beobachter fand gleichfalls in jedem Auge eine Überschätzung der auf der temporalen Netzhauthälfte abgebildeten Strecke, so HILLEBRAND (246) an sich und anderen Versuchspersonen, FRANK (277) und TSCHERMAK (12, S. 528) an sich und Anderen. Bei mir fällt der Teilungsversuch zwar nach der Regel, aber wie bei KUNDT in beiden Augen ungleich aus. Ich sehe die Mitte einer 25,0 mm langen Strecke aus 19 cm Abstand mit dem linken Auge um 0,8 mm zu weit nach rechts, mit dem rechten Auge um 0,1 mm zu weit nach links. Im übrigen scheinen hier mancherlei individuelle Varianten zu bestehen. So gibt FEILCHENFELD (272) an, daß er erst bei sehr großen Strecken den gleichen Unterschied sehe

---

1) Wie stark durch die Auffassung des HELMHOLTZschen Musters als quadratischer Felderung die Lokalisation beeinflußt wird, geht aus folgendem Versuch hervor. Man bedecke den rechten unteren Quadranten des Musters mit einem Blatt weißen Papiers, halte an einem langen Stiel ein rechtwinkliges Drahtkreuz dahin und blicke mit dem rechten Auge aus der vorgeschriebenen Distanz schräg auf dasselbe hin. Man wird es zunächst ziemlich rechtwinklig sehen, sobald man aber das Papier wegzieht und das Muster (in diesem Falle als konkave Schüssel sichtbar wird, erscheint das Kreuz sofort vollkommen schiefwinklig.

wie KUNDT, an kleineren Strecken sei für ihn kein Unterschied zwischen der nasal und der temporal abgebildeten Hälfte zu erkennen. FISCHER (126) machte sogar im Gegensatz zu den früheren Beobachtern mit jedem Auge die auf der temporalen Netzhautpartie abgebildete Strecke größer, als die auf der nasalen Partie abgebildete. MÜNSTERBERG (136) überschätzte beim Vergleich zweier indirekt gesehener, rechts und links vom Fixationspunkt gelegener Strecken (nicht Teilungsversuch!) mit jedem Auge die links gelegene Strecke. Umgekehrt gibt BENUSSI (150) als Regel an, daß, wenn dem Beobachter zwei durch drei Punkte begrenzte, gleich große in horizontaler

frontalparalleler Richtung nebeneinander liegende Distanzen a b c in Momentexposition dargeboten werden, bei gleich auffälliger Begrenzung die links vom Mittelpunkt b gelegene Strecke ab kürzer geschätzt wird, als die rechte bc.

Ebenso wie in der horizontalen Richtung sind auch in vertikaler Richtung Unterschiede in der Längenschätzung nach oben und nach unten vom Fixationspunkt beobachtet worden, u. z. wird gewöhnlich die obere (auf der unteren Netzhautpartie abgebildete Strecke) überschätzt (DELBOEUF 167; vgl. ferner WUNDT (15a, Bd. 2, S. 593, Anm. nach Versuchen von MELLINGHOFF), FEILCHENFELD (272), TSCHERMAK (12, S. 533). Nur FISCHER (126) fand auch hier wieder das Entgegengesetzte, nämlich eine Überschätzung der unteren (auf der oberen Netzhauthälfte abgebildeten) Strecke. Bei unseren Lettern ist auf diese gewöhnliche Überschätzung der oberen von zwei Strecken Rücksicht genommen. Der obere Bogen des S, der obere Kreis der 8 wird kleiner geschnitten, als der untere, die Horizontalstriche beim B und H liegen etwas über der Mitte. Die meisten Menschen merken das gar nicht, um so auffälliger wird es, wenn man die Lettern stürzt, wie in Fig. 71, wobei allerdings das Ungewohnte des Anblicks unterstützend wirkt.

Fig. 71.

Wird je eine vom Fixationspunkt ausgehende horizontale und vertikale Strecke miteinander verglichen, so überschätzen die meisten Beobachter die vertikale Strecke gegenüber der horizontalen, zuerst FICK (273), dann OPPEL (205), WUNDT (15, S. 158 ff.), HELMHOLTZ (I, S. 543), CHODIN (124), FISCHER (126), GUILLERY (128), SEASHORE und WILLIAMS (220), HOLTZ (182). Die Größe der Überschätzung variiert individuell. DELBOEUF fand sogar bei sich eine Unterschätzung der vertikalen gegenüber der horizontalen Strecke.

---

1) MÜNSTERBERG beobachtete anscheinend mit einem seine Myopie (deren Größe nicht angegeben ist) korrigierenden Glase (l. c. S. 154). Die durch die schräge Inzidenz der Strahlen bewirkte Bildverzerrung wird aber wegen der Symmetrie nach beiden Seiten in diesen Versuchen kaum einen Fehler bewirkt haben.

Chodin gibt an, daß die Überschätzung der Vertikalen mit zunehmendem Gesichtswinkel .der zu schätzenden Strecken größer wird. Auch diese Täuschung des Augenmaßes kann man schon bei der Betrachtung einfacher Figuren wahrnehmen, am besten nach Wundt (15, S. 160; 15a, Bd. 2, S. 591) an einem Kreuz mit gleich langen Armen oder einem gleichschenkligen Dreieck von gleicher Grundlinie und Höhe, weniger gut am Quadrat, gar nicht am Kreis. Man vgl. diesbezüglich die auf S. 189 folgenden Erörterungen.

Einstellversuche in schräger Richtung sind von Tschermak ausgeführt worden (12, S. 534). An einem Apparat, der gestattete, einzelne Marken

Fig. 72.

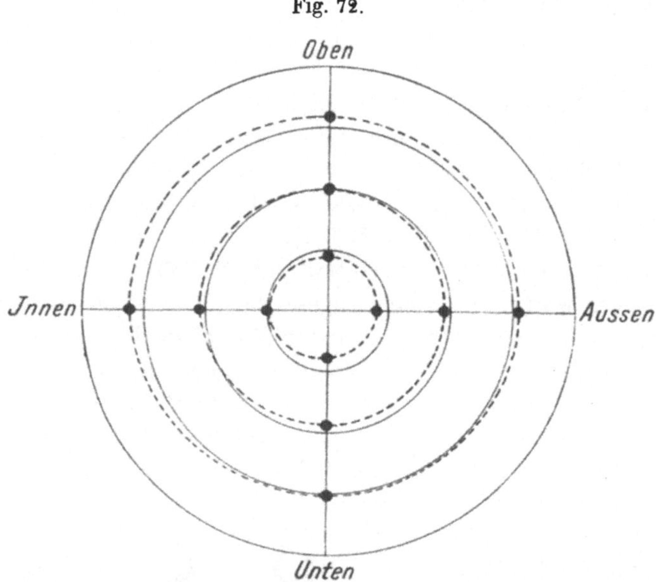

auf gleichmäßigem Grunde in radiär vom Zentrum der Scheibe ausgehenden Richtungen meßbar zu verschieben (Streckentäuschungsapparat, 290), wurden bei Fixation des Zentrums die vom Fixationspunkte nach oben, unten, rechts, links und in den unter 45° geneigten schrägen Richtungen die subjektiv gleich groß erscheinenden Strecken eingestellt. Das Ergebnis war das in Fig. 72 dargestellte, in der die Netzhaut als Ebene von hinten gesehen gedacht ist. Die ausgezogenen konzentrischen Kreise geben die objektiv gleichen Abstände vom Zentrum nach allen Richtungen hin an, während die schwarzen Punkte den Netzhautbildern der auf scheinbar gleichen Abstand vom Fixationspunkt eingestellten Marken entsprechen. Verbindet man ihre Lage durch den gestrichelten Kreis, so ergibt sich daraus für das rechte Auge von Tschermak, daß besonders die auf dem medialen oberen Quadranten der Netzhaut abgebildeten Strecken gegenüber den auf dem temporalen unteren Quadranten abgebildeten unterschätzt werden. Andererseits stellte Stevens (287) an vier Personen durch Versuche am Perimeter fest, daß sie mit jedem Auge Objekte (Kreisscheiben) in der rechten Gesichtsfeldhälfte, insbesondere die rechts oben liegenden, größer schätzten, als gleich große, links unten liegende Objekte. Da der Autor vermutete, daß diese Größenüberschätzung der rechts gelegenen Objekte, ähnlich wie die Rechtshändigkeit, mit einer Art von Überwiegen der linken Hemisphäre über die rechte zusammenhänge, untersuchte er an einer größeren Anzahl von Personen, Rechts- und Linkshändern, die Unterschiede in der Größenschätzung nach rechts und links, und fand dabei die allerverschiedensten Verhältnisse, aber keine feste Beziehung zwischen der optischen Größenschätzung und der Rechts- oder Linkshändigkeit.

Messende Versuche über den Längenvergleich radiär gerichteter Strecken von verschiedener Exzentrizität sind von Fischer (126) u. a. ausgeführt worden. Sie ergaben den exakten Beweis für die Unterschätzung der exzentrisch abgebildeten Strecke gegenüber der zentralen, und zwar stellte sich heraus, daß der Gesichtswinkel für die scheinbar gleich lange Strecke gegen die Netzhautperipherie sogar etwas zunahm, daß also Knotenpunktswinkel und scheinbare Größe einander nicht parallel gingen. Ferner fand Fischer auch hier wieder Unterschiede in der Größenschätzung nach den verschiedenen Richtungen des Gesichtsfeldes hin.

Während die bisher erwähnten Versuche — wenigstens soweit, als sie Messungen enthalten — sich ausschließlich auf radiär gerichtete Strecken des Gesichtsfeldes beziehen, wurden von Fischer (126) und besonders von Guillery (128) auch Vergleiche tangential verlaufender Strecken im direkten und indirekten Sehen (bei einer Exzentrizität von 35°) ausgeführt. Beide Autoren stimmen darin überein, daß auch diese im indirekten Sehen kleiner erscheinen, als im direkten Sehen, u. z. war die Unterschätzung der indirekt gesehenen Strecken bei Guillery im nasalen Teile des Gesichtsfeldes stets größer, als im temporalen. In der oberen Gesichtsfeldhälfte fand er sie für einige Streckenlängen größer, für andere kleiner, als in der unteren. Ob dies letztere Schwanken bloß durch eine zu geringe Zahl der Einzeleinstellungen (80 für jede Vergleichslänge) bedingt war, muß dahingestellt bleiben. Ich habe an meinem rechten Auge ebenfalls Messungen über die Größenschätzung in tangentialer Erstreckung ausgeführt, indem ich aus 19 cm Entfernung auf eine zur Gesichtslinie senkrechte ebene schwarze Fläche blickte, und das eine Ende eines 2 mm breiten, 30,0 mm langen, von hinten durchleuchteten Spaltes fixierte. Dann stellte ich einen in derselben Ebene liegenden, parallelen, mit 20° Exzentrizität auf der Netzhaut abgebildeten anderen Spalt auf gleiche Länge mit dem direkt fixierten ein. Das Ergebnis aus je 120 Einzeleinstellungen ist in der Fig. 73 eingetragen, aus der zugleich die Anordnung des Versuchs schematisch zu ersehen ist. Der Punkt F ist der Fixationspunkt. Der mittlere Spalt stand also in der einen Versuchsreihe vom Fixationspunkt aus nach rechts (b), in der zweiten vom Fixationspunkt nach oben (a). Beim Vergleich der Zahlen mit denen von GUILLERY ist aber zu beachten, daß die Spalte in einer Ebene lagen, während GUILLERY seine Anordnung auf einem Perimeter angebracht hatte. Ich habe deshalb, um beide Versuchsreihen direkt vergleichbar zu machen, meine und GUILLERYs Zahlen auf Gesichtswinkel umgerechnet, wobei ich der Rechnung für GUILLERY Fixation der Mitte der Strecke aus 15 cm Entfernung zugrunde lege und bloß die Strecke von 16 mm Länge berücksichtige. Das Hauptresultat, das sich aus der Tabelle 18 ergibt, ist nun bei uns beiden eine Unterschätzung nicht bloß der absoluten Länge, sondern auch des Gesichtswinkels indirekt gesehener tangentialer Strecken gegenüber den direkt fixierten. Freilich ist der variable Fehler bei diesen Versuchen ziemlich groß, aber dies kann trotz der nicht sehr hohen Zahl von Einzeleinstellungen am Haupt-

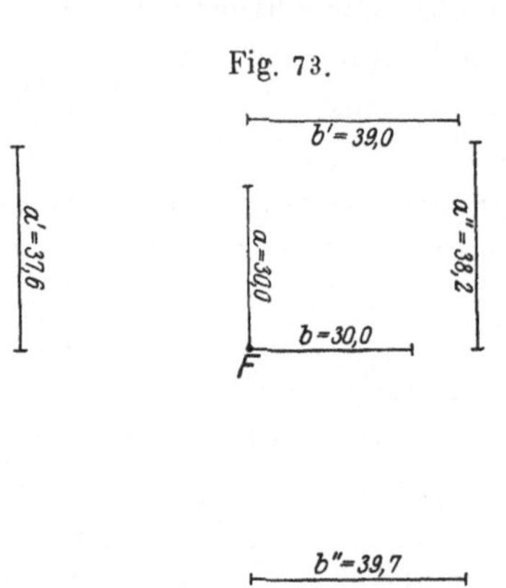

Tabelle 18.

Lage des Strichs im Gesichtsfeld	GUILLERY	HOFMANN
Mittlerer Strich . .	$6°6^1/_2'$	$8°58^1/_2'$
Innen	$6°22'$	$10°32'$
Außen	$6°14'$	$10°42'$
Oben	$6°29'$	$10°55'$
Unten	$6°31'$	$11°6^1/_2'$

ergebnis nichts ändern, denn dieses würde prinzipiell das gleiche bleiben, wenn man selbst den ganzen Betrag des mittleren variablen Fehlers noch abzöge. Bedenklicher ist, daß ich bei mir die Neigung entdeckte, bei diesen Einstellversuchen immer den Spalt, an dem ich jeweils die Einstellungen vornahm, etwas zu lang einzustellen. Wenn ich z. B. die exzentrisch abgebildete Strecke a' auf 37,6 mm stellte, und nun umgekehrt den mittleren Spalt a ihr gleich lang zu machen suchte, so stellte ich ihn im Mittel auf 33,5 mm ein, was einem Gesichtswinkel von 10° entspricht. Diese zuerst von RIVERS (215) an mehreren Versuchspersonen festgestellte Eigentümlichkeit mahnt zwar zur Vorsicht bei Schlußfolgerungen aus den gefundenen

Zahlen, kann aber das Hauptresultat nicht umstoßen. Nur nähern sich bei Berücksichtigung dieses Fehlers die von mir gefundenen Einstellungsunterschiede viel mehr denen von GUILLERY. Unberührt von diesem Fehler bleiben ferner die Unterschiede in der Größenschätzung tangentialer Erstreckungen in den verschiedenen Teilen des Gesichtsfeldes. Sie werden bei mir im oberen und unteren Teil des Gesichtsfeldes mehr unterschätzt, als im inneren und äußeren. Auch beim Vergleich von oben mit unten und von rechts mit links sind kleine Unterschiede vorhanden. Sie sind zwar nicht bedeutend, aber sie waren ganz in der gleichen Weise auch in Vorversuchsreihen bemerkbar, in denen ich die Mitte des zentralen Spaltes fixierte, sind daher nicht etwa durch eine zu geringe Zahl der Versuche bloß vorgetäuscht.

In dem oben S. 170 wiedergegebenen HELMHOLTZschen Muster nehmen die Gesichtswinkel für den Seitenabstand der Hyperbelpunkte von der horizontalen und vertikalen Mittellinie vom Zentrum gegen die Peripherie zu ab. Wenn man also die Hyperbeln des Musters als zur horizontalen und vertikalen Mittellinie parallele gerade Linien sieht, so erscheinen demnach, wie HELMHOLTZ hervorhebt, im Verhältnis zum Gesichtswinkel tangentiale Erstreckungen im peripheren Gesichtsfeld nicht kleiner, als im direkten Sehen, sondern vergrößert. Zur weiteren Stütze dieser Ansicht führt HELMHOLTZ mehrere Versuche an, die zeigen, daß auch sonst ein seitlich gelegener Gegenstand, wenn man nach ihm hinblickt, kleiner erscheint, als vorher im indirekten Sehen. Zum Teil könnte dies daher rühren, daß sich bei der Blickwendung gleichzeitig auch die Lokalisation nach der Tiefe ändert. Legt man z. B. auf den Boden einen Bogen weißes Papier vor sich hin, blickt dann zunächst darüber hinweg in die Ferne und wendet dann den Blick auf den Bogen selbst, so schrumpft er in der Tat von rechts nach links (tangential) zusammen, aber das dürfte eben damit zusammenhängen, daß beim Nahesehen die scheinbare Größe der Sehdinge überhaupt abnimmt. Befindet sich der seitlich gelegene Gegenstand in derselben frontalparallelen Ebene wie der Fixationspunkt, so fällt allerdings die Blickwanderung nach der Tiefe zu weg, aber es tritt eine ebenfalls schon von HELMHOLTZ beschriebene Änderung des scheinbaren Tiefenabstandes auf, welche von JAENSCH (9 a) auf die »orthogone Lokalisationstendenz« zurückgeführt wird, die wir später besprechen werden. HELMHOLTZ sieht sie freilich als die Folge, nicht als die Ursache der geänderten Größenschätzung an. Diesen Beobachtungen stehen nun auf der anderen Seite die Messungen von GUILLERY und von mir gegenüber, die sowohl am Perimeter, wie im ebenen Gesichtsfeld eine Unterschätzung peripherer tangentialer Strecken gegenüber direkt fixierten von gleichem Gesichtswinkel ergeben. Wie der Widerspruch zu lösen ist, kann ich vorläufig nicht mit Sicherheit angeben. Wegen des Einflusses aber, den besonders bei komplizierteren Verhältnissen die Gedächtnisform auf die Größenschätzung ausüben kann, scheint es mir richtiger, daß ich mich im folgenden an das Ergebnis der messenden Versuche an einfachen Strichen halte.

FISCHER (275) hatte schon, ohne es näher anzuführen, vermutet, daß die Besonderheiten der subjektiven Winkelschätzung mit der zentrischen Schrumpfung des Sehfeldes zusammenhängen könnten. In der Tat würde

sich ein solcher Zusammenhang ergeben, wenn die Schrumpfung des Sehfeldes in der radiären und in der tangentialen Richtung in den verschiedenen
Quadranten einander nicht proportional wären. Nehmen wir z. B. an, die vier
gleich weit vom Fixationspunkt *o* entfernten Punkte *a, b, c, d* der Fig. 74
würden vom Auge an die Stellen $\alpha, \beta, \gamma, \delta$ lokalisiert, dann würden die rechten

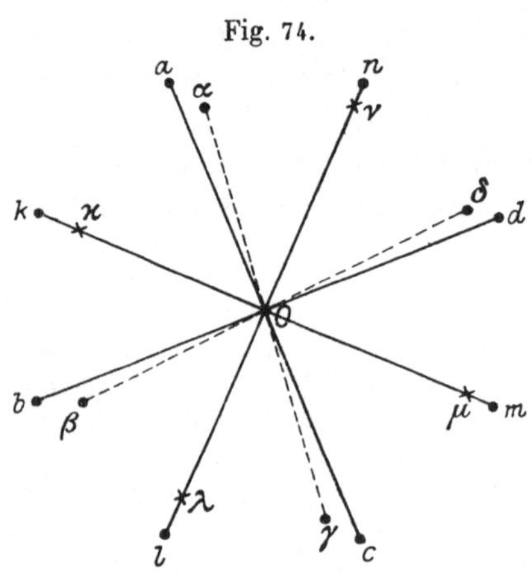

Fig. 74.

Winkel *aob* und *cod* nicht mehr als
solche, sondern als stumpfe Winkel
erscheinen, sie würden also in ihrer
Größe überschätzt werden. Nun
weichen aber α von *a* und β von *b*
tangential nach entgegengesetzten
Richtungen ab, es muß also dazwischen eine Richtung *ko* geben, in
der die zentrische Schrumpfung
ohne seitliche Verlagerung erfolgt.
Das gleiche gilt für die übrigen Quadranten des Gesichtsfeldes, in den
Richtungen *lo*, *mo* und *no*. In diesen
Richtungen verschieben sich daher
die Punkte *k*, *l*, *m* und *n* rein
radiär nach $\varkappa$, λ, μ und ν, und die Winkel *kol* und *mon* erscheinen
auch subjektiv als rechte. In den Zwischenlagen, z. B. auch in der vertikalen und horizontalen Richtung, wird sich aber die Disproportionalität
zwischen tangentialer und radiärer Streckenschätzung überall auch in der
Winkelschätzung erkennbar machen, und zu einer Netzhautinkongruenz
führen, die in dem angezogenen Beispiele etwa der in HELMHOLTZ' rechtem
Auge entsprechen würde.

Freilich gibt das Schema zunächst den ganz einfachen Fall wieder, in
dem der Umschlag periodisch nach je 90° erfolgt und die Maxima der
Ablenkung dazwischen als gleich angenommen werden. Beides braucht
nicht der Fall zu sein, wie es oben für die Augen von FISCHER und BIHLER
beschrieben wurde, und dem entsprechend müßte natürlich auch das Schema
abgeändert werden. Man erkennt ferner, daß sich daraus dann auch der
auf den ersten Blick so befremdliche Befund einer scheinbaren Knickung
der geraden Linie im Fixationspunkt ergibt, wenn nämlich α, β, γ und δ
so liegen, daß die Winkel $\alpha o \beta$ und $\gamma o \delta$ einander nicht mehr gleich sind.
Ist der Übergang in der Größenschätzung von einem zum anderen Qua-
dranten über den Fixationspunkt hinweg ein ganz allmählicher, so resultiert
daraus nicht eine scheinbare Knickung, sondern eine scheinbare Krümmung
der geraden Linie.

Fassen wir die eben besprochenen Tatsachen allgemein zusammen, so
ergibt sich aus ihnen eine gegen die Peripherie zu allmählich zunehmende

Verkleinerung des subjektiven Sehfeldes gegenüber dem objektiven Gesichtsfelde in der tangentialen Richtung, und eine stärkere zentrische
Schrumpfung des ersteren gegenüber dem letzteren in radiärer Richtung.
Beide Abweichungen erfolgen nicht nach allen Richtungen im Gesichtsfelde gleichmäßig. Vielmehr ist die radiäre Schrumpfung in der vertikalen Richtung meist stärker, als in der horizontalen, innerhalb der vertikalen Richtung nach unten zu stärker, als nach oben zu, innerhalb der
horizontalen Richtung nach außen hin stärker, als nach innen. Doch
kommen hierin außerordentlich mannigfaltige individuelle Schwankungen
vor. Aus einer Inkongruenz der radiären und tangentialen Schrumpfung
kann sich ferner eine in den verschiedenen Quadranten des Gesichtsfeldes
periodisch abwechselnde Unter- bzw. Überschätzung der rechten Winkel
ergeben, die ebenfalls individuellen Schwankungen unterliegt, und von der
die »Netzhautinkongruenz« eine spezielle Folge ist.

Für die Verschiedenheit der Größenschätzung in den verschiedenen
Quadranten des Gesichtsfeldes kommen mehrere Erklärungsmöglichkeiten in
Betracht. Zunächst wäre daran zu denken, daß sie vielleicht rein dioptrisch bedingt sein könnte. Es wäre dem-
nach zuerst die Vorfrage zu erörtern, ob
denn gleich langen und gleich weit vom
Auge entfernten Strecken auf allen Teilen
der Netzhaut gleich große Bilder entsprechen. Nehmen wir zunächst an, die
Abbildung auf der Netzhaut werde überall
durch die Größe des Knotenpunktwinkels
bestimmt, der Knotenpunkt liege ferner
für die zentralen und exzentrischen Teile
der Netzhaut an derselben Stelle, und er
fiele außerdem mit dem Krümmungsmittelpunkt O in Fig. 75 der kugelig gekrümmten
Netzhaut zusammen, so würden wir von
einem und demselben Objekt überall

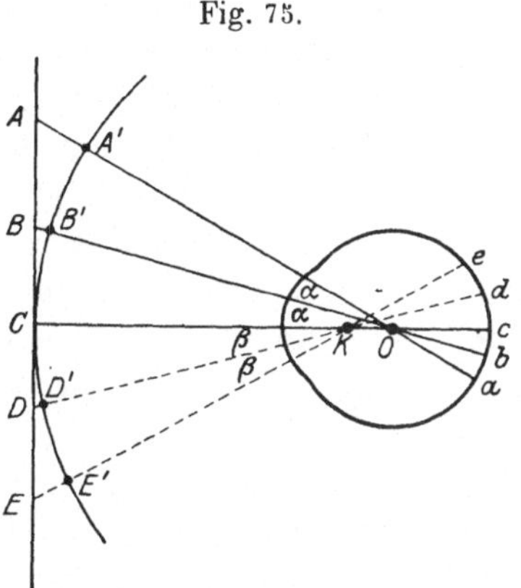

Fig. 75.

gleich große Netzhautbilder erhalten, wenn wir es längs einer Kugel-
schale — von der $A'B'CD'E'$ in Fig. 74 einen Schnitt darstellt — verschieben, deren Krümmungsmittelpunkt mit dem Knotenpunkt zusammenfiele. Denn in Fig. 74 entsprechen den unter sich gleichen Kreisbogen
$A'B' = B'C$ auch auf der Netzhaut gleich große Bogen $ab = bc$, und auch
in A', B' oder C senkrecht zur Papierfläche liegende gleich große Strecken
würden auf der Netzhaut gleich groß abgebildet. Abweichungen von diesen
Voraussetzungen bewirken, daß gleich großen Objekten in den verschiedenen
Teilen des Gesichtsfeldes nicht mehr gleich große Netzhautbilder entsprechen.
Nun fallen zunächst der Krümmungsmittelpunkt der Netzhaut und der Knoten-

punkt nicht zusammen, denn nach den Angaben der Anatomen muß man
sich den Bulbus in eine Kugel eingeschrieben denken, die den Kornealscheitel und den hinteren Bulbuspol berührt, und deren Zentrum daher in
der Mitte des Sagittaldurchmessers des Bulbus, etwa 12 mm hinter dem
Kornealscheitel anzunehmen ist. Um die Übereinstimmung dieser Annahme
mit der Wirklichkeit an einem Beispiel zu zeigen, habe ich in Fig. 76 um
der von WEISS (293) mit dem Zeichenapparat gezeich-
neten horizontalen Kontur eines emmetropen Auges von
einer erwachsenen Person rot den einhüllenden Kreis
gezogen, und man sieht, daß in diesem Falle tatsächlich
der hintere Bulbusabschnitt sehr genau mit der Kugelgestalt übereinstimmt, deren Zentrum in der Mitte des
Sagittaldurchmessers des Bulbus liegt. Nehmen wir den
letzteren zu 24 mm und die Dicke der Sklera gleichmäßig zu 2 mm an, so würde demnach der Radius der
kugeligen Netzhautfläche 10 mm betragen, und das

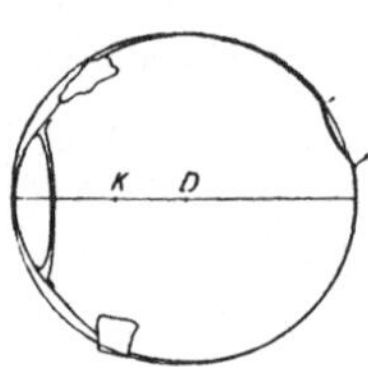

Fig. 76.

Zentrum der Kugel läge 5 mm hinter dem Knotenpunkt. Daraus würde
sich rein geometrisch, wenn die Knotenpunktkonstruktion richtig wäre, eine
Verkleinerung der Netzhautbilder gleich großer und gleich weit vom Knotenpunkt entfernter Strecken auf der Netzhautperipherie ergeben, die sich aus
den angeführten Daten auch berechnen ließe. In Fig. 74 sind die Bogen CD'
und $D'E'$ gleich groß, auf der Netzhaut ist der Bogen cd größer als de,
und ebenso werden gleich große in den Punkten C, D' und E' senkrecht
zur Papierfläche liegende Strecken auf der Netzhaut verschieden groß abgebildet, in c größer als in d, in d größer als in e. Nun ist freilich
auch diese Konstruktion aus verschiedenen Gründen noch nicht genügend
exakt, und wir können die Netzhautbildgröße im indirekten Sehen überhaupt noch nicht genau berechnen. Immerhin wird eine Abnahme der
Netzhautbildgröße gegen die Peripherie hin im allgemeinen wohl bestehen bleiben. Nun weicht aber die Gestalt des hinteren Bulbusabschnittes in vielen Fällen sehr merklich von der Kugelgestalt ab.
Meist ist der quere Durchmesser des Bulbus kleiner, als der vertikale, so
daß der hintere Bulbusabschnitt eine seitlich zusammengepreßte Form erhält, und man ihn entfernt mit der Kalotte eines dreiachsigen Ellipsoids
vergleichen kann. Allerdings brauchten dessen Achsen nicht genau horizontal
und vertikal zu sein und auch sonst könnten mannigfache Abweichungen
von diesem Schema vorkommen. Es wäre nun außerordentlich verlockend,
daraufhin die obigen Überlegungen noch weiter auszudehnen, und auch
die individuell so außerordentlich variablen Unterschiede in der Größenschätzung nach den verschiedenen Richtungen hin abgesehen von anderweitig bedingten leichten Verzeichnungen der Netzhautbilder durch die
regionär verschiedene Krümmung und Ausbauchung der Netzhaut zu er-

klären. Insbesondere ließen sich daraus auch die zyklischen Schwankungen in der Schätzung von Winkeln auf die einfachste Weise ableiten. Endlich würde, da die Anomalien im Bau des hinteren Bulbusabschnitts doch wohl auf entwicklungsmechanische Ursachen zurückzuführen wären, die mit der Funktion des Auges in keiner Weise zusammenhängen, auch die Grundlage für das Verständnis der aus der Funktion ganz unbegreiflichen Mannigfaltigkeit dieser Anomalien gegeben.

Leider schweben alle diese Vermutungen vorläufig in der Luft. Schon FICK (273), der zuerst die Möglichkeit erörtert hatte, daß die Unterschätzung der horizontalen gegenüber den vertikalen Strecken auf ungleicher Krümmung des hinteren Bulbusabschnittes beruhe, hat diese Annahme wieder fallen gelassen, weil bei den gegebenen Dimensionen der Krümmungsunterschied erst bei Gesichtswinkeln über 1° im Sinne einer Verkleinerung des Netzhautbildes in der Richtung des stärker gekrümmten Meridians wirkt, bei kleineren Winkeln gerade umgekehrt. Vor allem aber ist es fraglich, ob die Unregelmäßigkeiten im Bau des hinteren Bulbusabschnittes genügend groß sind, um so beträchtliche Unterschiede in der Netzhautbildgröße zu veranlassen, wie sie zur Erklärung der Unterschiede in der Größenschätzung nach den verschiedenen Richtungen hin notwendig wären. Endlich läßt die äußere Gestalt des ausgeschnittenen Bulbus keinen sicheren Rückschluß auf die Gestalt des Bulbus in situ zu, weil im letzteren Falle noch der Druck der äußeren Augenmuskeln hinzukommt.

Allgemein ist dabei ferner zu betonen, daß der Nachweis einer ungleich großen Abbildung auf den verschiedenen Teilen der Netzhaut nur auf anatomische bzw. dioptrische Gründe gestützt, aus der ungleichen Größenschätzung selbst aber keineswegs abgeleitet werden kann. Das wäre nur dann möglich, wenn die Voraussetzung zuträfe, daß gleich großen Netzhautbildern auch auf allen Teilen der Netzhaut gleiche scheinbare Größe entspricht. Das steht aber durchaus nicht von vornherein fest. Im Gegenteil hatte schon E. H. WEBER (291, S. 528) darauf hingewiesen, daß auf der Haut die Größe der »Empfindungskreise« einen Einfluß auf die scheinbare Größe ausübt, indem diese geringer wird, wenn die Größe der Empfindungskreise zunimmt, und er hatte etwas Ähnliches auch für das Auge angedeutet (vgl. VOLKMANN, 13, S. 66 ff., 71). Zwar kann dieser Einfluß nicht soweit gehen, daß die scheinbare Größe der Größe der Empfindungskreise umgekehrt proportional ist, denn sonst müßte ja die scheinbare Größe auf der Netzhautperipherie um das Mehrfache geringer sein, als in der Mitte der Netzhaut. Aber der von E. H. WEBER (292) angestellte Zirkelversuch an der Haut (zwei Zirkelspitzen erscheinen auf Hautflächen mit feiner Unterschiedsempfindlichkeit für Lagen weiter voneinander entfernt, als auf Hautflächen mit geringerer Unterschiedsempfindlichkeit) legt doch die Vermutung nahe, daß ähnliche Verhältnisse auch für das Auge nicht ganz von der Hand zu weisen sind. An der Haut sind diese Verhältnisse neuerdings durch FITT (275 a) genauer untersucht worden. Es zeigte sich, daß an Hautstellen mit großer Unterschiedsschwelle des Ortssinns in der Tat eine gleich große Strecke kleiner geschätzt werde, als an solchen mit kleiner Schwelle, und zwar werden diese Verschiedenheiten durch den Unterschied in der Lebhaftigkeit und Deutlichkeit der Tastempfindungen verursacht. Je größer diese ist, desto größer werden gleich lange Strecken mit dem Tastsinn geschätzt. Es läge nahe, dies auch auf das Auge zu übertragen, denn die Lebhaftigkeit und Deutlichkeit indirekt gesehener Strecken ist ja viel geringer, als die der direkt gesehenen, und bei den Einstellungsversuchen selbst hat man häufig den subjektiven Eindruck, daß man die indirekt gesehenen Strecken deswegen so groß macht, weil man sie ganz verwaschen sieht. Objektiv läßt sich indessen auch diese Vermutung nicht belegen. Wäre sie im Auge streng erfüllt, so müßte man die Streckenlänge um so mehr unterschätzen, je geringer die Sehschärfe der exzentrischen Netzhautstelle wäre, auf der sie abgebildet werden, also beim gleichen Grade der Exzentrizität am meisten nach oben, etwas weniger nach unten, in diesen beiden Richtungen aber bedeutend mehr, als nach innen, am wenigsten nach außen (vgl. die Sehschärfekurven von WERTHEIM, Fig. 16 auf S. 49). Das stimmt mit dem oben angeführten Ergebnis in meinen Augen wohl im allgemeinen, aber durchaus nicht in jeder Einzelheit überein. Obwohl ich z. B. die größere Undeutlichkeit der Strecke im oberen Teil des Gesichtsfeldes gegenüber der unteren deutlich merke, unterschätze ich doch gerade umgekehrt die untere etwas mehr, als die obere[1]). Es könnte also selbst dann, wenn die Undeutlichkeit des Gesichtseindrucks einen Einfluß auf die Größenschätzung ausüben würde, diese nicht der allein bestimmende Faktor sein[2]).

Zu dem Angeführten kommt endlich noch hinzu, daß wir den oben schon erörterten Einfluß, den die Gestaltauffassung auf die scheinbare Größe im indirekten Sehen nimmt, nicht sicher abschätzen können. Solange aber alle diese Dinge nicht völlig klargestellt sind, werden wir uns vorläufig darauf beschränken müssen, einfach beschreibend die Größenverhältnisse im objektiven ebenen Gesichtsfeld mit denen im subjektiven ebenen Sehfeld zu vergleichen, lediglich die zentrische Schrumpfung des letzteren gegenüber dem ersteren und ihr ungleiches Verhalten nach den verschiedenen Richtungen des Gesichtsfeldes hin zu konstatieren. Wenn HILLEBRAND (246)

---

1) Der mittlere variable Fehler betrug in meinen Versuchen bei den Einstellungen oben 2,03 mm, unten 1,65 mm, innen 1,55 mm, außen 1,51 mm. Seine Größe folgt also durchaus der Bestimmtheit der Größenschätzung, wie sie aus der Sehschärfe zu erschließen ist.

2) Wohl aber wäre es möglich, daß durch die Undeutlichkeit des Gesichtseindrucks der ausgleichende Einfluß der Gedächtnisform auf die Größenschätzung herabgesetzt wird. So ließe es sich erklären, daß dieser Einfluß im indirekten Sehen offenbar geringer ist, als im direkten.

im Anschluß an Hering das Ergebnis des Kundtschen Teilungsversuches auf eine angeborene ungleiche Verteilung der Raumwerte auf der Netzhaut nach der nasalen und temporalen Seite hin zurückführt und Tschermak (12) dies auch auf die Ungleichheit der Größenschätzung nach den übrigen Richtungen hin ausdehnt, so ist damit ganz allgemein zum Ausdruck gebracht, daß diese Ungleichheiten von vornherein in der Organisation des Sehorgans gegeben und nicht etwa erst durch irgendwelche Erfahrungsmotive sekundär erworben worden sind.

Im Gegensatz zu dieser Auffassung wurde von verschiedenen Seiten der Versuch gemacht, Erfahrungsmotive als die Ursache der Unterschiede der Größenschätzung auf den verschiedenen Teilen der Netzhaut nachzuweisen. Hier ist in erster Linie die Erklärung anzuführen, die Helmholtz aus der Übereinstimmung zwischen den scheinbar geraden Richtungen des indirekten Sehens und den Projektionen der Richtkreise des Blickfeldes herleitete. Er ging dabei von der Annahme aus, daß wir unser Urteil über die Richtungen im indirekten Sehen durch den Vergleich mit den Richtungen im direkten Sehen erwerben. Wenn wir ein Objekt a zuerst indirekt sehen und ihm dann den Blick zuwenden, so erhalten wir nach Helmholtz neben dem Vergleich der Form und scheinbaren Größe auch eine Vergleichung der Richtung des zunächst indirekt und dann direkt gesehenen Objekts a mit einem zuerst direkt gesehenen Objekt b, d. h. »es wird wahrgenommen werden, welche Linien beider Objekte sich auf denselben Meridianen der Netzhaut abbilden«. Nehmen wir an, was ja in der Regel auch ziemlich zutrifft, daß die Ausgangsstellung, von der wir zur Blickwendung ausgehen, die Primärstellung ist, so werden wir durch gehäufte derartige Vergleiche »kennen lernen können, welche Richtungen in den seitlichen Teilen des Sehfeldes übereinstimmen mit den durch den Fixationspunkt gezogenen Linien, und diese Übereinstimmung wird sich als Regel so feststellen, wie sie stattfindet, wenn der Fixationspunkt auch Hauptblickpunkt ist, d. h. sämtliche Linienelemente ein und derselben Richtlinie werden im Sehfelde übereinstimmende Richtung zu haben scheinen«. Zwar trete diese Bestimmung der Linien gleicher Richtung in Widerspruch zu den Bestimmungen der scheinbaren Größe beim Vergleich direkt und indirekt gesehener Objekte. Wir berücksichtigten aber bei diesen Vergleichen mehr die übereinstimmende Richtung der Linien als die Größe der Objekte, was wohl damit zusammenhänge, daß wir bei den undeutlichen und verwaschenen Bildern des indirekten Sehens die Richtung von Linien noch ziemlich genau erkennen, wenn die Form und Größe des Objekts nur noch sehr ungenau erkannt wird.

Nehmen wir die Voraussetzungen für diese Erklärung vorerst als richtig an, so könnte man zunächst einwenden, daß die Projektionen der Richtkreise des kugeligen Sehfeldes nicht immer genau mit den scheinbaren

Geraden des indirekten Sehens zusammenfallen. Bei kleinen Unstimmigkeiten
wäre das freilich kein ganz stichhaltiger Einwand. Denn das LISTINGsche
Gesetz der Augenbewegungen, aus dem die besonderen Eigenschaften der
Richtkreise abgeleitet wurden, ist ja nur ein allgemeines Schema, von dem
es im einzelnen, insbesondere gegen die Grenzen des Blickfeldes zu zahlreiche kleine Abweichungen gibt. Auch wenn man diese Abweichungen
vom LISTINGschen Gesetz beim Erwachsenen nicht in Übereinstimmung
fände mit den Abweichungen der scheinbaren Geraden des indirekten Sehens
von den Projektionen der Richtkreise, so würde das noch nicht viel besagen. Denn man kann dann immer noch annehmen, daß wir unsere Erfahrungen über die Richtungen im indirekten Sehen in frühester Kindheit
gesammelt haben, und seither könnten sich ja die Augenbewegungen infolge von Wachstumsverschiebungen am Bulbus und der Orbita geändert
haben. Freilich müßte dann hinzugefügt werden, daß diese späteren
Änderungen keinen Einfluß auf unsere optischen Wahrnehmungen mehr
genommen haben. Wenn allerdings die Abweichungen vom HELMHOLTZ-
schen Muster so groß sind, wie in GUILLERYs und meinen Messungen, dann
ist auch diese Annahme nicht mehr ausreichend.

Noch wichtiger ist ein Einwand von BOURDON (3, S. 107). Dieser Autor
macht darauf aufmerksam, daß sich die Krümmung der scheinbaren Geraden
des indirekten Sehens sogar in immer zunehmendem Maße auch auf Gebiete des Gesichtsfeldes erstreckt, die mit dem direkten Blick gar nicht
mehr erreicht werden können, für welche also ein Vergleich zwischen
direktem und indirektem Sehen nicht möglich ist. Dazu kommt, daß
wir beim ungezwungenen Sehen größere Drehungen des Auges ganz vermeiden, das wirklich von uns ausgenutzte Blickfeld also viel kleiner ist,
als es nach der Beweglichkeit der Augen sein könnte. Wollte man also
die Annahme von HELMHOLTZ konsequent durchführen, so müßte man sagen,
daß die Erfahrung der Retina keine lokalisierte sei, sondern sich in dem
einmal eingeschlagenen Sinne über die durch den Gebrauch gegebenen
Grenzen hinaus weiter nach der Peripherie fortsetze. Das entspricht aber
kaum mehr der eigentlichen Hypothese von HELMHOLTZ.

Am größten ist aber ein anderes Bedenken. Wenn wirklich die Erfahrung infolge Vergleichens der nacheinander direkt und indirekt gesehenen
Richtungen maßgebend sein sollte, dann müßte man doch eigentlich erwarten, daß die gekrümmten Linien, die wir indirekt als Gerade sehen,
auch gerade bleiben, wenn wir unsern Blick auf sie hinwenden. Denn
wenn man den Blick einer seitlich gelegenen Hyperbel des HELMHOLTZschen
Musters entlang führt, so verschiebt sich der jeweils direkt gesehene Teil
der Linie dem LISTINGschen Gesetz entsprechend immer auf demselben
Meridian der Netzhaut, verhält sich demnach gerade so, wie eine durch
den Fixationspunkt verlaufende Gerade, deren Teile, wenn man sie mit

dem Blick verfolgt, sich ebenfalls immer auf dem gleichen Meridian verschieben. Aus diesem Hingleiten über einzelne Teile einer geraden Linie über stets gleiche Netzhautstellen ergibt sich ja nach HELMHOLTZ eben der Geradheitseindruck (siehe oben S. 160). Daraus aber wäre doch wohl zunächst zu folgern, daß die Hyperbeln, wenn man nach ihnen hinblickt, gleichfalls als gerade Linien erscheinen müßten. Das ist aber nach HELMHOLTZ nicht der Fall, vielmehr erkennt man die Krümmung der seitlich gelegenen Felderreihen, sobald man den Blick nach ihnen hinwendet, und damit ist meiner Ansicht nach das ganze Erklärungsprinzip in seinem Fundament durchbrochen.

Ein weiterer Versuch, insbesondere die spezifischen Unterschiede der Größenschätzung nach oben und unten, sowie nach innen und außen genetisch zu erklären, rührt von WUNDT her (144; 15a, Bd. 2, S. 594 ff.), der annahm, sie beruhten auf ungleichen Spannungsempfindungen bei der Bewegung des Bulbus nach den verschiedenen Seiten hin, insbesondere auf einer leichteren Beweglichkeit jedes Auges nasalwärts und nach unten. Wir brauchen hier gar nicht weiter auf die prinzipielle Seite der Frage einzugehen, die wir schon oben S. 85 ff. erörtert haben, denn die Ansicht WUNDTs läßt sich auch durch die hier vorliegenden Tatsachen selbst widerlegen. Gegen sie spricht schon die Angabe FEILCHENFELDs (272), daß bei ihm die Überschätzung der nasalen Hälften horizontaler Strecken gegenüber den temporalen bei bewegtem Blick geradezu ins Gegenteil umschlug, und die Beobachtung von HICKS und RIVERS (280), daß die Überschätzung der vertikalen gegenüber horizontalen Strecken bei Momentanexposition ebenso groß ist, wie bei längerer Betrachtung, und daß im letzteren Falle das Urteil nur unsicherer wird. Auch ist die Annahme WUNDTs nicht mit den individuellen Unterschieden der Schätzungen nach rechts und links, oben und unten bei verschiedenen Personen zu vereinbaren, und sie versagt ganz, wenn die Überschätzung der vertikalen gegenüber den horizontalen Strecken, wie in gewissen von VALENTINE (290) beobachteten Fällen, in den beiden Augen einer und derselben Person verschieden groß ist, oder wie bei KUNDT und mir der Teilungsversuch in beiden Augen ungleich ausfällt[1]).

---

[1]) Im letzteren Falle könnte man freilich einen Ausweg darin suchen, daß man erklärte, es handle sich nicht um die gemeinschaftliche Innervation beider Augen, sondern um die mehr oder weniger leichte Innervation jedes Auges für sich. Ich ließ deshalb den KUNDTschen Teilungsversuch von einem Patienten mit Abduzenslähmung ausführen, der beim Tastversuch den typischen groben Fehler machte, fand aber bei ihm auch wieder bloß einen Teilungsfehler, der sich innerhalb der normalen engen Grenzen hielt. Auch sonst ist mir nicht bekannt, daß der Teilungsfehler bei Abduzenslähmung abnorm hoch gefunden worden wäre. Vielmehr fand auch LÖSER (283a), welcher den Teilungsversuch von einem Patienten mit linksseitiger Hemianopsie anstellen ließ, der gleichzeitig am linken Auge eine Abduzensparese besaß, keinen Unterschied zwischen dem Fehler des gelähmten und des nicht

FEILCHENFELD (272) suchte die Überschätzung der nasalen Hälfte einer horizontalen und der oberen Hälfte einer vertikalen Strecke auf die Asymmetrie des einäugigen Gesichtsfeldes zurückzuführen. Neben dem temporalen Ende der halbierten Strecke sehe man einen viel größeren Rest des Gesichtsfeldes als neben dem nasalen Ende, das sich viel näher an die Gesichtsfeldgrenze heran erstreckt. Ganz ebenso wäre die Einschränkung des Gesichtsfeldes nach oben die Ursache für die Überschätzung der oberen gegenüber der unteren Hälfte einer vertikalen Strecke. Indes könnte der Einfluß der Gesichtsfeldgrenze höchstens als ein sekundärer Faktor eingeschätzt werden[1]), denn der anomale Ausfall des KUNDTschen Teilungsversuchs an den Augen von FISCHER und MÜNSTERBERG stimmt durchaus nicht zur Annahme FEILCHENFELDs. Auch hat VALENTINE (291) bezüglich der Überschätzung vertikaler gegenüber horizontalen Strecken gezeigt, daß sie bei binokularem Sehen keineswegs größer wird, als beim Sehen mit einem Auge, was man doch aus der Erweiterung des binokularen Gesichtsfeldes gegenüber dem monokularen erwarten würde, wenn FEILCHENFELDs (auch von KÜLPE diskutierte) Vermutung richtig wäre.

Hemianopiker überschätzen bei der Halbierung einer Strecke jenen Teil derselben beträchtlich, der nach der Seite des Defekts zu liegt (AXENFELD, 265; LIEPMANN und KALMUS, 283; BEST, 267). Freilich tritt dieser Halbierungsfehler beim Hemianopiker durchaus nicht immer auf (vgl. POPPELREUTER, 11a, S. 142ff.), ja er fällt bei frischen Verletzungen in der Mehrzahl der Fälle und auch sonst sehr oft gerade umgekehrt aus, wie gewöhnlich — atypischer Fehler nach BEST (267b). Er wird ferner bei häufiger Wiederholung der Versuche immer kleiner, besonders wenn der Patient selbst auf ihn aufmerksam wird. POPPELREUTER betrachtet den Fehler nicht als durch eine Störung der »Größenwahrnehmung«, sondern entsprechend seiner oben S. 152 erwähnten Staffelungshypothese als durch eine »Insuffizienz der Auffassung den an sich empfundenen Größen gegenüber« bedingt. BEST hingegen führt ihn ebenso, wie FEILCHENFELD, vorwiegend auf die Unterschätzung exzentrisch abgebildeter Strecken zurück, weil der Hemianopiker, um die ganze Strecke überschauen zu können, das gegen den Defekt hin gerichtete Ende derselben fixieren muß, und daher beim Hal-

---

gelähmten Auges. Die Innervationsstärke der Augenmuskeln ist eben nicht für die relative Lokalisation der Endpunkte einer Strecke gegeneinander, sondern bloß für die absolute Lokalisation der ganzen Strecke entscheidend, und alle Deutungsversuche der Streckentäuschungen aus Augenbewegungen beruhen auf einer Verwechslung der relativen mit der absoluten Lokalisation.

1) Wenn das Ergebnis des Teilungsversuches nach den verschiedenen Richtungen des Gesichtsfeldes hin bei manchen Personen mit der Zeit wechselt, wie dies DEGENKOLB (270, 271) angibt, so könnten, vorausgesetzt, daß das Ergebnis durch gehäufte Versuche genügend sichergestellt ist, noch andere Nebenfaktoren, die unbeachtet geblieben sind, mit in Frage kommen.

bierungsversuch eine vom Zentrum ausgehende Strecke mit einer mehr exzentrisch gelegenen verglichen wird. Der atypische Fehler könne entweder durch Nichtsehen des gegen die blinde Seite hin gerichteten Endteils der Strecke vorgetäuscht werden, oder er beruhe — bei Hemiamblyopie — auf einer stark erhöhten zentrischen Schrumpfung des Sehfeldes infolge Schädigung der zugehörigen Sehsphäre. An den geschädigten Stellen nehme das Gewicht der Sehelemente für die Lokalisation ab. Best vergleicht dies damit, daß, wie auch schon Lohmann annahm, »die zentralen Sehelemente entsprechend ihrer dichteren Anordnung und höheren Wertigkeit beim Augenmaß ein größeres Gewicht haben, als die peripheren«. Wie wir oben S. 184 sahen, ist dieser Zusammenhang allerdings nicht sicher. Ich würde es daher vorziehen, von vornherein lediglich auf die Tätigkeit eines höher gelegenen Zentrums zu rekurrieren, in welchem die von der Peripherie anlangenden Erregungen — noch nicht »Wahrnehmungen« oder »empfundene Größen«, wie dies Poppelreuter annimmt — sekundär verarbeitet werden, so daß sie in modifizierter Form zum Bewußtsein gelangen, ähnlich, wie dies auf der folgenden Seite und später (S. 197) für andere Fälle ausgeführt ist. Insbesondere möchte ich darauf hinweisen, daß schon eine mangelhafte Gestaltauffassung die zentrische Schrumpfung des Sehfeldes erhöhen kann, weil bei verringerter Wirkung der Gedächtnisform die oben beschriebene Ausgleichung der perspektivischen Verkürzung der seitlichen Teile des ebenen Gesichtsfeldes sehr herabgesetzt sein wird.

Zur Erklärung der Überschätzung der nach oben zu gelegenen Teilstrecken im Gesichtsfeld gegenüber den nach unten zu liegenden ist öfter auch der Umstand herangezogen worden, daß unter den gewöhnlichen Verhältnissen des Sehens die tiefer gelegenen Teile des Gesichtsfelds von uns näher liegenden Gegenständen erfüllt sind, die nach oben liegenden Teile aber weiter von uns entfernte Gegenstände enthalten. Deshalb sei es uns zur Gewohnheit geworden, die oben liegenden Gegenstände weiter von uns weg, die unten liegenden näher an uns heran zu lokalisieren, womit gleichzeitig ein Größerschätzen der oberen und ein Kleinersehen der unteren Gegenstände verbunden sei. Förster, 276; Helmholtz, I, S. 800; Hering, R., S. 572; Fröhlich, 278; Filehne, 274 a; Jaensch, 9 a, S. 200 ff. Es ist schwer, die Bedeutung dieses Momentes, das uns später in anderem Zusammenhange nochmals beschäftigen wird, richtig abzuschätzen. Jedenfalls ist die Möglichkeit eines derartigen Einflusses von Erfahrungsmotiven auf die Größenschätzung nach den verschiedenen Richtungen des Gesichtsfeldes hin ohne weiteres zuzugeben. Es würde sich auch hier wieder um analoge Vorgänge handeln, wie wir sie bei der Lehre von der Gestaltauffassung wiederholt eingehend besprochen haben. So erklärt es sich wahrscheinlich auch aus dem Einfluß der Gedächtnisform, daß die Überschätzung der vertikalen gegenüber den horizontalen Strecken bei verschiedenen Figuren verschieden stark

hervortritt, wie dies oben S. 159 näher ausgeführt wurde[1]). Ganz direkt
hat aber ferner WINCH (293a) angegeben, daß die Überschätzung der Vertikalen gegenüber der Horizontalen bei Schulkindern unter dem Einfluß des
Zeichenunterrichts, d. h. also mit zunehmender Vertrautheit mit dem wirklichen Größenverhältnisse, allmählich abnimmt. Auf den ersten Blick scheint
dies in einem unlöslichen Widerspruch zu stehen mit der Angabe von
VALENTINE (290), daß dasselbe Phänomen bei Erwachsenen durch Übung
gesteigert werden kann. Der Widerspruch ließe sich beheben, wenn wir
die Verschiedenheit der Lokalisation nach den verschiedenen Richtungen
des Gesichtsfeldes als das Primäre, in der Anlage ursprünglich Gegebene,
auffassen, das durch die Erfahrung den wirklich vorhandenen Größenverhältnissen angepaßt, gewissermaßen richtiggestellt werden kann[2]). Ist dies —
beim Erwachsenen — einmal erfolgt, und gelingt es dann der Versuchsperson umgekehrt, durch Wiedereinstellung auf die ursprüngliche unbefangene
Auffassung den Einfluß der Erfahrung wieder zurückzudrängen, so kommt
die primäre Lokalisationsweise wieder zum Vorschein. Auch nach dieser
Auffassung, die ich allerdings nur mit Vorbehalt andeuten möchte, würde
jedenfalls wieder folgen, daß die Lokalisationsdifferenz, weil sie gerade bei
jugendlichen Personen (nach RIVERS [215] auch bei unzivilisierten Völkern)
am stärksten ist, auf einer angeborenen Einrichtung des Sehorgans beruht.
Darin liegt aber die große theoretische Bedeutung derselben. Sie bildet,
wie schon TSCHERMAK (12) ausgeführt hat, eine starke Stütze für die Annahme einer in der ursprünglichen Organisation des Sehorgans gegebenen
charakteristischen Lokalisationsweise der Einzelelemente des somatischen
Sehfeldes.

11. Die Ausfüllung des blinden Flecks.

Unter den peripheren Netzhautstellen erfordert eine Gegend wegen
ihrer Eigenart eine besondere Besprechung, nämlich der blinde Fleck und
seine nächste Umgebung. Beim binokularen Sehen ergänzen sich die Bilder
beider Augen gegenseitig in der Weise, daß die Eindrücke der korrespondierenden Stellen des zweiten Auges gerade in die Lücke des Gesichtsfeldes des anderen hineinpassen und sie ausfüllen. Warum aber bemerken
wir den blinden Fleck auch dann nicht, wenn wir das eine Auge verdecken? Daß dies beim gewöhnlichen Sehen nicht der Fall ist, darüber

---

1) SCHUMANN (219b, S. 19) wollte die Überschätzung der vertikalen gegenüber
horizontalen Konturen sogar ganz auf solche Vorgänge der Gestaltauffassung zurückführen.

2) Mit Rücksicht auf die Ausführungen von HILLEBRAND (246a) muß betont
werden, daß es sich hierbei nicht um einen Einfluß des bloßen Wissens um die
richtigen Größenverhältnisse handeln kann, sondern daß eine Änderung der inneren
Einstellung (Disposition) des Sehorgans eintreten müßte.

brauchten wir uns nicht weiter zu wundern, denn unsere Aufmerksamkeit wird ja, wie HELMHOLTZ ausführt, nur auf neu auftauchende oder sonstwie ungewöhnliche Erscheinungen des indirekten Sehens hingelenkt, die Erscheinungen am blinden Fleck bieten aber der Aufmerksamkeit keinen hinreichenden Anlaß dazu. Es wäre also vor allem zu fragen, warum wir die Lücke auch im Versuch bei gespannt daraufhin gerichteter Aufmerksamkeit nicht merken. Daß daran nicht die Unbestimmtheit der Lokalisation im indirekten Sehen schuld ist, ist selbstverständlich, denn wir bemerken ja das Verschwinden eines einzelnen farbigen Flecks, den wir auf die Stelle des blinden Flecks bringen, bei genügender Aufmerksamkeit ganz gut, während wir auf einer ganz einfarbigen Fläche oder auf einer solchen, die mit regelmäßig angeordneten, voneinander wenig unterscheidbaren Einzelheiten bedeckt ist, z. B. an einer Druckschrift oder einem sonstigen gleichförmigen Muster, keinen Ausfall sehen. Dieser wird im allgemeinen erst dann merklich, wenn die Größe der Details und ihr Abstand voneinander so groß ist, daß die Sehschärfe in der Umgebung des blinden Flecks hinreicht, um sie voneinander gesondert wahrzunehmen (LANDOLT, 299).

Man hat, um die Unmerklichkeit der Lücke auf gleichförmigem Grunde zu erklären, vielfach angenommen, daß der Stelle des blinden Flecks überhaupt keine Gesichtsempfindungen entsprechen[1]. Man sehe hier, wie HELMHOLTZ (I, S. 577) es ausdrückt, im strengen Sinne des Wortes nichts, ebenso wie wir etwa hinter uns nichts sehen. Daß dies nicht zutrifft, ergibt sich aber schon aus der von vielen Autoren beobachteten entoptischen Sichtbarkeit des blinden Flecks. Man kann ihn als dunkle Scheibe, die von einem hellen Hof umgeben ist, sehen, wenn man im Dunkeln brüske Ab- und Adduktionsbewegungen der Augen ausführt. Ferner wird er bei Druck auf das Auge, bei elektrischer Durchströmung desselben und unter den Bedingungen, bei denen die PURKYNJEsche Aderfigur auftritt, sichtbar. Insbesondere kann man ihn im ersten Augenblick sehen, wenn man nach kurzem Augenschluß auf eine gleichmäßig beleuchtete Fläche hinblickt, und zwar gelingt die Beobachtung sowohl monokular, wie binokular. Der blinde Fleck erscheint hierbei als eine dunkle Scheibe, die von einem hellen Hof umgeben ist, der sich gegen die Scheibe hin scharf abgrenzt, in die weitere Umgebung aber mit allmählicher Abschattierung übergeht. Die Erscheinung verschwindet jedoch ganz so, wie die Netzhautaderfigur, infolge der rasch einsetzenden Lokaladaption schon nach Bruchteilen einer Sekunde[2]. Sie kann aber, wie CHARPENTIER (296), TSCHERMAK (31) und BRÜCKNER (294) (vgl. auch KÖLLNER, 298) fanden, bei neuerlichem Lidschluß in ein flüch-

---

[1] So besonders scharf MACH (10a, S. 32), der aber seine Ansicht angesichts der neueren Beobachtungen zurücknahm.

[2] Die Literatur über alle diese meist von mehreren Autoren bestätigten Beobachtungen findet man bei BRÜCKNER (294).

tiges negatives Nachbild, das die Form einer hellen Scheibe besitzt, übergehen. Die entoptische Sichtbarkeit des blinden Flecks beweist, daß der
Stelle des blinden Flecks zwar ein Ausfall im peripheren Empfangsapparat,
aber keine zentrale Lücke im somatischen Sehfeld entspricht. An die ihm
entsprechende Stelle des Sehfelds werden tatsächlich Gesichtsempfindungen
lokalisiert.

Wenn aber der Stelle des blinden Flecks nachweisbar ein Gebiet des
somatischen Sehfeldes mit eigener Lokalisationsfähigkeit zugehört, dann ist
auch die Meinung von Wittichs (302) widerlegt, die Ausfüllung des blinden
Flecks erfolge in der Weise, daß die Farbe der Umgebung mit ihren Raumwerten sich gewissermaßen über die Lücke hinwegschöbe, etwa so, wie
nach dem von Hering gebrauchten Bilde eine Lücke in einer Kautschuk-
platte durch Dehnung ihrer Ränder ausgefüllt werden kann. Wenn diese
Ansicht zuträfe, müßten die einander gegenüberliegenden Stellen des Randes

Fig. 77.

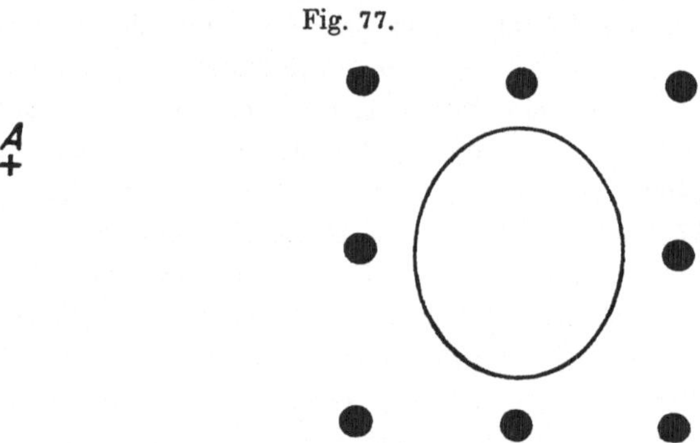

des blinden Flecks mit ihren Raumwerten unmittelbar aneinander anschließen, d. h. wenn wir ein kleines Objekt dicht an den einen Rand des
blinden Flecks brächten und ein zweites ebensolches Objekt hart an den
gegenüberliegenden Rand des blinden Flecks, so müßten diese beiden Objekte unmittelbar nebeneinander zu liegen scheinen. In der Tat haben
Ferree und Rand (296a) behauptet, daß dies der Fall sei. Ich kann
aber bei der Nachprüfung ihrer Versuche eine scheinbare Berührung oder
Vereinigung der beiden kleinen Objekte, auch wenn ich sie dicht an den
Rand des blinden Flecks heranbringe, nicht beobachten. Allerdings habe
ich und noch ein Beobachter den deutlichen Eindruck, daß die auf den
äußersten Rändern des blinden Flecks liegenden Gegenstände einander etwas
genähert erscheinen. Man kann dies Verhalten mit der in Fig. 77 wiedergegebenen Anordnung nach v. Wittich noch deutlicher wahrnehmen. Man
bringe die Figur unter steter Fixation der Marke A in eine solche Entfernung
vom rechten Auge, daß die vertikale Ellipse ungefähr auf die Gegend des

blinden Flecks fällt[1]), und der mediale Rand desselben möglichst dicht rechts vom mittelsten Punkt der linken Vertikalreihe liegt. Dann sehe ich die linke Vertikalreihe ebenso wie v. WITTICH und LOHMANN (299 a) nicht gerade, sondern der mittlere Punkt derselben erscheint etwas nach rechts gegen den blinden Fleck zu verschoben. (An den anderen Reihen des Rechtecks ist mir die Abweichung von der geraden Richtung nicht sicher.) VOLKMANN (300) und HELMHOLTZ sahen die Reihen — von den gewöhnlichen Verziehungen im peripheren Gesichtsfeld abgesehen — gerade. FUNKE (297) gibt an, er sehe die linke Vertikalreihe gerade, wenn er sie mit einer mitten zwischen dem Fixationspunkt A und ihr gezogenen geraden vertikalen Linie vergleiche, sonst aber sehe er sie gebogen, wie v. WITTICH. Diese verschiedenen Angaben weisen auf individuelle Unterschiede hin, deren Ursache noch nicht feststeht. WUNDT bemerkt gelegentlich (144, S. 9), die angeführte Krümmung gerader Linien an der Grenze des blinden Flecks pflege man bei Kurzsichtigen zu finden. Das würde für meine Augen und die eines anderen myopischen Beobachters, der die Verziehung ebenso sieht, stimmen. Entscheidend wären natürlich nur Versuchsreihen an zahlreichen Individuen. Obwohl ich nun die Heranziehung eines am Rande des blinden Flecks liegenden Punktes gegen den letzteren hin ganz deutlich wahrnehme, ist diese doch lange nicht so stark, daß sie eine Ausfüllung des blinden Flecks bewirken könnte. Wenn die Angabe von FERREE und RAND zuträfe, müßte ferner der mittlere Punkt der linken Vertikalreihe, wenn man die Figur etwas vom Auge entfernte und wieder näherte, gegenüber dem oberen und unteren Punkt beträchtliche Scheinbewegungen ausführen, entsprechend der halben Breite des blinden Flecks. Davon bemerkt man aber ebenfalls nichts. Auch lassen sich die Angaben von FERREE und RAND mit den Beobachtungen von BRÜCKNER und anderen über die Sichtbarkeit des blinden Flecks nicht vereinen[2]). Ich glaube daher, daß mein Unvermögen, die Angaben von FERREE und RAND zu bestätigen, nicht auf mangelhafte Beobachtungsfähigkeit in der Netzhautperipherie zurückzuführen ist.

Zu den Gesichtsempfindungen, die an der Stelle des blinden Flecks auftreten, tragen jedenfalls die korrespondierenden Stellen des zweiten Auges mit bei — Beweise dafür hat KÖLLNER (298) erbracht —, aber der dunkle Kreis, den man bei der Öffnung eines Auges an der Stelle des

---

1) Da die Form des blinden Flecks individuelle Variationen aufweist, ist seine Grenze in der Figur nur schematisch angedeutet. Der schematische Umriß soll bloß als Anhalt dafür dienen, wo der blinde Fleck ungefähr liegt. Man kann beim Nähern und Entfernen der Figur vom Auge bald den rechten, bald den linken Rand der Ellipse zum Verschwinden bringen.

2) LOHMANN (299 a) hält dies zwar für möglich, indessen nur auf Grund von Spezialannahmen, deren Zulässigkeit fraglich ist. Aber auch LOHMANN hat Angaben von WERNER (301), die denen von FERREE und RAND ähnlich lauten, nicht voll bestätigen können.

blinden Flecks wahrnimmt, rührt doch nicht ausschließlich von den Regungen des geschlossenen anderen Auges her. Vielmehr machen es verschiedene Erscheinungen sicher, daß dabei sehr wesentlich auch der
Simultankontrast mitwirkt (das Nähere vgl. man bei Brückner, 294). Wenn
freilich der dunkle Kreis, der nach dem Öffnen des Auges an der Stelle
des blinden Flecks auftritt, infolge der Lokaladaptation verschwunden ist,
und die gleichmäßig helle Fläche bei der Betrachtung mit einem Auge
auch an dieser Stelle genau ebenso aussieht, wie die Umgebung, dann ist
es doch so, daß sich die Regungen der umgebenden Teile des somatischen
Sehfeldes über den dem blinden Fleck entsprechenden Bezirk hin ausgebreitet haben. Sie behalten dabei zwar ihre farbige Qualität, nehmen
aber die Raumwerte des blinden Flecks an, sie müssen also eine ihnen
gleichsinnige Mitregung der dem blinden Fleck entsprechenden Teile des
somatischen Sehfeldes ausgelöst haben.

Um über die Gesetzmäßigkeit, nach denen diese Mitregung abläuft,
Aufschluß zu erhalten, kann man statt einer ganz gleichmäßig gefärbten
Fläche eine halb weiße und halb schwarze zu den Versuchen benutzen.

Fig. 78.

Stellt man das Auge so ein, daß die
gerade Grenzlinie des weißen und
schwarzen Teils der Fläche über den
blinden Fleck hinwegzieht, so sieht
man, wie Brückner (294) fand, im
ersten Augenblick an der Stelle des
blinden Flecks eine Ausbuchtung der
einen Farbe gegen die andere hin,
und zwar ist es in der Regel die auf
dem zentraleren, gegen die Makula
hin gerichteten Teile der Netzhaut abgebildete Farbe, die sich über den
blinden Fleck ausbreitet. Lag also der
Fixationspunkt auf dem weißen Teil
der Fläche und wurde der schwarze
Teil exzentrisch abgebildet, so entstand eine weiße Ausbuchtung; lag der
Fixationspunkt auf dem Schwarz und
wurde das Weiß exzentrisch abgebildet, so zeigte sich eine schwarze Ausbuchtung wie sie in Fig. 78 für das linke Auge angegeben ist. Am
Rande derselben waren Erscheinungen des Grenzkontrastes zu sehen: der
helle Ring und die dunklere Korona um die schwarze Scheibe in der
Figur. Ferner war oft der äußerste temporale Teil der Ausbuchtung etwas
undeutlicher, wie es ebenfalls in der Figur angedeutet ist, und manch-

mal trat auch in der Mitte derselben eine hellere Stelle auf. Diese anfängliche Erscheinung ist sehr flüchtig, sie hält in BRÜCKNERs Auge bei zentraler Abbildung des Schwarz nur etwa 1′, bei zentraler Lage des Weiß nur einen Moment an. Ich sehe sie nur unter den günstigsten Umständen, wenn die schwarze Fläche gegen die Makula zu abgebildet wird, bei der mäßigen Dunkeladaption etwa eines sehr trüben Tages und passend herabgesetzter Beleuchtung ganz vorübergehend. Wenn sie verschwunden ist, folgt ein Dauerzustand, in dem man nicht recht angeben kann, wie die Grenze an der Stelle des blinden Flecks aussieht. So sagt HELMHOLTZ (I, S. 576): »Wunderlich ist dabei, aber charakteristisch für das Wesen der Erscheinung, daß ich nirgends eine Lücke zwischen dem weißen und schwarzen Felde sehe, obgleich ich erkenne, daß ich an einer Stelle die Begrenzungslinie nicht sehen kann, daß sich zwischen das Schwarze und Weiße nichts einschiebt, und ich doch nicht angeben kann, wo und wie geformt die Grenze sei.« Leichter bemerkt man, wie HELMHOLTZ hervorhebt, die Lücke in der Kontur einer Kreisfläche. Hier kann man ziemlich genau angeben, wieviel von der Kreiskontur fehlt, und ist es noch viel auffälliger, daß man an der Stelle des blinden Flecks nichts über die Begrenzung der Fläche zu sagen weiß.

Wenn nun schon bei so einfachen Versuchen die Beobachtung recht schwierig ist, so ist es begreiflich, daß bei komplizierteren Objekten die Aussagen der verschiedenen Autoren über das, was sie zu sehen meinen, weit auseinandergehen. Ein viel untersuchter Fall ist die Ergänzung eines Kreuzes, dessen vertikaler Balken in seiner Farbe wesentlich verschieden ist vom horizontalen (vgl. die Abbildung bei HELMHOLTZ, I, S. 575). VOLKMANN und v. WITTICH sahen, wenn die Kreuzungsstelle auf den blinden Fleck fiel, meist den horizontalen Balken des Kreuzes ununterbrochen hindurchziehen, seltener den vertikalen. AUBERT (1, S. 257) konnte trotz vielfacher Wiederholung der Versuche nicht angeben, was er an der Stelle des blinden Flecks eigentlich wahrnimmt. HELMHOLTZ war sich schließlich bei diesem Versuche ganz bestimmt bewußt, daß er die Kreuzungsstelle nicht wahrnehmen konnte.

Bei den Schwierigkeiten, welche die Beobachtungen über die Ausfüllung des blinden Flecks wegen seiner exzentrischen Lage darbietet, war es nun äußerst interessant, Patienten mit negativen Skotomen, bei denen der Defekt auf einer mehr zentral gelegenen Stelle der Netzhaut liegt, auf die Ausfüllung desselben zu untersuchen. Von früher her liegt darüber meines Wissens nur eine kurze Bemerkung von WUNDT vor (15a, Bd. 2, S. 539), an dessen rechtem Auge nach einer Chorioiditis ein genau der Makula entsprechendes zentrales Skotom von 4°—5° Durchmesser zurückgeblieben ist. An diesem zentralen blinden Fleck bemerkt WUNDT »sehr deutlich die Ausfüllung mit dem gleichförmigen Licht der Umgebung, während

dagegen mit dem Hereinreichen irgendwelcher näher differenzierter Bilder,
Teilen geometrischer Figuren, Druckschriften u. dgl., das Bild an der Grenze
der blinden Stelle scharf abbricht«. In der letzten Zeit sind ferner Versuche von POPPELREUTER (11 a, S. 149 ff.) hinzugekommen, der an einem
Falle mit ausgedehntem paramakulärem Skotom im Tachistoskop einfache
Figuren, wie z. B. Quadrate, kurze Zeit derart exponierte, daß ein Teil
ihres Bildes in das Gebiet des Skotoms hineinfiel. Der Patient sah das
Quadrat vollständig, mit einer »diffusen, unbestimmbaren Dunkelheit« an
der Stelle des Skotoms. »Diese Dunkelheit ist aber nur bei tachistoskopischer Exposition vorhanden, in längerem Betrachten bei ruhiger Fixation
dagegen nicht. Ebenso wie es bei den geübten Beobachtern des normalen
blinden Flecks der Fall ist, sah der Patient bei durchgehenden schwarzen
Konturen ein unbestimmtes Hellersein, bei dunklen ein unbestimmtes Dunkler-
sein.« Ähnliche Versuche führte POPPELREUTER auch an Hemianopikern
aus. Meist ergänzten sie eine im Tachistoskop kurze Zeit sichtbare Kreisfläche, die zur einen Hälfte ins hemianopische Gebiet hineinfiel, zu einem
Vollkreis, nur wurde er im letzteren Gebiete häufig »nicht so deutlich gesehen«, wie auf der normalen Netzhaut.

Soweit sich aus der kurzen Beschreibung POPPELREUTERs Schlüsse
ziehen lassen, scheint es sich in diesen Fällen in der Tat, wie er annimmt,
um jenen Vorgang gehandelt zu haben, den wir als ergänzende Reproduktion
bei der Besprechung der Gestaltauffassung schon behandelt haben. Auf
die Tätigkeit der »Phantasie«, welche die Lücke im blinden Fleck so schließt,
wie es sich aus der Form der umgebenden Netzhautbilder am einfachsten
und wahrscheinlichsten ergibt, hatten schon E. H. WEBER (292) und VOLK-
MANN (300) die Ausfüllung auch des normalen blinden Flecks zurückgeführt.
In der Tat paßt das, was wir oben über die ergänzende Reproduktion
sagten, auch zu den hier beschriebenen Vorgängen. Das Übersehen einer
fehlenden Einzelheit, insbesondere bei der kurzen Exposition im Tachistoskop, die individuellen Unterschiede im Grade der Ergänzung, endlich das
Gewahrwerden, daß »man eigentlich nichts sieht«, beim Hinlenken der Aufmerksamkeit auf die Lücke, sind einander in beiden Fällen durchaus analog.
Begünstigt wird dieses Spiel der Phantasie beim normalen blinden Fleck
offenbar durch die geringe Eindringlichkeit der exzentrischen Netzhautbilder,
die das Bemerken der Lücke auch bei gespanntester Aufmerksamkeit so
ungemein erschwert, während beim zentralen Skotom, also an der Stelle
größter Eindringlichkeit der Netzhautbilder, wie aus den Angaben von
WUNDT zu schließen ist, die Ausfüllung der Lücke an Konturen durch
die Phantasie geradezu unmöglich ist.

Wenn nun trotzdem auch in diesem Falle das Skotom durch die Farbe
der Umgebung ausgefüllt wird, so muß zum Spiel der ergänzenden Reproduktion noch etwas anderes hinzukommen. Dieses andere ist aber aus den

Versuchen von Brückner zu erschließen. Es besteht in der Miterregung der dem blinden Fleck entsprechenden Zentralteile des Sehorgans durch eine Art physiologischer Irradiation, wie sie bereits von Plateau (siehe oben S. 13) angenommen worden war. Brückner hat schon auf die Analogie dieses Vorganges mit jenen Fällen gegenseitiger Beeinflussung zweier gleichzeitiger Hautreize hingewiesen, über die wir oben S. 100 berichtet haben. Wir hatten dort auseinandergesetzt, daß dies der Spezialfall eines allgemeineren Gesetzes ist, das wir auch noch bei den Temperatur- und Geschmacksempfindungen und in verschiedenen Fällen bei den Farbenempfindungen nachweisen können, und daß es sich dabei um einen Prozeß handelt, der ebenso wie der Simultankontrast viel tiefer in der Organisation des Sehorgans wurzelt, als die Gestaltwahrnehmung. Wenn wir daher bei der Ausfüllung des blinden Flecks ein Zusammenwirken der physiologischen Irradiation und der Gestaltwahrnehmung annehmen, so stellen wir uns auch hier wieder auf denselben Standpunkt, den wir oben einnahmen, als wir den Einfluß der Erfahrung auf die Größenschätzung in verschiedenen Richtungen des Gesichtsfeldes besprachen: Wir supponieren einen auf angeborener Anlage beruhenden Vorgang in einer niederen Sphäre des Sehorgans — die physiologische Irradiation —, die von der übergeordneten Stelle, in deren Organisation die Gestaltauffassung begründet ist, benützt und entsprechend modifiziert wird.

Es ist freilich nicht zu verkennen, daß es sich speziell bei den Versuchen von Brückner um recht verwickelte Vorgänge handelt, die sich auch nach der eben dargelegten Auffassung noch nicht in allen Einzelheiten klar entwirren lassen. Zunächst mischen sich deutlich auch die Regungen vom zweiten geschlossenen Auge mit ein. Das geht aus der längeren Dauer und der größeren Deutlichkeit der schwarzen gegenüber der kürzeren Dauer und geringeren Deutlichkeit der weißen Ausbuchtung hervor. Am lebhaftesten aber merkt man, wenn man den Versuch selbst ausführt, wie eine starke Weißerregung in der Umgebung des blinden Flecks des offenen Auges das Auftreten der schwarzen Ausbuchtung unterdrückt, während die letztere durch herabgesetzte Beleuchtung und mäßige Dunkeladaptation des offenen Auges, sobald man auch an anderen Stellen des Gesichtsfeldes die Verdunkelung durch die Regungen des geschlossenen Auges merkt, stark begünstigt wird. Daß man aber auch im letzteren Falle nicht die ganze Erscheinung auf die Regungen des anderen Auges zurückführen darf, das ist nach der Analogie aus dem Auftreten der weißen bzw. in anderen Versuchen einer buntfarbigen Ausbuchtung zu erschließen, die, wenn auch nur für kurze Zeit, die Regungen vom anderen Auge zu unterdrücken vermögen. Es handelt sich also um einen Wettstreit zwischen den Regungen des zweiten und der Irradiation vom gleichen Auge, in denen schließlich die letztere Sieger bleibt. Einen solchen Streit der Regungen beider Augen an der Stelle des blinden Flecks hatte übrigens schon Volkmann (300) beschrieben. Ein analoger Wettstreit besteht ferner zwischen der Irradiation der zentralen und weiter peripher abgebildeten Farbe. Daß die erstere dabei meist zunächst das Übergewicht hat, dürfte durch ihre größere Eindringlichkeit bedingt sein. Daß sich später ihr Gebiet nur ungefähr gleich weit in den blinden Fleck hinein erstreckt, wie der der peripheren Farbe, muß man wohl auf den modifizierenden Einfluß der Gestaltwahrnehmung zurückführen. Noch nicht genügend geklärt ist die Rolle des Simultankontrastes und der Lokaladaption bei diesen Versuchen. Indessen gehört die Erörterung dieser Fragen kaum mehr in die Lehre vom Raumsinn hinein.

Schließlich wäre hier noch auf die normalen kleinen Skotome hinzuweisen, die seit den Untersuchungen von Coccius und Aubert und Förster (vgl. Aubert, 1, S. 258) auf der Netzhaut bekannt sind. Warum wir auch diese für gewöhnlich nicht merken, ergibt sich nach dem Gesagten von selbst. Hier wird wegen ihrer Kleinheit die physiologische Irradiation noch viel stärker wirksam sein, als an der Papilla nervi optici.

Literatur.

Um das Literaturverzeichnis nicht zu umfangreich zu machen und trotzdem mit seiner Hilfe das Aufsuchen der Gesamtliteratur zu ermöglichen, habe ich überall dort, wo die Literatur über eine Frage bereits an einer anderen leicht zugänglichen Stelle zusammengefaßt ist, mich darauf beschränkt, auf diese Übersicht hinzuweisen, und im übrigen bloß jene Werke und Abhandlungen angeführt, auf die im Text Bezug genommen wurde, oder die in den zitierten Übersichten nicht erwähnt waren. Bei Abhandlungen, die mir nicht erreichbar waren, habe ich die Stelle, nach der sie zitiert sind, oder wo man einen Bericht über sie findet, angegeben. Die während des Krieges erschienene Literatur ist mir natürlich nicht vollständig bekannt geworden.

Von allgemeinen Übersichten möchte ich besonders hervorheben die von A. König in der 2. Auflage von Helmholtz Physiologischer Optik mit außerordentlicher Sorgfalt durchgeführte, nach großen Kapiteln geordnete Literaturzusammenstellung. Sehr wertvoll sind ferner die in der Zeitschr. f. Psychologie und Physiologie der Sinnesorgane[1]) erscheinenden Jahresübersichten über die gesamte psychologische und sinnesphysiologische Literatur, darunter auch die physiologische Optik. Eine analoge Jahresbibliographie ist auch der »Psychological Review« beigefügt.

Von den grundlegenden Darstellungen wird

1. v. Helmholtz' Handbuch der physiologischen Optik im Text zitiert mit der Zahl der Auflage in römischen Ziffern: I (1856—1866); II (1885 bis 1896); III, mit Zusätzen von Gullstrand, Nagel und v. Kries (1909—1911).

---

[1]) Diese Zeitschrift erscheint seit dem 40. Bande in zwei Abteilungen, deren Bände besonders numeriert werden: Abt. 1: Z. f. Psychologie; Abt. 2: Z. f. Sinnesphysiologie. Diese werden im folgenden Verzeichnis zitiert unter der Abkürzung: »Z. f. Psychol.« und »Z. f. Sinnesphysiol.« ohne Beifügung der Abteilungsnummer.

2. **Herings** Darstellung des Raumsinns des Auges und der Augenbewegungen in **Hermanns** Handb. d. Physiologie (1880) wird zitiert:
Hering (R.).

Alle übrigen Werke sind zitiert nach den fortlaufenden Nummern des folgenden Verzeichnisses.

Werke allgemeinen Inhalts.

1. **Aubert, H.**, Physiologie der Netzhaut. Breslau, Morgenstern. 1865.
2. **Derselbe**, Physiologische Optik. Dieses Handb. 1. Aufl. II. 1876.
3. **Bourdon, B.**, La perception visuelle de l'espace. Paris, Schleicher frères.
1903.
4. **Bühler, K.**, Die Gestaltwahrnehmungen. I. Stuttgart, Spemann. 1913.
5. **Ebbinghaus und Dürr**, Grundzüge der Psychologie. Leipzig, Veit. I, 3. Aufl.
1911; II, 1.—3. Aufl. 1913.
6. **Fröbes, J.**, Lehrbuch der experimentellen Psychologie. I. Freiburg i. B.,
Herder. 1917.
7. **Hering, E.**, Beiträge zur Physiologie. Leipzig, Engelmann. 1861—4.
8. **Hofmann, F. B.**, Untersuchungsmethoden für den Raumsinn des Auges.
Tigerstedts Handb. d. physiol. Methodik. III. 1909.
8a. **Derselbe**, Die Lehre vom Raumsinn des Doppelauges. Ergebn. d. Physiol.
XV. S. 238. 1915.
9. **Jaensch, E. R.**, Zur Analyse der Gesichtswahrnehmungen. Z. f. Psychol.
Erg.-Bd. IV. Leipzig, Barth. 1909.
9a. **Derselbe**, Über die Wahrnehmung des Raumes. Ebenda. Erg.-Bd. VI. 1911.
10. **James, W.**, The principles of psychology. London. 1891.
10a. **Mach, E.**, Die Analyse der Empfindungen und das Verhältnis des Physischen
zum Psychischen. 7. Aufl. Jena, Fischer. 1918.
11. **Pikler, J.**, Sinnesphysiologische Untersuchungen. Leipzig, Barth. 1917.
11a. **Poppelreuter, W.**, Die psychischen Schädigungen durch Kopfschuß usf.
Bd. I: Die Störungen der niederen und höheren Sehleistungen durch
Verletzungen des Okzipitalhirns. Leipzig, Voss. 1917.
12. **Tschermak, A.**, Über die Grundlagen der optischen Lokalisation nach Höhe
und Breite. Ergebn. d. Physiol. IV. Abt. 2. S. 517. 1905.
13. **Volkmann, A.**, Physiologische Untersuchungen im Gebiete der Optik. Leipzig,
Breitkopf & Härtel. 1863.
14. **Witasek, St.**, Psychologie der Raumwahrnehmung des Auges. Heidelberg,
Winter. 1910.
15. **Wundt, W.**, Beiträge zur Theorie der Sinneswahrnehmung. Leipzig und
Heidelberg. 1862. Auch abschnittsweise in Z. f. rat. Med. (3), IV, S. 229;
VII. S. 279 u. 321; XII. S. 145; XIV. S. 1; XV. S. 104 (1858—1862).
15a. **Derselbe**, Grundzüge der physiologischen Psychologie. 6. Aufl. Leipzig,
Engelmann. 1908—1911.
16. **Zoth, O.**, Augenbewegungen und Gesichtswahrnehmungen. Nagels Handb.
d. Physiologie. III. 1905.

Einleitung.

17. **Fechner, G. Th.**, Elemente der Psychophysik. 2. Aufl. Leipzig, Breitkopf &
Härtel. 1889. (1. Aufl. 1860.)
18. **Fischer, O.**, Über Makropsie und deren Beziehungen zur Mikrographie, sowie über eine eigentümliche Störung der Lichtempfindung. Monatsschr.
f. Psychiatrie u. Neurol. XIX. S. 290. 1906.
19. **Derselbe**, Ein weiterer Beitrag zur Klinik und Pathogenese der hysterischen
Dysmegalopsie. Ebenda. XXI. S. 1. 1907.
20. **Hofmann, H.**, Untersuchungen über den Empfindungsbegriff. Arch. f. d. ges.
Psychol. XXVI. S. 1. 1913.

21. Liebscher, K., Über einen Fall von künstlich hervorgerufenem »halbseitigen« Ganser nebst einem Beitrage zur Kenntnis der hysterischen Dysmegalopsie. Jahrbb. f. Psychiatrie u. Neurol. XXVIII. S. 113. 1907.

22. von Máday, St., Psychologie des Pferdes und der Dressur. Berlin, Parey. 1912.

23. Pick, A., Weiterer Beitrag zur Lehre von der Mikrographie. Wiener klin. Wochenschr. 1905. S. 7.

24. Sittig, O., Zur Kasuistik der Dysmegalopsie. Monatsschr. f. Psychiatrie u. Neurol. XXXIII. S. 361. 1913.

Irradiation.

Die Literatur über Irradiation ist wiederholt sehr eingehend zusammengestellt worden, so durch Plateau (29 und 30); bis zum Jahre 1892 durch A. König in der Literaturübersicht zur 2. Auflage von Helmholtz' physiologischer Optik; bis zum Jahre 1902 durch A. Tschermak (31). Ich habe mich daher hier auf die Zitate der im Text erwähnten bzw. anderswo übersehener Abhandlungen beschränkt.

25. Altmann, R., Zur Theorie der Bilderzeugung. His' Arch. f. Anat. 1880. S. 111.

26. Hering, E., Über Irradiation. Hermanns Handb. d. Physiol. III. Teil 2. S. 441. 1880.

27. Lehmann, A., Versuch einer Erklärung des Einflusses des Gesichtswinkels auf die Auffassung von Licht und Farbe, bei direktem Sehen. Pflügers Arch. XXXVI. S. 580. 1885.

28. Mach, E., Über die physiologische Wirkung räumlich verteilter Lichtreize. Sitz.-Ber. d. Wiener Akad. Math.-naturw. Kl. LIV. Abt. 2. S. 393. 1866.

29. Plateau, J., Mémoire sur l'irradiation. Nouv. Mém. de l'acad. roy. de Bruxelles. XI. 1838. Auch in Poggendorffs Annalen. Erg.-Bd. I. S. 79, 193, 405. 1838.

30. Derselbe, Sur les couleurs accidentelles ou subjectives. Bull. de l'acad. roy. de Belgique. 2. série. XLII. p. 535 et 684. 1876.

31. Tschermak, A., Über Kontrast und Irradiation. Ergebn. d. Physiol. II. Abt. 2. S. 726. 1903.

Das Auflösungsvermögen des Auges.

Ausführliche Literaturübersicht bei Löhner (70) und bei Pergens (74).

32. Asher, L., Über das Grenzgebiet des Licht- und Raumsinnes. Z. f. Biol. XXXV. S. 394. 1897.

33. Aubert und Förster, Beiträge zur Kenntnis des indirekten Sehens. I. Über den Raumsinn der Retina. v. Graefes Arch. III, 2. S. 1. 1857.

34. Bergmann, C., Anatomisches und Physiologisches über die Netzhaut des Auges. Z. f. rat. Med. (3), II. S. 83. 1858.

35. Best, F., Über die Grenzen der Sehschärfe. Ber. ophthalm. Ges. Heidelberg. XXVIII. S. 129. 1901.

36. Bielschowsky, A., Über die monokuläre Diplopie ohne physikalische Grundlage nebst Bemerkungen über das Sehen Schielender. v. Graefes Arch. XLVI. S. 143.

37. Bloom, S. und Garten, S., Vergleichende Untersuchung der Sehschärfe des hell- und des dunkel-adaptierten Auges. Pflügers Arch. LXXII. S. 372. 1898.

38. du Bois-Reymond, C., Seheinheit und kleinster Sehwinkel. v. Graefes Arch. XXXII, 3. S. 1. 1886.

39. Buttmann, H., Untersuchungen über Sehschärfe. Diss. Freiburg i. B. 1896.

40. Cobb, P. W., The influence of illumination of the eye on visual acuity. Amer. Journ. Physiol. XXIX. p. 76. 1911.

41. **Derselbe**, Influence of pupillary diameter on visual acuity. Amer. Journ. Physiol. XXXVI. p. 335.

42. **Cohn, H.**, Einige Vorversuche über die Abhängigkeit der Sehschärfe von der Helligkeit. Festschr. f. **Förster**. Arch. f. Augenheilk. XXXI. Ergänz.-Heft. S. 195. 1895.

42a. **Derselbe**, Die Sehleistung der Helgoländer und der auf Helgoland stationierten Mannschaften der kaiserlichen Marine. Deutsche med. Wochenschrift 1896. S. 698.

43. **Derselbe**, Untersuchungen über die Sehleistungen der Ägypter. Berliner klin. Wochenschr. 1898. S. 453.

43a. **Derselbe**, Die Sehleistungen von 50 000 Breslauer Schulkindern. Breslau, Schottländer. 1899.

44. **Dobrowolsky, W. und Gaine, A.**, Über die Sehschärfe (Formsinn) an der Peripherie der Netzhaut. Pflügers Arch. XII. S. 411. 1876.

45. **Dor, H.**, Beiträge zur Elektrotherapie der Augenkrankheiten. v. Graefes Arch. f. Ophth. XIX, 3. S. 316. 1873.

46. **Exner, S.**, Studien auf dem Grenzgebiete des lokalisierten Sehens. Pflügers Arch. LXXIII. S. 117. 1898.

47. **Fick, A. E.**, Über Stäbchen- und Zapfensehschärfe nach Versuchen von F. **Koester**. v. Graefes Arch. XLV. S. 336. 1898.

48. **Groenouw**, Über die Sehschärfe der Netzhautperipherie und eine neue Untersuchungsmethode derselben. Arch. f. Augenheilk. XXVI. S. 85. 1893.

49. **Guillery, H.**, Ein Vorschlag zur Vereinfachung der Sehproben. Arch. f. Augenheilk. XXIII. S. 323. 1891.

50. **Derselbe**, Nochmals meine Sehproben. Ebenda. XXVI. S. 80. 1893.

51. **Derselbe**, Einiges über den Formensinn. Ebenda. XXVIII. S. 263. 1894.

52. **Derselbe**, Vergleichende Untersuchungen über Raum-, Licht- und Farbensinn in Zentrum und Peripherie der Netzhaut. Z. f. Psychol. XII. S. 243. 1896.

53. **Derselbe**, Über die Empfindungskreise der Netzhaut. Pflügers Arch. LXVIII. S. 120. 1897.

54. **Derselbe**, Bemerkungen über Raum- und Lichtsinn. Z. f. Psychol. XVI. S. 264. 1898. Polemik gegen **Asher**. XXXII.

55. **Derselbe**, Bemerkungen über zentrale Sehschärfe. Arch. f. Augenheilk. XXXVII. S. 153. 1898.

56. **Derselbe**, Weitere Untersuchungen zur Physiologie des Formensinns. Arch. f. Augenheilk. LI. S. 209. 1905.

57. **Derselbe**, Zur Erörterung der Sehschärfeprüfung. Ebenda. LIII. S. 148. 1905.

58. **Heß, C.**, Über einheitliche Bestimmung und Bezeichnung der Sehschärfe. Kommiss.-Bericht d. Intern. Kongr. f. Augenheilk. in Neapel. Arch. f. Augenheilk. LXIII. S. 325. 1909.

59. **Hummelsheim, E.**, Über den Einfluß der Pupillenweite auf die Sehschärfe bei verschiedener Intensität der Beleuchtung. v. Graefes Arch. XLV. S. 357. 1898.

60. **Jacobson, Malte**, Über die Erkennbarkeit optischer Figuren bei gleichem Netzhautbild und verschiedener scheinbarer Größe. Z. f. Psychol. LXXVII. S. 1. 1916.

61. **Kirschmann, A.**, Über die Erkennbarkeit geometrischer Figuren und Schriftzeichen im indirekten Sehen. Arch. f. Psychol. XIII. S. 352. 1908.

62. **König, A.**, Die Abhängigkeit der Sehschärfe von der Beleuchtungsintensität. Sitzungsber. d. Berliner Akad. S. 559. 1897.

63. **Koester, F.**, Über Stäbchen- und Zapfensehschärfe. Zentralbl. f. Physiol. IX. S. 433. 1896.

64. **Koster, W.**, Zur Kenntnis der Mikropie und der Makropie. v. Graefes Arch.
    f. Ophth. XLII, 3. S. 134. 1896.
65. **v. Kries**, Über die Abhängigkeit zentraler und peripherer Sehschärfe von
    der Lichtstärke. Zentralbl. f. Physiol. VIII. S. 694. 1895.
66. **Kühl, A.**, Eine Erweiterung des Riccòschen Satzes über die Beziehung
    zwischen Lichtempfindlichkeit und Größe des gereizten Netzhaut-
    bezirkes der Fovea. Z. f. Biol. LX. S. 481. 1913.
67. **Laan, H. A.**, Over gezichtsscherpte en hare bepaling. Onderzoek. Physiol.
    Labor. Utrecht. 5. Reihe. Teil III, 1. p. 123. 1901.
68. **Laurens, H.**, Über die räumliche Unterscheidungsfähigkeit beim Dämme-
    rungssehen. Z. f. Sinnesphysiol. XLVIII. S. 233. 1914.
69. **Löhlein, W. und Gebb, H.**, Zur Frage der Sehschärfebestimmung. Arch.
    f. Augenheilk. LXV. S. 69 u. 189. 1910.
70. **Löhner, L.**, Die Sehschärfe des Menschen und ihre Prüfung. Wien, Deuticke.
    1912.
71. **Merkulowitsch**, Über die Abhängigkeit der Sehschärfe von der Beleuch-
    tungsintensität in verschiedenen spektralen Teilen. Inaug. - Diss.
    Petersburg. Zit. nach Jahresber. f. Ophth. 1910.
72. **Oguchi, C.**, Experimentelle Studien über die Abhängigkeit der Sehschärfe
    von der Beleuchtungsintensität und der praktische Wert des Photo-
    meters von Höri. v. Graefes Arch. LXVI. S. 455. 1907.
73. **Pauli, R.**, Untersuchungen über die Helligkeit und den Beleuchtungswert
    farbiger und farbloser Lichter. Z. f. Biol. LX. S. 311. 1913.
74. **Pergen E.**, Recherches sur l'acuité visuelle. Annal. d'oculist. CXXXV.
    p. 11, 177, 291, 402, 475. 1906. CXXXVI. p. 123, 204. 1906. CXXXVIII.
    p. 185. 1907. CXL. p. 188, 430. 1908. CXLIII. p. 358. 1910. CXLIV.
    p. 26. 1910. CXLVII. p. 117, 148, 342. 1912. CXLIX. p. 201. 1913.
75. **Derselbe**, Über Faktoren, welche das Erkennen von Sehproben beein-
    flussen. Arch. f. Augenheilk. XLIII. S. 144. 1901.
76. **Derselbe**, Analyse der Landoltschen C-Figur zur Messung der Sehschärfe.
    Klin. Monatsbl. f. Augenheilh. XL, 2. S. 311. 1902.
77. **Derselbe**, Über das Erkennen von C-Figuren bei verscbiedenen Durch-
    messern und konstanter Öffnung. Ebenda. XLI, 2. S. 112. 1903.
78. **Derselbe**, Untersuchungen über das Sehen. Z. f. Augenheilk. IX. S. 256. 1903.
79. **Derselbe**, Recherches sur l'acuité visuelle. Ann. d'Oculist. CXXXVI. p. 461.
    1906.
80. **Derselbe**, Dasselbe. Ebenda. CXXXVII. p. 202. 1907.
81. **Posch, A.**, Über Sehschärfe und Beleuchtung. Arch. f. Augenheilk. V. S. 14.
    1876.
82. **Riccò, A.**, Relazione fra il minimo angolo visuale e l'intensità luminosa.
    Ann. d'Ottalm. VI. p. 373. 1877. Auszug daraus: Über die Bezie-
    hungen zwischen dem kleinsten Sehwinkel und der Lichtintensität.
    Zentralbl. f. prakt. Augenheilk. S. 122. 1877.
83. **Rice**, Visual acuity with lights of different colours and intensities. Arch.
    of Psychol. No. 20. p. 59. 1912. Zit. nach Z. f. Psychol. LXV. S. 224.
    1913.
84. **Rivers**, Reports of the Cambridge Anthropol. Exped. to Torres Straits. II.
    Vision. Teil I. Cambridge. 1901. (Zit. nach **Fritsch**, 103.)
84a. **Derselbe**, Acuité visuelle des peuples civilisés et des sauvages. Ann.
    d'oculist. CXXXII. p. 455. 1904.
85. **Ruppert, L.**, Ein Vergleich zwischen dem Distinktionsvermögen und der
    Bewegungsempfindlichkeit der Netzhautperipherie. Z. f. Sinnesphysiol.
    XLII. S. 409. 1908.
86. **Schadow, G.**, Die Lichtempfindlichkeit der peripheren Netzhautteile im Ver-
    hältnis zu deren Raum- und Farbensinn. Pflügers Arch. XIX. S. 439.
    1879.

87.	Schanz, F., Apparat zur Beobachtung der Fluoreszenz am eigenen Auge und der Beeinträchtigung der Sehschärfe durch das Fluoreszenzlicht. Ber. 38. Vers. d. Ophthal. Ges. S. 376. 1912.

87a.	Seggel, Über den Einfluß der Beleuchtung auf die Sehschärfe und die Entstehung von Kurzsichtigkeit. Münchener med. Woch. S. 1011 u. 1041. 1897.

88.	Siemens, W., Über die Abhängigkeit der elektrischen Leitungsfähigkeit des Selens von Wärme und Licht. Wiedemanns Annal. d. Physik. II. S. 521. 1877.

89.	Snellen, H., Letterproeven to bepaling der gezichtsscherpte. Utrecht. 1862. Ausgabe: holländisch, deutsch, englisch, französisch, italienisch.

90.	Derselbe, Notes on vision and retinal perception. Ophthalm. Rev. p. 164. 1896.

91.	Thorner, W., Die Grenze der Sehschärfe. Klin. Monatsbl. f. Augenheilk. XLVIII, 1. S. 671. 1910.

92.	Uhthoff, W., Über das Abhängigkeitsverhältnis der Sehschärfe von der Beleuchtungsintensität. v. Graefes Arch. XXXII, 1. S. 171. 1886.

93.	Derselbe, Weitere Untersuchungen über die Abhängigkeit der Sehschärfe von der Intensität sowie von der Wellenlänge im Spektrum. Ebenda. XXXVI, 1. S. 33. 1890.

94.	Derselbe, Über die kleinsten wahrnehmbaren Gesichtswinkel in den verschiedenen Teilen des Spektrums. Z. f. Psychol. I. S. 155. 1890.

95.	Werthheim, Th., Über die indirekte Sehschärfe. Z. f. Psychol. VII. S. 177. 1894.

96.	Wolffberg, Analytische Studien an Buchstaben und Zahlen zum Zweck ihrer Verwertung für Sehschärfeprüfungen. v. Graefes Arch. LXXVII. S. 409. 1910.

97.	Derselbe, Beitrag zur Sehschärfeprüfung nach Snellen. v. Graefes Arch. XC. S. 249. 1915.

98.	Worth, Claud., Squint. Bale & Danielsson. London. 1903.

Die Feinheit des optischen Raumsinns und ihre Beziehung zu den Elementen des Perzeptionsapparates.

99.	Bergmann, C., Können die Zäpfchen der Fovea centralis retinale Seheinheiten sein? Z. f. rat. Med. (3), XXIII. S. 145. 1865.

100.	Best, Über die Grenze der Erkennbarkeit von Lageunterschieden. Arch. f. Ophth. LI. S. 453. 1900.

101.	v. Fleischl, E., Die Verteilung der Sehnervenfasern über die Zapfen der menschlichen Netzhaut. Wiener Sitzber. Math.-naturw. Kl. LXXXVII. 3. Abt. S. 246. 1883. (Ges. Werke, S. 173.)

102.	v. Frey, M., Physiologie der Sinnesorgane der menschlichen Haut. Ergebn. d. Physiol. XIII. S. 95. 1913.

102a.	Derselbe, Leitung und Ausbreitung der Erregung in den Nervenbahnen des Drucksinns. Z. f. Biol. LIX. S. 560. 1913.

103.	Fritsch, G., Über Bau und Bedeutung der Area centralis des Menschen. Berlin, Reimer. 1908. Vgl. auch Zentralbl. f. Physiol. XXIV. S. 796. 1910. Ferner: Vergleichende Untersuchungen der Fovea centralis des Menschen (Vorl. Mitt.). Anatom. Anz. XXX. S. 462. 1907.

104.	Heine, L., Demonstration des Zapfenmosaiks der menschlichen Fovea. Ber. d. Ophthalm. Ges. Heidelberg. 29. Vers. S. 265. 1901.

105.	Hensen, V., Über das Sehen in der Fovea centralis. Virchows Arch. XXXIX. S. 475. 1867.

106.	Hering, E., Über die Grenzen der Sehschärfe. Ber. d. Sächs. Ges. d. Wiss. Leipzig. Math.-Physik. Kl. LI. S. 16. 1899.

107. **Klein, Fr.,** Das Wesen des Reizes. II. Engelmanns Arch. f. Physiol. S. 140. 1905.

107a. **Derselbe,** Das Eigenlicht der Netzhaut, seine Erscheinungsformen, seine blindmachende und bildfälschende Wirkung. Ebenda. S. 191. 1911.

108. **Salzer,** Über die Anzahl der Sehnervenfasern und der Retinalzapfen im Auge des Menschen. Sitzber. d. Wiener Akad. LXXXI. 3. Abt. S. 7. 1884.

109. **Schoute, G. J.,** Wahrnehmungen mit einem einzelnen Zapfen der Netzhaut. Z. f. Psychol. XIX. S. 251. 1898.

110. **Stratton, G. M.,** A new determination of the minimum visible and its bearing on localization and binocular depth. Psychol. Rev. VII. p. 429. 1900.

111. **Derselbe,** Visible motion and the space threshold. Psychol. Rev. IX. p. 433. 1902.

112. **v. Volkmann, W.,** Zur Entscheidung der Frage: ob die Zapfen der Netzhaut als Raumelemente beim Sehen fungieren. Reichert u. du Bois' Arch. S. 395. 1865.

113. **Weber, E. H.,** Über den Raumsinn und die Empfindungskreise in der Haut und im Auge. Ber. d. Sächs. Ges. d. Wiss. Math.-naturw. Kl. S. 85. Jahrg. 1852.

114. **Wülfing,** Über den kleinsten Gesichtswinkel. Z. f. Biol. XXIX. S. 199. 1892.

Vergleich von Richtungen und Winkeln.

115. **Bihler, W.,** Beiträge zur Lehre vom Augenmaß für Winkel. Diss. Freiburg. 1896. Vgl. auch die Besprechung von Witasek. Z. f. Psychol. XIV. S. 391.

116. **Guillery,** Messende Untersuchungen über den Formensinn. Pflügers Arch. LXXV. S. 466. 1899.

117. **Jastrow, J.,** On the judgment of angles and position of lines. Amer. Journ. of Psychol. V. p. 214. 1893.

118. **Mach, E.,** Über das Sehen von Lagen und Winkeln durch die Bewegung des Auges. Sitzber. d. Wiener Akad. Math.-naturw. Kl. XLIII. Abt. 2. S. 215. 1861.

119. **Richter und Wamser,** Experimentelle Untersuchung der beim Nachzeichnen von Strecken und Winkeln entstehenden Größenfehler. Z. f. Psychol. XXXV. S. 321. 1904.

Augenmaß.

120. **Baldwin und Shaw,** Memory for square size. Psychol. Rev. II. p. 236. 1895.

121. **Binet, A.,** La perception des longueurs et des nombres chez quelques enfants. Rev. philos. XXX. p. 68. 1890.

122. **Binet, A. und Henri, V.,** Recherches sur le développement de la mémoire visuelle des enfants. Rev. philos. XXXVII. p. 348. 1894.

123. **Binnefeld, M.,** Experimentelle Untersuchungen über die Bedeutung der Bewegungsempfindungen des Auges bei Vergleichung von Streckengrößen im Hellen und im Dunkeln. Arch. f. Psychol. XXXVII. S. 129. 1918.

123a. **Boas, F.,** Über eine neue Form des Gesetzes der Unterschiedsschwelle. Pflügers Arch. XXVI. S. 493. 1881.

123b. **Bolton, F. E.,** The effect of contour upon estimations of area. Amer. Journ. of Psychol. IX. p. 178. 1898.

124. **Chodin,** Ist das Weber-Fechnersche Gesetz auf das Augenmaß anwendbar? Arch. f. Ophth. XXIII, 1. S. 92. 1877.

125. Fechner, G. Th., In Sachen der Psychophysik. Leipzig, Breitkopf & Härtel. 1877.

125a. Derselbe, Revision der Hauptpunkte der Psychophysik. Leipzig. 1882.

126. Fischer, R., Größenschätzungen im Sehfelde. v. Graefes Arch. f. Ophth. XXXVII. Abt. 1. S. 97. 1891.

127. Giering, H., Das Augenmaß bei Schulkindern. Z. f. Psychol. XXXIX. S. 42. 1905.

128. Guillery, Über das Augenmaß der seitlichen Netzhautteile. Z. f. Psychol. X. S. 83. 1896.

128a. Haberlandt, L., Studien zur optischen Orientierung im Raume und zur Präzision der Erinnerung an Elemente desselben. Z. f. Sinnesphysiol. XLIV. S. 231. 1910.

129. Hegelmaier, Über das Gedächtnis für Linearanschauungen. Arch. f. physiol. Heilk. Jahrg. IX. S. 844. 1852.

129a. Hering, E., Zur Lehre von der Beziehung zwischen Leib und Seele. I. Mitteilung. Über Fechners psychophysisches Gesetz. Sitzber. d. Wiener Akad. LXXII. Abt. 3. S. 310. 1876.

130. Higier, H., Experimentelle Prüfung der psychophysischen Methoden im Bereiche des Raumsinnes der Netzhaut. Wundts Philos. Studien. VII. S. 232. 1892.

131. v. Kries, J., Beiträge zur Lehre vom Augenmaß. Festschrift f. H. v. Helmholtz. S. 175. 1891.

132. Laub, Über das Verhältnis der ebenmerklichen zu den übermerklichen Unterschieden auf dem Gebiete des optischen Raumsinnes. Arch. f. d. ges. Psychol. XII. S. 312. 1908.

133. Leeser, O., Über Linien- und Flächenvergleichung. Z. f. Psychol. LXXIV. S. 1. 1915.

133a. Marx, E., Untersuchungen über Fixation unter verschiedenen Bedingungen. Z. f. Sinnesphysiol. XLVII. S. 79. 1913.

134. McCrea und Pritchard, The validity of the psychophysical law for the estimation of surface-magnitudes. Amer. Journ. of Psychol. VIII. p. 494. 1897.

135. Merkel, J., Die Methode der mittleren Fehler, experimentell begründet durch Versuche aus dem Gebiete des Raummaßes. Wundts Philos. Studien. IX. S. 53, 176 u. 400. 1893/4.

135a. Müller, G. E. und Schumann, Fr., Über die psychologischen Grundlagen der Vergleichung gehobener Gewichte. Pflügers Arch. XLV. S. 37. 1889.

135b. Müller, G. E., Die Gesichtspunkte und Tatsachen der psychophysischen Methodik. Ergebn. d. Physiol. II. Abt. 2. S. 267. 1903.

136. Münsterberg, H., Augenmaß. Beiträge zur experimentellen Psychologie. H. 2. S. 125. Freiburg, Mohr. 1889.

136a. Quantz, The influence of the color of surfaces on our estimation of their magnitude. Amer. Journ. of Psychol. VII. p. 26. 1895.

137. Raehlmann und Witkowski, Über atypische Augenbewegungen. duBois' Arch. f. Physiol. p. 454. 1877.

137a. Sachs, M. und Wlassak, R., Die optische Lokalisation der Medianebene. Z. f. Psychol. XXII. S. 23. 1899.

137b. Warren und Shaw, Further experiments on memory for square size. Psychol. Rev. II. p. 239. 1895.

138. Witasek, St., Versuche über das Vergleichen von Winkelverschiedenheiten. Z. f. Psychol. XI. S. 321. 1896.

138a. Wolfe, Some judgements on the size of familiar objects. Amer. Journ. of Psychol. IX. p. 137. 1898.

Das Formensehen.

139.   Cerulli, Marskanäle und Mondkanäle. Astronom. Nachr. CXLVI. S. 155.
       Zitiert nach Stumpf (261. S. 75).
139a. v. Fleischl, E., Physiologisch-optische Notizen. Sitzber. d. Wiener Akad.
       Math.-naturw. Kl. 3. Abt. LXXXVI. S. 8. 1882. Auch Ges. Schriften.
       S. 156.
140.   Goldstein, K. und Gelb, A., Psychologische Analysen hirnpathologischer
       Fälle auf Grund von Untersuchungen Hirnverletzter. I. Zur Psycho-
       logie des optischen Wahrnehmungs- und Erkennungsvorganges. Z. f.
       Neurol. u. Psychiatrie. XLI. S. 1. 1918.
140a. Hensen, V., Über eine Einrichtung der Fovea centralis retinae, welche
       bewirkt, daß feinere Distanzen als solche, die dem Durchmesser eines
       Zapfens entsprechen, noch unterschieden werden können. Virchows
       Arch. XXXIV. S. 401. 1865.
140b. Newcomb, The optical and psychological principles involved in the inter-
       pretation of the so called canals of Mars. Astrophysic. Journ. XXVI.
       p. 1. 1907. Zitiert nach Stumpf (261. S. 74).
140c. Seyfert, R., Über die Auffassung einfachster Raumformen. Wundts Philos.
       Studien. XIV. S. 550. 1898.
140d. Siemerling, Ein Fall von sogenannter Seelenblindheit nebst anderweitigen
       zerebralen Symptomen. Arch. f. Psychiatrie. XXI. S. 284. 1890.

Gestaltwahrnehmung und Metamorphopsien.

141.   v. Ehrenfels, Ch., Über ›Gestaltqualitäten‹. Vierteljahrsschr. f. wiss.
       Philos. XIV. S. 249. 1890.
141a. Friedenwald, H., Über die durch korrigierende Gläser hervorgerufene
       binokulare Metamorphopsie. Arch. f. Augenheilk. XXVI. S. 362. 1892.
142.   Gelb, A., Theoretisches über ›Gestaltqualitäten‹. Z. f. Psychol. LVIII. S. 1.
       1911.
142a. Koffka, K., Zur Grundlegung der Wahrnehmungspsychologie. Z. f. Psychol.
       LXXIII. S. 11. 1915.
142b. La Rosa, Einige neue Erscheinungen über das Sehen der astigmatischen
       und normalen Augen und ihre Erklärung. Arch. f. Augenheilk. LXIV.
       S. 28. 1909.
142c. Linke, P. F., Grundfragen der Wahrnehmungslehre. München. Reinhardt.
       1918.
143.   Lippincott, J. A., Über die durch korrigierende Gläser hervorgerufene
       binokulare Metamorphopsie. Arch. f. Augenheilk. XXIII. S. 96. 1891.
143a. Wolffberg, Störungen des perspektivischen Sehens durch binokular kor-
       rigierende Zylindergläser. Wochenschr. f. Ther. u. Hygiene d. Auges.
       1916. Zit. nach Z. f. Psychol. LXXIX. S. 272. 1918.
144.   Wundt, W., Zur Theorie der räumlichen Wahrnehmungen. Philos. Studien.
       XIV. S. 1. 1898.

Die geometrisch-optischen Täuschungen.

145.   Auerbach, F., Erklärung der Brentanoschen optischen Täuschung. Z. f.
       Psychol. u. Physiol. d. Sinnesorg. VII. S. 152. 1894.
146.   Baldwin, J. M., The effect of size-contrast upon judgments of position in
       the retinal field. Psychol. Rev. II. p. 244. 1895.
147.   Benussi, V., Über den Einfluß der Farbe auf die Größe der Zöllnerschen
       Täuschung. Z. f. Psychol. XXIX. S. 264 u. 385. 1902.
148.   Derselbe, Zur Psychologie des Gestalterfassens. In: Meinongs Unter-
       suchungen zur Gegenstandstheorie und Psychologie. S. 303. Leipzig,
       Barth. 1904.

149. Derselbe, Experimentelles über Vorstellungsinadäquatheit. a) Z. f. Psychol. XLII. S. 22. 1906. b) Ebenda, XLV. S. 188. 1907.

150. Derselbe, Über ›Aufmerksamkeitsrichtung‹ beim Raum- und Zeitvergleich. Ebenda. LI. S. 73. 1909.

151. Derselbe, Gesetze der inadäquaten Gestaltauffassung usw. Arch. f. d. ges. Psychol. XXXII. S. 396. 1914.

152. Derselbe, Die Gestaltswahrnehmungen. Z. f. Psychol. LXIX. S. 256. 1914.

153. Benussi-Liel, Die verschobene Schachbrettfigur. Meinongs Unters. z. Gegenstandstheorie u. Psychol. S. 449. 1904.

154. Berettoni, V., Illusioni ottico-geometriche. Zitiert nach Z. f. Psychol. XLV. S. 284. 1907.

155. van Biervliet, J. J., Nouvelles mesures des illusions visuelles chez les adultes et les enfants. Rev. philos. XLI. p. 169. 1896.

156. Binet, A., La mesure des illusions visuelles chez les enfants. Rev. philos. XL. p. 11. 1895.

157. Blatt, P., Optische Täuschungen und Metakontrast. Pflügers Arch. CXLII. S. 396. 1911.

158. Blix, M., Die sogenannte Poggendorffsche optische Täuschung. Skandin. Arch. f. Physiol. XIII. S. 193. 1902.

159. Botti, L., Ein Beitrag zur Kenntnis der variablen geometrisch-optischen Streckentäuschungen. Arch. f. d. ges. Psychol. VI. S. 306. 1905.

160. Derselbe, Ricerche sperimentali sulle illusioni ottico-geometriche. Memorie d. R. Accad. d. Scienze di Torino.. Serie II. LX. 1909. — Sur les illusions optico-géométriques. Arch. ital. d. biologie. LIII. p. 165. 1910.

161. Brentano, F., Über ein optisches Paradoxon. Z. f. Psych. III. S. 349. 1892; V. S. 61. 1893.

162. Derselbe, Zur Lehre von den optischen Täuschungen. Z. f. Psych. VI. S. 1. 1893.

163. Burmester, E., Beitrag zur experimentellen Bestimmung geometrisch-optischer Täuschungen. Z. f. Psychol. XII. S. 355. 1896.

164. Cameron, E. H. u. Steele, W. M., The Poggendorff illusion. Psychol. Rev. Monogr. Suppl. VII. p. 83. 1905.

165. Cook, H. D., Die taktile Schätzung von ausgefüllten und leeren Strecken. Arch. f. d. ges. Psychol. XVI. S. 418. 1910.

166. Cuignet, L., De la vision chez le tout jeune enfant. Ann. d'Ocul. LXVI. p. 117. 1871.

167. Delboeuf, Note sur certaines illusions d'optique; Essai d'une théorie psychophysique sur la manière dont l'œil apprecie les distances, les angles et les grandeurs. Bullet. de l'acad. roy de Belgique. (2), XIX. p. 195. 1865. Seconde note sur des nouvelles ill. d'opt. Ebenda, (2), XX. p. 70. 1865.

168. Derselbe, Sur une nouvelle illusion d'optique. Ebenda. (3), XXIV. p. 545. 1893 u. Rev. scientif. LI. p. 238. 1893.

169. Dresslar, F. B., A new illusion of touch and an explanation for the illusion of displacement of certain cross lines in vision. Americ. Journ. of psychol. VI. p. 274. 1894.

170. Dunlap, K., The effect of imperceptible shadows on the judgment of distance. Psychol. Rev. VII. p. 435. 1900.

171. Ebbinghaus, H., Die geometrisch-optischen Täuschungen. Bericht über d. 1. Kongr. f. exp. Psychol. Leipzig, Barth. S. 22. 1904.

172. Einthoven, W., Eine einfache physiologische Erklärung für verschiedene geometrisch-optische Täuschungen. Arch. f. d. ges. Physiol. LXXI, 7. 1898. Auch in Onderzoekingen, gedaan in het Physiologisch Laboratorium te Leiden. 2. R. III. p. 133 u. Arch. néerl. des sciences phys. et natur. Série 2. III. p. 103. 1899.

173. **Elschnig, A.**, Über Gesichtstäuschungen. Schrift. d. Vereins z. Verbr. naturw. Kenntn. in Wien. XLIII. S. 61. 1903.

174. **Filehne, W.**, Die geometrisch-optischen Täuschungen als Nachwirkungen der im körperlichen Sehen erworbenen Erfahrung. Z. f. Psychol. XVII. S. 15. 1898.

175. **Derselbe**, Über eine dem **Brentano-Müller-Lyer**schen Paradoxon analoge Täuschung im räumlichen Sehen. Rubners Arch. f. Physiol. S. 273. 1911.

176. **Fraser, J.**, A new visual illusion of direction. Brit. Journ. of Physiol. II. p. 397. 1908.

177. **Giese, F.**, Untersuchungen über die Zöllnersche Täuschung. Wundts Psychol. Studien. IX. S. 405. 1914.

178. **Hasserodt, W.**, Gesichtspunkte zu einer experimentellen Analyse geometrisch-optischer Täuschungen. Arch. f. Psychol. XXVIII. S. 336. 1913.

179. **Heymans, L.**, Quantitative Untersuchungen über das »optische Paradoxon«. Z. f. Psychol. IX. S. 221. 1896.

180. **Derselbe**, Quantitative Untersuchungen über die Zöllnersche und die Loebsche Täuschung. Ebenda. XIV. S. 101. 1897.

181. **Höfler**, Krümmungskontrast. Z. f. Psychol. X. S. 99. 1894.

182. **Holtz, W.**, Über einige Augentäuschungen beim Anblick geometrischer Figuren. Wiedemanns Annalen d. Physik. X. S. 158. 1880.

183. **Derselbe**, Über den unmittelbaren Größeneindruck bei künstlich erzeugten Augentäuschungen. Nachr. v. d. Göttinger Ges. d. Wiss. S. 496. 1893.

184. **Jaensch, E.**, Über Täuschungen des Tastsinns. Z. f. Psychol. LXI. S. 280 u. 382. 1906.

185. **Judd, C. H.**, A study of geometrical illusions. Psychol. Rev. VI. p. 241. 1899.

186. **Derselbe**, Practice and its effects on the perception of illusions. Ebenda. IX. p. 27. 1902.

187. **Derselbe**, The Müller-Lyer illusion. Psychol. Rev. Monogr. Suppl. VII. p. 55. 1905.

188. **Derselbe u. Courten**, The Zöllner illusion. Ebenda. p. 112. 1905.

189. **Kiesow, F.**, Über einige geometrisch-optische Täuschungen. Arch. f. d. ges. Psychol. VI. S. 289. 1906.

190. **Knox, H. W.**, On the quantitative determination of an optical illusion. Americ. Journ. of psychol. VI. p. 413. 1894.

191. **Laska, W.**, Über einige optische Urteilstäuschungen. du Bois Arch. S. 326. 1890.

192. **Lautenbach**, Die geometrisch-optischen Täuschungen und ihre psychologische Bedeutung. Z. f. Hypnot. VIII. S. 28 u. 292. 1899. (Nur Literaturzusammenstellung.)

193. **Lehmann, A.**, Die Irradiation als Ursache geometrisch-optischer Täuschungen. Arch. f. d. ges. Physiol. CIII. S. 84. 1904.

194. **Lewis, E. O.**, The effect of practice on the perception of the Müller-Lyer illusion. Brit. Journ. of Psychol. II. p. 294. 1908.

195. **Derselbe**, Confluxion and contrast effects in the Müller-Lyer illusion. Brit. Journ. of Psychol. III. p. 21. 1909.

196. **Derselbe**, The illusion of filled and unfilled space. Brit. Journ. of Psychol. V. p. 36. 1912.

197. **Lipps, Th.**, Die geometrisch-optischen Täuschungen. Z. f. Psychol. XII. S. 39 u. 275. 1896.

198. **Derselbe**, Raumästhetik und geometrisch-optische Täuschungen. Leipzig, Barth. 1897.

199. **Derselbe**, Raumästhetik und geometrisch-optische Täuschungen. Zeitschr. f. Psychol. u. Physiol. d. Sinnesorg. XVIII. S. 405. 1898.

200. **Derselbe**, Zur Verständigung über die geometrisch-optischen Täuschungen. Zeitschr. f. Psych. u. Physiol d. Sinnesorg. XXXVIII. S. 241. 1905.

201. **Loeb, J.,** Über den Nachweis von Kontrasterscheinungen im Gebiete der Raumempfindungen des Auges. Pflügers Arch. LX. S. 509. 1895.

202. **Müller-Lyer, F. C.,** Optische Urteilstäuschungen. du Bois Arch. Suppl. S. 263. 1889.

203. **Derselbe,** Zur Lehre von den optischen Täuschungen. Über Kontrast und Konfluxion. Z. f. Psychol. IX. S. 1. 1896. Ebenda. X. S. 421. 1896.

204. **Münsterberg, H.,** Die verschobene Schachbrettfigur. Z. f. Psychol. u. Physiol. d. Sinnesorg. XV. S. 184. 1897.

205. **Oppel, J. J.,** Über geometrisch-optische Täuschungen. Jahresber. d. physikal. Vereins Frankfurt a. M. S. 37. 1854—1855.

206 a u. b. **Derselbe,** Nachlese zu den geometrisch-optischen Täuschungen. Ebenda. S. 47. 1856/57. u. S. 26. 1860/61.

207. **Pearce, H. J.,** Experimental observations upon normal motor suggestibility. Psychol. Rev. IX. p. 329. 1902.

208. **Derselbe,** Über den Einfluß von Nebenreizen auf die Raumwahrnehmung. Arch. f. d. ges. Psychol. I. S. 31. 1903.

209. **Derselbe,** The law of attraction in relation to some visual and tactual illusions. Psychol. Rev. XI. p. 143. 1904.

210. **Pierce, A. H.,** The illusion of the Kindergarten patterns. Psychol. Rev. V. p. 233. 1898. Wieder abgedruckt in der folgenden Schrift.

211. **Derselbe,** Studies in auditory and visual space perception. New-York, Logmans, Green Co. 1901.

211a. **Piéron, H.,** L'illusion de Müller-Lyer et son double mécanisme. Rev. philos. LXXI. p. 245. 1911.

212. **Polimanti, O.,** Etude de quelques nouvelles illusions optiques géométriques. Journ. de psychol. norm. et pathol. X. p. 43. 1913. Zit. n. Z. f. Psychol. LXIX. S. 372.

213. **Pozzo, M.,** Deviazione dall' orizontale nei disegni die serie di linee rette oblique. Riv. di Psicol. VIII. p. 200. 1912. Zit. n. Z. f. Psychol. LXV. S. 232. 1913.

214. **Reichel, C.,** Über den Größenkontrast. Inaug.-Diss. Breslau. 1899.

215. **Rivers,** Observations on the senses of the Todas. Brit. Journ. of Psychol. I. p. 321. 1905.

216. **Robertson, A.,** ›Geometric-optical‹ illusions in touch. Psychol. Rev. IX. p. 549. 1902.

217. **Schoute, G. J.,** Geometrisch-optische Täuschungen. Zeitschr. f. Augenheilk. III. S. 375. 1900.

218. **Schwirtz, P.,** Das Müller-Lyersche Paradoxon in der Hypnose. Arch. f. d. ges. Psychol. XXXII. S. 339. 1914.

219. **Schumann, F.,** Beiträge zur Analyse der Gesichtswahrnehmungen. a) Z. f. Psychol. XXIII. S. 1. b) XXIV. S. 1. c) XXX. S. 241 u. 321. d) XXXVI. S. 161.

220. **Seashore, C. E.,** and **Williams, M. C.,** An illusion of length. Psychol. Rev. VII. p. 592. 1900.

221. **Seashore, Carter, Farnum** and **Lies,** The effect of practice on normal illusions. Psychol Rev. Monogr. Suppl. IX. p. 103. 1908.

222. **Smith, W. G.,** A study of some correlations of the Müller-Lyer visual illusion and allied phenomena. Brit. Journ. of Physiol. II. p. 16. 1906.

223. **Smith** and **Sowton,** Observations on spatial contrast and confluence in visual perception. Brit. Journ. of Psychol. II. p. 196. 1907.

224. **Smith** and **Milne,** The influence of margins on the bisection of a line. Brit. Journ. of Psychol. III. p. 78. 1909.

225. **Smith, Kennedy-Fraser** and **Nicolson,** Dasselbe. Additional experiments. Ebenda. V. p. 331. 1912.

226. **Sobeski, M.,** Über Täuschungen des Tastsinnes. Diss. Breslau. 1903. Zit. nach Z. f. Psychol. XXXVIII. S. 324. 1905.

227. Stade̵mann, H., Beitrag zur Theorie der geometrisch-optischen Täuschungen. Festschr. d. phys.-med. Ges. zu Würzburg. S. 193. 1899.

228. Stilling, I., Die Müller-Lyersche Täuschung. Zeitschr. f. Augenheilk. IV. S. 207. 1900.

228a Stratton, G. M., Symmetry, linear illusions and the movements of the eye. Psychol. Rev. XIII. p. 81. 1906.

229. Thiéry, Über geometrisch-optische Täuschungen. Wundts Philos. Studien. XI. S. 307 u. 603. 1895. XII. S. 67. 1896.

230. v. Tschermak, A., Über Simultankontrast auf verschiedenen Sinnesgebieten. Pflügers Arch. CXXII. S. 98. 1908.

231. Witasek, St., Über die Natur der geometrisch-optischen Täuschungen. Z. f. Psychol. XIX. S. 81. 1899.

232. Wundt, W., Die geometrisch-optischen Täuschungen. Abh. d. sächs. Ges. d. Wiss. Math.-phys. Klasse. XXVI. S. 55. 1898.

232a. Derselbe, Die Projektionsmethode und die geometrisch-optischen Täuschungen. Psychol. Studien. II. S. 493. 1907.

233. v. Zehender, W., Über geometrisch-optische Täuschungen. Z. f. Psychol. XX. S. 65. 1899.

234. Zöllner, F., Über eine neue Art von Pseudoskopie. Poggendorffs Annalen d. Physik. CX. S. 500. 1860.

234a. Derselbe, Über die Abhängigkeit pseudoskopischer Ablenkung paralleler Linien von dem Neigungswinkel der sie durchschneidenden Querlinien. Ebenda. CXIV. S. 587. 1861.

Einfluß der Erfahrung auf die Lokalisation nach Höhe und Breite.

235. Albertotti, J., Un cas de cataracte congénitale opéré par Mr. le Prof. Reymond sur un homme âgé de 21 ans. Arch. ital. de Biol. VI. p. 341. 1884. Zit. nach Hermanns Jahresber. d. Physiol. S. 194. 1884.

235a. Becher, E., Gehirn und Seele. Heidelberg. 1911.

235b. Derselbe, Über physiologische und psychistische Gedächtnishypothesen. Arch. f. Psychol. XXXV. S. 125. 1916.

236. Berger, H., Beiträge zur feineren Anatomie der Großhirnrinde. Monatsschr. f. Psych. u. Neurol. S. 405. 1899.

236a. du Bois-Reymond, E., Leibnizsche Gedanken in der neueren Naturwissenschaft. Festrede. Berlin 1871.

237. v. Brücke, E. Th., Über eine neue optische Täuschung. Z. f. Physiol. XX. S. 737. 1907.

237a. Donders, F. C., Die Projektion der Gesichtserscheinungen nach den Richtungslinien. Arch. f. Ophth. XVII, 2. S. 1. 1871.

238. Dufour, M., Guérison d'un aveugle-né. Lausanne, Cobraz. 1876.

238a. Derselbe, Sur l'expérience des sens. Bull. Soc. méd. de la Suisse Romande. 1880. Zit. nach Hermanns Jahresbericht f. Physiol. 1880.

239. Exner, S., Zur Kenntnis von der Wechselwirkung der Erregungen im Zentralnervensystem. Pflügers Arch. XXVIII. S. 487. 1882.

240. Derselbe, Entwurf zu einer physiologischen Erklärung der psychischen Erscheinungen. I. Wien, Deuticke. 1894.

241. Derselbe, Zur Kenntnis des zentralen Sehaktes. Z. f. Psychol. XXXVI. S. 194. 1904.

241a. Franke, V., Das Sehenlernen eines 26 jährigen, intelligenten Blindgeborenen. Deutschmanns Beiträge z. Augenheilk. II. S. 473. 1894.

242. Franz, Memoir of the case of a gentleman born blind and successfully operated upon in the 18th year of his age, with physiological observations and experiments. Philos. Transact. I. p. 59. 1841.

243. Goldscheider, A., Über die Neuronschwelle. du Bois Arch. f. Physiol. S. 148. 1898.

244. Hering, E., Über die spezifischen Energien des Nervensystems. Lotos. N. F. V. S. 113. Prag 1884.

245. Derselbe, Zur Theorie der Nerventätigkeit. Leipzig, Veit. 1899.

245a. Derselbe, Antwortrede bei Überreichung der Graefe-Medaille. Bericht über d. 33. Vers. d. Ophth. Ges. in Heidelberg. S. 17. 1906.

246. Hillebrand, F., Die Stabilität der Raumwerte auf der Netzhaut. Z. f. Psychol. V. S. 1. 1893.

246a. Derselbe, Ewald Hering. Ein Gedenkwort der Psychophysik. Berlin. Springer. 1918.

247. v. Hippel, Beobachtungen an einem mit doppelseitigem Katarakt geborenen, erfolgreich operierten Kinde. Arch. f. Ophth. XXI, 2. S. 101. 1875.

248. Köhler, W., Über unbemerkte Empfindungen und Urteilstäuschungen. Z. f. Psychol. LXVI, 1. S. 51. 1913.

248a. v. Kries, J., Über die materiellen Grundlagen der Bewußtseinserscheinungen. Programm der Universität Freiburg i. B. 1898.

249. Latta, Notes on a case of successfull operation for congenital cataract in an adult. Brit. Journ. of Psychol. I. p. 135. 1905.

250. Le Prince, A., Education de la vision chez un aveugle-né. Journ. de psychol. nom. et path. XII. S. 46. 1915. Zit. nach Z. f. Psychol. LXXVII.

250a. Lipps, Th., Psychologische Studien. 2. Aufl. Leipzig 1905.

250b. Locke, J., Essay concerning human understanding. Deutsche Übersetzung von C. Winkler. Philos. Bibliothek. LXXV. Leipzig, Meiner. 1911—13.

251. Lotze, Medizinische Psychologie oder Physiologie der Seele. Leipzig 1852.

252. Martin, Zur Begründung und Anwendung der Suggestionsmethode in der Normalpsychologie. Arch. f. Psychol. X. S. 321. 1907.

253. Miner, J. B., A case of vision acquired in adult life. Psych. Rev. Monogr. Suppl. VI, 5. 1905. Zit. nach Z. f. Psychol. XLIV. S. 214.

253a. Pick, A., Historische Notiz zur Empfindungslehre nebst Bemerkungen bezüglich ihrer Verwertung. Z. f. Psychol. LXXVI. S. 232. 1915.

253b. Poppelreuter, W., Über den Versuch einer Revision der psychophysiologischen Lehre von der elementaren Assoziation und Reproduktion. Monatsschr. f. Psychiatrie. XXXVII. 1914 u. Diss. Berlin.

254. Schanz, F., Über das Sehenlernen blindgeborener und später mit Erfolg operierter Menschen. Z. f. Augenheilk. XII. S. 753. 1904.

255. Schlodtmann, W., Ein Beitrag zur Lehre von der optischen Lokalisation bei Blindgeborenen. Arch. f. Ophth. LIV. S. 256. 1902.

256. Semon, R., Die mnemischen Empfindungen in ihren Beziehungen zu den Originalempfindungen. Leipzig 1909.

257. Seydel, F., Ein Beitrag zum Wiedersehenlernen Blindgewordener. Klin. Monatsbl. f. Augenheilk. I. S. 197. 1902.

258. Stratton, G. M., Eye-movements and the aestheties of visual form. Wundts Philos. Studien. XX. S. 336. 1902.

259. Stumpf, C., Über den psychologischen Ursprung der Raumvorstellung. Leipzig, Hirzel. 1873.

260. Derselbe, Tonpsychologie. Leipzig, Hirzel. I. 1883 u. II. 1890.

261. Derselbe, Empfindung und Vorstellung. Abh. d. Berliner Akad. d. Wiss. Phil.-hist. Klasse. Nr. 1. 1918.

262. Sundberg, C. G., Über die Blickbewegung und die Bedeutung des indirekten Sehens für das Blicken. Skandin. Arch. f. Physiol. XXXV. S. 1. 1917.

263. Uhthoff, Untersuchungen über das Sehenlernen eines siebenjährigen Blindgeborenen. Beiträge z. Psychol. u. Physiol. d. Sinnesorgane. Festschr. f. Helmholtz. S. 113. Leipzig. Voss. 1891.

264. Derselbe, Weitere Beiträge zum Sehenlernen blindgeborener und später mit Erfolg operierter Menschen usw. Z. f. Psychol. XIV. S. 197. 1897.

264a. Wirth, W., Die Probleme der psychologischen Studien von Theodor Lipps. Arch. f. Psychol. XIV. S. 217. 1909.

Die Verteilung der Raumwerte auf der Einzelnetzhaut.

265. Axenfeld, D., Eine einfache Methode Hemianopsie zu studieren. Neurolog Zentralbl. S. 437. 1894.

266. Berthold, E., Über die Bewegungen des kurzsichtigen Auges. v. Graefes Arch. f. Ophth. XI, 3. S. 107. 1865.

267. Best, F., Zur topischen Diagnose der Hemianopsie. Münchener med. Wochenschrift. 57. Jahrg. S. 1789. 1910.

267 a. Derselbe, Die Bedeutung der Hemianopsie für die Untersuchung des optischen Raumsinnes. Pflügers Arch. CXXXVI. S. 248. 1910.

267 b. Derselbe, Hemianopsie und Seelenblindheit bei Hirnverletzungen. Arch. f. Ophth. XCIII. S. 49. 1917.

268. Buck, A. F., Observations on the overestimation of vertical as compared with horizontal lines. Contrib. to Philos. Univers. of Chicago. II, 2. p. 7. 1899. Zit. nach Tschermak (12).

269. Darwin and Rivers, A method of measuring a visual illusion. Journ. of Physiol. XXVIII. p. 11. 1902.

270. Degenkolb, K., Über Augenmaßbestimmungen. 17. Vers. mitteldeutscher Neurol. Neurol. Zentralbl. S. 1343. 1911.

271. Derselbe, Die Raumanschauung und das Raumumgangsfeld. Ebenda. S. 409, 491, 560, 626, 691, 753 u. 820. 1913.

272. Feilchenfeld, H., Über 'die Größenschätzung im Sehfeld. Arch. f. Ophth. LIII. S. 401. 1901. Referat darüber in Z. f. Psychol. XXX. S. 149. 1902 von Crzellitzer.

273. Fick, A., De errore quodam optico asymmetria bulbi effecto. Inaug.-Diss. Marburg 1851. Ges. Schriften. III. S. 281.

274. Filehne, W., Über die Betrachtung der Gestirne mittels Rauchgläser und über die verkleinernde Wirkung der Blickerhebung. Rubners Arch. f. Physiol. S. 523. 1910.

275. Fischer, R., Weitere Größenschätzungen im Sehfelde. Arch. f. Ophth. XXXVII. Abt. 3. S. 55. 1891.

275 a. Fitt, A. B., Größenauffassung durch das Auge und den ruhenden Tastsinn. Arch. f. Psychol. XXXII. S. 420. 1914.

276. Förster, Ophthalmologische Beiträge. Berlin, Enslin. Zit. nach Jaensch (9a).

277. Frank, M., Beobachtungen betreffs der Übereinstimmung der Hering-Hillebrandschen Horopterabweichung und des Kundtschen Teilungsversuches. Pflügers Arch. CIX. S. 62. 1905.

278. Fröhlich, B., Unter welchen Umständen erscheinen Doppelbilder in ungleichem Abstand vom Beobachter. v. Graefes Arch. f. Ophth. XLI, 4. S. 134. 1895.

279. Helmholtz, H., Über die Bewegungen des menschlichen Auges. Verhandl. d. naturhist.-med. Vereins zu Heidelberg. III. S. 62. 1863.

280. Hicks and Rivers, The illusion of compared horizontal and vertical lines. Brit. Journ. of Psychol. II. p. 244. 1908.

281. Küster, F., Die Direktionskreise des Blickfeldes. Arch. f. Ophth. XXII. Abt. 1. S. 149. 1876.

282. Kundt, A., Untersuchungen über Augenmaß und optische Täuschungen. Poggendorffs Ann. CXX. S. 118. 1863.

283. Liepmann, H., und Kalmus, E., Über eine Augenmaßstörung bei Hemianopikern. Berliner klin. Wochenschr. S. 838. 1900.

283 a. Loeser, Über eine eigenartige Kombination von Abduzensparese und Hemianopsie, zugleich ein Beitrag zur Theorie einer Augenmaßstörung bei Hemianopikern. Arch. f. Augenheilk. XLV. S. 39. 1902.

284. Morrey, C. B., Die Präzision der Blickbewegung und der Lokalisation an der Netzhautperipherie. Z. f. Psychol. XX. S. 317. 1899.

285. v. Recklinghausen, F., Netzhautfunktionen. Arch. f. Ophth. V, 2. S. 127. 1859.

286. Derselbe, Zur Theorie des Sehens. Poggendorffs Ann. d. Physik. CX. S. 65. 1859. (Auszug aus dem vorigen mit Korrektur.)

287. Stevens, H. C., Peculiarities of peripheral vision. Psychol. Review. XV. S. 69. 1908.

288. v. Tschermak, A., Streckentäuschungsapparat. Arch. f. d. ges. Physiol. CXIX. S. 34. 1907.

289. Valentine, C. W., Psychological theory of the horizontal-vertical illusion. Brit. Journ. of Physiol. V. p. 8. 1912.

290. Derselbe, The effect of astigmatisme on the horizontal-vertical illusion, and a suggested theory of the illusion. Ebenda. V. p. 308. 1912.

291. Weber, E. H., Artikel »Der Tastsinn und das Gemeingefühl« in Wagners Handwörterb. d. Physiol. III. Abt. 2. S. 481. 1846. Abgedruckt in Ostwalds Klass. d. exakt. Wiss. Nr. 149.

292. Derselbe, Über den Raumsinn und die Empfindungskreise in der Haut und und im Auge. Verhandl. d. Sächs. Ges. d. Wiss. Math.-physik. Klasse. S. 85. 1852.

293. Weiß, L., Über das Wachstum des menschlichen Auges und über die Veränderung der Muskelinsertionen am wachsenden Auge. Anat. Hefte. I. Abt. VIII. S. 191. 1897.

293 a. Winch, The vertical-horizontal illusion in school-children. Brit. Journ. of Psychol. II. p. 220. 1907.

Die Ausfüllung des blinden Fleckes.

294. Brückner, A., Über die Sichtbarkeit des blinden Fleckes. Pflügers Arch. CXXXVI. S. 610. 1910. (Vorläufige Mitteilung im Bericht über die 36. Vers. d. Ophth. Ges. zu Heidelberg. S. 280. 1910.)

295. Derselbe, Zur Lokalisation einiger Vorgänge in der Sehsinnsubstanz. Pflügers Arch. CXLII. S. 241. 1911.

296. Charpentier, Visibilité de la tache aveugl. Compt. rend. CXXVI. p. 1634.

296 a. Ferree, C. F., and Rand, G., The spatial values of the visual field immediately surrounding the blind spot and the question of the associative filling in of the blind spot. Amer. Journ. of Physiol. XXIX. p. 398. 1912.

296 b. Fick, A., und du Bois-Reymond, Über die unempfindliche Stelle der Netzhaut im menschlichen Auge. Müllers Arch. f. Anat. u. Physiol. S. 396. 1853.

297. Funke, Zur Lehre vom blinden Fleck. Bericht d. Naturf. Ges. in Freiburg i. B. III. Heft 3. 1863. Zit. nach Helmholtz.

298. Köllner, H., Der blinde Fleck im binokularen Sehfeld. Arch. f. Augenheilk. LXXI. S. 306. 1912.

299. Landolt, M., Beobachtungen über die Wahrnehmbarkeit des blinden Fleckes. Arch. f. Augenheilk. LV. S. 108. 1906.

299 a. Lohmann, W., Der blinde Fleck in seinen Beziehungen zu den Raumwerten der Netzhaut. Arch. f. Augenheilk. LXXXI. S. 183. 1916.

300. Volkmann, A. W., Über einige Gesichtsphänomene, welche mit dem Vorhandensein eines unempfindlichen Fleckes im Auge zusammenhängen. Bericht d. Sächs. Ges. d. Wiss. S. 27. 1853.

301. Werner, H., Untersuchungen über den blinden Fleck. Pflügers Arch. CLIII. S. 475. 1913.

302. v. Wittich, Studien über den blinden Fleck. v. Graefes Arch. f. Ophth. IX, 3. S. 1. 1863.

III. Netzhautkorrespondenz.

1. Das binokulare Sehfeld.

Zum Empfindungsinhalt des subjektiven Sehraums tragen stets die Erregungen beider Augen bei. Wir können im allgemeinen den vom verdeckten oder einer ganz gleichmäßig gefärbten Fläche zugewandten Auge herrührenden Anteil nur deswegen vernachlässigen, weil sich die Aufmerksamkeit dabei vorwiegend den Eindrücken des Auges zuwendet, dem ein Gesichtsfeld mit mannigfaltigem Inhalt dargeboten wird. Achtet man aber genau auf den Inhalt des Sehfeldes, so bemerkt man auch in diesem Falle die Mitbeteiligung der Erregungen des verdeckten oder auf einen gleichmäßigen Grund blickenden Auges an dem gelegentlichen Auftreten des Wettstreites, der besonders auffällig ist, wenn das eine Auge verdeckt wird und das andere auf eine gleichmäßig helle Fläche sieht (man vgl. auch das oben S. 47 über die Beeinflussung der Sehschärfe Gesagte). Daraus geht hervor, daß man beim normalen binokular Sehenden das eine Auge auf keine Weise völlig »vom Sehakt ausschließen« kann. Dieser ‑Ausdruck bedeutet immer nur, daß man ein Auge durch Verdecken an der Betrachtung der dem anderen Auge dargebotenen Objekte verhindert, und daher seine Mitbeteiligung am Sehen auf die durch seine Eigenregungen bedingten Empfindungen, den »Lichtnebel« oder das »Eigengrau« beschränkt. Unter Umständen kann sich freilich diese Mitbeteiligung der Regungen des verdeckten Auges in einer auch für den Laien höchst auffälligen Weise aufdrängen. Erzeugt man sich nämlich in einem Auge durch Fixieren eines stark leuchtenden Lichtes ein dauerhaftes Nachbild, schließt dann das Auge und öffnet das andere, so wandert das Nachbild des ersten Auges im Gesichtsfeld des zweiten nunmehr allein geöffneten Auges mit jeder Blickwendung hin und her, gar nicht anders, als wenn das geschlossene erste Auge noch offen wäre. Diese schon Newton bekannte Erscheinung wurde besonders von Hering (7, S. 182) als schlagender Beweis für die Einheitlichkeit des subjektiven Sehfeldes angeführt: Das Nachbild des geschlossenen Auges erscheint an den identischen Stellen im gemeinsamen Sehfeld beider Augen, taucht demnach auch beim Sehen mit dem anderen Auge auf.

Die Erscheinung ist unter dem Namen »imagine visiva cerebrale« in neuester Zeit von italienischen Autoren vielfach studiert worden. Bezüglich der umfangreichen Literatur verweise ich auf die Zusammenstellungen von GAUDENZI (324) und MOCCHI (348). Wertvoll ist darin besonders die von BOCCI gegebene Anweisung, wie man das Nachbild des geschlossenen Auges auch bei Verwendung eines wenig lichtstarken Vorbildes deutlich und lange sichtbar machen kann. Ein zweiter Fall, in dem sich die Regungen des geschlossenen Auges im Sehfeld stark bemerklich machen, ist oben S. 67 angeführt worden.

Wir nennen die Gesamtheit der in einer frontal-parallelen Ebene befindlichen Gegenstände, die dem ruhenden Einauge auf einmal sichtbar sind, das monokulare Gesichtsfeld des betreffenden Auges. Fügen wir noch die dritte Dimension nach der Tiefe hinzu, so bildet die Gesamtheit aller, auch der nach der Tiefe zu sich erstreckenden Gegenstände, die dem ruhenden Auge sichtbar sind, den monokularen Gesichtsraum desselben. Die Gesamtheit aller Gegenstände, die den beiden ruhenden Augen gleich-

Fig. 79.

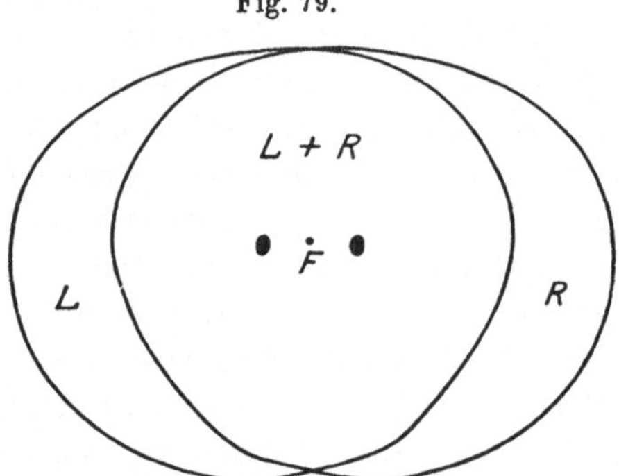

zeitig sichtbar sind, bildet das binokulare Gesichtsfeld, bei gleichzeitiger Erstreckung nach der Tiefe den binokularen Gesichtsraum. Das monokulare Gesichtsfeld des linken und des rechten Auges und dementsprechend auch der Gesichtsraum der beiden Augen, decken sich zu einem großen Teil, die in diesem Gebiet liegenden Gegenstände sind beiden Augen gemeinsam sichtbar. Diesen beiden Augen gemeinsamen Teil des binokularen Gesichtsfeldes bezeichnet HERING als das Deckfeld.

Lege ich das am linken und rechten Auge mit Hilfe des Perimeters bestimmte monokulare linke und rechte Gesichtsfeld so übereinander, daß die Fixationspunkte F und ebenso die um den gleichen Gesichtswinkel nach links und rechts, oben und unten vom Fixationspunkt gelegenen Punkte sich decken, so bildet das Gebiet $L + R$ in Fig. 79 das beiden Augen gemeinsame mittlere Deckfeld. An dieses schließen sich nach links in L der bloß dem linken Auge, nach rechts in R der bloß dem rechten Auge sichtbare Teil des binokularen Gesichtsfeldes an. Nur einem Auge sichtbar ist ferner das schwarz eingezeichnete Gebiet des blinden Flecks.

Von einem innerhalb des Deckfeldes liegenden Gegenstande wird in jedem der beiden Augen ein Bild erzeugt, aber nur unter bestimmten Bedingungen wird der Gegenstand doppelt gesehen, unter anderen sehen wir ihn trotz der doppelten Abbildung einfach. Die Gesetzmäßigkeit, nach der im Deckgebiet die Erregungen beider Augen zur einheitlichen binokularen Farbenempfindung zusammenwirken, hat im Handbuch der Augenheilkunde bereits E. HERING (334) ausführlich dargelegt. Wir haben uns hier bloß mit den Gesetzen der Lokalisation der Sehdinge zu befassen. Dabei dürfen wir aber nicht mehr außer acht lassen, daß uns die Sehdinge nicht bloß relativ zueinander räumlich angeordnet erscheinen, sondern daß wir ihnen auch einen Ort im Raum relativ zu unserem eigenen Standort zuweisen. Sie scheinen uns vom Orte des eigenen Ich aus in bestimmten Richtungen, den Sehrichtungen HERINGS, zu liegen, z. B. geradeaus, nach rechts oder links, nach oben oder unten. Lange hat man geglaubt, diese Lokalisation erfolge in der Weise, daß man die Netzhautbilder längs den Richtungslinien der beiden Einzelaugen in die Außenwelt zurück »projiziere«. Diese Lehre hat insbesondere HERING (7, S. 132 ff.) endgültig als falsch erwiesen, und ihm verdanken wir die richtige Beschreibung der hier obwaltenden Verhältnisse. Nach HERING entsprechen sich innerhalb des Deckgebietes immer je zwei Stellen der beiden Netzhäute gegenseitig derart, daß die durch ihre Regungen vermittelten Gesichtsempfindungen von uns aus in der gleichen Sehrichtung erscheinen. Man nennt solche Stellen nach FECHNER korrespondierende Stellen, und ihr Charakteristikum ist, daß ihnen beiden eine gemeinsame identische Sehrichtung zukommt.

2. Bestimmung der korrespondierenden Netzhautstellen.

Wenn wir die Lage der korrespondierenden Stellen beider Netzhäute bestimmen wollen, brauchen wir zunächst eine zweckmäßige Einteilung der Netzhaut. Um zu ihr zu gelangen, wollen wir ausgehen von der Abbildung eines ebenen quadratischen Gitters, das aus einer Schar gleich weit von einander abstehender horizontaler und vertikaler gerader Striche besteht, in einem Auge, dessen Gesichtslinie senkrecht auf die Mitte des Gitters gerichtet ist. Wir nehmen zunächst an, daß wir die Abbildung jedes einzelnen Punktes des Gitters erhalten, wenn wir von ihm aus den Richtungsstrahl durch den Knotenpunkt des Auges ziehen. Läge der letztere im Zentrum der kugelig gekrümmten Netzhaut, so würden sich dann die vertikalen parallelen Striche des Gitters auf der Netzhaut als eine Serie von Vertikalmeridianen, wie die ausgezogenen Linien der Fig. 80, und die horizontalen Striche ganz analog als eine Schar von Meridianen abbilden die von einem rechten zum linken Pol des Bulbus ziehen würden, wie dies in Fig. 80 durch die gestrichelten Linien angedeutet ist. Das Bild eines Rechteckes oder Quadrates auf der Netzhaut würde also durch entsprechende

Kreisbögen wiedergegeben werden[1]). Nun müssen wir freilich an diesem groben Schema, um es mehr der Wirklichkeit anzunähern, mehrfache Korrekturen anbringen. Zunächst liegt der Knotenpunkt des Auges nicht im Zentrum der Netzhautschale, sondern mehrere Millimeter vor ihm, daher liegen die Pole, von denen die Meridianteilung der Netzhaut ausgeht, nicht am Äquator des Bulbus, sondern die vertikalen oben und unten, die horizontalen rechts und links vom Knotenpunkt vor dem Bulbusäquator. Auch wären für Gegenstände in verschiedener Entfernung vom Auge statt der Richtungslinien die Visierlinien und als feststehendes Perspektivitätszentrum im Auge statt des Knotenpunktes der Kreuzungspunkt der Visierlinien einzuführen. Alles das läßt sich leicht berücksichtigen und ändert am Schema

Fig. 80.

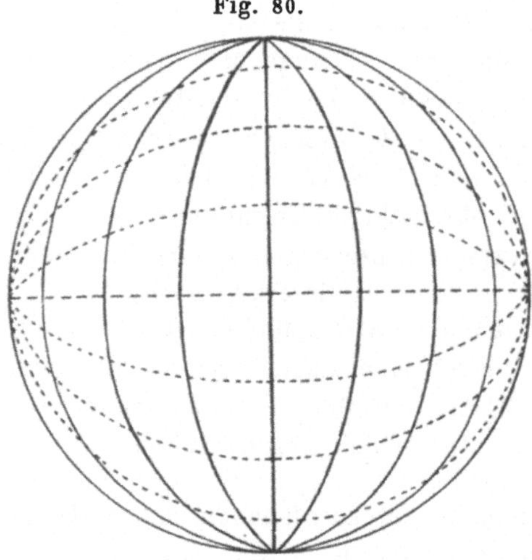

nicht viel. Weitaus schwieriger ist es, die zahlreichen Abweichungen in Rechnung zu ziehen, die wir in einem früheren Kapitel (S. 164ff.) besprochen haben, und die wir zum Teil vermutungsweise auf physikalisch-dioptrische Gründe, bzw. auf eine ungleichmäßige Krümmung der Netzhaut zurückzuführen versuchten, von denen aber ein anderer Teil auf physiologischer Grundlage, einer ungleichmäßigen Verteilung der Raumwerte auf der Netzhaut beruhen dürfte. Trifft das letztere zu, dann würde uns auch die genaueste Kenntnis der physikalischen Abbildungsverhältnisse auf der Netzhaut nicht gestatten, darnach allein jene objektiven Linien zu konstruieren, die uns die Vorstellung eines ebenen quadratischen Gitters vermitteln. Alle diese Schwierigkeiten vermeidet man, wenn man umgekehrt von den sub-

---

[1]) Man sieht die Art der Abbildung sehr hübsch an dem Optogramm, das KÜHNE durch Ausbleichung des Sehpurpurs eines Kaninchenauges mittels eines rechteckigen Fensters mit bogenförmigem Abschluß nach oben erhielt. Siehe die Abbildung bei KÜHNE (Arb. a. d. Heidelberger Inst., Bd. I, Tafel I, Abb. 3) und in TIGERSTEDTS Lehrbuch der Physiologie.

jektiven Empfindungen ausgeht und von ihnen zurück jene Reihe von Netzhautstellen, deren Reizung uns die Empfindung eines geraden vertikalen Striches vermittelt, als die Längsschnitte der Netzhaut, und jene Reihe von Netzhautstellen, deren Reizung uns die Empfindung eines horizontalen Striches vermittelt, als die Querschnitte der Netzhaut bezeichnet. Wir wissen dann freilich nicht genau, wie diese Elementenreihen auf der Netzhaut angeordnet sind, haben aber eine scharfe Definition derselben, wenn auch nur nach subjektiven Kennzeichen. So groß wird indessen der Unterschied gegenüber dem oben angenommenen Schema nicht sein, daß wir es nicht trotzdem auch weiterhin zur Veranschaulichung gebrauchen könnten. Jenen Längsschnitt der Netzhaut, der durch die Stelle des direkten Sehens geht, bezeichnete Hering als den mittleren Längsschnitt, die rechts und links von ihm gelegenen als Nebenlängsschnitte. Ganz analog unterscheidet Hering den durch die Stelle des direkten Sehens durchziehenden Querschnitt als den mittleren von den oben und unten von ihm gelegenen Nebenquerschnitten. Helmholtz, der die hier beschriebene Einteilung der Netzhaut ebenfalls zur Bestimmung der korrespondierenden Netzhautstellen verwendet (I, S. 710) bezeichnet den mittleren Querschnitt als den Netzhauthorizont (Definition I, S. 701) und den mittleren Längsschnitt als den scheinbar vertikalen Meridian (I, S. 703). Es dürfte indessen zweckmäßig sein, die Bezeichnung »Netzhauthorizont« für einen objektiv (nicht subjektiv durch die Netzhautkorrespondenz) definierten Schnitt der Netzhaut zu verwenden (s. unten S. 273, Anm.).

Korrespondierende Stellen in beiden Augen sind zunächst, wie die Erfahrung unmittelbar ergibt, die Stellen des direkten Sehens in beiden Augen. Beide Foveae centrales besitzen eine identische Sehrichtung, die von Hering ihrer Wichtigkeit wegen als die Hauptsehrichtung aus den Sehrichtungen aller übrigen exzentrisch liegenden korrespondierenden Stellen herausgehoben wurde.

Um auch die übrigen korrespondierenden Stellen der beiden Netzhäute aufzusuchen, bedient man sich der Methode der gegenseitigen Substitution der Netzhautstellen oder kurz der Substitutionsmethode. Man macht bei ihr Gebrauch von einer sogenannten haploskopischen Vorrichtung, die jedem Auge ein gesondertes Gesichtsfeld darbietet, deren Inhalte im gemeinsamen binokularen Sehfeld vereinigt erscheinen. Läßt man nun aus einer geraden Linie, die bloß dem einen Auge sichtbar ist, ein Stück weg und ersetzt es durch ein entsprechend langes Stück, das nur vom anderen Auge gesehen wird, dann kann man dem Ersatzstück eine solche Lage erteilen, daß es genau in der Verlängerung der Geraden des anderen Auges erscheint, demnach die Lücke ausfüllt. Aus der Lage der Teilstücke schließt man dann zurück auf die gegenseitige Lage der korrespondierenden Stellen in beiden Augen.

Im speziellen ist die Anordnung, die man zunächst zum Aufsuchen
der gegenseitigen Lage der Längs- und Quermittelschnitte benutzen kann,
folgende: Man blickt mit parallel geradeaus gestellten Gesichtslinien auf
eine frontalparallele ebene Fläche, auf der die unten angegebene haploskopische Vorrichtung angebracht ist. An der Stelle, an der die Gesichtslinie eines jeden Auges die Wand senkrecht trifft (wie man dies kontrolliert,
s. bei HOFMANN, 8, S. 138 und A. TSCHERMAK, 378), ist je ein Fixationspunkt f und f' angebracht. Um diesen herum zeichnet man je einen kleinen
Kreis und setzt vor jedes Auge eine innen geschwärzte Röhre, so daß jedem
Auge allein der vor ihm befindliche Fixationspunkt und seine Umgebung

Fig. 81.

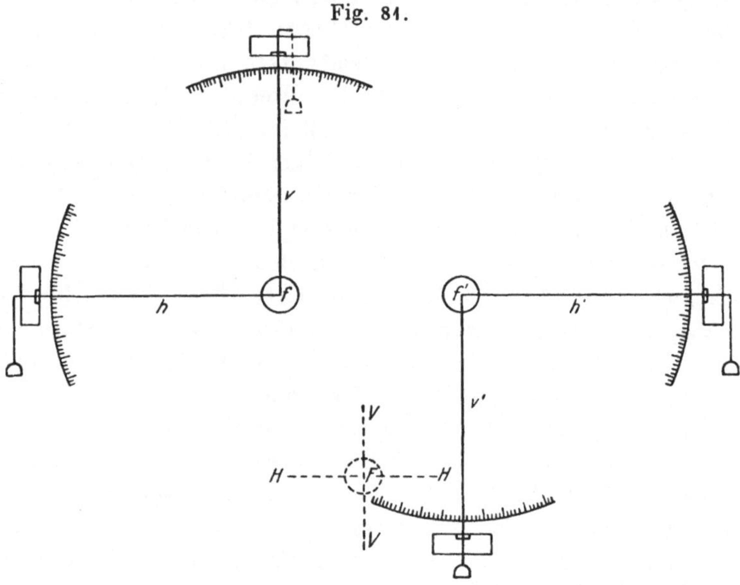

sichtbar bleibt. Von den Punkten f und f' aus läßt man nun nach dem
Muster der Fig. 81 in vertikaler und horizontaler Richtung Fäden aus-
laufen, welche in der Peripherie an einer den Augen nicht sichtbaren Grad-
teilung verschieblich sind, oder man bringt nach VOLKMANN (13, II, S. 220)
die horizontalen und vertikalen Striche auf je einer gesonderten drehbaren
Scheibe mit einer Gradeinteilung am Rande an. Blickt nun jedes Auge auf
seinen Fixationspunkt, so erscheint im binokularen Sehfeld zunächst der einheitliche Fixationspunkt F als Zentrum eines einheitlichen, in der Figur unten
gestrichelt angegebenen Kreises, und der Beobachter hat dann die Aufgabe,
die vertikalen und horizontalen Halblinien v und v', bzw. h und h' so einzustellen, daß im gemeinsamen binokularen Sehfeld die eine immer die
Verlängerung der anderen bildet, und sie außerdem genau vertikal und
horizontal stehen wie die gestrichelten Linien VV und HH in der Figur.

Läßt man die Versuchsperson auf die beschriebene Weise aus den haploskopisch vereinigten Bestandteilen beider Gesichtsfelder ein Kreuz mit vertikalen und horizontalen Schenkeln einstellen, so findet man, daß die vertikal und horizontal erscheinenden Linien in Wirklichkeit mehr oder weniger weit von der wirklichen Vertikalen und Horizontalen abweichen, und zwar ist die Regel die, daß die Bestandstücke des rechten Gesichtsfeldes vom Beobachter aus gesehen etwas im Sinne des Uhrzeigers von der vertikalen und horizontalen Richtung abweichen, die Bestandteile des linken Gesichtsfeldes aber im entgegengesetzten Sinne. Diese Abweichung der scheinbaren Vertikalen und Horizontalen von der wirklichen beruht zu einem Teil auf einer gegensinnigen Rollung der Augen um die Gesichtslinie. In der beschriebenen Anordnung wird nämlich durch den Fusionszwang, der von den gleichartigen Bildern des Fixationspunktes und der ihn umgebenden Kreise ausgeübt wird, zwar die Gesichtslinie eines jeden Auges auf diese eingestellt gehalten, sodaß Abweichungen derselben nach innen oder außen (Eso- und Exophorien) oder auch nach oben und unten (Hyperphorien) fast vollständig ausgeglichen werden (s. jedoch unten!). Es fehlt aber in der Anordnung ein Fusionszwang, der auch die gegensinnige Rollung beider Augen (die Zyklophorie) aufheben würde. Daher stellen sich die Augen je nach dem bei den betreffenden Personen vorhandenen Muskelgleichgewicht und entsprechend der Nachwirkung der vor dem Versuch unter dem Fusionszwang des gewöhnlichen Sehens vorhandenen Ausgleichsrollung mit einem sehr verschiedenen Rollungsbetrag ein, der wegen des langsamen Abklingens der anfangs noch vorhandenen Fusionsrollung sogar während des Versuchs sich noch allmählich ändern kann. Man hat diesen Rollungen, die ganz überwiegend in einer geringen Drehung des Bulbus mit dem oberen Pol nach außen (Außenrollung) bestehen, früher eine viel zu große Bedeutung beigemessen. Am besten ist es, sie in diesen Versuchen nach Möglichkeit auszuschalten. Man erreicht dies nach einem von Donders (480) angewandten Verfahren, wenn man in den Gesichtsfeldern beider Augen je einen durch den Fixationspunkt hindurchgehenden horizontalen Strich, und eventuell über und unter ihm noch einige andere ihm parallele Striche anbringt, die in beiden Gesichtsfeldern gleichweit vom Fixationspunkt abstehen. Dann stellen sich die Augen unter der Einwirkung des von diesen Strichen ausgeübten Fusionszwanges so ein, daß die Striche im linken und rechten Auge sehr angenähert auf korrespondierende Querschnitte fallen, allerdings eben nur soweit, als die Abweichung von der korrespondenten Abbildung in beiden Augen nicht merklich ist. Aber dasselbe gilt im Grunde auch von der Einstellung auf den Fixationspunkt selbst. Auch hier findet die Genauigkeit, mit der die Stellung der Gesichtslinie festgehalten wird, ihre Grenze an der Breite, mit der wir noch mittels disparater Stellen einfach sehen können. Es ist deshalb viel bequemer und wohl auch genauer, die Heterophorien bei diesen

Versuchen durch das nach den Angaben von Bielschowsky (310) von der
Firma Zeiss gebaute Doppelprisma auszuschalten.

Sobald die durch den Fixationspunkt gehenden Horizontalen miteinander zusammenfallen und im binokularen Sammelbild horizontal erscheinen,
d. h. also sich auf den mittleren Querschnitten beider Augen abbilden, bilden
bei den meisten Personen die vom Fixationspunkt ausgehenden scheinbar
vertikalen Richtungen immer noch einen Winkel mit der wirklichen Vertikalen in dem Sinne, daß das obere Ende der scheinbaren Vertikalen in
jedem Auge nach der temporalen Seite von der wirklichen abweicht. Diese
Abweichung bleibt im Gegensatz zu der außerordentlich wechselnden gegensinnigen Rollung konstant, und sie ist nichts anderes, als die oben S. 165 ff.
beschriebene Netzhautinkongruenz, die sich in gleicher Weise wie beim
einäugigen so auch beim binokularen Sehen bemerkbar macht. Diese Netzhautinkongruenz ist durch keinerlei Rollung zu beseitigen, denn entweder

Fig. 82.

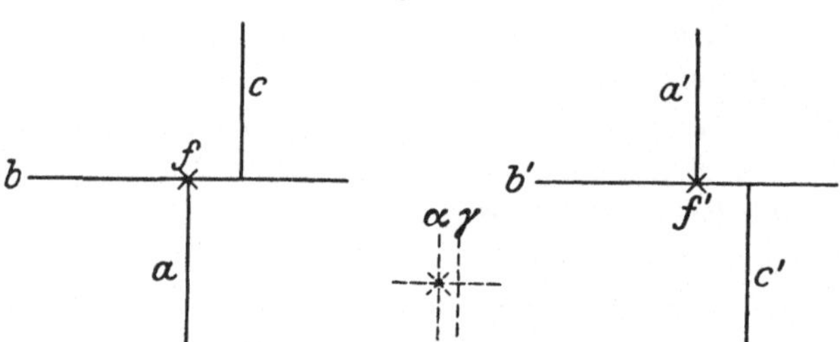

liegen, wie soeben angenommen wurde, die mittleren Querschnitte der
Augen in der Horizontalebene, dann divergieren die mittleren Längsschnitte
nach oben; oder man denkt sich diese Divergenz durch eine gegensinnige
Augenrollung ausgeglichen, dann liegen die mittleren Querschnitte nicht
mehr in der Horizontalebene, sondern mit ihrem temporalen Ende etwas
gehoben. Die Netzhautinkongruenz, als Winkel zwischen den scheinbar vertikalen Meridianen beider Augen gemessen, beträgt nach Helmholtz (I, S. 705)
bei normalem Auge ungefähr $2^1/_2°$, bei kurzsichtigen Augen fand er sie etwas
kleiner. Donders (480) und van Moll (349) fanden in zahlreichen Bestimmungen bei verschiedenen Personen Werte zwischen 0,1° bis über 3°.

Um nun nach der Bestimmung der Lage der mittleren Längs- und
Querschnitte der Netzhaut auch noch die Lage der einander korrespondierenden Nebenlängs- und Querschnitte aufzufinden, verwendet man die
folgende, von Volkmann (13) ersonnene, von Helmholtz (I, S. 707) ver-
besserte Methode, die für den Fall des Fehlens der Netzhautinkongruenz
durch die Fig. 82 versinnlicht wird. Man legt im Gesichtsfeld eines jeden
Auges durch den Fixationspunkt f bzw. f' je einen geraden horizontalen
Strich (b und b' in der Figur), und senkrecht dazu im Fixationspunkt je

einen Halbstrich a und a', die sich im binokularen Sammelbild zu dem Sammelbild eines durchgehenden Vertikalstrichs α ergänzen. Seitlich von f wird nun in dem einen Gesichtsfeld ein Halbstrich c senkrecht zu dem Horizontalstrich nach oben gezogen, im anderen Gesichtsfeld befindet sich in der gleichen Richtung vom Fixationspunkt abstehend ein anderer verschieblicher Halbstrich c' vom Horizontalstrich nach unten. Dieser wird nun solange nach rechts oder links verschoben, bis er im binokularen Sammelbild in der geraden Fortsetzung von c zu liegen scheint, so daß beide zusammen den zu α parallelen Vertikalstrich γ ergeben. Ist eine Netzhautinkongruenz vorhanden, so müssen die beiden Halblinienpaare aa' und cc' ihr entsprechend etwas schräg gestellt werden, um vertikal zu erscheinen. Die Methode läßt sich ferner, wenn man die Figur um 90° dreht, in ganz analoger Weise auch zur Bestimmung der korrespondierenden Nebenquerschnitte verwenden. Wegen des mangelhaften Lokalisationsvermögens im indirekten Sehen wird sie allerdings um so ungenauer, je weiter

Fig. 83.

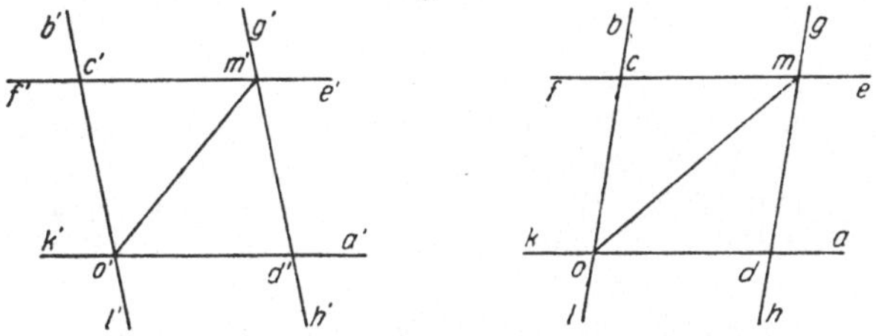

exzentrisch die untersuchten Netzhautstellen liegen. Man muß dann statt der Linien breite Streifen verwenden und überhaupt die Anordnung etwas abändern. Das Nähere s. bei HERING (R. S. 364) und HOFMANN (8, S. 14 ff.).

Aber selbst bei geringer Exzentrizität sind die Versuche wegen der Schwankungen in der Einstellung der beiden Gesichtslinien auf die Fixationspunkte insbesondere in der Horizontalebene recht unsicher (vgl. HELMHOLTZ, I, S. 707). Aus den zahlreichen Versuchen von VOLKMANN (13) schien sich immerhin zu ergeben, daß sowohl in den scheinbar vertikalen Meridianen, als auch in den Netzhauthorizonten solche Punkte einander korrespondieren, die in beiden Augen in der gleichen Richtung gleichweit vom Fixationspunkt entfernt sind. Daraus folgt, wie HELMHOLTZ (I, S. 708) auseinandersetzt, daß unter Berücksichtigung der Netzhautinkongruenz jene Punkte beider Netzhäute, die gleiche und gleichgerichtete Abstände sowohl vom Netzhauthorizont als auch von den scheinbar vertikalen Meridianen haben, korrespondierende Punkte sind. Wenn dies aber zutrifft, dann müssen, wie HELMHOLTZ weiter zeigt, bei Vorhandensein einer Netzhautinkongruenz gleich lange und gleich gerichtete schräge Strecken in beiden Augen ungleich lang erscheinen.

Es sei in Fig. 83 o der Fixationspunkt des rechten, o' der des linken
Auges, $a'k'$ sei der Netzhauthorizont im linken, ak im rechten Auge, $b'l'$ der
scheinbar vertikale Meridian im linken, bl im rechten Auge. fe und $f'e'$ seien
Parallele zum Horizont, die in beiden Augen um den gleichen Abstand vom
Fixationspunkt abstehen, dg und $d'g'$ seien Parallele zum scheinbar vertikalen
Meridian, die wieder in beiden Augen den gleichen Abstand vom Fixationspunkt
haben. Dann sind nach dem obigen Satze auch m und m' korrespondierende
Punkte beider Netzhäute. Trotzdem ist die Länge om größer als $o'm'$, und

Fig. 84.

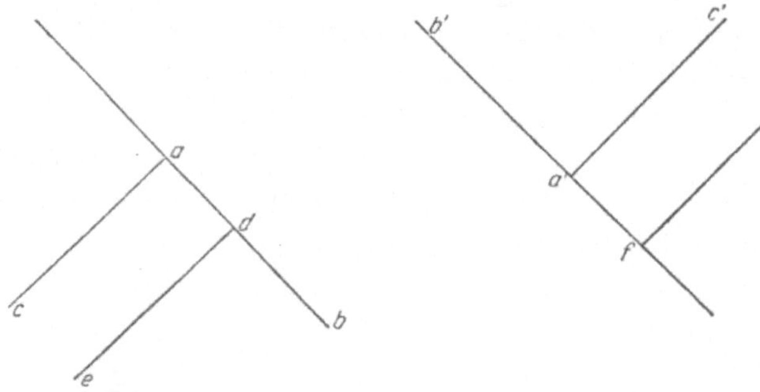

$c'd'$ größer als cd. Um diese Schlußfolgerung zu prüfen, hat HELMHOLTZ die
in Fig. 84 skizzierte Versuchsanordnung verwendet. In dieser sind ac, $a'c'$
und de fest, gf beweglich. Wenn das rechte Auge den Punkt a', das linke
den Punkt a fixiert, fallen ab und $a'b'$ in eine Richtung, $a'c'$ erscheint in der
geraden Verlängerung von ac. Versuchte HELMHOLTZ nun die Linie gf so einzustellen, daß sie als Fortsetzung von de erschien, so machte er $a'f$ um einen
eben merklichen Betrag kürzer als ad.

Fig. 85.

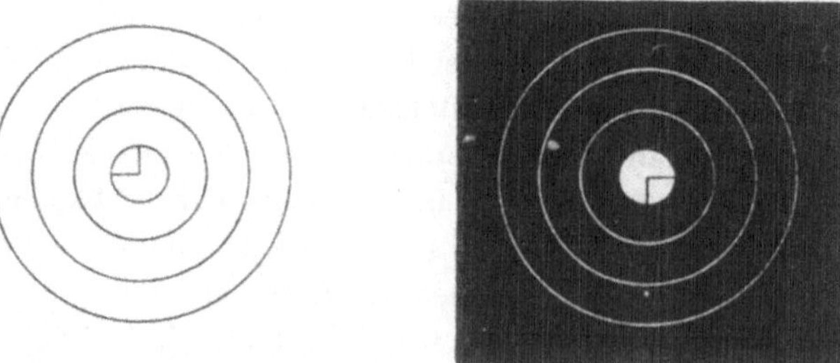

Ohne Messung kann man sich von diesem Verhalten an der von
HELMHOLTZ angegebenen Fig. 85 überzeugen. Man bringe, eventuell unter
Zuhilfenahme eines Stereoskops, die Zentren der konzentrischen Kreise der
beiden Halbbilder zur Deckung und beachte, ob sich gleichzeitig auch die
schwarzen und weißen Kreislinien, die sich wegen ihrer verschiedenen Farbe
sehr gut voneinander abheben, gegenseitig decken. In den vertikalen und

horizontalen Meridianen ist das im allgemeinen der Fall, nicht aber in den schrägen.

Wenn wir annehmen, daß analog der Netzhautinkongruenz auch die übrigen Ungleichmäßigkeiten in der Verteilung der Raumwerte auf der Einzelnetzhaut sich in der Korrespondenz beider Netzhäute geltend machen, so müssen wir auch in der horizontalen Richtung Ungleichheiten in beiden Augen bei jenen Personen erwarten, bei denen der KUNDTsche Teilungsversuch (s. oben S. 174) eine ungleiche Verteilung der Breitenwerte nach der nasalen und temporalen Seite hin ergibt. Ob sie freilich groß genug sind, daß man sie mit den eben beschriebenen Methoden nachweisen kann, ist bei der mehrfach erwähnten Unbestimmtheit unseres Lokalisationsvermögens im indirekten Sehen fraglich. Sie haben aber eine große Bedeutung für die Theorie der binokularen Tiefenwahrnehmung erlangt, und wir werden uns daher später (S. 412 ff.) noch eingehender mit ihnen befassen müssen.

3. Der Horopter.

Kennt man die Lage der korrespondierenden Netzhautstellen beider Augen, so kann man unter Zugrundelegung des reduzierten schematischen Auges die Gesamtheit jener Punkte im wirklichen Raum bestimmen, die

sich bei einer gegebenen Augenstellung in beiden Augen gleichzeitig auf korrespondierenden Stellen abbilden können, den sogenannten Horopter. Die Gestalt des Horopters ist für gewisse einfache Annahmen über die Anordnung der korrespondierenden Netzhautstellen zuerst von JOH. MÜLLER (352, S. 170 ff.) und vor ihm schon von VIETH (vgl. 379a und JOH. MÜLLER's Handb. d. Physiol., 1. Aufl., Bd. 2, S. 379, Anm.) abgeleitet worden, nämlich für den Fall, daß korrespondierende Netzhautstellen solche sind, deren Richtungslinien in beiden Augen um den gleichen Winkel von der Gesichtslinie nach rechts bzw. links, nach oben bzw.

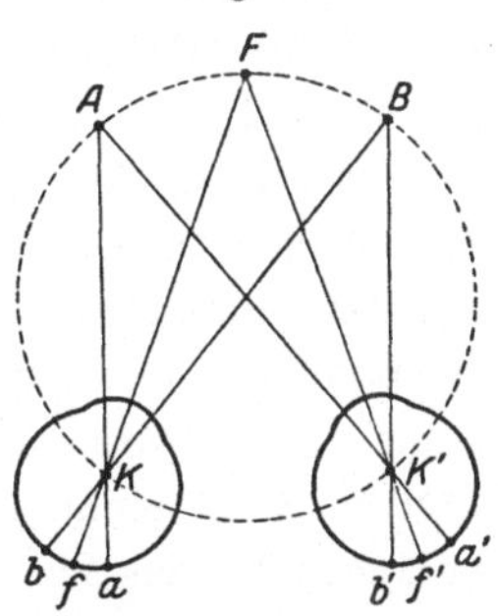

Fig. 86.

unten abweichen; daß ferner der mittlere Querschnitt beider Augen in der Blickebene liegt, und daß die mittleren Längsschnitte genau senkrecht zu den Querschnitten stehen, demnach keine Netzhautinkongruenz vorhanden ist. Als Horopter ergibt sich dann für symmetrische Konvergenz der Gesichtslinien beider Augen zunächst ein Kreis, der durch den Fixationspunkt F und in seiner außerhalb des binokularen Gesichtsfeldes gelegenen Fortsetzung durch die Knotenpunkte beider Augen K und K' [1]) geht, wie in Fig. 86. Die auf der

---

1) Streng genommen durch die Zentren der Visierlinien. In der stark schematisierten Darstellung dieses Kapitels kann man aber unbedenklich statt des Zentrums der Visierlinien den Knotenpunkt und statt der Visierebene die Blickebene setzen.

Peripherie dieses »MÜLLERschen Horopterkreises« gelegenen Punkte bilden sich nämlich in beiden Augen auf dem mittleren Querschnitt ab, und die Winkel AKF und $AK'F$, den ihre Richtungslinien mit der Gesichtslinie einschließen, sind als Peripheriewinkel, die auf demselben Bogen aufsitzen, einander gleich. Punkte, die sich vor oder hinter dem MÜLLERschen Horopterkreise, aber in seiner Ebene befinden, bilden sich zwar auch in beiden Augen auf dem gleichen (mittleren) Querschnitt ab, aber entweder ungleich weit von der Fovea, oder sogar im einen Auge nach rechts, im anderen nach links von ihr. Beide Bilder liegen also auf nichtkorrespondierenden oder disparaten Stellen. In dem speziellen Falle, daß die disparaten Stellen auf dem gleichen Querschnitt liegen, nennt man sie querdisparate Stellen. Zum vollen Horopter wird der MÜLLERsche Horopterkreis vollends ergänzt durch eine im Fixationspunkt auf seiner Kreisfläche senkrecht stehenden Linie (PRÉVOST, 356), deren Punkte sich in beiden Augen um den gleichen Winkel nach oben oder unten von der Fovea abbilden. Die Punkte einer auf dem Horopterkreis neben dem Fixationspunkt errichteten Senkrechten bilden sich, da sie von beiden Augen verschieden weit entfernt sind, in diesen ungleich hoch ab, d. h. sie liegen zwar auf gleichen Längsschnitten, aber in verschiedener Höhe, also, wie man sagt, auf längsdisparaten Stellen.

Da den korrespondierenden Stellen beider Augen je eine identische Sehrichtung zukommt, erscheinen leuchtende Punkte, die im Horopter liegen, die sich also in beiden Augen auf korrespondierenden Stellen abbilden, von uns aus in der gleichen Sehrichtung, und falls wir die Empfindungen beider Augen auch in die gleiche Entfernung verlegen (s. unten S. 243 ff.), unbestritten auch einfach. Die Sehrichtungen disparater Stellen sind dagegen voneinander um so mehr verschieden, je größer der Disparationsgrad ist. Ist die Disparation gering, so sehen wir die disparat abgebildeten Punkte trotzdem noch einfach. Legt man also als Kriterium für die Bestimmung des Horopters das Einfachsehen mit beiden Augen zugrunde, so besteht der Horopter nicht aus einer Kreislinie und einer dazu senkrechten Linie, sondern aus einem breiten körperlichen Kreisringe und einem dazu senkrechten Zylinder, innerhalb dessen die Abweichungen der Sehrichtungen voneinander nicht merklich sind. Je weniger geübt die betreffende Person im Unterscheiden von Doppelbildern ist, desto breiter ist dieser Horopterkörper. Mindern wir die Konvergenz der Gesichtslinien, so wird der Radius des Horopterkreises immer größer, aber auch der Horopterkörper immer ausgedehnter. Bei parallel gestellten Gesichtslinien besteht das Horopterschema bei strenger Beschränkung auf die Abbildung auf korrespondierende Stellen aus einer zu den Gesichtslinien senkrechten unendlich fernen Ebene, unter Berücksichtigung des Einfachsehens mit schwach disparaten Stellen aus dem gesamten, jenseits einer gewissen endlichen Entfernung befindlichen Raum.

Die Fähigkeit, Doppelbilder voneinander zu trennen, ist bei den verschiedenen Personen verschieden gut ausgebildet, und sie nimmt, wie schon bemerkt, mit der Übung zu. Deswegen lassen sich selbst bei gut abstechenden, kleinen Objekten keine allgemein gültigen Grenzen für das getrennte Erkennen von Doppelbildern angeben. Am weitesten gehen die Grenzen und die individuellen Unterschiede wegen des Hereinspielens der binokularen Tiefenwahrnehmung bei bloßer Querdisparation (vgl. dazu Helmholtz, I, S. 725 ff.). Enger sind sie, wie schon Panum (355) nachwies, bei bloßer Längsdisparation, bei der keine Tiefenwahrnehmung auftritt. In den Versuchen von Volkmann (380), der im Stereoskop die Wahrnehmung von Doppelbildern feiner schwarzer Striche studierte, variierte die Grenze für das Erkennen der Doppelbilder vertikaler Striche — also querdisparater Doppelbilder —, wenn man die Korrekturen von Helmholtz (I, S. 734 ff.) anbringt, bei den verschiedenen Versuchspersonen zwischen 26′ und 5′ (letztere nach längerer Übung), für die Wahrnehmung höhendistanter (längsdisparater) Doppelbilder aber bloß zwischen 3′ und 4′. Handelt es sich um weniger scharf hervortretende Objekte, so sind die Grenzen so weit, daß man die Gegenstände, die sich in der Umgebung der Fovea abbilden und denen unsere Aufmerksamkeit vorwiegend zugewandt ist, auch bei einem etwas größeren Disparationsgrad immer noch einfach sieht, und die auch beim gewöhnlichen Sehen stets vorhandenen Doppelbilder stark indirekt gesehener Objekte nur ganz ausnahmsweise bemerkt. Wendet man nämlich seine Aufmerksamkeit einem der letzteren zu, so wird dadurch sofort eine Blickbewegung ausgelöst, die sein Bild auf die Foveae bringt und damit die Doppelbilder beseitigt.

Aus diesen Gründen hat auch die allgemeine Ableitung der Gestalt des Horopters, die gleichzeitig von Helmholtz (523, 524 und I, S. 713 ff.) und von Hering (7) gegeben wurde, und bei der die einschränkenden Bedingungen, die wir eingangs machten, fallen gelassen werden, im wesentlichen nur ein geometrisches Interesse, und nur einige Einzelheiten sind auch für die Physiologie von Bedeutung.

Die Ableitung des Horopters erfolgt in der Weise, daß man sich einerseits durch den Knotenpunkt und jeden der unzähligen Längsschnitte der Netzhaut je eine »Längsschnittebene«, andererseits durch den Knotenpunkt und jeden Querschnitt eine »Querschnittsebene« gelegt denkt, und nun bei einer gegebenen Augenstellung die Schnittlinien der einander korrespondierenden Längsschnitts- bzw. Querschnittsebenen aufsucht. Die Gesamtheit der unendlich vielen Schnittlinien korrespondierender Längsschnittsebenen ergibt eine Fläche, die Hering den Längshoropter, Helmholtz den Vertikalhoropter nannte. Die in dieser Fläche liegenden geraden Schnittlinien je zweier korrespondierender Längsschnittsebenen bilden sich bei der gegebenen Augenstellung auf den entsprechenden korrespondierenden Längsschnitten

beider Augen ab, die Bilder ihrer einzelnen Punkte können also nur noch
Längsdisparation besitzen, aber keine Querdisparation. In analoger Weise
findet man als Schnitte aller korrespondierenden Querschnittsebenen beider
Augen eine Fläche, HERINGS Querhoropter, HELMHOLTZ' Horizontal-
horopter, die dadurch charakterisiert ist, daß die in ihr verlaufenden
geraden Schnittlinien je zweier korrespondierender Querschnittsebenen sich
in beiden Augen auf den entsprechenden korrespondierenden Querschnitten
abbilden, so daß sich demnach die einzelnen Punkte dieser Geraden niemals
mit Längsdisparation, sondern nur noch mit Querdisparation abbilden können.
Da im Längshoropter nur die Querdisparation, im Querhoropter nur die Längsdisparation durchgehends aufgehoben ist, bezeichnet HERING diese beiden
Horopter als Partialhoropter, HELMHOLTZ nannte sie wegen ihrer Eigenschaft, daß sich in ihnen verlaufende gerade Linien bestimmter Richtung
auf korrespondierenden Längs- bzw. Querschnitten abbilden, als den vertikalen und horizontalen Linienhoropter. Die Stellen des Gesichts-
raumes, bei deren Abbildung sowohl die Längs- als auch die Querdisparation
gleichzeitig ausgeschaltet sind, die also sowohl dem Längs- als auch dem
Querhoropter angehören — HERINGS Totalhoropter, HELMHOLTZ' Punkthoropter —, findet man als die Schnittlinien der beiden Partialhoropter.
Bei symmetrischer Konvergenz und unter den oben angegebenen einschränkenden Bedingungen, unter denen der Totalhoropter durch den MÜLLER-
schen Horopterkreis und die PREVOSTsche Horopterlinie dargestellt wird,
besteht der Längshoropter aus einem zur Blickebene senkrechten, durch
den binokularen Blickpunkt und die Knotenpunkte beider Augen gelegten
Kreiszylinder; der Querhoropter aus der Blickebene (in der die einander
korrespondierenden queren Mittelschnitte gelegen sind) und der Medianebene (in der sich sämtliche Nebenquerschnittsebenen schneiden). Die Schnittlinien dieser Flächen ergeben dann den Horopterkreis und die Horopterlinie.

Physiologisch wichtig ist wegen der Bedeutung der Querdisparation
für die binokulare Tiefenwahrnehmung vor allem die Gestalt des Längshoropters, d. h. der Fläche, in der jene Punkte liegen, die sich in beiden
Augen ohne Querdisparation abbilden. Wir werden uns mit ihrer Form
genauer bei der Besprechung der binokularen Tiefenwahrnehmung zu befassen haben und bemerken hier nur folgendes. Der Längshoropter ist für
den Fall, daß die Längsschnitte beider Augen senkrecht zur Blickebene
liegen und unter Vernachlässigung der ungleichen Verteilung der Raumwerte
der Netzhaut nach rechts und links bei symmetrischer und unsymmetrischer Konvergenz eine auf dem MÜLLERschen Horopterkreise senkrecht
stehende Kreiszylinderfläche. Dies gilt auch für den Fall einer Netzhautinkongruenz, wenn die Längsmittelschnitte durch gegensinnige Rollung der
Augen einander parallel und zur Blickebene senkrecht gestellt sind. Bei
parallelen Gesichtslinien wandelt sich der Längshoropter in diesem Falle

theoretisch in eine zu den Gesichtslinien senkrechte, unendlich ferne Ebene, praktisch in den gesamten Gesichtsraum jenseits der stereoskopischen Grenze um. Stehen die beiden Längsmittelschnitte beider Augen und mit ihnen auch die Nebenlängsschnitte, entweder infolge von Netzhautinkongruenz oder von Rollung nicht zur Blickebene senkrecht, so besteht der Längshoropter bei parallelen Gesichtslinien aus einer zur Blickebene parallelen Ebene, die in der Entfernung $h = \dfrac{g}{\operatorname{tg} v}$ unter der Blickebene liegt, worin v den Neigungswinkel des Längsmittelschnittes gegen die auf der Blickebene errichtete Senkrechte, g die halbe Länge der Grundlinie (des Abstandes der Augen voneinander) bedeutet. Bei symmetrischer Konvergenz wandelt sich der Längshoropter unter diesen Umständen in eine Kegelfläche um, deren Spitze unterhalb der Blickebene liegt, und die die letztere im Müllerschen Horopterkreis und die Medianebene in einer schrägen Geraden schneidet, die im Blickpunkt schräg von vorne unten nach hinten oben verläuft, und die mit der Blickebene einen um so kleineren Winkel bildet, je weiter der Blickpunkt vom Auge entfernt ist.

Ein weiteres physiologisches Interesse knüpft sich ferner nach Helmholtz (I, S. 715) an die Gestalt des Totalhoropters beim Vorhandensein einer Netzhautinkongruenz. Sind die Gesichtslinien solcher Augen parallel und horizontal geradeaus gerichtet und liegen die beiden Netzhauthorizonte in der Blickebene, so stimmt, da in diesem Falle jedes Paar einander korrespondierender Querschnittsebenen eine identische Ebene bildet, der Querhoropter also durch den gesamten binokularen Gesichtsraum dargestellt wird, der Totalhoropter mit dem Längshoropter überein, bildet also ebenfalls eine zur Blickebene in der Entfernung $h = \dfrac{g}{\operatorname{tg} v}$ parallele Ebene. Bei Helmholtz und einigen anderen emmetropen Beobachtern fiel der Totalhoropter bei dieser Augenstellung mit der Fläche des Bodens zusammen, und Helmholtz hielt es daher für wahrscheinlich, daß in diesem Verhalten der Grund für die Schiefstellung der scheinbar vertikalen Meridiane zu suchen sei. Beim binokularen Sehen auf entfernte Gegenstände haben wir oberhalb des Horizontes meist den Himmel, der bei Tage wenig Merkpunkte darbietet, unterhalb des Horizontes den Fußboden, der nicht nur zahlreiche einzelne Merkpunkte darbietet, sondern auch beim Gehen fortwährend beachtet werden muß. Daraus könnte sich bei normalen Augen die Übung ausbilden, die Bilder jener Netzhautstellen gleich zu lokalisieren, auf die sich beim Gehen die gleichen Punkte des Bodens abzubilden pflegen. Die Abweichungen, die Helmholtz an kurzsichtigen Augen von der obigen Regel fand, bezieht er darauf, daß die Myopen ihre Identitätsverhältnisse mehr an nahen Gegenständen ausbilden müßten. Eine ausführliche Kritik dieser Ansicht gab Hering (7, S. 348 und 354 ff.). Auch Donders (481, S. 405) weist darauf hin, daß nach den

Messungen von van Moll die Größe des Winkels, den die vertikalen Trennungslinien der beiden Augen miteinander bilden, nur in seltenen Ausnahmsfällen dieser Erklärung entspricht.

Um zu entscheiden, inwieweit der aus der angenommenen Lage der
korrespondierenden Stellen abgeleitete »mathematische Horopter« dem wirklichen entspricht, muß man den letzteren direkt experimentell zu bestimmen
trachten. Zum Aufsuchen des wirklichen »empirischen« Horopters (Hering,
7, S. 200) kann man sich zunächst der Doppelbildmethode bedienen, d. h.
man grenzt die Stellen, an denen einfach gesehen wird, von denen ab, an
denen Doppelbilder auftreten. Diese Methode ist aber wegen der weitgehenden Vereinigung der Doppelbilder besonders in der Querrichtung sehr
ungenau. Viel schärfer läßt sich bei der Horopterbestimmung die querdisparate Abbildung ausschließen, wenn man, einem Gedankengang Herings
folgend, Einstellungen in eine scheinbar frontalparallele Ebene vornimmt
(s. unten S. 411 ff.). Auch diese Methode liefert aber, wie Tschermak (1103,
1104) zeigte, mehrdeutige Ergebnisse. Tschermak (bei Fischer, 907) hat sie
daher durch folgende Modifikation der Substitutionsmethode ergänzt: Während
fester binokularer Fixation eines vertikalen Mittelfadens wird das Mittelstück
eines seitlich aufgehängten Fadens für ein Auge durch ein mit dem Hintergrund gleichfarbiges Kärtchen verdeckt. Bei binokularer Betrachtung besteht dann für den Beobachter der Seitenfaden aus drei Stücken, einem
bloß mit einem Auge gesehenen Mittelstück und einem oberen und unteren
binokular gesehenen Stück. Der Beobachter muß nun die Stellung des
Seitenfadens so lange ändern, bis ihm das Mittelstück genau in der Verlängerung der binokularen Stücke erscheint. Dann stimmt die Sehrichtung
des Einauges mit der gemeinschaftlichen binokularen Sehrichtung überein,
und man kann daher mit diesem als »binokulare Noniusmethode« bezeichneten Verfahren jene Längsschnittpaare bestimmen, deren Bilder im Sehraum
den gleichen Seitenabstand von den Bildern der mittleren Längsschnitte
haben. Die Methode liefert also eine direkte Bestimmung des Längshoropters.
Auf das Ergebnis kommen wir später (S. 423) zu sprechen.

4. Die Sehrichtungen.

Hinsichtlich des Ortes im Sehraum, an dem die Sehdinge liegen, unterscheiden wir zweierlei, nämlich die Richtung, in der wir sie von uns aus
sehen — die schon erwähnten Sehrichtungen — und die scheinbare Entfernung, den Tiefenabstand der Sehdinge von uns. Das Schema der Sehrichtungen, mit dem wir uns zunächst allein befassen wollen, wurde von
Hering (7) angegeben und nach Helmholtz' Bericht (I, S. 745) gleichzeitig
auch von Towne (371, 372) gefunden. Schon 1792 aber hatte W. Ch. Wells
(380a) die identische Sehrichtung von Objekten, die auf den Gesichtslinien
beider Augen angebracht sind, klar erkannt und beschrieben.

Hering (R., S. 386) führt als Hauptbeweis für die von ihm vertretene Lehre folgenden Grundversuch an, dessen genaue Kenntnis und Durchdringung die unerläßliche Voraussetzung für das Verständnis der Gesetze des binokularen Sehens bildet. Man stelle sich in etwa 20—30 cm Entfernung vor ein Fenster, das einen freien Ausblick gewährt, stütze den Kopf an eine einfache Stirnstütze, schließe oder verdecke zunächst das rechte Auge und suche mit dem linken einen etwas nach·rechts gelegenen fernen Gegenstand auf, der sich gut von der Umgebung abhebt, z. B. einen einzelnen Baum. Während man ihn mit dem linken Auge fixiert, mache man auf der Fensterscheibe einen schwarzen Punkt derart, daß er dem linken Auge die Mitte des Baumes verdeckt und außerdem in der Medianebene des Kopfes liegt. Nun schließe man das linke und öffne das rechte Auge, richte letzteres auf den schwarzen Punkt auf der Fensterscheibe und beachte, welches Objekt des Außenraumes er jetzt dem rechten Auge teilweise verdeckt. Dieses Objekt sei z. B. eine Esse. Fixiert man nunmehr den schwarzen Punkt auf der Fensterscheibe mit beiden Augen zugleich, so sieht man ihn gerade vor sich und hinter ihm und teilweise von ihm gedeckt, sowohl die ferne Esse, wie den fernen Baum. Man sieht also erstens den Punkt auf der Fensterscheibe, den Baum und die Esse, die sich in beiden Augen auf der Fovea abbilden, in der gleichen Richtung vor sich. Zweitens erscheinen, wenn der Punkt auf der Fensterscheibe in der Medianebene liegt, die Augen also bei seiner Fixation in symmetrischer Konvergenz stehen und die binokulare Blickrichtung (s. unten S. 363) geradeaus gerichtet ist, alle drei, der Punkt, die Esse und der Baum, in der Medianebene, obwohl die beiden letzteren in Wirklichkeit ganz seitlich liegen. Zur Veranschaulichung des Versuchs mag die Fig. 87 dienen. In ihr ist A der binokular fixierte, median gelegene Punkt auf der Glasscheibe ss', der sich im linken Auge auf der Fovea f, im rechten ebenfalls auf der Fovea f' abbildet. Auf der Gesichtslinie des linken Auges fA liegt in weiter Ferne der Punkt C, auf der Gesichtslinie des rechten Auges $f'a$ der ferne Punkt B. A, B und C erscheinen uns, wenn beide Augen offen

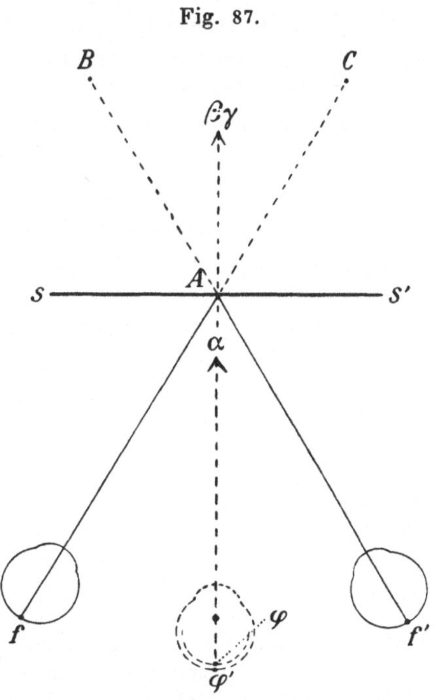

Fig. 87.

sind, in einer und derselben, den beiden Foveae gemeinsamen Richtung, der **Hauptsehrichtung**, die beim Normalen mit der binokularen Blickrichtung zusammenfällt, demnach bei symmetrischer Konvergenz geradeaus nach vorn gerichtet ist. Man kann sich diese Sehrichtung nach einem ebenfalls von HERING angegebenen Schema in der Weise versinnlichen, daß man sich die Netzhäute beider Augen nach der Nase hin derart übereinander geschoben denkt, daß sich die korrespondierenden Stellen beider Augen decken, wobei man allerdings, wie bei der Ableitung des MÜLLERschen Horopterkreises, voraussetzen muß, daß eine Netzhautinkongruenz nicht vorhanden ist, die Längsmittelschnitte daher senkrecht auf den mittleren Querschnitten stehen und die Raumwerte auf beiden Netzhäuten nach jeder Richtung von der Fovea aus gleichmäßig verteilt sind. Man erhält dann ein in der Mitte zwischen den beiden wirklichen Augen befindliches Doppelauge, HERINGS »mittleres imaginäres Auge«, HELMHOLTZ' »Zyklopenauge«. Gibt man diesem mittleren Doppelauge eine Blickrichtung, die mit der binokularen Blicklinie zusammenfällt, und zieht nunmehr die den beiden übereinander liegenden Foveae φ und φ' gemeinsame Richtungslinie des imaginären Auges, so entspricht sie der Hauptsehrichtung, in der sowohl das dem Fixationspunkt A entsprechende Sehding α, als auch die medialen Doppelbilder der Objekte B und C, β und γ, zu liegen scheinen. Jene Doppelbilder von B und C, die sich nicht auf der Fovea abbilden, und die demnach in anderer Sehrichtung (lateral) erscheinen, sind im Schema nicht eingezeichnet.

Da es anfangs schwer fällt, sich in dem Gewirr der Doppelbilder ferner Gegenstände bei starker Konvergenz der Gesichtslinien zurecht zu finden, so kann man sich bei den ersten Versuchen auch bloß darauf beschränken, nur einen der gut sichtbaren fernen Gegenstände (Baum, Esse, Turm oder dergl.) auf der einen Gesichtslinie zu beachten. Noch zweckmäßiger, besonders zur Demonstration für Hörer geeignet, sind Anordnungen, bei denen die störenden Doppelbilder abgeblendet werden, wie sie z. B. von HILLEBRAND angegeben wurden (vgl. HOFMANN 8, S. 142). Eine ganz einfache Abänderung des Versuchs, die man ohne jede besondere Vorbereitung benutzen kann, ist folgende: Man setze sich gegenüber einer mehrere Meter entfernten Wand eines großen Zimmers, auf der sich nur wenige, gut vom Grunde abstechende Objekte befinden, rittlings auf einen Stuhl, lehne sich mit Kopf und Rücken an die Rückwand des Zimmers und halte in der auf die Stuhllehne aufgestützten Hand ruhig ein zugespitztes Stäbchen (einen langen Bleistift) in der Medianebene des Kopfes aufrecht hin. Nun suche man eine Stellung, bei welcher die Stäbchenspitze, die dem Fixationspunkt A in Fig. 87 entspricht, gerade die Mitte eines Gegenstandes an der gegenüber liegenden Wand für ein Auge verdeckt, was man ja durch Zukneifen oder Verdecken des anderen Auges leicht feststellen kann. Öffnet man dann beide Augen, und fixiert die unverrückt festgehaltene Stäbchenspitze, so erscheint auch der Gegenstand an der Wand in der Medianebene hinter der Stäbchenspitze.

Daß auch Gegenstände, die vor dem Fixationspunkt in der Gesichtslinie jedes Auges liegen, und die sich daher im betreffenden Auge auf der

Fovea abbilden, in der beiden Foveae gemeinsamen Hauptsehrichtung erscheinen, davon kann man sich durch folgenden einfachen Versuch überzeugen: Man blicke geradeaus auf einen entfernten Punkt, halte nahe vor jedes Auge je einen von zwei gleichen Gegenständen, z. B. je einen Zeigefinger und nähere diese einander solange, bis sich ihre medialen Doppelbilder decken. Dann blicke man auf die nahen Gegenstände selbst und überzeuge sich, daß sie fast um die Augendistanz voneinander entfernt sind, obschon ihre medialen Doppelbilder übereinander zu liegen scheinen. Genauere Anordnungen siehe bei HERING (R., S. 388) und bei HOFMANN (8, S. 143).

Diese Versuche entscheiden endgültig gegen die Hypothese, daß die Netzhauteindrücke, wie man früher meinte, längs der Richtungslinien beider Augen »nach außen projiziert« würden. Mit dieser zuletzt ausführlich von NAGEL (353) vertretenen »Projektionslehre« kann man durch Hilfsannahmen allenfalls konstruieren,

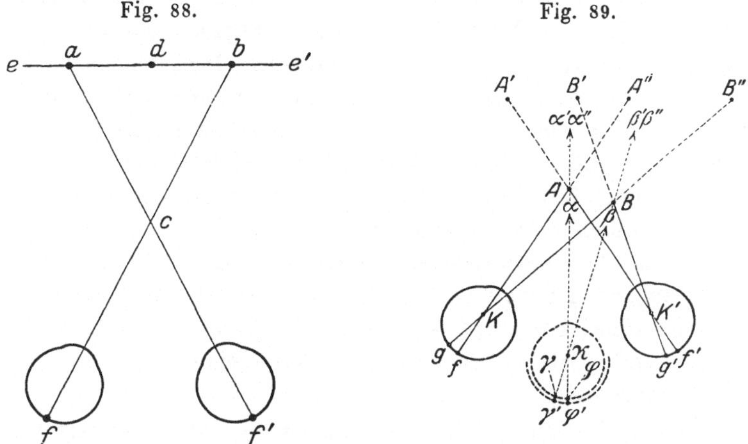

Fig. 88.   Fig. 89.

daß der binokulare Fixationspunkt im Kreuzungspunkt der Richtungslinien einfach gesehen wird; unmöglich aber ist es, auf Grund dieser Annahme zu erklären, wie es kommt, daß außer dem Fixationspunkt auch die medialen Doppelbilder aller anderen, auf den beiden Gesichtslinien fAC und $f'AB$ liegenden Punkte in einer von den Gesichtslinien völlig abweichenden Richtung zu liegen scheinen. Ebenso einfach kann man sich nach HERING (7, S. 150) von der Unzulänglichkeit der Projektionshypothese überzeugen, wenn man sich zunächst durch binokulare Fixation eines lichtstarken Gegenstandes, etwa einer Glühbirne, ein dauerhaftes zentrales Nachbild verschafft, sodann einen nahe vor den Augen median gelegenen Punkt c in Fig. 88 fixiert und dahinter ein gleichmäßig gefärbtes Papierblatt ee' hält. Das Nachbild erscheint dann auf dem Papierblatt gerade hinter dem Fixationspunkt c in d, und weder in der Richtungslinie des einen, noch des anderen Auges, weder einfach in c, noch doppelt in a und b. Wenn man behaupten wollte, das Nachbild erscheine immer in c, man glaube es nur auf dem Papier in d zu sehen, so braucht man nur das Blatt ee' bis zum Fixationspunkt c zu nähern, dann erscheint das Nachbild immer hinter c, aber es wird um so kleiner, je näher das Blatt gehalten wird, woraus folgt, daß es wirklich in verschiedenen Entfernungen hinter c gesehen wird. DONDERS (**320**, S. 23) sucht den Versuch allerdings dadurch zu erklären, daß das Nachbild, obschon es von beiden Augen ausgeht, für ein Halbbild gehalten wird, dessen korrespondierendes Halbbild verborgen ist.

Befindet sich neben dem Fixationspunkt A noch ein zweiter Punkt B im Horopter, so erhalten wir seine Sehrichtung, wenn wir wieder seine Abbildung in beiden Augen auf den korrespondierenden Stellen g und g' beider Augen auf das mittlere imaginäre Auge übertragen, wie es in Fig. 89 versinnlicht ist. Da sie sich dort in γ und γ' decken, haben sie eine gemeinsame Sehrichtung, die wir finden, wenn wir von $\gamma\gamma'$ aus die Richtungslinie $\varkappa\beta$ durch den Knotenpunkt $\varkappa$ des imaginären Auges ziehen. Wir sehen also den Punkt B einfach und nach rechts von A in der Richtung $\varkappa\beta$. In dieser Sehrichtung erscheinen uns aber auch die in g und g' abgebildeten Doppelbilder aller anderen Punkte, die auf den in B sich kreuzenden Richtungslinien der Netzhautstellen g und g' liegen. Das gleiche gilt für jedes weitere Paar von korrespondierenden oder »Deckstellen« beider Netzhäute. Jedem Deckstellenpaar gehört eine einzige gemeinsame Sehrichtung zu, und wenn man die Konstruktion für eine größere Zahl von Deckstellen durchführt, so erhält man ein Büschel von Sehrichtungen, die alle von einem gemeinsamen Zentrum der Sehrichtungen ausgehen, das im obigen Schema im Knotenpunkt des mittleren imaginären Auges liegt. Ferner ergibt sich aus allen beschriebenen Versuchen, daß es für die Konstruktion der Sehrichtungen gleichgültig ist, ob beide Deckstellen zugleich oder ob nur eine von ihnen erregt ist. In jedem Falle erscheint das dieser Erregung korrespondierende Sehding in der dem betreffenden Deckstellenpaar zugehörigen Sehrichtung.

Berücksichtigen wir nun nicht wie bisher nur eines der beiden Doppelbilder eines weit vor oder hinter dem Fixationspunkt liegenden Gegenstandes, sondern beide zugleich, so ergeben sich ihre Sehrichtungen ebenfalls in ganz einfacher Weise aus dem obigen Schema. Liegt ein Punkt B soweit hinter dem MÜLLERschen, durch den Fixationspunkt A hindurchziehenden Horopterkreis, daß er in Doppelbildern erscheint, so erhalten wir das Schema der Figur 90. Der Fixationspunkt A bildet sich in beiden Augen auf den Foveae f und f' ab. Die Bilder des Punktes B liegen in b und b'. Schieben wir nun die beiden Netzhäute so übereinander, daß f und f' sich decken, so liegt auf der Doppelnetzhaut b an der Stelle β, b' an der Stelle β'. Ziehen wir von $\varphi\varphi'$ aus die Hauptsehrichtung durch $\varkappa$ geradeaus nach vorn, so erhalten wir die Sehrichtung von A. Dem Bilde des Punktes B im linken Auge b entspricht im mittleren imaginären Auge die Stelle β mit der Sehrichtung $\beta\varkappa B_l$; dem Bilde des rechten Auges b' entspricht die Stelle β' mit der Sehrichtung $\beta'\varkappa B_r$. Verdeckt man das linke Auge, so verschwindet das linke Halbbild B_l, verdeckt man das rechte Auge, so verschwindet das rechte Halbbild B_r. Die Doppelbilder sind also gleichnamig oder gleichseitig. Liegt wie in Fig. 91 der zweite sichtbare Punkt B weit vor dem Fixationspunkt A, so erhält man auf ganz analoge Weise die Sehrichtungen der in diesem Falle gekreuzten oder ungleichnamigen Doppelbilder, wenn man die Bildstellen b und b' wieder als β und β' in das mittlere imaginäre Auge überträgt und die Sehrichtungen $\beta\varkappa B_l$ und $\beta'\varkappa B_r$ zieht.

Als Zentrum der Sehrichtungen wurde in der bisherigen Darstellung der Knotenpunkt des in der Mitte zwischen den beiden wirklichen Augen gedachten imaginären Doppelauges angenommen, und bei ihrer Konstruktion wurde stillschweigend vorausgesetzt, daß die Dimensionen

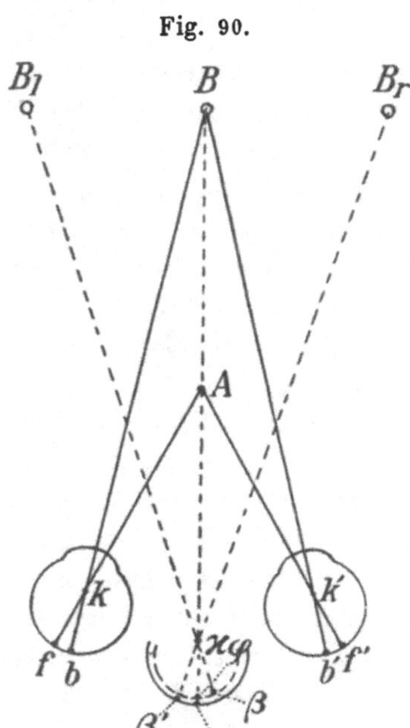

Fig. 90.

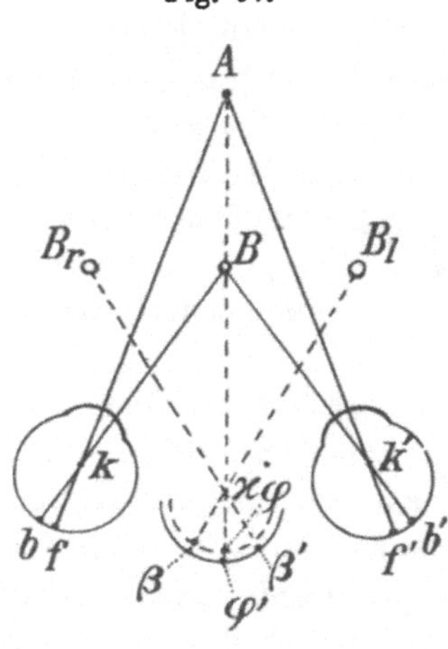

Fig. 91.

dieses imaginären Auges mit denen der beiden Einzelaugen übereinstimmen. Daraus würde sich ergeben, daß die Richtungslinien der exzentrischen Stellen dieses mittleren Doppelauges mit der Gesichtslinie desselben den gleichen Winkel einschließen, wie die Richtungslinien der korrespondierenden Stellen jedes Einzelauges mit der Gesichtslinie dieses Auges. Diese Einschränkung muß aber fallen gelassen werden. Wir dürfen uns des mittleren imaginären Auges wohl als eines Konstruktionsschemas zum Erlernen des Gesetzes der identischen Sehrichtungen bedienen, aber wir müssen uns darüber klar sein, daß es bloß ein allgemeines Schema ist, und daß ein solches starres Gleichbleiben der Sehrichtungen, wie es sich aus den obigen Voraussetzungen ergeben würde, der Wirklichkeit nicht entspricht. Vielmehr ändern sich je nach den Umständen die Winkel, den die Sehrichtungen miteinander einschließen, vielleicht sogar die Lage des Zentrums der Sehrichtungen. Wir werden daher im Folgenden zur Versinnlichung der Sehrichtungen nicht mehr das ganze mittlere imaginäre Auge einführen, sondern bloß das, was schließlich allein von dieser Fiktion übrig bleibt, nämlich die Sehrichtungen selbst und ihr gemeinsames Zentrum.

Damit erledigen sich auch alle Einwände, die man aus der Netzhautinkongruenz und der ungleichen Verteilung der Raumwerte auf der Einzelnetzhaut nach rechts und links gegen die oben wiedergegebene Konstruktion des mittleren imaginären Auges erheben kann. Das einheitliche Zyklopenauge soll eben nichts anderes versinnlichen, als bloß die Einheitlichkeit des Zentrums der Sehrichtungen. Freilich sind auch gegen diese Annahme eines einheitlichen Zentrums der Sehrichtungen in letzter Zeit Einwendungen erhoben worden, die wir aber erst später besprechen wollen. Wir müssen nämlich scharf unterscheiden zwischen dem Gesetz, daß korrespondierenden Netzhautstellen je eine identische Sehrichtung zukommt, mit dem wir uns im Vorigen befaßt haben, und der Lage dieser Sehrichtungen relativ zum vorgestellten Ort des eigenen Ich, die wir in der Lehre von der absoluten oder Richtungslokalisation erörtern. Mit dieser letzteren Frage berührt sich aber die nach der Einheitlichkeit des Zentrums der Sehrichtungen aufs engste.

Endlich muß noch besonders scharf betont werden, daß die Lehre von den Sehrichtungen auch nicht so zu verstehen ist, als ob wir die Netzhautbilder, statt von jedem Einzelauge aus nach den Richtungslinien, nunmehr etwa vom mittleren imaginären Auge aus nach den Sehrichtungen »nach außen projizierten«. Diese Meinung geht, wie die Projektionstheorie überhaupt, von der falschen Voraussetzung aus, daß unserem Geist zuerst die Netzhautbilder dargeboten werden, die wir dann nachträglich irgendwie in den Raum verlegen müßten. In Wirklichkeit ist aber dem menschlichen Geist primär nicht das Netzhautbild gegeben, von dessen Vorhandensein die meisten Menschen keine Ahnung haben, sondern die Empfindung im Sehraum. Die Sehrichtungen sind nur eine nachträgliche wissenschaftliche Rekonstruktion dieses unmittelbar Empfundenen.

5. Theorie der Korrespondenz.

Wie haben wir uns nun das Zustandekommen der Netzhautkorrespondenz zu denken? Woran liegt es physiologisch, daß wir mit korrespondierenden Stellen einfach sehen, d. h. daß die gleichzeitige Erregung korrespondierender Stellen (wenn wir von den Angaben von Helmholtz, Henning und Fuchs über das Hintereinandersehen verschiedener Farben zunächst absehen) im Bewußtsein eine einfache Farbenempfindung auslöst? Legen wir unserer Betrachtung die Lehre vom psychophysischen Parallelismus zugrunde, so muß der einfachen Empfindung auch ein einfacher psychophysischer Prozeß entsprechen, es müssen also die Erregungen korrespondierender Stellen in dem einheitlichen Substrat des einheitlichen Bewußtseins einen einzigen

physischen Vorgang auslösen[1]. Die einfachste Erklärung dafür wäre dann
die, daß die zunächst voneinander gesonderten Erregungen der korrespondierenden Stellenpaare in einer bestimmten Zone der zentralen Sehleitung
sich irgendwie vereinigen, und von da aus nun als eine einzige Erregung
weitergeleitet werden. Wie kommt diese Vereinigung zustande, und was
ist die anatomische und physiologische Grundlage der Netzhautkorrespondenz?
Da diese in ihrer voll ausgebildeten Form sich als eine relativ feste Beziehung zwischen bestimmten Stellen beider Netzhäute darstellt, hat man
seit langem angenommen (siehe die Literatur bei Aubert, 1, S. 306), daß
ihr eine anatomische, von der Geburt an fest gegebene Organisation zugrunde liege. In neuerer Zeit hat man insbesondere aus dem Verhalten
der Sehnervenkreuzung bei Tier und Mensch weitgehende Schlüsse auf die
Existenz bzw. Nichtexistenz einer Netzhautkorrespondenz gezogen, indem
man annahm, daß dort, wo eine Korrespondenz vorhanden sei, auch die
Sehnervenfasern der einander korrespondierenden Netzhautstellen nach einer
und derselben Hemisphäre hinlaufen müßten.

Man hat dafür zunächst Beobachtungen an Tieren ins Feld geführt. Für
die niederen Wirbeltiere mit totaler Sehnervenkreuzung (Fische, Amphibien, Vögel)
hatte insbesondere Ramon y Cajal (357) eine völlige Unabhängigkeit der Eindrücke beider Augen voneinander angenommen. Die Sehfelder beider Augen
sollten vollkommen voneinander gesondert sein und sich zu einem weit nach
beiden Seiten hin sich erstreckenden Ganzen aneinanderschließen, »panoramisches
Sehen«[2]. In der Säugetierreihe beginne dann, bis zum Menschen immer weiter
fortschreitend, die binokulare Deckung der Gesichtsfelder, parallel mit den
immer stärker werdenden ungekreuzten Bündeln im Chiasma. Für diesen Parallelismus zwischen totaler Sehnervenkreuzung und sensorischer Unabhängigkeit beider
Augen voneinander schien auch zu sprechen, daß man bei den niederen Wirbel-
tieren mit totaler Sehnervenkreuzung keine konsensuelle Pupillenreaktion vorfand,
und daß bei ihnen vielfach die Augen unabhängig voneinander bewegt werden
können. Dazu ist aber zu bemerken, daß man aus dem Vorhandensein oder
Fehlen der konsensuellen Pupillenreaktion schon deswegen nichts für den Sehakt
selbst folgern kann, weil ja die Pupillenreaktion von der Reflexbahn zum Mittelhirn abhängt und mit der Sehbahn zur Hirnrinde nichts zu tun hat. So hat

---

1) Lindworsky (341 c) hat eine »psychologische Theorie des binokularen Einfachsehens« aufgestellt, die — eigentlich eine Wiederholung der Ansicht von Witasek
(14, S. 110; in nuce schon Reichardt, 358 a) — auf der Grundannahme beruht,
daß gleichzeitiger Reizung zweier gleich gebauter Endorgane durch denselben Reiz
ein einziger Inhalt im einheitlichen Bewußtsein entspreche. Die Anwendung dieses
Satzes auf das binokulare Einfachsehen setzt aber das zu Erklärende schon
voraus, daß nämlich korrespondierende Netzhautstellen solche »gleichgebaute«
Endorgane sind.

2) In der Spezialausführung, besonders in der funktionellen Deutung der Sehnervenkreuzung geht Ramon y Cajal von der Meinung aus, daß die Lage der
Dinge im Sehraum von der Lage der erregten Stellen im Sehzentrum abhänge,
dem Sehdinge also ein ganz analog angeordnetes, nur umgekehrtes Erregungsbild
in der Sehsphäre entspreche, das dann »nach außen projiziert« werde. Diese Annahme läßt sich nicht halten. Die oben diskutierte Frage kann aber von dieser
Spezialannahme gesondert behandelt werden.

z. B. Rochon-Duvigneaud (359) darauf hingewiesen, daß selbst bei jenen Vögeln, deren Augenstellung auf ein großes gemeinsames Gesichtsfeld hindeutet (den Eulen), eine totale Sehnervenkreuzung vorhanden ist, und die konsensuelle Pupillenreaktion fehlt. Auch die Befähigung zu einseitigen Augenbewegungen beweist nichts gegen die Möglichkeit eines Zusammenwirkens beider Augen beim Sehen, kommen doch bei Fischen und selbst beim Chamäleon auch assoziierte Bewegungen beider Augen vor (Tschermak, 377; Bartels, 409, S. 323; Landolt, 341. Beim Chamäleon allerdings von v. Hess, 332, S. 760, bestritten). Endlich läßt sich zeigen, daß selbst bei Tieren mit stark seitlich liegenden Augen ein binokulares Gesichtsfeld von mäßiger Ausdehnung bestehen kann. Im Anschluß an Joh. Müller (352) haben das Tschermak (376) und Rochon-Duvigneaud (359a) durch Beobachtung der Netzhautbilder bei Fischen und Vögeln direkt nachgewiesen, und vorher schon hatte J. Müller (352, S. 142ff.) aus der Konvergenz der Ebenen der Orbitalränder und Grossmann und Mayerhausen (325) aus der Divergenz der Hornhautachsen an fixierten Augen ein Maß für die Ausdehnung des gemeinsamen Gesichtsfeldes bei Tieren abzuleiten versucht. Auch Landolt hat aus der geradlinigen Vorwärtsbewegung von Fischen auf eine in der Medianebene vorgehaltene Beute zu auf symmetrische Reizung der Augen beider Seiten geschlossen.

Beim Menschen fanden Lenz (341a, b) und Best (267a), daß bei Hemianopikern, bei denen der Tractus opticus oder das Corpus geniculatum laterale vollständig zerstört ist, so gut wie immer eine gerade Trennungslinie zwischen erhaltenem und fehlendem Gesichtsfeld mitten durch die Macula hindurch vorhanden ist. Es gelang Best sogar, bei einem Patienten mit der dabei überhaupt erreichbaren Genauigkeit nachzuweisen, daß der Verlauf der Trennungslinie mit der im betreffenden Falle vorhandenen Netzhautinkongruenz übereinstimmte. Beim Menschen müssen wir also annehmen, daß die Leitung im Tractus opticus in der Tat der Netzhautkorrespondenz entspricht. Anders steht es, wenn die Läsion in der Sehsphäre sitzt. Dann bleibt bei der Hemianopsie gewöhnlich die Macula ausgespart und gelegentlich kommen auch noch andere kleine Unterschiede der Gesichtsfeldgrenzen beider Augen vor (Rönne, 359b, u. a. siehe Best, 307a, S. 206). Die häufige Aussparung der Macula hat man durch die Annahme einer beiderseitigen Vertretung derselben in beiden Sehsphären zu erklären versucht, die nach Wilbrand durch Zuleitung zu beiden Sehsphären von der Peripherie her vermittelt sein sollte, nach Heine (930) und Lenz (341a, b) durch Verbindungsfasern zwischen den beiden Sehsphären, die im hinteren Teil des Balkens verlaufen[1]). Die Wilbrandsche Ansicht ist nach den Beobachtungen von Lenz, Best und anderen jedenfalls nicht haltbar. Auch die Meinung von Lenz hielt Best (307a) für widerlegt, und er führte die Aussparung der Macula mit anderen Autoren auf die große Ausdehnung des kortikalen

---

[1]) Über die Funktion der durch den hinteren Teil des Balkens verlaufenden Verbindungsfasern zwischen beiden Sehsphären hatte schon Exner (320b) auf Grund von Versuchen von Imamura (335a) Betrachtungen angestellt, die über das oben Gesagte hinausführen und sich viel mehr mit den Annahmen Ramon y Cajals über die Funktion des Balkens decken.

Maculabezirkes, und seine geschützte Lage, vielleicht auch auf die besondere Gefäßversorgung zurück. Indessen ist durch die neuesten Untersuchungen von Pfeifer (355a) die Abspaltung eines Fasciculus corporis callosi cruciatus von der Sehleitung nach der Gegenseite anatomisch zuverlässig nachgewiesen worden. Heine (930) hatte eine solche zentrale Verbindung beider Maculae wegen der Möglichkeit binokularer Tiefenwahrnehmung bei binasaler und bitemporaler querdisparater Abbildung verlangt. Befindet sich hinter dem medianen Fixationspunkt F ein zweiter Punkt A ebenfalls in der Medianebene, so bildet er sich in beiden Augen auf der nasalen Netzhaut ab; die Erregung jedes Auges geht also zu einem anderen Tractus opticus. Ebenso steht es bei temporaler Abbildung, wenn ein zweiter Punkt B vor dem Fixationspunkt F in der Medianebene liegt. Das Zustandekommen der binokularen Tiefenwahrnehmung erfordert aber, daß die Erregungen beider Augen irgendwo zusammentreffen, und dafür liefert nach Heine die zentrale Doppelversorgung der Macula die anatomische Grundlage.

Für den Menschen ist demnach das Zusammentreffen der Erregungen beider Augen in e i n e r Hemisphäre in der Tat durch die zentrale Sehleitung anatomisch vorgebildet. In welcher Weise aber die Erregungen beider Augen beim Entstehen einheitlicher Gesichtsempfindungen zusammenarbeiten, darüber kann nicht mehr der anatomische Befund, sondern bloß die physiologische Beobachtung Aufschluß geben. Diese lehrt uns zunächst, daß ein einfaches Zusammenfließen der von einem korrespondierenden Stellenpaar beider Augen dem Zentrum zugeleiteten Erregungen in eine feste, gemeinsame Endstelle, derart, daß dadurch eine untrennbare Einheit der Regungen korrespondierender Stellen erzwungen wird, nicht annehmbar ist. Gegen diese Annahme spricht schlagend schon die Möglichkeit, mit disparaten Stellen einfach zu sehen. Dabei werden die Sehrichtungen, die den beiden erregten Stellen zugehören, ersetzt durch eine einzige, die der Mitte zwischen ihnen entspricht. Es muß also zunächst angenommen werden, daß die Erregungen einer Netzhautstelle die Möglichkeit haben, sich im Zentrum mit Erregungen eines gewissen Umkreises zu verbinden. Panum (355, S. 62) hat den Bezirk auf der einen Netzhaut, der in diesem Sinne einem Punkt der anderen Netzhaut entspricht, als den korrespondierenden Empfindungskreis bezeichnet. Später hat dann Ramon y Cajal (358, S. 64) direkt angegeben, daß jede Optikusfaser an einer größeren Zahl von Ganglienzellen der Sehsphäre endige und auf die Bedeutung dieser zentralen Ausbreitung der Erregung für die Lehre von den Empfindungskreisen hingewiesen[1].

---

[1] Dazu steht die Annahme, daß die Erregung jedes einzelnen Zapfens von der des Nachbarzapfens gesondert werden kann (siehe oben S. 64) nicht in Widerspruch. Diese Annahme setzt ja nur voraus, daß die Erregung eines jeden Zapfens ein besonderes »Lokalzeichen« hat, also aus irgend einem Grunde, vielleicht gerade deshalb, weil sie zum Teil zu anderen Ganglienzellen hingeleitet wird, von der der Nachbarzapfen verschieden ist.

Dazu ist allerdings zu bemerken, daß auch die durch die Ausbreitung der Erregung bedingte binokulare Verschmelzungsbreite der beiderseitigen Erregungen nicht ein für allemal durch die anatomischen Verbindungen gegeben ist, sondern, wie schon aus ihrer Einschränkung durch Übung im Sondern von Doppelbildern hervorgeht, auch durch physiologische Ursachen mitbestimmt wird[1]). Welche das sind, wird im Folgenden zu besprechen sein.

Wenn sich aber die Erregung einer Stelle a in einem Auge mit der einer disparaten Stelle d' im anderen Auge vereinigt und dabei in einer Sehrichtung erscheint, die zwischen der von a und d' liegt, dann sollte doch, wenn nunmehr die mit a korrespondierende Stelle a' im anderen Auge gereizt wird, das Bild dieser Stelle in einer anderen Sehrich-

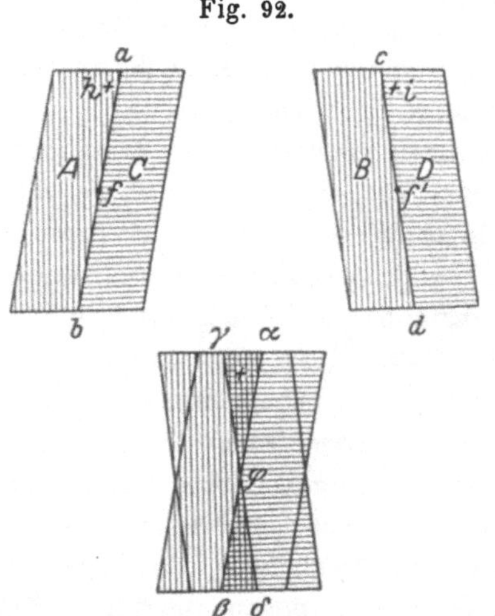

Fig. 92.

tung gesehen werden, kurz man sollte mit korrespondierenden Stellen doppelt sehen können. Diese Folgerung hat in der Tat schon WHEATSTONE gezogen und durch ein berühmtes Experiment zu beweisen versucht: Stereoskopische Vereinigung eines feinen vertikalen Strichs auf der einen, eines gleichen Strichs auf der anderen Seite, der von einem dicken Strich unter ganz spitzem Winkel gekreuzt wird. Indessen kann dieser Beweis nach der scharfsinnigen Analyse von HERING (7, S. 81 und 108ff.) nicht ohne weiteres als vollgültig erbracht angesehen werden. Zwar hat neuerdings DIAZ-CANEJA (318) durch gewisse Abänderungen an der Figur seiner Ansicht nach das Doppeltsehen mit korrespondierenden Stellen erwiesen, wir erkennen aber das, worauf es hier ankommt, besser an zwei von HELMHOLTZ (I, S. 736ff.) angegebenen Versuchen.

Der erste von ihnen ist in Fig. 92 schematisch angezeichnet. Von den vier Flächen A, B, C, D in Fig. 92 seien A und B grün, C und D rot. Vereinigt man sie binokular, während man mit dem linken Auge den Punkt f mit dem rechten den Punkt f' fixiert, so erhält man das einfache Bild einer mit dem oberen Ende gegen den Beschauer zu geneigten Fläche, wobei sich die Grenzlinie ab mit der Grenzlinie cd zu einer einfachen, mit dem oberen Ende nach vorn geneigten Linie vereinigt. Senk-

---

1) Nach FISCHER (907) lassen sich die PANUMschen korrespondierenden Empfindungskreise durch Übung von einem relativen auf einen absoluten Wert einengen. Vielleicht entspricht dem letzteren Wert der anatomische, dem ersteren der physiologische Anteil.

recht über den Fixationspunkten f und f' liegen die beiden einander korrespondierenden Stellen h und i. Sie sind in der Figur durch ein Kreuzchen bezeichnet, aber nur um ihre Lage anzudeuten. In den verwendeten stereoskopischen Bildern sollen sie sich durch nichts vom übrigen Grund unterscheiden. Dann wird in dem Gesamtbild der scheinbar geneigten Fläche alles Grün links, alles Rot rechts von der binokular vereinigten Grenzlinie beider Flächen gesehen, also auch notwendigerweise die im Grün liegende Stelle h links, die im Rot liegende korrespondierende Stelle i rechts von der Grenzlinie beider Farben. Die beiden Stellen h und i werden also auf zwei verschiedene Stellen der scheinbar vorhandenen geneigten Fläche lokalisiert. Es ist aber, wie Hering (R., S. 435) zeigte, noch die andere Auffassung möglich, daß beim Einfachsehen der Grenzlinie die den beiden Dreiecken $\alpha\varphi\gamma$ und $\beta\varphi\delta$ der Fig. 92 entsprechenden Empfindungen überhaupt nicht ins Bewußtsein treten. Die Empfindung oder Farbe, welche die Umrisse ausfüllt, folge nämlich stets der Lage der letzteren, und so folge auch die der Grenzlinie $\alpha\beta$ nach rechts anliegende rote und die der Grenzlinie $\gamma\delta$ nach links anliegende Grünempfindung · dieser Grenzlinie in die durch die haploskopische Verschmelzung gegebene mediane Lage. Enthalten daher die Dreiecke $\alpha\varphi\gamma$ und $\beta\varphi\delta$ nichts Unterscheidbares, so werden diese Teile des Netzhautbildes unterdrückt. Bringt man aber an den Stellen h und i je ein Kreuzchen an, so sieht man im haploskopischen Bild ein einfaches Kreuzchen, und wenn man die Grenzlinie einfach sieht, sieht man sie vor dem Kreuzchen so, als ob man das letztere durch eine geneigte Glasplatte sähe, die zur einen Hälfte aus rotem, zur anderen aus grünem Glase bestehe. Welche von den beiden Auffassungen die richtige ist, läßt Hering dahingestellt.

Während also in diesem Versuch die Möglichkeit der Unterdrückung einer der beiden auf korrespondierenden Netzhautstellen entstehenden Erregungen besteht, läßt sich mit einer zweiten Anordnung, der in Fig. 93 abgebildeten Modifikation des ursprünglichen Wheatstoneschen Versuchs, das Zusammenwirken der Erregungen eines korrespondierenden Stellenpaares mit zwei verschiedenen disparaten Stellen im anderen Auge direkt nachweisen. Helmholtz bietet hier beiden Augen je einen dünnen und einen denselben unter sehr spitzem Winkel kreuzenden dicken Strich, wobei der dicke Strich des einen — sagen wir des linken — Auges und der dünne des anderen — rechten — Auges so gestellt ist, daß sie jederseits auf die vertikale Trennungslinie fallen. Divergieren die letzteren nach oben, so müssen sie (wie in der Figur bei Helmholtz) entsprechend gegeneinander gedreht sein. Wenn die vertikalen Trennungslinien beider Augen parallel stehen, müssen sie einander parallel liegen, wie in Fig. 93, wo der linke dicke Strich mit 1, der zugehörige dünne rechts mit 3, die beiden schrägen Striche mit 2 und 4 bezeichnet sind. Im binokularen Sammelbilde vereinigen sich nun in diesem Falle nicht die auf korrespondierenden Schnitten liegenden Striche 1 und 3 miteinander, sondern die beiden dicken Striche 1 und 4 und die beiden dünnen 2 und 3. Daß die Vereinigung wirklich so stattfindet, erkennt man, wenn man an jedem Strich eine kleine Marke anbringt, wie es in Fig. 93 geschehen ist, daran, daß man die Marken von 1 und 4 gleichzeitig an dem Sammelbilde der dicken und die Marken von 2 und 3 gleichzeitig an dem Sammelbilde der dünnen Striche sieht. Daß keins der Strichbilder unterdrückt wird, geht ferner daraus hervor, daß die beiden sich kreuzenden Striche im Sammelbild gegenüber den parallelen seitlichen Grenzstrichen nach der Tiefe zu verlaufen, nämlich in Fig. 93,

Fig. 93.

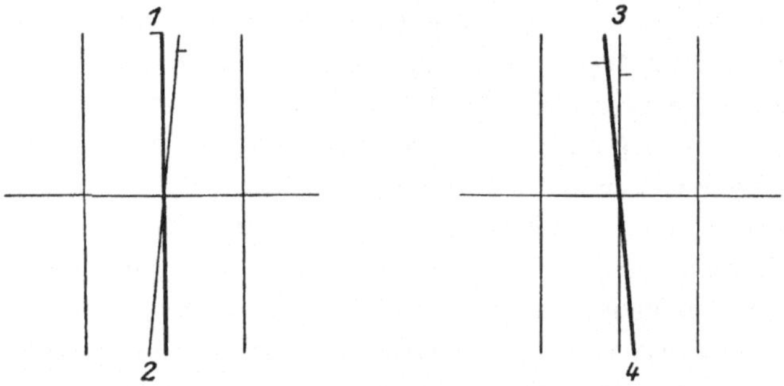

wenn man sie mit parallelen Gesichtslinien vereinigt, von unten hinten nach oben vorn, bei gekreuzten Gesichtslinien von unten vorn nach oben hinten, was nur durch das Zusammenwirken der disparaten Erregungen beider Seiten entstehen kann.

Die Beobachtung wäre sehr einfach zu erklären, wenn beide Augen unwillkürlich (fusionsmäßig, siehe unten S. 312 ff.) eine kleine gegensinnige Rollung ausführen würden, die die beiden dicken und ebenso die beiden dünnen Striche auf korrespondierende Netzhautschnitte verlegen würde. Der stereoskopische Effekt gegenüber den in diesem Falle querdisparat abgebildeten seitlichen Grenzstrichen wäre dann derselbe. Diese gegensinnige Rollung müßte man aber an den durch beide Halbbilder hindurchziehenden horizontalen Strichen erkennen. Um sie festzustellen, geht man am besten so vor: Man zeichnet die beiden Halbbilder auf steifen Karton und schneidet sie dann in der Mitte auseinander. Dann vereinigt man sie durch freiäugiges Stereoskopieren, wobei man zum Ausgleich einer etwa schon vorher vorhandenen gegensinnigen Rollung beider Augen das eine Halbbild um eine senkrecht zur Papierfläche gehende Achse solange dreht, bis bei möglichster Annäherung (aber noch nicht völliger Vereinigung) der vertikalen Striche an einander die horizontalen Striche auf korrespondierende Netzhautschnitte fallen. Ein sicheres Kriterium dafür erhält man, wenn man beide Halbbilder zusammen um eine mitten zwischen ihnen hindurchgehende auf der Papierfläche senkrechte Achse etwas dreht. Dann entstehen von den beiden Horizontalstrichen höhendistante Doppelbilder, die nur, wenn die gegensinnige Rollung beider Augen genau ausgeglichen ist, einander parallel sind. Hat man die richtige gegenseitige

Lage der Halbbilder gefunden, so vereinigt man die vertikalen Striche vollends, wartet ab, bis der stereoskopische Effekt eingetreten ist (was bei mir einige Zeit dauert, siehe unten S. 437) und dreht dann wieder die beiden Halbbilder zusammen um die sagittale zwischen ihnen hindurchgehende Achse. Sind die höhendistanten Doppelbilder der horizontalen Striche wieder einander parallel, so hat eine gegensinnige Rollung der Augen nicht stattgefunden. Ich habe das an einer Zeichnung kontrolliert, in der die Winkel zwischen den dünnen und den dicken Strichen noch größer waren, als in Fig. 93, und höchstens eine kleine Spur von Rollung gesehen, keineswegs aber einen auch nur angenäherten Ausgleich.

Die sorgfältige Analyse der Beobachtungen an dieser Figur beweist also zwar nicht, daß man mit korrespondierenden Stellen eigentlich doppelt sieht, sie zeigt uns aber, daß unter gewissen Umständen die Erregungen korrespondierender Netzhautschnitte nicht miteinander, sondern jede mit der ihr ähnlicheren eines disparaten Schnittes der anderen Netzhaut verschmelzen kann. Noch weiter gehen in dieser Beziehung die Folgerungen von TSCHERMAK (bei HOEFER, 951) und HENNING (940) aus dem PANUMschen Versuch, den wir unten S. 429 ff. eingehend erörtern. Beide Autoren nehmen an, daß bei diesem Versuch die Regung einer Stelle des einen Auges mit den Regungen zweier ziemlich weit voneinander entfernter Stellen des anderen Auges zusammenarbeite. HENNING meinte sogar, daß man in diesem Versuch eine gleichzeitige doppelte Verschmelzung des Eindruckes eines Auges mit den Eindrücken zweier Stellen im anderen Auge nachweisen könne, und er nannte das die »Doppelfunktion.« Ich habe mich aber davon ebensowenig überzeugen können, wie KAILA (977), während PIKLER (11, S. 310) aus theoretischen Überlegungen heraus der Annahme einer Doppelfunktion zustimmt.

Weisen die vorstehenden Betrachtungen auf die Möglichkeit hin, die Regungen korrespondierender Stellen beider Augen bis zu einem gewissen Grade voneinander zu trennen, so ergeben sich auf der anderen Seite auch Hinweise darauf, daß selbst beim Zusammenwirken der Regungen streng korrespondierender Stellen die Einzelerregungen jedes Auges noch eine gewisse Selbständigkeit bewahren. Ein solcher, allerdings sehr umstrittener, Fall knüpft an die binokulare Farbenmischung an. HELMHOLTZ (I, S. 407 und 781) meint, man könne bei ungleichartiger Belichtung korrespondierender Teile beider Netzhäute zwei Farben im gleichen Felde sehen, und man empfinde jede getrennt von der anderen. Er vergleicht das mit dem Falle, daß man bei einäugigem Sehen mittels einer unbelegten Spiegelglasplatte das Spiegelbild eines Objektes mit dem durch die Platte hindurch gesehenen anderen Objekte zur Deckung bringt. Dann kann man entweder das eine oder das andere Objekt beachten. Das nicht beachtete trete auch in diesem Falle zurück, wenn es auch nicht so vollständig schwinde, wie bei binokularer Deckung. HERING hatte zwar in den Fällen, in denen

eine kleine belichtete bzw. beschattete Stelle eines Gegenstandes als ein
Helles bzw. Dunkles vor ihm Liegendes empfunden wird, von »einer Art
Spaltung der Empfindung« gesprochen (R. S. 574), vertritt aber andererseits scharf die Ansicht (7, S. 150 ff.; R. S. 597; 331, S. 235), daß, wenn
auf korrespondierende Stellen beider Augen Bilder verschieden weit entfernter Gegenstände fallen, (wenn man z. B. vor ein Auge einen nicht allzu breiten schwarzen Kartonstreifen hält und mit beiden Augen auf eine
ferne helle Fläche hinsieht), niemals eine Teilung der einheitlichen Farbenempfindung korrespondierender Stellen stattfindet, sondern daß lediglich
die Farbenempfindungen, die nebeneinander liegen, in verschiedenen Entfernungen lokalisiert werden.   Die Farben hintereinander liegender Flächen
vereinigen sich zu einer einheitlichen Farbenempfindung, die zur Ausfüllung
der sichtbaren Konturen entweder des deckenden oder des gedeckten Gegenstandes verwertet werden.   Was auf einer Sehrichtung liegt, hat auch
eine einheitliche Farbe; Einheit der Farbe und Einheit der Sehrichtung
sind zwangsweise miteinander verbunden.   Schumann (366) ist der Ansicht,
daß diese unterschiedlichen Angaben auf individuellen Differenzen des Gesichtssinnes der Versuchspersonen beruhen.   Es gebe tatsächlich Personen,
welche die einheitliche Mischfarbe sähen, und andere, die imstande seien,
die beiden Farben getrennt hinter einander wahrzunehmen.   Bezüglich der
binokularen Farbenmischung hatte ja auch schon Helmholtz solche individuelle Unterschiede angenommen (I, S. 776).   Henning (329) und W. Fuchs
(323) haben die Bedingungen für das Hintereinandersehen von Farben in
derselben Sehrichtung eingehend untersucht und geben an, daß die meisten
Personen das Hintereinander mit sinnenfälliger Anschaulichkeit wahrnehmen,
wenn sie die hintereinander liegenden Gestalten scharf voneinander zu sondern und jede für sich zusammenfassen vermögen, und zwar nicht bloß bei
mischbaren Farben, sondern auch bei Gegenfarben.   Ja Henning berichtet
sogar, daß es ihm möglich sei, zwei Farben, auch Gegenfarben, z. B. Rot
und Grün, gleichzeitig an einem und demselben Ort im Sehraum zu sehen.
Es ist schwer, zu solchen Angaben, die man selbst nicht bestätigen kann,
Stellung zu nehmen.   Wünschenswert wäre jedenfalls, daß durch entsprechende Vergleichsversuche unter sorgfältigstem Ausschluß aller Suggestions-
möglichkeiten objektiv nachgewiesen würde, ob wirklich die gedeckte Farbe
unverändert bleibt, oder ob sie nicht doch gewisse Abänderungen erleidet.
Für unsere jetzigen Überlegungen aber zeigt der Hinweis auf die ähnliche
Erscheinung, die beim Betrachten eines spiegelnden Glasplättchens mit
einem Auge auftritt, daß wir es hier mit einem Vorgang zu tun haben,
der auch bei Zuleitung der Erregung durch eine und dieselbe Nervenfaser
zum Zentralnervensystem auftreten kann, dann aber doch wohl ein mit
der Gestaltauffassung (Herings »ergänzender Reproduktion«) zusammen-
hängender rein zentraler Prozeß sein müßte, der mit unserer Frage wenig

mehr zu tun hätte. Henning, der diese Alternative erörtert, kommt allerdings zu der Auffassung, daß beide Dinge voneinander verschieden seien, und daß hier doch auch ein Fall von Selbständigkeit der Erregungen beider Augen vorliege.

Eine andere Erscheinung, in der eine gewisse Selbständigkeit der Regungen jeder Einzelnetzhaut zum Ausdruck kommt, ist die insbesondere von Panum (355), Meyer (345) und Fechner (321) eingehend studierte Prävalenz der Konturen, über die in diesem Handbuch bereits Hering (331, S. 239 ff.) ausführlich berichtet hat. Wenn man zwei verschiedenfarbige Flächen, die keine hervorstechenden Details enthalten, haploskopisch miteinander vereinigt, so tritt der bekannte binokulare Wettstreit auf. Die Farbe der einen Seite wechselt in ganz unregelmäßiger Weise örtlich mit der Farbe der anderen Seite ab, bzw. treten ganz unregelmäßig wechselnde Zwischenfarben auf. Bietet man aber beiden Augen Flächen von derselben Farbe und bringt auf der einen Seite Figuren an, die sich gut vom Grunde

Fig. 94.

abheben, so sieht man diese Figuren dauernd ohne Wechsel in voller Deutlichkeit. Haben die Figuren dieselbe Farbe, wie der Grund auf der anderen Seite, so sieht man sie ebenso deutlich und dauernd gleichmäßig in ihrer Farbe, während der gleichmäßige Grund Wettstreit zeigt. Die Figuren setzen aber nicht bloß ihre eigene Farbe durch, sondern nehmen auch noch einen Saum ihres Grundes dauernd ins gemeinsame Sehfeld hinein, wie es in Fig. 94 nach Hering (R., S. 381) angedeutet ist. Liegen auf beiden Seiten verschiedene Konturen, die sich teilweise decken, so treten auch diese untereinander in Wettstreit. Zahlreiche Beispiele dafür findet man bei Hering (l. c.). Über den Einfluß, den die Herabsetzung der Sehschärfe eines Auges auf den Wettstreit nimmt, hat Chauveau (317 a und b) Beobachtungen mitgeteilt.

In diesen Fällen von Wettstreit der Konturen spielt nun nach Fechner und Helmholtz (I, S. 769 ff.) die Aufmerksamkeit eine große Rolle. Wenn man die beiden Strichpaare der Fig. 95 binokular vereinigt, so verschwinden bei unbefangener Betrachtung an der Kreuzungsstelle derselben abwechselnd die horizontalen oder die vertikalen Striche und nur im Augenblick des Übergangs von dem einen zum anderen Fall kann man beide zugleich, wenn auch nicht gleich deutlich sehen.   Betrachtet man nun das eine Strichpaar sehr aufmerksam, so kann man es, wie HELMHOLTZ angibt, lange Zeit festhalten, und es bleibt dann ununterbrochen, während das andere an der Kreuzungsstelle und darüber hinaus abgeblaßt ist.   Freilich kann man seine Aufmerksamkeit nicht dauernd festhalten und nach einiger Zeit tritt deshalb doch wieder das andere Linienpaar (manchmal auch nur eine Linie) an der Kreuzungsstelle in den Vordergrund.   Auch an komplizierten Figuren läßt sich dieser Einfluß der Aufmerksamkeit nachweisen, wie FECHNER und HELMHOLTZ gezeigt haben.   Dem gegenüber gibt HERING (331) an, daß der Einfluß der Aufmerksamkeit auf den Wechsel beim Wettstreit der Konturen wohl nur gering sei.   In der Tat ist in seiner Fig. 74 auf S. 248, in der er einen kreisrunden Ausschnitt in einer beiderseits identischen Druckschrift mit einem anderen Text ersetzt, von einer Wirkung der Aufmerksamkeit nichts zu entdecken.   Es mag aber sein, daß es sich nicht um die Aufmerksamkeit schlechthin handelt, sondern um die Wirkung des Gestalteindrucks.   Wenn sich die Eindrücke des einen Gesichtsfeldes in eine zusammenhängende Gestalt einfügen, scheint es durch das aufmerksame Beachten dieser Gestalt doch möglich zu sein, sie auf längere Zeit in den Vordergrund zu rücken.   Damit berührt sich auch die Ansicht von G. E. MÜLLER

Fig. 95.

(1253, S. 24 ff.), der das Mitherüberziehen der Farbe des Grundes durch einseitige Konturen für den Ausdruck einer physiologischen »Kohärenz« hält, wie sie auch der Kollektivauffassung optischer Einzeleindrücke nach der Komplextheorie (siehe unten S. 592) zugrunde liege [1].

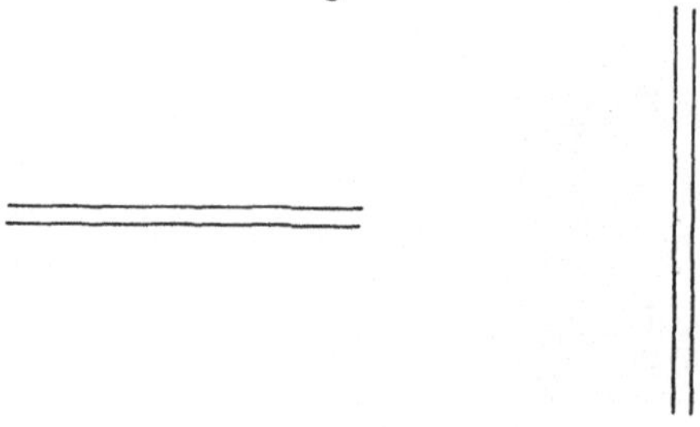

BJERKE (312) hat es durch anhaltendes Üben im willkürlichen Konvergenzschielen zu einer großen Virtuosität in diesem abwechselnden Unterdrücken und Beachten gebracht.   Wenn er sich energisch vornahm, das eine Objekt zu sehen, was durch intensives Beachten einer Stelle desselben erleichtert wurde, so sah er dieses Objekt dauernd ganz und schloß das Bild des anderen Auges aus.   Schließlich konnte er dann nach Belieben das Bild des einen oder anderen Auges sehen und das der anderen Seite unterdrücken.   Zuguterletzt lernte er sogar mit vor den Zeilen einer Zeitung gekreuzten Gesichtslinien und Übereinanderlagerung der Zeilen zweier verschiedener Spalten lesen, was anfangs besondere Schwierigkeiten gemacht hatte.

----

[1] Die Mitwirkung von Gestaltfaktoren beim Wettstreit wies ferner neuerdings auch GELLHORN nach (324a).

Ein ähnlicher Fall erlernter Unterdrückung der Bilder eines Auges liegt vor, wenn Mikroskopiker mit beiderseits offenen Augen mikroskopieren. Dabei kann man es durch fortdauernde Übung ebenfalls so weit bringen, daß, solange die Aufmerksamkeit dem bloß e i n e m Auge sichtbaren Präparat zugewandt ist, die Eindrücke des anderen Auges vollständig unterdrückt werden. Best (306) hat gezeigt, daß bei solchen Personen während des Mikroskopierens im nicht benützten Auge ein absolutes zentrales Skotom vorhanden ist, das um etwa 2— 5° über das Gesichtsfeld des eben verwendeten Okulars hinausgeht, während das periphere Gesichtsfeld normal ist. Selbst bei enger Mikroskopblende bleibt ein dem anderen Auge dargebotener heller Gegenstand unbemerkt, allerdings immer unter der Voraussetzung, daß die Aufmerksamkeit dem mikroskopischen Präparate zugewandt ist. An dem im Mikroskopieren nicht geübten Auge tritt bei demselben Versuch viel leichter Wettstreit mit den Konturen des anderen Auges auf. Neben der Uebung gehört zur völligen Unterdrückung der Bilder des einen Auges neben denen des anderen wohl noch eine gewisse individuell verschiedene Eignung dazu. Manche erlernen das Exkludieren leicht, andere sehr schwer. Daraus erklärt es sich wohl, daß Breese's (314 a, b) Versuchspersonen das Bild eines Auges nicht unterdrücken konnten.

Best weist auf die Bedeutung dieser Beobachtungen für die Unterdrückung der Schielaugeneindrücke beim paralytischen und in noch höherem Grade beim konkomittierenden Schielen hin, bei dem freilich noch andere Umstände, wie z. B. optische Minderwertigkeit des e i n e n Auges mitwirken. Speziell beim konkomittierenden Schielen könnten aber für die Alternative: Unterdrückung der Schielbilder oder Erwerb einer anomalen Netzhautbeziehung (siehe unten!) auch die eben erwähnten individuellen Besonderheiten im Exkludieren mit in Betracht kommen. Zum Einfluß der Aufmerksamkeit auf das Unterdrücken der Doppelbilder vgl. man ferner Feilchenfeld (321 a.)

Ein weiterer Hinweis auf eine gewisse Selbständigkeit der Regungen korrespondierender Netzhautstellen beider Augen ergibt sich aus Beobachtungen von Exner (1185, IV, S. 586) und Sherrington (367; 368, S. 357 ff.) über binokulares Flimmern. Sherrington fand, daß die Verschmelzungsfrequenz für das Flimmern bis auf ganz geringe Unterschiede dieselbe blieb, wenn er einmal die Lichtreize beiden Augen streng gleichzeitig, ein anderes Mal derart abwechselnd zuführte, daß die Belichtung des einen Auges genau mit der Verdunkelung des anderen zusammenfiel. Würden sich die zentralen Vereinigungsorte gegenüber den zugeleiteten Erregungen korrespondierender Netzhautstellen in derselben Weise verhalten, wie die peripheren Empfangsapparate gegenüber den äußeren Reizen, so müßte man annehmen, daß im zweiten Falle, wenn auch nicht gerade eine dem Talbotschen Gesetz entsprechende nicht schwankende mittlere Helligkeit, so doch mindestens eine ganz beträchtliche Herabsetzung der Flimmergrenze resultieren würde. Da das nicht der Fall war, nahm Sherrington an, daß zunächst von jedem

Auge unabhängig vom anderen ein Bild von weitgehender Selbständigkeit ausgearbeitet werde, und diese Bilder dann durch eine weitere Synthese miteinander vereinigt werden. Diese Annahme, über die wir unten S. 254 noch weitersprechen, nähert sich ein wenig der Ansicht von HELMHOLTZ (I, S. 771), der aus der Tatsache, daß der Mensch die Fähigkeit hat, unter gewissen Umständen die Bilder jedes einzelnen Gesichtsfeldes einzeln für sich wahrzunehmen, ungestört von den Eindrücken des anderen Auges, den Schluß gezogen hatte, »daß der Inhalt jedes einzelnen Sehfeldes, ohne durch organische Einrichtungen mit dem des anderen verschmolzen zu sein, zum Bewußtsein gelangt, und daß die Verschmelzung beider Sehfelder in ein gemeinsames Bild, wo sie vorkommt, also ein psychischer Akt ist.«

Diese Folgerung geht aber zu weit, denn in unserem Bewußtsein merken wir nichts von vorhergehenden einäugigen Empfindungen und ihrer nachträglichen Verschmelzung zur beidäugigen. Im Gegenteil geht aus dem schon früher erwähnten Umstande, daß die Fähigkeit zur Unterscheidung von Doppelbildern mit der Übung zunimmt, hervor, daß man nicht die ursprünglich gesonderten Bilder beider Augen erst sekundär miteinander verschmilzt, daß sie vielmehr ursprünglich miteinander vereinigt sind und erst sekundär voneinander getrennt werden. Wir haben es eher mit ähnlichen unbewußten Vorgängen zu tun, die wir ähnlich — nicht gleich — bei den Gestaltwahrnehmungen vorgefunden haben. Das binokulare Bild tritt von vorne herein als einheitliches ins Bewußtsein. Die Vereinigung der Regungen der beiden Augen muß also schon an einer Stelle der Leitungsbahn erfolgt sein, deren Regungen noch kein psychisches Korrelat haben.

Der Vergleich mit den Gestaltwahrnehmungen führt nun unmittelbar zu der Frage, ob denn nicht auch die Vereinigung der Eindrücke beider Augen zu einem einheitlichen binokularen Bild, ebenso wie die Zusammenfassung der Einzelheiten zur einheitlichen Gestalt ein Produkt der Erfahrung sei. Während man über diese Frage früher sich bloß in Spekulationen ergehen konnte, sind wir heute in der Lage, sie an der Hand tatsächlicher Erfahrungen zu prüfen. Zunächst kann man als Beweis für die angeborene Grundlage der Netzhautkorrespondenz ein Experiment von FISCHER (908) anführen, der nachwies, daß Korrespondenz und binokulare Tiefenwahrnehmung auch auf Netzhautstellen vorhanden ist, die beim gewöhnlichen Sehen überhaupt nicht zum Binokularsehen verwendet werden, nämlich auf jenen, bei denen die Bilder der äußeren Objekte durch die Nase abgedeckt werden. Sodann können wir die normale Korrespondenz vergleichen mit einer nachweisbar im Individualleben erworbenen anomalen Vereinigung der Eindrücke beider Augen, die bei manchen Schielenden auftritt[1]). Es

---

[1]) Die geschichtliche Entwicklung dieser Frage siehe bei HOFMANN (334). Dort auch Literatur. Vgl. ferner TSCHERMAK (373—375) und BIELSCHOWSKY (309).

gibt unter den Fällen von konkomittierenden Schielen solche, welche das Bild der Fovea des einen Auges in der gleichen Sehrichtung sehen, wie die Bilder einer exzentrischen Netzhautstelle des anderen Auges, bei denen also die Sehrichtungen der beiden Foveae nicht identisch sind, sondern miteinander einen Winkel einschließen. Dieser »Anomaliewinkel« kann — wenigstens angenähert — dem Schielwinkel gleich sein, so daß die Schielstellung der Augen gewissermaßen durch ihn ausgeglichen wird, in anderen Fällen ist er stark von ihm verschieden. Es ist wahrscheinlich, daß die letzterwähnte Inkongruenz darauf zurückzuführen ist, daß sich die anomale Netzhautbeziehung in früherer Zeit während einer relativ stabilen Schielstellung zu dieser passend ausgebildet hatte, und daß nachher die Schielstellung sich änderte, während die anomale Netzhautbeziehung gleich blieb.

Diese anomale, zweifellos im Individualleben erworbene Netzhautbeziehung unterscheidet sich nun in wesentlichen Punkten von der normalen Korrespondenz. Zunächst stellt sie keine feste Beziehung dar zwischen bestimmten, einander korrespondierenden Netzhautstellen beider Augen, sondern eine schwankende, die bei Tschermak (373) sogar von einem gewissen Extrem der Abweichung bis zur normalen Korrespondenz hin und hergleitet. Dieser Wechsel der Netzhautbeziehung hängt zum Teil, wie Schlodtmann (363) zeigte, von den Abbildungsverhältnissen in beiden Augen ab und läßt sich durch eine Änderung derselben weitgehend beeinflußen. Ferner leistet die anomale Netzhautbeziehung viel weniger, als die normale Korrespondenz. Trotz ihres Bestehens sind die Eindrücke des Schielauges durch eine regionär verschieden starke »innere Hemmung« entwertet. So überwiegt bei Tschermak, wenn er verschiedenfarbige Gläser vor beide Augen hält, an der Stelle des Sehfeldes, die der Fovea des jeweils führenden Auges (bei alternierendem Schielen) entspricht, weitaus die Farbe des führenden Auges, doch ist eine geringe Beimischung der Farbe des anderen Auges zu erkennen. An jener Stelle des Sehfeldes, die der Fovea des Schielauges entspricht, überwiegt die Farbe des letzteren. Im übrigen Sehfeld überwiegt gewöhnlich die dem führenden Auge dargebotene Farbe, doch ist ein gewisser Wettstreit mit der anderen Farbe zu bemerken. Es ist also keine vollständige Unterdrückung, sondern nur eine regionär verschiedene Herabsetzung der Eindringlichkeit der Schielaugeneindrücke vorhanden. Über das analoge Verhalten der Sehschärfe des Schielauges siehe oben S. 53 ff. Binokulare Tiefenwahrnehmung kommt auf Grund der anomalen Netzhautbeziehung nur äußerst selten und auch da nur in groben Umrissen zur Beobachtung. Ob auch den normalen Fusionsbewegungen (siehe unten S. 312) analoge Ansätze zu Einstellbewegungen in sehr vereinzelten Fällen wenigstens in rudimentärer Form vorhanden sind, ist strittig. Mügge (351) gibt an, sie vereinzelt gefunden zu haben, Bielschowsky (434, S. 672) und Tschermak (375) sprechen sich dagegen aus. In diesen Dingen erweist sich demnach die anomale Netzhautbeziehung als ein minderwertiger Ersatz für die normale Korrespondenz. Dazu kommt, daß sie nicht imstande ist, die normale Korrespondenz ganz zu verdrängen, denn die letztere macht sich entweder im Wechsel oder sogar gleichzeitig mit ihr geltend. Ist das letztere der Fall, so wird ein Gegenstand mit einem Auge an zwei verschiedene Stellen des Sehraums lokalisiert, also doppelt gesehen (BIELSCHOWSKY, 308, dort auch die ältere Literatur, später STORCH, 369, 370 u. a.). Merkwürdig ist, daß monokuläres Doppeltsehen vorübergehend auch bei Encephalitis epidemica auftreten kann (Literatur bei CORDS, 460, S. 234, vgl. ferner ZEHENTMAYER, 384). Über monokuläre Diplopie bei Hysterie s. UHTHOFF (710, S. 1621).

Bezüglich der Entstehung der anomalen Netzhautbeziehung können wir zunächst das eine voraussetzen, daß sie an die Abbildung auf beiden Netzhäuten anknüpft. Da sich beim konkomitierenden Schielen der Schielwinkel bei den Augenbewegungen nur wenig ändert, werden die Bilder eines und desselben äußeren Gegenstandes in beiden Augen auf Netzhautstellen fallen, deren Richtungslinien um den Betrag des Schielwinkels von den Richtungslinien normal korrespondierender Stellen abweichen. Aus diesem Zusammengehen der Abbildungen muß sich nun infolge ihrer Beziehung auf ein und dasselbe äußere Objekt ein Zusammenfallen der Sehrichtungen der Stellen mit gleichen Bildern entwickeln. Wie immer der Prozeß im einzelnen vor sich geht, jedenfalls ist es ein Vorgang, der anfangs mit der Beachtung der gleichen Bilder beider Augen in Zusammenhang steht, schließlich aber ganz im Unbewußten abläuft, und in dieser Hinsicht am ehesten den Vorgängen bei der Gestaltproduktion ähnlich ist.

Der Vergleich der anomalen Netzhautbeziehung mit der normalen Korrespondenz liefert uns nun, wie gesagt, die Möglichkeit, der Frage näherzutreten, ob denn auch die letztere in der gleichen Weise als eine durch Erfahrung erworbene physiologische Organisation zu betrachten ist. Nun sind gewiß die Unterschiede, die oben hervorgehoben wurden, und die die anomale Netzhautbeziehung als einen minderwertigen Ersatz charakterisieren, zum Teil, wie GRAEFE (513) meinte, darauf zurückzuführen, daß durch die anomale Netzhautbeziehung sehr verschieden sehtüchtige Netzhautstellen miteinander verknüpft werden. Ferner muß man berücksichtigen, daß mit der Entwicklung der anomalen Netzhautbeziehung gleichzeitig die oben beschriebene Entwertung der Schielaugeneindrücke Hand in Hand geht. Beide Einflüsse wirken im gleichen Sinne, nämlich in dem einer Begünstigung der Eindrücke des führenden und einer Zurückdrängung der Eindrücke des Schielauges, sie wirken also einer vollen Ausbildung des binokularen Sehens entgegen. Aber eben, daß eine solche innere Hemmung der Schielaugeneindrücke zu gleicher Zeit mit dem Erwerb der anomalen Netzhautbeziehung sich entwickelt, ist bezeichnend: Der Organismus sucht sich beim Eintreten des Schielens mit allen ihm zu Gebote stehenden Mitteln des Doppeltsehens zu entledigen. Stünde es ganz in seiner Willkür, eine anomale Netzhautbeziehung herbeizuführen, so würde er sich doch dieses Mittels, als des zweckmäßigsten, allein bedienen. Aber die Ausbildung der anomalen Netzhautbeziehung ist offenbar nur ein Anpassungsvorgang neben dem anderen der inneren Hemmung, und der, welcher den Vorsprung hat, dominiert in der Folgezeit (Hofmann, 334, S. 845). Es gibt ja eine ganze Gruppe von Schielenden, die eine anomale Netzhautbeziehung nie erwerben. Ja bei Schielenden, die eine anomale Netzhautbeziehung wirklich erworben haben, ist neben ihr mehr oder weniger leicht auch die normale Korrespondenz nachweisbar, trotzdem die Bedingungen für ihr Auftreten ganz ungünstige sind. Die normale Korrespondenz ist auch dann vorhanden, wenn der Strabismus seit frühester Kindheit besteht, ja, er wurde in einem Falle beobachtet, in dem das Schielen nach Angabe der Eltern angeboren war, also die Möglichkeit eines empirischen Erwerbs der normalen Korrespondenz nicht gegeben war. Es kann also wohl nicht anders sein, als daß die normale Netzhautkorrespondenz auf einer angeborenen Grundlage beruht, gegen die der schielende Organismus gewissermaßen anzukämpfen hat, denn nur auf diese Weise läßt sich die Minderwertigkeit der anomalen Netzhautbeziehung voll erklären.

Es ist möglich, daß die Entwicklung der anomalen Netzhautbeziehung durch eine gewisse Minderwertigkeit der angeborenen Anlage für das binokulare Sehen, ein mangelhaftes »Fusionsvermögen«, begünstigt wird (Worth, 383, dem sich Krusius, 339, und Mügge, 351, anschließen). Als Beweis für eine solche Minderwertigkeit sieht es Mügge an, daß die normale Korrespondenz, wenn sie bei Schielenden mit anomaler Netzhautbeziehung nach der Schieloperation wiederkehrt, auch wieder nur eine sehr geringe Leistungsfähigkeit aufweist, daß eine binokulare Tiefenwahrnehmung auf Grundlage derselben, wenn überhaupt, dann nur sehr spät und unvollkommen sich ausbildet und Fusionsbewegungen sich gar nicht nachweisen lassen (Ohm, 354). Nach Worth entwickelt sich das Schielen in folgender Weise: In den ersten Monaten nach der Geburt, solange das Kind noch nicht fixiert, sind dauernd Doppelbilder vorhanden. Ihre Beseitigung gelingt auf normalem Wege durch die binokulare Fusion, welche reflexartig die Einstellung der Gesichtslinien beider Augen auf das Objekt herbeiführt. Ist aber eine angeborene Schwäche des Fusionsvermögens vorhanden, so genügt ein relativ geringes Auslösungsmoment, um statt dessen Schielen zu veranlassen. Ob sich dann eine anomale Netzhautbeziehung ausbildet oder die Doppelbilder durch innere Hemmung unterdrückt werden, das hängt nach Mügge auch wieder von der Größe des Defekts im normalen Fusionsvermögen ab. Ist dieses verhältnismäßig gut entwickelt, so wird die Ausbildung der anomalen Netzhautbeziehung sehr erschwert; ist es dagegen nur rudimentär vorhanden, so bildet es kein Hindernis gegen das Entstehen der letzteren. Auch diese Theorie,

auf deren nähere Erörterung hier nicht eingegangen werden kann, setzt
also jedenfalls eine angeborene Grundlage für das binokulare Fusionsvermögen und die normale Netzhautkorrespondenz voraus. Zur gleichen
Folgerung kam durch andere Überlegungen auch Schön (364, b).

So führen denn auch die Erfahrungen an Schielenden auf allen Wegen
immer wieder zu der Annahme zurück, daß es eine angeborene Anlage
für die normale Netzhautkorrespondenz geben muß, die unter dem Einfluß
abnormer Verhältnisse zwar zurückgedrängt und bei dauernd andersartiger
Konfiguration der Netzhauterregungen in freilich sehr mangelhafter Weise
durch eine andere gegenseitige Beziehung der Netzhautstellen ersetzt werden
kann. Darüber, wie diese neue Beziehung entsteht, lassen sich nur Vermutungen äußern. Die erste Voraussetzung dafür ist, daß die Bilder des
Schielauges nicht mehr in der normalen Sehrichtung gesehen werden,
sondern in Richtungen, die den wirklichen ungefähr entsprechen. Die
Möglichkeit einer solchen Abänderung ist gegeben durch die von Sachs und
Hering (siehe unten S. 407) angenommene falsche Lokalisation des Kopfes.
Als weitere Entwicklungsstufe müßte man sich dann denken, daß diese
falsche Lokalisation, sobald sie sich einmal sozusagen auf die Sehrichtungen
übertragen hat, nicht mehr bloß sukzessive nacheinander, sondern gleichzeitig nebeneinander auftreten kann. Damit wäre aber zunächst nur ein
Simultansehen beider Augen mit mosaikförmiger Ausfüllung des Sehfeldes
durch Stücke von jedem Einzelauge gegeben. Nun erst muß auf Grund
der gemeinsamen Sehrichtungen auch ein wirkliches Zusammenarbeiten der
Erregungen beider Augen entstehen, indem die neu miteinander in Beziehung
getretenen Netzhautstellen so, wie bei der normalen Korrespondenz, zu
einem Bruchteil zur gemeinsamen Erregung beitragen (komplementärer
Anteil beider Netzhäute am Sehfeld, siehe unten!), einem Bruchteil allerdings,
der regionär verschieden groß und verschieden auf die beiden Augen verteilt
ist, indem jeweils die Regungen der Makulagegend des einen über die der
sehrichtungsgleichen Stellen des anderen Auges überwiegen [1]).

---

[1]) Ammann (304) hat einen Schielenden mit anomaler Lokalisation beobachtet,
der zwei sichtbare identische Halbbilder, von denen einem jeden Auge nur eines
sichtbar war, wenn sie einander stark genähert wurden, durch sehr rasch
abwechselnde Fixation (480 Wechsel in der Minute) mit jedem Auge zur
Deckung und einer nach Intensität und Lokalisation vollkommen ruhigen binokularen Vereinigung brachte. Dieser Patient war also imstande, das Bild des
einen Auges beim Wechsel der Fixation ganz stetig in das in der gleichen Richtung gesehene des anderen Auges übergehen zu lassen. Dieses Beharren des
ersten Bildes erinnert etwas an die von Jaensch und seinen Schülern eingehend
studierten lang anhaltenden »Anschauungsbilder« der »Eidetiker« (s. unten S. 460 ff.),
und man könnte am Ende sogar daran denken, daß die »eidetische Anlage«, die
ja bei Jugendlichen besonders wirksam sein soll, auch bei der Ausbildung der
anomalen Netzhautbeziehung eine Rolle spielt. Man müßte dann annehmen, daß
beim abwechselnden Hinlenken der Aufmerksamkeit auf je eines der gleichartigen
Bilder des Objektes in beiden Augen das jeweils beachtete den Charakter eines

Nach dieser allerdings rein hypothetischen Anschauung würde also die Entwicklung der anomalen Netzhautbeziehung in drei Etappen zerfallen, deren beide ersten durch regulierendes Eingreifen jener höheren Organisation vermittelt wird, auf die wir das Zusammenwirken von Tast- und Sehraum beziehen, für deren normale Beziehung vielleicht auch eine angeborene Grundlage vorhanden ist, die aber der psychophysischen Zone so nahe steht, daß sie verhältnismäßig leicht umlernen kann. Erst auf dieser Grundlage würde sich dann die Verschmelzung der neu zueinander in Beziehung gesetzten Netzhauterregungen in einer mehr peripheren Zone vollziehen, auf die wir vom Bewußtsein her nicht oder höchstens ganz indirekt einwirken können. Ob bei dem letzteren Prozeß, wie im zweiten HELMHOLTZschen Versuch (s. oben S. 241) der Verschmelzung übers Kreuz die Ähnlichkeit der Bilder beider Augen eine Rolle spielt, ist schwer zu sagen[1]).

Als fundamentale Tatsache der binokularen Farbenmischung wurde von HERING (7, S. 309; R. S. 596; 331, S. 215ff.) hervorgehoben, daß sich nicht etwa die Erregungen beider Augen summieren oder superponieren, sondern daß, wenn ein Auge durch stärkeres, das andere durch schwächeres Licht gereizt wird, die einheitliche Empfindung nur innerhalb eines Gebietes wechseln kann und regionär fortwährend wechselt, das von der größeren Helligkeit des helleren Eindrucks bis zur geringeren des dunkleren reicht. Es hat also die Farbe jedes Auges einen wechselnden Anteil an der binokularen Mischfarbe, der zwischen dem völligen Überwiegen der Farbe des einen und der des anderen hin- und herschwankt (komplementärer Anteil der beiden Netzhäute am gemeinsamen Sehfeld). Das gleiche gilt auch für bunte Farben. Darin besteht ein grundsätzlicher Unterschied gegenüber der monokularen Farbenmischung, bei der zwei verschieden starke Lichtreize, die gleichzeitig auf die Netzhaut treffen, sich summieren und so wirken, wie ein einziger stärkerer Lichtreiz. Wenn das nun bei der Zuleitung der Erregung von zwei korrespondierenden Stellen zur gemeinschaftlichen Zentralstelle nicht der Fall ist, so liegt das wohl daran, daß die von beiden Seiten dem Zentrum zugeleiteten »Leitungsreize« nicht quantitativ, sondern qualitativ verschieden sind. Führt die eine Leitung

---

die Reizung überdauernden Anschauungsbildes annähme, das mit dem darauf folgenden Bild des anderen Auges auch lokalisatorisch zur Deckung gebracht wird. Wenn das der Fall sein sollte, müßte aber auch der normal sehende Eidetiker durch den Wechsel der Aufmerksamkeit die Bilder zweier nebeneinander befindlicher Objekte durch raschen Wechsel der Aufmerksamkeit zur lokalisatorischen Deckung bringen können, d. h. beide in einer Richtung sehen, was aber wohl unmöglich ist, weil sonst eine völlige Desorientierung bei ihm platzgreifen müßte. Der Nicht-Eidetiker kann es jedenfalls nicht.

1) Daß gar die normale Korrespondenz, wie WATT (1113) meint, bloß durch die Abbildung gleichartiger Formen in beiden Augen im Individualleben erworben ist, ist aus den früher angeführten Gründen ganz unwahrscheinlich.

eine Blauerregung, die andere eine Roterregung, so hat die Zentralstelle nur
die Wahl, entweder nur ein e dieser beiden Qualitäten oder die Zwischen-
farbe aufzunehmen.   Daß dabei die von der Aufmerksamkeit (oder durch
den Simultankontrast?) besonders betonten Konturen als stärkere Reize
über die gleichmäßig ausgebreitete Erregung des anderen Auges überwiegen,
ist ebenso leicht verständlich wie der Umstand, daß man unter der Leitung
der Gestaltwahrnehmung es allmählich erlernen kann, die entgegenstehenden
Erregungen des anderen Auges zu unterdrücken.   Führt die eine Leitung
eine hellere, die andere eine dunklere Grauerregung, so ist der Unterschied
derselbe, wie bei den bunten Farben, denn auch hier liegt nicht ein Unterschied der Erregungsstärke, sondern ein Qualitätsunterschied vor (vgl.
unten S. 402).   Die Annahme, daß dieser Qualitätsunterschied schon in der
Leitung besteht und nicht erst in der psychophysischen Substanz, ist nur
eine konsequente Weiterführung der Heringschen Farbenlehre.   Wem das
zu radikal vorkommt, der mag sich an die Fröhlichsche Farbentheorie
halten, welche die Qualitätsunterschiede der Erregung in den Sehnervenfasern auch wieder auf quantitative, nämlich auf solche der Erregungs-
frequenz zurückführt.   Eine ähnliche Überlegung dürfte auch für das
Flimmerexperiment von Sherrington gelten.   Auch hier wird, wie es ja
ähnlich Sherington selbst annahm, in jedem nervösen Auge für sich eine
Sehform von bestimmter Qualität entstehen, und aus diesen von beiden
Augen gelieferten qualitätsverschiedenen Sehformen kann die einheitliche
Zentralstelle bloß die eine oder die andere wählen.   Nur fehlen hier aus
nicht näher bestimmbaren Gründen die Zwischenstufen zwischen den beiden
Formen.   Eine andere Erklärung findet man bei Exner (1185, IV, S. 595).

Pikler (11) hatte das Einfachsehen mit korrespondierenden Netzhautstellen
und Herings komplementären Anteil jeder Netzhaut am gemeinsamen Sehfeldinhalt von seiner unten S. 569 ff. angeführten Empfindungstheorie aus so erklärt,
daß der spontane Anpassungsvorgang des Organismus, der nach ihm der
Empfindung zugrunde liegt, ein für jedes korrespondierende Stellenpaar einheitlicher ist.   Aus diesem Grunde haben wir dieselbe Empfindung, gleichgültig, ob
beide Netzhautstellen gereizt werden, oder nur eine von ihnen.   Ist die Reizung
beider verschieden, so kann der Organismus, der beide Reizungen in ein em
Punkte beantwortet, nur ein e Antwort zugleich hervorbringen, und er wählt
dann jene, bei der er sich dem äußeren Reize am besten anpaßt.   Daß die
Erscheinung des komplementären Anteils beider Netzhäute am Sehfeldinhalt, wie
Pikler meint, an sich schon zu dieser Annahme zwingt, kann ich nach den
obigen Darlegungen nicht zugeben.   Die schließlich einheitliche Beantwortung der
verschiedenen äußeren Reize in ein em Punkt ist allerdings eine Tatsache, die
aber mit der Einheitlichkeit des Bewußtseins zusammenhängt, das nur auf ein e
Weise reagieren und nicht gleichzeitig hell und dunkel melden kann.   In dieser
Beziehung haben, sobald einmal die physiologischen Vorbedingungen gegeben
sind, Reichardt, Witasek und Lindworsky recht, immer vorausgesetzt, daß kein
Hintereinander der beiden Empfindungen zustande kommt.

6. Unterscheidbarkeit rechts- und linksäugiger Eindrücke.

In den vorhergehenden Erörterungen war nirgends die Voraussetzung enthalten, daß wir die vom rechten und linken Auge gelieferten Bilder durch eine ihnen selbst innewohnende Eigenschaft voneinander unterscheiden können. Nicht einmal die Beeinflussung des Wettstreits der Konturen durch die Aufmerksamkeit nötigt zu dieser Annahme, denn der Einfluß der Aufmerksamkeit bezieht sich doch bloß darauf, daß wir die dem beachteten Kontur zugehörige Gesamtgestalt herausheben. Daß das mit dem Unterscheiden der Bilder beider Augen nicht notwendig zusammenhängt, geht daraus hervor, daß wir ja auch beim Überdecken der durch eine Spiegelglasplatte gesehenen und der von ihr gespiegelten Bilder schon mit einem Auge die beiden Bilder voneinander sondern können. Trotzdem ist dadurch die theoretisch wie praktisch wichtige Frage, ob wir die Bilder beider Augen an sich oder durch Nebenumstände voneinander unterscheiden können, noch nicht abgetan. In älterer Zeit wurde sie durch Schön (364 c) bejaht, durch v. Fleischl (322) verneint. Neuerdings ist sie durch Bourdon (313, 314) und Heine (327, 328) wieder in Fluß gekommen und von Brückner und v. Brücke (315—317) eingehend untersucht worden. Diese Untersuchungen haben zunächst den Helmholtzschen Satz (I, S. 743) bestätigt, daß wir für gewöhnlich kein bestimmtes Bewußtsein davon haben, mit welchem Auge wir das eine oder andere Bild sehen, und daß wir dies nicht oder nur unvollkommen und nur durch Nebenumstände beurteilen.

Ein solcher Nebenumstand, auf den schon Helmholtz (I, S. 744) hinwies, ist dadurch gegeben, daß der temporale Teil des binokularen Gesamtgesichtsfeldes auf jeder Seite nur von einem Auge herrührt (monokularer Anteil des Gesamtgesichtsfeldes, »temporale Sichel«, s. oben S. 216). Läßt man im Dunkelzimmer, während ein Auge lichtdicht abgedeckt ist, Licht auf die geschlossenen Lider des anderen Auges fallen, so wird die ganze Netzhaut diffus belichtet, und die meisten Personen lokalisieren den Lichtschein nach der temporalen Seite hin (Wessely, 381, 382). Wessely erklärte das aus der Aufhellung des monokularen Anteils des Gesamtgesichtsfeldes vom diffus belichteten Auge her. Nach Köllner (338) hingegen ist die Erscheinung darauf zurückzuführen, daß, wie Schön (364 b) und Köllner (337) nachwiesen, die Erregbarkeit der nasalen Netzhautpartien höher ist, als die der korrespondierenden temporalen Netzhautteile des anderen Auges[1]. Bei gleich starker Reizung der ganzen Netzhaut würde demnach die Er-

---

[1] Setzt man vor die geschlossenen Augen rechts ein rotes, links ein blaues Glas von möglichst gleicher Helligkeit, öffnet dann beide Augen zugleich und fixiert einen Punkt auf einer hellgrauen Wand oder auf einem weißen Blatt Papier, so erscheint im ersten Augenblick die linke Gesichtshälfte in der Farbe des Glases, das vor dem linken Auge sich befindet, die rechte in der Farbe des Glases vor dem rechten Auge, im obigen Falle also links rot, rechts blau. Nach kurzer Zeit wird der Unterschied allerdings durch den alsbald einsetzenden Wettstreit verwischt.

regung der nasalen Teile überwiegen, daraus entspringe die Lokalisation nach der temporalen Seite. Dazu würde stimmen, daß die falsche Lokalisation sich verliert, wenn man sehr starke Lichtreize verwendet (Dimmer, 319), weil man annehmen kann, daß die Unterschiede zwischen der Erregungsgröße der nasalen und temporalen Netzhauthälfte bei schwachen Reizen größer ist, als bei starken. Birnbacher (311), der besonders auch die Richtung des Lichteinfalls genau beachtete, fand an Hemianopikern, daß die falsche Lokalisation bei Belichtung eines Auges in Fällen von Blindheit der nasalen Netzhautpartien verschwand. Während bei normalem Gesichtsfeld temporaler Lichteinfall ausnahmslos, nasaler fast immer temporalwärts lokalisiert wurde, fand er bei vollem Ausfall der temporalen Gesichtsfeldhälfte (also der nasalen Netzhaut) entweder nasale Lokalisation bei jeder Einfallsrichtung, oder die Lokalisation wurde unsicher. War aber auch nur ein kleiner parazentraler Teil der nasalen Netzhaut erhalten, so überwog wieder die temperale Lokalisation, obschon dabei doch die temporale Sichel ganz ausgefallen war. Darnach wäre das Phänomen in der Tat auf das Überwiegen der Erregungen der nasalen Netzhaut zu beziehen. Nun kann auch beim Aufblitzenlassen eines Lichtes im Dunkelzimmer bei offenem einem und lichtdicht abgedecktem anderen Auge durch das abirrende Licht (s. Hering, 331, S. 141 ff.) eine Erregung der Gesamtnetzhaut zustandekommen, und die infolge des Überwiegens der nasalen Netzhaut stärker hervortretende Erhellung des temporalen Teils des Gesichtsfeldes bietet daher die Möglichkeit, das sehende Auge sekundär, »aus Nebenumständen« zu erkennen.

Das Überwiegen der nasalen über die temporale Netzhaut bedingt wohl auch die ganz ähnliche von Veraguth (379) beschriebene Erscheinung, daß diaskleral auf die Netzhaut fallendes Licht regelmäßig temporalwärts lokalisiert wird. Man vgl. aber dazu die Bemerkungen von Grützner (326), Best (267a) und Stratton (370a).

Eine weitere Möglichkeit, das Bild des rechten und linken Auges unter gewissen Umständen zu unterscheiden, leitete Schön (364a) aus der Beobachtung ab, daß beim Vorhandensein von Doppelbildern fast immer das Bild jener Seite bevorzugt ist, auf der das doppelt gesehene Objekt liegt. Diese Bevorzugung des Doppelbildes des gleichseitigen Auges führte Schön bei den gekreuzten Doppelbildern eines nahen seitlichen Objektes beim Blick in die Ferne darauf zurück, daß das Bild der gleichen Seite mehr zentral liegt, als das des anderen Auges; bei gleichnamigen Doppelbildern — Konvergenz auf einen nahen Punkt und seitlichem Gegenstand in der Ferne — hingegen auf das Überwiegen der Eindrücke der nasalen Netzhaut gegenüber der temporalen, wodurch sogar die mehr zentrale Lage des Doppelbildes im Auge der Gegenseite überkompensiert werden soll[1]).

---

[1]) Wie weit die Unterdrückung exzentrischer Halbbilder gehen kann, zeigt die Beobachtung von Hyslop (959, S. 268), daß viele Personen bei dem Versuch,

Besonders interessant ist das von Brückner und v. Brücke als »scheinbares Organgefühl« des Auges bezeichnete eigentümliche Gefühl des Unbehagens, das auf jenes Auge bezogen wird, dessen Bilder in irgend einer Beziehung minderwertig sind, sei es, daß ihre Schärfe oder ihre Helligkeit geringer ist, als im anderen Auge. Am stärksten tritt es auf, wenn ein Auge verdeckt ist und am Sehakt nicht teilnimmt. Helmholtz (I, S. 744) beobachtete es aber auch, wenn bei Vereinigung zweier Stereoskopbilder das eine Halbbild einen trüben oder verwaschenen Fleck hatte; Javal (336, S. 23) beschrieb zuerst das Auftreten desselben beim Sehen durch eine auf einer Seite unreine Brille, Hering bemerkte es nach einseitigen Adaptationsversuchen, wenn er gleich darnach mit beiden Augen beobachtete. Auch dieses Organgefühl glaubte Hofmann (8a, S. 256 ff.) wenigstens zum Teil auf die Verdunklung oder das Undeutlichwerden der Bilder im monokularen Anteil des Gesamtgesichtsfeldes zurückführen zu können. Die beim Verschluß eines Auges eintretende Verdunklung dieses Teils des Gesamtgesichtsfeldes sei durch vielfältige Erfahrung fest mit dem Bewußtsein des Augenschlusses verknüpft, und die Abnahme der Helligkeit oder der Bildschärfe in einem Auge rufe, wenn auch abgeschwächt, ebenfalls dieses Abblendungsgefühl hervor. Ein Beweis dafür sei die Angabe mehrerer Beobachter, sie hätten die Empfindung, als sei das Lid des betreffenden Auges herabgesunken. Diese Annahme mag für jenen Teil der Versuche zutreffen, in denen die Bilder des ganzen Auges minderwertig sind. Für die Fälle, in denen eine bloß lokale Trübung vorhanden ist, wie z. B. in dem von Helmholtz angegebenen mit dem einseitigen Schmutzfleck auf dem Stereoskopbild, muß aber nach einer anderen Erklärung gesucht werden (man vgl. darüber noch Lohmann, 342). Das eine aber kann jedenfalls schon heute gesagt werden, daß das scheinbare Organgefühl der Augen keineswegs eine mit den von einem Auge vermittelten Empfindungen notwendig verbundene Eigenschaft ist, etwa wie ein »Lokalzeichen« oder ein »Raumwert«, sondern etwas Akzessorisches, das allerdings wegen der Kompliziertheit seines Ursprungs der Erklärung in vielen Fällen Schwierigkeiten bereitet.

Mehrfach ist in der Literatur auch die Ansicht aufgetaucht, daß außer dem besprochenen Überwiegen der nasalen über die temporale Netzhaut, d. h. der gekreuzten, phylogenetisch älteren, über die phylogenetisch jüngere ungekreuzte Bahn, auch noch ein Überwiegen der Erregungen der einen Großhirnhemisphäre über die andere vorkomme, bei Rechtshändern der linken über die rechte, bei Linkshändern umgekehrt der rechten über die linke. So hatte Stevens (s. oben S. 177) ein Parallelgehen der Größen-

___

zwei nebeneinander befindliche gleiche Zeichnungen oder Münzen durch freiäugiges Stereoskopieren zu vereinigen, die seitlichen Doppelbilder überhaupt nicht zu sehen vermögen. Über das Verhalten von Hemianopikern in dieser Beziehung vgl. Best (307, S. 64).

schätzungen in der nasalen und temporalen Gesichtsfeldhälfte mit der Rechts-
und Linkshändigkeit vermutet, es aber nicht sicher nachweisen können, und
analoge neuere Vermutungen von Roelofs (810) sind vorläufig auch noch nicht
genügend begründet. Dafür dagegen, daß in bezug auf die Eindringlichkeit bei sonst normalen Augen mit beiderseits gleicher Sehschärfe die Eindrücke des einen Auges über die des anderen überwiegen können, ähnlich
wie bei ungleicher Sehschärfe ganz regelmäßig das besser sehende das
führende ist, scheinen Versuche von Rosenbach (360) und Enslin (320a)
zu sprechen. Wenn man jemanden auf ein fernes Objekt hinblicken läßt
und ihn auffordert, es mit dem vorgehaltenen Finger zu verdecken, so
halten Rechtshänder den Finger regelmäßig vor das rechte Auge. Die
Personen, die das tun, beachten offenbar bloß eines der beiden Doppelbilder des Fingers, denn sonst könnten sie der Aufforderung ja gar nicht
nachkommen, und bringen den Finger in die Gesichtslinie jenes Auges,
dessen Bild beachtet wird. Der Versuch ist also im Grunde nur eine Modifikation des oben S. 256 schon erwähnten Versuchs von Schön (364a), der
seinen Finger bei geschlossenen Augen in die Richtung eines vorher indirekt gesehenen seitlichen Objekts einstellte und ihn dann regelmäßig in
der Richtungslinie des gleichnamigen Auges fand. Enslin (vgl. auch Griesbach, 324b) fand, daß von Linkshändern mit beiderseits gleicher Sehschärfe
etwa ein Drittel den Finger in die Gesichtslinie des linken Auges einstellten.
(Bei ungleicher Sehschärfe auf beiden Augen wird regelmäßig der Finger in
die Gesichtslinie des besser sehenden Auges gebracht.) Hirsch (333) bemerkte
dazu, daß Rechtshänder in der Regel den Finger der rechten Hand von der
rechten Seite her, Linkshänder den der linken Hand von links her ins Gesichtsfeld einführen werden, und dann zunächst auf das dem Netzhautzentrum näher liegende Bild — im ersteren Falle des rechten, im zweiten
des linken Auges — achten werden. Nach Lohmann (797) ist das aber ohne
Bedeutung, sofern man nur zum Einstellen den Finger benutzt. Er meint,
daß in diesem Versuch eine habituelle Verknüpfung der haptischen und
optischen Raumdaten der gleichen Seite zum Ausdruck komme und nicht
das Vorwiegen der Eindrücke eines Auges. Die Angabe von Rosenbach,
daß beim Vorsetzen farbiger Gläser vor ein Auge die Farbe mit dem rechten
Auge rascher erkannt wird, als mit dem linken, müßte mit Rücksicht
auf die Angaben von Schön und Köllner nochmals genauer untersucht
werden. Vorwiegend einseitiger Gebrauch des einen Auges, wie er bei
manchen Berufen vorkommt, wird sicherlich auch beim binokularen Sehen
ein Übergewicht des einen häufiger allein gebrauchten Auges erzeugen
können, nicht bloß bezüglich der Sehrichtungen, was unten S. 394 besprochen wird, sondern auch bezüglich der Vordringlichkeit der Eindrücke
dieses Auges (in Analogie zu dem oben Gesagten) und vielleicht auch der
Größenschätzung.

IV. Augenbewegungen.

1. Allgemeines. Der Drehpunkt des Auges.

Die Bewegungen eines allseits frei beweglichen Körpers sind entweder reine Translationen oder reine Drehbewegungen oder Kombinationen von beiden Bewegungsarten. Nun ist der Bulbus kein frei beweglicher Körper, vielmehr wird er durch seine Aufhängebänder und durch Muskelzug in der mit Fettgewebe ausgepolsterten Orbita bis zu einem hohen Grade festgehalten. Nach hinten gegen das Widerlager des orbitalen Fettpolsters wird er durch die Spannung der vier geraden Augenmuskeln gezogen, nach vorn wirken mit einer Komponente ihres Zuges die beiden schiefen Augenmuskeln.

Fig. 96.

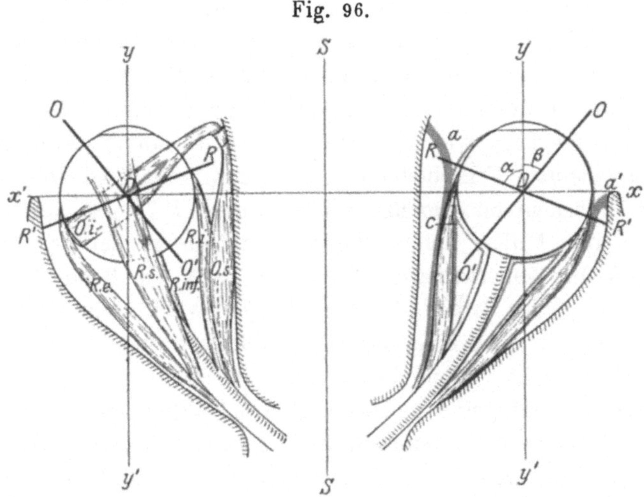

Ferner ruhen auf dem Bulbus die Augenlider, deren Druck allerdings gewöhnlich sehr unbedeutend ist. Im allgemeinen überwiegt der Zug nach hinten, der den Augapfel gegen den aponeurotischen Trichter andrängt, der von den Faszien der Augenmuskeln ausgehend ringsum am Orbitalrand sich ansetzt und an verschiedenen Stellen besondere Verstärkungen aufweist. Am längsten bekannt sind jene sogenannten Faszienzipfel oder ligamentösen Verstärkungen der Aponeurose, die von den Seitenwendern abgehen. So geht ein besonders starkes Band vom rectus lateralis nach vorn zum äußeren Orbitalrand, ein etwas schwächeres und kürzeres vom rectus medialis zum Tränenbeinkamm, und ihnen entsprechende, allerdings noch schwächere, werden von Motais (611) auch an den übrigen Augenmuskeln beschrieben.

Nach der Darstellung von Motais weicht die Faszienscheide der Augenmuskeln in der Nähe ihres Ansatzes am Bulbus auseinander und teilt sich in ein tiefes hinteres und ein oberflächliches vorderes Blatt. Das letztere geht in einen ringsum geschlossenen Trichter, auch Septum orbitale genannt, über, der sich schräg nach vorn zu den Rändern der Orbita begibt und durch die oben erwähnten medialen, lateralen, oberen und unteren Faszienzipfel (ailerons von Motais) verstärkt wird. Das hintere tiefe Blatt der Muskelfaszie schlägt sich nach hinten um und umscheidet das hintere Drittel des Bulbus. An der Stelle, an der sich das oberflächliche Blatt der Aponeurose vom Muskel abhebt, geht ringsum eine dünne Faszie, die Fascia subconjunctivalis, von ihr ab, die sich in der Nähe des Limbus corneae mit der Sclera vereinigt. In der Fig. 96 nach Zoth (16, S. 284) ist durch die dicken roten Striche der horizontale Querschnitt durch die Aponeurose schematisch wiedergegeben. a und a' sind der innere und äußere Faszienzipfel, die von ihnen ausgehende zarte Fortsetzung nach vorn gegen die Kornea zu ist die Fascia subconjunctivalis.

Reine Translationsbewegungen des Augapfels sind infolge der Elastizität des Aufhängeapparates und der Muskeln und wegen der Verschieblichkeit des orbitalen Fettgewebes in geringem Umfang möglich und kommen in Form eines geringen Vor- und Zurücktretens desselben in der Orbita zum Ausdruck. So kann schon eine veränderte Blutfüllung des retrobulbären Gewebes, wie sie durch den Puls und die Atmung bedingt ist, derartige kleinste Verschiebungen bewirken. Sie sind aber normalerweise ganz unbedeutend (Donders, 478; Tuyl, 707) und erreichen erst in pathologischen Fällen höhere Beträge (genaueres darüber bei Birch-Hirschfeld, 440). Bemerkenswerter ist, daß nach den Beobachtungen von Donders und Tuyl der Bulbus etwas eingezogen wird, wenn man vom Blick in die Ferne zur Fixation eines nahen, gerade vor einem Auge befindlichen Gegenstandes übergeht. Da in diesem Falle die Konvergenzinnervation des rectus medialis durch eine gleichzeitige Kontraktion des rectus lateralis aufgehoben werden muß (s. unten S. 301), erhalten die nach hinten ziehenden Kräfte ein Übergewicht und ziehen den Bulbus etwas tiefer in die Orbita hinein. Ferner tritt der Bulbus, wie zuerst J. J. Müller (614) fand, bei Erweiterung der Lidspalte etwas aus der Orbita heraus, und bei der Blinzelbewegung weicht er etwas zurück (Donders, l. c.). Das Vortreten des Bulbus geht rasch vor sich, kann daher nicht auf die Wirkung glatter Muskeln bezogen werden. Nach Berlin (425) ist die Verschiebung am stärksten bei Primärstellung, bei Seitenwendung und Hebung des Blicks nimmt sie ab (von Tuyl nicht bestätigt), beim Blick nach unten nimmt sie bis zu einer Senkung von 17° zu, dann aber auch ab. Sie ist bei verschiedenen Personen ungleich groß, ihr Maximum schwankt zwischen rund 0,7 und 1,5 mm. Bei Primärstellung ist ferner mit der Verschiebung nach vorn auch eine geringe Senkung und eine äußerst kleine Verschiebung des Bulbus nach innen verbunden. Bei rein passiver Hebung des Oberlides sah Müller kein Vortreten des Bulbus, nach den Messungen von Birch-Hirschfeld (440, S. 25 und 27) ist es aber doch vorhanden, nur in geringerem Grade, als bei aktiver Lidhebung. Als Grund für das Vortreten des Augapfels bei

der Lidhebung ist nach Birch-Hirschfeld zunächst der Wegfall des leichten
Drucks vom M. orbicularis auf den Bulbus anzunehmen, zu dem sich bei
aktiver Lidhebung noch die Wirkung der Kontraktion des Lidhebers hin-
zugesellt. Dieser spannt nämlich bei seiner Kontraktion das Septum orbitale
an und drängt dadurch den Bulbus etwas nach vorn. Ferner drückt er
ihn infolge der Abflachung seines bogigen Verlaufs bei seiner Kontraktion
etwas nach unten. Daß das Vortreten des Bulbus durch eine Mitinnervation
der beiden Obliqui bei der Lidhebung bewirkt wird, woran Müller und
Berlin dachten, ist unwahrscheinlich.

Wie schon bemerkt wurde, sind mit dem Vor- und Zurücktreten des
Bulbus bei der Erweiterung der Lidspalte auch kleine seitliche Verschiebungen
und Senkungen desselben verbunden. Diese sind je nach der Blickrichtung
verschieden groß. Ferner hat Berlin nachgewiesen, daß sich bei ihm
das Zentrum der Visierlinien bei den meisten Augenbewegungen ein wenig (schätzungsweise um 0,5 mm) aus
der Ebene der Blickbahn herausschob, und daraus auf
eine entsprechende Verschiebung des ganzen Bulbus bei
den Blickbewegungen geschlossen.

Fig. 97.

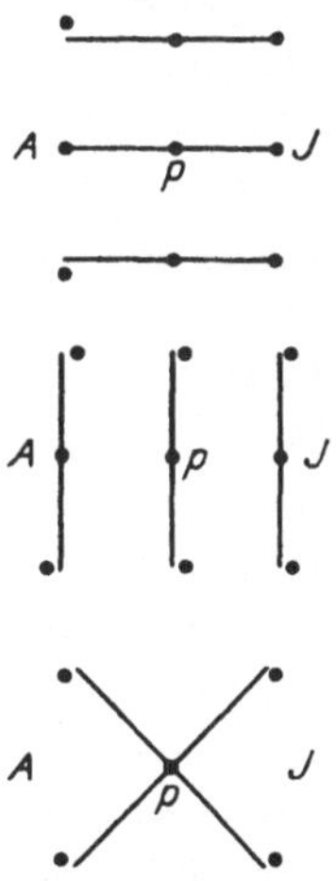

Berlin blickte bei Primärstellung des Auges auf die Mitte
eines horizontalen, frontalparallelen, $1-1\frac{1}{2}$ m vom Auge
entfernten Fadens, hinter dem in $4-5$ m Entfernung vom
Auge in gleicher Ebene mit dem Faden drei Lichtpunkte
(kleinste Spiegelchen) so aufgestellt waren, daß der mittlere p
hinter der Fadenmitte lag und sein Zerstreuungskreis vom
Faden halbiert wurde, während die beiden seitlichen bei
einer Blickwendung von $25-30°$ erreicht wurden. Bewegt
sich der Blick dem Faden entlang und bleibt bei dieser Blickwendung das Zentrum der Visierlinien in der Ebene des
Fadens und der Lichtpunkte, so müssen die Zerstreuungskreise auch der seitlichen Lichtpunkte vom Faden halbiert
werden. Das war aber nur bei Rechts- und Linkswendung
aus der Primärstellung heraus der Fall. Wurden durch entsprechende Drehung
und Neigung des Kopfes andere Blickbahnen untersucht, so zeigten sich jedesmal
Verschiebungen des Zentrums der Visierlinien, wie sie in Fig. 97 für das linke
Auge schematisch wiedergegeben sind. In der Figur bedeutet A die äußere, I
die innere Seite des Gesichtsfeldes, p ist das Zerstreuungsbild des mittleren
Lichtpunktes beim Blick geradeaus, die geraden Striche geben das Fadenbild und
zugleich die Richtung der Blickbahn, die Punkte die Zerstreuungsbilder der
Lichtpunkte an. Die Verhältnisse am rechten Auge werden durch das Spiegel-
bild der Figur wiedergegeben.

Drehbewegungen können entweder um eine während der Drehung
unveränderliche feste Achse erfolgen, oder es kann sich die Drehungsachse während der Bewegung ändern, die Drehung erfolgt dann um
instantane oder augenblickliche Achsen. Schneiden sich alle augenblicklichen oder festen Drehungsachsen in einem Punkt, der demnach allen

gemeinsam ist, so nennen wir ihn den Drehpunkt. Ist die Lage der
möglichen Drehungsachsen derart, daß kein solcher gemeinsamer Drehpunkt
vorhanden ist, und denkt man sich alle Achsen an den Stellen, wo sie sich
am nächsten liegen, durch gerade Linien verbunden, so erfüllen diese zusammen einen mehr oder weniger ausgedehnten Raum, den HERING (R.
S. 453) als den interaxialen Raum bezeichnet hat.

Hätte der hintere Bulbusabschnitt genau Kugelform und läge er in
einer ebenfalls kugelig ausgehöhlten starrwandigen Pfanne, so könnten seine
Drehbewegungen, wenn der Kontakt mit der Gelenkpfanne erhalten bleiben
soll, nur um einen festen Drehpunkt erfolgen, der mit dem Mittelpunkt
der Kugel zusammenfiele. Bei dem in Fig. 76 auf S. 182 abgebildeten
emetropen Auge, dessen hinterer Abschnitt wirklich kugelig gekrümmt ist,
wäre der Mittelpunkt des Bulbus bei einem Sagittaldurchmesser von 24 mm
in einem Abstand von 12 mm hinter dem Kornealscheitel zugleich auch der
Drehpunkt des Auges. Nun sind aber die oben angegebenen Vorbedingungen
beim Bulbus durchaus nicht streng erfüllt. Der hintere Bulbusabschnitt
weicht besonders bei Ametropie von der Kugelform ab, die geraden Augenmuskeln ziehen ihn mit wechselnder Kraft in den aponeurotischen Trichter
hinein, und vor allem ist der Bulbus ringsum mit diesem aponeurotischen
Trichter verwachsen. Es ist daher ganz begreiflich, daß der Bulbus, wie
MOTAIS an der Leiche feststellte, bei seinen Drehungen nicht bloß seine
Hüllen, die man gewöhnlich als Analoga der Gelenkpfanne betrachtet, mitnimmt, sondern auch Verschiebungen des orbitalen Fettgewebes veranlaßt.
Wenn auch solche Beobachtungen an der Leiche aus leicht verständlichen
Gründen nicht ohne weiteres auf den Muskelzug bei der Willkürkontraktion
übertragen werden dürfen, so lehren sie doch im Verein mit den anatomischen Befunden, daß wir die Drehungen des Bulbus bei den Augenbewegungen sicherlich nicht im anatomischen Sinne mit den Drehungen
in einem Kugelgelenk vergleichen können, und es wird sich darnach die
Frage erheben, ob es überhaupt einen konstanten Drehpunkt im Bulbus
gibt, oder, da wir schon nach dem Vorhergehenden einen solchen streng
genommen nicht erwarten können, ob wenigstens der interaxiale Raum
klein genug ist, daß wir ihn im Schema durch einen festen Drehpunkt
ersetzt denken können.

Die Methoden zur Untersuchung der Frage nach dem Vorhandensein
und der Lage des Drehpunktes des Auges sind ausführlich und kritisch bei
HERING (R. S. 456 ff.) zusammengestellt. Von den älteren sind am genauesten
die von J. J. MÜLLER (614) und die von BERLIN (425). MÜLLER bestimmte
mittels einer von A. FICK angegebenen Methode die Bahn, welche ein Punkt
der Hornhaut während der Bewegung des Bulbus durchläuft und stellte
gleichzeitig bei jeder Augenstellung die Projektion der Hauptvisierlinie auf
eine der Bahnebene parallele Ebene fest. Dabei fand er, daß der Korneal-

punkt einen Kreisbogen beschrieb, dessen Mittelpunkt gleichzeitig entweder ganz oder doch nahezu mit dem Kreuzungspunkt der Projektion der Hauptvisierlinien zusammenfiel. Unter diesen Umständen wird daher das Auge wirklich angenähert um einen sowohl im Raume wie im Bulbus festen Punkt gedreht. BERLIN bestimmte für jede Stellung des Auges gleichzeitig die Lage der Hauptvisierlinie und einer zweiten Visierlinie des indirekten Sehens. Daraus ergibt sich für jede Augenstellung zunächst die Lage des Kreuzungspunktes der Visierlinien. Wird diese Bestimmung für mehrere verschiedene Augenstellungen durchgeführt, so läßt sich daraus die Bahn des Kreuzungspunktes der Visierlinien bei der betreffenden Augenbewegung ableiten. Ist diese ein Kreisbogen, und fällt dessen Zentrum mit dem Kreuzungspunkt der Hauptvisierlinien bei den verschiedenen Augenstellungen zusammen, so ist dadurch erwiesen, daß dieser Punkt gleichzeitig der feste Drehpunkt des Auges ist. Das stimmte bei BERLIN für das rechte Auge gut, für das linke mußte angenommen werden, daß der feste Drehpunkt nicht auf der Hauptvisierlinie selbst, sondern etwas seitwärts von ihr lag. Neuerdings hat KOSTER (573) eine Methode angegeben, die eine direkte Bestimmung der Lage des Drehpunktes auch für den Fall gestattet, daß dieser ganz abseits vom Kreuzungspunkt der Hauptvisierlinien liegt[1]).

Tabelle 19.

	MÜLLER		BERLIN	
	Linkes Auge	Rechtes Auge	Linkes Auge	Rechtes Auge
Blickhebung . .	15,16	13,29	14,81	15,0
Blick gerade aus	14,56	13,19	14,41	14,66
Blicksenkung .	14,34	12,87	14,32	14,19

MÜLLER fand bei seinen Messungen, daß der Drehpunkt zwar in jedem Auge beim Blick nach rechts und links ein fester war, daß er aber in beiden Augen ungleich weit vom Kornealscheitel entfernt lag. Bei der Rechts- und Linkswendung in gesenkter Blickebene rückte er weiter nach vorn, bei gehobener Blickebene weiter nach hinten. BERLIN fand für die Seitenwendung des Blicks die gleiche Abhängigkeit von der Lage der Blickebene. Bei Vertikalbewegungen rückte der Drehpunkt im Mittel um 1,56 mm weiter nach vorn. Ganz analoge Verschiebungen der Lage des Drehpunktes, die ebenfalls durch Verschiebungen des Auges entlang der Hauptvisierlinie bedingt waren, beobachtete auch KOSTER. Um den Überblick über die Größe dieser Schwankungen in der Lage des Drehpunktes zu erleichtern, sind in Tabelle 19 die Mittelwerte für die beiden Augen von MÜLLER und von BERLIN

---

1) Man vgl. zur Methodik ferner GERTZ (504), BRENNECKE (449) und GORGE, TOREN und LOWELL (509).

zusammengestellt, und zwar für die Rechts- und Linkswendung bei aufrechter Kopfhaltung und horizontaler Blickebene, und für die Seitenwendungen bei gehobener und gesenkter Blickebene. Die Hebung und Senkung betrug bei Müller 20°, bei Berlin 22°. Wie man sieht, gingen die Unterschiede für die Lage des Drehpunktes in jedem Auge nicht über 1 mm hinaus. Für die Vertikalbewegungen sind sie freilich größer, und insbesondere fand neuerdings Brennecke (449) an seinen Augen so beträchtliche Unterschiede, daß er die Annahme eines einheitlichen Drehpunktes völlig ablehnt. Indessen ist sein Bericht etwas summarisch, und auf der anderen Seite geben Gorge, Toren und Lowell (509) an, daß der Drehpunkt des Auges für seitliche Blickwendungen in der Horizontalebene zwischen 30° nasalwärts und 20° temporalwärts eine ziemlich konstante Lage habe. Wir können daher doch wohl annehmen, daß der interaxiale Raum jedes Auges bei nicht zu großen Exkursionen klein genug ist, daß man mit ausreichender Annäherung von einem festen Drehpunkt im Auge sprechen darf.

Tabelle 20.

Beobachter		Refraktion	Länge der Sehachse	Lage des Drehpunktes hinter dem Hornhautscheitel
Volkmann		?	—	13,61
Woinow (734)	l.	H?	21,83	14,1
	r.		21,83	14,0
J. J. Müller (614)	l.	-4 D	—	14,56
	r.	-4 D	—	13,19
Berlin	l.	$-\frac{4}{3}$ D	—	14,41
	r.	-3 D	—	14,66
Weiss (721)		E	—	12,9
Donders u. Dojer (482)		H	22,10	13,22
		E	23,53	13,45
		M	25,55	14,52
Mauthner (602)		H	23,08	13,04
		E	24,98	13,73
		M	27,23	15,44
Koster (573)		—	—	13,8
Brennecke (449)		E	—	14,0—15,2
Gorge, Toren, Lowell (509)		—	—	15,4

Um nun auch eine Übersicht über die Verschiedenheiten in der Lage des Drehpunktes bei verschiedenen Augen zu erhalten, sind in Tabelle 20 alle mir erreichbaren Angaben über den Abstand des Drehpunktes vom Kornealscheitel bei seitlicher Blickwendung in der Horizontalebene und aufrechtem Kopf zusammengestellt. Sie sind zum Teil nach etwas weniger genauen Methoden ausgeführt, bleiben aber trotzdem verwertbar (s. darüber Hering, R., S. 467). Aus der Tabelle ergibt sich, daß wir für Emmetropen

den Drehpunkt in rund 13,5—14 mm hinter dem Hornhautscheitel (nach
Gorge, Toren und Lowell in 15,4 mm hinter dem Kornealscheitel und
1,65 mm nasalwärts von der optischen Achse) annehmen dürfen. Bei einem
Sagittaldurchmesser des Bulbus von 24 mm würde er daher rund 1,5—2 mm
hinter der Bulbusmitte liegen. Bei Hypermetropen liegt er, einigermaßen
der Verkürzung des Sagittaldurchmessers des Bulbus entsprechend etwas
näher an der Kornea, bei Myopen etwas weiter von ihr ab, aber auch
hier in jedem Falle hinter der Bulbusmitte. Daraus folgt aber wieder, was
wir oben S. 262 schon aus anderen Gründen annahmen, daß die Drehungen
des Bulbus bei den Blickbewegungen keinem Gleiten
des Bulbus in einer seiner Form kongruenten Gelenkpfanne ohne Mitbewegung der letzteren entsprechen, daß vielmehr jede Bulbusbewegung mit
einer Verdrängung des retrobulbären Gewebes ein-
hergeht, und zwar wird das retrobulbäre Gewebe
jedesmal auf der Seite, nach der die Bewegung hin
erfolgt, nach hinten verdrängt.

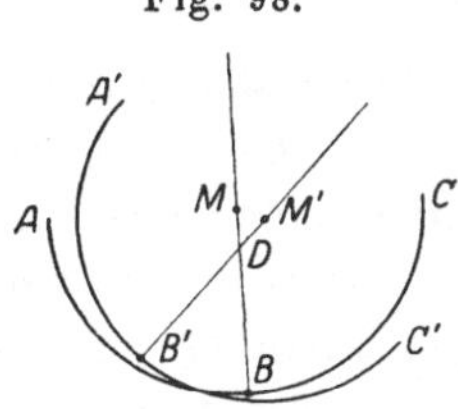

Fig. 98.

In Fig. 98 sei D der auf der Bulbusachse liegende feste Drehpunkt des
Auges, M der Mittelpunkt des kugeligen hinteren Bulbusabschnittes ABC beim
Blick geradeaus. Bei Rechtsdrehung des Bulbus rückt der Mittelpunkt M nach M'
und der hintere Bulbusabschnitt nimmt die Lage $A'B'C'$ ein, drückt daher rechts
das Gewebe nach hinten.

2. Das Listingsche Gesetz der Augenbewegungen.

Wenn nach dem Vorhergehenden die Drehungen des Augapfels angenähert um einen in ihm liegenden festen Drehpunkt erfolgen, so erhebt
sich jetzt die weitere Frage, welche von den theoretisch möglichen Drehungen
in Wirklichkeit ausgeführt werden können. In einem Kugelgelenk, von dem
wir vergleichsweise wieder ausgehen können, sind grundsätzlich Drehungen
um drei im Raume senkrecht zueinander stehenden Achsen möglich, das
Kugelgelenk besitzt drei »Grade der Freiheit« (vgl. dazu O. Fischer, 498,
S. 212). Auch am Bulbus könnten, wenn wir von einer Stellung desselben
mit horizontal gerade nach vorn gerichteter Gesichtslinie ausgehen, Drehungen
um folgende drei Achsen erfolgen: 1. Solche um die querhorizontale Achse,
Hebung und Senkung der Gesichtslinie, 2. solche um die vertikale Achse,
Rechts- und Linkswendung der Gesichtslinie, 3. Drehungen um eine sagittale,
mit der Gesichtslinie zusammenfallende Achse. Diese Drehungen könnten
sich in der mannigfachsten Weise miteinander kombinieren. Mit der Hebung
und Senkung der Gesichtslinie kann gleichzeitig eine Rechts- oder Linkswendung verbunden sein, woraus die schrägen Blickrichtungen nach rechts
und links oben oder unten resultieren. Damit könnten endlich, wenn eine
genügend freie Beweglichkeit des Bulbus vorhanden wäre, auch noch

Drehungen um die Gesichtslinie einhergehen. Wäre das letztere der Fall, wären daher bei einer und derselben Richtung der Gesichtslinie verschiedene Lagen der Netzhaut möglich, und würden sich insbesondere bei Blickwendungen solche Drehungen des Bulbus um die Gesichtslinie einmischen, so würde das unsere Orientierung über Richtungen außerordentlich erschweren. Gesetzt, man verfolge mit dem Blick eine gerade Linie, und es drehe sich dabei mit der Änderung der Blickrichtung fortwährend auch die Netzhaut um die Gesichtslinie als Achse, so würde jedes neu betrachtete Stück der Linie auf einem anderen Netzhautschnitt abgebildet und anders gerichtet erscheinen, und es bedürfte erst weiterer sekundärer Mechanismen, um diese ganz unnütze Komplikation hinterher wieder auszugleichen. Tatsächlich aber bestehen diese Schwierigkeiten nicht, die Bewegungen des Bulbus beim Blicken sind den Bedürfnissen des Sehens weitgehend im Sinne einer möglichsten Vereinfachung angepaßt.

Den Punkt, nach dem beide Augen hinblicken, nannte HELMHOLTZ den Blickpunkt, und die gerade Verbindungslinie vom Blickpunkt zum Drehpunkt des Auges die Blicklinie. Sie fällt streng genommen nicht mit der Gesichtslinie, d. h. der geraden Verbindungslinie des Fixationspunktes mit dem Knotenpunkt des Auges zusammen, doch kann man die Abweichung beider voneinander meist vernachlässigen. Unter dem Fixationspunkt ist hierbei nach HERING der Schnittpunkt der Gesichtslinie mit jenem auf der Fovea abgebildeten Objektpunkte verstanden, auf den das Auge akkommodiert ist. Die Ebene, welche durch die Blicklinien beider Augen gelegt wird, in der sehr angenähert auch die beiden Gesichtslinien liegen, heißt die Blickebene. Bei jeder Lage der Blickebene können die beiden Blicklinien entweder einander parallel stehen, also auf einen sehr fernen Punkt gerichtet sein, oder auf einen nahen Punkt konvergieren. Wir beschäftigen uns zunächst bloß mit dem Fernsehen, nehmen also im folgenden an, die Blick- bzw. Gesichtslinien seien einander parallel. Geben wir dabei außerdem dem Kopf die Primärstellung (s. unten S. 269), so können wir die horizontale Lage der Blickebene als Ausgangsstellung ansetzen, von der aus sie nach oben und unten gedreht, gehoben und gesenkt werden kann. Ihre jeweilige neue Lage bildet dann mit der horizontalen Ausgangsstellung einen Winkel, der von HELMHOLTZ als Erhebungswinkel — positiv nach oben, negativ nach unten gerechnet — bezeichnet wurde. In jeder dieser Lagen wird eine zur horizontal geradeaus gerichteten Blick- oder Gesichtslinie senkrechte, frontalparallele Wand von der Blickebene in einer horizontalen Linie geschnitten.

Die Blick- bzw. Gesichtslinien beider Augen können nun beim Fernsehen innerhalb der Blickebene entweder geradeaus nach vorn, der Medianebene parallel gerichtet sein, oder sie können beide um den gleichen Winkel nach rechts oder links gewendet sein. Nennen wir mit HERMANN (531) die durch die Blicklinie gelegte Vertikalebene die Standebene[1]), so bildet deren Lage bei Seitwärtswendung des Blicks einen Winkel mit der Medianebene, der von HELMHOLTZ als Seitenwendungswinkel bezeichnet wird. Die Standebene schneidet eine zur horizontal geradeaus gestellten Blicklinie senkrechte frontalparallele Wand bei horizontaler Seitenwendung des Blickes in einer vertikalen Linie.

Drehungen um die Gesichtslinie als Achse sind von HERING als Rollungen bezeichnet worden. Steht während der Rollung die Gesichtslinie fest, so schneidet eine im Raume feststehende Ebene, z. B. die Horizontalebene, den Bulbus vor und nach der Rollung in je einem anderen Schnitt, und der Winkel zwischen diesen beiden Schnitten gibt den Betrag der Rollung an. Bewegt sich während der Rollung gleichzeitig die Gesichts-(Blick-)Linie, so schneidet die durch die Ausgangs- und Endstellung der Gesichtslinie gelegte Ebene die Netzhaut in beiden Stellungen wiederum in je einem anderen Schnitt, und der Winkel zwischen diesen beiden Schnitten mißt auch hier wieder die schließlich resultierende Rollung. Es ist nämlich dabei zu berücksichtigen, daß während der Augenbewegung zunächst zwar eine Rollung eingeleitet, aber noch im Laufe der Bewegung wieder zurückgenommen werden kann. Wir wollen aber diesen vermutlich häufigen Fall erst besprechen, nachdem wir aus dem Vergleich von Ausgangs- und Endlage des Auges die Frage beantwortet haben, wie man auf dem einfachsten Wege von der ersteren zur letzteren gelangen kann.

Da hat nun für die Blickbewegung zunächst DONDERS (474) gezeigt, daß mit jeder Richtung der Gesichtslinie bzw. einer bestimmten Stellung der Bulbi relativ zum Kopf auch eine ganz bestimmte Orientierung der Hauptschnitte der Netzhaut verknüpft ist. Diese Orientierung der Netzhaut ist unabhängig von dem Weg, auf dem die Gesichtslinie in die betreffende Stellung gebracht wurde. Kehrt also das Auge nach den verschiedensten Blickwendungen wieder zur früheren Stellung der Gesichtslinie zurück, so ist auch die Orientierung der Netzhaut wieder dieselbe wie vorher[2]). Dadurch werden die Kombinationen der möglichen Augenbewegungen stark eingeschränkt.

Welcher Art der Zusammenhang der Netzhautorientierung mit der Richtung der Gesichtslinie ist, darüber gibt ein zuerst von LISTING theoretisch aufgestelltes Gesetz Auskunft (vgl. RUETE, 653, S. 37). Er sagt aus,

---

1) HERMANN hatte statt der Blicklinie die Visierlinie und statt der Blickebene die Visierebene eingesetzt. Indessen kann beim Sehen in die Ferne der Unterschied zwischen der Visier- und Blicklinie ohne besonderen Fehler vernachlässigt werden.

2) Nur muß man dabei freilich, wie HERING (526, S. 57) hinzufügte, auch noch die Stellung der Gesichtslinie des anderen Auges mit berücksichtigen, denn trotz gleicher Richtung der Gesichtslinie ist die Orientierung des Auges beim Nahesehen eine andere als beim Fernsehen.

daß es eine bestimmte Stellung des Bulbus im Kopfe gibt, von der aus man jede andere Stellung desselben durch Drehung um eine in ihm feststehende, auf der Gesichtslinie senkrechte Achse erreichen kann. Man nennt diese Ausgangsstellung die Primärstellung des Bulbus, die durch reine Seitenwendung oder durch reine Hebung und Senkung der Gesichtslinie herbeigeführten Bulbusstellungen Sekundärstellungen, die durch Kombination einer Seitenwendung mit Hebung oder Senkung entstandenen Schrägstellungen der Gesichtslinie auch wohl Tertiärstellungen. Da beim Übergang von der Primärstellung in irgendeine andere Stellung die Drehungsachse auf der Gesichtslinie senkrecht steht, tritt dabei keine Rollung des Bulbus um die Gesichtslinie auf. Legen wir durch die primäre Ausgangsstellung und durch die Endstellung der Gesichtslinie jene Ebene, in der sich bei der Drehung um die auf ihr senkrecht stehende Achse die Gesichtslinie bewegt, die primäre Bahnebene nach HERING, so schneidet diese die Netzhaut in der Ausgangs- und Endstellung im gleichen Schnitt. HELMHOLTZ (524) und HERING (7) haben gezeigt, daß dieses Gesetz für das Sehen in die Ferne mit verhältnismäßig geringen Abweichungen zutrifft.

Von den Methoden zum Nachweis der Gültigkeit des LISTINGschen Gesetzes für das Sehen in die Ferne ist die bequemste die sogenannte Nachbildmethode, die sich deshalb auch didaktisch zur ersten Orientierung über das LISTINGsche Gesetz besonders empfiehlt. Zu diesen Untersuchungen spannt man auf einer großen gleichmäßigen Wand in je 20—30 cm Abstand voneinander vertikale und horizontale schwarze Schnüre aus, durch welche auf der Wand ein quadratisches Gitter gebildet wird. In Augenhöhe bringt man vor einem Kreuzungspunkt der Gitterschnüre ein lineares Objekt an, durch dessen Fixation ein dauerhaftes Nachbild erzeugt wird. HELMHOLTZ und HERING benutzten dazu farbige Streifen. Heute verwendet man besser eine Glühlampe mit geradem Kohlenfaden (Soffittenlampe), deren Mitte durch eine schwarze Marke verdeckt wird, und die man zunächst vertikal stellt. Vor die Wand stellt oder setzt sich der Beobachter in mehreren Metern Entfernung so hin, daß sich die vor dem Kreuzungspunkt der Schnüre befindliche Marke der Lampe in Augenhöhe und ungefähr in der Medianebene des Kopfes befindet. Hierauf erzeugt er sich durch anhaltende Fixation der Marke ein dauerhaftes Nachbild des zum Leuchten gebrachten Kohlenfadens und läßt dann, ohne den Kopf zu verrücken, den Blick des einen Auges, während das andere geschlossen ist, der vom Kreuzungspunkt ausgehenden horizontalen Schnur entlang nach rechts und links wandern. Befand sich das Auge während der Erzeugung des Nachbildes in der Primärstellung, so bleibt das Nachbild immer parallel zu den vertikalen Schnüren. Ist letzteres nicht der Fall, so muß man den Kopf etwas nach vorn oder hinten neigen, um die Primärstellung zu finden. In ganz analoger Weise kann man sich dann durch längeres Fixieren des horizontal gestellten Kohlenfadens ein dauerhaftes horizontales Nachbild erzeugen, das bei der Blickhebung und -senkung von der Primärstellung aus den horizontal ausgespannten Schnüren parallel bleibt. Ist das nicht gleich der Fall, so muß man, um die richtige Stellung zu finden, den Kopf etwas um die vertikale Achse nach rechts oder links drehen. Gelingt der Versuch nach beiden Richtungen hin, so ist die Gesichtslinie bei Fixation der Marke in der Primärstellung. Darauf wiederholt man den Versuch mit dem anderen Auge, und er wird, wenn der Kopf eine gerade Haltung hat und wenn die Wand nicht zu nahe ist, so daß man die geringe Konvergenz der Gesichtslinien vernachlässigen kann, sogleich auch mit diesem Auge gelingen. Da die Fixationsmarke sich in Augenhöhe befindet, die Blickebene also horizontal liegt, ist damit gleichzeitig auch die Primärstellung des Kopfes gefunden. Will man diese im Hinblick auf spätere Versuche ein- für allemal festlegen, so bedient man sich des HELMHOLTZschen Visierzeichens (I, S. 517), am besten in der Modifikation nach HERING, die bei HOFMANN (8, S. 193) angegeben ist.

Fig. 99.

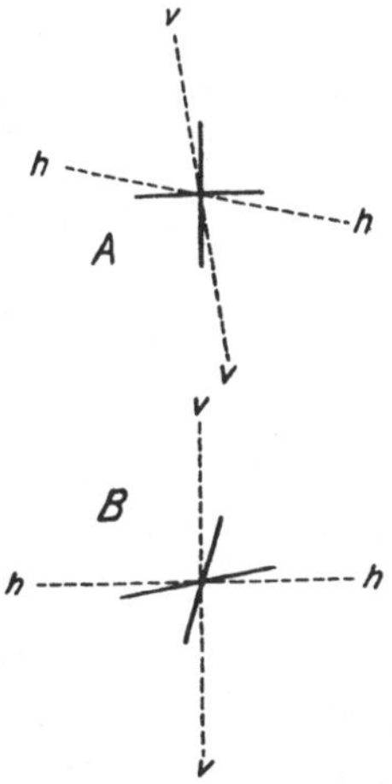

Will man den Beweis für die Gültigkeit des LISTINGschen Gesetzes auch für die schrägen Blickbahnen erbringen, so muß man das Vorbild entweder in die Richtung der schrägen Blickbahn oder senkrecht zu ihr einstellen. Dann behält es bei der Blickwanderung aus der Primärstellung heraus ebenfalls stets die gleiche Richtung auf der Wand bei. Um sich davon genauer zu überzeugen, haben HELMHOLTZ und HERING das beschriebene Gitter auf einer großen drehbaren Tafel angebracht, deren Drehpunkt sich hinter der Fixationsmarke befand. Gleichzeitig trafen sie aber, weil sich die Tafel ziemlich nahe vor den Augen befand, besondere Maßnahmen, um die Gesichtslinien der Augen parallel zu stellen. Die nähere Beschreibung findet man bei HERING, R., S. 476, die Originale bei HELMHOLTZ, I, S. 518, und HERING, 526, S. 74.

Die eben beschriebene besondere Einrichtung der Nachbildmethode für schräge Blickbahnen muß deswegen getroffen werden, weil sich sonst die früher (oben S. 171) beschriebenen, durch die Gestaltauffassungen verursachte Änderung der Lokalisation störend einmischt. Blickt man mit einem Auge, dessen Gesichtslinie in Primärstellung auf die Mitte der eben beschriebenen Wand mit dem quadratischen Gitter gerichtet ist, schräg nach rechts oben, so sieht man die Gitterschnüre sich rechtwinkelig kreuzen, obwohl doch die Projektion derselben auf die Netzhaut sich unter spitzen Winkeln schneiden. hh und vv in Fig. 99 A würden bei der angegebenen Blickrichtung die Projektionen eines horizontalen und eines vertikalen Striches auf der Netzhaut darstellen, das rechtwinkelige Kreuz das Nachbild eines rechtwinkeligen Kreuzes, das in Primärstellung fixiert wurde. (Man kann ein solches Nachbild mit der Soffitenlampe leicht erzeugen, wenn man sie zunächst eine Zeitlang in vertikaler und gleich darnach in horizontaler Stellung fixiert.) Gestaltmäßig erscheinen uns aber auf der frontalparallelen Wand die Schnüre vertikal und horizontal, wie in Fig. 99 B, und wegen dieser

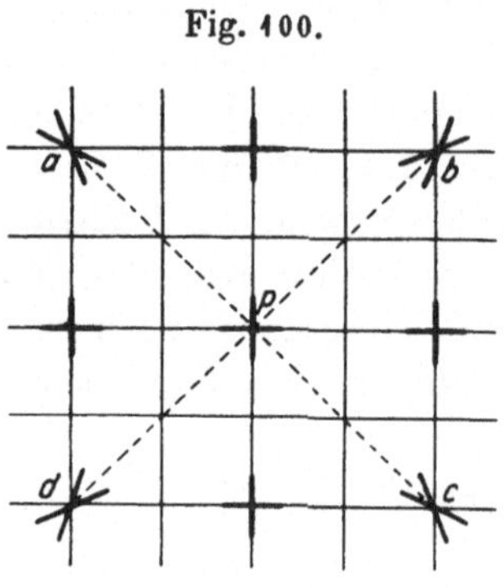

Fig. 100.

Verlagerung der Raumwerte der Netzhaut muß uns das Nachbild so schräg erscheinen, wie es in Fig. 99 B eingezeichnet ist. Überträgt man dies auf alle Quadranten des Gesichtsfeldes, so erhält man in ihnen die vier, in Fig. 100 mit a, b, c, d bezeichneten Stellungen des Nachbildes eines rechtwinkeligen Kreuzes.

Wenn nun das Listingsche und das Dondersche Gesetz nebeneinander zu Recht bestehen sollen, so müssen sich die Bewegungen des Auges aus einer Sekundär- in eine sogenannte Tertiärstellung komplizierter gestalten. Es gibt allerdings eine Bewegungsbahn, bei der der Bulbus auch in diesem Falle um eine feste (aber jetzt zur Gesichtslinie nicht senkrechte) Achse gedreht wird. Dabei beschreibt indessen die Gesichtslinie nicht mehr eine ebene Bahn, sondern sie bewegt sich auf der Fläche eines Kreiskegels. Greifen wir eine bestimmte Sekundärstellung des

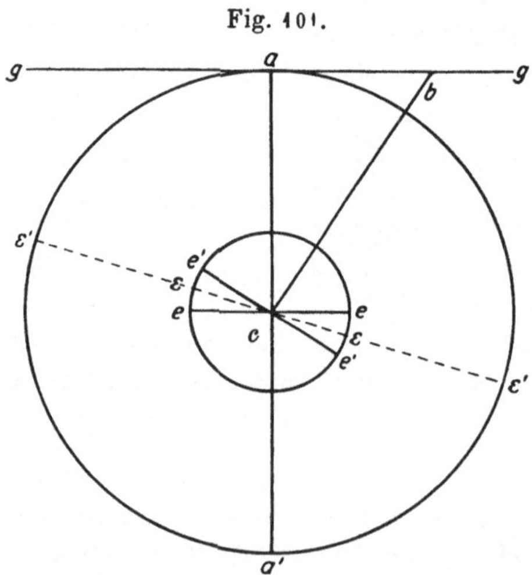

Fig. 101.

Bulbus heraus, bei der die Gesichtslinie um den Winkel φ von der Primärstellung abweicht, so kann der Bulbus von ihr aus ohne Verletzung des Listingschen und Donderschen Gesetzes auch wieder um eine Schar fester Achsen gedreht werden, die alle zusammen in einer Ebene liegen, die von Hering als sekundäre Achsenebene bezeichnet wird, und die gegen die primäre Achsenebene um die Hälfte des Winkels φ gedreht ist (vgl. Helmholtz, I, S. 492). Blicken wir von oben herab auf den Bulbus, der in Fig. 101 (nach Hering, R., S. 491) schematisch durch den kleinen Kreis dargestellt ist, dessen Mittelpunkt c gleichzeitig den Drehpunkt des Bulbus bilden möge, ca sei die Richtung der Gesichtslinie in der Primärstellung, cb die Richtung der Gesichtslinie in der Sekundärstellung, ac und bc schließen miteinander den Winkel φ ein. ee sei die Projektion des Äquatorialschnittes durch den Bulbus und zugleich die Projektion der primären Achsenebene, die ja auf der Linie ac senkrecht steht. In der Sekundärstellung cb steht die Äquatorialebene des Bulbus in $e'e'$, bildet also mit ee ebenfalls den Winkel φ. Die Projektion der sekundären Achsenebene liegt in $\varepsilon\varepsilon$, schließt also sowohl mit der Projektion der primären Achsenebene, als auch mit der Äquatorialebene $e'e'$ den Winkel $\frac{\varphi}{2}$ ein. Denkt man sich nun das Auge aus der Sekundärstellung b um die feste Achse $\varepsilon\varepsilon$ gedreht, so beschreibt die Gesichtslinie eine Kreiskegelfläche, deren Achse in $\varepsilon\varepsilon$ liegt. Die Schnitte dieser Kegelfläche mit der Ebene der Zeichnung liegen, da der Winkel $bc\varepsilon$ und der Winkel $a'c\varepsilon$ gleich groß sind, in bc und $a'c$. Könnte man also das Auge um 180° drehen, so käme die Gesichtslinie von bc nach $a'c$ zu liegen, also gerade in die Verlängerung ihrer Richtung bei der Primärstellung. Genau dasselbe wie für die Sekundärstellung b gilt natürlich auch für jede andere beliebig gewählte Sekundärstellung: Nach einer Drehung um 180° gelangt die Gesichtslinie stets in die Verlängerung ihrer Richtung bei der Primärstellung. Denken wir uns nun den Bulbus in der Mitte eines kugeligen Gesichtsfeldes, dessen Zentrum mit dem Drehpunkt des Auges c zusammenfällt, so beschreibt die Gesichtslinie jedesmal, wenn wir sie aus irgendeiner Sekundärstellung um eine feste Achse bis zu 360° gedreht denken, auf der Fläche des kugeligen Gesichtsfeldes einen Kreis, welcher dem

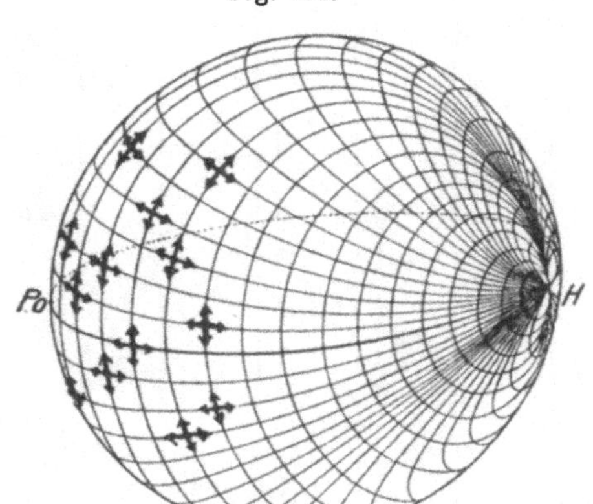

Fig. 102.

Schnitt der Kreiskegelfläche, auf der sich die Gesichtslinie bewegt, mit dem kugeligen Gesichtsfeld entspricht. Ist $a\varepsilon'a'\varepsilon'$ der Schnitt des kugeligen Gesichtsfeldes mit der Horizontalebene, und denken wir uns den Bulbus von beliebigen, in der Horizontalebene liegenden Sekundärstellungen aus jedesmal um die zugehörige Sekundärachse um 360° gedreht, so erhalten wir eine Schar solcher Kreise, die alle auf der Horizontalebene senkrecht stehen und sich im Punkte a' berühren. HELMHOLTZ (I, 492) nannte diesen Punkt, der im kugeligen Gesichtsfeld um ebensoviel vom Drehpunkt des Auges nach hinten liegt, wie der Fixationspunkt nach vorn, den Okzipitalpunkt, und die von der Gesichtslinie im kugeligen Gesichtsfeld bei der Drehung um die genannten esten Achsen beschriebenen Kreise die Richtkreise des Gesichtsfeldes. In Fig. 102 (nach FISCHER, 498, S. 223) ist eine Schar derartiger vertikaler Richtkreise in das kugelige Gesichtsfeld eingezeichnet. Mit Po ist hier der Schnittpunkt der Gesichtslinie mit dem kugeligen Gesichtsfeld bei der Primärstellung, mit H der Okzipitalpunkt bezeichnet. Denken wir uns nun die

Fig. 101 statt als Horizontal- als einen Vertikalschnitt durch den Bulbus und das kugelige Gesichtsfeld, und wiederholen wir dieselbe Prozedur wie vorher, so erhalten wir wieder eine Schar von Richtkreisen, von denen jeder auf den vertikalen Richtkreisen senkrecht steht und die in Fig. 102 ebenfalls mit eingezeichnet sind. Die Figur enthält ferner die Lage eines kreuzförmigen Nachbildes bei einer Anzahl von Sekundär- und Tertiärstellungen im kugeligen Gesichtsfeld. Denken wir uns nun endlich vom Zentrum dieses Gesichtsfeldes her die Richtkreise auf eine im Punkte Po der Fig. 102 bzw. a in Fig. 101 das kugelige Gesichtsfeld tangierende Ebene projiziert, so erhält man als Projektion der Richtkreise jene Hyperbeln, die schon früher in der Fig. 70 auf S. 170 als Begrenzungslinien der schwarz-weißen Felder dargestellt sind [1]).

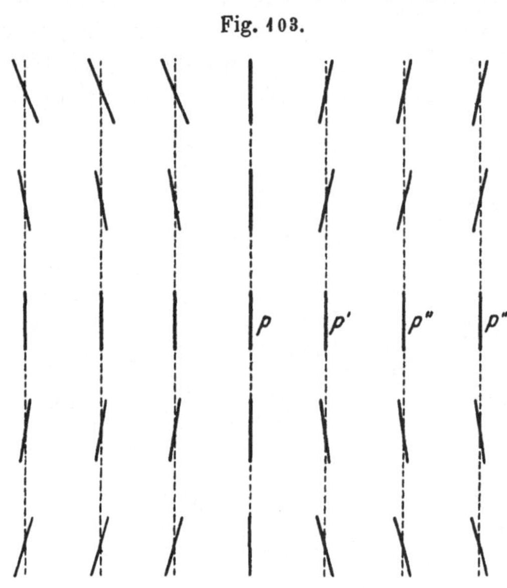

Fig. 103.

Burmester (455) hat gezeigt, daß man diese Konstruktion allgemein auf jeden Übergang von einer beliebigen Anfangsstellung der Blicklinie in eine beliebige Endstellung anwenden kann. Nennen wir den Punkt im kugeligen Blickfeld, auf den das Auge bei der Ausgangsstellung hinblickt, A_1, den Punkt, auf den es bei der Endstellung hinblickt, A_2, so erhält man die Endstellung des Auges nach dem Listing-Donderschen Gesetz jedesmal durch Drehung des Bulbus um eine feste Achse, die durch den Drehpunkt des Auges geht und senkrecht steht zur Ebene jenes Richtkreises im kugeligen Blickfeld, den wir uns durch die Punkte A_1, A_2 und den Okzipitalpunkt gelegt denken.

Stellen wir freilich die Bedingung, daß sich die Gesichtslinie beim Übergang aus einer Sekundär- in eine Tertiärstellung in einer ebenen Bahn bewegen soll — einer sekundären Bahnebene nach Hering —, die eine zur primären Blickrichtung senkrechte frontalparallele Ebene in einer geraden Linie schneidet, so folgt aus der gleichzeitigen Geltung des Donderschen

---

1) Dort wurde auch schon auseinandergesetzt, welche Bedeutung Helmholtz diesen Projektionen der Richtkreise zuschrieb, und wurden die Bedenken, die von verschiedenen Seiten gegen diese Hypothese geäußert wurden, diskutiert. Dazu ist nachträglich noch zu bemerken, daß Tscherning (704) die Helmholtzsche Angabe, die Projektionen der Richtkreise seien die geraden Richtungen des indirekten Sehens, mittels der Methode der mittleren Fehler (Einstellmethode) nachgeprüft hat und sie im wesentlichen bestätigt fand.

und LISTINGschen Gesetzes, daß mit einer solchen Bewegung Rollungen des Auges um die Gesichtslinie verbunden sein müssen. Die Fig. 103 zeigt, in welchem Sinne diese Rollungen bei sekundärer gerader Vertikalbewegung des Blicks erfolgen, wenn die Gesichtslinie in Primärstellung auf der Mitte des Strichs p senkrecht steht. Dreht man die Figur so, daß der Strich p horizontal liegt, so ergibt sich aus ihr die Art der Rollung des Bulbus bei geradlinigen horizontalen Sekundärbewegungen des Blicks, und ebenso kann man für beliebig schräge geradlinige Blickbewegungen den Sinn der Rollung kennen lernen, wenn man die Zeichnung um denselben Winkel gegen die Horizontale neigt, den auch die sekundäre Bahnebene mit der Horizontalebene einschließt.

Das Verständnis des LISTINGschen Gesetzes und der aus ihm sich ergebenden Lage der Nachbilder eines Kreuzes mit vertikalem und horizontalem Schenkel bei schrägen Blickrichtungen, den sogenannten Tertiärstellungen, bereitet anfangs große Schwierigkeiten, die noch dadurch erhöht werden, daß dabei der Name »Raddrehung« mehrdeutig gebraucht wird. Zur Klärung ist es daher notwendig, ganz streng definierte Begriffe zu verwenden. Wir wollen deshalb im folgenden außer der schon oben S. 266 ff. definierten »Blickebene« und »Standebene« außerdem im Anschluß an HELMHOLTZ noch jene im Auge feste Ebene, die bei Primärstellung des Kopfes und horizontaler Blickebene mit der letzteren zusammenfällt und die Netzhaut in einem durch die Fovea hindurchgehenden Horizontalschnitt trifft, den Netzhauthorizont[1]), und die auf ihm senkrechte ebenfalls im Bulbus feste Ebene, die in der angegebenen Stellung die Netzhaut in einem durch die Fovea hindurchziehenden Sagittalschnitt schneidet, die Ebene des mittleren Vertikalmeridians nennen. Denkt man sich nun die Gesichtslinie bei Primärstellung des Kopfes aus der horizontalen Ausgangsstellung nach LISTING durch eine einfache Drehung um eine schräge Achse in eine Tertiärstellung gedreht, so muß der Netzhauthorizont nach der Drehung gegenüber der wirklichen Horizontalebene und im gleichen Maße auch die zu ihm senkrechte Ebene des mittleren Vertikalmeridians gegenüber der Standebene geneigt sein. MEINONG (605) hat diese Neigung als Aberration bezeichnet. Der Sinn derselben entspricht der Abweichung des ausgezogenen Strichs in Fig. 103 von der wirklichen Vertikalen. Sie ist also im rechten oberen und im linken unteren Quadranten des Gesichtsfeldes im Sinne des Uhrzeigers, im linken oberen und rechten unteren dem Sinne des Uhrzeigers entgegengesetzt gerichtet. Man kann sich nun die einfache »LISTINGsche« Drehung des Bulbus um eine feste schräge Achse auch ersetzt denken durch sukzessive Einzeldrehungen um die ursprünglich (in Primärstellung) vertikale, querhorizontale und sagittale (mit der Ge-

---

1) Den Ausdruck Netzhauthorizont verwendet HELMHOLTZ (I, S. 462) für die im Auge feste Ebene, welche beim Blick horizontal geradeaus in die Ferne mit der Blickebene zusammenfällt, aber auch (I, S. 701) für ihren Schnitt mit der Netzhaut. Bei HELMHOLTZ korrespondierten einander die Netzhauthorizonte beider Augen, entsprachen also den mittleren Querschnitten von HERING. In anderen Augen ist das meist nicht der Fall. Da aber die Berücksichtigung dieser Abweichungen bei der Darstellung des LISTINGschen Gesetzes nur stören würde, erscheint es zweckmäßig, den Namen Netzhauthorizont bloß in dem oben definierten geometrischen Sinne zu verwenden und die Beziehung zur Netzhautkorrespondenz dabei außer acht zu lassen.

sichtslinie zusammenfallende) Achse des Bulbus. Läßt man diese Einzeldrehungen so aufeinander folgen, daß man den Bulbus zuerst um die vertikale Achse nach rechts oder links dreht, dann um die ursprünglich querhorizontale, jetzt aber um den Betrag der Seitenwendung gegen die Querhorizontale des Kopfes verdrehte Achse nach oben oder unten dreht (»FICKsche Drehung«), so erhält man nach diesen beiden Drehungen zwar dieselbe Richtung der Gesichtslinie, wie bei der LISTINGschen Drehung, aber keine Aberration, der ursprünglich vertikale Meridian des Bulbus ist noch immer vertikal. Um die nach dem LISTINGschen Gesetz geforderte Orientierung der Netzhaut zu erhalten, muß man demnach den Bulbus zuletzt noch um die Gesichtsline als Achse drehen, und zwar im rechten oberen und linken unteren Quadranten des Blickfeldes im Sinne des Uhrzeigers, im linken oberen und rechten unteren Quadranten entgegengesetzt dem Sinne des Uhrzeigers. Diese Zusatzdrehung, die von FICK und DONDERS beschrieben wurde, und die gelegentlich auch als »Raddrehung« bezeichnet wurde, ist demnach gleich der Aberration. Läßt man die Bulbusdrehung um die drei Achsen so aufeinander folgen, daß zuerst die Drehung um die querhorizontale Achse, dann die Seitenwendung um die ursprünglich vertikale, jetzt gegen die Vertikale um den Betrag der Erhebung geneigte Achse erfolgt (»HELMHOLTZsche Drehung«), so erhält man eine Neigung der Ebene des mittleren Vertikalmeridians gegenüber der durch die Gesichtslinie gelegten Vertikalebene, der »Standebene« von HERMANN, die zwar im selben Sinne gerichtet, aber größer ist, als sie nach der LISTINGschen Drehung um eine schräge feste Achse auftreten würde. Um zu der letzteren Stellung zu gelangen, muß daher um die Gesichtslinie als Achse gewissermaßen eine Rückdrehung erfolgen, d. h. im rechten oberen und im linken unteren Quadranten entgegengesetzt dem Sinne des Uhrzeigers, im linken oberen und im rechten unteren im Sinne des Uhrzeigers. Das ist die HELMHOLTZsche »Raddrehung . Von HELMHOLTZ ist ihr Betrag, der Raddrehungswinkel, als Abweichung des Netzhauthorizontes von der Blickebene definiert worden. Da man sowohl nach der FICKschen wie nach der HELMHOLTZschen Drehung zu einer Endstellung gelangt, die nach LISTING durch Drehung um eine feste Achse, ohne Rollung um die Gesichtslinie zustande kommt, darf man weder die Aberration, noch die Raddrehung mit der Rollung zusammenwerfen. Das Maß der Aberration ist, wie oben angeführt, der Winkel, den der vertikale Netzhautmeridian in der neuen Stellung mit der Standebene einschließt; das Maß der Raddrehung ist der Winkel, den der Netzhauthorizont mit der Blickebene einschließt; das Maß der Rollung erhält man, wenn man durch die Ausgangs- und Endstellung der Gesichtslinie eine Ebene legt als die Differenz der Winkel, den die Schnitte dieser Ebene mit der Netzhaut bei beiden Lagen der Gesichtslinie miteinander bilden. Aus der allgemeinen Fassung des LISTINGschen Gesetzes durch BURMESTER ergibt sich, daß die HERINGsche Rollung beim Übergang aus einer Sekundär- in eine Tertiärstellung oder aus einer Tertiärstellung in eine andere dadurch entsteht, daß man diese Bewegung, statt sie um eine zur Richtkreisebene der beiden Fixationspunkte senkrechte feste Achse zu erzeugen, zerlegt in eine Drehung des Bulbus um eine zur Gesichtslinie senkrechte feste Achse, bei der die Gesichtslinie eine ebene Bahn beschreibt, und eine Rollung um die Gesichtslinie als Achse.

Wird das Nachbild eines in Primärstellung fixierten Kreuzes mit vertikalem und horizontalem Schenkel in der Tertiärstellung auf ein kugeliges Gesichtsfeld projiziert, so gibt die Abweichung des vertikalen Schenkels des Nachbildes von der wirklichen Vertikalen die Aberration an. Im kugeligen Gesichtsfeld, oder auch, wenn das Nachbild des Kreuzes auf eine zur Gesichtslinie in der Tertiärstellung senkrechte Ebene projiziert wird, zeigt der horizontale Schenkel des Kreuzes eine ebenso große und gleich gerichtete Abweichung von der wirklichen Horizontalen, wie der vertikale Schenkel von der wirklichen Vertikalen. Man erkennt das aus den Kreuzen, die in die Richtkreise der Fig. 102 eingezeichnet sind, unmittelbar. Sobald aber diese Kreuze auf eine zur Primärstellung der Gesichtslinie senkrechte Ebene projiziert werden, so entstehen durch die Projektion neue Verhältnisse. HERMANN (531) hat durch Rechnung gefunden, daß nunmehr die Abweichung des ursprünglich vertikalen Nachbildschenkels von den auf der Wand gezogenen Vertikallinien numerisch der Raddrehung gleich ist, während sie dem Sinne nach ihr entgegengesetzt ist; daß ferner die Abweichung des ursprünglich horizontalen Kreuzschenkels von den auf der Wand gezogenen Horizontallinien numerisch der Aberration, dem Sinne nach aber ihr entgegengesetzt gerichtet ist. Bezüglich weiterer Einzelheiten vgl. man die Auseinandersetzungen von DONDERS (476) und MEINONG (605). Zur Veranschaulichung der Augenbewegungen und Nachbildprojektionen nach dem LISTINGschen Gesetz sind eine große Zahl von Modellen konstruiert worden, so von DONDERS (Phänophthalmotrop, 476), HERMANN (Blemmatrop, 530), SCHÖN (669), BROWNING (452), GRAEFE (513b, S. 11, Anm.), BOWDITCH (447), BASLER (414), v. KRIES (Helmholtz, III, S. 127), SHERRINGTON (676). Die von HELMHOLTZ gegebene mathematische Ableitung zur Berechnung der Raddrehungswinkel ist später von HERMANN und GILDEMEISTER (HERMANN, 531) und von O. FISCHER (497, 498) wesentlich vereinfacht worden. Vgl. auch SCHÖN (668), BURMESTER (456), TER KUILE (686a) und KROMAN (574a). Eine mathematische Ableitung unter Zugrundelegung der LISTINGschen Drehung (nicht der Zerlegung in Partialdrehungen) gibt SCHUBERT (669a).

Die Nachbildmethode ist nicht sehr genau. Sorgt man indessen für gute Fixation des Kopfes und recht scharfe Nachbilder, so kann man immerhin eine Genauigkeit bis zu $1/2\%$ erzielen. Dann aber zeigt sich, daß das LISTINGsche Gesetz auch für das Sehen in die Ferne nicht ganz streng erfüllt ist, sondern nur ein allgemeines Schema darstellt, von dem mannigfache Abweichungen vorkommen. So fand HELMHOLTZ (I, S. 469), daß die Primärstellung bei ihm veränderlich war, und HERING (526, S. 80) konnte für seine beiden Augen überhaupt keine einheitliche Primärstellung finden, mußte sich vielmehr mit einer Stellung begnügen, welche der nach dem LISTINGschen Gesetz geforderten am ehesten entsprach. Bestätigt wurden derartige Abweichungen neuerdings durch BARNES (403) und LORING (587), die den Faden eines Fernrohrokulars mit einem der feinen Streifen auf der Iris der Versuchsperson zur Deckung brachten und bei Seitwärtswendung des Blicks den Grad der Augenrollung bestimmten. Diese Methode ist offenbar genauer, als die von FICK (491) und MEISSNER (608) angewandte der Aufsuchung des blinden Flecks.

Weitaus am genauesten werden die Abweichungen vom LISTINGschen Gesetz mit Hilfe der oben S. 219 ff. beschriebenen Substitutionsmethode ermittelt. Diese gestattet freilich nicht die Rollung eines jeden Auges für sich zu messen, dafür aber werden sehr genau, nach HELMHOLTZ (I, S. 468) bis auf $0,1°$ herab, die Abweichungen der Orientierung der Netzhäute beider Augen voneinander festgestellt. Für diese Untersuchungen sind von HELM-

Holtz (I, S. 522), Hering (526, S. 83 ff.; R., S. 480 ff.) und Donders (480)
verschiedene Anordnungen angegeben worden, bezüglich deren ich auf die
Originale verweise (s. auch Hofmann, 8, S. 195). Die Abweichungen vom
Listingschen Gesetz sind bei den verschiedenen Beobachtern verschieden
groß. Wie Helmholtz annimmt, dürften sie bei Kurzsichtigen größer sein,
als bei Emmetropen. Auch sind sie verschieden je nach der Blickrichtung,
in jedem Falle aber werden sie umso größer, je weiter sich die Gesichtslinien von der Primärstellung entfernen. Das ist durchaus begreiflich, weil
sich bei den extremen Stellungen die unsymmetrischen Hemmungen der
Augenbewegungen stärker bemerkbar machen werden, als bei kleineren Beträgen der Augendrehung. Praktisch sind aber diese Abweichungen von
keiner großen Bedeutung, weil wir solche extreme Blickwendungen vermeiden und sie zum großen Teil durch Kopfwendungen ersetzen (s. unten
S. 295).

Wichtiger ist, daß, wie Hering (7, S. 175), Berthold (266), Helmholtz
(I, S. 523), Domders (481), Landolt (zitiert bei Aubert, 2, S. 660) und
Le Conte (580) fanden, bei der geraden Erhebung der parallel geradeaus
gestellten Gesichtslinien eine relative Divergenz der mittleren Längsschnitte
nach oben hin auftritt. Da die mittleren Längsschnitte in der Primärstellung meist schon im Voraus nach oben divergieren, wird diese Divergenz
bei der Blickhebung stärker, bei der Blicksenkung nimmt sie ab und geht
sogar manchmal in eine Konvergenz nach oben über. Mit der Blickhebung
ist also beim Fernsehen eine Rollung der Augen mit dem oberen Pol nach
außen, mit der Blicksenkung eine Rollung nach innen verbunden. Der Betrag der Rollung ist individuell außerordentlich verschieden. Bei Helmholtz
betrug er z. B. für beide Augen zusammen beim Übergang von der tiefsten
Blicksenkung zur höchsten Erhebung bloß 0,3°, bei Hering (526, S. 89)
nahezu 1 $1/2$°.

Mit dieser Divergenz der Längsmittelschnitte ist nicht zu verwechseln eine
Divergenz der Gesichtslinien, die ebenfalls mit der Blickhebung verbunden
ist, während die Blicksenkung mit einer Konvergenz der Gesichtslinien verknüpft
ist (Helmholtz, I, S. 473; Hering, 526, S. 41). Helmholtz leitete sie aus der
Gewohnheit ab, bei erhobenem Blick in die Ferne, bei gesenktem in die Nähe
zu sehen. Nach Hering beruhte sie aber nicht auf einer Innervationsänderung,
sondern wird rein mechanisch durch die Anordnung der Augenmuskeln der Heber-
und Senkergruppe bedingt, denn sie wird nicht von einer ihr entsprechenden
Akkommodationsänderung begleitet.

Regelmäßig findet man ferner eine Abweichung vom Listingschen
Gesetz beim Sehen in die Nähe, die darin besteht, daß die mittleren
Längsschnitte der Netzhaut bei symmetrischen Konvergenzstellungen mit
ihrem oberen Ende weiter nach außen, bzw. weniger nach innen geneigt
sind, als es das Listingsche Gesetz fordert. Diese relative Divergenz der
mittleren Längsschnitte beider Augen gegenüber der nach dem Listingschen

Gesetz geforderten Lage wächst mit zunehmender Konvergenz und Senkung der Blickebene an und erreichte bei Hering (526, S. 96) im äußersten Fall den Betrag von 5° für beide Augen zusammen. Bei Helmholtz war sie viel geringer, Dastich (Helmholtz, I, S. 469) konnte gar keinen Einfluß der Konvergenz auf die Orientierung der Netzhaut bei sich nachweisen. Das ist aber ein Ausnahmefall, dem zahlreiche positive Beobachtungen gegenüberstehen (Meissner, 606; v. Recklinghausen, 285; Volkmann bei Helmholtz, I, S. 523; Donders, 481; Le Conte, 580 u. a.). Nur Dobrowolsky (465) erhielt abweichende Resultate, »doch fehlen bei ihm Angaben über die unerläßlichen Kontrollvorrichtungen«. Bei unsymmetrischer Konvergenz ist nach Hering (526) die relative Divergenz der mittleren Längsschnitte nicht wesentlich anders, als bei gleich starker symmetrischer Konvergenz. Die relative Divergenz der mittleren Längsschnitte bei der Konvergenz könnte man entweder so erklären, daß bei der Konvergenz die Primärstellung der Augen zunehmend etwas tiefer rückt, als beim Sehen in die Ferne, oder aber, daß mit der Konvergenzinnervation ständig auch eine Rollungsinnervation verbunden ist. Wie Hering (R., S. 502 ff.) durch besondere Versuche gezeigt hat, ist die erstere Annahme nicht haltbar, so daß nur die zweite übrig bleibt.

Die allgemeine Bedeutung des Listing-Dondersschen Gesetzes ist nach Hering (7, S. 259 ff.) in mehrfacher Richtung zu suchen. Es folgt daraus zunächst eine Vereinfachung der Innervation der Augenmuskeln. Könnte das Auge bei jeder Richtung der Blicklinie beliebig orientiert werden, so würden die Ansätze der Augenmuskeln am Bulbus gegenüber denen an der Orbita jedesmal eine andere Lage einnehmen, und es müßte, um die Gesichtslinie in einer bestimmten ebenen Bahn zu bewegen, jedesmal eine andere Innervation erteilt werden, während, wie unten S. 286 ff. näher begründet werden wird, bei Geltung des Listingschen Gesetzes angenommen werden kann, daß bei einer bestimmten Blickwendung im allgemeinen die gleichen Muskeln in annähernd gleichem Verhältnis innerviert werden. Ebenso wichtig sind aber die Folgerungen für das Sehen selbst, speziell beim Fernsehen, bei dem ja das Listingsche Gesetz am besten eingehalten wird. Hier ist in erster Linie von Bedeutung, daß bei parallel gestellten Gesichtslinien die korrespondierenden Schnitte der beiden Netzhäute einander dauernd parallel orientiert sind. Hering (7, S. 261 ff.) hat sich noch besonders experimentell davon überzeugt, daß dies bei allen nicht gar zu extremen Blickwendungen in der Tat — mit kleinen, praktisch wenig in Betracht kommenden Ausnahmen — zutrifft. Daraus folgt aber, daß sich bei parallel gerichteten beliebig gestellten Gesichtslinien alle Punkte des ganzen Fernraumes jenseits der stereoskopischen Grenze praktisch auf korrespondierenden Stellen beider Netzhäute abbilden, also stets im Horopter liegen. An dieses Prinzip des größten Horopters, das zuerst von

Meissner (606, S. 93) ausgesprochen wurde, schließt sich ein zweiter Vorteil dieser Bewegungsart an, der aus der vermiedenen Rollung bei Blickbewegungen in den primären Blickbahnen erwächst. Wir erwähnten schon, welche Komplikationen eintreten würden, wenn beim Verfolgen einer geraden Linie mit dem Blick beliebige Rollungen des Auges um die Gesichtslinie einträten. Da nach Hering der Eindruck einer bestimmten geraden Richtung an die Abbildung auf einem bestimmten Netzhautschnitt gebunden ist, würde bei jeder mit der Blickbewegung verknüpften Rollung des Auges die gerade Linie scheinbar ihre Richtung ändern. Tatsächlich ist dies auch der Fall, wenn man eine gerade vertikale Linie mit seitlich gewendetem Blick oder eine horizontale mit gehobenem oder gesenktem Blick verfolgt, weil dann die Gesichtslinie eine sekundäre ebene Bahn beschreibt, womit nach dem Listingschen Gesetz Rollungen um die Gesichtslinie verbunden sind (siehe darüber unten S. 367). Für diese sekundären Bahnebenen ist also das eben beschriebene Prinzip der vermiedenen Scheinbewegung nicht mehr gültig. Wenn sie aber nicht zu weit vom primären Blickpunkt abliegen, so ist die Scheindrehung unbedeutend und wird beim Sehen gar nicht beachtet. Bei stärkeren Blickwendungen aber bewegen wir im gewöhnlichen Sehen nicht bloß die Augen, sondern auch den Kopf und führen dadurch den Blick wieder in die Nähe der Primärlage zurück.

Beim Sehen in die Nähe liegen die Verhältnisse insofern anders, als hier das Prinzip des größten Horopters nur eingeschränkte Bedeutung hat (siehe Hering, 7, S. 262). Doch scheint, wie Hering meint, die mit der Konvergenz und Blicksenkung verbundene Außenrollung der beiden Augen den Zweck zu haben, wenigstens den Querhoropter möglichst groß zu halten. Nach dem Listingschen Gesetz müßten ja bei Einwärtswendung und Senkung der Blicklinie die mittleren Querschnitte im Winkel zueinander stehen. Dieser Winkel wird durch die Außenrollung der Augen verkleinert, für Herings Augen wurde er sogar vollständig kompensiert. Nun ist freilich die Außenrollung individuell sehr verschieden groß. Aber man muß dabei ferner berücksichtigen, daß bei längerer Beschäftigung mit nahen Gegenständen der Rest der Winkelstellung durch eine allmähliche Fusionsrollung ausgeglichen werden kann (siehe unten S. 318).

Die bisher beschriebenen Versuche geben alle bloß Aufklärung über die Endstellung, welche die Augen nach erfolgter Bewegung einnehmen. Zur Ergänzung ist es aber notwendig, außerdem die Form der Bewegungsbahn während der Bewegung selbst festzustellen. Solche Versuche lassen sich ziemlich schwierig durch subjektive Beobachtungen z. B. mittels Nachbildern (Ahlstroem, 389; Herz, 532) ausführen, zuverlässiger durch photographische Aufnahmen der Augenbewegungen, wie sie von Stratton (228a, 258) hergestellt wurden. Dabei hat sich nun ergeben, daß die Bewegungsbahn der Augen viel komplizierter ist, als sich nach dem Schema des Listingschen

Gesetzes erwarten ließe. Lamansky (577) und Wundt fanden mit subjektiven Methoden, daß wenigstens die Seitenwendungen und die reinen Vertikalbewegungen eine ziemlich geradlinige Bewegungsbahn besitzen, während sie für die schrägen Blickbewegungen gekrümmte Bahnen fanden. Nach Herz (532) und Stratton gilt letzteres auch für die Vertikalbewegungen und nur die Horizontalbewegungen verlaufen meist .ziemlich geradlinig. Alle anderen Bewegungen seien in der Mitte ihrer Bahn mehr oder weniger einfach bogenförmig oder Sförmig gekrümmt (vom Ende der Bahn muß man natürlich wegen der Korrektivbewegungen überhaupt absehen). Dabei ist es ohne Bedeutung, ob das Auge eine Zielbewegung nach einem zuvor indirekt gesehenen isolierten Punkte ausführt, oder ob die Versuchsperson der Meinung ist, einer gegebenen geraden Kontur mit dem Blick zu folgen, denn auch im letzteren Falle erfolgt die Bewegung nicht gleitend, sondern in längeren oder kürzeren, durch Korrektivbewegungen und Fixationen unterbrochenen raschen Zielbewegungen. Die Figur 66a und b auf S. 161 bietet Beispiele von solchen Zielbewegungen teils in vertikaler und horizontaler, teils in schräger Richtung mit ihren charakteristischen gekrümmten und nur gelegentlich fast geraden Bahnen.

3. Die Wirkung der einzelnen Augenmuskeln.

Darüber, welche Augenmuskeln an der Ausführung einer bestimmten Augenbewegung beteiligt sind, können zunächst anatomisch-topographische Untersuchungen Auskunft geben. Diese haben freilich gezeigt, daß schon die Ansätze der Muskeln am Bulbus derart variabel sind, daß man der allgemeinen Betrachtung nur ein durchschnittliches Schema zugrunde legen kann, in dem natürlich nicht bloß die Ansatzstellen am Bulbus, sondern auch ihr Ursprung und darnach ihr ganzer Verlauf berücksichtigt werden muß. Das heute allgemein angenommene Schema gründet sich auf die Messungen von A. Fick (490), Ruete (654) und Volkmann (718). Bei diesen Messungen wurde der Ursprung und der Ansatzstellen am Bulbus bezogen auf ein rechtwinkeliges Koordinatensystem, dessen Anfang im Drehpunkt des Auges liegt. Als y-Achse wurde die Gesichtslinie beim Blick geradeaus gewählt, als x-Achse die durch den Drehpunkt gelegte Querachse, als z-Achse die im Drehpunkt vertikale Linie. Die x-Achse wird nach der Schläfenseite, die y-Achse nach hinten, die z-Achse nach oben positiv gerechnet. Der Bulbus wird als Kugel betrachtet und der Drehpunkt von Fick und Ruete in der Mitte der Kugel, 12 mm hinter dem Kornealscheitel angenommen. Volkmann setzt den Radius der Kugel zu 12,25 mm und den Drehpunkt 1,29 mm hinter dem Mittelpunkt der Kugel an. Als Ursprungs- und Ansatzstelle wird die Mitte der Sehne angenommen, die sich bekanntlich am Bulbus fächerartig ausbreitet. Als Ausgangspunkt für die Zugrichtung des M. obliquus superior wird natürlich nicht sein Ursprung, sondern die Trochlea eingesetzt.

Aus den so gewonnenen Zahlen [1]) läßt sich die Zugrichtung der Muskeln bestimmen. Legt man durch die Zugrichtung des Muskels und den Drehpunkt eine Ebene und zieht im Drehpunkt eine Senkrechte zu ihr, so erhält man die Achse, um die der Bulbus bei alleiniger Wirkung des betreffenden Muskels und symmetrisch zur Zugrichtung angeordnetem Widerstand gedreht würde. Die Richtung der Drehung gibt man in der Weise an, daß man die Achse auf jener Seite, von welcher aus gesehen die Drehung im Sinne des Uhrzeigers erfolgt, als die Halbachse der Drehung bezeichnet. So ist in Fig. 96 auf S. 259 am rechten Auge RD die Halbachse der Drehung für den Rectus superior, $R'D$ die Halbachse der Drehung für den Rectus inferior. Die genaue Lage der Halbachsen der Drehung ergibt sich aus der Tabelle 21. In ihr sind nach den Zahlen von Ruete und Volkmann für das rechte Auge [2]) die Winkel angegeben, welchen die Halbachsen der Drehung aller Augenmuskeln bei der »Ausgangsstellung« des Auges, d. h. beim Blick horizontal geradeaus, mit den positiven Halbachsen des oben angegebenen Koordinatensystems bilden.

Tabelle 21. Rechtes Auge.
Winkel der Halbachse der Drehung.

| Muskel | Mit der positiven | | | | | |
| | X-Achse (temporal) | | Y-Achse (hinten) | | Z-Achse (oben) | |
	Ruete	Volkmann	Ruete	Volkmann	Ruete	Volkmann
Rectus lateralis . .	90°	90° 52′	90°	91° 20′	0°	1° 25′
Rectus medialis . .	90°	90° 41′	90°	89° 15′	180°	178° 59′
Rectus superior . .	161° 30′	150° 5′	109° 30′	113° 47′	90°	107° 5′
Rectus inferior. . .	19°	31° 53′	74°	66°	90°	108° 34′
Obliquus superior .	51°	53° 48′	141°	146° 42′	84° 30′	79° 15′
Obliquus inferior . .	127°	129° 13′	37°	39° 54′	90°	96° 14′

Am übersichtlichsten sind die Zahlen von Ruete, die sehr nahe einem Schema entsprechen, nach dem er sein Augenmuskelmodell (Ophthalmotrop) gebaut hat, und das heute den schematischen Darstellungen der Wirkung der Augenmuskeln meist zugrunde gelegt wird (vgl. auch die Fig. 96 auf S. 259). Nach Ruete liegt die Zugrichtung des Rectus medialis und lateralis in der Horizontalebene, und die Halbachse der Drehung demnach genau senkrecht, beim Rectus medialis des linken Auges natürlich nach oben, beim rechten Auge nach unten, beim lateralis entgegengesetzt. Die beiden Muskeln sind also vollständige Antagonisten. Die Zugrichtung des Rectus superior

---

1) Man findet sie bei Zoth (16, S. 289) und in Helmholtz' Optik (III, S. 125) zusammengestellt.

2) Die Winkel am linken Auge sind die Komplementwinkel zu denen der Tabelle.

und inferior liegt in einer gemeinsamen Vertikalebene, die nach hinten zu um einen Winkel von rund 19° medialwärts von der Sagittalebene abweicht (siehe den roten Pfeil in Fig. 96 links). Die Drehungsachse der beiden Muskeln liegt demnach in der Horizontalebene und bildet mit der querfrontalen Richtung medialwärts einen Winkel von 19°, mit der Gesichtslinie einen Winkel von 71° (Winkel α in Fig. 96). Auch diese beiden Muskeln sind also nach RUETE genaue Antagonisten. Verwickelter liegen die Verhältnisse bei den beiden Obliqui. Von diesen liegt nach RUETE nur die Drehungsachse des Obliquus inferior in der Horizontalebene und weicht

Fig. 104.

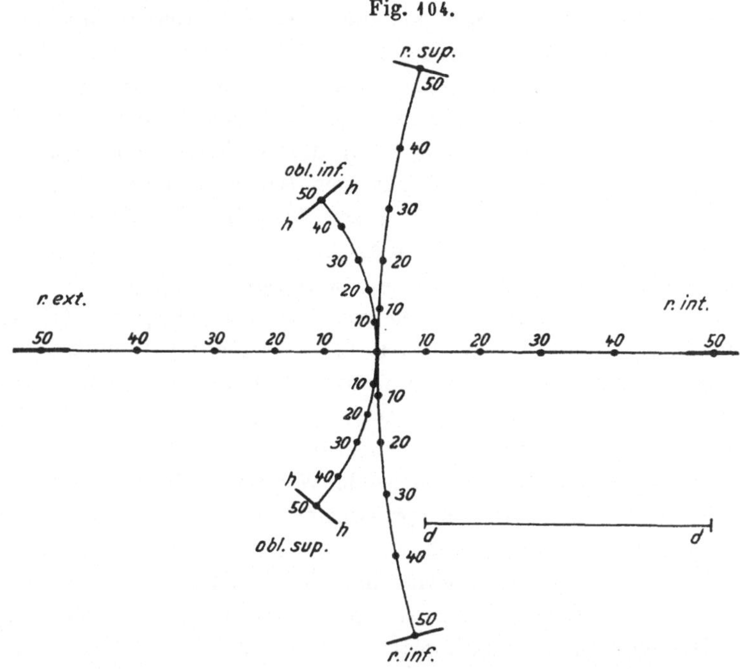

von der sagittalen Richtung (der Gesichtslinie) nach vorn um 37° temporalwärts ab. Die Drehungsachse des Obliquus superior ist dagegen um $5\frac{1}{2}°$ gegen die Horizontalebene geneigt (nasalwärts gesenkt, temporalwärts gehoben) und bildet mit der Gesichtslinie einen Winkel von 39°. Die beiden schiefen Muskeln sind also auch nach RUETE keine genauen Antagonisten, und es ist willkürlich, wenn man die vereinigte Drehungsachse beider Muskeln im Schema in die Horizontalebene verlegt und annimmt, daß sie mit der Gesichtslinie einen Winkel von etwa 38° bildet (Winkel β in Fig. 96). Sie müßte außerdem um rund 3° von temporalwärts oben nach nasalwärts unten gesenkt angenommen werden. Um sich nun ein anschauliches Bild davon zu verschaffen, wie sich unter Zugrundelegung des RUETESchen Schemas die

Augen bewegen würden, wenn sich ein Augenmuskel allein kontrahierte
und die Widerstände eine der Zugrichtung des Muskels genau antagonistische
Resultierende ergeben würde, denke man sich die Gesichtslinie zunächst
in Primärstellung geradeaus nach vorn auf eine frontalparallele Wand gerichtet und im Auge ein dauerhaftes zentrales Nachbild eines kurzen horizontalen Strichs erzeugt. Dann gibt Fig. 104 nach Hering (R., S. 515) die Bewegungsbahn der Gesichtslinie des linken Auges auf der um die Distanz dd vom
Auge entfernten ebenen Fläche wieder bei alleiniger Kontraktion eines der in
der Figur bezeichneten Muskeln, und durch die Lage des Nachbildes ist zugleich der Grad der Rollung des Auges um die Gesichtslinie gekennzeichnet.
Die Zahlen an jeder Bahn geben an, um wieviel die Gesichtslinie bei einer
Drehung des Auges um je 10° auf der ebenen Fläche vorwärts gerückt ist. Man
erkennt aus dem Schema unmittelbar, daß nur der äußere und innere Rechte
bei alleiniger Kontraktion eine Bewegung nach dem Listingschen Gesetze
(ohne Rollung) hervorrufen könnte. Wir dürfen daher annehmen, daß die
Rechts- und Linkswendung des Blicks beim Sehen in die Ferne tatsächlich
durch alleinige Kontraktion eines dieser Muskeln erzeugt werden kann.
Dagegen vermag keiner der anderen Muskeln bei alleiniger Kontraktion eine
Bewegung nach dem Listingschen Gesetz hervorzubringen. Bei alleiniger
Kontraktion des Rectus superior ist mit der Blickhebung gleichzeitig eine
Ablenkung der Gesichtslinie nasalwärts (eine »Adduktion«) und eine Rollung
des Bulbus mit dem oberen Pole nasalwärts (Rollung nach innen) verbunden.
Um daher die Gesichtslinie gerade nach oben unter Anschluß der Rollung
zu erheben, muß mit dem Rectus superior zugleich der Obliquus inferior
kontrahiert werden, dessen blickhebende Wirkung sich zu der des Rectus
superior hinzuaddiert, während seine abduzierende und Außenrollungswirkung
die entgegengesetzten Drehungen des Rectus superior kompensiert. Das
Analoge gilt für den Rectus inferior und den Obliquus superior, die ebenfalls bezüglich der Blicksenkung zusammenwirken, bezüglich der Rollung
und der Ab- und Adduktion sich gegenseitig kompensieren. Beide zusammen
ergeben daher erst die dem Listingschen Gesetz entsprechende Bewegung,
sie bilden die Gruppe der Senker, der als Antagonisten die Gruppe der
Heber (oberer Rechter und unterer Schiefer) entgegenstehen. Bei Blickwendungen in schräger Richtung müssen sich die Innervationen der Heber
und Senker mit denen der Seitenwender in entsprechender Weise vereinigen.

Das Ruetesche Schema liegt einer Anzahl von Darstellungen zugrunde, die
zu Lehrzwecken gegeben worden sind. Solche Schemata über die Wirkung der
einzelnen Augenmuskeln sind z. B. von Winternitz (732), Elschnig (483) und
Zoth (740, 741) angegeben worden. Zur Erleichterung der Anschauung dienen
ferner große Augenmodelle, an denen die Zugrichtung der einzelnen Muskeln
dargestellt oder sonstwie die Drehungsachsen angegeben sind, sog. Ophthal-
motrope, so das Ophthalmotrop von Ruete, in vereinfachter Form nach Knapp
bei Helmholtz (I, S. 526) angeführt, von C. Ludwig modifiziert (s. die Abbildung

bei Zoth, 16, S. 306), sowie solche von Landolt (578, 579), Stuart (beschrieben bei Maddox, 590a, S. 47), Aubert (vgl. Westien, 726) und von Wundt (738; 15a, Bd. II, S. 564).

Von Ruetes Zahlen weichen die von Volkmann an 30 Augen bestimmten Mittelzahlen in manchen Punkten sehr wesentlich ab und zwar durchwegs im Sinne einer größeren Komplikation. Am meisten stimmen beide Reihen noch beim äußeren und inneren Rechten überein, die Abweichung beträgt hier bloß 1°. Hier könnte man also das Ruetesche Schema unbedenklich gelten lassen. Beim oberen und unteren Rechten sind die Abweichungen schon sehr viel größer und kaum mehr zu vernachlässigen. Nach Volkmann verläuft die Drehungsachse des Rectus superior in jedem Auge schräg von vorne innen unten nach hinten außen oben und bildet mit der Horizontalebene einen Winkel von 17°5', mit der Sagittalebene einen Winkel von 29°55', mit der Frontalebene einen Winkel von 23°47'. Die Drehungsachse des Rectus inferior verläuft schräg von vorn innen oben nach hinten außen unten und bildet mit der Horizontalebene den Winkel von 18°34', mit der Sagittalebene einen Winkel von 31°53', mit der Frontalebene einen Winkel von 24°. Das bedeutet, daß die adduzierende und rollende Wirkung der beiden Muskeln sich stärker äußert, als nach dem Rueteschen Schema zu erwarten wäre, und daß die beiden Muskeln keine Antagonisten sind, sondern bei gleichzeitiger Kontraktion und symmetrischen Widerständen eine adduzierende Wirkung entfalten müßten. Die Drehungsachse des Obliquus superior verläuft nach Volkmann von vorne außen oben nach hinten innen unten. Sie bildet mit der Horizontalebene einen Winkel von 10°45', mit der Sagittalebene einen Winkel von 46°14', mit der Frontalebene einen Winkel von 43°18'. Die Drehungsachse des Obliquus inferior geht von vorn außen oben nach hinten innen unten und bildet mit der Horizontalebene einen Winkel von 6°14', mit der Sagittalebene einen Winkel von 39°19', mit der Frontalebene einen Winkel von 39°54' [1]. Auch nach Volkmann sind demnach die beiden Schiefen keine Antagonisten, sondern sie würden bei gleichzeitiger Kontraktion von der Primärstellung aus im wesentlichen eine Abduktion der Gesichtslinie hervorrufen.

---

[1] Anschaulicher und didaktisch empfehlenswerter ist es, von der Ebene der Zugrichtung, die durch den Längsverlauf des Muskels und den Drehpunkt des Auges gelegt wird, auszugehen. Der obere und untere Rechte verlaufen beide etwas medial von der durch den Augendrehpunkt gelegten Vertikale, daher liegt ihre Zugebene gegen die Vertikale schräg, die des oberen Rechten ist nach oben zu, die des unteren Rechten nach unten zu etwas medialwärts geneigt. Beide konvergieren außerdem nach hinten gegen die Mediane. Der obere und untere Schiefe verlaufen ebenfalls etwas medial von der Vertikale durch den Drehpunkt, die Zugebene des oberen ist daher nach oben, die des unteren nach unten etwas medialwärts geneigt und beide Zugebenen konvergieren nach vorn gegen die Mediane. Fällt man auf diese Zugebenen die Senkrechte im Drehpunkt, so erhält man die oben angegebenen Drehungsachsen und unter Berücksichtigung des Sinnes der Drehung die in der Tabelle angeführten Halbachsen der Drehung.

Wenn wir uns nach den Volkmannschen Zahlen Vorstellungen über das Zusammenwirken der Augenmuskeln bei den willkürlichen Augenbewegungen machen wollen, so gelangen wir daher zu einer um so größeren Kompliziertheit, je genauer wir die von Volkmann gefundenen Abweichungen vom Ruetesschen Schema bewerten. So würde z. B. auch die Abweichung der Drehungsachse des äußeren und inneren von der Vertikalen bewirken, daß bei alleiniger Kontraktion eines desselben das Auge nicht rein nasal bzw. temporalwärts gewendet wird, sondern zugleich mit der Innenwendung etwas gehoben, mit der Außenwendung etwas gesenkt wird, und die Beobachtungen bei Lähmungen zeigen, daß bei größeren individuellen Varianten des Muskelansatzes diese Wirkung mitunter deutlich zum Vorschein kommt (vgl. Bielschowsky, 437, S. 93 und 181; siehe ferner Weiland, 720). Noch weiter gehen die Komplikationen bei der Hebung und Senkung des Blicks. Nach Volkmann würde mit der geraden Blickhebung bei alleiniger Anspannung des oberen Geraden und des unteren Schiefen zugleich eine schwache Adduktion verbunden sein, die durch eine gleichzeitige Anspannung des Rectus lateralis kompensiert werden müßte; ferner müßte auch bei der Blicksenkung gerade nach unten der Rectus lateralis ein wenig mitwirken.

Indessen sind alle derartigen Überlegungen, die sich bloß auf den Muskelzug (das »Drehbestreben« des Muskels) beziehen, einseitig und ungenügend. Die wirklich ausgeführte Bewegung hängt nämlich außer von der Richtung des Muskelzugs ferner noch ab von den Widerständen, die sich der Bewegung entgegensetzen, geradeso, wie die Bewegungsrichtung eines Schiffes nicht bloß vom Antrieb, sondern auch von den Widerständen der Strömung und der Lage des Steuers abhängt (Hering). Unter den Widerständen tritt die bewegte Masse des Augapfels weit zurück gegenüber den elastischen Kräften, die durch den Muskelzug geweckt werden, und die sich zusammensetzen aus dem Gegenzug der anderen Muskeln und dem elastischen Widerstand des Aufhängeapparates des Auges. Wenn die einzelnen Komponenten des Gegenzugs mit gleich großen Drehungsmomenten symmetrisch zur Ebene des Muskelzugs liegen würden, so würde sich aus ihnen eine Resultierende ergeben, die der Zugrichtung des Muskels gerade entgegengesetzt wäre und nur hemmend wirken, die Richtung des Muskelzuges aber nicht abändern würde. Immer wird man das aber nicht erwarten dürfen, vielmehr werden oft unsymmetrische Widerstände auftreten, und diese werden dann eine Abänderung der Bulbusdrehung bewirken. Der Hauptwiderstand wird bei nicht allzu großen Exkursionen in der Dehnung der Antagonisten liegen. Da nach dem obigen die beiden seitlichen Rechten ziemlich genaue Antagonisten sind, wird bei alleiniger Kontraktion des einen der Hauptwiderstand gerade entgegengesetzt der Zugrichtung des Agonisten liegen, daher keine Änderung der Bewegungsbahn hervorrufen. Auch die dabei auftretende geringe Spannung der oberen und unteren geraden und schiefen Muskeln wird daran nicht viel ändern. Anders liegt es aber bei einer Kontraktion eines der letzteren Muskeln. Selbst wenn wir nach dem vereinfachten Rueteschen Schema annehmen, daß der obere und untere Rechte, ja sogar die beiden Schiefen untereinander Antagonisten sind, ihre Spannungen daher einander gerade entgegenwirken, so ist das nicht mehr der Fall in bezug auf ihre gleichzeitige Wirkung auf die anderen beiden Muskeln. Bei einer alleinigen Kontraktion des Rectus superior würde sich nämlich der Ansatzpunkt des Obliquus superior von der Trochlea entfernen, dieser Muskel daher stärker gespannt werden, während gleichzeitig der Ansatzpunkt des Obliquus inferior sich der Ursprungsstelle dieses Muskels etwas nähern würde, dieser Muskel daher etwas entspannt würde. Dadurch würde aber bei der Kontraktion des Rectus superior ein Überwiegen der Wirkung des Obliquus superior über den Obliquus inferior erzeugt, und dies würde außer einer Verzögerung der Blickhebung und einer Gegenwirkung gegen die Adduktion der Gesichtslinie außerdem noch eine beträchtliche Verstärkung der Rollung mit dem oberen Pol nach innen (Innenrollung) bewirken. In ganz analoger Weise würde bei alleiniger Kontraktion des Rectus inferior der Obliquus inferior stärker gespannt, der Obliquus superior etwas entspannt, was wieder zu einer beträchtlichen Außenrollung des Bulbus führen würde. Endlich würde bei alleiniger Kontraktion des Obliquus superior nicht bloß sein engerer Antagonist, der untere Schiefe, sondern auch sein Antagonist in bezug auf die Blicksenkung, der Rectus superior und sein Antagonist in bezug auf die Abduktion der Gesichtslinie, der Rectus medialis, stärker gespannt werden, und es würden daher unsymmetrische Widerstände hervorgerufen werden. Das Gleiche gilt von der alleinigen Kontraktion des Obliquus inferior. Hering (526, S. 117ff.) hat darauf hingewiesen, daß auch aus diesem Grunde eine isolierte Kontraktion eines der Heber- oder Senkergruppe angehörigen Muskels bei den nach dem Listingschen Gesetz ablaufenden Blickbewegungen ausgeschlossen ist.

Die im vorhergehenden angenommenen Zugrichtungen der Augenmuskeln gelten zunächst nur für die »Ausgangsstellung« der Augen, d. h. die mit der Primärstellung einigermaßen zusammenfallende Augenstellung an der Leiche, auf die sich die Ruete-Volkmannschen Zahlen beziehen. Wie sich die Verhältnisse in den Sekundär- und Tertiärstellungen gestalten, ließe sich genau nur dann berechnen (wie es Wundt, 737, versucht hat), wenn die Muskelansätze punktförmig wären und die Muskeln ganz frei verlaufen würden. Da das nicht der Fall ist, ist man mehr auf allgemeine Überlegungen und auf die Beobachtungen bei Augenmuskellähmungen angewiesen. Hierzu haben nun Wundt (737) und Hering (526, S. 124ff.) folgendes ausgeführt. Nach dem Rueteschen Schema liegen die Zugrichtungen des oberen und unteren Rechten in einer durch den Drehpunkt gelegten Vertikalebene, die von hinten innen nach vorn außen um rund 19° gegen

die Sagittalebene geneigt ist. Dreht sich nun die Gesichtslinie um 19°
temporalwärts, so würde jetzt ihre Richtung mit der Zugrichtung der beiden
Muskeln zusammenfallen, die Achse, um die beide Muskeln den Bulbus
drehen würden, stünde senkrecht zur Gesichtslinie, der Rectus superior
würde in diesem Falle eine reine Hebung der Gesichtslinie ohne Rollung,
der Rectus inferior eine Senkung ohne begleitende Rollung bewirken. Genau
wird das freilich nicht zutreffen, aber das eine können wir jedenfalls als
sicher annehmen, daß bei einer Außenwendung des Blicks die hebende
bzw. senkende Wirkung der beiden Muskeln zunehmen, ihre rollende
Komponente dagegen abnehmen wird. Das Umgekehrte wird bei der
Einwärtswendung des Blicks eintreten. Ganz das Analoge gilt für die schiefen
Muskeln. Wenn wir sie wiederum nach dem vereinfachten Ruetesche
Schema als reine Antagonisten betrachten und ihre gemeinsame Zugrichtung
in einer um rund 38° von vorne innen nach hinten außen gegen die
Sagittalebene geneigten Vertikalebene durch den Drehpunkt annehmen, so
wird bei einer Einwärtswendung des Blicks ihre hebende bzw. senkende
Wirkung zunehmen, ihre rollende abnehmen, bei der Auswärtswendung des
Blicks wird die rollende Komponente stärker, die hebende bzw. senkende
schwächer werden.

Für die Primärstellung hatten wir gefunden, daß eine reine Hebung
und Senkung nach dem Listingschen Gesetz nur durch das Zusammenwirken
je eines rechten und schiefen Muskels zustandekommen konnte. Wird der
Blick nach einwärts gewendet, so wird die hebende bzw. senkende Wirkung
der schiefen Muskeln zunehmen, die der rechten abnehmen, bei Auswärtswendung des Blicks wird es umgekehrt sein. Die Summe der beiden
Wirkungen wird aber angenähert gleich bleiben, woraus folgt, daß eine
gleich große Erhebung des Blicks durch eine ungefähr gleich starke gemeinsame Innervation der beiden Synergisten hervorgebracht wird, gleichgültig,
ob sie aus der Primärstellung oder aus einer horizontalen Sekundärstellung
heraus erfolgt. Anders steht es mit der Rollung. Bei der Einwärtswendung
des Blicks wird die rollende Komponente der Rechten zunehmen, die der
Schiefen abnehmen. Nun sind Recti und Obliqui in bezug auf die Rollung
antagonistisch wirksam, also muß mit einer Blickhebung bei einwärts gerichtetem Blick, wenn der obere Rechte und der untere Schiefe ebenso
stark innerviert werden wie in der Primärstellung, die Innenrollungs-
komponente des oberen Rechten über die Außenrollungskomponente des
unteren Schiefen überwiegen, und es muß eine Einwärtsrollung des Bulbus
auftreten. Mit der Blicksenkung bei einwärts gewendetem Blick muß unter
den gleichen Voraussetzungen eine Auswärtsrollung verbunden sein. Bei
Auswärtswendung des Blicks überwiegt umgekehrt die Rollungskomponente
des schiefen Muskels, daher ist in diesem Falle mit der Blickhebung eine
Auswärtsrollung, mit der Blicksenkung eine Einwärtsrollung des Bulbus

verbunden. Das ist es aber gerade, was wir bei der Blickhebung und Senkung aus einer horizontalen Sekundärstellung heraus, und in analoger Weise bei der Seitenwendung des Blicks aus einer gehobenen oder gesenkten Sekundärstellung heraus, kurz allgemein beim Übergang aus Sekundärstellungen in Tertiärstellungen nach dem LISTINGschen Gesetz beobachten. Die Erscheinungen des LISTINGschen Gesetzes erklären sich demnach, wenn wir annehmen, daß bei allen Augenbewegungen sowohl aus der Primärstellung als auch aus den Sekundärstellungen heraus stets dieselben Muskeln in angenähert gleichem Verhältnis zueinander innerviert werden (HERING, 526, S. 126). Freilich liegen die Verhältnisse so kompliziert, daß mehr als eine angenäherte Gültigkeit dieses Satzes nicht behauptet werden kann[1].

Daß er aber in seinen Grundzügen zutrifft, das ergibt sich weiterhin aus den Beobachtungen an frischen, isolierten Augenmuskellähmungen. Indem ich bezüglich aller Einzelheiten auf die Bearbeitung von BIELSCHOWSKY (437) verweise, in der die Verhältnisse vom klinisch-praktischen Gesichtspunkte aus dargestellt sind, will ich hier nur an zwei Beispielen die physiologische Seite der Frage darlegen. Nach der Theorie soll bei der Blicksenkung stets miteinander verbunden sein eine Innervation des unteren Rechten und des oberen Schiefen. Ist nun der Obliquus superior völlig gelähmt, so haben wir den Fall einer alleinigen Beteiligung des Rectus inferior an der Blicksenkung vor uns, und da zeigt sich nun an der Höhendistanz der Doppelbilder in der Tat als erstes, daß ganz entsprechend den obigen Überlegungen die senkende Wirkung dieses Muskels am geringsten ist beim Blick nach innen, daß sie stärker wird beim Blick geradeaus und am stärksten ist beim Blick nach außen. Daß aber der Rectus inferior selbst beim Blick um 19° nach außen, wobei seine Zugrichtung eine fast rein senkende wäre, zum Behufe der Blicksenkung nicht allein innerviert wird, geht daraus hervor, daß beim Versuch zur Blicksenkung mit nach außen gerichtetem Blick der gelähmte Bulbus nach Ausweis der Doppelbilder stark mit dem oberen Pol nach außen gerollt wird. Jetzt macht sich nämlich der oben S. 285 auseinandergesetzte Umstand geltend, daß bei alleiniger Kontraktion des Rectus inferior der Obliquus inferior stärker angespannt wird und eine Außenrollung des Bulbus bewirkt. Unter normalen Umständen wird diese Anspannung durch die gleichzeitige Kontraktion des zweiten Senkers, des Obliquus superior, sogar überkompensiert (siehe oben!). Wenn aber die Kontraktion des letzteren infolge der Lähmung wegfällt, kommt die starke Außenrollung des Bulbus infolge der Anspannung des Obliquus inferior zum Vorschein (vgl. HERING, 526, S. 118). Daß sie beim Blick nach innen unten geringer wird, liegt daran, daß die rollende Wirkung der Obliqui

---

1) Neuerdings hat VAN DER HOEVE (537) die Abweichungen wieder scharf betont und darauf hingewiesen, daß zur Vermeidung von Doppelbildern bei den Augenbewegungen stets auch der Fusionszwang mitwirken muß.

in dieser Bulbuslage gegenüber ihrer hebenden und senkenden Wirkung zurücktritt.

Bei Lähmung eines geraden Hebers oder Senkers liegen die Verhältnisse analog. Bei einer isolierten Lähmung des Rectus superior z. B. ist für die Blickhebung nur noch der Obliquus inferior verfügbar, dessen hebende Wirkung beim Blick nach innen am stärksten ist. Bei dieser Blickrichtung ist daher die Vertikaldistanz der Doppelbilder am kleinsten. Dagegen zeigt sich bei dieser Blickrichtung eine starke Außenrollung des gelähmten Auges, weil infolge der alleinigen Kontraktion des unteren Schiefen der Rectus inferior stärker angespannt wird, der bei dieser Bulbuslage eine starke außenrollende Komponente hat.

HERING hat darauf hingewiesen, daß der Vorteil einer stets angenähert gleich starken Innervation der Heber und Senker bei allen nicht allzu extremen Blickstellungen dem Umstande entspringt, daß die Hebung und Senkung durch das Zusammenwirken zweier Muskeln hervorgebracht wird, und nicht durch die Wirkung eines einzigen geraden Hebers und Senkers. Ein zweiter Vorteil dieser Spaltung besteht darin, daß die Muskeln dieser beiden Gruppen noch in einer anderen Kombination zusammenwirken können, in der sie zwar nicht willkürlich, wie bei der Hebung und Senkung, wohl aber reflektorisch bei seitlicher Kopfneigung gemeinsam innerviert werden. Neigen wir den Kopf um die sagittale Achse gegen die rechte Schulter, so tritt, wie unten näher besprochen wird, eine kompensatorische parallele Rollung beider Augen mit dem oberen Pol nach links auf. Dabei wirken am rechten Auge der obere Rechte und der obere Schiefe zusammen, deren blickhebende und -senkende, ab- und adduzierende Wirkung sich gegenseitig aufheben, während die Innenrollung sich addiert, am linken Auge der untere Rechte und Schiefe, deren Außenrollung sich addiert, während sich die übrigen Wirkungen gegenseitig aufheben. Bei der Linksneigung des Kopfes erfolgt die kompensatorische Rollung nach rechts, dabei kontrahieren sich am linken Auge der obere Rechte und Schiefe, am rechten der untere Rechte und Schiefe. »Es werden bei der Kopfneigung immer die Muskelpaare innerviert, welche in der Umgebung derjenigen Bulbuspole inserieren, deren Verbindungslinie bei der Kopfneigung der Horizontalen am nächsten kommt.« Das Zusammenwirken dieser Muskeln bei der Rollung wurde zuerst von NAGEL (621) dargelegt, und von HOFMANN und BIELSCHOWSKY (544) exakt bewiesen.

Endlich ist noch eine andere Kombination der Muskeln der Heber- und Senkergruppe denkbar. Wenn sich nämlich der obere und untere Rechte zusammen kontrahieren, so würden sich ihre hemmende und senkende und ebenso ihre gegensätzlichen Rollungswirkungen gegenseitig aufheben, und es würde eine adduzierende Wirkung übrig bleiben, die um so stärker wäre, je mehr der Bulbus nach innen gedreht ist. Ganz analog würde bei gleichzeitiger Kontraktion des oberen und unteren Schiefen, deren Sehnen wie eine Schlinge um den Bulbus gelegt sind, Hebung, Senkung und Rollung sich gegenseitig aufheben und nur eine abduzierende Wirkung übrig bleiben, welche bei Außendrehung des Bulbus immer stärker würde. Es steht nichts im Wege anzunehmen, daß diese Muskelkombination bei angestrengter Innen- bzw. Außenwendung des Blicks zur Mitbeteiligung herangezogen wird, ähnlich, wie z. B. bei angestrengter Atmung immer mehr und mehr Hilfsmuskeln zur Thoraxbewegung herangezogen werden. Indessen ist nach OHM (631a) diese Mitwirkung doch nur unbedeutend.

4. Das Blickfeld.

Die Exkursionsbreite der Augenbewegungen hängt ab vom Muskelzug und vom Eingreifen der Hemmungsmechanismen für die Augendrehung. Beim Muskelzug kommen in Betracht die Muskelkraft und neben ihr die Länge der »Abrollungsstrecke« der Augenmuskeln am Bulbus und ihr Verhältnis zur Gesamtlänge des Muskels. Das Verhältnis, in dem die Drehungsmomente der verschiedenen Augenmuskeln in bezug auf die drei Achsen des FICKschen Koordinatensystems zueinander stehen, läßt sich aus den VOLKMANNschen Messungen unter Berücksichtigung des ebenfalls von VOLKMANN bestimmten mittleren Querschnitts der Augenmuskeln berechnen. Die für diese Berechnung grundlegenden Zahlen für die Muskelquerschnitte sind in der Tabelle 22 zusammengestellt, in der ferner die relativen Quer-

Tabelle 22.   (Nach VOLKMANN.)

	Muskel					
	Rectus medialis	Rectus lateralis	Rectus inferior	Rectus superior	Obliquus superior	Obliquus inferior
Querschnitt in mm² .	17,30	16,64	15,85	11,62	8,36	7,89
Relativer Querschnitt	2,19	2,11	2	1,47	1,06	1

schnitte der Augenmuskeln angegeben sind, wenn man den Querschnitt des dünnsten Muskels, des Obliquus inferior, gleich 1 setzt. ZOTH (741 und 16, S. 302) setzte nun die Zugkräfte der Muskeln in der Ausgangsstellung ihrem Querschnitt proportional, zerlegte sie in drei aufeinander senkrechte Komponenten, welche den Bulbus um die drei Achsen des FICKschen, durch den Drehpunkt gelegten Koordinatensystems drehen, und berechnete dann·daraus das Verhältnis der Drehmomente in bezug auf diese drei Achsen, und zwar nicht bloß für die Ausgangsstellung, sondern auf Grund von WUNDTschen Koordinatenbestimmungen auch für die hauptsächlichsten Sekundär- und Tertiärstellungen. In Tabelle 23 sind die so bestimmten Drehmomente auf Grund der VOLKMANNschen Messungen für die Ausgangsstellung zusammengestellt, und zwar bedeutet S die Seitenwendung, wobei die nach der temporalen Seite positiv gerechnet ist, E die Erhebung (Blickwendung nach oben positiv, Senkung negativ), R die Rollung, die Außenrollung (mit dem oberen Pol temporalwärts) positiv gerechnet. Wie man sieht, ist in der Ausgangsstellung die algebraische Summe der Drehmomente nicht Null, sondern es ist ein Drehmoment im Sinne einer Einwärtswendung, Senkung und schwachen Außenrollung vorhanden. In der Tat ist dem entsprechend, wie wir später sehen werden, die Stellung, bei der wir eine gleich starke Innervation aller Augenmuskeln annehmen dürfen, durch eine schwache Konvergenz und Blicksenkung charakterisiert, und eine geringe Außenrollung der Bulbi wenigstens bei der freien Einstellung der Augen ohne Fusionszwang die Regel. Bei der Seitenwendung und Hebung und Senkung des Blicks wachsen nach Zoth die Drehmomente im Sinne der ausgeführten Bewegung beträchtlich an und zwar hauptsächlich durch das Hinzukommen neuer Drehmomente. So kommt bei der Einwärtswendung ein größeres Seitenwendungsmoment des oberen und unteren Rectus zur Geltung und bei Hebung und Senkung des Blicks ein gleichsinniges Drehmoment vom äußeren und inneren Rectus.

Tabelle 23.　(Nach Zoth.)

Muskel	S	E	R
Rectus medialis . . .	− 28,71	+ 0,35	+ 0,39
» lateralis . . .	+ 25,25	+ 0,39	− 0,6
» inferior . . .	− 8,26	− 22,33	+ 10,55
» superior . . .	− 5,57	+ 16,51	− 7,65
Obliquus superior . .	+ 2,2	− 7,22	− 10,25
» inferior . .	− 1,2	+ 7,11	+ 8,62
Algebraische Summe	− 6,29	− 5,19	+ 1,26

Den Augenärzten ist seit langem geläufig, daß der innere Rechte über den äußeren an Kraft überwiegt. Nach Schneller (667, S. 198) ist der Wert von Volkmann für den Querschnitt des Rectus lateralis sogar noch zu hoch. Schneller fand nach Zusammenstellung der Angaben beim Erwachsenen und nach eigenen Messungen an 33 Augen Neugeborener die in Tabelle 24 angegebenen Werte für den Querschnitt und die Länge (mit Sehne) des Rectus medialis und lateralis beim Erwachsenen und Neugeborenen. Der Rectus medialis hat demnach schon vor Geburt an den größeren Querschnitt.

Tabelle 24.　(Nach Schneller.)

Muskel	Erwachsener		Neugeborener	
	Querschnitt mm²	Länge mm	Querschnitt mm²	Länge mm
Rectus medialis	17,43	40,7	10,27	28
lateralis	14,7	45,8	8,625	31,6

Die Anspannung der Muskeln bei der Kontraktion dient zur Überwindung der entgegengesetzten Widerstände, und die Grenze der Bewegung wird dann erreicht sein, wenn die Widerstände so groß werden, daß sie die weitere Verkürzung verhindern. Die Verkürzungsmöglichkeit wird nämlich auch bei den Augenmuskeln bei weitem nicht voll ausgenutzt, ebensowenig, wie es bei anderen Muskeln der Fall ist. Die vom Gelenkapparat gestattete maximale Verkürzungsmöglichkeit beträgt für den Skelettmuskel im allgemeinen die Hälfte seiner Länge im gedehnten Zustand (WEBER-FICKsches Gesetz, siehe R. FICK, 492, Bd. 2, S. 300), und auch bei den größtmöglichen Exkursionen des Bulbus erreicht die Verkürzung nach MOTAIS' (611, S. 146) Berechnung nur etwa $^1/_4$ der Länge der Augenmuskeln. Von da an spannen sich die von der Muskelscheide zum Orbitalrand abgehenden Faszienzipfel (siehe oben S. 259) so stark an, daß sie die weitere Verkürzung des Muskels unmöglich machen.

Tabelle 25.

Muskel	l	L	$\dfrac{l}{L}$
Rectus medialis . . .	6,33	40,8	0,15
» lateralis . . .	13,25	40,6	0,32
» inferior . . .	9,83	40,0	0,24
» superior . . .	8,92	41,8	0,21
Obliquus superior . .	5,23	32,2	0,16
» inferior . . .	16,74	34,5	0,48

Neben dieser besonders von MOTAIS betonten Begrenzung der Muskelkontraktion kommt aber für den physiologischen Effekt noch in Betracht die Länge der »Abrollungsstrecke« der Muskeln am Bulbus. Die Augenmuskeln und ihre Sehnen endigen am Bulbus nicht tangential, sondern sie liegen dem Augapfel eine Strecke weit »aufgewickelt« an. Bei der Kontraktion des Muskels wickelt sich diese Strecke entsprechend der fortschreitenden Drehung des Bulbus ab, und nur soweit sich diese Abwickelung vollziehen kann, ist eine reine Drehung des Bulbus möglich. Bei tangentialer Anheftung der Sehne würde sich nämlich bei der Muskelkontraktion eine zunehmende Komponente im Sinne einer radiären Zerrung am Bulbus bemerkbar machen. VOLKMANN hat die Länge der Abrollungsstrecke l und ihr Verhältnis zur Länge des Muskels L (ohne Sehne) in der Primärstellung so festgestellt, wie es in Tab. 25 angegeben ist. Aus ihr ergibt sich, daß die Abrollungsstrecke für den inneren Rechten und den oberen Schiefen rund $^1/_8$, für den oberen Rechten rund $^1/_5$, für den unteren Rechten rund $^1/_4$ und für den unteren Schiefen rund $^1/_2$ der Muskellänge beträgt[1].

---

[1] Weitere Messungen bei WEISS (722), am Neugeborenen bei SCHNELLER (667).

Innerhalb dieser Grenzen wäre also eine radiäre Zerrung des Bulbus durch
Muskelzug vermieden. Wohl aber könnte durch den Muskelzug ein Druck
auf den Bulbus ausgeübt werden. Dem wird nach Motais (611, S. 128)
dadurch entgegengewirkt, daß bei der Muskelkontraktion die zugehörigen
Faszienzipfel durch ihre Anspannung den Muskel etwas vom Bulbus ab-
ziehen[1]).

Versucht man, aus den gegebenen Daten die Exkursionsmöglichkeit
des Bulbus zu berechnen, wie dies z. B. Zoth (16, S. 299) getan hat, so
kommt man zu Werten, die den wirklichen Exkursionen des Auges nur
ungefähr, nicht genau, entsprechen. Die Verhältnisse liegen eben so verwickelt, daß es vorzuziehen ist, die Größe der wirklich ausgeführten Blickbewegungen direkt zu bestimmen, statt wie aus den anatomischen Messungen
abzuleiten. Denkt man sich die Blicklinie eines Auges von der Primärstellung aus nach allen Richtungen hin bis zur Grenze der Exkursionsfähig-

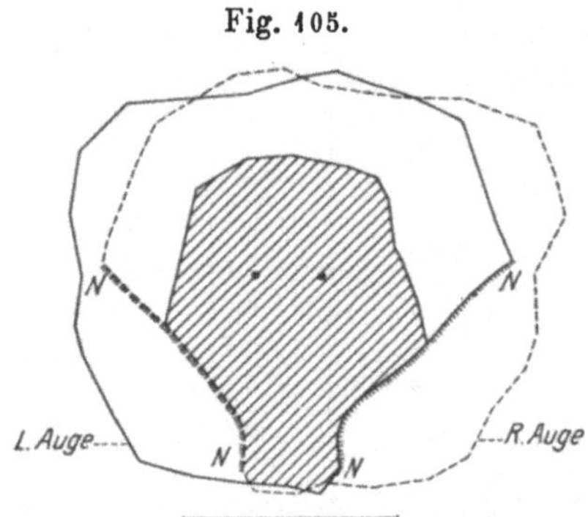

Fig. 105.

keit gedreht, so ergeben die Schnittpunkte der Grenzstellungen mit einer
frontalparallelen Ebene die Grenze
des Blickfeldes des betreffenden
Auges. Sie wurde von Hering (526,
S. 43) in der Weise bestimmt, daß er
durch eine vertikale Glasplatte auf
eine ferne Wand blickte, auf der ein
farbiges Scheibchen angebracht war.
Durch Fixation des letzteren in Primärstellung erzeugte er ein dauerhaftes Nachbild, ließ dann den Blick
auf der fernen Wand soweit als möglich nach allen Richtungen hin wandern
und markierte auf der Glasplatte die Endstellungen der Gesichtslinie. So
erhielt er das monokulare Blickfeld jedes der beiden Augen. Die
Fig. 105 zeigt verkleinert die ebenso aufgenommenen Grenzen der monokularen Blickfelder eines Myopen (W. Asher, 393). Die beiden Punkte in
der Mitte der Figur geben die Durchstoßungspunkte der beiden Gesichtslinien jedes Auges durch die Glasplatte beim Blick geradeaus nach vorn an.
Die Blickfeldgrenze des linken Auges ist durch die ausgezogene, die des

---

1) Wenn sich der Rectus medialis kontrahiert und vom Bulbus abrollt, muß
der lateralis um den gleichen Betrag gedehnt werden und sich auf der Gegenseite
des Bulbus aufrollen. Ist aber infolge einer von Geburt an bestehenden Lähmung
des N. abducens der Rectus lateralis degeneriert und in einen straffen, wenig
dehnbaren Bindegewebsstrang umgewandelt, so bewirkt Kontraktion des Rectus
medialis zugleich mit der verringerten Einwärtswendung des Bulbus auch ein
Zurücktreten desselben in die Orbita hinein, eine sogenannte Retractio bulbi
(Literatur bei Birch-Hirschfeld, 440, S. 219 ff.). Türk (706) hat die Retraktion des
Bulbus bei Fixierung desselben an der temporalen Seite durch eine Pinzette auch
experimentell nachgewiesen.

rechten Auges durch die gestrichelte Linie wiedergegeben. Auf der medialen unteren Seite sind nicht die Grenzen der in Wirklichkeit weiter reichenden Exkursionen der Gesichtslinie, sondern die Begrenzung durch die Nase *NN* eingezeichnet. Sehen wir von diesen Stellen ab, so überragt die laterale Grenze des Blickfeldes eines jeden Auges etwas die entsprechende mediale Blickfeldgrenze des anderen Auges. Auf die rechts gelegenen Stellen kann demnach wohl die Gesichtslinie des rechten Auges, nicht aber die des linken Auges eingestellt werden, auf die links gelegenen umgekehrt nur die Gesichtslinie des linken Auges.

Tabelle 26.

Beobachter	nach innen	nach außen	nach oben	nach unten
SCHUURMANN (vgl. 682, S. 233)				
Mittelwert für Emmetrope	45°	42°	34°	57°
» » Myope . .	41°	38°	—	—
» » Hypermetr.	47°	38°	—	—
HERING (526) [Prim.] . { l. A.	44°	43°	20°	62°
{ r. A.	46°	43°	20°	59°
VOLKMANN (748)	42°	38°	35°	50°
AUBERT (393 a)	44°	38°	30°	57°
KÖSTER (281) [Prim.]. . . .	45°	43°	33°	43—44°
SCHNELLER (666) . . { l. A.	47°	40°	{ 1)	{ 1)
{ r. A.	44°	40°		
A. GRAEFE 2)	44°	38°	55°	55°
STEVENS 2)	48—53°	48—53°	33°	50°
W. ASHER (393) Myop. { l. A.	48°	39°	41°	45°
[Prim.] { r. A.	44°	45°	42°	45°
L. ASHER (392) Emmetr. { l. A.	42°	42—45°	32—34°	53—54°
[Prim.] { r. A.	47—49°	38—42°	34°	53—54°
HORNEMANN (548) [Durch-				
schnittswert von 47 { l. A.	50¹/₃°	48¹/₂°	48°	54¹/₂°
emmetrop. Augen] . { r. A.	51²/₃°	48¹/₄°	47¹/₂°	54¹/₂°
HORNEMANN 23 schwach { l. A.	49°	51°	45¹/₂°	56³/₄°
myope Augen . . . { r. A.	50¹/₃°	51°	46°	55²/₃°

Analoge Bestimmungen der Gesamtausdehnung des Blickfeldes sind vor HERING schon von HELMHOLTZ (I, S. 484) ausgeführt worden, später u. a. von SCHNELLER (666), W. ASHER (393) und L. ASHER (392). Zahlreicher sind Bestimmungen über die Ausdehnung des Blickfeldes bloß nach rechts und links, oben und unten. Die wichtigsten von ihnen sind in der Tabelle 26 zusammengestellt. Zwar sind die Zahlen nicht alle direkt miteinander vergleichbar, weil die Ausgangsstellung nicht immer streng die Primärstellung

---

1) Unverwendbar, weil die Ausgangsstellung zu weit von der Primärstellung abweicht.

2) Zitiert nach BIELSCHOWSKY (437, S. 36).

war. Immerhin zeigen sie übereinstimmend, daß die Exkursionsfähigkeit nach oben durchschnittlich am kleinsten, die nach unten fast immer die größte ist. Im allgemeinen ist ferner die Exkursionsfähigkeit nach innen etwas größer, als die nach außen. Diese Verschiedenheiten bloß auf Unterschiede der Muskelkraft zu beziehen, wäre voreilig. Denn, wie BIELSCHOWSKY (437, S. 36) angibt, ist selbst bei einseitiger isolierter Parese eines Augenmuskels keineswegs regelmäßig eine nennenswerte Verschiedenheit in der Ausdehnung der Blickfelder beider Augen nachzuweisen. Es spielen eben neben dem Muskelzug, wie wir gesehen haben, noch mechanische Verhältnisse ganz anderer Art eine große Rolle[1]). Zu diesen gehört auch die Form des Bulbus. SCHUURMANN fand, daß die Exkursionsfähigkeit der Augen bei Myopen zumeist etwas geringer ist als bei Emmetropen[2]).

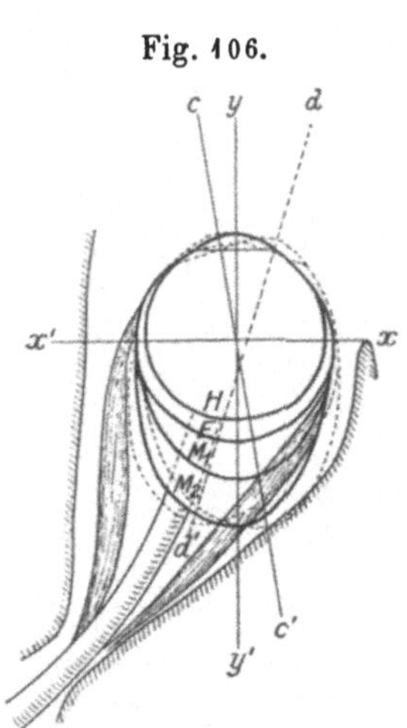

Fig. 106.

Um das Zustandekommen dieser mit dem Grade der Myopie zunehmenden Behinderung der Augenbewegungen durch die Verlängerung des sagittalen Bulbusdurchmessers anschaulich zu machen, hat ZOTH (16, S. 286) in den Horizontalschnitt der Orbita den Querschnitt von vier Augen nach ELSCHNIG eingezeichnet, und zwar eines Emmetropen E, eines Hypermetropen H und zweier Myopen, M_1 von 10 D, M_2 von 20 D Myopie, vgl. Fig. 106. Er folgert daraus, daß die längselliptischen hochgradig myopischen Bulbi schon in der »Ruhelage«, d. h. in der interesselosen Stellung, das Bestreben haben werden, sich mehr in die Längsachse der Orbita einzustellen, also zu divergieren. In der Figur ist diese Einstellung für den Bulbus M_2 durch die gestrichelte, der Längsrichtung dd' entsprechenden Kontur angedeutet. Ferner muß insbesondere die Einwärtswendung der stärker myopischen Bulbi mehr behindert sein, was mit den Zahlen von SCHUURMANN gut übereinstimmt. Der Bulbus M_2 in der Figur würde, wie man aus ihr ersieht, an einer Konvergenz längs der Achsenrichtung cc', die auf einen medianen, 20 cm vor dem Auge befindlichen Punkt hinzielt, schon durch die Wand der Orbita gehindert sein. Bei solchen ganz abnorm gebauten Augen, aber auch schon bei Ametropien geringeren Grades, ja selbst beim Emmetropen, sind die extremen Augenstellungen wegen des Drucks

---

1) Solche dürften auch die Ursache mancher abnormen Blickfelderweiterung sein, vgl. BIELSCHOWSKY (435).

2) Nach HORNEMANN (548) tritt diese Einschränkung erst bei höheren Graden von Myopie auf und auch da nur in horizontaler Richtung nach innen und außen, nicht nach oben und unten. Nach SCHUURMANN, DONDERS und SCHNELLER schränkt sich das Blickfeld im höheren Alter ein, besonders stark bei Myopen. Über das Verhalten der Hypermetropen gehen die Angaben der Autoren auseinander.

auf den Bulbus unbequem. Wir vermeiden sie deshalb gewohnheitsmäßig durch eine entsprechende Drehung des Kopfes oder sogar des Körpers.

Die mit den Augenbewegungen beim ungezwungenen Sehen regelmäßig einhergehenden Kopfbewegungen sind insbesondere von Ritzmann (648) genauer untersucht worden. Er fand, daß Mitbewegungen des Kopfes schon bei ganz kleinen Blickbewegungen stattfinden, und daß sie bei größeren Blickbewegungen ungefähr der Entfernung der beiden Blickpunkte von einander entsprechend zunehmen. Doch war der Teil der Bewegung, der auf den Kopf entfiel, individuell ganz verschieden [1]. Bei Blickhebungen schwankte er je nach der Versuchsperson von $1/5$ bis zu $2/3$ der Gesamtbewegung. Der Anteil des Kopfes an der Bewegung ist ferner nicht nach allen Seiten hin gleich groß, am kleinsten ist er durchschnittlich bei Blickwendungen nach unten. Bei länger anhaltender Fixation in Sekundär- oder Tertiärstellung nähert sich der Kopf allmählich mehr der Blickrichtung, sodaß die Augen im Kopf zunehmend mehr geradeaus zu stehen kommen. Bei einer plötzlichen Innervation zur Blickwendung nach der Seite setzen die Kopfbewegungen gleich von Anfang an zugleich mit der Augenbewegung ein [2], bei einer mehr gleitenden Augenbewegung, wie sie z. B. beim Verfolgen eines bewegten Objektes mit dem Blick stattfindet, wird der Kopf erst später, wenn die Augenstellung schon weiter vorgeschritten ist, von der Bewegung mitergriffen. Hering (R. S. 495) gibt an, daß bei ihm die durch das Listingsche Gesetz bedingte Rollung beim Verfolgen einer vertikalen geraden Linie mit seitwärts gewendetem Blick durch die unwillkürlich eintretende Änderung der Kopfhaltung nahezu ausgeglichen wird. Wir neigen, wenn wir beispielsweise schräg nach rechts oben blicken, unwillkürlich den Kopf mit dem Scheitel etwas nach links, wodurch die fixierte vertikale Linie wieder auf den mittleren Längsschnitt gebracht werden kann, und ebenso wird bei den anderen Tertiärstellungen die Aberration durch eine entsprechende entgegengesetzte Kopfwendung mehr oder weniger kompensiert. Beim Verfolgen horizontaler Konturen mit gehobenem und gesenktem Blick ist eine solche Kompensation nach Hering nur andeutungsweise vorhanden.

Ritzmann fand, daß die Kopfbewegungen von der Primär- nach Sekundärstellungen ungefähr dem Listingschen Gesetz entsprechend um feste Achsen erfolgten. Bei Tertiärstellungen fand er Abweichungen vom Listingschen Gesetz, die aber keine deutlich erkennbare Regeln aufwiesen. Da wir die

---

[1] Nach neueren Untersuchungen von Fischer (493) soll der (individuell stark variierende) kleinste Drehungswinkel der Augen, bei dem eben die Mitbewegung des Kopfes einsetzt, im Durchschnitt 6—8^0 betragen. Von da an nimmt die Beteiligung der Kopfbewegung mit der Vergrößerung der Blickexkursion zwar zu, aber nicht streng proportional der letzteren.

[2] In pathologischen Fällen können die Augenbewegungen hinter den Kopfbewegungen stark verspätet zurückbleiben (Gowers. 510. Gött, 508).

Kopfdrehungen (ungleich den Augenrollungen) beliebig in unserer Gewalt haben, können besonders beim nicht unbefangenen Sehen (bei Selbstbeobachtungen!) leicht Störungen auftreten, die bei unbefangenem Sehen wegfallen würden (vgl. die Bemerkungen von HERING, R. S. 439 und v. KRIES in HELMHOLTZ, Optik, III, S. 120).

5. Innervation der Augenmuskeln.

a) Allgemeines.

Man teilt die Augenbewegungen gemeinhin ein in willkürliche und unwillkürliche. Als Kriterium der Willkür wird gewöhnlich hingestellt, daß man die Bewegung nach Belieben einleiten oder unterdrücken kann. Sehen wir genauer zu, was sich bei der Einleitung einer uns geläufigen Willkürbewegung z. B. bei einer Greifbewegung vollzieht, so finden wir folgendes: Zunächst ist uns die Absicht, die Bewegung auszuführen, unmittelbar bewußt, und auch der zur Bewegung führende Willensimpuls ist ein bewußter Vorgang. Auch kennen wir aus Erfahrung die Art und Stärke des Innervationsimpulses, den wir zur Ausführung der Bewegung erteilen müssen. Ob aber die Bewegung darauthin wirklich ausgeführt wird, und wie sie ausgeführt wird, das erfahren wir lediglich durch die sogenannten Kontrollsinne der Bewegung. Bei den Bewegungen der Extremitäten sind das die »kinästhetischen« Empfindungen, die von der Haut und den unter ihr liegenden tiefen Teilen ausgehen, sowie der Gesichtssinn. Der Kontrollsinn braucht aber keine kinästhetische Empfindung, wenigstens nicht vorwiegend, zu enthalten. Ich selbst bin z. B. imstande, willkürlich den m. tensor tympani zu kontrahieren, und merke, daß die Bewegung ausgeführt ist, abgesehen von einer leichten Spannung im Ohr an einem rollenden Geräusch. Wenn ich nun genau beachte, was dabei im Bewußtsein vor sich geht, so finde ich eigentlich nichts anderes vor, als den Willen, dieses mir bekannte rollende Geräusch im Ohr hervorzurufen. Ebenso wollen wir bei der Innervation der Extremitätenmuskeln auch nur das Glied in eine bestimmte Lage bringen, also den betreffenden sensorischen Endeffekt der Bewegung hervorrufen. Ja wir sind nicht einmal imstande, eine bestimmte Innervation der Muskel willkürlich auszuführen, wenn wir ihren sensorischen Effekt nicht kennen. Wenn man den nach SAUERBRUCH operierten Amputierten die Verwendung der ihnen verbliebenen Muskeln zu neuen Bewegungsformen anlernen will, so muß man sie die Bewegungen an irgend einem Erfolg kontrollieren lassen (BETHE, 429). Nach der Meinung vieler Psychologen besteht das Wollen einer Willkürbewegung überhaupt in nichts anderem, als in dem Überfließen der Regungen, die der bewußten Vorstellung des Innervationserfolges parallel gehen, auf motorische Bahnen (vgl. JAMES, 10, Bd. II und WHEELER, 727). Indessen zeigt mir die Selbstbeobachtung, am

deutlichsten wieder bei der Innervation des m. tensor tympani, daß vor
der wirklichen Betätigung des Willens die Vorstellung des Innervationszieles
mir zwar »vorschwebt«, aber ich kann sie mir auch ebenso eindringlich
vorstellen, ohne daß es zur wirklichen Innervation kommt. Zu letzterer
gehört eben noch ein besonderer Bewußtseinsakt, die »wirkliche Ausführung
des Gewollten«, den N. Ach (386, S. 248) als den »aktuellen Moment« und
als das wichtigste Merkmal des Wollens bezeichnet. Auch die Erfahrungen
bei der motorischen Aphasie können wohl nicht erklärt werden, wenn
man bloß ein Überfließen der Erregungen, die der Vorstellung des Endzieles
zugrunde liegen, auf motorische Bahnen annimmt. Bei der motorischen
Aphasie ist ja die Vorstellung des gehörten Wortes, auch des selbst ausgesprochenen, demnach des Effekts der motorischen Innervation, noch vorhanden, und trotzdem besteht die Unfähigkeit, die »Innervation zum Aussprechen des Wortes zu finden.« Es ist eben etwas anderes ausgefallen,
ein »Können«, jener erlernte geordnete Innervationskomplex, den man das
motorische Wortbild nennt. Man kann diese einheitlichen motorischen Inner-
vationsgebilde mit den Gestaltwahrnehmungen auf der sensorischen Seite
(bei der Sprache den sensorischen Wortbildern) vergleichen, nur dürfen wir
uns durch die Analogie mit den Gestaltwahrnehmungen nicht zu der Ansicht verleiten lassen, daß dieses motorische »Können« etwas Anschauliches
ist. Die Innervation des Tensor tympani »treffe« ich, wie ich sie aber ausführe, das ist mir gänzlich unbekannt. N. Ach hat derartige unanschau-
liche Bewußtseinsinhalte als «Bewußtheiten« bezeichnet (385, S. 210).
Weitere Literatur und gegnerische Ansichten bei Lindworsky (585).

Bei den Augenbewegungen ist nun das sensorische Ziel, das wir erreichen wollen, der Funktion des Sinnesorgans entsprechend, das, einen
beachteten Gegenstand deutlich zu sehen. Dies ist erreicht, wenn er auf
der Fovea, der Stelle des deutlichsten Sehens, abgebildet wird. Nehmen
wir zuerst den Fall an, daß wir unsere Aufmerkamkeit einem exzentrisch
abgebildeten Gegenstand voll zuwenden, so erfolgt beim unbefangenen
Sehen sofort eine entsprechende Drehung der Augen und meist auch des
Kopfes, bis der Gegenstand »fixiert« wird, d. h. sein Bild auf die Fovea
gebracht ist. Wir können es allerdings lernen, die Aufmerksamkeit auch
einem indirekt gesehenen Gegenstand zuzuwenden, ohne dabei die Augenstellung zu verändern. Aber das ist ein erzwungener Zustand, in dem sich
die Aufmerksamkeit auf ein größeres Gebiet verteilt, denn läßt man dabei
den auf der Fovea abgebildeten Gegenstand ganz außer acht, so tritt sofort
eine Einstellbewegung ein (Hering, R., S. 548). Man hat die zwangsmäßig
an die Richtung der Aufmerksamkeit gebundene Einstellinnervation mit
einem Reflex verglichen. In der Tat ist im Bewußtsein nur die Änderung
der Aufmerksamkeitsrichtung bemerklich, die an sie gebundene Augenbewegung erfolgt unbewußt und zwangsmäßig von selbst, und wir erhalten

wegen der Unbestimmtheit der kinästhetischen Empfindungen des Auges von ihrer Ausführung auch keine deutlich bewußte Kenntnis. Wenn sich jemand im Dunkeln ein Objekt in bestimmter Richtung sehr lebhaft vorstellt, so findet man, daß sich auch seine Augen nach dieser Richtung hingewendet haben, ohne daß er es selbst gemerkt hat (Grünbaum, 516, ähnlich vorher schon Münsterberg und Campbell, 617). Der durch das Streben zum Deutlichsehen hervorgebrachte Einstellungszwang führt bei Abbildung auf exzentrischen Netzhautstellen von selbst zu einer der Exzentrität der Netzhautstelle proportionalen Einstellbewegung. Man hat dies auch so ausgedrückt, daß man jeder der exzentrischen Netzhautstellen einen motorischen Reizwert zugeschrieben und die Fovea als den Nullpunkt des motorischen Apparates der Augen bezeichnet hat. Wenn man aber den Vergleich mit einem Reflex aufrecht erhalten will, so muß man, wie Hering (526, S. 17) betont hat, hier eine ganz besondere Art von Reflexen annehmen. Während nämlich die eigentlichen Reflexe unter Ausschluß der Aufmerksamkeit ablaufen, ja Fehlen ihres Bewußtwerdens früher sogar als notwendiges Charakteristikum des Reflexvorganges betrachtet wurde, liegt hier der Fall vor, daß erst die Aufmerksamkeit, also ein Vorgang des Bewußtseins, »das Netzhautbild zu einem Reflexreiz macht«. Hering verhielt sich daher dieser Auffassung gegenüber noch sehr skeptisch. Wir kennen aber heute eine große Zahl von ähnlichen Fällen, in denen ein Sinnesreiz den Reflexvorgang erst auslöst, wenn er zuvor zu einer bewußten Empfindung geführt hat und der Reflexbogen durch eine besondere »Stimmung« des Bewußtseins gangbar gemacht ist. Der wichtigste und klarste dieser Fälle ist die Appetitsaftsekretion des Speichels und Magensaftes, die beim Anblick, ja bei der bloßen Vorstellung schmackhafter Speisen beim Hungrigen, nicht beim Satten, auftritt. Wir können solche durch das Bewußtsein laufende Reflexe als psychische den gewöhnlichen unbewußten gegenüberstellen.

Diese psychogenen Reaktionen auf optische Reize haben, da sie durch das Bewußtsein vermittelt werden, natürlich auch eine Reaktionszeit von einer Länge, wie sie den Reaktionsbewegungen auf andere Sinnesreize entspricht. Untersuchungen der Reaktionszeit vom Auftauchen eines seitlichen Punktes bis zum Ingangsetzen der Blickbewegung haben Erdmann und Dodge (484) sowie Dodge (466) ausgeführt. Dodge fand bei zwei Personen nach allen Korrekturen eine Reaktionszeit von 170 bzw. 162 σ. Huey (553) gibt als mittlere Dauer der bei Wiederholung des Versuchs etwas an Länge abnehmenden Reaktionszeit 196 σ an.

Von dem eben besprochenen Falle, daß wir das Bild eines Gegenstandes, um ihn deutlich zu sehen, auf die Fovea bringen, ist der zweite zu unterscheiden, daß wir die Fixation eines langsam bewegten Gegenstandes festzuhalten trachten. Die dabei auftretenden Augenbewegungen unterscheiden sich von den oben besprochenen ruckartigen Blickbewegungen durch ihren gleichmäßig langsamen Verlauf (Hering, 772, S. 21). Sie wurden daher von Gertz (506) als gleitende, von Dodge (467) als »Folgebewegungen« von den Blickbewegungen unterschieden. Allerdings enthalten sie bei etwas rascherer Bewegung des fixierten Objekts und bei mangelnder Übung im Verfolgen desselben immer noch einzelne kleine Rucke. Vollkommen glattes Gleiten der Augen im Kopf tritt erst dann auf, wenn man während anhaltender Fixation eines ruhenden Punktes den Kopf dreht oder parallel nach der Seite zu verschiebt (Hering, l. c.). Gertz (507) hat diese gleitenden Bewegungen zusammen mit jenen Dauerinnervationen, die bei ruhendem Objekt und Auge die Fixation festhalten (siehe unten S. 346 ff.), als Funktion eines »Stellungsapparates« zusammengefaßt, und ihnen die Gesamtheit aller ruckartigen Blickbewegungen als Funktion eines »Blickapparates« gegenübergestellt. Für unsere folgenden Betrachtungen ist maßgebend, daß sowohl die gleitenden Augenbewegungen, als auch die ruckartigen Blickbewegungen nach einem seitlich sichtbaren Objekt hin durch optische Reize angeregt werden. Man kann sie, wenn man ihren reflexartigen Charakter besonders betonen will, als psycho-optische Reflexe bezeichnen. Von den rein unbewußten Reflexen (z. B. der Drehreaktion) unterscheiden sie sich, wie gesagt, durch die Mitwirkung der Aufmerksamkeit und dem entsprechend auch durch ihr längeres Latenzstadium.

Außer im Dienste des deutlichen Sehens können wir nun willkürlich die Augenbewegungen auch so ausführen, daß wir ohne optisches Ziel die Augen nach der Seite oder Höhe drehen. Solche Innervationen sind im allgemeinen ungewohnt, und manche Personen können der Aufforderung, die Augen ohne Ziel nach rechts, links, oben oder unten zu drehen, nicht ohne weiteres oder wenigstens nicht geschickt nachkommen. Auch solche erlernen aber die Beherrschung der parallelen Augenbewegungen leicht. Viel schwieriger ist es, ohne ein vorgehaltenes nahes Objekt willkürlich zu konvergieren oder bei Anwesenheit naher Objekte die Gesichtslinien parallel zu stellen. Aber auch das erlernt man schließlich, u. z. ist dazu, wie Hering (526, S. 26) auseinandersetzt, die Vorstelluug eines nahen Objektes im ersten, eines fernen im zweiten Falle nicht nötig, vielmehr kann man die willkürliche Konvergenz und Divergenz auch erlernen auf Grund der freilich recht unbestimmten Empfindungen, die man im Auge selbst hat[1]). Ähnlich steht es mit der noch schwierigeren Lösung von Akkommodation und Konvergenz. In diesen Fällen ist also nicht das deutliche Sehen, sondern die Herbeiführung einer bestimmten Sensation im Auge für die Bewegungsinnervation leitend, und diese Augenbewegungen sind es daher, die mit den Bewegungen der Gliedmaßen direkt verglichen werden können. Wir wollen diese Bewegungen zum

---

1) Bei der Blickwendung auf Kommando könnte beides vorkommen. Ob das eine oder andere vorliegt, läßt sich nur durch die Selbstbeobachtung entscheiden.

Unterschied von den Blickbewegungen als reine Willkürbewegungen bezeichnen.

Zwischen beiden steht eine andere Art von Augenbewegungen, die weder rein willkürlich in dem zuletzt angeführten Sinne, noch auch ausschließlich optisch bedingt ist. Das sind die »Spähbewegungen«, das willkürliche Absuchen der Umgebung durch kombinierte Kopf- und Augenbewegungen, bei denen die Bewegung zwar durch die Absicht, einen Gegenstand aufzufinden, hervorgerufen wird, die aber darin, daß sie keinem von vorne herein sichtbaren Ziel zustreben, den rein willkürlichen Kopf- und Augenbewegungen nahestehen. Den durch optische Reize ausgelösten reflexartigen Blickbewegungen entspricht ferner eine weitere Art von Blickbewegungen, die entweder durch Körpersensationen oder durch Gehörseindrücke ausgelöst werden, das Hinsehen nach einer gereizten Hautstelle oder das mit Kopfwendung verbundene Hinblicken nach seitlichen nicht sichtbaren Schallquellen. Auch hier handelt es sich, wie bei den oben besprochenen psycho-optischen Reflexen um eine Zwischenstufe zwischen reinen Reflexen und Willkürbewegungen, nur ist der auslösende Anlaß ein anderer.

Bei den Blick-, Folge- und Spähbewegungen, aber auch bei den bisher erwähnten willkürlichen Augenbewegungen verhalten sich die beiden Augen dem Bewußtsein gegenüber genau so als Einheit, wie auch die sensorischen Eindrücke beider Augen im Bewußtsein zum einheitlichen Sehfeld verschmolzen sind. Dem einheitlichen sensorischen Auge entspricht ein ebenso einheitlicher motorischer Apparat des Auges. So wie wir also beim binokularen Sehen die den beiden Augen gemeinsamen Sehrichtungen eingeführt haben, die im Schema vom mittleren imaginären Auge ausgehen, so denken wir uns auch den Willen bei den Blickbewegungen einwirkend auf ein einheitliches mittleres imaginäres Auge, d. h. es erfolgt eine in Wirklichkeit auf beide Augen gleichmäßig sich verteilende Innervation, beide Augen gehorchen dem Willen wie ein Zwiegespann dem einen Lenker (HERING, 526). Der beiden Augen gemeinsamen Hauptsehrichtung entspricht die beiden Augen gemeinsame binokulare Blickrichtung, die man sich vom binokularen Blickpunkt, dem Schnittpunkt der Blicklinien beider Augen nach dem mittleren imaginären Auge gezogen denken kann.

Wir unterscheiden beim Blicken gleichsinnige und gegensinnige Augenbewegungen. Bei den ersteren führen die Blicklinien beider Augen Bewegungen in gleicher Richtung aus, bestehend in einer Seitenwendung, einer Hebung oder Senkung oder in einer Kombination von Seitenwendung und Erhebung. Dabei geht die binokulare Blickrichtung entsprechend mit. Der binokulare Blickpunkt kann aber auch auf der feststehenden binokularen Blickrichtung hin- und herwandern, einmal in größere Nähe, dann in weitere Ferne. Diese Art der Wanderung des Blickpunktes bedingt eine gegensinnige Drehung beider Augen, die Mehrung und Minderung der Konvergenz bis zur Parallelstellung der Blicklinien beim Blick in die Ferne.

Die gleichsinnigen Bewegungen der Augen können sich natürlich mit gegensinnigen kombinieren. Das ist der Fall, wenn man gleichzeitig den Blick nach der Seite oder nach oben oder unten wendet und dabei außerdem die Konvergenz ändert, z. B. von einem fernen geradeaus gelegenen Punkt auf einen nahen, seitlich gelegenen hinblickt. Der interessanteste Fall dieser Art ist der, daß der nahe Punkt auf der geradeaus gerichteten Gesichtslinie des einen Auges, sagen wir des rechten, liegt. Dann führt nur das linke Auge eine Bewegung aus, das rechte bleibt geradeaus gerichtet stehen. Das ist aber, wie HERING (526) zeigte, keine Ausnahme vom Gesetz der stets gleichen Innervation beider Augen bei den Blickbewegungen, vielmehr liegen der Einstellung auf den Punkt F zwei Innervationen zugrunde: Zunächst eine Innervation zur parallelen Seitenwendung, durch die die Gesichtslinien beider Augen, wie es in Fig. 107 angedeutet ist, um den Winkel α nach rechts gedreht werden. Damit verbindet sich eine Konvergenzinnervation, die die Gesichtslinie des linken Auges noch weiter um den Winkel β nach rechts dreht, während die Gesichtslinie des rechten Auges um den gleichen Winkel, um den sie vorher nach rechts gedreht worden war, zurückgedreht wird, wie es die Doppelpfeile in der Figur anzeigen. Daß wirklich diese beiden Innervationen erteilt werden, geht zunächst daraus hervor, daß das rechte Auge nicht vollkommen stillsteht, sondern leicht schwankende Bewegungen ausführt, zum Zeichen

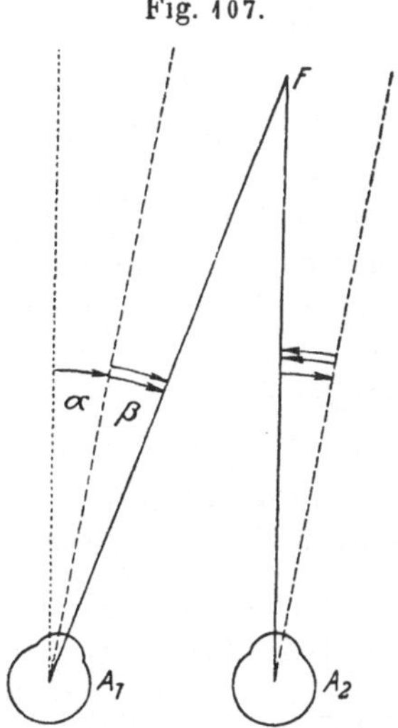

Fig. 107.

dafür, daß die beiden Gegeninnervationen den Augenmuskeln nicht streng gleichzeitig zufließen. Das macht es außerdem wahrscheinlich, daß die beiden Gegeninnervationen wirklich erteilt werden, und sich nicht schon im Zentralnervensystem gegenseitig aufheben, was auch möglich wäre (HERING, R. S. 521). Als Folge davon ist aber zu erwarten, daß die antagonistischen Muskeln dabei gleichzeitig stärker angespannt werden, als beim Fernsehen und sie demnach einen stärkeren Druck auf das Auge ausüben. Ferner führt das rechte Auge entsprechend der Innervation zum Nahesehen eine kleine Rollung mit dem oberen Pole nach außen aus (siehe oben S. 276), was man an einer Scheindrehung der Objekte erkennt, die bei verschlossenem linkem Auge auftritt. Mit ihr verbindet sich bei geschlossenem linkem Auge eine Scheinverschiebung des Sehfeldes nach rechts, über die wir später genauer berichten.

Daß wirklich mit der Innervation des einen Auges zur Blickbewegung eine ebensolche Innervation des anderen Auges zwangsweise verbunden ist, zeigt sich darin, daß, wenn man ein Auge verdeckt, auch das verdeckte Auge alle Blickbewegungen, die gleichsinnigen, wie die gegensinnigen, mitmacht, trotzdem das für das Sehen ganz überflüssig ist. Ja, wir können nicht einmal diese ganz unnützen Augenbewegungen willkürlich unterdrücken. Mit diesem Zwang zur doppelseitig gleichen Innervation hängt es ferner zusammen, daß das binokulare Blickfeld, d. h. das Gebiet, innerhalb dessen wir die Gesichtslinien beider Augen gemeinsam auf einen Punkt einstellen können, kleiner ist, als das monokulare, d. h. das Gebiet, innerhalb dessen wir die Gesichtslinie jedes einzelnen Auge auf einen Punkt einzustellen vermögen. Diese von HERING (526, S. 43 ff.) festgestellte Tatsache ist gegenüber den Einwänden von SCHNELLER (666) neuerdings von W. und L. ASHER (393, 392) bestätigt worden. In Fig. 105 (siehe oben S. 292) sind die monokularen Blickfelder jedes Einzelauge eines Myopen von 5 D (W. ASHER) im Fernpunkt seines Auges aufgenommen, übereinander gezeichnet. Sie überdecken sich in weiter Ausdehnung, aber in diesem »Deckgebiet« können nur innerhalb des durch Schraffierung gekennzeichneten Teils die Gesichtslinien beider Augen gemeinsam auf einen Punkt eingestellt werden. Außerhalb desselben tritt beim Versuch, binokular zu fixieren, Doppeltsehen auf. Wären wir imstande, die beiden Augen im Interesse des Einfachsehens willkürlich unabhängig voneinander zu innervieren, so würden wir diese Fähigkeit doch wenigstens in diesem Falle ausüben. Das geschieht aber nicht, die Doppelbilder können einander nur durch den ganz andersartig wirkenden Fusionszwang genähert werden.

Das binokulare Blickfeld ist schon bei geringen Muskelinsuffizienzen stark eingeengt (BLASCHEK, 441). Bei seitlicher Kopfneigung wird nach WICHODZEW (728) nur das binokulare Blickfeld eingeengt, die monokularen bleiben unverändert.

Daß der Zwang zur gemeinsamen willkürlichen Blickbewegung beider Augen auf einer ererbten angeborenen Anlage beruht, wird dadurch bewiesen, daß er beim Kinde gleich von dem Augenblick an vorhanden ist, an dem Blickbewegungen überhaupt ausgeführt werden. Dieser Zeitpunkt ist freilich je nach der Reife des Neugeborenen sehr verschieden, meist tritt er erst mehrere Tage bis Wochen nach der Geburt ein (RAEHLMANN und WITKOWSKI, 137; GUTMANN, 521a). Als Ausnahme beobachtete DONDERS (237 a, 481) einen Neugeborenen, der schon wenige Minuten nach der Geburt einen Gegenstand fixierte und ihm mit den Augen sowohl bei seitlichen Bewegungen folgte, als auch bei seiner Annäherung stärker, bei seiner Entfernung schwächer konvergierte, GUTMANN mehrere, die das bereits in den ersten Tagen konnten. GUTMANN setzt diese Fähigkeit mit Recht zur Markreifung der Nervenbahnen im Gehirn in Beziehung. Auch die Beobachtung von Donders (481), daß bei einem absolut blind Geborenen parallele Augenbewegungen nach allen Richtungen hin vorhanden waren, zeigt, daß dieser Parallelismus nicht unter der Leitung des Gesichtssinnes erlernt wird.

Als Beweise gegen die eben dargelegte Auffassung sind vielfach die unkoordinierten Bewegungen angeführt worden, die man bei Säuglingen im Schlaf und in leichter Narkose beobachtet (Raehlmann und Witkowski, 137), und die beim Erwachsenen zwar viel seltener sind, aber doch einwandsfrei beobachtet werden können (Plotke, 640, Pietrusky, 638). Ferner hat man darauf hingewiesen, daß entgegen der Annahme von Hering einseitiger Nystagmus vorkomme, ja daß man in pathologischen Fällen vielfach einseitigen vertikalen Augenbewegungen und Divergenzbewegungen begegnet, die willkürlich gar nicht herbeigeführt werden können. Endlich hat es Bjerke (312), von der Mitbewegung des Auges bei der Lidhebung ausgehend, erlernt, das eine Auge zunächst gleichzeitig mit einseitiger Lidhebung, dann aber auch isoliert für sich zu heben, während das andere unbewegt bleibt. Das alles beweist aber nichts gegen die Annahme, daß das zwangsweise Zusammengehen beider Augen bei den Blickbewegungen auf einer angeborenen Grundlage beruht. Die unkoordinierten Augenbewegungen der Säuglinge und bei Schlafenden rühren von unregelmäßigen Regungen niederer, einseitiger Zentren her, die entweder noch nicht oder nicht mehr, wie in der Norm vom Großhirn aus gehemmt werden (s. unten S. 341 ff.). Einseitigen Nystagmus kann man experimentell gerade durch Ausschaltung des Einflusses des Großhirns mittels Durchschneidung eines Hirnschenkelfußes hervorrufen (Löwenstein und Mangold, 595), der labyrinthäre Rucknystagmus ist eine koordinierte doppelseitige Bewegung, und selbst für das Augenzittern der Bergarbeiter betont Ohm (635b) ausdrücklich die Gültigkeit des Heringschen Gesetzes. Die von Bjerke erlernte Bewegung ist aber keine Blickbewegung, sondern fällt unter die schon erwähnten Willkürbewegungen im engeren Sinne, die auf Grund der Binnengefühle der Augen, diesmal nur eines Auges erlernt werden. Die Genese einseitiger bzw. nicht-assoziierter Augenbewegungen in pathologischen Fällen ist zwar durchaus noch nicht in jeder Beziehung klargestellt, aber auch sie haben bisher noch keinen Anhalt gegen die Annahme einer zwangsmäßigen Assoziation der Blickbewegungen ergeben (s. unten S. 341). Auch der von Simon (677) gegen die Heringsche Lehre angeführte Fall von angeborener Abduzenslähmung, der ein Fixationsobjekt noch einfach sah, wenn es in geringer Entfernung gerade vor das gelähmte Auge gehalten wurde, läßt sich, wie Hofmann (540, S. 815 ff.) zeigte, nicht gegen die Annahme einer Innervation beider Augen verwerten.

Mit der gegensinnigen Bewegung der Konvergenz ist normalerweise eine passende Akkomodation für die Nähe und eine Verengerung der Pupille vorbunden. Auch diese »Assoziation«, wie man in der Ophthalmologie solche

Vereinigungen mehrerer Innervationen zu einem einheitlichen Gesamtzweck
nennt, ist eine doppelseitige.   Wir sind nicht imstande, die Akkommodation
beider Augen willkürlich ungleich zu machen, ja es gelingt nicht einmal durch
den Fusionszwang, sie einseitig zu ändern. Die ausgedehnte Kontroverse über
diesen Gegenstand vgl. man bei Hess in diesem Handbuch (533). Dagegen kann
allerdings durch den Fusionszwang eine doppelseitige Lösung der Assoziation zwischen Akkommodation und Konvergenz zum Zweck einer Verbesserung
des Sehens herbeigeführt werden.   Ja, manchen Personen ist es möglich,
auch rein willkürlich die Akkommodation zu ändern, ohne die Augenstellung
aufzugeben.   Aber auch in diesem Falle ist die Lösung der Akkommodation
bisher immer nur eine doppelseitige gewesen.

b) Die Zentren der Blickbewegungen.

Als direkter Beweis für die physiologische Präformierung des Zwanges
zu stets gleicher Innervation beider Augen bei den Blickbewegungen kann
ferner angeführt werden, daß man durch elektrische Reizung der Großhirnrinde auf einer Seite bei Hunden, Affen und beim Menschen assoziierte
Bewegungen beider Augen auslösen kann.   Es gibt in der Großhirnrinde
mehrere besonders leicht reizbare Felder dieser Art.   Das am leichtesten
erregbare liegt beim Affen und Menschen, bei dem es von Bechterew, 416;
Förster, 500 u. a. nachgewiesen wurde, am Fuße der zweiten Stirnwin-
dung und wird als »präzentrales« oder »frontales« Blickzentrum bezeichnet (Literatur bei Tschermak, 703).   Es ist bei den Affen und beim
Menschen von den übrigen motorischen Zentren durch eine elektrisch
weniger erregbare Zone getrennt und entspricht nach Förster beim
Menschen dem unteren Teile des Rindenfeldes 8, der Area frontalis
intermedia von Brodmann (451), bei den Cercopithecinen nach C. und O. Vogt
(716) dem von ihnen als 8 α und 8 β bezeichneten Felde.   Reizung dieser
Stelle auf einer Seite ruft als isolierte Primärbewegung Drehung beider
Augen nach der Gegenseite hervor, gelegentlich reagiert das Auge der
Gegenseite stärker, als das der gleichen Seite [C. und O. Vogt beim Affen,
Leyton und Sherrington (584) bei Anthropoiden, Förster beim Menschen].
Schäfer und Mott (613) fanden bei Cercopithecus, daß man außer der
Blickwendung zur Seite von diesem Felde aus auch noch andere assoziierte
Bewegungen beider Augen auslösen kann, und zwar je nach der Reizstelle
eine mit der Seitenwendung verbundene Hebung oder Senkung.   Bei Ma-
cacus (Cynomolgus) sinicus werden nach Beevor und Horsley (420) Hebungen
sehr selten, Senkungen nur ganz ausnahmsweise beobachtet.   Analoge Be-
funde erhielten bei den Cercopithecinen C. und O. Vogt, 715, S. 331) und
Levinsohn (583).   Nach Russel (655) tritt nach Durchschneidung der Seitenwender bloße Hebung oder Senkung auf.   Bei den Anthropoiden erwähnen
Leyton und Sherrington (584) eine gelegentliche Mitbeteiligung von Hebung

oder Senkung, ob bei Reizung des frontalen oder okzipitalen Blickzentrums, ist aber nicht klar erkennbar. Beevor und Horsley (422) sowie C. und O. Vogt (715, S. 364) haben sie am frontalen Blickzentrum der Anthropoiden nicht beobachtet. Auch beim Menschen hat Förster von hier aus Blickhebungen oder Senkungen nicht erhalten. Wenn man das Feld ringsum tief umsticht, erhält man von ihm aus noch immer Augenbewegungen (Förster, noch nicht veröffentlicht), es hat also eine eigene Leitungsbahn nach der Peripherie, die anatomisch von Piltz (639, hier auch Literatur) durch den vorderen Schenkel der inneren Kapsel und den inneren Teil des Hirnschenkelfußes bis in die Gegend der Augenmuskelkerne und in die Rhaphe verfolgt wurde, und die von Beevor und Horsley (421, 422) auch physiologisch durch elektrische Reizungen in der Gegend des Knies der inneren Kapsel frontal von der Pyramidenbahn nachgewiesen worden ist (von vorne nach hinten erhält man zunächst Augenbewegungen, dann gleichzeitige Bewegungen der Augen und des Kopfes, noch weiter hinten bloß Kopfdrehungen).

Außer dem beschriebenen befindet sich dorsal davon in einem Teile des Brodmannschen Rindenfeldes 6 — dem Felde 6 $\alpha\,\beta$ von C. und O. Vogt — bis zur medianen Längsspalte reichend ein weiteres leicht erregbares Feld, von dem aus man nach Beevor und Horsley (420) bei Macacus, nach C. und O. Vogt bei den Cercopithecinen primär eine Kopfwendung und sekundär Augendrehung nach der Gegenseite erhält, wozu sich noch eine Rumpfdrehung und Ohrbewegungen hinzugesellen können. Es sind das die von C. und O. Vogt als Einstellungs- oder Adversionsbewegungen bezeichneten Reaktionen, die man auf eine Verlegung der Aufmerksamkeit nach der Gegenseite hin beziehen kann.

Neben dem frontalen Blickzentrum befindet sich im Okzipitalhirn ein weiteres Feld, von dem aus man bei einseitiger elektrischer Reizung assoziierte Bewegungen beider Augen als Primärbewegungen auslösen kann, das »okzipitale Blickzentrum«. Schäfer (663) erhielt bei Affen vom ganzen Okzipitalhirn aus Blickwendung nach der Gegenseite. Dazu gesellte sich bei Reizung der oberen Partien auf der lateralen und medialen Hirnfläche eine Blicksenkung, bei Reizung der unteren Partien eine Blickhebung. Der Erfolg war bei Reizung der medialen Fläche immer stärker, als bei Reizung der lateralen konvexen Fläche. Schäfer nahm, ebenso wie Munk an, daß diese Augenbewegungen die Folge oder eine Begleiterscheinung subjektiver Gesichtseindrücke seien, die durch die elektrische Reizung hervorgerufen werden. Nimmt man nämlich an, daß die korrespondierenden Stellen der unteren Netzhautpartien beider Augen im unteren, die der oberen Netzhautteile im oberen Teil der Sehsphäre zusammenfließen, so würde sich daraus eine einfache Erklärung der Reizbefunde ergeben. Als Beweis dafür, daß der Reizerfolg auf andere Weise zustande kommt, als bei Reizung des frontalen Blickzentrums führt Schäfer (662) an, daß das Latenzstadium bei okzipitaler Reizung länger ist, als bei frontaler. Daß aber die Erregung nicht erst durch das frontale Blickzentrum hindurchmuß, ergibt sich daraus, daß ein tiefer Einschnitt zwischen beiden Zentren oder Exstirpation des frontalen Blickzentrums den Reizerfolg des Okzipitalhirns nicht aufhebt [Schäfer, Levinsohn, Sherrington, (674), C. und O. Vogt (716) am Affen, Danillo, Munk und Obregia u. a. am Hund — siehe die Literatur bei Tschermak, 703, S. 30 und bei Minkowski (609)]. Nach Sahli (661) und Minkowski (609) ist motorisch wirksam nicht die Sehsphäre selbst — die Area striata von Brodmann — sondern ein ihr benachbartes Feld. Nach C. und O. Vogt (716) ist meist das Feld 19, die Area praeoccipitalis von Brodmann[1]), am leichtesten erregbar. Dieses Feld ist beim Menschen lateral breiter als medial und reicht lateral über den Sulcus interoccipitalis und parietooccipitalis nach vorn heraus. Am Menschen hat Förster bei Reizung desselben einmal Augenbewegungen nach der Gegenseite gesehen. Beim Affen liegt das Feld nach C. und O. Vogt (716, S. 375 ff.) in dem Gebiete zwischen der ersten Temporalfurche und dem Sulcus interoccipitalis im hinteren Teil des Gyrus angularis (der aber mit dem Gyrus angularis des Menschen nicht identisch ist), und man erhält von ihm aus mit verhältnismäßig schwachen Strömen Augenbewegungen nach der Gegenseite verbunden mit Senkung, von einer Stelle aus auch bloße Senkung. Exstirpationen dieser Gegend haben Probst, Bernheimer (427) und Minkowski (609) ausgeführt und Degenerationen bis in die Vierhügelgegend nachweisen können (vgl. ferner Lutz, 589). Vom Felde 18 und 17, der Area occipitalis und der Sehsphäre selbst, haben C. und O. Vogt und auch Levinsohn (583) Augenbewegungen erzielt. An den anthropoiden Affen erhielten Sherrington und seine Mitarbeiter (517, 613 a, 584) vom Okzipitalhirn aus Augenbewegungen nur bei Reizung der Regio calcarina auf der medialen Fläche der Hemisphäre. Auf der lateralen Fläche fanden sich nur wenige Reizpunkte am Okzipitalpol. Ein Reizfeld in der Gegend der Gyrus angularis wird von diesen Autoren nicht erwähnt. Man kann das so deuten, daß die Erfolge bei Reizung des Gyrus angularis die aus der Sehsphäre absteigende motorische Sehbahn betreffen, die dicht unter der Hirnrinde verläuft (Roux, 652) und die nach einer tiefen Läsion dieser Gegend absteigend degeneriert (vgl. Tschermak, 703, S. 84, 98 und 164). Löwenstein und Borchardt (586) sowie F. Krause (574) haben allerdings am Menschen bei elektrischer Reizung der Sehsphäre (in der Gegend des Okzipitalpols) nur subjektive Lichterscheinungen, keine Augenbewegungen erzielt.

---

1) Nach Brodmann wird die Area striata oder Sehsphäre (Feld 17) ringförmig von einem Felde mit abweichendem Bau umschlossen, der Area occipitalis (Feld 18), und dieses wieder ringförmig von der Area praeoccipitalis (Feld 19). Die Grenzen der beiden letzteren Felder halten sich nicht an bestimmte Hirnfurchen.

Außer vom präzentralen und okcipitalen Blickzentrum erhält man verhältnismäßig leicht Augenbewegungen auch bei Reizung der hinteren Hälfte der ersten Temporalwindung (Hitzig, Ferrier u. a., siehe die Literatur bei Tschermak, 703, S. 34 und 39). Die Reizung löst Ohrbewegungen und Wendung des Kopfes und der Augen nach der Gegenseite aus, es handelt sich also auch hier wieder um ausgebreitete Adversionsbewegungen (C. und O. Vogt, 716). Nach diesen Autoren liegt das Reizfeld im dorsalen Teil des Feldes 22, der Area temporalis superior von Brodmann, dem Felde 22 a α und 22 a β von C. und O. Vogt.

Endlich sah Hitzig (535) am Hund bei Reizung des Orbikularisfeldes in der vorderen Zentralwindung auch eine einseitige mit dem Lidschluß synergische Bewegung des Auges der Gegenseite. R. du Bois-Reymond und Silex (442) sowie Tschermak (bei Fischer, 495, S. 278) konnten dies am Hund bestätigen. Einen analogen Befund erhoben C. und O. Vogt bei den Cercopithecinen. Sie konnten hier nicht nur den schon von Hitzig (535) und dann auch von Beevor und Horsley sowie Roaf und Sherrington (648 a) erhobenen Befund bestätigen, daß der kontralaterale Orbicularis oculi bei einseitiger Reizung des Orbiculariszentrums leichter erregbar ist, als der gleichseitige, sondern sie fanden ferner, daß mit dem Lidschluß »eine Verengerung der Pupille und eine Drehung des Bulbus nach oben und etwas nach innen und außen« sich verbindet (715, S. 326). Für die Anthropoiden haben die Autoren bisher nur das Überwiegen des kontralateralen Lidschlußes angegeben, aber keine Angaben über assoziierte Pupillen- oder Bulbusbewegungen hinzugefügt. Man dürfte aber hier wohl nur nicht darauf geachtet haben. Es scheint mir deshalb gestattet, auch Bjerkes oben S. 303 erwähnte Einübung einseitiger Augenbewegungen beim Lidschluß mit den positiven Befunden am Hund und an den Cercopithecinen in Zusammenhang zu bringen. Mit den Blickbewegungen haben allerdings die mit dem einseitigen Lidschluß synergischen einseitigen Bulbusbewegungen nichts zu tun.

Weiteren Aufschluß über die zentrale Innervation der Augenmuskeln erhält man durch die Erscheinungen bei Erkrankungen des Gehirns. Der für die Physiologie wichtigste Befund findet sich bei Erkrankungen der Brücke. Bei einseitigen Tumoren und sonstigen Erkrankungen in dieser Gegend tritt besonders häufig eine assoziierte Blicklähmung nach der Seite des Krankheitsherdes auf (Uhthoff, 709, S. 568 ff. und 588). Sie ist wohl zu unterscheiden von einer gleichzeitigen Erkrankung der Kerne des N. abducens des einen und für den M. rectus medialis des anderen Auges. Das ergibt sich für den Rectus medialis daraus, daß in reinen Fällen von seitlicher Blicklähmung seine Funktion bei der Konvergenzbewegung erhalten bleibt. Weitere Einzelheiten darüber siehe bei Uhthoff (l. c.). Auch pathologisch-anatomisch ist in mehreren Fällen nachgewiesen worden, daß die assoziierte Blicklähmung durch einen kleinen Krankheitsherd nicht im Abduzenskern selbst, sondern in seiner Nähe im hinteren Längsbündel hervorgerufen wurde. Es handelt sich also in diesen Fällen nicht um eine völlige Lähmung eines oder mehrerer Muskeln, sondern um den Ausfall einer bestimmten Bewegung. Als Ursache dafür wurde von Foville (siehe die Literatur bei Hunnius, 554, und von Monakow, 610, S. 613) ein gemeinsamer Ursprung der Nerven für den Rectus lateralis des einen und den Rectus medialis des anderen Auges angenommen. Nach späteren Untersuchungen (Wernicke, Hunnius, Sauvineau u. a.) soll ein besonderes paariges supranukleäres Blickzentrum in der Nähe des Abduzenskernes, nicht in diesem selbst liegen, und v. Monakow glaubt, daß dieses Zentrum aus zerstreut liegenden Schalt- oder Assoziationsneuronen bestehe, die je ein Abduzensneuron und ein Rectus medialis-Neuron der Gegenseite miteinander vereinigen. Bernheimer (426, S. 82) meint, diese Schaltzellen verbänden den Abduzenskern mit jenen Zellen des gleichseitigen Okulomotoriuskerns aus denen die von ihm beschriebenen gekreuzten Nervenfasern für den Rectus medialis der Gegenseite entspringen. Groß ist der Unterschied zwischen diesen Auffassungen nicht. Alle nehmen sie, zunächst für die assoziierte Seitenwendung, an, daß die Kerne der Augenmuskeln supranukleär durch Schaltneurone miteinander verbunden sind, an denen die kortikofugalen Bahnen für die assoziierten Augenbewegungen angreifen. Indessen haben Marburg (596 a) und Lutz (589) die Existenz eines solchen supranukleären Seitenwendungszentrums überhaupt in Abrede gestellt, und die isolierte Lähmung der Seitwärtswendung, speziell die sogenannte partielle Blicklähmung aus dem besonderen Verlauf der Fasern der Blickbahn zu erklären versucht (vgl. auch Turner, 706 a).

Für den Rectus lateralis hat Bielschowsky (433) als Kriterium zur Unterscheidung der nukleären und »supranuklären« Lähmung die Prüfung durch reflektorisches Festhalten der Fixation eines Punktes beim Drehen des Kopfes um die vertikale Achse empfohlen (s. unten S. 321). Dagegen hat allerdings Sachs (660) den Einwand erhoben, daß es sich dabei nicht, wie Bielschowsky annahm, um einen reinen Reflex von seiten des Labyrinths handle, sondern um eine Folge der Fixationsabsicht (vgl. auch die unten S. 322 mitgeteilten Angaben von Gertz und Dodge). Ich glaube aber, daß man das Vorhandensein supranukleärer Verbindungen der Augenmuskelkerne auch aus der Tatsache der reziproken Innervation (s. unten S. 337) erschließen muß, die ja nicht bloß für die kortikale Innervation, sondern auch für die labyrinthären Reflexe nachgewiesen ist.

Daß es eine ähnliche supranukleäre Schaltung im Hirnstamm auch für die Konvergenzbewegung gibt, wird erschlossen aus Fällen von Konvergenzlähmung bei Erhaltenbleiben der Funktion der Recti mediales als Seitenwender. Ob es daneben auch ein eigenes subkortikales Zentrum für die Divergenzbewegung der Augen gibt, ist sehr fraglich (vgl. Bielschowsky und Hofmann, 430). Durch Reizung des Gyrus angularis hat zwar Bechterew (417) an Affen Minderung der Konvergenz bis zur Parallel-stellung der Gesichtslinien erzielt, aber das kann auch durch Nachlaß des Konvergenztonus entstanden sein. Nach Bielschowsky (437, S. 97) kann die Divergenzlähmung auch anderweitig vorgetäuscht werden. Weitere Lite-ratur bei Wilbrand und Sänger (730, S. 108 ff.) und Cords (460, S. 240).

Bei isolierten Läsionen in der Gegend der vorderen Vierhügel treten häufig Blicklähmungen nach oben und unten oder auch bloß nach oben auf, dagegen fehlt die assoziierte Lähmung der Seitenwendung bei isolierten Vierhügelerkrankungen fast vollständig (Uhthoff, 709, S. 659 ff.) Nach Analogie mit den obigen Ausführungen über die assoziierte Seitenwendung bei Ponserkrankungen wäre daraus der Schluß zu ziehen, daß die supra-nukleären Zentren oder Schaltungen für die Blickhebung und Senkung in der Vierhügelgegend zu suchen seien. Zwar ist hierbei der Unterschied zwischen der nukleären und supranukleären Lähmung nicht in der gleichen Weise zu erbringen, wie bei der Seitenwendung, doch wird man nach Analogie mit den Seitenwendungszentren solche auch für die Blickhebung und Senkung fordern.

Auch durch elektrische Reizung der Vierhügel hat man assoziierte Be-wegungen beider Augen erhalten (Adamük u. a., siehe die Literatur bei Tscher-mak, 703, S. 187). Nach Adamük (387, 388) bewirkt Reizung in der Median-linie Augenhebung und Konvergenz, Reizung der seitlichen Teile Blick- und Kopfwendung nach der Gegenseite. Ob es sich dabei um Reizung kortikofu-galer Leitungsbahnen oder subkortikaler Zentren handelt, läßt sich nicht ent-scheiden. Beim Hund löst nach Knoll (569) einseitige Reizung meist, aber nicht immer assoziierte Bewegungen beider Augen aus.

Man ist sehr geneigt, sich diese verschiedenen Zentren als fest˰gegebene anatomische Verbindungen vorzustellen, die nur eine einzige unabänder-liche Funktionsweise gestatten. Dem widersprechen freilich Angaben von Marina (597), der an Affen die Augenmuskeln in der verschiedensten Weise verlegte. So ersetzte er den Rectus medialis durch den Obliquus superior, ja durch den Rectus lateralis, und trotzdem stellten sich, wie er angibt, nach einiger Zeit wieder normale Konvergenzbewegungen ein. Ebenso er-folgten nach seiner Angabe normale Seitenwendungen der Augen nach Er-satz des Rectus medialis durch den Rectus superior beim Dreh- und galva-nischen Nystagmus und bei elektrischer Reizung der Großhirnrinde. An der Extremitätenmuskulatur ist ein derartiger Funktionswechsel schon lange bekannt. Es fragt sich aber, ob man nach den Versuchen von Marina einen solchen Funktionswechsel auch für die Augenmuskeln und ihre Zentren an-nehmen soll. Bartels (409) hat die Beweiskraft der Versuche ganz ent-schieden in Abrede gestellt, und auch die Umschaltungen von Muskeln am menschlichen Auge sprechen nach Jackson (556) nur für ein recht beschränktes »Umlernen.« Wenn man z. B. Streifen der Sehne vom Rectus superior und inferior zum Ersatz des Rectus lateralis verwendet, so übernehmen sie nach

Jacksons Auffassung keine ganz neue Funktion, weil nach ihm bei extremer Seitenwendung beide Muskeln zusammen mithelfen, den Bulbus nach außen zu drehen, und ihre Übertragung an die Insertionsstelle des Rectus lateralis diese ihre Wirkung nur besser zur Geltung bringe. Jedenfalls mahnen diese Beobachtungen zur Vorsicht, daß man nicht für jede neue Verbindungsweise der Innervation der Augenmuskeln, wie wir sie im folgenden noch kennen lernen werden, immer gleich ein neues »Zentrum« annimmt.

An den eben aufgezählten, wie gesagt, noch etwas hypothetischen Zentren greifen nun die von der Hirnrinde herkommenden »Leitungsreize« an. Von welchen der verschiedenen Hirnzentren der Leitungsreiz für jede einzelne der oben unterschiedenen Arten von Augenbewegungen seinen Ursprung nimmt, ist noch nicht völlig klargestellt. Aus den Tierexperimenten läßt sich darüber nicht viel entnehmen. Dauernde Blicklähmung tritt nach der Angabe aller Autoren nach der Exstirpation keines einzigen dieser Zentren auf, auch nicht nach doppelseitiger Exstirpation des frontalen Zentrums (Schäfer, Textbook of Physiol. II, S. 740). Vorübergehende Störungen der Blickbewegung sind dagegen häufig. Levinsohn (583) erhielt an Affen nach Exstirpation der hinteren Hälfte des Stirnlappens, des Gyrus angularis oder des Okzipitallappens (einzeln oder mehrerer Stellen zusammen) in der Regel, aber durchaus nicht immer nur eine konjugierte Seitenablenkung (vgl. unten S. 340) von Kopf und Augen nach derselben Seite. Sie verschwand gewöhnlich sehr bald, gelegentlich schon nach wenigen Minuten, höchstens nach einigen Tagen. Wenn sie im wachen Zustande eben geschwunden ist, kann man sie durch leichte Narkose wieder hervorrufen (R. Russell, 655). Mit ihr ist die Unfähigkeit oder wenigstens die Erschwerung der Blickwendung nach der entgegengesetzten Seite verbunden, die in der Regel die Seitenablenkung etwas überdauert, aber auch bald verschwindet. Ferrier und Turner (489 a) exstirpierten beim Affen beide frontalen Blickzentren, sowie beide Gyri angulares, erhielten jedoch auch nur eine vorübergehende Blicklähmung. Auch beim Menschen tritt weder nach kortikalen Läsionen, noch nach Unterbrechung der aus den kortikalen Zentren entspringenden Leitungsbahnen eine dauernde Blicklähmung auf, sondern nur eine vorübergehende Herabsetzung der Blickfähigkeit. Doch sind gerade beim Menschen präzise Angaben über die Abhängigkeit der Blickschädigung vom Sitze des Herdes nicht möglich (vgl. Uhthoff, 710).

Im allgemeinen wird angenommen (Schäfer, s. oben S. 305, Bechterew, 418, Roux, 652, Tschermak, 703, S. 177 u. a.), daß vom okzipitalen Blickzentrum die Innervation für die durch optische Reize eingeleiteten und kontrollierten Augenbewegungen ausgehen. Insbesondere gilt dies nach Best (267b) auch für die Fusionsbewegungen [1]. Das präzentale Blickzentrum dagegen

---

1) Der mit aufmerksamer Betrachtung bewegter Gegenstände verbundene optische Bewegungsnystagmus (s. unten S. 325) soll dagegen nach Wernøe (zitiert

soll das Zentrum für die ›Spähbewegungen‹ und wohl auch für die Augenbewegungen auf taktile Reize sein, das temporale für die durch akustische Reize ausgelösten Kopf- und Augenbewegungen. Zum Beweis für eine solche Scheidung der Funktion der verschiedenen Zentren können manche pathologische Fälle am Menschen herangezogen werden. So hatten die von GORDON HOLMES (545) untersuchten Patienten nach Zerstörung des Gyrus angularis, also vermutlich nach Durchtrennung der vom okzipitalen Blickzentrum absteigenden Bahn, die Fähigkeit verloren, nach indirekt abgebildeten Gegenständen hinzublicken, während sie ihren Blick prompt auf Teile des eigenen Körpers oder auf Gegenstände, die sie in der Hand hielten, richten konnten. In anderen Fällen (WERNICKE, 725a, ROUX, 652, FEILCHENFELD, 486 u. a., siehe die Literatur bei LUTZ, 589) konnten durch optische Eindrücke prompte Augenbewegungen ausgelöst werden, während die Fähigkeit zu willkürlichen Augenbewegungen verloren gegangen war[1]. ROUX und LUTZ sehen das als Beweis für den Verlust beider frontaler Zentren an und nicht, wie WERNICKE es vermutete, für eine Folge doppelseitiger Läsion des Scheitelläppchens. Gelegentlich ist bei Störungen der willkürlichen Augenbewegungen und der Blickwendung nach exzentrisch abgebildeten Gegenständen noch die Fähigkeit erhalten, die Augen nach dem Orte eines Geräusches hinzuwenden (Literatur bei BIELSCHOWSKY, 433, S. 71), die Patienten von G. HOLMES vermochten das allerdings auch nicht. Am häufigsten kommt es vor, daß Patienten nach Erkrankungen der Gehirnrinde, aber auch der absteigenden Bahnen im Hirnstamm, weder auf Kommando noch auf den optischen Reiz eines weit exzentrisch abgebildeten Objekts nach der Seite oder Höhe blicken können, wohl aber einem langsam bewegten Gegenstand mit dem Blick folgen können (BIELSCHOWSKY, 431, 433, hier auch Literatur, BIELSCHOWSKY und STEINERT, 438). Nach BIELSCHOWSKY beruht das darauf, daß die parazentralen Netzhautstellen einen viel stärkeren Reiz zur motorischen Einstellung abgeben, als die mehr exzentrischen (vgl. DOBROWOLSKY und GAINE, 44, sowie JAENSCH, 9, S. 49). Er macht darauf aufmerksam, daß hier ähnliche Verhältnisse vorliegen, wie bei der Vereinigung von Doppelbildern im Stereoskop. Stehen diese weit voneinander ab, so ist die Fusionstendenz geringer, als wenn sie nahe einander stehen. In letzterem Falle ist es dem Ungeübten fast unmöglich, ihre Vereinigung zu verhindern. Daß bei einer solchen Herabsetzung der Bewegungsfähigkeit auch das Vermögen zur willkürlichen Augenbewegung ausfällt, begreift man, wenn man bedenkt, daß diese im allge-

---

bei CORDS, 461) vom frontalen Blickzentrum ausgehen. WERNØE sah ihn in einem Falle von Zerstörung der Gyrus angularis fortbestehen, während er in mehreren Fällen von motorischer Aphasie beim Blick nach rechts fehlte.

[1] Das Gegenstück, Fehlen des Blickreflexes trotz vorhandener Sehfunktion bei erhaltener willkürlicher Augenbewegung, beschreibt A. PICK (637b).

meinen ungewohnte Innervationen sind, ihr Finden daher am ehesten geschädigt werden wird. Diese Überlegung trifft aber auch für die Patienten von G. HOLMES zu. Man kann nämlich schon normalerweise seine Augen im Dunkeln viel genauer einstellen, wenn man den Blick auf eine Körperstelle richtet, die man reizt oder bewegt (HELMHOLTZ, I, S. 613, GERTZ, 505).

c) Fusionseinstellung und Fusionsbewegungen.

Noch deutlicher, als bei den eben beschriebenen Blickbewegungen auf optische Reize hin tritt der Charakter des psychischen Reflexes hervor bei jenen Einstellbewegungen der Augen, die wir als Fusionseinstellungen und Fusionsbewegungen bezeichnen wollen. Zu den Fusionseinstellungen rechnen wir zunächst die Vertikaldivergenz, d. h. die Einstellung beider Gesichtslinien in ungleiche Höhe, und die gegensinnige Rollung beider Augen um die Gesichtslinie als Achse. HERING bezeichnete die Vertikaldivergenz als eine positive, wenn die Gesichtslinie des rechten Auges nach oben, die des linken nach unten gerichtet ist, als negative, wenn die Gesichtslinie des rechten Auges gegenüber der des linken nach unten abweicht. Wir nennen es eine Innenrollung der Augen (negative Rollung nach HERING), wenn die Augen mit ihrem oberen Pol nach innen (nasalwärts) gerollt sind, eine Außenrollung (positive Rollung nach HERING), wenn sie mit dem oberen Pol temporalwärts gerollt sind. Allen beiden genannten Fusionseinstellungen ist eigen, daß sie willkürlich weder eingeleitet noch aufgehalten werden können, daß sie vielmehr in einer für die Versuchsperson höchst überraschenden Weise »von selbst« eintreten. Von den rein unbewußten Reflexen unterscheiden sie sich aber grundsätzlich dadurch, daß sie bloß auftreten, wenn die Aufmerksamkeit den Sehdingen zugewendet wird. Sie stellen also typische psycho-optische Reflexe dar.

Die Vertikaldivergenz der Augen kann man in einfachster Weise hervorrufen, wenn man vor ein Auge ein nicht zu starkes Prisma mit der brechenden Kante nach oben oder unten vorsetzt. Man sieht dann zunächst höhendistante Doppelbilder, die sich einander ganz langsam nähern und nach längerer Zeit ganz verschmelzen. Da durch das Prisma eine Bildverzerrung zustande kommt, ist es reinlicher, die Vertikaldivergenz durch Verschieben eines stereoskopischen Halbbildes nach oben oder unten zu erzeugen. Die Fusionstendenz tritt nicht bloß in Kraft, wenn die höhendistanten Doppelbilder sich gegenseitig überdecken, sondern auch dann, wenn sie sich gegenseitig gar nicht stören, wenn man z. B. mit einem vorgesetzten Prisma auf eine gleichmäßig gefärbte Wand blickt, auf der nur einige wenige farbige Streifen angebracht sind. Trotzdem man dann die Streifen einzeln voneinander gesondert ganz gut wahrnimmt, nähern sie sich einander doch ganz allmählich und unaufhaltsam, wenn man sie längere Zeit hindurch aufmerksam betrachtet. Es ist so, als ob sich gleichartige Bilder unabhängig von unserem Willen gegenseitig anzögen. Wir sprechen daher von einem Fusionszwang.

Eine gegensinnige Rollung beider Augen erzeugt man so, daß man von zwei binokular vereinigten Stereoskopbildern das eine langsam gegen das andere verdreht. Die anfangs sichtbaren Doppelbilder vereinigen sich dann nach einiger Zeit und man kann, ebenso wie bei der Höhendivergenz, dann wieder einen Schritt weiter drehen, zuwarten, bis die Doppelbilder wieder weg sind usf. Je weiter man dreht, desto langsamer und schwieriger erfolgt die Vereinigung, und man erreicht schließlich für die Höhendivergenz wie für die Rollung eine Grenze, die nicht mehr überschritten werden kann. Dieser Grenzbetrag ist individuell außerordentlich verschieden und bei voller geistiger Frische und angestrengter Aufmerksamkeit beträchtlich größer, als bei geistiger Ermüdung. Sehr deutlich äußert sich der psychische Einfluß auf die Fusionseinstellungen auch bei Vergiftungen. So hat GUILLERY (520) gezeigt, daß das Rollungsvermögen in der Regel durch jene Gifte herabgesetzt wird, die eine hypnotische Wirkung entfalten, wie Alkohol, Chloralhydrat, Trional, Sulfonal, Äther, Chloroform Unter der Einwirkung aller dieser Stoffe ist mit der Schläfrigkeit eine »Fusionsträgheit« verbunden, die sich bei der Rollung darin äußert, daß sich die Doppelbilder schon bei sehr kleinen Drehungen sehr schwer und langsam vereinigen, und daß das erreichbare Maximum der Rollung abnorm niedrig ist. Nur beim Paraldehyd fand GUILLERY trotz deutlicher hypnotischer Wirkung keine Herabsetzung des Fusionsvermögens. Die gegenteilige Wirkung, wie die Hypnotika übte das Morphium aus, das in Dosen von 0,04 g subkutan gegeben gleichzeitig mit einer Erregung des Großhirns, die sich in Unruhe und Gedankenflucht kundgab, auch eine beträchtliche Steigerung des Rollungsvermögens herbeiführte.

Vertikaldivergenz und Rollung entwickeln sich bei der Betrachtung identischer Bilder, die auf nicht-korrespondierende Stellen beider Augen fallen, wie schon bemerkt, sehr langsam. Durch geeignete Meßmethoden [1] kann man ferner nachweisen, daß die Augenstellung hinter der Verschiebung der Objekte immer etwas zurückbleibt und zwar um so mehr, je mehr man sich dem individuell erreichbaren Maximum der Ablenkung nähert. Hebt man den Fusionszwang plötzlich auf, indem man entweder eines oder beide Augen zudeckt, so gehen die Augen anfangs etwas rascher, später zunehmend langsamer in die frühere Ausgangsstellung zurück, aber eine geringe Ablenkung in der Richtung nach der früheren Fusionseinstellung hin bleibt noch lange bestehen, und zwar ist sie um so stärker und anhaltender, je länger der Fusionszwang vorher eingewirkt hatte. Blickt man nach längerem Andauern des Fusionszwanges frei im Zimmer herum, so sieht

---

[1] Das Folgende nach HOFMANN und BIELSCHOWSKY (543). Dort auch die Literatur. Vgl. ferner HOFMANN (540, S. 802 ff.).

man anfangs wegen des Weiterbestehens der Ablenkung Doppelbilder im
entgegengesetzten Sinne, als sie vorher zur Erzeugung der Fusionseinstellung
benützt wurden. Diese üben einen dem früheren entgegengesetzten Fusionszwang aus und erzwingen so langsam die Rückkehr zur normalen Lage
der Augen. Aber auch diese erfolgt ganz allmählich und selbst, wenn die
Doppelbilder nicht mehr zu sehen sind, kann man durch genaue Messungen
immer noch einen Rest der vorherigen Fusionseinstellung nachweisen, und
wenn man die Augen in diesem Zustande ohne Fusionszwang sich selbst
überläßt, wird dieser Rest noch stärker. Es verhalten sich also die einmal abgelenkten Augen den normalen Verhältnissen des gewöhnlichen Sehens
gegenüber geradeso, wie normal innervierte Augen gegenüber den zum
Zweck der Ablenkung künstlich hergestellten Verhältnissen. Sie folgen dem
Fusionszwang zuerst auch nicht vollständig und gehen, sobald er aufhört,
wieder etwas mehr in die frühere Lage zurück. Damit hängt zusammen,
daß man innerhalb gewisser Grenzen immer größere Beträge der Ablenkung
erhält, je öfter man den Fusionsversuch nach der gleichen Richtung hin
wiederholt, und daß dadurch umgekehrt die Fusionseinstellung nach der
entgegengesetzten Richtung hin stark unterdrückt wird. Hat eine Versuchsperson die Fusionsversuche im Laufe längerer Zeit oft wiederholt, so stellt
sich ferner ein Einfluß der Übung ein in dem Sinne, daß die Fusionseinstellungen rascher erfolgen als bei ungeübten Personen. Den Höchsbetrag
der Fusionseinstellung, die Fusionsbreite, fanden HOFMANN und BIEL-
SCHOWSKY in ihren Versuchen durch die Übung nicht merklich erhöht. Dagegen gibt HEGNER (522) bei manchen Versuchspersonen auch in dieser
Beziehung einen Erfolg der Übung an. Wegen der praktischen Bedeutung
der Frage hat HEGNER ferner untersucht, wie sich das Maximum der Höhendivergenz für verschiedene Blickrichtungen verhält. Es stellte sich heraus, daß beim Blick nach rechts und links jedesmal die Hebung des Auges,
nach dessen Seite der Blick gerichtet ist, sowie die Senkung des Auges
der Gegenseite erleichtert, und umgekehrt die Senkung des Auges, nach
dessen Seite der Blick gerichtet ist, sowie die Hebung des Auges der Gegenseite erschwert ist.

Die Langsamkeit, mit der die Augen bei diesen Fusionsversuchen ihre
Stellung ändern und die allmähliche Festigung der neuen Einstellung bei
längerer Dauer derselben weisen darauf hin, daß es sich dabei um unbewußte tonische Dauerinnervationen der Augenmuskeln handelt. Unter dem
jeweiligen Fusionszwange ändert sich der Tonus der Augenmuskeln in dem
Sinne, daß gleiche Bilder möglichst auf korrespondierende Netzhautstellen
gebracht werden. Sobald diese gegenseitige Lage der Augen erreicht ist,
bildet sie gewissermaßen die Grundlage, auf die sich nun die willkürlichen
Bewegungen beider Augen aufsetzen. Das physiologisch Wichtige an der
Rollung und Vertikaldivergenz ist demnach auch nicht die zur Fusion

führende Bewegung an sich, sondern vielmehr die den Verhältnissen des Sehens angepaßte dauernde tonische Grundinnervation der Augenmuskeln. Um das scharf hervorzuheben, möchte ich die Rollung und Vertikaldivergenz nicht als Fusionsbewegungen, sondern als Fusionseinstellungen bezeichnen.

Was nun das Verhältnis der Innervation beider Augen zueinander bei den Fusionseinstellungen anlangt, so haben HOFMANN und BIELSCHOWSKY (l. c.) gezeigt, daß sich sowohl die gegensinnige Rollung als auch die Vertikaldivergenz auf beide Augen gleichmäßig verteilt, auch wenn nur das Bild der einen Seite nach oben oder unten verschoben bzw. gedreht wird (vgl. ferner HOFMANN, 540, S. 805ff. und HEGNER, 522). Auf welchen Nervenbahnen die Innervation der Augenmuskeln bei den Fusionseinstellungen verläuft, darüber besteht noch keine Klarheit. REDDINGIUS (646) nimmt für die positive und negative Vertikaldivergenz (die er als Vertikaldivergenz und Vertikalkonvergenz unterscheidet), je eine angeborene Assoziation zwischen den Hebern des einen und den Senkern des anderen Auges an, und GUILLERY (520) fordert für die gegensinnige Rollung ein eigenes Zentrum im Mittelhirn. HERING (526, S. 16) dagegen denkt sich den Vorgang als eine Lösung der Assoziationen zwischen den Vertikalmotoren beider Augen, nimmt also kein neues Zentrum oder eine neue Assoziation an. Nach Analogien mit anderen Arten von Reflextonus würde man in der Tat eher an eine Reflexbahn denken, die, vielleicht mit Umgehung der eigentlichen Blickzentren, direkt zu den Kernen der Augenmuskeln hinzieht. Allerdings müßte sie durch die Hirnrinde hindurchgehen und nicht, wie WILBRAND (729) meint, nur subkortikal im Hirnstamm verlaufen. Eine ähnliche Beeinflussung dieser Reflexbahn durch die Psyche, wie wir sie unten für den Vestibularisreflex kennen lernen werden, können wir hier nämlich nicht annehmen. Dort handelt es sich um eine bloße Förderung und Hemmung des an sich peripher ablaufenden Reflexes. Hier dagegen hängt der Innervationsmodus selbst von dem Vorgange im Sehzentrum ab, muß also auch von diesem ausgehen.

Zur Gruppe der Fusionseinstellungen gehört auch die absolute Divergenz der Gesichtslinien über ihre »Ruhestellung« hinaus. Auch sie zeigt den oben näher geschilderten Anpassungscharakter der Fusionseinstellungen. Man kann die absolute Divergenz erzeugen, wenn man im Stereoskop die beiden Halbbilder so gegeneinander verschiebt, daß die Augen sich, um die beiden Bilder miteinander zu vereinigen, mit divergenten Gesichtslinien einstellen müssen. Das geschieht aber nur, wenn die Verschiebung ganz langsam und in kleinen Stufen erfolgt, ferner bleiben die Gesichtslinien sehr bald hinter der Verschiebung der Bilder zurück, endlich wird das Eintreten der absoluten Divergenz durch öftere Wiederholung der Versuche erleichtert, durch eine vorhergehende anhaltende Gegeninnervation (zur

Konvergenz) erschwert. Dagegen kann man — wenigstens bei kurzdauernden Versuchen — nach dem Wegfall des Fusionszwanges keine Nachdauer der Divergenzeinstellung beobachten[1]). Das könnte damit zusammenhängen, daß die Gegeninnervation gegen die absolute Divergenz, nämlich die Konvergenz, unserem Willen unterstellt ist. Wir sind daher auch während des Versuchs jederzeit imstande, die Divergenz aufzugeben, indem wir die ihr entgegengesetzte Konvergenzinnervation erteilen.

Soweit es sich um die Innervation der äußeren Augenmuskeln handelt, stellt sich die absolute Divergenz als die Fortsetzung der auch schon beim gewöhnlichen Sehen vorhandenen Innervation zur Minderung der Konvergenz dar. Berücksichtigt man aber, daß mit der Konvergenzinnervation auch die Anspannung der Akkommodation assoziiert ist, so stellt sich die Sache etwas anders dar. Dann ist nämlich die absolute Divergenz eine Fortsetzung der Lösung von Konvergenz und Akkommodation. In der Tat verhält sich die Lösung von Akkommodation und Konvergenz ganz ähnlich wie die absolute Divergenzeinstellung der Gesichtslinien. Zunächst findet man auch bei ihr, daß nach öfterer Wiederholung des Versuchs oder nach längerer Dauer desselben nach einer Richtung hin eine Erleichterung in der Fusion nach derselben Richtung und eine Erschwerung nach der entgegengesetzten auftritt, wie bei den vorher besprochenen Fusionseinstellungen. Auch ist ja schon lange bekannt, daß durch lang anhaltende Beanspruchung der relativen Akkommodationsbreite nach einer Richtung hin eine Verschiebung der Grenzen der relativen Akkommodationsbreiten nach dieser Richtung erfolgt (DONDERS, NAGEL). So hat schon DONDERS (475, S. 105) angegeben, daß beim Emmetropen durch das Tragen von Konkavgläsern während einiger Stunden eine merkliche Verschiebung der relativen Akkommodationsbreiten hervorgerufen wird, und KOSTER (64, S. 156) fand, nachdem er seine Augen zwei Stunden hindurch durch adduzierende Prismen zu starker Konvergenz ohne Beanspruchung der Akkommodation gezwungen hatte, nach dem Wegnehmen der Prismen einen manifesten Strabismus convergens mit Doppelbildern, welcher nur ganz langsam schwand, nach dem Tragen abduzierender Prismen einen latenten Strabismus divergens beim Sehen in die Nähe. Die einmal eingeleitete neue Verknüpfung von Akkommodation und Konvergenz wirkt also nach und klingt bloß langsam wieder ab. Wie ferner die öftere Wiederholung der Vertikaldivergenz und der Rollung die Versuchsperson befähigt, diese Fusionseinstellungen immer rascher zu vollziehen, so wird ganz analog auch die Lösung von Akkommodation und

---

1) Dieser Punkt wäre noch genauer zu untersuchen, denn PANUM (355, S. 18) gibt an, daß sogar nach bloßer anhaltender Konvergenz die Gesichtslinien bei fusionsfreier Versuchsanordnung längere Zeit einen geringen Rest von Konvergenzstellung beibehalten. Ähnliches fand KAZ (558) bei Schulkindern nach übermäßigem Nahesehen.

Konvergenz bei solchen Personen, die sich darauf einüben, sehr erleichtert. Während Myopen, die ihr korrigierendes Glas ständig tragen, wenn sie es einmal ablegen, infolge der Nachwirkung der vorherigen Dauereinstellung zunächst unscharf sehen, weil sie zu stark akkommodieren, gewinnen Myopen, die bald mit, bald ohne Brille arbeiten, bei guter Akkommodationsbreite und Akkommodationskraft »eine vermehrte Herrschaft über das Akkommodationsgebiet« (NAGEL, 623, S. 500), d. h. sie können dann ganz rasch von dem einen Zustand zum anderen übergehen. Endlich bleibt genau so, wie bei den anderen Fusionseinstellungen, bei der Lösung von Akkommodation und Konvergenz, die man z. B. am HERINGschen Haploskop durch Drehen der Haploskoparme erzeugt, die Augenstellung hinter der durch die Lage der haploskopischen Halbbilder geforderten zurück, so daß bei scharfer Akkommodation sich eine geringe querdisparate Abbildung nachweisen ließ. Ich habe mit BIELSCHOWSKY seinerzeit zahlreiche solche Versuche angestellt, und wir haben dabei stets gefunden, daß diese Querdisparation immer mehr zunimmt, je mehr man sich der Grenze der relativen Akkommodations - oder Fusionsbreite[1]) näherte (vgl. HOFMANN, 540, S. 812).

Im Gegensatz zur gegensinnigen Rollung und zur Vertikaldivergenz erfolgen die Einstellungen bei der Lösung von Akkommodation und Konvergenz im Augenblick der Lösung im allgemeinen rascher[2]). Auch ist die Fusionstendenz, die gegenseitige Anziehung seitendistanter Doppelbilder, beim Vorsetzen von Prismen vor das Auge oder bei seitlicher Verschiebung von Stereoskopbildern lange nicht so stark, wie der unwiderstehliche Fusionszwang bei höhendistanten Doppelbildern. (Über individuelle Unterschiede vgl. man FISCHER, 495, S. 279.) Nur wenn die Doppelbilder sehr nahe nebeneinander stehen, vermag der Ungeübte die Fusion nicht zu verhindern, der Geübte kann sie aber auch nach der Vereinigung noch willkürlich auseinander treiben. Man kann das alles damit in Verbindung bringen, daß ja die Mehrung und Minderung der Konvergenz eine auch beim gewöhnlichen Sehen geläufige Innervation ist. Freilich gehen beim gewöhnlichen Sehen Akkommodation und Konvergenz zusammen, während sie bei den wirklichen Fusionsbewegungen unabhängig voneinander geändert werden. Man hat diesen Unterschied sehr häufig übersehen und die Ausdrücke

---

1) Analog dem Ausdruck »relative Akkommodationsbreite« von DONDERS, d. h. dem Spielraum der Akkommodation bei gegebener Konvergenz, hat NAGEL (623) den Ausdruck »relative Fusionsbreite« für den Spielraum der Konvergenz bei gegebener Akkommodation geprägt. Die Grenzen der relativen Akkommodations- und Fusionsbreite entsprechen einander natürlich, »die relativen Nahepunkte der Akkommodation entsprechen den relativen Fernpunkten der Fusion und umgekehrt« (HESS, 533, S. 472).

2) FISCHER (495, S. 279) fand auch Personen, bei denen sie (bei binokularer Darbietung eines hellen Kreuzes im Dunkelzimmer) sehr zögernd einsetzte. Je nach der Schnelligkeit des Einsetzens unterscheidet er deshalb eine besondere Anspruchsfähigkeit für die Fusionsbewegung.

»Fusion« und »Fusionsbewegung« für die Vereinigung seitendistanter Doppelbilder überhaupt verwendet, gleichgültig, ob diese, wie beim Vorsetzen von
Prismen vor das Auge unter Lösung von Akkommodation und Konvergenz,
oder wie beim Übergang von der Fixation eines fernen zu der eines nahen
Gegenstandes durch gleichzeitige Innervation beider erfolgt. Es wäre aber
zu fordern, daß man den Namen Fusionsbewegung streng auf die Änderung
der Konvergenz bei gleichbleibender Akkommodation beschränken und von
der »Akkommodations-Konvergenz-Bewegung« beim gewöhnlichen Sehen
trenne (Fuss, 501). Das ist logisch durchaus richtig, ob man aber physiologisch dahinter einen besonderen Mechanismus für die Lösung von Akkommodation und Konvergenz suchen soll, ist fraglich. Es wäre natürlich
möglich, daß es im Gehirn ein besonderes Zentrum für die Akkommodation
und eines für die Konvergenz gibt, und daß beide erst durch ein übergeordnetes Zentrum aneinander gekuppelt werden. Aber das sind alles
Spekulationen, die ebenso in der Luft hängen, wie die Annahme besonderer
Zentren für die Vertikaldivergenz. Darüber können auch die wiederholten
Angaben über leichte Trennung von Akkommodation und Konvergenz (vgl.
Weiss, 724, Roelofs, 649) nicht entscheiden. Über der eigentlichen Fusionsbewegung, d. h. der im Moment der Ablösung der Konvergenz von der
Akkommodation einsetzenden Augenbewegung darf man nämlich nicht vergessen, daß sich nachher ein neues Verhältnis der Akkommodation zur
Konvergenzinnervation ausbildet, das allen weiteren Innervationen zum Sehen
in die Ferne und Nähe zugrunde liegt, also den gleichen Anpassungscharakter
aufweist, wie die gegensinnige Rollung und die Vertikaldivergenz. Die Bedeutung dieser Anpassung von Akkommodation und Konvergenz insbesondere
für die Refraktionsanomalien ist eine außerordentlich große.

In der Anpassung der Augen an die Bedürfnisse des binokularen Sehens
liegt überhaupt die biologische Bedeutung der Fusionseinstellungen begründet.
So ist es z. B. möglich, daß die gegensinnige Rollung beim gewöhnlichen
Sehen dann in Erscheinung tritt, wenn die mittleren Querschnitte beider
Augen infolge der oben beschriebenen Gesetze der Augenbewegungen bei
einer bestimmten Blickrichtung nicht in der Blickebene liegen und diese
Stellung einige Zeit beibehalten wird (Hering, 527). Wegen der Nachwirkung
der Rollung müßte sich das nachher in einer etwas veränderten Orientierung
der Netzhäute äußern. Es ist anzunehmen, daß manche von früheren
Beobachtern angegebene Schwankungen der Lage des scheinbar horizontalen Meridians so zu erklären sind[1]). Weitaus wichtiger ist aber folgende
Überlegung: »Vom motorischen Apparat der Augen wird, wenn beim Fixationswechsel gleiche Bilder auf identische Stellen fallen sollen, eine ungemein

---

[1]) Die von Helmholtz (I, S. 702) gefundene, allmählich verschwindende Außenrollung der Augen von wechselnder Größe nach anhaltendem Nahesehen (Lesen
oder Schreiben) ist wohl die Nachwirkung einer solchen Fusionsrollung.

präzise beiderseitige Gleichheit der Leistung gefordert. Bei der Häufigkeit geringer Asymmetrien im Bau beider Körperhälften ist nun nicht anzunehmen, daß diese Gleichheit schon aus dem anatomischen Bau von vornherein resultieren würde. Es ist vielmehr wahrscheinlich, und genauere Messungen haben dies auch bestätigt, daß kleine Inkongruenzen in den motorischen Verhältnissen beider Augen ganz gewöhnlich sind. Diese Inkongruenzen werden aber beim gewöhnlichen Sehen bald und dauernd durch den Fusionszwang überwunden werden. Erst wenn letzterer wegfällt, z. B. beim Verdecken eines Auges, und die Augenmuskeln nur den gewöhnlichen Willkürinnervationen unterliegen, wird die Fusionsinnervation allmählich zurückgehen und die anatomische Differenz wird in der Verschiedenheit der Lage beider Augen allmählich zum Ausdruck kommen. Ein kleiner Rest der Fusionsinnervation wird freilich auch dann noch übrig bleiben, denn wir haben ja gesehen, daß auch schon nach kurzdauernden Fusionsversuchen der Innervationsrest verhältnismäßig lange anhält. Wenn aber der Fusionszwang zeitlebens in einem Sinne wirkt, ist danach wohl zu erwarten, daß der Ausgleich ein noch viel festerer wird, ja es ist möglich, worauf TSCHERMAK (702) hinwies, daß die zunächst rein funktionelle Anpassung sogar morphologische Veränderungen nach sich zieht. Ganz allerdings wird die morphologische Differenz wohl nicht ausgeglichen. Das geht daraus hervor, daß man bei sorgfältiger Untersuchung in der überwiegenden Mehrzahl der Fälle beim Sehen ohne Fusionszwang kleine Verschiedenheiten in der Richtung der Gesichtslinien vorfindet« (HOFMANN, 540, S. 810). STEVENS (685) hat derartige Inkongruenzen in der gegenseitigen Lage der Augen, die sich außer auf die Stellung der Gesichtslinien noch auf die gegenseitige Orientierung der Netzhäute beziehen, allgemein als Heterophorien, die vollkommene Kongruenz hingegen als Orthophorie bezeichnet. Nach den Untersuchungen von BIELSCHOWSKY (436) und anderen ist strenge Orthophorie nur eine seltene Ausnahme, gewissermaßen ein schematischer Grenzfall, bei genauer Untersuchung findet man fast stets geringe Heterophorie. Von diesen bezeichnet man eine Konvergenzstellung der Gesichtslinien beim Blick in die Ferne und fusionsfreier Einstellung der Augen (Abblendungsstellung nach FISCHER-TSCHERMAK) als Esophorie, eine Divergenzstellung als Exophorie. Weicht die Gesichtslinie des einen Auges gegenüber der des anderen nach oben oder unten ab, so nennt man das Hyper- bzw. Hypophorie. Eine Rollung des einen gegenüber dem anderen Auge wird als Zyklophorie bezeichnet. Sie ist als geringe Außenrollung ungemein häufig (HELMHOLTZ, I, S. 703; HERING, R. S. 358). Die verschiedenen Unterarten der Heterophorie können sich natürlich in der mannigfachsten Weise miteinander kombinieren.

Über die Messung der Heterophorie vgl. man BIELSCHOWSKY (437). Eine kurze Zusammenstellung auch bei HOFMANN (540, S. 811). FISCHER (495) be-

stimmte sie durch Einstellung einer Marke mit einem Auge auf scheinbar gerade-vorn und scheinbar gleiche Höhe mit den Augen, ähnlich auch MADDOX
(vgl. FISCHER, l. c., S. 261, Anm.). Wegen der langen Nachwirkung der Fusionsinnervation findet man beträchtlich höhere Werte nach tagelangem Abdecken
eines Auges (MARLOW, 598). BIELSCHOWSKY (439) unterscheidet zwischen »wirklichen« Heterophorien, die auf einer anatomischen Grundlage beruhen, und »scheinbaren« Heterophorien, d. h. Stellungsanomalien auf nervöser Basis, wie z. B. der
relativen Divergenz der Gesichtslinien beim Nahesehen infolge von Konvergenz-
schwäche. Demgegenüber betont FISCHER (l. c.), daß die rein anatomischen
Heterophorien stets überdeckt werden von den tonischen Innervationen, die wir
im folgenden kennen lernen werden.

d) Echte Reflexe und Tonus der Augenmuskeln.

Außer den beschriebenen »psychischen Reflexen« auf die Augenmuskeln
gibt es nun auch unabhängig von der Aufmerksamkeit ablaufende Reflex-
bewegungen der Augen. Von ihnen sind die wichtigsten jene, die durch
Kopfbewegungen ausgelöst werden. Sie sind besonders bei niederen Säugetieren (Kaninchen) sehr auffällig (vgl. die zusammenfassende Darstellung von
MAGNUS, 593). Beim Menschen finden wir folgende drei:

1. Bei seitlicher Neigung des Kopfes gegen die Schulter
(Drehung desselben um die sagittale Achse) erfolgt eine parallele Rollung
beider Augen um die Ge-
sichtslinie im entgegen-
gesetzten Sinne, mit der
Tendenz, die mittleren
Längsschnitte wieder
vertikal zu stellen. Die
Rollung läßt sich mit
Hilfe von Nachbildern
nachweisen und ihr Be-
trag feststellen. Sie ist
bei normalen Muskel-
verhältnissen auf beiden

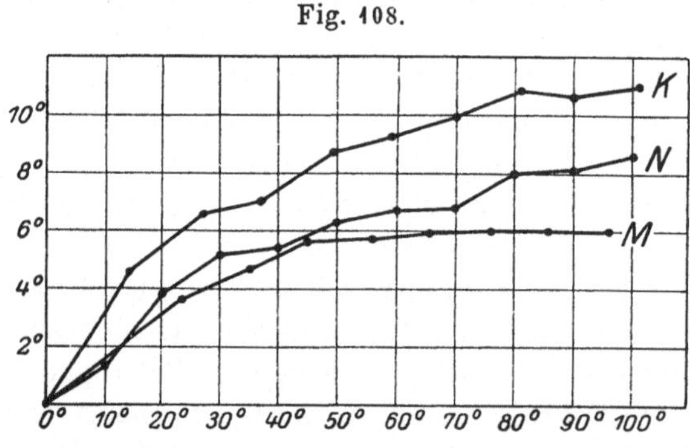

Augen gleich groß (ANGIER, 391) und setzt sich aus zwei Abschnitten zusammen, einer stärkeren Anfangsrollung während der Drehung des Kopfes,
die dann bei dauernd seitlich geneigtem Kopf nach 1—2″ in eine gleichmäßig
anhaltende schwächere Dauerrollung übergeht. Die Werte für die Anfangsrollung sind außer von dem Betrage der Kopfneigung auch von der Geschwindigkeit der Kopfdrehung abhängig. Nach HUECK (551), NAGEL (622),
BREUER (450) und CRUM BROWN (451a) wird bei manchen (besonders reizbaren)
Menschen die Gegenrollung der Augen während einer Kopfneigung größeren
Umfangs unterbrochen durch rasche ruckartige Nachrollungen der Augen,
so daß ein rotatorischer Nystagmus zustande kommt.

Die dauernde Rollung ist individuell sehr verschieden groß. Bárány (394) fand bei einer seitlichen Kopfneigung von 60° als durchschnittlichen Wert 8°, als kleinsten 4° und als Maximalwert 16°. Mit dem Betrage der Kopfdrehung steigt die Dauerrollung, wie die Fig. 108 erkennen läßt, anfangs rascher, später langsamer an [1]. Bei Neigungen über 90—100° wird nach Delage (463) der Rollungswinkel wieder geringer, schließlich bei einer Stellung, die unter Umständen erheblich von 180° (Kopf gerade nach unten) abweicht, Null, und wenn im gleichen Sinne weiter gedreht wird, ändert die Rollung ihre Richtung. Leider sind die absoluten Zahlen von Delage dadurch etwas entwertet, weil seine beiden Augen, offenbar infolge einer latenten Muskelinsuffizienz, eine sehr starke Ungleichheit der Rollung aufweisen.

2. Bei Drehung des Kopfes um die frontale Achse (Hebung und Senkung) erfolgt eine gegensinnige Drehung beider Augen im Kopfe derart, daß die durch die Kopfdrehung bewirkte Änderung der Blickebene aufgehoben wird, die Augen bleiben trotz der Kopfdrehung angenähert in ihrer früheren Richtung stehen. Rein tritt allerdings dieser Reflex nur bei Anschluß eines Fixationsobjektes hervor. So wurde er von Breuer (450) zuerst an Blinden, aber auch an sich selbst bei geschlossenen Augen, beobachtet. Kleine Kinder zeigen die Erscheinung nach Nagel zuweilen deutlich. Auch beim sehenden Erwachsenen konnte ihn Nagel (Handb. d. Physiol., Bd. 3, S. 774) bei Momentanbeleuchtung im Dunkelzimmer nachweisen. Im Hellen wird er beim Gesunden leicht durch eine »halb˙ willkürliche« Innervation unterdrückt. Am deutlichsten sah ihn daher Schuster (670) in einem Falle von vertikaler Blicklähmung, also beim Wegfall der kortikalen Willensbahn. Ähnliche Fälle von »Puppenkopfphänomen« beschreiben Simons (679), de Kleyn und Stenvers (s. Magnus, 593, S. 193) und Cantelli (458a).

3. Bei Drehung des Kopfes um die vertikale Achse (Seitwärtswendung nach rechts oder links) tritt, wenn jede Fixationsabsicht fehlt, eine der Kopfdrehung entgegengesetzt gerichtete Seitwärtsdrehung der Augen auf, die Drehreaktion, die bewirkt, daß die Augen anfangs hinter der Kopfdrehung zurückbleiben und erst nachher rasch nachgedreht werden (Breuer, 450).

Diesen drei Reaktionsbewegungen schrieb schon Donders (481, S. 411) die Bedeutung zu, daß sie bei den kleinen Kopfdrehungen und Bewegungen, die beim Gehen, ja selbst beim aufrechten Stehen fortwährend auftreten, die Augen in der gleichen Richtung und der gleichen Orientierung festhalten. Diese Ansicht, die später oft wiederholt wurde, ist aber nach Dodge und

---

[1] In der Figur ist auf der Abszisse die Kopfneigung, auf den Ordinaten der Betrag der dauernden Augenrollung eingetragen. M ist die Kurve von Mulder (615), K die von Küster (bei Mulder, l. c.), N die von Nagel (624). Vgl. auch Skrebitzky (680).

Gertz wenigstens für die willkürlichen Kopfbewegungen nicht haltbar. Würde nämlich die Augenstellung dabei reflektorisch korrigiert werden, so würden die Augenbewegungen der Kopfdrehung um die Reflexzeit, die für die Drehreaktion nach Dodge (470) 0,05″ beträgt und der Reflexzeit für die Drehreaktion der Augen bei Rotation des Gesamtkörpers (0,05—0,08″) entspricht, nachhinken. Das würde aber bei etwas rascheren Kopfbewegungen zu einem Verschwimmen der Konturen führen. Daß das wirklich der Fall ist, machte Dodge (468, S. 328) durch folgenden Versuch plausibel: Beobachtet man eine Druckschrift in bequemer Sehweite mit bewegtem Kopf, so kann man sie noch gut lesen. Wenn man sie aber an einem Beißbrettchen befestigt, so daß sie mit den Kopfbewegungen mitgeht, so wird das Lesen schwierig, ja unmöglich. Die kompensierende Augenbewegung bei der willkürlichen Kopfdrehung sei also nicht eine reflektorische, vom Labyrinth oder durch die Verschiebung des Gesichtsfeldes optisch ausgelöste Reaktion, sonst wäre der Text im ersteren Falle ebenso verwischt, wie im zweiten, in dem das Verschwimmen des Textes durch Augenbewegungen herbeigeführt wird, welche auf einer der Kopfdrehung koordinierten Innervation beruhen. Kopf- und Augenbewegungen erfolgen dabei, wie Dodge (470) und Gertz (505) bewiesen, gleichzeitig miteinander. Voraussetzung dafür ist allerdings, daß die Person den Blick auf einen bestimmten, in deutlicher Entfernung erkannten Raumpunkt (auch wenn dieser nicht besonders markiert ist) eingestellt erhalten will (Gertz). Ist das nicht der Fall, sind die Augen z. B. geschlossen, so werden die kompensatorischen Mitbewegungen der Augen sogleich viel schwächer und verschwinden nach kurzer Zeit vollkommen (Dodge, 471)[1]. Diese kompensierenden Augenbewegungen genügen, um speziell auch bei den Kopfschwankungen während des Gehens die Fixation annähernd konstant zu halten. Dreht man einer Person den Kopf passiv, so kompensieren die Augen nur so lange gleichzeitig, als die Person aktiv mit innerviert. Ändert man die Kopfstellung in unerwarteter Weise, so tritt der verspätete Reflex ein.

Breuer (1313) hatte angegeben, daß die Bulbi nach einer Kopfdrehung entweder wieder in Normalstellung stehen, oder sie eilen dem Kopf etwas voraus und bleiben dann etwas weiter nach der Seite gewendet stehen. Letzteres sei der Fall, wenn man den Kopf mit der Absicht dreht, nach der Seite zu schauen, ersteres beim Fehlen dieser Intention. Sachs und Wlassak (819) fanden mit der Nachbildmethode, daß die Augen nach der Kopfdrehung, sei sie nun aktiv oder passiv, dem Kopf immer etwas vorausgeeilt sind. Nach einigem Pendeln nehmen sie dann eine Dauerlage an, die ungefähr der Kopfstellung entspricht, gelegentlich um 3—5° hinter ihr zurückbleibt oder sie um 2—4° übertrifft.

Bei ausgiebiger rascher Kopfdrehung und bei Rotation des ganzen aufrechten Körpers um die vertikale Achse wird das Zurückbleiben der Augen gegenüber der Drehung — die oben beschriebene Drehreaktion — rhyth-

---

[1] Ähnlich auch Sachs (658, 660), der einen Labyrinthreflex nur für rasche, ruckartige Seitenwendungen des Kopfes ohne Fixationsabsicht annimmt.

misch abgelöst durch ein ruckartiges Nachwerfen der Augen in der Richtung der Drehung, es tritt Drehnystagmus auf. Man bezeichnet das Zurückbleiben der Augen (die Drehreaktion) auch als die langsame Phase, die Ruckbewegung in der Drehrichtung als die rasche Phase des Nystagmus und benennt den Nystagmus nach der raschen Phase. Nystagmus nach rechts bedeutet also abwechselnde langsame Augenbewegung nach links und rasche Rucke nach rechts. Bei länger dauernder gleichmäßiger Drehung hört der Nystagmus schließlich auf, die Augen stehen ruhig, und dann tritt nach Buys (457) während fortdauernder Drehung ein entgegengesetzter (»inverser«) Nystagmus auf. Dem entspricht die von Dodge (471) mitgeteilte Erscheinung, daß seine Versuchspersonen während anhaltender Drehung eine Zeitlang die deutliche Empfindung einer Gegendrehung hatten, was ich für mich bestätigen kann. Nach Beendigung der Drehung tritt eine langsame Bewegung der Augen in der Richtung der vorherigen Drehung auf, die »Nachreaktion«, in die sich rhythmische rasche Rucke entgegengesetzt dem Sinne der früheren Drehung einschieben, der »Nachnystagmus« (genaue Messungen bei Masuda, 601). Der Nachnystagmus kann nach einiger Zeit in die entgegengesetzte Richtung umschlagen (Nachnachnystagmus von Bárány). Ja nach Fischer und Wodak (496) kommt sogar eine nochmalige Rückkehr zur ursprünglichen Richtung des Nachnystagmus und mehrmaliger weiterer Wechsel der Nystagmusrichtung nach Art des rhythmischen Wechsels der Nachbilder des Auges vor. Einen zweimaligen, rasch abflauenden Wechsel beobachtete auch Dodge (471, S. 10). .Öftere Wiederholung der Drehversuche führt infolge Gewöhnung zur Abnahme des Nachnystagmus (Dodge, 471; Maxwell, Burke und Reston, 603; hier auch weitere Literatur).

Bei Tieren verbindet sich mit dem Augennystagmus ein gleich gerichteter Kopfnystagmus. Beim erwachsenen Menschen ist dieser nur bei Übererregbarkeit des Labyrinths vorhanden, beim (älteren) Säugling ist er dagegen öfter nachweisbar (Mygind, 619). Die Kopfdrehreaktion (das Zurückbleiben des Kopfes gegenüber der Drehung) ist beim Säugling regelmäßig (Bartels, 404, I; Alexander, 390), auch beim Erwachsenen nicht selten vorhanden (Literatur bei Borries, 443). Führt man während der Drehung willkürlich Kopfnystagmus aus, so kann man den Nachnystagmus der Augen trotz lange fortgesetzter Drehung vollständig aufheben oder auf ein Minimum reduzieren (Bárány, 396).

Über die reflektorischen Augenbewegungen und Augenstellungen bei Drehung und Lageänderung des Kopfes liegen eine große Zahl von Tierversuchen vor (die ältere Literatur bei v. Stein, 683, Bárány, 396, Borries, 444). In letzter Zeit haben insbesondere die Untersuchungen von Magnus und seinen Schülern, die zunächst vorwiegend am Kaninchen, dann aber auch an Affen ausgeführt wurden (Magnus, 591) reiche Aufklärung erbracht. Zusammenfassung mit Literatur bei Magnus, 593[1]).

---

1) Es ist ganz ausgeschlossen und wäre auch unangebracht, hier außerdem die umfangreiche klinische Literatur über Nystagmus vollständig anzuführen. Ich

Nach Magnus haben wir bei den Augen zu unterscheiden: 1. Reaktionen auf Bewegungen, speziell Drehreaktion und Drehnystagmus (die Reaktionen auf gerade progressive Bewegungen beziehen sich nur auf die Extremitäten und den Rumpf, kommen daher für uns hier nicht in Betracht); 2. Tonische Reflexe, die durch eine bestimmte Lage des Kopfes bzw. des Rumpfes ausgelöst werden. Die Reflexe können entweder vom Halse ausgehen, bei einer Verdrehung des Körpers gegenüber dem feststehenden Kopf; oder vom Labyrinth bei gemeinsamer Änderung der Lage von Kopf und Körper. Diese Reflexe werden indessen nach Bartels (409) zwar noch nicht beim Kaninchen[1]), wohl aber schon bei Hund und Katze, noch mehr beim Affen überlagert durch den optischen Einfluß der Fixation. Will man sie daher rein für sich beobachten, so muß man die optischen Reize ausschalten, worüber Genaueres unten. Beim Affen genügt dazu anscheinend schon die Beobachtung unter einem mitbewegten Baldachin.

Die Drehreaktion der Augen und der Drehnystagmus sind Labyrinthreflexe. Sie erfolgen beim Affen unter dem mitgedrehten Baldachin, sowie bei vernähten Augen, also unabhängig von optischen Reizen, bei aufrechtem Kopf und Körper und Drehung um die vertikale Achse in der oben beim Menschen beschriebenen Weise. Hält man das Tier in Rückenlage mit dem Kopf von sich weg und dreht es dann in der Horizontalebene, so tritt rotatorischer Nystagmus auf. Hält man das Tier in Rückenlage mit seiner Wirbelsäule in der Drehrichtung und dreht es dann mit dem Schwanz voran, so erfolgt nach der Angabe von Magnus (591) eine langsame Augenablenkung nach unten und Nystagmus nach oben; dreht man es mit dem Kopf voran, so erfolgt die Augenablenkung nach oben und der Nystagmus nach unten, Nachreaktion und Nachnystagmus umgekehrt. Auch beim Menschen kann man, wenn man den Kopf um 90° nach vorn neigt und ihn um seine sagittale (nunmehr vertikal stehende) Achse dreht, rotatorischen Nystagmus hervorrufen (Breuer, 450).

Nach der Exstirpation des Großhirns sind alle diese Reaktionen beim Affen und Kaninchen noch mit großer Deutlichkeit nachweisbar, in den ersten Stunden nach der Operation gewöhnlich nur die dauernde Ablenkung, erst später kommt der Nystagmus hinzu. In Äther- und Chloroformnarkose bleiben sie ebenfalls lange erhalten und verschwinden erst in ganz tiefer Narkose. Die Drehreaktion bleibt bei der Verstärkung der Narkose länger erhalten, und kehrt bei ihrer Abschwächung früher wieder, als der Nystagmus.

---

zitiere daher nur jene klinischen Abhandlungen, die eine besondere Bedeutung für die Physiologie der Augenbewegungen haben und verweise zur Ergänzung auf die Zusammenstellung von Cords (461) und von Brunner (355), sowie auf die fortlaufenden Berichte im Zentralblatt für Ophthalmologie.

1) Nach Fleisch (499) werden dagegen die tonischen Reflexe schon beim Kaninchen durch die Fixation stark gestört.

Nach doppelseitiger Labyrinthexstirpation fehlt beim Ausschluß optischer Reize sowohl die Dauerablenkung als auch der Nystagmus. Dreht man labyrinthlose Affen mit offenen Augen, während sie frei herumblicken, so treten häufig Augenablenkungen und nicht selten auch Nystagmus auf, aber ihr Auftreten und ihre Richtung ist sehr unregelmäßig. Es schieben sich Reaktionen auf optische Reize ein, die dadurch bedingt sind, daß das Tier während des Drehens sich bemüht, Gegenstände zu fixieren.

Derselbe Vorgang ist auch vom Menschen als sogenannter **Eisenbahnnystagmus** oder **optischer Bewegungsnystagmus** (optomotorischer Nystagmus nach CORDS) bekannt. Beachtet man während geradliniger Fortbewegung die Umgebung, so haften die Augen eine Zeitlang an einem vorbeihuschenden Gegenstand, bleiben infolge dessen mit »gleitender Bewegung« (s. oben S. 299) hinter der Kopfbewegung zurück und gehen dann, wenn sie stark nach der Seite gewandert sind, mit einem Ruck in der Richtung der Kopfbewegung zur Fixation eines neuen Gegenstandes über. Rein für sich tritt der optische Bewegungsnystagmus auf, wenn man mit stillstehendem Kopf ein System bewegter Streifen betrachtet, und zwar tritt je nach der Drehrichtung der Streifen ein horizontaler oder vertikaler Nystagmus auf, ja OHM (631) und BORRIES (445) gelang es sogar, einen schwachen rotatorischen Nystagmus zu erzeugen. Die Augenbewegung erfolgt zwangsmäßig und unwillkürlich, die Versuchsperson merkt höchstens etwas Unbestimmtes an den Augen, aber nicht die Bewegung selbst. Trotzdem hängt dieser Nystagmus von der Aufmerksamkeit ab und ist um so lebhafter, je besser die Versuchsperson auf die Streifen achtet. Er läßt sich unterdrücken, wenn man einen vor den bewegten Streifen befindlichen ruhenden Gegenstand fest fixiert oder wenn die Versuchsperson gewissermaßen durch das Drehrad hindurch »ins Leere starrt« (OHM). Nach DEMETRIADES (464 a) wird er ebenso, wie der Drehnystagmus (s. unten) beim Blick nach der Seite der raschen Phase verstärkt, beim Blick nach der Seite der langsamen Phase abgeschwächt oder aufgehoben. Bei Neugeborenen ist er nach BÁRÁNY (398), wenn sie ordentlich wach sind und ihre Aufmerksamkeit nicht durch andere Dinge abgelenkt ist, zwar auszulösen, aber nur auf kurze Zeit. BARTELS (410) hingegen fand ihn bei Neugeborenen in den ersten Tagen nicht. Worauf dieses Auseinandergehen der Angaben beruht, ist schwer zu sagen. BÁRÁNY gibt an, daß die von ihm beobachteten Kinder einem gerade in die Gesichtslinie des Auges gebrachten Licht, wenn es langsam bewegt wurde, merklich mit den Augen folgten, aber das ist wieder schwierig mit den Angaben der anderen Autoren über das Fehlen der Fixation bei Neugeborenen zu vereinigen, wenn BÁRÁNY nicht zufällig nur auf die oben S. 302 erwähnten Ausnahmen gestoßen ist.

Der optische Bewegungsnystagmus mischt sich beim Drehen von Tier und Mensch in den vom Labyrinth her ausgelösten Nystagmus ein[1]). Man kann ihn im Tierversuch radikal ausschalten durch Exstirpation des Großhirns oder auch durch Narkose. Beim wachen Menschen ist es, wie BARTELS (410) auseinandersetzt, sehr schwer, die Fixationsabsicht vollständig auszuschalten. Beobachtung in schwachem Licht genügt nicht, auch Mitdrehen der Umgebung ist beim Menschen unsicher. Auch durch das Hinblicken auf eine große, gleichmäßig gefärbte Fläche wird er nicht unterdrückt (GERTZ, 506). Selbst an Blinden wird die Beobachtung des Drehnystagmus noch gestört durch die spontan auftretenden nystagmusartigen Augenbewegungen. Wenn aber die Augen der Blinden in Ruhe sind, kann man an ihnen den Drehnystagmus ungetrübt durch den optischen Bewegungsnystagmus rein für sich beobachten. Besser noch ist es, bei einem einseitig Blinden das sehende Auge zu verschließen und das blinde beim Drehen direkt zu betrachten. Es tritt deutlicher Drehnystagmus auf (BARTELS). Auch kann man ihn bei sich selbst feststellen, wenn man sich im Dunkelzimmer aktiv dreht oder passiv gedreht wird und mit den Fingern die geschlossenen Lider betastet.

Daß der nach Anschluß aller optischen Reize auftretende Drehnystagmus reflektorisch vom Labyrinth her ausgelöst wird, darüber besteht heute kein Zweifel mehr[2]). Man kann ihn auch durch inadäquate Reizung hervorrufen: bei galvanischer Querdurchströmung des Kopfes (hier wohl auch durch Mitreizung der Vestibulariskerne); durch Ausspülen des äußeren Gehörgangs mit kaltem oder warmem Wasser: kalorischer Nystagmus nach BÁRÁNY. Er fällt beim Tier nach Exstirpation beider Labyrinthe aus und fehlt bei den meisten Taubstummen mit verkümmertem Labyrinth (KREIDL, 1342, und andere; s. die Literatur bei BARTELS, 404, I, S. 36). Speziell sind es die Bogengänge, von denen aus sämtliche Drehreaktionen ausgelöst werden. Bezüglich der Einzelheiten insbesondere über die Auslösung des vestibulären Nystagmus durch inadäquate Reize vgl. man die zusammenfassenden Darstellungen von WILBRAND und SAENGER (730, S. 300ff.), CORDS (461) und BRUNNER (455).

---

1) Über das Zusammentreffen von optischem Bewegungsnystagmus und Drehnystagmus hat DODGE (472) eingehende Untersuchungen mittels photographischer Registrierung der Augenbewegungen angestellt. Bewegt sich das Gesichtsfeld in der Drehrichtung mit, aber mit größerer Geschwindigkeit, so tritt Wettstreit zwischen den beiden Nystagmusarten auf. Richtet man es so ein, daß sich das Gesichtsfeld mit gleicher Geschwindigkeit mitdreht, der Beobachter also beim Blick geradeaus immer auf denselben Punkt sieht, so wird der vestibuläre Nystagmus verkleinert, bleibt aber bestehen (wird nicht unterdrückt, wie MACH angab). Die Versuche, in denen DODGE den vestibulären und den optischen Bewegungsnystagmus bei freiem Blick in die Umgebung und bei Verdunkelung des Auges vergleichen wollte, sind nach dem obigen kaum entscheidend, weil die Verdunklung keine vollständige war. DODGE fand auch keinen Unterschied zwischen diesen beiden Fällen.

2) Die Einwände, die KESTENBAUM und CEMACH (561 und anderwärts) gegen diese Annahme erhoben haben, sind wohl durch die Entgegnung von BARTELS (411) erledigt.

Die Zentren für die Drehreaktion und den Drehnystagmus liegen nach MAGNUS und KLEIJN (567) im Hirnstamm. Man erhält diese Reflexe noch sehr prompt nach Entfernung des Großhirns, aber auch nach Exstirpation des Kleinhirns. Trotz zahlreicher Angaben über vom Kleinhirn ausgelösten Nystagmus (vgl. dazu HOSHINO 550) ist also letzteres nicht notwendig in die Reflexbahn eingeschaltet. Die Drehreaktion und der Drehnystagmus bleiben beim Kaninchen auch noch nach der Abtragung des Thalamus erhalten (BAUER und LEIDLER, 415; HÖGYES, 536 u. a. S. ferner DE KLEIJN und MAGNUS 567, S. 167) ja MAGNUS beobachtete die Augendrehreaktion sogar noch nach Abtragung des Mittelhirns durch einen Schnitt vor der Brücke an der Tätigkeit der M. recti laterales. Die Reflexbahn führt vom Vestibulariskern über das hintere Längsbündel entweder zu den Augenmuskelkernen selbst, oder zu supranukleären Zentren. Letzteres ist deswegen wahrscheinlicher, weil nach Bartels (404, III) und DE KLEIJN und TUMBELAKA (564) beim Drehnystagmus auch die unten S. 337 beschriebene Erscheinung der reziproken Innervation vorhanden ist (allerdings nicht immer, vgl. BÁRÁNY und C. und O. VOGT, 401).

Als die erste direkte Wirkung des Labyrinthreflexes betrachtet man heute seit BARTELS (404, II.) allgemein die Auslösung der langsamen Phase des Nystagmus, der Augendrehreaktion. Man muß dabei nur berücksichtigen, daß sich bei aktiver Kopfdrehung noch jener andere Vorgang darüber lagert, den wir oben S. 322 besprochen haben, und der in einer fein abgestuften Mitinnervation der Augenmuskeln mit den Halsmuskeln besteht. Dagegen ist die Entstehung der raschen Phase des Drehnystagmus noch nicht genügend geklärt. Daß zu ihrer Auslösung — wenigstens bei Tieren — das Großhirn nicht unbedingt erforderlich ist, geht aus den schon erwähnten Exstirpationsversuchen deutlich hervor. Auch optische Reize sind für ihre Entstehung, mindestens beim Kaninchen, nicht maßgebend. BARTELS (404, III) konnte sie nach Enukleation eines Auges und Blendung des anderen, also unter völligem Ausschluß optischer Reize, bei graphischer Verzeichnung der Länge des isolierten M. rectus lateralis des enukleierten Auges immer noch nachweisen. Mehrere Autoren (BARTELS, 404, I; HÖGYES, 536, u. a.) haben die Ansicht ausgesprochen, daß durch die Seitwärtswendung der Augen eine Erregung der propriozeptiven Nervenfasern der Augenmuskeln und der Orbitalgewebe gesetzt wird, die bei genügender Stärke schließlich reflektorisch die Blickzentren im Hirnstamm zur Rückführung der Augen in die Ausgangsstellung veranlaßt. Dem gegenüber bemerken aber KÖLLNER und HOFFMANN (571), daß absichtliche Änderung der Muskelspannung im Tierexperiment auf die schnelle Nystagmusphase keinen Einfluß hat, und DE KLEIJN (563) konnte am Kaninchen zeigen, daß die rasche Phase noch erhalten bleibt, wenn man den Nervus trigeminus, den Oculomotorius und den Trochlearis (die nach SHERRINGTON und TOZER die propriozeptiven Nerven-

fasern für die Augenmuskeln enthalten) durchschneidet und die propriozeptiven Nervenfasern des Abducens durch Einspritzen von Novokain lähmt.
Wenn in diesen Versuchen die Sensibilität wirklich völlig aufgehoben war,
so folgt daraus, daß, wenigstens beim Kaninchen, auch die rasche Phase
des Nystagmus ein integrierender Teil des Vestibularisreflex ist, und nicht
indirekt oder sekundär durch optische oder propriozeptive Reize hervorgerufen wird. BÁRÁNY (396, S. 272; vgl. ferner HOSHINO, 550) hat denn
auch zu erklären versucht, wie durch Reizung eines und desselben Endorgans diese entgegengesetzten Wirkungen ausgelöst werden könnten.

Immerhin muß man bedenken, daß beim Menschen zweifellose Anhaltspunkte dafür vorhanden sind, daß auch das Bewußtsein irgendwie an der
Auslösung der raschen Phase beteiligt ist. BARTELS (404, I und IV) fand
bei Bewußtlosen, tief Blöden, (so schon ROSENFELD, 650), Frühgeburten (so
auch ALEXANDER, 390) und an schlafenden Säuglingen nur die langsame
Drehreaktion, nicht die rasche Phase des Nystagmus. SCHARNKE (664) beobachtete bei Morphin- und Veronalvergiftungen wiederholt, wie die Aufhellung des Bewußtseins dem allmählichen Erscheinen der raschen Phase
des Nystagmus bei kalorischer Reizung des Labyrinths parallel ging und
ähnliches mehr. Man wird daher zu der Vermutung geführt, daß dieser
Reflex in der Phylogenese allmählich in etwas größere Abhängigkeit vom
Großhirn gerät, ähnlich wie es z. B. mit der Lokomotion der Fall ist. Das
würde auch sehr gut zu dem von MAGNUS selbst (593, S. 418) ausgesprochenen Satz stimmen; daß in der Säugetierreihe mit zunehmender Ausbildung des Gehirns der rein vestibuläre Mechanismus fortschreitend mehr
zurückgebildet wird, wobei gerade die tonischen Labyrinthreflexe auf das
Auge ihre frühere herrschende Rolle verlieren, was sich sehr deutlich in
dem allmählichen Zurücktreten der tonischen Labyrinthreflexe hinter die
Fixationsabsicht und die Fusionstendenz äußert, worüber wir unten S. 332
noch weiteres berichten. Freilich wird das auch beim Menschen nicht so
weit gehen, daß die rasche Phase des Nystagmus ausschließlich vom Großhirn abhängt[1]), sondern wohl nur soweit, daß sie vom Großhirn her gefördert und gehemmt werden kann. Letzteres wenigstens ist sicher möglich. Es ist lange bekannt, daß der Drehnystagmus abgeschwächt oder
sogar ganz aufgehoben werden kann, wenn man die Augen willkürlich
stark nach der Seite der langsamen Drehreaktion hin wendet (WANNER, 719;
BÁRÁNY, 396; HOLT, 547 u. a.; an Tieren zuerst STEVENSON bei EWALD,
485, S. 153). Beim Blick nach der Seite der raschen Phase wird der
Nystagmus viel stärker. Beim galvanischen Nystagmus gelingt mir die

---

1) Daß horizontaler, bzw. rotatorischer Nystagmus beim Menschen nach Läsion
der Bogenfasern aus dem DEITERSschen Kern, also nach Läsion der Reflexbahn
vom Vestibularis auftritt (MARBURG, 596; SCHWARTZ, 671), ist noch kein Beweis für
die ausschließliche »Lokalisation« des Nystagmus in subkortikalen Zentren.

Unterdrückung ebenfalls, wenn ich absichtlich die Augen ungestört sich selbst überlasse, wie beim Starren ins Leere und jede Fixationsabsicht aufgebe (interesselose Stellung, s. unten S. 342). Sie wandern dann langsam nach der Anodenseite hin und bleiben dort stehen, was man an einem dauerhaften Nachbild ganz einfach beobachten kann. Aber ein geringes Nachlassen des interesselosen Ins-Leere-Starrens genügt, um sie wieder in die Mitte zurückschnellen zu lassen. Ferner kann man, wie BÁRÁNY (396, S. 218) zeigte, den vestibulären Nystagmus beim Menschen durch einen ihm entgegengerichteten optischen Bewegungsnystagmus hemmen oder sogar in sein Gegenteil verkehren (vgl. ferner DODGE, 472). Endlich fanden BÁRÁNY, C. und O. VOGT (401), daß bei Affen durch Reizung des okzipitalen Blickzentrums, der Area praeoccipitalis und occipitalis von BRODMANN (Feld 19a und 18, s. oben S. 306) und der Area striata, des Sehzentrums, der kontralaterale Kältenystagmus verkleinert werden kann. Als Zeichen eines fördernden Einflusses der Großhirnrinde kann angeführt werden, daß man nach GRAHAM BROWN (514) bei Affen in einem Narkosestadium, in dem die langsame »Drehreaktion« eben verschwunden ist, sie durch Reizung des okzipitalen Blickzentrums und des Zentrums für Adversionsbewegungen in der oberen Frontalwindung (s. oben S. 305) wieder »wecken« kann, d. h. daß man durch die Reizung das subkortikale Zentrum in einen höheren Erregbarkeitszustand versetzen kann, und daß nach MAGNUS (591) der Drehnystagmus beim Affen in den ersten Stunden nach der Großhirnexstirpation fehlt. Zu beachten ist in diesem Zusammenhang endlich, daß bei partiellen Läsionen des hinteren Längsbündels die Blickbewegungen viel eher Schaden leiden, als die Labyrinthreflexe auf die Augenmuskeln, und daß dabei in der Regel die rasche Komponente des Nystagmus in der Richtung der Blicklähmung in demselben Grade geschädigt wird, wie die Blickbewegung selbst (BRUNNER, 455, S. 1069).

Nach NASIELL (625; vgl. auch OHM, 635a) gelingt es, durch eine mit energischem Lidschluß synergisch verbundene kräftige Innervation aller Augenmuskeln die Bulbi so festzustellen, daß dadurch jede Art von Rucknystagmus unterdrückt wird. Das wäre aber dann eine bloß mechanische Unterdrückung, die auf der gleichen Stufe stehen würde, wie die Unterdrückung eines anderen Muskelreflexes durch krampfhafte Muskelanspannung. Auf einer ähnlichen Wirkung scheint auch die Unterdrückung des Augenzittern der Bergleute durch einen kräftigen Konvergenzimpuls zu beruhen.

Von den Bewegungsreaktionen sind nach MAGNUS zu unterscheiden die tonischen Haltungsreflexe auf die Augenmuskeln. Es sind Reflexe der Lage, die zu andauernden kompensatorischen Augenstellungen führen. Gerade in diesem Punkt unterscheiden sich nun die Tiere sehr wesentlich untereinander und vom Menschen, sodaß wir dem Folgenden neben den Beobachtungen am Menschen hauptsächlich die Untersuchungen von MAGNUS an Affen zugrunde legen müssen. Sie werden aber schon bei diesem Tier

im normalen wachen Zustande durch die optischen Einstellbewegungen
unterdrückt, lassen sich daher rein am besten in schwacher Narkose nach-
weisen. Sie gehen vom Labyrinth und vom Halse aus. Vom Labyrinth
werden Vertikalbewegungen ausgelöst, der Blick wird beim Umlegen des
Tieres nach vorn gehoben, beim Umlegen nach hinten gesenkt. Ferner
erhält man bei seitlich geneigter Stellung von Kopf und Körper parallele
Augenrollungen der Augen, etwa in demselben Ausmaß, wie man sie beim
Menschen bei seitlicher Kopfneigung als Dauerrollung beobachtet (s. oben.
Die Anfangsrollung bei seitlicher Kopfneigung ist hingegen ein Drehreflex).
Haltungsreflexe in horizontaler Richtung nach rechts und links kommen
vom Labyrinth her nicht zustande. In allen diesen Versuchen muß auf
gleiche Lage von Kopf und Körper geachtet werden, denn bei Verdrehung
des Kopfes gegen den Körper können die Haltungsreflexe auch vom Hals
ausgehen. Man erhält die letzteren rein für sich, wenn man den Kopf
unbewegt aufrecht stehen läßt und den Rumpf gegen ihn verdreht. Wird
der Rumpf bei aufrechter Kopfstellung nach hinten gedreht, so daß der
Rücken sich dem Hinterhaupt nähert, so stellen sich die Augen nach unten;
wird der Rumpf ventralwärts gedreht, so stellen sich die Augen nach oben.
Dreht man bei aufrechtem Kopf den Körper in der Frontalebene nach
rechts und links, sodaß einmal die rechte, dann die linke Schulter dem Ohr
näher steht, so treten Augenrollungen auf. Beide Augen drehen sich etwas,
aber nur sehr wenig, gegen die Rumpfrichtung hin. Haltungsreflexe vom
Halse aus in horizontaler Richtung (bei Drehung des Rumpfes um die
vertikale Achse) sah MAGNUS nur nach Entfernung des Großhirns.

Am Menschen liegt für die Unterscheidung von Hals- und Labyrinthstell-
reflexen bis jetzt folgendes vor: Die parallele Rollung der Augen tritt auch
bei gemeinsamer seitlicher Neigung von Kopf und Körper auf (DELAGE, 463),
ist also ein Labyrinthreflex[1]). Die Blickhebung und Senkung bei Hebung
und Senkung des Kopfes ist dagegen nach SCHUSTER (670) ein Halsreflex.
Wurde die Patientin, an der SCHUSTER den Reflex beobachtete, auf ein Brett
aufgeschnallt und nun Kopf und Körper zusammen gehoben und gesenkt,
so fehlte die Reaktion. Von DE KLEIJN und STENVERS wurde das in einem
anderen Fall durch den gleichen Versuch bestätigt (siehe MAGNUS, 593,
S. 193). An Neugeborenen in den ersten drei Tagen fand ferner BÁRÁNY (397)
einen vom Halse her ausgelösten Seitenstellreflex der Augen bei Drehung
des horizontal liegenden Körpers und Kopfes um die gemeinsame Längsachse. Später wird dieser Reflex von den optischen Fixationseinstellungen

---

1) KOMPANEJETZ (572a) hat Gegenrollung der Augen bei seitlicher Kopfneigung
auch nach vollständiger Ophthalmoplegie beobachtet, und daraus geschlossen, sie
müsse wenigstens zum Teil dadurch bedingt sein, daß der Schwerpunkt des Auges
nicht mit dem Drehpunkt zusammenfalle. Nach KOEPPE (572) fallen aber beide
Punkte praktisch zusammen, KOMPANEJETZ' Annahme ist daher nicht genügend
begründet.

ebenso vollkommen unterdrückt, wie dies auch beim Affen in wachem Zustande der Fall ist. Bartels (409) konnte den von Bárány beschriebenen Reflex an Neugeborenen nur in seltenen Fällen erhalten. de Kleijn und Stenvers beobachteten ihn in einem Falle von Hirntumor (Magnus, 593, S. 193). Er ist offenbar beim Menschen nur rudimentär, könnte aber trotzdem selbst beim Erwachsenen noch einen gewissen Einfluß ausüben (s. unten S. 336). Neuerdings hat endlich Goldstein (508a) in pathologischen Fällen auch Haltungsreflexe von den Extremitäten auf die Augenmuskeln gefunden.

Die tonischen Labyrinthreflexe der Augen werden nach de Kleijn und Magnus (568) von den Otolithenorganen ausgelöst (nach Beck, 419, sollen sie allerdings zum Teil auch von den Bogengängen ausgehen), und zwar so, daß eine dauernde tonische Innervation der Augenmuskeln zustande kommt, auf die sich die ruckweisen Blickbewegungen ebenso aufsetzen, wie auf die tonischen Fusionseinstellungen. Es ist aber nicht so, daß z. B. die Innervation zur Rechtsrollung erst bei Linksneigung des Kopfes, die zur Linksrollung erst bei Rechtsneigung des Kopfes eintritt und bei aufrechter Kopfhaltung keiner der Rollmuskeln innerviert ist. Vielmehr ist bei aufrechtem Kopf die Innervation der Rechts- und Linksroller gleich groß, sodaß sie sich gegenseitig die Wage halten, und bei der Kopfneigung erfolgt jedesmal eine Verstärkung des Tonus der Agonisten und Nachlassen des Tonus der Antagonisten, wie bei der reziproken Willkürinnervation. Dabei ist die Wirkung jedes Labyrinths auf die beiden Augen ungefähr gleich groß, sodaß nach Exstirpation des einen keine gegensinnige Rollung des einen Auges gegen das andere vorhanden ist und nur die gemeinschaftliche Rollung beider Augen bei den verschiedenen Kopfstellungen bloß etwa die Hälfte der normalen beträgt. (Magnus, 593, S. 168).

Für die Hebung und Senkung der Augen läßt sich beim Kaninchen ein ganz analoger tonischer Einfluß des Labyrinths nachweisen. Dreht man beim Kaninchen den Kopf um die sagittale Achse nach rechts, so wird das rechte Auge gehoben, das linke gesenkt; dreht man den Kopf nach links, so wird das linke Auge gehoben, das rechte gesenkt. In beiden Fällen bewirkt der Reflex, daß die Gesichtslinien etwas mehr der horizontalen Richtung angenähert bleiben. Nach einseitiger Entfernung des Labyrinths zeigen Kaninchen und Meerschweinchen eine dauernde Vertikaldivergenz der Augen, das Auge der operierten Seite sieht nach unten, das der gesunden Seite nach oben[1]. Das ist die Wirkung des erhalten gebliebenen Labyrinths. Die Divergenz ist am stärksten, wenn der Kopf nach der gesunden Seite hin gedreht wird, sie nimmt ab bei Drehung des Kopfes nach der operierten

---

[1] In der ersten Zeit nach der Operation ist damit ein gegensinniger Vertikalnystagmus verbunden, über dessen Besonderheiten man die Darstellung von Magnus (593, S. 348) vergleiche.

Seite (welche Stellung das Tier sich selbst überlassen dauernd beibehält), ist also auch bei aufrechter Kopfhaltung vorhanden. Daraus geht hervor, daß schon in der »Mittelstellung« jedes Labyrinth einen tonisierenden Einfluß auf die Vertikalmotoren im Sinne einer entgegengesetzten Innervation zur Vertikaldivergenz ausübt, die sich unter normalen Verhältnissen auch wieder beide gegenseitig die Wage halten. Bei Hunden und Katzen ist die geschilderte Augenablenkung nur vorübergehend, beim Affen sahen sie Magnus und Bartels (404, II.) nur einmal kurz angedeutet. Beim Menschen fehlt sie, aber vielleicht nur wegen des Einflusses des Fusionszwanges. Darauf deutet je eine Beobachtung von Siebenmann (zit. bei Bartels, 404, IV, S. 234) und von Wodak (733) hin, die bei elektrischer Reizung des Labyrinths in der Narkose (Siebenmann) bzw. bei Ausschluß des Fusionszwanges (Wodak) Anzeichen einer Vertikaldivergenz fanden[1]). Es scheint also, daß dieser tonisierende Einfluß des Labyrinths in der ganzen Säugetierreihe vorhanden ist, und daß er nur vom Kaninchen bis zum Affen und Menschen immer mehr durch andere Einflüsse zurückgedrängt wird.

Clarke (458b) hat darauf aufmerksam gemacht, daß manche Reflexe, die bei Tieren mit seitlich gestellten Augen vorhanden waren, bei Tieren mit nach vorn gestellten Augen völlig in den Hintergrund treten müssen. So würde der Rollungsreflex, der an Tieren mit seitlich gestellten Augen bei Drehung des Kopfes um die quere Achse eine parallele Rollung beider Augen im Sinne möglichster Beibehaltung der vertikalen Stellung der Längsschnitte wirkt, bei nach vorn gestellten Augen eine gegensinnige Rollung hervorrufen. Bei Kopfsenkung z. B. werden bei seitlich stehenden Augen beide Bulbi parallel mit dem oberen Pol nach hinten gerollt. Sind nun beide Augen nach vorn gestellt, so würde, wenn die Reflexrollung die gleiche bliebe, bei Kopfsenkung eine gegensinnige Rollung beider Augen mit dem oberen Pol nach außen zustande kommen. Analog steht es mit der gegensinnigen Hebung und Senkung der Gesichtslinien bei seitlicher Neigung des Kopfes. Diese bewirkt bei seitlich stehenden Augen, daß beide Gesichtslinien bei kleinen Kopfneigungen möglichst horizontal eingestellt bleiben. Bei nach vorn stehenden Augen wäre aber ein solcher Reflex direkt schädlich, er muß also unterdrückt werden, und er könnte nur unter besonderen Umständen noch hervorgelockt werden.

Auf die Rechts- und Linkswender läßt sich von den Otolithen her kein Reflextonus ableiten. Trotzdem ist es wahrscheinlich, daß ein solcher, wie Bartels (404, I.) meint, auch vom Labyrinth ausgelöst wird, und zwar von den Bogengängen her, da auch die Drehreaktion auf einer reziproken Innervation der Augenmuskeln beruht. Darauf weisen sehr deutlich die Befunde hin, die man nach einseitiger Labyrinthexstirpation erhält, und die denen an den Vertikalmotoren sehr ähnlich sind. Nach einseitiger Labyrinthexstirpation sieht man beim Kaninchen und Meerschweinchen

---

1) Vielleicht ist auch eine gelegentliche Beobachtung, die Bartels (404, II.) an sich selbst während einer Otitis machte, auf eine vorübergehende Vertikaldivergenz zurückzuführen.

dauernde, bei Katzen und Hunden vorübergehende Ablenkung beider Augen nach der Seite des ausgefallenen Labyrinths mit Nystagmus nach der Gegenseite. Auch am Affen fand MAGNUS (591) nach einseitiger Labyrinthexstirpation eine vorübergehende Augenablenkung nach der verletzten Seite. Am Menschen ist eine solche Verdrehung der Augen nach der Seite der Verletzung von BÁRÁNY (396, S. 247) in der Narkose unmittelbar nach der Labyrinthverletzung beobachtet worden. Beim Erwachen aus der Narkose verlor sich die Seitenstellung, und es trat statt dessen der nach einseitiger Labyrinthverletzung regelmäßig zu beobachtende Nystagmus mit raschem Schlag nach der gesunden Seite auf. Dieser ist am stärksten beim Blick nach der gesunden Seite, bedeutend schwächer beim Blick nach der kranken Seite, weshalb die Kranken den Blick nach der gesunden Seite möglichst vermeiden. Diese Erscheinungen zeigen eine so große Ähnlichkeit mit der eben besprochenen Vertikaldivergenz und auch mit dem gegenseitigen Verhalten von Drehreaktion und Drehnystagmus, daß wohl auch für die Seitenwender eine tonische Innervation vom Labyrinth her in der Mittelstellung angenommen werden muß, wenn sie auch beim Menschen (außer in der Narkose) nach Ausfall eines Labyrinths nicht zu einer Dauerablenkung führt. Hier wird dieser Tonus eben auch wieder durch die optischen Motive leicht unterdrückbar sein.

Wir würden also mit BARTELS annehmen, daß jedes Labyrinth eine tonische Wendung beider Augen nach der Gegenseite hervorruft. Bei normaler Funktion beider Labyrinthe halten sich diese beiden Wirkungen in der Ruhe das Gleichgewicht — tonische Gleichgewichtsstellung beider Augen geradeaus. Fällt ein Labyrinth aus, so überwiegt schon in der Ruhe der Einfluß des erhaltenen Labyrinths, die Augen werden nach der verletzten Seite hingedreht. Nun versteht man freilich eine solche einseitige Dauerinnervation nach den Auseinandersetzungen von MAGNUS und DE KLEIJN (594) ohne weiteres wohl für die von den Otolithen ausgehenden Reflexe, zu denen aber die Seitenwendungen nicht gehören. Diese werden vielmehr als Drehreflexe von den Bogengängen her ausgelöst, und wenn man berücksichtigt, daß die Drehreflexe von den gleich gerichteten Bogengängen beider Seiten gleichzeitig ausgelöst werden könnten, so ist die beschriebene Wirkung des Ausfalls eines Labyrinths nich sofort zu begreifen. Beispielsweise würde bei einer Kopfwendung nach rechts im linken horizontalen Bogengang eine Flüssigkeitsströmung[1] von der Ampulle weg, gleichzeitig aber auch im rechten horizontalen Bogengang eine Strömung gegen die Ampulle hin erzeugt. Wenn nun beide eine Drehreaktion der Augen nach

---

[1] In Wirklichkeit kann nur eine kleine Flüssigkeitsverschiebung entstehen, die wegen der Reibung in den engen Bogengängen sehr bald aufhört. Über die Frage, wie es trotzdem zu der langen Dauer des Nachnystagmus kommt, vergleiche man BRUNNER (455, S. 1039).

links mit Nystagmus nach rechts auslösen würden, so könnte der Wegfall
eines Labyrinths höchstens eine Verkleinerung dieser Reaktionen bewirken.
Nun wird aber von BÁRÁNY (396) und RUTTIN (656) angegeben, daß beim
Menschen in der ersten Zeit nach einseitiger Labyrinthzerstörung der Nach-
nystagmus nach einer Drehung unsymmetrisch wird, bei Drehung nach der
Gegenseite stärker, als bei Drehung nach der verletzten Seite. Ja im Tier-
experiment ist von SCHIFF und von SHUKOFF (676a) an Fröschen, von TREN-
DELENBURG und KÜHN (699) an Eidechsen und Schildkröten, von GREENE und
LAURENS (514a) an Amblystoma gezeigt worden, daß die Drehreaktion des
Kopfes bei Drehung nach der operierten Seite und die Nachreaktion bei
Drehung nach der gesunden Seite ganz wegfällt, während die entsprechenden
Reaktionen bei der Drehung nach der anderen Seite erhalten bleiben. Das
kann nur bedeuten, daß die Wirkung einer Strömung gegen die Ampulle
hin stärker wirkt, als die Strömung von der Ampulle weg, ja daß sie bei

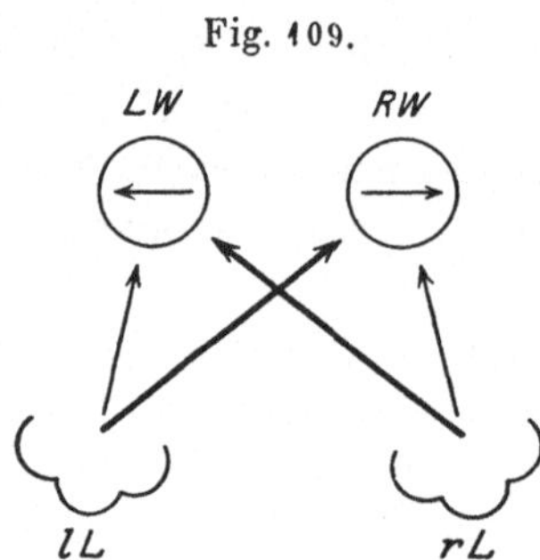

niederen Tieren vielleicht allein wirksam ist.
Diese Folgerung hat in der Tat schon EWALD
(485, S. 264) aus Versuchen mit künstlicher
Erzeugung einer Flüssigkeitsströmung in den
Bogengängen, ferner LEE (581a) aus Experimenten an Fischen, TRENDELENBURG und KÜHN
aus ihren Versuchen an Reptilien, dann besonders BARTELS aus Versuchen an Kaninchen
gezogen. BARTELS nimmt nach seinen Versuchen
an, daß sich zwar die Wirkung eines Labyrinths beim Säugetier auf beide Seitenwender
erstreckt, daß aber die Wirkung des linken Labyrinths auf die Rechtswender
der Augen stärker ist, als die von ihm ausgehende Wirkung auf die Linkswender, und umgekehrt das rechte Labyrinth am stärksten auf die Linkswender einwirkt, wie das in Fig. 109 schematisch dargestellt ist. In ihr
bedeutet LW das Zentrum für die Linkswendung, RW das Zentrum für die
Rechtswendung[1]), lL das linke, rL das rechte Labyrinth. Die stärkere
Wirkung ist durch den stärkeren Strich angedeutet. Zur Erklärung der
Dauerinnervation der Seitenwender in der Ruhe müßte dann noch hinzugefügt werden, daß auch ohne Kopfdrehung schon infolge einer dauernden

---

[1]) Von einer Konstruktion des Zusammenhanges des Labyrinths mit den
einzelnen Augenmuskeln glaubte ich im Schema absehen zu sollen, zunächst wegen
der reziproken Innervation, sodann weil es ja immerhin möglich wäre, daß neben
dem Rectus lateralis und medialis auch noch der obere und untere Rechte als
Außenwender, die beiden Obliqui als Innenwender mitbeteiligt sind. Für die Gegenrollung bei seitlicher Kopfneigung haben HOFMANN und BIELSCHOWSKY (544) die
Beteiligung des Obliquus sicher nachgewiesen. Merkwürdig aber ist, daß bei einer
isolierten Lähmung eines oberen oder unteren Rectus seine Mitwirkung bei dieser
Rollung, die doch auch vorhanden sein sollte, nicht zu erkennen ist.

automatischen Erregung des Labyrinths (Eigenreizung nach Breuer) eine tonische Innervation vorhanden ist. Es muß allerdings bemerkt werden, daß Köllner und Hoffmann (571) mittels der Aktionsströme der Augenmuskeln einer labyrinthogenen Tonus derselben nicht nachweisen konnten.

Mit der ungleichen Wirkung auf die Kerne der Seitenwender ist nicht zu verwechseln die ungleiche Wirkung. des Labyrinths jeder Seite auf beide Augen, die auch angegeben wird. So ist nach Ewald (485, S. 164) und besonders nach Bartels (404, IV.) die Wirkung auf das gleichseitige Auge stärker, als auf das Auge der Gegenseite. Nach Magnus und de Kleijn (594; vgl. auch Magnus, 593, S. 346, 397) zeigt nach einseitiger Labyrinthexstirpation das gleichseitige Auge die stärkere Ablenkung.

Eine weitere Quelle für den Tonus der Augenmuskeln erblickt Gertz (507) in der Innervation von seiten des Kleinhirns. Seit den Untersuchungen von Ferrier und von Hitzig (Literatur bei Tschermak, 703, S. 196; van Rynberk, 657; Dusser de Barenne, 390a, S. 589; Karplus, 390a, S. 673) weiß man, daß Reizung bestimmter Stellen der Kleinhirnrinde assoziierte Augenbewegungen und zwar Seitenwendung nach der gleichen Seite hervorruft. Solche Stellen sind nach Hoshino (550) die Seitenteile des Wurms an der oberen dorsalen Fläche desselben, dem medialen Teile des Lobulus simplex von Bolk, manchmal auch die Gegend unmittelbar hinter oder oberhalb desselben. Die Reaktion ist am deutlichsten, wenn der laterale Teil des angegebenen medianen Bezirks, also die Umgebung des Sulcus paramedianus gereizt wird[1]). Nach Hoshino ist der Erfolg auf Reizung der Rinde des Kleinhirns zurückzuführen und nicht, wie andere meinen, auf Reizung tieferer Teile, etwa gar des Hirnstamms. Diese Ansicht wird auch von Dusser de Barenne (390a, S. 633) geteilt, der ebenso wie Hoshino die Augenbewegung (aber bloß einseitige) auch bei ganz oberflächlicher mechanischer Reizung erhielt, während Karplus (390a, S. 688) sich der Meinung von Horsley und Clarke anschließt, daß die Augenbewegungen von den Kleinhirnkernen ausgehen, nicht von der Rinde selbst.

Nach Exstirpation einer Kleinhirnhälfte, beim Kaninchen nach Ausschaltung der Rinde des Sulcus paramedianus auf einer Seite durch Kälte (Hoshino), sind die Augen anfangs häufig nach der Gegenseite abgelenkt, und auch beim Menschen sind nach einseitigen Kleinhirnläsionen im bewußtlosen Zustand mitunter Seitenwendungen der Augen nach der Gegenseite vorhanden. Daraus folgt nach Gertz, daß den Seitenwendern der Augen vom Kleinhirn her eine Dauerinnervation zufließt, und zwar von jeder Hälfte nach ihrer Seite hin. Fällt eine Seite aus, so überwiegt vorübergehend der Einfluß der anderen Seite, die Augen gleiten langsam aus der

---

1) Eine zweite Reizstelle befindet sich nach Bárány (399) im Flocculus. Reizung desselben ruft beim Kaninchen in der Hauptsache Vertikaldivergenz der Augen hervor (Ablenkung des einen Auges nach oben, des anderen nach unten).

gewollten Fixationsstellung nach der Gegenseite hin ab. Werden sie dann mit einem Ruck wieder in die Normalstellung zurückgebracht, so resultiert daraus nach GERTZ der Nystagmus bei Kleinhirnverletzungen, der, soweit er eine horizontale Komponente hat, mit der raschen Phase nach der Seite der Verletzung hin schlägt[1]). Dazu ist allerdings zu bemerken, daß mehrere Autoren den Nystagmus gar nicht zu den Symptomen einer reinen Kleinhirnerkrankung rechnen (vgl. KARPLUS, 390a, S. 690.

Unklar bleibt ferner der Ursprung dieses angenommenen zerebellaren Tonus. Die Reflexe vom Labyrinth bleiben nach MAGNUS auch nach Totalexstirpation des Kleinhirns erhalten, die Reflexbahn verläuft also nicht durch das Kleinhirn, sondern im Hirnstamm. Die anatomische Verbindung vom Vestibularis durch das hintere Längsbündel zu den Augenmuskelkernen dient offenbar dieser Reflexvermittlung. Man könnte also, wenn man nicht eine Nebenbahn vom Vestibularis zum Kleinhirn (und zurück, s. unten) annehmen will, noch an die vom Halse her vermittelten tonischen Stellreflexe denken, die beim Menschen ganz rudimentär geworden sind. Dazu würde allenfalls die Geringfügigkeit der Ausfallserscheinungen beim Menschen sowie der Umstand stimmen, daß nach HOSHINO Verdrehung des Thorax gegen den Kopf beim Kaninchen denselben Einfluß auf den labyrinthären Nystagmus ausübt, wie Kleinhirnrindenreizung. Indessen hebt Exstirpation des Wurms beim Kaninchen die Halsreflexe auf die Augen nicht auf, man könnte also auch hier nur an einen Nebenweg denken, der allerdings in diesem Falle durch die Leitung im Corpus restiforme anatomisch gegeben ist. HOSHINO weist als möglichen Weg, auf dem das Kleinhirn den von ihm beschriebenen Einfluß auf den vestibulären Nystagmus ausübt, auf die zum DEITERSschen Kern absteigenden Fasern aus dem Dachkern hin, dem seinerseits Erregungen aus dem Wurm zugeleitet werden.

Ein anderer Einfluß des Kleinhirns auf die Augenmuskeln, der allerdings vorläufig noch rein hypothetisch ist, ließe sich aus der unten S. 345 erwähnten Beobachtung ableiten, daß die Muskelrigidität bei der Encephalitis lethargica auch auf die Augenmuskeln übergreifen kann. An der übrigen Muskulatur führt man die Muskelstarre darauf zurück, daß infolge Wegfalls der Hemmung von seiten des Pallidums die Funktion des Kleinhirnsystems erhöht ist, welch letzteres speziell die Erscheinungen der Fixationsspannung, der reflektorischen Antagonistenspannung bei aktiver und passiver Bewegung (s. unten S. 345) und den Muskeltonus beherrschen soll.

Einen wichtigen Einfluß auf den Tonus der Augenmuskeln übt endlich das Großhirn aus. Die Blickrichtung geradeaus nach vorn nahm man früher gewöhnlich als die Nullstellung an, bei der weder die Rechts- noch die Linkswender willkürlich innerviert seien. Erst beim Blick nach rechts

---

1) Zum hemmenden und fördernden Einfluß des Kleinhirns auf den vestibulären Nystagmus vergleiche man die Ausführungen von HOSHINO und die Literatur bei BRUNNER (455, S. 1062).

sollten die Rechtswender, beim Blick nach links die Linkswender zunehmend stärker innerviert werden. Daß dies nicht richtig ist, hat Schnabel (665) klar erkannt, und Sherrington (673, 674) experimentell bewiesen. (Die Einzelheiten s. bei Hofmann, 541, S. 605 ff.) Sherrington zeigte an Affen, daß nach Durchschneidung des linken N. oculomotorius und trochlearis das nach außen schielende linke Auge durch Reizung des Rindenzentrums für die Rechtswendung aus seiner Schielstellung bis zur Mitte der Lidspalte bewegt werden konnte. Auch konnte das Tier beim Blick nach rechts das Auge bis zur Mittelstellung bewegen, während es beim Blick geradeaus nach auswärts schielte. Topolansky (687) hat dann die mit der Verkürzung der Seitenwender nach einer Seite einhergehende Verlängerung der Seitenwender nach der anderen Seite nach Ablösung ihrer Ansätze am Bulbus auch graphisch verzeichnet. Wir müssen daher eine Art von Übereinandergreifen der Innervationen für die Rechts- und Linkswendung annehmen, dergestalt, daß jede Innervation zur Rechtswendung, gleichgültig, von welcher Augenstellung aus, sich aus einer Verstärkung der Erregung der Rechtswender und einer Abschwächung der Erregung der Linkswender zusammensetzt, und jede Innervation zur Linkswendung aus einer Erhöhung der Erregung der Linkswender und einer Abschwächung der Erregung der Rechtswender. Es besteht also auch an den Augenmuskeln die von Sherrington und R. E. Hering gefundene und von ersterem als »reziproke Innervation« bezeichnete Erscheinung (vgl. die Literatur bei H. E. Hering (529a, S. 519 ff.), daß mit jeder willkürlichen Innervation einer synergistisch wirksamen Muskelgruppe (der Agonisten nach H. E. Hering) eine Hemmung der Kontraktion ihrer Antagonisten verbunden ist[1]). Diese Auffassung entspricht, wie Hofmann (430, S. 118) auseinandersetzt, an den Augen genau dem, was uns als unsere Absicht bei der Blickwendung bewußt wird. Beim Übergang von der äußersten Linkswendung bis zur äußersten Rechtswendung erfolgt nicht in der Mitte der Bahn ein plötzlicher Innervationswechsel, sondern es nimmt nur der gleiche Innervationsakt immer mehr an Stärke zu, so daß man kurz sagen kann: Gleicher Bewegungsabsicht entspricht auch die gleiche Innervation der Augenmuskeln.

Genau dieselben Fragen, wie bei der Seitenwendung des Blickes, ergeben sich auch für die Blickhebung und Senkung. Es ist von vornherein nicht anzunehmen, daß diese Innervationen aus dem allgemeinen Gesetz herausfallen sollten, und in der Tat ergeben die Erscheinungen bei peripheren Lähmungen der Muskeln dieser Gruppe Anhaltspunkte für ein Übereinandergreifen der Innervationen auch bei ihnen. Schwieriger liegt die Sache für die Mehrung und Minderung der Konvergenz. Die gewöhn-

---

[1] Die gleichen Verhältnisse finden sich auch am Antagonismus der Lidmuskulatur, dem M. levator palpebrae und dem Orbicularis oculi wieder. Vgl. die Literatur bei Hofmann, 541).

liche Auffassung ist die, daß es nur ein Konvergenzzentrum gebe, und daß die Minderung der Konvergenz durch ein bloßes Nachlassen der Kontraktion der beiden Recti mediales herbeigeführt werde, ohne daß sich dazu eine verstärkte Kontraktion der Recti laterales hinzufüge. Das würde zwar ein Unikum darstellen, denn sonst gibt es überall antagonistisch tätige Muskeln und Zentren (HOFMANN, 430), aber es ist richtig, daß ein wirklich ausreichender Beweis für die Existenz eines Divergenzzentrums nicht erbracht ist (siehe oben S. 308).

Wie schon bemerkt, hat man vielfach die gleich starke Innervation der Antagonisten beim Blick geradeaus auch als Tonus und ihre Erschlaffung bei der reziproken Innervation als eine Hemmung dieses Tonus bezeichnet. Man muß dann annehmen, daß es auch einen willkürlich erzeugten Tonus gibt, während man gewöhnlich unter Tonus eine unwillkürlich, meist reflektorisch herbeigeführte Dauerkontraktion versteht. Man kann die Abhängigkeit dieses Tonus von der Willkür, wie HOFMANN (541, S. 606) ausführt, etwa vergleichen mit der der Dauerkontraktion des M. levator palpebrae beim Offenhalten der Lider, die auch dann noch weiter besteht, wenn man gar nicht an das Lid denkt, sondern schon durch das Bestreben zum Sehen dauernd aufrecht erhalten wird. Im Zusammenhang damit hat HOFMANN (l. c. S. 611) darauf aufmerksam gemacht, daß es nach Analogie mit der Muskulatur der Glieder wahrscheinlich ist, daß das Ausmaß dieses Tonus bei einer und derselben Augenstellung sehr verschieden sein kann. Genau so, wie wir etwa das Ellbogengelenk in jedem Grade der Beugestellung durch stärkere oder schwächere, aber stets in gleichem Verhältnis auf die Antagonisten verteilte Innervation mehr oder weniger stark festhalten können, so könnte auch bei den Augenmuskeln je nach dem Grade der Aufmerksamkeit, die wir den sichtbaren Gegenständen zuwenden, die willkürliche Innervationsstärke wechseln. (Ähnlich auch KESTENBAUM, 560). Ob das richtig ist, ließe sich vielleicht an intelligenten Patienten mit frischen Augenmuskellähmungen feststellen. BRÜCKNER (454) meint wohl mit Recht, daß es Personen gibt, die diese gleichzeitige Anspannung aller Augenmuskeln willkürlich verstärken können, und erklärt dadurch nach Analogie mit dem Zittern bei angestrengter Anspannung der Gliedermuskeln das willkürlich eingeleitete Augenzittern (ähnlich BÁRÁNY, 396, S. 198).

Neueren Bestrebungen, derartige anhaltende Kontraktionen, auch wenn sie willkürlich herbeigeführt sind, als Dauerzustände ohne Aktionsstrom von den gewöhnlichen tetanischen Muskelkontraktionen zu trennen, steht bei den Augen die Schwierigkeit entgegen, daß wir sowohl durch das Muskelgeräusch (HERING, 528), als auch durch die Aktionsströme (P. HOFFMANN, 539) fortwährende Oszillationen der Erregung in den Augenmuskeln nachweisen können, so, wie bei der tetanischen Muskelkontraktion. Natürlich könnte trotzdem ein eigentlicher (myogener) tonischer Dauerzustand von den rhythmisch schwankenden Erregungen bloß überdeckt sein (TSCHERMAK bei FISCHER, 495). Ferner ist zu beachten, daß nach Cords (459, 460), Velter (710a) u. a. bei Encephalitis epidemica die Erscheinungen der Muskelstarre auch auf die Augenmuskeln übergreifen können. Die Patienten halten dann ihre Augen lange Zeit starr auf einen Punkt gerichtet und zeigen nur selten Augenbewegungen, während der eigentliche Tonus der Augenmuskeln nicht nachweisbar erhöht ist. Es ist daher in diesen Fällen weniger auf eine Verstärkung, als vielmehr auf ein längeres Beharren der Muskelkontraktion, eine trägere Reaktion der Zentren für die Augenmuskeln zu schließen. Beeinträchtigung der Reaktionsbewegungen, speziell auch mangelhafte Einstellbewegungen der Augen und des Kopfes auf sensorische Reize hin, erhöhter Widerstand gegen Dehnung und tonische Nachdauer der Kontraktion gelten aber als Hauptsymptome eines Ausfalls des Pallidums [vgl. Jakob (556a) und die letzte Übersicht bei Hilpert, 534a].

Aus der Tatsache der reziproken Innervation der Augenmuskeln läßt sich aber nicht bloß ein Einfluß der Willkür auf den zuletzt besprochenen »willkürlichen« Tonus der Augenmuskeln erschließen, sondern es muß ein hemmender Einfluß derselben auch auf den unwillkürlichen Tonus bestehen. Wir sahen oben, daß vom Labyrinth her eine dauernde tonische Innervation der Augenmuskeln auch der Seitenwender ausgeht. Wenn es nun, wie in den Versuchen von Sherrington, möglich ist, die Innervation des M. rectus lateralis nach Durchschneidung des N. oculomotorius soweit zu hemmen, daß das Auge bis zur Mitte der Lidspalte vorrückt, so muß doch wohl die Spannung des M. rectus lateralis auf denselben Betrag heruntergegangen sein, wie die des gelähmten Rectus medialis, d. h. es muß jeder Tonus dieses Muskels, auch der reflektorische, vollständig geschwunden sein. Das läßt sich nur so erklären, daß die von der Großhirnrinde ausgehende Willkürinnervation in den subkortikalen Blickzentren, bzw. in den Augenmuskelkernen jegliche Erregung, woher immer sie stammt, zu unterdrücken vermag. Zu einer analogen Folgerung: Unterdrückung des vestibularen Tonus durch die Willkürinnervation gelangte auch Bárány (400), und die Fähigkeit, bei angeborenem völligem Fehlen des Rectus lateralis die Augen beim Blick geradeaus in die Lidspaltmitte einzustellen (Simon, 677; Kunn, 575), läßt sich wohl auch nur durch diese Annahme erklären.

Der »willkürliche Tonus« der Augenmuskeln, die schon beim Blick geradeaus vorhandene gleichzeitige Erregung der Antagonisten, setzt natürlich eine gleichartige Erregung der Augenmuskelkerne und der zugehörigen subkortikalen Blickzentren voraus, die aber, da die Innervation eine willkürliche ist, nicht in ihnen selbst entstanden sein kann, sondern von der Großhirnrinde ausgehen, demnach auf einer schwachen Dauererregung auch der Rindenzentren beruhen muß. Auf die Existenz einer solchen Dauererregung auch der kortikalen Zentren für die Seitenwendung des Blicks weist die zuerst von Prévost (641) genauer studierte Erscheinung hin, daß nach plötzlicher einseitiger Zerstörung der kortikalen Zentren oder der von ihnen ausgehenden Leitungsbahnen (insbesondere bei der Hemiplegie) anfangs eine

Dauerablenkung beider Augen auftritt, die bei reiner Lähmung nach der
Seite der Läsion gerichtet ist, »der Kranke sieht seinen Herd an«. Dieses
als konjugierte Seitenablenkung (déviation conjuguée) bezeichnete
Symptom ist eine rasch vorübergehende Erscheinung, die mit einer gleichfalls vorübergehenden Herabsetzung der Fähigkeit zur Blickwendung nach
der Gegenseite verbunden ist. Nehmen wir an, daß sich die beiderseitigen
kortikalen Zentren zur Seitenwendung des Blickes in der Norm schon beim
Blick geradeaus in einem schwachen Erregungszustand befinden[1]), so erklärt
sich die konjugierte Seitenablenkung aus der Herabsetzung oder völligen
Aufhebung des Tonus der gelähmten Seite, und dem überwiegenden oder
allein übrig bleibenden Tonus der gesunden Seite, die sich in einer Blickwendung nach der gelähmten Seite hin äußert. Der Rückgang der konjugierten Seitenablenkung würde nach dieser Auffassung darauf beruhen,
daß andere kortikale Zentren oder Leitungsbahnen für die verloren ge-
gangenen vikariierend eintreten, was bei ihrer mehrfachen Zahl leicht verständlich ist. Daß die Größe der konjugierten Seitenablenkung, wie Bard
(402) betont, vor allem von der Schwere und der Geschwindigkeit der
Läsion, kurz davon abhängt, was man als »Shock« bezeichnet, läßt vermuten, daß dabei auch der Tonus der zugehörigen subkortikalen Zentren
vorübergehend herabgesetzt oder vernichtet ist. Bard hat (l. c.) die Theorie
aufgestellt, die konjugierte Seitenablenkung beruhe nicht auf einem motorischen, sondern einem sensorischen Ausfall. Er gibt an, die Patienten
reagierten während des Bestehens der Deviation nicht mehr auf Gesichtseindrücke, die von der der gelähmten Seite entsprechenden Gesichtsfeldhälfte
ausgehen, mit Lidschluß, und die Deviation gehe zurück, wenn man den
Patienten beide Augen schließe. Déjérine und Roussy (462a) fanden aber
die konjugierte Seitenablenkung auch an einer von Geburt an Blinden.

Alle bisher besprochenen willkürlichen und reflektorischen, raschen und
langsamen (tonischen) Augenbewegungen betreffen beide Augen in gleicher
Weise, sie sind assoziierte Augenbewegungen. Neben ihnen kommen aber
unter Umständen auch selbständige Bewegungen eines Auges für sich vor,
sogenannte dissoziierte Augenbewegungen. Sie sind vorhanden bei Säuglingen in den ersten Lebenswochen. Raehlmann und Witkowsky (137)
sahen bei Neugeborenen am öftesten scheinbar assoziierte Seitenwendungen
der Augen. Zwischen diesen traten aber oft stark inkongruente Bewegungen
auf, die abwechselnd zu Divergenz, Konvergenz und ebenso oft zu Höhen-

---

1) Wenn dieser gleichzeitige Tonus der beiden Seitenwenderzentren im Gehirn zu einer gleichzeitigen tonischen Kontraktion der Seitenwender beim Blick
geradeaus führen soll, so muß in der von den kortikalen Zentren ausgehenden
reziproken Innervation der Impuls zur Kontraktion der Agonisten stärker sein, als
der zur Hemmung der Antagonisten, was von Levinsohn (583) auch wirklich gefunden wurde. Für den Labyrinthtonus haben diese Folgerung auch Köllner und
Hoffmann (571) gezogen.

abweichungen führten. Auch fanden, besonders in den ersten Tagen nach der Geburt, bisweilen vollkommen einseitige Bewegungen statt. Bei älteren Kindern und auch bei Erwachsenen treten derartige dissoziierte (auch rein einseitige) Augenbewegungen unter normalen Umständen nur im Schlafe auf. Ferner kommen sie vor bei sämtlichen narkotischen und leicht komatösen Zuständen, sowie im Alkoholrausch (RAEHLMANN, 643). Die dissoziierten Augenbewegungen der Schlafenden unterscheiden sich von den willkürlichen Bewegungen vor allem durch ihre Langsamkeit. Die dissoziierten Augenbewegungen des Neugeborenen sind denen im Schlaf ähnlich, zuweilen allerdings erfolgen sie beträchtlich rascher. Immerhin wird man wohl beide auf eine und dieselbe Grundursache zurückführen müssen, nämlich auf automatische innere Erregung von Zentren, die nicht mit den Blickzentren identisch sind. BIELSCHOWSKY (432, 434; hier auch die Literatur) hat solche atypische, einseitige Augenbewegungen in pathologischen Fällen genauer studiert. Er nimmt an, daß sie durch abnorme Reizung subkortikaler, einseitiger Zentren der Augenmuskeln hervorgerufen werden. Diese Reizung führe aber beim Erwachsenen im wachen Zustande nur dann zu einer wirklichen Erregung der Zentren, wenn das betreffende Auge entweder am Sehakt nicht beteiligt ist, oder wenn seine Regungen nicht mit dem nötigen Gewicht ins Bewußtsein treten, sodaß der Fusionszwang, der diese einseitigen Bewegungen unterdrückt, ausgeschlossen ist. Gehemmt werden diese Erregungen ferner durch kortikale Innervationen bei der Fixationsabsicht. Reflektorisch werden sie beeinflußt durch Verdunklung oder Belichtung des jeweils fixierenden Auges. Die Einzelheiten siehe bei BIELSCHOWSKY (l. c.). Einen Einfluß der »Abbildungsverhältnisse« auf die Schielstellung beschrieben schon TSCHERMAK (375) und SCHLODTMANN (363). Bei den einseitigen Vertikalbewegungen der Augen ist allerdings daran zu denken, daß man bei Affen auch von der Hirnrinde her einseitige Augenbewegungen auslösen kann, und daß BJERKE (312) es erlernt hat, willkürlich ein Auge isoliert zu heben.

Auch die dissoziierten Augenbewegungen im Schlaf und in der Narkose wird man auf Tonusänderungen in subkortikalen einseitigen Zentren zurückführen müssen. Im wachen Zustand werden sie bei normalen Augen schon durch den Fusionszwang unterdrückt. Daneben aber scheint das Großhirn im wachen Zustand noch einen hemmenden Einfluß besonderer Art auf diese subkortikalen Erregungen auszuüben, der im Schlaf wegfällt. Ebenso wie HELMHOLTZ (II., S. 633) kann auch ich beim Schläfrigwerden Beobachtungen machen, die zeigen, daß es sich dabei nicht ausschließlich um den Wegfall des Fusionszwanges, sondern um den Einfluß der Schläfrigkeit als solcher handelt. Wenn ich schläfrig werde, nehmen nämlich die Augen eine ganz andere Stellung ein, als wenn ich bloß die Lider (selbst längere Zeit hindurch) schließe (vgl. 541, S. 619). Es scheint also, als ob allein schon durch den wachen Zustand eine Innervation zur richtigen Einstellung des Doppelauges herbeigeführt wird, die im schläfrigen Zustand wegfällt. Beim Neugeborenen, bei dem der Einfluß des Großhirns auf die Augenbewegungen noch sehr schwach ist, fehlen insbesondere in dem leicht schläfrigen Zustande, in dem sie sich meist befinden, diese Innervationen ganz, und deshalb treten so leicht dissoziierte Augenstellungen bei ihnen auf. Es ist möglich, daß auch die Fälle von einseitigem Nystagmus (Literatur bei CORDS, 461) auf solche abnorme Erregungen einseitiger subkortikaler Zentren zurückgehen, denn MANGOLD und LÖWENSTEIN (595) konnten an Kaninchen durch einen Schnitt in den Hirnschenkelfuß einseitigen Nystagmus auf den gleichseitigen Auge experimentell erzeugen.

Ob es, wie BARTELS (409) es für möglich hielt, auch einen eigenen »Helligkeitstonus« bei Belichtung der Augen gibt, der abnorme subkortikale Erregungen unterdrückt, ist noch nicht bewiesen. OHM (633) erschließt ihn aus der Hemmungswirkung, die das Licht auf das Augenzittern der Bergleute ausübt, BARTELS (412) daraus, daß der RAUDNITZsche Dunkelnystagmus von Hunden (siehe unten S. 349) in seinem Anfangsstadium durch grelles Licht gehemmt werden kann.

Aus dem eben Dargelegten geht hervor, daß es eine wirkliche Ruhelage der Augen in dem Sinne, daß keiner der äußeren Augenmuskeln sich in kontrahiertem Zustand befindet, am normalen Lebenden gar nicht gibt. Das stimmt überein mit den Beobachtungen von HERING (528) der durch Auskultation der Muskelgeräusche des Auges feststellte, daß diese bei keiner Augenstellung völlig fehlen. Das Gleiche fand P. HOFFMANN (539) bei der Untersuchung der Aktionsströme der Augenmuskeln. Nur fand HERING, daß bei einer leichten Konvergenz, die mit einer geringen Blicksenkung verbunden war, das Muskelgeräusch am schwächsten war. Man kann diese Stellung, in der vermutlich die Kontraktion der Augenmuskeln den geringsten Betrag hat, als die bequeme Stellung der Augen bezeichnen. Sie fällt im wesentlichen wohl zusammen mit der von HILLEBRAND (776, S. 252) als »interesselose Stellung« bezeichneten Augenstellung, doch unterscheidet sie sich von ihr wenigstens theoretisch dadurch, daß mit der bequemen Stellung immer noch ein Beachten der Gegenstände verbunden sein kann, während dies bei der interesselosen Stellung, dem »gedankenlosen Vorsichhinsehen«, fehlt. Vielleicht ist deshalb im letzteren Falle auch der willkürliche Tonus der Augenmuskeln am allerkleinsten. Davon zu unterscheiden ist aber die Einstellung der Augen beim Fehlen des binokularen Fusionszwanges, also z. B. nach lichtdichtem Abschluß eines Auges, für die ich (vgl. 774, S. 25 Anm.) den Namen »fusionsfreie« oder kurz »freie Einstellung« vorgeschlagen habe. Hierbei ist nach wie vor der Labyrinthtonus, die mit dem Wachsein verbundene Innervation und vor allem die Willkürinnervation wirksam. Daher kann dabei die Blickrichtung eine beliebige sein, es handelt sich nur um einen Vergleich der Stellung der Gesichtslinien beider Augen. Gewöhnlich vergleicht man sie miteinander beim

Blick geradeaus in die Ferne. Fischer (495) nennt die Lage der Augen in diesem Falle sowie bei symmetrischer Konvergenz die »relative Ruhelage«. Die Stellung der Augen im Schlaf und in der Narkose ist, selbst wenn wir von den schon beschriebenen atypischen Augenbewegungen und eventuellen assoziierten Bewegungen im Traum (Stilling, 686) absehen, auch keine Ruhelage, sondern bedingt durch die Fortdauer der beim Lidschluß auftretenden Drehung der Bulbi nach oben und außen. Das Genauere darüber, sowie über das damit zusammenhängende Bellsche Phänomen und die Literatur vgl. man bei Hofmann (541, S. 616 ff.) und Smoira (681).

Eine wirkliche Ruhelage der Augen bei Ausschluß jeder Innervation der Augenmuskeln, die anatomische Ruhelage von Hansen Grut (521), läßt sich bloß bestimmen nach dem Tode vor dem Eintritt der Totenstarre und genauer am Lebenden nach vollständiger Lähmung aller äußeren Augenmuskeln. An der Leiche fand Hansen Grut meist Divergenz, seltener Parallelstellung und nur ganz ausnahmsweise Konvergenz der Gesichtslinien. Er bezieht das Überwiegen der Divergenz auf die anatomische Divergenz der beiden Orbitae, die ja, wie besonders L. Weiss (722, 723) nachgewiesen hat, während des Wachstums beträchtlich zunimmt und die Divergenzstellung der Bulbi begünstigt. Nach totaler Ophthalmoplegie fand A. v. Graefe (511, S. 169, Anm.) in allen von ihm beobachteten Fällen eine geringe Divergenz. Oppenheim (636, Bd. 2, S. 1932) gibt an, daß in vorgeschrittenen Fällen von Ophthalmoplegie die Augen unbeweglich geradeaus oder etwas divergent in den Augenhöhlen stehen. Darnach scheint also in der Tat die anatomische Ruhestellung meist einer geringen Divergenz zu entsprechen.

e) Die Regulierung der Augenbewegungen.

Die willkürlichen Bewegungen der Glieder werden durch die sogenannten Kontrollsinne in ihrer Ausführung ständig reguliert. Als Kontrollsinne für die Ausführung der Augenbewegungen kommt vor allem der Gesichtssinn selbst in Betracht. Demnächst wird aber auch auf die Frage einzugehen sein, ob nicht auch durch Erregungen von seiten propriozeptiver Nervenfasern des Augapfels und seiner Umgebung und von den Augenmuskeln selbst, wenn sie auch nicht besonders eindringlich ins Bewußtsein treten, doch unbewußt die richtige Ausführung der Augenbewegungen rein reflektorisch geregelt wird. Wir können dabei zweckmäßig unterscheiden zwischen der Regulierung der Blickbewegungen selbst und der Regulierung der dauernden Fixation.

Über die optische Regulierung der Augenbewegungen haben wir schon oben S. 90 das Wichtigste dargelegt. Die willkürliche Einstellbewegung auf ein zunächst indirekt gesehenes Objekt setzt sich aus einer raschen Zielbewegung nach dem Objekt hin und nachträglichen Korrektivbewegungen zusammen. Die erstere wird durch die optische Schätzung des Abstandes und der Richtung des indirekt gesehenen Objektes eingeleitet. Erreicht sie ihr Ziel, die Fixation des zuvor indirekt gesehenen Objektes, nicht, so wird dies durch die nachträgliche Korrektivbewegung nachgeholt[1]). Diese erfolgen völlig unbewußt. Besonders ausgiebig sind sie bei Ermüdung oder nach Alkoholgenuß (HERZ 532, S. 398). Da ferner die Bewegungen der beiden Augen ungleich schnell erfolgen, so entstehen bei größeren Exkursionen auch Doppelbilder, die allerdings infolge des Fusionszwanges so rasch zusammenfließen, daß sie gewöhnlich nicht bemerkt werden (GUILLERY, 519, S. 109). Die binokularen Korrektivbewegungen setzen sich also aus Fusionsbewegungen und gleichsinnigen Augenbewegungen zusammen. Das absichtliche Verfolgen einer Kontur mit dem Blick besteht gleichfalls aus einer Serie rascher Zielbewegungen und mehr oder weniger lang anhaltender Fixationseinstellungen (auch bei gewollt langsamer gleichförmiger Bewegung, ÖHRWALL, 627, S. 313). Beispiele dafür nach den photographischen Aufnahmen von STRATTON wurden schon oben S. 161 gegeben. Die Augenbewegungen beim Lesen erfolgen ebenfalls so, daß in ständigem Wechsel längere Fixationen und kurze rasche Blickbewegungen aufeinanderfolgen (ERDMANN und DODGE, 484; HUEY, 553; DODGE und CLINE, 473). Die Zahl der Ruckbewegungen wechselt je nach der Art des Drucks, der Zeilenlänge und der Schwierigkeit des Textes. Selbst das Verfolgen eines langsam bewegten Gegenstandes mit dem Blick vollzieht sich so, daß sich in die gleitende Bewegung immer wieder kurze Rucke einschieben (DODGE 467).

Die Geschwindigkeit der Augenbewegungen wächst mit der Größe der Exkursionen anfangs an (LAMANSKY, 577; GUILLERY, 519; DODGE, 467). Sie beträgt nach KOCH (570) bei den Lateralbewegungen für kleine Exkursionen im Mittel zwischen 100—200° in der Sekunde, bei größeren 200 bis 500°. Eine genaue Proportionalität mit der Zunahme der Exkursion besteht nach BRÜCKNER (453) und KOCH nicht. Bei etwas größeren Exkursionen bleibt die Geschwindigkeit schließlich gleich, und dann dauert daher die Blickbewegung um so länger, je größer die Exkursion ist (DODGE). Die Zielbewegung selbst wird in ihrem Ablauf durch optische Eindrücke nicht beeinflußt. Sucht man die Eindrücke während der Bewegung selbst mit zu beachten, anstatt seine volle Aufmerksamkeit dem Zielpunkt zuzuwenden,

---

1) DEARBORN (462) hat die Größe des Einstellungsfehlers bei einer Blickbewegung von 40° mit der Feinheit des Auflösungsvermögens und der Bewegungsschwelle an der um 40° exzentrisch gelegenen Netzhautstelle verglichen. Der Einstellfehler betrug bei zwei Personen im günstigsten Falle 1°42′ bzw. 1°11′, das Auflösungsvermögen 28—41′, bzw. 41—57′, die Bewegungsschwelle etwas über 5′. Die Folgerung, die er aus seinen Versuchen zog, daß der Einstellfehler im wesentlichen durch die Ungenauigkeit des motorischen Apparates bedingt sei, ist aber nicht genügend begründet, denn für die Entfernungsschätzung, von der das Ausmaß der Zielbewegung doch abhängt, ist weder das Auflösungsvermögen an der exzentrischen Stelle, noch gar die Bewegungsschwelle an dieser Stelle allein maßgebend.

so wird die Bewegung dadurch verlangsamt, weil dann die rasche Bewegung durch kurze, unbemerkte Fixationsrasten unterbrochen wird (Dodge, 467). Von den meisten Autoren wird angegeben, daß die Geschwindigkeit der Augenbewegungen nach verschiedenen Richtungen hin ungleich ist. Guillery und Brückner fanden, daß die Blicksenkung bei ihnen langsamer erfolgte, als die Blickhebung, bei O. Weiss (725) ist es umgekehrt. Die Innenwendung jedes Auges fanden Dodge und Cline (473) sowie Guillery rascher, als die Außenwendung, Brückner fand das Umgekehrte. Es bestehen demnach darin große individuelle Unterschiede, die wohl nicht bloß durch die Muskelstärke, sondern auch durch sonstige anatomische Besonderheiten bedingt sind. Koch fand bei seinen Versuchen so große Variationen in der Geschwindigkeit, daß er einen bestimmten Schluß auf Bevorzugung einer Richtung nicht ziehen konnte. Die Konvergenzbewegungen erfolgen sicher langsamer, als die Lateralbewegungen. Ihre Geschwindigkeit liegt zwischen 50 und 100° in der Sekunde. Die Dauer der Augenbewegung bei Mehrung und Minderung der Konvergenz wächst nach Inouye (555) mit der Zunahme der Bewegungsgröße anfangs rascher, später langsamer an, und die Mehrung der Konvergenz erfolgt bei gleicher Winkelgröße rascher, als ihre Minderung. Ferree und Rand (487, 488) fanden an 20 Emmetropen für den Übergang vom Fernsehen zum Nahesehen Werte zwischen 0,39″ und 0,82″, für den Übergang vom Nahesehen zum Fernsehen Werte zwischen 0,5″ und 1,16″.

Neben der optischen Kontrolle, die für die Einleitung und die Beendigung der Augenbewegungen wichtig ist, während der Zielbewegung selbst aber zurücktritt, scheinen während des Ablaufs der letzteren die Erregungen eine wichtige Rolle zu spielen, die von den zahlreichen sensiblen Nerven der Augenmuskeln dem Zentralnervensystem zugeführt werden. Die propriozeptiven Nerven der Augenmuskeln verlaufen nach Tozer und Sherrington in den motorischen Nerven der Augenmuskeln selbst und werden daher bei peripheren Lähmungen derselben mitgelähmt. Es ist sehr wahrscheinlich, daß auf den Wegfall dieser Erregungen die nach solchen Lähmungen regelmäßig zu beobachtende schleudernde Bewegung des Antagonisten, das Hinausschießen über das Ziel (vgl. Bielschowsky, 437, S. 33 und 103) zurückzuführen ist. Nach den Untersuchungen von H. E. Hering (529) wird nämlich eine im Gang befindliche Bewegung durch eine von seiten der propriozeptiven Nervenfasern der gedehnten Antagonisten reflektorisch ausgelöste aktive Anspannung der letzteren um so mehr gebremst, je mehr sie sich ihrem Ende nähert. Die normale »Abrundung« der Bewegung beruht auf diesem unbewußt ablaufenden Regulierungsmechanismus. Durch die reflektorische Antagonistenspannung müßte natürlich außer der Glättung des Ablaufs der Bewegung auch ihre Geschwindigkeit zunehmend herabgesetzt werden. In der Tat fand Guillery, daß die Geschwindigkeit der Augenbewegungen gegen ihr Ende zu ganz außerordentlich abnimmt. Das würde gut zu der obigen Annahme stimmen, wenn sie dadurch auch selbstverständlich noch nicht bewiesen ist. Dodge (467) macht allerdings dagegen geltend, daß Guillery vielleicht nicht die Endgeschwindigkeit der Zielbewegung, sondern die der nachfolgenden Korrektivbewegung bestimmt habe, aber Koch (570) hat Guillerys Angabe durch photographische Registrierung bestätigt. Die Geschwindigkeit der Augenbewegungen nimmt mit wenig Ausnahmen, die sich vermutlich aus den besonderen mechanischen Verhältnissen erklären, anfangs zu, erreicht dann ein Maximum und nimmt schließlich wieder ab. Wird die Augenbewegung bis zu einer extremen Stellung weitergeführt, so reichen die Regulierungsmechanismen nicht immer ganz aus. Läßt man normale Personen einen vor ihrem Auge mit mäßiger Geschwindigkeit in horizontaler, vertikaler oder schräger Richtung vorbeibewegten Finger fixieren, so treten in etwa 75% der Fälle bei einer Exzentrizität von ungefähr 50° einige nystagmusartige Zuckungen auf (Offergeld 628).

Es ist möglich, daß auch der eigenartig gekrümmte Verlauf der Bewegungsbahn des Auges beim Blicken (siehe oben S. 279) darauf zurückzuführen ist, daß die durch die Aufmerksamkeit eingeleitete Augendrehung während ihres Ablaufs durch propriozeptive Nerven reguliert wird. Ja man könnte sogar die gelegentliche S-förmige Krümmung als Ausdruck einer vorübergehenden Überkompensierung der ersten Abweichung von der geraden Bahn deuten. Aus der Notwendigkeit dieser Feinregulierung würde sich dann die Anwesenheit der zahlreichen sensiblen Nerven in den Augenmuskeln erklären. Sachs (658) schrieb ihnen ferner die Funktion zu, bei längerem Bestand einer Blickwendung reflektorisch das allmähliche Nachdrehen des Kopfes auszulösen, woraus eine Entlastung der gespannten Augenmuskeln resultiert.

Ich hatte seinerzeit (541, S. 614) darauf hingewiesen, daß mit dem Wegfall der propriozeptiven Nerven bei peripheren Augenmuskellähmungen auch die Entwicklung der Sekundärkontraktur in den Antagonisten zusammenhängen könne. Nach Sherrington (672) steigt nämlich die Reflexerregbarkeit und wohl auch der Tonus eines Skelettmuskels an, wenn die propriozeptiven Nerven der Antagonisten durchtrennt werden. Meine Vermutung, daß sich die Sekundärkontraktur vielleicht am stärksten bei Personen entwickle, bei denen die in den Sehnenreflexen sich äußernde Reizbarkeit des motorischen Apparates besonders hoch ist, ist von Bielschowsky (437, S. 89) zwar in mehreren Fällen bestätigt worden, doch findet man auch Sekundärkontrakturen ohne Steigerung der Sehnenreflexe, wie denn überhaupt Steigerung der Sehnenreflexe und Tonussteigerung auch sonst einander nicht durchaus parallel laufen. Man müßte also wohl mehr auf den Vergleich mit dem Muskeltonus, als auf den mit den Sehnenreflexen ausgehen.

Die Regulierung der gleichmäßigen Einstellung beider Augen auf einen Punkt während der Fixation beruht auf dem Fusionszwang, der das

Auseinanderfallen des binokular fixierten Punktes in Doppelbilder verhindert. Nur innerhalb der Grenze, bei der Doppelbilder noch verschmolzen werden (s. S. 227) erfolgt noch eine in ihrem Grade fortwährend schwankende Lösung der Einstellung beider Gesichtslinien (Mc Allister, 604, Koch, 570). Außerdem führen beide Augen bei längerer Fixation kleine gemeinsame Bewegungen aus, die von McAllister (l. c.) mittels der Kinematographie, von Dodge (468) und Koch (570) durch photographische Aufnahme des Kornealreflexes, von Marx und Trendelenburg (600) durch Photographie der Bewegungen eines mittels Kappe auf der Hornhaut befestigten Spiegelchens, von Öhrwall (627) mittels mikroskopischer Beobachtung eines Blutgefäßes der Bindehaut, von Verweij (713) durch Beobachtung der Bewegungen eines Nachbildes studiert worden sind. Nach allen diesen Autoren führen die Augen, während der Untersuchte einen Punkt fest und unbeweglich zu fixieren glaubt, kleine rasche ruckartige Augenbewegungen aus, die zu einer neuen Einstellung der Augen führen, und die in unregelmäßigem Wechsel — bei länger anhaltender Fixation entfallen durchschnittlich einer auf eine Sekunde — aufeinander folgen. Aber auch während der einzelnen »Elementarfixationen« selbst steht das Auge nicht völlig ruhig, sondern vollführt kleinere Zitterbewegungen, die infolge dessen sehr viel häufiger sind, als die Ruckbewegungen. Die Exkursionen bei den Ruckbewegungen betragen nach den Messungen von Marx und Trendelenburg meist zwischen 4 und $5\frac{1}{2}'$ und gehen höchstens bis zu $7\frac{1}{2}$ bis $8\frac{1}{2}'$. Öhrwall fand viel höhere Beträge, zwischen 23 und 32', Verweij je nach der Art des Nachbildes entweder 10, oder 20—40'. Verweij meint, die gleichzeitigen Kopfbewegungen hätten bei der Methode von Marx und Trendelenburg die Augenbewegungen kleiner erscheinen lassen, als sie es wirklich sind[1]). Das Einstellfeld bei zentraler Fixation ist demnach nicht punktförmig eng begrenzt, sondern erstreckt sich auf einen mehr oder weniger großen Teil der Fovea centralis. Dodge (468) sucht die Ursache dieser Bewegungen zum Teil in den durch den Pulsschlag, die Atmung und unruhige Haltung von Kopf und Körper hervorgerufenen unwillkürlichen Schwankungen des Kopfes, denen keine kompensatorische Augenbewegungen (s. oben S. 322) entsprechen. Doch sind die Fixationsbewegungen der Augen von den Kopfbewegungen weitgehend unabhängig. Er denkt ferner an visuelle Gründe, speziell die Lokaladaptation bei strenger Fixation und an kleine Konvergenz- und Divergenzbewegungen. Marx und Trendelenburg meinen, daß durch diese Einstellbewegungen eine Art Korrektur der durch die Ungenauigkeit des motorischen Apparates entstehenden Abweichungen der zentralen Einstellung bewirkt wird. Oehrwall drückt das so aus, daß das Bild des fixierten Punktes, wenn es aus jenem engen Be-

---

1) Veress (711) glaubt aus der subjektiven Empfindung schließen zu können, daß die kleinste willkürliche Augenbewegung bei ihm rund 10' betrage.

reich der Fovea, welcher den eigentlichen Fixationsbezirk darstellt, hinaus-
gleite, durch unbewußte, rein reflektorische Augenbewegungen wieder zurückgeführt, gewissermaßen eingefangen werde. Gertz (507) hat dieses
Festhalten der Fixation als Funktion eines besonderen »Stellungsapparates«
betrachtet, der alle jene tonischen Dauereinstellungen vermittle, die außer
von den optischen Eindrücken auch noch vom Labyrinth und vom Kleinhirn hervorgerufen werden[1]). Kestenbaum (559, 560) sprach von einem
»Einschnappmechanismus« der Fixation und meinte damit einen analogen
Reflexapparat. Bei alledem darf man aber nicht vergessen, daß eben doch
auch während der Elementarfixationen nicht eine bestimmte Einzelstelle der
Fovea fest auf den Fixationspunkt eingestellt ist, sondern daß sich die Einstellung über eine kleine Fläche ausbreitet, deren Einzelteile okulomotorisch
offenbar gleichwertig sind. Es gibt also eigentlich weder einen Fixationspunkt noch eine ihm entsprechende punktförmige Zentralstelle der Fovea,
sondern ein Fixationsbereich, dessen Grenzen allerdings nicht scharf
abgesetzt sind. Wenn im folgenden der geläufige Ausdruck »Fixationspunkt« auch weiterhin verwendet wird, so ist damit immer dieser kleine
Fixationsbezirk gemeint.

Mit der Unfähigkeit, die Fixation ganz streng festzuhalten, hängt wahrscheinlich auch die von Gertz (503), Grim (515) und Mac Dougall (590) untersuchte Erscheinung zusammen, daß man mehrere Punkte, die in sehr kleinem
Abstand voneinander liegen, trotzdem man sie voneinander gesondert wahrnimmt, nicht mehr zu zählen vermag. Gertz fand, daß er drei Punkte nur
zählen kann, wenn ihre Winkeldistanz mindestens 3′ beträgt, bei noch mehr
Punkten wächst die nötige Distanz bis auf 8′ bei 15 Punkten. Freilich ist der
Vorgang beim Zählen ein so komplizierter psychischer Akt, daß man den unbewußten Fixationswechsel nur als einen dabei zu berücksichtigenden Faktor,
nicht aber als einzige Ursache werten darf. Über optische Zählstörung in pathologischen Fällen siehe Best (267b, S. 123ff.).

Wenn das Sehen mit der Fovea centralis gestört ist, wie es z. B. der
Fall ist, wenn man dem dunkeladaptierten Auge so lichtschwache Punkte
darbietet, daß sie unter der fovealen Schwelle liegen, so muß die Fixation
parazentral erfolgen. Simon (678) hat nachgewiesen, daß dann die Fixa-
tionsstelle je nach dem Adaptationszustande und der Helligkeit der Beleuchtung wechselt, indem sie um so näher an die Fovea heranrückt, je
heller das (für die Fovea selbst noch unsichtbare) Fixationsobjekt ist, und
je weiter bei gleicher Beleuchtung die Adaptation und mit ihr die Lichtempfindlichkeit vorgeschritten ist. Dabei wurde eine bestimmte Richtung
in der Abweichung von der Fovea bevorzugt, und zwar für jedes Auge

---

[1]) Den Unterschied der Fixationsinnervation gegenüber der Blickinnervation
zeigt Gertz auf folgende Weise: Wenn man während der Fixation eines Gegenstandes ein Auge mit der Pinzette aus seiner Stellung wegdreht und es dann los-
läßt, kehrt es nicht mit einem Ruck, wie bei der Blickwendung, sondern mit einer
langsamen, »gleitenden« Bewegung in seine frühere Lage zurück.

eine andere. Am schlagendsten wird diese auch schon von Dodge (468, S. 346) betonte Fähigkeit zur exzentrischen Fixation dadurch nachgewiesen, daß der optische Bewegungsnystagmus auch bei völligem Fehlen des zentralen Sehens auftreten kann (Borries, 445a; Ohm, 635; Borries und Meisling, 446a).

In den Versuchen von Simon trat bei der exzentrischen Fixation niemals Rucknystagmus oder Augenzittern auf. Das ist deswegen beachtenswert, weil bei vielen total Farbenblinden ein Augenzittern vorhanden ist, das sich im Dunkeln verstärken kann. Wahrscheinlich liegt aber der Unterschied in diesen beiden Fällen in der gleichen Richtung, wie in dem unterschiedlichen Verhalten des Augenzitterns bei mangelhafter Sehschärfe überhaupt. In den Fällen, in denen von Geburt an Sehschwäche besteht oder in denen sie in den ersten Lebenstagen erworben wird, beobachtet man Augenzittern, den sogenannten »Pendelnystagmus«, der sich vom Rucknystagmus durch gleiche Geschwindigkeit der Hin- und Herbewegung unterscheidet. Entwickeln sich dagegen beim Erwachsenen hochgradige Sehstörungen, so tritt kaum je typischer Pendelnystagmus auf, höchstens beim Versuch zu fixieren leichtes nystagmusartiges Zittern. Bernheimer (428) führt diesen Unterschied darauf zurück, daß das Augenzittern unterbleibe, wenn sowohl die zentripetale als die zentrifugale Bahn samt den Assoziationsbahnen vor Eintritt der Sehschwäche voll entwickelt waren. Nur wenn die Sehschwäche vor den Abschluß der anatomischen und funktionellen Reifung fällt, entwickle sich Pendelnystagmus. Das stimmt in der Tat mit den Beobachtungen über den Dunkelnystagmus der Hunde und Katzen überein. Raudnitz (644, 645) fand, daß Hunde, nach Ohm (629, 630) auch Katzen — nicht Kaninchen (Bartels u. a.) — die seit den ersten Wochen ihres Lebens lange Zeit im Dunkeln gehalten werden, Augenzittern aufweisen. Ältere Hunde erwerben ihn unter den gleichen Bedingungen nicht mehr. Hält man Hunde, die in der Jugend Pendelnystagmus erworben haben, später abwechselnd im Hellen und im Dunkeln, so kann man ihn mehreremale im Hellen zum Verschwinden bringen, im Dunkeln wieder aufleben lassen. Die Hunde sind zum Dunkelnystagmus disponiert, aber bei dauerndem Aufenthalt im Hellen verliert sich der Nystagmus allmählich. Analog verhält sich nach Lafon (576) der mit dem Spasmus nutans verbundene Nystagmus beim Menschen. Er vermindert sich mit den Jahren und besteht dann nur noch im Stadium der Unaufmerksamkeit. Dieser Dunkelnystagmus ist vom Labyrinth völlig unabhängig, denn er tritt nach Entfernung beider Labyrinthe ebenso auf, wie am normalen Tier (de Kleijn und Versteegh, 565). Durch elektrische Reizung der Großhirnrinde kann er gehemmt werden (H. E. Hering bei Raudnitz, 645). Es wäre nun verlockend, den »Fixationsnystagmus« der Amblyopiker (Literatur bei Cords, 461) und den experimentellen Dunkelnystagmus zu den Schwankungen der Ein-

stellung bei der normalen Fixation in Beziehung zu setzen und mit KESTEN-
BAUM (560) anzuuehmen, daß es sich in beiden Fällen um eine mangelhafte
Ausbildung des »Einschnappmechanismus« handelt. Nach diesem Autor (560a)
sind nämlich die Ausschläge dieses Nystagmus um so größer, je stärker
ausgesprochen die Amblyopie ist, und sie werden feinschlägiger, wenn man
die Schärfe der Abbildung durch korrigierende Gläser erhöht. Indessen
liegen die Verhältnisse doch nicht ganz einfach. Mit den gröberen Ein-
stellungsrucken der Fixation hat nämlich der experimentelle Dunkelnystagmus kaum etwas zu tun, denn diese erfolgen seltener als die Ausschläge
beim Pendelnystagmus und haben auch einen anderen Charakter. Eher
könnte man daran denken, daß die feinen Zitterbewegungen, die MARX und
TRENDELENBURG, sowie OEHRWALL neben den Rucken noch beobachtet haben,
in einem gewissen Zusammenhang mit dem Pendelnystagmus stehen. Nur
müßten sie dann abnorm verstärkt sein. Aber auch das ist durchaus fraglich. Neuerdings hat ENGELKING (483a) den Nystagmus bei der angeborenen
totalen Farbenblindheit genauer untersucht und neben gelegentlichem echtem
Rucknystagmus[1]) und selten, speziell bei sehr sehschwachen Augen, auftretenden langsam gleitenden Augenbewegungen, die beide hier nicht in
Betracht kommen, drei Typen von Bewegungen gefunden, von denen zwei
eine auffällige Ähnlichkeit mit den auch beim Normalen auftretenden Fixa-
tionsschwankungen aufweisen. Es sind das zunächst seltener auftretende
Ruckbewegungen nach allen Richtungen hin, auf die ein meist langsameres
Zurückkehren der Augen zur früheren Stellung folgt. Sie würden am
ehesten den selteneren Fixationsrucken ähneln, nur läßt sich aus den Worten
von ENGELKING nicht entnehmen, ob die raschen Rucke oder die langsamere
Bewegung die Korrektionseinstellung ist. Daneben aber beobachtete er fein
oszillierende Bewegungen, die ihrem Ausmaß nach etwa »der durch die
Funktionsherabsetzung der zentralen Netzhautteile gegebenen ringförmigen
Fläche optimaler Unterscheidungsfähigkeit entsprechen«, und die daher wohl
den feinen Zitterbewegungen des Normalen gleichzusetzen sind. Darüber
erst lagern sich gröbere rhythmisch oszillierende Schwankungen, die meist
in bestimmter Richtung (horizontal, vertikal, schräg oder rotatorisch) ablaufen, und die nach allem dem eigentlichen Pendelnystagmus der Amblyopiker entsprechen.

Eine grundsätzlich von der vorigen verschiedene Art der Fixations-
regulierung tritt auf, wenn die Augen bei einer extremen Blickwendung
während des fortdauernden Bestrebens zur Fixation entweder durch Ermüdung oder wegen einer Innervationsschwäche zunehmend mehr aus der
richtigen Einstellung weggleiten. Das ist meist schon bei Normalen der

---

1) Nach KESTENBAUM (560a) u. a. geht der beim Blick geradeaus vorhandene
Pendelnystagmus der Amblyopiker bei seitlicher Blickrichtung in Rucknystagmus über.

Fall, wenn sie die Augen längere Zeit in extremer Seitenwendung oder Blickhebung festzuhalten suchen. [Dann läßt die Kontraktion der Augenmuskeln allmählich nach, so daß die Augen etwas gegen die Mittelstellung hin zurückgehen und dann rhythmisch mit einem Ruck wieder in die Fixationsstellung vorgeschnellt werden (Brabant, 448; Uffenorde, 708). Nach Bárány tritt dieser Nystagmus in etwa 60 % aller Fälle auf. Nylén (626) fand, daß der Nystagmus, wenn die extreme Blickwendung sehr lange festgehalten wird, in Form von Augenzittern auch auf andere Augenmuskeln übergreift. Unter Alkoholwirkung wird es stärker. Pathologisch kann ein analoger Nystagmus auftreten bei Schädigung der kortikalen oder subkortikalen Blickzentren (blickparetischer bzw. Rindenfixationsnystagmus, siehe Cords, 461). Kestenbaum (560) ist der Ansicht, daß es sich dabei um einen Reflex von seiten der propriozeptiven Nervenfasern der angespannten Bänder und Muskeln des Auges auf das Blickzentrum (nach Cords vielleicht auch auf die basalen Hirnganglien) handle, der den Bulbus wieder in die Ausgangslage zurückzubringen trachte (»Entspannungstendenz«). Indessen liegt hierfür keinerlei experimenteller Beweis vor. Vielmehr ist es kaum zweifelhaft, daß das Nachlassen der Innervation in der Endstellung auf einer leichten Ermüdung beruht, denn Uffenorde konnte direkt feststellen, daß der »Spätnystagmus«, wie er ihn nannte, bei ermüdeten Personen viel früher auftritt, als bei Unermüdeten. Um die entwischenden Objekte wieder direkt zu fixieren, also aus optischen Gründen, wird dann von Zeit zu Zeit der Innervationsimpuls vorübergehend etwas verstärkt. Wir werden uns mit dieser Form des Nystagmus später (S. 380 ff.) noch eingehender befassen und dann auch die eigentliche Ursache desselben kennen lernen.

V. Die Richtungslokalisation.

Wie in der Einleitung (S. 4 ff.) schon auseinandergesetzt wurde, versteht man unter der absoluten Lokalisation die Lage der Sehdinge relativ zum vorgestellten Orte des eigenen Ich. Die scharfe Abtrennung der absoluten Lokalisation von der relativen hat Hillebrand (776) neuerdings für unberechtigt erklärt, weil es sich bei ihr auch wieder nur um eine relative Lokalisation der Sehdinge gegenüber den sichtbaren Teilen des eigenen Körpers handle. Das ist zwar zum Teil (s. unten!) richtig, aber die Scheidung der absoluten von der relativen Lokalisation reicht viel weiter, und sie ist in der Beschreibung der optischen Lokalisation nicht zu entbehren. Nur wäre es vielleicht richtiger, statt des in der Tat mißverständlichen Ausdrucks »absolute Lokalisation« (vgl. S. 4, Anm.) mit G. E. Müller (803) den bezeichnenderen Namen »egozentrische Lokalisation« zu verwenden, wenn dieser nicht leider im Gebrauch so unhandlich wäre. Ich ziehe es daher vor, im folgenden für die egozentrische Lokalisation nach

Breite und Höhe zumeist den Ausdruck Richtungslokalisation, für die
egozentrische Tiefenlokalisation den Ausdruck Abstandslokalisation zu
verwenden, Bezeichnungen, die von HERING und DONDERS für die entsprechende
Innervation, von HELMHOLTZ und v. KRIES auch für die Lokalisation gebraucht
worden sind.

Die Definition der egozentrischen Lokalisation als einer Lokalisation
der Sehdinge relativ zum vorgestellten Ort des eigenen Ich setzt voraus,
daß wir auch diesem selbst einen Ort im Sehraum zuschreiben. Das kann
geschehen auf Grund der relativen Lage der sichtbaren Teile unseres
Körpers, wie dies insbesondere HILLEBRAND nachdrücklich betont. Nach
diesen sichtbaren Teilen ergänzen wir uns in der Vorstellung und unter
Mitwirkung anderer Körperempfindungen die Gesamtheit unseres Körpers,
und zu dieser werden die Sehdinge in Beziehung gesetzt, sie, speziell aber
der Kopf, bildet den Ausgangspunkt, das »Zentrum« der Sehrichtungen.

HERING hat wiederholt (7, S. 323, 328 und 342), auseinandergesetzt, daß
das leibliche oder »räumliche« Ich erst dann zum Ausgangspunkt der Sehrichtungen wird, sobald in der Entwicklung des Sensoriums die Scheidung zwischen
den Bestandteilen des eigenen Leibes und den Gegenständen der Außenwelt eingetreten ist. Erst dann können die Sehdinge auf den Ort bezogen werden, den
das eigene Ich einnimmt, und erst von da an kann überhaupt von einer Richtung des Gesehenen gesprochen werden. Denn die Sehrichtungen setzen die
Beziehung auf ihren Ausgangspunkt, d. h. ein Ich als Zentrum voraus. Dem
gegenüber faßt HILLEBRAND (774, S. 48) die Sehrichtungen als etwas unmittelbar
anschaulich Gegebenes auf, zu deren Bestimmung nicht wie bei einer geometrischen Richtung zwei Punkte notwendig seien. Ich kann mich dieser Ansicht
nicht anschließen, weil die »Richtung« eines einzelnen Punktes im Sehraum
ohne Rücksicht auf einen anderen Ort für mich nicht denkbar ist. Daß wir
bei den Sehrichtungen Beziehungen zwischen den anschaulichen Sehdingen
und dem bloß vorgestellten Orte des eigenen Leibes herstellen, mag der
psychologischen Auffassung des Sachverhalts Schwierigkeiten bieten, die aber
durch die Überlegung HERINGS (7, S. 165) erleichtert werden, wonach nur die
Unmöglichkeit, die Vorstellung des Leibes zur Lebhaftigkeit der Anschauung zu
erheben, die Vorstellung des leiblichen Ich von den Sehdingen unterscheidet.

Das leibliche Ich liefert uns nun den Anfang eines subjektiven Bezugssystems, in das wir die Sehdinge ebenso einordnen, wie die Objekte in das
ihm korrespondierende objektive Koordinatensystem des eigenen Körpers
(s. die Einleitung, S. 3 ff.). Wir unterscheiden demnach im Sehraum folgende drei Hauptrichtungen: Die quere (bei aufrechter Haltung querhorizontale) Richtung senkrecht zur Medianebene von links nach rechts verlaufend; die Längsrichtung des Körpers, die bei aufrechter Haltung mit der
Vertikalen zusammenfällt, und die Richtung geradeaus nach vorn, die auf
der Frontalebene senkrecht steht. Dieses Bezugssystem geht mit allen
Lageänderungen des Körpers mit und ändert dabei seine Lage im objektiven Raum. In den Bezeichnungen »rechts, links, gerade vor mir« kommt

das auch sprachlich rein zum Ausdruck. Anders steht es mit oben und unten. Bei aufrechter Haltung fällt die Richtung nach oben und unten am Körper mit der des wirklichen Raumes zusammen. Ändern wir aber die Körperstellung, wo werden die Ausdrücke »oben« und »unten« zweideutig. Aus diesem Grund empfiehlt es sich, die Worte »oben« und »unten« ausschließlich für die Richtungen im objektiven Raum und ihre subjektiven Korrelate zu verwenden, für die Beziehungen zum eigenen Körper dagegen die mehr entsprechenden Bezeichnungen »kopfwärts« und »fußwärts«, oder noch präziser (z. B. für den Fall seitlicher Kopfneigung) »scheitel- und kinnwärts« zu gebrauchen (G. E. MÜLLER, 803).

Beschränken wir uns nicht bloß auf die Untersuchung bei aufrechter Haltung, sondern ziehen auch andere Lagen von Kopf und Körper in Betracht, so werden die Probleme verwickelter. Wir müssen dann außer der Beziehung der Sehdinge zu unserem Ich auch noch die Beziehungen dieses subjektiven Bezugssystems zum subjektiven Korrelat der objektiven Richtungen des physikalischen Raumes unterscheiden, zum oben und unten, sowie zum subjektiven Horizont. Dies setzt das Erkennen der Lage unsres Körpers im vorgestellten Gesamtraum voraus, man kann das daher schon als einen Teil unserer Orientierung im Raume betrachten, die wir weiter unten im Zusammenhang behandeln.

Von dem subjektiven Sehraum müssen wir unterscheiden die räumlichen Wahrnehmungen, die uns auf Grund des Tastsinns zufließen, und deren Gesamtheit wir als den Tastraum oder haptischen Raum zusammenfassen. Die lokalisierten Sensationen der Haut und der unter ihr liegenden tiefen Teile vermitteln uns als eine gegenüber dem bloßen Ortssinn der Haut schon recht verwickelte Komplexvorstellung zunächst die Kenntnis der gegenseitigen Lage unserer Glieder. Aus dem Bewußtsein der willkürlichen Innervation und den »kinästhetischen« Empfindungen, die von der Haut und den tiefen Teilen ausgehen, entspringt ferner die Empfindung der Bewegung unserer Glieder. Durch das Zusammenwirken der willkürlich ausgeführten Bewegungen mit den wechselnden Sensationen der Hautsinne und des Kraftsinnes im »aktiven Tasten« erkennen wir die Form, Größe und sonstige Eigenschaften der Gegenstände und erhalten ein »Tastbild« derselben. Außerdem liefert uns aber das aktive Tasten noch die Kenntnis der relativen Lage der Tastdinge gegenüber dem eigenen Körper. Wir können, bei nahen Gegenständen schon durch Bewegungen des Armes und der Hand, bei fernen Objekten durch die Ortsbewegung des ganzen Körpers feststellen, ob sie rechts, links, kopfwärts oder fußwärts liegen. Außerdem aber erhalten wir durch den Druck an der Unterlage und durch das statische Organ im Labyrinth Aufschluß über die Orientierung unseres Körpers, speziell des Kopfes, gegenüber der Schwerkraft, werden also auch unterrichtet über die Richtung von oben nach unten, und endlich erhalten wir durch die Verschiebung der Haut an der Unterlage und durch das Labyrinth Kenntnis über die Einleitung und das Aufhören einer geradlinigen oder Drehbewegung, während wir allerdings über gleichförmige Bewegungen durch diese Sinnesorgane nicht aufgeklärt werden.

Alle diese Erfahrungen verhelfen auch dem Blindgeborenen, der den Sehraum nie kennen gelernt hat, zu einer räumlichen Komplexvorstellung, eben dem Tast- oder Fühlraum, in den er Gegenstände lokalisiert, und in dem er sich orientiert. Beim Sehenden haben sich Sehraum und Fühlraum zusammen ausgebildet und zwar in der Weise, daß der Sehraum und die auf Grund des Sehens gebildeten Vorstellungen die führenden sind. Das erkennt man daran, daß beim Betasten von Gegenständen mit geschlossenen Augen im Bewußtsein mit Deutlichkeit nur das Sehbild derselben auftaucht, während ein eigentlich vollständiges Tastbild nicht vorhanden ist. Auch die Vorstellung des eigenen Körpers ist im völlig dunklen Raum im wesentlichen eine optische, geweckt durch die Sensationen des Tastsinns und der Empfindungen, die uns über die Orientierung des Körpers im Raum unterrichten[1]). Es geht aber wohl zu weit, wenn GOLDSTEIN (764) auf Grund eines Falles, in dem nach Wegfall der optischen Vorstellungsbilder anscheinend auch die haptischen Raumvorstellungen verloren gegangen waren, die Selbständigkeit des haptischen Raumsinns ganz leugnet (ähnlich WITTMANN, 837a). Solchen Behauptungen gegenüber hatte schon MACH (10a, S. 112, Anm.) darauf hingewiesen, daß ja sonst der blinde SAUNDERSON nicht eine für Sehende verständliche Geometrie hätte schreiben können. Beim Sehenden handelt es sich eben nur um ein weitgehendes Führen der optischen Raumvorstellungen, deren Wegfall natürlich auch das andere Gebiet wenigstens anfangs sehr stark schädigen muß. Etwas weniger, als die Vorstellungen, sind wohl die von haptischen Raumdaten geleiteten Bewegungen vom Gesichtssinn abhängig. So vermögen wir bei geschlossenen Augen lediglich unter Leitung der haptischen Raumdaten mit großer Genauigkeit Zielbewegungen auszuführen, wie z. B. das Hinführen des Fingers auf die Nasenspitze, wobei freilich wieder durch das Hinlenken der Aufmerksamkeit auf die Empfindungen des Fingers und der Nasenspitze mit den Hautsensationen auch die optische Vorstellung ihrer Lage unlösbar verbunden ist. Das gleiche Zusammenfallen der optischen und haptischen Lokalisation ist natürlich auch im hellen Raum bei offenen Augen da. Dort wo wir den Arm und die Hand fühlen, dort sehen wir sie auch, rechts, links, kopfwärts und fußwärts stimmen im optischen und haptischen Raum mit einander überein.

Man hat gefragt, wie es komme, daß wir trotz der umgekehrten Netzhautbilder aufrecht sehen. Diese Frage ist an sich falsch gestellt, denn

---

[1]) Auch die Schallrichtung wird, wie BOURDON (748a) gezeigt hat, sehr stark durch die optische Wahrnehmung des tönenden Körpers beeinflußt. Verlegt man dessen Bild durch Spiegelung an einen anderen Ort und lenkt seine Aufmerksamkeit voll auf das Bild hin, so scheint auch der Schall aus dieser ganz anderen Richtung zu kommen.

sie setzt voraus, daß die Seele gewissermaßen das umgekehrte Netzhautbild betrachtet und daraus die Sehdinge konstruiert. Es ist das dieselbe falsche Problemstellung, die auch zur Auffassung geführt hat, die Netzhautbilder würden irgendwie »nach außen projiziert«. In Wirklichkeit ist weder etwas zu projizieren noch aufzurichten. Das letztere hätte nur dann einen Sinn, wenn bloß ein kleiner Ausschnitt des Gesehenen umgekehrt wäre. Es ist aber alles umgekehrt (oder aufgerichtet, wie man will), auch unser Körper und seine Teile, und es handelt sich nur darum, daß die entsprechenden Richtungen im Sehraum und im Tastraum miteinander übereinstimmen, und daß wir ihnen dann auch die gleichen Bezeichnungen geben.

Über die Art und Weise, wie diese Harmonie zwischen Sehraum und Tastraum hergestellt wird, geben Experimente von STRATTON (827, 828) reichen Aufschluß. STRATTON trug acht Tage lang vor dem einen Auge (das andere war lichtdicht abgedeckt) eine Kombination von Konvexlinsen, die ihm innerhalb eines Gesichtsfeldes von 45° verkehrte Bilder der Umgebung lieferte, und die früh nach dem Erwachen angelegt und tagsüber ständig getragen wurde. Am ersten Tage sah STRATTON alle Gegenstände verkehrt, mit allen daraus sich ergebenden Folgen. Zunächst paßte das sichtbare Gesichtsfeld weder zur optischen Vorstellung der nicht sichtbaren Umgebung, noch zur Lage- und Bewegungsempfindung des eigenen Körpers. Es erschien daher wie ein umgekehrtes Bild, die Gegenstände muteten fremdartig an (siehe unten S. 400), und die Fortsetzung in die nicht sichtbare Umgebung wurde durch die Vorstellung in der altgewohnten, zum Gesehenen also entgegengesetzten Weise ergänzt. Ferner führten die Bewegungen, da zunächst die gewohnten Beziehungen des Gesehenen zu den Innervationen des Blickens, des Tastens, Greifens und Daraufzugehens, festgehalten wurden, nicht zu dem gewünschten Erfolg, sondern in eine dem jetzt Gesehenen entgegengesetzte Richtung. Z. B. wurde beim Zugreifen nach einem im Sehfeld rechts erscheinenden, in Wirklichkeit links befindlichen Gegenstande die Hand nach rechts bewegt und erschien infolge dessen links im Gesichtsfeld usf. Unter andauernder Kontrolle durch den Gesichtssinn lernte nun STRATTON im Laufe mehrerer Tage allmählich die motorische Innervation der neuen Lokalisation der Sehdinge anzupassen. Die Bewegungen gelangen anfangs nur schwierig und zögernd, wurden aber mit zunehmender Übung immer leichter. Gleichzeitig änderte sich auch die optische Auffassung in der Weise, daß die Sehdinge wieder aufrecht gesehen und der eigene Körper zunächst umgekehrt empfunden wurde. So kam es STRATTON einmal, als er auf einen Kamin hinsah, vor, als ob er mit dem Rücken gegen ihn stehe und durch sich hindurch auf ihn hinsähe (Vertauschung von rechts und links!), ein andermal, als ob er auf dem Kopf stehe (Vertauschung von oben und unten!). In diesem Stadium gab es eine Art Wettstreit zwischen der alten und der neuen Auf-

fassung der Dinge. Die neue Auffassung dominierte in den nicht zum
eigenen Körper gehörigen Sehdingen durchaus. Bei Betrachtung der sichtbaren Teile des eigenen Körpers überwog sie so stark, daß die alte Auffassung nur schwer reproduziert werden konnte. Arme und Beine wurden
dort gefühlt, wo sie auch gesehen wurden. Sobald aber weggesehen wurde,
oder bei einer unerwarteten Berührung der Glieder mit einem nicht gesehenen Gegenstande trat die alte Lokalisation auf. Am längsten hielt
diese an bei Körperteilen, die (außer im Spiegel) nicht gesehen werden
können, so an der Stirn, den Haaren usf. Wurde aber auf solche Teile
nicht besonders geachtet, so trat schließlich die alte Lokalisation völlig in
den Hintergrund, Sehraum und Tastraum waren miteinander wieder in
voller Harmonie. Insbesondere hatten sich auch die Kopf- und Augenbewegungen der neuen Auffassung angepaßt. Eine Blicksenkung erschien
als Blickhebung, Kopfdrehung nach rechts verschob die Grenzen des Gesichtsfeldes nach links und erschien als Linkswendung usf. Auch die Ergänzung des Sehfeldes in die nicht sichtbare Umgebung hinein erfolgte jetzt
in Übereinstimmung mit der neuen Lokalisation. Als STRATTON nach
acht Tagen die Linsen wieder wegnahm, trat zwar keine neuerliche Umkehr
des Gesehenen auf, wohl aber war vorübergehend eine gewisse Verwir-
rung im Sehen und eine Unsicherheit der Bewegungen vorhanden.

Der Versuch von STRATTON zeigt zunächst in klarster Weise die Führer-
rolle des Gesichtssinns beim Aufbau der räumlichen Vorstellungswelt. War
der Gesichtssinn doch sogar imstande, die Körpersensationen so umzustimmen, daß sie sich bis auf geringe Reste der neuen Auffassung fügten.
Ja selbst der schroffe Widerspruch, in dem die neue Auffassung des Aufrechtsehens zur Schwerewirkung stand, wurde durch die optischen Eindrücke überwunden, so daß schließlich unter der von früher her fortwir-
kenden Vorstellung, daß der Himmel oben, der Erdboden unten ist, und
daß die Gegenstände auf dem Erdboden aufrecht stehen[1]), die diesem Eindruck entgegenstehenden Körpersensationen ganz verdrängt wurden. Der
Versuch zeigt endlich, daß für das »Problem des Aufrechtsehens« die Lage
der Netzhautbilder gleichgültig ist, und daß auch bei aufrechten Netzhautbildern eine weitgehende Harmonie zwischen Sehen und Tasten zustande
kommen kann. Diese Harmonie besteht aber nach STRATTON darin, daß
mit einer bestimmten Lokalisation des Netzhautbildes bestimmte Bewegungen der Augen, des Kopfes und des Körpers assoziiert sind, und ebenso
mit der Berührung des Körpers bestimmte Bewegungsrichtungen nicht bloß
der Glieder, sondern auch der Augen. Diese mit der optischen und haptischen Lokalisation verbundenen Bewegungsassoziationen stehen miteinander in Übereinstimmung.

---

1) Über den großen Einfluß dieser Vorstellung vgl. auch G. E. Müller (803,
S. 122 ff.).

STRATTON hat später (829) noch einen Versuch hinzugefügt, in dem er mit Hilfe einer Spiegelkombination die Lage der Objekte um 90° in der Sagittalebene drehte, so daß ihm sein Körper, wenn er aufrecht stand, horizontal mit den Füßen nach vorn zu liegen schien und Gegenstände, die in Handhöhe in der Nähe des Körpers lagen, weit entfernt erschienen. In diesen Versuchen mußte also das aktive Tasten der geänderten Lage und Entfernung angepaßt werden. Der Versuch führte zu einer ganz ähnlichen Anpassung, wie der frühere.

Wir haben bei den Versuchen von STRATTON theoretisch zwei Dinge voneinander zu scheiden, die allerdings in praxi ineinandergreifen, die Anpassung der Motilität an die veränderten Abbildungsverhältnisse und die veränderte sensorielle Beziehung der Seh- und Tasteindrücke zu einander. Was zunächst die Anpassung der Bewegungen betrifft, so macht man dieselbe Erfahrung im Kleinen beim Arbeiten vor einem Spiegel, durch den ja vorn und hinten vertauscht werden. Läßt man jemanden mit der gegen direkte Sicht verdeckten Hand vor einem Spiegel, in dem er die Hand beobachten kann, einen diagonalen Strich von hinten nach vorn ziehen, so mißlingt das anfangs durchaus, weil die kinästhetischen Empfindungen der Hand und die optischen einander widersprechen. Nach einiger Übung bringt man die Aufgabe leicht fertig (vgl. V. HENRI, 771, S. 139 ff.). Ganz ähnlich ist ein geübter Mikroskopiker gewohnt, beim Blick ins Mikroskop den Objektträger während des Durchsuchens des Präparates entgegengesetzt der wirklichen Bewegungsrichtung zu verschieben — nach links, wenn er einen in Wirklichkeit rechts liegenden, ihm aber links erscheinenden Punkt in die Mitte rücken will. Was ihm anfangs schwer fiel, ist ihm später so geläufig, daß ihm schließlich gar nicht mehr bewußt ist, daß er eine dem gewöhnlichen Verhalten entgegengesetzte Bewegung ausführt (GOBLOT, 763; HOFMANN, 8a).

Ein weiterer hierher gehöriger Fall von Anpassung der motorischen Innervation an geänderte Abbildungsverhältnisse zeigt sich in folgendem Versuch von CZERMAK (750), den HELMHOLTZ (I, S. 601), REDDINGIUS (809 und RUBEN (811) weiter analysiert haben: Man setze vor jedes Auge ein Prisma von 16° bis 18° mit der brechenden Kante nach links, wodurch der Ort aller sichtbaren Gegenstände nach links verschoben wird. Nun fixiere man einen in Reichweite befindlichen Gegenstand und versuche, ihn mit dem verdeckten Finger zu treffen (»Tastversuch«, s. unten, S. 369). Man wird natürlich links daran vorbeifahren. Wenn man aber die Hand eine zeitlang ins Gesichtsfeld bringt und unter Leitung der Augen die Gegenstände betastet, so trifft man nach einiger Zeit bei Wiederholung des Tastversuchs die Gegenstände richtig. Hat sich die Anpassung eingestellt und entfernt man dann die Prismen wieder, so greift man anfangs beim Tastversuch rechts vorbei, und erst nach einiger Zeit, wenn man sich wieder an die normale Lage der Objekte gewöhnt hat, greift man wieder richtig. Reddingius und Ruben fanden, daß dieser Erfolg nur dann eintritt, wenn man sich während des Prismentragens im Tasten übt und auch da nur an der übenden Hand, nicht aber, wenn man sich ganz ruhig verhält, z. B. liest. Es handelt sich also nicht um eine Anpassung der Blickrichtung, sondern um eine solche der tastenden Hand.

Wenn nun unter der Führung durch den Gesichtssinn sogar entgegenstehende Körpersensationen in den Hintergrund gedrängt werden können, so erscheint es durchaus möglich, daß auch die normale Harmonie zwischen dem Seh- und Tastraum, in der Gesichtseindrücke und körperliche Empfindungen einander nicht widerstreiten und die Motilität ihnen beiden angepaßt ist, auf Grund der Erfahrung und unter fortwährender gegenseitiger Kontrolle im individuellen Leben erworben ist. Zur Stütze dieser Ansicht führt Stratton an, daß operierte Blindgeborene die Führung der Greif- und Zeigebewegungen durch den Gesichtssinn erst mühsam erlernen müssen und sie anfangs auch nur unvollkommen und zögernd ausführen. Dem steht aber die schon oben S. 155 erwähnte Beobachtung von Schlodtmann gegenüber, daß Blinde mit noch erregbarer Netzhaut, deren Augenmedien aber derart undurchsichtig sind, daß sie auch bei stärkster Belichtung keinen Lichtschein durchlassen, trotzdem das Druckphosphen nach der entgegengesetzten Seite lokalisieren. Man sollte also meinen, daß diese Blinden bei der Aufforderung, nach dem Lichtschein hinzuzeigen, wenigstens ungefähr nach der richtigen Seite hingetastet hätten. Demgegenüber gab allerdings Dufour (756), der den gleichen Versuch ausgeführt hat, an, daß die von ihm untersuchten drei Blinden das Druckphosphen immer nur in die Richtung gerade vor sich lokalisiert hätten, daß der eine von ihnen zwei gleichzeitig erzeugte Druckphosphene nur auf Zureden als zwei gesonderte erkannte, und ein anderer beim Zeigeversuch zuerst immer nur gerade vor sich hin, nach einigen Tagen aber nach der Seite hin zeigte, wo der Bulbus gedrückt wurde. Dufour zieht daraus den Schluß, daß eine angeborene Assoziation zwischen dem Ort der Netzhautreizung und der Handbewegung jedenfalls nicht anzunehmen sei. Gegen die weitere Folgerung, daß überhaupt keine Lokalisation des Gesichtseindrucks in einer bestimmten Richtung vorhanden war, macht er sich aber selbst den Einwand, daß die Blinden, deren Sehzentren ja erhalten waren, doch ein dunkles Sehfeld vor sich sehen müssen, und es schwer ist, sich vorzustellen, daß dieses keine Dimension nach Höhe und Breite hat. Wenn man aber eine Ausdehnung desselben sieht, muß man doch auch den Lichtschein an einer bestimmten Stelle des Sehfeldes sehen, nur könne sie vielleicht der Blinde nicht angeben, da ihn die Richtung nie interessiert hat und er keine Erfahrung darüber hat.

Ähnliche Erwägungen lassen sich aber auch bei den operierten Blindgeborenen anstellen. Wenn bei ihnen die Innervation des Greifens und

Zeigens unter der Führung des Gesichtssinnes anfangs ungeschickt ausgeführt werden, so wird dadurch mit Sicherheit nur ein Mangel an Übung
bewiesen. Operierte Blinde führen ja auch die Konvergenzbewegungen der
Augen anfangs nicht ordentlich aus, weil sie mit dem Gesehenen nichts an-
zufangen wissen (Trombetta, 701). Der »Reflex der Konvergenz« muß
also auch erst durch Übung der Aufmerksamkeit geweckt werden. Die
Anpassung der Motilität ist eben offenbar etwas Sekundäres, sie setzt ein
Vorhergehen der Lokalisation voraus, während umgekehrt mangelhafte Motilität noch nicht auf mangelhafte Lokalisation hinweist.

Von diesem Gesichtspunkte aus ist nun zu beachten, daß, worauf schon
Hering (R. S. 365) und E. du Bois-Reymond (236a) hingewiesen haben,
manche Tiere sofort nach der Geburt aus dem Mutterleib bzw. dem Aus-
schlüpfen aus dem Ei den gesehenen räumlichen Verhältnissen entsprechende
Bewegungen ausführen und demnach auch eine richtige optische Lokalisation
besitzen. Um den Beweis noch schlagender zu machen, ließ Hamburger (770)
Hühnchen, die er in völliger Dunkelheit ausbrüten ließ, nach dem Aus-
kriechen aus dem Ei noch mehrere Tage im Dunkeln und prüfte erst dann
ihre Fähigkeit, sich im Hellraum zu orientieren. Trotzdem die Tiere vorher
nie die Möglichkeit gehabt hatten, etwas zu sehen, besaßen sie doch sofort
die Fähigkeit, richtig zu picken und ihre Laufbewegungen auch komplizierteren räumlichen Verhältnissen nach Höhe, Breite und insbesondere auch
nach der Tiefe zu anzupassen. Die Bewegungen wurden also vom optischen
Kontrollsinn von vorne herein so gut reguliert, daß man unmöglich von
einem Erlernen des Sehens sprechen kann. Analoge Versuche führte Hamburger auch an Meerschweinchen aus.

Solche Experimente sind freilich nur bei Tieren möglich, die sofort
nach der Geburt über genügend entwickelte Zentren der Motilität und
Sensibilität verfügen[1]). Beim Menschen ist aber offenbar das sensorische
Verständnis und die Motilität auch dann noch sehr mangelhaft, wenn die
Richtungslokalisation an sich zwar vorhanden, ihre Auswertung aber nicht
eingeübt ist. Daraus ergibt sich, wie mir scheint, die Lösung des Gegen-

---

1) Immerhin gibt es aber auch beim Menschen gewisse Analogien dazu, auf
die Piéron (808) aufmerksam gemacht hat, freilich nicht beim optischen, sondern
beim haptischen Raum in Form der lokalisierten, d. h. an die Reizung bestimmter
Hautstellen gebundener Reflexe. So tritt schon beim Neugeborenen der an die
Reizung der Fußsohle gebundene Plantarreflex mit Streckung der großen Zehe
und Anziehen des Beines auf, und ähnliche lokalisierte Abwehrbewegungen haben
Vaschide und Vurpas (833) bei einem Anenzephalen beobachtet. Die komplizierten
Abwehrreflexe, die bei bewußtlosen Patienten mit Meningitiden auftreten, und die
Piéron mit anführt, sind in diesem Zusammenhang wohl nicht genügend beweis-
kräftig. Auch die Folgerung, die Piéron und lange vorher Sachs (842) aus diesen
Erfahrungen gezogen haben, daß nämlich die Raumdaten des Gesichts- wie des
Tastsinns auf dem Gewahrwerden dieser lokalisierten Reflexe beruht, läßt sich
nicht halten.

satzes zwischen den Angaben von SCHLODTMANN und von DUFOUR. Wahrscheinlich haben die von DUFOUR untersuchten blinden Kinder gar nicht begriffen, was man von ihnen verlangte. Das scheint mir besonders daraus hervorzugehen, daß das daraufhin untersuchte Kind auch nicht ohne weiteres imstande war, zwei gleichzeitige Phosphene voneinander zu sondern, was man doch nach den Beobachtungen an operierten Blindgeborenen bei genügendem Verständnis unbedingt erwarten müßte. Ich glaube also doch den Angaben von SCHLODTMANN, die auf das Vorhandensein einer Richtungslokalisation vor aller optischen Erfahrung hinweisen, den Vorzug geben zu sollen.

Nun ist allerdings, wie die Versuche von STRATTON zeigen, auch auf dem Gebiete der Richtungslokalisation eine im individuellen Leben erworbene Wandlung möglich. Zwar bezog sie sich in STRATTONS Hauptversuch nur auf die Verwechslung von rechts und links, von kinn- und scheitelwärts, während die vertikale und horizontale Richtung dabei unverändert blieb. Aber auch diese Eindrücke lassen sich, wie andere Versuche zeigen, relativ leicht abändern. Trotzdem es also sicher ist, daß auch die sensorische Verknüpfung von Seh- und Tasteindrücken eine wandelbare ist, brauchen wir deswegen von unserer Annahme, daß die normale Richtungslokalisation auf einer angeborenen Grundlage beruht, die vom Normalen bloß ausgebaut und geübt zu werden braucht, nicht abzugehen. Es gibt nämlich außer dem schon angeführten Versuch von SCHLODTMANN auch noch andere Anzeichen für die Richtigkeit dieser Annahme.

Zu diesen Anzeichen gehört, daß bei aufrechtem Kopf und Körper die Abbildung auf Längsschnitten der Netzhaut, wenn keine empirischen Anhaltspunkte für die Lokalisation vorhanden sind, den Eindruck der vertikalen Richtung, die Abbildung auf Querschnitten den Eindruck der horizontalen Richtung auch dann noch erweckt, wenn die Längsschnitte und Querschnitte von der wirklichen vertikalen und horizontalen Richtung abweichen. Das ist z. B. der Fall bei Tertiärstellung der Gesichtslinien, oder wenn bei Heterophorien die Augen vom Fusionszwang befreit werden und in ihre »Ruhelage« übergehen, so daß man die Bestimmung der scheinbar horizontalen und vertikalen Richtung direkt zum Nachweis der Orientierung des Auges benutzen kann. So wurde von HELMHOLTZ und HERING die gewöhnlich vorhandene geringe Außenrollung der Augen nachgewiesen und von anderer Seite mehrfach bestätigt. Am überzeugendsten sind für unsere Frage die Versuche bei Cyklophorien höheren Grades. So fand DELABARRE (1323) bei monokularen Vertikaleinstellungen eines isoliert sichtbaren Fadens individuelle Abweichungen bis zu $10{,}6°$ mit dem oberen Ende nach rechts, bis zu $4{,}2°$ mit dem oberen Ende nach links, BRÜNINGS (1315) gelegentlich solche bis zu $7°$. Ja es kann sogar die normale Lokalisation auch dann, wenn sie nicht verwendet wird, und dafür eine andere erworben ist, unter Umständen neben der neu erworbenen wieder auftauchen. Das geht aus einem Fall von Rollungsschielen hervor, den Sachs und Meller (820) beschrieben haben. In diesem Falle, es handelt sich um Meller selbst, waren die Augen dauernd stark gegensinnig gegeneinander gerollt, und es hatten vom mittleren Längsschnitt stark abweichende Schrägschnitte der beiden Netzhäute gemeinschaftliche Sehrichtungen erworben. Beim Betrachten einfacher Objekte mit beiden Augen und beim einäugigen Sehen im Hellen, wenn die Erfahrungsmotive zur Geltung kamen, erschien dementsprechend eine vertikale Linie wirklich vertikal. Wurde dagegen im Dunkeln einem Auge eine isoliert sichtbare vertikale Linie dargeboten, so erschien sie stark geneigt. Erzeugte man auf jenen Netzhautschnitten beider Augen, die die anomale Sehrichtungsgemeinschaft erworben hatten, ein dauerhaftes Nachbild, und schloß dann ein Auge, so spaltete sich das vorher einfache Nachbild in zwei, von denen das eine vertikal, das andere schräg stand. Während also im Hellen unter dem Einfluß sichtbarer Gegenstände von bekannter Lage die wirklich vertikalen Linien vertikal erschienen, kam im Dunkeln eine ganz andere Lokalisation zum Vorschein, der Vertikaleindruck war an andere Netzhautschnitte gebunden. Wir haben also hier das gleiche Verhalten vor uns, wie bei der erworbenen Sehrichtungsgemeinschaft der Schielenden überhaupt. Unter dem Einfluß des Binokularsehens hat sich eine neue Sehrichtungsgemeinschaft ausgebildet, die aber nur solange erhalten bleibt, als die Bedingungen für sie vorhanden sind. Sobald diese wegfallen, tritt eine andere Lokalisationsweise auf, die von der erworbenen abweicht. Sie äußerte sich diesmal nicht, wie sonst in einer Seitenabweichung, sondern in einer Drehung der Sehdinge. Das ist neben der Änderung der Raumwerte in beiden Augen das Besondere an diesem Falle, zu dem später ein ganz analoger, von Ohm (806) untersuchter, hinzukam. Kleinere Drehungen sind ja auch sonst bei anomaler Sehrichtungsgemeinschaft die Regel (vgl. Tschermak, 834, S. 37, Anm.), sie traten z. B. in dem Falle von Doppeltsehen mit einem Auge, den Bielschowsky (308) beschrieb, ganz ebenso auf. Wir stoßen also hier auf analoge Verhältnisse, wie wir sie auch bei der Lehre von der Netzhautkorrespondenz vorgefunden haben. Hatten wir dort das Wiederauftreten der von der Schielstellung abweichenden normalen Netzhautkorrespondenz nach Höhe und Breite als Beweis dafür genommen, daß sie auf einer angeborenen Anlage beruht, so müssen wir diesen Schluß folgerichtig auch für die Bindung des Eindrucks der vertikalen und horizontalen Richtung an einen bestimmt gerichteten Netzhautschnitt gelten lassen. Wie das allerdings zu verstehen ist und worauf das vermutlich beruht, wird erst später besprochen werden.

Wenn diese Überlegungen richtig sind, so wäre demnach schon in der ersten Anlage des optischen Apparates eine gewisse Verknüpfung bestimmt lokalisierter Eindrücke desselben mit bestimmten räumlichen Daten des übrigen

Körpers gegeben, die unter dem Einfluß des Sehens zur vollen Ausbildung kommt. Im Schema der Sehrichtungen würde sich das so ausdrücken, daß bei einer gegebenen Lage der Hauptsehrichtung, sagen wir horizontal geradeaus, die Nebensehrichtungen der exzentrischen Netzhautstellen nicht beliebig um die Hauptsehrichtung als Achse gedreht gedacht werden können, sondern daß sie ihr gegenüber eine feste Orientierung besitzen. Nennen wir mit Hering den Punkt, der mit der Fovea binokular einfach gesehen wird, den Kernpunkt des Sehraums, und die im Kernpunkt zur Hauptsehrichtung senkrechte frontalparallele Ebene die Kernfläche, so trifft das Büschel der Sehrichtungen die Kernfläche in einer Schar von Punkten, die nach rechts, links, oben und unten vom Kernpunkt liegen. Wir können die Lage dieser Punkte zur Charakterisierung der Sehrichtungen benützen, und den ihnen zugehörigen korrespondierenden Netzhautstellenpaaren ein »Lokalzeichen« oder einen »Raumwert« zuschreiben, der zunächst bloß das Lageverhältnis des Schnittpunktes der betreffenden Sehrichtung mit der Kernfläche relativ zum Kernpunkt angibt (relative Raumwerte). Liegt dieser Schnittpunkt nach rechts vom Kernpunkt, so hat das der betreffenden Sehrichtung zugehörige Deckstellenpaar einen Rechtswert, liegt er nach links, dann hat es einen Linkswert, liegt er nach oben oder unten, dann hat es einen positiven oder negativen Höhenwert. Wird sodann der Kernpunkt selbst in eine bestimmte Richtung relativ zum eigenen Ich lokalisiert, so ist damit zugleich die egozentrische Lokalisation auch der übrigen Punkte der Kernfläche nach rechts und links, nach oben und unten gegeben. Die Frage nach der egozentrischen Lokalisation läuft also auf die Frage nach der Lokalisation des Kernpunkts des Sehraums gegenüber unserem eigenen Ich hinaus. Es gibt eine bevorzugte Lage desselben, wenn er nämlich in Augenhöhe und gerade vor uns in der Medianebene des Körpers erscheint. Dann erscheint eine auf dem mittleren Längsschnitt der Netzhaut abgebildete Linie als medianes Lot, eine auf dem mittleren Querschnitt abgebildete Linie als Horizontale in Augenhöhe. Doch muß nochmals bemerkt werden, daß dies alles nur für die aufrechte Haltung gilt. Wie es sich bei einer Änderung der Kopf- und Körperstellung verhält, werden wir später besprechen. Man darf sich ferner nicht vorstellen, daß die Lokalisation nach Sehrichtungen, die Beziehung der Punkte der Kernfläche auf den Kernpunkt und dieses Punktes auf den Ort des Ich eine im Bewußtsein ablaufende Überlegung oder Konstruktion ist. Die egozentrische Lokalisation ist vielmehr durch eine vorbewußte Organisation gegeben, die, selbst wenn sie nicht auf angeborener Grundlage beruhen sollte, ins Bewußtsein jedenfalls immer schon den fertigen Komplex des orientierten Gesamtsehfeldes eintreten läßt.

Führen wir eine Blickwendung aus, so beobachten wir, daß die Gegenstände ihren Ort relativ zu unserem Körper im wesentlichen unverändert beibehalten. Sie erscheinen ruhend, während doch die Bilder der Objekte bei der Augendrehung ihren Ort auf der Netzhaut wechseln. Die Sehrichtung eines und desselben korrespondierenden Stellenpaares liegt also nach der Blickwendung anders als vorher, sie ändert sich mit der Blickrichtung, wobei wir unter dieser, der Einheitlichkeit des Doppelauges entsprechend, eine beiden Augen gemeinsame Richtung verstehen. Bezeichnen wir so, wie oben S. 266 jene Linie, die den Drehpunkt eines jeden Auges mit dem Blickpunkt verbindet, als Blicklinie und berücksichtigen beide Augen zusammen, so erhalten wir als den Punkt, in dem sich die Blicklinien beider Augen schneiden, den binokularen Blickpunkt[1]) und als

binokulare Blickrichtung oder Blicklinie die Richtung vom mittleren imaginären Auge zum binokularen Blickpunkt hin.

Um nun das Schema für das Verhalten der Sehrichtungen bei einer Änderung der binokularen Sehrichtung zu finden, gehen wir von dem Falle symmetrischer Konvergenz der horizontalen Blicklinien beider Augen auf einen medianen Punkt aus. In diesem Falle liegt der binokulare Blickpunkt in der Median-

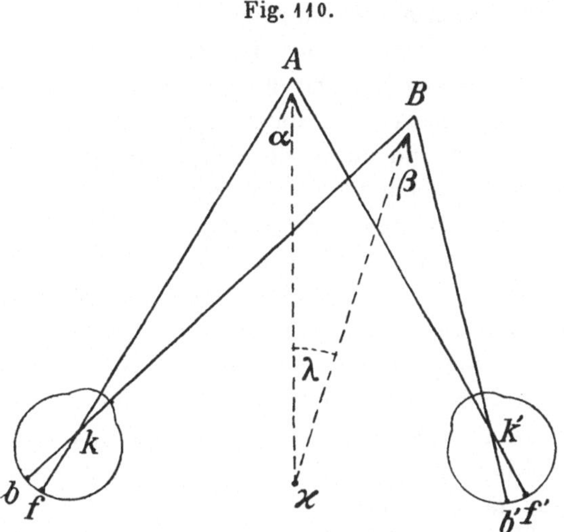

ebene, und die binokulare Blicklinie ist geradeaus nach vorn gerichtet. Wir können sie im Schema der Fig. 110 mit $\varkappa\alpha$ bezeichnen, d. h. sie fällt mit der Hauptsehrichtung (der Sehrichtung der Fovea), die ebenfalls geradeaus nach vorn gerichtet ist, zusammen. Die binokulare Blickrichtung und ebenso die Hauptsehrichtung bleiben unverändert, wenn der binokulare Blickpunkt in der Medianebene geradeaus in die Tiefe wandert. Sie ändern aber beide ihre Lage, wenn die Augen nach rechts oder links, nach oben oder unten gewendet werden. Gesetzt den Fall, beide Augen führen eine Rechtswendung aus, etwa auf den Punkt B in Fig. 110 hin, so daß sich die Blicklinien der beiden Augen in diesem Punkte schneiden.

---

1) Der binokulare Blickpunkt braucht durchaus nicht mit dem Fixationspunkt jedes Einzelauges zusammenzufallen. Blicken wir z. B. mit parallelgestellten Blicklinien auf ein in geringer Entfernung vor den Augen befindliches Stück Papier, auf dem im Schnittpunkt der Blicklinien mit der Papierfläche je ein Fixationspunkt aufgezeichnet ist, so liegt der binokulare Blickpunkt weit hinter den beiden Fixationspunkten, nämlich in unendlicher Entfernung.

Denken wir uns nun auch das mittlere imaginäre Auge so gedreht, daß seine Blicklinie statt nach α nach β hin gerichtet ist, so gibt $\varkappa\beta$ die Richtung der binokularen Blicklinie an. Eine Annäherung oder Entfernung des binokularen Blickpunktes ändert, wenn dieser Punkt in der Richtung $\varkappa\beta$ bleibt, wieder nur den Konvergenzgrad, aber nicht die binokulare Blickrichtung. Vernachlässigen wir nun zunächst im Interesse der Vereinfachung des Schemas, daß die Drehung der beiden Bulbi nicht um den Knotenpunkt, sondern um den dahinter gelegenen Drehpunkt erfolgt, denken wir uns vielmehr Drehpunkt und Knotenpunkt zusammenfallend, nehmen wir ferner an, die Punkte A, B, k, k' und $\varkappa$ lägen auf dem MÜLLERschen Horopterkreise, dann würde sich das Schema für die willkürliche Blickwendung von A nach B folgendermaßen darstellen:

Bei symmetrischer Konvergenz beider Augen auf A bildet sich A in beiden Augen auf der Fovea ab, erscheint also in der Hauptsehrichtung, die in diesem Falle unter normalen Umständen geradeaus nach vorn gerichtet ist und durch die Hauptsehrichtung des mittleren imaginären Auges $\varkappa\alpha$ versinnlicht wird. Der Punkt B erscheint in einer Nebensehrichtung $\varkappa\beta$, die mit der Hauptsehrichtung den Winkel λ einschließt. Wenden wir nun den Blick willkürlich von A nach B, so bildet sich nunmehr B in beiden Augen auf der Fovea ab. Soll nun B nach wie vor um den Winkel λ nach rechts von der Medianebene gesehen werden, so muß jetzt die Hauptsehrichtung um denselben Winkel von der früheren medianen Richtung nach rechts abweichen, ihre Richtung muß sich also — immer unter den oben gemachten Voraussetzungen — um den Betrag der Blickwendung und im gleichen Sinne geändert haben. Diese Änderung beschränkt sich aber nicht auf die Hauptsehrichtung allein, sondern auch alle Nebensehrichtungen müssen, wenn die Objekte ruhig erscheinen sollen, dieselbe Änderung mitmachen: das ganze System der Haupt- und Nebensehrichtungen bleibt relativ zueinander unverändert, erleidet aber eine solche gemeinsame Drehung, daß dadurch die Verschiebung der Bilder auf der Netzhaut ausgeglichen wird. Nach der Blickwendung ist beispielsweise $\varkappa\alpha$ zur Nebensehrichtung geworden, die um den Winkel λ von der Hauptsehrichtung abweicht, aber nach wie vor median geradeaus gerichtet bleibt. Benützen wir wiederum die Schnittpunkte des Büschels der Sehrichtungen mit der Kernfläche (der frontalparallelen Ebene, in der der Kernpunkt liegt), zur Charakterisierung der Art, wie die Bilder korrespondierender Netzhautstellen lokalisiert werden, so können wir uns auch so ausdrücken: die Lokalisation der Bilder der einzelnen Netzhautstellenpaare gegenüber dem Kernpunkt des Sehraums, d. h. dem Ort, wo die Bilder der Fovea hin lokalisiert werden, bleibt bei der Blickwendung dieselbe, die »relativen Raumwerte« der Netzhaut ändern sich nicht. Wohl aber ändert sich der Ort des Kernpunktes relativ zu unserem Körper. Lag er früher median, so liegt er nach der Rechtswendung des Blicks nach rechts von seinem früheren Ort. Die absolute oder egozentrische Lokalisation des Kernpunktes hat sich also geändert, und zwar so, daß die Bildverschiebung auf der Netzhaut durch die gleichzeitige Änderung der »absoluten Raumwerte« der Fovea und mit ihr aller übrigen Netzhautstellen gerade ausgeglichen wird. Zu beachten ist dabei, was uns noch besonders beschäftigen wird, daß die Orientierung der Nebensehrichtungen gegenüber der Hauptsehrichtung, bei der Seitenwendung oder Erhebung des Blicks unverändert bleibt, daß also nach wie vor, was sich auf Querschnitten abbildet, horizontal, was sich auf Längsschnitten abbildet, vertikal erscheint.

Was hier für die Blickwendung nach rechts und links dargelegt wurde, gilt in gleicher Weise für die Blickhebung und Blicksenkung. In allen diesen Fällen wird, wie die Erfahrung zeigt, die Drehung der binokularen Blicklinie aus der Primärstellung heraus durch eine Mitdrehung des ganzen Systems der Sehrichtungen im gleichen Sinne und angenähert auch im gleichen Betrage — bis auf kleine Unterschiede, die wir später besprechen — derart ausgeglichen, daß für unser Bewußtsein, wenn die Blickwendung ausgeführt ist, alle Objekte der Außenwelt, darunter auch die sichtbaren Teile unseres eigenen Körpers, unverrückt an Ort und Stelle geblieben sind.

Woher rührt das nun? Es liegt sehr nahe, und man hat es bis heute auch vielfach so aufgefaßt, daß wir uns der Stellung der Augen bewußt würden durch Sensationen, die teils von der Spannung der Augenmuskeln, teils von Empfindungen der Konjunktiva, teils, was besonders BOURDON (3, S. 183) in den Vordergrund gestellt hat, von Empfindungen an den Lidern herrühren. Das durch diese Sensationen vermittelte Stellungsbewußtsein unserer Augen ändere sich bei jeder Blickwendung und durch diese Änderung werde die Bildverschiebung auf der Netzhaut gerade kompensiert. Dem ist zunächst entgegenzuhalten, daß wir uns der Augenstellung bei Ausschluß des optischen Kontrollsinnes nur äußerst ungenau bewußt sind. Das geht schon aus den oben S. 86 erwähnten Beobachtungen beim Punktwandern und aus den dort zitierten Beobachtungen von RAEHLMANN und WITKOWSKY an Blinden hervor. Am meisten merklich sind in der Tat, darin hat BOURDON recht, die Lidsensationen bei plötzlichen Augenbewegungen. Bei unbewußten Augenbewegungen werden aber auch diese vom Unbefangenen als Lidbewegungen gedeutet, nicht als Augenbewegungen. Als ich durch galvanische Durchströmung des Kopfes zum erstenmale bei mir selbst horizontalen Nystagmus erzeugte, merkte ich die rasche Phase desselben nur als Lidbewegung, und erst die nachträgliche Beobachtung meines Auges durch einen anderen ergab, daß das vermeintliche Zwinkern der rasche Ruck des Nystagmus gewesen war. Es ist also nach meinen Erfahrungen ganz ausgeschlossen, eine Augenbewegung in horizontaler Richtung von bloßer Lidbewegung zu unterscheiden. Eher könnte dies bei der Hebung und Senkung des Blicks wegen der sehr deutlichen Mitbewegungen des Oberlids möglich sein, aber auch da nur bei rasch ausgeführten Exkursionen. Wenn wir die Augenbewegungen aus den Lidsensationen erschlössen, müßte ferner bei Trigeminuslähmungen die Fähigkeit, die Augen im Dunkeln richtig einzustellen, gestört sein, worüber nichts vorliegt. Intensivste Kokainisierung der Bindehaut und der Hornhaut — wobei allerdings noch die Hautempfindungen des Lides übrigbleiben — setzt diese Fähigkeit jedenfalls nicht herab (Sherrington, 675; Marx, 599; vgl. auch Bourdon, 3, S. 66).

Aber wenn wir uns auch der Augenstellung und Bewegung nur unsicher bewußt werden, so könnten die durch sie ausgelösten Erregungen sensibler Nerven doch unbewußt einen Einfluß auf die optische Lokalisation ausüben. Diese Ansicht wird besonders nachdrücklich von Tschermak und seinen Schülern verfochten (vgl. 12, S. 559; Fischer, 758, S. 222). Nach Tschermak wird die egozentrische Lokalisation durch das »Spannungsbild« der Augenmuskeln bestimmt, das zwar keine bewußte Kenntnis der Augenstellung hervorrufe, wohl aber unbewußt die Lokalisation des Geradevorn und der scheinbaren Augenhöhe (des Augenhorizonts) vermittle. Auf die theoretischen Schwierigkeiten, die dieser Annahme entgegenstehen, und die Hillebrand (776) ausführlich dargelegt hat, gehe ich hier nicht ein, sondern nur auf die experimentellen Befunde. Da steht nun zunächst fest und wird heute wohl von niemandem bestritten, daß jede Stellungsänderung der Augen, die durch andere Kräfte, als die der Augenmuskeln selbst, hervorgerufen ist, z. B. die Verdrehung des Bulbus durch Fingerdruck oder durch Zerren an der Haut des Lides oder (was von Carr [1160] eingehend untersucht wurde) durch den Lidschluß, eine der Verschiebung der Netzhautbilder entsprechende Scheinbewegung der Objekte bewirkt, während andererseits ein dauerhaftes Nachbild im geschlossenen Auge bei diesen Versuchen, trotzdem es mit dem Auge mitbewegt wird, seine Lage unverändert beibehält. Da bei einer solchen Verschiebung die Augenmuskeln teils gespannt und verlängert, teils entspannt und verkürzt werden, geht aus diesen Versuchen hervor, daß die Sehrichtung weder von der wirklichen Stellung des Bulbus noch von der Verlängerung und Verkürzung der Augenmuskeln abhängt (Helmholtz, I, S. 600). Es könnte sich also bei dem Tschermakschen »Spannungsbilde« jedenfalls nicht um eine Dehnung bzw. Entspannung der Augenmuskeln durch äußeren Zug, sondern bloß um eine Reizung sensibler Muskelnerven handeln, die nur dann auftritt, wenn sich die Muskeln aktiv kontrahieren.

Aber auch die aktive Muskelkontraktion führt durchaus nicht in allen Fällen zu einer die Bildverschiebung auf der Netzhaut vollkommen kompensierenden Änderung der absoluten Raumwerte. Vielmehr tritt diese mit Sicherheit nur bei den Blick- und Folgebewegungen auf, also bloß dann, wenn man entweder auf einen zuvor exzentrisch abgebildeten Gegenstand hinblickt, oder wenn man einem bewegten Gegenstand mit dem Blick folgt, oder auch bei Ruhe des Gegenstandes und Festhalten der Fixation desselben während einer willkürlichen Kopfwendung, und auch da reicht die Kompensation nur soweit, als die Änderung der Augenstellung wirklich beabsichtigt war. Entspricht der Erfolg der Augenbewegung in irgend einer Weise nicht der Innervationstendenz, so wird die Kompensation auch in diesem Falle unvollständig.

Dieser Fall tritt schon bei der ganz normalen Blickwendung von Sekundär- zu Tertiärstellungen der Augen ein. Verfolgt man eine lange horizontale gerade Linie mit erhobenem Blick und feststehendem Kopf nach rechts und links, so dreht sie sich bei Rechtswendung des Blicks mit dem rechten Ende, bei Linkswendung mit dem linken Ende nach unten. Bei gesenktem Blick ist es umgekehrt. Eine lange vertikale gerade Linie erscheint, wenn man sie mit rechtsgewendetem Blick verfolgt, bei gehobenem Blick mit dem oberen Ende, bei gesenktem Blick mit dem unteren Ende etwas gegen die Medianebene geneigt (Hering, 7, S. 255). Achtet man während des Hin- und Hergehens der Augen immer bloß auf das kurze Stück der Linie, das zentral und parazentral abgebildet wird, so erscheint sie gegen die Primärstellung hin konkav (Helmholtz, I, S. 545), also im entgegengesetzten Sinne gekrümmt, wie die in Fig. 70 auf S. 170 abgebildeten Projektionen der Helmholtzschen Richtkreise auf ein ebenes Gesichtsfeld. Diese Scheindrehungen und Krümmungen erklären sich aus den Rollungen, die das Auge nach dem Listingschen Gesetz beim Übergang von Sekundärstellungen in Tertiärstellungen beim Verfolgen einer geraden Linie ausführt und die in Fig. 103 auf S. 272 bildlich dargestellt sind. Tscherning (704, 705) hat durch Versuche im Dunkelzimmer direkt nachgewiesen, daß die Einstellung einer isoliert sichtbaren Leuchtlinie in die horizontale und vertikale Lage bei schrägen Blickrichtungen ziemlich genau so erfolgt, wie man es nach dem Listingschen Gesetz erwarten muß. Daß Helmholtz und Dastich (I, S. 608 ff.) diese Schrägstellungen bei ihren Versuchen nicht nachweisen konnten, erklärt sich daraus, daß sie die Änderungen der Augenstellung durch Kopfneigungen erzeugten, die Wand, auf die sie hinblickten, immer zu den Sekundär- und Tertiärstellungen senkrecht war und außerdem dauernd im Raum vertikal stand. Dabei konnte also die Abweichung der Netzhautlängsschnitte von der vertikalen Richtung nicht zum Vorschein kommen. Über den Einfluß empirischer Lokalisationsmotive bei diesen Versuchen vgl. ferner Hofmann (542). Wenn man übrigens bei diesen Versuchen den Blick zu stark hebt, so können insbesondere bei Myopen infolge mechanischer Behinderung der Bulbusdrehung andere Scheinbewegungen auftreten, welche die nach dem Listingschen Gesetz erfolgenden verdecken (Hering, R. S. 536).

HOFMANN (542) hat ferner auf folgende Erscheinung hingewiesen, die aller Wahrscheinlichkeit nach ebenfalls hierher gehört. Versucht man mit einem Auge im Dunkelzimmer den mittleren von drei übereinander liegenden isoliert sichtbaren Lichtpunkten in die gerade Verbindungslinie des oberen und unteren Punktes einzustellen, so macht man bei seitlicher Blickwendung einen konstanten Fehler in dem Sinne, daß bei rechts gewendetem und bewegtem Blick der mittlere Lichtpunkt zu weit nach rechts, bei Linkswendung zu weit nach links eingestellt wird (so schon BOURDON, 3, S. 99 ff.). Macht man nun die Voraussetzung, daß bei der Blickhebung und Senkung annähernd die gleichen Muskeln im gleichen Verhältnis innerviert werden, gleichviel ob man von der Primär- oder von einer Sekundärstellung ausgeht, so wird sich die Gesichtslinie im kugligen Blickfeld annähernd in einem größten Kreise bewegen, auf einer zur primären Blickrichtung senkrechten Ebene daher in den oben beschriebenen HELMHOLTZschen Hyperbeln. Beim Versuch, vom oberen Lichtpunkt gerade nach unten zu blicken, wird also bei Rechts- oder Linkswendung des Blicks die Gesichtslinie nicht gerade absteigen, sondern etwas gegen den primären Blickpunkt hin abweichen, und der mittlere Lichtpunkt wird daher nur dann gerade unter dem oberen zu liegen scheinen, wenn er etwas nach dieser Richtung hin verschoben wird.

Man kann die beiden eben beschriebenen Beobachtungen in folgender Weise miteinander kombinieren: Ein vertikal gestellter langer gerader Draht wird im Dunkelzimmer durch einen durchgeschickten Strom zum schwachen Glühen gebracht. Durch einen vorgesetzten Schirm mit drei schmalen horizontalen Spalten wird er so abgedeckt, daß man nur drei kurze Stücke von ihm sieht, das mittelste in Augenhöhe. Blickt man nun mit stark seitlich gewendetem Blick von einem Stück zum anderen, so erscheinen sie nicht in einer Richtung senkrecht übereinander, sondern in einen gegen den Primärpunkt hin konkaven Bogen gestellt, bei Rechtswendung des Blicks also nach rechts ausgebogen.

Ist es vielleicht noch möglich, die eben beschriebenen Beobachtungen mit der TSCHERMAKschen Spannungstheorie zu vereinigen, so ist dies sicher in dem Falle ausgeschlossen, daß der Erfolg, d. h. die wirkliche Ausführung der Augenbewegung, wegen einer frischen Parese eines äußeren Augenmuskels hinter der erteilten Innervation zurückbleibt. Blickt der Patient mit dem gelähmten Auge in die Richtung des Wirkungsbereichs des geschädigten Muskels, so stellt sich zwar die mit der Blickinnervation verbundene Änderung der absoluten Raumwerte ein, aber nicht oder nur in vermindertem Ausmaß die durch sie zu kompensierende Verschiebung der Netzhautbilder, und infolgedessen tritt eine dieser Differenz entsprechende Scheinverschiebung auf. Gesetzt, es läge eine frische Parese des rechten N. abducens vor, dann wird beim Übergang von der Linkswendung des Blicks zur Fixation eines etwas entfernteren Punktes A in der Medianebene oder gar bei Rechtswendung des Blicks, sobald also der rechte M. rectus lateralis beansprucht wird, das gelähmte Auge bei der normalen Innervationsstärke gegenüber dem linken zurückbleiben, es treten Doppelbilder auf. Verdeckt man das linke Auge und fordert den Patienten auf, das gelähmte Auge auf den rechts gelegenen Punkt B einzustellen, so muß er einen viel stärkeren Innervationsimpuls nach rechts geben, als in der Norm, was man an der starken Rechtswendung des verdeckten linken Auges erkennen kann. Da nun aber die Drehung des rechten Auges nach außen weit hinter dem mächtigen Rechtswendungsimpuls zurückbleibt, die Netzhautbilder sich also bei weitem nicht in dem Ausmaß verschieben, als es der mit dem Rechtswendungsimpuls verknüpften Verlagerung der absoluten Raumwerte nach rechts entspricht, so überwiegt diese letztere Verlagerung, und der Sehfeldinhalt des Patienten verschiebt sich während der Augenbewegung nach rechts. Wenn dann die Blickbewegung unter abnorm großer Innervationsanstrengung ausgeführt ist, erscheint der ganze Sehfeldinhalt zu weit nach rechts. Läßt man den Patienten rasch mit dem verdeckten Finger nach dem Fixationspunkt vorstoßen, so zeigt er zu weit nach rechts (v. GRAEFEscher Tastversuch, 765). Über die Größe des Fehlers beim Tastversuch und über die sonstigen Einzelheiten des Versuchs, die von mehr klinischer Bedeutung sind, vgl. man BIELSCHOWSKY (437). Auf die theoretisch bedeutsame Ausgleichung des Tastfehlers bei älteren Paresen komme ich im folgenden zurück.

Den Erfolg des GRAEFEschen Tastversuchs haben G. E. MÜLLER (vgl. 135a, S. 81), JAMES (10) und BERGSON so gedeutet, daß ja das verdeckte gesunde Auge noch seine normale Beweglichkeit bewahrt habe, und daß die Änderung der optischen Lokalisation durch das Stellungsbewußtsein dieses Auges veranlaßt sein könnte. Aber selbst wenn man die theoretischen Bedenken gegen diese Deutung hintansetzen wollte, so müßte als entscheidender Gegenbeweis eine Beobachtung von SACHS (813, S. 180) angeführt werden, der an einem Patienten mit beiderseits nahezu totaler Ophthalmoplegie und fast völliger Unbeweglichkeit beider Augen den Tastversuch anstellte. Dieser Patient tastete nur in einem ganz kleinen mittleren Bezirk richtig. Wurde das Objekt, das er zu fixieren bestrebt war, nach rechts bewegt, so tastete er rechts, bei der Bewegung desselben nach links links vorbei und zwar umsomehr, je weiter das Objekt nach der Seite bewegt wurde. Da die Beweglichkeit beider Augen fast ganz fehlte, konnte er dabei mit keinem der beiden Augen dorthin sehen, wo er hin tastete. Ferner hat RUBEN (811) das verdeckte normale Auge bei Patienten mit Abduzensparese mit der Pinzette in verschiedene Stellungen überführt und sich davon überzeugt, daß dadurch keinerlei Änderung der Lokalisation hervorgerufen wird.

In gleicher Weise wie bei Muskelparesen, nämlich durch mangelhafte Ausführung einer intendierten Bewegung, hatte J. Loeb (796a) die Erscheinung gedeutet, daß man bei seitlicher Blickwendung im Zeigeversuch um so weiter im
Sinne der Blickrichtung vorbei tastet, je weiter seitlich der Blickpunkt liegt.
Wendet man den Kopf zur Seite, so fällt mit der fehlenden Seitenwendung der
Augen auch der Fehler weg, er hängt also von den Augen und nicht etwa
von einem Fehler der Armbewegung ab. Der Impuls zur Seitenwendung werde
nämlich um so mangelhafter ausgeführt, je stärker seitlich der Blick gerichtet wird.

Ganz anders ist ein Versuch von Mach (10a, S. 106) zu bewerten, der
zeigte, daß man auch am Normalen eine Scheinbewegung der Sehdinge hervorrufen kann, wenn man die Außenwendung des Auges durch Andrücken eines
Klumpens von Glaserkitt an das Auge mechanisch hindert. Schließt man dann
das andere Auge, und versucht mit dem offenen Auge nach außen zu blicken,
so tritt eine temporalwärts gerichtete Scheinbewegung der Sehdinge auf. Hier
wird die beabsichtigte Innervation wirklich ausgeführt, der Muskel spannt sich
an, und nur das Erreichen der gewollten Augenstellung wird verhindert. Der
Versuch beweist also nur wieder, daß die Augenstellung für die Lokalisation
gleichgültig ist. Wohl aber könnte gerade in diesem Versuch die Muskelspannung
wirksam sein, denn die ist ja vorhanden. Wenn daher Witasek (14, S. 239)
als Beweis dafür, daß die »sensorische Funktion der Augenmuskeln« wenn auch
etwas herabgesetzt auch dann noch anklinge, wenn die Muskelkontraktion zwar
ausbleibt, aber die Bewegungsintention vorhanden ist, u. a. anführt, daß die
Scheinbewegung im Machschen Versuch irgendwie weniger lebhaft und eindringlich sei, wie eine wirkliche Bewegungsempfindung, so ist das nicht triftig. Wenn
es auf die Spannung der Muskeln durch die Kontraktion ankäme, müßte sie in
diesem Versuche sogar sehr deutlich sein. Wenn James (10, II, S. 509) der
Versuch nicht gelang, so dürfte das wohl an einem Fehler in der Ausführung
gelegen sein. Ruben (811) hat auch diesen Versuch in der Weise abgeändert, daß
er eines seiner Augen mit der Pinzette während des Impulses zur Blickwendung
festhalten ließ, durch den Tastversuch die falsche Lokalisation bestimmte und
dann noch durch Verstellen des abgedeckten anderen Auges mit der Pinzette
sich davon überzeugte, daß auch das keinen Einfluß auf die Lokalisation hat.

Die Erfahrungen bei Augenmuskellähmungen zeigen zunächst ganz
zweifellos wieder, daß die absolute Lokalisation durch die Stellung der
Augen jedenfalls nicht bestimmt wird, daß es also einen »Stellungsfaktor«
für sie sicher nicht gibt. Die Beobachtungen schließen aber auch die Annahme aus, daß die Erregung der sensiblen Nerven der Augenmuskeln
durch deren Kontraktion, das »Spannungsbild«, für die Lokalisation eine
irgendwie maßgebende Rolle spielt. Die Muskelkontraktion fällt ja hier
gerade aus, — ja nach Tozer und Sherrington (830) sind bei peripherer
Nervenlähmung sogar die sensiblen Muskelnerven mitgelähmt — und trotzdem tritt bei dem bloßen Versuch zur Innervation in das Wirkungsbereich
des paretischen Muskels dieselbe Änderung der absoluten Raumwerte auf,
wie wenn er sich kontrahierte und seine sensiblen Nerven erregte. Das
weist darauf hin, daß das eigentlich Maßgebende irgendwie mit der bloßen
Innervation der Augenmuskeln zur Blickwendung zusammenhängen muß.

Wie dieser Zusammenhang zu denken ist, das hat Hering (R. S. 534) in folgender Weise entwickelt. Beim gewöhnlichen Sehen wird die Blickwanderung dadurch hervorgerufen, daß sich unsere Aufmerksamkeit einem exzentrisch abgebildeten Gegenstand zuwendet. Dieser Ortswechsel der Aufmerksamkeit und das Streben, die Objekte deutlich zu sehen, löst die Blickwendung ohne unser weiteres Zutun aus. »Die Wanderung der Aufmerksamkeit setzt die Wanderung des Blickpunktes. Ehe also noch die Blickbewegung beginnt, ist der Ort, der das Ziel derselben bildet, bereits im Bewußtsein und von der Aufmerksamkeit erfaßt, und die Lage dieses Ortes im Sehraum bestimmt die Richtung und Größe der Blickbewegung. In demselben Maße aber, als die Aufmerksamkeit ihren Ort im Raume ändert, ändern sich zugleich auch die absoluten Raumwerte der Netzhaut« und dadurch kommt die Kompensation der Verschiebung der Netzhautbilder zustande.

Gegen diese Hypothese hat Witasek (14, S. 228 ff.) eingewandt, daß sie es unerklärt lasse, wo die neuen Raumwerte eigentlich herstammen, und daß, wie eine genauere Betrachtung ergebe, auch nach ihr Blickbewegung und Aufmerksamkeitswandel streng gleichzeitig ablaufen müßten, und man daher keinen Anlaß habe, in diesem mehr als in jener die Ursache der Verschiebung der absoluten Raumwerte zu finden. Dem weiteren Einwand, daß wir ja bei einiger Übung unsere Aufmerksamkeit auf indirekt gesehene Objekte lenken könnten, ohne daß eine Blickbewegung eintritt, war schon Hering (R., S. 548) mit der Bemerkung begegnet, daß es sich in diesem Falle weniger um eine Verlagerung der Aufmerksamkeit, als vielmehr um eine größere, über das gewohnte Maß hinausgehende Verbreiterung derselben handle, weil man dabei immer zugleich auf das direkt Gesehene merken muß, wenn nicht sofort die Blickbewegung eintreten soll. Aber auch wenn man dies zugibt, meint Witasek, treten doch auch keine Scheinbewegungen der Objekte auf, wenn die Augen Bewegungen ausführen, ohne daß die Aufmerksamkeit bei den Gesichtseindrücken verweilt. Jede längere Unterbrechung der Regulierung des Blicks durch die Aufmerksamkeit müßte aber nach dieser Theorie für die absolute Lokalisation verhängnisvoll werden, weil sie ja immer auch von der unmittelbar vorausgegangenen Aufmerksamkeitsrichtung abhängig sei.

Ein guter Teil dieser Einwände wäre weggeräumt durch den weiteren Ausbau, den Hillebrand (776) der Heringschen Lehre neuerdings gegeben hat. Hillebrand geht davon aus, daß die den Inhalt des Sehfeldes bildenden Dinge nicht alle mit gleicher Deutlichkeit gesehen werden. Am deutlichsten erscheinen gewöhnlich die auf der Fovea abgebildeten Objekte, und von hier aus, der »Stelle der größten Deutlichkeit«, nimmt die letztere nach allen Seiten hin ab. Es besteht ein »Deutlichkeitsgefälle«, das an der der Fovea entsprechenden Stelle seinen Gipfel hat und an der Grenze des Seh-

feldes auf Null absinkt. Gipfel und Grenze des Deutlichkeitsgefälles können
aber bei unveränderter Augenstellung wechseln. Wird nämlich die Aufmerksamkeit einem exzentrisch abgebildeten Gegenstand zugewandt, so überträgt sich der Gipfel des Deutlichkeitsgefälles auf ihn, und die Grenzen des
wahrnehmbaren Gesichtsfeldes verschieben sich derart, daß es nach der
Seite der Aufmerksamkeitswendung hin erweitert, nach der entgegengesetzten
Seite hin eingeschränkt ist. Bietet man dem Auge im Dunkelzimmer einen
gerade vor dem Kopf befindlichen Fixationspunkt A und rechts davon einen
zweiten Lichtpunkt B, bringt ferner an der äußersten linken Grenze des
Gesichtsfeldes einen dritten Lichtpunkt C an, so verschwindet C jedesmal, wenn man die Aufmerksamkeit, ohne die Fixation von A aufzugeben,

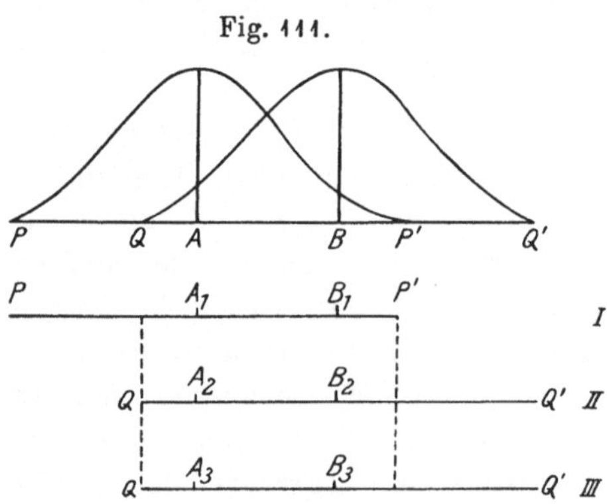

dem Punkt B zuwendet, und er
wird wieder sichtbar, wenn die
Aufmerksamkeit auf A zurück-
gelenkt wird. Nehmen wir nun
an, das Auge gehe von der Fixation des Punktes A zu der des
rechts gelegenen Punktes B über
und versinnlichen wir uns das
retinale Deutlichkeitsgefälle bei
aufmerksamer Betrachtung von A
durch eine von A aus nach beiden
Seiten hin abfallende Kurve, die
an den Punkten P und P' die

Nulllinie erreicht (Fig. 111). Dann können wir uns den Durchmesser des in
diesem Falle wahrnehmbaren Gesichtsfeldes durch die Strecke PP' und die
Lage des Fixationspunktes darin mit A_1 versinnlichen. Der exzentrisch abgebildete Punkt B würde in B_1 liegen. Gesetzt nun, die Aufmerksamkeit könne
auf einmal so weit seitlich verlagert werden, daß das Maximum der Deutlichkeit in B läge, dann würden die Grenzen des wahrnehmbaren Gesichtsfeldes
etwa nach QQ' verschoben sein. In diesem neuen Gesichtsfelde liegt nun
A_2 exzentrisch, B_2 aber in der Mitte, so wie es im Schema II wiedergegeben
ist. Der Verlagerung der Aufmerksamkeit folgt nun die Blickbewegung nach.
Diese kann an der Lage von Q und Q', aber auch an der Lage von A_2
und B_2 nichts mehr ändern, das Schema III, das die Lage dieser Punkte
nach erfolgter Blickbewegung anzeigt, stimmt also mit dem Schema II überein, nur wird B im Stadium II mit einer exzentrischen Netzhautstelle, im
Stadium III mit der Fovea gesehen. Bei Parese eines Augenmuskels, etwa
des rechten Rectus lateralis wird zwar der Übergang vom Stadium I zum
Stadium II nach wie vor erfolgen, aber die Bewegung des rechten Auges
folgt nicht mit. Die Gesichtslinie des rechten Auges erreicht daher den
Punkt B nicht, sondern bleibt zurück. Demnach wird sich B beim Versuch

zur Rechtswendung des rechten Auges im Stadium III links von der Fovea abbilden, er erscheint also nach rechts zu von dem Ort verschoben, auf dem er ohne Parese erschienen wäre.

Trotz der Schärfe des Gedankengangs glaube ich nicht, daß sich die HILLEBRANDsche Hypothese in allen Einzelheiten halten läßt. Zunächst glaube ich nicht, daß man den Änderungen der merklichen Sehfeldgrenzen eine so große Bedeutung beilegen darf, wie dies HILLEBRAND tut. Zwar begegnet HILLEBRAND dem Einwand, daß wir bei Fixation von A das Maximum der Deutlichkeit nicht auf einen so weit peripher gelegenen Punkt B verlegen können, durch die Annahme, daß wir die Verlagerung der Aufmerksamkeit durch eine große Zahl von allmählichen Übergängen vollziehen, wobei wir jedesmal das Maximum der Deutlichkeit auf einen nur ganz wenig peripher gelegenen Punkt verlegen. Indessen vollziehen sich die Augenbewegungen auf einen weit peripher gelegenen Punkt, wie man aus der Selbstbeobachtung erfährt, und wie es SUNDBERG (262) direkt nachgewiesen hat, nicht in diesen allmählichen Übergängen, sondern mit einem einmaligen raschen Ruck, der »Zielbewegung« (vgl. oben S. 90). Nach der Hypothese von HILLEBRAND müßte dann aber die mit der Verlagerung der Deutlichkeitsmaximums verbundene Erweiterung des Gesichtsfeldes schon vor der Augenbewegung auf einmal in einem Umfang erfolgen, daß der exzentrisch abgebildete Punkt in der Mitte des neuen Gesichtsfeldes zu liegen käme. Das würde erfordern, daß bei weit exzentrisch liegenden Punkten das Gesichtsfeld über die ihm durch die Ausdehnung der empfindlichen Netzhautstellen unabweislich gesteckten Grenzen hinausreichen sollte, woran natürlich nicht zu denken ist.

Fig. 112.

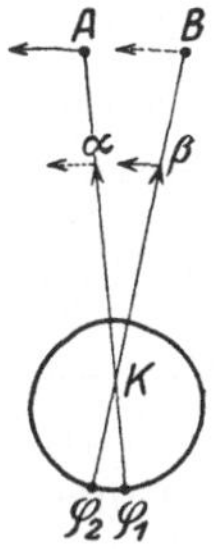

Eine weitere große Schwierigkeit bereiten der Theorie von HILLEBRAND, sowie überhaupt der Annahme, daß die Änderung der »absoluten Raumwerte« der Augenbewegung vorausgeht, die Nachbildbeobachtungen während der Augenbewegungen. MACH (10a, S. 107) hatte bemerkt, daß, wenn man im Dunkelzimmer den Blick von einem Lichtpunkt A in Fig. 112 nach einem anderen B hin bewegt, von A aus ein entgegengesetzt der Blickwendung gerichteter, rasch wieder verschwindender Lichtstreif herausschießt (ähnlich PURKYNJE, siehe unten S. 378). Liegt B nach rechts von A, so geht der Lichtstreif von A aus nach links. Die Diskussion dieser Erscheinung, an der sich LIPPS (795) und CORNELIUS (749), SCHWARZ (822) und PRANDTL (808 b) beteiligten, ergab, daß es sich dabei um das Nachbild des Punktes A handelt, dessen Netzhautbild sich bei der Blickwendung nach rechts auf der Netzhaut ebenfalls nach rechts verschiebt, weil die Fovea, auf der sich der Fixationspunkt A in der Ausgangsstellung abbildet, während der Augenbewegung von φ_1 nach φ_2 wandert, A daher nach der Augendrehung rechts von der nunmehr in φ_2 befindlichen Fovea abgebildet wird. Diese Verschiebung ist die Ursache des von A aus nach links ausschießenden Lichtstreifens. Schwarz (822) und Holt (778) haben ferner gefunden, daß man unter günstigen Umständen nach der Blickwendung vorübergehend noch einen zweiten Lichtstreifen sehen kann, der von B aus ebenfalls nach links gegen A hin gerichtet ist, wie es der in Fig. 112 gestrichelte Pfeil anzeigt. Sie fassen die Erscheinung so auf, daß der erste, von A ausgehende Lichtstreifen auf Grund der Raumwerte lokalisiert wird, die vor der Blickwendung bestanden, der zweite Lichtstreif hingegen auf Grund der Raumwerte nach der Ausführung der Bewegung. Vor der Bewegung liegen nämlich beim Blick geradeaus die Sehrichtung der Fovea in $\varphi_1 \alpha$ geradeaus, und eine Verschiebung nach rechts von φ_1 wird daher nach links von α lokalisiert werden, im Sinne des in Fig. 112 angebrachten Pfeiles. Nach der Blickwendung nach rechts ist die Sehrichtung der Fovea nach rechts gewandt, wie $\varphi_2 \beta$ in Fig. 112 und der noch fortbestehende Nachbildstreifen wird jetzt von β aus nach links lokalisiert. Wenn aber diese Deutung richtig ist, so geht daraus hervor, daß die vor der Augenbewegung vorhandenen Raumwerte der Netzhaut im ersten Teil der Augenbewegung noch fortbestehen und nicht schon vor ihr sich ändern. Die Umwertung der absoluten Raumwerte kann also erst während der Bewegung selbst erfolgen. Ich wenigstens sehe keine Möglichkeit, wie man auf Grund der Annahme, die Änderung der absoluten Raumwerte der Netzhaut gehe der Bewegung voraus, die eben geschilderte Nachbildlokalisation erklären könnte[1]). Aus einer unvollständigen Kompensation der Verschiebung der Netzhautbilder, wie Hillebrand meint (vgl. Mach, 10a, S. 307), läßt sie sich jedenfalls nicht ableiten, denn diese würde nur eine Scheinverschiebung des ganzen Gesichtsfeldes und damit auch des Lichtpunktes A nach links bewirken, es könnte aber nicht aus der fortbestehenden Lokalisation von A ein Lichtstreifen im Sinne der noch unkompensierten Raumwerte hervorgehen. Die gleiche Folgerung ergibt sich aus den Versuchen von Kaila (784), nach denen ein während der Bewegung vor den Augen auftauchender Lichtpunkt noch nach den alten, vor der Augenbewegung bestehenden absoluten Raumwerten lokalisiert wird, und erst sein später auftretendes positives Nachbild nach den der neuen Blicklage entsprechenden Raumwerten. Anders läge es, wenn Hillebrands Theorie in der Weise abgeändert würde, wie er es zur Erklärung der stroboskopischen Elementarbewegung später selbst getan hat (siehe unten S. 567 ff.). Wenn nämlich die Änderung der

---

1) Es ist mir übrigens zweifelhaft, ob Hering die Änderung der absoluten Raumwerte wirklich schon in das Vorstadium der Augenbewegung verlegt hat, denn in der unter seiner Leitung entstandenen Untersuchung von Brückner (453) wird ebenfalls angegeben, daß die Bilder eines intermittierend sichtbaren Lichtpunktes während der Augenbewegung nach den alten, vor der Bewegung vorhandenen Raumwerten lokalisiert werden. Dasselbe fand später Hanselmann (1210).

absoluten Lokalisation zwar ebenso, wie die Augenbewegung, eine sekundäre Folge der Verlagerung der Aufmerksamkeit ist und ihr mit einer gewissen Trägheit — nämlich in dem Maße, als das ins Auge gefaßte Ziel der Blickbewegung immer deutlicher wird — erst am Ende der Augenbewegung nachfolgte, so wäre ein Weg gegeben, um das Fortbestehen der alten Lokalisation während der Bewegung selbst mit der HILLEBRANDschen Theorie in Einklang zu setzen. Ob sich diese Modifikation derselben freilich in allen Einzelheiten durchführen läßt, und ob sie nicht noch weitere Änderungen ihres Inhaltes notwendig macht, vermag ich nicht sicher zu beurteilen.

Den Schwierigkeiten, die der eben dargelegten Hypothese entgegenstehen, vermeidet man, wenn man in Ausführung eines schon oben S. 87 ff. angedeuteten Gedankenganges, der ebenfalls auf HERING zurückgeht, den aber in ganz ähnlicher Weise auch HELMHOLTZ (I, S. 601) und J. LOEB (796 a) ausgesprochen haben, die Ruhe der Objekte auf den Zusammenhang des Innervationsimpulses bei der Blickbewegung mit seinem Erfolg zurückführt. Nehmen wir an, wir wendeten unseren Blick von einem medial gelegenen Punkt A nach einem Punkt B hin, der uns auf Grund der relativen optischen Lokalisation in einem bestimmten Seitenabstand rechts von A zu liegen scheint, so wird den Augenmuskeln auf Grund dieser Abstandsschätzung ein der Richtung und der Größe des Abstandes entsprechender Innervationsimpuls erteilt, dessen Ausmaß uns aus langer Übung ganz geläufig geworden ist[1]). Tritt dieser Erfolg ein, so erscheint uns nach der Augenbewegung B nach wie vor an demselben Ort, auf den wir vor ihr hinblicken wollten, in unserem Bewußtsein ist nichts weiter geschehen, als daß wir statt geradeaus auf A nunmehr nach rechts auf B hinblicken. A ist geradeaus stehen geblieben, wie vorher, und B liegt von uns aus um ebensoviel nach rechts von A, wie vor der Blickwendung. Bleibt dagegen die Ausführung der Augenbewegung hinter dem Innervationsimpuls zurück, so erscheint uns nicht die Augendrehung mangelhaft ausgeführt zu sein — denn von der wirklichen Augenstellung haben wir ja keine deutliche Empfindung — vielmehr lokalisieren wir so, als ob die Augenbewegung wirklich richtig ausgeführt worden wäre, d. h. die Sehrichtung der Fovea ist entsprechend der intendierten Blickwendung nach B hin gerichtet. Da sich aber nicht B, sondern ein zwischen ihm und A befindlicher Gegenstand auf der Fovea abbildet, so erscheint jetzt dieser in der binokularen Blickrichtung und B selbst, das sich links von der Fovea

---

1) Dieser Innervationsimpuls könnte natürlich auch ein angeborener Reflex sein, der beim Streben, einen indirekt abgebildeten Gegenstand deutlich zu sehen, zwangsläufig seiner Größe nach mit der Abstandsschätzung verbunden ist. Wir werden unten sehen, warum wir diese Annahme mindestens in ganz strenger Form nicht machen können.

abbildet, weiter nach rechts von ihm. Zugleich mit ihm ist aber auch A und der gesamte Sehfeldinhalt nach rechts verschoben, denn ebenso wie A und B fallen ja auch die Bilder aller anderen Objekte nicht auf jene Netzhautstellen hin, die der gewollten Bewegung entsprechen, sondern gemäß dem Zurückbleiben der wirklichen Augenstellung hinter der gewollten zu weit nach links. Damit lassen sich mit Leichtigkeit alle anderen bisher besprochenen Erscheinungen erklären, wenn wir nur den hier fast selbstverständlichen Zusatz machen, daß das Bewußtsein, auf den Zielpunkt der Bewegung hinzusehen, erst dann auftritt, wenn wir ihn nach der Bewegung wirklich mit Deutlichkeit sehen. Daß das am deutlichsten Gesehene in der Richtung erscheint, nach der wir hinblicken, d. h. hinsehen wollen, das ist auch das, was wir unmittelbar feststellen können. Das Zusammenfallen der Hauptsehrichtung mit der Blickrichtung ist daher für die Blickbewegungen in den Vordergrund zu rücken. Die »Umwertung der absoluten Raumwerte der Netzhaut« ist dem gegenüber eine gelehrte Konstruktion, welche die Kenntnis der Netzhautbilder voraussetzt, und die der Physiologe macht, um bequem die veränderte Beziehung der Haupt- und Nebensehrichtungen zum eigenen Körper ausdrücken zu können.

Gegen die ungenaue Formulierung des Sachverhaltes, wir bezögen die durch willkürliche Augenbewegungen bewirkte Verschiebung der Netzhautbilder deswegen nicht auf eine Bewegung der Objekte, sondern auf die Augen, weil wir ja wüßten, daß wir die Augenbewegungen ausgeführt hätten, hat HILLEBRAND (776, S. 217) eingewandt, daß wir ja auch bei einer willkürlich gesetzten Verschiebung des Bulbus durch Fingerdruck oder durch Zug an der Lidhaut »wissen«, daß wir den Bulbus und nicht die Außenobjekte bewegt haben, und trotzdem die letzteren in Bewegung sähen. Das ist richtig, aber beim Blicken handelt es sich keineswegs um ein bloßes intellektuelles Wissen, sondern um ein Wollen, und der »willkürlichen« Blickwendung muß, gleichviel welche Willenstheorie man gelten läßt, immer das absichtliche Verlegen der Aufmerksamkeit auf den Zielpunkt vorangehen. HILLEBRAND meint ferner, die Annahme, wir sähen die Objekte darum in Ruhe, weil wir wüßten, daß die Verschiebung der Netzhautbilder von der Bulbusbewegung und nicht von den Außenobjekten herrühre, sei deswegen nicht zulässig, weil die intellektuelle Fähigkeit, die hier angenommen wird, an etwas anknüpfe, was gar nicht existiert, nämlich an das Bewußtsein von der Bewegung der Netzhautbilder. Diese nehme man aber doch gar nicht wahr. Es liege hier dieselbe Fiktion vor, wie beim sogenannten Problem des Aufrechtsehens, nämlich die, daß der primäre Gegenstand der Wahrnehmung das Netzhautbild sei, und daß dieses irgendwie verarbeitet werden müsse, um dann als Resultat den eigentlichen Wahrnehmungsinhalt zu ergeben. Eine solche Annahme würde in der Tat die intellektuelle Tätigkeit des Forschers, der die Beziehungen zwischen der Verschiebung der Netzhautbilder und der optischen Lokalisation untersucht, mit dem Vorgang im naiven Bewußtsein verwechseln, in dem davon nicht die Rede ist. Unsere obige Darstellung wird aber durch diesen Einwand nicht getroffen.

Nach der Meinung vieler Psychologen besteht die »wirkliche Ausführung des Gewollten« einfach in dem Überfließen der psychophysischen

Regungen, welche der Vorstellung des Innervationserfolges im Bewußtsein zugrunde liegen, auf motorische Bahnen (vgl. oben S. 297). Wenn man den Vorgang auch bei den Augenbewegungen so auffaßt, besteht kein großer Unterschied mehr zwischen der Ansicht HERINGS, daß die Änderung der absoluten Raumwerte durch die Aufmerksamkeitsverlagerung verursacht wird, und dem anderen Ausdruck dafür, daß sie der Innervation zur Blickwendung parallel geht, wenn man nur auch im ersteren Falle daran festhält, daß die Raumwerte durch die Verlagerung der Aufmerksamkeit gleichzeitig mit oder sogar erst nach, nicht vorzeitig vor dem Überfließen der Erregung auf die motorischen Bahnen abgeändert werden. Beiden Auffassungen ist die Annahme gemeinsam, daß der Anlaß zu der mit der Blickwendung verknüpften Änderung der absoluten Raumwerte in dem Verlegen der Aufmerksamkeit auf einen anderen Ort begründet ist. Ich werde daher beide, um das Gemeinsame an ihnen hervorzuheben, im folgenden als »Aufmerksamkeitstheorie« zusammenfassen.

Nun können wir aber, wie wir oben S. 299 erwähnten, willkürliche Augenbewegungen auch ausführen, ohne ein optisches Ziel ins Auge zu fassen, bloß geleitet von der Absicht, gewisse Sensationen im Auge zu erzeugen. Dann sollte man konsequenterweise erwarten, daß, da die Verlagerung des Aufmerksamkeitsortes fehlt, auch die Änderung der absoluten Raumwerte ausbleiben müßte. Nun haben wir allerdings schon oben hinzugefügt, daß bei einer solchen Augenbewegung, selbst wenn wir sie im Dunkeln oder bei geschlossenen Augen ausführen, nicht mit Sicherheit gesagt werden kann, inwieweit bei ihr nicht doch die Vorstellung eines optischen Zieles vorschwebt. Nach unserer Voraussetzung müßte man das aber aus dem optischen Effekt erschließen können, und in der Tat gibt es Beobachtungen, die darauf hinweisen. Wenn man im Dunkelzimmer ein isoliertes Licht aufstellt, dessen Lichtstärke so gering ist, daß die Umgebung nicht merklich miterhellt wird, und man wirft die Gesichtslinie der Augen über dasselbe hinweg abwechselnd rasch nach rechts und links, so führt das Licht, besonders wenn die Augenbewegungen recht rasch aufeinander folgen, enorme Scheinbewegungen in der entgegengesetzten Richtung aus. HILLEBRAND, der diese zuerst von PURKYNJE (1269, S. 55 ff.) beschriebene Erscheinung eingehender studierte (bei MACH, 10 a, S. 305), führte sie zum Teil auf eine unzureichende Kompensation der Bildverschiebung zurück, wie sie auch im Hellen auftritt, wenn man die Entfernung zu niedrig einschätzt. Um sie aber allein darauf zu beziehen, dazu sind die Exkursionen viel zu groß, sie treten ferner auch auf, wenn man ganz nahe an die Lichtfläche herangeht — ich kann sie an sehr nahen Objekten auch im Hellen sehen, wenn ich die Augen ohne Blick nach rechts und links werfe — und endlich hat KÖLLNER (789) angegeben, daß ein zentrales Nachbild bei geschlossenen Augen, wenn man sehr rasche rhythmische Augen-

bewegungen nach rechts und links ausführt, nur noch in ganz geringem
Betrage um die Mittelstellung herum schwankt, d. h. trotz der großen
Augendrehung ändern sich dabei die absoluten Raumwerte nur ganz unbedeutend. Die Ursache dafür konnte man zunächst im Fehlen der optischen
Motive für die Bewegung suchen. Dem steht aber eine zweite Ansicht
gegenüber, die im Anschluß an DITTLER (752) von KÖLLNER (789, 790, 791)
vertreten wird. Beide Autoren nehmen an, daß auch dem motorischen
Apparat der Augen eine raumumstimmende Funktion zukomme, sei es, daß
wie TSCHERMAK meint, die Reizung sensibler Nerven der Augenmuskeln, oder,
was KÖLLNER für wahrscheinlicher hält, die Erregung subkortikaler Zentren
der Augenbewegung eine Umwertung der absoluten Raumwerte der Netzhaut bewirke. Nun erfolge diese Umwertung mit einer gewissen Trägheit,
so daß sie bei raschem Hin- und Hergehen der Augen nicht Zeit hat, sich
voll zu entfalten, während sie sich nach einer einmaligen raschen Augenbewegung ganz entwickeln kann. Wie man sieht, würde auch diese Annahme den vorliegenden Versuch erklären. Es ist aber kaum zweifelhaft,
daß die Erscheinung dem auch bei den Blickbewegungen vorhandenen Nachhinken der Umstimmung der absoluten Raumwerte entspricht, und daß sie
mit dem oben S. 373 erwähnten Lichtstreifen zusammenfällt, welche beiden
Dinge auch schon PURKYNJE, der Entdecker dieser Phänomene (1269, S. 56),
zusammen beschreibt. Die Umwertung der Raumwerte der Netzhaut wird
eben erst fertig, wenn der Blick auf dem neuen Fixationspunkt zur Ruhe
kommt. Bewegt er sich immer sofort wieder zurück, ehe die Umwertung
vollzogen ist, so bleibt das Nachbild ruhig stehen und die äußeren Objekte
führen Scheinbewegungen aus. Diese Annahme setzt voraus, daß sich auch
bei rein willkürlichen Augenbewegungen die absoluten Raumwerte der Netzhaut ändern. Nur scheint es mir nicht notwendig, mit CARR (1160) anzunehmen, daß diese Änderung der Raumwerte unmittelbar mit der Willkürinnervation verbunden ist. Vielmehr dürfte der Zusammenhang der sein,
daß man sich auch nach einer rein willkürlichen Seitenwendung der Augen
bewußt ist, nach der Seite zu blicken und infolge dessen, im Hellen insbesondere unter Mitwirkung der Lokalisation des eigenen Körpers und seiner
Umgebung, die Sehdinge dann relativ zum Ich wieder richtig lokalisiert[1]). Fehlen
die genannten Anhaltspunkte, wie im dunklen Raum, so wird die absolute
Lokalisation durch die willkürliche Augenbewegung viel stärker und nach-
haltiger gefälscht, als im Hellen.

Den Unterschied zwischen den durch optische und den durch andere
Motive herbeigeführten willkürlichen Bewegungen finden wir nun nicht bloß

---

1) Man könnte annehmen, daß wegen der nachträglichen Orientierung
die Umwertung der Raumwerte bei den willkürlichen Augenbewegungen langsamer
erfolgt, als bei den Blickbewegungen, und darauf die besondere Deutlichkeit der
Erscheinungen bei den Willkürbewegungen zurückführen. Die Dinge sind aber
unter diesem Gesichtspunkt noch nicht genauer untersucht.

bei den Augen- sondern auch bei den Kopfbewegungen, und hier dürften wir dasselbe Verhalten, wie bei den Augen, vielleicht sogar, da wir uns der Kopfstellung besser bewußt werden, als der Augenstellung, weitergehende Aufklärungen erwarten. Indessen ist hier die Deutung wegen der Reaktion der Augen auf die Kopfdrehung und wegen des Hereinspielens der parallaktischen gegenseitigen Verschiebung verschieden weit entfernter Gegenstände noch schwieriger, als bei bloßen Augenbewegungen. Ich beschränke mich daher auf einige für das folgende wichtigen Bemerkungen: Wenn ich (mit einem ZEISSschen Punktalglas bewaffnet) im Hellen eine einzige Kopfwendung ausführe und dabei die Gegenstände der Umgebung aufmerksam beachte, so sehe ich, auch wenn die Kopfbewegung sehr groß und rasch ist, nur eine minimale Scheinbewegung. Es werden also bei einer solchen die Blickbewegung der Augen begleitenden Kopfwendung nicht bloß die von der Augendrehung, sondern auch die von der Kopfwendung herrührenden Bildverschiebungen auf der Netzhaut fast vollständig durch eine entsprechende »Änderung der absoluten Raumwerte« kompensiert. Wenn ich aber den Kopf abwechselnd rasch nach rechts und links wende, ihn »schüttele«, so sehe ich eine äußerst lebhafte, der Kopfwendung entgegengesetzte Scheinbewegung der Objekte. Führe ich denselben Versuch aus, nachdem ich mir ein dauerhaftes zentrales Nachbild erzeugt habe, so sehe ich, wie KÖLLNER (789) das Nachbild ganz still stehen und die Sehdinge stark hin und her schwanken. CRUM BROWN, der diese Scheinbewegung beim Kopfschütteln zuerst beschrieb (451a), meinte, sie rühre davon her, daß die Kopfbewegung so rasch erfolge, daß die Drehreaktion der Augen zu spät komme, während bei langsamer Kopfdrehung die Gesichtslinien der Augen durch die Drehreaktion am Fixationspunkt festgehalten werden. Da aber nach DODGE und GERTZ bei willkürlichen Kopfdrehungen und festgehaltener Fixationsabsicht die Augenbewegung der Kopfdrehung genau parallel geht und gleichzeitig mit ihr erfolgt, müßten die Augen eigentlich auch mit den raschesten Kopfbewegungen mitgehen können. Wenn sie es doch nicht tun, so erklärt sich das wohl daraus, daß dann die Fixationsabsicht nicht mehr festgehalten wird, man »überläßt die Augen sich selbst«, und nun ist die Drehreaktion allein für sich vorhanden. Da diese aber wegen ihrer Latenz bei rasch abwechselnden Kopfdrehungen immer zu spät einsetzt, gehen die Augen mit dem Kopf mit, und die Objekte führen Scheinbewegungen nach der entgegengesetzten Seite aus, weil die Verschiebung ihrer Bilder auf der Netzhaut nicht mehr durch eine Änderung der absoluten Raumwerte kompensiert wird. Daß dies hier nicht, wohl aber bei einer einmaligen Kopfwendung im Hellen geschieht, könnte man wieder auf die Trägheit der Umwertung zurückführen. Nur dürfte man, wie aus dem Gesagten hervorgeht, die umwertende Wirkung hier nicht auf die Augen-, sondern auf die Kopfbewegung beziehen. Damit käme man auch hier wieder zu derselben Alternative, wie bei den willkürlichen Augenbewegungen, nur würde hier voraussichtlich außer der Bewußtheit des Kopfwendungsimpulses das Bewußtwerden der Kopfstellung selbst eine größere Rolle spielen. Ein Unterschied zwischen den durch optische und den durch andere Motive veranlaßten willkürlichen Kopfbewegungen ist jedenfalls nicht anzunehmen und im Versuch auch nicht nachweisbar.

Kehren wir nun von diesen noch wenig untersuchten Vorgängen wieder zu den Innervationen der Augenmuskeln zurück, so schließen sich an das früher Gesagte unmittelbar die Erscheinungen an, die man beim Augenzittern beobachtet. Im allgemeinen wird angenommen, daß unwillkürliches oder auch willkürlich eingeleitetes Augenzittern die absoluten Raumwerte der Netzhaut nicht ändert, so daß also eine den Zitterbewegungen entsprechende Scheinbewegung der Objekte zu sehen ist. DITTLER (752) hat dies an einer Versuchsperson, die das Zittern willkürlich herbeiführen konnte, eingehend studiert. Die Versuchsperson erkannte den Eintritt des Augenzitterns daran, daß ihr die Ränder der Objekte verwaschen erschienen, während ein auf der Netzhaut erzeugtes Nachbild nicht die geringste Scheinbewegung ausführte. Bei angeborenem oder in frühester Kindheit erworbenem Augenzittern fehlt die Scheinbewegung, und man nahm gewöhnlich an, daß sie hier nicht mehr bemerkt werde, etwa wie die Scheinbewegung beim Brillentragen (s. oben S. 111). Dem gegenüber hat jedoch KÖLLNER (790, 791) angenommen, daß auch beim Augenzittern eine raumumstimmende Wirkung der Augenbewegung vorhanden sei, wenn die Bewegungen nur genügend langsam, höchstens bis zu einer Frequenz von 60—80 in der Minute, vor sich gingen. Er konnte in Fällen von angeborenem Nystagmus den Patienten die Scheinbewegung im Dunkelzimmer wieder sichtbar machen, und dann sahen sie, einmal auf sie aufmerksam gemacht, sie in den nächsten Tagen auch im Hellen wieder. Wie es kommt, daß sie dann wieder verschwindet und dauernd nicht mehr wahrgenommen wird, wird allerdings auch durch die darauf bezüglichen Bemerkungen von KÖLLNER noch nicht klargestellt.

Um die DITTLER-KÖLLNERsche Hypothese von der raumumstimmenden Wirkung auch der unwillkürlichen Augenbewegungen näher zu prüfen, gehen wir aus von einer Beobachtung HERINGS, die von HILLEBRAND (948, S. 150) mitgeteilt und von IMBERT (783) bestätigt wurde. Wenn man einen isoliert im Dunkelzimmer sichtbaren Lichtpunkt längere Zeit mit einer extremen Augenstellung z. B. mit stärkster Rechtswendung oder mit stark gehobenem Blick betrachtet, so beginnt er sich nach einiger Zeit zu bewegen und zwar nach der Seite der Blickwendung hin, im ersterwähnten Falle nach rechts, im zweiten nach oben. Die Bewegung wird um so auffallender, je länger man die Fixation fortsetzt, und sie hängt ganz offenkundig mit dem von BRABANT und UFFENORDE beschriebenen Spätnystagmus zusammen. Zur Erklärung nahm HILLEBRAND an, die starke Anstrengung bei der extremen Rechtswendung habe sehr bald Ermüdung zur Folge, die Kontraktion der Rechtswender entspreche nicht mehr

der Intention des Beobachters, und diese Muskeln verhielten sich dann dem
Willen gegenüber wie paretische.

Untersucht man die Erscheinung genauer, so ergeben sich aber noch andere
sehr bemerkenswerte Punkte. Schließt man die Augen, wartet ab, bis die ersten
Nachbilder verschwunden sind und einem mehr gleichmäßigen Grau des Eigenlichtes der Netzhaut Platz gemacht haben, und wendet dann die Augen nach
der Seite, so hat man den Eindruck, das Eigengrau ändere seinen Ort nicht,
es bleibe gerade vor dem Kopf stehen (G. E. Müller, 803, S. 144). Das man
trotzdem das Bewußtsein hat, nach der Seite zu blicken, nimmt nicht wunder,
denn es lag ja in der Absicht, es zu tun. Sucht man den Blick längere Zeit
nach der Seite gewendet zu halten, so merkt man zwar, daß das nach einiger
Zeit schwierig wird, daß die Augen etwas zurückgehen, so daß man sie mit
neuerlicher Anstrengung wieder weiter vorwerfen muß, aber diese Sensation ist
äußerst unbestimmt. Hillebrand (948) hat schon darauf hingewiesen, daß man
im Dunkeln beim Mangel eines Fixationspunktes eine unbequeme Augenstellung
nach einiger Zeit unwillkürlich ändert, ohne etwas davon zu wissen. Sucht man
die Stelle, an der rhythmisch ein elektrischer Funke überspringt, dauernd im
Auge zu behalten, so wechselt der Funke in sehr ausgedehntem Maße seinen
scheinbaren Ort, weil trotz der Absicht, die Fixation festzuhalten, unwillkürliche
Änderungen der Augenstellung eintreten. Bourdon (3, S. 73 u. 340) hat gefunden,
daß er sich beim langsamen sogenannten Punktwandern (s. unten S. 546 ff.)
über seine Augenstellung um $15-20°$ irren konnte. Bei anderen Personen
dürfte allerdings die Fähigkeit, die Augenstellung im Dunkeln zu beherrschen,
erheblich größer sein (vgl. unten S. 546).

Erzeugt man sich vor Augenschluß ein dauerhaftes zentrales Nachbild, so
kann man dessen Lage im gleichmäßig grauen Dunkelsehfeld recht gut bestimmen.
Das Dunkelsehfeld hat ja an sich schon ein Gerade-vorn, ein Rechts und Links,
ein Oben und Unten. Seine Grenzen gegen das Nichtsehen sind allerdings nicht
zu merken, indessen merkt man ja auch am Hellsehfeld keine scharfen Grenzen.
Blicke ich im Dunkeln nach der Seite, so bleibt dabei der Sehfeldinhalt, das
Eigengrau, ruhig vor mir stehen, nur das Nachbild wandert mit der Blickwendung
nach dem seitlich (bzw. auch oben oder unten) gelegenen, allerdings nur vorgestellten Ziel mit [1]. Das ist nach der Aufmerksamkeitstheorie zu erwarten,
denn wenn ich meine Aufmerksamkeit auf einen seitlich gelegenen Punkt richte,
so wendet sich ja die Hauptsehrichtung mit der Blickrichtung zusammen nach
der Seite, und das Nachbild muß mir daher zunächst am Zielpunkt der Aufmerksamkeit seitlich erscheinen [2]. Denke ich aber nicht mehr an das äußere Ziel,
konzentriere vielmehr meine Aufmerksamkeit voll auf das Nachbild selbst, so
gleitet es langsam gegen die Mittelstellung, die Richtung geradeaus vor mir,
zurück [3]. Ich sehe diese Bewegung deutlich, und habe dabei das Gefühl, daß

---

1) Sind im Sehfelde sonstige isolierte Lichtphänomene sichtbar, so wandern
diese natürlich ebenso mit der Augenbewegung mit, wie das Nachbild.

2) Ich spreche zunächst nur von mir, weil es Personen gibt, bei denen sich
das Nachbild anscheinend anders verhält. So gibt Hering (772, S. 18) an, daß
sich das Nachbild auch bei starker Blickwendung auffällig wenig bewegt, und
Ch. Bell bemerkt, daß es ihm während der Bewegungen des Auges im Finstern
stets ruhend erscheint (Purkynje, siehe Aubert, 1310, S. 118).

3) Bei Hering glitt das Nachbild nicht in die Mittelstellung, sondern etwas
nach rechts, was er vermutungsweise auf seine Kopfhaltung beim Lesen und
Schreiben zurückführt (l. c. S. 21).

mein Blick dem Nachbild nachfolgt, ganz ebenso, wie es der Fall ist, wenn man ein etwas exzentrisches Nachbild, das einem fortwährend entgleitet, zu fixieren sucht. In unserem Versuch liegt aber nicht etwa das Nachbild exzentrisch, denn man kann ihn mit demselben Nachbild beim Blick nach rechts und links, oben und unten mit dem gleichen Erfolg, dem Zurückgleiten des Nachbildes in die Mittelstellung, wiederholen. Man kann dieses Zurückgleiten jederzeit aufhalten und das Nachbild mit einem Ruck wieder nach der Seite bringen, wenn man wieder auf das vorgestellte seitliche Ziel[1]) hinzublicken trachtet. Suche ich den Blick dauernd stark seitwärts auf das vorgestellte äußere Objekt zu richten, so merke ich, daß das Nachbild nach einiger Zeit langsam wieder etwas gegen die Mittelstellung zurückgeht, ich kann aber die Einstellung auf das seitliche Ziel immer wieder (wenigstens solange die Ermüdung nicht allzu weit vorgeschritten ist) durch eine willkürliche ruckweise Korrektur der Augenstellung herbeiführen. Führt man den Nachbildversuch im Dunkelzimmer aus, in dem bloß eine einzige kleine schwach leuchtende Fläche zu sehen ist, und wirft mit starker Seitenwendung das Nachbild auf die Lichtfläche, so kann man das allmähliche Zurückgleiten des Nachbildes beim Nachlassen der Aufmerksamkeit auf die Lichtfläche und die willkürliche Ruckkorrektur genau kontrollieren, und ich kann so die Fixation der Lichtfläche unter fortwährendem Nystagmusrucken lange Zeit festhalten. Mit dem Nachlassen der Aufmerksamkeit auf die Lichtfläche und dem Zurückgleiten des Nachbildes beginnt gleichzeitig auch der Lichtfleck nach der entgegengesetzten Seite zu wandern, und beide Bewegungen werden am stärksten, wenn ich meine Aufmerksamkeit ausschließlich auf das Nachbild konzentriere. Ich sehe diese Scheinbewegung auch im Hellen, wenn ich den Blick längere Zeit sehr stark nach der Seite gewendet halte.

Wie man sieht, lassen sich die meisten der beschriebenen Erscheinungen nach der Aufmerksamkeitstheorie erklären, wenn man das Schwanken der Aufmerksamkeit berücksichtigt. Nur das Zurückgleiten des Nachbildes gegen die Mittelstellung bereitet ihr einige Schwierigkeiten. Nach der DITTLER-KÖLLNERschen Hypothese würde es sich sehr einfach dadurch erklären, daß die Lage des Nachbildes bei diesen langsamen Augenbewegungen durch die Augenstellung bestimmt wird. Dann wäre aber wieder nicht recht einzusehen, warum nicht auch die Lage eines isoliert im Dunkeln sichtbaren Lichtpunktes an der Änderung der Augenstellung erkannt wird, vielmehr so grobe Schwankungen zeigt, wie sie beim Punktwandern auftreten. Man könnte daher eher daran denken, daß vielleicht mit dem Hinlenken der Aufmerksamkeit auf das Nachbild auch der Anlaß wegfällt, die unbequeme Blickinnervation zur Seite aufrecht zu erhalten, und die Augen dann unter Aufgabe der Blickinnervation in die bequeme Stellung (s. oben S. 342) übergehen. Indessen legen meine Versuche noch eine andere Möglichkeit nahe. Wenn ich den Blick sehr stark nach der Seite, nach oben oder unten wende, so habe ich bei den extremen Stellungen den Eindruck, an dem zentralen Nachbild in der Blickrichtung vorbeizublicken, das Nachbild erscheint mir mehr der Mittelstellung genähert, als der Zielpunkt des Blicks. Das würde,

---

1) Als solches empfiehlt es sich den vorgehaltenen eigenen Finger zu wählen, weil man den Blick auf einen Teil des eigenen Körpers auch dann, wenn man ihn nicht sieht, am besten einzustellen vermag (s. oben S. 342). Gibt es doch Personen, [denen es gelingt, in diesem Falle die Forderung HERINGS nach Erhöhung der Vorstellung zur Anschauung zu erfüllen, indem sie die im ganz lichtlosen Raum vor den Augen vorüberbewegte Hand sogar wirklich zu sehen meinen (AUBERT, 1, S. 336, JAENSCH, 9a, S. 393 ff.).

wenn es richtig ist, bedeuten, daß in diesem Falle die Hauptsehrichtung nicht mehr mit der Blickrichtung zusammenfällt, und würde es erklärlich machen, daß das Nachbild beim Versuch, auf dasselbe hinzublicken, nach der Mitte zu weggleitet.

Eine Entscheidung in dieser Frage könnte man erwarten, wenn man unbeabsichtigte reflektorische Änderungen der Augenstellung herbeiführt, und nun das Verhalten des Nachbildes studiert. Dazu eignen sich die unbewußten Reflexe vom Labyrinth, von denen am genauesten daraufhin der galvanische und der Drehnystagmus untersucht sind. Durchströmt man den Kopf quer mit einem konstanten Strom, indem man die beiden Elektroden entweder an die Fossa mastoidea oder vor dem Ohr über dem Tragus anlegt, so erhält man eine langsame Ablenkung der nicht fixierenden sich selbst überlassenen Augen nach der Seite der Anode, eventuell unterbrochen von raschen Rucken nach der Seite der Kathode hin, also einen »horizontalen Rucknystagmus gegen die Kathode«, mit einem eventuellen gleichzeitigen rotatorischen Nystagmus, über den wir später sprechen. Erzeugt man sich vorher ein dauerhaftes Nachbild, blickt dann ins Dunkle, schließt den Strom und beobachtet das Nachbild, so wandert es kaum nach der Anodenseite. Es ist vielleicht eine leise Andeutung von Seitenstellung vorhanden, aber im groben bleibt es, auch wenn man die Augen möglichst sich selbst überläßt, ungefähr gerade vor einem stehen. Läßt man aber im Dunkelzimmer gerade vor sich eine schwach leuchtende Lichtfläche auftauchen, so wandert das Nachbild, wenn man ihm allein die Aufmerksamkeit zuwendet, zugleich mit dem Blick nach der Anodenseite hin, während die Lichtfläche gleichzeitig eine Scheinbewegung gegen die Kathode hin ausführt und trotzdem ungefähr gerade vor einem stehen bleibt. Blickt man dann wieder auf die Lichtfläche, so wird das Nachbild mit einem kleinen Ruck auf diese gebracht, gleitet aber, wenn man ihm die Aufmerksamkeit zuwendet, immer wieder etwas von ihr gegen die Anode hin ab. Diese Bewegungen entsprechen also dem Nystagmus, der auftritt, wenn man mit der Aufmerksamkeit in das Spiel der Innervation eingreift.

Die Ähnlichkeit dieser Versuche mit denen bei anhaltender starker Seitenwendung des Blicks ist sehr groß. Der Hauptunterschied besteht darin, daß das langsame Gleiten des Nachbildes während der galvanischen Durchströmung schon beim Blick geradeaus auftritt. Zu der DITTLER-KÖLLNERschen Annahme würde es gut stimmen, daß mit dieser unbeabsichtigten Ablenkung der Augen auch eine Änderung der absoluten Raumwerte der Netzhaut verbunden ist, die sich im Wandern des Nächbildes nach der Anode hin äußert. Daß sich aber diese Wanderung im Dunkelfeld beim Fehlen eines Vergleichsobjektes, wenn man die Augen sich selbst überläßt, so auffällig vermindert, wenn nicht ganz aufgehoben ist, läßt sich aus ihr nicht erklären, und würde wieder gut zur Aufmerksamkeitstheorie passen.

Während und nach einer Drehung im Drehstuhl mit aufrechtem Kopf fällt der Nachbildversuch bei mir ähnlich aus, wie bei galvanischer Reizung. Im gleichmäßig dunklen Sehfeld sehe ich das Nachbild während der Drehung dauernd etwas seitlich hinter der Drehung zurückbleiben, nach ihr, während der Empfindung der Gegendrehung, wandert es etwas nach der anderen Seite hinüber. Diese Abweichung von der medianen Richtung ist aber im Dunkelsehfeld gewöhnlich ganz unbedeutend[1]), und sie wird erst außerordentlich groß, wenn

---

[1]) Man kann sich von ihr durch einen ganz einfachen Versuch überzeugen. Man erzeuge sich ein zentrales Nachbild, schließe die Augen, betaste mit den

ich den Augen nach der Drehung ein schwach leuchtendes Objekt im Dunkelzimmer darbiete. Dann wandert das Nachbild, wenn ich ihm meine Aufmerksamkeit voll zu wende, ganz weit nach der Seite, während gleichzeitig die Lichtfläche nach der entgegengesetzten Seite entflieht. Ich kann sie aber durch eine
willkürliche Blickwendung wieder erreichen, und wenn ich sie dauernd fixieren
will, gelingt das unter ebensolchen Nystagmusrucken, wie beim galvanischen
Nystagmus. Der wichtigste Unterschied gegenüber dem letzteren besteht darin,
daß sich während des Drehens das Dunkelsehfeld mit mir und nach dem
Drehen scheinbar nach der entgegengesetzten Seite dreht. Ferner sehe ich,
solange der Nachnystagmus ganz unbeeinflußt von meiner Willkür vor sich
geht, mag er nun sehr frequent sein, wie im Anfang, oder wie am Schluß
seltener schlagen, im Dunkelsehfeld das Nachbild, wie es schon HERING (7, S. 30ff.)
scharf betont hat in Ruhe, mit einer unbedeutenden Seitenstellung. Bei
offenen Augen und sichtbarem Objekt wird die Wanderung des Nachbildes allerdings so bedeutend, daß mir die Seitenwendung der Augen unbequem wird,
und ich sie schließlich aus der extremen Stellung wieder zurückhole. Aber ohne
diesen Eingriff vollzieht sich auch diese Wanderung des Nachbildes ebenfalls
stetig ohne Nystagmusrucke.

Vergleiche ich nun diese eigenen Erfahrungen mit den Untersuchungen von
DITTLER (752), so ergibt sich in vielen Punkten gute Übereinstimmung. Auch
DITTLERS Versuchspersonen sahen (bis auf eine Ausnahme) im Dunkelsehfeld das
Nachbild stetig seitlich abgelenkt, ohne daß es die Nystagmusrucke mitmachte.
Nur bei einer Person führte es, sobald der Nachnystagmus seltener schlug,
synchron mit ihm eine langsamere Bewegung nach der Seite der Dauerablenkung
und einen raschen Ruck nach der entgegengesetzten Seite aus. Gerade aus
diesem Fall leitete nun DITTLER seine Hypothese über die raumumstimmende
Wirkung langsamer Augenbewegungen ab. Nach meinen eigenen Erfahrungen
glaube ich aber bestimmt, daß die Person willkürlich in den Nystagmus eingegriffen hat, indem sie die Seitenwendung jedesmal durch einen Blickruck gegen
die Mitte zu korrigierte. Es wäre auch gar nicht einzusehen, warum die anderen
Personen, selbst wenn die raumumstimmende Wirkung bei ihnen sehr wenig
ausgesprochen wäre, nicht wenigstens eine Andeutung derselben Erscheinung gesehen haben sollten. Am wichtigsten aber erscheint zunächst, daß das Nachbild, wenn ihm die Aufmerksamkeit zugewendet wurde, bei DITTLERS Versuchspersonen gerade dann stark nach der Seite wanderte, wenn sie ihrer Meinung
nach die Augen sich selbst überließen. Trotzdem also hier nach der Ansicht
der Versuchspersonen keine Blickinnervation erteilt wurde, änderten sich doch
die absoluten Raumwerte der Netzhaut im Sinne der langsamen Nystagmusphase,
also anscheinend so, wie es nach DITTLER-KÖLLNERschen Hypothese zu erwarten
wäre. Auffällig ist freilich, daß bei mir die Seitenstellung des Nachbildes im
Dunkeln meist nur sehr gering war, und erst bei Anwesenheit eines Vergleichsobjektes extrem groß wurde. Auch HERING (7, S. 31) sah das Nachbild nur bei
offenen Augen im Hellen nach der Seite wandern. Er bezog das darauf, daß
sich die Fläche, auf die er blickte, unter dem Nachbilde verschob, also auf rein

---

Fingern die Lider und drehe mit mittlerer Geschwindigkeit Kopf und Körper, soweit man kann, von einer Seite zur anderen. Man sieht dann das Nachbild im
Anfang hinter der Drehung etwas zurückbleiben und am Schluß träge wieder zur
Mitte nachgleiten, während man mit den Fingern deutlich die Nystagmusrucke
fühlen kann. Anders verhält es sich bei mir während anhaltender Drehung und
beim Nachdrehungsgefühl auch nicht.

optische Motive. DONDERS (755) sagt, die Scheinverschiebung des Nachbildes rufe eine Augenbewegung hervor, die Augen suchten dem Nachbild zu folgen. Das ist in der Tat der Eindruck, den der Unbefangene hat, aber es erklärt noch nicht die Ursache für die vorangehende Wanderung des Nachbildes. Wie es scheint, bringen darüber Versuche, die Herr Dr. vom HOFE auf meine Veranlassung ausgeführt hat, Aufklärung. Er fand nämlich, daß das Nachbild nach der Drehung nicht am Fixationsort gesehen wird, sondern etwas daneben, und zwar im Sinne der vorhergehenden Drehung abgelenkt. Nach der Drehung fallen also Hauptsehrichtung und Blickrichtung nicht mehr zusammen, das Nachbild erscheint anfangs exzentrisch, und beim Versuche, nach ihm hinzublicken, wird eine Blickwendung ausgeführt, die ähnlich erfolglos ist, wie bei wirklich exzentrisch liegenden Nachbild, letzteres entgleitet immer weiter nach der Seite. Das stimmt überein mit meinem Eindruck bei stark seitlicher Blickrichtung und entspricht der auch schon von DITTLER erwogenen Ansicht, daß das gesamte System der Sehrichtungen vom Labyrinth her derart umgestimmt werden kann, daß beim Blick geradeaus nach vorn die den mittleren Längsschnitten zukommenden Sehrichtungen nicht mehr geradeaus, sondern etwas nach der Seite zu gewendet sind, wenn man noch hinzufügt, daß dabei auch Blickrichtung und Hauptsehrichtung voneinander getrennt werden. Damit ist auch die Erklärung dafür gegeben, warum das Nachbild bei der Folgebewegung schließlich soweit nach der Seite wandert, daß man es mit dem Blick nicht mehr erreichen kann.

In den bisher besprochenen Versuchen fällt die Entscheidung deswegen nicht leicht, weil sich immer wieder die Blickinnervation in schwer kontrollierbarer Weise einmischt. Mehr beweisend müßten also Versuche sein, in denen eine reflektorische Augenbewegung eintritt, die man willkürlich nicht zu beeinflußen vermag. Eine solche ist nach allgemeiner Ansicht die Rollung der Augen um die Gesichtslinie, die man, wie schon bemerkt wurde, reflektorisch durch galvanische Reizung des Labyrinths auslösen kann. Bei schwächeren Strömen erhält man eine gleichmäßig anhaltende schwache Rollung der Augen mit dem oberen Pol gegen die Anode hin, bei stärkeren Strömen (ich ging bis 8 MA hinauf) wird sie ruckweise durch Vordrehen gegen die Kathode hin unterbrochen, es tritt rotatorischer Nystagmus nach der Kathode hin auf. Erzeugte ich mir nun im Dunkelzimmer zunächst das Nachbild eines hell leuchtenden vertikalen Glühdrahts, ließ dann denselben Draht durch Einschalten eines Widerstandes schwach glühen und schloß bei unverrücktem Kopf den Strom, so neigte sich das Nachbild mit dem oberen Ende etwas gegen die Anode hin und blieb so unbeweglich stehen, auch wenn ein Beobachter an meinen Augen deutlichen Nystagmus sah. Der Glühdraht erschien etwas mit dem oberen Ende gegen die Kathode hin geneigt und führte eine andauernde Scheindrehung in diesem Sinne aus, die ihn aber nicht »vom Fleck brachte«, d. h. seine Neigung gegenüber der Vertikale blieb dauernd unverändert[1]). Von Nystagmusrucken, die an ihm eigentlich zu erwarten waren, habe ich allerdings nur eine schwache Andeutung gesehen. Aber das liegt, wie der folgende Versuch schließen läßt, wohl nur an der Schwierigkeit der Beobachtung.

Deutlicher erhält man nämlich die Erscheinungen, wenn man im Drehstuhl während der Drehung den Kopf um 90° nach vorn neigt, sodaß ein rotatorischer Dreh- und Nachnystagmus zustande kommt. Ich habe solche Versuche mit Herrn Dr. vom HOFE an einem Drehapparat angestellt, dessen Drehungsachse bei vornüber geneigtem Kopf sagittal mitten zwischen den Augen durchging. Zu Beginn der Rotation drehte sich das Nachbild eines Glühdrahtes im völlig

---

1) Das letztere beobachtete auch NAGEL (1349, S. 384).

dunklen Raum etwas, aber nur wenig mit dem oberen Ende entgegengesetzt der
Drehrichtung und bleibt so ohne Nystagmusrucke stehen. Vergleicht man die
Stellung des Nachbildes mit einem isoliert im sonst dunklen Raum sichtbaren
Strich — wir benützten dazu einen langen geraden Streifen von Leuchtfarbe auf
einem Karton — so wird die Drehung des Nachbildes deutlich sichtbar. Sie
hört aber bei gleichmäßiger Drehungsgeschwindigkeit bald auf. Wird man nach
10 Umdrehungen auf einmal angehalten, so sieht man während der sehr inten-
siven Nachdrehhungsempfindung das Nachbild gegenüber dem Lichtstreifen mit
dem oberen Ende im Sinne der vorherigen Drehungsrichtung geneigt. Diese
Drehung nimmt ganz allmählich und stetig ab, das Nachbild zeigt keine Spur
von Nystagmusrucken, während gleichzeitig der Lichtstreifen eine dem Nystagmus entsprechende fortwährende Scheindrehung mit raschen ruckweisen Rück-
drehungen ausführt. Von einer raumumstimmenden Wirkung der Augendrehung
ist also hier keine Rede, auch dann nicht, wenn die Nystagmusrucke schon ganz
selten geworden sind. Nun hat allerdings BREUER (450) bei Drehung des um
90° nach vorn geneigten Kopfes um die sagittale (im Raum vertikale) Achse
das Nachbild den rotatorischen Nystagmusrucken entsprechend bewegt gesehen.
Aber er beobachtete im Hellen unter steter Fixation einer sich mit dem Kopf
mitdrehenden Linie. Unter diesen Umständen fand Dr. VOM HOFE auch beim
Nachnystagmus nach der Drehung, daß das Nachbild die den Nystagmusrucken
entsprechenden Scheinbewegungen aufwies, wenn er es auf die Trennungslinie
einer weißen und schwarzen Fläche entwarf, die er fest fixierte, während es
auch im Hellen ganz ruhig stehen blieb, wenn er durch Entspannung der Akkommodation die nahen Gegenstände verwaschen erscheinen ließ und jede Fixationsabsicht aufgab.

Vergleicht man diese Versuche mit denen beim horizontalen Nystagmus,
so ist die Übereinstimmung unverkennbar: In beiden Fällen ist, wenn die Augen
wirklich sich selbst überlassen werden, trotz der heftigsten Nystagmusrucke
keine Bewegung des Nachbildes zu sehen, bei der Fixationsabsicht treten sie aber
in beiden Fällen sofort auf. Darnach scheint es also auch eine bisher unbe-
kannte rotatorische Umwertung der Raumwerte der Netzhaut zu geben. Bei
genauer Überlegung folgt das allerdings schon aus dem Vorhandensein eines
rotatorischen optischen Bewegungsnystagmus, bei dem ja auch durch das Mitwandern der Aufmerksamkeit mit dem gedrehten Objekt eine Augenrollung mit
begleitender Änderung der absoluten Raumwerte der Netzhaut ausgelöst wird.
Wenn sich nämlich das Auge mit dem gedrehten Objekt mitdreht, bleibt das
Bild des letzteren auf derselben Netzhautstelle, ändert aber seinen Ort im Raum,
sonst würde man ja die Drehung nicht sehen. Es ist derselbe Vorgang, wie
bei allen »Folgebewegungen« der Augen überhaupt. Daraus folgt aber, daß die
Augenrollung, obwohl sie rein willkürlich nicht erzeugt werden kann, doch als
psychooptischer Reflex eine Umwertung der absoluten Raumwerte bewirken kann[1]).
Nach den Versuchen von Herrn Dr. VOM HOFE scheint sich eine solche Umwertung auch beim rotatorischen Nachnystagmus zu vollziehen, sobald die Fixationsabsicht einem Objekte im Hellen zugewandt ist, während sie sicher fehlt,
wenn die Augen sich selbst überlassen bleiben.

Von besonderer Wichtigkeit ist aber, daß bei Herrn Dr. VOM HOFE die Drehrucke
des Nachbildes im ersten Anfang des Nachnystagmus mit einer so hohen Frequenz

---

1) Eine solche kann auch für die reflektorische Augenrollung bei seitlicher
Kopfneigung in Betracht gezogen werden. Doch sind dabei die Verhältnisse viel
komplizierter (s. unten S. 601 ff.).

auftraten, daß er sie nicht mehr sicher zählen, sondern sie nur noch, und zwar auf mindestens 5 in der Sekunde, also 300 in der Minute, schätzen konnte. Damit wird nämlich die Annahme von Köllner, daß wegen der Trägheit der Umstimmung eine Umwertung der Raumwerte der Netzhaut nur bis zu einer Frequenz von 60 bis 80 Nystagmusrucken in der Minute möglich sei, bei einer sehr hohen Frequenz (von 200 in der Minute) nicht mehr, widerlegt.

Im ganzen sind die im vorhergehenden beschriebenen Versuche, so sehr sie auch noch des weiteren Ausbaus bedürfen, der Dittler-Köllnerschen Auffassung von der raumumstimmenden Wirkung unwillkürlicher Augenbewegungen ungünstig. Wenn jede Fixationsabsicht zuverlässig ausgeschlossen ist, ändert sich die Lage eines Nachbildes mit den Nystagmusrucken nicht, gleichgültig, ob diese von hoher oder von niedriger Frequenz sind. Besteht aber eine auf ein äußeres Objekt gerichtete Fixationsabsicht, so erfolgt die Umstimmung der Raumwerte der Netzhaut mit einer Frequenz (über 5 in der Sekunde), die nichts von einer besonderen Trägheit derselben erkennen läßt.

Aber auch, wenn wir von diesen experimentellen Gegenbeweisen absehen, wäre es unverständlich, auf welchem Wege durch die unwillkürliche Innervation der Augen eine Beeinflussung der optischen Lokalisation hervorgerufen werden sollte. Daß es sich um eine von der Peripherie her durch Erregung sensibler Muskelnerven ausgelöste Umwertung handelt, wird durch die Erfahrungen bei den Augenmuskellähmungen ausgeschlossen. Unter dem Eindruck dieser Tatsache neigt Köllner zu der Annahme, daß von den erregten Zentren der Augenmuskeln im Gehirn ein Einfluß auf die optische Lokalisation ausgeübt wird. Diese Vermutung führt aber zurück zur Hypothese der »Innervationsgefühle«. Unter diesen verstand man in der älteren Psychologie eine Art Miterregung sensorischer Zentren bei der motorischen Innervation, die man sich physiologisch durch eine innerhalb des Gehirns von den motorischen zu sensorischen Zentren verlaufende Leitungsbahn vermittelt denken könnte, was dann auf die Köllnersche Annahme hinauskommen würde. Die Lehre von den Innervationsgefühlen ist aber jetzt vollständig aufgegeben (vgl. die ausführliche Erörterung bei G. E. Müller und Schumann, 135a). Als durchschlagender Gegenbeweis gegen sie werden insbesondere Fälle angeführt, in denen Patienten mit Anästhesie eines Gliedes bei geschlossenen Augen nicht wußten, ob sie eine intendierte Bewegung mit ihm ausgeführt hatten oder nicht. Daraus folgt, daß wir die Kenntnis von der wirklichen Ausführung der gewollten Bewegung nur durch die periphere Sensibilität, nicht aber durch intrazentrale Leitungsbahnen von motorischen Zentren her erhalten (vgl. auch oben S. 296). Daß durch letztere zwar keine bewußte Kenntnis der Lage, wohl aber eine unbewußte Beeinflussung der Lokalisation hervorgerufen werden sollte, ist ganz unwahrscheinlich. Unter diesen Umständen und unter dem Eindruck der oben mitgeteilten Versuche, ist es mir nicht möglich, mich der Dittler-Köllnerschen Hypothese anzuschließen. Vielmehr scheint mir alles mehr für die Richtigkeit der Aufmerksamkeitstheorie zu sprechen. Nur muß man sie allerdings dahin modifizieren, daß unter bestimmten, oben angeführten Umständen Blickrichtung und Hauptsehrichtung bis zu einem gewissen Grade auseinanderfallen können.

Besondere Beachtung verdienen ferner die Vorgänge während der Ausführung der Augenbewegungen selbst. Im Bewußtsein schließen sich die Eindrücke der Ausgangs- und der Endstellung der Augen unmittelbar ohne Lücke aneinander an, obwohl doch zwischen beide das Weggleiten der Bilder über die Netzhaut eingeschaltet ist, und nach den Versuchen von Kaila die Sache keineswegs so liegt, daß die Verschiebung der Netzhautbilder durch eine in ganz gleichem Schritt fortschreitende Änderung der absoluten Raumwerte wettgemacht würde. Um zum Verständnis des Vorganges zu gelangen, erinnern wir uns daran, daß bei Bewegungen der offenen Augen auch ein Nachbild verschwindet. Hering (772) hatte das dadurch erklärt, daß während der Augenbewegung die Aufmerksamkeit schon auf die Stelle gerichtet ist, die als Ziel der Bewegung ins Auge gefaßt ist, und die sich erst nach der Bewegung an der Stelle abbildet, auf der das Nachbild liegt. Sobald Nachbild und Aufmerksamkeitsort wieder zusammenfallen, taucht auch das Nachbild wieder auf. Es handelt sich also bloß um ein Nichtbeachten des Nachbildes, eine Nichtzuleitung der Erregung zur psychophysischen Zone, während die dem Nachbild zugrunde liegende, mehr periphere Regung weiter fortbesteht. Die Art, wie die Aufmerksamkeit hier eingreift, ergibt sich ferner aus der Beobachtung eines Nachbildes während der Augenbewegung mit geschlossenen Augen. Hierbei sehen Geübte das Nachbild auch während der Bewegung selbst dauernd weiter. Dem Anfänger verschwindet es aber auch in diesem Falle, und er muß erst allmählich erlernen, ihm während der Bewegung seine Aufmerksamkeit zuzuwenden (vgl. Hering, 773).

Noch schwieriger, als die Beobachtung der Nachbilder, die doch wenigstens ständig an einer Netzhautstelle haften, ist die Beachtung der äußeren Objekte, deren Bilder während der Augenbewegung rasch über die Netzhaut hinweghuschen. Diese Flüchtigkeit des Eindrucks zusammen mit der Ablenkung der Aufmerksamkeit bewirkt es, daß man die Verschiebung der Bilder während der Augenbewegung nicht bemerkt (Hering, 772; Dodge, 753, 754). Die Unempfindlichkeit für die Eindrücke während der Bewegung ist aber keine absolute, sondern bezieht sich nur auf lichtschwache und wenig beachtete Bilder. Das beweisen ja die schon erwähnten Versuche von Kaila u. a. über die Sichtbarkeit eines bloß während der Augenbewegung auftauchenden Objektes, dem man ohne die Augenbewegung selbst zu beeinträchtigen, seine Aufmerksamkeit zuwendet, und auch Dodge hat

Beweise dafür beigebracht. Scharf sehen wir aber beim Sehen »mit bewegtem Blick« immer nur während der Rasten zwischen den Bewegungen, nicht während der letzteren selbst (ERDMANN und DODGE, 484).

Daß wir die Bewegungen unserer Augen im Spiegel nicht sehen können (GRÄFE, 766, S. 136), beruht auf den gleichen Gründen. Dazu kommt aber hier noch, daß, wenn man etwa von einem zum anderen Auge hinblickt, das jeweils betrachtete Auge immer nur am Anfang und gegen Ende der Bewegung nahe am Netzhautzentrum abgebildet und daher scharf gesehen wird. Man sieht daher immer nur das Ende der Bewegung, wie das Auge »zur Ruhe kommt«. Die Erklärung von GRÄFE und OSTWALT (806 a), daß man die Bewegung aus geometrischen Gründen nicht sehe, trifft nicht zu. Man müßte doch wenigstens die Verschiebung der Iris am Lidrand sehen, wie es z. B. sehr schön der Fall ist, wenn man den Kopf vor dem Spiegel um die sagittale Achse nach rechts und links neigt.

Aller Wahrscheinlichkeit nach hat man dieselben Überlegungen auch für die Kopfbewegungen anzustellen, was auch HOLT (778) annimmt. Nach den Beobachtungen, die man besonders deutlich bei etwas herabgesetzter Beleuchtung machen kann, scheint es, daß auch während der Kopfbewegungen die zentrale Unempfindlichkeit sehr stark ausgesprochen ist, denn wenn man eine rasche Kopfwendung ausführt, so kann man nur sehr wenig von den Objekten erkennen, deren Bilder während der Augenbewegung über die Netzhaut hinweggeglitten sind.

Aus diesem Nichtbeachten mäßiger, während der Augenbewegung einwirkender Reize folgt nun, wie zuerst wohl CRUM BROWN (451 a) klar ausgesprochen hat, daß sich unser Gesamtsehfeld beim Herumblicken aus einer Serie rasch sich ablösender Einzelstücke mosaikartig zusammensetzt. Beim gewöhnlichen Sehen ist das, was wir bei einer Augenstellung auf einmal deutlich wahrnehmen, nur ein verhältnismäßig kleiner Umkreis um den Fixationspunkt herum. Wird der Blick nach der Seite bewegt, so reiht sich an das erste vorangegangene Bild kontinuierlich ein zweites, dann ein drittes und alle zusammen ergänzen sich zum Gesamtsehfeld des bewegten Auges. Diese Kontinuität ist eine doppelte, eine räumliche und eine zeitliche. Räumlich ist das Zentrum, zu dem die einzelnen Teilstücke in Beziehung stehen, der Drehpunkt des Auges. Er ist, worauf HELMHOLTZ (I, S. 99) und GULLSTRAND aufmerksam gemacht haben, das Zentrum für die Perspektive des Sehens mit bewegtem Blick, während die einzelnen Teilstücke, die M. v. ROHR (1070) Füllperspektiven nennt, den Knotenpunkt, oder richtiger, da es sich um Erstreckungen nach der Tiefe handelt, den Kreuzungspunkt der Visierlinien zum Perspektivitätszentrum haben. Zeitlich schließen sich die Teilstücke ohne merkliches Intervall aneinander an, die Lücke beim Übergang von einem zum anderen Eindruck bleibt ebenso unbemerkt, wie die Lücke bei stroboskopischen Darbietungen, mit denen die Vorgänge in dieser Beziehung große Ähnlichkeit haben.

Sonst ist über die Art, wie die Teilstücke zum Gesamtbild zusammengesetzt werden, nur weniges bekannt. Aus der auf S. 368 schon erwähnten Abhandlung von HOFMANN (542) ergibt sich, daß es auch dabei wieder auf den Erfolg der Blickbewegungen ankommt. Stimmt er mit der Bewegungsintention nicht überein, so führt das nicht bloß zu Scheinbewegungen des ganzen Sehfeldinhaltes, sondern es werden auch die Einzelstücke, wenn sie genügend voneinander isoliert gesehen werden, in falscher Weise zusammengesetzt, wodurch eine von der richtigen abweichende relative Lokalisation der Teilstücke gegeneinander zustande kommen kann. Darauf beruht z. B. die schon erwähnte Beobachtung von HELMHOLTZ, daß man eine seitlich gelegene gerade Linie, wenn man ihr entlang blickt, gekrümmt sieht. Wenn man freilich bei jeder Blickstellung genau auch auch auf das periphere Sehen mit achtet, erkennt man den Fehler. Er tritt also nur bei jener Art des Sehens auf, an die wir beim ungezwungenen Herumblicken gewöhnt sind. Mittels des Zeigeversuchs hat ferner ROELOFS (810) nachgewiesen, daß gleich große Seitenwendungen des Blicks etwas größer eingeschätzt werden, wenn sie von der Mittelstellung aus erfolgen, als wenn schon die Ausgangsstellung selbst nach der Seite gewendet ist. Der Unterschied ist aber geringer, als die zentrische Schrumpfung des Sehfelds bei ruhendem Blick. ROELOFS fand auch Unterschiede in der Lokalisation, je nachdem das rechte oder linke Auge oder beide zusammen benützt wurden.

Nachdem wir nunmehr das allgemeine Schema der Sehrichtungen und ihr Verhalten bei willkürlichen und unwillkürlichen Augenbewegungen in der Übersicht kennen gelernt haben, fragen wir uns, bis zu welchem Grade durch dieses Schema die Wirklichkeit genau wiedergegeben wird, und welche Abweichungen von ihm vorkommen. Da richtet sich nun der eingreifendste Einwand gegen die Grundannahme eines einheitlichen, punktförmigen Zentrums der Sehrichtungen überhaupt. Die Existenz eines solchen hatte schon HILLEBRAND (950, S. 49) bezweifelt und KÖLLNER (785—788) stellt sie auf Grund seiner Experimente gänzlich in Abrede. KÖLLNER ließ seine Versuchspersonen, während sie ein median vor ihnen befindliches Objekt binokular fixierten, die scheinbare Richtung seitlich vom Fixationspunkt gelegener Objekte mit der verdeckten Hand auf einer unterhalb der Objekte liegenden horizontalen Schreibfläche verzeichnen, indem die Hand immer dort eine Marke machte, wo sie beim Vorstoßen durch die Schreibfläche nach oben gerade in die subjektive Richtung der Sehdinge hineingekommen wäre. Wenn er nun eine ganze Reihe solcher Marken verzeichnen ließ, fand er, daß lediglich die ganz in der Nähe der Medianebene gelegenen Objekte in Sehrichtungen erschienen, die auf einen medianen, hinter der Nasenwurzel befindlichen Punkt hinzielten. Die mehr exzentrischen Sehrichtungen wichen dagegen auf der rechten Seite mehr nach rechts, auf der linken

Seite mehr nach links davon ab, und von etwa 15° Exzentrizität ab zielten die rechten Sehrichtungen auf das rechte Auge, die linken auf das linke hin[1]), einerlei, ob binokular oder bloß mit dem rechten oder bloß mit dem linken Auge beobachtet wurde. Köllner führt dies auf die auch in anderer Beziehung von ihm angegebene Überlegenheit der nasalen über die temporale Netzhautpartien zurück (vgl. oben S. 255). In jeder temporalen Gesichtsfeldhälfte sollen auch die Sehrichtungen des nasalen Teiles des gleichseitigen Auges über die des korrespondierenden temporalen Teiles der gekreuzten Seite überwiegen. In eigenen Versuchen, in denen ich mit der Hand nicht einfach vorstieß, sondern wie Weinberg (834) mit dem Bleistift die scheinbare Richtung vom Sehding auf mich zu mit der verdeckten Hand eine Strecke weit nachfuhr, konnte ich das nicht bestätigen. Ich fand bei mir regelmäßig, daß, soweit die Bestimmungen genau genug sind, die so angezeichneten »Sehrichtungen« sich in einem kleinen Gebiet treffen, das bei mir, gleichgültig, ob ich binokular oder mit dem rechten oder linken Auge allein beobachtete, etwas nach rechts von der Medianebene und in den allermeisten Fällen etwas h i n t e r den Augen lag.

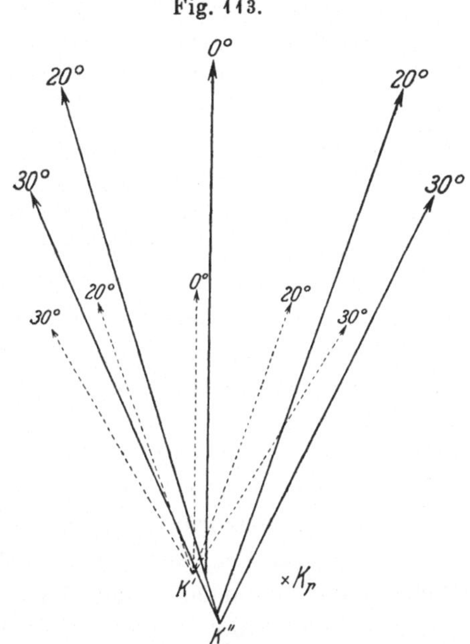

Fig. 113.

Ich gebe in Fig. 113 ein Beispiel von einem meiner Versuche in dreifacher Verkleinerung. Um die Übersichtlichkeit zu wahren, wähle ich einen heraus, in dem bloß die scheinbar mediane Richtung (0°) und die beiderseits um 20° und 30° von ihr abweichenden Richtungen bestimmt wurden. Als Fixationsobjekte dienten Perlen, die in Augenhöhe in einer 30 cm vor den Augen befindlichen frontalparallelen Ebene aufgehängt waren, und die gut von dem schwarzen Hintergrund abstachen. Die ausgezogenen Linien der Figur geben die binokularen Sehrichtungen an, die punktierten Linien die von der Mitte zwischen dem Knotenpunkt des linken und des rechten Auges (letzterer in Kr) ausgehenden Strahlen von 0°, 20° und 30°. Der Versuch wurde von mir mehrmals mit gleichem Erfolg wiederholt. Man be-

---

1) Ein ähnliches Ergebnis hatte Schön (364a), wenn er bei parallel gestellten Gesichtslinien ein seitliches nahes Objekt in Doppelbildern sah, dann die Augen schloß und mit dem Finger die Richtung, in der er es gesehen hatte, verzeichnete. Bei stärker seitlichen Objekten gingen die Richtungslinien alle nach dem Zentrum jenes Auges, auf dessen Seite sich der Gegenstand befand. Schön bezog das aber auf die oben S. 256 angeführte Bevorzugung des Doppelbildes des gleichseitigen Auges, das dabei allein beachtet werde.

achte, daß der Bereich, gegen den die Sehrichtungen konvergieren, sicher nicht auf der linken Seite dem Knotenpunkt des linken und rechts dem Knotenpunkt des rechten Auges entspricht, sondern daß er für beide Seiten einheitlich etwas nach rechts von der Mediane und hinter den Augen liegt.

Wenn man die Ungenauigkeit derartiger Bestimmungen berücksichtigt — auch die meinigen stellen nur, allerdings mit möglichster Sorgfalt konstruierte, Mittel aus einem etwas breiteren gegen die Augen zu konvergierenden Strichbereich dar — kann man Köllners Befunde auch so deuten, daß die Sehrichtungen gegen ein hinter den beiden Augen befindliches enges Gebiet konvergieren[1]). Köllner selbst weist diese Annahme zwar zurück, indessen bemerkte schon Helmholtz (I, S. 556), daß uns die Ausdehnung des binokularen Gesichtsfeldes, das ja in der Horizontalen über 180° hinausgeht, subjektiv viel kleiner erscheint (zentrische Schrumpfung des Sehfelds, s. oben S. 172). »Es macht den Eindruck, als blickte man aus einer gewissen Tiefe des Kopfes hervor in die Außenwelt«. Darauf haben neuerdings auch Roelofs und de Fauvage-Bruyel (810a) hingewiesen, und sie kamen in eigenen Versuchen, in denen sie nach der Methode von Köllner die mediane Sehrichtung bei symmetrischer Konvergenz untersuchten, ebenfalls zu dem Ergebnis, daß das Sehzentrum ein einheitliches sei und hinter den Augen liege. Man muß bei diesen Versuchen ferner in Rechnung setzen, daß die Versuchspersonen leicht durch Reflexionen, die sie unbewußt anstellen, zu anderen Anzeigen verleitet werden können. So ist nach Lohmann (797, 798) zu unterscheiden das Verzeichnen der Richtung »auf mich zu« von der Angabe des scheinbaren Seitenabstandes von der Mediane. Vor allem aber ist die Versuchung groß, bei sehr stark seitlich gelegenen Objekten tatsächlich die Richtung nach dem betreffenden Auge hin in den Vordergrund zu rücken. Kann man doch, wie Helmholtz (I, S. 613) ausführt, selbst bei nahe an der Medianebene liegenden Gegenständen, wenn man sich lebhaft den Ort eines Auges im Kopf vorstellt, beim Vorstoßen mit dem verdeckten Finger die Richtung von jedem Auge aus einigermaßen richtig angeben. Bei mir ist es ferner von einer hier nicht näher zu erörternden Bedeutung, ob ich die Sehrichtung an der Köllnerschen Versuchsanordnung mit beiden Händen zugleich oder mit der rechten oder linken Hand allein verzeichne. Wenn ich die Sehrichtungen in der rechten Gesichtsfeldhälfte mit der rechten, in der linken mit der linken Hand und die mediane Richtung mit beiden Händen anzeichne, erhalte ich ein weiter hinter den Augen liegendes (aber wieder einheitliches) Sehzentrum, als in Fig. 113.

---

1) Die Verlängerung der Sehrichtungen nach hinten in Abb. 3 bei Köllner (787) führt sogar ganz genau auf ein solches einheitliches Zentrum hinter den Augen. Ähnliches gilt für die mittleren Sehrichtungen der Abb. 2 und 4 (ebenda), während die seitlichen allerdings größere Abweichungen zeigen, die aber wahrscheinlich von der Ungenauigkeit der Bestimmung im stark indirekten Sehen herrühren.

KÖLLNER hat ferner versucht, seine Ansicht noch mittels rein optischer Bestimmungen der zur Medianebene scheinbar paralleler gerader Richtungen zu stützen. Aber auch diese Versuche kann ich, wie weiter unten S. 500 ff. genauer besprochen werden soll, nicht als beweiskräftig für die KÖLLNERsche Annahme betrachten. Theoretisch allerdings sind sie, weil sie sich bloß auf Vergleiche im Sehraum beschränken, reiner, als die haptischen Verzeichnungen der Sehrichtungen, die ja eine Übertragung der optischen Vorstellungen in den Tastraum und nachträgliche Transponierung durch Muskelaktion in den wirklichen Raum darstellen, und die man daher ebensogut als Greifrichtungen nach indirekt gesehenen Gegenständen bezeichnen könnte.

Neuerdings hat nun SH. FUNAISHI in meinem Laboratorium bei sich und einer anderen unbeeinflußten Versuchsperson die überraschende Tatsache gefunden, daß beim unbefangenen Hinzeigen auf ein Objekt auch unter Führung des Auges die Zeigerichtung nicht auf die Augen zugeht, sondern auf das Kopfdrehgelenk oder richtiger auf das Zentrum für die Seitenwendung des Gesichts, was schon ROELOFS und DE FAUVAGE-BRUYEL für möglich gehalten hatten. Das gilt nicht bloß für rechts und links gelegene Objekte, sondern auch für Objekte, die oberhalb und unterhalb des Fixationspunktes liegen. Wenn man eine Anzahl von Marken in einer lotrechten Reihe über und unter einem gerade vor den Augen befindlichen Fixationspunkt anbringt und nun auf einer lotrecht gestellten Tafel die Richtung zu jeder Marke hin unter Führung des Auges (also nicht mit verdeckter Hand!) anzeigt, so weisen sie alle auf einen nach hinten und unten von den Augen liegenden Punkt hin, der in den Versuchen von FUNAISHI mit der Gegend des Kopfdrehgelenks zusammenfiel. Voraussetzung dabei ist nur, daß die Versuchsperson den Versuch richtig auffaßt und nicht etwa absichtlich die Richtung auf die Augen zu einstellt. Zu bemerken ist ferner, daß der Versuch ebenso ausfällt, wenn man, statt die Zeigerichtungen im indirekten Sehen zu bestimmen, auf die oben und unten oder seitlich befindlichen Objekte hinblickt und so die Zeigerichtungen des direkten Sehens bestimmt. Damit ist eine sehr einfache und auch in anderer Beziehung wichtige Erklärung für die KÖLLNERschen Versuche gegeben. Die Beobachtungen mit verdeckter Hand sind dann eben nur ungenaue Reproduktionen der genaueren Zeigeversuche vermittels eines sichtbaren Objekts. Es ist allerdings zu beachten, daß man auch mit dieser Methode noch nicht die subjektiven Sehrichtungen selbst bestimmt, sondern nur ihr Korrelat im objektiven Raum, die »scheinbare Richtung« von sich aus zum Objekt hin.

Für mich selbst kann ich mit derselben Methode zwar bestätigen, daß die Zeigerichtungen im direkten und indirekten Sehen auf einen kleinen Bezirk hinzielen, der unter und hinter meinen Augen, aber etwas vor

der Gegend des Kopfdrehgelenks und vielleicht auch etwas nach rechts
von der Medianlinie liegt[1]). Ähnliche individuelle Besonderheiten werden
auch sonst gemeldet. Schon HERING (7, S. 347; R. S. 391) hatte darauf
hingewiesen, daß bei Einäugigen oder bei Personen, die oft nur ein Auge
gebrauchen (Jäger, Mikroskopiker), das Zentrum der Sehrichtungen nach
der Seite des häufig allein gebrauchten Auges abweicht. Bei v. KRIES
(792), der wegen seiner stark ausgesprochenen latenten Divergenz für nahe
Gegenstände vorwiegend das linke, für ferne das rechte Auge zu benützen
pflegt, während das andere Auge abweicht, liegt im ersteren Falle das
Zentrum der Sehrichtungen nach links, im letzteren nach rechts von der
Medianebene. Er lokalisiert also die Sehdinge auf doppelte Weise, und es
kommt vor, daß diese beiden Lokalisationsweisen miteinander in Wettstreit
treten. Auch TSCHERNING (832, S. 288) beobachtete bei sich eine mit der
Verschiebung des Sehrichtungszentrums verbundene Verschiebung der scheinbaren Medianebene nach rechts. WEINBERG (834) hat bei sich selbst und
bei anderen Mikroskopikern die Lage der Sehrichtungen nach der oben erwähnten KÖLLNERschen Methode verzeichnet und gibt an, daß die Verlagerung
sich nur auf die mittleren Sehrichtungen beziehe. Die ganz exzentrisch nach
der Seite des weniger bevorzugten Auges gelegenen seien immer noch nach
diesem hin gerichtet. Nach meinen eigenen Untersuchungen dürfte aber hier
dieselbe Erklärung gelten, wie oben.

Im HERINGschen Schema der Sehrichtungen war angenommen worden,
daß bei symmetrischer Konvergenz der Blicklinien die Hauptsehrichtung
geradeaus nach vorn gerichtet sei und Gegenstände, die sich in beiden
Augen auf den mittleren Längsschnitten abbilden, in der Medianebene geradeaus vor uns erscheinen. Es fragt sich nun zunächst, ob das genau zutrifft, und
was die Ursache dieser Lokalisationsweise ist. Da es sich um eine Lokalisation
relativ zu unserem Körper handelt, und da, wie wir sahen, die optische
Lokalisation auch für die Vorstellung der Lage des eigenen Körpers führend
ist, werden wir im voraus erwarten, daß die Bestimmtheit der optischen
Lokalisation der Medianebene bedeutend größer sein wird, wenn wir im
Hellen herumblicken, als im Dunkeln, wenn bloß ein einziger schwach
leuchtender Punkt sichtbar ist. Im ersteren Falle werden wir uns vorwiegend an die relative Lage der Sehdinge gegenüber den sichtbaren Teilen
des eigenen Körpers und seiner nächsten Umgebung halten, die auch dann
noch genügend optische Anhaltspunkte bietet, wenn wir durch eine Guckröhre hindurchblicken. Diese Anhaltspunkte fallen im Dunkelraum fort, und

---

1) Bei Personen, die genau auf das Zentrum der Gesichtswendung hin lokalisieren, muß die Sehrichtung der Objekte bei der Kopfdrehung nach rechts und
links, nach oben und unten trotz der parallaktischen Verschiebung naher und
ferner Gegenstände unverändert gleich bleiben, und aus der Gewohnheit, so zu
lokalisieren, wäre dann die ganze Erscheinung zu erklären. Bei FUNAISHI ist das
in der Tat der Fall, bei mir hingegen nicht.

es bleibt nur die Vorstellung von der Lage des eigenen Körpers übrig, die geweckt wird von den Sensationen der Haut und der tiefen Teile des Kopfes und Körpers. Nehmen wir zunächst den einfachsten Fall an, daß sich Kopf und Körper in gerader aufrechter Haltung befinden, auch nicht um die Längsachse gegeneinander gedreht sind, so haben wir auch im Dunkeln eine Vorstellung von der Lage der gemeinsamen Mediane von Kopf und Körper, und können geleitet von dieser Vorstellung unseren Augen eine Innervation erteilen, durch die der Blick geradeaus nach vorn gerichtet wird. Blitzt dann ein Lichtpunkt auf, so erscheint er uns median, wenn er sich in beiden Augen entweder auf der Fovea oder gegensinnig symmetrisch zu ihr (in einem Auge um ebensoviel nach rechts von ihr, wie im anderen nach links) abbildet. Die Richtigkeit und Bestimmtheit der Einstellung der scheinbaren Mediane wird also im Hellen hauptsächlich von der relativen optischen Lokalisation abhängen, im Dunkelzimmer von der Richtigkeit und Bestimmtheit unserer Vorstellung über die Mediane, die wir aus nicht optischen Empfindungen ableiten, von der Genauigkeit der Innervation zum Blick geradeaus und endlich von der Exaktheit, mit der diese Innervation ausgeführt wird. Der Eindruck aber, daß ein Lichtpunkt median liegt, ist nicht etwa ein urteilsmäßig erschlossener, sondern er ist dem Bewußtsein unmittelbar gegeben, ohne daß man introspektiv angeben kann, woher er stammt.

Die Bestimmtheit der Einstellung der scheinbaren Medianen im Hellen fand Bourdon (3, S. 149ff.) sehr groß. Bei 2 m Abstand des Testobjekts von den Augen betrug der mittlere variable Einstellungsfehler im Binokularversuch bloß 8,8 mm, bei einäugigen Versuchen mit dem rechten Auge 7,1 mm, mit dem linken 8,9 mm; bei $1/2$ m Abstand vom Auge (also $1/4$ des vorigen) im Binokularversuch 1,7 mm, beim Sehen mit dem rechten Auge 2,2 mm, mit dem linken Auge 4,6 mm, d. h. also mit Ausnahme der allerletzten (wohl nicht ganz zuverlässigen) Zahl im Durchschnitt immer rund 15'. Im völlig dunklen Raum ist die Bestimmtheit der Einstellung eines Lichtpunktes in die scheinbare Mediane wesentlich geringer. Sachs und Wlassak (819) haben darüber Versuche mit einer Leuchtlinie, die sie nur kurze Zeil aufblitzen ließen, nach der »Konstanzmethode« angestellt. Ihre Zahlen waren aber zu gering, um genaue Werte abzuleiten. Die Autoren geben als Grenze für das Gebiet, in dem sich Rechts- und Linksangaben überdecken, $1/2$—1° an. Nach der Herstellungsmethode (bei Verschiebung einer dauernd sichtbaren Leuchtlinie von der Seite her bis zur Mediane) fanden sie eine geringere Bestimmtheit. Bourdon (l. c.) gibt für die Herstellungsmethode im Dunkelzimmer beim Binokularversuch einen mittleren variablen Fehler von durchschnittlich $1 1/2$° an. Die Fähigkeit, die Medianstellung von der Rechts- und Linksstellung zu unterscheiden, ist aber individuell außerordentlich verschieden ausgebildet (Dietzel, 751). Insbesondere ist zu unterscheiden die Schwankungsbreite innerhalb einer und derselben längeren Versuchsreihe, die durch den mittleren variablen Fehler charakterisiert wird, und die Schwankungen des Mittelwertes der Einstellungen, die eine und dieselbe Versuchsperson zu verschiedenen Zeiten aufweist, der »Lokalisationsbereich« der Mediane. Es gibt Personen, bei denen der Lokalisationsbereich der Mediane verhältnismäßig klein ist, im Minimum fand ihn DIETZEL bei einer Person zu 72'. Meist ist er größer, einmal war er sogar 12°, was aber als Ausnahme anzusehen ist. Durchschnittlich dürften etwa 3—4° Schwankungsbreite angenommen werden. Bei jenen Personen, bei denen die zeitlichen Schwankungen gering waren, war auch subjektiv die Einstellung sehr bestimmt und der mittlere variable Fehler einer Einstellungsreihe klein (im Minimum 27' bei einem Lokalisationsbereich von 72'). Bei jenen Personen, bei denen das Urteil über die Mediane zu verschiedenen Zeiten weit auseinanderging, war der mittlere variable Fehler einer Einstellungsreihe zwar beträchtlich größer, aber er wird vermutlich dadurch in etwas engeren Grenzen gehalten, daß die Versuchsperson die erste Einstellung, für die sie sich einmal entschieden hat, in den folgenden Versuchen immer wiederholt. Dazu stimmt die Angabe von BOURDON (3, S. 151), daß eine von ihm einmal angenommene Falscheinstellung der scheinbaren Mediane hartnäckig festgehalten wurde und erst nach Aufdeckung des Fehlers im Hellen verschwand.

Was nun die Richtigkeit der Einstellung der scheinbaren Mediane anbelangt, so zeigen Versuche im Dunkelzimmer, daß für sie außer den für die Bestimmtheit der Einstellung maßgebenden Faktoren — der Vorstellung von der Lage des Kopfes, der Innervation geradeaus und der Art, wie der Innervationsimpuls vom motorischen Apparat des Auges ausgeführt wird —, auch noch die Anordnung der Sehdinge im Sehfeld von Bedeutung ist. So haben schon SACHS und WLASSAK die Beobachtung gemacht, daß, wenn man im Dunkelzimmer eine seitlich gelegene Leuchtlinie eine Zeitlang betrachtet und sie dann in die scheinbare Mediane einzustellen sucht, die letztere gegen die Ausgangsstellung der Leuchtlinie hin verschoben ist[1]). Auch wenn sich neben dem einzustellenden Lichtpunkt im Dunkelzimmer noch ein zweiter seitlicher befindet, übt er bei vielen Personen einen deutlichen Einfluß auf die Einstellungen aus, nur ist sein Einfluß individuell sehr verschieden. Solche Personen, die die Mediane sehr bestimmt einstellen, lassen sich von einem seitlichen Lichtpunkt kaum beirren, andere, bei denen die Einstellung auch ohne Seitenlicht schwankend ist, werden von ihm deutlich beeinflußt, aber in individuell sogar entgegengesetzter Art, indem sie zwar meist die Mediane näher an den Lichtpunkt heran, gelegentlich aber

---

1) Wenn dieser Einfluß nicht systematisch gleich gehalten wird, drückt er natürlich auch die Bestimmtheit der Einstellungen herab. Aus diesem Grunde haben SACHS und WLASSAK zumeist von Einstellversuchen abgesehen.

auch weiter weg einstellen, als gewöhnlich (Dietzel). Diese Verschiedenheit der Suggestibilität erinnert an Versuchsergebnisse von Pearce (807), der ebenfalls eine veränderte Lokalisation eines indirekt gesehenen Punktes fand, wenn neben ihm ein zweiter angebracht war, was von ihm und von Klemm (784a) auch auf andere Sinnesreize erweitert wurde. Da diese Suggestion so große Schwankungen aufweist, ist nicht daran zu denken, sie durch einen bei allen Personen gleichmäßigen Vorgang, wie man ihn z. B. bei den geometrisch-optischen Täuschungen als Kontrast oder Angleichung bezeichnet hat, zu erklären. Es muß sich vielmehr um einen starken Einschlag variabler Vorstellungen handeln. Einen Hinweis darauf gibt insbesondere die Beobachtung von Goldstein und Riese (1332), daß eine Änderung der optischen Lokalisation schon auf die bloße Vorstellung eines seitlichen Objekts hin eintreten kann.

Nach dem Heringschen Schema kommt die Hauptsehrichtung beiden Netzhautgruben gemeinsam zu, einerlei, ob beide zusammen oder bloß eine von ihnen gereizt wird. Dem widersprach Witasek (835—837), weil er beobachtete, daß er einen isolierten Lichtpunkt im Dunkeln bei abwechselndem einäugigen Betrachten mit dem rechten und linken Auge verschieden lokalisierte, so daß beim Wechsel jedesmal eine Scheinverschiebung auftrat, und er nannte den Unterschied der Lokalisation mit dem rechten und linken Auge die Monokular-Lokalisations-Differenz. Demgegenüber wies Hillebrand (774, 775) darauf hin, daß bei monokularer Betrachtung der Fusionszwang wegfällt. Wenn nun, wie es die Regel ist, eine Heterophorie besteht, oder wenn bei Akkommodation für die Nähe Akkommodation und Konvergenz nicht im richtigen Verhältnis zueinander stehen, dann wird, während das offene Auge einen Punkt fixiert, die Gesichtslinie des verdeckten Auges von der richtigen Einstellung abweichen. Wenn man es freigibt und statt dessen das andere Auge verdeckt, wird der Lichtpunkt nicht auf der Fovea, sondern seitlich abgebildet, er erscheint demgemäß verschoben, und es bedarf einer korrigierenden Einstellung, um sein Bild wieder auf die Fovea zu bringen. Richtung und Größe der Abweichung der beiden Gesichtslinien voneinander hängt natürlich von der Art und vom Betrage der Heterophorie ab, daher läßt sich im voraus nichts darüber aussagen. Dagegen kann man umgekehrt die Scheinbewegung eines isolierten Lichtpunktes im Dunkeln beim abwechselnden Verdecken des rechten und linken Auges zum Nachweis der Heterophorie benutzen, wie dies A. Graefe (513, S. 195) getan hat. Wechselt man ganz rasch zwischen binokularer und monokularer Betrachtung ab, so fällt diese Scheinbewegung fort, weil das Nachlassen der Fusionseinstellung beim Übergang vom binokularen zum monokularen Sehen relativ langsam vor sich geht (Benussi, 743). Neuerdings haben indessen Roelofs und de Fauvage-Bruyel (810a) auch eine von der Heterophorie unabhängige, für jedes Auge verschiedene Lokalisation der Mediane angegeben, aber nur bei willkürlichem Lidschluß.

Fischer (758) hat die Einstellungen der scheinbaren Mediane für verschiedene Entfernungen vom Auge sowohl beim einäugigen, als auch beim binokularen Sehen im Hellraum untersucht. Sie weichen bei ihm jenseits von 30 cm Abstand vom Auge zunehmend mehr — bis zu einem Betrage von 2° 40′ bei 130 cm Abstand vom Auge — von der wirklichen Mediane nach rechts ab, und ihr Schnitt mit der Horizontalebene bildet keine gerade, sondern eine etwas gekrümmte Linie[1]). Dieselbe Erscheinung, nur in viel stärkerem Ausmaß zeigt die scheinbare Mediane bei einäugiger Betrachtung. Dabei erweist sich die binokulare Einstellung durchschnittlich als die Mitteleinstellung zwischen den beiden monokularen. Bei 130 cm Abstand liegt z. B. die Mitte zwischen den beiden einäugigen Einstellungen bei 2° 50′, binokular wird 2° 40′ eingestellt. Das erklärt sich leicht, wenn man annimmt, daß die einäugige Einstellung der Gleichgewichtslage jedes Auges bei der Intention, geradeaus zu blicken, entspricht, im Falle von Fischer einer Exophorie. Sie ist bei ihm am rechten Auge stärker ausgesprochen, als am linken. Wird nun beim Binokularsehen durch den Fusionszwang eine beiderseits gleich große Ausgleichsinnervation herbeigeführt, so bleibt beim Impuls zum Geradeaussehen eine Einstellung beider Gesichtslinien etwas nach rechts von der gewollten Richtung übrig. Auch diese Beobachtungen fügen sich demnach ganz ungezwungen unserem Innervationsschema ein.

Ob die Erhellung und Verdunklung des Gesichsfeldes des anderen Auges etwas für die Lokalisation der Mediane ausmacht, läßt sich aus den Versuchen von Fischer nicht mit Sicherheit erkennen. Tschermak (831) und Schlodtmann (363) hatten bei alternierendem Schielen mit anomaler Netzhautbeziehung (zum Teil Selbstbeobachtung) eine verschiedene Lage der scheinbaren Mediane gefunden, je nachdem, ob im Gesichtsfelde des Schielauges mehrere verschiedene Gegenstände sichtbar waren, oder ob das Schielauge diffus gleichmäßig belichtet oder lichtdicht verdeckt war. Auch verlagerte sich bei Tschermak die scheinbare Mediane, wenn er bei festgehaltener Fixation seine Aufmerksamkeit auf die seitlich und oben vom Fixationspunkt sichtbaren Eindrücke des Schielauges konzentrierte[2]). Die Erscheinungen erinnern sehr an die Beobachtungen von Dietzel an besonders leicht suggestibeln Personen. Man darf daher wohl daran denken, daß bei Schielenden mit ihrer gelockerten Lokalisationsfestigkeit Änderungen der optischen Lokalisation durch optische Eindrücke besonders leicht hervorzurufen sein werden.

---

1) Eine solche Krümmung der Einstellungen der scheinbaren Mediane (nicht der Richtung geradeaus) geben auch schon Bourdon (3, S. 147) und Blumenfeld (864, S. 289) an.

2) Dabei ändert sich auch die durch tonische Innervation beider Augen festgehaltene Schielstellung, doch gehen beide Veränderungen einander nicht streng parallel. Über die Schwierigkeiten, die sich daraus für die Annahme einer lokalisatorischen Funktion des »Spannungsbildes« der Augenmuskeln ergeben, vgl. man Tschermak (831, S. 39 ff.).

Während die bisher besprochenen Einflüsse der »Abbildungsverhältnisse« immer nur unverbunden dastehende Einzelbefunde sind, scheint aus
anderen Erfahrungen hervorzugehen, daß sie sich vielleicht doch in einen
größeren Zusammenhang einreihen lassen. In unseren Ausführungen gingen
wir bisher meist von der Voraussetzung aus, daß das auf der Fovea Abgebildete dem Kernpunkt des Sehraums, und demnach die Sehrichtung der
Fovea der binokularen Blickrichtung entspreche. Nur die Beobachtungen
bei extremer Blickwendung und während der Drehempfindung ließen Ausnahmen davon erkennen. In gleicher Weise hat nun Fuchs (761, 762)
Beobachtungen von Best (267b, 744, 745), Poppelreuter (11a) und von
ihm selbst über Verlagerung der scheinbaren Mediane bei Hemianopikern
damit erklärt, daß in diesem Falle nicht mehr das auf der Fovea Abgebildete die Kernstelle des Sehfeldes liefere, sondern die Eindrücke einer
exzentrischen, mehr gegen die Seite des intakten somatischen Sehfeldes zu
gelegenen Netzhautstelle. Diese die Fovea in ihrer
normalen Funktion vertretende »vikariierende«
oder »Pseudofovea« bilde dann auch für den
motorischen Apparat insofern das Zentrum, als
die Patienten einen Gegenstand anzublicken ver-
meinen, wenn sie sein Bild auf die Pseudofovea,
nicht auf die wirkliche Fovea, bringen. Anders
ausgedrückt, nicht mehr die Sehrichtung der
Fovea, sondern die der Pseudofovea entspricht
der binokularen Blickrichtung[1]). Gesetzt den
Fall, die Gesichtslinie des linken Auges sei bei

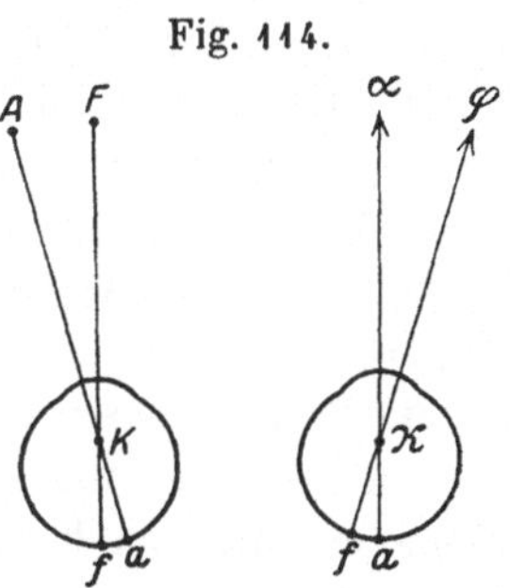

Fig. 114.

rechtsseitigem Ausfall des Gesichtsfeldes geradeaus gerichtet, so daß sich
der geradeaus gelegene Punkt F auf der Fovea f, der links gelegene
Punkt A auf der Pseudofovea a abbildet (s. Fig. 114). Dann ist nicht mehr
die Sehrichtung der Fovea, die Linie $\varkappa\varphi$ des Zyklopenauges geradeaus nach
vorn gerichtet, sondern die Sehrichtung $\varkappa\alpha$ der Pseudofovea, d. h. nicht
der Punkt F erscheint geradeaus nach vorn, sondern der links gelegene
Punkt A. Auf ihn glaubt der Hemianopiker hinzublicken, und mit ihm erscheint das ganze übriggebliebene Sehfeld nach der blinden Seite hin verschoben, es scheint dem Hemianopen nicht auf der einen Seite, sondern
gerade vor ihm zu liegen. Diese Verschiebung ist aber nach Fuchs verschieden groß, je nach den im Gesichtsfeld dargebotenen Gestalten. Die
Lage der Pseudofovea ist also keine feste, sondern sie wechselt je nach der
Gestaltkonfiguration des auf einmal überschauten Sehfeldes. Die Kernstelle
des Sehfeldes bildet eine Art Mitte, den »Schwerpunkt« der Sehfeldgestalt.

---

1) Für die Pseudofovea der Schielenden hatte ich schon früher (334, S. 835 ff.)
dasselbe angenommen.

Mit dieser Ausbildung einer Pseudofovea geht ferner, wie FUCHS zeigt, eine Erhöhung der Sehschärfe derselben Hand in Hand. Auch bezieht sich die zentrische Schrumpfung des Sehfeldes die am normalen Auge gegen die Fovea hin erfolgt (vgl. oben S. 172), nunmehr gegen die Pseudofovea. Analogien dazu finden sich auch beim Normalen, bei dem nach den Beobachtungen von LIPP (794) ebenfalls das Hinlenken der Aufmerksamkeit auf einen peripheren Netzhauteindruck eine Annäherung der übrigen Sehdinge gegen die besonders beachtete Stelle hin bewirkt.

POPPELREUTER gibt an (11a, S. 105), daß über die Hälfte der Fälle von Hemianopsie keine gröberen Störungen der Richtungslokalisation aufweist, und eine gesetzmäßige Beziehung zwischen dem Gesichtsfeldausfall und dem Fehler der Richtungslokalisation nicht besteht. Ja es kann, wie BEST nachwies, beim Zurückgehen der Hemianopsie dazu kommen, daß die Medianebene gerade umgekehrt, wie vorher, nunmehr in die geschädigte Zone hinein verlagert wird. FUCHS (761, S. 139) versucht auch hierfür eine Erklärung zu geben. Aber selbst wenn die Konstruktion von FUCHS nicht in allen Fällen durchführbar sein sollte, so ergibt sich aus diesen Überlegungen und Beobachtungen doch so viel, daß wenigstens unter gewissen Umständen die Gesamtkonfiguration, die einheitliche »Gesamtstruktur« des Sehfeldes auch auf die absolute Lokalisation von Einfluß ist. Es mag sein, daß dieser Einfluß je nach der Eigenart des betreffenden Individuums verschieden ist, zu berücksichtigen ist aber jedenfalls, daß sich die einzelnen Sehdinge immer in die Gesamtgestalt des Sehfeldes einfügen müssen. Wir werden diesem allgemeinen Satz insbesondere bei der Tiefenlokalisation noch wiederholt begegnen, hier sei bezüglich der Lokalisation in der Ebene noch folgendes hinzugefügt.

Wenn uns Photographien von Bekannten unter Verdeckung besonders charakteristischer Einzelheiten verkehrt vorgelegt werden, so erkennen wir sie nicht (MACH, 10a, S. 94). Eine Landschaft, deren Bild wir mit Hilfe eines Reversionsprismas umkehren, oder die wir mit durch die Beine hindurchgestecktem Kopf betrachten, erscheint uns vollkommen verändert und ähnliches (s. unten S. 417; vgl. ferner OETJEN, 804). Daß dies auf einem durch die Wirkung der Schwere auf die Augen verursachten Unterschied der Richtungen nach oben und nach unten beruht, wie MACH meint, ist von vorne herein wenig wahrscheinlich, weil die Masse der Augen viel zu klein ist, als daß sich bei ihnen die Wirkung der Schwere besonders merkbar machen sollte. HERING (R. S. 571) hatte den Unterschied auf ein »lokalisiertes Reproduktionsvermögen« der Netzhaut bezogen. Zur schnellen und sicheren Reproduktion eines uns bekannten Gegenstandes gehöre auch, daß wir sie von jenen Teilen der Sehsubstanz besorgen lassen, die dafür besonders erzogen seien. Die »ergänzende Reproduktion« reiht sich aber, wie wir früher gesehen haben, unter die Vorgänge der Gestaltwahrnehmungen ein, und für diese sind nicht allein die Einzelheiten des dargebotenen Objektes an sich, sondern auch ihre Einfügung in die Gesamtkonstellation, in der es dargeboten wird, maßgebend. Das Ungewohnte der Situation hindert uns deswegen daran, das uns nur in anderer Lage Geläufige wieder zu erkennen, weil wir die Einzelheiten immer nur als Bestandteile eines einheitlichen Gesamtsehfeldes erfaßt haben. Kindern gelingt das Wiedererkennen solcher »verlagerter Raumformen« viel leichter, ja sie führen derartige Verlagerungen, z. B. ins Spiegelbild, beim Nachzeichnen ganz von selbst aus (STERN, 825, vgl. auch FILDES, 757a). Das beruht darauf, daß sie sich beim Wiedererkennen von Gegenständen im Gegensatz zum Erwachsenen weniger an den Eindruck der Gesamtgestalt, als vielmehr an besonders hervorstechende Einzelheiten derselben halten. Dazu kommt möglicherweise noch eine mangelhafte Ausbildung der egozentrischen Lokalisationsweise (G. E. MÜLLER, 803, S. 155). Indessen erkannte UHTHOFFS operierter Blindgeborener anfangs, so lange er noch wenig geübt war, gerade umgekehrt ein ihm schon bekanntes Objekt bei Darbietung in anderer Umgebung (z. B. ein Stück Zucker an einem Bindfaden schwebend) sehr schlecht wieder (UHTHOFF, 263, S. 122).

Dieses Verhalten führt uns nun weiter zu der von MACH (10a, S. 87ff.) aufgeworfenen Frage, wie es komme, daß geometrisch kongruente Figuren dennoch anschaulich nicht gleich erscheinen, wenn die Richtung ihrer Konturen, wie z. B. die der beiden Quadrate in Fig. 115 nicht miteinander über-

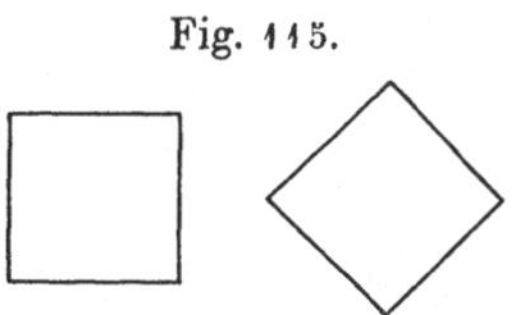

Fig. 115.

einstimmen. Auch zwei verschieden stark schief stehende Quadrate zeigen diesen Unterschied noch, allerdings schon in geringerem Grade. Je besser die Richtungen der beiden miteinander verglichenen Figuren übereinstimmen, desto ähnlicher erscheinen sie uns. Erst bei gleichen Richtungen werden sie unmittelbar als gleich empfunden, bei ungleichen Richtungen ist es lediglich ein Ergebnis der Überlegung, daß die Figuren als kongruent und bloß gegeneinander gedreht erkannt werden. MACH deutet an, daß dies mit der motorischen Innervation der Augenmuskeln zusammenhängen dürfte, also etwa die Verschiedenheit der gesehenen Richtung auf dem Unterschied der Innervationsimpulse beruhe, die man den Augenmuskeln beim Verfolgen der Konturen mit dem Blick erteilt. Dagegen spricht aber entscheidend die Zunahme der Ähnlichkeit geometrischer Figuren bei symmetrischer Verteilung rechts und links. Wäre der Innervationsimpuls maßgebend, so müßte gerade hierbei der größte Gegensatz bemerkbar werden, denn die Innervation nach rechts und nach links sind einander ja gerade entgegengesetzt. MACH glaubt, daß die Ähnlichkeit hier mit dem symmetrischen Bau unseres Körpers nach rechts und links zusammenhänge. Daß eine symmetrische Anordnung nach oben und unten uns eine geringere Ähnlichkeit darbiete, will er aus dem Mangel der Symmetrie nach oben und unten erklären. Von G. E. MÜLLER (803, S. 236) und STRATTON (228a) wird aber dieser Unterschied in Abrede gestellt.

Wir werden daher für die anschauliche Ungleichheit verschieden gerichteter kongruenter Figuren eine andere Erklärung suchen müssen, und zwar führen uns auf den richtigen Weg Betrachtungen, die sich noch eindringlicher an den Vergleich verschieden weit entfernter Sehtiefen anschließen lassen, und die daher weiter unten (S. 476) nochmals zur Sprache kommen. Gerade wenn man eine nahe und eine ferne Sehtiefe miteinander vergleichen will, wird einem klar, daß man sie garnicht gleich machen, sondern bloß gleich groß »schätzen« kann. In verschiedener — subjektiver — Sehferne erscheinende — subjektive — Sehtiefen sind voneinander qualitativ verschieden, so wie die Nuancen einer Grauskala oder die »Höhe« verschiedener Töne. Dieses Ergebnis ist aber keine Sondererscheinung der Tiefendimension, vielmehr gilt das Analoge auch für den Vergleich der Breiten- und Höhendimension im ebenen frontalparallelen Sehfeld. Wir bilden uns gewöhnlich ein, daß zwischen den Ausdehnungen nach verschiedenen Richtungen im ebenen Sehfeld nur quantitative Unterschiede bestehen. Das ist aber ein Irrtum. Es sind auch das qualitative Unterschiede, nur sind sie nicht so deutlich. Am undeutlichsten sind sie dann, wenn die Richtung der verglichenen Strecken die gleiche ist. Wenn ich das Bild einer Strecke AB auf der Netzhaut habe und blicke dann auf eine gleich große, gleich gerichtete Strecke CD, so kann ich es so einrichten, daß AB und CD auf denselben Stellen der Netzhaut abgebildet werden. Vorausgesetzt nun, daß durch die Augenbewegungen keine oder nur eine geringe Änderung der Stimmung des Sehapparates hervorgerufen worden ist, erhalte ich dann dieselbe oder nur eine wenig geänderte Regung des Sehorgans, also tatsächlich dieselbe oder nur eine geringfügig abgeänderte Empfindungsqualität. Sind die beiden Strecken gleich gerichtet, aber ungleich groß, so erhalte ich schon einen qualitativen Unterschied, aber da ich auf einer doppelt so langen Strecke EF die Strecke AB durch Augenbewegungen oder durch Anlegen eines Maßstabes von der Länge AB doppelt abmessen kann, so bezeichne ich den Eindruck als »doppelt so lang«. Das ist indessen eine ähnlich ungerechtfertigte Übertragung vom äußeren Reiz auf die Empfindung, als wenn man einem Ton, der durch die doppelte objektive Schwingungsfrequenz eines anderen erzeugt ist, die »doppelte Tonhöhe« zuschreibt. Nicht der Ton ist doppelt so hoch, sondern die ihn auslösende physikalische Reizfrequenz. Ebenso hat nicht der Seheindruck die doppelte Länge, sondern der ihn auslösende äußere Reiz. Die »doppelte Länge« ist eine Messung im objektiven, »geometrisch-konstruktiven« Raum (Tschermak)[1]. Vergleiche ich eine Strecke AB mit einer gleich großen, aber anders gerichteten Strecke FG, so ist etwa eine horizontale mit einer vertikalen, so ist der Unterschied in der Qualität schon deutlicher (vgl. auch v. Kries,

---

1) Über die Grundlagen und Voraussetzungen dieses Messens vgl. man v. Kries (793, S. 104 ff.).

793, S. 238), am deutlichsten aber ist er, wie gesagt, beim Vergleich von Sehtiefen in verschiedener Sehferne.

Damit ist aber auch die prinzipielle Antwort auf die MACHsche Frage gegeben. Die verschiedene Richtung der Strecken ist ein qualitativer Empfindungsunterschied und ist deswegen von den quantitativen Abmessungen im wirklichen Raum grundsätzlich zu trennen. Die Richtungen und Längen im Sehraum sind also von den Richtungen und Längen im objektiven Raum nicht bloß dadurch unterschieden, daß man nicht weiß, in welchem gemeinsamen Maß man sie messen soll, weil sie von einem Individuum zum anderen und bei einer und derselben Person zu verschiedenen Zeiten wechseln können (vgl. die Einleitung, S. 2), man könnte sie auch, wenn man den Reduktionsfaktor bestimmen könnte, nicht aneinander messen, sie sind wirklich inkommensurabel, weil nur der eine Teil, die Verhältnisse im wirklichen Raum meßbar und in Größen ausdrückbar ist, während die Unterschiede im subjektiven Teil von unvergleichbar anderer Art sind.

Im bisherigen Schema war zunächst summarisch angenommen worden, daß bei einer willkürlichen Blickwendung nach der Seite die egozentrische Lokalisation unverändert bleibt, die Sehdinge daher unverrückt an ihrem Ort erscheinen. Die aufmerksame Beobachtung lehrt aber, daß in Wirklichkeit doch eine geringe Änderung der scheinbaren Lage der Objekte statthat, und zwar verschiebt sich der ganze Sehfeldinhalt bei einer Blickwendung nach der ihr entgegengesetzten Seite hin. Es erfolgt also bei der Rechtswendung des Blicks eine kleine Scheinverschiebung nach links, bei der Blickhebung eine geringe Senkung des Sehfeldinhalts usf. HILLEBRAND (bei MACH 10a, S. 305 ff.) hat diese Scheinbewegungen genauer untersucht und sie, wie oben S. 377 schon erwähnt wurde, wenigstens zum Teil auf eine Unterschätzung der Entfernung zurückgeführt. Wenn die Entfernung unterschätzt wird, wird auch der Breitenabstand des Ziels zu klein eingeschätzt, und die dieser Schätzung entsprechend bei der Blickwendung auftretende zu geringe Änderung der absoluten Raumwerte kompensiere nur einen Teil der Bildverschiebung. Was darüber hinausgeht, erzeuge eine Scheinverschiebung nach der der Blickwendung entgegengesetzten Seite, die um so bedeutender ist, je mehr die Entfernung (z. B. im Dunkelzimmer) unterschätzt wird.

Eine Scheinbewegung sollte aber auch schon beim einäugigen Sehen dadurch entstehen, daß der Drehpunkt des Auges nicht mit dem Knotenpunkt zusammenfällt. Es sei in Fig. 116 d der Drehpunkt des Auges k die Lage des Knotenpunktes, wenn das Auge nach A blickt, k', wenn es nach B blickt. Aus der Zeichnung ergibt sich, daß bei der Blickwendung von A nach B, wobei die Fovea von a nach b' rückt, die Netzhautbilder der Punkte A und B außer der durch diese Netzhautdrehung bewirkten Verschiebung noch eine weitere erleiden, indem wegen der Mitdrehung des

Knotenpunktes das Bild des Punktes A von a nach a', das des Punktes
B von b nach b' rückt. Ebenso verschieben sich die Bilder aller anderen
Objekte im Gesichtsfeld. Sofern nun der Impuls zur Blickwendung so erteilt wird, daß er eben gerade einer Drehung der Fovea von a nach b'
entspricht, müßte daraus eine Verschiebung des ganzen Sehfeldes im Sinne
der in die Figur eingezeichneten Pfeile, also entgegengesetzt der Blickwendung,
folgen. Nun sehe ich aber von einer solchen Scheinbewegung im Hellen an
ganz nahen Objekten, wenn ich nur meine Aufmerksamkeit scharf auf sie
richte und nicht wie S. 377 beschrieben, bloß die Augen achtungslos nach

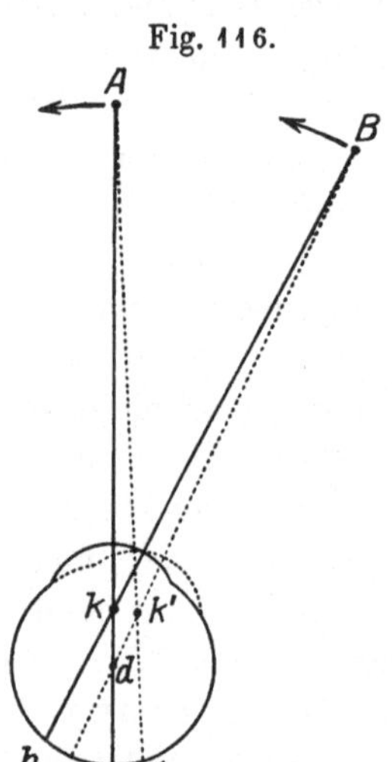

Fig. 116.

rechts und links werfe, kaum etwas. An entfernteren Objekten sehe ich sie, wie bemerkt, deutlich,
aber da kann sie auch auf die Unterschätzung der
Entfernung nach Hillebrand bezogen werden.

Mit dem Auseinanderfallen von Drehpunkt und
Kreuzungspunkt der Visierlinien hängt eine bei
Blickwendungen deutlich nachweisbare gegenseitige
Scheinverschiebung verschieden weit vom Auge entfernter Objekte zusammen. Nehmen wir an, die
Hauptvisierlinie falle mit der Blicklinie zusammen
und der Kreuzungspunkt der Visierlinien werde
beim Übergang von der Fixation des Punktes A zu
der des Punktes B von k nach k' verlagert. Man
kann sich zur Veranschaulichung wieder der Fig. 116
bedienen, wenn man sich k und k' als Kreuzungspunkte der Visierlinien weiter nach vorn gegen die
Hornhaut zu gerückt denkt und die Strahlen von

k und k' über d hinaus nach dem Augenhintergrunde zu wegläßt. Man sieht
dann, daß die Visierlinie von A in beiden Lagen der Blicklinie um den Betrag
des Winkels kAk' verschieden gerichtet ist. Helmholtz (I, S. 585) hat diesen
Winkel, d. h. den Unterschied zwischen dem Visierwinkel AkB, dessen Spitze
im Kreuzungspunkt der Visierlinien liegt, und dem Winkel AdB, als die
Parallaxe zwischen der scheinbaren Lage der Objekte bei direktem und
indirektem Sehen bezeichnet. Diese »Parallaxe des indirekten Sehens«
ist Null, wenn die Objekte unendlich weit entfernt sind, bei nahen Objekten
aber wird sie merklich. Setzen wir den Drehpunkt in 13,5 mm, den Kreuzungspunkt der Visierlinien in 3,0 mm hinter den Hornhautscheitel, so beträgt diese Parallaxe bei einer Blickwendung von 10°, wenn der Punkt A
10 cm vom Kornealscheitel entfernt ist, nicht ganz 1°, und sie nimmt mit
der Vergrößerung der Entfernung sehr angenähert dieser proportional ab.
Ist nur ein Objekt weit entfernt, das andere nahe, so gibt dieser Winkel
an, um wieviel sich das nahe Objekt gegenüber dem weiten bei der Blickwendung verschiebt. Man kann das im folgenden Versuch (vgl. Helmholtz,

I, S. 539) leicht beobachten: Man halte ganz nahe vor ein Auge, während das andere geschlossen ist, ein Lineal so, daß es eben ein fernes Licht verdeckt. Dann wende man das Auge stark vom Lineal weg. Jetzt fallen Strahlen des fernen Lichts durch die seitlich verlagerte Pupille ins Auge, und das Licht taucht n e b e n dem Linealrand auf, weil sich die Visierlinie des letzteren nach der der Blickwendung entgegengesetzten Seite gedreht hat.

Mit der Blickwendung zur Seite ist auch eine Verlagerung der scheinbaren Mediane verbunden, die von SACHS und WLASSAK (819) im Dunkelzimmer, von FISCHER (758) im gleichmäßig gefärbten Gesichtsfeld näher studiert wurde. Sie ist um so größer, je stärker die Blickwendung ist, besonders aber, je länger man das seitliche Objekt betrachtet (vgl. BOURDON, 3, S. 148)[1]. Die Erscheinung wird von HILLEBRAND (bei MACH, 10a, S. 306) aus der oben erwähnten mangelhaften Kompensation der Bildverschiebung infolge Unterschätzung der Entfernung erklärt. Sie dürfte aber zum Teil auch mit einer Täuschung über die Kopfrichtung zusammenhängen. Mir erscheint, wenn ich im Dunkeln den Blick einige Zeit nach der Seite gewendet halte, schließlich auch der Kopf nach dieser Seite hin gedreht. Einer anderen Versuchsperson, die gut beobachtete, erschien sogar auch der Körper nach der Seite gedreht. Nun geht aber, wie SACHS und WLASSAK zeigten, die Lage der scheinbaren Mediane bei einer Seitenwendung des Kopfes mit diesem mit oder bleibt höchstens ganz wenig hinter ihm zurück. FISCHER beobachtete in Binokularversuchen ebenfalls ein Mitgehen der scheinbaren Mediane mit dem Kopf, nur blieb die Einstellung derselben bei Linkswendung und kleinen Drehungen etwas hinter der Kopfdrehung zurück, bei großen ging sie darüber hinaus. Bei Rechtswendung des Kopfes folgte die scheinbare Mediane der Kopfdrehung in fast gleichem Ausmaß. Bei einäugiger Betrachtung waren die Abweichungen wegen der bestehenden Heterophorie viel größer und an beiden Augen verschieden. Wenn man freilich über die Stellung des Körpers nachdenkt, wird man sich bewußt, daß man nur die Mediane des Kopfes bestimmt hat, und daß dieser gegen den Rumpf gedreht ist. Über die Einstellung der scheinbaren Mediane bei anderer, als aufrechter Kopf-Körper-Stellung liegen keine Untersuchungen vor. HOFMANN und FRUBÖSE (1338) bestimmten, wie vorher schon NAGEL (1349), in Rücken- und Bauchlage die scheinbare Längsrichtung des Körpers, und fanden, daß sie in Rückenlage ganz unbestimmt war (mittlerer variabler Einstellfehler bei HOFMANN durchschnittlich 2°). In Bauchlage war sie etwas genauer (mittlerer variabler Fehler

---

1) In den Versuchen von DIETZEL (751) war diese seitliche Ablenkung der scheinbaren Mediane individuell sehr verschieden groß und hob sich nicht deutlich von dem Einfluß eines seitlichen Lichtes beim Blick geradeaus ab, was aber vielleicht daran lag, daß die Versuchspersonen nicht die Mediane des Kopfes, sondern die des Rumpfes angaben.

gegen 1°). Wie sich die scheinbar mediane Richtung während und nach anhaltender Drehung von Kopf und Körper um die vertikale Achse verhält, ist auch nicht genauer untersucht. Nach unseren eigenen Beobachtungen möchte ich glauben, daß sie im Anfang der Drehung etwas hinter ihr zurückbleibt und im Stadium der Nachdrehung im Sinne der vorhergehenden Drehung abgelenkt ist. Ich folgere das aus dem geringen Zurückbleiben des Nachbildes bei geschlossenen Augen während der Drehung und der Seitenstellung desselben nach der anderen Seite nach der Drehung. In gleicher Weise wird ja auch, wie MÜNSTERBERG und PIERCE (1347), REINHOLD und ALT (809a) und FREY (759) fanden, nach der Drehung eine Schallquelle bei geschlossenen Augen seitlich lokalisiert.

Wird in dem eben geschilderten Mechanismus durch pathologische Verhältnisse eine Störung gesetzt, so ergibt sich daraus eine falsche, von der Norm abweichende Lokalisation, die man durch den Tastversuch objektiv nachweisen kann. Den fehlerhaften Ausfall desselben im Zusammenhang mit der Änderung der absoluten Lokalisation bei Augenmuskelparesen haben wir schon oben erörtert. Der Tastfehler ist aber nur im Anfang vorhanden und verschwindet, wenn der Kranke aus irgendeinem Grunde gezwungen ist, das paretische Auge dauernd zur Fixation zu verwenden, später ganz. Der Kranke hat sich dann daran gewöhnt, mit dem stärkeren Innervationsimpuls nach der paretischen Seite hin eine geringere Verlagerung der Hauptsehrichtung zu verbinden. Daß dies wirklich der Fall ist, ergibt sich daraus, daß er jetzt, wenn das paretische Auge abgedeckt wird, und er mit dem nichtparetischen Auge herumblicken soll, mit diesem falsch lokalisiert. Dieser »spastische« Lokalisationsfehler (SACHS, 815), besteht darin, daß bei Bewegungen nach dem Wirkungsbereich des paretischen Muskels eine stärkere Innervation erteilt wird, als der Seitenwendung der Hauptsehrichtung entspricht, demnach die Lokalisation hinter der Seitenwendung des Blicks zurückbleibt, und zwar um so mehr, je weiter die Augenbewegung in den Wirkungsbereich des paretischen Muskels hineinreicht. Setzen wir wieder den Fall einer Abduzensparese auf der rechten Seite, so bestand der anfängliche paretische Lokalisationsfehler darin, daß beim Blick mit dem gelähmten Auge nach rechts zu weit nach rechts lokalisiert wurde. Sobald diese Störung bei andauernder Benützung des rechten Auges abgeklungen ist, und nunmehr dieses Auge verdeckt wird, begeht der Patient beim Sehen mit dem linken Auge einen um so größeren Tastfehler im Sinne des Vorbeizeigens nach links, je weiter er nach rechts blickt. Bei dauernder Verwendung des nicht gelähmten Auges zum Sehen bildet sich aber diese »spastische« Lokalisationsfehler rasch wieder zurück. Darüber sowie über die mannigfachen individuellen Unterschiede, die sich bei diesen Beobachtungen herausstellen, vgl. man BIELSCHOWSKY in diesem Handbuch (437, S. 122 ff.).

Über die Vorgänge, die diese Änderung der optischen Lokalisation veranlassen, können wir nur Vermutungen äußern. Zunächst wird man daran denken, daß mit den anderen Sehdingen auch die sichtbaren Teile des eigenen Körpers die Scheinbewegung mitmachen, also bei einer Scheindrehung des Sehfeldes nach rechts sich ebenfalls mit nach rechts drehen. Die relative Lage der sichtbaren Teile des eigenen Körpers zu den übrigen Sehdingen bleibt also trotz der Scheinbewegung unverändert. Achtet daher der Patient auf die sichtbaren Teile des eigenen Körpers, so kann er von ihnen aus die falsche Lokalisation der übrigen Sehdinge wieder korrigieren. Daß dabei der optische Eindruck in Widerspruch gerät zum Lagegefühl des Kopfes und Körpers, wird kaum viel ausmachen, denn wir sahen ja schon bei den Versuchen von STRATTON (oben S. 355 ff.), daß die optischen Eindrücke weit über die haptischen überwiegen. Auf denselben Zusammenhang weist ferner folgende Beobachtung von SACHS (816) hin. Ein Patient mit hochgradigem Divergenzschielen war beim Sehen im Hellen, wenn er auf den Inhalt des Gesichtsfeldes achtete, über seine Kopfstellung falsch orientiert, während er ihn bei geschlossenen Augen oder im Dunkeln richtig lokalisierte. Im Hellen lokalisierte der Patient die in die Gesichtslinie seines rechten, ständig fixierenden Auges liegenden Gegenstände richtig, er hielt aber beim Sehen den Kopf nach links gedreht. Wurde ihm im Hellen bei offenen Augen der Kopf geradeaus gestellt, so erschien er ihm nach rechts gedreht. Das Divergenzschielen hatte also in diesem Falle zu einer falschen Lokalisation des Kopfes geführt, welche so mächtig war, daß sie das ihr entgegenstehende Lagegefühl des Kopfes bei offenen Augen im Hellen ganz unterdrückte. Im Dunkelzimmer überwog dagegen das Lagegefühl des Kopfes und nun wurde umgekehrt nicht der Kopf, sondern ein isoliert sichtbarer Lichtpunkt entsprechend falsch lokalisiert. SACHS hat das später (818) noch an einer Modifikation des CZERMAK-HELMHOLTZschen Zeigeversuchs demonstriert. Setzt man seitenablenkende Prismen vor die Augen und stößt nach dem sichtbaren Zeigefinger der einen Hand rasch mit dem Zeigefinger der anderen Hand vor, so fährt man, wenn man gut auf den optischen Eindruck aufmerkt, daneben, während man doch bei geschlossenen Augen den Finger ganz gut trifft. Das Stellungsbewußtsein der Finger wird eben auch hier durch den optischen Eindruck in den Hintergrund gedrängt (vgl. auch oben S. 357).

Mit einer derartig falschen Vorstellung von der Kopflage setzte HERING (330) auch die Änderung der absoluten Lokalisation beim alternierenden Schielen in Analogie. Der von ihm untersuchte Schielende lokalisierte die Sehdinge trotz des Schielens mit jedem einzelnen Auge ungefähr richtig, weil er die durch die Motilitätsstörung seines Doppelauges notwendig gewordenen Abänderungen der Innervation bei der optischen Lokalisation einzurechnen gelernt hatte. »Er lokalisierte mit dem linken Auge so, als ob

er den Kopf relativ nach links, mit dem rechten so, als ob er ihn relativ
nach rechts gedreht hätte.« Ob sich diese Annahmen verallgemeinern lassen,
kann man ohne weitere Untersuchungen nicht sagen. Sie würden aber zunächst nur das Entstehen der richtigen Lokalisation beim konkomitierenden
Schielen plausibel machen, hingegen noch nicht das Verschwinden der Scheinbewegung bei Augenmuskelparesen erklären. Denn bei diesen ist ja, wie
BIELSCHOWSKY (437, S. 124 ff.) darlegt, das Plus, um das die Innervation des
gelähmten Auges von der des normalen abweicht, nicht konstant, sondern
ändert sich mit der Blickrichtung. Halten wir daran fest, daß die Änderung
der absoluten Raumwerte der Netzhaut mit dem Impuls zur Blickwendung
verknüpft ist, so müßten wir also annehmen, daß sich die Patienten allmählich daran gewöhnen, eine bestimmte Verlagerung der Hauptsehrichtung
bald mit einem stärkeren, bald mit einem schwächeren Innervationsimpuls
für die Augenmuskeln zu verbinden. Ist das aber möglich, dann müßten
wir doch wohl voraussetzen, daß die Innervation zur Blickwendung nicht
eine unveränderliche, reflexmäßige Folge der Verlagerung des Aufmerksamkeitsortes ist, sondern durch die Erfahrung verhältnismäßig leicht abgeändert
werden kann. Daß die Stellung des gelähmten Auges in diesen Fällen
eine allmähliche raumumstimmende Wirkung entfaltet, ist angesichts der
Tatsache, daß der optische Effekt der Scheinverschiebung dem Patienten
soviel eindringlicher ist, wenig wahrscheinlich.

Die grundsätzlichen Überlegungen, die wir soeben für das scheinbare
Geradevorn angestellt haben, gelten mutatis mutandis auch für die Ein-
stellung der scheinbar gleichen Höhe mit den Augen, des sogenannten
Augenhorizonts, über die insbesondere MAC DOUGALL (799), BOURDON
(3, S. 153 ff.), HOPPELER (781) und FISCHER (758) Untersuchungen angestellt
haben. Den mittleren variablen Einstellfehler fand MAC DOUGALL an zehn
Personen im Hellen durchschnittlich zu 8′ (wechselnd zwischen 2′ und 11′;
BOURDON bei sich 19′), im Dunkelraum durchschnittlich zu 32′ (mit den
Extremen 20′ und 52′; BOURDON 41′). HOPPELER fand bei seinen Versuchspersonen ebenso große individuell schwankende Unterschiede in der Einstellung zu verschiedenen Zeiten — mit Variationen bis zu 5° — wie DIETZEL
bei der Einstellung der scheinbaren Mediane. Es besteht ferner eine gewisse
Neigung, statt auf Augenhöhe auf einen etwas niedrigeren Punkt einzustellen, nach BOURDON auf den Mund, nach den oben S. 393 angeführten
Versuchen von FUNAISHI wohl eher auf das Kopfdrehgelenk zu. Im allgemeinen, aber nicht bei allen Personen, wird die Augenhöhe etwas tiefer
eingestellt, als sie wirklich liegt. Senkung und Hebung des Kopfes
änderte bei den Versuchspersonen von MAC DOUGALL die Einstellung nur
wenig (FISCHER fand an sich selbst eine geringe Hebung des scheinbaren
Augenhorizonts in der Nähe nur bei Kopfhebung um 10° und 20°); dagegen wurde bei einer Drehung des ganzen Körpers nach rückwärts um

45° der Augenhorizont stark gehoben eingestellt. Nach 8″ lang anhaltender Blickhebung war der Augenhorizont im Dunkeln etwas gehoben, nach ebenso langer Blicksenkung etwas gesenkt. Bringt man im Dunkelzimmer über oder unter dem einzustellenden Lichtpunkt noch einen zweiten hellen Gegenstand an, so wird die Einstellung stark gegen diesen hin verschoben (MAC DOUGALL). Dasselbe ist der Fall, wenn man den oben oder unten befindlichen zweiten Lichtpunkt fixiert und den Augenhorizont im indirekten Sehen einstellt (FISCHER). Auch die Akkommodations- und Konvergenzeinstellung für die Nähe hat einen gewissen Einfluß auf die Einstellung des Augenhorizonts, doch ist dieser ziemlich kompliziert. Sehr deutlich ist der Einfluß der Gestaltauffassung (oder der Erfahrungsmotive), der insbesondere von MAC DOUGALL in mehreren Versuchen studiert wurde. Auch eine der Ausbildung eines Pseudofovea entsprechende, mit der Gestaltstruktur des Sehfeldes zusammenhängende Verlagerung des subjektiven Augenhorizonts nach oben mit Vorbeiblicken am angeschauten Objekt nach unten ist bei Hemianopsie im unteren Teil des Gesichtsfeldes von BEST beschrieben worden (vgl. FUCHS, 761, S. 158).

Die Lage der scheinbaren Frontalebene der Augen, das »Stirngleich«, ist systematisch nur von FISCHER (758) untersucht worden. FISCHER fand für jedes Auge eine verschiedene Einstellung, die außerdem je nach der Entfernung variierte. Im allgemeinen lagen bei ihm die Einstellungen bei Entfernungen über 70—80 cm von den Augen nach vorn von der Frontalebene der Augen, von da ab um so weiter nach hinten, je näher am Auge eingestellt wurde. Ganz in der Nähe läuft die sehr wenig einheitliche und etwas gekrümmte Kurve der Einstellungen links etwa gegen einen Punkt zu, der ungefähr 6 cm hinter der Ebene der Augen liegt. Ich selbst stelle die scheinbare Frontalebene der Augen beim Blick geradeaus bis zu etwa 15—20 cm an die Augen heran vor der Frontalebene der Augenwinkel ein (links mehr als rechts) und nur beim Blick zur betreffenden Seite hin erfolgen die Einstellungen etwas hinter dieser Ebene.

Das Gedächtnis für Lagen, und zwar zunächst die Fähigkeit, den Lagenunterschied zweier nacheinander im Dunkelzimmer isoliert sichtbaren Lichtpunkte zu erkennen, wurde von BOURDON (3, S. 159) geprüft. Der erste Lichtpunkt lag in der Medianebene und in Augenhöhe, der andere abwechselnd nach rechts oder links, oben oder unten vom ersten. Nach dem Erlöschen des ersten wurden jedesmal die Augen geschlossen und einige Augenbewegungen ausgeführt. BOURDON bestimmte als sicher erkennbaren Lagenunterschied einen solchen von 1,5°. Versuche über die Genauigkeit, mit der man durch den Zeigeversuch die Lage eines isoliert nach einem anderen sichtbaren Punktes anzugeben vermag, hat HABERLANDT (769) ausgeführt. Er fixierte zunächst einen Punkt, der dann verschwand, während gleichzeitig ein anderer in der Peripherie aufleuchtete, auf den er nunmehr hinblickte. Dann erschien wieder der erste Fixationspunkt, während der zweite erlosch.

Schließlich verschwand auch der erste Punkt wieder, und der Beobachter hatte nun die Aufgabe, einen an einem Stabe befestigten Leuchtpunkt an die Stelle hinzubringen, wo ihm der periphere Lichtpunkt erschienen war. Die Versuche wurden mit bloßer Seitenwendung der Augen, mit Kopfwendungen möglichst ohne Änderung der Augenstellung im Kopf und mit kombinierten Kopf- und Augenbewegungen, wie beim gewöhnlichen Sehen, ausgeführt. Der mittlere variable Fehler war bei einer Versuchsperson am größten ($1\frac{1}{2}°$) bei bloßer Augenbewegung, am kleinsten bei den kombinierten Kopf-Augenbewegungen. Bei HABERLANDT selbst war er gerade umgekehrt bei den letzteren Bewegungen am größten, nämlich $2°$. Es kommen also auch in dieser Beziehung große individuelle Unterschiede vor. Im allgemeinen bewegen sich aber die Fehler in derselben Größenordnung von $1—2°$, wie wir es auch bei der Einstellung der scheinbaren Mediane im Dunkeln gefunden haben. Die Genauigkeit, mit der man durch den Zeigeversuch die Höhenlage eines im Dunkelzimmer isoliert sichtbaren Punktes anzugeben vermag, hat A. E. FICK (757) untersucht.

Über die räumliche Lokalisation im Gedächtnis eingeprägter und aus ihm reproduzierter optischer Figuren hat G. E. MÜLLER (803) sehr eingehende Untersuchungen angestellt, auf die hier bloß kurz hingewiesen werden kann (vgl. auch P. MEYER, 800, 801).

In pathologischen Fällen kann die Fähigkeit, die Richtung gesehener Gegenstände zu erkennen, geschädigt sein, so daß die Patienten weder richtig nach den Objekten greifen, noch auch auf sie zugehen können, obwohl eine Störung der Innervation zum Greifen und Gehen nicht vorliegt. In den meisten dieser Fälle, wie sie z. B. von A. PICK (1043a; hier auch die ältere Literatur), ANTON (843a), HARTMANN (1333), GORDON HOLMES (545) u. a. beschrieben worden sind, war zugleich mit der Richtungslokalisation auch die Abstandslokalisation geschädigt, so daß also ein Verlust der Fähigkeit zur richtigen egozentrischen Lokalisation überhaupt vorlag, in den Fällen von PICK, ANTON, GORDON HOLMES war beiderseits der gyrus angularis verletzt. Fälle von Verlust der Richtungslokalisation ohne gleichzeitige Störung der Abstandslokalisation beschrieb MANN (799a). Danach scheint es, als ob man gehirnlokalisatorisch die Fähigkeit zur Richtungslokalisation von der zur Abstandslokalisation trennen kann, und BEST (745) nimmt daher ebenso, wie S. EXNER (240, S. 255 ff.) an, daß gewisse Stellen der Hirnrinde speziell mit der Funktion der Richtungslokalisation betraut seien. BEYER (746) beobachtete an sich selbst während eines Anfalls von Flimmerskotom eine Verlagerung einzelner Sehdinge von der rechten auf die linke Seite. HERRMANN (773a) berichtet, daß ihm und einer anderen Person gelegentlich Aufschriften verkehrt (in Spiegelschrift) erschienen. Über Raumverlagerung bei Eidetikern siehe unten S. 461.

VI. Die Tiefenlokalisation.

1. Die relative Tiefenlokalisation.

Die dritte Raumdimension, die der Tiefe, erkennen wir optisch sowohl beim einäugigen, als auch beim binokularen Sehen. Die Mittel zum Erkennen der Tiefe beim Sehen mit einem Auge sind durchwegs empirischer Natur, und sie geben uns nur über relativ grobe Tiefenunterschiede Aufschluß. Die spezifische binokulare Tiefenwahrnehmung unterscheidet sich von der monokularen darin, daß sie auch beim Fehlen aller empirischen Motive wirksam ist und in ihrer Feinheit viel weiter reicht, als das monokulare Tiefensehen. Die binokulare Tiefenwahrnehmung beruht auf der querdisparaten Abbildung der Objekte in beiden Augen. Liegt neben dem binokularen Fixationspunkt A ein zweiter Punkt B etwas vor oder hinter dem Horopter, so erscheint B bei geringer Querdisparation zwar einfach, aber man sieht ihn nicht im gleichen Abstand wie A, sondern bei gleichnamiger Querdisparation etwas weiter entfernt, bei ungleichnamiger etwas näher als A. Die Stelle des Sehraums, an der wir den binokularen Fixationspunkt sehen, hat Hering, wie wir oben S. 362 schon anführten, als den Kernpunkt des Sehraums, und die durch ihn gelegte frontalparallele Ebene, die Summe aller Punkte gleichen Abstandes vom Beobachter, als die Kernebene bezeichnet.

Die längsdisparate (ungleich hohe) Abbildung eines Punktes in beiden Augen vermittelt keinen binokularen Tiefeneindruck. Helmholtz (I, S. 656) hielt dies zwar noch für möglich, in den von ihm zur Stütze seiner Ansicht angeführten Versuchen sind aber, wie Hillebrand (246, S. 25ff.) und Heine (933) gezeigt haben, empirische Motive der Tiefenwahrnehmung wirksam. Vgl. zu diesem Punkt ferner Weinhold (1114), Kothe (990) und Depène (884). Die alleinige Tiefenwirkung der Querdisparation äußert sich auch darin, daß bei seitlicher Kopfneigung die Tiefenwahrnehmung dann am genauesten ist, wenn die zur Prüfung verwendeten Nadeln in der Richtung der (in diesem Falle schrägstehenden) Längsschnitte eingestellt sind (Linksz, 1001a).

Ist nun der relative Tiefenabstand der Sehdinge vom Kernpunkt in der Querdisparation der Netzhautbilder begründet, und können wir die Längsdisparation dabei vernachlässigen, so brauchen wir für das binokulare Tiefensehen demnach nicht den Total- oder Punkthoropter zu berücksichtigen, sondern können uns auf den Längshoropter, die Gesamtheit aller Punkte, die sich bei einer gegebenen Augenstellung ohne Querdisparation, wenn auch eventuell mit Längsdisparation abbilden, beschränken. Nach der Heringschen Definition der Kernfläche müssen dann alle im Längshoropter gelegenen Punkte subjektiv in der frontalparallelen Kernebene erscheinen.

Legen wir der Betrachtung zunächst den einfachen Fall des Müllerschen Horopters zugrunde, so bildet der Längshoropter einen Kreiszylinder, dessen Schnitt mit der Horizontalebene der Müllersche Horopterkreis ist, und wir können uns die Sachlage schematisch folgendermaßen versinnlichen. Die Punkte A, B, C, D, E der Fig. 117, die im Müllerschen Horopterkreise liegen, erscheinen dem Beobachter in derselben frontalparallelen Ebene, wie der Kernpunkt, das psychische Korrelat des binokularen Fixationspunktes C. Dessen absolute Entfernung vom Beobachter ist uns zwar nicht bekannt, verlegen wir sie aber der Einfachheit halber nach γ, und versinnlichen wir uns die Sehrichtungen der Sehdinge α, β, δ und ε, die den Objekten A, B, D und E entsprechen, durch $\varkappa\alpha$, $\varkappa\beta$, $\varkappa\delta$ und $\varkappa\varepsilon$, dann müssen α, β, δ und ε in der Schnittlinie der Kernfläche mit der Horizontalebene, also in einer frontalparallelen Geraden durch γ liegen. Der gegen den Beschauer

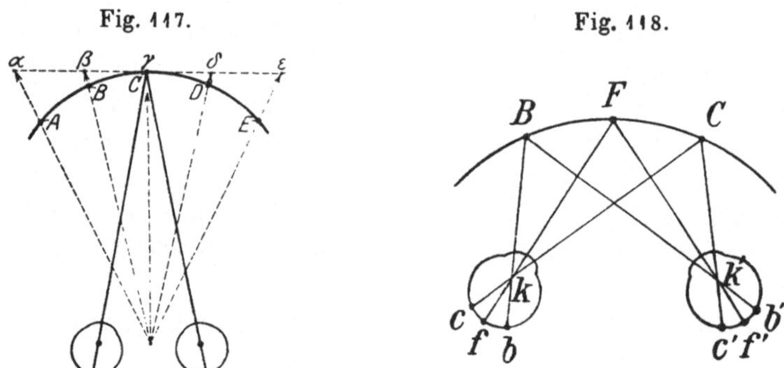

Fig. 117.   Fig. 118.

zu konkav gekrümmten Anordnung der Punkte A, B, C, D und E entspricht subjektiv eine frontalparallele Gerade, und eine wirklich in einer frontalparallelen Geraden liegende Punktreihe muß demnach gegen den Beschauer zu schwach konvex gekrümmt erscheinen.

Nun ist freilich, wie wir sahen, die wirkliche Gestalt des (empirischen) Längshoropters viel verwickelter. Berücksichtigen wir zunächst den Schrägstand der mittleren Längsschnitte beider Netzhäute, so bildet der Längshoropter einen schräg von unten vorn nach hinten oben geneigten Kegelmantel. Wir müßten also eigentlich die in dieser Fläche liegenden Punkte in der Kernfläche, daher die in einer vertikalen frontalparallelen Ebene liegenden Gegenstände in einer Fläche sehen, die nicht bloß konvex gegen uns zu gekrümmt ist, sondern die auch mit dem oberen Ende gegen uns zu geneigt ist. Beim gewöhnlichen Sehen merken wir freilich nichts davon, weil alle diese Abweichungen durch die empirischen Anhaltspunkte des Tiefensehens korrigiert werden.

Wichtiger noch ist eine andere, von Hering (943, S. 161; R. S. 401) aus dem Kundtschen Teilungsversuch abgeleitete Gestaltänderung des Längshoropters, die von Hillebrand (246) eingehend untersucht wurde. Nach dem Ergebnis des Kundtschen Teilungsversuchs nehmen die Breitenwerte der Netzhaut auf der temporalen Netzhauthälfte mit der Entfernung von der Fovea rascher zu, als auf der nasalen. Die einander korrespondierenden Längsschnitte beider Augen sind demnach nicht solche, die in beiden Augen den gleichen Abstand vom mittleren Längsschnitt baben, sondern der Abstand ist bei dem auf der temporalen Seite gelegenen Längsschnitt des einen Auges kleiner, als bei dem ihm korrespondierenden, nasal gelegenen Längsschnitt des anderen Auges. Das hat zur Folge, daß bei symmetrischer

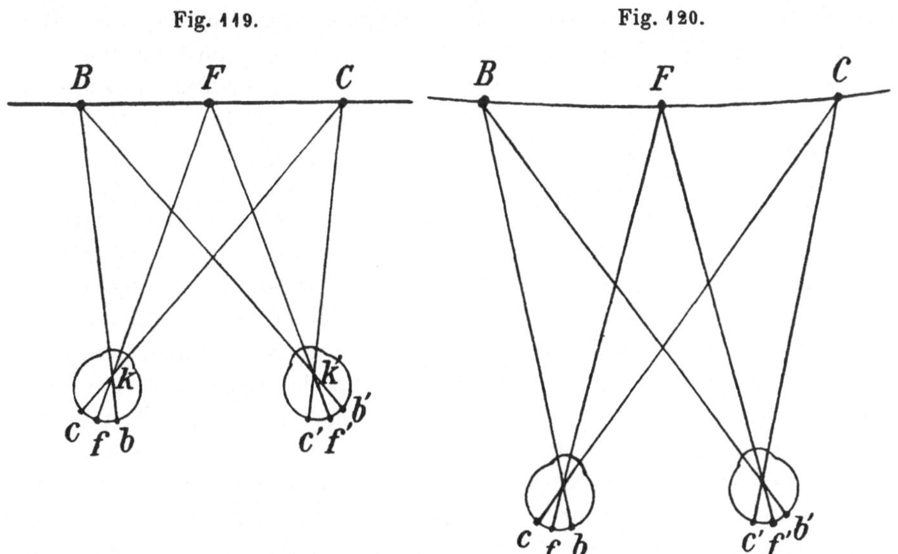

Fig. 119.Fig. 120.

Konvergenz an die Stelle des Müllerschen Horopterkreises eine andere Kurve tritt, die je nach der Entfernung des binokularen Fixationspunktes vom Auge verschieden gestaltet ist, die sogenannte Hering-Hillebrandsche Horopterabweichung zeigt.

Nehmen wir an, die Gesichtslinien beider Augen seien, wie in Fig. 118 auf einen sehr nahen, in der Medianebene gelegenen Punkt F gerichtet, und es korrespondiere dem im linken Auge nasal von der Fovea gelegenen Punkt b, dessen Richtungslinie mit der Gesichtslinie den Winkel bkf bildet, ein im rechten Auge temporal von der Fovea gelegener Punkt b', dessen Richtungslinie mit der Gesichtslinie den kleineren Winkel $b'k'f'$ bildet, ferner dem im linken Auge temporalwärts gelegenen Punkt c der Punkt c' im rechten Auge, wobei wiederum der Winkel ckf kleiner ist als $c'k'f'$. Verlängern wir die Richtungslinien von bk und $b'k'$ und ebenso die von ck und $c'k'$ bis zu ihrem Schnittpunkt, so ergibt die Konstruktion, daß die auf korrespondierenden Punkten beider Netzhäute abgebildeten Punkte B, F und C nicht im MÜLLERschen Horopterkreise liegen, sondern auf einer Kurve, die zwar gegen den Beschauer zu konkav, aber schwächer gekrümmt ist als der MÜLLERsche Horopterkreis.

Wird der Konvergenzgrad vermindert, rückt also der Fixationspunkt F weiter vom Auge ab, so nimmt die Krümmung der Horopterkurve noch mehr ab, bis sie, bei noch bestehender Konvergenz der Gesichtslinien, eine gerade frontalparallele Linie darstellt, wie in Fig. 119, in der die Winkel bkf, $b'k'f'$, ckf und $c'k'f'$ ebenso groß sind, wie in der Fig. 118. Rückt der Fixationspunkt noch weiter in die Ferne, so nimmt die Horopterkurve schließlich eine nach dem Beschauer hin konvexe Krümmung an, wie in der Fig. 120[1]). Die Gestalt des Längshoropters ist dabei, wie sonst ein Zylinder- (nur kein Kreiszylinder-)mantel oder ein Kegelmantel, dessen Spitze nach vorn unten gerichtet ist, je nachdem ob die mittleren Längsschnitte beider Netzhäute vertikal stehen oder nicht.

Die Tatsache der HERING-HILLEBRANDschen Horopterabweichung steht fest. Sie ist von HELMHOLTZ (I, S. 654 ff.) zuerst beobachtet und genauer studiert, allerdings anders erklärt werden (s. unten). Sie hat zur Folge, daß der Unterschied zwischen der Anordnung der wirklichen Objekte auf dem gekrümmten Horopter und ihrer Lage in der ebenen Kernfläche beim Sehen in der Nähe geringer wird, als es nach dem MÜLLERschen Horopter- kreise der Fall wäre. Bei einem verhältnismäßig kleinen Abstand vom Auge verschwindet dieser Unterschied sogar vollständig, und beim Sehen in die Ferne schlägt die Abweichung ins Gegenteil um. Sehr ferne Gegenstände, die in einer frontalparallelen Ebene liegen, erscheinen uns in einer gegen uns konkaven Fläche angeordnet. Man ist versucht anzunehmen, daß der Abstand vom Auge, bei dem objektive und subjektive Anordnung der Gegen- stände miteinander übereinstimmen, der Reichweite des Armes entsprechen wird, weil man es für zweckmäßig halten könnte, daß in dieser Entfernung auch die optische und haptische Lokalisation miteinander übereinstimmen. Indessen wird diese Vermutung durch die Erfahrung nicht immer bestätigt. Für HELMHOLTZ und für die Versuchspersonen von LAU (999) trifft sie un- gefähr zu. Bei mir selbst liegt aber der kritische Abstand erst in rund 1 m Entfernung vom Auge.

Kommt es bei der binokularen Tiefenwahrnehmung auf die querdisparate Abbildung, d. h. also auf den seitlichen Lagenunterschied der Bilder beider Augen an, so werden wir erwarten, daß die Feinheit der binokularen Tiefen- wahrnehmung oder die Tiefensehschärfe dem Unterscheidungsvermögen für Lagen im Einzelauge entspricht. Daß dies in der Tat der Fall ist, haben

---

1) RUPP hat ein Modell zur Veranschaulichung dieser Verhältnisse konstruiert (vgl. Ber. über den 4. Kongreß f. exp. Psychol. in Innsbruck, S. 293, 1910).

kurz nacheinander Versuche von Stratton (1094), Bourdon (869), Pulfrich (1053), sowie von mir (s. Hering, 106) und von Heine (930) gezeigt. Die gewöhnliche Untersuchungsmethode der Tiefensehschärfe besteht darin, daß man den eben merklichen Tiefenunterschied beim Einstellen eines mittleren Stabes (oder Fadens) in eine frontalparallele Ebene bestimmt, die durch zwei seitliche Stäbe (oder Fäden) markiert ist. Auch hatte uns die Firma Zeiss eine Prüfungstafel für stereoskopisches Sehen zur Verfügung gestellt, auf der mehrere parallele Liniensysteme zur binokularen Vereinigung dargeboten waren, deren Abstand um kleine Bruchteile eines Millimeters differierte. Dabei ergibt sich nun in allen Fällen für den eben merklichen Tiefenunterschied ein Disparationswinkel, der individuell verschieden ist, der sich aber in derselben Größenordnung bewegt, wie das Unterscheidungsvermögen für Lagen im Einzelauge, nämlich im Mittel 8—12″. Bourdon, der beide Bestimmungen nebeneinander ausführte, fand an seinen Augen für beide den Grenzwert von 5″ (vgl. oben S. 56).

Tabelle 27.

Gesichtswinkel für den Abstand des Seitenfadens vom Mittelfaden	Eben merklicher Disparationsgrad
10′	12,6″
1°	14,4″
3°	27″
6°	39″

Der Schwellenwert der Tiefensehschärfe ist aber auch bei einer und derselben Person nicht konstant, sondern wechselt zunächst je nach dem Seitenabstand der verglichenen Objekte. Versuche darüber haben nach Pulfrich (1054) insbesondere Marx (1019a) und Fruböse und Paul A. Jaensch (916) angestellt. Bei P. Jaensch besaß die eben merkliche Querdisparation beim Einstellen von Fäden in einer Entfernung von 2,06 m vom Auge und mittlerer Tagesbeleuchtung die in der Tabelle 27 angegebenen Werte. Die Länge der Fäden hatte keinen besonderen Einfluß auf die Tiefensehschärfe. Dagegen ist diese in hohem Maße abhängig von der Beleuchtung und der Schärfe der Konturen[1]). Bei Jaensch stieg die Schwelle beim Übergang von mittlerer Tagesbeleuchtung zu starker künstlicher Beleuchtung in 6 m Entfernung vom Auge und 1° Seitenabstand der Fäden von 10,3″ auf 6,6″ an. Endlich geben die Versuche von Fruböse und Jaensch Anhaltspunkte dafür,

---

1) Sie ist deshalb auch bei unscharfer Abbildung im Auge infolge von Refraktionsanomalien herabgesetzt (Heine, 930; Erggelet, 893, 894). N. M. S. Langlands hat in noch nicht veröffentlichten Versuchen die Tiefensehschärfe bei Momentan- und Dauerbelichtung miteinander verglichen und gefunden, daß sie im ersteren Falle viel geringer ist, als im letzteren, aber durch Übung bedeutend verbessert werden kann.

daß die Tiefensehschärfe sich auch mit dem Abstand der Objekte vom Auge
ändert. Sie fanden bei möglichst guter Beleuchtung und einem Gesichtswinkel von 20′ für den Seitenabstand der Fäden in 6 m Entfernung vom
Auge eine Tiefensehschärfe von 5,6″, bei 26 m Entfernung (wobei statt der
Fäden entsprechend dicke geschwärzte Glasstäbe verwendet wurden) dagegen bloß 3,2″. Form und Farbe der Objekte soll nach Pulfrich keinen
großen Einfluß auf die Tiefensehschärfe ausüben, doch stehen genauere
Untersuchungen darüber noch aus (die Versuche von Waechter, 1110, können
höchstens als Anläufe dazu gelten). Wenn man die von verschiedenen Autoren
gefundenen Werte der Tiefensehschärfe miteinander vergleichen will, wird
man bei ihrer Bewertung auf diese Faktoren achten, und bei eigenen Ver-
gleichsversuchen stets dieselben Bedingungen herstellen müssen.

Nach der Methode der richtigen und der falschen Fälle findet man,
daß schon sehr kleine Disparationswinkel einen Einfluß auf die Tiefenwahrnehmung ausüben, ganz ebenso, wie es beim monokularen Unterscheidungsvermögen für Lagen der Fall ist (s. oben S. 56). Howard (957), der solche
Bestimmungen in größerer Zahl ausgeführt hat, und sich dabei der gebräuchlichen Methode bediente (mittlerer Stab verschieblich, zwei seitliche fest vor
einem gut beleuchteten weißen Hintergrund), erhielt von etwa einem Viertel
der Untersuchten 75 % richtige Aussagen schon bei einem Disparationswinkel
von 1,89″ bis 5″, und er nahm als normalen Durchschnittswert für diese
Bestimmungen 8″ an.

Der Feinheit der Tiefenwahrnehmung geht ihre Deutlichkeit bei übermerklichen Tiefenunterschieden zumeist parallel. Sie wird um so größer,
je näher die Vergleichsobjekte aneinander liegen, und nimmt nur bei sehr
starker Annäherung derselben wieder ab (E. Jaensch, 9a, S. 116ff.); sie ist
bei gegebener Querdisparation und gleichem Seitenabstand der Objekte um
so größer, je schärfer und deutlicher die Konturen erscheinen (Zimmermann,
1129), und sie wächst endlich, wie es scheint, mit der Übung im Tiefensehen.
Wenigstens wiesen Czapski und Becker (vgl. E. Jaensch, 9a, S. 130) darauf
hin, daß nach häufigem Gebrauch des Zeissschen Prismenfernrohres die
Fähigkeit des plastischen Sehens auch mit unbewaffnetem Auge gesteigert ist
oder mindestens mehr zum Bewußtsein kommt.

Die Feinheit der binokularen Tiefenwahrnehmung ist um so größer, je
näher die zu unterscheidenden Objekte am Längshoropter liegen, weil hier
nach dem Weberschen Gesetz die Unterschiedsempfindlichkeit am größten
sein muß. Helmholtz (I, S. 721) hat das schon durch besondere Versuche
nachgewiesen, Tschermak (1103) hat es als Kriterium zum Aufsuchen des
»wahren« Längshoropters benutzt und neuerdings hat Linksz (1001a) gezeigt,
daß dementsprechend auch bei seitlicher Kopfneigung Tiefenunterschiede
von Testnadeln am feinsten erkannt werden, wenn die Nadeln den durch
ein dauerhaftes Nachbild markierten Längsschnitten der Netzhäute parallel

liegen. Damit hängt nach Helmholtz auch folgende Beobachtung zusammen. Wir sahen oben S. 229, daß der Längshoropter, wenn die Längsmittelschnitte der Netzhaut infolge einer Netzhautinkongruenz oder einer Außenrollung der Augen nach unten zu konvergieren, aus einer zur Blickebene parallelen Ebene besteht, die bei Helmholtz mit der Ebene des Fußbodens zusammenfiel. Bei symmetrischer Konvergenz wandelt er sich in eine Kegelfläche um, deren Spitze unterhalb der Blickebene liegt, und die die Medianebene in einer schrägen Geraden durch den Blickpunkt schneidet, die einen umso größeren Winkel mit der Blickebene bildet, je näher der Blickpunkt an das Auge heranrückt. Fällt nun der Längshoropter beim Blick in die Ferne mit der Fußbodenebene zusammen — was ganz unabhängig von der Netzhautinkongruenz auch durch eine kleine Außenrollung der Augen bewirkt werden kann — so liegt, wenn man auf einen nahen Punkt des Fußbodens hinblickt, mit zunehmender Konvergenz und Senkung der Blickebene die eben erwähnte gerade Horopterlinie und ihre nächste Umgebung immer in der Fußbodenfläche. Daraus folgt nun nach Helmholtz, daß man bei aufrechtem Kopf die Tiefenerstreckung der Bodenfläche viel deutlicher sieht, als bei seitlich geneigtem oder gar mit abwärts gerichtetem (durch die Beine hindurchgestecktem) Kopf. Beim Blick auf eine Ebene oder auf die Meeresfläche ist diese Abnahme des Tiefeneindrucks ganz bedeutend. Man sieht dann, wie Helmholtz sagt, die fernen Teile der Bodenfläche wie eine senkrechte Wand. An den nahen Gegenständen sieht man zwar noch die Entfernungsunterschiede, aber sie sind stark abgeschwächt. An Personen oder Bäumen in geeigneter Entfernung kann ich mit seitlich geneigtem Kopf sogar dieselbe »kulissenartige« Wirkung wahrnehmen, wie beim Sehen durch ein Doppelfernrohr (siehe unten S. 535). Allerdings wirkt bei diesem auffällig starken Zurücktreten des Tiefeneindrucks in hohem Grade auch ein empirisches Motiv mit, nämlich die oben S. 400 ff. erwähnte Ungewohntheit des verkehrten Bildes, auf die Hering (R. S. 571 ff.) besonders nachdrücklich hinweist. Da man dieselbe Abschwächung der Tiefe auch an umgekehrten Stereoskopbildern einer Landschaft sieht (Bourdon, 3, S. 293), wird das sogar das Hauptmotiv sein.

Da die Tiefensehschärfe anscheinend je nach der Entfernung der Objekte vom Auge verschieden ist, so sind Berechnungen des eben merklichen Tiefenunterschiedes in verschiedenem Abstand vom Auge, die auf der Bestimmung in einer einzigen Entfernung vom Auge basieren, nicht ganz zuverlässig. Immerhin geben sie einen Begriff von der Größenordnung des eben erkennbaren Tiefenunterschiedes. Es sei gestattet, hier eine ganz elementare Ableitung der Rechnung anzuführen. In Fig. 121 sei D der Kreuzungspunkt der Visierlinien im rechten Auge, $MD = g$ sei die halbe Grundlinie (der halbe Abstand beider Augen voneinander). Die Hauptvisierlinie des rechten Auges sei auf den Punkt A gerichtet, dessen Entfernung von der

Grundlinie $AM = E$ sei. Der eben erkennbare Tiefenunterschied sei gleich der Distanz $AB = d$. Denken wir uns die Hauptvisierlinie des linken Auges ebenfalls auf A gerichtet, so ergibt sich für beide Augen ein Querdisparationswinkel für die Abbildung von B um 2δ, den doppelten Betrag des Winkels zwischen der Hauptvisierlinie und der Visierlinie dès Punktes B. Bezeichnen wir den Winkel DAM mit α, den Winkel BDC mit β, so ist

$$\delta = \alpha - \beta, \text{ ferner tg } \alpha = \frac{g}{E} \text{ und tg } \beta = \frac{g}{E+d},$$ woraus sich 2δ berechnen

läßt. Sind die Winkel α und β so klein, daß wir statt der Tangente den

Bogen setzen können, so erhalten wir für $2\delta = \dfrac{2gd}{E(E+d)}$ oder, da d sehr

klein ist, annähernd $\delta = \dfrac{gd}{E^2}$ und für den eben merklichen

Fig. 124.

Tiefenunterschied $d = \dfrac{E^2\delta}{g}$ [1]). Zur gleichen Formel führt

folgende Ableitung von M. v. ROHR 1066, S. 280). Projiziert man den Punkt A von den Zentren der Visierlinien beider Augen D und D' aus auf die Verlängerung der Linie BC, so erhält man als Abstand der beiden Projektionspunkte A' und A'' voneinander die Strecke a', die »stereoskopische Differenz« von HELMHOLTZ (I, S. 666). Aus den ähnlichen Dreiecken $A'A''A$ und $DD'A$ ergibt sich $a' : d = 2g : E$

und daraus $a' = \dfrac{2gd}{E}$. Nennen wir η den Winkel, unter

dem a' aus der Entfernung $E + d$ gesehen wird, so ist

ebenso angenähert, wie oben $\text{tg } \eta = \dfrac{a'}{E+d} = \dfrac{2gd}{E(E+d)}$. J. v. KRIES (HELM-

HOLTZ, III, S. 309) nennt den Winkel η die relative binokulare Parallaxe, und versteht unter absoluter binokularer Parallaxe die Differenz der Winkel, um die die Visierlinien eines Punktes für das rechte und linke Auge von der sagittalen Richtung abweichen. Ferner betont er, daß streng genommen die binokulare Parallaxe als geometrischer Begriff getrennt werden müßte von der Querdisparation, in der sich auch die physiologischen Unterschiede der Verteilung der Raumwerte auf der Netzhaut geltend machen können.

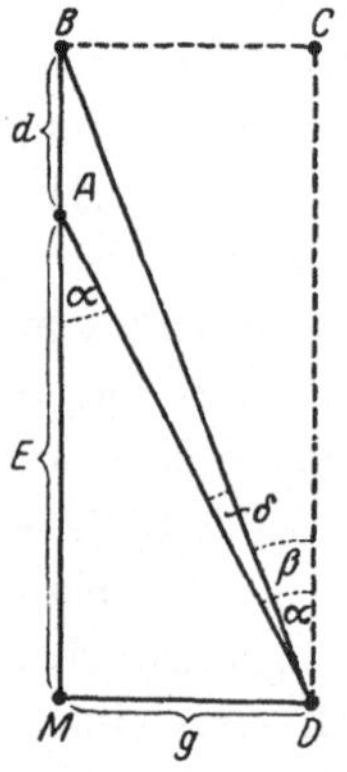

Setzen wir die Grundlinie $2g = 65$ mm und nehmen $2\delta = \eta$ zu $10''$ an, so erhalten wir für den eben merklichen Tiefenunterschied in 1 m Entfernung vom Auge den Betrag von 0,7 mm, in der »deutliche Leseweite« von 33 cm 0,08 mm. Man ersieht daraus die ungemeine Feinheit der bino-

---

[1]) Die Bogenlänge beim Radius 1 ist für den Winkel von 1' gleich 0,00291. Daraus kann man die Bogenlänge für den Winkel δ ohne weiteres berechnen (beispielsweise ist sie für $10'' = 0,000048$). Man braucht dann nur diesen Wert in die obigen Formeln einzusetzen, um mit zumeist hinreichender Genauigkeit die Rechnung auf ganz einfache Weise auszuführen.

kularen Tiefenwahrnehmung, die in stereoskopischen Versuchen so weit geht, daß man bei identischen Papierbildern oder Drucken jede Verziehung des Papiers als Verzerrung der Zeichnung nach der Tiefe zu wahrnimmt, Fälschungen von Banknoten erkennt usf. (zuerst Dove, vgl. dazu Helmholtz, I, S. 642 ff. und ausführlicher III, S. 254).

Unsicherer ist es, aus dem in der Nähe experimentell bestimmten Maß der Tiefensehschärfe die sogenannte Grenze des stereoskopischen Sehens zu berechnen, d. h. den Abstand vom Auge, jenseits dessen man keine binokularen Tiefenunterschiede erkennen kann. Diese Grenze erhält man, da für unendliche Entfernung β gleich Null, und daher $\delta = \alpha$ ist, zu $E = \dfrac{g}{\mathrm{tg}\,\delta}$. Für $2g = 65$ mm und eine Tiefensehschärfe $2\delta = 10''$ ergibt sich daraus eine stereoskopische Grenze von 1340 m. Da die stereoskopische Grenze ebenso wie der eben merkliche Tiefenunterschied von der Länge der Grundlinie abhängt, so wird erstere durch eine Vergrößerung der Grundlinie weiter hinausgeschoben, letzterer erhöht. Darauf beruht die Wirkung des Telestereoskops von Helmholtz.

Aus der Übereinstimmung der Schwellenwerte für die Tiefensehschärfe und für das Unterscheidungsvermögen für Lagen können wir weiter schließen, daß beide in gleicher Weise mit der Struktur der Netzhaut zusammenhängen[1]). Diese Folgerung wird ferner noch dadurch gestützt, daß die Tiefensehschärfe ebenso wie das Unterscheidungsvermögen für Lagen gegen die Netzhautperipherie hin rasch abnimmt. Nach v. Kries (994) beträgt sie in 5° Exzentrizität nur mehr $\frac{1}{10} - \frac{1}{20}$, in 10° Exzentrizität $\frac{1}{15} - \frac{1}{30}$ des zentralen Wertes. Die entsprechenden Zahlen für den eben merklichen Lagenunterschied sind bei mir (vgl. oben S. 58) für 5° Exzentrizität rund $\frac{1}{14}$, für 10° rund $\frac{1}{25}$ des zentralen Wertes[2]). Wir können demnach annehmen, daß die binokulare Tiefenwahrnehmung geradeso, wie das Erkennen seitlicher Lagenunterschiede auf eine Art von Lokalzeichen der Empfangselemente der Netzhaut zurückzuführen ist.

Eine auf dieser Annahme aufgebaute Theorie hat Hering (7) entwickelt. Nach ihm besitzt jedes seitlich von der Fovea gelegenes Netzhautelement außer dem schon oben S. 362 definierten Breitenwert noch einen bestimmten »Tiefenwert« relativ zum Kernpunkt des Sehraums. Die auf der nasalen Netzhauthälfte liegenden Elemente haben einen um so größeren relativen

---

1) Andersen und Weymouth (841 a) haben dem entsprechend die von Hering (siehe oben S. 60) über die Raumschwelle für seitliche Lagen entwickelten Gedanken auch auf die Tiefenschwelle übertragen.

2) Die Abhängigkeit des Unterscheidungsvermögens für seitliche Lagen von der Beleuchtung ist noch nicht genauer untersucht. Eigene Probeversuche an verschieden hellen Tagen ließen aber eine stark ausgesprochene Abhängigkeit von der Belichtung erkennen, ähnlich wie bei der Tiefensehschärfe. Über die Tiefensehschärfe des dunkeladaptierten Auges vgl. man Nagel (1034).

Fernwert, je weiter sie von der Fovea abstehen, d. h. die auf ihnen abgebildeten Gegenstände werden vom Beobachter aus um so weiter hinter die Kernebene lokalisiert, je weiter exzentrisch ihre Abbildung liegt. Die auf der temporalen Netzhauthälfte liegenden Empfangselemente haben dagegen der Fovea gegenüber einen **Nahewert**, ihre Bilder werden näher zum Beobachter lokalisiert als die Kernfläche, und zwar wieder um so mehr, je exzentrischer die Abbildung ist. Von den einander korrespondierenden Längsschnitten der Netzhaut haben daher die auf der nasalen Seite liegenden des einen Auges einen Fernwert, der dem Nahewert der auf der temporalen Seite des anderen Auges liegenden Längsschnitte gleich ist. Bildet sich ein im Längshoropter liegender Punkt in beiden Augen auf korrespondierenden Längsschnitten ab, so heben sich der Fernwert des einen und der gleich große Nahewert des anderen gegenseitig auf, der Punkt hat dann keinen vom Kernpunkt verschiedenen Tiefenwert, er erscheint in der Kernfläche.

Setzen wir den Fall symmetrischer Konvergenz beider Gesichtslinien auf einen medianen, in Augenhöhe gelegenen Punkt, und nehmen wir an, die Längsschnitte der Netzhaut lägen genau vertikal, so bilden sich über dem Fixationspunkt befindliche Punkte, die hinter dem Längshoropter liegen, in beiden Augen symmetrisch zur Fovea auf der nasalen Netzhauthälfte ab, über und unter dem Fixationspunkt vor dem Längshoropter liegende Punkte symmetrisch zur Fovea auf der temporalen Netzhauthälfte. Im ersteren Falle haben die Bildstellen jedes Punktes in beiden Augen den gleichen Fernwert, die Punkte erscheinen diesem Fernwert entsprechend **hinter** der Kernfläche. Die zusammengehörigen Sehrichtungen der Bildstellen jedes Punktes in beiden Augen sind aber verschieden, die eine weicht nach rechts, die andere nach links von der mittleren Sehrichtung ab. So lange diese Abweichungen nicht so groß sind, daß Doppelbilder auftreten, heben sich in diesem Falle die entgegengesetzten Rechts- und Linkswerte der beiden Bildstellen auf, der Punkt erscheint einfach in der subjektiven Medianebene, oder wie Hering (R. S. 389 u. 404) sie nennt, in der **mittleren Längsebene** des Sehraums. Das gleiche gilt für die vor dem Längshoropter gelegenen mit symmetrischer Querdisparation abgebildeten Punkte, die **vor** der Kernfläche und in der mittleren Längsebene des Sehraumes erscheinen. Ebendort sieht man natürlich auch die im Längshoropter über und unter dem Fixationspunkt liegenden Punkte, die sich in beiden Augen ohne Querdisparation abbilden.

So wie bei querdisparater Abbildung die Breitenwerte, gleichen sich bei längsdisparater Abbildung auch die verschiedenen Höhenwerte, so lange noch keine Doppelbilder gesehen werden, in beiden Augen aus. Liegen daher im Längshoropter außerhalb des Totalhoropters Punkte, die sich bei gegensinniger Rollung in beiden Augen mit symmetrischer Längsdisparation abbilden, so heben sich die positiven und negativen Höhenwerte ihrer Bildstellen in beiden Augen gegenseitig auf, und sie erscheinen alle im subjektiven Augenhorizont, der von Hering als die mittlere Querebene des Sehraums bezeichnet wurde. Ebenda sieht man selbstverständlich auch die in beiden Augen auf den mittleren Querschnitten selbst abgebildeten Punkte. Ist die Quer- und Längsdisparation der Bilder in beiden Augen nicht symmetrisch, so erscheinen die Sehdinge abseits von der mittleren Längs- und Querebene des Sehraumes, und ihre Sehrichtungen ergeben sich, so lange sie einfach gesehen werden, aus dem Mittel der Breiten- und Höhenwerte, ihre scheinbare Entfernung aus dem Mittel der Nahe- und Fernwerte in der gleichen Weise, wie es eben für die symmetrische Disparation abgeleitet wurde.

An der eben dargelegten Theorie von Hering ist zweierlei auseinander zu halten. Sie gibt zunächst die zutreffende Beschreibung des binokularen Tiefensehens, ein Schema, das sich den tatsächlichen Verhältnissen vollendet anschmiegt. Gegen dieses Schema ist denn auch nichts von Belang eingewendet worden, und es steht heute außer Diskussion. Seine Gültigkeit ist insbesondere, wie sich Hering selbst ausdrückt (R. S. 407), unabhängig von der Richtigkeit der viel bestrittenen Hypothese über die »Nahe-« und »Fernwerte« der Netzhaut, die er zur Erklärung des Schemas aufgestellt hat, und die wir des leichteren Verständnisses halber unserer Erörterung vorangehen ließen. Hering hat diese Hypothese in seiner Darstellung des Raumsinns in Hermanns Handbuch der Physiologie ganz weggelassen, ihr also jedenfalls eine geringere Bedeutung beigemessen, als der Zusammenfassung der Tatsachen. Aber auch an seiner Hypothese sollte man zweckmäßig noch unterscheiden zwischen dem allgemeinen Gedanken, daß die binokulare Tiefenwahrnehmung auf angeborenen Eigentümlichkeiten (Tiefenzeichen) der Netzhauterregungen beruht, und der näheren Ausführung, die Hering diesem Gedanken anfangs gegeben hat, und die wir ihrer Klarheit wegen oben mit angeführt haben.

Einen direkten Beweis für das Zusammengehen der Breiten- und Tiefenwerte der Netzhautelemente leitete Hillebrand (947) aus der schon erwähnten Horopterabweichung ab. In den Versuchen von Hillebrand ging nämlich das Ergebnis des Kundtschen Teilungsversuchs in jedem Einzelauge der Abweichung des Horopters vom Müllerschen Horopterkreise genau parallel, insbesondere ergaben sich bei Personen, bei denen der Ausfall des Teilungsversuchs in beiden Augen ungleich war, auch eine verschiedene Verteilung der Tiefenwerte auf beiden Netzhäuten, so daß der Horopter unsymmetrisch gekrümmt war[1]). In gleicher Weise konnte Frank (912) durch Vergleich des Teilungsversuchs mit der Einstellung von Fäden in eine frontalparallele Ebene den Nachweis erbringen, daß auch bei ihm die Verteilung der Tiefenwerte auf der nasalen und temporalen Netzhauthälfte der der Breitenwerte entspricht. Dasselbe fand Lau (999), der im Haploskop

---

1) Asymmetrie (schiefe Lage) des Horopters beobachtete Poppelreuter (11 a, S. 90) auch an Hirnverletzten mit Gesichtsfelddefekten.

einäugig gesehene Fäden so einstellte, daß sie sich — wie bei der oben
S. 219 ff. beschriebenen Substitutionsmethode — im binokularen Sammelbilde
genau zu einer Geraden zusammenfügten. Wenn er sie dann so ineinander-
schob, daß sie sich gegenseitig deckten, so erschien ihr Sammelbild in der
Kernebene. Nach Tschermak (1104) liegen allerdings die Dinge viel verwickelter und muß man zum Vergleich nicht bloß den Teilungsversuch mit
jedem Auge allein, sondern auch mit beiden Augen zusammen heranziehen,
wie dies insbesondere Fischer (906) bei seinem stark symmetrischen Horopter
sorgfältig durchgeführt hat.

Hillebrand hat dann weiter angegeben, daß die Tiefenwerte der Netzhaut auch bei verschiedenem Konvergenzgrad und bei verschiedenem scheinbaren Abstand von den Augen unverändert bleiben (»Stabilität der Raumwerte auf der Netzhaut«). Wenn er drei Fadenpaare, die er in der Entfernung von $1/2$ m vom Auge so eingestellt hatte, daß sie ihm bei binokularer
Vereinigung als drei einfache Fäden in einer frontalparallelen Ebene zu liegen
schienen, nachher unter Zuhilfenahme empirischer Motive der Tiefenlokalisation in eine Entfernung von mehreren Metern verlegte, so blieben sie in
einer Ebene. Auch wenn er im Heringschen Haploskop drei vertikale Fäden
auf jeder Seite so einstellte, daß sie ihm in der Kernebene erschienen, änderte
sich nichts daran, wenn er durch Drehen der Haploskoparme die Konvergenz
weitgehend änderte. Dagegen hat allerdings v. Liebermann (1001) angegeben,
daß die Einstellung binokular vereinigter vertikaler Fäden in eine frontalparallele Ebene (die er die »abathische Fläche« nennt; Stratton schlägt »iso-
bathisch« vor), je nach der Entfernung der Fäden vom Auge bei verschiedener
binokularer Parallaxe erfolgt. Ich habe mit Herrn Dr. Nussbaum ebenfalls solche
Einstellungen ausgeführt, und wir erhielten dasselbe Ergebnis, wie Liebermann.
Lau (999) wiederum konnte die Angabe von Hillebrand durch Einstellversuche
in vier verschiedenen Entfernungen vom Auge (von 240—1440 mm) im ganzen
bestätigen. Lau macht dabei auf zahlreiche Fehlerquellen bei diesen Versuchen
aufmerksam. Insbesondere kann die Vorstellung von körperlichen Objekten,
zu denen die Beobachter durch die Betrachtung der Fäden veranlaßt werden,
und die verschieden sind, je nachdem man weiße Fäden auf schwarzem
Hintergrund, oder schwarze auf weißem Grund verwendet, die Tiefenlokalisation wesentlich ändern.

Tschermak (1104) und Fischer (906) haben neuerdings zahlreiche Bestimmungen des Längshoropters mit roten und blauen, schwarzen und weißen
Fäden vorgenommen und typische Unterschiede zwischen den so bestimmten
Horopterflächen gefunden. Die Unterschiede des »Blau-« und »Rothoropters«
beziehen sie auf verschiedene Lage der Knotenpunkte für beide Strahlen-
arten. Da nun aber auch für schwarze und weiße Fäden ein Unterschied
besteht und außerdem der Horopter bei Momentexpositionen anders gefunden wird, als bei Dauerbetrachtung (s. unten S. 437), so fragt es sich,

welche von diesen Bestimmungen nun den eigentlichen wahren Horopter ergibt. Tschermak hat das durch Fischer (907) nach der oben S. 230 beschriebenen »binokularen Noniusmethode« untersuchen lassen. Fischer fand, daß die Einstellung auf gleiche Sehrichtung beider Augen mit dem mittels schwarzer, blauer und roter Fäden bestimmten Dauerhoropter übereinstimmt. Nur dieser Horopter ist daher der wahre. Weiße Fäden auf schwarzem Grund erscheinen, wenn die monokulare und binokulare Sehrichtung für sie übereinstimmt, nicht mehr in einer frontalparallelen Ebene.

Fischer (908a) hat die Horoptereinstellungen zur Bestimmung des Einflusses von Brillengläsern auf die Tiefenwahrnehmung benützt. Vgl. auch Hartinger (927a) und über den Einfluß beidäugiger Brillengläser auf die Tiefenwahrnehmung im allgemeinen M. v. Rohr (1074, S. 206 ff.; hier weitere Literatur).

Diese ursprüngliche, aus der Anordnung der primären Tiefenwerte auf der Netzhaut entspringende Tiefenlokalisation kann nun, wie die Erfahrung lehrt, und wie Hering und Hillebrand wiederholt betonen, durch empirische Momente stark abgeändert werden. Helmholtz hatte aus dieser leichten Beeinflußbarkeit der Tiefenlokalisation durch offenkundig aus der Erfahrung herrührende Motive den Schluß gezogen (I, S. 847), daß es keine ursprünglich durch »angeborene« Tiefenwerte der Netzhaut vermittelte Tiefenempfindungen geben könne, weil er meinte, es gebe kein einziges wohl konstatiertes Beispiel dafür, daß wirklich vorhandene Empfindungen durch eine Erfahrung, die sie als unbegründet nachweist, aufgehoben werde. Wir haben oben S. 142 ff. schon darauf hingewiesen, daß sich dieses Prinzip nicht durchführen läßt, weil sonst auch die Tonhöhe und die Farben keine Empfindungen wären. Wie immer man aber zu dieser Frage sonst stehen mag, so kann man aus der Beeinflussung der Tiefenlokalisation durch empirische Momente jedenfalls keinen Wesensunterschied derselben gegenüber der Lokalisation nach Höhe und Breite ableiten. Denn auch die letztere kann durch Erfahrungsmotive abgeändert werden, wofür uns die geometrisch-optischen Täuschungen Beispiele liefern. Die »Tiefenwerte« würden sich demnach auch nicht anders verhalten, als die »Höhen-« und »Breitenwerte«, und nimmt man für die letzteren trotzdem eine »angeborene«, in der Organisation des Sehorgans gegebene Grundlage an, so kann man sie den ersteren nicht aus diesem Grunde abstreiten. Ob zu den Faktoren, welche die Tiefenwerte abändern, auch der Abstand der Objekte vom Auge gehört oder nicht, ist dann eine mehr sekundäre Frage.

Helmholtz hatte die Horopterabweichung aus einer falschen Schätzung der absoluten Entfernung abgeleitet. Wenn man auf eine senkrechte, durch senkrechte parallele Linien in gleichem Abstand voneinander geteilte Wand blickt, so erscheinen die nach rechts gelegenen Streifen dem rechten Auge unter einem größeren Gesichtswinkel, als dem linken, und umgekehrt die nach links gelegenen Streifen dem linken Auge breiter, als dem rechten. Je näher die Augen an die Wand herankommen, desto größer wird diese Differenz. »Um nun entscheiden zu können, ob die wahrgenommenen Differenzen dieser Art der Projektion einer ebenen Fläche oder einer gekrümmten angehören, müßte man die Entfernung des Objektes nach der Konvergenz der Gesichtslinien sehr genau schätzen können. Denn die gleiche Differenz würde auch ein entfernteres Objekt zeigen können, wenn es gegen den Beobachter konvex wäre, oder ein näheres, wenn es gegen den Beobachter konkav wäre.« Allerdings würde diese Falschschätzung allein zur Erklärung nicht ausreichen. HELMHOLTZ nimmt daher an, daß die Fehlschätzung noch dadurch unterstützt wird, daß an den geraden Linien Merkpunkte in verschiedener Höhe fehlen. Wenn solche vorhanden sind, erscheinen uns die vertikalen Längen, die dem rechten Auge näher liegen, unter einem größeren Gesichtswinkel, als dem linken Auge, und umgekehrt, und daraus entnehme man weitere Anhaltspunkte für die Entfernungsschätzung. Die Erklärung von HELMHOLTZ setzt also voraus, daß man die absolute Entfernung sehr naher Gegenstände über-, die ferner Objekte unterschätzt, und nur eine gewisse, in der Mitte liegende Entfernung richtig einschätzt. Wäre sie richtig, so müßte sich demnach der Kernflächeneindruck je nach der Entfernungsschätzung bzw. nach dem Konvergenzgrad ändern, was nach HILLEBRAND und LAU nicht der Fall ist.

Gegen die experimentelle Grundlage der Horopterabweichung selbst kehren sich neuere Angaben von JAENSCH mit seinen Schülern REICH (968) und KRÖNCKE (996). JAENSCH und REICH untersuchten die Horopterabweichung an 24 Personen und fanden das normale oben beschriebene Verhalten (Lokalisation dreier in einer frontalparallelen Ebene aufgehängter Fäden bei einer mittleren, der »abathischen« Entfernung von den Augen in die Kernfläche, Zurücktreten des mittleren Fadens nach hinten bei größerer, Vortreten desselben bei kleiner Entfernung von den Augen) nur bei 11 Personen. Bei einigen Personen blieb das Vor- und Zurücktreten des mittleren Fadens in verschiedenen Entfernungen öfter aus. Bei fast der Hälfte der Versuchspersonen kehrte sich sogar das Phänomen gelegentlich um, d. h. der Mittelfaden konnte unter ganz den gleichen Umständen bald vor-, bald zurückstehen. Öfter wurde angegeben, daß im ersten Augenblick der Betrachtung noch kein Tiefenunterschied vorhanden sei und dann erst bei längerer Betrachtung zum Vorschein komme. JAENSCH und REICH fanden nun, daß bei Eidetikern im Anschauungsbilde (s. unten S. 460 ff.) dieselben Typen auftraten, daß aber die Tiefenunterschiede der Fäden im Anschauungsbilde, sofern sie vorhanden waren, die bei wirklichen Fäden um das 10—50 fache übertrafen. Die Anschauungsbilder liefern nun auch die Möglichkeit, einer genaueren Analyse der Erscheinung. Es zeigte sich in Übereinstimmung mit dem allgemeinen Verhalten derselben (s. unten S. 461), daß für sie die Verlagerung der Aufmerksamkeit maßgebend ist. Die Aussagen von zwei erwachsenen Eidetikern ergaben nämlich folgendes: Wenn die Aufmerksamkeit zunächst dem mittleren Faden des Anschauungsbildes zugewandt ist, so gleitet sie bald ganz von selbst von ihm auf die beiden Seitenfäden ab, und zwar bei nahen Stellungen der Fäden in der Richtung nach hinten, bei fernen Stellungen derselben nach vorn. Mit dieser Verlagerung der Aufmerksamkeit erleidet aber der beachtete Teil des Anschauungsbildes eine gleichartige Raumverlagerung, also treten die Seitenfäden in den Fernstellungen vor, in den Nahestellungen hinter den Mittelfaden. Erfassen die Eidetiker alle drei Fäden auf einmal in gleicher Weise mit der Aufmerksamkeit, so bleiben diese in allen Entfernungen in der Kernfläche. Beachten sie dagegen die beiden Seitenfäden kollektiv zusammen, so kehrt sich die Horopterabweichung um. Bei der Annäherung an die Fäden treten dann die Seitenfäden zurück, bei der Entfernung von ihnen vor. Krönckegibt an, daß er dasselbe auch an normalen nicht eidetischen Erwachsenen beobachtet habe. Ja er fand sogar, wenn er mehrere (4—7) Fäden in einer frontalparallelen Ebene darbot und die Versuchsperson langsamer oder schneller von einem zum anderen blickte, daß eine Zickzackkurve auftrat, indem bei Fixation eines ungradzahligen (1., 3. oder 5.) Fadens diese vor- und die geradzahligen (der 2., 4. und 6.) zurücktreten, bei Fixation eines geradzahligen umgekehrt diese vor- und die ungradzahligen zurücktreten. Auch das führt er auf eine bestimmte Aufmerksamkeitsverteilung zurück. Ich habe die Versuche wiederholt und kann bei aller Aufmerksamkeit nur jene flauen und ganz unbestimmt wechselnden Tiefenauslegungen beobachten, die ich schon von den Versuchen an der Zeissschen Prüfungstafel für binokulares Sehen her kenne. Bei längerem Hinstarren glaubt man gelegentlich einen Tiefenunterschied zu sehen, der aber wechselt und nie so kräftig ist, wie das wirkliche binokulare Tiefensehen. Die Hering-Hillebrandsche Horopterabweichung hingegen ist bei mir in normaler Weise vorhanden. Horopterabweichung und Aufmerksamkeitsschwankungen sind also doch wohl verschiedene Dinge. Auch Fischer (906), der neuerdings den Längshoropter mit sieben Fäden bei wanderndem Blick einstellte, bzw. die bei Fixation des Mittelfadens gemachte Horoptereinstellung mit wanderndem Blick prüfte, macht keinerlei Angaben, die nur irgendwie mit denen von Kröncke zu vergleichen wäre. Zeman (1127) behauptet zwar, die Versuche von Jaensch mit gleichem Erfolge wiederholt zu haben, aber es fehlt bei ihm jede nähere Angabe über die Versuchsanordnung und über die unbedingt nötigen Kontrollen.

Eine weitere von Jaensch (9a, S. 6ff.) entdeckte und eingehend studierte Erscheinung wurde von ihm als »Kovariantenphänomen« bezeichnet. Wenn man drei Fäden so nebeneinander aufhängt, daß sie in der Kernfläche zu liegen scheinen, und dann den einen Seitenfaden ein wenig nach vorn oder hinten verschiebt, so erscheint auch der zweite Seitenfaden gegenüber dem Mittelfaden verschoben und zwar zumeist im gleichen, manchmal aber auch im entgegengesetzten Sinne. Auch diese Erscheinung ist im Anschauungsbild der Eidetiker viel stärker, als beim erwachsenen Nichteidetiker, insbesondere treten sie im Anschauungsbild im Gegensatz zu den wirklichen Bildern auch noch bei recht großen Verschiebungen der Seitenfäden auf. Jaensch erklärt das Phänomen neuerdings (970) ebenfalls durch eine Abwanderung der Aufmerksamkeit vom Mittelfaden nach den Seitenfäden und zugleich nach vorn oder hinten. Nur erfolge die Aufmerksamkeitswanderung hier nicht von selbst, wie bei der Horopterabweichung, sondern werde angeregt durch die Verschiebung des einen Seitenfadens. Verschiebt man den ersten Faden einer Reihe von mehreren (6) Fäden, die in einer frontalparallelen Ebene aufgehängt sind, nach vorn, so erscheine den meisten Personen auch der 3. und 5. vorn und der 2., 4. und 6. hinten. Das Kovariantenphänomen an drei Fäden ist auch von Herrn Dr. Nussbaum bei Horopterversuchen in meinem Laboratorium beobachtet worden.

Eine dem Kovariantenphänomen vermutlich analoge Beobachtung wurde von Kipfer (981) mitgeteilt. Hängt man vier Fäden in eine frontalparallele Ebene auf und verschiebt den zweiten etwas nach vorn oder hinten, so kann man eine Abweichung des dritten aus der Ebene der beiden Endfäden nach der entgegengesetzten Seite viel feiner erkennen als früher, während kleine Abweichungen nach derselben Seite dadurch unterdrückt werden. Kipfer betrachtet das als eine Kontrastwirkung. Die Erscheinung hat aber in der Form, daß eine Verschiebung des zweiten Fadens nach hinten den dritten Faden auch dann nach vorn treten läßt, wenn er mit den Endfäden in einer Ebene liegt, große Ähnlichkeit mit dem Kovariantenphänomen. Nur hat Kipfer abweichend von Jaensch eine Änderung der Tiefenlage des ersten und vierten Fadens nicht gesehen.

Sind die relativen Tiefenwerte in der von Hering angenommenen Weise auf der Einzelnetzhaut verteilt, so sollte man erwarten, daß man auch beim Sehen mit nur einem Auge auf Grund derselben Tiefenunterschiede erkennen müßte, und zwar voraussichtlich mit derselben Genauigkeit, wie binokular. Betrachtet man mit einem Auge eine frontalparallele Ebene, so müßten also auf ihr befindliche Merkpunkte um so weiter von der Kernfläche nach hinten lokalisiert werden, je weiter sie nasalwärts, und um so weiter nach vorn, je weiter sie temporalwärts von der Fovea abgebildet werden. Die frontalparallele Ebene müßte uns also stark gegen die Gesichtslinie geneigt erscheinen. Dieser Eindruck wird aber nach Hering sofort durch die ihm entgegenstehenden empirischen Motive der Tiefenwahrnehmung unterdrückt, so daß die wirklich frontalparallele Ebene uns auch frontalparallel erscheint. Die den Heringschen Tiefenwerten entsprechende Anordnung der Objekte erscheint auch nicht bei folgender von Helmholtz (I, S. 816) angegebenen Modifikation des Versuchs. Man hält vor das Gesicht einen schwarzen Papierstreifen, dessen Breite gleich der Augendistanz ist, so daß das rechte Auge nur die rechte Hälfte des Gesichtsfeldes sieht, das linke bloß die linke Hälfte. Auch dann werden die beiden Hälften einer frontalparallelen Wand nicht, wie es der Heringschen Annahme über die Tiefenwerte entsprechen würde, als zwei unter einem spitzen Winkel zusammenstoßende Flächen (»wie eine Messerschneide, die gegen den Beobachter gekehrt ist«) gesehen, sondern die Wand erscheint ganz eben, gerade so, wie sie mit zwei Augen gesehen wird.

Nun sind freilich in derartigen Versuchen, besonders wenn man sie im hellen Zimmer macht, in dem eine Menge von Gegenständen, vor allem auch Teile des eigenen Körpers sichtbar sind, die empirischen Motive der Tiefenwahrnehmung übermächtig. Wichtiger sind daher Versuche, in denen die Tiefenlage einseitiger Doppelbilder isolierter Objekte studiert werden unter Bedingungen, in denen möglichst wenig empirische Motive der Tiefenlokalisation wirksam sind. Betrachtet man binokular einen — im Dunkelzimmer oder auf ganz gleichmäßigem Grunde — isolierten Fixationspunkt, und bietet ein zweites kleines Objekt so weit vor oder hinter dem Fixationspunkt, daß es in deutlich voneinander getrennten Doppelbildern erscheint, so werden die beiden Halbbilder des Objekts, wenigstens im Anfang der Betrachtung, in der Tat so lokalisiert, wie es der Heringschen Hypothese entspricht, d. h. gleichnamige Doppelbilder, die beide auf der nasalen Netzhauthälfte liegen, erscheinen ferner, gekreuzte, die beide auf der temporalen Netzhauthälfte liegen, näher, als der Fixationspunkt. Ja es ist, wie Tschermak und Höfer (1105), sowie Pfeifer (1041) gezeigt haben, sogar möglich, den Ort zu charakterisieren, an den sie lokalisiert sind, und es stellt sich dabei heraus, daß ihre Lokalisation wirklich eine ganz bestimmte ist. Das ist auch noch der Fall, wenn man den beiden Halbbildern durch Vorhalten verschiedenfarbiger Gläser vor die Augen verschiedene Farben gibt (HEINE, 934).

Wenn man allerdings die Halbbilder längere Zeit betrachtet, so können sie, wie HERING schon wußte und WUNDT, sowie TSCHERMAK und HÖFER hervorhoben, sich mehr der Kernebene nähern, ja ganz in sie hineinrücken. PFEIFER, der diese Verhältnisse am genauesten untersucht hat, fand, daß die häufigste und stabilste — bei manchen Personen sogar ausschließliche — Lokalisation der Halbbilder der wirklichen relativen Lage der Objekte entspricht, (allerdings nicht genau mit ihr übereinstimmt). In zweiter Linie kann es zur Lokalisation derselben in die Kernfläche kommen. Die gekreuzten Doppelbilder vor dem binokularen Fixationspunkt liegender Objekte können sogar auf dem hinter dem Fixationspunkt liegenden Hintergrund erscheinen — Inversion der Tiefenwahrnehmung. Die Inversion gleichnamiger Doppelbilder nach vorn gelingt schwerer. Endlich kann das eine Halbbild vor, das andere hinter dem Fixationspunkt erscheinen. Alle diese Variationen werden durch kurze Exposition verhindert. Nur bei längerer Betrachtung wird die Tiefenlokalisation der Doppelbilder schwankend und leicht beeinflußbar. HERING (7, S. 336) hatte dieses Schwanken der Tiefenlokalisation isoliert gesehener Halbbilder auf den Wettstreit der Tiefenwerte beider Netzhäute zurückgeführt. Nicht bloß der farbige Eindruck des Halbbildes stehe in fortwährendem Wettstreit mit der farbigen Regung der korrespondierenden Stelle des anderen Auges, sondern auch der Tiefenwert des Halbbildes mit dem entgegengesetzten dieser Stelle des anderen Auges. Die farbige Empfindung nehme immer den Tiefenwert mit sich, und je nachdem der eine oder andere Tiefenwert überwiege, schwanke auch die Tiefenlokalisation des Halbbildes. Wenn es also abblaßt, so nähere es sich mehr der Kernfläche, und wenn bei ausgedehnteren Objekten in einzelnen Teilen des Halbbildes die entgegengesetzten Tiefenwerte des anderen Auges überwiegen, so können diese das ganze Halbbild beeinflussen, und die Lokalisation kann dann der normalen entgegengesetzt werden.

Das Schwanken der Tiefenlokalisation gesonderter Halbbilder erschwert nun auch die anderen Versuche, die HERING als seiner Hypothese entsprechend anführt. Hängt man zwei Kügelchen an feinen Fäden derart auf, daß sie horizontal nebeneinander vor dem Gesicht liegen und eine geringere Distanz voneinander haben, als die Augen, und bringt man durch Minderung der Konvergenz die zwei inneren Halbbilder der Kügelchen zur Deckung, so erscheinen die beiden anderen exzentrisch (temporalwärts) abgebildeten näher als die verschmolzenen fovealen Bilder. Erzeugt man die Vereinigung dadurch, daß man die Gesichtslinien vor den Kügelchen kreuzt, so erscheinen die exzentrisch (nasalwärts) abgebildeten Halbbilder umgekehrt ferner, als das Verschmelzungsbild. Man kann diesen Versuch auch mit zwei Stricknadeln ausführen, die man ungefähr parallel zu einander vor das Gesicht hält. Man sieht dann, je nachdem ob der Kreuzungspunkt der Gesichtslinien vor oder hinter den Nadeln liegt, das mittlere binokulare Sammelbild entweder vor oder hinter der Ebene der beiden seitlichen Halbbilder, und man kann ferner durch Neigen der Nadeln nach rechts und links das mittlere Sammelbild und die beiden Halbbilder einander genau parallel stellen, und dadurch dem Einwand von HELMHOLTZ entgehen, daß bei diesem Versuch die Divergenz der mittleren Längsschnitte nach oben störe.

Für die Auffassung des Versuchs entscheidend sind die Beobachtungen, die man macht, wenn man die beiden Stricknadeln abwechselnd einander nähert und sie voneinander entfernt. Je weiter man sie voneinander entfernt, desto größer wird der Tiefenunterschied des Sammelbildes gegenüber den Halbbildern, und je mehr man sie einander nähert, desto mehr rücken alle drei Bilder gegen die Kernebene zusammen. Hat man den Versuch so angestellt, daß die Gesichtslinien sich hinter den Nadeln kreuzen, so erkennt man auch leicht den Grund für dieses Verhalten. Man sieht dann, daß bei genügender Entfernung der Nadeln voneinander die Gesichtslinien nicht mehr ganz streng auf sie eingestellt sind und das binokulare Sammelbild sich in getrennte gleichnamige Doppelbilder aufzulösen beginnt. Eine geringere gleichnamige Querdisparation war aber schon vorher, bei geringerer Distanz der beiden Nadeln voneinander, vorhanden, denn es handelt sich hier um den Vorgang der Lösung von Akkommodation und Konvergenz, bei dem, wie wir oben S. 317 sahen, die Einstellung der Gesichtslinien hinter der geforderten Stellung um so mehr zurückbleibt, je mehr man sich der Grenze der relativen Akkommodations- bzw. Fusionsbreite nähert. Daß dasselbe auch bei Kreuzung der Gesichtslinien vor den Nadeln der Fall sein muß, ergibt sich aus dem Zusammenhange ohne weiteres. Der Versuch lehrt also, daß zwei querdisparate Halbbilder, die nicht einmal von demselben Objekt, sondern von zwei einander nahezu gleich aussehenden Objekten herrühren, gegenüber den isoliert gesehenen Halbbildern eine bestimmte Tiefenlokalisation besitzen, deren Voraussetzung aber eben das Vorhandensein einer Querdisparation ist[1]).

Zur gleichen Folgerung führt ein weiterer, von HERING angegebener Versuch. Man halte eine Stecknadel nahe vor die Augen und fixiere ihren

---

1) Daß hier eine Querdisparation gegeben ist, hat man bisher vollkommen übersehen. LAU (999) hat zwar eine analoge Beobachtung gemacht (siehe das Folgende) und sie nachher (1000a) auch zur Erklärung des PANUMschen Versuchs herangezogen, aber den Zusammenhang mit der Lösung von Akkommodation und Konvergenz hat er auch nicht durchschaut.

Kopf mit symmetrischer Konvergenz. Dann halte man einen feinen Draht ein wenig nach links von der Gesichtslinie des linken Auges, aber viel näher zum Auge als die Stecknadel, so daß er bei Fixation des Stecknadelkopfes in gekreuzte Doppelbilder zerfällt, deren eines (das des rechten Auges) weit exzentrisch liegt, während das des linken Auges nahe neben der Stecknadel sichtbar ist. Bei andauernder Fixation des Stecknadelkopfes tritt dann plötzlich das Halbbild des linken Auges mit einer Eindringlichkeit, wie im stereoskopischen Bilde, hinter die Stecknadel, während das weiter exzentrische Halbbild des rechten Auges nach wie vor vorn bleibt. Der Versuch gelang HELMHOLTZ nicht, mir anfangs auch nicht, bis ich herausfand, daß der Erfolg sofort mit größter Eindringlichkeit da ist, wenn die Konvergenz etwas nachläßt, so daß eine geringe ungleichnamige Querdisparation der Abbildung der Stecknadel in beiden Augen auftritt. Diese äußert sich sofort in einem Nach-Hinten-Springen des der Stecknadel benachbarten Halbbildes des Drahtes (man kann dann ebenso gut eine Stricknadel nehmen), während das weiter entfernte Halbbild des rechten Auges davon unberührt bleibt, und wenn man ihm die Aufmerksamkeit voll zuwendet, deutlich nach vorn liegt[1]).

Hierher gehört auch folgende Beobachtung von LAU (999): In den Rahmen des HERINGschen Haploskops wird auf jeder Seite je ein Mittelfaden eingespannt, die beim Hineinblicken in den Apparat binokular vereinigt werden. Im linken Rahmen befinden sich neben dem Mittelfaden zwei seitliche vertikale Fäden, die von oben, im rechten Rahmen zwei, die von unten her nur bis zur Mitte des Gesichtsfeldes hereinragen, und die so eingestellt sind, daß sie bei Deckung der mittleren Fäden im binokularen Sammelbild sich, wie bei der Substitionsmethode (oben S. 219) zu durchlaufenden Fäden ergänzen. Stellt man nun die Haploskoparme auf sehr starke Konvergenz ein, so folgt die Augenstellung wegen des Zurückbleibens der Akkommodation der Haploskopstellung nicht genügend nach, die Gesichtslinien beider Augen konvergieren daher zu wenig, die Mittelfäden bilden sich mit gekreuzter Querdisparation ab, und ihr Sammelbild tritt plastisch v o r die Ebene der beiden Seitenfäden, die wie schwarze Striche auf den hellen Hintergrund lokalisiert werden. LAU konnte dabei das Zurückbleiben der Konvergenz hinter dem geforderten Ausmaß direkt nachweisen.

Ganz verwickelt liegen die Verhältnisse bei einem zuerst von PANUM (355, S. 76) angegebenen Versuch, der in der Literatur eine große Rolle spielt. Bietet

---

1) PFEIFER (1041), der die Angaben von HERING ebenfalls bestätigt, greift zur Erklärung auf die Inversion der Tiefenlokalisation des einen Doppelbildes zurück, die bei vielen Personen nach anhaltender Betrachtung auftritt. Ich will diese Möglichkeit nicht bestreiten, glaube aber, daß diese Art von Tiefenlokalisation nicht den zwingenden »stereoskopischen« Eindruck machen kann, wie die von mir herangezogene Querdisparation.

man dem linken Auge zwei parallele, nahe aneinander stehende vertikale Striche a
und b, dem rechten Auge einen einzigen Strich c, wie in Fig. 122, so sieht
man, wenn man den Strich c mit a oder b binokular (im Stereoskop) vereinigt,
zwei Striche, von denen der linke ferner steht, als der rechte. Das stereoskopische Bild der drei Striche entspricht nämlich einer wirklichen Anordnung
der Objekte A und B, wo B auf der Gesichtslinie des rechten Auges vor A liegt
und A für das rechte Auge verdeckt. In der Figur ist die Lage der stereoskopischen Halbbilder von A und B auf einer durch die punktierte Linie angedeuteten Ebene durch a, b und c wiedergegeben, deren Übereinstimmung mit der
Lage der Striche man sofort erkennt. Sind die Gesichtslinien beider Augen auf A
gerichtet, bilden sich also A, bzw. die Halbbilder a und c auf den Foveae ab,
so vereinigen sich beide binokular zu dem einfachen Sehbild von A, und b, das
sich auf der temporalen Seite des linken Auges abbildet, hat gegenüber diesem
Verschmelzungsbilde einen Nahewert, B erscheint also näher als A. Sind beide
Gesichtslinien auf B gerichtet, dann verschmelzen die Bilder von b und c mit-

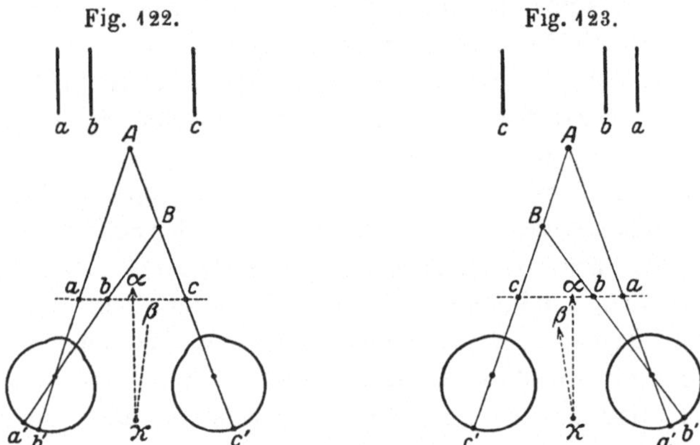

Fig. 122.
Fig. 123.

einander, a bildet sich auf der nasalen Seite des linken Auges ab, hat also
gegenüber den fovealen Bildern von B bzw. b und c, einen Fernwert, A erscheint daher ferner als B. Bietet man umgekehrt dem linken Auge einen einzigen Strich c, dem rechten zwei Striche b und a, wie in Fig. 123, so entspricht das einer wirklichen Anordnung der Objekte, in der B auf der Gesichtslinie des linken Auges vor A steht und letzteres verdeckt. Vereinigt man c
mit b oder a, so sieht man in diesem Falle jedesmal das linke Objekt B vor
A stehen und die Erklärung ergibt sich aus der Figur und dem Vorstehenden
ohne weiteres. Allerdings darf bei diesem Versuch, wie Hering bemerkte, die
Distanz der Striche a und b voneinander nicht zu groß genommen werden. Ist
sie sehr groß, so kommt der stereoskopische Eindruck nicht mehr zustande,
weil dann der Strich A sehr weit hinausgerückt erscheinen müßte, was mit
den sonstigen Verhältnissen des Gesamtbildes nicht mehr übereinstimmt. Insbesondere besteht, wenn man die Striche auf Papier aufgezeichnet hat, die
Tendenz, sie in einer Ebene auf dem Papier zu sehen.

Gegen die Heringsche Deutung des Versuchs hat E. Jaensch (9 a, S. 46 ff.)
den Einwand erhoben, daß bei größeren Distanzen der parallelen Striche a und
b die Lokalisation unter Umständen auch entgegengesetzt ausfallen kann, als es
Hering angibt. Wenn man nämlich die drei vertikalen Striche durch Fäden im

HERINGschen Haploskop herstellt, so kann man einesteils bei gleichbleibender
Konvergenz die Fäden von den Augen entfernen oder ihnen nähern, anderen-
teils bei gleichem Abstand der Fäden vom Auge die Konvergenz ändern. Wenn
man bei gleichbleibender Konvergenz die Fäden von den Augen entfernt, so
tritt von einem bei den verschiedenen Versuchspersonen verschiedenen Abstande
derselben von den Augen ab plötzlich ein Umschlag auf, statt des Fadens b,
der beim PANUMschen Versuch sonst stets vorn erscheint, springt der Faden a
nach vorn. Auch wenn man den Abstand der Fäden von den Augen konstant
läßt und durch Drehen der Haploskoparme den Konvergenzgrad der Augen vermindert, erfolgt derselbe Umschlag, statt b springt a nach vorn[1]). Je näher
die Fäden vor den Augen stehen, desto größer ist der Konvergenzbereich, innerhalb dessen b vorn steht; bei weitem Abstand der Fäden a und b voneinander
und größerer Entfernung derselben von den Augen steht überhaupt a vor b,
also umgekehrt, als es nach der HERINGschen Theorie zu erwarten wäre. Das
liegt aber nach JAENSCH daran, daß man überhaupt nicht beliebig c mit a oder
b verschmelze. Vielmehr verschmelze man bei ungezwungenem Blick immer c
mit b, und dann trete das Verschmelzungsbild beider nach vorn. Wenn man
aber, wie bei Minderung der Konvergenz oder Vergrößerung des Abstandes der
Objekte von den Augen (auch bei stark seitlich gerichtetem Blick) c mit a verschmelze, so trete das Verschmelzungsbild dieser Fäden nach vorn, allerdings
nicht bei kleiner, sondern nur bei großer Distanz von a und b. Da JAENSCH
fand, daß das Vortreten von b besonders bei Blickbewegungen auffällig wird,
da ferner bei starrem binokularem Hinblicken auf drei in verschiedener Entfernung befindliche Leuchtfäden im Dunkelzimmer diese trotz vorhandener Querdisparation schließlich keinen Tiefenunterschied mehr erkennen ließen, sondern
in einer Ebene zu liegen schienen, nahm er an, daß das binokulare Tiefensehen
gar nicht auf der Querdisparation an sich beruhe, sondern auf der der Blickwanderung nach der Tiefe vorangehenden Aufmerksamkeitswanderung. Die Querdisparation rufe nur deshalb den Tiefeneindruck hervor, weil die querdisparaten
Bilder besonders stark die Verlagerung der Aufmerksamkeit nach der Tiefe an-
regen. Rege die Querdisparation keine Aufmerksamkeitsverlagerung an, so fehle
trotz ihres Vorhandenseins der Tiefeneindruck, andererseits könne er auch ohne
Vorhandensein der Querdisparation auftreten, wenn nur eine Veranlassung zur
Aufmerksamkeitsverlagerung gegeben sei.

Gegen diese Darstellung hat HENNING (939) eingewendet, daß die Abweichungen, die JAENSCH vom HERINGschen Schema beobachtet hat, lediglich darauf
beruhen, daß durch die auf einen Faden gerichtete Aufmerksamkeit die Eindringlichkeit desselben erhöht wird, und er dann nach dem Prinzip der vortretenden Farben (s. unten S. 442) nach vorn verlegt wird. Im ganzen sei
dieser Einfluß allerdings nur ein sekundärer, der bloß verhältnismäßig geringe
und meist nur wenig eindringliche Tiefenunterschiede vermittle. Doch sei seine
Wirksamkeit, wie die der empirischen Motive der Tiefenwahrnehmung überhaupt
individuell ganz verschieden. Ferner gibt HENNING an (939, 940), bei kleinen
Distanzen von a und b verschmelze der Strich c gleichzeitig sowohl mit a als

---

1) Man kann diese Versuche auch ohne Haploskop sehr bequem mit zwei
langen schmalen Glasplatten ausführen. Auf die eine zeichnet man den Strich c,
auf die andere die Striche a und b. Dann legt man die Flächen, auf die die
Striche gezeichnet sind, aufeinander, vereinigt die Striche durch freiäugiges Stereoskopieren und ändert ihre Distanz und damit den Konvergenzgrad durch Verschieben der beiden Glasplatten gegen einander.

auch mit *b*, indem die Regung des einen Auges zentral mit den zwei Regungen des anderen Auges zusammenwirke, ähnlich wie beim monokularen Doppelsehen der Schielenden **eine** Erregung an zwei verschiedene Orte lokalisiert werde. Er nennt das die »Doppelfunktion«. Eine solche Doppelfunktion hatte für den Panumschen Versuch schon Tschermak (bei Höfer, 951, S. 510 ff.) angenommen, in dem er meinte, das Bild von *c* falle mit dem des einen der beiden anderen Striche (*a* und *b*) auf korrespondierende Stellen und gebe **gleichzeitig** mit dem des zweiten Striches eine Querdisparation.

Bei mir selbst ist der Einfluß der empirischen Motive im Panumschen Versuche sehr stark. Halte ich zwei Stricknadeln in der Anordnung wie in Fig. 123 vor die Augen, so daß die hintere *A* durch die vordere *B* für das linke Auge verdeckt wird, dann sehe ich die richtige Tiefenlokalisation (*A* hinter *B*) nur, wenn ich die vordere Nadel *B* fixiere (Fall 1) und ihre identischen Halbbilder in beiden Augen verschmelzen. Fixiere ich die hintere Nadel *A*, so daß das Bild der vorderen im linken Auge mit dem der hinteren im rechten Auge verschmilzt (Fall 2), so erhalte ich einen merkwürdig verworrenen Eindruck. Die beiden Nadeln erscheinen ungefähr in einer Ebene, es stimmt aber irgendwie nicht. Die binokulare Tiefenwahrnehmung würde nämlich die richtige Deutung veranlassen, ihr widerspricht aber, daß das schärfere Bild der vorderen Nadel *B* im linken Auge mit dem blasseren Bilde der hinteren Nadel *A* im rechten Auge zusammenfällt und es in den Hintergrund drängt. Das Vereinigungsbild *a c* besitzt also dann dieselben empirischen Tiefenmerkmale, wie das Bild *b*, und das unterdrückt bei mir den binokularen Eindruck fast ganz.

Mit diesem an den Objekten selbst wahrgenommenen Tiefeneindruck stimmen nun bei mir auch die Haploskopversuche überein. Wenn ich im Haploskop dem linken Auge einen Faden *c*, dem rechten zwei, *b* und *a*, darbiete und dabei die Haploskoparme auf eine schwache, ungefähr der Entfernung der Fäden entsprechende Konvergenz einstelle, so sehe ich beim Hereinblicken in den Apparat *c* mit *b* vereinigt, was ich ständig daran kontrollieren kann, daß ich an *c* eine deutliche Marke anbringe. Die Augenstellung entspricht also der Fixation von *B* in Figur 123, d. h. dem eben erwähnten Fall 1. Das vereinigte Bild der Fäden *c* und *b* erscheint im ersten Augenblick zwingend **vor** *a*. Wenn ich aber das Gesamtbild eine Zeitlang betrachte, rückt *b c* in die Ebene von *a* zurück. Je weiter die Fäden *b* und *a* voneinander entfernt sind, desto flüchtiger ist der erste Eindruck des Vorspringens von *b c*. Mindere ich, während ich die Haploskoparme ruhig stehen lasse, willkürlich die Konvergenz der Gesichtslinien, so weit, daß sich *c* mit *a* vereinigt, dann erscheint *b* in einer Ebene mit dem Sammelbild *a c*, aber die Lokalisation ist sehr unsicher. Diese Augenstellung entspricht der Fixation des Objektes *A* in Fig. 123, dem obigen Fall 2.

Mindere ich, während ich andauernd *b* mit *c* vereinigt halte, durch Drehen der Haploskoparme die Konvergenz bei unveränderter Entfernung der Fäden von den Augen, also bei gleichbleibender Akkommodation, so nimmt der Eindruck des Vorspringens von *b c* vor *a* immer mehr ab, später erscheinen beide in einer frontalparallelen Ebene, ja bei noch weiterer Minderung der Konvergenz kann es auf Augenblicke vorkommen, daß *a* vor *b* liegt. Die Erklärung dafür liegt auch hier wieder in der Lösung von Akkommodation und Konvergenz. Nehmen wir an, die Haploskoparme wären ursprünglich so eingestellt gewesen, daß bei Einstellung der linken Gesichtslinie auf *c* und der rechten auf *a* Konvergenz und Akkommodation mit einander übereingestimmt hätten. Dann bedeutet Einstellung der rechten Gesichtslinie auf *b*, statt auf *a*, eine Mehrung der Konvergenz ohne gleichzeitige Erhöhung der Akkommodation, also wird dabei die Neigung bestehen, die Konvergenz etwas geringer einzustellen, als zur Abbildung von b und c auf genau korrespondierende Stellen erforderlich wäre, b und c verhalten sich dann so, als ob sie ungleichnamige Doppelbilder eines Objektes wären, das näher liegt als a. Dadurch wird natürlich der an sich schon aus empirischen Gründen bestehende Tiefeneffekt, das Vorspringen von bc, noch verstärkt. Mindert man nun durch Drehen der Haploskoparme die Konvergenz, so entspricht sie bald der Akkommodation, b und c bilden sich auf genau korrespondierenden Stellen ab und der binokulare Tiefenunterschied zwischen bc und a verschwindet. Geht man mit der Minderung der Konvergenz noch weiter, so wird die von den nahen Fäden geforderte Akkomodation größer, als der Konvergenzgrad, dann tritt eine gleichnamige Querdisparation von bc auf und dann kann a vor bc erscheinen. Aber diese Tiefenlokalisation entspricht keiner möglichen Anordnung der wirklichen Dinge. Damit a vor bc erscheint, müßte in Wirklichkeit das ihm entsprechende Objekt A vor B auf der Gesichtslinie des linken Auges liegen und dann könnte es nicht gleichzeitig nach rechts von B liegen. Wir haben es also hier mit einer Art Pseudoskopie zu tun, und die Nichtübereinstimmung des Vorn- mit dem Rechtserscheinen hindert bei mir das Vortreten von a sehr. Nur bei starken relativen Divergenzen tritt es vorübergehend auf.

Ein analoger Einfluß der Querdisparation tritt auch auf, wenn man c willkürlich mit a vereinigt hält. Stimmen dabei Akkommodation und Konvergenz überein, so fallen a und c auf genau korrespondierende Stellen und es fehlt eine Disparation ganz; ist der geforderte Konvergenzgrad größer, als die normalerweise damit verbundene Akkommodation, dann ist Neigung zu gleichnamigen Doppelbildern von ac vorhanden, und b liegt vor ac. Wird die Konvergenz wesentlich geringer, als der geforderte Akkommodationsgrad, so neigt ac zum Zerfall in gekreuzte Doppelbilder samt den pseudoskopischen Folgen, die wir eben besprochen haben. Der Ungeübte wird nun, weil es ihm bequemer ist, c bei starker Konvergenz mit b, bei geringerer mit a verschmelzen, und dadurch werden die Verhältnisse noch komplizierter, folgen aber doch dem eben dargelegten Grundprinzip[1]). KAILA (977) ist der Ansicht, daß die Tiefenlokalisation beim PANUMschen Versuch durch unwillkürliche Blickschwankungen von B nach A zustande kommt. Ich glaube, wie gesagt, nicht, daß es so weit kommt, sondern halte schon die viel geringeren Ungenauigkeiten der Konvergenzeinstellung für ausschlaggebend.

Der PANUMsche Versuch ist wegen seiner Kompliziertheit für eindeutige klare Schlußfolgerungen viel weniger geeignet, als die vor ihm angeführten einfacheren Versuche. Dasselbe gilt auch für eine an ihn sich anschließende, von HÖFER (951), beschriebene Erscheinung. Bietet man dem linken Auge zwei in seiner Gesichtslinie liegende, sich deckende Lote, wie B und A in Fig. 123, die dem rechten Auge voneinander gesondert in einem bestimmten Seitenabstand erscheinen, so nimmt dieser Seitenabstand bei andauernder Fixation des vorderen Lotes B jedesmal zu, wenn das linke Auge verdeckt wird, und ab,

---

1) Der Umschlag beim Entfernen der Fäden vom Auge bei unveränderter Konvergenz ist in analoger Weise durch die Inanspruchnahme des negativen Teils der relativen Akkommodationsbreite zu erklären. Daß auch bei starker seitlicher Blickwendung unter Umständen eine Umkehrung des PANUMschen Versuchs auftritt, dürfte mit der an den Grenzen des binokularen Blickfeldes auftretenden Querdisparation zusammenhängen, die schließlich bis zum Auftreten von Doppelbildern führt (vgl. BLASCHEK, 441).

wenn das Auge wieder aufgedeckt und das Lot B wieder binokular gesehen wird. Tschermak erklärt diesen Versuch nach Analogie mit der gegenseitigen Angleichung der Sehrichtungen von Objekten, die sich in beiden Augen auf querdisparaten Stellen abbilden, aber trotzdem noch einfach gesehen werden. Die Sehrichtung, in der sie liegen, hält die Mitte zwischen den Sehrichtungen, die jedem Einzelbilde zukommen. Dem analog übe das Bild des Lotes B im linken Auge einen Einfluß auf die Sehrichtung des Bildes von A im rechten Auge in dem Sinne aus, daß sich die Sehrichtungen zwar nicht bis zur Mitte ausgleichen, aber sich doch einander nähern. Der stereoskopischen Doppelfunktion der Regung des linken Auges (s. oben S. 432) entspreche auch eine solche in bezug auf die Breitenwerte. Es ist aber zu bedenken, daß sich beim Übergang vom einäugigen zum beidäugigen Sehen und umgekehrt auch die Akkommodation — vielleicht sogar innerhalb der Grenzen, innerhalb deren noch keine Doppelbilder auftreten, die Konvergenz — ändern kann und dadurch jene Unterschiede in der scheinbaren Größe hervorgerufen werden können, die wir beim Übergang vom Fern- zum Nahesehen und umgekehrt allgemein beobachten.

Fassen wir das Ergebnis aller dieser Versuche zusammen, so folgt zwar die Lokalisation der Doppelbilder im allgemeinen dem Heringschen Schema, trotzdem aber läßt sich aus ihnen kein bündiger Beweis für die »Nahe«- und »Fernwerte« der Einzelnetzhaut ableiten, denn wo dabei ein wirkliches binokulares Tiefensehen auftritt, ist immer auch eine gleichzeitige Reizung b e i d e r Netzhäute durch querdisparate Bilder vorhanden. Die Tiefenlokalisation isolierter Halbbilder ist, verglichen mit dem binokularen Tiefensehen, ganz unbestimmt. Der Unterschied äußert sich, wie Kaila (977) zeigte, besonders deutlich dann, wenn man zuerst das eine Halbbild eines in Doppelbilder zerfällten Objekts sichtbar macht, und dann erst das zweite hinzutreten läßt. Ferner ist die Tiefenlokalisation monokular gesehener Halbbilder stark schwankend, weil sie widerstandslos dem Einfluß der empirischen Motive der Tiefenwahrnehmung unterliegt. Das Schwanken der relativen Tiefenlokalisation hört mit einem Schlage auf und gleichzeitig tritt binokulares Tiefensehen mit voller plastischer Anschaulichkeit auf, sobald die Bilder, die sich vorher auf genau korrespondierenden Stellen befunden hatten, eine kleine Querdisparation erhalten. Dann verringert sich auch der Einfluß der empirischen Motive der Tiefenlokalisation in auffälliger Weise, und wenn sie mit der binokularen Tiefenwahrnehmung in Widerspruch geraten, treten dieselben Zustände ein, wie wir sie unten bei der Besprechung der Pseudoskopie erörtern: Zwar können sie die binokulare Tiefenwahrnehmung auch noch stark beeinträchtigen, aber die letztere hängt nicht mehr einzig und allein von ihnen ab.

Trotzdem nach dem Gesagten die Querdisparation die unerläßliche Voraussetzung für das plastische binokulare Tiefensehen bildet, liegen die Dinge doch nicht so, daß beim Vorhandensein von Querdisparation jedesmal auch Tiefenwahrnehmung da ist. Wie schon Hering (R. S 542 ff.) und neuerdings Poppelreuter (1050, S. 250) und Jaensch (9a, S. 92 ff.) betonten, ver-

schwinden bei länger fixierenden Hinstarren auf einen Punkt die Tiefenunterschiede der Dinge immer mehr und mehr, und es nähert sich alles
der Kernfläche. Wenn man hingegen den Gesichtsraum mit dem Blick
nach der Tiefe zu durchmißt, rückt alles mit Querdisparation Abgebildete
deutlich und der Wirklichkeit viel mehr entsprechend nach der Tiefe auseinander. Erst die willkürliche Konvergenzänderung bei den Blickbewegungen nach der Tiefe zu macht daher »die volle Ausnützung und Verwertung unseres auf der Disparation der Netzhautbilder beruhenden Vermögens der Tiefenwahrnehmung möglich« (HERING), und zwar geschieht das
auf zweierlei Weise: Zunächst dadurch, daß, wie HELMHOLTZ (I, S. 740) und
HERING übereinstimmend angeben, abwechselnd die Bilder verschiedener
Teile der nach der Tiefe ausgedehnten Objekte nahe an die Stelle des direkten
Sehens herangebracht werden und dadurch die Tiefenunterschiede deutlicher und genauer sichtbar werden, als im indirekten Sehen. Sodann aber
wird durch jede Blickbewegung nach der Tiefe die bei dauernder Fixation
matt gewordene Tiefenempfindung wieder aufgefrischt, was man besonders
bei den soeben beschriebenen Versuchen mit isolierten Halbbildern beobachten kann. So sieht man z. B. dem auf S. 428 beschriebenen Versuch mit den beiden Stricknadeln den Tiefenunterschied weitaus am besten,
wenn man die Nadeln langsam voneinander entfernt und sie einander
wieder nähert usf. Damit hängt es auch zusammen, daß, wie HELMHOLTZ
a. a. O. hervorhebt, querdisparat abgebildete Konturen, die anfangs gut
stereoskopisch vereinigt sind, bei längerer Betrachtung immer leichter in
gesondert wahrgenommene Doppelbilder zerfallen.

BRÜCKE (872) hatte die Ansicht ausgesprochen, die binokulare Tiefenwahrnehmung komme überhaupt bloß dadurch zustande, daß man die Netzhautbilder der einzelnen Teile eines Körpers durch eine Blickwanderung
nach der Tiefe nacheinander auf die Stelle des direkten Sehens bringe. Je
nach der Konvergenz der Gesichtslinien verlege man die einzelnen Teile in
verschiedene Tiefe, und der Eindruck der Tiefenerstreckung eines Körpers
entstehe durch die Vereinigung einer Reihe solcher Tiefeneindrücke, die
man nacheinander bei der Blickwanderung erhalten habe. Dem gegenüber zeigte zuerst DOVE (886a), daß die Vereinigung zweier stereoskopischer
Halbbilder zum plastischen körperlichen Bild auch gelingt, wenn man die
Bilder mittels des elektrischen Funkens bloß eine kurze Zeit lang belichtet,
daß gar keine Augenbewegungen ausgeführt werden können, und WHEAT-
STONE (1117) und andere fanden, daß auch Nachbilder, die in jedem Auge
eine etwas andere Lage haben, zu einem Bilde mit plastischem Tiefensehen
verschmelzen können (Literatur und weitere Einzelheiten siehe bei HELM-
HOLTZ, I, S. 740 ff., HERING, R. S. 408 und L. v. KARPINSKA (979).

Praktische Anwendung findet die kurze Exposition bei der Prüfung auf
binokulare Tiefenwahrnehmung im HERINGschen Fallversuch (943). Dieser

wird in folgender Weise ausgeführt: Man läßt den zu Untersuchenden das Gesicht in eine kurze Pappröhre RR in Fig. 124 derart hineinstecken, daß ihm
alle seitlich gelegenen Gegenstände unsichtbar sind und die Röhre bloß ein ganz
gleichmäßig gefärbtes Stück eines als Hintergrund dienenden Schirms oder einer
Wand herausschneidet. Am distalen Ende trägt die Pappröhre zwei divergierende Metallstreifen, zwischen denen ein feiner Faden mit der Fixationsmarke f
(einer kleinen Perle) in der Mitte ausgespannt ist. Während der Beobachter
diese Perle fixiert, läßt der Untersucher kleine Kugeln verschiedener Größe bald
neben, bald vor, bald hinter der Marke f auf eine weiche Tuchunterlage
herunterfallen, und der Untersuchte hat anzugeben, ob ihm die Kugel vor oder
hinter dem Fixationspunkt erscheint. Wegen verschiedener Vorsichtsmaßregeln
gegen Täuschungen bei diesem Versuch vgl. man HOFMANN (8, S. 160). Eine
Modifikation des Apparates findet man bei VAN DER MEULEN (1023). Eine zweite,
von HERING zur Untersuchung auf Vorhandensein binokularer Tiefenwahrnehmung

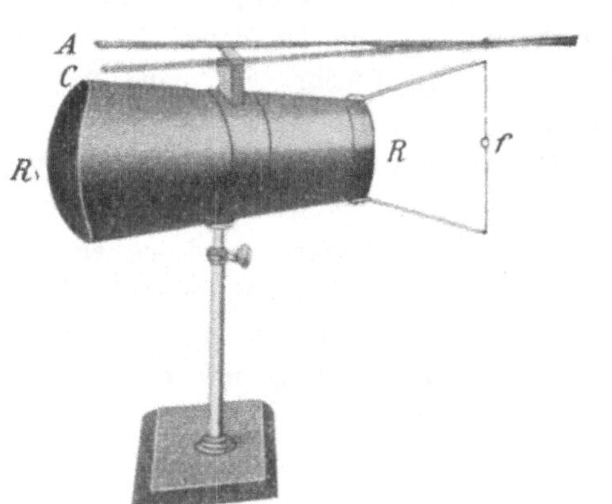

Fig. 124.

verwendete Anordnung — in
diesem Falle mit Dauerexposition — ist der »Stäbchenversuch« (R. S. 395, Anm.;
genauere Beschreibung bei
PFALZ, 1040, S. 89). Dazu
braucht man drei verschieden
dicke Stahldrähte (Stricknadeln)
oder dünne gerade Stäbchen,
die auf schmalen schweren
Füßen befestigt sind und durch
eine alles andere, auch die
oberen und unteren Enden der
Stäbchen, verdeckende breite
Guckröhre vor einem gleichmäßig gefärbten Hintergrund
beobachtet werden. Einer der
Stäbe wird in der Medianebene
des Beobachters fest aufgestellt. Dann wird vom Untersucher ein zweiter Stab ins Gesichtsfeld gebracht
und etwas seitlich vom ersten so lange nach vorn und hinten verschoben, bis
er dem Beobachter in derselben frontalparallelen Ebene erscheint, wie der Mittelstab. Mit dem dritten Stäbchen wird dann ebenso verfahren. Bei binokularem
Sehen ist die Einstellung sehr genau, bei einäugigem Sehen werden grobe Fehler
gemacht (wenn der Beobachter nicht etwa den Kopf bewegt!). Häufig wird der
dickere Stab weiter nach hinten eingestellt, als der dünnere (CORDS, 882, III, S. 352).

Während nun der binokulare Tiefeneindruck bei den meisten Personen
schon bei Momentanbeleuchtung auftritt, — nur DONDERS (886) beobachtete
einige Ausnahmen, — braucht sie andererseits bei Dauerdarbietung stereoskopischer Bilder eine gewisse Zeit zu ihrer vollen Entwicklung. Diese
schon von DONDERS (886) angeführte Beobachtung wurde neuerdings von
L. v. KARPINSKA (979) genauer studiert. Nur wenige von ihren Versuchspersonen hatten beim Anblick stereoskopisch vereinigter Bilder sofort auch
schon den binokularen Tiefeneindruck. Meist zeigte sich eine Entwicklung,

die in allmählichem Übergang vom anfänglichen völligen Fehlen des Tiefeneindrucks zu einer zunächst unsicheren Beurteilung der Tiefe und erst nachher zum vollen Tiefensehen führte. Bei mir selbst ist diese Entwicklung ebenfalls deutlich ausgesprochen. Der auffällige Gegensalz gegenüber dem Erfolg bei Momentanbeleuchtung ist bis heute noch unaufgeklärt. KARPINSKA meint, der binokulare Tiefeneindruck trete bei Momentanbeleuchtung nur dann auf, wenn die Versuchsperson die Figur vorher genau kenne. Vielleicht wirkt das mit, bemerkenswerter erscheint mir aber die Ansicht von DONDERS, daß die vollkommene Verschmelzung bei Momentanbeleuchtung als Nachbild eine Zeitlang über den Reiz hinaus anhalte und dadurch irgendwelche besonders günstige Momente für das Tiefensehen gegeben seien.

Nach SCHMIDT-RIMPLER (1081) nimmt die Wiederkehr des Tiefensehens nach einer gelungenen Schieloperation in vielen Fällen einen ähnlichen Gang. In einem ersten Stadium sei zwar schon eine binokulare Verschmelzung stereoskopischer Bilder möglich, es sei aber noch keine binokulare Tiefenwahrnehmung vorhanden (ähnlich SCHOELER, 667a). Diese stelle sich erst später ein, und dann werde öfter im Stereoskop die Tiefe schon gesehen, während der HERINGsche Fallversuch nicht bestanden wird. Ob freilich letzteres auf der zu kurzen Expositionszeit beruht, ist fraglich. Die Verhältnisse liegen nämlich im Stereoskop auch deswegen günstiger, weil der Blick nach der Tiefe zu von einem Dinge zum anderen hin- und herwandern kann, wodurch, wie wir sahen, der Tiefeneindruck sehr wesentlich verstärkt wird. Auch lassen sich, wie BIELSCHOWSKY (309, S. 499) bemerkt, diese Angaben nicht verallgemeinern, es kann sogar unter Umständen der Fallversuch bestanden werden, während im Stereoskop kein Tiefensehen zu erzielen ist, weil z. B. die minderwertigen Eindrücke eines weniger sehtüchtigen Auges bei Dauerexposition unterdrückt werden (vgl. zu diesen Fragen ferner GREEFF (921) und SIMON (1087).

Durch mangelhaftes Zurgeltungkommen der Querdisparation infolge zu kurzer Einwirkungsdauer erklärt LAU (999) auch die Beobachtungen, die KIRIBUCHI unter TSCHERMAKS Leitung gemacht hat (1103). Bestimmt man die Lage der scheinbar frontalparallelen Ebene bei starker symmetrischer Konvergenz zunächst mittels dauernd sichtbarer Lote, dann mittels herabfallender Kugeln, so sind beide Einstellungen voneinander verschieden. Die gegen den Beobachter konkave Krümmung des »Lothoropters«, wie TSCHERMAK ihn nennt, ist geringer, als die des »Fallhoropters«, letzterer nähert sich mehr dem MÜLLERschen Horopterkreise, als ersterer. Diese von JAENSCH (9a, S. 148 ff.) bestätigte Erscheinung beruht nach LAU darauf, daß man überhaupt Momentanreize v o r Dauerreizen einstellen muß, wenn beide in der gleichen frontalparallelen Ebene erscheinen sollen. LAU ließ zwei seitliche Fäden dauernd sichtbar und stellte einen Mittelfaden in die von den Seitenfäden markierte frontalparallele Ebene ein, einmal, während er dauernd sichtbar war, ein andermal, während er nur momentan belichtet wurde. Im ersteren Falle wurde er, entsprechend der normalen Horopterkrümmung weiter nach hinten eingestellt, als die Seitenfäden, im letzteren Falle weiter

nach vorn. Als Grund dafür nimmt LAU an, daß in seinen Versuchen die
Konvergenz der Gesichtslinien für alle Fäden zu gering war (s. oben S. 428),
und sie demnach alle mit gekreuzter Querdisparation abgebildet wurden. Diese
komme aber bei kurzer Exposition weniger zur Wirkung, als bei längerer, daher müsse man den Mittelfaden, wenn er in gleicher Entfernung erscheinen soll,
wie die dauernd sichtbaren Seitenfäden, bei Momentanbelichtung weiter nach
vorn stellen, als bei Dauerbelichtung. Für die Haploskopversuche von LAU und
JAENSCH könnte diese Erklärung zwar zutreffen, für die freiäugigen Versuche
von KIRIBUCHI aber nur dann, wenn er nicht genügend konvergiert hätte. Neuerdings hat FISCHER (906) die Versuche wiederholt und TSCHERMAK gibt jetzt (906,
S. 218) folgende Erklärung für die Abweichung des Momentanhoropters vom
Dauerhoropter. Nimmt man mit HERING antagonistische Tiefenwerte korrespondierender Netzhautstellen an, so dürfte bei Momentanreizung der Ausgleich der
einander entgegenstehenden Tiefenwerte unvollkommen sein, und dabei ebenso,
wie nach SCHÖN und KÖLLNER im binokularen Farbenwettstreit, die nasale über
die temporale Netzhaut überwiegen. Da aber den nasalen Netzhautstellen nach
HERING Fernwerte zukommen, erscheinen die im Horopter liegenden Punkte bei
sehr kurzer Exposition zu fern und müssen daher näher an das Auge herangerückt werden.

Die beschriebenen Erscheinungen weisen darauf hin, daß zum Zustandekommen des plastischen Tiefeneindrucks außer der Querdisparation
noch etwas anderes notwendig ist, das ich früher (8a, S. 273) als den
»zentralen Faktor« des binokularen Tiefensehens bezeichnet hatte. Seine
Natur ließ ich damals ganz dahingestellt, und wies nur darauf hin, daß
bei getrennt sichtbaren Doppelbildern vermutlich die Beziehung der beiden
Halbbilder auf ein und dasselbe Objekt ihre richtige Lokalisation bewirke.
Eine ähnliche Folgerung läßt sich aus einem von VAN DER MEULEN und VAN
DOOREMAAL (1023a) ausgeführten Versuch ableiten. Sie stellten Versuche
an dem von VAN DER MEULEN modifizierten HERINGschen Fallapparat an, indem sie durch Vorsetzen von Prismen mit der brechenden Kante nach oben
oder unten die jedem Auge sichtbare Fallbahn derart verschoben, daß das
eine Halbbild derselben sich über dem des anderen Auges befand und
durch einen dunklen Zwischenstreifen von ihm getrennt war. Trotzdem
also nicht nebeneinander, sondern übereinander liegende querdisparate Längsschnitte gereizt wurden, erhielten sie einen hinreichend entscheidenden,
wenn auch weniger sinnfälligen Tiefeneindruck. Auch hier muß wieder,
wie bei den isolierten Doppelbildern die Beziehung auf ein Objekt, die
in der Vorstellung auch auf den übrigen Teil des Sehfeldes ausgedehnte
Fallbahn, zum Entstehen des Tiefeneindruckes mitgewirkt haben. Wäre das
durchgehends der Fall, wäre es also der Sinn des Gesehenen, der bei
querdisparater Reizung des Sehorgans die subjektive Empfindung der
Tiefenerstreckung hervorruft, so müßten wir das binokulare Tiefensehen
in die Gruppe der Gestaltwahrnehmungen einreihen, und der zentrale Faktor wäre dann ein durch die Erfahrung im Einzelleben erworbenes Verhalten,
eine unbewußt wirksame Einstellung, wie wir sie als Grundlage für die Ge-

staltwahrnehmungen schon früher kennen gelernt haben. Für eine solche Auffassung scheinen in der Tat mancherlei Beobachtungen zu sprechen, die einen sehr weitgehenden Einfluß der Gestaltauffassung auch auf das binokulare Tiefensehen erkennen lassen, und von denen wir schon im vorigen mehrere Beispiele angeführt haben.

Einen direkten Beweis dafür, daß jedes Auge seinen Reizkomplex zunächst für sich zu einer Gestalt verarbeite und erst die Abweichungen dieser Gestalten voneinander die binokulare Tiefenwahrnehmung ergeben, glaubte Lau (999, vgl. auch 1000a) aus folgenden Versuchen ableiten zu können. Er vereinigte im Haploskop binokular sechs lange parallele unter 45° geneigte Striche miteinander, die in einer Ebene erschienen. Wurden die Striche auf einer Seite mit der Zöllnerschen Schraffierung versehen, so schienen sie nach der Tiefe zu schräg zu stehen, nur war die Schrägheit nicht sehr eindringlich und auch ihr Sinn nicht ganz eindeutig. Wurden die Bilder beider Augen schraffiert und bildeten die Schraffierungsstriche auf der linken Seite einen spitzeren Winkel mit den parallelen Strichen, als auf der rechten Seite, so trat eine konstante Tiefenschräglage der parallelen Striche auf, trotzdem sie gar nicht querdisparat abgebildet wurden. Wenn ich den Versuch ausführe, so sehe ich im letzteren Falle im binokularen Sammelbild entweder die Zöllnersche Täuschung der in einer Ebene konvergierenden und divergierenden Striche, oder statt dessen eine Tiefenauslegung, die weiter auseinanderliegenden Strichenden der Zöllner-Täuschung scheinen mir näher zu liegen, als die näher aneinander liegenden. Es liegt daher bei mir dieselbe Bildauslegung vor, wie sie Helmholtz zur Erklärung der Horopterabweichung angenommen hatte (vgl. oben S. 423ff.). Schraffiert man die parallelen Striche nur auf einer Seite, so ist die Zöllner-Täuschung viel geringer und daher auch das räumliche Schrägstehen der Striche viel schwächer ausgesprochen.

Um Klarheit darüber zu erhalten, ob der zentrale Faktor des binokularen Tiefensehens wirklich ein empirischer, im Laufe des Lebens erworbener ist, wird man zweckmäßig vorerst die Fälle genauer analysieren, in denen das Tiefensehen unbestreitbar auf empirische Faktoren zurückzuführen ist. Wir sehen ja auch dann noch Tiefenunterschiede, wenn die binokulare Tiefenwahrnehmung ganz wegfällt, wie jenseits der stereoskopischen Grenze und beim Sehen mit einem Auge. Wir wollen die hierbei wirksamen sogenannten monokularen Motive der Tiefenlokalisation, hier im Zusammenhang besprechen, obwohl sich ihre Bedeutung (z. T. sogar vorwiegend) auch auf die absolute Tiefenlokalisation erstreckt. Indessen greift die Wirkung dieser Motive auf die relative und absolute Tiefenlokalisation so ineinander, daß eine scharfe Trennung beider unnatürlich wäre. Bloß die Frage nach dem Einfluß von Konvergenz und Akkommodation auf die Tiefenschätzung und den Zusammenhang mit der scheinbaren Größe der Objekte stellen wir zweckmäßig bis zur Erörterung der absoluten Tiefenlokalisation zurück.

Bei nahen Gegenständen spielt da die wichtigste Rolle die Linearperspektive und die Verteilung von Licht und Schatten. Diese beiden Motive sind es hauptsächlich, durch die die Maler die Tiefenwirkung eines

Bildes hervorrufen. Sie sind beide sehr stark wirksam. So genügt es z. B., eine zeitlang mit einem Auge den Kreuzungspunkt der zwei Geraden in Fig. 125 zu fixieren, um den Eindruck eines Kreuzes zu erhalten, dessen einer Schenkel sich nach der Tiefe erstreckt. Noch wirksamer ist es, das Kreuz aus feinem Draht zu verfertigen und es in der Frontalebene gegen einen andersfarbigen gleichmäßigen Grund zu halten, weil dann die Vorstellung der ebenen Papierfläche nicht mehr störend dazwischentritt. Die Täuschung ist am stärksten, wenn der eine Schenkel des Kreuzes vertikal oder horizontal steht, wie in Fig. 125a und b, schwächer, wenn beide schräg stehen, wie in Fig. 125c. Daß möglicherweise manche geometrisch-optische Täuschungen durch eine latente derartige Tiefenauslegung zu erklären sind, haben wir oben S. 138 schon erwähnt.

Von ähnlich hoher Wirksamkeit, wie die Linearperspektive ist die Verteilung von Licht und Schatten auf einem Körper, durch die wir die Neigung und Rundung der Flächen erkennen. Kehrt man die Beleuch-

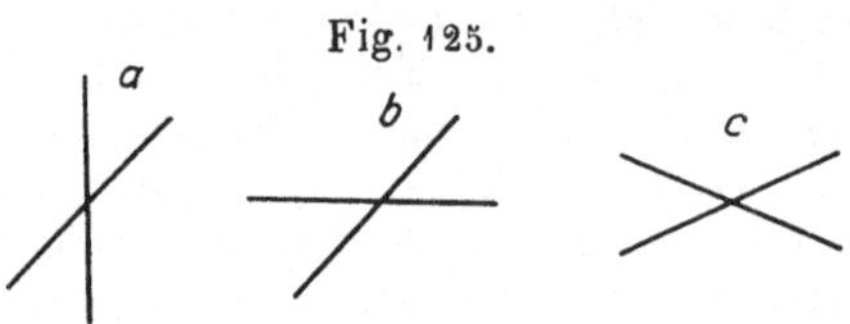

Fig. 125.

tung einer Hohlform — der Matrize einer Medaille, der Hohlform des Gipsabdruckes eines menschlichen Gliedes — um, indem man sie an das Fenster stellt, und einen vom Beobachter nicht gesehenen Spiegel anbringt, der das Licht von der Zimmerseite her auffallen läßt, während man das direkte Licht vom Fenster durch einen Schirm abblendet (Anaglyptoskop von Oppel, 1035), so sieht der Beobachter meist sofort die Hohlform erhaben, die Matrize als Patrize. Noch leichter erhält man diesen Eindruck, wenn man die Hohlform durch eine Linse, die ein umgekehrtes Bild von ihr entwirft (Schroeder, 1083a), oder durch ein spiegelndes rechtwinkliges Prisma betrachtet (Vorrichtung dazu von Moussard, 1027), weil dann die Hohlform außerdem durch den Rand der Linse oder des Prismas von der Umgebung losgelöst wird. Helmholtz macht besonders noch auf die große Bedeutung der Schlagschatten für das Erkennen von Tiefenunterschieden aufmerksam. Wirft ein hell beleuchteter Körper auf einen anderen einen Schlagschatten, so muß sich der erstere gegen die Lichtquelle hin vor dem zweiten befinden. Je stärker die Schlagschatten, desto deutlicher wird das Relief. Die bessere Modellierung einer Landschaft bei auf- und niedergehender Sonne beruht auf der größeren Abwechslung von Licht und Schatten, die bei schrägem Stand der Sonne reichlicher ist, als bei hohem Stand derselben. Weitere Einzelheiten darüber bei Helmholtz (I, S. 627 ff.).

Ein dritter Faktor, der allerdings vorwiegend für die absolute Tiefenschätzung von Bedeutung ist, ist die sogenannte Luftperspektive. Die Luft wirkt, wenn sie durch Staubteilchen getrübt ist oder Wasserdunst enthält, »wie ein trübes Medium, welches beleuchtet vor dunklem Hintergrund selbst bläulich erscheint, eindringendes Licht heller Objekte mit rötlicher Farbe durchläßt« (Helmholtz, I, S. 629). Die Farbe legt sich entweder als Flächenfarbe auf die fernen Objekte, wie das Rot auf die untergehende Sonne, oder sie erscheint wenigstens zum Teil als durchsichtige Farbe vor ihnen, wie das Blau vor (zum Teil allerdings auch auf) fernen Bergen. Zugleich werden durch die Trübung der Luft die Einzelheiten der Objekte verwischt, und sie erscheinen uns auch aus diesem Grund ferner, als bei ganz klarer Luft. Das Nähertreten ferner Gegenstände wird sehr deutlich an Tagen, an denen die Luft besonders klar durchsichtig ist, oder auch im Gebirge, wo die klare Luft die Details der fernen Berge viel schärfer hervortreten läßt, als in der Ebene, was für den Bewohner der Ebene, dem das ungewohnt ist, Anlaß zu Entfernungstäuschungen gibt. Nach Henning (941) ist bei der Luftperspektive ferner zu berücksichtigen, daß unter Umständen bei schwachen Trübungen die roten und rotgelben Strahlen in der Beleuchtung überwiegen, welche die Einzelheiten schärfer hervortreten lassen. Man vgl. aber dazu die Kritik von A. Müller (1031, S. 78ff.).

Ein weiteres Motiv für die Entfernungsschätzung bietet, wenn keine anderen Anhaltspunkte vorhanden sind, auch die verschiedene Helligkeit der Objekte. Von zwei verschieden hellen Lichtpunkten im Dunkelzimmer wird der hellere gewöhnlich für näher gehalten als der dunklere. Je unbefangener der Beobachter ist, desto deutlicher ist der Unterschied, doch hängt er auch noch von der Anordnung des Versuchs ab (vgl. dazu Fröhlich, 915; Bourdon, 867 und 3, S. 286; Ashley, 848; Petermann 1039). Ashley konnte durch Abschwächung und Verstärkung der Belichtung eines im Dunkelzimmer allein sichtbaren hellen Kreisscheibe bei seinen Versuchspersonen den Eindruck einer Entfernung und Annäherung derselben selbst beim binokularen Sehen hervorrufen. Auch dunkle Objekte erscheinen um so näher, je schwärzer sie sind (s. unten S. 472, Anm.). Das Maßgebende ist also nicht eigentlich die Helligkeit, sondern die größere Eindringlichkeit der Farbe. Dem entspricht auch, daß Gegenstände, die aus gleichartigen anderen durch die Aufmerksamkeit besonders heraus gehoben werden, uns näher erscheinen können, als die weniger beachteten (Schumann, 219, s. oben S. 133). Allerdings wird dieser Satz von Petermann in seiner Allgemeinheit bestritten. Nach ihm heben sich zwar besonders beachtete und ausschließlich fixierte einzelne Sehdinge aus dem Komplex der übrigen heraus, treten dabei aber nicht notwendig nach vorn. Beim Übergang der Fixation von einem Gegenstand zum anderen habe man sogar regelmäßig den Eindruck, weiter in die Tiefe zu blicken.

Jaensch (9a) erklärt das Nähersehen der stark hervorstechenden farbigen Gegenstände aus den Beobachtungen bei der Mikropsie, die schon von Koster (988, S. 138) angegeben wurden. Bei der Mikropsie (s. unten S. 502) erscheinen die Gegenstände nicht bloß kleiner, sondern auch schärfer, ihre

Farben sind eindringlicher, sie heben sich deutlicher vom Grunde ab. Man kann das ganz deutlich auch ohne Mikropsie beobachten, wenn man im Dunkelzimmer einen schwarzen Schirm mit scharf abgeschnittener Kante vor einen hellen Hintergrund hält. Je näher der Schirm am Auge liegt, desto schärfer, »härter«, erscheint sein Rand, während er aus größerer Entfernung »weicher« aussieht. Bei einem nicht vollständig korrigierten Myopen ist dies aus dioptrischen Gründen selbstverständlich, und es ist begreiflich, daß ein solcher Myop nach dem Aussehen der Konturen nahe und ferne Dinge mit Leichtigkeit zu unterscheiden lernt[1]). Die Erscheinung tritt aber auch auf, wenn man voll korrigiert ist, bis schließlich bei Überkorrektion wegen der damit verbundenen Mikropsie auch die fernen Gegenstände hart konturiert erscheinen. Es sieht so aus, als ob mit dem Nahegefühl auch eine veränderte, »schärfere« Erfassung der Konturen verbunden wäre, was vielleicht damit zusammenhängt, daß wir gewöhnt sind, an nahen Konturen viel mehr feinere Einzelheiten zu erkennen, als an fernen, an denen die Einzelheiten unter der Schwelle bleiben und verschwimmen. JAENSCH (9a, S. 412) ist nun der Meinung, daß ebenso, wie der Impuls zum Nahesehen bei der Mikropsie die Farben eindringlicher hervortreten lasse, auch umgekehrt durch das Eindringlicherwerden der Farben der Impuls zum Nahesehen und damit der Eindruck größerer Nähe der betreffenden eindringlicheren Farben erweckt werden kann.

JAENSCH wendet diese seine Erklärung insbesondere auch auf das Phänomen der sogenannten vortretenden Farben an. Diese schon von GOETHE und BREWSTER (vgl. M. v. ROHR, 1070, S. 56) beobachtete, dann von DONDERS (s. EINTHOVEN, 889), BRÜCKE (873), BASEVI (853) und besonders von EINTHOVEN (889, 890) studierte Erscheinung besteht darin, daß entweder rote Figuren näher gesehen werden, als gleich weit entfernte blaue oder — von anderen Personen — blaue näher, als rote. Das Phänomen, das wirklich zwingend nur bei binokularer Betrachtung auftritt, ist, wie EINTHOVEN überzeugend dartat, darauf zurückzuführen, daß wegen der chromatischen Aberration bei exzentrisch zur Gesichtslinie gelegener Pupille entweder die roten oder die blauen Figuren gegenüber den anderen mit gekreuzter Querdisparation abgebildet werden. Den Beweis für die Richtigkeit dieser Auffassung liefert folgendes Experiment: Wer die roten Figuren vor den blauen sieht, braucht nur seine Pupillen symmetrisch auf der temporalen Seite teilweise abzudecken, um die roten Figuren — eventuell bis hinter die blauen — zurücktreten zu sehen. Wer umgekehrt die blauen Figuren vor den roten sieht, kann die roten mehr vorrücken lassen, wenn er die Pupille beiderseits auf der nasalen Seite zum Teil verdeckt. Ein Rest der Erscheinung, der unter gewissen Ver-

---

1) Wenn ein nicht ganz genau korrigierter Myop beim Blick in die Landschaft das voll korrigierende Glas aufsetzt und nun die vorher etwas verwaschene Ferne mit einem Male scharf sieht, rücken ihm die fernen Gegenstände ebenfalls überraschend näher. Der Gegensatz ist ganz so, wie bei der Luftperspektive in dunstiger und klarer Luft. Der Emmetrop kann sich von dem Unterschied eine gute Anschauung verschaffen, wenn er die Fig. 3 u. 4 bei HENNING (941, S. 284) miteinander vergleicht.

suchsbedingungen auch bei einäugiger Betrachtung übrig bleibt, wird von EINTHOVEN auf die durch die chromatische Aberration bei exzentrischer Pupille hervorgerufenen Schatten an den Grenzen zurückgeführt, die bei Betrachtung der Figur von der Seite ebenfalls als Tiefenunterschiede gedeutet werden. Daß daneben noch ein Einfluß der größeren Eindringlichkeit der Farbe vorhanden ist, wie JAENSCH meint, ist nicht sicher gestellt. JAENSCH beruft sich auf GRÜNBERG (923), der angegeben hatte, daß sich die Erscheinung bei Herabsetzung der Beleuchtung umkehre (Blau vor Rot erscheine statt Rot vor Blau), und er meint, daß geschehe deswegen, weil dann wegen des PURKYNJEschen Phänomen das Blau eindringlicher wirke, als des Rot.

Eine viel umstrittene Erscheinung besteht in der Neigung, von zwei gleich weit entfernten Gegenständen den oberen ferner zu lokalisieren, als den unteren. Die Erscheinung, die zuerst durch v. GRAEFE (765) an höhendistanten Doppelbildern eines und desselben Objekts beobachtet wurde, wurde dann von FÖRSTER, NAGEL (1033), SACHS (1077), FRÖHLICH (915), BOURDON (3, S. 285) und JAENSCH (9a, S. 200 ff.) untersucht. Sie wurde von FÖRSTER (zitiert bei SACHS) darauf zurückgeführt, daß gewöhnlich der Blick mit zunehmender Blicksenkung auf immer nähere Gegenstände am Boden gerichtet ist, während mit der Blickhebung in der Regel der Blick in die Ferne verbunden ist, daß sich daher beides gewohnheitsmäßig miteinander assoziiert habe und infolgedessen sich beim Sehen nach oben ein Ferngefühl, beim Sehen nach unten ein Nahegefühl einstelle, oder wie JAENSCH es ausdrückt, der Aufmerksamkeitsort, während er von oben nach unten verlegt wird, auch in größere Nähe verlagert wird. Dann aber zeigten NAGEL und SACHS, daß bei Gegenwart anderer sichtbarer Objekte die Umgebungsverhältnisse darüber entscheiden, welches von zwei höhendistanten Doppelbildern näher gesehen wird. Stellt man eine Kerze auf eine Treppenstufe und betrachtet sie vom oberen Ende der Treppe her, während man vor ein Auge ein höhenablenkendes Prisma vorhält, so erscheint das höhere der beiden Doppelbilder näher. Im völlig dunkeln Raum dagegen (nach FRÖHLICH) wird beim Fehlen sonstiger Anhaltspunkte in der Regel das exzentrische Halbbild wegen seiner größeren Helligkeit[1]) für näher gehalten als das zentrale. Das kann man nicht bloß an höhendistanten, sondern auch an stark seitendistanten Doppelbildern nachweisen. Die physiologische Konvergenz beim Blick nach unten und die Horoptereinstellung, der SACHS eine Mitwirkung zugeschrieben hatte, ist nach FRÖHLICH ohne Einfluß auf das Phänomen. Auch in den Versuchen von JAENSCH ist nach KAILA (977) das Maßgebende der Hintergrund bzw. Untergrund, dem sich die horizontalen Fäden bei der mangelhaften Querdisparation angleichen.

In einem gewissen Gegensatz zum vorigen steht folgende Angabe von WASHBURN (1112a). Sie kehrte mittels eines Reversionsprismas das Bild eines Fensters um,

---

1) Diese rührt nach FRÖHLICH von der größeren Lichtempfindlichkeit auf der Peripherie des dunkeladaptierten Auges her.

und mehreren Personen erschien es dann ferner als das aufrechte Bild. Washburn führt das darauf zurück, daß die auf den unteren Netzhautpartien abgebildeten Gegenstände in ihrer Größe überschätzt werden. Beim normalen Bild würden die Wolken und die Gegenstände am Horizont etwas überschätzt, erscheinen daher etwas näher, als im umgekehrten Bild. Das widerspricht allerdings durchaus den Beobachtungen von Helmholtz u. a., über die wir oben S. 417 ausführlich berichteten.

Prandtl (1052) hatte gefunden, daß das Einzelauge die Tendenz hat, von zwei Punkten oder Strichen, die nur wenig voneinander entfernt sind, den mehr temporal abgebildeten weiter vorn zu sehen. Prandtl glaubte, aus dem Zusammenwirken dieser monokularen Tiefeneindrücke die binokulare Tiefenwahrwahrnehmung ableiten zu können. Das hat aber schon Kaila (977) als völlig unbegründet zurückgewiesen. Die von Prandtl angegebene Tendenz zur Tiefenlokalisation ist so flau, daß sie mit der Bestimmtheit der binokularen Tiefenwahrnehmung nicht im entferntesten verglichen werden kann.

Eine weitere wichtige Quelle einäugiger Tiefenschätzung ist die teilweise Deckung hintereinanderliegender Objekte, die sich in einer besonders von Helmholtz (I, S. 624) erörterten Art mit der Kenntnis der Form der Gegenstände kombiniert. Schneiden sich die Konturen des deckenden und gedeckten Objekts in ungewöhnlicher Weise, so können dadurch Täuschungen über die gegenseitige Tiefenlage der Objekte entstehen. So erscheinen z. B. zwei sich deckende Papiere beim einäugigen Sehen in einer frontalparallelen Ebene, wenn man im vorderen eine Ecke so ausschneidet, daß sich ihre Seiten in die Konturen des hinteren Papiers fortsetzen. Zu derselben Klasse von Erscheinungen gehört ferner, daß man die Bilder, die von spiegelnden Flächen oder von Linsen auf der dem Beobachter zugekehrten Seite entworfen werden, auf der Spiegel- oder Linsenfläche selbst sieht. Das Bild ist nämlich von den Rändern des Spiegels oder der Linse begrenzt, man sieht alle Unregelmäßigkeiten des Spiegelbelags ganz deutlich mit, und wo sich Lücken im Spiegelbelag oder undurchsichtige Flecken auf der Linse befinden, sieht man nichts vom Bilde. Bringt man vor der Linse in der Bildebene einen Schirm an, der den Rand der Linse verdeckt, so sieht man das Bild in der Ebene des Schirms. Damit hängt es ferner zusammen, daß Nachbilder bei offenen Augen immer auf der Fläche erscheinen, auf die man gerade hinblickt und sich nicht von ihr loslösen lassen. Endlich gehört hierher die im vorigen beschriebene Erscheinung, daß isolierte Halbbilder von Objekten leicht auf der Ebene des Hintergrundes zu liegen scheinen.

Wenn man eine Figur auf andersfarbigem Grund betrachtet, erhält man leicht den Eindruck, daß die Figur sich über den Grund darüberlegt und ihn teilweise verdeckt. Man kann Zeichnungen so anordnen, daß man bald den einen, bald den anderen Bestandteil derselben als Grund auffassen kann, und man beobachtet dann auch spontane Inversionen. Eine scharfe Charakteristik des Unterschiedes von »Figur« und »Grund« und eine eingehende Untersuchung der Bedingungen für die eine oder andere Auffassung gibt Rubin (1076 b).

Einen sehr wichtigen Anhaltspunkt für die relative Tiefenlokalisation liefert endlich die gegenseitige (parallaktische) Verschiebung der Objekte bei seitlicher Bewegung des Kopfes. Fixiert man ein etwas weiter von den Augen entferntes Objekt und bewegt den Kopf seitwärts, so bewegen sich die hinter dem fixierten Punkt gelegenen Objekte im gleichen Sinne, wie der Kopf, die vor dem Fixationspunkt gelegenen im entgegengesetzten Sinne. Fixiert man während einer Eisenbahnfahrt einen Punkt im Gelände, so dreht sich infolgedessen die Landschaft um diesen Punkt, die fernen Objekte laufen mit dem Zuge mit, die nahen fliehen nach der entgegengesetzten Seite, und zwar um so schneller, je näher sie an uns heran liegen. Diese gegenseitige Verschiebung der Objekte gibt noch Einäugigen, wenn sie sich bewegen, ein sehr gutes Raumbild, und unterstützt beim beidäugigen Sehen die Wahrnehmung der Tiefe sehr. Wenn man z. B. in einem dichten Wald steht, ist es in der Ruhe nur schwer möglich, im Gewirr der Blätter und Zweige zu unterscheiden, welche diesem, welche jenem Baum angehören. Sowie man sich aber fortbewegt, löst sich alles voneinander, und man bekommt sogleich eine viel bessere körperliche Raumanschauung (HELMHOLTZ, I, S. 635). Wenn man es durch eine besondere Vorrichtung erzwingt, daß bei Seitwärtsbewegung des Kopfes zwei hintereinander befindliche Objekte sich im entgegengesetzten Sinne bewegen, als bei der gewöhnlichen Parallaxe, so erhält man auch den umgekehrten Tiefeneindruck (HEINE, 936). Der Tiefeneindruck, den die parallaktische Verschiebung der Objekte liefert, ist sehr eindringlich. Darauf hat schon REIMAR (1062) hingewiesen, und STRAUB (1096, 1097), sowie KRUSIUS (997, 998) haben gezeigt, daß man durch sie auch einen guten Tiefeneindruck erhält, wenn man einem Auge mit Hilfe des Stroboskops oder eines ähnlichen Apparates mit einer Frequenz von 1,5 bis 10 Wechseln in der Sekunde abwechselnd zwei Figuren darbietet, in denen wie in Stereoskopbildern ein Teil der einen Figur gegen den korrespondierenden Teil der anderen verschoben ist. Bei der angegebenen Frequenz verschmelzen dann die identisch abgebildeten Teile der Figuren und die gegeneinander verschobenen zeigen eine Scheinbewegung, die einen deutlichen Tiefeneindruck vermittelt. Sehr eindringlich ist ferner nach MUSATTI (1253b) der »stereokinetische« Eindruck der Körperlichkeit, den man bei den unten S. 583 ff. erwähnten Scheinbewegungen erhält. Zeichnet man z. B. an den Rand einer schwarzen Scheibe einen etwas größeren weißen Kreis und in diesen hinein einen zu ihm exzentrisch gelegenen kleineren, und läßt dann die Scheibe langsam um ihre Mitte rotieren, so erhält man nach einiger Zeit den plastischen Eindruck eines Kegelstumpfes, der während einer Umdrehung fortwährend anders gegen den Beschauer geneigt ist.

Als ein Motiv des einäugigen Tiefensehens hatte KIRSCHMANN (982, 984) auch die oben S. 404 erwähnte Parallaxe des indirekten Sehens betrachtet, d. h. die

Scheinverschiebung verschieden weit entfernter Objekte, die wegen des Auseinanderfallens von Drehpunkt und Kreuzungspunkt der Visierlinien bei Blickbewegungen auftritt. Indessen hat R. Müller (1032) beim Heringschen Fallversuch die Unwirksamkeit dieses Faktors nachgewiesen (vgl. auch Bourdon, 3, S. 277 und 285).

Die Feinheit des monokularen Tiefensehens erreicht niemals auch nur annähernd die der binokularen Tiefenwahrnehmung. Aus praktischen Gründen — wegen der Frage der Gewöhnung an das einäugige Sehen — hat man lange nach einer Methode gesucht, die ein annäherndes Maß für die Genauigkeit des Tiefenschätzens mit einem Auge geben könnte. Zu diesem Zweck hatte Pfalz einen Apparat angegeben, das Stereoskoptometer (vgl. 1040), das nach Analogie der Heringschen Stäbchenanordnung (s. oben S. 436) eingerichtet ist. Es eignet sich aber speziell zur Untersuchung der angegebenen Frage nicht sehr (siehe die umfangreiche Literatur darüber bei Cords, 882, I u. III). Infolgedessen hat später Cords (882, III; vgl. auch Verwej, 1108) einen Apparat benützt, mit dem speziell die Wirksamkeit der monokularen Parallaxe geprüft werden kann. Ascher (846, 847) verwendet einen Apparat, der den Vergleich einer fernen größeren mit einer kleineren nahen Fläche gestattet, und er untersucht, ob sie unter gleichem Gesichtswinkel gesehen gleich groß erscheinen, wobei die aus der Betrachtung der gesamten Umgebung herrührenden Motive der Tiefenlokalisation wirksam erhalten werden.

Über die theoretische Auffassung der empirischen Motive der Tiefenlokalisation kann kein Zweifel bestehen. Wir haben es hier offenkundig mit denselben Erscheinungen zu tun, die wir bei der optischen Lokalisation nach Höhe und Breite bereits als Gestaltauffassung kennen gelernt und eingehend besprochen haben. Der Zusammenhang ist ein so enger, daß wir einen Teil dieser Versuche, nämlich das Erwecken des Tiefeneindrucks durch perspektivische Zeichnungen, dort schon mit erörtern mußten. Gerade die perspektivischen Zeichnungen

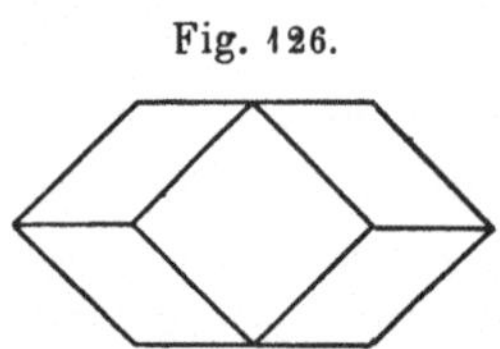
Fig. 126.

geben uns indes Gelegenheit, daß dort Dargelegte in einem wichtigen Punkte noch zu ergänzen. Das bezieht sich zunächst auf den Einfluß der Kenntnis der Gestalt. Ein unvorbereiteter Beobachter, der z. B. die Fig. 126 betrachtet, wird zunächst vielleicht nichts anderes, als eine ebene Zeichnung sehen. Am leichtesten tritt dann die Deutung auf, die beiden rechten und die beiden linken Rhomben seien zwei gegeneinander gelehnte Buchdeckel, das Quadrat ein Loch in der Mitte. Man kann aber auch, wenn man darauf aufmerksam gemacht wird, die beiden rechten Rhomben mit dem Quadrat zum Bild eines Würfels zusammenfassen und dann erscheinen die beiden linken Rhomben als eine angesetzte Hohlecke, oder man faßt die linken Rhomben mit dem Quadrat als Würfel und die rechten Rhomben als Hohlecke auf (v. Hornbostel, 956). Man kann, wenn man sich eine dieser Gestalten lebhaft vorstellt, bald die eine, bald die andere sehen. Es ist also eine unbedingte Voraussetzung des Tiefensehens perspektivischer Zeichnungen, daß der Beobachter ihren Sinn kennt, und sich ihn gut vorstellen kann[1]). Daher kann man bei mehrdeutigen Zeichnungen die Tiefenlokalisation auch umkehren, wenn man sich auf einen anderen Sinn derselben einstellt, Inversion des Tiefeneindruckes. Bei längerer Betrachtung solcher mehrdeutiger Eindrücke entsteht eine solche Umstellung ganz von selbst. (Genaue Anführung der älteren Literatur bei Burmester, 874b, S. 260ff. Von neueren Arbeiten darüber sind zu nennen Becher, 855; Burmester, 874; de Boer, 883; Flügel, 909, 910; Hoppe 954, 955; Loeb, 1003; Mach, 1013, S. 405ff.; Mac Dougall, 1012; v. Reuss, 1063; Vicholkowska, 1109; Wallin, 1111, 1112; Wundt, 232, 1123, 1124; Zimmer, 1128). Man betrachte etwa die perspektivische Zeichnung des Würfels in Fig. 65 B oben S. 138 längere Zeit, und es wird bald die rechte untere, bald die linke obere Ecke des Würfels die vorspringende sein. Man kann dies Vorspringen der einen Ecke willkürlich dadurch beschleunigen, daß man sie fest fixiert und sich das Bild ihres Vorspringens möglichst deutlich ins Bewußtsein zu rufen trachtet. Wenn sich die Inversion auch ohne diese Hilfe bei längerer Betrachtung von selbst vollzieht, so ist das die Folge des steten Wechsels in unserem Bewußtsein, der es nicht zuläßt, daß ein und derselbe Inhalt desselben dauernd bestehen bleibt. Wie wir von einem uns beschäftigenden Gedanken immer wieder unwillkürlich abschweifen, um dann nach einiger Zeit wieder zu ihm zurückzukehren, so kann auch die eine der beiden Gestalten nicht dauernd festgehalten werden, ohne daß sich von Zeit zu Zeit die andere dazwischen schiebt. Man hat diese Erscheinung zu den Schwankungen der Aufmerksamkeit in Beziehung gesetzt, und der eben gebrauchte Vergleich weist nach derselben Richtung. Mac Dougall (1012, S. 345ff.) hat den Einfluß einer Ermüdung der Aufmerksamkeit auf das Phänomen durch folgenden Versuch nachgewiesen: Er verfertigte ein einfaches Windmühlenmodell aus gekreuzten Stäben, die sich in einer vertikalen Ebene um eine horizontale Achse drehten und ließ den Beobachter aus einer solchen Entfernung auf die isoliert sichtbaren Stäbe schräg hinsehen, daß er binokular dauernd die wirkliche Drehrichtung sah, mit einem Auge dagegen Inversionen auftraten, die sich in individuell verschieden langen Perioden (zwischen 3—20″) folgten. Hatte aber die Versuchsperson zuerst 2′ lang binokular die wahre Drehrichtung betrachtet, so trat beim Abschluß eines Auges

---

1) Das ist, wie schon Benussi bemerkt hat, eine höhere geistige Leistung, als die innere Einstellung, die sich bei flächenhaften geometrisch-optischen Täuschungen entweder ganz von selbst oder als Folge bloßer Aufmerksamkeitsverteilung einstellt. Dagegen kommen ihr die oben S. 134ff. beschriebenen Folgen willkürlicher Gestaltauffassung auf die Längenschätzung sehr nahe.

die Inversion sofort auf und der invertierte Eindruck hielt sehr lange —
$^1/_2$—1 Minute — an.

WALLIN (1112) hält die Inversionen nicht für Aufmerksamkeitsschwankungen,
sondern für psychische Korrelate körperlicher Ermüdungs- und Erholungsprozesse,
und bezieht sich hauptsächlich auf den von SHERRINGTON u. a. beobachteten
rhythmischen Wechsel zwischen Erregung und Refraktärperiode im Reflexbogen.
Das ist aber im Grunde nur ein aus dem Psychischen ins Physische übersetzter
Ausdruck für dieselbe Sache. Andere Erklärungsversuche sind unzulänglich. WUNDT
hatte gemeint, die Inversion sei eine Folge unwillkürlicher Augenbewegungen. ZIMMER
hat das genauer untersucht und gefunden, daß die Augenbewegungen erst durch
die Inversion ausgelöst werden, denn sie folgen ihr durchschnittlich um 1″ später
nach (s. auch MAC DOUGALL, l. c.).

Inversion erhält man, wie DOVE (887, S. 305), BURMESTER, WITTMANN
(1120) u. a. zeigten, auch bei der Betrachtung wirklicher Objekte. VICHOL-
KOWSKA (1109) fand, daß diese Inversion leichter erfolgt, wenn man zur
monokularen Betrachtung erst übergeht, nachdem man vorher den Gegenstand längere Zeit binokular fest fixiert hatte. Das erklärt sich aus der
eben erwähnten Angabe von MACDOUGALL, denn binokular hat man selbstverständlich zunächst den nicht invertierten Eindruck gehabt. Ist bei einem
Objekt eine doppelte Auffassung möglich und die eine von ihnen viel geläufiger, als die andere, so können Objekte, die in Wirklichkeit die weniger
bekannte Gestalt besitzen, sogleich in der umgekehrten geläufigeren Gestalt
erscheinen. So erscheint die Matrize eines flachen Reliefs auch ohne Zuhilfenahme der oben S. 440 beschriebenen Maßnahmen bei schräger Beleuchtung und Betrachtung mit einem Auge aus etwas größerer Entfernung
nach einiger Zeit als Patrize, insbesondere, wenn das Relief einen sehr bekannten, in der Natur nur in einer Form vorkommenden Gegenstand darstellt, z. B. einen menschlichen Kopf, während bei bloßen Ornamenten die
Täuschung ausbleibt (SCHRÖDER, 1083).

Den innigen Zusammenhang der monokularen Tiefenwahrnehmung mit
der Gestaltauffassung lehren insbesondere Versuche von PETERMANN (1039),
der in unwissentlich ausgeführten Dunkelzimmerversuchen zeigen konnte,
daß Sehtiefe und Sehferne (ihre Definition s. unten S. 468) typischen Ge-
staltgesetzen folgen: Der Gesamtsehraum und die einzelnen Inhalte desselben
stehen in bezug auf die Tiefenlokalisation in Wechselbeziehung. Die Gestalt
des Gesamtsehraumes ist zwar abhängig von den darin sichtbaren Einzel-
dingen, aber seine Gestalt wirkt auch wieder zurück auf die Lokalisation
der letzteren. Insbesondere konnte PETERMANN das von WERTHEIMER (1298)
sogenannte »Gesetz der Nähe« (einander nahe Gegenstände werden einheitlich zusammengefaßt) auch für die Tiefenlokalisation nachweisen. Aber obschon diese Einordnung des Einzelsehdings in den Gesamtsehraum ganz
spontan eintritt, ist sie doch als ein Einfluß des Beachtens aufzufassen, weil
sie durch willkürliches Lenken der Beachtung abgeändert werden kann. Auf

dieselbe Weise — durch stärkere Beachtung — sucht Petermann auch den Einfluß der Helligkeit und der Objektgröße auf die Tiefenlokalisation zu erklären. Beim binokularen Sehen ist der Einfluß der Auffassung viel unbedeutender und tritt im wesentlichen nur bei Betrachtung gleich weit entfernter Objekte, also beim Fehlen der Querdisparation, in Erscheinung.

Alle angeführten empirischen Motive der Tiefenlokalisation wirken natürlich auch beim Sehen mit beiden Augen mit der binokularen Tiefenwahrnehmung mit zur Ausgestaltung des nach der Tiefe zu sich erstreckenden Sehraums. Jenseits der stereoskopischen Grenze sind sie allein wirksam, aber auch diesseits derselben wird die volle Plastik erst durch ihr Zusammenarbeiten mit der binokularen Tiefenwahrnehmung erzeugt. Insbesondere hat Hering (R., S. 571ff.) die oben S. 417 beschriebene starke Herabsetzung des Tiefeneindrucks einer Landschaft, die man mit seitlich geneigtem oder nach unten gerichtetem Kopf betrachtet, ganz wesentlich darauf bezogen, daß das Bild der Landschaftsteile jetzt auf andere Netzhautstellen fällt, als gewöhnlich, und wegen des »lokalisierten Reproduktionsvermögens« des Sehorgans (s. oben S. 400) — also der auch monokular wirksamen Gestaltmotive — die Tiefe vermindert wird.

So sehr nun die monokularen Motive der Tiefenlokalisation beim gewöhnlichen Sehen die binokulare Tiefenwahrnehmung unterstützen und ergänzen, so merkt man doch, wenn man beide in reinen Versuchen miteinander vergleicht, einen beträchtlichen Unterschied zwischen ihnen. Der durch die empirischen Motive hervorgerufene Tiefeneindruck ist im allgemeinen viel flauer, lange nicht so eindringlich und kräftig, wie der des Binokularsehens. Trotzdem man ganz zweifellos die perspektivische Zeichnung eines Würfels sich nach der Tiefe hin erstrecken sieht, ist der Eindruck dennoch ein ganz anderer, als wenn man im Stereoskop zwei Halbbilder eines Würfels vereinigt. Man betrachte ein gut perspektivisch gezeichnetes Halbbild im Stereoskop, während man das andere verdeckt hält und gebe dann plötzlich das andere Bild frei. Sofort ist die wirkliche anschauliche Tiefenerstreckung da, so daß das Bild sich förmlich nach der Tiefe zu ausbreitet. Aber es ist ganz zweifellos nicht bloß eine quantitative Vergrößerung des Tiefeneindrucks, sondern ein geradezu neuer Eindruck von ihr gegeben. Beim monokularen Tiefensehen »kleben« die Objekte, wie Schumann (366) sich ausdrückt, aneinander und am Hintergrund, beim plastischen Binokularsehen lösen sie sich voneinander und vom Grund los, und zwischen ihnen ist »Luft« oder »leerer Raum« vorhanden.

Noch weniger kräftig, als die Linearperspektive, wirkt die gegenseitige teilweise Verdeckung, bei der es manchmal geradezu fraglich ist, ob man die Tiefe wirklich sieht, oder sie bloß erschließt. Viel stärker und vor allem viel feiner wirksam ist die parallaktische Verschiebung der Objekte, und am stärksten wirkt (wenigstens bei mir) die Verteilung von Licht und Schatten.

Insbesondere gibt die Umwandlung einer Matrize in die Patrize durch inverse Beleuchtung einen Tiefeneindruck, der nur wenig hinter dem stereoskopischen zurücksteht. Gegenüber dieser Skala der Lebhaftigkeit ist der stereoskopische Eindruck nicht bloß von größerer, sondern auch von viel gleichmäßigerer Kraft, erweist sich also darin als einheitlicher, als die monokularen Motive.

Ganz besonders lehrreich sind Versuche, in denen der binokulare Tiefeneindruck zu den empirischen Motiven in Widerspruch gerät. Der einfachste Fall dieser Art ist die Betrachtung eines Bildes mit beiden Augen. Hier sagt uns das binokulare Sehen, daß es sich um eine ebene Fläche handelt, während die monokularen Motive uns eine Tiefenerstreckung vortäuschen wollen. Das Ergebnis ist die bekannte starke Abschwächung des Tiefensehens, die vermutlich individuell verschieden weit, bei mir bis zum fast völligen Verschwinden des Tiefeneindrucks geht[1]). Schließen wir ein Auge, so fällt der Wettstreit der beiden entgegengesetzten Eindrücke weg, und wir können ungestört die monokularen Motive auf uns einwirken lassen[2]). Dasselbe ist der Fall beim Betrachten perspektivischer Zeichnungen. Auch hier wird bei binokularer Betrachtung die Tiefenerstreckung ganz ungemein abgeschwächt, wenn auch ein Rest von ihr noch weiter besteht. Insbesondere deutlich wird das bei längerer Fixation, weil dann die binokulare Tiefenwahrnehmung weniger wirksam wird. Dann kann es bei der Betrachtung perspektivischer Zeichnungen, ja selbst von geeigneten Objekten auch zu Inversionen kommen. Doch gelingen diese nur, wenn die Querdisparation irgendwie geschwächt ist. Sehr hübsch kann man das an einem von Hyslop (958) angegebenen, im folgenden nur wenig modifizierten Versuch studieren. Man lege auf einen Tisch zwei gleiche Münzen in einen Abstand voneinander, daß man sie bequem durch Kreuzung der Gesichtslinien vor der Tischfläche binokular vereinigen kann. Ehe man das tut, berühre man die eine Münze am Rande mit einer dünnen Stricknadel. Nach der binokularen Vereinigung sieht man dann unter dem Zwange der ganzen Situation das binokulare Sammelbild der beiden Münzen ebenso auf dem Tisch liegen, wie die zwei seitlichen Doppelbilder (s. dazu unten S. 516). Nun nähere man die Stricknadel allmählich den Augen. Dann sieht man sie zwar in gleichnamigen Doppelbildern, aber diese erscheinen trotzdem vor dem binokularen Sammel-

---

[1]) E. Jaensch gibt an (9a, S. 165), er habe es durch Übung dahin gebracht, Photographien auch bei binokularer Betrachtung von vorne herein plastisch zu sehen.

[2]) Noch besser wirkt in diesem Sinne das neuerdings von Zoth (1132) angegebene einfache Plastoskop, ein konisches, innen mit schwarzem Sammet ausgekleidetes Rohr aus halbsteifem Leder, das beim Durchsehen das Bild ganz von der Umgebung loslöst. Oder man bietet beiden Augen durch Spiegelung identische Bilder, welche die binokulare Tiefenwahrnehmung und damit auch den Eindruck der ebenen Bildfläche beseitigen (Eikonoskop von Javal; Pinakoskop von v. Rohr-Zeiss. Vgl. M. v. Rohr, 1070, S. 133 u. 228 ff.).

bild der Münzen. Erst wenn man sie dem Kreuzungspunkt der Gesichtslinien stark genähert hat, wobei die beiden Halbbilder der Stricknadel
verschmelzen, springt plötzlich das Sammelbild der Münzen nach vorn,
und das der Stricknadel liegt hinter ihm.

Am weitesten kann man diese Studien treiben, wenn man beim Stereoskopieren die Halbbilder beider Augen miteinander vertauscht, bei der sogenannten Pseudoskopie. Man erreicht dasselbe, wenn man bei fest
nebeneinander aufgeklebten Stereoskopbildern die Gesichtslinien vor ihnen
kreuzt und sie so falsch (gekreuzt) vereinigt. Zur Erleichterung des Vorganges und zum Pseudoskopieren reeller Objekte sind ferner eine ganze
Anzahl von sogenannten Pseudoskopen angegeben worden, so von WHEAT-
STONE, MACH-STRATTON, EWALD, WOOD (vgl. HOFMANN, 8, S. 162; M. v. ROHR, 1070).

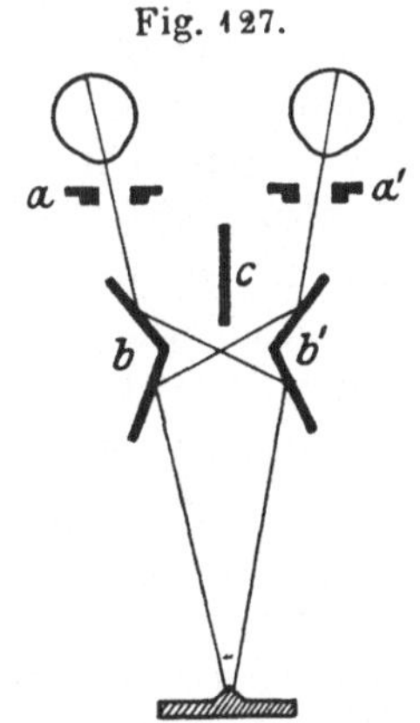

Das Prinzip des Apparates von EWALD zur Pseudoskopie körperlicher Objekte beruht auf doppelter Spiegelung an zwei Winkelspiegeln, die wie b und b' in Fig. 127
angeordnet sind. Dadurch wird dem linken Auge die
Ansicht des Körpers von rechts, dem rechten Auge die
von links dargeboten. aa' sind Gucklöcher für beide Augen,
c eine Scheidewand, welche jedem Auge die seitlichen
Spiegelbilder abblendet.

Die Umkehrung des wirklichen Reliefs im Pseudoskop gelingt am leichtesten dort, wo die empirischen
Motive der Tiefenwahrnehmung wenig wirksam sind
und die Umkehrung der Querdisparation einen ver-
nünftigen Sinn gibt. So erscheint im Pseudoskop ein
zylindrischer Stab als Hohlrinne, ein Gesicht, dessen
Bilder vertauscht sind, als hohle Maske usf. Sind
stark wirksame empirische Motive der Tiefenlokalisation verhanden, so kann
man die Pseudoskopie mitunter trotzdem noch durchsetzen, wenn man die
empirischen Motive abschwächt, z. B. die Stereoskopbilder auf den Kopf
stellt. In diesem ungewohnten Bilde ist der pseudoskopische Effekt viel
leichter zu erzielen (MACH, 1013, S. 403).

Anstatt die empirischen Motive des normalen stereoskopischen Eindrucks abzuschwächen, kann man umgekehrt auch die des pseudoskopischen
verstärken. Dort nämlich, wo kein pseudoskopischer Effekt auftritt, liegt
das daran, daß er keinen vorstellbaren Sinn gibt. Besonders ist dies der
Fall, wenn man etwa ein Landschaftsbild vor sich hat, dessen Grund mit
zahlreichen sich gegenseitig überschneidenden Gegenständen bedeckt ist.
Trotzdem kann man, wie EWALD und GROSS (896) gezeigt haben, auch in
komplizierteren Fällen das Pseudoskopieren allmählich erlernen und durch
Übung verstärken. Es ist dazu nur notwendig, sich eine Vorstellung davon zu verschaffen, wie der pseudoskopische Effekt aussehen müßte. So
kann man selbst sehr stark wirksame empirische Motive vollständig über-

winden. Einer der stärkst wirksamen ist die Verteilung von Licht und Schatten. Der vorspringende Körper wirft einen Schlagschatten auf die Unterlage. Im Pseudoskop würde er hinter ihr zu liegen scheinen, wie in sie eingegraben. Dann aber hat der Schlagschatten keinen Sinn und stört die Täuschung, es sei denn, daß man dem Bild einen anderen Sinn abgewinnt, daß der Schatten als dunkler Fleck oder als Anstrich gedeutet wird. Sobald dies gelingt, stört er gar nicht mehr. Auch die teilweise Deckung der Objekte ist, obwohl sie beim monokularen Sehen nicht einmal einen besonders lebhaften Tiefeneindruck erzeugt, beim Pseudoskopieren sehr hinderlich (vgl. Comberg [881a] und insbesondere Schriever, 1082a). Dennoch ist es unter Umständen möglich, auch sie zu überwinden, und man erhält dann das pseudoskopische Bild eines klar durchsichtigen Körpers. Durch Übung kann man es noch weiter bringen: Man sieht dann »Flächen, die unmotiviert aufhören und papierdünn sind; man bemerkt in diesen sonderbar gestaltete Lücken, durch welche hindurch man in weiter Ferne riesengroße Hohlkörper sieht, kurz, man sieht in eine schwer verständliche, phantastisch abenteuerliche Welt hinein«. Sobald man aber diese Bildwirkung einmal hat, ist sie trotz ihrer logischen Unmöglichkeit ganz ebenso anschaulich zwingend, wie der wahre stereoskopische Eindruck, und alle empirischen Motive der Tiefenwahrnehmung müssen sich ihr unterordnen und werden ihr entsprechend umgedeutet.

Lebhaftere Anschaulichkeit und größerer Zwang sind also die beiden Eigenschaften, die das binokulare Tiefensehen vor dem monokularen voraus hat. Der Unterschied ist ähnlich, wie der zwischen Anschauung und Vorstellung, nur greift er nicht so tief ein, denn die monokulare Tiefenwahrnehmung ist keine bloße Vorstellung, sondern eine, in vielen Fällen freilich nur blasse, Anschauung. Man könnte sich nun die Verhältnisse etwa so denken, wie bei der Lokalisation nach Breite und Höhe. Dort war durch die Breiten- und Höhenwerte der Netzhaut eine ursprüngliche Lokalisation gegeben, die durch das Einordnen und Zusammenfassen in eine Gestalt, also durch Gestaltmotive, abgeändert wurde. Wir könnten nun auch bei der Tiefenwahrnehmung eine ursprünglich durch Tiefenwerte der Netzhaut gegebene Lokalisation annehmen, die durch die oben aufgezählten Gestaltmotive entsprechend umgemodelt wird. Indessen liegen nach den Erfahrungen an operierten Blindgeborenen die Verhältnisse bei der Tiefenwahrnehmung doch wohl in. einem wesentlichen Punkte anders.

Die Tiefenwahrnehmung der operierten Blindgeborenen ist im Anfang außerordentlich mangelhaft. Das liegt freilich zum großen Teil, wie Bourdon (3, S. 384 ff.) in seiner kritischen Übersicht bemerkt, an ihrer geringen Sehschärfe, an der Unfähigkeit zu konvergieren und daher binokular einfach zu sehen, ferner daran, daß in vielen Fällen bloß mit einem Auge gesehen wurde. Aber auch beim Binokularsehen ist anzunehmen, daß die

Patienten, denen bis dahin das aktive Tasten allein eine Raumwahrnehmung vermittelte, die Gesichtsempfindungen zunächst konform dem bei ihnen allein ausgebildeten Tastraum lokalisieren würden. Dem entspricht es wohl, daß die Operierten die Gegenstände zunächst außerordentlich nahe (und ihrer Meinung nach abnorm groß) sehen, ja daß sie gelegentlich aussagen, sie berührten ihre Augen. Das letztere ist doch wohl ein ungenauer Ausdruck, der der Übertragung taktiler Erfahrungen auf die ungewohnten neuen Empfindungen entstammt, denn im allgemeinen sehen die Operierten die Gegenstände vor sich, wenn sie sie auch sehr schlecht lokalisieren. Der Patient von Uhthoff (263) griff anfangs nach der vorgehaltenen Uhr zwar unsicher und zögernd, traf dabei einigermaßen die Richtung, irrte sich jedoch in der Entfernung ganz außerordentlich. Da es sich dabei um eine absolute Entfernungsschätzung handelt, ist das begreiflich. Reine Prüfungen der relativen binokularen Tiefenwahrnehmung rühren von Uhthoff (l. c.) und von Raehlmann (1058a) her, die beide ihren Patienten einen Körper und eine ihm ähnliche ebene Fläche (Kugel und runde Scheibe, Würfel und Brett) vorwiesen. Die Patienten vermochten im Anfang beide nicht voneinander zu unterscheiden. Ferner hatte keiner der Operierten anfangs die Fähigkeit, einen größeren, weit entfernten Gegenstand von einem näheren, entsprechend kleineren gleicher Form zu unterscheiden. Raehlmanns Patient lernte das Tiefenerkennen zuerst durch Vergleich mit der taktilen Erfahrung an nahen Gegenständen[1]), und als er da die richtige Raumvorstellung schon erworben hatte, lokalisierte er ähnlich wie Uhthoffs Patient, Gegenstände, die außerhalb der Reichweite seiner Hände lagen, immer noch ganz falsch. Es mag aber sein, daß bei den Schätzungen größerer Entfernungen die monokularen Motive wirksamer sind, als die Querdisparation. Darauf weist auch ein ähnlicher Bericht über C. Hauser hin (897), der im Zimmer und in der nächsten Umgebung in der Verwertung des optischen Raumsinnes schon ganz sicher war, trotzdem aber beim Blick durch das offene Fenster nach außen keine Tiefe erkannte, und die wirren Farbflecke, die er da sah, überhaupt nicht zu deuten vermochte, und auch später in einer Allee nicht die Erstreckung nach der Tiefe, sondern bloß das Kleinerwerden der fernen Bäume bemerkte.

Die Versuche an den operierten Blindgeborenen zeigen zunächst das eine, daß das Verständnis der Tiefenunterschiede erst erlernt werden muß, und daß dieses Erlernen viel schwerer fällt, als das Verständnis für Höhen- und Breitenunterschiede. Es ist sogar sehr fraglich, ob die Operierten überhaupt anfangs Tiefenunterschiede sehen und sie nur nicht beschreiben können — was wir oben S. 156 für die Höhen- und Breitenunterschiede

---

[1]) Es kann sich dabei immer nur um eine Hilfe handeln, denn die große Feinheit der Tiefensehschärfe verbietet allein schon die Annahme, daß das Tiefensehen auf Grund der Tastempfindungen erlernt wird.

als sicher annehmen konnten —, ja die Experimente von Raehlmann und Uhthoff, die ja die oben S. 157 gestellte Forderung nach bloßen Vergleichen erfüllen, sprechen direkt dagegen. Auch das deutet wiederum darauf hin, daß zum binokularen Tiefensehen außer der Querdisparation noch etwas anderes, ein »zentraler Faktor« hinzukommen muß.

Eine Ergänzung dazu ist der interessante Fall des Leipziger Anatomen H. Held, der, wie er mir mitteilt, von Geburt an auf dem rechten Auge amblyopisch, vor kurzem beim Ausprobieren von korrigierenden Gläsern eines fand, welches das Sehvermögen seines inzwischen spontan gebesserten amblyopischen Auges soweit hob, daß auf einmal ein stereoskopischer Effekt auftrat, den er früher, auch beim Hereinblicken in ein Stereoskop, nie gehabt hatte. Es ist zunächst bemerkenswert, daß das »stereoskopische« Tiefensehen hier gleich auftrat, sobald nur die Vorbedingung dazu, das binokulare Sehen, gegeben war. Dann war, ohne jede Spur von vorhergehendem »Erlernen« der binokulare Tiefeneindruck sofort da. Zweitens aber wurde derselbe, sowie bei uns, als etwas Ungewohntes, auffällig Neues empfunden[1]), was auch darin zum Ausdruck kam, daß Held beim dauernden Tragen des korrigierenden Glases anfangs wegen der lebhaften Tiefenempfindung in seinen Bewegungen auf der Straße ganz vorsichtig wurde. In diesem Falle wurde also durch die Querdisparation, sobald sie zum erstenmal auftrat, auch gleich der binokulare Tiefeneindruck hervorgerufen. Darin liegt ein weiterer wichtiger Unterschied gegenüber der monokularen Tiefe. Denn wenn der Gegenfall, plötzliches Auftauchen vorher nie gesehener monokularer Tiefenmotive bei einem Menschen mit ausgebildetem stereoskopischen Sehen, überhaupt vorkommen könnte, zweifelt wohl niemand daran, daß es Zeit brauchen würde, um die richtige Deutung dieser Motive zu erlernen. Die Tiefenlokalisation auf Grund der Querdisparation muß also in der Organisation des Sehorgans irgendwie ursprünglicher begründet sein, als die durch Gestaltmotive hervorgerufene Tiefe. Letztere erscheint der ersteren gegenüber als eine akzessorische und daher auch weniger wirksame Einrichtung.

Daß die binokulare Tiefenwahrnehmung tatsächlich tiefer in der Organisation des Sehorgans begründet sein muß, als die monokulare Tiefenlokalisation, ergibt sich ferner aus der hohen Feinheit der ersteren gegenüber der relativen Stumpfheit der letzteren. Die Feinheit der binokularen Tiefenwahrnehmung läßt sich gerade so, wie das Unterscheidungsvermögen für Lagen auf der Einzelnetzhaut, bis zu der durch die Größe und Lagenverschiedenheit der Empfangselemente gegebenen Grenze zurückführen. Sie muß also schon zu der Gliederung des Empfangsapparates irgendwie in Beziehung stehen, wofür die Heringsche Annahme der Tiefenwerte der Einzelelemente eine Erklärung bietet, die man zum mindesten als eine sehr

---

1) Hinzu kam noch, daß alle Farben heller und eindringlicher empfunden wurden, und daß speziell die rote Farbe mit etwas anderer Nuance gesehen wurde.

gute Veranschaulichung gelten lassen muß. Man kann dies nach Linksz (1001a) auch daraus erschließen, daß die Heringschen Tiefenwerte immer, auch beim Schrägstehen der Längsschnitte, z. B. bei seitlicher Kopfneigung, nach beiden Seiten von den Längsschnitten orientiert bleiben.

Durch die Heringsche Annahme der Tiefenwerte der Netzhaut würde die binokulare Tiefenwahrnehmung mit der Lokalisation nach Höhe und Breite in eine Reihe gestellt. Indessen sind doch zwischen beiden auch gewisse Unterschiede vorhanden. Sie zeigen sich schon darin, daß die binokulare Tiefenwahrnehmung erst durch das Zusammenwirken querdisparater Erregungen beider Augen zwangsmäßig hervorgerufen wird, während die von Hering angenommenen Tiefenwerte der Einzelnetzhaut den Gestaltmotiven vollkommen ohnmächtig gegenüberstehen. Ein zweiter Unterschied besteht in der schon mehrfach hervorgehobenen Mitwirkung des »zentralen Faktors« bei der binokularen Tiefenwahrnehmung. Er fehlt bei den operierten Blindgeborenen, und das ist die Ursache, warum sie anfangs Tiefenunterschiede nicht erkennen. Er war bei Held vorhanden, und das war die Ursache, warum bei ihm die Querdisparation sogleich beim ersten Auftreten Tiefenwahrnehmung ergab. Sie brauchte sich bloß mit dem schon vorhandenen zentralen Faktor zu verbinden. Es handelt sich also bei diesem um eine Art psychischer Einstellung auf die Tiefenwahrnehmung, die hinzukommen muß, wenn die Querdisparation das Tiefensehen auslösen soll. Es kann sein, daß man diese psychische Einstellung bei der Betrachtung stereoskopischer Bilder nicht sofort findet, dann braucht auch die Tiefenwahrnehmung zu ihrer Entwicklung Zeit, wie in den Versuchen der Karpinska[1]).

Den eigentlichen Grund dafür, warum gerade beim Tiefensehen ein solcher zentraler Faktor mitwirken muß, erblicke ich in folgendem. Bei der relativen Lokalisation der Sehdinge in einer frontalparallelen Ebene kann man von der Bezugnahme auf den Standort des eigenen Ich absehen. Es ist ja richtig, daß man beim ausgebildeten Sehen auch immer das Rechts und Links, das Oben und Unten dabei mit einbezieht. Aber die Sonderung zweier Punkte voneinander, das Erkennen einfachster Formen ist von dieser egozentrischen Beziehung im Prinzip unabhängig. Beim Tiefensehen steckt aber schon in der relativen Tiefenlokalisation, im Vorn und Hinten, notwendig eine egozentrische Beziehung, ein Näher und Ferner, darin. Näher und Ferner setzt aber ein Ausgehen vom eigenen Standort voraus, und das ist erst möglich, wenn »sich das Ich den Anschauungsbildern gegenüberstellt und das Vorstellungsbild unseres Leibes .... in den Sehraum

---

1) Einen speziellen Fall, in dem die (sonst vorhandene) binokulare Tiefenwahrnehmung sich erst allmählich ausbildete, beschreibt von sich selbst Bickeles (860), der bei Dämmerlicht unmittelbar nach dem Erwachen aus dem Schlaf in der Schlaftrunkenheit keine Tiefenunterschiede im Zimmer wahrnahm.

mit hineinkonstruiert wird« (Hering, 7, S. 327). Infolge dieser innigeren
Verknüpfung mit der Vorstellung des Ich ist daher auch schon die relative
Tiefenlokalisation eine viel kompliziertere geistige Leistung, als das einfache
Formensehen, und es ist begreiflich, daß die operierten Blindgeborenen
letztere sofort aufweisen, die erstere aber nicht.

Die zentralen Störungen der relativen binokularen Tiefenwahrnehmung hat insbesondere Poppelreuter (11a, S. 83 ff.) eingehender untersucht. Er fand sie bei Hirnverletzten häufig, bei Gesichtsfelddefekten ungefähr in der Hälfte aller Fälle. Es besteht keinerlei gesetzmäßige Beziehung
zu der Art des Felddefektes, aber auch keine zu Störungen der Richtungslokalisation (dem Vorbeigreifen der Hemianopiker, s. oben S. 399). Poppelreuter schließt daraus, daß die binokulare Tiefenempfindung erst aus einer
besonderen Verarbeitung der querdisparaten Abbildungen entsteht, die pathologisch gesondert ausfallen kann, was mit den sonstigen Erfahrungen über
das binokulare Tiefensehen übereinstimmen würde. Auf der anderen Seite
fand sich aber auch keine gesetzmäßige Beziehung zwischen den Störungen
der binokularen Tiefenwahrnehmung und der optischen Agnosie. Auch schwer
seelenblinde Patienten zeigten nicht immer zugleich Störungen des Tiefensehens, und umgekehrt waren häufig Störungen des Tiefensehens bei Patienten
vorhanden, die keine deutlicheren agnostischen Symptome aufwiesen. Die
binokulare Tiefenwahrnehmung ist daher auch von der eigentlichen optischen
Gnosis zu trennen. Dagegen besitzt die monokulare Tiefenlokalisation
charakteristische Eigenschaften der Gestaltauffassung, und es ist daher zu
erwarten, daß sie unabhängig von der binokularen Tiefenwahrnehmung
wird ausfallen können. Einen solchen Fall hat Kramer (991) tatsächlich
beobachtet. Bei seinem Patienten war die Tiefenwahrnehmung im Heringschen Stäbchenversuch und im Stereoskop vollkommen erhalten, ebenso
das Erkennen der Tiefe an körperlichen Objekten. Dagegen machte dem
Kranken die Deutung der Perspektive und der Verteilung von Licht und
Schatten in Bildern die größten Schwierigkeiten. Namentlich perspektivische Strichzeichnungen erkannte er nur gelegentlich unter besonders
günstigen Bedingungen. Hier handelt es sich in der Tat um den Wegfall
einer bestimmten Art optischer Gnosis, einer Fähigkeit des Erkennens, von
der wir schon nach der Beschaffenheit primitiver Zeichnungen vermuten
dürfen, daß sie sich ontogenetisch erst spät entwickelt. Sie setzt, wie oben
S. 447 bereits angedeutet wurde, eine höhere geistige Leistung voraus, als
es die ganz von selbst erfolgende psychische Einstellung bei den flächenhaften geometrisch-optischen Täuschungen ist, nämlich eine Vorstellung des
Gegenstandes, und ihr Wegfall kann daher schon als Übergang zur optischen
Agnosie bewertet werden.

Welcher Art die physischen Regungen sind, die dem psychischen Vorgang der Tiefenwahrnehmung zugrunde liegen, wissen wir ebensowenig,

wie wir es von der Höhen- und Breitenlokalisation wissen. Insbesondere wäre es, wie G. E. Müller (1031 a, S. 11 ff.) auseinandersetzt, falsch anzunehmen, daß das physische Korrelat des Ausgebreitetseins und der räumlichen Anordnung der Gesichtsempfindungen einfach die Ausbreitung und räumliche Anordnung der ihnen zugrunde liegenden Nervenregungen sei. Denn wenn sich die räumlichen Verhältnisse der physischen Nervenprozesse in Raumverhältnisse der Empfindungen umsetzten, müßten ja auch alle übrigen Sinnesempfindungen räumlich ausgedehnt erscheinen und zwar nicht bloß nach der Fläche, sondern auch nach der Tiefe. Wir können nicht einmal eine begründete Vermutung darüber aufstellen, in welcher Weise die Regungen beider Augen zur Erzeugung des binokularen Tiefeneindrucks zusammenwirken. Die früher darüber geäußerten Vermutungen, daß es sich um ein Zusammenfließen der Regungen beider Augen in eine und dieselbe Nervenzelle handle, ließe sich nur bei korrespondierenden Bildern aufrecht erhalten und stößt auch da auf Schwierigkeiten. Noch größer werden diese, wenn man zur Verschmelzung disparater Bilder übergeht. Panums Annahme korrespondierender Empfindungskreise (s. oben S. 239) bietet nicht viel, wenn auch die Bedenken, die Helmholtz (I, S. 808) aus der Frage ableitete, was dann mit den Regungen korrespondierender Stellen geschieht, durch die oben S. 241 angeführten Überlegungen von Hering stark abgeschwächt werden. Aber davon abgesehen betrifft das Ineinanderfließen der Erregungen zunächst auch nur die Farben und zeitigt bezüglich der Tiefenwahrnehmung Unterschiede, über deren Grund Panums Theorie keinerlei Auskunft gibt. Die Heringsche Annahme der Verteilung der Tiefenwerte auf der Einzelnetzhaut läßt sich zwar, wenn man den überragenden Einfluß der empirischen Motive der Tiefenwahrnehmung auf das einäugige Sehen einmal zugibt, nicht widerlegen, sie läßt sich aber durch die Versuche mit isolierten Doppelbildern auch nicht beweisen, bleibt also eine reine Arbeitshypothese[1]). Als solche ist sie allerdings von Wert, weil sie einen unmittelbaren Begriff davon gibt, daß die Regungen korrespondierender Stellen beider Augen keineswegs, wie noch Joh. Müller annahm, identisch, sondern spezifisch verschieden sind. Zwar kann man diesen Unterschied nicht bewußt erkennen (Nichtunterscheidbarkeit rechts- und linksäugiger Eindrücke), wohl aber äußert er sich eben in der binokularen Tiefenwahrnehmung in einer Weise, für die die Heringsche Hypothese auch heute noch das klarste und einfachste Schema bietet.

---

1) Daß man auch mit Hilfe jener Netzhautstellen, von denen die Bilder der Außenobjekte beim gewöhnlichen Sehen durch die Nase abgeblendet werden, binokulare Tiefenwahrnehmung erhält (was neuerdings Fischer [908] nachgewiesen hat), kann auch so gedeutet werden, daß das Sensorium überhaupt querdisparate Abbildung mit Tiefensehen beantwortet, gleichgültig, an welchem Ort die Bilder liegen und ob gerade die Bilder der betreffenden Stelle schon einmal dazu mitverwendet wurden.

Heine (930, S. 166) und wohl auch noch andere haben vergeblich versucht, binokulare Tiefenwahrnehmung dadurch zu erzeugen, daß sie einem Auge stroboskopisch in rascher Folge abwechselnd zwei stereoskopische Halbbilder darboten. Es ist eben nur die querdisparate Abbildung in beiden Augen, nicht in einem Auge der Reiz für die Tiefenwahrnehmung [1]. Auf der anderen Seite hat man wiederholt angegeben, daß man echte stereoskopische Tiefenwahrnehmung auch erhalte, wenn man den beiden Augen identische Halbbilder darbiete. Insbesondere hatte Edridge-Green (888) behauptet, daß zwei gleiche Photographien eines Objekts im Stereoskop einen vorzüglichen körperlichen Eindruck gäben. Auch könne man im Stereoskop von stereoskopischen Bildern das eine Bild verdecken, ohne daß der plastische Eindruck leide. Diese von vorne herein ganz unwahrscheinlichen Angaben wurden von Grünbaum (922) auch experimentell widerlegt [2]. Ein gewisser flauer Tiefeneindruck tritt in diesen Fällen nur dann ein, wenn monokulare Motive der Tiefenwahrnehmung vorhanden sind. Diese wirken am stärksten beim Blick in die Ferne, wenn die Querdisparation gering ist. Hegner (928) hat untersucht, wie weit man sich geeigneten Objekten mit dem Aufnahmeapparat nähern darf, ohne daß bei Betrachtung identischer Bilder die Plastik herabgesetzt wird. Er fand, daß Aufnahmen aus 70 m Abstand noch eine gute Plastik geben, daß diese bei einem Aufnahmeabstand von 35 m und etwas darunter schon zu leiden anfängt.

Es hat nicht an Versuchen gefehlt, über den oben dargelegten Standpunkt hinaus weiter in das Verständnis des Zustandekommens der Tiefenwahrnehmung einzudringen. Hier steht an erster Stelle Helmholtz' Versuch, das Entstehen des Tiefensehens, — auch des binokularen — als Ergebnis der Erfahrung zu deuten. Es soll nach Helmholtz (I, S. 636) zustande kommen durch den Vergleich der Bilder, den beide Augen gleichzeitig von einem und demselben Körper erhalten. Der Unterschied dieser Bilder ist ebenso groß, wie der, der entsteht, wenn man das Gesichtsfeld mit einem Auge betrachtet und den Kopf um eine Strecke seitwärts bewegt, die dem Abstand beider Augen von einander gleich ist. Da aber im letzteren Falle der Vergleich mittels der Erinnerung gezogen wird und ein solcher Vergleich viel unsicherer ist, als der zweier gegen-

---

[1] Dagegen ist es, wie nach Heines (930) und Jägers (962) Vorgang besonders Guilloz (925) zeigte, nicht notwendig, daß die stereoskopischen Halbbilder beiden Augen gleichzeitig dargeboten werden. Er exponierte abwechselnd ein Bild dem einen und dann sogleich das andere Bild dem anderen Auge, während das erste Bild schon wieder verdeckt war, und erzielte bei überraschend niedrigen Frequenzen (drei in der Sekunde) einen guten stereoskopischen Effekt. Wenn je eines der beiden stereoskopischen Halbbilder rasch nacheinander von einem elektrischen Funken beleuchtet wurde, fand N. M. S. Langlands (noch nicht veröffentlicht) einen vollen stereoskopischen Effekt bei einem Intervall der Funken von höchstens $\frac{1}{36}''$. Folgten sich die alternierenden Beleuchtungen mehrmals nacheinander, so wurde das kritische Intervall je nach der Versuchsanordnung und der Versuchsperson auf $\frac{1}{8}$ bis $\frac{1}{5}''$ heraufgesetzt.

[2] Wenn es für Edridge-Green gleichgültig ist, ob er mit einem oder mit zwei Augen ins Stereoskop schaut, so liegt der Schluß nahe, daß er im Stereoskop überhaupt keinen binokularen Tiefeneindruck hat.

wärtiger Sinneseindrücke, so sei auch die binokulare Tiefenwahrnehmung viel vollkommener, sicherer und genauer, als sie durch die entsprechende Bewegung des einen Auges erhalten werden könnte. Diese Erklärung begegnet allerdings derselben grundsätzlichen Schwierigkeit, die wir schon oben S. 160 gegen die Ableitung des Geradheitseindruckes aus der Verschiebung der Netzhautbilder erhoben. Es ist nicht möglich, daß durch den bloßen Vergleich zweier seitlich gegeneinander verschobener Bilder ein neues psychisches Phänomen von so ausgeprägter Eigenart, wie die Tiefenempfindung entsteht. Tatsächlich entsteht sie auch nicht, wie die soeben angeführten Versuche von HEINE zeigen, wenn man die Vergleichsbilder bloß in ein Auge hineinfallen läßt. Wollte man dem gegenüber sagen, daß durch den Vergleich der querdisparaten Bilder in beiden Augen die Tiefenempfindung zwar nicht geschaffen, sondern bloß zentral ausgelöst wird, so sind wir auf unsere vorige Auffassung zurückgekommen, nach der die Tiefenempfindung durch die spezifische Funktion eines vorgebildeten Apparates entsteht, die nach dieser modifizierten HELMHOLTZschen Ansicht durch den Vergleich querdisparater Bilder beider Augen ebenso angeregt würde, wie sie auch durch andere Erfahrungs- (oder Gestaltungs-)Motive angeregt werden kann. Es kann aber nicht einmal zugestanden werden, daß die binokulare Tiefenwahrnehmung wirklich psychisch durch einen bewußten Vergleich der gleichzeitig vorhandenen querdisparaten Bilder ausgelöst wird. Denn es ist ja bei nicht zu großer Querdisparation überhaupt bloß ein Bild, das binokulare Verschmelzungsbild, vorhanden. Der Vergleich wäre höchstens möglich, wenn man annähme, daß der Neugeborene zunächst gar keine Verschmelzungsbilder hätte, sondern schon bei der geringsten Querdisparation getrennte Doppelbilder sähe. Das ist aber sicher nicht der Fall, vielmehr wird die Fähigkeit, Doppelbilder zu sehen, gerade umgekehrt erst durch Übung entwickelt, und auch beim Geübten reicht sie lange nicht so weit (5′ bei VOLKMANN, s. oben S. 227), wie die Wirkung der Querdisparation (im Mittel 8″). Also könnte kein bewußter Vergleich der Bilder beider Augen in Betracht kommen, sondern nur eine unbewußte gegenseitige Einflußnahme der querdisparaten Bilder auf eine der psychophysischen Substanz vorgeschaltete Organisation, deren Funktion es wäre, bei dieser Art Reizung im Bewußtsein eine Tiefenempfindung auszulösen.

Die Entstehung der Tiefenwahrnehmung aus der Erfahrung bildet noch heute eine der am hartnäckigsten verteidigten Lehren des sogenannten Empirismus, demgegenüber man die Annahme angeborener Fähigkeiten zur Lokalisation nach der Tiefe — wie nach der Breite und Höhe — als Nativismus bezeichnet. Derartige an philosophische »Systeme« erinnernde Wortbildungen können sehr irre führen, da es seit HELMHOLTZ' Versuch einer strengen Durchführung des Empirismus wohl niemanden mehr gegeben hat, der bloß »Nativist« oder »Empirist« in dem Sinne gewesen wäre, wie es gewöhnlich dargestellt wird. J. v. KRIES' Polemik gegen den Nativismus in der 3. Auflage von HELMHOLTZ'

Optik richtet sich gegen eine Lehre, die, wie er selbst zugibt (S. 529, Anm.), von niemandem vertreten wird.

Neuerdings glaubte JAENSCH (9 a) nachweisen zu können, daß der eigentliche, die Tiefenwahrnehmung wesentlich erzeugende Faktor nicht die Querdisparation selbst sei, sondern vielmehr die Aufmerksamkeitswanderung, bzw. die mit ihr aufs engste verknüpften Blickbewegungsimpulse nach der Tiefe. Die große Deutlichkeit der aus der Querdisparation resultierenden Tiefenwahrnehmung rühre daher, »daß die Querdisparation ganz besonders günstige Bedingungen dafür darstellt, daß die betreffenden in verschiedene Tiefen projizierten Gesichtseindrücke sukzessiv, nicht simultan aufgefaßt werden, und daß die Zwischenstrecke von der Aufmerksamkeit durchwandert wird« (9a, S. 103). Als Beweise für die Richtigkeit seiner Ansicht führt er die Beobachtung an, daß das Vorspringen von a vor b im PANUMschen Versuch (s. oben S. 431) immer mit einer Blickbewegung von b nach a verbunden sei; ferner das Zurücktreten von Tiefenunterschieden bei andauernder fester Fixation, die allmähliche Entwicklung des stereoskopischen Eindrucks bei Dauerdarbietungen und den Einfluß der Übung auf das plastische Sehen. Ich habe gegen diese Hypothese schon früher (8a, S. 273) eingewendet, daß die Aufmerksamkeitsverlagerung unmöglich die Tiefenwahrnehmung hervorbringen könne, daß sie vielmehr das Sehen der Tiefenunterschiede schon voraussetze, gerade so, wie die Verlagerung der Aufmerksamkeit auf einen seitlich gelegenen Punkt das Bestehen der relativen Breitenlokalisation voraussetzt. Es kann sich also meiner Ansicht nach nur um die Betonung des Umstandes handeln, daß die Tiefenwahrnehmung bei anhaltend gleichbleibendem Reiz allmählich abblaßt und durch die Blickbewegung nach der Tiefe zu wieder auffällig stark aufgefrischt wird. Darin liegt, wie durchaus zuzugeben ist, ein sehr bedeutsames Moment für die Tiefenwahrnehmung. Es fragt sich nur, ob man ihm nicht schon durch die Annahme gerecht wird, daß überhaupt lang anhaltende gleichmäßige Reize allmählich immer mehr an Wirksamkeit verlieren. Das würde freilich wieder voraussetzen, daß man nur die Querdisparation als Reiz für das Tiefensehen betrachtet, die korrespondierende Abbildung sozusagen als Nullreiz, was übrigens recht gut zu dem oben S. 449 über die starke Modulationsfähigkeit gerade des Kernflächeneindrucks Gesagten stimmen würde.

JAENSCH hat seine frühere Ansicht letzthin noch weiter zu einer umfassenden Theorie der Entstehung der optischen Raumwahrnehmung ausgebaut. Er ging dabei aus von dem eingehenden Studium der Erscheinung, daß manche Menschen, insbesondere Jugendliche, die Fähigkeit besitzen, Objekte, die sie eine Zeitlang mit bewegtem Blick betrachtet haben, hinterher, nachdem sie beseitigt sind, mit sinnlicher Anschaulichkeit wieder vor sich zu sehen. Es entsteht ein sogenanntes »Anschauungsbild«, das wohl zu unterscheiden ist von einem Nachbild und von der bloßen Vorstellung des Gesehenen. L. J. Martin (1017, 1018[1]) die sich auch schon ausführlich mit diesen Erscheinungen befaßt hatte, nannte sie »Vorstellungsbilder«, weil manche Personen auch die bloße Vorstellung von noch nicht Gesehenem bis zur Lebhaftigkeit der Anschauung heben können. Jaensch unterscheidet aber, wie bemerkt, scharf zwischen bloßen Vorstellungsbildern, den Anschauungsbildern, welche eine Nachwirkung früher gesehener Gegenstände darstellen, und den eigentlichen Nachbildern nach fester Fixation. Die Anschauungsbilder stehen nach ihm zwischen den Vorstellungs- und Nachbildern in der Mitte (s. unten S. 514, Anm. 1). Die Fähigkeit, Anschauungsbilder zu sehen, nennt Jaensch die eidetische Anlage, Personen mit eidetischer Anlage Eidetiker (963).

Die Eidetiker besitzen die Fähigkeit, Teile ihres Anschauungsbildes durch Verlagerung des Aufmerksamkeitsortes mit zu verlagern (965). Jaensch bezeichnet (965, 969) die Aufmerksamkeitswanderung als einen auf die Sehdinge gerichteten psychischen dynamischen Akt, der als ein optisches Verschieben und Transportieren der Sehdinge charakterisiert werden könne. Sein Effekt hänge nicht von ihm allein, sondern zugleich von der Beschaffenheit der Sehdinge ab. So sei die Verschiebung eines dicken Fadens oder gar eines schweren Stativs mühsamer, als die eines dünnen Fadens, und gelinge auch nur auf kurze Strecken. Eine ähnliche Plastizität der Raumlage soll nun bei Eidetikern auch bei der Betrachtung wirklicher Objekte zu beobachten sein, d. h. sie sehen auch solche mit der Aufmerksamkeitsverlagerung mitwandern. Nur gelinge hier die Verlagerung am besten nach der Tiefe, weniger leicht nach der Seite und Höhe. Freiling (914) hat solche Beobachtungen auch an Personen gemacht, die von der Sache noch nichts gehört hatten, und auch Carr (875) beschreibt ähnliche Fälle von Verlagerung einzelner Teile des Sehfelds nach der Tiefe, so daß wir annehmen dürfen, daß sie doch wohl wirklich vorkommen (vgl. auch die Porrhopsien bei Geisteskranken, unten S. 514).

Da nun die eidetische Anlage besonders bei Jugendlichen ausgebildet ist und mit zunehmendem Alter immer mehr abnimmt, glaubt Jaensch, daß alle Menschen in frühester Jugend durch ein eidetisches Entwickelungsstadium hindurchgehen, in dem Anschauungsbilder und Bilder wirklicher Gegenstände eine noch undifferenzierte Einheit bilden. Ja er meint (966, S. 148), daß die Empfindungen und Wahrnehmungen im gewöhnlichen Sehen der jugendlichen Eidetiker ihrer Struktur nach geradezu Anschauungsbilder seien, die den Vorstellungen ähnlicher seien, als den Empfin-

---

1) Hier auch weitere Literatur, Aufzählung der Autorennamen ferner bei Jaensch (963). Eine allgemein physiologische Behandlung mit eigenen Beobachtungen bei Ebbecke (887 a, S. 78). Eine Kritik der Untersuchungen von Jaensch geben Koffka (987), Allport (844 b) und Schwab (1085 a).

dungen. Wahrnehmungs- und Vorstellungswelt differenzieren sich nach ihm erst im Laufe der Entwickelung aus der ursprünglichen eidetischen Einheit heraus (Krellenberg, 993). Daher komme es auch, daß an Anschauungsbildern und den ihnen ähnlichen Wahrnehmungen der Jugendlichen die Aufmerksamkeit einen so bedeutenden Einfluß auf die optische Lokalisation ausübe. Mit dem Abblassen der eidetischen Anlage unter dem fortdauernden Einfluß der auf das Sehorgan einwirkenden äußeren Reize stabilisiere sich die Lokalisation immer mehr, und nur in der binokularen Tiefenwahrnehmung, in der Horopterabweichung und im Kovariantenphänomen bleibe noch ein Rest der ursprünglich so mächtigen Einwirkung der Aufmerksamkeitsverlagerung übrig.

Die Angaben von Jaensch sind von so weittragender Bedeutung, daß es sich wohl verlohnen würde, sie systematisch an ganz zuverlässigen Versuchspersonen, die von alle dem nichts wissen, und die vor und während der Versuche streng voneinander gesondert gehalten werden, nachzuprüfen. Denn bei allen Aussagen Jugendlicher wird man sich nur durch allerschärfste Kritik und Sorgfalt vor Täuschungen schützen können.

Zur Erklärung des von ihm behaupteten Einflusses der Aufmerksamkeitsverlagerung auf die optische Lokalisation nimmt Jaensch ähnlich, wie es oben S. 150 dargelegt worden ist, einen Schichtenbau des Sehorgans an mit rückwirkendem Einfluß mehr zentraler auf mehr peripher gelegene Stationen. In dieser Annahme, die durch zahlreiche Einzelbeobachtungen gut gestützt ist, und die in ihren Anfängen bis auf S. Exner (1185, IV) zurückreicht, begegnen sich jetzt wohl die meisten Autoren, wie Poppelreuter (11a), G. E. Müller (1253) und neuerdings auch J. v. Kries (793). Freilich setzt die konsequente Durchführung dieses Gedankens voraus, daß wir die oben S. 7 und 152 angeführten Zweifel von Fechner und Hering zurückstellen und eine weite Strecke der Sehleitung bis über die Sehsphäre hinaus für bloß unterbewußte nervöse Vorgänge reservieren. Diese Ansicht vertritt auch G. E. Müller (1253, S. 93), weil es Fälle von Grünblindheit gibt, denen grünes Licht zwar grau erscheint, aber doch in der Umgebung die rote Kontrastfarbe hervorruft. Da wir aber wissen, daß der Simultankontrast sicher jenseits der Sehstrahlung entsteht, geht daraus hervor, daß bei Einwirkung grünen Lichtes bis in eine hinter der Sehstrahlung gelegene Zone hinein Grünerregung ohne das entsprechende Empfindungskorrelat vorhanden ist.

Eine andere Theorie der binokularen Tiefenwahrnehmung hat Pikler (11; s. auch 1262) aus seiner unten S. 569 ff. besprochenen allgemeinen Empfindungstheorie abgeleitet. Sie ist nach ihm eine Verhältniswahrnehmung analog der stroboskopischen Elementarbewegung. Ähnlich wie bei aufeinander folgenden Reizen infolge des Übergangs von einem Gleichgewichtszustand des Organismus zu einem anderen die Empfindung der Ungleichheit oder das Bewegungssehen entstehe, so soll bei sukzessiver Darbietung zweier stereoskopischer Halbbilder wahrgenommen werden, daß sie beide als Projektionen eines die Mitte zwischen ihnen einnehmenden Reliefs entstehen können und bei gleichzeitiger Exposition beider soll die sinnliche Wahrnehmung eines solchen mittleren Reliefs selbst zustandekommen. Die Verhältniswahrnehmungen beruhen aber nach Pikler nicht etwa auf Erfahrung. Auch die binokulare Tiefenwahrnehmung ist »erfahrungsfrei«. Mir stellt sich die Piklersche These als reine Spekulation dar. Wenn er ferner das Tiefensehen durch einen nach der Tiefe zu sich erstreckenden »spreizhaften« Gleichgewichtsvorgang im Zentralnervensystem erklären will, so ist dagegen alles das anzuführen, was G. E. Müller gegen die Erklärung der Raumwahrnehmung aus in gleicher Weise räumlich ausgedehnten psychophysischen Korrelaten vorgebracht hat (s. oben S. 457).

Auf die Theorie des Binokularsehens von Parinaud (1037) brauche ich hier nicht näher einzugehen, weil sie schon von Bielschowsky (861) und Marie und Ribaut (1016) widerlegt wurde.

Eine gleichfalls noch wenig geklärte Frage ist die nach der Raumerstreckung der Farben nach der Tiefe zu. Schon Hering (R. S. 572 ff.) hatte besonderen Nachdruck darauf gelegt, daß wir außer farbigen Flächen auch raumerfüllende Farben sehen. Das Dunkel, das man bei geschlossenen Augen oder im völlig dunklen Zimmer vor sich sieht, ist eine solche raumhafte Empfindung; ebenso das Dunkel, das eine schattige Ecke in einem hellen Zimmer oder einen dunklen Kasten füllt. In beiden Fällen sieht man das Dunkel im Raum ausgebreitet, nicht als Oberflächenfarbe auf den Wänden. Einen ähnlichen Unterschied zwischen Oberflächenfarbe und vor den Dingen liegender Raumfarbe erwähnten wir auch oben S. 441 schon beim Blau ferner Berge. Beispiele für eine scharf begrenzte farbige Raumempfindung gibt ein mit farbiger Flüssigkeit gefülltes Glasgefäß oder sonstige durchsichtige farbige Gegenstände. Jaensch, der den Fall der dunklen Ecke und eines mit farbiger Flüssigkeit gefüllten Gefäßes genauer untersucht hat (9a, S. 250 ff.), gibt an, daß man den Raum nur dann mit Dunkel erfüllt sehe, wenn man den Blick und die Aufmerksamkeit auf einen in ihm gelegenen Punkt richte; richte sich dagegen Blick und Aufmerksamkeit auf die Wände, so sehe man das Dunkel als Oberflächenfarbe an diesen. Alles was den Blick auf den Zwischenraum erleichtert, z. B. das Einbringen von Loten, begünstige auch das Sehen der Raumfarbe, insbesondere erscheine diese auch beim flüchtigen Hinblicken wesentlich deutlicher, als bei dauernder Betrachtung. Da der leere oder mit klar durchsichtiger Luft erfüllte Raum keine Netzhautreizung bewirken kann, so nimmt Jaensch als Grund der Sichtbarkeit des Zwischenmediums zwischen den Objekten die endogene Weiß-Schwarz-Erregung der Netzhaut an. Im völlig dunkeln Raum wallen in dem raumhaften Dunkel, das man vor sich sieht, die ebenfalls raumhaften Lichtnebel des Eigengraus der Netzhaut. Das Dunkel bei völligem Lichtabschluß unterscheidet sich aber von der Dämmerung, die sich im Halbdunkel zwischen die Dinge legt, nur durch seine geringere Helligkeit, es stellt das äußerste Glied einer kontinuierlichen Reihe dar, an deren anderem Ende die den Raum erfüllende Helligkeit des intensivsten Sonnenlichts liegt.

Bei der Betrachtung farbiger Flüssigkeiten in einem Glasgefäß liegen die Verhältnisse viel verwickelter insofern, als hier die Farbe der Flüssigkeit selbst durch die Farbe des Hintergrunds beeinflußt wird. Im ganzen aber sehe man auch hier das Zwischenmedium deutlicher, wenn man Bedingungen einführt, unter denen die Tiefenerstreckung desselben deutlicher erscheint, also insbesondere bei mit Blickbewegungen verbundenen Aufmerksamkeitswanderungen innerhalb des Zwischenmediums, wenn man z. B. drei Fadenlote hineinhängt, die die Längskanten eines dreiseitigen Prismas markieren. Außerdem erscheine die Raumfarbe hier weniger gesättigt, weil sich ihr nach JAENSCH' Ansicht die endogene Weiß-Schwarz-Erregung beimischt, deren psychisches Korrelat eben die Empfindung des Raumes sei.

Dagegen wendet SCHUMANN (1085) ein, daß es sich beim Sichtbarwerden des leeren Raums um einen Eindruck handle, der nicht in die Weiß-Schwarz-Reihe einzuordnen sei. SCHUMANN hatte bei der Beobachtung stereoskopischer Bilder zwischen und vor den Körpern eine eigenartige Empfindung wie von klar durchsichtigem Glas oder einer farblosen Zwischensubstanz, die mehr oder weniger »kompakt« oder auch »dünn« sein könne. Dieselbe »Glasempfindung« wurde von manchen Versuchspersonen nachher auch beim freien Herumblicken in der Natur angegeben, die Gegenstände erschienen ihnen wie in Glas eingebettet. Nur soll dieser farblose durchsichtige Glaseindruck bei heller Tagesbeleuchtung eine sehr geringe Kompaktheit besitzen, so daß er schließlich ganz aufhöre, und es sich nur noch um ein Wissen von dem leeren Zwischenraum zwischen den Dingen handle. Zu den Stereoskopversuchen bemerkt v. FREY (914a), daß die Empfindung eines Zwischenmediums wohl von dem Korn des Papiers oder des Glases der Stereoskopbilder herrühre. Dieses Gegenargument ist bisher noch nicht widerlegt. SCHUMANN hatte kleine Marken auf dem Bildgrund nur insofern berücksichtigt, als er meinte, sie dienten zum Kenntlichmachen des Glaseindrucks, ähnlich wie ein wirkliches Glas erst durch Staubteilchen, die an seiner Oberfläche haften, sichtbar gemacht wird.

SCHUMANN betrachtet die Ausfüllung des zwischen den Gegenständen liegenden leeren Raumes durch eine glasartige Empfindung als einen Spezialfall des allgemeineren Hintereinander-Erscheinens von Farben, über das wir schon oben S. 243 ff. gesprochen haben. Die Frage hängt eng zusammen mit dem Problem der Durchsichtigkeit, das insbesondere von HENNING (329) und FUCHS (323) eingehend studiert worden ist. HENNING ging dabei von einem schon von ROGERS (vgl. HELMHOLTZ, I, S. 744) angegebenen Versuche aus. Man hält vor das eine Auge ein kurzes nicht zu weites Rohr und blickt durch dieses hindurch auf einen Gegenstand im Zimmer. Vor das andere Auge hält man die flache Hand (oder einen Karton) in eine Entfernung, daß man ihre Einzelheiten noch gut erkennt. Im binokularen Sammelbild sieht man dann die Hand und wie durch ein Loch durch sie hindurch die dahinter befindlichen Gegenstände. An der Stelle des »Lochs« werden also die von der Hand ausgehenden Reize unterdrückt. Wenn man aber die Aufmerksamkeit stark auf die Hand richtet, sieht man statt des Lochs eine kreisrunde durchsichtige Stelle in der Hand. Für die weitere Untersuchung benutzte er zwei (weiße, graue oder schwarze) Kartons. Aus dem einen ist ein kreisrundes Loch ausgestanzt, auf dem anderen ein gleich großer Kreis in Farbe aufgemalt. Bei binokularer Vereinigung beider sieht man den Hintergrund wie durch die Farbe hindurch. Verwendet man Farben mit metallischem Glanz und mit Korn, so verliert sich beim Versuch weder Glanz noch Korn, die Farbe erscheint als »Oberflächenfarbe« und trotzdem wird sie durchsichtig. Fuchs hat die Bedingungen für die Durchsichtigkeit insbesondere unter dem Gesichtspunkt der Gestaltwahrnehmung geprüft. Die Durchsichtigkeit ist besonders prägnant, wenn Teile sowohl der deckenden, als der gedeckten Gestalt einander seitlich überragen und das beiden gemeinsame Feld nicht als besondere einheitliche Gestalt aufgefaßt wird. Ist die vordere Fläche so klein, daß sie ganz in das Gebiet der hinteren Fläche hineinfällt, und bietet die letztere nichts Unterscheidbares, so wird der vordere Gegenstand auch dann undurchsichtig, wenn er aus einem sonst ganz durchsichtigem Material besteht. Hält man z. B. ein Deckgläschen oder ein kleines gefärbtes Gelatineplättchen so vor das Auge, daß man seine Gestalt bequem überschauen kann, und versucht durch dasselbe hindurch auf eine gleichmäßig gefärbte Fläche (ohne Korn) zu blicken, so erscheint es ganz undurchsichtig und verdeckt völlig die Farbe des Hintergrunds. Sobald aber Einzelheiten (Korn oder Flecken) hinter dem Deckgläschen liegen, tritt Durchsichtigkeit auf. Andererseits können undurchsichtige Gegenstände, wie Papierstreifen, Eisenstäbe durchsichtig erscheinen, wenn es gelingt, sie durch Invertieren hinter einem objektiv hinten gelegenen, aber subjektiv vorn erscheinenden Gegenstande zu sehen. Die in Wirklichkeit verdeckten Teile des letzteren Objektes werden dann psychisch ergänzt.

Ganz analoge Probleme, wie bei der Durchsichtigkeit, rollen sich bei der Erscheinung des Glanzes auf, der bei binokularer Vereinigung einer weißen und einer schwarzen Fläche oder sonst verschiedenfarbiger Flächen im Stereoskop entsteht, »stereoskopischer Glanz«. Nach Helmholtz (I, S. 782 ff.) rührt das davon her, daß mehr oder weniger regelmäßige spiegelnde Flächen in ein Auge mehr Licht entsenden, wie ins andere. Das wird durch die Vereinigung ungleich heller Flächen im Stereoskop nachgeahmt. Nach Hering (331, S. 237) handelt es sich darum, daß auf einer Fläche ein Hell erscheint, das wir nicht als eine der Fläche eigentümliche »wirkliche«, sondern nur als eine zufällige Farbe derselben auffassen.

Metallglanz ist nach Helmholtz dadurch charakterisiert, daß das regelmäßig reflektierte Licht selbst schon gefärbt und nicht weiß ist. Der stereoskopische Glanz wird schon bei Momentanbeleuchtung gesehen. Glanz kann aber auch bei Betrachtung mit einem Auge auftreten, wenn die Beleuchtung einer Fläche sich entweder infolge der Bewegung des Beobachters oder ihrer eigenen sich sehr rasch nacheinander ändert, wie z. B. bei einer bewegten Wasserfläche. Daß endlich auch beim Glanz die Gestaltauffassung eine wichtige Rolle spielt, hat neuerdings Kiesow (980) gezeigt. Er ließ Personen stereoskopische Halbbilder einer zerknitterten kreisrunden Stanniolscheibe vereinigen. Solange sie den dargestellten Gegenstand nicht kannten, merkten sie nichts von Glanz. Wenn er ihnen aber das Original gezeigt hatte, von dem die Photogramme abgenommen waren, trat mit voller Bestimmtheit schöner Glanz auf. Auf die Mitwirkung der Gestaltauffassung sind wohl auch Versuche von Wundt (1122) zu beziehen, die ein Gegenstück zu denen von Fuchs über die Durchsichtigkeit bieten. Nach Helmholtz beweist das Auftreten des stereoskopischen Glanzes, daß zwei heterogene Lichtwirkungen auf korrespondierende Netzhautstellen einen anderen sinnlichen Eindruck machen, als zwei gleichartige Einwirkungen auf dieselbe Stelle, was von Hering (l. c.) unter Hinweis auf den monokularen Glanz entschieden bestritten wird.

2. Die Abstandslokalisation (absolute Tiefe).

Unter Abstands- oder absoluter Tiefenlokalisation verstehen wir die Lokalisation der Sehdinge als nahe und ferne relativ zum Standort des eigenen Ich. Daß wir beim Sehen den Eindruck der Nähe und Ferne unmittelbar ohne besondere Überlegung erhalten, beweist, daß die Grundlage für die absolute Tiefenlokalisation in einem vorbewußten Geschehen gegeben ist, das ohne unser bewußtes Zutun »von selbst« abläuft. Das für die absolute Tiefenlokalisation Charakteristische liegt, wie bei der Richtungslokalisation in der Sonderstellung, die dabei unserem eigenen Ich als dem Ausgangspunkt der Lokalisation erteilt wird. Daß die Entwicklung des Sehens diesen Gang genommen hat, daß aus der ursprünglichen Gleichwertigkeit aller Sehdinge die unserem Leib zugehörigen als etwas Besonderes herausgehoben wurden, von dem aus wir die übrigen Dinge nach der Tiefe zu, wie nach der Richtung der Höhe und Breite lokalisieren, das hängt zu einem guten Teil damit zusammen, daß unser Leib auch der Träger der Motilität ist. Der egozentrischen vom Ich ausgehenden Lokalisation auf der sensorischen Seite entspricht die ebenfalls vom Ich ausgehende willkürliche Innervation auf der motorischen Seite (Hofmann, 777, S. 34).

Hering hatte diese Entwicklung des Sehens im Schema so beschrieben, daß die Sehdinge ursprünglich nur relativ zum Kernpunkt lokalisiert seien.

Dann erst geselle sich dazu die Lokalisation des Kernpunktes relativ zum eigenen Ich. Das ist jedenfalls der logische Gang der Analyse des Sehens. In der Entwicklung selbst werden beide Prozesse wohl innig miteinander verflochten sein. Man darf deshalb kaum, wie v. Kries es tut (793, S. 221), die relative und die absolute optische Lokalisation als zwei verschiedene Arten des Sehens einander gegenüberstellen, die sich im Laufe der Entwicklung gegenseitig ablösen. In jenem Stadium, in dem die geistige Entwicklung des Kindes so wenig vorgeschritten ist, daß es seinen eigenen Leib noch nicht von der Umgebung sondert, wird sich natürlich der Kernpunkt und seine nächste Umgebung auch nur insofern als die Hauptsache im Sehraum darstellen, als er die am deutlichsten (nicht bloß am schärfsten, vgl. Hillebrand, 776, S. 235) gesehenen Dinge enthält, jene Dinge, die sich der Aufmerksamkeit, sobald man erst einmal von ihr sprechen kann, am meisten aufdrängen. Daran schließt sich das zweite Stadium, in dem das Kind dem direkt gesehenen und von ihm bemerkten Dinge bei seiner Bewegung mit dem Blick zu folgen vermag. Nach den oben S. 325 erwähnten Beobachtungen von Bárány scheint das zwar im Rudiment schon bald nach der Geburt angedeutet zu sein. In der Regel wird es aber erst viel später deutlich, nur ausnahmsweise kann ein Kind schon unmittelbar nach der Geburt fixieren und dem bewegten Gegenstand mit dem Blick wirklich ausreichend folgen. Daran schließt sich dann die Befähigung des Kindes an, die Aufmerksamkeit auch einem exzentrisch abgebildeten Gegenstand, der sich durch seine Helligkeit oder durch seine Bewegung besonders bemerklich macht, zuzuwenden. Damit aber setzt jene Fähigkeit ein, die wir als Blickwendung infolge Aufmerksamkeitsverlagerung bezeichnen. Man wird aber annehmen dürfen, daß sich mit der Zuwendung der Aufmerksamkeit auf einen Gegenstand nicht bloß die Blickwendung nach ihm hin verbindet, sondern auch andere Innervationen, wie dies z. B. an der Greifbewegung beim Hinlangen nach einem Gegenstande besonders deutlich wird. Mit diesen willkürlichen Innervationen leitet sich aber die Scheidung des eigenen Ich von den umgebenden Sehdingen ein, und je fester die vom Ich ausgehenden Sensationen mit dem Bewußtsein der willkürlichen Innervation zusammenwachsen, desto selbstverständlicher wird auch der eigene Leib zum Zentrum, das bei jedem Sehakt implizite mit einbezogen wird. Daß dadurch eine grundsätzliche Umänderung im Sehakt verursacht wird, wird man kaum zugeben können. Man müßte sonst noch weiter gehen, denn wie wir im folgenden sehen werden, entwickeln sich später die Dinge noch weiter, und der Mensch gelangt schließlich dazu, sich selbst in verschiedene Orte eines unbewegt gedachten »absoluten Raumes« hinein zu lokalisieren. Das müßte man dann als eine dritte Art von Sehen bezeichnen, was es natürlich nicht ist, denn es handelt sich dabei ja nur um einen Wechsel des Ausgangspunktes, der verschieden

ist, je nachdem, was als Hauptsache in den Vordergrund des Bewußtseins
gerückt ist.

Die Rücksicht auf die zuletzt erwähnte höhere Stufe der geistigen Verarbeitung der räumlichen Eindrücke hat mich früher (777) vor allem veranlaßt, die Bezeichnung absolute Lokalisation fallen zu lassen und dafür im
Anschluß an G. E. Müller (803) den Namen egozentrische Lokalisation zu
verwenden, in dem das eben angeführte Ausgehen vom Orte des eigenen
Ich klar zum Ausdruck kommt. Der Name ist aber speziell in Anwendung
auf die Tiefenlokalisation ungewohnt und schleppend. Ich ziehe es daher
vor, dort wo es auf Kürze ankommt, an seiner Stelle das Wort Abstandslokalisation zu gebrauchen. Das subjektive Korrelat der Entfernung der
Gegenstände von uns, was man früher auch als ihre scheinbare Entfernung bezeichnet hat, soll mit Hering und anderen Autoren Sehferne genannt werden. Wir unterscheiden von ihr die Sehtiefe eines Gegenstandes oder einer nach der Tiefe zu verlaufenden Strecke — einer Tiefenstrecke — und meinen damit ihre subjektive (scheinbare) Tiefenerstreckung ohne Beziehung auf ihren Abstand als Ganzes, d. h. also den
relativen Tiefenunterschied ihrer Endpunkte. Die Sehferne gehört dagegen
der absoluten Tiefenlokalisation an, sie ist gewissermaßen die Sehtiefe des
Endpunktes einer von uns selbst ausgehenden Tiefenstrecke. Sehtiefe und
Sehferne sind beide Sehgrößen, lassen sich also ebensowenig wie die subjektive Höhen- und Breitenerstreckung durch ein objektives Maß messen (s.
darüber unten S. 476).

Die Ausdrücke Sehferne und Sehtiefe sollen die vielfach gebrauchten Bezeichnungen »scheinbare Entfernung« und »scheinbare Tiefe« ersetzen. Das ist
neben anderem besonders aus folgendem Grunde wünschenswert. Wir verstehen
unter scheinbarer Mediane, scheinbarer Vertikale usf. jene Richtungen bzw.
Lagen im objektiven Raum, die uns subjektiv den Eindruck gerade vorn, lotrecht usf. erzeugen. Die »scheinbare Mediane, Vertikale« usf. liegen also im
objektiven Raum[1]), während die »scheinbare Entfernung« und die »scheinbare
Tiefe« Sehgrößen wären. Die Ähnlichkeit der Bezeichnung trotz grundsätzlichem
Unterschied in der Sache kann somit zu Mißverständnissen führen, die wir
durch die Ausdrücke Sehferne und Sehtiefe vermeiden.

Wenn nun die egozentrische Tiefenlokalisation nichts anderes ist, als
eine relative Tiefenlokalisation mit dem Ich als Ausgangspunkt, so wird
natürlich alles, was es uns ermöglicht, Tiefenunterschiede wahrzunehmen,
auch dazu dienen, die Sehferne der Gegenstände zu erkennen. Als das
eindringlichste und schärfste Mittel zur Wahrnehmung von Tiefenunterschieden hatten wir das binokulare Sehen kennen gelernt. Wir werden
daher erwarten, daß auch die Wahrnehmung der Sehferne am genauesten
und sichersten ausfallen wird, wenn wir in der Lage sind, die Tiefenunter

1) Der »scheinbaren Medianebene« des objektiven Raumes entspricht subjektiv die mittlere Längsebene des Sehraums (s. oben S. 420).

schiede der Sehdinge gegenüber den sichtbaren Teilen unseres eigenen Körpers binokular festzustellen (HILLEBRAND, 949). Das ist freilich schwierig, wenn diese Teile des eigenen Körpers bei ruhendem Blick in die Ferne ganz an der Peripherie des Gesichtsfeldes liegen. Wenn wir aber den Blick zuerst auf unseren eigenen Körper und von da aus zunächst auf die nähere und in allmählichem Übergang auf die weitere Umgebung richten, so wird durch die Kombination der aufeinander folgenden stark wirksamen Querdisparationen und durch ihre intensive Auswertung mittels der Blickbewegung der Eindruck einer aus den einzelnen Tiefenunterschieden sich summierenden Gesamttiefe, eben der Sehferne, entstehen. Beim freien Umherblicken wird dabei die binokulare Tiefenwahrnehmung ungemein unterstützt durch das empirische Motiv der Bekanntschaft mit den Gegenständen unserer näheren und nächsten Umgebung. Der Stuhl, auf dem, und der Tisch, an dem ich sitze, der Fußboden, auf dem ich stehe, wird geradeso wirken, wie ein sichtbarer Teil des eigenen Körpers. Schaltet man durch Vorsetzen von gut anschließenden Röhren vor die Augen die sichtbaren Teile des eigenen Körpers und seiner nächsten Umgebung aus, und sieht man durch die gegeneinander geneigten Röhren mit beiden Augen auf ein gleichmäßiges Muster, über dessen Entfernung man keinerlei empirische Anhaltspunkte besitzt, so wird die Abstandslokalisation sehr unbestimmt. JAENSCH (9a, S. 351) meinte, daß der Einfluß solcher Röhren wesentlich auf die Einschaltung einer leeren Strecke (s. unten) zurückzuführen sei, indessen könnte das doch bloß die Entfernung kleiner erscheinen lassen, müßte aber nicht notwendig die Bestimmtheit herabsetzen. Immerhin bieten auch solche Versuche mit Röhren noch genug Anhaltspunkte für die Entfernungsschätzung, insbesondere kann der Tiefenunterschied des Objektes gegenüber dem distalen Röhrenende einen solchen Anhalt bieten, der zusammen mit der Kenntnis der Röhrenlänge mindestens zu einer groben Schätzung der Entfernung ausreichen kann.

Unterstützt wird die Abstandslokalisation durch alle jene empirischen Motive des Tiefensehens, die wir schon bei der relativen Tiefenlokalisation besprochen haben, die Linear- und Luftperspektive, die Verteilung von Licht und Schatten, die Helligkeit bzw. Eindringlichkeit der Farbe, die teilweise Deckung und insbesondere die parallaktische Verschiebung der Dinge bei Kopfbewegungen. Außer ihnen hat JAENSCH (9a, S. 345ff.) noch besonders das Prinzip der ausgefüllten Strecke betont, das in der Tat ebenso, wie die Höhe und Breite, auch die Tiefe vergrößert.

Sitzt man so vor einem Fenster, daß dieses von einer in 20—50 m Entfernung gegenüberliegenden Häuserfront ganz ausgefüllt ist und man von der dazwischen liegenden Straße oder einem Platz nichts sieht, so erscheint einem die Front ganz nahe. Steht man dann auf, so daß man die auf dem Platz vor dem Hause befindlichen Gegenstände alle sieht, so wächst die Sehferne ganz beträchtlich. Der Gegensatz ist besonders in der Dämmerung und bei Beleuchtung der Fenster im gegenüberliegenden Haus überraschend groß.

Ein weiteres die Abstandslokalisation unterstützendes Moment ist bei bekannten Gegenständen ihre Sehgröße, über deren Zusammenhang mit der Sehferne wir später ausführlicher sprechen werden. Hier sei zunächst nur so viel bemerkt, daß die Sehgröße eines bekannten Gegenstandes uns auch beim Fehlen sonstiger empirischer oder binokularer Tiefenzeichen eine ganz gute Tiefenschätzung vermitteln kann. Würde uns z. B. in einem ganz dunkeln Zimmer statt eines isolierten Lichtpunktes eine schwach beleuchtete Hand gezeigt, so würden wir auch mit nur einem Auge ihre Entfernung ziemlich gut erkennen. Unvermutete Änderungen der Sehgröße geben daher zu Entfernungstäuschungen Anlaß. So erwähnt Förster (911, S. 80) eine Projektionsvorführung, bei der im Dunkelzimmer ein menschliches Antlitz zunächst ganz klein gezeigt wird. Läßt man es dann sehr stark an Größe znnehmen, so scheint es sich den Zuschauern bedeutend zu nähern. Schrumpft nachher das Bild wieder zusammen, so scheint es sich täuschend immer weiter von ihnen zu entfernen. Aber auch, wenn die Größe des Gegenstandes unbekannt ist, werden bei gleicher Helligkeit größere Objekte monokular im allgemeinen näher lokalisiert, als kleinere gleicher Form (Petermann, 1039), und ebenso hat schon Hillebrand (948) gezeigt, daß man beim einäugigen Sehen im Dunkelzimmer durch allmähliche Verkleinerung der quadratischen Fläche eines Aubertschen Diaphragmas den vollkommen sinnlich-anschaulichen Eindruck des Weiterwegwanderns des Quadrates erzeugen kann. Beim Heringschen Stäbchenversuch zum Nachweis der binokularen Tiefenwahrnehmung stellt der einäugig sehende regelmäßig die verschieden dicken Stäbchen so ein, daß sie ihm alle gleich dick erscheinen usf.

Als ein Mittel, die Sehferne auch bei Abwesenheit der binokularen Tiefenwahrnehmung und sonstiger empirischer Anhaltspunkte zu erkennen, wird von vielen Forschern im Anschluß an Wundt auch das Gefühl der Konvergenz zusammen mit der ihr assoziierten Akkommodation betrachtet. Allerdings waren in den älteren Versuchen von Wundt (15) die zum Beweise dieser Annahme dienen sollten, nicht alle empirischen Hilfsmittel, ja nicht einmal immer mit Sicherheit die binokulare Tiefenwahrnehmung ausgeschaltet, die Versuche sind daher nicht einwandfrei (vgl. Hillebrand, 948; Bourdon, 3, S. 236).

Zu reineren Ergebnissen gelangte Hillebrand (948) mit dem »Zwei-Kanten-Versuch«. Vor eine einäugig im Dunkelzimmer betrachtete helle Fläche konnte abwechselnd nacheinander von rechts und links je ein schwarzer Schirm mit haarscharf abgeschnittener vertikaler Kante bis zur Mitte des Gesichtsfeldes vorgeschoben werden. Die beiden Schirme waren verschieden weit vom Auge der Versuchsperson entfernt, und die letztere hatte anzugeben, welche von den beiden nacheinander gesehenen Kanten ihr näher erschien. HILLEBRAND fand so, daß die meisten Versuchspersonen erst bei einem plötzlichen Akkommodationssprung von $1^1/_2$—$2^1/_2$ D den Tiefenunterschied erkannten. Öfter wird der Übergang vom Fern- zum Nahesehen leichter erkannt, als der vom Nahe- zum Fernsehen, doch kann auch der umgekehrte Fall vorkommen. Daß es sich dabei nicht um ein bewußtes Akkommodations- und Konvergenzgefühl handeln kann, geht schon daraus hervor, daß es HILLEBRAND (l. c.) und K. W. ASCHER (845) durch geeignete Suggestion gelang, auch bei Betrachtung ferner Objekte das Gefühl einer starken Akkommodationsanstrengung hervorzurufen. Daß es sich aber auch nicht um einen unbewußten Einfluß eines »Spannungsbildes« der inneren und äußeren Augenmuskeln oder um irgendwelche von subkortikalen motorischen Zentren her ausgelöste Innervationsgefühle handelt, ergab ein weiterer Versuch von HILLEBRAND, in dem er einen der beschriebenen Schirme auf einer Gleitschiene dem Beobachter bis auf 22 cm näherte und bis auf 2 m von ihm entfernte, und zwar mit einer Geschwindigkeit, bei der die Versuchsperson der Bewegung bequem mit der Akkommodation folgen konnte. Die Versuchspersonen erkannten aber weder die Richtung, noch Anfang und Ende der Bewegung richtig, außer wenn sie sie aus Nebenumständen (z. B. dem näher kommenden Geräusch) indirekt erschlossen. Da dabei ein eventuelles »Spannungsbild« der Augenmuskeln, wenn auch nur langsam, so doch innerhalb sehr weiter Grenzen geändert worden wäre, so kann nicht das Gefühl der Akkommodation und Konvergenz die Naheempfindung verursacht haben, sondern der Zusammenhang ist nach HILLEBRAND folgender: Taucht plötzlich die zweite Kante mit unbekannter Entfernung auf, so wird durch abwechselndes Einstellen der Akkommodation auf Nahe und Fern die richtige Einstellung ausprobiert. Dabei ist ebenso wie bei der Seitenwendung des Blicks, die Verlegung des Aufmerksamkeitsortes in die Nähe und Ferne das Primäre, das sekundär die Akkommodation und Konvergenz nach sich zieht. Als Beweis für das Ausprobieren führt HILLEBRAND an, daß die Zeit, die zur Akkommodationseinstellung auf einen zweiten in unbekannter Entfernung auftauchenden Gegenstand gebraucht wird, meist länger ist, als die Einstellungszeit auf einen Gegenstand, dessen Entfernung von vorne herein bekannt ist. Im ersteren Falle wird eben durch das Probieren Zeit verloren. Dagegen haben zwar ARRER (844) und BAPPERT (852) eingewandt, daß den Versuchspersonen von einem solchen Ausprobieren der richtigen Einstellung nichts bekannt sei. Aber dieser Einwand ist nicht absolut stichhaltig, denn das Vorhandensein der inneren Wahrnehmung bedingt, wie HILLEBRAND (949, S. 108) auseinandersetzt, noch nicht, daß alle Teile derselben auch richtig analysiert und beschrieben werden können, ja nicht einmal, daß sie auch bemerkt werden. Man beachte, daß z. B. HERBERTZ (781 a) genau denselben Einwand gegen die sonst allgemein gebilligte Ansicht erhoben hat, die Ursache für die Seitenwendung des Blicks sei durch das Streben gegeben, einen exzentrisch abgebildeten Gegenstand deutlich zu sehen.

Gegen HILLEBRANDS Deutung seiner Versuche haben ARRER (844), DIXON (885) und BAIRD (851) Einwände erhoben. ARRER hob insbesondere den Gegensatz hervor, der darin besteht, daß nach HILLEBRAND die Versuchspersonen zwar jede der nach einander auftauchenden Kanten äußerst unbestimmt lokalisieren und trotzdem bei genügender Größe des Tiefenunterschiedes diesen sicher erkennen. HILLEBRAND (949) hat diesen Einwand theoretisch, BAPPERT durch Versuche bekämpft. ARRER und DIXON bezweifelten ferner, daß im HILLEBRANDschen Verschiebungsversuch die Konvergenz der Akkommodation wirklich gefolgt sei. Auf der anderen Seite fanden BAIRD und DIXON in eigenen Versuchen eine viel größere Empfindlichkeit für Tiefenunterschiede, als HILLEBRAND. Indessen ist der Verdacht nicht ganz von der Hand zu weisen, daß wenigstens in DIXONS Versuchen vielleicht doch irgendwelche andere Erkennungszeichen für die Tiefenunterschiede vorhanden waren. Um nun sowohl das Mitgehen der Konvergenz mit der Akkommodation zu kontrollieren, andererseits sonstige empirische Lokalisationsmotive möglichst peinlich auszuschalten, wiederholte BAPPERT HILLEBRANDS Versuche und ergänzte sie durch eine neue Serie. Er bot den Versuchspersonen im Dunkelzimmer nacheinander je eine isoliert sichtbare helle Kreisfläche, deren Größe und Lichtstärke ihrer Entfernung vom Auge entsprechend so abgestuft war, daß sie unter gleichem Gesichtswinkel, gleicher Helligkeit und gleichem Farbenton[1]) erschienen. Gleichzeitig wurde das andere verdeckte Auge vom Versuchsleiter auf das Auftreten von Konvergenzeinstellungen hin kontrolliert. BAPPERT gibt nun an, daß selbst bei einem Akkommodationssprung von $5\,D$ der Tiefenunterschied noch gar nicht oder höchstens sehr mangelhaft erkannt wird, auch wenn nachweislich eine Konvergenzbewegung am anderen Auge stattfindet. Er spricht darnach der Konvergenz und Akkommodation jeglichen Einfluß auf das Erkennen von Tiefenunterschieden ab. Dagegen berichtet er, daß mehrere Personen bei Darbietung des näheren Kreisflecks an zweiter Stelle die Angabe »kleiner und weiter entfernt« machten, d. h. sie bemerkten einen Unterschied in der scheinbaren Größe, gaben aber einen falschen Tiefenunterschied an. BAPPERT schließt daraus, daß durch die Akkommodation zwar nicht die Sehferne erkannt werde, daß aber die Sehgröße direkt von der Akkommodationsanstrengung abhänge. Wir werden diese Frage später (S. 509 ff.) nochmals behandeln.

---

1) Wie vorsichtig man dabei sein muß, zeigt folgende Beobachtung von BAPPERT. Betrachtet man im ersten Teil des Zweikantenversuchs die helle Hälfte des Gesichtsfeldes etwas länger, so erscheint im zweiten Teil des Versuchs der diese Seite verdeckende Schirm dunkler, und seine Kante wird daher wegen seiner größeren Eindringlichkeit näher lokalisiert, als die des ersten. Ähnliches bei BOURDON (3, S. 284).

Unter der Voraussetzung, daß Objekte, die unter gleichem Gesichtswinkel gesehen werden und gleich groß erscheinen, auch in dieselbe Sehferne verlegt werden, hat nun K. W. Ascher (845) untersucht, ob verschieden weit von einem Auge entfernte Objekte, die unter gleichem Gesichtswinkel und mit gleicher Helligkeit gesehen werden, bloß infolge von Akkommodationsänderung ungleich groß erscheinen. Er bot den Versuchspersonen im Dunkelzimmer nacheinander je ein helles gleichseitiges Dreieck und verkleinerte das ferne solange, bis es der Versuchsperson gleich groß erschien, wie das andere. Dabei stellte sich heraus, daß jenseits 66 cm vom Auge Akkommodationssprünge bis zu $^3/_4\,D$ keinen Einfluß auf die Sehgröße hatten, die beiden verschieden weit entfernten Dreiecke wurden proportional dem Gesichtswinkel oder der Netzhautbildgröße[1] eingestellt. Diesseits 66 cm hingegen trat bei Akkommodationsänderungen von $^1/_4$—$1\,^1/_4\,D$ öfter ein kleiner Unterschied in dem Sinne auf, daß — zuerst beim Übergang vom Fern- zum Nahesehen — das nähere Dreieck bei gleichem Gesichtswinkel kleiner erschien, als das ferne, gelegentlich schon bei demselben Akkommodationssprung, wie jenseits 66 cm. Sieht man also die Änderung der Sehgröße bei gleicher Größe des Netzhautbildes als Kriterium für das Merklichwerden eines Entfernungsunterschiedes an, so wird man sagen, daß ein größerer Akkommodationssprung doch einen Einfluß auf die Abstandslokalisation ausübt und zwar wie die Versuchsprotokolle erkennen lassen, in dem von Hillebrand angenommenen Sinne. Nur scheint es, als ob das Erkennen diesseits von 66 cm ($1\,^1/_2\,D$ Akkommodation) leichter möglich ist, als jenseits dieser Grenze. Auch Peter (1038) gibt an, daß ein Einfluß der Akkommodation auf die Entfernungsschätzung nur unterhalb einer Entfernung von etwa 60 cm vom Auge nachweisbar sei.

Die einfachste Erklärung dafür wäre die, daß die Augen beim Fehlen äußerer Reize im Dunkeln ihre Akkommodation nicht vollkommen erschlaffen, sondern mit einer geringeren Naheeinstellung (auf etwa 1 m) dauernd stehen bleiben. Dann würden sich die Akkommodationssprünge bis zu 66 cm Entfernung einerseits, bis zu 200 cm andererseits (die weiteste Entfernung bei Ascher) innerhalb der Grenzen abspielen, die noch unwirksam sind, selbst wenn man mit Baird noch etwas geringere Grenzwerte annimmt (unter 1 D), als Hillebrand. Von ophthalmologischer Seite wurde mir eingewendet, daß man bei der Untersuchung im Dunkelzimmer keine so großen Akkommodationsreste findet. Es ist aber möglich, daß hierbei die Patienten der Aufforderung, in die Ferne zu blicken, besser nachkommen können, weil sie einige — wenn auch undeutliche — Anhaltspunkte für die Ferneinstellung haben. Auch Mayerhausen (1020) schließt ebenso wie Zehender (1124a) aus der Größe der Nachbilder, daß die Stellung der Augen bei geschlossenen Lidern eine Konvergenz auf 2 m sei. Freilich ist dieser Schluß wegen des fraglichen Einflußes der

---

[1] Die Änderung derselben bei der Akkommodation ist in diesen Versuchen, wie die Rechnung zeigt, zu unbedeutend, um das Ergebnis merklich zu beeinflussen.

Konvergenz auf die Größe des Nachbildes bei geschlossenen Augen nicht ganz
zwingend. HERING (7, S. 138) verneint für sich einen solchen Einfluß, nach ANGELL
(842, 843) ändert das Nachbild seine Größe je nach der Entfernungsvorstel-
lung. REDDINGIUS (646, S. 137) kann bei geschlossenen Augen nur für die
Nähe konvergieren und sieht dabei eine Verkleinerung des Nachbildes. Willkürlich in die Ferne kann er bei geschlossenen Augen nicht sehen. Auch die
Beziehung zum BELLschen Phänomen ist noch unklar.

JAENSCH (9 a, S. 142) hatte sich in der Frage des Einflusses der Akkommodation auf die Tiefenlokalisation auf die Angabe von FRANZ (913) gestützt,
der Pecten im Vogelauge sei ein Sinnesorgan, das der Perzeption von Druck-
schwankungen bei der Akkommodation diene und dadurch die Vögel zur feinen
Wahrnehmung von Tiefenunterschieden befähige. BLOCHMANN und v. HUSEN (863)
wiesen aber nach, daß der Pecten nichts weiter ist, als eine Blutgefäße führende Gliawucherung und kein Sinnesorgan, denn er enthält weder Sinneszellen,
noch Ganglienzellen oder Nervenfasern. Vgl. auch die Abhandlung von E. MANN
(1015), wo man weitere Literatur findet.

Überblicken wir die Gesamtheit der Versuche, so finden wir, daß, je
exakter sie angestellt sind, desto mehr die Anzeichen für ein Erkennen
von Tiefenunterschieden mittels der Akkommodation und Konvergenz zurücktreten. Nicht die Konvergenzstellung der Augen oder die Muskelspannung ist die Ursache für die Verlegung des Kernpunktes in größere Nähe,
vielmehr ist der Zusammenhang zwischen der motorischen Einstellung der
Augen und der Tiefenlokalisation gerade der umgekehrte. Wenn uns ein
Gegenstand auf Grund gekreuzt-disparater Abbildung oder (beim einäugigen
Sehen) auf Grund empirischer Motive relativ näher erscheint, als der Kernpunkt und nun die Aufmerksamkeit vom Kernpunkt auf ihn verlegt wird,
so löst die vorausgehende Empfindung der größeren Nähe erst hinterher
die Konvergenz und Akkommodation aus. Es geht demnach die »Vorstellung der Nähe den Konvergenzbewegungen voran, ist Ursache, nicht
Folge dieser Bewegung« (HERING, 7, S. 344). Das Verhältnis beider zueinander ist also nach HERING dasselbe, wie wir es auch für die Blickwendungen und die absolute Lokalisation nach Breite und Höhe schon
kennen gelernt haben. Beim Herumblicken im Hellen, wobei die Verlegung
des Blickpunktes in die Nähe und Ferne in der Tat durch die Aufmerksamkeitsverlagerung primär veranlaßt wird, ist an der Richtigkeit dieser
Auffassung nicht zu zweifeln. Zweifel könnten nur darüber auftauchen,
ob nicht unter so schwierigen Verhältnissen, wie beim HILLEBRANDschen
Kantenversuch, wo die Aufmerksamkeit im Voraus keinen Anhalt für
Nahe- und Fernlokalisation hat, doch Akkommodation und Konvergenz
einen unbewußten Einfluß auf die Lokalisation ausüben. Allerdings würde
dieser nach den Angaben von BAPPERT in erster Linie die Sehgröße betreffen, und es wird daher zweckmäßiger sein, diese Frage erst bei der
Besprechung des Zusammenhanges der Sehgröße mit der Sehferne zu erörtern.

Wenden wir uns nunmehr, nachdem wir die Grundlagen für die Wahrnehmung der Sehferne besprochen haben, der Frage der Richtigkeit der egozentrischen Tiefenlokalisation zu, so müssen wir eine starke Einschränkung vorausschicken. Wir sind nicht in der Lage, die Richtigkeit der egozentrischen Tiefenlokalisation gegenüber dem eigenen Körper in ähnlicher Weise zu bestimmen, wie wir es bei der egozentrischen Lokalisation nach Breite und Höhe durch die Einstellung der scheinbaren Mediane oder des scheinbaren Augenhorizonts vermochten. Man kann freilich auch für die Untersuchung der Sehferne die Herstellungsmethode mit einer entsprechenden Abänderung verwenden, etwa so, daß man sich bei Darbietung verschieden weit entfernter Gegenstände ihnen jedesmal bis auf eine bestimmte scheinbar gleiche Entfernung nähert, oder so, daß der Beobachter durch Ziehen an einem Schnurlauf ein Vergleichsobjekt jedesmal in dieselbe Sehferne einstellt, wie sie das vorher dargebotene Objekt aufwies. Aber alle diese Methoden laufen bloß auf einen Vergleich der Sehferne zweier nacheinander sichtbarer Gegenstände hinaus, über den Grad der Richtigkeit, d. h. der Übereinstimmurg mit der wirklichen Entfernung können sie keinen Aufschluß geben. Wir können ferner einen solchen Vergleich auch aus der Erinnerung an frühere Erfahrungen ziehen. Wir können etwa zum Ausdruck bringen, daß eine Ferne, die wir im Augenblick sehen, denselben Eindruck macht, wie sonst eine bestimmte objektive Entfernung, z. B. von 5 m. Wir sagen dann, die Entfernung scheine uns 5 m lang zu sein. Das kann aber zweierlei bedeuten, nämlich entweder das, was wir eben meinten, einen Vergleich mit einer uns von früher her bekannten Sehferne, oder aber wir verwerten dabei die über den unmittelbaren optischen Eindruck hinausgehende Erfahrung, daß uns die gleiche objektive Tiefenstrecke größer erscheint, wenn sie uns näher liegt, als wenn sie weiter von uns entfernt ist. Hat man eine ausreichende Übung im Vergleich des Aussehens einer und derselben Tiefenstrecke in verschiedenen Entfernungen erlangt, so ist man imstande, aus dem Sehbild der Tiefenstrecke und aus ihrer Sehferne Rückschlüsse auf ihre wirkliche Länge zu machen, sie nach ihrer objektiven Länge abzuschätzen. Diese »geschätzte Tiefe« ist es, auf die es uns praktisch am meisten ankommt. Der Unbefangene wird daher, wenn er die Tiefe anzugeben hat, und nicht ausdrücklich darauf hingewiesen wird, daß er bloß die Sehtiefe beachten soll, gar nicht diese, sondern die ihm geläufigere geschätzte Tiefe zugrunde legen. Wir werden deshalb im folgenden so lange eine solche Schätzung als vorliegend annehmen, als nicht ausdrücklich bemerkt wird, daß die eigentliche Sehtiefe bzw. Sehferne bestimmt wurde.

Für das korrekteste Verfahren zur Bestimmung der vergleichsweisen Richtigkeit von Sehtiefen sollte man das halten, wobei Sehtiefe mit Sehtiefe im gleichen Sehfeld gemessen und mit den entsprechenden objektiven

Abmessungen im Gesichtsfeld verglichen wird. Wir würden also etwa eine bestimmte subjektive Sehtiefe als Einheit wählen und nun vergleichen, wie vielmal diese Einheit in einer größeren Sehtiefe enthalten ist. Wenn man nun diesen Versuch, Sehtiefen in verschiedener Sehferne miteinander zu vergleichen, wirklich ausführt, merkt man deutlich, daß es sich auch hierbei nicht um ein eigentliches Messen einer Sehtiefe durch eine andere handelt, sondern vielmehr um einen Vergleich verschiedener Sehqualitäten. Der Vorgang ist ganz ähnlich dem beim Vergleich verschieden heller grauer Flächen. Man kann wohl etwa zu zwei verschieden hellen Graupapieren A und C ein drittes B auswählen, das in seiner Helligkeit in der Mitte zwischen A und C steht, und ebenso kann man eine gegebene Tiefenstrecke halbieren, d. h. eine Stelle B angeben, deren Unterschied vom nahen Ende A und vom fernen C gleich groß erscheint, und man kann die Reihe weiter fortsetzen, ein D hinzufügen, das wieder denselben Unterschied gegenüber C zeigt, wie B gegenüber C, aber damit sind immer bloß qualitative und nicht quantitative Unterschiede gemeint. Die Reihe der Sehtiefen ist ebenso wie die Graureihe vom dunkeln »Schwarz« bis zum hellen »Weiß« eine Qualitäten- und keine Quantitätenreihe [1]). Zur Annahme einer Quantitätenreihe wird man nur verleitet durch die Möglichkeit, die objektiven Tiefenerstreckungen zu messen. Im Grunde genommen ist also auch dieser Vergleich von verschieden fernen Sehtiefen wieder nur eine Art Schätzung.

Liegen die Objekte, deren Sehferne man bestimmen will, innerhalb der Reichweite des Armes, so kann man die Sehferne auch mittels des Tastversuchs, durch Hinzeigen mit dem Finger zu bestimmen trachten. Versuchsanordnungen dafür sind von DONDERS (320), HELMHOLTZ (I, S. 650) und von HOFMANN (8, S. 171) beschrieben worden. Aber dieses Verfahren ist noch viel indirekter, als alle anderen. Denn hier prüft man im Grunde bloß den Grad der Übereinstimmung zwischen optischer Lokalisation und Treffsicherheit der Hand- und Fingerbewegung.

Unter diesen Vorbehalten wäre also zunächst als einfachster Fall über Versuche zu berichten, die absolute Entfernung eines isoliert im Dunkelzimmer sichtbaren Lichtpunktes zu schätzen. Werden solche Versuche mit einem Auge ausgeführt und sind empirische Anhaltspunkte möglichst ausgeschlossen, so daß bloß Akkommodation und Konvergenz übrig bleibt, so ist die Entfernungsschätzung, wie wir schon auseinandersetzten, so außerordentlich ungenau, daß von einem Messen ihrer Richtigkeit keine Rede mehr sein kann. Die Versuchspersonen, denen PETERMANN (1039) im Dunkelzimmer eine isoliert sichtbare helle Scheibe zeigte, gaben an, daß sie diese

---

1) Noch deutlicher liegen die Verhältnisse bei der Tonreihe, wo man ganz direkt bei der doppelten Schwingungszahl von einer »Verdoppelung der Tonhöhe« spricht.

zwar in jedem Augenblick in eine bestimmte Tiefe lokalisierten, daß aber die Sehferne fortwährend wechselte, von größter Nähe bis zu ganz weiter Ferne.

Untersucht man mit beiden Augen, so werden Akkommodation und Konvergenz durch die Querdisparation angeregt, und die Entfernungsschätzung wird besser. Da aber die Querdisparation ihre hohe Präzision nur im Vergleich mit anderen Objekten entfaltet, und diese hier noch ausgeschlossen sind, so werden immer noch große Fehler begangen. Bourdon (3, S. 288) ließ seine Versuchspersonen an den leuchtenden Gegenstand so weit herangehen, bis sie glaubten, ihn mit dem ausgestreckten Arm erreichen zu können. Die Entfernung wurde dabei regelmäßig überschätzt. Donders (320) fand bei Tastversuchen (Hinzeigen nach Lichtpunkten im Dunkelraum, Entfernung zwischen 6 und 61 cm) in 50 Versuchen 34 mal Überschätzung, 12 mal Unterschätzung, 4 mal richtige Entfernungsschätzung. Baird (851) fand bei Entfernungen zwischen 28,6 und 90 cm stets eine geringe Unterschätzung. Wundt und Helmholtz (I, S. 650) blickten binokular durch eine Röhre auf einen Faden hin, der vor einem gleichförmigen Grund hing. Wundt unterschätzte dabei die Entfernung, die in Wirklichkeit zwischen 40 und 180 cm betrug regelmäßig, Helmholtz überschätzte sie. Bei Akkommodationsanstrengung (Hyperopie, Presbyopie) oder einer Schwäche der Konvergenz dürfte eine Überschätzung der Entfernung naher Gegenstände die Regel sein (s. unten Mikropsie!). In der Tat fand schon Helmholtz die Überschätzung größer, wenn er den nahen Faden längere Zeit fixierte, und er führte dies schon auf eine Ermüdung der Akkommodation (»der inneren Augenmuskeln«) zurück. Diese Mikropsieerscheinung muß allerdings, wenn sie zum Ausdruck kommen soll, so stark sein, daß sie die durch den Mangel an empirischen Anhaltspunkten für die Tiefenlokalisation, insbesondere durch die leere Strecke, hervorgerufene Unterschätzung der Entfernung übertönt. Da das nicht immer der Fall sein wird, erklärt sich das Auseinandergehen der Ergebnisse. Bei sehr fernen Objekten, bei denen Mikropsie nicht mehr in Frage kommt, ist es ja allgemein bekannt, daß man die Sehferne im Dunkeln außerordentlich unterschätzt (z. B. bei fernen Bränden in der Nacht), noch mehr als dies im Hellen bei sehr fernen Gegenständen ohnehin schon der Fall ist.

Im Hellen, beim freien Herumblicken ohne Beengung des Gesichtsfeldes wird man die Lokalisation in der Nähe für richtiger halten, als im Dunkeln. Die Tastversuche von Donders lassen das zwar nicht sicher erkennen, aber erstens schiebt sich bei solchen Versuchen zwischen die optische Tiefenschätzung noch die Handbewegung mit ihrem unbekannten Fehler ein, und zweitens sind die Zeigeversuche von Donders nicht während der Beobachtung des Objekts selbst, sondern erst nachher bei geschlossenen Augen aus der Erinnerung angestellt worden.

Für größere Entfernungen der Objekte vom Auge und freien Umblick liegen auch schon einige Versuchsreihen vor, in denen ausdrücklich unmittelbar die Sehfernen miteinander verglichen wurden. So hat v. Sterneck (1091) versucht, die Sehfernen weit bis sehr weit entfernter Gegenstände unter verschiedenen Umständen — am hellen Tage und bei Nacht — derart miteinander zu vergleichen, daß er die Sehferne des zunächst liegenden Objektes zum Maß nahm, in dem er die größeren Sehfernen der weiter entfernter Objekte ausdrückte. Aus seinen Versuchsreihen seien zwei zur Probe wiedergegeben (Tabelle 28 und 29). In den Tabellen bedeutet d die wirkliche Entfernung des Objekts, δ die Sehferne ausgedrückt in Einheiten der kleinsten beobachteten Sehferne[1]), c eine Konstante (s. das folgende), d' und d'' die daraus nach v. Sterneck berechneten Sehfernen. d, d' und d'' sind in Tabelle 28 in Metern, in Tabelle 29 in km ausgedrückt.

Tabelle 28.
4. Reihe (Nachtversuch).
Bogenlampen in einer langen geraden Straße. c berechnet sich auf 216 m.

d	δ	d'	d''
56	1	44,4	44,4
100	1,7	75,6	68,3
143	2,15	95,6	86,0
205	2,5	111,2	105,2
270	2,7	122,8	120,0

Tabelle 29.
10. Reihe (Tagversuch).
Berggipfel in den Alpen. c gleich 24 km.

d	δ	d'	d''
4,7	1	3,9	3,9
22,0	2,3	9,0	11,5
27,6	3,0	11,7	12,8
33,4	2,6	10,1	14,0
65,0	5,8	22,6	17,5
95,2	5,5	21,5	19,2
100,1	5,2	20,3	19,4
128,0	5,7	22,2	20,2

Sternecks Versuche geben zunächst ein gutes Beispiel für die bekannte Erfahrung, daß die Sehfernen nicht proportional den wirklichen Entfernungen der Objekte vom Auge anwachsen, sondern mit zunehmendem Ob-

---

1) v. Sterneck setzte statt 1 die Zahl 100, drückte also die Sehferne in Prozenten ihres kleinsten Wertes aus.

jektabstand immer weniger, bis schließlich über einer gewissen Entfernung alle Gegenstände, auch wenn ihre wirklichen Entfernungen noch so verschieden sind, etwa in gleicher Sehferne erscheinen. v. STERNECK hat nun versucht, aus seinen Messungen eine Beziehung zwischen der wirklichen Entfernung der Objekte d und der Sehferne derselben d' abzuleiten. Er fand, daß sich diese Beziehung durch die einfache Formel $d' = \dfrac{cd}{c+d}$ ausdrücken läßt, in der c eine je nach den Versuchsbedingungen variierende, unter den gleichen Bedingungen dagegen konstante Größe ist, die der größten Tiefe des Sehraums im gegebenen Falle entspricht, weil für $d = \infty$ der Wert von d' die Größe c nicht überschreiten kann. Für kleine Entfernungen ergibt sich d' nahezu gleich d, weil dann der Quotient $\dfrac{c}{c+d}$ nahezu gleich 1 ist. c läßt sich aus zwei gegebenen wirklichen Distanzen d_1 und d_2 und aus dem Verhältnis der zugehörigen Sehfernen $\dfrac{d'_1}{d'_2}$ berechnen.

v. STERNECK glaubte nun so vorgehen zu können, daß er in jeder Versuchsreihe unter Zugrundelegung des für sie gefundenen Mittelwertes der Konstante c für verschiedene Entfernungen d die zugehörigen Werte von d' in wirklichen Längeneinheiten (m, km) ausrechnete. Dann setzte er willkürlich die Einheit für die Sehferne d' so an, daß in jeder Versuchsreihe der kleinste geschätzte Wert d' numerisch mit dem aus der Formel berechneten übereinstimmte, und fand so aus der Formel die in den Tabellen unter d'' angegebenen Werte, während unter d' die durch Multiplikation des kleinsten geschätzten Wertes mit den Zahlen der zweiten Kolumne (δ) erhaltenen Werte angegeben sind. Das Willkürliche dieses Verfahrens besteht nun nicht etwa in der Bestimmung der Zahl für die Einheit. Vielmehr geht es überhaupt nicht an, den Sprung von der subjektiven Sehferne auf die wirkliche oder geschätzte Entfernung zu machen. Der Unterschied zwischen der Sehferne und der wirklichen Entfernung ist nicht ein quantitativer, sondern ein qualitativer. Sehferne und wirkliche Entfernung haben kein gemeinschaftliches Maß, Sehgrößen können nur mit Sehgrößen verglichen, nicht durch wirkliche Längen gemessen werden. Bei der Berechnung der Konstante c nach v. STERNECK fällt diese Schwierigkeit zwar weg, weil in der zugehörigen Formel bloß das Verhältnis $\dfrac{d'_1}{d'_2}$ enthalten ist, aber sobald die Konstante in die ursprüngliche Formel eingesetzt wird, ist der Widerspruch in vollem Umfang da. Es darf also d' nicht durch ein Gleichheitszeichen mit c und d verbunden werden, denn es handelt sich nicht um eine Gleichung, sondern um eine »Entsprechung«, für die wir nach dem Vorgang POPPELREUTERS das Zeichen $\|$ einführen, demnach $d' \parallel \dfrac{cd}{c+d}$.

Nachdem so die grundsätzliche Vorfrage bereinigt ist, erhebt sich die weitere Frage, ob denn wenigstens diese Entsprechung richtig ist. Da ergibt nun eine einfache Überlegung, daß sie sicherlich keine allgemeine Gültigkeit beanspruchen kann. Zunächst dürften wegen der hervorragenden Bedeutung der binokularen Tiefenwahrnehmung die Verhältnisse diesseits und jenseits der stereoskopischen Grenze verschieden liegen. Jenseits derselben kommen ja bloß noch die empirischen Motive der Tiefenwahrnehmung in Betracht, und je nachdem, ob solche vorhanden sind und wie sie wirken, wird die Sehferne verschieden ausfallen.

Einen besonders eindrucksvollen Spezialfall erlebte ich beim Warten auf den Zug in einer Station, von der aus man die Eisenbahnschienen neben einem ziemlich weit entfernten Busch vorbei noch eine Strecke weit geradlinig in die Ferne verlaufen sah. Dann machte die Bahn eine kleine Biegung, die man nicht mehr sah, hinter den seitlichen Busch hin. Als nun der Zug herannahte, sah man den Rauch der Lokomotive zuerst dicht hinter dem seitlichen Gebüsch, und dann tauchte die Lokomotive ganz überraschend weit dahinter auf den fernen Schienen auf. Die verschiedene Gestaltung des Vordergrundes war also in diesem Falle die Ursache einer ganz verschiedenen, den wirklichen Verhältnissen des sich nähernden Zuges gerade entgegengesetzten Sehferne. Ähnlich dürften auch die verschiedenen Sehfernen der Berge, die von Sterneck in seiner Reihe zehn (Tabelle 29) angibt, nicht auf Vergleichsfehler, sondern auf Unterschiede in der Gestaltung des Vordergrundes (verschiedenartige Ausfüllung mit sichtbaren Objekten) zurückzuführen sein.

Würde man nun einen einzigen solchen empirischen Faktor herausgreifen, so würde man vermutlich für jeden eine andere Entsprechungsformel finden. Bis zu einem gewissen Grade scheint eine solche Isolierung für die »Luftperspektive« möglich zu sein. Die »Referenzfläche« des Himmelsgewölbes und der Sterne zeigt nämlich, wie wir später sehen werden, eine Form, die eine starke Beeinflussung der Sehferne durch die Lichtabsorption in der Atmosphäre wahrscheinlich macht. Gesetzt, die letztere wäre dabei wirklich allein wirksam und die Sehferne würde allein durch den Extinktionskoeffizienten für Licht beherrscht, so würde natürlich die Formel mit der für die Abschwächung des Lichtes durch die Absorption in trüben Medien zusammenfallen. Da nun aber die empirischen Faktoren auch diesseits der stereoskopischen Grenze das Tiefensehen außerordentlich modifizieren, so werden sie auch hier mit berücksichtigt werden müssen, kurz, es würde eigentlich für jedes einzelne Stück des Sehraumes eine andere Formel aufzustellen sein.

Unter diesen Umständen würde der wissenschaftlichen Analyse die Aufgabe erwachsen, die Abhängigkeit der Tiefenlokalisation von jedem einzelnen Faktor gesondert darzustellen. Man sollte meinen, daß dies am ehesten für die binokulare Tiefenwahrnehmung auf Grund der Querdisparation gelingen müßte. Hier wäre die einfachste Annahme die, daß gleicher Größe der Querdisparation auch gleiche Sehtiefe entspreche, eine Annahme, die in der Tat von Hillebrand (950) gemacht wurde. Indessen zeigte die genauere Untersuchung dieser Verhältnisse, daß diese Annahme nicht zutrifft, daß vielmehr einem und demselben Grade der Querdisparation im allgemeinen eine um so größere Sehtiefe entspricht, je weiter entfernt die betreffende Tiefenstrecke lokalisiert wird. Deutlich zeigen dies die Versuche von Issel (961). Issel verglich miteinander zwei in verschiedener Entfernung von den Augen liegende Tiefenstrecken $P_1 D_1$ und $P_2 D_2$ in Fig. 128. Beide Strecken waren gegen die Augen zu, die bei B lagen, abgegrenzt durch je eine frontalparallele Ebene, die durch zwei Stäbchen markiert war,

Fig. 128.

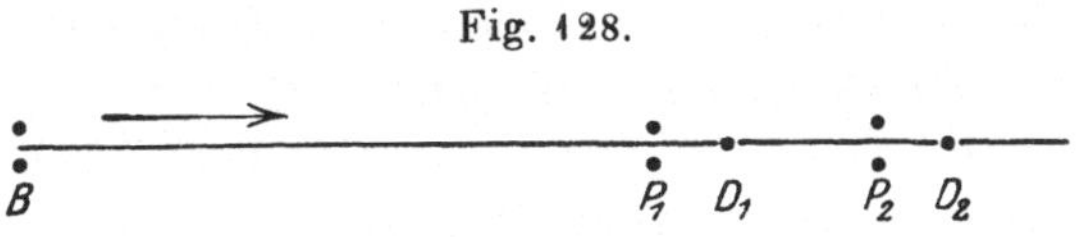

am distalen Ende durch je ein Stäbchen D_1 und D_2, von denen D_1 feststand, während D_2 sagittal verschieblich war. Die Stäbchen $P_1 D_1$ ragten von unten her, die bei $P_2 D_2$ von oben her bis zur Mitte des kreisrunden Gesichtsfeldes vor. Der Beobachter hatte die Aufgabe, durch Verschieben von D_2 die Strecke $P_2 D_2$ der gegebenen Strecke $P_1 D_1$ scheinbar gleich zu machen. Der Abstand $A P_1$ der näheren Strecke von den Augen betrug stets 50 cm, der der fernen Strecke $A P_2$ variierte von 100—300 cm. Verglich man nun die Querdisparationen bei Gleichheitseinstellung beider Tiefenstrecken, so stellte sich unzweifelhaft heraus, daß stets die Querdisparation der entfernteren Strecke kleiner war, als die der näheren, und daß dieser Unterschied mit zunehmender Entfernung der Strecke $B_2 D_2$ von den Augen noch zunahm. Da eine und dieselbe Tiefenstrecke mit um so geringerer Querdisparation abgebildet wird, je weiter sie vom Auge entfernt ist, so würde die Sehtiefe eines Gegenstandes, wenn er sich vom Auge entfernt, sehr rasch abnehmen, und zwar wie wir oben S. 418 sahen, ziemlich genau proportional dem Quadrate der Entfernung. Hier tritt nun eine Art Korrektur ein, die der schon lange bekannten Änderung der Sehgröße bei wachsendem Abstand vom Auge durchaus analog ist, d. h. mit zunehmender Sehferne ändert sich der »Maßstab des Sehfeldes« nicht bloß nach der Breite und Höhe, sondern auch nach der Tiefe zu. Diese Änderung des Maßstabes bewirkt, daß die Abnahme der Sehtiefe bei der Entfernung eines Gegenstandes vom Auge viel langsamer erfolgt, als es der abnehmenden Querdisparation entsprechen würde. Aber es ist eben doch nur eine unvollständige Korrektur. Vergleicht man das Verhältnis der Sehtiefen in verschiedenen Entfernungen nicht mit der Querdisparation, sondern mit den zugehörigen wirklichen Tiefenstrecken, so überwiegt eben doch die Abnahme der Sehtiefen in der Ferne.

Da nach den Versuchen von Fruböse und P. A. Jaensch (916) mit zunehmender Entfernung vom Auge auch das eben merkliche Disparationsminimum kleiner wird, läge immer noch die Möglichkeit vor, die angeführten Versuche von Issel durch die Hillebrandsche Annahme zu erklären, daß der Disparationsschwelle stets die gleiche Sehtiefe entspricht. Zerlegt man nämlich die übermerkliche Querdisparation in die ihr entsprechenden Anzahl von Schwellenschritten, so werden beim Verkleinern der Schwelle mehr solcher Elementarschritte auf dieselbe Querdisparation entfallen, wie bei höherer Schwelle. Entspricht aber einem jeden Schwellenschritt stets die gleiche Sehtiefe, so müßte demnach auch derselbe Betrag der Querdisparation in größerer Entfernung eine größere Sehtiefe ergeben, als in der Nähe.

Aber auch diese Annahme läßt sich nicht halten, denn man kann zeigen, daß auch bei ruhendem Blick eine in größere Ferne verlegte Tiefenstrecke bei gleicher Querdisparation tiefer erscheint, als eine in die Nähe lokalisierte. Diese Beobachtung hat schon Hering (7, S. 328) gemacht. Man bringe eine Stricknadel nahe vor den Augen und etwas unter der Horizontale geradeaus gerichtet in die Medianebene und befestige an jedem Ende derselben ein Kügelchen. Fixiert man nun einen Punkt in der Mitte der Nadel, so erscheint sie in zwei Doppelbildern, die sich im Fixationspunkt kreuzen. Liegt dieser genau in der Mitte der Nadel, so erscheinen die hinteren Teile der Doppelbilder länger, als die vorderen. Genauer untersucht wurden diese Verhältnisse von Pfeifer (1041), der drei in der Medianebene hintereinander liegende isolierte Punkte a, b und c sichtbar machte. Bei Fixation des mittleren b erschienen der vordere a und der hintere c in Doppelbildern, die gegenüber dem Kernpunkt einen Tiefenabstand aufwiesen. War objektiv die Strecke $ab = bc$, so erschien subjektiv der Abstand des Kernpunkts von den hinteren Doppelbildern $c_1 c_2$ bedeutend größer, als der von den vorderen Doppelbildern $a_1 a_2$, trotzdem die Querdisparation von $c_1 c_2$ doch viel kleiner ist, als die von $a_1 a_2$. Versucht man eine durch zwei Objekte a und c abgekrenzte mediane Tiefenstrecke zu halbieren, so zeigt sich dieselbe Überschätzung des hinteren Teils derselben. So fand Issel (961), beim Halbieren einer durch Stäbchen vor einem gleichmäßigen Hintergrund markierten medianen Tiefenstrecke, daß er regelmäßig die entferntere Strecke kürzer machte, als die nähere. Der Fehler wird um so kleiner, je kürzer die zu halbierende Strecke genommen wird und je weiter sie von den Augen entfernt ist.

A. Aall (838) fand in analogen Halbierungsversuchen von 10—15 cm langen Strecken, deren nahes Ende 30—32 cm vom Auge entfernt war, daß die Halbierung im allgemeinen richtig ausgeführt wurde und die Fehler nur gering waren. Ja gelegentlich wurde die entferntere Strecke sogar länger gemacht, als die nähere. Diese Abweichung von dem sonst durchgängig beobachteten Ergebnis läßt vermuten, daß sich dabei irgend ein anderer Faktor eingemischt hat, was bei Lokalisationsversuchen mit Doppelbildern sehr leicht möglich ist.

Da der Halbierungsfehler mit zunehmendem Abstand der Tiefenstrecke von dem Auge abnimmt, ist zu erwarten, daß er bei größeren Entfernungen Null wird und schließlich ins Gegenteil umschlägt. Solche Angaben werden tatsächlich von Filehne (901) gemacht. Filehne suchte eine von seinem eigenen Standort ausgehende auf dem Boden befindliche Tiefenstrecke mit freiem Blick zu halbieren. Dabei machte er regelmäßig bis zu 8—10 m Entfernung die ferne Strecke etwas kürzer, als die nähere. Erst bei einer Streckenlänge von 15 m waren die beiden Teilstrecken wirklich gleich, und von 20 m an kehrte sich das Verhältnis um, die ferne Strecke wurde länger gemacht, als die gleich groß erscheinende nähere. Nun gibt freilich Filehne an, die Überschätzung der fernen Teilstrecke höre auf, wenn das nahe Ende der zu halbierenden Tiefenstrecke nicht, wie in seinen eben beschriebenen Versuchen, mit dem eigenen Standort zusammenfällt, sondern 60 cm von ihm entfernt liege. Das widerspricht aber den Angaben von Issel, bei dem die Überschätzung der entfernteren Teilstrecke bis zu 400 cm Abstand des nahen Streckenendes weiter bestand.

Um über diesen Gegensatz ins Klare zu kommen, habe ich selbst die gleichen Halbierungsversuche wie Filehne an einem 6 m langen Teppich gemacht und dabei gefunden, daß ich ebenfalls regelmäßig die entferntere Teilstrecke zu klein machte, aber nicht nur, wie Filehne, wenn ich mich dicht an das eine Ende des Teppichs stellte, sondern auch, wenn ich mehrere Meter von ihm entfernt stand. Der Teilungsfehler betrug zwischen 20 und 30 cm, lag also sicherlich über der Fehlergrenze. Von genaueren Bestimmungen mit dieser Methode habe ich aber abgesehen, weil es dabei nach den Ausführungen von Filehne auch auf die Erhebung der Augen über die zu teilende Strecke ankommt, die sich bei weiterer Entfernung ändert, und habe daher zu den weiteren Versuchen eine Anordnung gewählt, die bequemere Messungen gestattet und bei der die Halbierungsversuche an einer in Augenhöhe befindlichen Strecke angestellt wurden. Auf einer Gleitschiene wurde eine Stahlnadel, die zur Fixation diente, verschoben und zur Halbierung einer Tiefenstrecke benützt, deren Ende durch ein gut vom Hintergrund (einem schwarzen Tuch) abstechendes Objekt — eine matte Glasperle — markiert war, während das nahe Ende zunächst vom eigenen Standpunkt aus gerechnet wurde. Das Ergebnis dieser zahlenmäßig gut übereinstimmenden Versuche[1] ist in Tabelle 30 in der Weise wiedergegeben, daß das Längenverhältnis der nahen zur fernen Teilstrecke eingetragen ist. Der Abstand vom Auge ist dabei vom äußeren Augenwinkel an gemessen, die Beziehung auf den Visierpunkt, die korrekter wäre,

---

[1] Ich machte jedesmal zwölf Einstellungen in einer Reihe und führe in Tabelle 30 bloß das Mittel aus je drei bis vier solcher Reihen an. Wie weit sich die Ergebnisse dieser letzteren voneinander unterscheiden, ersieht sich aus Tabelle 31, in der das Resultat solcher Einzelreihen eingetragen ist.

hätte am Ergebnis nichts geändert. Wie man sieht, ist nämlich die Überschätzung der entfernteren Teilstrecke in nächster Nähe des Auges geradezu enorm. Existierte nun ein solcher toter Raum, wie ihn FILEHNE annimmt, so müßte der Teilungsversuch ganz anders ausfallen, wenn man auch das nahe Ende der zu halbierenden Strecke durch ein gut sich abhebendes Objekt markiert und nun nicht mehr vom eigenen Standort aus einstellt, sondern die so abgegrenzte Tiefenstrecke halbiert. Das Ergebnis solcher Versuche ist in Tabelle 31 wiedergegeben, in der in der ersten Reihe der

Tabelle 30.

Abstand vom Auge, cm	Teilungsverhältnis nah : fern =
15	11,7 : 3,3
20	15,6 : 4,4
30	20,1 : 9,9
40	25,1 : 14,9
60	34,8 : 25,2
80	43,0 : 37,0
100	51,4 : 48,6

Tabelle 31.

Abstand vom Auge	Streckenlänge	Teilungsverhältnis
8	15	11,2 : 3,8
10	15	11,0 : 4,0
10	20	13,6 : 6,5
10	30	18,6 : 11,4
15	20	13,2 : 6,8
15	30	19,7 : 10,3
15	30	19,2 : 10,8
15	60	36,6 : 23,4
30	100	61,8 : 38,2
50	80	48,0 : 32,0

Abstand des nahen Endes der zu halbierenden Strecke vom Auge, in der zweiten Reihe die Gesamtlänge der Strecke, in der dritten das Verhältnis der nahen zur fernen Teilstrecke eingetragen ist. Unter dem Strich sind auch jene zwei analogen Messungen von ISSEL angeschlossen, die mit dem kürzesten Abstand vom Auge ausgeführt sind. Die Tabelle zeigt nun ganz klar, daß auch bei nach vorn abgegrenzten Tiefenstrecken, wenn sie sehr nahe am Auge liegen, der hinter dem Blickpunkt liegende Teil ganz enorm überschätzt wird, und zwar wie der Vergleich mit der vorhergehenden Tabelle zeigt, etwa in demselben Ausmaß, wie beim Ausgehen vom eigenen Standort aus, so daß die Annahme eines unbeachteten toten Raumes nicht begründet erscheint[1]). Aus den Tabellen geht ferner hervor, daß der Teilungsfehler mit zunehmender Entfernung des Streckenendes vom Auge abnimmt, bei mir allerdings rascher, als bei ISSEL. Hier sind also offenbar individuelle

---

1) Es ist allerdings zu bemerken, daß ich bei dem Versuch, während des Blicks geradeaus ein seitlich indirekt gesehenes Stäbchen in die Frontalebene der Augen einzustellen, es zumeist etwas vor die Augen bringe (siehe oben S. 409). Die vermutliche Ausgangsebene für die Tiefenlokalisation liegt also bei mir nicht in der Frontalebene des Knotenpunktes, sondern etwas weiter vorn. Diese Verlagerung ist aber nur beim Blick in die Ferne beträchtlicher (einige Zentimeter), beim Blick in die Nähe wird sie kleiner, und bei ganz nahe neben den Augen liegenden Objekten fehlt sie. Sie kann also schon aus diesen Gründen bei den Teilungsversuchen nicht viel ausgemacht haben.

Unterschiede vorhanden. Das Phänomen an sich, die starke Überschätzung der jenseits des Blickpunktes gelegenen Tiefenstrecke bei Betrachtung aus nächster Nähe ist aber keine individuelle Besonderheit, sondern ist auch schon von Pfeifer (1041, S. 58) beschrieben worden. Allerdings ist dabei notwendig, daß die Doppelbilder des fernen und nahen Objekts einen deutlichen Tiefenunterschied gegenüber dem Kernpunkt behalten und nicht etwa, wie bei längerem Hinstarren, in die Kernfläche hineinrücken (s. oben S. 427).

Was nun die Deutung der Beobachtungen betrifft, so besteht eine gewisse Schwierigkeit darin, daß ja nach Hering und Hillebrand die Tiefenwerte auf der temporalen Netzhaut rascher wachsen, als auf der nasalen. Nun liegen aber die symmetrischen gleichnamigen Doppelbilder des hinter dem Fixationspunkt gelegenen Punktes beiderseits auf der nasalen, die des näheren Punktes beiderseits auf der temporalen Netzhaut, was demnach nach Hering und Hillebrand bei gleicher Größe der Querdisparation zu einer Größerschätzung der vorderen Distanz führen müßte. Der Gegensatz dürfte sich aber durch die Annahme beheben lassen, daß hier ein ganz anderer Faktor eingreift, der mit der Querdisparation unmittelbar nichts zu tun hat. Die Überschätzung der hinter dem Fixationspunkt liegenden Strecke besteht ja in diesen Versuchen auch beim einäugigen Sehen fort und betrifft da Gegenstände, die sich sowohl auf der nasalen, wie auf der temporalen Netzhaut abbilden, wenn nur der Fixationspunkt genügend nahe an den Augen liegt (s. unten). Die Überschätzung der jenseits des Fixationspunktes liegenden Strecke hängt also offenbar mit dem Nahesehen zusammen, und wir kommen einer plausiblen Erklärung am nächsten, wenn wir uns daran erinnern, daß ein Punkt, der jenseits des Fixationspunktes liegt, mit geringerer Querdisparation abgebildet wird, als ein gleich weit vor dem Fixationspunkt liegender, und daß diese Differenz bei gleicher objektiver Streckenlänge um so mehr zunimmt, je näher der Fixationspunkt an die Augen heranrückt. Beispielsweise verhält sich bei einer Länge der Grundlinie der Augen von 65 mm die Querdisparation einer 10 cm vor und hinter dem Fixationspunkt gelegenen Stelle bei 100 cm Entfernung des Fixationspunktes wie 24′ : 20′, bei 50 cm schon wie 112′ : 74′, bei 20 cm gar rund wie 17 1/2° : 6°. Wir könnten daher die höhere Bewertung der gleichnamigen Querdisparation als eine Art Korrektur der ungleichen Disparation auffassen, wenn nicht eben beim Annähern an das Auge die merkwürdige Erscheinung der Überkorrektur auftreten würde. Diese aber erinnert lebhaft an die mit ihr in innigstem Zusammenhang stehende Erscheinung der Mikropsie, die ja unter gewissen Umständen ebenfalls zu einer Überkorrektion der veränderten Abbildung führt, und es mag sein, daß die besonders hochgradigen Überkorrektionen hier ebenso, wie bei der Mikropsie, nur bei jenen stärksten Impulsen zum Nahesehen auftritt, wie sie bei Presbyopie, bei Akkommodationsschwäche usf. notwendig werden.

Da nach dieser Auffassung die Nahevorstellung, die sekundär auch die motorische Einstellung für die Nähe auslöst, das Maßgebende ist, begreift man, daß die Überschätzung der Streckenlänge jenseits des Blickpunktes auch beim Sehen mit einem Auge beobachtet wird. Pfeifer hat eine Anzahl von einfachen Versuchen zu ihrem Nachweis angegeben. Ich empfehle folgendes: Man blicke aufrecht stehend mit einem Auge an sich selbst herunter auf die Füße und halte nahe vor das sehende Auge in seine Gesichtslinie eine Marke (Bleistiftspitze oder ähnliches). Geht man nun von der Fixation der Füße zu der der nahem Marke über, so scheinen die Beine ganz lang zu werden, der Boden weicht weit zurück und die Füße wandern außerdem wegen der oben S. 304 erwähnten Scheinbewegung unter dem Leib weg nach der Seite. Blickt man wieder auf die Füße hin, so rücken sie wieder näher heran. Diese Scheinbewegung beim Blickwechsel nach der Tiefe ist die notwendige Folge des Phänomens, und sie ist von Pfeifer auch an Doppelbildern studiert worden, indem er die Sehferne von Doppelbildern verglich mit der Sehferne bei direkter Fixation der zugehörigen Objekte. Er fand, daß symmetrische gleichnamige Doppelbilder in größere Ferne lokalisiert werden, als das nachher direkt fixierte Objekt. Bei konstanter Entfernung des Fixationspunktes vom Auge nimmt der Lokalisationsunterschied mit dem Abstand des in Doppelbilder zerfällten Objektes vom Blickpunkt zu. Wird der Abstand des Objektes vom Blickpunkt konstant gehalten, so nimmt der Lokalisationsunterschied mit der Annäherung des Blickpunktes an das Auge zu. Bei gekreuzten Doppelbildern war das Ergebnis etwas komplizierter. Lag der Fixationspunkt jenseits von etwa 150 cm, so wurden die gekreuzten Doppelbilder bestimmt ferner lokalisiert, als das nachher fixierte Objekt. Bei etwas geringeren Entfernungen wurde in beiden Fällen etwa übereinstimmend nach der Tiefe zu lokalisiert. War der Blickpunkt weniger als 80 cm von den Augen entfernt, so schienen die Doppelbilder etwas näher an die Versuchsperson heran lokalisiert zu werden, als bei nachträglicher Fixation das Objekt selbst. Pfeifers Ergebnisse stehen mit dem Resultat der Halbierungsversuche in bester Übereinstimmung, und ergänzen die letzteren in mancher Beziehung.

So wenig nun gleicher Querdisparation vor und hinter der Kernfläche gleiche Sehtiefen entsprechen, ebensowenig nimmt auch in einer und derselben Richtung vom Kernpunkt weg die Sehtiefe der zunehmenden Größe der Querdisparation proportional zu. Die einfachste Untersuchungsmethode dafür ist die, daß man wieder eine Strecke zu halbieren sucht, während man nicht ihre Mitte, sondern ihr eines Endes fixiert. Solche Versuche sind von Pfeifer und von Aall (838) an drei in der Medianebene hintereinander befindlichen Objekten ausgeführt worden. Das Ergebnis war bei beiden übereinstimmend, daß bei gekreuzter Querdisparation die dem Fixationspunkt nähere Teilstrecke überschätzt wurde. Aall führt das auf die

Undeutlichkeit der weiter exzentrisch liegenden Doppelbilder des am weitesten vom Blickpunkt entfernten Streckenendes zurück, die bewirke, daß deren Tiefenwirkung weniger deutlich ins Bewußtsein trete, als die der mehr zentralen. Indessen finde ich denselben Unterschied, wenn ich die Halbierung mit einem Auge an einem auf dem Boden liegenden Teppich ausführe, wenn nur genügend empirische Anhaltspunkte für die Tiefenlokalisation vorhanden sind, so daß sich die zu teilende Strecke wirklich in die Tiefe ausdehnt und nicht perspektivisch verkürzt bzw. mit dem fernen Ende aufsteigend erscheint. Ich glaube danach zwar auch, daß die Undeutlichkeit der peripheren Doppelbilder ihre Bedeutung für das Tiefensehen herabsetzt, aber wie es scheint nur in derselben Weise, wie auch beim einäugigen Sehen die peripheren Bilder weniger wirksam sind.

Es ist ferner wahrscheinlich — und AALL hat das schon ausgesprochen —, daß auch bei den zuerst erwähnten Halbierungsversuchen unter Fixation des Halbierungspunktes die größere Distanz der Doppelbilder des nahen Streckenendes zur Unterschätzung der näheren Teilstrecke mit beiträgt, weil dadurch der Wert der Querdisparation für die Tiefenempfindung herabgedrückt wird. Aber dieser Umstand allein könnte nicht die Sehtiefe der näheren Strecke kleiner erscheinen lassen, als die der entfernteren. Es muß also in der Hauptsache doch dabei bleiben, daß die gekreuzte Querdisparation schlechter »ausgenutzt« wird, als die gleichnamige. Ja aus Versuchen von PFEIFER (1041, S. 59) scheint sich sogar zu ergeben, daß bei gleichnamigen Doppelbildern die vom Fixationspunkt entferntere Teilstrecke gegenüber der näheren überschätzt· wird. Das harrt indessen noch der quantitativen zahlenmäßigen Bestätigung.

Es bestehen ferner Anzeichen dafür, daß die Ausnutzung der Querdisparation für das Tiefensehen außerdem von der Auffassung der betreffenden Versuchskonfiguration abhängt. So fand ISSEL, daß er beim Vergleich einer näheren mit einer entfernteren Tiefenstrecke, die beide durch ein Stäbchen am nahen und zwei in einer frontalparallelen Ebene befindlichen Stäbchen am entfernteren Ende abgegrenzt waren, anders einstellte, wenn er die beiden Strecken gleich lang machen wollte, als wenn er den Winkel an der Spitze des durch die drei Stäbchen markierten Prismas gleich zu machen suchte. Wie weit solche Einflüsse der Gestaltauffassung auf die absolute Tiefenlokalisation reichen, ist noch nicht untersucht. Auch kennt man noch nicht den Einfluß der Übung im Abschätzen von Tiefenstrecken auf das Tiefensehen. Wenn wir aus den oben S. 190 erwähnten Beobachtungen von WINCH eine Folgerung ziehen dürften, so könnte man erwarten, daß mit fortgesetzter Übung nicht bloß das Abschätzen von Tiefenstrecken immer richtiger wird, so daß sich damit vielleicht auch die unmittelbar empfundene Sehtiefe und Sehferne allmählich ändert.

Wir haben bisher bloß von der Abstandslokalisation von einzelnen

Punkten gesprochen, und es fragt sich nun, wie sich die Tiefenlokalisation von Linien und Flächen verhält, speziell zunächst, mit welchem Grade von Genauigkeit wir die zur Längsrichtung von Kopf und Körper parallele Richtung von einer nach vorn oder hinten geneigten Richtung unterscheiden. Bei aufrechtem Kopf und Körper fanden HOFMANN und FRUBÖSE (1338) an einer isoliert im Dunkelzimmer sichtbaren Leuchtlinie die Genauigkeit der Einstellung dieser Richtung etwa so groß, als es die Feinheit der binokularen Tiefenwahrnehmung zuläßt. Daß es aber hierbei nicht allein auf die letztere, sondern auch auf die Lage des eigenen Körpers ankommt, ergab sich aus den Einstellungen in Bauch- und Rückenlage. Schon in Bauchlage wurden bei den Einstellungen der Körperlängsrichtung nach der Tiefe zu ganz grobe Fehler gemacht, und in Rückenlage traten dann jene ganz enormen Schwankungen auf, über die unten S. 600 weiteres berichtet wird. Ähnliche Schwankungen nach der Tiefe zu fanden SACHS und MELLER (1358, S. 396) und G. E. MÜLLER (1345, S. 189) bei seitlicher Kopfneigung. Es ist also das Bezugssystem für die egozentrische Tiefenlokalisation nur bei aufrechtem Kopf genau definiert, bei anderen Kopfstellungen dagegen ganz wesentlich ungenauer. Ob sich die Lokalisation der frontalen Querrichtung in der Frontalebene ebenso verhält, ist nicht untersucht. Dagegen liegen von JAENSCH (9a, S. 173ff.) Versuchsreihen über die Einstellung der scheinbaren frontalparallelen Ebene bei aufrechtem Kopf und Körper und Änderung der Blickrichtung vor. Wurden drei vertikale Stäbe während fester Fixation des Mittelstabes mit symmetrischer Konvergenz in die Kernfläche gebracht und sodann monokular mit bewegtem Blick betrachtet, so erschien der Mittelfaden nach der Blickwanderung regelmäßig etwas nach hinten gerückt und eine durch die drei Stäbe gelegte Fläche gegen den Beschauer konkav (Einstellung a). Wurden die drei Stäbe von einem seitlichen Standort aus betrachtet, so trat monokular der jeweils fernere Seitenstab etwas gegen den Beschauer zu nach vorn (Einstellung b). Beim Binokularsehen ist die Erscheinung schwächer, oder sie ist gar nicht vorhanden. Am stärksten tritt sie bei Anwesenheit eines vor den Stäben befindlichen Schirms mit zentraler Beobachtungsöffnung auf, indessen wird sie durch den Schirm nur begünstigt, aber nicht hervorgerufen. Vielmehr zeigen nach JAENSCH die verschiedenen Teile der Gesamtfigur die Tendenz, sich auf die Blickrichtung, aus der sie jeweils betrachtet werden, senkrecht zu stellen. JAENSCH bezeichnet das als die orthogone Lokalisationstendenz, und er faßt die Lokalisation in die Kernfläche als einen Spezialfall derselben auf. Auch die zuerst erwähnte monokulare Einstellung a beruht auf derselben Tendenz, die beiden seitlichen Stäbe bei wanderndem Blick jeweils senkrecht zur Blickrichtung zu sehen.

Was nun die ontogenetische Entwicklung der Abstandslokalisation betrifft, so werden nach STERN (824) von Kindern, sobald sie überhaupt den

»Fernraum« zu beachten anfangen, auch gleich Unterschiede zwischen weit entfernten und nahen Gegenständen gemacht. Man erkennt das an dem Unterschied zwischen dem verlangenden bloßen Ausstrecken der Ärmchen nach fernen Gegenständen und dem sofortigen Zugreifen mit den Händchen, wenn man die Gegenstände in erreichbare Nähe bringt.

Fälle, in denen bei Läsionen des Gehirns eine Schädigung oder Verlust der Abstandslokalisation (der »absoluten Tiefenlokalisation«) auftrat, sind von A. Pick (1043a), Anton (843a), Hartmann (1333), Bielschowsky (862), Gordon Holmes (545) u. a. (vgl. Schilder, 1080, S. 33) beschrieben worden. Die Patienten waren über den Abstand der Sehdinge ganz unorientiert und griffen aus diesem Grunde, nicht wegen falscher Innervation der Armmuskeln, ganz falsch nach ihnen hin. In diesen Fällen war vielfach gleichzeitig eine gewisse Störung der Richtungslokalisation vorhanden. Die Kranken griffen auch daneben, so daß also die egozentrische Lokalisation überhaupt, das Erkennen der Beziehung zum eigenen Ich, gestört war (s. oben S. 410), wenn auch vielfach die Störung des Tiefensehens überwog. Isolierter Verlust der Abstandslokalisation bei Erhaltensein der Richtungslokalisation scheint bei einer Patientin von van Valkenburg (1106) vorgelegen zu haben. Bei dieser Kranken war das Vermögen verloren gegangen, vorgehaltene Gegenstände nach der Tiefe zu richtig zu lokalisieren und einem Objekt, das ihr genähert wurde, mit der Konvergenz zu folgen. Die allgemeine Orientierung, das Vermögen, nach der Seite hin bewegten Objekten mit dem Blick zu folgen und die Fähigkeit zur Tiefendeutung von Bildern war erhalten. Ob im Stereoskop binokulare Tiefenwahrnehmung vorhanden war, wurde allerdings nicht geprüft.

3. Sehferne und Sehgröße.

Von der Sehferne hängt auch die Sehgröße, d. h. die Ausdehnung der Sehdinge nach Breite und Höhe, ab. Wir unterscheiden dabei wieder, wie beim Tiefensehen, die Sehgröße und die geschätzte Größe. Den Ausdruck »scheinbare Größe« lassen wir wegen seiner Mehrdeutigkeit (er wird vielfach auch für den Gesichtswinkel gebraucht, unter dem ein Objekt gesehen wird) ganz beiseite. Wird ein und dasselbe Objekt immer weiter von den Augen entfernt, so nimmt auch die Größe seines Netzhautbildes, die wir dem Gesichtswinkel proportional setzen können, allmählich ab. Wäre die Sehgröße einzig und allein von der Größe des Netzhautbildes oder vom Gesichtswinkel abhängig, so müßten wir eine der Abnahme desselben parallele Verminderung der Sehgröße wahrnehmen. Aber schon ganz einfache Beobachtungen, auf die zuerst Ludwig (Lehrb. d. Physiol. I, S. 252) und Panum (1036) hinwiesen, und die Hering (7, S. 14 ff.) näher analysierte, zeigen, daß das nicht der Fall ist. Hält man die Hand zunächst soweit als möglich von den Augen entfernt und nähert sie dann den Augen, so erscheint sie trotz der großen Änderung des Gesichtswinkels ungefähr gleich groß. Führt man den Versuch mit einem Auge aus, während das andere geschlossen ist, und achtet man außer auf die Hand nebenher noch auf andere Gegenstände, deren Entfernung unverändert bleibt (Fenster, Türen, Schränke), so bemerkt man, daß deren Größe bei der Annäherung der Hand ans Auge zusammenschrumpft, und zwar bedeutend mehr, als es der gleichzeitigen geringen Verkleinerung ihrer Netzhautbilder infolge der Zunahme der Akkommodation entsprechen würde. Es ändert sich also beim Blick in die Nähe der »subjektive Maßstab« des gesamten Sehfeldes, nicht bloß der für das unmittelbar fixierte Objekt. Hält man vor einem fernen Fenster oder Gebäude einen Finger so nahe vor ein Auge (während das andere geschlossen ist), daß man stark auf ihn akkommodieren muß und blickt nun abwechselnd auf den fernen Gegenstand und den Finger, so kann man diese abwechselnde Verkleinerung und Vergrößerung der Sehdinge sehr schön beobachten. Diese Änderung des subjektiven Maßstabes des Sehfeldes wirkt der Verkleinerung der Netzhautbilder bei der Entfernung der Objekte vom Auge entgegen, und sie kann dieselbe, wie der Versuch mit der Hand zeigt, innerhalb gewisser Grenzen fast völlig kompensieren. Geht man über diese Grenzen hinaus in die Ferne, so genügt die Änderung des subjektiven Maßstabes des Sehfeldes zunehmend weniger zur Kompensation der Abnahme der Bildgröße. Stellt man sich in die Mitte einer geradlinig zum Horizont hin verlaufenden Allee, so scheinen die Baumreihen gegen die Ferne hin zu konvergieren und die Größe der Bäume nimmt gegen die Ferne zu immer mehr ab. In der Ferne bewirkt also die mit der Änderung der Blicktiefe verbundene Änderung des Maßstabes des Sehfeldes nur mehr eine kleine Korrektur der Abnahme der Netzhautbildgröße. Aber auch das reicht nur so weit, als überhaupt noch Tiefenunterschiede erkannt werden können. Jenseits dieser Grenze hört jede »Korrektur« auf, die Sehgröße entspricht dem Gesichtswinkel. Das geht auch aus einer von Witte (1119, I, S. 149) angegebenen Erweiterung eines bekannten alten Nachbildversuchs hervor. Man erzeuge sich in einem oder besser in beiden Augen ein dauerhaftes Nachbild und blicke dann zunächst auf verschieden weit entfernte, aber noch ziemlich nahe dem Beobachter liegende Flächen hin. Die Sehgröße des Nachbildes nimmt dann beim Übergang von ganz nahen zu mittelweit entfernten Flächen zu. Blickt man aber auf weiter entfernte Häuser und schließlich gegen den fernen Horizont oder den Himmel, so ändert sich die Sehgröße des Nachbildes nur noch ganz unbedeutend.

Da in größerer Entfernung die Unterschiede der Sehferne ebenso wie die der Sehgröße bei gleichen objektiven Tiefenunterschieden immer geringer werden, so scheint sich aus allen diesen Erfahrungen eine Beziehung zwischen Sehgröße und Sehferne zu ergeben, die von vielen als ein Parallel-

gehen beider aufgefaßt wird, ja v. STERNECK (1091) hält es für geradezu
selbstverständlich, daß die Sehgröße der Sehferne proportional sein muß[1]).
Dieser Annahme in voller Strenge steht aber die Beobachtung im Wege,
daß, wie wir oben S. 392 ff. bereits bemerkten, das Zentrum der Sehrichtungen
bei mir und anderen Personen keineswegs in dieselbe frontalparallele Ebene
hineinfällt, von der aus ich in die Ferne lokalisiere. Diese letztere, die
Nullstellung, bei der mir ein seitlich gelegener Gegenstand weder »vorn« noch
»hinten« zu liegen scheint (s. oben S. 409), liegt bei mir eher vor den
Augen, während das Zentrum der Sehrichtungen hinter den Augen liegt. Wir
können uns daher die Verhältnisse, wie sie wenigstens bei mir liegen,
durch die Fig. 129 versinnlichen. In dieser sind n und n' zwei nahe Sehdinge, die auf den gleichen Sehrichtungen liegen, wie
die fernen Punkte f und f'. Die beiden Sehrichtungen

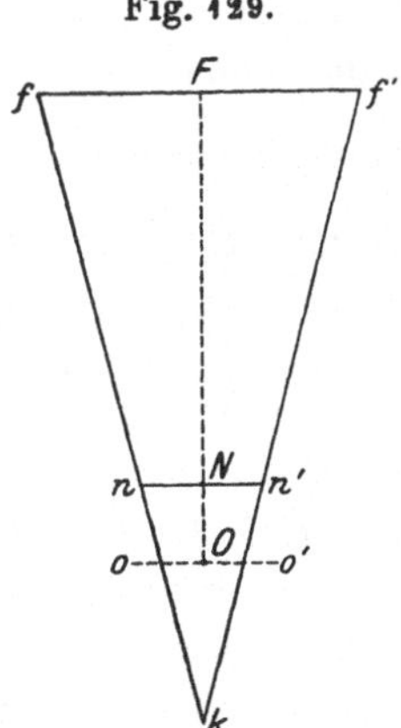

nf und $n'f'$ konvergieren gegen das Zentrum der
Sehrichtungen k, das hinter der Nullebene der Fernlokalisation oo' liegt. Dann werden also durch nn'
und ff' die Sehgrößen, durch ON und OF die Sehfernen versinnbildlicht, und man erkennt aus der
Zeichnung unmittelbar, daß selbst wenn für das Zentrum der Sehrichtungen Proportionalität zwischen Sehferne und Sehgröße bestünde, dies nicht notwendig
auch für die Entfernungen »vor uns« zuträfe. Das
wäre erst dann der Fall, wenn das Zentrum der Sehrichtungen in der Ausgangsebene der Fernlokalisation oo'
läge. Da aber die Distanz kO verhältnismäßig klein
ist, so werden diese Verhältnisse allerdings nur für
das Nahesehen in Betracht kommen. Für das Fernesehen werden solche
geringe Differenzen nicht mehr viel ausmachen, und man könnte daher
die STERNECKsche Annahme der Proportionalität von Sehferne und Sehgröße wenigstens für das Fernesehen immer noch für zutreffend halten.
In diesem Falle würde sich aus der von ihm abgeleiteten oben S. 479
angeführten Formel für das Verhältnis der Sehferne zur wirklichen Entfernung auch die Beziehung zwischen wirklicher Entfernung und Sehgröße berechnen lassen. Wir haben allerdings schon bemerkt, daß die
v. STERNECKsche Formel nur der geschätzten Entfernung, nicht der Sehferne
entspricht und daß sie, die aus einzelnen Spezialfällen abgeleitet wurde,
sicherlich keine allgemeine Gültigkeit beanspruchen kann. So ist es denn
begreiflich, daß, wie WITTE (1119, I) zeigte, die Anwendung dieser Formel
auf die Sehgröße zu unmöglichen Folgerungen führt: Der Mond müßte so

---

1) Das bezieht sich natürlich auch auf die Sehgröße der Nachbilder. Es ist
daher nicht richtig, daß deren Sehgröße, wie EMMERT (892 a) behauptet, der objektiven Entfernung der Projektionsfläche proportional ist.

groß aussehen, wie ein hoher Turm; ein Mensch in 1 km Entfernung noch nicht um einen Kopf kleiner usf.

WITTE selbst hat nun, einer Anregung LAQUEURS folgend versucht, die Sehgröße nicht zur Sehferne, sondern zur wirklichen Entfernung in Beziehung zu setzen (1119, VI). Dabei ging er von der Erfahrungstatsache aus, daß gerade Linien des wirklichen Raumes auch im Sehraum angenähert als gerade Linien und nur unbedeutend gekrümmt erscheinen. Vernachlässigt man diese Krümmung, so läßt sich eine Annäherungsformel für die Abhängigkeit der Sehgröße von der wirklichen Entfernung unter bestimmten weiteren einschränkenden Bedingungen finden. Es ergibt sich dann für die Sehgröße y in der wirklichen Entfernung X die Entsprechung $y \parallel B \dfrac{E}{E+X}$, worin B die wahre Größe und E eine Konstante ist, die je nach den näheren Umständen wechselt. Für die Sehferne ergibt die Rechnung von WITTE einen Höchstwert, d. h. den denkbar weitesten Sehraum, von $\dfrac{EX}{E+X}$, worin X und E wieder die oben angegebene Bedeutung haben. Die Formeln von WITTE sind, da sie auch wieder, wie die von v. STERNECK, die Sehgröße in Beziehung zu wirklichen Entfernungen setzen, keine Gleichungen, sondern Entsprechungen, und sie könnten auch nur für den Schätzungsraum und nicht für den Sehraum gelten. Aber auch dann stehen sie, wie A. MÜLLER (1031, S. 83 ff.) zeigte, zu den wirklichen Schätzungen in Widerspruch. Aus ihnen würde nämlich folgen, daß, wenn zwei Sehdinge in gleicher Richtung und in gleicher Sehferne gesehen werden, auch ihre wirklichen Entfernungen gleich sind. Das stimmt aber nicht zu der Erfahrung, daß wir die Sterne der gleichen Himmelsgegend trotz ihrer außerordentlich verschiedenen wirklichen Entfernungen gewöhnlich alle in derselben Sehferne sehen, höchstens die stark szintillierenden etwas vor den anderen (A. MÜLLER, 1030, S. 131; siehe ferner unten S. 517). Der Grund hierfür ist der, daß, wenn keine Motive verschiedener Tiefenlokalisation vorhanden sind, natürlich auch die größten Tiefenunterschiede keine physiologische Wirkung mehr haben können, sozusagen keine physiologischen Reize mehr sind, und die Sehgröße bloß noch durch den Gesichtswinkel bestimmt wird (s. unten S. 494). So muß eben doch ein Zusammenhang zwischen Sehferne und Sehgröße angenommen werden, allerdings nicht so einfacher Art, wie sie in der STERNECKschen Formel ausgedrückt wird[1]). Besteht aber ein solcher Zusammenhang, wenn auch nur in der

---

1) Nach A. MÜLLER (1031, S. 84) liefern WITTES Berechnungen nur eine erste Annäherung an die Verhältnisse des Sehraums, der Sehraum nach v. STERNECK »ist die feinere Ausbildung dieser Annäherung an Hand der Erfahrung. Ob diese Erfahrung sich bestätigt, ist eine andere Frage.« Daß die Berechnung WITTES die Verhältnisse nicht genau wiedergeben kann (vgl. auch GEIPEL, 918), erschloß MOHOROVIĆIĆ (1026) daraus, daß WITTES Formel die wirklich vorhandene Scheinkrümmung gerader Linien im Sehraum vernachlässigt (s. darüber das folgende).

Weise, daß die Sehgröße irgendwie durch die Motive der Tiefenlokalisation mit beeinflußt wird, so stehen wir auch hier wieder, wie bei der Sehferne, vor der Aufgabe, den Einfluß der verschiedenen Motive der Tiefenlokalisation auf die Sehgröße gesondert zu beschreiben. Wir werden dabei zweckmäßig zunächst jene Erfahrungen besprechen, die beim Sehen in mittleren Entfernungen festgestellt wurden, lassen auf sie jene folgen, die über das Sehen in großer Nähe, und zuletzt jene, die über die Sehgröße sehr weit entlegener Gegenstände gesammelt worden sind.

Messungen über das Verhalten der Sehgröße in mittleren Entfernungen haben nach einfachen Vergleichsmethoden G. Martius (1019), v. Kries (131) und Holtz (953) ausgeführt (die älteren Beobachtungen darüber sind bei Blumenfeld, 864, zusammengestellt). Die systematischen Untersuchungen setzen aber erst mit den »Alleeversuchen« von Hillebrand (950) ein, welche ganz speziell dem Einfluß der binokularen Tiefenwahrnehmung auf die Sehgröße gewidmet waren. Hillebrand versuchte zunächst zwei nach der Tiefe zu verlaufende Fäden so einzustellen, daß sie dem Beobachter parallel erschienen. Man stellt sie natürlich nach der Ferne zu divergent ein, aber diese Divergenz ist gering, sie entspricht auch nicht annähernd einer Konstanz der Gesichtswinkel, unter denen die verschiedenen queren Abstände der beiden Fäden in verschiedenen Entfernungen gesehen werden. Indessen gestatten diese Versuche nicht die Ableitung der gesuchten Beziehung zwischen Querdisparation und dem Gesichtswinkel gleicher Sehgröße. Nach der Tiefe zu verlaufende binokular betrachtete gerade Linien machen nämlich nicht den Eindruck von Ge aden, sondern lassen eine Krümmung erkennen, die zwar in der Ferne so schwach ist, daß man sie ohne Schaden vernachlässigen kann, in größerer Nähe aber so bedeutend wird, daß man sie bei der Ableitung des Gesetzes nicht mehr außer acht lassen kann. Hillebrand ersetzte daher die nach der Tiefe zu verlaufenden Fäden durch zwei Reihen vertikal herabhängender Fäden, die paarweise in verschiedenen Entfernungen von der Versuchsperson aufgehängt waren und nach der Seite zu verschoben

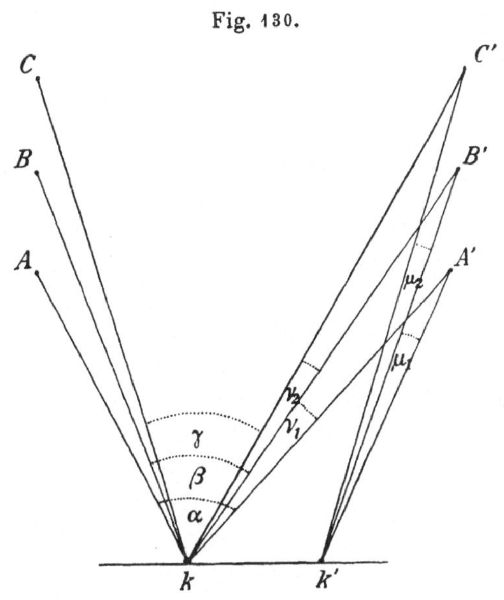

Fig. 130.

werden konnten. Letzteres geschah solange, bis die Versuchsperson den
Gesamteindruck einer von ihr nach der Tiefe zu verlaufenden, zur Medianebene symmetrischen »Allee« hatte. Dabei waren die Aufhängepunkte der
Fäden verdeckt, die Versuchsperson sah gegen einen gleichförmigen Hintergrund nichts anderes, als die Fäden, und sie fixierte dauernd einen medianen
Punkt zwischen dem am weitesten entfernten Fadenpaar. Es seien in Fig. 130
AA', BB' und CC' die Fußpunkte dreier verschieden weit vom Beobachter
entfernten Fadenpaare, k und k', seien die (anstatt der Kreuzungspunkte
der Visierlinien eingesetzten) Knotenpunkte der beiden Augen. Nach HILLE-
BRAND erscheinen nun die Strecken AA', BB' und CC' gleich groß, wenn
die Differenz der Gesichtswinkel α, β und γ, unter denen sie sich im Auge
abbilden, in einem konstanten Verhältnis stehen zur Querdisparation, d. h.
also in der Figur zur Differenz der Winkel $\nu_1 - \mu_1$ bzw. $\nu_2 - \mu_2$. Entfernt man eine und dieselbe Tiefenstrecke immer weiter von den Augen
weg, so wird der Disparationswinkel, unter dem ihre Endpunkte gesehen
werden, immer kleiner, und dieser Abnahme der Querdisparation objektiv
gleich großer Tiefenstrecken entspricht auch eine Abnahme des Gesichtswinkels für gleich groß erscheinende Lateralerstreckungen. Wenn schließlich die stereoskopische Grenze erreicht ist, d. h. der Disparationswinkel für
die Endpunkte der Strecke so klein geworden ist, daß aus ihm kein Tiefenunterschied mehr erkannt werden kann, dann fällt auch jeder Einfluß des
binokularen Tiefensehens auf die Sehgröße fort. Jenseits der stereoskopischen
Grenze ist daher die Sehgröße der Gegenstände, soweit nicht empirische Motive
der Tiefenlokalisation wirksam sind, nur noch vom Gesichtswinkel abhängig. Das gleiche gilt für das einäugige Sehen, wenn dabei die empirischen Motive der Tiefenwahrnehmung wirklich ganz ausgeschaltet sind,
die Sehdinge demnach in gleicher Sehferne erscheinen. Auch in diesem
Falle ist die Sehgröße einzig durch den Gesichtswinkel bedingt, auch wenn
die Objekte in Wirklichkeit ganz verschieden weit vom Beobachter entfernt sind.

Um nun darüber hinaus noch weiter zu kommen, bestimmte HILLE-
BRAND zunächst an einer schwach exzentrischen Netzhautstelle mittels eines
Zweikantenversuchs das eben merkliche Disparationsminimum und fand,
daß es innerhalb einer Entfernung der »Normalkante« zwischen 100 und
380 cm von den Augen ziemlich konstant blieb. Er nahm ferner an,
daß dem Disparationsminimum in verschiedener Entfernung vom Auge
stets der gleiche (eben merkliche) Tiefenunterschied entspreche, woraus sich
ergeben würde, daß dem gleichen Betrage der Querdisparation bei verschiedenen Abständen der Tiefenstrecke vom Auge stets auch die gleiche
Sehtiefe korrespondiere. Träfe das zu, so ließe sich das oben angeführte
Ergebnis von HILLEBRAND folgendermaßen ausdrücken: Mehrere verschieden
weit vom Beobachter entfernte Objekte erscheinen dann gleich groß, wenn

die Unterschiede ihrer Gesichtswinkel den Unterschieden ihrer Sehfernen proportional sind.

Gegen diese erweiterte Fassung des HILLEBRANDschen Ergebnisses lassen sich aber verschiedene Einwände erheben. Zunächst geht aus den Versuchen von FRUBÖSE und JAENSCH (916) hervor, daß die Entfernung des Testobjekts von den Augen doch auch einen Einfluß auf die Tiefensehschärfe hat. Selbst in den Versuchen von HILLEBRAND ist schon innerhalb des engen Bereichs von 100—380 cm eine Abnahme des Disparationsminimums von 38″ auf 33″ nachweisbar (vgl. dazu POPPELREUTER, 1050, S. 215). Vor allem aber läßt sich aus den oben S. 481 ff. angeführten Versuchen mit Sicherheit folgern, daß auch die Auswertung der Querdisparation für verschiedene Sehfernen verschieden ist, für größere besser, als für kleinere[1]). Immerhin würde das zunächst nur eine Korrektur an dem Schlußsatz von HILLEBRAND bedeuten. Man könnte nämlich immer noch annehmen, daß die Unterschiede der Sehgröße den Unterschieden der Sehferne parallel gehen, wenn nur die Abhängigkeit der Sehgröße vom Gesichtswinkel einerseits, und der Sehtiefe von der Querdisparation andererseits einander in jeder Sehferne proportional blieben, oder anders ausgedrückt, wenn die Änderung des Maßstabes des Sehfeldes für die Breite und für die Tiefe bei jeder Sehferne einander parallel gingen. Aber auch das ist nach Untersuchungen von HEINE (934) nicht der Fall.

HEINE hing drei Messingstäbchen so auf, daß sie die Kanten eines dreiseitigen Prismas darstellten, dessen eine Fläche frontalparallel stand, während dem Beobachter die vordere Kante zugekehrt war. Im Horizontalschnitt bildeten sie also ein Dreieck, dessen Basis nach hinten, dessen Spitze nach vorn gegen den Beschauer gerichtet war. Der Mittelstab war nach vorn und hinten, die beiden Seitenstäbe seitlich verstellbar. Der Beobachter, dem (im Dunkelzimmer) bloß die Mittelteile der Stäbchen sichtbar waren, ließ das vordere solange verschieben, bis ihm das Dreieck gleichseitig erschien. Diese Einstellungen werden in verschiedenen Entfernungen von den Augen verschieden ausfallen, und zwar werden wir eine Zunahme der Tiefeneinstellung bei größeren Entfernungen erwarten, weil ja die Querdisparation angenähert mit dem Quadrate der Entfernung von den Augen abnimmt, während der Gesichtswinkel für gleiche Lateraldistanzen der Entfernung vom Auge umgekehrt proportional ist. Berechnet man aber das Verhältnis des Disparationswinkels für die Höhe des Dreiecks zum Gesichtswinkel der Grundlinie, wie es sich bei wirklicher Gleichseitigkeit derselben in ver-

---

1) Wenn HILLEBRANDS Annahme, daß der Querdisparation für jede Entfernung vom Auge den gleichen Tiefenwert ergebe, streng zuträfe, so würde man, wie POPPELREUTER (1050, S. 209) zeigte, beim Versuch, die Entfernung von sich aus bis zur Grenze des Sehraums zu halbieren, den Halbierungspunkt in einen ganz kurzen Abstand vom Auge setzen und ebenso auch dann noch, wenn man die Entfernung eines nahe vor den Augen gelegenen Punktes bis zur Sehgrenze halbiert.

schiedener Entfernungen von den Augen ergeben würde, und vergleicht
man damit das Verhältnis beider Winkel, wie sie bei der scheinbaren Gleichseitigkeit eingestellt werden, so ergibt sich das in Tabelle 32 zusammen-

Tabelle 32.

Verhältnis des Disparationswinkels für die Höhe zum Gesichtswinkel
für die Grundlinie.

Entfernung in Metern	Gleichseitigkeit	
	scheinbare	wirkliche
$^1/_3$	1 : 5,8	1 : 5,8
$^1/_2$	1 : 6,5	1 : 8,8
1	1 : 10,5	1 : 17
2	1 : 16,6	1 : 34

gestellte Resultat. Man ersieht daraus, daß das Verhältnis beider Winkel
zueinander zwar auch bei der Einstellung auf scheinbare Gleichseitigkeit
abnimmt, aber lange nicht in dem Maße, wie es bei wirklicher Gleichseitigkeit der Fall wäre. Die durch die starke Abnahme der Querdisparation geforderte Abnahme der Tiefenlokalisation wird also in größerer Entfernung durch eine entsprechend stärkere »Ausnutzung« der Querdisparation
korrigiert, aber doch nicht so weitgehend, daß die Tiefenlokalisation mit der
geringeren Abnahme der Breitenerstreckung gleichen Schritt halten könnte.
Es folgt daraus, daß man das richtige Verhältnis der Sehbreite zur Sehtiefe eines Gegenstandes nur in einer bestimmten Sehferne haben wird,
nur in dieser wird man das Verhältnis beider Dimensionen richtig, »ortho-
skopisch« sehen. Vereinigte Heine im Haploskop die Halbbilder von drei
vertikalen Strichen, von denen der mittlere auf beiden Seiten so eingezeichnet war, daß bei einer mittleren Konvergenzstellung der Haploskoparme der Eindruck eines gleichseitigen dreieckigen Prismas mit der Kante
nach vorn entstand, so änderte sich die Sehtiefe des Prismas, wenn durch
Drehung der Haploskoparme eine Änderung der Sehferne desselben erzeugt
wurde: Es erschien flacher, wenn es sich annäherte, und wurde zu hoch,
wenn es sich weiter entfernte, als dem orthoskopischen Bereich entsprach.
Aus diesem und aus anderen Versuchen ging hervor, daß es sich beim
orthoskopischen Bereich nicht um eine einzuhaltende wirkliche Entfernung
handelt, sondern um die Sehferne. In den Dunkelzimmerversuchen von
Heine wurde die Sehferne regelmäßig etwas unterschätzt, der orthoskopische
Bereich lag dann bei Heine und mir etwas unter $^1/_3$ m, also innerhalb der
gewöhnlichen Arbeitsweite. Es wäre verlockend, dies damit zu erklären,
daß uns innerhalb dieses Bereichs durch den ständigen Vergleich mit der
Tastweite die richtigen Verhältnisse geläufig geworden sind. Man muß aber
berücksichtigen, daß sich bei anderen Versuchspersonen der orthoskopische

Bereich viel weiter zu erstrecken schien und auch bei den Versuchen im Hellzimmer anders lag, als in den Dunkelzimmerversuchen.

Wenn nun nach Hillebrand die Sehgröße gleich bleiben soll, solange der Unterschied der Gesichtswinkel dem Unterschied der Querdisparation proportional ist, und nach Heine Sehgröße und Sehtiefe einander in verschiedener Sehferne nicht parallel gehen, so ließe sich eine Proportionalität zwischen Sehgröße und Sehferne nur unter Zuhilfenahme komplizierter Hilfshypothesen aufrecht erhalten. Nun hängt aber die Sehferne und damit die Ausnutzung der Querdisparation beim gewöhnlichen Sehen doch nicht ausschließlich von der Querdisparation, sondern auch von empirischen Motiven ab. Daher werden diese Motive, insofern sie die Sehferne modifizieren, auch die Sehgröße mit beeinflussen. Um diesen Einfluß zu studieren, hat Poppelreuter (1050) Alleeeinstellungen bei möglichst starker Wirksamkeit der empirischen Motive der Tiefenlokalisation (Stäbchen von bekanntem Durchmesser im Hellen unter voller Wirksamkeit der Perspektive) vorgenommen und zwar vergleichsweise mit einem Auge und mit beiden Augen. In den monokularen Versuchen lagen demnach die Verhältnisse hier so, als wenn man bei Betrachtung seiner bekannten näheren Umgebung ein Auge schließt. Auch dann bleibt der räumliche Tiefeneindruck so ziemlich gleich dem beidäugigen, weil wegen der Fülle empirischer Motive die Tiefenverhältnisse erhalten bleiben, wenn auch ungenau, etwas flau, und ein wenig abgeschwächt. Die binokulare Tiefenwahrnehmung liefert in diesem Falle eine genauere Modellierung, eine viel. größere Eindringlichkeit und daneben noch eine gewisse Vertiefung des Sehraums. Dem entspricht im ganzen auch das Ergebnis von Poppelreuters Versuchen. Die Alleen waren in beiden Fällen, bei einäugiger und beidäugiger Betrachtung, nur wenig voneinander verschieden, bloß war der mittlere variable Fehler im ersteren Falle größer, die Einstellung also weniger bestimmt, als im letzteren, die Tiefenerstreckung etwas, die Eindringlichkeit aber im zweiten Falle bedeutend größer, als im ersten.

Poppelreuter hat versucht, aus seinen Ergebnissen eine mathematische Formulierung der Beziehungen zwischen der Anordnung der Objekte im wirklichen Raum und den subjektiven Erstreckungen im Sehraum abzuleiten. Um zwischen beiden die Brücke zu schlagen, nimmt er an, die vom mittleren imaginären Auge ausgehenden Sehrichtungen seien den Richtungslinien »adäquat«, d. h. wiesen den gleichen Divergenzwinkel auf, wie die Richtungslinien, die man von den Objekten zur Nasenwurzel ziehe, bzw. wie die Richtungslinien durch den Knotenpunkt des Einzelauges. Unter dieser Voraussetzung fand er nun, daß sich die gleiche Sehtiefe für mittlere Entfernungen angenähert durch eine arithmetische Reihe darstellen lasse, nach dem Schema: E; $E + Z$; $E + 2Z$; $E + 3Z$ usf. Allerdings sei auch diese Formulierung nicht genau, sondern es müßte selbst für mittlere Entfernungen noch ein Korrektionsglied hinzugefügt werden. Die Annahme der »Adäquatheit der Sehrichtungen« ist aber nicht zulässig, und es ist daher begreiflich, daß, wie Blumenfeld (864) zeigte, Poppelreuters Formel auch im einzelnen versagt.

Der Fortschritt, der durch Poppelreuters Versuche angebahnt wurde,
besteht darin, daß nach ihm die von Hillebrand nur für das binokulare
Sehen nachgewiesenen Beziehungen auch für das monokulare Tiefensehen
annähernd gültig sind. Es liegt also nicht eigentlich eine Beziehung zur
Querdisparation, d. h. zu objektiven Daten, vor, sondern eine solche zu
der durch die Querdisparation hervorgerufenen Tiefenwahrnehmung. Wir
finden daher auch hier dieselben Verhältnisse wieder, wie wir sie oben für
die Sehtiefen angegeben haben.

Das Zusammenwirken der Querdisparation mit mehr oder weniger stark
ausgesprochenen empirischen Motiven für die Alleeeinstellungen hat in eingehenden Versuchen Blumenfeld (864) klarzulagen versucht, wobei nach
dem Vorgang von Schubotz (1084) auch noch Vergleichseinstellungen bei
horizontalem und schräg nach unten gerichtetem Blick ausgeführt wurden.
Am besten werden die monokularen Motive der Tiefenwahrnehmung ausgeschaltet in der Hillebrandschen Anordnung mit Abblendung der Seitenteile, der Aufhängevorrichtung und der Fadenenden. In der Tat gelang
es schon Hillebrand in seiner ersten Versuchsordnung, in der er von oben
herunterblickend zwei nach der Tiefe zu verlaufende Fäden parallel zu
stellen suchte, sie monokular auf kurze Zeit als vertikale Striche ohne
Tiefenunterschied auf dem Hintergrund zu sehen. Aber das ist nur bei ganz
fester Fixation und völlig ruhiger Kopfstellung der Fall, die geringste Blickwanderung und insbesondere die kleinste Kopfdrehung läßt sofort wieder
die Tiefenerstreckung erkennen. Demgemäß konnten Blumenfelds Versuchspersonen auch in den Monokularversuchen mit herabhängenden Fäden immer
schon Tiefenunterschiede erkennen, die sich in den Alleeeinstellungen darin
ausdrückten, daß die Seitenabstände der Alleepaare nicht proportional dem
Gesichtswinkel, sondern in etwas geringerem Grade zunahmen. Wäre die
Tiefenwahrnehmung ganz aufgehoben gewesen, so hätten die beiden Allee-
reihen gegen den Knotenpunkt des Auges hin konvergieren müssen. Je
besser aber die Tiefenwahrnehmung wird, desto mehr weichen die Allee-
reihen von diesen beiden Geraden in dem Sinne ab, daß die Konvergenz
nach den Augen hin geringer, die Annäherung an den wirklichen Parallelismus größer wird, wenn er auch nie voll erreicht wird. Die Hillebrandsche konstante Beziehung zwischen Differenz der Gesichtswinkel und Querdisparation fand Blumenfeld in seinen Alleeeinstellungen nicht bestätigt.

Wichtig ist bei Blumenfeld die Aufdeckung des großen Einflusses des
psychischen Verhaltens der Versuchsperson auf die Einstellungen. Schon
Hillebrand hatte neben seinen Hauptversuchen auch Einstellungen bei bewegtem Blick ausführen lassen, in denen die Versuchsperson den Eindruck
der ganzen Allee auf einmal auf sich einwirken ließ und versuchte, die
Einzelfäden so einzustellen, daß der Gesamteindruck einer parallel zur
Medianebene verlaufenden Ebene entstand, und andere, in denen sie die

Mitte je eines Fadenpaares fixierend die Seitendistanzen gleichzumachen suchte. BLUMENFELD bestätigte und erweiterte nun das Ergebnis von HILLEBRAND, daß diese »Parallel-« und »Distanzeinstellungen« zu ganz verschiedenen Alleen führen. Die Parallelkurven sind entweder gerade oder gegen die Mediane schwach konkav gekrümmt, wie insbesondere auch die HILLEBRANDschen Kurven, die Distanzkurven sind dagegen nach der Mediane zu konvex gekrümmt. Diese Krümmung kann so weit gehen, daß z. B. das Alleepaar in der Entfernung 80 cm breiter eingestellt wird, als das in 120 und selbst in 160 cm.

Woran liegt das nun? Man könnte zunächst an eine modifizierende Wirkung der Gestaltauffassung denken. Bei den Paralleleinstellungen wird stets die Gesamtgestalt der Allee beachtet, bei den Distanzeinstellungen werden einzelne Paare ohne Rücksicht auf das Ganze herausgehoben, als seien sie allein dargeboten. Aber damit ist doch noch keine eigentliche Erklärung gewonnen. BLUMENFELD weist darauf hin, daß bei den Distanzeinstellungen jedes einzelne Paar scharf fixiert und seine Distanz hinterher mit der des anderen Paares, das dann ebenfalls scharf fixiert wird, verglichen wird, während bei den Paralleleinstellungen gleichzeitig nebenher auf das indirekt Gesehene geachtet wird. Er bringt daher die Paralleleinstellungen mit der von JAENSCH gegebenen Erklärung des AUBERT-FÖRSTERschen Phänomens (s. oben S. 51) in Zusammenhang, wonach die Grenze des deutlichen peripheren Sehens von der Überschaubarkeit des Gesichtsfeldes abhängt. Nun beanspruchen die Paralleleinstellungen sehr stark das periphere Sehen. Wenn man also annehme, daß die Grenzen der deutlichen peripheren Wahrnehmung im Sehfeld in verschiedenen Sehfernen auch die Grenzen scheinbar gleich großer Teile des Sehfeldes bilden, so würden die Paralleleinstellungen als ein Spezialfall des AUBERT-FÖRSTERschen Gesetzes anzusehen sein.

Aber diese Erklärung fußt auf einer unbewiesenen Voraussetzung und stößt, wie BLUMENFELD selbst hervorhebt, auch sonst auf Schwierigkeiten. Weitaus wahrscheinlicher läßt sich der Unterschied zwischen den Distanz und Paralleleinstellungen darauf zurückführen, daß in beiden Fällen ganz verschiedene Dinge miteinander verglichen werden. Bei den Distanzeinstellungen wird das ferne und das nahe Paar nacheinander fest fixiert. Beim Übergang zum Blick in die Nähe ändert sich aber, wie wir gesehen haben, der Maßstab des Sehfeldes, bei gleichem Gesichtswinkel wird daher die ferne Strecke größer, die nahe kleiner erscheinen. Will man daher die nahe Distanz, während man sie fixiert, ebenso groß sehen, wie vorher die ferne beim Fernblick, so muß man sie breiter einstellen, als bei der Paralleleinstellung, bei der man die ferne und die nahe Distanz gleichzeitig bei einem und demselben Maßstab des Sehfeldes miteinander vergleicht. Man ist also bei den Paralleleinstellungen von den Änderungen des Maßstabes des Sehfeldes viel mehr — wenn auch vielleicht nicht vollkommen — unabhängig, als bei den Distanzeinstellungen. Damit aber stoßen wir zum ersten Male auf ein Moment, das bei den früheren Versuchen gar nicht ausdrücklich beachtet worden ist und deshalb meiner Ansicht nach eine Revision derselben notwendig macht. Ehe wir aber zur Erörterung dieses Punktes übergehen, fahren wir zunächst in der Darlegung der bisher üblichen Auffassung weiter fort[1]).

Der Versuch, je zwei Objektpaare, ein fernes und ein nahes, so einzustellen, daß durch sie zwei zur Medianebene parallele Sagittalebenen markiert werden, wurde von KÖLLNER (986a) benutzt, um das von ihm angenommene Verhalten der Sehrichtungen, über das wir oben S. 390 ff. schon sprachen, auf optischem Wege zu prüfen. Es sei in Fig. 131 L der Knotenpunkt des linken, R der Knotenpunkt des rechten Auges, C der Punkt, nach dem die mittleren Sehrichtungen konvergieren, während die der rechten Gesichtsfeldhälfte von $10°$ an nach R, die der linken Gesichtsfeldhälfte von $10°$ an nach L gerichtet sind. Zunächst werde ein in der Medianebene befindliches Stäbchen F fixiert. Zwei andere Stäbchen A und B sind seitlich gleich weit von F so aufgestellt, daß die Distanzen AF und BF unter einem Winkel von je $10°$ gesehen werden. Die Sehrichtungen von A und B verlaufen daher bei Fixation von F nicht nach C, sondern die von A nach L, die von B nach R. Wenn nun dem Beobachter aufgegeben wird, während der Fixation von F einen nahen Gegenstand A' so einzustellen, daß er mit A in einer sagittalen, der Medianebene parallelen Richtung liegt, so stellt er nach KÖLLNER so ein, daß das dominierende mediane Doppelbild von A' (das seitliche wird ignoriert) sich mit dem fernen Objekt A deckt, also (sofern man den Unterschied von Visierlinie und Richtungslinie vernachlässigt) nach A_1 in die Richtungslinie des linken Auges, die nach KÖLLNER zugleich die Sehrichtung ist. Ebenso werde ein naher Gegenstand B' vor B, wenn er mit diesem in einer sagittalen Richtung erscheinen soll, in der Rich-

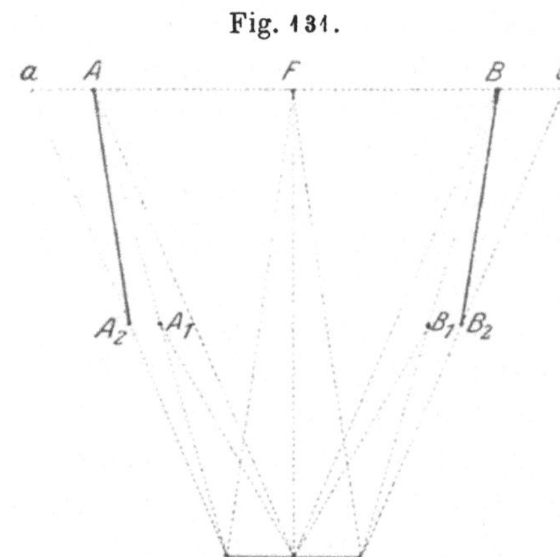

Fig. 131.

---

1) In letzter Zeit hat GRABKE (920) einen Unterschied beim Größenvergleich verschieden weit voneinander entfernter Objekte gefunden, je nachdem ob isoliert im Dunkelzimmer sichtbare Stäbe oder Lichtstreifen simultan oder nacheinander mit der Aufmerksamkeit erfaßt wurden. GRABKE fand, das das ferne Sehding im Verhältnis zum näheren bei simultaner Beachtung beider erheblich kleiner und der Tiefenunterschied zwischen beiden geringer erschien, als bei sukzessiver Beachtung, die durch sukzessive Darbietung jedes der beiden Vergleichsobjekte erzwungen werden konnte. Wahrscheinlich ist dabei auch der Umstand von Bedeutung, daß im ersten Falle die Doppelbilder des nicht fixierten Objekts, wie in den PFEIFERschen Versuchen sich mehr dem jeweils fixierten Sehding nähern, während beim Übergang des Blicks von dem einen zum anderen Objekt die Tiefenunterschiede viel stärker hervortreten.

tungslinie von B nach dem rechten Auge in B_1 eingestellt. Blickt man nun statt nach F nach A herüber, so verläuft die Sehrichtung von A, da sie jetzt zur Hauptsehrichtung geworden ist, nicht mehr nach L, sondern nach C. Schließt aber bei dieser Blickrichtung die Sehrichtung von A' mit der von A einen sehr kleinen Winkel ein, so ändert sich dabei auch die Lokalisation des Objekts A', es muß daher von A_1 nach A_2 seitlich verschoben werden, um wieder in sagittaler Richtung vor A zu erscheinen. Der Betrag der Verschiebung läßt sich unter den von Köllner angenommenen Voraussetzungen nach einer von ihm angegebenen Näherungsrechnung bestimmen, die darauf hinausläuft, daß beim Übergang von der Fixation des Punktes F zu der des Punktes A das nahe Objekt soweit nach außen verschoben werden muß, bis der Winkel CAA_1 gleich dem Winkel LAA_2 ist. Die so berechneten Orte von A_2 und B_2 stimmen in der Tat mit den Versuchsergebnissen überein, wenn nur die oben angeführten Voraussetzungen (großer Gesichtswinkel für AF und BF, kleiner für AA' und BB') eingehalten werden.

Ich kann das zahlenmäßige Ergebnis nach eigenen Versuchen bestätigen, vermag aber der Spekulation von Köllner, so geistreich sie ist, nicht beizupflichten. Sie enthält nämlich schon in der Voraussetzung einen Fehler. Es ist nicht richtig, daß man bei Fixation von F das Objekt A', um es in die Sagittalebene von A zu bringen, in die Richtungslinie von A zum linken Auge einstellt[1]). Das vertrüge sich auch mit Köllners Grundannahme ganz und gar nicht. Die Sehrichtungen LA_1A und RB_1B divergieren ja und sind der Medianebene durchaus nicht parallel. Also wird man erwarten, daß A' schon bei der Fixation von F weiter seitlich eingestellt werden muß, und das ist in der Tat der Fall. Ich habe in meinen Versuchen A' mit A und B' mit B zunächst bei fester Fixation von F in eine Sagittalebene eingestellt. Dann erst erfolgte in einer zweiten Versuchsreihe die Sagittalstellung von A und A' bei Fixation von A und von B und B' bei Fixation von B. Ich fand aber in beiden Fällen ungefähr die gleiche Einstellung von A' bzw. B'. Wenn überhaupt eine seitliche Verschiebung in dem von Köllner geforderten Sinne erfolgte, so war sie ganz unbedeutend, A' und B' wurden bei Fixation von F schon fast ebenso weit lateral eingestellt, wie nachher bei Fixation von A und B. Die seitliche Verschiebung von A' und B' beim Übergang zur Fixation von A und B wurde in meinen Versuchen erst dann beträchtlicher, wenn der Winkel ALA' bzw. BRB' so groß war, daß nach den Voraussetzungen von Köllner die Sehrichtungen von A' auch bei Fixation von A noch nach dem linken und die von B' bei Fixation von B noch nach dem rechten Auge gerichtet gewesen wären, so daß also nach Köllner beim Fixationswechsel überhaupt keine seitliche Verschiebung der Objekte A' und B' hätte stattfinden dürfen. Die Versuche widersprechen demnach der Köllnerschen Annahme über die Sehrichtungen durchaus. Die Verschiebungen von A' und B' beim Fixationswechsel sind von einem solchen Betrag, daß sie viel eher auf die Lageänderung des Kreuzungspunktes der Visierlinien bezogen werden könnten, die bei einer Augendrehung auftritt, und die in der Tat beim Übergang des Blicks von F auf A und B eine laterale Verschiebung von A' und B' erfordern würde.

―――――――

1) Köllner scheint dies deswegen anzunehmen, weil bei den weit distanten Doppelbildern von A' kein Tiefeneindruck mehr zustande komme. Wenn aber dieser fehlt, A und A' in einer und derselben Sehferne liegen, kann man ja auch keine Einstellung der Sagittalebene mehr ausführen.

Wenn wir früher gesagt haben, daß die Vergrößerung des Netzhautbildes eines Gegenstandes bei seiner Annäherung an das Auge innerhalb gewisser Grenzen durch eine entsprechende Vergrößerung des Maßstabes des Sehfeldes ziemlich vollständig kompensiert wird, so ist der Vorgang natürlich nicht so zu denken, daß dem Beobachter die Netzhautbildgröße bekannt ist und ihre Größenänderung bewußt ausgeglichen wird, sondern es handelt sich physiologisch betrachtet um eine mit dem Impuls zum Nahesehen eng verknüpfte andersartige Reaktion des Sehorgans auf einen Reiz, der an Ausdehnung zugenommen hat. Normalerweise geht diese Änderung der Reaktionsweise gerade soweit, daß sie die Reizänderung ausgleicht, sie nimmt also mit zunehmender Annäherung des Blickpunktes an das Auge ständig zu. Ist nun der Blick in die Nähe aus irgendeinem Grunde so erschwert, daß der normale Impuls zum Nahesehen nicht mehr ausreicht, daß vielmehr zur Einstellung auf das nahe Objekt eine abnorm verstärkte Innervation erteilt werden muß, so wird auch die Verkleinerung der Sehdinge mit verstärkt, und sie übertrifft dann die Zunahme der Bildgröße auf der Netzhaut. In diesem Falle werden also die Gegenstände abnorm klein aussehen, es tritt sogenannte Mikropsie ein [zuerst Donders (s. Einthoven, 889) und Förster (911); weitere Literatur bei Koster (988) und Reddingius (646)]. Mikropsie geringen Grades tritt schon auf, wenn man einen Gegenstand ein wenig über den Nahepunkt weg gegen das Auge zu vorschiebt und ihn dann durch eine mächtige Akkommodationsanstrengung scharf zu sehen versucht. Viel bedeutender ist sie, wenn die Akkommodation für die Nähe überhaupt erschwert ist, wie bei Presbyopie, besonders aber bei pathologischen Paresen oder nach Vergiftung mit akkommodationslähmenden Mitteln, oder endlich, wenn man vor ein Auge ein Konkavglas vorsetzt. Schließt man dann das andere Auge und trachtet mit dem offenen Auge ein scharfes Bild eines nahen Gegenstandes zu erhalten, so muß man einen Innervationsimpuls erteilen, der den gewöhnlich zur Einstellung auf die betreffende Entfernung nötigen weit übertrifft, und damit ist eine entsprechende übermäßige Verkleinerung der Sehdinge verbunden. Die abnorm starke Innervation für die Nähe wird dadurch nachgewiesen, daß beim Öffnen des anderen Auges als Zeichen der übermäßigen Konvergenz im ersten Augenblick gleichseitige Doppelbilder auftauchen. Bei der Akkommodation für die Nähe und beim Sehen durch Konkavgläser tritt allerdings auch eine objektive Verkleinerung der Netzhautbilder auf. Diese kann aber, wie die Rechnung zeigt, die tatsächlich eintretende Mikropsie nicht erklären. Vergleiche die Berechnung bei M. v. Rohr (1074, S. 58); siehe ferner Isakowitz (960) und Ascher (845). Erzeugt man umgekehrt durch Einträufeln von Eserin oder Pilokarpin in den Bindehautsack einen Krampf des Akkommodationsmuskels, so ist die Einstellung des Auges für die Ferne erschwert, und es tritt jetzt beim Bemühen, scharf in die Ferne zu sehen, eine abnorme Vergrößerung der Sehdinge auf, die sogenannte Makropsie.

Mikropsie und Makropsie erhält man auch beim Sehen mit beiden Augen bei der Lösung der Assoziation zwischen Konvergenz und Akkommodation, also bei Beanspruchung der relativen Fusions- und Akkommodationsbreite. Setzt man vor ein oder vor beide Augen Prismen, deren brechende Kanten nasal- oder temporalwärts gerichtet sind, so wird im ersteren Falle eine stärkere Konvergenz gefordert, als der Akkommodationseinstellung entspricht, es tritt Mikropsie ein; im letzteren Falle muß der Konvergenzgrad relativ vermindert werden, die Folge davon ist Makropsie. Da aber durch Prismen die Bilder stark verzerrt werden, ist es besser, die Lösung von Akkommodation und Konvergenz am Spiegelstereoskop von WHEATSTONE dadurch herbeizuführen, daß man das Halbbild der einen Seite derart verschiebt, daß eine im Verhältnis zur Akkommodation zu starke oder zu schwache Konvergenz der Gesichtslinien zur Vereinigung der der Bilder nötig wird (zuerst H. MEYER, 1024). In exakter Weise lassen sich diese Versuche am HERINGschen Haploskop anstellen (KOSTER, 988). Man schiebt in den Apparat auf beiden Seiten gleiche Objekte ein und bringt die Arme zunächst in eine solche Stellung, daß Konvergenz und Akkommodation auf die Objekte miteinander übereinstimmen. Dreht man nun die Haploskoparme so, daß eine Mehrung der Konvergenz notwendig wird, während die Bilder in gleicher Entfernung von den Augen bleiben, so tritt auch hier wieder Mikropsie ein, dreht man die Haploskoparme nach der entgegengesetzten Richtung, so daß die Konvergenz bei gleichbleibender Akkommodation abnimmt, so nimmt auch die Sehgröße zu, besonders stark dann, wenn man den Versuch so einrichtet, daß zur Vereinigung der Bilder eine absolute Divergenz der Gesichtslinien notwendig wird. Ganz analoge Änderungen der Sehgröße treten mehr oder minder deutlich bei allen stereoskopischen Einrichtungen auf, in denen Akkommodation und Konvergenz nicht im normalen Verhältnis zueinander stehen, so beim Hereinsehen in das HELMHOLTZsche Telestereoskop, umgekehrt beim Hypostereoskop von GRÜTZNER (924), ferner bei den Versuchen mit den ROLLETTschen Glasplatten (BECKER und ROLLETT, 856; neuerdings JAENSCH und SCHÖNHEINZ, 971; vgl. HOFMANN 8, S. 176).

Viel schwieriger ist es, bei gleichbleibender Konvergenz mit der Akkommodation zu wechseln. Der Versuch läßt sich am Haploskop in der Weise ausführen, daß man die Haploskoparme ruhig stehen läßt und die Entfernung der beiden Halbbilder vom Auge auf beiden Seiten gleichmäßig vergrößert oder verkleinert. Um dabei die Größe der Netzhautbilder konstant zu erhalten, brachte KOSTER eine Vorrichtung am Haploskop an, die die Objektgröße ihrer Entfernung proportional änderte. Eine andere einfache Anordnung, bei der sich während unveränderter Augenstellung und gleichem Gesichtswinkel des Objektes bloß die Akkommodation ändert, hat VAN ALBADA (839) angegeben. Endlich kann man vor beide Augen Konkav- oder Konvex-

gläser vorsetzen oder beide Augen mit Atropin vergiften und dadurch eine
Lösung der Akkommodation von der Konvergenz herbeiführen. Das Ergebnis dieser Versuche scheint individuell zu variieren. Koster hat bei
seinen Haploskopversuchen wohl eine geringe Mikropsie beobachtet, führt
sie aber auf die Wirkung empirischer Motive der Tiefenlokalisation zurück.
Durch Vorsetzen von Linsen vor beide Augen oder durch beiderseitiges
Einträufeln von Homatropin konnte er nur eine ganz unbedeutende Mikropsie
bzw. Makropsie erzielen. Albada hingegen konnte in seinen Versuchen eine
der wirklichen Bewegung des Objektes entsprechende Annäherung mit Verkleinerung und Entfernung mit Vergrößerung deutlich wahrnehmen.

In der Auffassung des Zusammenhanges der Mikropsie mit Akkommodation und Konvergenz stehen sich nun wieder jene Theorien gegenüber,
die wir gelegentlich der Besprechung der Richtungslokalisation bei Blickbewegungen schon kennen gelernt haben. Zunächst wird vielfach auch jetzt
noch angenommen, wir hätten ein von der Peripherie ausgehendes Gefühl
der Akkommodation und Konvergenz und dieses löse zunächst die Vorstellung der Nähe des betrachteten Gegenstandes aus, mit der dann sekundär das Kleinersehen desselben verknüpft sei. Stellt man sich auf diesen
Standpunkt, so würde man aus dem Ergebnis der Versuche mit Lösung
von Akkommodation und Konvergenz weiter folgern müssen, daß eigentlich
entscheidend oder mindestens weitaus überwiegend für die Nahevorstellung
das Gefühl der Konvergenz sein müßte, da ja eine bloße Änderung der
Akkommodation bei gleichbleibender Konvergenz in den meisten Fällen so
gut wie einflußlos ist. Dem steht aber dann schroff gegenüber, daß Carr
und Allen (877) zwei Personen fanden, die imstande waren, nach Belieben
bei unveränderter Konvergenz die Sehferne und Sehgröße durch eine willkürlich eingeleitete Akkommodationsänderung abzuändern. Wurde bei diesen
Personen umgekehrt die Konvergenz fusionsmäßig geändert, indem man
zwei Drähte, die sie binokular verschmolzen, einander näherte oder voneinander entfernte, so vermochten sie trotzdem willkürlich die Sehferne
gleich zu halten. Es gibt aus diesem Gegensatz keinen anderen Ausweg,
als die Annahme, zu der auch Carr und Allen gelangen, daß es der
Innervationsimpuls für das Nahe- bzw. Fernsehen ist, mit dem die
Änderung der Sehferne und der Sehgröße verbunden ist, und nicht der
Erfolg, den diese Innervation hat. Dieser letztere kann nämlich unter
der Einwirkung der unwillkürlichen Fusionstendenz auf eine für die Tiefenlokalisation ganz wirkungslose Art sekundär abgeändert werden, wie es
bei der Loslösung der Akkommodation von der Konvergenz gewöhnlich
geschieht. Man erteilt zunächst den Impuls zum Nahesehen, der zur
gleichzeitigen Konvergenz und Naheakkommodation führt. Dann aber
geht sogleich unter dem Einfluß der Fusionstendenz die eine dieser
Innervationen — zumeist die Akkommodation — zurück. Daß sich das

wirklich in dieser Reihenfolge abspielt, ergibt sich aus Versuchen von
O. Weiss (1116), der bei Betrachtung stereoskopisch vereinigter Bilder fand,
daß beim Blick auf die nahe erscheinenden Objekte mit der auf sie gerichteten Konvergenz im ersten Augenblick als Zeichen der mitgehenden
Akkommodation auch eine Pupillenverengerung auftritt, die aber sogleich
wieder zurückgeht. Insoweit sich nun diese Änderung der Akkommodation
wie im vorliegenden Falle rein unwillkürlich vollzieht, ist sie auf die Tiefenlokalisation ohne Wirkung. Besitzt aber jemand die Fähigkeit, die Akkommodation unabhängig von der Konvergenz zu beherrschen, so tritt auch
bei dieser Innervation der bloßen Akkommodationsänderung die entsprechende
Änderung der Sehferne und Sehgröße auf.

Dieses Ergebnis stimmt überein mit demjenigen, das wir bei der
Richtungslokalisation erhalten hatten, und damit stehen wir nun wie dort
vor der weiteren Frage, ob das Einleiten der Naheinnervation selbst, wie
dies Donders und Koster meinen, der Anlaß zur Mikropsie ist, oder ob,
wie Sachs im Anschluß an Hering annimmt, das Nahegefühl das Primäre
ist, das nach Art eines psychischen Reflexes einerseits die motorische Naheeinstellung, andererseits daneben die Mikropsie hervorruft. Nun ist es, wie
wir oben S. 474 gesehen haben, sicher, daß die Blickwanderung nach
der Tiefe von der Nahe- und Fernvorstellung geleitet wird. Bewußt haben
wir, ebenso wie bei den Blickwendungen nach der Seite und Höhe zu, nur das
Bestreben, den zuvor verschwommen oder in Doppelbildern gesehenen
Gegenstand scharf zu sehen, und dieses Bestreben zieht die Blickwanderung
nach sich, deren Richtung und Ausmaß von der vorhergehenden relativen
Lokalisation des Zielpunktes der Bewegung gegenüber dem Ausgangspunkt
derselben abhängt. Daher könnte man meinen, daß dieselbe Nahevorstellung
auch zur Änderung des Maßstabes des Sehfeldes genüge.

Diese weitere Folgerung stößt aber auf Schwierigkeiten. Zunächst
darf man nicht übersehen, daß schon bei festgehaltenem Blickpunkt die
Sehgröße der in verschiedener Sehferne liegenden Dinge keineswegs der
Größe des Gesichtswinkels entspricht, sondern daß man auch schon bei
ruhendem Blick und unveränderter Akkommodation ferne Dinge größer
sieht, als nahe unter dem gleichen Gesichtswinkel abgebildete. Kaila
(978) hat das durch Versuche am Haploskop nachgewiesen, in denen bei
einem bestimmten Konvergenzgrad einem Auge ein fernes, dem anderen
ein nahes Objekt sichtbar war und die Akkommodation durch eine vor-
gesetzte Linse richtig ausgeglichen wurde. Die oben S. 493 ff. beschriebenen Alleeversuche von Hillebrand, in denen die Einstellungen vorwiegend bei fester Fixation eines median in der Ferne liegenden Punktes
gemacht wurden, liefern aber auch den quantitativen Beweis dafür. Man
kann sich von dem Tatbestand auch ohne komplizierte Versuchsanordnung
in ganz einfacher Weise überzeugen. Man halte etwa seinen Finger in

eine Entfernung vor das eine Auge, daß er einen fernen Gegenstand (Turm, Schornstein oder ähnliches) eben deckt. Dann öffne man das andere Auge und bewege seinen Finger in der gleichen frontalparallelen Ebene neben der Richtung des fernen Gegenstandes hin und her. Man sieht dann trotz gleichem Gesichtswinkel für beide den fernen Gegenstand groß und den nahen Finger klein. Zwei Stühle, von denen der eine 3 m, der andere 6 m von mir entfernt ist, sehen auch dann ungefähr gleich groß aus, wenn ich bloß den vorderen oder bloß den hinteren fixiere, sicherlich erscheint der hintere nicht zweimal kleiner, als der vordere. Andererseits läßt sich aber durch ebenso einfache Versuche zeigen, daß dieser Einfluß der Sehferne eben doch nicht ausreicht, um den Unterschied der Bildgröße gleich großer, aber verschieden weit entfernter Objekte selbst in der Nähe völlig zu kompensieren. Man halte vor ein Auge in etwa 15 cm einen Finger der einen Hand und den gleichen Finger der anderen Hand in 60 cm Abstand vom Auge so, daß beide nahe nebeneinander erscheinen. Dann sieht man beim Vergleich deutlich den fernen Finger kleiner, als den nahen (HERING, 7, S. 15). Entfernt man die beiden Finger seitlich weiter voneinander, so wird der Größenunterschied weniger auffallend, bleibt aber bis zu einem gewissen Grade bestehen. Quantitativ zeigen ja auch wieder die HILLEBRANDschen Alleeversuche, daß ein völliger Ausgleich durch die bloße Fernlokalisation bei unverändertem Blick nicht erfolgt.

Wir dürfen also die Änderung des Maßstabes des Sehfeldes bei der Blickwanderung nach der Tiefe nicht so auffassen, als ob ohne sie überhaupt kein Einfluß der Tiefenlokalisation auf die Sehgröße vorhanden sei, und dieser erst beim Blickwechsel auftrete. Vielmehr ist eine verschiedene Auswertung der Bilder naher und ferner Objekte schon von vorne herein gegeben, aber sie wird verstärkt durch die Änderung des Maßstabes des Gesamtsehfeldes beim Blickwechsel. Die quantitativen Verhältnisse lassen sich auch hier wieder schon aus den Alleeversuchen von HILLEBRAND ablesen, der bereits bemerkte, daß die Alleen weniger divergent wurden, wenn er den Fixationspunkt beim Einstellen eines jeden Alleepaares in die Mitte desselben verlegt, statt ihn, wie im Hauptversuch, konstant in der Ferne zu belassen; die oben S. 499 beschriebenen Distanzeinstellungen von BLUMENFELD zeigen schließlich, daß es innerhalb gewisser Distanzen dabei wirklich zu einem völligen Ausgleich des Bildgrößenunterschiedes kommen kann, ja daß in größerer Nähe sogar eine Überkompensation stattfinden kann, die sich durchaus der Überschätzung der Querdisparation hinter dem Blickpunkt und der Überschätzung der Sehtiefe in großer Nähe an die Seite stellt.

Wenn nun dies alles richtig ist[1]), so besteht eben doch ein Unterschied

---

1) Es bliebe höchstens noch übrig, anzunehmen, die Abhängigkeit der Größenangaben von der Sehferne bei unveränderter Blicktiefe beruhe auf reiner Schätzung. Man schätze den fernen Gegenstand eben nur größer, obwohl man ihn gar nicht

zwischen der bloßen Nahevorstellung und der wirklich ausgeführten Blickbewegung in die Nähe, dergestalt, daß die letztere eine an sich schon vorhandene psychische Einstellung noch weiter verstärkt. Das steht in genauer Parallele zu der oben S. 435 erwähnten Erscheinung, daß auch die Tiefenunterschiede durch die Blickwanderung nach der Tiefe lebhafter und deutlicher werden, indem »alles weiter auseinander rückt«, woran bei dieser Gelegenheit auch Sachs erinnert. Damit aber stoßen wir wieder auf die schon oben S. 474 gestreifte Frage, ob nicht außer der Verlagerung der Aufmerksamkeit in die Nähe doch auch die Naheeinstellung der Augen selbst oder die Innervation dazu einen direkten Einfluß auf die Sehgröße ausübt. Dringlich wird diese Frage insbesondere angesichts des Umstandes, daß eine Mikropsie vollen Grades ja auch eintritt, wenn man sich geübt hat, seine Augen rein willkürlich ohne die Absicht in die Nähe zu sehen, konvergent zu stellen. Man könnte freilich sagen, daß auch bei dieser Innervation eine unbewußte Nahevorstellung das Primäre sei. Das mag oft so sein, aber Hering gibt für sich selbst bestimmt an, solche Konvergenzstellungen auch auf Grund des Gefühls im eigenen Auge hervorbringen zu können (526, S. 26). Wenn wir das aber zugeben, so müssen wir daraus dieselbe Folgerung ziehen, wie oben S. 378 für die Richtungslokalisation, d. h. es müßte wohl auch schon die Innervation zum Nahesehen an sich eine Änderung des Maßstabes des Sehfeldes herbeiführen, woran sich aber wieder die dort schon angeführte Ergänzung anschließt, daß nicht ein Innervationsgefühl, sondern das Bewußtsein des Nahesehens das eigentlich Entscheidende ist.

Mit der Fähigkeit bzw. der Unfähigkeit, rein willkürlich zu konvergieren, hängt meines Erachtens noch folgender Punkt zusammen. Koster gibt an, daß man nach völliger Lähmung der Akkommodation durch mydriatische Mittel keine Mikropsie mehr erzeugen könne. Ich finde nach Einträufeln von Homatropin in ein Auge folgendes: Bei schwacher Giftwirkung ist beim binokularem Sehen das unvergiftete Auge das führende, ich sehe die Gegenstände in normaler Größe, das verwaschene Bild des vergifteten Auges wird ignoriert. Schließe ich das unvergiftete Auge, so ist anscheinend sofort Mikropsie da, aber sie verstärkt sich allmählich, man gleitet beim Bestreben, immer schärfer zu sehen, allmählich in eine zunehmend stärkere Naheinnervation hinein. Das wird dadurch in die Wege geleitet, daß die verstärkte Naheinnervation auch eine deutlich wahrnehmbare Erhöhung der Sehschärfe bewirkt. Ist die Vergiftung dagegen hochgradig, so führt der Wunsch, scharf zu sehen, nicht mehr wie früher, schon bei einer ge-

---

größer sehe. Ich glaube aber, daß man insbesondere die Einstellversuche an Objekten unbekannter Größe, wie in den Alleeversuchen, zu denen auch meine eigenen Einstellungen bei der Nachprüfung der Köllnerschen Versuche gehören siehe oben S. 501) unmöglich als bloße Größenschätzungen betrachten kann. Dabei kann zugegeben werden, daß die Grenze zwischen geschätzter Größe und Sehgröße schwer zu ziehen ist. Ich halte es übrigens für wahrscheinlich, daß die Größenschätzung bei vieler Übung auch die Sehgröße beeinflußt, wie dies ja für die Höhe und Breite nach Winch siehe oben S. 190) im Verschwinden der Horizontal-Vertikal-Täuschung während des Zeichenunterrichts zum Ausdruck kommt.

ringen Änderung der Innervation zu einer Verbesserung der Sehschärfe. Es ist
sozusagen keine optische Führung mehr da, und es bleibt nichts übrig, als durch
eine sehr starke »willkürliche« Naheinnervation, zu der nicht alle Personen fähig
sind, eine starke Akkommodationsanstrengung aufzubringen. Ob die nun schließlich
zum Scharfsehen führt oder nicht, ist einerlei, wenn man sie nur wirklich erteilt, ist eben auch die Mikropsie da.

Eine weitere Schwierigkeit für die Erklärung der Mikropsie nach der
Aufmerksamkeitstheorie liegt darin, daß vielen Personen bei Mikropsie infolge
erschwerten Nahesehens die kleiner gewordenen Sehdinge weiter in die Ferne
gerückt erscheinen. Diese besonders von SACHS betonte Erscheinung wird
gewöhnlich damit erklärt, daß durch die primäre Änderung der Sehgröße
eine sekundäre Urteilstäuschung über ihre Sehferne erzeugt wird. Den
Widerspruch, der darin liegt, daß einmal die Mikropsie durch das Nahegefühl hervorgerufen wird, und die Verkleinerung der Sehdinge dann umgekehrt ein Fernerrücken derselben vortäuscht, kann man durch den Hinweis
darauf beheben, daß ja der binokulare Blickpunkt bei einer der Entfernung
des Gegenstandes nicht entsprechenden übermäßig starken Innervation zum
Nahesehen vor dem betrachteten Objekt liegt und dieses hinter ihm. Wir
haben also in diesem Falle dieselben Verhältnisse vor uns, die wir oben
S. 482ff. ausführlich als Sehtiefe hinter dem Blickpunkt kennen gelernt
habe, nur daß hier an der Stelle des Blickpunktes kein Objekt liegt, während
wir es bei den früheren Versuchen dort angebracht hatten. Dort hatten
wir aber gesehen, daß die Sehtiefe hinter dem Blickpunkt unter gleichen
Abbildungsverhältnissen umsomehr zunimmt, je näher wir den Blickpunkt
an das Auge heran verlegen. Daher wird die Sehferne des hinter ihm
liegenden Gegenstandes umso größer werden, je näher der Blickpunkt an
das Auge heranrückt. Diese in den Grundzügen schon von SACHS (1078)
und RIVERS (1064) ausgesprochene, auch von mir (8a, S. 313) vertretene
Erklärung scheint allerdings zunächst nur für das Sehen mit einem Auge
auszureichen, aber nicht ohne weiteres auch für die Mikropsie beim binokularen Sehen. Diese tritt ja am deutlichsten bei der Lösung der Konvergenz von der gleichbleibenden Akkommodation auf, und da liegen die Verhältnisse so, daß bei Mikropsie infolge Beanspruchung des positiven Teiles
der Fusionsbreite (Konvergenz stärker als Akkommodation) das betrachtete
Objekt in beiden Augen mit gekreuzter Querdisparation abgebildet wird
(siehe oben S. 317), demnach auf Grund des binokularen Tiefensehens eigentlich
näher erscheinen müßte, als der Kernpunkt. Umgekehrt tritt bei der Makropsie
infolge Beanspruchung des negativen Teiles der Fusionsbreite (Konvergenz
geringer, als die Akkommodation, eventuell sogar absolute Divergenz) schließlich
eine gleichseitige Querdisparation auf, die Dinge müßten daher eigentlich ferner
erscheinen, als der Kernpunkt. Man sieht sie aber eher näher[1]). Nun liegt

---

1) Nur PIGEON (1047) gibt an, daß ihm bei Divergenz der Gesichtslinien das
Sammelbild größer und weiter entfernt erscheine.

freilich im Kernpunkt nichts, und bei Darbietung einer ebenen Zeichnung, die mit durchgehend gleicher Querdisparation abgebildet wird, hat die letztere keine rechte Gelegenheit, ihre eigentliche Funktion, die Vermittlung relativer Tiefenunterschiede, auszuüben. Das kann sie in vollem Maße nur, wenn gleichzeitig oder rasch nacheinander Unterschiede in der Disparation gegeben sind. In der Tat berichtet schon HILLEBRAND (947, S. 43), daß während des Drehens der Haploskoparme auf stärkere Konvergenz, also bei Vergrößerung der Disparation, der Eindruck des Näherrückens sehr stark ist. Wenn man aber die Haploskoparme stillhält, scheint die Sehferne beim neuen Stand der Arme nur wenig von der beim früheren Stand derselben abzuweichen. Vielfach schlägt sie sogar ins Gegenteil, größere Sehferne, um. ISAKOWITZ (960) und KAILA (978) meinen, daß das nur bei Objekten von bekannter Größe der Fall ist[1]). Man könnte also wohl annehmen, daß beim Fehlen von Unterschieden der Querdisparation die empirischen Motive der Tiefenlokalisation stärker in den Vordergrund treten und die Sehferne bestimmen. Diese Annahme hätte den Vorteil, die individuellen Unterschiede, die bei diesen Versuchen zutage treten, aus dem Wettstreit entgegengesetzter Lokalisationsmotive einigermaßen verständlich zu machen. Ganz befriedigend ist sie aber nicht.

J. v. KRIES (HELMHOLTZ, III, S. 323) und BAPPERT (852) hatten aus den Mikropsie- und Akkommodationsversuchen den Schluß gezogen, daß durch die Naheeinstellung des Auges direkt bloß die Sehgröße beeinflußt werde, die Tiefenwahrnehmung aber erst indirekt infolge der Änderung der Sehgröße. Indessen läßt sich von dem höheren Gesichtspunkte des Zusammengehens von Nahegefühl und Änderung des Maßstabes des Sehfeldes aus beides kaum voneinander trennen[2]), denn daß es sich hier um einen durchaus einheitlichen, wenn auch komplexen Vorgang handelt, ist klar: Alle die Änderungen der Lokalisation, die beim Nahesehen auftreten, die Änderung des Maßstabes des gesamten Sehfeldes, die stärkere Ausnutzung der hinter dem Fixationspunkt liegenden Disparationen, die verschiedene Ausnutzung der Breiten- und Höhenwerte gegenüber den Tiefenwerten, sie alle gehen auf ein Ziel hinaus, die optische Lokalisation innerhalb eines gewissen Bereichs den wirklichen Verhältnissen möglichst anzupassen. Ich habe wiederholt darauf hingewiesen, daß diese Anpassung am genauesten innerhalb eines mittleren Bereichs ist, der wohl nicht ganz mit der Reichweite der

---

[1]) In diesem Punkte scheinen aber auch wieder individuelle Unterschiede vorzukommen.

[2]) Ganz und gar nicht angängig wäre es, ein Gefühl der Akkommodation und Konvergenz für die Sehgröße verantwortlich zu machen. Schon die Versuche mit Parese der Akkommodation zeigen, daß die Mikropsie von der wirklichen Ausführung des Akkommodationsimpulses nicht abhängt. Es könnte also höchstens ein hypothetisches Gefühl der Konvergenz in Frage kommen. Dies wird aber wieder durch die oben S. 504 angeführten Versuche von CARR und ALLEN ausgeschlossen.

Arme zusammenfällt, sich aber auch nicht allzuweit davon entfernt. Wenn
man nun noch stärker konvergiert, so geht dieser Prozeß immer weiter
und bei stärkster Anspannung der Akkommodation für die Nähe zeitigt er
dann jene übertriebenen Fehler, die wir oben im einzelnen besprochen haben.
Daß dieser ganze Prozeß erst mit der Erfahrung ausgebildet wird, geht aus
den Beobachtungen an operierten Blindgeborenen usw., über die wir oben
S. 452 ff. berichteten, mit voller Deutlichkeit hervor. Daß er freilich nicht
ein Produkt bewußter Überlegung ist, ergibt sich aus den Beobachtungen
von Köhler (986) an Anthropoiden. An Schimpansen konnte er nicht bloß
die Überlegenheit der binokularen Tiefenwahrnehmung über das monokulare
Tiefensehen nachweisen, sondern auch zeigen, daß der Zusammenhang
zwischen Sehgröße und Sehferne bei diesen Tieren ebenso besteht, wie beim

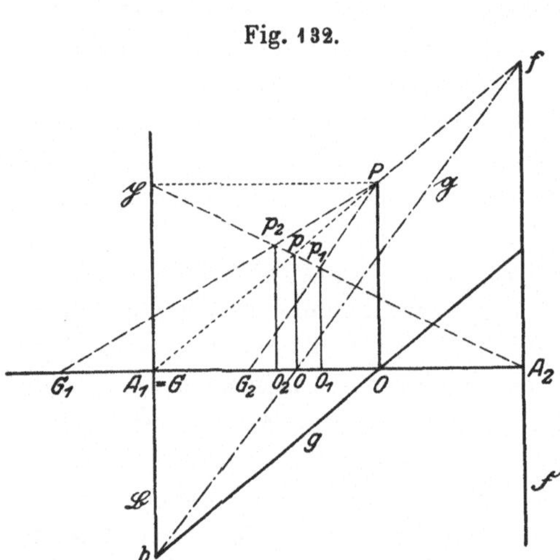

Fig. 132.

Menschen. Köhler ist deshalb
geneigt, die Beziehung zwischen
Sehgröße und Sehferne als einen
phylogenetischen Erwerb anzusehen, der nicht erst im individuellen Leben durch Erfahrung
gewonnen wird, sondern auf
angeborenen Einrichtungen beruht. Man wird sich wohl am
besten so ausdrücken, daß man
sagt, es handle sich um eine
erst durch Erfahrung erworbene
Schulung des Sehorgans. Eine
solche Schulung wäre natürlich
nicht möglich, wenn nicht die
Anlage dazu als physiologische
Vorbedingung in der Organisation des Gehirns gegeben wäre. Die Dinge
dürften ähnlich liegen, wie bei der Sprache. Auch sie wird nur erlernt im
Umgang mit anderen Menschen — der isoliert aufwachsende Mensch hat
keine Sprache —, und doch ist auch für sie eine angeborene Anlage vorhanden.

Horovitz (956 b) hat versucht, die Erscheinungen der Mikropsie und
Makropsie einheitlich darzustellen, indem er von dem Helmholtzschen Gedanken (I, S. 670 ff.) ausgeht, daß der Sehraum ein Reliefbild des wirklichen
Raumes darstellt. Es sei in der Fig. 132 von Horovitz G der Gesichtspunkt,
d. h. der Ort des betrachtenden Auges. In der Ebene $\mathfrak{B}$, der Kongruenz- oder
Bildebene, sind Gegenstand und Bild gleich groß. Die Ebene $\mathfrak{F}$ ist die Fluchtebene, d. h. der geometrische Ort der Reliefbilder unendlich ferner Punkte.
Parallele Linien im Gesichtsfeld schneiden sich also im Sehfeld in einem Punkt
der Fluchtebene. Die Projektion des Gesichtspunktes G auf die Kongruenz- und

die Fluchtebene sind der erste Augenpunkt A_1 und der zweite Augpunkt A_2. Die Distanz $A_1 A_2$ ist die Relieftiefe, die Entfernung des Gesichtspunktes G vom ersten Augpunkt ist der Augenabstand a. In der Figur fällt G mit A_1 zusammen, a ist also gleich Null. Eine Gerade durch den Gesichtspunkt G, ein Sehstrahl, bleibt im Relief unverändert, sie ist also ihr eigenes Reliefbild. Der Punkt, in dem sie die Bildebene durchstößt, heißt Bildpunkt, ihr Schnittpunkt mit der Fluchtebene der Fluchtpunkt. Ist im Gesichtsraum eine Gerade g gegeben, so findet man ihr Bild, wenn man den zu ihr parallelen Sehstrahl durch G zieht. Dieser trifft die Fluchtebene im Fluchtpunkt $\mathfrak{f}$, und die gerade Verbindungslinie des Bildpunktes $\mathfrak{b}$ mit dem Fluchtpunkt $\mathfrak{f}$ gibt das Reliefbild der Geraden $\mathfrak{g}$. Sie erscheint also im Reliefbild stärker geneigt, als es in Wirklichkeit der Fall ist. Bekanntlich werden in der Tat nach oben ansteigende Flächen in ihrer Steilheit überschätzt. Horovitz empfiehlt daher vergleichende Messungen der scheinbaren Steilheit schräg geneigter Flächen in verschiedenen Entfernungen zur Prüfung seiner Annahme. Solche Messungen sind aber durch v. Sterneck (1091) schon ausgeführt worden, der das Ergebnis mit seiner eigenen Theorie des Sehraums in Zusammenhang brachte.

Um das Reliefbild eines Punktes P zu finden, zieht man durch den Gesichtspunkt den Sehstrahl zum Punkte P. Da dieser im Reliefbild unverändert bleibt, muß auch das Reliefbild von P in ihm liegen. Zieht man ferner durch P die Parallele zu $A_1 A_2$ und von dem Punkte $\mathfrak{p}$, in dem diese die Bildebene schneidet, eine gerade Linie zum zweiten Augenpunkt A_2, so ist diese das Reliefbild von $P\mathfrak{p}$ und im Schnittpunkt von $A_1 P$ und von $\mathfrak{p} A_2$ liegt in p das Reliefbild des Punktes P. Das Objekt PO wird also in po abgebildet.

Ändert sich nun bei gleichbleibender Relieftiefe und unveränderter Lage des ersten Augpunkts A_1 die Lage des Gesichtspunktes G, so wird das Reliefbild des Objektes PO, wenn der Gesichtspunkt vor die Kongruenzebene, etwa nach G_1 verlegt wird, kleiner und erscheint ferner, in $p_1 o_1$; wenn der Gesichtspunkt hinter die Kongruenzebene auf G_2 fällt, wird es größer und erscheint näher, in $p_2 o_2$. Nach Horovitz entspricht dies dem Falle der Mikropsie und Makropsie. Ist das Auge auf einen Punkt eingestellt, der im Abstand e vor O liegt, so entspricht dieser Einstellung ein bestimmtes Sehraumrelief, das gefunden wird, wenn man sich den Gesichtspunkt um den Betrag e vom ersten Augpunkt ab gegen O hin verschoben denkt. Würden wir das Auge um diesen Betrag nach vorn rücken, so würden Gesichtspunkt und erster Augpunkt wieder zusammenfallen, und wir erhielten das für diese Einstellung passende Reliefbild. Bleibt aber das Auge unverrückt in A_1, so erhalten wir die Erscheinungen der Mikropsie: Kleinersehen und Fernerrücken des betrachteten Objektes. Umgekehrt erhalten wir die Erscheinungen der Makropsie: Größersehen und Näherrücken, wenn wir uns den Gesichtspunkt bei unverrücktem erstem Augpunkt nach G_2 hinter den ersten Augpunkt verlegt denken, und das ist der Fall, wenn die Einstellung des Auges auf einen Punkt hinter dem betrachteten Objekt gerichtet ist.

Voraussetzung für die Anwendbarkeit der Formeln für die Reliefperspektive auf den Sehraum ist, das gerade Linien im wirklichen Raum auch im Sehraum wieder als Gerade erscheinen. Dann stimmen für den Fall $a = 0$ (Zusammenfallen von Gesichtspunkt und erstem Augpunkt) die Formeln mit den von WITTE für die Sehgröße und Sehferne angegebenen überein. Für $a \gtreqless 0$ müssen sie entsprechend geändert werden. Damit ist zugleich gesagt, daß alle Einwände, die gegen WITTES Aufstellungen gemacht wurden, auch die von HOROVITZ treffen. Es kann sich also höchstens um eine erste Annäherung für ganz bestimmte Verhältnisse handeln. Als solche und als Ausgangspunkt für weitere Untersuchungen ist aber das Schema von Bedeutung, wenn ich auch glaube, daß es noch wesentlich abgeändert werden muß.

Während man so hoffen darf, daß es schließlich doch gelingen wird, die Änderungen der Sehgröße und Sehferne bei der Mikropsie und Makropsie trotz ihres paradoxen Verhaltens einer einheitlichen Erklärung zuzuführen, bleiben eine Anzahl anderer Fälle übrig, die vorläufig noch keiner irgendwie zuverlässigen Deutung zugänglich sind. Dazu gehört die von vielen Autoren, so von ZEHENDER, ZOTH, STREINTZ, ST. MEYER (aufgezählt bei HOROVITZ (956b, S. 638 ff.), ferner HYSLOP (958) und BARD (852a) beobachtete Erscheinung, daß ein mit konvergenten Gesichtslinien betrachteter Gegenstand beim Sehen mit einem Auge kleiner erscheint, als beim binokularen Sehen, was HOROVITZ auf eine zum Zwecke der Pupillenverengerung eingeleitete übermäßige Akkommodation beziehen möchte. Die beim Durchblicken durch Röhren von vielen Autoren beobachtete Mikropsie dürfte nach HOROVITZ und nach RANDLE (1059) wenigstens zum Teil durch die Einschränkung des Gesichtsfeldes bedingt sein. BRYANT (873a) fand nämlich, daß beim Sehen mit einem Auge bei Erweiterung des Gesichtsfeldes auch die Sehtiefe vergrößert wird. Auch die Beobachtung von MARZINSKY (1019b), daß ein Schachmuster bei seiner Entfernung aus etwa 25 bis zu 60 cm vom Auge statt sich zu verkleinern, sich scheinbar vergrößert, könnte mit ähnlichen Umgebungsfaktoren zusammenhängen.

Scheinbare Verkleinerung einer seitlichen Distanz beim Übergang vom monokularen zum binokularen Sehen, also das entgegengesetzte Phänomen zu dem eben beschriebenen, beobachtete HOEFER (951) beim Studium des PANUMschen Versuchs. TSCHERMAK führte (ebenda) die Erscheinung auf die gegenseitige Anziehung der Sehrichtungen disparater Punkte beider Netzhäute zurück, die ja bei gleichartiger Abbildung auf nahe disparaten Stellen bis zur völligen Verschmelzung der Sehrichtungen geht.

Ganz besondere Schwierigkeiten bereitet aber die Angabe von WITTMANN (1121) und PETERMANN (1039), daß von isoliert im Dunkelzimmer sichtbaren Scheiben gleichen Gesichtswinkels die helleren nicht bloß näher, sondern auch größer erscheinen, als die dunkleren. Etwas Analoges ist vermutlich auch das Phänomen, daß einem die Menschen im Nebel auffällig groß und nahe erscheinen können, ferner daß ein einzeln in dunkler Nacht auf einem Berge sichtbares Licht nicht bloß näher, sondern auch viel höher zu liegen scheint, als es wirklich der Fall ist. In diesen Fällen erscheint also ein Objekt bei gleichem Gesichtswinkel umgekehrt wie sonst größer, wenn es näher, als wenn es ferner gesehen wird. Daß daraus eine völlige Unabhängigkeit von Sehgröße und Sehferne hervorgeht, kann man nicht behaupten, denn in der Tat verändern sich ja auch hier wieder beide zusammen, allerdings in derselben paradoxen Art, wie bei der Makropsie. Denken wir uns daher im Horovitzschen Schema den Gesichtspunkt nach hinten in G_2 verlegt, so erhalten wir auch für diesen Fall eine Beschreibung des Vorganges. Nur ist freilich nicht einzusehen, wo nun diese Verlagerung des Gesichtspunktes herrühren soll. Mir scheint eben aus der zuletzt erwähnten Beobachtung auch die hauptsächlichste Schwäche des Reliefschemas hervorzugehen. Wenn mir ein auf dem Berge gelegener Punkt, weil er mir näher gerückt erscheint, auch höher zu liegen scheint, so ändert sich ja dabei die Steilheit der Sehrichtung, die vom Augpunkt im wirklichen Raum ausgehende gerade Richtung nach dem oben gelegenen Punkt wird also im Sehraum nicht mehr unverändert abgebildet. Hier scheinen die Überlegungen von v. Sterneck (1091, S. 91) über die Überschätzung der Steilheit z. B. von Bergen viel weiter zu führen.

Auf Mikropsie hatte Zoth (1130) auch die Erscheinung bezogen, daß ein und derselbe Gegenstand bei Betrachtung mit erhobenem Blick kleiner erscheint, als bei Betrachtung mit horizontaler Blickrichtung (Stroobant, 1098; Guttmann, 926; A. Müller, 1028; Filehne, 898a und b). Zoth bezieht sich in der Erklärung auf die oben S. 276 erwähnte, bei der Blickhebung aus rein mechanischen Gründen auftretende Divergenz der Gesichtslinien. Um diese auszugleichen und die Gesichtslinien wieder parallel zu stellen, müsse man einen Konvergenzimpuls geben und mit ihm sei dann eine entsprechende geringgradige Mikropsie verbunden. Wenn das zutreffen soll, dürfte man das Kleinersehen bei erhobenem Blick wohl nur beim Binokularsehen erwarten, denn beim Sehen mit einem Auge würde die seitliche Ablenkung der Gesichtslinie eher durch einen kleinen Seitenwendungsimpuls ausgeglichen werden. Tatsächlich gibt A. Müller an, daß sie beim Binokularsehen viel deutlicher sei, als beim Sehen mit einem Auge. Bourdon (868 und 3, S. 417 ff.) fand aber weder beim monokularen, noch bei binokularem Sehen eine Vergrößerung bei Blickhebung.

Außer den aufgezählten, mit der Nahe- und Ferninnervation irgendwie verknüpften Einflüssen auf die Sehgröße scheinen aber noch ganz andere rein zentrale »psychische« Faktoren eine Rolle zu spielen. Darauf deuten die speziell von Sittig (24) u. a. beschriebenen Fälle ungleicher Sehgröße in der linken und rechten Sehfeldhälfte hin. Daran schließt sich der neuerdings von Goldstein und Gelb (918b) beobachtete Fall von Mikropsie bei einem

Hemiamblyopiker an, die jedesmal dann auftrat, wenn die Regungen der geschädigten Sehsphäre überwogen. Die von Gelb (918a) beschriebene »Dysmorphopsie« bei Kranken, die ferne Gegenstände jenseits eines gewissen Bereichs binokular beiderseits, monokular aber nur in der temporalen Gesichtsfeldhälfte zu schmal sahen, was Gelb auf ein Überwiegen der Erregungen der nasalen Netzhauthälfte bezog, wird von Comberg (881b) gleichfalls auf zentrale Einflüsse, — die Gewohnheit, die Sehrichtungen ferner Gegenstände beim binokularen Tiefensehen mehr der Medianebene zu nähern — zurückgeführt. Weiterhin wäre an die von Krause (992) beobachtete Patientin zu erinnern, die Gegenstände außerhalb des Fensters groß und sehr weit entfernt sah, während ihr Personen und Dinge im Zimmer in der richtigen Größe erschienen. Weitaus am interessantesten sind aber die von Pfister (1043) und Heilbronner (929) beobachteten Fälle, in denen bloß der direkt fixierte Gegenstand in die Ferne rückte, ohne dabei, auch wenn er sehr weit entfernt schien, kleiner zu erscheinen[1]. Heilbronner hat für diesen speziellen Fall von Störung der Tiefenwahrnehmung den Ausdruck Porrhopsie vorgeschlagen. Nun gab Pfisters Patient an, daß er beim Einschlafen gleichzeitig mit der Porrhopsie beim Bewegen der Finger und der Arme den Eindruck hatte, als ob er mit ihnen meterlange Exkursionen ausführe[2]. Diese Porrhopsie ist also verbunden mit falschen Vorstellungen über die Lage und Bewegung einzelner Teile des Körpers oder auch des Gesamtkörpers z. B. scheinbares In-die-Tiefe-Sinken oder Schweben. Inwieweit die von Panum (1036), Reddingius (646, S. 122) u. A. beschriebene Mikropsie (nicht Porrhopsie) bei Schläfrigkeit und im Beginn der Narkose, nach Genuß von Haschisch, ferner die Mikropsie in der epileptischen Aura in dieselbe Klasse von Erscheinungen hineingehört, müßte wohl noch genauer untersucht werden. Vielleicht handelt es sich auch hierbei weniger um periphere Störungen (Erschwerung der Naheinnervation), als vielmehr um zentrale Einflüsse. Auf letztere weist endlich mit Bestimmtheit auch der Wegfall der Größenschätzung bzw. Größenvorstellung hin, den Nothnagel und Badal beobachteten, sowie die sonstigen merkwürdigen Dysmegalopsien bei Läsionen des Hinterhautlappens, die Schilder (1080, S. 35) anführt. Über Dysmorphopsien bei Hysterischen vgl. Uhthoff (710, S. 1622 ff.).

Mit den Mikropsie- und Makropsieversuchen hängen eng auch jene Erscheinungen zusammen, die man nach ihrem Entdecker H. Meyer (1024)

---

[1] So verhalten sich nach Jaensch (vgl. Freiling, 914, II) speziell Vorstellungsbilder, während Nachbilder sich proportional der Sehferne vergrößern und die Anschauungsbilder der Eidetiker (siehe oben S. 460 ff.) zwischen beiden in der Mitte stehen. Eidetiker sollen nach Jaensch und seinen Schülern auch imstande sein, einzelne Teile ihrer Anschauungsbilder durch willkürliche Anspannung der Aufmerksamkeit auf einen anderen Ort zu verschieben (s. oben S. 461).

[2] Ähnliche Erscheinungen, die schon Veraguth (1106a) beschrieben hat, kommen übrigens beim Einschlafen auch bei Gesunden vor.

als Tapetenbilder bezeichnet. Die Versuche bestehen darin, daß man gegen ein Muster mit gleichförmig sich wiederholenden Details hinsieht — eine Tapete, ein Drahtgitter oder ähnliches — und dabei die Gesichtslinien entweder vor oder hinter der Ebene des Musters derart kreuzt, daß gleichartige, aber nicht identische Stellen desselben auf korrespondierende Netzhautstellen fallen. Man sieht dann das Muster einfach, es wird aber meist von seiner wirklichen Lage abweichend näher oder ferner lokalisiert und erscheint dementsprechend entweder verkleinert oder vergrößert. Man sieht ohne weiteres, daß es sich hier um eine analoge Lösung von Akkommodation und Konvergenz handelt, wie bei der Mikropsie und Makropsie. Man nimmt gewöhnlich an, daß das Sammelbild in diesen Versuchen an den Kreuzungspunkt der Gesichtslinien lokalisiert wird, und man schließt dies daraus, daß man bei nahe vor den Augen gekreuzten Gesichtslinien ein feines Objekt (z. B. eine Nadelspitze), das man in den Kreuzungspunkt der Gesichtslinien hineinbringt, in derselben Sehferne sieht, wie das vereinigte Muster. Dabei ist aber zu unterscheiden, daß zwar beide Gegenstände, die Nadel und das Muster, in der gleichen Sehferne erscheinen, daß damit aber noch nicht gesagt ist, wie groß nun diese Sehferne ist. Kurz gesagt, es ist dadurch nur die relative Tiefenlokalisation von Nadelspitze und Muster bestimmt, aber noch nicht ihre absolute. Wie diese ausfällt, wird von allen den Bedingungen abhängig sein, die wir bei der Lehre von der Abstandslokalisation eingehend besprochen haben, in erster Linie von der relativen Lokalisation zu den Teilen des eigenen Körpers. Sind also Teile desselben, etwa die eigene Hand, deutlich mit sichtbar, so werden diese richtig lokalisiert und nach ihrer Lokalisation richtet sich dann auch die des Musters. Führt man also den eigenen Finger an die Stelle des Kreuzungspunktes der Gesichtslinien, so wird dieser in die Nähe lokalisiert und mit ihm das Tapetenbild. Einen besonders eindrucksvollen derartigen Fall hat KAHN (975) beschrieben. Er blickte mit beiden Augen durch ein mit der Hand gehaltenes Drahtgitter auf die Fliesen eines Ganges herunter, die ein regelmäßiges Schachbrettmuster bildeten. Während er nun das Drahtgitter fixierte, brachte er es in eine solche Entfernung, daß entsprechend dem allgemeinen Prinzip der Tapetenbilder verschiedene Stellen der Fliesen binokular vereinigt wurden. Das Sammelbild erschien nun, da neben dem Gitter auch die haltende eigene Hand und Teile des Rumpfs usw. sichtbar waren, mit großer Eindringlichkeit in der Sehferne der Hand, und das führte beim Gehen zu sehr starken Scheinbewegungen und Orientierungsstörungen. Als ich auf dasselbe Muster in gleicher Weise mit gekreuzten Gesichtslinien durch das Drahtgitter herabblickte, dabei aber mittels zweier vor die Augen gehaltenen Guckröhren den Anblick der Hand und des eigenen Körpers ausschloß, erhielt ich zwar auch noch den Eindruck einer Annäherung des Musters, aber die Lokalisation war wesentlich unbestimmter.

Der überragende Einfluß der Lokalisation eigener Körperteile kann sogar zu einer Trennung der Tiefenlokalisation des Sammelbildes von der les einfachen Objektes im Kreuzungspunkt der Gesichtslinien führen. Bringt man z. B., während man in die Ferne blickt, in die Gesichtslinie des linken Auges einen Finger der linken, in die Gesichtslinie des rechten Auges den gleichen Finger der rechten Hand, so erscheint das verwaschene Sammelbild der beiden Finger durchaus nicht in der weiten Entfernung, in die man hinblickt, sondern in der Nähe (HERING, R. S. 431). Ja es ist nicht einmal das Bild des ganzen Fingers dazu nötig. Man halte beide Zeigefinger nicht vertikal, wie im HERINGschen Versuch, sondern horizontal vor die Augen und nähere sie einander nur soweit, daß die Endphalangen binokular vereinigt werden. Dann wird beim Sehen gegen einen hellen Hintergrund (den Himmel) durch den Wettstreit das nur mit einem Auge gesehene Bild der Mittelphalange unterdrückt und man sieht nur das Sammelbild der Endphalange (SANTOS FERNANDEZ, 1079a), aber auch nicht am Himmel, sondern neben der Hand, obwohl es bloß als ein ovaler dunkler Fleck erscheint.

Bei den Tapetenbildern ergeben sich bezüglich des Nah- und Fernsehens des kleiner Erscheinenden dieselben individuellen Unterschiede, wie bei den übrigen Mikropsieversuchen. Vereinigt man zwei Münzen, die auf einem gleichmäßig gefärbten Grunde liegen, mit vor ihnen gekreuzten Gesichtslinien, so sieht man in der Mitte das Sammelbild, rechts und links flankiert vom gleichseitigen Halbbild jedes Auges. Anfangs liegen alle drei auf dem Grund, bei längerer Betrachtung löst sich aber das Sammelbild vom Grund los und schwebt vor ihm in der Luft. In diesem Falle erscheint es kleiner, als die dahinter auf dem Grund liegenden Halbbilder (SCHWARZ, 1086). HYSLOP (959) und ich sehen es ebenso, A. MÜLLER (1030, S. 129) gibt umgekehrt an, er sehe das Sammelbild (von Briefmarken) kleiner und ferner, als den Grund.

Noch viel schwieriger, als die Analyse des Nahesehens, ist die Feststellung der Faktoren, die das Sehen in großen Entfernungen bestimmen. Jenseits der stereoskopischen Grenze fällt ja der für die Nähe wichtigste Faktor des Tiefensehens, die binokulare Tiefenwahrnehmung, ganz fort, und es sind bloß noch die empirischen Motive der Tiefenlokalisation wirksam, die an sich außerordentlich mannigfaltig und innig miteinander verflochten sind, und von denen jedes einzelne vermutlich auch einen individuell verschieden starken Einfluß auf die Tiefenlokalisation haben wird. So ist es begreiflich, daß selbst über die einfachsten und grundlegendsten Fragen die Ansichten weit auseinander gehen. Die Diskussion bezieht sich insbesondere auf die Art der Begrenzung des Sehraums in der Ferne und nach oben hin, speziell auf die Frage nach der Entstehung der Form des Himmelsgewölbes.

Denken wir uns den Himmel bedeckt von einer gleichmäßig grauen Wolkenschicht, die in mäßiger, überall gleicher Höhe über der Erde schwebt, so wird uns, wenn wir den Blick vom Zenith allmählich gegen den Horizont hin bewegen, die Erhebung der Wolken über dem Horizont immer geringer erscheinen und am Horizont selbst Null werden. Der Abnahme der scheinbaren Wolkenhöhe entspricht die Form des Himmelsgewölbes, das in der Ferne mit der Begrenzung des irdischen Horizonts zusammenfließt. Man sieht sofort, daß hier alle die Fragen auftauchen, die wir bei der Besprechung der Sehferne und der Sehgröße berücksichtigen mußten. Dort hatten wir gesehen, daß es nicht möglich ist, diese mannigfaltigen und an den verschiedenen Sehfeldstellen verschiedenen Einflüsse unter eine einheitliche Formel zu bringen. Dem entsprechend findet man nun auch die Form des Himmelsgewölbes je nach den Umständen örtlich und nach den verschiedenen Richtungen hin verschieden. Sie ändert sich insbesondere je nach der irdischen Begrenzung des Horizonts. Reicht dieser flach bis zu großer Ferne, wie z. B. am Meere oder über einer dunstigen Ebene, so ist die Neigung des Himmelsgewölbes nach der Ferne zu außerordentlich flach. Ist dagegen der Horizont durch nahe Gebäude derart verdeckt, daß der Wolken- oder Nachthimmel in einem (nicht bis zum Boden reichenden) Ausschnitt zwischen zwei seitlichen höheren Baulichkeiten sichtbar ist, so steigt er hier viel steiler, unter Umständen fast senkrecht empor. Aber auch abgesehen von diesem Einfluß irdischer Objekte wechselt die Form des Himmelsgewölbes je nach den Verhältnissen der Bewölkung, der Beleuchtung (bei Tag und bei Nacht) und zwar sind hier zweifellos auch individuelle Unterschiede vorhanden. Ausdrücklich ist auch die Form des Himmelsgewölbes selbst von der Sehferne der auf ihm sichtbaren Dinge, der Sonne, des Mondes, der Gestirne und der Einzelwolken zu unterscheiden. Den meisten Personen dürften zwar die Sterne gleichmäßig auf einer und derselben gewölbten Fläche zu liegen scheinen. Andere, wie z. B. WITTMANN (1121, S. 658) geben an, die Sehferne der Sterne hänge in hohem Maße von ihrer Helligkeit ab, aber auch von dem Umfange und der Richtung ihrer Beachtung, sodaß die einzelnen Partien der Himmelsfläche eine überaus schwankende Sehferne besitzen. Ebenso sei deutlich zu sehen, daß der in einer Lücke zwischen den Wolken hell leuchtende Mond weit hinter den Wolken stehe, während er immer mehr und mehr in die Wolkenfläche hereinrücke, je mehr er von den Wolken bedeckt werde.

Mit der Änderung der Sehferne ist nun auch eine Änderung der Sehgröße verbunden. Der bekannteste Fall ist die scheinbare Vergrößerung von Sonne, Mond und von Sterndistanzen am Horizont gegenüber dem Zenith, die Anlaß zu einer wahren Flut von Abhandlungen gegeben hat, die man für die ältere Zeit vollständig bei REIMANN (1060) zusammengestellt findet.

Um nun wenigstens einen allgemeinen Überblick über die Mannigfaltigkeit der Erscheinungen zu erhalten, hat A. MÜLLER (1030) einen Gedanken von v. STERNECK umbildend den Begriff der »Referenzfläche« aufgestellt.

Diese stellt nach A. Müller eine Fläche dar, die der Sehform des sichtbaren Teils des Himmelsgewölbes ähnlich ist. Eine angenäherte Vorstellung von der Form dieser gekrümmten Fläche kann man sich durch die Betrachtung des Himmels direkt bilden. Die genauere Art der Krümmung kann man ihr aber nicht mit genügender Schärfe ansehen. Hier versucht nun Müller im Anschluß an frühere Autoren durch indirekte Bestimmungen weitere Aufschlüsse zu erhalten. Zur Vereinfachung sei zunächst angenommen, daß die Verhältnisse nach allen Himmelsrichtungen hin gleichartige sind, sodaß die Referenzfläche zu einem Stück einer Rotationsfläche wird. Nun stellt Müller alle Messungen zusammen, die von den verschiedensten Beobachtern — besonders umfangreich zuerst von Reimann (1060) — über die Schätzung der Mitte des Bogens Zenith-Horizont gemacht worden sind. Dieser Winkel ist, vom Horizont aus gerechnet, immer kleiner als 45°, er schwankt aber je nach der Bewölkung, Helligkeit, Tages- und Jahreszeit

Fig. 133.

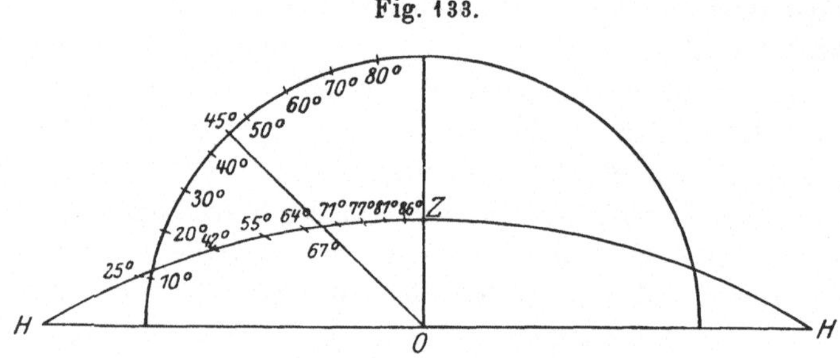

und ist unter äußerlich gleichen Bedingungen auch individuell verschieden groß. Aus ihm, ferner aus der Winkelhöhe zweier fester Punkte und der Mitte des von ihnen eingeschlossenen Bogens über der Horizontalebene läßt sich nun zunächst berechnen, ob die Form des Himmelsgewölbes einer Kugelkalotte entspricht. Reimann war nach seinen Messungen zu der Ansicht gelangt, daß das in der Tat der Fall sei. Die Verhältnisse, die sich in diesem Falle für die Höhenschätzung ergeben würden, sind in der Fig. 133 von Müller wiedergegeben. O wäre der Standpunkt des Beobachters, HZH ein Schnitt durch die Kalotte unter der Annahme, daß der Halbierungswinkel des Bogens zwischen Zenith und Horizont bei 22° liegt. Um O als Zentrum ist ein Halbkreis mit beliebigem Radius geschlagen, um an ihm die wirklichen Erhebungen von 10° zu 10° zu zeigen. Am Kalottenschnitt sind die scheinbaren Erhebungswinkel angezeichnet, und man sieht, daß man in der Nähe des Horizonts die wirklichen Erhebungen stark unterschätzt. Die genauen Messungen von Müller haben dann allerdings gezeigt, daß die Annahme einer Kugelkalotte nicht ganz zutrifft, vielmehr verläuft der Meridian der Referenzfläche des Wolkenhimmels innerhalb eines Quadranten anders als der Kreis. Er besteht vielmehr aus zwei Stücken, einem flacheren unteren und einem stärker gekrümmten oberen, die bei einer Erhebung von 10° über dem Horizont aneinanderstoßen.

Dieses Ergebnis wird bestätigt durch Bestimmungen anderer Art, die nicht bloß auf den Wolkenhimmel, sondern auch auf die Referenzflächen für Sonne, Mond und Sterndistanzen anwendbar sind, und die auf der Annahme basieren, daß bei gleicher Sehferne gleichem Gesichtswinkel auch gleiche Sehgröße entspricht[1]). Bestimmt man daher in verschiedener Höhe über dem Horizont die Sehgröße von Wolken, der Sonne, des Mondes oder von Sterndistanzen, so läßt sich daraus ein Rückschluß auf ihre Sehferne ziehen, und die Form ihrer Referenzfläche ableiten. Aus diesen Messungen stellte sich nun für den Meridian der Referenzfläche der Wolken, der Sonne, des Mondes und wahrscheinlich auch der Sterne eine Kurve mit zwei Wendepunkten im Quadranten heraus, wie sie von Müller in Fig. 134 für die

Sonne bei leicht bewölktem Himmel nach den Messungen v. Sternecks dargestellt ist. Die Kurve ist der durch die erste Rechnungsart gefundenen ähnlich, doch nicht mit ihr identisch. Man muß nämlich nach

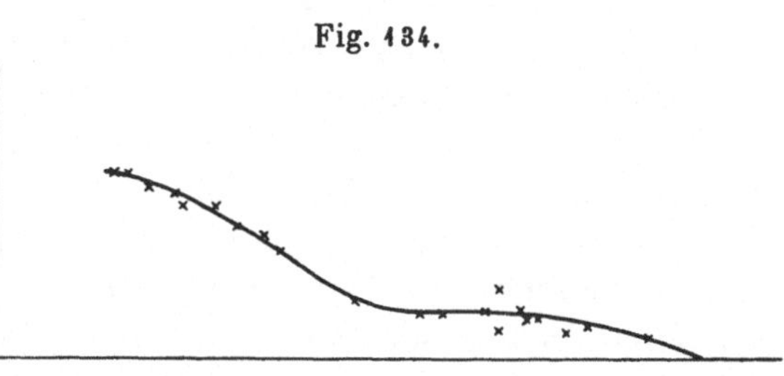
Fig. 134.

Müller immer noch unterscheiden zwischen der Referenzfläche der Sonne, der Sterne und des Sternenhimmels, der Wolken und des Wolkenhimmels usw.

Die große Ähnlichkeit der Meridians der Referenzfläche der Gestirne mit dem analog gezeichneten Meridian der gegen den Horizont hin zunehmenden Extinktion des Sternenlichts spricht nach A. Müller dafür, daß die Referenzfläche der Gestirne sehr wesentlich durch die Extinktion ihres Lichtes bedingt ist. Daneben kommen allerdings für die Referenzfläche der Gestirne, wie für die des Himmelsgewölbes noch eine ganze Reihe anderer Faktoren in Betracht. Ich muß bezüglich aller Einzelheiten auf die Ausführungen von A. Müller (1030, 1031) und auf die Darstellungen von Reimann (1060, 1061), Zoth (1130, 1131), Filehne (898—905) und Best (859a) verweisen, wo man auch die ausgedehnte weitere Literatur findet, und erwähne nur, daß nach A. Müller an der Referenzfläche des blauen Himmels vermutlich direkt oder indirekt beteiligt sind: Blickrichtung, Horizont- bzw. Sichtweite, Farbe, Helligkeit, Geländebeschaffenheit, Gewöhnung. »Was als Hauptfaktor anzusehen ist, wissen wir nicht«.

---

1) A. Müller durchbricht allerdings dieses Prinzip, wenn er annimmt (1030, S. 129 ff. und 140), daß Sehgröße und Sehferne sich auch unabhängig voneinander ändern können. Vergleiche zu diesem Punkt oben S. 513.

4. Haploskopie und Stereoskopie.

Als Haploskopie (der Name rührt von Oppel her) bezeichnen wir die binokulare Vereinigung der Inhalte zweier voneinander gesonderter Sehfelder. Unter Stereoskopie verstehen wir jenen spezielleren Fall der Haploskopie, in dem beabsichtigt ist, einen räumlich ausgedehnten Körper durch zwei jedem Auge gesondert dargebotene stereoskopische »Halbbilder« desselben zu ersetzen. Die Verfahren der Haploskopie und der Stereoskopie sind im allgemeinen die gleichen, nur ist es beim Stereoskopieren nötig, noch die besonderen Bedingungen zu beachten, die eine richtige Wiedergabe des Raumobjekts ermöglichen. Wir wollen im folgenden zunächst einen kurzen Überblick über die gemeinsamen Methoden der Haploskopie und der Stereoskopie geben und dann erst auf die speziellen Bedingungen der Stereoskopie eingehen.

Von den allgemeinen Verfahren der Haploskopie ist zunächst das sogenannte freiäugige Stereoskopieren zu erwähnen, bei dem die Blicklinien entweder vor oder hinter zwei gesondert dargebotenen Objekten gekreuzt werden, und das als Haploskopieverfahren auch die Grundlage für die soeben besprochenen Tapetenbilder abgibt. Wegen der Beanspruchung der relativen Akkommodationsbreite haploskopiert der Myop bei parallel gestellten Blicklinien am besten ohne Brille, bei Konvergenz mit Brille. Um die richtige Augenstellung zu finden, kann der Anfänger für Konvergenzstellungen eine feine Spitze als Fixationsobjekt benützen, für Parallelstellungen sieht er entweder zunächst auf einen fernen Punkt und schiebt dann plötzlich die Stereoskopbilder in deutlicher Sehweite vor seine Augen, oder er hält nach Köhler (s. v. Rohr, 1070, S. 240) eine unter 45° geneigte Glasplatte (Fensterglas) vor die Augen, die den letzteren einen sehr fernen Gegenstand über die Stereoskopbilder zuspiegelt, auf die sie sich einstellen. Dadurch kommen die Stereoskopbilder zur Deckung und ziehen jetzt fusionsmäßig die Akkommodation auf sich.

Wegen ihrer großen Bedeutung, die allerdings auf anderem Gebiet liegt, als auf dem des optischen Raumsinns, ist ferner die Stereoskopiermethode von Pulfrich (1055) zu erwähnen, die darauf beruht, daß bei Betrachtung eines Objekts, das in einer frontalen Ebene parallel zur Verbindungslinie beider Augen hin- und hergeht, wenn die Lichtstärke für beide Augen verschieden ist, nicht eine in der Frontalebene hin- und hergehende, sondern eine in die Tiefe kreisende Bewegung erscheint. Nach einer Notiz von A. Kohlrausch ist dieses Phänomen der »kreisenden Marke« »gut an einem bis auf die untere Spitze verdeckten, vor hellem Hintergrund gehenden Wanduhrpendel zu beobachten, wenn man ein Auge mittels Rauch- oder Farbglas oder künstlicher Pupille (Loch in einem Kartenblatt) verdunkelt. Brauchbare Pendelgeschwindigkeit bei mittlerer Tagesbeleuchtung: eine

ganze Periode in etwa einer Sekunde. Die Marke krei〟 vom verdunkelten
Auge hinten herum zum heller sehenden«. Die Erscheinung beruht darauf,
daß die Empfindung von dem schwächer belichteten Auge etwas später
einsetzt, als die vom stärker gereizten, und daher auch räumlich um so
mehr hinter der letzteren zurückbleibt, je schneller die Bewegung der
Marke ist. Daher stärkste Querdisparation während der Pendelschwingung
in der Mitte der Bahn, Querdisparation Null an den Umkehrpunkten.

Am leichtesten gelingt das Haploskopieren und Stereoskopieren mit
Hilfe besonderer Vorrichtungen, der Stereoskope. Von diesen ist in seiner
Konstruktion am einfachsten und übersichtlichsten das Spiegelstereoskop
von WHEATSTONE (1117, 1118[1]), dessen Prinzip durch Fig. 135 schematisch
wiedergegeben ist. EF und FG sind zwei unter 45° gegen die Sagittalebene geneigte im Rahmen $ABCD$ befestigte Spiegel, abc drei Punkte,

Fig. 135.

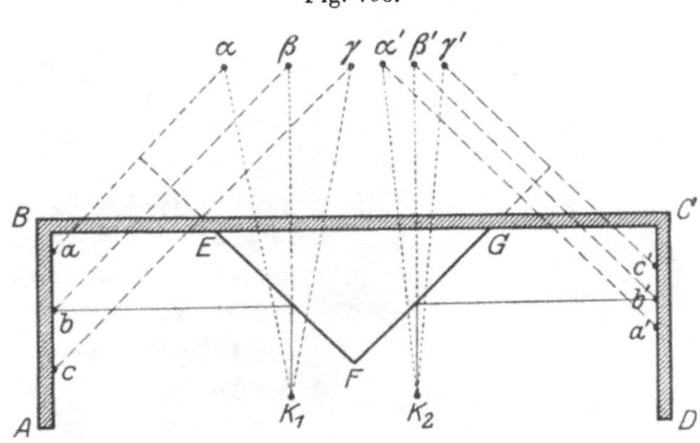

welche für das in K_1 befindliche linke Auge durch EF nach $\alpha\beta\gamma$, $a'b'c'$
drei Punkte, welche für das in K_2 befindliche rechte Auge durch FG nach
$\alpha'\beta'\gamma'$ gespiegelt werden. In der Zeichnung ist der Einfachheit halber
vorausgesetzt, daß beide Augen geradeaus in die Ferne blicken, die Blicklinien also auf der Ebene, in die die Objekte hereingespiegelt werden, senkrecht stehen. Dann verschmelzen binokular β mit β' auf korrespondierenden Stellen, α und α' mit gleichseitiger, γ und γ' mit gekreuzter Querdisparation, daher erscheint das Sammelbild von $\alpha\alpha'$ hinter, von $\gamma\gamma'$ vor
dem Sammelbild von $\beta\beta'$. Dabei ist aber trotz dem Blick in die Ferne
Akkommodation auf die nahen Bilder nötig. Man kann diese Lösung von

---

1) Eine sehr eingehende historische Darlegung des Entwicklungsganges der
Stereoskopie, der mannigfachen Formen der Stereoskope und der mit ihnen zusammenhängenden binokularen Instrumente hat M. v. ROHR gegeben (1070), auf
dessen Buch ich zur Ergänzung des oben Gesagten ausdrücklich hinweise. Derselbe (1072) hat auch einen Neudruck bzw. eine Übersetzung der wichtigsten Abhandlungen zur Geschichte der Stereoskopie besorgt.

Akkommodation und Konvergenz vermeiden, wenn man abc gegen A und $a'b'c'$ gegen D zu nach vorn vorschiebt. Dann nähern sich die Spiegelbilder und fallen schließlich übereinander. Da sie aber dabei immer in derselben frontalparallelen Ebene bleiben[1]), so stehen dann die auf $\beta\beta'$ gerichteten Blicklinien nicht mehr auf der Bildebene senkrecht. Will man auch dies noch erreichen, so muß man die Spiegel mit den Objekten fest verbinden und beide zusammen um eine lotrechte, durch den Drehpunkt jedes Auges ziehende Achse drehen. Dies leistet das Heringsche Haploskop, dessen genaue Beschreibung man bei Hofmann (8, S. 152 ff.) findet,

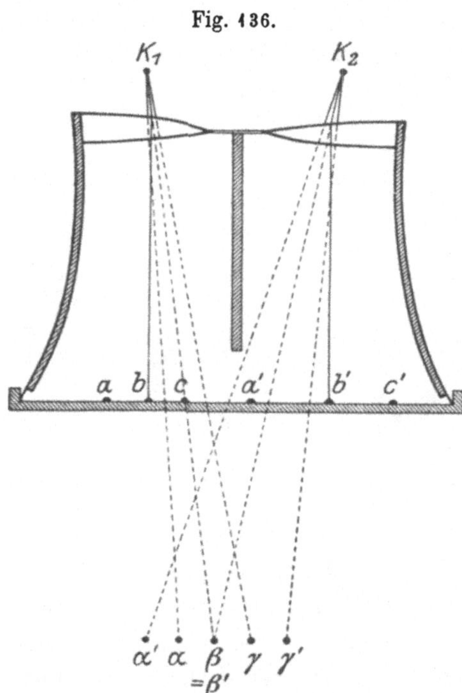

und das man wegen seiner vielseitigen physiologischen Verwendbarkeit geradezu als das Universalinstrument zum Studium des binokularen Sehens bezeichnen kann.

Das in der Praxis am meisten verwendete Stereoskop ist das **Prismenstereoskop** von Brewster (870). In diesem werden die Bilder abc und $a'b'c'$ durch zwei prismatische Konvexlinsen (die beiden Hälften einer Vollinse) so zur Deckung gebracht, wie es aus Fig. 136 ersichtlich ist: durch die Prismenwirkung übereinander geschoben, durch die Linsenwirkung in die Ferne gerückt. Prismen- und Linsenwirkung sollen dabei so harmonieren, daß die Akkommodation dem Hauptkonvergenzwinkel auf $\beta\beta'$ entspricht. Durch die Prismenwirkung entsteht allerdings auch eine Verzerrung des Bildes, die in Fig. 136 nicht mitberücksichtigt ist, die aber, wie M. v. Rohr (1072, S. 61) des genaueren ausführt, zur Verzeichnung einer Ebene in eine gegen den Beobachter hin konkaven Fläche führt. Für physiologische Untersuchungen ist deshalb das Instrument nicht geeignet,

---

1) Nach der Spiegelkonstruktion erhält man das Spiegelbild eines Punktes a, wenn man von ihm aus eine Normale auf die Spiegelfläche errichtet und diese um den Abstand des Punktes von der Spiegelfläche jenseits der letzteren verlängert, wie dies in Fig. 135 geschehen ist. Man erkennt daraus leicht, daß eine Verschiebung von abc und $a'b'c'$ nach vorn oder hinten nur eine Verschiebung in der Ebene $\alpha\beta\gamma \, \alpha'\beta'\gamma'$ zur Folge hat.

dagegen ist es besonders in der sogenannten »amerikanischen Form«, bei der die Stereoskopbilder auf einer Schiene dem Auge genähert und von ihm entfernt werden können und so leicht die zum Refraktionszustand der betreffenden Person passende Stellung aufgesucht werden kann, sehr beliebt zur Betrachtung von Bildern, von denen eine größere Genauigkeit nicht verlangt wird.

Viel exakter ist das Linsenstereoskop von HELMHOLTZ, in dem jedes Bild durch eine zentrisch benutzte Konvexlinse betrachtet wird. Die Theorie dieses Stereoskops, speziell in seiner Vollendung als Doppelverant von ZEISS, folgt weiter unten.

Außer den eigentlichen Instrumenten gibt es nun noch eine Anzahl von Methoden zum Haploskopieren, von denen praktisch insbesondere die Farbenhaploskopie von ROLLMANN (1076) und D'ALMEIDA (841) benützt wird. Die letztere Methode besteht darin, daß man auf dunklem Grunde zwei stereoskopische Halbbilder übereinander zeichnet, das eine mit roter, das andere mit grüner Farbe. Setzt man nun vor das eine Auge ein rotes Glas, das nur die roten Strahlen durchläßt, die grünen absorbiert, vor das andere Auge ein grünes Glas, das die roten Strahlen absorbiert und die grünen durchläßt, so sieht man mit beiden Augen zusammen ein zwar doppelfarbiges (teils rotes, teils grünes) Bild, das aber einen lebhaften stereoskopischen Effekt gibt. HERING (945) hat diese Methode auch zur Projektion mit einem Doppelprojektionsapparat ausgearbeitet. Dafür ist sie allerdings zu umständlich, dagegen wird sie vielfach zu physiologischen und klinischen Zwecken verwendet, besonders zur Untersuchung der Augenstellung bei Heterophorien und bei Augenmuskellähmungen. Siehe HOFMANN, (8, S. 205), und speziell OHM (628a) und W. R. HESS (534).

Für die Stereoskopie wird viel häufiger die ältere ROLLMANNsche Methode der Farbenhaploskopie benützt. Bei dieser zeichnet man das rote und blaue (oder grüne) stereoskopische Halbbild auf weißen Grund und setzt wieder vor ein Auge ein rotes Glas, das die blauen (oder grünen), vor das andere ein blaues (oder grünes) Glas, das die roten Strahlen absorbiert. Bei dieser Methode sieht dann umgekehrt, wie bei der vorigen, das Auge mit dem roten Glas nur das blaue (oder grüne) Bild schwarz auf rotem Grund, das mit dem blauen oder grünen Glas das rote Bild schwarz auf blauem oder grünen Grund. Binokular verschmelzen die beiden schwarzen Halbbilder auf einem Grund, der nur schwach die binokulare Mischfarbe zeigt. Auch hier kann man entweder Papierbilder benützen (sogenannte Anaglyphen), oder die Bilder, wie es HERING tat, auf einen Schirm projizieren und jedem Zuschauer ein rotes und blaues Gelatinefilter zum Vorhalten vor die Augen übergeben. Näheres darüber bei HOFMANN (8, S. 151) und M. v. ROHR (1070, S. 238 ff.). Bei M. v. ROHR findet man auch noch andere Vorschläge zur stereoskopischen Projektion.

Der von Lippmann (1002) gemachte Vorschlag, den stereoskopischen
Eindruck durch freiäugige Betrachtung eines einzigen Bildes zu erzeugen,
hat schließlich in der Hand von W. R. Hess (946) zum Erfolg geführt
(andere ähnliche Verfahren von Berthier, Ives, Estanave s. bei M. v. Rohr,
1070, S. 208 und 234 ff.).

Gehen wir nun von der Beschreibung der allgemeinen Verfahren zur
eigentlichen Stereoskopie über, so ist zunächst zu bemerken, daß die stereoskopischen Apparate noch mit anderen optischen Instrumenten verbunden
werden können, die eine vergrößerte — gelegentlich auch eine verkleinerte
— Wiedergabe der Körper ermöglichen. Es ist daher die Lehre von der
Stereoskopie ein Teil der allgemeineren Lehre von den binokularen Instrumenten, deren Theorie in neuerer Zeit durch M. v. Rohr (1066) und durch
v. Kries (Helmholtz, III, S. 534) eingehender erörtert worden ist. Wir
wollen uns im folgenden bloß auf die Besprechung jener zwei Hauptauf-
gaben aus dem umfangreichen Gebiete beschränken, die aus später ersicht-
lichen Gründen auch ein besonderes physiologisches Interesse beanspruchen,
und die ich schon früher (8, S. 181 ff.) in die zwei Fragen gekleidet habe:
1. wie erhalten wir durch die Stereoskopie ein möglichst naturgetreues
Bild der Gegenstände in natürlicher Größe derart, daß uns die Stereoskopbilder denselben räumlichen Eindruck geben wie die reellen Objekte selbst,
gleichgültig ob wir diese in richtigen oder, wie bei einer Landschaft, in
falschen Verhältnissen sehen?

2. Wie erhalten wir von den Gegenständen ein vergrößertes oder verkleinertes Abbild, das uns die Objekte im wirklichen Verhältnis ihrer Dimensionen wiedergibt?

Was nun die erste Aufgabe betrifft, so sind die physikalischen Vorbedingungen, die eingehalten werden müssen, damit ein körperliches Objekt durch die Stereoskopbilder exakt wiedergegeben wird, von M. v. Rohr
zusammenfassend entwickelt worden. Wir gehen nach ihm zunächst vom
einäugigen Sehen aus und berücksichtigen dabei, daß das gewöhnliche Sehen
mit bewegtem Blick in einem sukzessiven Fixieren verschiedener Punkte
des Blickfeldes besteht. Es sei nun C in der unten S. 527 folgenden
Fig. 141 der Drehpunkt des einen Auges, dessen Blick auf den Punkt O
eines körperlichen Objekts gerichtet ist. Diese physiologisch beliebige, nur
für die Konstruktion des Bildes bevorzugte Blicklinie heiße die Hauptblicklinie des Auges. Jede andere Blicklinie bildet mit der Hauptblicklinie einen
Winkel w, dessen Scheitel im Drehpunkt des Auges liegt. Wir denken uns
nun im Fixationspunkt O eine zur Hauptblicklinie CO senkrechte Ebene
errichtet, welche die Papierfläche in EE schneidet und nennen sie nach
M. v. Rohr die Einstellebene. Projizieren wir dann alle Punkte des körperlichen Objekts vom Augendrehpunkt C aus nach der jeweiligen Blickrichtung auf die Einstellebene, so erhalten wir ein ebenes Abbild des Objekts

für das direkte Sehen. Dieses können wir uns ersetzen durch eine gleich
große oder durch eine ohne Verzerrung gleichmäßig verkleinerte Abbildskopie (Abbildsbild). Letztere erhalten wir auf photographischem Wege,
wenn wir das eng abgeblendete Objektiv eines photographischen Apparats
so einstellen, daß seine Achse mit der Hauptblicklinie zusammenfällt und
die Mitte seiner Eintrittspupille an der Stelle des Augendrehpunkts C steht.
Die so hergestellte physische Abbildskopie muß man nun so vor das Auge
halten, daß die Neigungswinkel w der von den einzelnen Punkten derselben
ausgehenden Hauptstrahlen gleich sind den Winkeln, den die Blicklinien
beim sukzessiven Fixieren der ihnen entsprechenden Punkte des Körpers
miteinander einschließen. Um das zu erreichen, muß die Abbildskopie zur
Hauptblicklinie senkrecht stehen, und es muß ihr der richtige Abstand vom
Auge gegeben werden. Ist die Abbildskopie gleich groß, wie das Abbild
selbst, so muß sie in denselben Abstand D vom Augendrehpunkt gebracht
werden, wie die Einstellebene. Ist sie n-fach verkleinert, so darf ihr Ab-

Fig. 137.

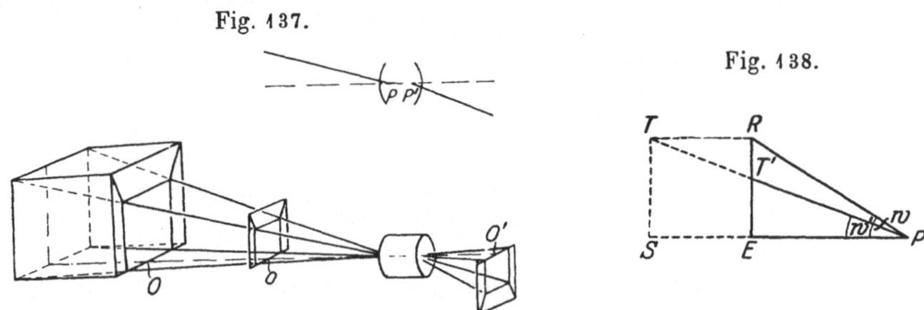

Fig. 138.

stand vom Auge nur den n-ten Teil von D betragen. Der ganze Vorgang
wird durch die Fig. 137 von M. v. ROHR (1070) versinnlicht. Die vom photographischen Objektiv in O' entworfene umgekehrte, verkleinerte Abbildskopie
wird aufgerichtet am Orte o so aufgestellt, daß ihre Entfernung vom Augendrehpunkt gleich ist der Entfernung des Bildes O' von der Austrittspupille
des photographischen Objektivs (op der Figur gleich $O'p'$). Nur in diesem
Falle wird bei der Betrachtung des Bildes seine Tiefenauslegung der des
wirklichen Objekts am nächsten kommen.

Das wichtigste Motiv für die Tiefenauslegung bei einäugiger Betrachtung derartiger Bilder ist ja neben der Verteilung von Licht und Schatten
die Linearperspektive, bzw. die perspektivische Deutung des Bildes. Es sei
wie in Fig. 138 nach M. v. ROHR (1066) dem Auge, dessen Drehpunkt in
P liegt, ein Würfelskelett $ERST$ geboten, die Hauptblicklinie sei PS, die
Einstellebene die zur Papierfläche senkrechte Ebene in $ET'R$. Erzeugt man
nun zeichnerisch oder auf photographischem Wege eine dem Abbild in der
Einstellebene gleich große physische Abbildskopie, bringt den Drehpunkt
des Auges wieder nach P und die Abbildskopie senkrecht zur Hauptblick-

linie nach $ET'R$, so sind die Neigungswinkel w und w' der Kanten R und
T gegenüber der Hauptblicklinie PS in der physischen Abbildskopie dieselben, wie am wirklichen Objekt, das aus der Entfernung PE betrachtet
wird, und die Abbildskopie liefert daher dem Auge dieselben geometrischen
Bedingungen für die Raumauffassung, wie das wirkliche Objekt. Wäre die
Abbildskopie auf die Hälfte verkleinert worden, so erzielt man dasselbe,
wenn man sie aus dem halben Abstand betrachtet.

Wird die Abbildskopie aus einem zu großen Abstand betrachtet, also
etwa aus dem Abstand PE in Fig. 139, so sind die Neigungswinkel w und
w' der Abbildskopie gegenüber denen des Objekts zu klein und stehen auch
nicht mehr in demselben Verhältnis zueinander, wie am wirklichen Objekt,
und es tritt dann der Fall ein, der durch die Fig. 139 veranschaulicht wird.
Sind Objekte abgebildet, von denen uns bekannt ist, daß ihre verschieden
weit entfernten Teile gleich hoch sind, wie z. B. Gebäude, so erscheint, wenn
das empirische Motiv der gleichen Höhe überwiegt, die Tiefe vergrößert,
wie das in der Figur für den Fall völligen Überwiegens des Höheneindrucks

Fig. 139.   Fig. 140.

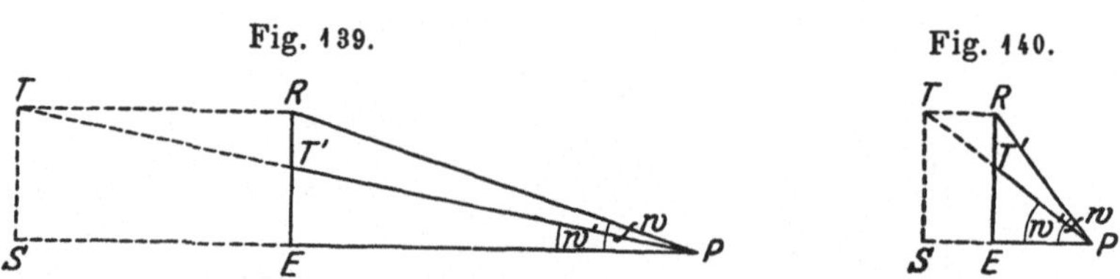

angedeutet ist. Herrscht der Eindruck gleicher Höhe nicht so sehr vor, so
erscheint bei dieser Art der Betrachtung der Vordergrund gegenüber dem
Hintergrund vergrößert. Das entgegengesetzte ist der Fall, wenn man die
Abbildskopie aus zu großer Nähe betrachtet, wie dies in Fig. 140 dargestellt
ist, wo PE kleiner ist, als der richtige Abstand. Man erhält dann entweder
eine Abflachung der Tiefe oder eine relative Vergrößerung des Hintergrundes
oder eine Kombination von beiden.

Für die Betrachtung photographischer Aufnahmen folgt aus dem Gesagten, daß sie mit einem Augenabstand zu betrachten sind, der der Äquivalentbrennweite des Objektivs gleichkommt. Geschieht das nicht, so treten
die eben beschriebenen Fälschungen der Plastik bzw. der Größenverhältnisse auf. So ist es bekannt, daß bei Weitwinkelaufnahmen mit sehr kurzer
Brennweite »die Plastik übertrieben ist«, weil man sie gewöhnlich aus zu
großer Entfernung betrachtet. Bei Aufnahmen mit Teleobjektiven von großer
Brennweite erscheint dagegen die Plastik, wenn man sie aus der gewöhnlichen Sehweite betrachtet, zu flach. Da nun die Brennweite der photographischen Objektive meist kleiner ist, als die bequeme Sehweite, so wird
für den Emmetropen die Akkommodationsanstrengung auf die Dauer sehr
lästig. Es ist dann zweckmäßig, die Abbildskopie in die vordere Brenn-

ebene eines optischen Systems zu bringen, das sie für einen $2^1/_2$ cm hinter
der letzten Linsenfläche liegenden Blendenort verzeichnungsfrei im Unend-
lichen abbildet. Bringt man den Drehpunkt des Auges an diesen Ort, so
wird die Abbildskopie bei akkommodationsloser Einstellung auf die Ferne
scharf gesehen und die Neigungswinkel ihrer Punkte gegenüber der Hauptblicklinie bleiben dieselben, wie am wirklichen Objekt. Ein solches System
ist der von M. v. Rohr konstruierte Verant zur Betrachtung photographischer Aufnahmen mit einem Auge[1]).

Gehen wir nun vom einäugigen zum beidäugigen Sehen über, so tritt
zu den monokularen Tiefenmotiven noch die viel eindringlichere binokulare
Tiefenwahrnehmung hinzu. Auch hier können wir das Raumobjekt durch
zwei Abbildskopien ersetzen, deren jede den angeführten Bedingungen des einäugigen Sehens entsprechen muß, und die außerdem eine ganz bestimmte Stellung gegeneinander einnehmen müssen,
die sich aus der Fig. 141 nach M. v. Rohr (1066)
ergibt. In ihr sind C und c die Drehpunkte des
linken und des rechten Auges. Beide Augen konvergieren nach dem für die Konstruktion notwendigen, physiologisch beliebig gewählten Hauptkonvergenzpunkt O. Der Winkel v, den die Blicklinien der beiden Augen miteinander einschließen,
heiße der Hauptkonvergenzwinkel. Die Einstellebene für jedes Auge muß im Hauptblickpunkt O
senkrecht zur Hauptblicklinie eines jeden Auges
errichtet werden, die beiden Einstellebenen und
ihre Schnitte mit der Papierfläche EE und ee
sind daher ebenfalls um den Winkel v gegen-
einander geneigt. Projizieren wir alle Punkte des Raumobjekts vom Drehpunkt C als Projektionszentrum aus auf die Ebene EE und ebenso von c
aus auf ee, so erhalten wir die gesuchten zwei Abbilder des Objekts. Zieht
man von jedem Projektionszentrum aus je eine gerade Linie zu einem homologen Punkt der nach dem eben angegebenen Prinzip konstruierten beiden
Abbilder des Raumobjekts, so schneiden sich diese Geraden jeweils in einem
Punkt, der mit dem abgebildeten Objektpunkt zusammenfällt. M. v. Rohr
bezeichnet die Gesamtheit der Schnittpunkte der von den beiden Projektions-

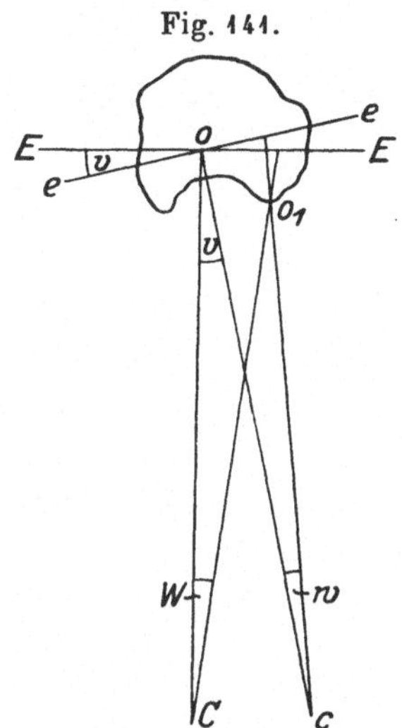

Fig. 141.

---

1) Münsterberg (1032 a) hat darauf hingewiesen, daß bei der Betrachtung der
Abbildskopie wegen des Abstandes des Knotenpunktes vom Drehpunkt der Unterschied zwischen Gesichtswinkel und Neigungswinkel der Blicklinien, der bei Betrachtung ferner Objekte vernachlässigt werden kann, sich bemerkbar machen
müßte. Nach meinen früheren Ausführungen (S. 403 ff.) halte ich das aber für be-
langlos.

zentren zu homologen Stellen zweier beliebig hergestellter Abbilder gezogenen Geraden als das Raumbild, den abgebildeten Körper als das Raumobjekt. Ist das Raumbild dem Raumobjekt völlig kongruent, wie in dem
eben besprochenen Falle, so nennt es M. v. Rohr ein tautomorphes.

Von den beiden Abbildern erzeugt man sich nun auf dieselbe Weise
wie beim einäugigen Sehen je eine vom Drehpunkt jedes Auges aufgenommene Abbildskopie und bringt sie in die richtige Entfernung vom Auge
derart, daß die Hauptblicklinie im Hauptkonvergenzpunkt auf der Abbildskopie senkrecht steht. Liegt der Hauptkonvergenzpunkt in der Nähe der
Augen, sind also die Stereoskopaufnahmen mit gegeneinander geneigten
Apparaten gemacht worden, so müssen auch die Halbbilder im Winkel zu-

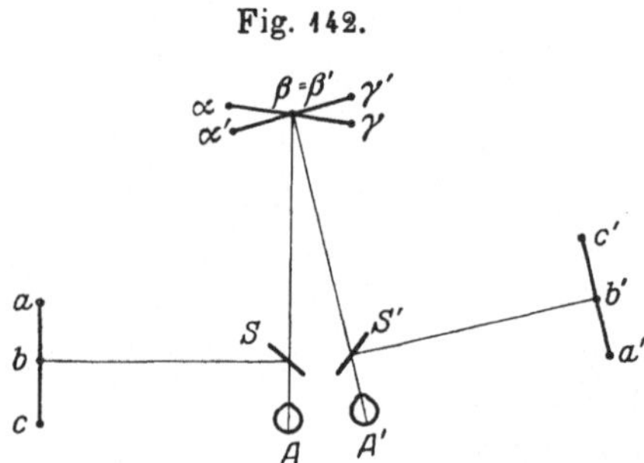

Fig. 142.

einander stehen. Hier genügt also zur
exakten Wiedergabe die ursprüngliche Form des Wheatstonesschen
Spiegelstereoskops nicht, weil in
diesem die beiden Halbbilder in
einer und derselben frontalparallelen
Ebene liegen. Dagegen ermöglicht
das Heringsche Haploskop eine
exakte Wiedergabe, weil es, wie
Fig. 142 zeigt, der Forderung nach
senkrechter Einstellung der Haupt-
blicklinie auf der Bildebene bei jeder Konvergenzstellung Genüge tut[1]). Auch
das einfache Spiegelstereoskop von Pigeon läßt sich für diesen Zweck verwenden (vgl. v. Rohr, 1071).

Je weiter der Hauptkonvergenzpunkt vom Auge abrückt, desto kleiner
wird der Hauptkonvergenzwinkel. Ist er schließlich gleich Null, so können
die Abbildskopien durch photographische Objektive mit parallelen Achsen
hergestellt und die physischen Abbildkopien in eine und dieselbe Ebene
gebracht werden, wozu das einfache Wheatstonesche Modell genügt.
Auch hier aber sind wiederum zwei Bedingungen zu erfüllen: 1. müssen
sehr weit entfernte zusammengehörige Punkte der beiden Abbildskopien mit
parallel gestellten Blicklinien betrachtet werden, anders ausgedrückt, diese
zusammengehörigen Punkte — oder kurz die Abbildskopien — müssen um
den Betrag des Abstandes der Drehpunkte beider Augen, der Länge der
Grundlinie, seitlich voneinander entfernt sein, 2. muß die Entfernung der
Halbbilder vom Drehpunkt der Augen gleich sein der Äquivalentbrennweite
des Aufnahmeobjektivs. Zur Erleichterung der Betrachtung von Aufnahmen
mit kurzer Brennweite kann auch hier wieder vor jedes Auge eine Verant-

---

1) Die Hauptblicklinien $A\beta$ und $A'\beta'$ stehen bei jeder der Drehung der fest
mit den Bildern verbundenen Spiegel (S mit abc und S' mit $a'b'c'$) auf den Bild-
ebenen $\alpha\beta\gamma$ und $\alpha'\beta'\gamma'$ senkrecht.

linse vorgesetzt werden, und der ZEISSsche Doppelverant ist daher der exakte Betrachtungsapparat für Fernaufnahmen mit parallelen Achsen.

Nehmen wir an, wir bieten jedem Auge die in der richtigen Weise nach den obigen Grundsätzen hergestellte Abbildskopie in der richtigen Lage. Die Hauptblicklinien schneiden sich in O, der Hauptkonvergenzwinkel ist v. Blicken wir nun nach einem anderen Punkt des Raumbildes O_1, so ändert sich der Konvergenzwinkel in v_1, er wird um so größer, je näher der Raumbildpunkt am Auge liegt. Da das Raumbild dem Objekt vollkommen kongruent ist, ist der Impuls zur Blickwanderung in beiden Fällen derselbe (mit Ausnahme des oben, S. 527 Anmerkung, berührten Punktes), und er setzt sich aus einer Seitenwendung und einer Näherungsinnervation zusammen. Von diesen führt die erstere zum gleichen Erfolg, wie am Objekt selbst, von der Näherungsinnervation entspricht aber an der Abbildskopie nur die Konvergenz der Einstellung auf den nahen Objektpunkt, während die Akkommodation dabei nicht mitgehen darf, sondern im wesentlichen ungeändert bleiben muß, wenn eine scharfe Abbildung zustande kommen soll. Die durch die Näherungsinnervation anfangs herbeigeführte Akkommodationsänderung muß also sekundär durch die Fusionstendenz wieder rückgängig gemacht werden. Tatsächlich konnte O. WEISS (1116) durch Beobachtung der Pupille nachweisen, daß die bei starken Näherungsimpulsen zuerst auftretende Pupillenverengerung sekundär wieder zurückgeht, was auf den gleichen Vorgang im Akkommodationsmuskel schließen läßt. Daß diese bei den meisten Menschen ganz unwillkürlich eintretende Änderung der Akkommodation einen Einfluß auf das Tiefensehen ausübt, ist unwahrscheinlich. Selbst bei Personen, dis wie VAN ALBADA, vermutlich durch willkürliches Mitgehen mit der Akkommodation, eine Tiefenänderung erzeugen können (s. oben S. 504), würde sich diese zunächst bloß auf das ganze Objekt beziehen, das nach vorn und nach hinten gehen würde. Dann allerdings könnte sie vielleicht sekundär in der nachstehend angegebenen Weise auch auf die relative Tiefenlokalisation einwirken.

Fragen wir nämlich, ob wirklich beim Blick auf die richtig her- und eingestellten Abbildskopien, so weit es sich um die räumliche Anordnung und nicht um die Farben handelt, dieselbe physiologische Wirkung auftritt, wie bei Betrachtung des Objektes selbst, so stoßen wir auf einige beachtenswerte Punkte. Wir hatten zunächst angenommen, die beiden Abbildskopien müßten, um das orthomorphe Raumbild zu liefern, aus dem Aufnahmeabstand betrachtet werden. Die Notwendigkeit dieser Vorbedingung ergibt sich anschaulich aus folgendem, von GRÜTZNER (924) angegebenen Versuch: Wir bieten den Augen, wie in Fig. 143, zwei Paare von Stereoskopbildern, von denen das eine Paar die dreifache Vergrößerung des anderen ist. Demnach sind die Seiten- und Höhenstrecken, sowie die stereoskopischen Differenzen gleichmäßig vergrößert. Vereinigen wir nun die

Bilder binokular, so erscheint das kleinere im Verhältnis tiefer, als das
größere. Der Grund ist, wenn wir auf v. Rohrs Auseinandersetzungen über
das einäugige Sehen zurückgreifen, ganz klar. Bei der großen Figur haben
wir eine dreifach vergrößerte Abbildskopie vor uns, die wir, wenn wir ein
orthomorphes Raumbild erhalten wollen, in die dreifache größere Entfernung vom Auge bringen müßten, als das kleine Bild. Bringen wir daher
die Augen in jene Entfernung, in der vom kleinen Bild ein orthomorphes
Raumbild entsteht, und betrachten aus derselben Entfernung auch die dreifache Vergrößerung, so liegt der gleiche Fall vor, wie in Fig. 140 auf
S. 526, d. h., wir sehen die Tiefe zu flach. Nur waren dort die monokularen Tiefenmotive allein wirksam, während sie hier mit der binokularen
Tiefenwahrnehmung zusammenwirken. Obwohl nun die Sehferne, demnach
auch die subjektive Ausnutzung der Querdisparation relativ zu den Breiten-
und Höhenwerten, für das große und kleine Bild genau gleich ist, erzwingt

Fig. 143.

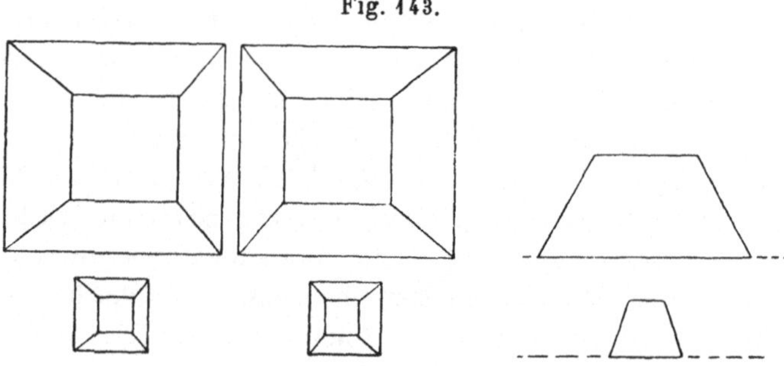

doch die Linearperspektive auch hier eine Abflachung des Tiefeneindrucks.
Daraus geht wieder hervor, daß die monokularen Motive der Tiefenlokalisation auch den durch die Querdisparation erzeugten stereoskopischen Eindruck wesentlich abzuändern vermögen.

Es scheint nun ganz klar zu sein, daß, wenn wir die Tiefe des größeren
Bildes bis zum orthomorphen Eindruck vergrößern wollen, ihm auch einen
dreifach größeren Abstand vom Auge geben müssen und Helmholtz (I,
S. 668) gibt auch ganz direkt an, daß das Relief eines Paares stereoskopischer Zeichnungen, die auf einem Blatt ausgeführt sind, und die man mit
parallelen Gesichtslinien vereinigt, um so tiefer wird, je weiter man die
Bilder von den Augen entfernt. Nun beobachtete ich aber bei mir selbst
eher das Gegenteil, und Herr Dr. vom Hofe, den ich ganz unbeeinflußt den
gleichen Versuch anstellen ließ, fand bestimmt, daß die Tiefe stereoskopischer Bilder bei ihm mit der Annäherung an das Auge zunimmt, mit ihrer
Entfernung sich abflacht. Hier scheint nun in der Tat eine Wirkung der
Akkommodationsanstrengung vorzuliegen. Wenn man die Bilder mit parallel
gestellten Gesichtslinien vereinigt und sie nahe vor die Augen bringt, ist

eine so starke Akkommodation nötig, daß sie wohl einen Einfluß auf die Abstandslokalisation und sekundär auf die Ausnutzung der Querdisparation haben kann. Daraus würde sich allem Anschein nach die Forderung ergeben, daß man bei der Betrachtung stereoskopischer Bilder Akkommodation und Konvergenz möglichst in Übereinstimmung bringen muß, wie dies im BREWSTERschen Stereoskop und im Doppelveranten geschieht. Ich kann aber auf diese noch nicht genügend geklärte Erscheinung, die offenbar auch individuell durchaus verschieden ist, hier nur als ein offenes Problem kurz hinweisen.

Einen weiteren Einfluß auf die Abstandslokalisation des ganzen Bildes nimmt, wie schon HELMHOLTZ (938a) nachwies, die Vorstellung, das man beim Stereoskopieren auf ein nahes Bild im Apparat hinsieht[1]). Das läßt besonders bei Landschaftsbildern den Eindruck der Ferne nicht recht aufkommen, und bei Papierbildern macht sich außerdem noch die Fläche des Papiers selbst störend bemerkbar. Da aber, wie wir oben S. 484 ff. sahen, die relative Tiefenlokalisation stark von der Sehferne abhängt, so wird eine Minderung der Sehferne auch eine Verminderung der Sehtiefe der Einzeldinge, der »Plastik« nach sich ziehen. Deshalb erscheinen Diapositive viel plastischer als Papierbilder[2]). Noch viel schöner müßten farbentreue Diapositive wirken, weil ja durch das Fehlen der Farbe auch wieder der Eindruck des nahen Bildes verstärkt wird.

Noch schwerwiegender aber ist der Einfluß des Vordergrundes auf die Tiefenlokalisation der Stereoskopbilder. Auf der einen Seite wird der Eindruck, auf ein nahes Bild zu sehen, um so stärker, je mehr man bei der Bildbetrachtung gleichzeitig im indirekten Sehen vom Apparat selbst sieht. Daher wird bei der amerikanischen Form des Prismenstereoskops und beim Doppelveranten durch seitliche Flanschen die temporale Gesichtsfeldpartie abgeblendet und durch eine entsprechende Umrahmung auch sonst dafür gesorgt, daß sich der Orbitalrand derselben möglichst anschmiegt[3]), so daß man beim Hereinblicken in den Apparat wirklich nur das Bild in einer indifferenten Umgebung sieht[4]). Dadurch wird nun in der Tat der Eindruck eines nahen Bildes vermindert, es hat aber einen anderen, sehr großen Nachteil. Beim gewöhnlichen Sehen wandert der Blick, wie wir oben S. 469 schon auseinandersetzten, frei von den Teilen des eigenen Körpers

---

1) Es ist wohl nicht überflüssig, nochmals darauf hinzuweisen, daß es sich dabei nicht um das bloße »Wissen« von dem nahen Bild handelt, sondern um eine psychische Einstellung, die sich unbewußt aus der ganzen Konstellation ergibt. Es ist derselbe Vorgang, wie bei der Umkehr des plastischen Eindrucks, der auftritt, wenn das Licht von einer unerwarteten Seite einfällt (s. oben S. 440).

2) Über eine weitere durch das Korn des Papiers oder Diapositivs eingeführte Störung vergleiche man die Bemerkungen oben S. 464.

3) Diese Auflage dient beim Doppelverant und bei anderen Stereoskopen auch der richtigen Einstellung des Augenabstandes.

4) Auch die innere Scheidewand des Apparates soll nicht zu sehen sein.

und seiner nächsten Umgebung in immer weitere Ferne, wir »durchmessen«
die Tiefe sozusagen von Querdisparation zu Querdisparation. Beim Fehlen
des Vordergrundes muß daher auch wieder die absolute Tiefenlokalisation
leiden. Sie wird zunächst unbestimmter und dadurch sekundär von Vorstellungen viel abhängiger, als beim freien Herumblicken. Die leitende Vorstellung beim Blick in den Apparat ist aber unter allen Umständen die der
nahen Bilder. Daher wird auch aus diesem Grunde die Sehferne des Sammelbildes unterschätzt und dem entsprechend sekundär die Sehtiefe der
Einzeldinge vermindert. Aus diesem Grunde hat STOLZE (1093) in seinem
Universalstereoskop versucht, den fehlenden Vordergrund durch Vorschalten
eines Rahmens mit binokular sich deckendem Ausschnitt zu ersetzen, der
so weit vor den Bildern liegt, daß seine Ränder unscharf gesehen werden
und dadurch den Eindruck erwecken, als ob man etwa durch ein nahes
Fenster ins Freie sähe.

Von anderen störenden Momenten ist endlich noch eine falsche Haltung
des Apparates zu erwähnen. Die Hauptblicklinie soll mit der optischen
Achse des Aufnahmeapparates auch gegenüber der Horizontalen gleich aus-
gerichtet sein, sonst entstehen bei der Betrachtung im Stereoskop grobe
Widersprüche mit der Wirklichkeit. Man darf also mit horizontalen Ob-
jektivachsen aufgenommene Landschaftsbilder nicht mit nach unten gesenktem Apparat betrachten, weil dann der ferne Horizont ganz unnatürlich unter der wirklichen Horizontalen liegt (vgl. STOLZE, 1093, S. 53).

Vergrößert man, um die Plastik zu verbessern, den Abstand der Auf-
nahmeorte voneinander, so wird allerdings mit dieser Vergrößerung der
Grundlinie eine Erhöhung der Sehtiefen erzielt, aber die Wirkung der Bilder
nähert sich dann immer mehr derjenigen, die man in ausgesprochener
Weise beim HELMHOLTZschen Telestereoskop erhält, und die im folgenden
besprochen wird. Ob eine derartige »Modellwirkung« unbedingt zu vermeiden oder unter Umständen sogar erstrebenswert ist, ist eine Frage, die
schon an die Grenze der Ästhetik streift (vgl. v. KRIES in HELMHOLTZ, III,
S. 555 und 558).

Als zweites hatten wir uns vorgenommen, die Aufgabe zu besprechen,
wie wir einen Körper durch sein Raumbild ersetzen können, das ihn verkleinert oder vergrößert, aber seine Dimensionen im richtigen Verhältnis
wiedergibt. Auch hier haben wir wieder, wie bei der ersten Aufgabe, die
rein physikalisch-optischen Bedingungen von den physiologischen zu unterscheiden. Von den letzteren seien zwei gleich vorweggenommen. Zunächst
müssen wir davon absehen, daß es streng genommen wegen der ungleichen
Verteilung der Raumwerte auf der Netzhaut, speziell der Horizontal-Vertikal-Täuschung, unmöglich ist, auch nur die Höhen-Breiten-Dimensionen
eines Objekts richtig zu sehen. Wir können daher nur das Verhältnis der
Tiefe zur Breite berücksichtigen. Aber auch dann müssen wir noch die

Einschränkung machen, daß der Gegenstand klein ist gegenüber seiner Entfernung von den Augen, und daß er im orthoskopischen Bereich gesehen wird. Unter Entfernung von den Augen versteht man zweckmäßig den Abstand der Einstellebene von den Augendrehpunkten.

Die physikalisch-optischen Vorbedingungen für die exakte Wiedergabe eines Raumobjekts durch ein winkeltreu vergrößertes oder verkleinertes »homöomorphes« Raumbild (M. v. Rohr) sind allgemein für beliebige Entfernungen vom Auge, für eine beliebige Änderung des Abstandes der Drehpunkte beider Augen voneinander — der Grundlinie — und für beliebige Vergrößerung der Neigungswinkel w, wie sie durch optische Instrumente nach Art der Fernrohre herbeigeführt wird — »Fernrohrvergrößerung« — durch M. v. Rohr und J. v. Kries mit dem gleichen physikalischen Endergebnis entwickelt worden. J. v. Kries charakterisiert die richtige Wiedergabe der Proportionen eines Raumobjekts durch das Verhältnis dreier Winkel, die er als Frontalwert, monokularen und binokularen Tiefenwert bezeichnet. Der Frontalwert ist der Winkel, unter dem die frontalparallel gestellte Längeneinheit gesehen wird. Als monokularen Tiefenwert bezeichnet v. Kries den Winkel, unter dem die Längeneinheit gesehen wird, die sich von der Frontalebene des Fixationspunktes neben diesem nach der Tiefe zu erstreckt. Der binokulare Tiefenwert entspricht dem Winkel der Querdisparation für die Längeneinheit. Beide Autoren kommen zu dem Ergebnis, daß eine strenge Proportionalität aller drei Werte nur bei binokularen Instrumenten ohne Fernrohrvergrößerung möglich ist. In diesem Falle erhält man auch bei einer um das δfache vergrößerten (bzw. verkleinerten) Grundlinie ein streng homöomorphes, einem δfach verkleinerten (bzw. vergrößerten) Modell des wirklichen Objekts entsprechendes Raumbild, wenn man es aus einer Entfernung betrachtet, die δmal kleiner (bzw. größer) ist, als die wirkliche Entfernung A des Objekts. Das entspricht der zuerst von Greenough (s. v. Rohr, 1066, S. 284) aufgestellten Bedingung für die Homöomorphie. Greenough ging dabei von folgender Überlegung aus, welche die ganze Sachlage am besten veranschaulicht: Wenn ein Beobachter ein in einer bestimmten Entfernung befindliches Objekt mit beiden Augen betrachtet, so ändert sich an den Winkeln, unter denen er das Objekt sieht, nichts, wenn man sich den Beobachter, das Objekt und seine Entfernung von den Augen gleichmäßig vergrößert oder verkleinert denkt. Ein gegenüber einem normalen Menschen um das zwölffache verkleinerter Liliputaner würde also von einer Kugel von 4 mm Durchmesser (etwa einer Erbse) aus 21 mm Entfernung denselben Eindruck erhalten, wie ein normaler Mensch von einer Kugel von 4,8 cm Durchmesser (etwa einer Orange), die er aus 25 cm Entfernung betrachtet, und wie ein Riese mit 12mal größerem Augenabstand als der Mensch von einem 12mal größerem Objekt aus 12mal größerem Abstand.

Ein solcher Fall, in dem durch den Apparat selbst der Betrachtungsort mit der Vergrößerung der Grundlinie in das richtige Verhältnis gesetzt ist, ist das Helmholtzsche (938) Telestereoskop ohne Fernrohr und mit parallel gestellten Spiegeln. Das wirklich gegebene Objekt verhält sich geometrisch dem durch das Telestereoskop δfach vergrößerten Augenabstand gegenüber so, wie ein δfach verkleinertes Modell des Objektes, das mit normalem Augenabstand aus der Entfernung $\frac{A}{\delta}$ betrachtet wird (J. v. Kries, l. c.). An diesem besonders einfachen Falle ist nun zweckmäßig die weitere Frage zu erörtern, ob denn das nach physikalischen Regeln richtig hergestellte homöomorphe Raumbild auch physiologisch ein den Dimensionen des wirklichen Objekts streng proportionales Sehding ergibt.

In der Tat hatten Helmholtz und nach ihm Nagel (353, S. 70) angegeben, die Gegenstände sähen im Telestereoskop aus, wie die entsprechend verkleinerten Modelle der wirklichen Objekte, aber alle anderen Beobachter fanden, daß dies nicht zutrifft. Zunächst sieht man nach Grützner (924) die Gegenstände im Telestereoskop nicht so stark verkleinert, wie es nach der Modellkonstruktion der Fall sein müßte. Vor allem aber sieht man sie keineswegs in der geringen Sehferne, die dem Kreuzungspunkt der Blicklinien entsprechen würde. Alles das ist durchaus begreiflich, denn wir erkennen ja die Sehferne wenn überhaupt, dann nur äußerst ungenau aus dem Konvergenzimpuls, den wir erteilen, sondern viel mehr aus anderen empirischen Motiven, bei Gegenständen von bekannter Größe insbesondere aus der Sehgröße. Daher verlegen wir die verkleinerten Sehdinge in größere Ferne, genau ebenso, wie wir es bei den Mikropieversuchen schon eingehend erörtert haben.

Dadurch erklärt sich aber auch die zweite Erscheinung, daß bei Betrachtung naher Gegenstände im Telestereoskop diese in sehr auffälliger Weise nach der Tiefe zu verzerrt erscheinen. Wir nutzen ja die Querdisparation relativ zu den Breitenwerten in größerer Sehferne besser aus, als in der Nähe. Verlegen wir daher das Raumbild des Gegenstandes in größere Sehferne, als in den Kreuzungspunkt der Blicklinien, so muß bei gleicher Verkleinerung der Breiten- und Tiefenwerte im Modell die Tiefe übertrieben erscheinen. Befindet sich demnach das wirkliche Objekt in einer Entfernung von den Augen, die wir oben S. 496 als den orthoskopischen Bereich bezeichnet haben, in dem das Verhältnis der subjektiven Tiefe und Breite dem wirklich vorhandenen entspricht, so werden die Gegenstände im Telestereoskop, wie beschrieben, nach der Tiefe zu verlängert erscheinen. Betrachten wir entferntere Gegenstände, die beim Sehen mit bloßem Auge schon zu flach aussehen, so wird bei diesen der Tiefeneindruck verstärkt und mehr dem wirklichen Verhältnis zur Breite angenähert werden. Kurz: Das Telestereoskop dürfte in der Weise wirken, daß es den orthoskopischen Bereich in die Ferne rückt. Eine messende Prüfung dieser Annahme ist mir allerdings nicht bekannt geworden, nur hat Erggelet (894a) untersucht, ob man die veränderte Tiefenauffassung durch Gewöhnung rückgängig machen könne.

Daß Helmholtz die Tiefenänderung der Bilder im Telestereoskop nicht angegeben hat, beruht nach v. Kries' Vermutung auf einer individuellen Besonderheit der Raumauffassung bei ihm, die den individuellen Unterschieden entsprechen müßte, die wir oben bei den Mikropsieversuchen erwähnt haben. In der Tat gibt Helmholtz ausdrücklich an, daß ihm die Übertreibung des Reliefs erst merklich werde, wenn er die seitlichen Spiegel des Telestereoskops unter einem etwas kleineren Winkel als 45° einstelle. Nagel spricht, allerdings ganz summarisch, von einem zierlichen Modell der Landschaft »in geringer Entfernung«.

Ist die Fernrohrvergrößerung von 1 verschieden, so kommt ein homöomorphes Raumbild nicht mehr zustande. Die Folge davon ist eine Bildverzerrung, die M. v. Rohr als porrhalaktische oder tiefenändernde Wirkung bezeichnet hat. Es vermindert sich nicht bloß die Sehferne, sondern auch die Sehtiefe der einzelnen Dinge, Bäume, Sträucher, Menschen erscheinen im binokularen Doppelfernrohr platt gedrückt, als ob sie auf ebenen Kulissen hintereinander aufgemalt wären (Kulissenwirkung). Um die Tiefe mit zu vergrößern, müßte man die Fernrohrvergrößerung mit der durch das Telestereoskop gelieferten Vergrößerung der Grundlinie kombinieren. J. v. Kries nimmt daher, ebenso wie vorher schon Grützner (924) an, daß bei einer Kombination, in der die Fernrohrvergrößerung gleich ist der Verlängerung der Grundlinie, die Gegenstände in ihrer natürlichen Größe und der entsprechenden Entfernung wahrgenommen werden dürften und dann auch die Unrichtigkeiten der Tiefe »von besonders geringem Betrage oder besonders geringer Bedeutung sein können«. Helmholtz (938) hingegen sagt, daß der Tiefenfehler durch Verbindung eines Doppelfernrohrs mit einem Telestereoskop von parallelen Spiegelpaaren nicht beseitigt wird. Wohl aber könnte man von einzelnen Gegenständen, die in bestimmter Entfernung stehen, ein richtiges Relief gewinnen, wenn man die kleinen (mittleren) Spiegel unter 45° stehen läßt und die großen unter einem etwas kleineren Winkel als 45° reflektieren läßt. Die Divergenz der Meinungen hängt offenbar mit der oben erwähnten unterschiedlichen Raumauffassung zusammen, doch existiert meines Wissens keinerlei experimentelle Untersuchung der Frage.

Eine weitere Aufgabe, die sich an die vorige unmittelbar anschließt, ist die korrekte Wiedergabe eines mikroskopisch vergrößerten kleinen Objekts durch die Stereoskopie. Sie erfordert zunächst die Herstellung eines streng homöomorph vergrößerten Raumbildes des Objekts. Dafür ist notwendig die Bedingung, daß die »Fernrohrvergrößerung« gleich 1 ist, d. h. daß die Neigungswinkel w unverändert bleiben und die Vergrößerung lediglich nach dem oben erwähnten Brewster-Greenoughschen Prinzip erfolgt. Man setzt also an die Stelle der Augen des Zwerges, deren Abstand voneinander der $n$te Teil der Basislänge des Normalen ist, die Objektive zweier photographischer Apparate, deren Achsen unter demselben Hauptkonvergenzwinkel v gegeneinender geneigt sind, wie die Hauptblicklinien des Zwerges, erzeugt mit ihrer Hilfe auf senkrecht zu den Hauptblicklinien stehenden Platten zwei $n$fach vergrößerte physische Abbildskopien des Objekts und bringt diese, unter dem Winkel v gegeneinander geneigt, in einen Abstand von den Augen, der $n$fach größer ist, als der Abstand der Objektive vom Gegenstand selbst[1]). So erhält man zunächst das homöomorph vergrößerte Raumbild des Objekts. Damit dieses nun auch physiologisch homöomorph gesehen wird, muß es subjektiv in die Gegend des orthoskopischen Bereichs verlegt werden, der individuell verschieden, im allgemeinen aber zwischen $1/4$—$1/2$ m liegt. Dadurch wird der Hauptkonvergenzwinkel für solche Aufnahmen bestimmt. Er beträgt im GREENOUGHschen Mikroskop $14°$, was bei 65 mm Länge der Grundlinie einer Sehweite von 25 cm entspricht, während HEINE (932) nach seinen Versuchen einen Konvergenzgrad von $11°$ fordert, der auf einen rund 34 cm entfernten Blickpunkt hinzielt. Damit sind die physikalischen Vorbedingungen für die Lokalisation in den orthoskopischen Bereich zwar gegeben, daß aber das Bild nun auch wirklich im Sehraum dorthin verlegt wird, das ist damit noch keineswegs gesichert, sondern hängt außerdem noch von Bedingungen rein individueller Natur ab. Im allgemeinen hat man aber, wie oben schon bemerkt wurde, beim Hereinblicken in das Stereoskop die Neigung, die Gegenstände in die Nähe, je nach den Arbeitsgewohnheiten in einen Abstand zu verlegen, der einer objektiven Entfernung von 25—30 cm entspricht, und damit ist auch von dieser Seite die Wahrscheinlichkeit eines wirklich homöomorphen Eindrucks gegeben.

Die zuletzt gestreiften Fragen kommen übrigens auch in Betracht bei stereoskopischen Aufnahmen naher Objekte in natürlicher Größe, wenn es sich dabei darum handelt, den Gegenstand in allen seinen Dimensionen im Stereoskop richtig zu sehen. Es hat sich darüber eine sehr ausgedehnte Diskussion entwickelt (HEINE, 935, 937; ELSCHNIG, 891, 892; KOTHE, 989, 990; VAN ALBADA, 840), auf die ich zur Ergänzung hinweise.

Über andere Apparate zur binokularen Beobachtung, wie das Kornealmikroskop, den binokularen Augenspiegel, das binokulare Kystoskop; ferner über die Apparate, in denen die Stereoskopie zu technischen Zwecken verwendet wird, wie die Entfernungsmesser usw., findet man die Literatur größtenteils bei M. v. ROHR (a. a. O.). Ihre Besprechung fällt schon weit außerhalb des Rahmens unserer Aufgabe.

---

1) Das genauere über die Konstruktion des GREENOUGHschen Mikroskops für subjektive Betrachtung und der mit dessen Objektiven ausgestatteten BRAUS-DRÜNERschen Kamera, sowie über die in praxi zulässigen Abweichungen von der strengen Homöomorphie findet man bei M. v. ROHR (1070, S. 192 ff.).

VII. Bewegungssehen und Gestalttheorie.

Eine besondere Art von Eindrücken, die uns der Gesichtssinn vermittelt, besteht in dem Sehen von Bewegungen. Wenn wir die Lokalisation der Sehdinge als eine von ihnen untrennbare Eigenschaft betrachten, so ist das Bewegungssehen ebenso aufzufassen, wie die Wahrnehmung der Änderung einer Empfindungsqualität, also etwa einer Änderung der Helligkeit, des Farbentons usw., gehört also in die Klasse der Veränderungswahrnehmungen (vgl. LASERSOHN, 1238, S. 85ff., EBBINGHAUS-DÜRR, 5 [I], S. 528; [II], S. 199). EXNER (1186) und VIERORDT (1292a) haben daher, um den spezifisch-anschaulichen Charakter der Bewegungswahrnehmung scharf zu kennzeichnen, von einer Bewegungsempfindung gesprochen. Die sinnliche Deutlichkeit des Eindrucks unterscheidet das Bewegungssehen von dem bloßen Rückschluß auf Bewegung, den wir bei sehr langsam bewegten Gegenständen aus dem nach längerer Zeit festgestellten Ortswechsel ziehen [1]. Übrigens sind Unterscheidungen dieser Art nicht etwa auf das Erkennen von Bewegungen beschränkt, sondern finden sich ganz ebenso bei der Änderung anderer Empfindungsqualitäten, die unterhalb einer gewissen Schwelle auch bloß erschlossen werden.

Der Eindruck einer Bewegung der Sehdinge kann entstehen, wenn sich

1. bei ruhendem Auge das Bild eines Objektes auf der Netzhaut verschiebt, also bei der Betrachtung eines dauernd sichtbaren wirklich bewegten Objektes,

2. wenn bei Objektruhe und einer Bewegung der Augen oder des Kopfes die Verschiebung der Netzhautbilder nicht durch eine entsprechende Änderung der absoluten Lokalisation kompensiert wird,

3. bei völliger Objektruhe und unveränderter Augenstellung aus rein subjektiven Ursachen, wie z. B. beim Bewegungsnachbild,

4. wenn man dem Auge rasch nacheinander Bilder eines Objektes an nahe benachbarten Orten darbietet, wie bei der Stroboskopie.

Da nur im ersten der angeführten Fälle der gesehenen Bewegung eine wirkliche Bewegung der Objekte entspricht, werden die sämtlichen übrigen Fälle als Scheinbewegungen zusammengefaßt und der Beobachtung einer wirklichen Bewegung gegenübergestellt.

Bei der Betrachtung eines bewegten, dauernd sichtbaren Objekts tritt Bewegungssehen nur ein innerhalb einer unteren und oberen Grenze der Bewegungsgeschwindigkeit und oberhalb einer bestimmten eben merklichen Verschiebungsgröße. Für die eben wahrnehmbare Bewegungsgeschwindigkeit ist es von Bedeutung, ob neben dem bewegten noch andere ruhende

---

[1] Wenn v. KRIES (793, S. 242) den bloßen Rückschluß auf Bewegung als »indirekte Bewegungswahrnehmung« bezeichnet, so erweitert er damit den Begriff der Wahrnehmung in einer sonst nicht gebräuchlichen Weise.

Dinge im Sehfeld vorhanden sind oder nicht. Im ersteren Falle fand AUBERT (1134; hier auch die ältere Literatur), daß bei Fixation des bewegten Objekts die Bewegung bei einer Winkelgeschwindigkeit von 1—2′ in der Sekunde — je nach dem Objekt und dem Beobachter etwas verschieden — sicher und sogleich von Anfang an zu erkennen ist. Liegt die Winkelgeschwindigkeit etwas unter dem angegebenen Wert, so kann man nach AUBERT die Bewegung nicht mehr sogleich, sondern erst einige Zeit nach ihrem Beginn erkennen. Unter einer Winkelgeschwindigkeit von ungefähr 41—60″ verliert sich der Bewegungseindruck ganz. BOURDON (3, S. 186), der ebenfalls eine Winkelgeschwindigkeit von 1′ in der Sekunde als untere Grenze für sicheres Bewegungssehen fand, gibt an, daß bei etwas niedrigeren Werten (zwischen 33 und 58″, je nach den Beleuchtungsverhältnissen verschieden) die Beurteilung zunächst unsicher und schwankend wird und dann erst der Bewegungseindruck ganz verschwindet. Außer von den schon angedeuteten Umständen hängt die untere Schwelle auch von der Entfernung des bewegten von den Vergleichsobjekten ab. Je weiter sie voneinander entfernt sind, desto mehr steigt die untere Schwelle an (AUBERT, 1134, S. 359).

Sind außer dem bewegten Objekt gar keine anderen ruhenden Gegenstände sichtbar, so kann man die Bewegung erst einigermaßen sicher erkennen, wenn die Winkelgeschwindigkeit auf mindestens das zehnfache, nämlich auf etwa 15′ in der Sekunde, erhöht wird. Aber auch dann ist es nicht möglich, die wirkliche Bewegung des Objektes von der »autokinetischen Scheinbewegung«, die nach längerer Fixation eines ruhenden Lichtpunktes im Dunkelzimmer auftritt (s. unten S. 544 ff.) zu trennen, ja das gelingt bei diesen Geschwindigkeiten nicht einmal dann zuverlässig, wenn außer dem bewegten noch ein zweites unbewegtes Objekt im Gesichtsfeld vorhanden ist (AUBERT, 1135). BOURDON meint, man müsse im Dunkelzimmer wohl eine 15—20 fache Steigerung der Winkelgeschwindigkeit im Hellen als untere Grenze der sicheren Bewegungswahrnehmung annehmen.

Die kleinste Objektverschiebung, welche eben noch einen Bewegungseindruck vermittelt, liefert uns das Maß für die untere Raumschwelle des Bewegungssehens. Ihr reziproker Wert wird in Analogie mit der Definition der Sehschärfe auch als die »Sehschärfe für Bewegungen« bezeichnet. Die Sehschärfe für Bewegungen ist ganz verschieden, je nachdem, ob ruhende Vergleichsobjekte in der Nähe des bewegten Gegenstandes vorhanden sind oder nicht, und je nach der Exzentrizität der gereizten Netzhautstelle. Beim Vorhandensein unbewegter Vergleichsobjekte und bei direkter Fixation des bewegten Gegenstandes liegt die Sehschärfe für Bewegungssehen nach den Bestimmungen von VOLKMANN (13, S. 110) meist zwischen 10″ und 20″, nach BASLER (1136) bei ungefähr 20″, nach STERN (1281) bei 15″, nach STRATTON (111) bei 6,8″ bzw. 8,8″. Die Unterschiede in den Zahlen der verschiedenen Autoren dürften z. T. auf individuelle Differenzen, z. T. aber

auf Unterschiede in der Versuchsanordnung zurückzuführen sein. So hat
BASLER (1143) gezeigt, daß die Sehschärfe für Bewegungen bei Herabsetzung der Beleuchtung abnimmt und zwar, wie er meint, ungefähr im
gleichen Verhältnis, wie das Auflösungsvermögen. Ferner fand STRATTON,
daß die Empfindlichkeit für das Bewegungssehen beim Übergang von ganz
niederen Geschwindigkeiten zu mittleren zunächst zunimmt, bei höheren
Geschwindigkeiten aber wieder abnimmt, weil dann das Gesehene undeut-

Fig. 144.

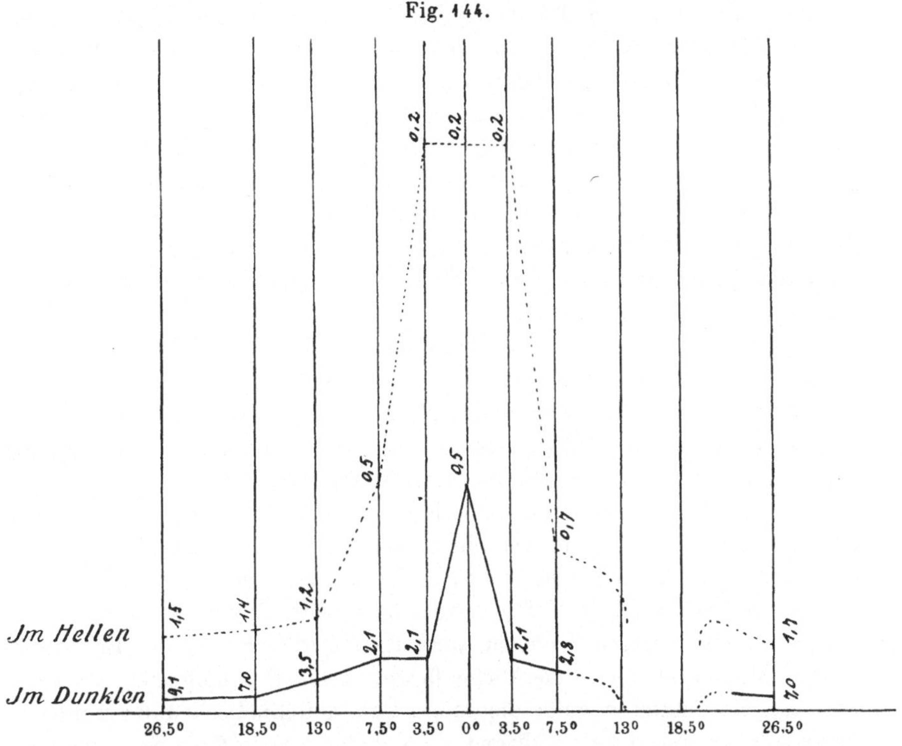

licher wird. Die von STERN (1281) angegebene Zunahme der Empfindlichkeit für das Bewegungssehen bei Abnahme der Geschwindigkeit gilt daher
nach STRATTON nur für die höheren Geschwindigkeiten.

Mit einer Versuchsanordnung, die gestattete, an einem und demselben
Objekt nacheinander die Bewegungsschwelle und den eben merklichen
Lagenunterschied zu bestimmen, konnte STRATTON feststellen, daß die Werte
für beide im direkten Sehen untereinander übereinstimmen. Dadurch er-
ledigt sich im Zusammenhang mit der von HERING getroffenen Unterschei-
dung zwischen Auflösungsvermögen und Unterschiedsempfindlichkeit für
Lagen der früher wiederholt diskutierte anscheinende Widerspruch, daß die
Feinheit des Bewegungssehens beträchtlich größer ist, als die »Sehschärfe«

für ruhende Objekte. Wir haben diese Verhältnisse schon früher (S. 58 ff.) eingehend erörtert und verweisen auf das dort Gesagte.

Vom Netzhautzentrum nach der Peripherie hin nimmt die Sehschärfe für das Bewegungssehen sehr rasch ab. Ihr Verhalten auf der Netzhaut nach der nasalen und temporalen Seite hin ergibt sich aus dem Schema der Fig. 144, in der nach BASLER (1137) die Sehschärfe für Bewegungen im Hellen durch die Erhebung der punktierten Kurve über der Abszisse angegeben ist. Die an der Kurve angeschriebenen Zahlen geben die eben erkennbare Exkursion in Millimeter bei 2 m Abstand des Objektes vom Auge an. Für noch größere Exzentrizitäten vgl. man die Kurve von RUPPERT, die oben S. 68 in Fig. 22 wiedergegeben ist, die aber vom dunkeladaptierten Auge herstammt. Auch im indirekten Sehen ist natürlich, wie schon EXNER und AUBERT fanden und RUPPERT (85) genauer untersuchte, die Sehschärfe für Bewegungen an einer und derselben Netzhautstelle bedeutend größer, als das Auflösungsvermögen, während sie mit der Fähigkeit zum Unterscheiden von Lagen sehr nahe übereinstimmt (STRATTON, LAURENS). Auch diesen Punkt und seine theoretische Bedeutung haben wir schon früher (S. 69 ff.) ausführlich besprochen.

Bei der Fixation eines isoliert sichtbaren Lichtpunktes im sonst völlig dunklen Raum ist die eben merkliche Verschiebung nach BASLER (1137) fast viermal so groß, wie bei Anwesenheit ruhender Vergleichsobjekte im hellen Raum, nämlich 1′ 15″. Verwendet man statt eines Lichtpunktes einen kurzen Strich, so wird die Bewegungswahrnehmung begünstigt. Auch bei dieser Anordnung nimmt die Sehschärfe für Bewegungen vom Zentrum der Netzhaut nach der Peripherie hin so ab, wie es im Schema der Fig. 144 nach BASLER durch den ausgezogenen Strich dargestellt ist. Die Verschlechterung der Sehschärfe für Bewegungen beim Fehlen von Vergleichsobjekten ist nach diesen Angaben wesentlich geringer, als die Erhöhung der Schwelle für die eben merkliche Bewegungsgeschwindigkeit. Das liegt daran, daß im letzteren Falle die langsamen autokinetischen Bewegungen äußerst störend eingreifen, während sie sich im ersten Falle von der mit größerer Geschwindigkeit erfolgten ruckweisen Verschiebung leichter unterscheiden lassen. Dazu kommen individuelle Unterschiede: Bei AUBERT waren die autokinetischen Bewegungen sehr stark ausgesprochen, während sie BASLER kaum merkte (vgl. über diese individuellen Unterschiede unten S. 546).

Die Untersuchung der oberen Geschwindigkeitsgrenze, bei der an die Stelle des Bewegungseindrucks der Eindruck einer bloßen Erhellung der von einem Lichtpunkt durchlaufenen Strecke tritt, ist von BOURDON (3, S. 187 ff.) dadurch erleichtert worden, daß er feststellte, bis zu welcher Geschwindigkeit er die gegenläufige Bewegung zweier untereinander befindlicher Lichtpunkte eben noch als solche erkennen konnte. Er fand im direkten Sehen auf einer Wegstrecke, die unter einem Gesichtswinkel von 9—10° gesehen wurde, je nach der Helligkeit des Objekts verschiedene Werte: Bei größerer Helligkeit eine Winkelgeschwindigkeit von $1,4°$, bei geringerer von $3,5°$ für $^1/_{100}''$ (vgl. die Tabelle bei Zoth, 16, S. 367).

Nach Exner (1185) sollte zum Erkennen der zeitlichen Aufeinanderfolge zweier räumlich verschiedener, nacheinander aufblitzender Lichtpunkte ein beträchtlich längeres Zeitintervall notwendig sein, als für das Erkennen der (wirklichen oder scheinbaren) Bewegung auf der Strecke zwischen den Orten der beiden Lichtpunkte. Im Netzhautzentrum fand Exner für das Erkennen der zeitlichen Aufeinanderfolge eine Schwelle von $0,044''$, die Bewegung sah er schon bei einer Dauer derselben von $0,014''$. Dagegen können nach Charpentier (s. Bourdon, 3, S. 190) zwei isolierte Lichtblitze von $0,014—0,125''$ Dauer im Mittel schon bei einem Intervall von $0,027''$ nacheinander gesehen werden, und Bourdon fand in Versuchen, in denen er das sukzessive Verschwinden zweier zeitlich etwas gegeneinander verschobener Lichtreize beobachtete, daß sich schon bei einem Intervall von $0,020''$ die wahren über die falschen Angaben erhoben, und daß bei ungefähr $0,048''$ ein völlig sicheres Urteil möglich war. Stratton (1283) gibt sogar an, daß geübte Beobachter die Aufeinanderfolge zweier Lichtreize bei noch kleineren Zeitintervallen erkennen, als die Bewegung. Diese Vergleiche müssen aber, wenn sie schlüssig sein sollen, unter genau gleichen Versuchsbedingungen ausgeführt werden, denn wie K. Dunlap (1181) in ausgedehnten Untersuchungen gezeigt hat, ist das eben merkliche Zeitintervall zwischen zwei aufeinander folgenden Lichtreizen so außerordentlich von der Helligkeit, dem Adaptationsgrad und von sonstigen Umständen abhängig, daß man allgemein gültige Grenzzahlen nicht angeben kann.

Inwieweit man imstande ist, Unterschiede in der Geschwindigkeit zweier unmittelbar nacheinander sichtbarer bewegter Objekte zu erkennen, haben Aubert (1134, S. 366) und Bourdon (3, S. 191 ff.) untersucht und dabei insbesondere die Frage geprüft, ob der eben merkliche Zuwachs entsprechend dem Weberschen Gesetz einen konstanten Bruchteil der »Hauptgeschwindigkeit« darstellt. Zu diesem Zweck bestimmte Bourdon bei drei verschiedenen Graden der Geschwindigkeit, die zueinander im Verhältnis $1:3:6$ standen, den eben merklichen Zuwachs an Geschwindigkeit. Er fand, daß dieser in der Tat bei den beiden höheren Geschwindigkeitsgraden ziemlich konstant $^1/_{12}$ der Hauptgeschwindigkeit betrug. Bei der langsamsten Geschwindigkeit stieg aber das Verhältnis auf $^1/_8$ an. Demnach ist für die höheren, nicht aber für die niedrigen Geschwindigkeiten das Webersche Gesetz annähernd gültig.

Die scheinbare Bewegungsgeschwindigkeit hängt davon ab, ob man dem bewegten Objekt mit dem Blick folgt oder einen unmittelbar vor oder neben ihm gelegenen ruhenden Punkt fixiert. Im letzteren Falle fanden v. Fleischl (1197) und Aubert (1135) die scheinbare Bewegungsgeschwindigkeit etwa doppelt so groß, wie im ersteren. Vergleicht man die scheinbare Geschwindigkeit einer und derselben objektiven Bewegung auf verschiedenen Netzhautstellen miteinander, so wird die Bewegungsgeschwindigkeit, bzw. die Größe der Bewegungsbahn, nach Exner (1187) im indirekten Sehen gegenüber dem direkten Sehen regelmäßig stark (um das zwei- bis dreifache) überschätzt. Gegen die Annahme von Sanford (Exp. Psychol. 306, zit. nach Stevens, 287), daß dies darauf beruhe, daß das Auge bei direkt gesehenen Bewegungen den Objekten folge, bei indirekt gesehenen nicht, spricht der Versuch von Dresslar (1178), der eine und dieselbe Pendelbewegung mit einem Auge direkt, mit dem anderen Auge indirekt (mittels eines vorgesetzten kleinen Spiegelchens) beobachtete und dabei den gleichen Unterschied fand. Allerdings ist bei diesem Versuch die Mitwirkung der unten S. 586 angeführten »Peitschenschmitzentäuschung« nicht ausgeschlossen. Aber auch im Bewegungsnachbild ist die Geschwindigkeit in den peripheren Teilen des Gesichtsfeldes unter sonst gleichen Bedingungen wenigstens anfangs größer, als in den zentralen (vgl. unten S. 555), und Stevens (287) konnte in Versuchen, die dem erwähnten Einwand nicht unterliegen, Exners Angabe wenigstens teilweise bestätigen. Er ließ an einem großen Perimeterbogen an zwei verschiedenen Stellen je eine weiße Scheibe rotieren, auf der ein schwerzer Punkt so angebracht war, daß er in verschiedene Abstände vom Zentrum der Scheibe eingestellt werden konnte. Wenn die Scheiben rotierten, beschrieb jeder Punkt einen Kreis und Stevens ließ nun den schwarzen Punkt so einstellen, daß diese Kreise gleich groß erschienen. Sobald das der Fall war, erschien auch die Geschwindigkeit, mit der sich die schwarzen Punkte drehten, gleich. Dabei fand nun Stevens, daß beim Vergleich der Gesichtsfeldmitte mit den seitlichen, indirekt gesehenen Teilen die Versuchspersonen die in der rechten Gesichtsfeldhälfte liegenden (also im linken Auge auf den temporalen, im rechten Auge auf den nasalen Netzhautpartie abgebildeten) Kreise gegenüber dem direkt betrachteten mittleren überschätzten, so wie es Exner angibt, während sie die im linken Teil des Gesichtsfeldes liegenden Kreise unterschätzten und zwar nicht bloß gegenüber den rechts liegenden exzentrischen, sondern auch gegenüber dem mittleren, direkt betrachteten. Die Überschätzung der Bewegungsgeschwindigkeit bezieht sich also nach Stevens nur auf einen Teil des peripheren Gesichtsfeldes, und er beruht nach ihm auf einer Überschätzung der Größe auch ruhender Gegenstände in den gleichen Teilen des Gesichtsfeldes.

Fujita (1200) schätzte die Bewegungsgröße, d. h. die Länge der Bewegungsbahn, in Zentimetern, und fand, daß dies am genauesten gelingt, wenn ruhende Vergleichsgegenstände sichtbar sind, und daß sie um so genauer wird, je näher die Vergleichsobjekte dem bewegten Gegenstande liegen. Nach Fujita wird die Bewegungsbahn eines isoliert sichtbaren Lichtpunktes im Dunkeln bei Abwesenheit ruhender Vergleichsobjekte im direkten Sehen immer unterschätzt. Im indirekten Sehen ist die Unterschätzung geringer, manchmal kommen sogar Überschätzungen vor. Bei sehr kleinen, eben merklichen Exkursionen und beim Vorhandensein ruhender Vergleichsobjekte wird die Bewegungsgröße auch im direkten Sehen regelmäßig überschätzt (Basler, 1136).

Exner hat die Netzhautperipherie wegen der von ihm beobachteten Überschätzung der Bewegungsgröße, ferner wegen der größeren Feinheit des Bewegungssehens gegenüber dem Auflösungsvermögen an der gleichen Stelle, endlich wegen der größeren Auffälligkeit bewegter Objekte gegenüber ruhenden, speziell als Organ zur Wahrnehmung von Bewegungen bezeichnet. Dazu ist allerdings zu bemerken, daß die Bewegungsschwelle nicht mit dem Auflösungsvermögen, sondern mit der ebenso feinen Unterschiedsempfindlichkeit für Lagen verglichen werden muß, und daß sich die größere Auffälligkeit bewegter Objekte in der Netzhautperipherie aus der dort besonders hohen Lokaladaptation erklärt, die wenig vom Grunde abstechende ruhende Objekte bei festgehaltenem Blick rasch unsichtbar macht. Das Bewegungssehen ist also in der Tat auf der Netzhautperipherie gegenüber dem Formensehen begünstigt, aber immer nur an der gleichen Netzhautstelle, nicht etwa gegenüber dem Zentrum.

Unter den Scheinbewegungen hatten wir als erste Gruppe jene Fälle zusammengefaßt, die darauf zurückzuführen sind, daß bei einer Augenbewegung die Verschiebung der Netzhautbilder nicht durch eine entsprechende Änderung der absoluten Lokalisation kompensiert wird. Wie wir schon früher sahen, erfolgt zuverlässig nur bei den Blickwanderungen eine fast vollständige Kompensation der Bildverschiebung, die sich allerdings nur auf die Richtung nach dem ins Auge gefaßten Ziele hin beschränkt. In dieser Richtung tritt bei der Blickwanderung nur noch eine kleine Scheinbewegung in dem Sinne auf, daß der Zielpunkt der Blickwendung etwas entgegenzukommen scheint. Gar nicht kompensiert werden selbst bei den willkürlichen Blickwanderungen jene Bildverschiebungen, die nicht in der Richtung der Verlegung des Blickpunktes liegen. Verlegt man z. B. den Blickpunkt aus der Nähe in die Ferne oder umgekehrt, so tritt eine Scheinverschiebung nach der Tiefe zu nur in ganz geringem Ausmaß auf, weil sich die absolute Tiefenlokalisation des binokularen Blickpunktes entsprechend ändert. Dagegen wird die seitliche Verschiebung gut sichtbarer Doppelbilder nicht kompensiert. Blickt man daher zunächst auf ein nahes Objekt und beachtet gut vom Grunde abstechende Doppelbilder eines fernen Gegenstandes, so sieht man, wie sich diese beim Blick in die Ferne seitlich aufeinander zu bewegen, während die nunmehr auftretenden Doppelbilder des nahen Objekts mit einer Scheinbewegung auseinanderfahren. Ferner gehört hierher die Scheindrehung infolge der unbeabsichtigten Rollung des Auges beim Übergang von Sekundärzu Tertiärstellungen, die wir oben S. 367 schon beschrieben haben. Auch den umgekehrten Fall der Scheinbewegung bei Überkompensation der Bildverschiebung durch Zurückbleiben der Augenbewegung, wie sie bei Augenmuskelparesen auftritt, haben wir oben S. 368 ff. schon ausführlich erörtert.

Führt man den oben S. 301 beschriebenen Versuch aus, bringt also in die Gesichtslinie des einen zunächst in die Ferne blickenden Auges, während das andere geschlossen ist, einen nahen Gegenstand, und geht vom Fernsehen zur Fixation des nahen Objektes über, so sieht man eine Scheinbewegung nach der Seite des sehenden Auges hin, die wir oben schon erwähnt haben. PIKLER (808a) bestreitet diese Scheinbewegung für sich und andere Personen. Ich selbst sehe sie ausgezeichnet, konnte sogar die bei anhaltendem Blick in die Nähe auftretende Änderung der Sehrichtungen nach der KOELLNERschen Methode verzeichnen, und auch CARR (1160, S. 97 ff.) beschreibt sie ausführlich. Aber auch bei PIKLER ist sie, wie das folgende zeigt, sicher da. PIKLER (808a) hat nämlich aus dem Umstande, daß beim Übergang des Blicks von einem fernen auf einen nahen, in Doppelbildern erscheinenden Gegenstand das Sehding schließlich nicht am Ort des einen oder anderen Halbbildes, sondern in der Mitte dazwischen liegt, einen Gegenbeweis gegen die HERINGsche Aufmerksamkeitstheorie der Blickbewegung ableiten wollen. Man sehe die Dinge nach der Augenbewegung gar nicht an dem Ort, auf den man seine Aufmerksamkeit gerichtet hatte, denn die sei doch entweder dem einen oder dem anderen Halbbilde zugewandt gewesen. Die Erklärung dafür findet man aber, wenn man bei dem vorher angeführten Versuch den Blick recht langsam von der Ferne auf den nahen, in der Gesichtslinie des Auges befindlichen Gegenstand einstellt. Dann gleitet infolge der Nichtkompensation der seitlichen Verschiebung das Bild fortwährend nach der Seite und man muß ihm, um es auf der Fovea zu behalten, mit einer »Folgebewegung« nachgehen. Darin besteht aber eben die von HERING beschriebene Bewegung des Sehdinges nach der Seite, die demnach PIKLER ebenfalls sieht. Beim raschen Übergang vom Fern- zum Nahesehen gehen Konvergenz und seitliche Folgebewegung so miteinander Hand in Hand, daß man sie nicht mehr deutlich voneinander sondern kann.

Nicht kompensiert werden ferner im allgemeinen die Bildverschiebungen auf der Netzhaut bei Augenbewegungen, die nicht durch eine Blickinnervation zustande kommen. Daher die Scheinbewegungen bei Dislokation der Bulbi durch Fingerdruck und beim Lidschluß, die sehr eingehend von CARR (1160) studiert wurden. Die Scheinbewegungen, die speziell bei unwillkürlichen Kontraktionen der Augenmuskeln auftreten, haben wir schon früher ausführlich abgehandelt.

Auf unbeabsichtigte Augenbewegungen, bzw. deren Korrektion durch willkürliche Blickeinstellung beruhen möglicherweise auch die Erscheinungen, die man als Punktschwanken (bei Sternen als Sternschwanken, siehe die ältere Literatur darüber bei EXNER, 1190) oder als autokinetische Empfindungen (AUBERT, 1135, S. 477) bezeichnet hat. Fixiert man im sonst dunklen Raum längere Zeit hindurch einen Lichtpunkt, so beobachten die meisten Personen an ihm Scheinbewegungen. Nach CHARPENTIER (1166), EXNER, ÖHRWALL (1255) und SCHILDER (1277) hat man dabei zweierlei Bewegungsformen zu unterscheiden: 1. kleine, ganz unregelmäßige Verschiebungen des fixierten Punktes von geringer Exkursionsbreite, das »Punktschwanken« im engeren Sinne; 2. langsame, mehr gleitende Scheinbewegungen, die zu bedeutenden Exkursionen, bis zu 30° und darüber (nach CARR bis zu

65°) anwachsen können, und die ich als »Punktwandern« bezeichnet habe. Das eigentliche Punktschwanken führen Öhrwall und Hanselmann (1210) im wesentlichen auf die kleinen Schwankungen in der Augeneinstellung zurück, die trotz vermeintlich fester Fixation fortwährend ausgeführt werden, und die wir oben S. 347 ff. beschrieben haben. Die Exkursionsweite beim Punktschwanken stimmt mit der der Fixationsrucke überein. Es besteht nur das eine Bedenken, daß die Änderungen der Augeneinstellung rasch, ruckartig vor sich gehen, während das Punktschwanken weicher, abgerundeter ist. Öhrwall sucht dieses Bedenken dadurch zu entkräften, daß er annimmt, man nehme die Scheinbewegung, wie beim Rucknystagmus nur während der langsamen Phase, beim Weggleiten der Fixation wahr, nicht aber bei der raschen Phase der Neueinstellung. Es ist aber wohl noch nicht über jeden Zweifel erhaben, ob beim Pseudonystagmus der Fixation wirklich zwei derartig verschiedene Phasen anzunehmen sind, wie beim Rucknystagmus, und insofern ist diese Hypothese noch nicht absolut gesichert. Sie wird allerdings gestützt und ergänzt durch Versuche von Hanselmann und Öhrwall über eine Beobachtung von Exner (1190), die ihr auf den ersten Blick direkt zu widersprechen scheint. Das Punktschwanken tritt nämlich mit Sicherheit besonders dann auf, wenn nahe um den schärfer sichtbaren Licht- (oder auch schwarzen) Punkt herum ein verwaschener Kontur vorhanden ist, wenn man also z. B. auf einem weißen Karton einen schwarzen Fleck anbringt, diesen in der Mitte durchsticht und im schwach beleuchteten Raum gegen eine helle Fläche hält (zuerst Exner, genauer präzisiert von Öhrwall), so daß man die Stichstelle als hellen Punkt in einem verwaschenen dunklen Fleck sieht, oder wenn man umgekehrt einen schwarzen Punkt auf einem verwaschen konturierten hellen Fleck betrachtet. Der schwarze Punkt macht dann nach längerem Anstarren kleine Ortsbewegungen, wie ein Insekt, das hin- und herzukriechen versucht, aber immer wieder an seinen Ausgangspunkt zurückkehrt. Der verwaschene Kontur macht hingegen die Bewegung nicht mit, so daß der Punkt sich innerhalb der feststehenden unscharf konturierten Fläche hin und her zu bewegen scheint. Daß trotzdem auch diese Erscheinung auf unwillkürlichen kleinen Augenbewegungen beruht, hat Hanselmann (1210) dadurch bewiesen, daß er drei Punkte nebeneinander anbrachte und nun beobachtete, daß alle drei sich stets in der gleichen Richtung bewegten, was besonders klar beim Wechsel der Bewegungsrichtung hervortrat. Daß sich nun dabei die schärfer gesehenen Punkte gegenüber dem stillstehenden verwaschenen Kontur bewegen, erklärt Öhrwall dadurch, daß von dem hellen oder dunklen Punkt Nachbilder entstehen, die sich bei Fixationsrucken bald an der einen, bald an der anderen Seite des Punktes ansetzen. Das ist dieselbe Erklärung, wie ich sie oben S. 67 für eine analoge Beobachtung von Hensen gegeben habe, und der Versuch von Hanselmann, der mir damals noch unbekannt war, bringt auch den Beweis für die Richtigkeit des dort Gesagten. Hinzuzufügen ist allerdings, daß es sich nicht um negative Nachbilder handelt, sondern um das nachlaufende positive Nachbild, wie bei den flatternden Herzen (s. unten S. 585 ff.).

Das Punktwandern wurde zuerst von CHARPENTIER (1165, 1166) und AUBERT (1134, 1135) beschrieben und von BOURDON (3, S. 334 ff.) und CARR (1162) eingehender untersucht. Sein Auftreten variiert individuell sehr. Im allgemeinen tritt es im Dunkelzimmer umso früher auf, je lichtschwächer der Lichtpunkt ist, doch sehen es die meisten Beobachter schließlich auch an sehr hellen Punkten. Manche sehen es sogar schon im Hellen, wenn sie einen entfernten Punkt lange Zeit anstarren. Es gibt aber andererseits Personen, die die Erscheinung nicht wahrnehmen (z. B. BASLER, 1137, S. 328; vgl. ferner CARR). Geistige und körperliche Ermüdung begünstigt das Auftreten des Punktwanderns sehr.

ÖHRWALL (1255) sucht das Punktwandern auf eine allmählich eintretende Ermüdung bei Fixation eines seitlich, oben oder unten gelegenen Punktes zurückzuführen, die uns zwinge, zur Aufrechterhaltung der Fixation die Muskeln immer stärker zu innervieren. Das Punktwandern wäre darnach ein Spezialfall des von HILLEBRAND beschriebenen Vorganges bei starker Blickwendung. Dann müßte aber der fixierte Punkt immer nach der Seite der Blickwendung hin wandern, wie es HOLMGREN (1218), BOURDON und ÖHRWALL auch wirklich angeben. Nach CARR ist dies aber nur bei stärkerer Blickwendung regelmäßig der Fall. Je mehr sich die Ausgangsstellung der Augen der Mittelstellung nähert, desto unregelmäßiger wird die Richtung des Punktwanderns. Ja, es tritt auch noch bei gerade aus gerichtetem Blick auf, und seine Richtung kann dann nach den Angaben von CHARPENTIER und BOURDON durch die intensive Vorstellung rechts oder links gelegener Objekte nach der vorgestellten Richtung hin abgelenkt werden, was allerdings von AUBERT und HOLMGREN bestritten wird. Nach CARR tritt die Wirkung nur ein, wenn durch die visuelle Vorstellung eine Anspannung der Augen- und Gesichtsmuskulatur hervorgerufen wird, die sich im Gesicht äußerlich kundgibt, an den Augen aber durch den antagonistischen Fixationsimpuls verdeckt wird. Bloße passive Aufmerksamkeit erzeugt kein Punktwandern. Einseitige Anspannung der Augenmuskeln übt nach CARR auch eine längere Nachwirkung auf das Punktwandern aus.

Für stärkere Seitenwendung oder Erhebung des Blicks dürfte ÖHRWALLS Erklärung wohl zutreffen. Für das ganz unregelmäßige Verhalten beim Blick geradeaus genügt aber weder diese Erklärung, noch die Annahme CARRS, daß die Bulbi durch den Druck des orbitalen Fettgewebes in eine bestimmte »Nullstellung« zurückgedrängt werden, und diesem Druck durch eine fortwährende Innervation der Augenmuskeln entgegengewirkt werden muß, denn dann müßte ja das Punktwandern wegfallen, wenn sich die Augen in der Nullstellung befänden. Wenn man die näheren Umstände berücksichtigt, unter denen das Punktwandern auftritt: Längerer Aufenthalt im Dunkelzimmer, besonders bei Ermüdung, so wird man zunächst auf den Gedanken gelenkt, daß es sich vielleicht um ein Symptom beginnender Schläfrigkeit handelt. Nun führen, wie wir oben S. 344 besprachen, die Augen im Schlaf ganz langsame doppelseitige »assoziierte« bzw. einseitige »nichtassoziierte« Bewegungen aus, die, wie die analogen einseitigen Augenbewegungen in manchen pathologischen Fällen, auf eine Erregung subkortikaler Zentren aus inneren Ursachen« zurückzuführen sind. Die oben S. 344 angeführten Selbstbeobachtungen von HELMHOLTZ und von mir weisen nun darauf hin, daß die subkortikalen Zentren schon im schläfrigen Zustande nicht mehr so vollkommen unter der Herrschaft des Willens stehen, wie im Wachen. Daher könnten schon im Zustande der Schläfrigkeit die unwillkürlichen Erregungen der subkortikalen Zentren einsetzen. Um aber die dadurch veranlaßten unwillkürlichen Augenbewegungen zu verhindern und die Fixation des Punktes beizubehalten, müßte die Augenstellung fortwährend willkürlich korrigiert werden, und das würde in ähnlicher Weise, wie bei der Ermüdung, zu Scheinbewegungen führen.

Daneben aber könnte das Punktwandern auch durch eine Änderung der egozentrischen Lokalisation entstehen. Nach den Untersuchungen von DIETZEL (751) ist ja die Vorstellung des Geradevorn zu verschiedenen Zeiten ganz verschieden. Da ferner nach den Versuchen von GOLDSTEIN und RIESE (1332) die Richtung, in der uns die Sehdinge im Dunkelzimmer erscheinen, durch das bloße Verlegen der Aufmerksamkeit nach der Seite hin verschoben werden kann, so ist es außerordentlich plausibel, auch beim Punktwandern eine solche Wirkung verlagerter Aufmerksamkeit anzunehmen. Das würde die Beobachtungen von CHARPENTIER und BOURDON über den Einfluß der Aufmerksamkeit auf das Phänomen gut erklären, und da nach DIETZEL verschiedene Personen ganz verschieden stark beeinflußbar sind, auch die Differenz in den Angaben der verschiedenen Autoren über diesen Punkt begreiflich machen. HOFMANN und FRUBÖSE (1338, S. 106) haben in Dunkelzimmerversuche solche Änderungen der Medianlokalisation bei unbewegtem Kopf ganz direkt beobachten können. CARR unterscheidet zwei Formen von Punktwandern: Ein solches, bei dem der Kernpunkt des Sehraums dauernd an derselben Stelle zu bleiben scheint, während der isolierte Lichtpunkt sich von ihm trennt und von ihm weg wandert. Dies beruht nach ihm auf Augenbewegungen, die unbemerkt bleiben, so daß man stets nach dem gleichen Ort hinzusehen meint. Bei der zweiten Form des Punktwanderns geht der Kernpunkt mit dem Lichtpunkt mit. Hier handle es sich um eine falsche Auffassung der Augenstellung, die zu einer falschen Auffassung der Lage des Lichts relativ zum Körper führe, denn im Dunkeln sei das Gefühl der Augenstellung das einzige Bindeglied zwischen Sehraum und Fühlraum. Demzufolge führe auch jede plötzliche Augenbewegung,

Zwinkern, Druck auf das Auge, das die taktuelle Empfindung wieder verstärkt, zu einer Verbesserung der Lichtlokalisation.

Scheinverschiebungen des ganzen Sehfeldes oder einzelner Teile desselben
können abnormerweise auch im Hellen vorkommen. CARR (1161a) untersuchte
eine Hysterische, die ihr Sehfeld willkürlich nach oben, später sogar nach allen
Seiten hin bewegen konnte. Ferner fand er (875) Personen, die imstande waren,
ihren Sehfeldinhalt beliebig (durch Verlagerung der Aufmerksamkeit?) nach der
Tiefe zu verlegen. Mehrere andere Personen gaben an, daß bei ihnen gelegentlich unwillkürliche Scheinbewegungen entweder des ganzen Sehfeldinhaltes oder
von Teilen desselben nach der Tiefe zu vorgekommen seien (876). Auf die
komplizierte Analyse dieser Fälle durch CARR kann hier nicht eingegangen werden.
Die Beobachtungen erinnern an Erscheinungen bei Geisteskranken (s. oben S. 514)
und an die von JAENSCH und seinen Mitarbeitern angegebenen Erscheinungen
bei Eidetikern. Ob sie mit dem Punktwandern zusammenfallen, ist fraglich.
CHARPENTIER hat Punktwandern nach der Tiefe zu nie beobachtet.

Scheinbewegungen treten auch auf, wenn wir Kopf und Körper ohne
Drehung[1] gerade nach der Seite oder nach oben oder unten verschieben.
Dabei erscheint der jeweils fixierte Punkt ruhend, d. h. er verharrt unbewegt an seinem Ort (wie bei der Blickwendung), und wir haben die
Empfindung einer Bewegung des eigenen Körpers gegen ihn, die sich allerdings besonders bei passiven Bewegungen, z. B. beim Fahren in die Empfindung einer Bewegung des Fixationspunktes gegenüber dem ruhenden
eigenen Körper umwandeln kann (s. unten S. 608). Von dieser Relativbewegung des eigenen Körpers gegenüber dem Fixationspunkt ist zu
unterscheiden die parallaktische Verschiebung der vor und hinter
dem letzteren gelegenen Objekten, die darin besteht, daß die vor dem
Fixationspunkt liegenden Objekte eine der Kopfbewegung entgegengesetzte,
die dahinter liegenden eine ihr gleichgerichtete Scheinbewegung ausführen.
Wenn man den Fixationspunkt bald vor, bald hinter einen in mittlerer
Entfernung befindlichen Gegenstand verlegt, kann man daher die Scheinverschiebung des letzteren nach Belieben ändern. Am ausgiebigsten kann
man diese parallaktischen Verschiebungen beim Fahren mit gleichmäßiger
Geschwindigkeit, z. B. auf der Eisenbahn beobachten, wobei sich allerdings die
relative Rückwärtsbewegung der Objekte umso deutlicher einmischt, je näher
diese liegen. Andererseits gelingt es auch nicht, weit entfernte Objekte, z. B.
die Wolken am Himmel, bei der Fixation ruhend zu sehen, sie gehen immer
in der Fahrtrichtung mit. Das liegt nach v. STERNECK (1091, S. 12) daran, daß
man ihre Entfernung unterschätzt. Man beobachtet grundsätzlich dieselben
Erscheinungen auch beim Gehen. Auch dabei verschieben sich die nahen
Gegenstände nach rückwärts, in einer gewissen Entfernung liegende Objekte
erscheinen ruhend, ganz ferne, z. B. der Mond gehen dauernd mit einem mit.

In einem gewissen Zusammenhang mit den vorigen stehen jene Schein-

---

1) Die Scheinbewegungen bei der Drehung besprechen wir unten S. 607.

bewegungen, die auftreten, wenn man beim freiäugigen Stereoskopieren oder beim Stereoskopieren unter Anwendung der Rollmannschen Farbenstereoskopie, besonders auffällig aber, wenn man die stereoskopischen Bilder nach d'Almeida und Hering an die Wand projiziert, den Kopf nach rechts und links bewegt. Dabei gehen die im Vordergrund befindlichen Dinge mit dem Kopf mit und verschieben sich gegenüber dem Hintergrund, der sich ein wenig nach der entgegengesetzten Seite hin zu bewegen scheint. Man sieht dieselbe gegenseitige Verschiebung der vorn und hinten liegenden Dinge auch, wenn man beim freiäugigen Stereoskopieren oder im Stereoskop die beiden Halbbilder gegenüber dem feststehenden Auge so hin und her dreht, daß ihre Fläche mit der Frontalebene einen nach rechts bzw. links gerichteten Winkel bildet. Dreht man sie um eine horizontale Achse, so daß der Winkel mit der Frontalebene nach oben und unten sieht, so erfolgt eine ganz analoge Verschiebung des Vordergrundes gegen den Hintergrund nach oben und unten. Die Scheinbewegung entspringt also der Änderung der gegenseitigen Lage von Bild und Auge und Weinhold (1294—1296) hat sie an stereoskopischen Bildern von körperlichen Objekten so erläutert, daß er nach Art der Fig. 141 von M. v. Rohr (s. oben S. 527) für jede Lage des Bildes gegenüber den Augen das Raumbild konstruierte. Wir kommen am raschesten auf folgende Weise zum Ziele: Man vereinige die Bilder zweier gleicher Objekte (b und c in Fig. 145), z. B. von zwei

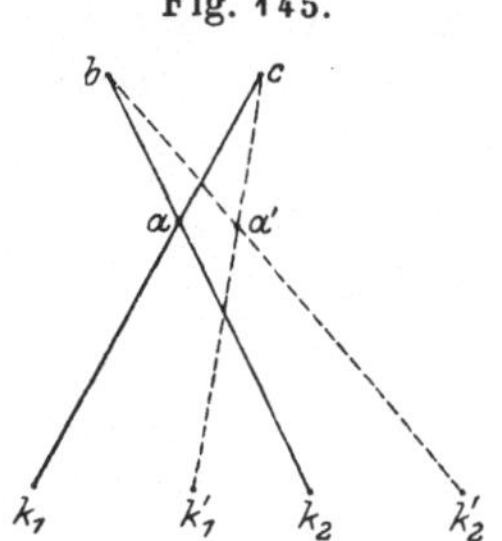

Fig. 145.

Münzen oder Briefmarken, die man vor sich auf einen gleichmäßigen Grund legt, mit vor ihnen gekreuzten Gesichtslinien. Dann sieht man in der Mitte vor sich das binokulare Sammelbild, rechts und links flankiert vom gleichseitigen Halbbild jedes Auges. Konstruktiv liegt das Sammelbild im Kreuzungspunkt der Gesichtslinien, in Fig. 145 also, in der k_1 und k_2 die Knotenpunkte der beiden Augen darstellen, im Kreuzungspunkt a von $k_1 c$ und $k_2 b$. Die beiden seitlichen Halbbilder liegen bei symmetrischer Konvergenz gleich weit rechts und links davon. Bewegt man nun den Kopf nach rechts, bis die Knotenpunkte der beiden Augen in k_1' und k_2' liegen, so rückt der Vereinigungspunkt a' nach rechts und liegt unsymmetrisch gegenüber den Halbbildern, dem rechten mehr genähert, als dem linken, er geht also mit dem Kopf mit. Dasselbe ist der Fall bei stereoskopischen Figuren, die eine vordere und hintere Fläche aufweisen, wie z. B. die Fig. 143 auf S. 530. Die vorn erscheinende Fläche geht bei jeder Kopfbewegung mit dem Kopf mit und verschiebt sich gegenüber der hinten erscheinenden. Für diese gegenseitige Bewegung des Vorder- und Hintergrundes ist es gleichgültig, ob die Gesichtslinien vor den Bildern gekreuzt sind oder hinter ihnen, und ob der Kopf bewegt wird oder die Bilder selbst.

Man sieht dieselbe Scheinbewegung auch bei monokularer Betrachtung perspektivischer. ebener Bilder, wenn sie einen guten Tiefeneindruck geben (Hering bei Best, 1152). Die besonders merkwürdigen Scheinbewegungen, die beim Invertieren auftreten, haben Mach (1014), Rollmann (1076a) und v. Hornbostel (956) beschrieben.

Außer dieser gegenseitigen Verschiebung der Teile sieht man auch noch eine Scheinbewegung der ganzen Figur, die an dem in Fig. 145 skizzierten Versuch ganz besonders in den Vordergrund tritt, wenn man an den Punkt a ein reelles Objekt (eine Bleistiftspitze) bringt und sie dort ruhig festhält. Dann verschiebt sich gegenüber diesem ruhenden Objekt sowohl das Sammelbild, wie die beiden Halbbilder der Objekte b und c mit dem Kopfe mit, was sich aus der Figur leicht ableiten läßt. Es ist das dieselbe Erscheinung, die Helmholtz (938a) an Tapetenbildern beschrieben hat. Sie erklärt sich daraus, daß, wie wir oben sahen, bei einer aktiven Kopfbewegung jene Objekte, die im Fixationspunkt liegen, unverrückt an ihrem Ort gesehen werden. Das Objekt in a bleibt also an seinem Ort, während das Sammelbild und die beiden Halbbilder sich an ihm vorbei schieben. Wiederholen sich identische Bilder öfter, wie beim Tapetenmuster, so hat man die Scheinbewegung der Tapetenbilder vor sich[1]). Best (1152) hat dieses Phänomen zur Erklärung der bei stereoskopischen Projektionen auftretenden Scheinbewegungen des Vordergrundes mit herangezogen, weil wir im Projektionsbild die Ferne in der Ebene des Schirmes sehen, auf den wir konvergieren, und daher der Vordergrund mit dem Kopf mitgehen muß. Vereinigt man identische Partien eines Tapetenmusters oder die Bilder b und c in Fig. 145 dadurch, daß man die Gesichtslinien hinter ihnen kreuzt, und bewegt den Kopf hin und her, so verschiebt sich das Gesamtbild entgegengesetzt der Kopfbewegung, was sich durch eine analoge Konstruktion, wie die der Fig. 145 leicht verständlich machen läßt. Auch hier würde ein im Kreuzungspunkt der Gesichtslinie liegendes wirkliches Objekt bei der Kopfbewegung ruhig bleiben, und die Figur schiebt sich darüber in der der Kopfbewegung entgegengesetzten Richtung hin und her.

Ich glaube nicht, daß man außer den angegebenen Verhältnissen noch andere Faktoren zur Erklärung dieser Scheinbewegungen heranziehen muß, wie es Heine (1212, 1213) angenommen hat. Höchstens wäre es möglich, daß die Gestaltauffassung bei den Wandprojektionen in derselben Weise mitwirkt, wie wir es oben S. 171 auseinandergesetzt haben, und wie wir es z. B. auch bei einem Porträt beobachten, dessen Blick geradeaus gerichtet ist, und das immer auf den Beschauer hinzublicken scheint, gleichgültig, ob dieser gerade vor dem Gemälde oder auf der Seite steht. Zu letzterem vgl. man übrigens auch M. Sachs (1273).

---

1) Kahn (975) schien es, als ob sich die zentralen Teile eines ausgedehnten Musters dabei »in größerem Umfang bewegen« als die peripheren.

Unter den bei Objektruhe und unbewegtem Auge aus rein inneren Gründen auftretenden Bewegungserscheinungen nennen wir zunächst jene, die durch innere Erregung des Sehorgans im völlig dunklen Raum entstehen, und die schon GOETHE, PURKYNJE (1268, S. 57 ff.; 1269, S. 83) und JOH. MÜLLER (1253 a) beschrieben haben. Ihre Erscheinungsform, das »Eigenlicht der Netzhaut«, ist individuell etwas verschieden. Es sind häufig wallende Lichtnebel, die sich ballen und wieder lösen, und die bei einiger Phantasie allerhand undeutliche Formen vorzaubern, was besonders im Affekt Anlaß zu Visionen und Gespenstererscheinungen geben kann und auch in der Wissenschaft zu Täuschungen geführt hat (BLONDLOTS N-Strahlen). In vielen Fällen sieht man bei geschlossenen Lidern unregelmäßig gebogene Bänder mit dazwischen liegenden schwarzen Intervallen, die sich entweder ganz langsam konzentrisch gegen den Mittelpunkt des Sehfeldes zu bewegen und sich dort verlieren oder als wandelnde Bogen an ihm sich brechen oder als krumme Radien um ihn im Kreise sich bewegen (PURKYNJE). HELMHOLTZ (I, S. 202) sah gewöhnlich zwei Systeme von solchen Wellen, die langsam gegen je einen Mittelpunkt zu beiden Seiten des Gesichtsfeldes zusammenliefen. Der Rhythmus der Wellen fiel bei ihm mit dem der Atmung zusammen. Ich sehe die Bänder unter den angegebenen Bedingungen meist farbig, die hellen gelblich, die dunklen blau. Eine andere Strömungserscheinung beschreibt FERREE (1193). Richtet man mit geschlossenen Lidern die Augen gegen helles Licht, so sieht man um die Mitte des Sehfeldes Ströme von Pünktchen, die sich in breiten Streifen bald hierhin, bald dorthin bewegen. EXNER (1188, S. 137) beobachtete sie zuerst, als er ein Auge schloß und mit dem anderen auf langsam bewegte parallele Striche hinsah, in Form einer zur Längsrichtung der Striche senkrechten Strömung von »Lichtstaub«.

Eine ähnliche subjektive Bewegungserscheinung wird als im variablen magnetischen Feld auftretend geschildert (entdeckt von E. K. MÜLLER, siehe DANILEWSKY, 1172; hier auch weitere Literatur). Bringt man das offene Auge in die Nähe eines starken Elektromagneten, der intermittierend magnetisiert wird, so beobachtet man in den peripheren Teilen des Sehfeldes ein Flimmern in Form von konzentrischen wellenartigen Lichtbewegungen im Tempo von etwa 5—8 in der Sekunde. In der Mitte des Sehfeldes fehlt es, und bei Augenschluß verschwindet es. Nach FLEISCHMANN (1198) entspricht die Frequenz des Flimmerns der Wechselzahl des Magnetfeldes und beruht auf der Reizung des Sehorgans durch induzierte Wirbelströme. Die Erscheinungen des Nebelwallens, die konzentrischen Ringe können in pathologischen Fällen enorm verstärkt sein (feurige Räder), oder wie das Flimmern beim Flimmerskotom, überhaupt erst pathologischerweise auftreten. Eine interessante Selbstbeobachtung beschreibt SCHWERTSCHLAGER (1279) bei Netzhautablösung.

Auf die Mitwirkung solcher wechselnder subjektiver Regungen des Auges sind vielleicht auch die Erscheinungen zurückzuführen, die man bei längerer Betrachtung feiner, paralleler Striche mit engen Zwischenräumen macht, und die wiederholt studiert worden sind (vgl. die ältere Literatur bei Mayerhausen, 1251, und Schilder, 1277). Die Striche erscheinen bald leicht wellig gekrümmt oder perlschnurartig verdickt (was wir schon oben S. 94 beschrieben haben), und dann folgen in der Längsrichtung der Linien fortschreitende seitliche Ausbiegungen und Schlängelungen. Die Erscheinung, die nach v. Fleischl nur an bewegten Objekten oder bei Augenbewegungen auftritt, wird von Klein ebenfalls auf entoptische Phänomene, von Bourdon auf unregelmäßigen Astigmatismus zurückgeführt (s. oben S. 95). Daß der letztere dabei eine Rolle spielt, glaube ich auch, aber nicht, wie Bourdon meint, der durch die Tränenflüssigkeit an der vorderen Hornhautfläche, sondern der durch die Linse hervorgerufene Astigmatismus. Betrachte ich nämlich als Myop die Thompsonsche Figur (unten S. 588) aus einer bestimmten Entfernung jenseits meines Fernpunktes, so sehe ich ganz deutlich den Linsenstern als unregelmäßige radiär verlaufende Sektoren, in denen die konzentrischen Ringe zu einem fast homogenen Grau verschmelzen. In den Sektoren dazwischen sehe ich die Ringe noch, freilich verwaschen und besonders die stärker gekrümmten zentralen hochgradig in der Form verzerrt. Diesseits des Nahepunktes sehe ich dieselbe Erscheinung nur an ganz feinen Mustern, nicht aber an dem groben der Fig. 154. Eine leichte Andeutung dieser Bildverzerrung sehe ich nun auch, wenn ich den Blick über die Figur wegschweifen lasse, und es könnte wohl sein, daß dies bei der oben angeführten Täuschung mitwirkt. Ferner tritt bei längerer Betrachtung eines feinen Strichmusters eine eigentümlich flimmernde Scheinbewegung senkrecht zur Verlaufsrichtung der Striche auf (v. Szily, 1286, S. 135ff.; Rollett, 1271; Schilder, 1277). Diese Scheinbewegung ist besonders deutlich im Nachbild (Purkynje, 1268, S. 119ff.; Pierce, 1260; Schilder). Sie entspringt ebenfalls einer Eigenregung der Netzhaut, offenbar der von Exner und Ferree beschriebenen Strömungserscheinung.

Die zweite Gruppe von Scheinbewegungen aus rein inneren Ursachen wird gebildet von den Bewegungsnachbildern. Betrachtet man längere Zeit hindurch gleichartige Objekte, die mit gleichmäßiger Geschwindigkeit andauernd vor einem vorübergleiten, einen Flußlauf, einen Wasserfall, oder im Experiment ein auf einem Kymographion gleichmäßig sich fortbewegendes Muster, so scheinen nachher ruhende Gegenstände, auf die man hinblickt, eine Bewegung im entgegengesetzten Sinne auszuführen. Die Erscheinung ist analog dem Sukzessivkontrast der Farben und wird wie bei diesen als negatives Bewegungsnachbild bezeichnet. Früher nannte man sie, wenn sie sich auf einen größeren Teil des Gesichtsfeldes erstreckte, auch Gesichtsschwindel. Helmholtz (I, S. 604) hatte vermutet, daß die negativen Bewegungsnachbilder vielleicht die Folge unwillkürlicher Augenbewegungen seien, die auszuführen man sich während der Betrachtung der bewegten Gegenstände gewöhnt habe. Dagegen spricht aber zunächst, daß die Nachbilder auch nach fester Fixation eines vor dem bewegten Gegenstand befindlichen unbewegten Punktes auftreten; ferner, daß man auch negative Bewegungsnachbilder hervorrufen kann, die unmöglich durch

Augenbewegungen erzeugt sein können. Dazu gehört das Bewegungsnachbild der PLATEAUschen Spirale. Versetzt man eine große Scheibe, die eine nach Art der Fig. 146 gezeichnete Spirale trägt, in langsame gleichmäßige Rotation, und fixiert den Mittelpunkt der Scheibe, so erscheinen während der Drehung die Spiralwindungen in Form von konzentrischen Ringen, die je nach der Drehrichtung entweder gegen das Zentrum der Scheibe zusammenzuschrumpfen oder aus ihm herauswachsend sich kontinuierlich auszudehnen scheinen. Das erstere tritt ein, wenn man die in Fig. 146 gezeichnete Spirale im Sinne des Uhrzeigers dreht, das letztere bei der entgegengesetzten Drehung. Hat man nun eine solche rotierende Spirale eine Zeitlang betrachtet und blickt hinterher auf einen ruhenden Gegenstand, so beobachtet man an ihm die entgegengesetzte Scheinbewegung: als Nachbild der Schrumpfung eine stete scheinbare Vergrößerung des Gegenstandes, als Nachbild der scheinbaren Ausdehnung eine konzentrische Schrumpfung. Eine solche allseits konzentrische Nachbewegung läßt sich durch Augenbewegungen nicht mehr erklären. Allenfalls wäre noch daran zu denken, daß es sich dabei primär um eine Änderung der Sehferne und um eine dadurch bedingte sekundäre Änderung des Maßstabes des Sehfeldes handle. Aber auch diese Vermutung wird durch eine Modifikation des Versuchs nach

Fig. 146.

DvořÁk (1182) ausgeschlossen, der auf einer und derselben Scheibe mehrere konzentrische, aber entgegengesetzt verlaufende Spiralen aufzeichnete und nach ihrer Rotation gleichzeitig Schrumpfung und Ausdehnung auftreten sah, in jedem Teile des Sehfeldes entgegengesetzt dem zuvor dort hervorgerufenen Bewegungseindruck. Die gleichen Versuchsbedingungen kann man auch an Scheiben mit abwechselnden weißen und schwarzen Sektoren herstellen. Eine solche Sektorenscheibe hinterläßt nach der Rotation als Bewegungsnachbild eine Scheindrehung im entgegengesetzten Sinne. KLEINER (1227) verwendete nun mehrere gegenläufige Sektorenscheiben, HOPPE (1220) setzte an den Rand einer Sektorenscheibe einen Planspiegel, in dem sich die Drehung umkehrt. In allen diesen Fällen erweist sich das negative Bewegungsnachbild als eine lokalisierte Erscheinung, die nur auf den Stellen des somatischen Sehfeldes ausgelöst wird, welche vorher den dauernden Bewegungseindruck empfangen haben, und die dem letzteren immer entgegengesetzt ist. Von der Art, wie der Bewegungseindruck hervorgerufen wurde, hängt dagegen das Auftreten des Bewegungsnachbildes nicht ab. Wir haben bisher bloß den häufigsten Fall besprochen, bei dem der Bewegungseindruck durch Hinweggleiten der Bilder eines bewegten Gegenstandes über die Netzhaut erzeugt wird. Man kann aber auch einen Fixationspunkt vor einem ruhenden Objekt vorbeibewegen und sieht auch darnach ein Bewegungsnachbild (EXNER, 1189; KINOSHITA, 1224; v. SZILY, 1286). Man kann ferner auch von stroboskopisch erzeugten Bewegungen ein Nachbild erhalten (EXNER, 1191; v. SZILY, 1286; WERTHEIMER, 1297, S. 232), ja sogar von der THOMPSONschen Kreisbewegung (THOMPSON, 1290, S. 293; COBBOLD, 1168, S. 79).

Die obere und untere Geschwindigkeitsgrenze für das Auftreten eines Bewegungsnachbildes suchte v. SZILY (1286) festzustellen. Er fand, daß die untere Geschwindigkeitsgrenze dem Schwellenwert für das Bewegungssehen jedenfalls sehr nahe steht. Die obere Grenze wird erst erreicht, und das Bewegungsnachbild bleibt völlig aus, wenn die Bewegung so rasch vor sich geht, daß die Konturen miteinander verschwimmen.

Nach anhaltender Betrachtung von Bewegungen nach der Tiefe zu erhielt EXNER (1188) kein negatives Bewegungsnachbild. Das lag aber vielleicht daran, daß sich die Bewegung im Vorbild nur auf einen kleinen Ausschnitt des Gesichtsfeldes beschränkte. ZOTH (16, S. 369) gibt an, daß ihm, wenn er nach längerer Fahrt mit dem Fahrrad plötzlich stillhält, die Landschaft samt Straße und Wolkenhimmel konzentrisch von ihm weg gegen den fernen Horizont hin zusammenzufließen scheinen. Es ist nur schwer, hierbei die konzentrische Schrumpfung von dem Bewegungsnachbild nach der Tiefe zu scharf zu trennen. Ich glaube aber, in diesem Falle (plötzlicher Halt nach rascher Wagenfahrt auf langer gerader Strecke) doch ein Bewegungsnachbild auch nach der Tiefe zu beobachten zu können. HUNTER (1221, S. 248) beschreibt Tiefenwirkungen — ein Abrücken vom Beobachter weg — auch im Bewegungsnachbild einer mit parallelen Streifen bedeckten rotierenden Kymographientrommel. Jedenfalls ist ein negatives Bewegungsnachbild nach der Tiefe zu, wenn überhaupt, dann viel schwieriger auszulösen, als die in der frontalparallelen Ebene verlaufenden.

WOHLGEMUTH (1304) hatte angegeben, daß das Bewegungsnachbild ausbleibt, wenn der gesamte Inhalt des Gesichtsfeldes in gleichmäßiger Bewegung gewesen war. Das ist nach THALMAN (1289) nicht richtig, vielmehr sehen viele Personen (nicht alle! vgl. über solche individuelle Unterschiede die unten S. 556 folgende Bemerkung) auch in diesem Falle ein Bewegungsnachbild. Nach v. SZILY (1287) und HUNTER (1222) tritt bei diesem Versuch ein zentrales gleichgerichtetes Nachbild auf (s. unten S. 557).

BORSCHKE und HESCHELES (1154) geben an, daß sich das Bewegungsnachbild dem Aufhören des Vorbildes nicht unmittelbar, sondern erst nach einer kurzen Pause anschließt, die Basler (1141) auf etwas weniger als 0,8″ schätzt. Cords und Brücke (1169) sowie Wohlgemuth (1304) haben eine solche Pause in ihren Versuchen nicht beobachtet. Auch die Beobachtung von v. Szily (1286), daß an den peripheren Netzhautteilen das Bewegungsnachbild schon während der Betrachtung des Vorbildes auftreten kann, spricht eher gegen das Vorhandensein einer solchen Pause.

Die Geschwindigkeit des Bewegungsnachbildes maßen Borschke und Hescheles (1154) in der Weise, daß sie es auf ein senkrecht zu ihm bewegtes Objekt projizierten. Das Nachbild und die unmittelbar wahrgenommene Beweßiung kombinieren sich dann zu einer diagonalen Resultierenden. Cords und Brücke (1169) projizierten das Bewegungsnachbild auf ein ihm entgegenlaufendes Objekt und regulierten dessen Geschwindigkeit so, daß scheinbare Objektruhe eintrat. Basler (1138) ahmte die Bewegungsgeschwindigkeit mit der Hand nach und verzeichnete die Handbewegung graphisch. Die Geschwindigkeit des Bewegungsnachbildes steigt innerhalb gewisser Grenzen mit der des Vorbildes an, jedoch nicht streng proportional (Budde, 1158; Borschke-Hescheles; Cords-Brücke). Sie ist anfangs am größten, und klingt dann allmählich ab, aber nicht gleichmäßig, sondern — wenigstens bei manchen Personen (vgl. Hunter, 1221) — in Phasen mit wechselnder Zu- und Abnahme der Geschwindigkeit (Thompson, 1290; Czermak, 1170; Cords-Brücke, Basler), mit den von Hoppe (1220) angegebenen wirklichen Ruhepausen aber wohl erst gegen Schluß des Abklingens (Borschke-Hescheles). Bei gleicher Bewegungsgeschwindigkeit des Vorbildes ist die des Nachbildes auf der peripheren Netzhaut im indirekten Sehen größer als im direkten (Cords-Brücke), und sie nimmt bei einer Verlängerung der Beobachtungsdauer des Vorbildes von 5—120″ anfangs rascher, später langsamer zu (Borschke-Hescheles; Cords-Brücke). Nach Wohlgemuth ist das Bewegungsnachbild anfangs in der Peripherie »stärker«, als im Zentrum, klingt aber in der Peripherie rascher ab. Der gleiche Unterschied besteht nach ihm zwischen dem Bewegungsnachbild im hell- und dunkeladaptierten Auge, was er auf verschiedene Reaktion der Zapfen und Stäbchen zurückführt. Nach v. Szily (1286) ist die Geschwindigkeit des Nachbildes bei größerer Lichtstärke des Vorbildes höher, als bei schlechter und bei Projektion auf eine Fläche mit gut beleuchteten, kontrastreichen Konturen langsamer, als bei Projektion auf eine matt beleuchtete Fläche mit zarten Konturen, während Wohlgemuth teilweise entgegengesetzte Angaben macht.

Die Dauer des Bewegungsnachbildes hängt in ähnlicher Weise, wie seine Geschwindigkeit von der Geschwindigkeit des Vorbildes, der Dauer seiner Fixation und den Unterschieden der Lichtintensitäten im Vorbild ab (Kinoshita, 1224). Nach Wohlgemuth ist das Bewegungsnachbild in allen Farben gleicher Helligkeit gleich intensiv, während es nach Takei (1288) im Gelb länger dauern soll, als in den anderen Farben. Weitere Einzelheiten über den Einfluß der Beschaffenheit des Vorbildes auf Geschwindigkeit und Dauer des Nachbildes bei den oben zitierten Autoren. Bemerkenswert ist, daß manche Personen ein Bewegungsnachbild überhaupt nicht wahrnehmen (Plateau, 1265; Basler, 1138, S. 153), und daß seine Intensität auch bei einer und derselben Person zu verschiedenen Zeiten schwankt (v. Szily).

Beobachtet man das bewegte Vorbild bloß mit einem Auge, während das andere geschlossen ist, und blickt dann mit dem früher geschlossenen Auge auf einen ruhenden Grund, während man gleichzeitig das früher beobachtende Auge schließt, so sieht man das Bewegungsnachbild ebenfalls (Dvořák, Exner, Kleiner), nur freilich viel schwächer, als mit dem Auge, auf das das Bewegungsvorbild eingewirkt hat (v. Szily, Wohlgemuth). Diese Abschwächung hat manche Autoren (Budde) zur völligen Verneinung der Erscheinung veranlaßt. Nach Hunter (1221) soll nur das Bewegungsnachbild nach Betrachtung paralleler Linien auf das andere Auge übertragen werden, nicht aber das Nachbild der Plateauschen Spirale. Daß Dvořák und v. Szily diese Übertragung auch an der Spirale gesehen haben, (und zwar am besten an der komplizierten Spiralenfigur von Dvorak), führt Hunter auf Versuchsfehler zurück, man müsse das Auge, welches das Vorbild aufnimmt, sofort schließen. Bietet man beiden Augen auf korrespondierenden Stellen entgegengesetzte Bewegungen dar, so beobachtet man im binokularen Sammelbild keine Nachbewegung, die einander entgegengesetzten Bewegungsnachbilder beider Augen heben sich gegenseitig auf (Exner, 1188). Nach Wohlgemuth fehlt die Nachbewegung nur dann, wenn man entweder beide Augen offen hält, oder beide schließt. Hält man nur ein Auge offen, so sieht man dessen Bewegungsnachbild, aber schwächer, als wenn es bloß allein gereizt wird. Schließen die geradlinigen Bewegungsbahnen der monokularen Nachbilder beider Augen miteinander einen spitzen bis rechten Winkel ein, so kombinieren sie sich binokular bei beiderseits offenen Augen zu einer mittleren Richtung. Wird ein Auge geschlossen, so wird dessen Einfluß auf die Richtung des Bewegungsnachbildes im anderen Auge stark abgeschwächt, bleibt aber bestehen. So kann man binokular auch das Bewegungsnachbild einer Drehbewegung und der Plateauschen Spirale kombinieren. Beide vereinigen sich zu einer Doppelbewegung, in der aber ein dem binokularen Wettstreit entsprechendes Schwanken nicht zu bemerken ist (v. Szily, 1286, S. 129 ff.).

Über eine eigenartige, durch Gewöhnung erzeugte scheinbare Gegenbewegung berichtet Whipple (1299a). Eine Person, die aus Berufsgründen zwei Monate hindurch täglich zwei Stunden lang eine gleichmäßig sich fortbewegende Reihe von Morse-Zeichen beobachten mußte, sah nach einiger Zeit die ruhende Reihe schon dann in Gegenbewegung, wenn sie zum allererstenmal auf sie hinsah (also nicht als negatives Bewegungsnachbild!). Die Täuschung wurde im Laufe der

Zeit immer stärker und war sogar sechs Wochen nach Beendigung der betreffenden Beschäftigung noch vorhanden. Über gleichsinnige »Anschauungsbilder« einer vorher gesehenen Bewegung, die der letzteren nach längerer Zeit nachfolgen, berichtet STERN (1281, S. 334 ff.).

STERN (1281) gibt an, daß man nach sehr kurzdauernder Einwirkung eines hell beleuchteten bewegten Gegenstandes unter besonderen Umständen auch ein flüchtiges positives Bewegungsnachbild (Bewegung in gleicher Richtung, wie im Vorbild) sehen könne. Die Beohachtung ist aber bisher noch von niemandem bestätigt, von WOHLGEMUTH direkt als unrichtig bezeichnet worden. Eine Angabe von ENGELMANN (1184) der im Eisenbahnwagen sitzend sich ein Nachbild des Wagenfensters verschaffte und dann, wenn er die Augen schloß, das Nachbild in der Zugrichtung bewegt sah, ist wohl nicht als positives Bewegungsnachbild zu deuten, denn ENGELMANN vermochte die Bewegungsrichtung des Nachbildes ins Gegenteil zu verkehren, was sonst beim Bewegungsnachbild unmöglich ist (vgl. v. SZILY, 1286, S. 84, 89).

Bewegt sich ein Gegenstand mit gleichmäßiger Geschwindigkeit zwischen ruhenden Objekten hin, so überträgt sich seine Bewegung leicht auf die ruhenden Nachbarobjekte, während er selbst ruhend erscheint. Bekannte Beispiele sind: Das scheinbare Wandern des Mondes durch die gleichmäßig dahinziehenden Wolken; das Dahingleiten des Ufers, einer Brücke usw. beim Betrachten eines breiten, strömenden Flusses; die Übertragung der Bewegung eines fahrenden Eisenbahnzuges auf den stillstehenden eigenen beim Blick durch das Fenster des Abteils usw. A. v. TSCHERMAK (1291) hat diese Erscheinung als ein Analogon zum Simultankontrast bei den Farbenempfindungen aufgefaßt. Indessen fehlt das eigentliche Kriterium des Kontrastes, nämlich die gegenseitige Verstärkung des Eindrucks. Eigentlich dürfte man, wenn es ein Kontrast wäre, den bewegten Gegenstand nicht ruhend, sondern mit noch etwas größerer, jedenfalls aber nicht mit verminderter Geschwindigkeit bewegt sehen, wenn der in Wirklichkeit ruhende sich nach der entgegengesetzten Richtung zu bewegen scheint. Es handelt sich daher wohl kaum um einen Kontrast, sondern um eine Art falscher Beziehung der relativen Bewegung. Wir werden daher den Fall an anderer Stelle ausführlicher behandeln. Eher könnte auf Simultankontrast die Beobachtung von v. SZILY (1286, 1287), BASLER (1140) und WOHLGEMUTH bezogen werden, daß ein auf der peripheren Netzhaut erzeugtes negatives Bewegungsnachbild auf einer nicht gereizten zentralen Netzhautpartie eine dem Vorbild gleichgerichtete Scheinbewegung hervorzurufen vermag. Dasselbe ist nach v. SZILY und HUNTER der Fall, wenn man ein sehr ausgedehntes bewegtes Vorbild betrachtet hat. Dann sieht man ebenfalls das negative Nachbild anfangs nur in der Peripherie, während im Zentrum eine dem Vorbild gleichgerichtete Scheinbewegung auftritt. Unter Umständen ist die letztere sogar auffälliger, als das negative Bewegungsnachbild in der Peripherie. Aber auch diese Erscheinung ist nach v. SZILY und BASLER wohl nur als eine Übertragung der Bewegung und nicht als eigentlicher Kontrast aufzufassen.

Durch die genauere Analyse dieser soeben erwähnten Erscheinung wurde HUNTER (1222) zu einer neuen Theorie des Bewegungsnachbildes geleitet. Man hatte vorher die Ursache der Nachbewegung vielfach in einem Abklingen von farbigen Nachbildern in der Bewegungsrichtung des Vorbildes gesucht. Man nahm an, daß man nicht dieses gerichtete Abblassen selbst wahrnehme, sondern daß es so wirke, als ob die ruhenden Objekte, die man durch den Nachbildfluß hindurch sieht, sich in der entgegengesetzten Richtung bewegten. Indessen haben schon WOHLGEMUTH und HUNTER zahlreiche Einwände gegen diese Nachbildtheorie erhoben. Die Bewegungsnachbilder werden durch Übung besser sichtbar. Bei häufiger Wiederholung der Reizung schwächen sie sich allmählich ab, es tritt also eine Art Ermüdung ein, die man beim farbigen Nachbild nicht kennt. Nachbewegung und negatives Farbennachbild des bewegten Gegenstandes bzw. des ihn umschließenden Rahmens entwickeln sich unabhängig voneinander. Auch die binokularen Übertragungserscheinungen entsprechen, wie v. SZILY (1286, S. 150) auseinandersetzt, nicht ganz denen bei farbigen Nachbildern. Endlich ist nicht einzusehen, wieso sich das sukzessiv abblassende Nachbild des bewegten Objekts fortwährend in kontinuierlichem Fluß wiederholen sollte, es könnte doch nur einmal oder höchstens in längeren Pausen über die Netzhaut hinwegziehen.

HUNTER fand nun, daß sich in den zuletzt erwähnten Versuchen an ausgedehnten Objekten die Gegenbewegung bei manchen Personen auch über das Zentrum hin erstreckte, aber so wie ein zwischen den Gegenständen und dem Beobachter vorüberziehender Schleier von Staub oder Schneeflocken. Dieses Strömen identifiziert HUNTER mit der oben S. 551 erwähnten, von EXNER und FERREE beschriebenen entoptischen Strömung, und er meint, daß diese durch die Betrachtung des Vorbildes verstärkt und bestimmt gerichtet werde. Wenn man das Nachbild bewegter schwarz-weißer Streifen oder der PLATEAUschen Spirale auf einen gleichmäßigen weißen oder schwarzen Grund projiziert, sehe man diese Strömung als eine dem Vorbild entgegengesetzte Bewegung. Unscharf gesehene Objekte werden durch die Strömung mitgenommen. An scharf gesehenen Gegenständen erzeugt sie eine Scheinbewegung im entgegengesetzten Sinne. In allen Einzelheiten klar ist mir diese Hypothese, vielleicht wegen sprachlicher Schwierigkeiten, nicht geworden.

Neben diesem »retinalen Faktor« sind nach HUNTER (1221) auch assoziative Momente wirksam. Nach seiner Angabe ist man nämlich imstande, die Nachbewegung willkürlich aufzuheben, wenn man sich den Gegenstand intensiv als ruhend vorstellt, und zwar gelingt es am leichtesten mit dem zentralsten Teil desselben, wobei die Nachbewegung zunächst intermittierend wird und bei weiterer Übung ganz unterdrückt werden kann. Bei stärkster Willensanstrengung unter kräftiger Anspannung aller Körpermuskeln gelang sogar eine Unterdrückung des Bewegungsnachbildes in seiner ganzen Ausdehnung.

Beim Bewegungsnachbild paralleler gerader Streifen soll endlich eine Persistenz von Muskelspannungen mitwirken, wie sie schon CLASSEN (1167) annahm. Während der Betrachtung der bewegten Streifen werde das Auge durch eine Art psychischen Reflexes zum Nachblicken gereizt. Wenn es stillstehen soll, muß fortwährend eine Gegeninnervation erteilt werden. Diese Gegeninnervation überdauere die Betrachtung des Vorbildes und erzeuge hinterher den Gesichtsschwindel. Da sich diese Muskelanspannung auf beide Augen erstreckt, seien solche Bewegungsnachbilder von einem Auge auf das andere übertragbar. Einen Beweis für die Mitwirkung von Muskelspannungen erblickt HUNTER darin, daß bei extremer Blickwendung die Nachbewegung in der der Blickwendung entgegengesetzten Richtung am leichtesten willkürlich unterdrückt werden kann. Das dürfte wohl dadurch bedingt sein, daß dabei das oben S. 380 beschriebene HILLEBRANDsche Phänomen der Scheinbewegung im Sinne der Blickrichtung der Nachbewegung entgegenwirkt. In diesem beschränkten Umfang kann man eine Mitwirkung von Augenmuskelinnervationen (nicht einfach »Muskelspannungen«) wohl zugeben. Auch könnten allenfalls von Dauerinnervationen Erregungsreste in subkortikalen Zentren übrigbleiben, analog dem von MATTHAEI (1250a) genauer analysierten KOHNSTAMMschen Phänomen. Aber als wesentliche Ursache der Nachbewegung wird man solche Innervationen, die ja nur für vereinzelte Fälle überhaupt in Betracht kommen, kaum ansehen dürfen. Vielmehr erscheint es immer noch am plausibelsten, an eine Art negativen Nachbildes des Bewegungsvorganges selbst zu denken, allerdings von anderen Eigenschaften, als die der farbigen Nachbilder. Man wird eben in der Beurteilung solcher Nachwirkungen nicht allzu einseitig schematischen Auffassungen huldigen dürfen. Man denke etwa an jene Nachwirkungen anhaltender Körperbewegungen, die man nach einer Schiffahrt bei bewegter See oder nach einer langen Radtour auf holprigem Weg beim Liegen oder Sitzen noch lange nachher in Form von Bewegungsempfindungen des Körpers hat, und die wieder eine andere Art von Nachwirkung darstellen. Eine Ähnlichkeit der Nachbewegung mit den farbigen Nachbildern liegt übrigens darin, daß Ablenkung der Aufmerksamkeit vom Vorbild keinen Einfluß auf das Entstehen des Nachbildes hat, wenn nur für andauernd Fixation gesorgt ist (v. SZILY, 1286, S. 132 ff.; WOHLGEMUTH).

Eine höchst merkwürdige Erscheinung bei den Bewegungsnachbildern ist die, daß man zwar den Bewegungseindruck hat, daß aber dabei die sich bewegenden Dinge nicht vom Fleck kommen, was zuerst OPPEL (1257) bemerkt und v. FLEISCHL (1197) besonders betont hat. Man findet die gleiche Erscheinung auch bei den Scheinbewegungen, während der langsamen Nystagmusphase, speziell beim horizontalen Nystagmus bei seitlichem Blick und beim galvanischen Rollungsnystagmus. NAGEL (1349, S. 380) sah dasselbe (andauernde Drehung einer isoliert sichtbaren Lichtlinie gegen die

Vertikale zu, die aber nie erreicht wurde) auch bei anhaltender seitlicher Kopfneigung.

Einen tieferen Einblick in das Entstehen des optischen Bewegungseindrucks konnte man von dem genaueren Studium der stroboskopischen Erscheinungen erhoffen. Bietet man dem Auge statt des dauernd gesehenen bewegten Objektes eine Reihe diskontinuierlicher mit genügender Geschwindigkeit aufeinander folgender Bilder der sukzessiven Bewegungsphasen eines Objektes, so entsteht bekanntlich ebenfalls der Eindruck einer kontinuierlichen Bewegung [1]. Man faßt das gewöhnlich so auf, daß die Lichtempfindung nicht sofort mit dem Ende der Reizung verschwindet, sondern noch eine Zeitlang darüber hinaus bestehen bleibt. Trifft nun zu einer Zeit, in der die erste Empfindung noch vorhanden ist, ein zweiter Lichtreiz ein, so schließt sich die durch ihn ausgelöste Erregung ohne merkliche Lücke an die vorhergehende an. Sind beim zweiten und den ihm nachfolgenden Reizen geringe Ortsunterschiede vorhanden, so schließen sich die Erregungen dennoch trotz der örtlichen Lücken zu einem kontinuierlichen Bewegungseindruck zusammen. Dies geschieht auch, wenn

---

[1] Die ältere Literatur findet man bei Helmholtz (I, S. 350; II, S. 494) und besonders eingehend bei Marbe (1246).

Es kann auch der Fall vorkommen, daß eine wirkliche Bewegung durch die Art ihrer Darbietung aufgehoben wird. Das wurde zuerst 1821 von einem Ungenannten beschrieben (s. Burmester, 1159). Geht man an einem Lattenzaun vorüber und blickt

Fig. 147.

auf die Räder eines dahinter fahrenden Wagens, so erleiden die Speichen die durch die Fig. 147 wiedergegebene Veränderung ihrer Form, und das Rad erscheint ganz stillstehend. Man kann das Experiment mit einem sich drehenden Speichenrad und einem vor ihm bewegten Karton mit parallelen Spalten nachahmen. Die Erklärung ergibt sich daraus, daß durch die Nachwirkung der Netzhautreizung die sukzessive im Spalt auftauchenden Stellen der Speicher sich zu einem Simultaneindruck vereinigen, der sich aus sämtlichen aufeinanderfolgenden Schnittpunkten von Spalt und Speiche zusammensetzt (Roget, 1270; Linke, 1240, S. 397 ff.). Eine besonders genaue Analyse gibt Burmester (1159). Ein zweiter Fall von Aufhebung einer Bewegung entsteht, wenn man zwei Räder mit gleich viel Speichen hintereinander auf derselben Achse rasch mit der gleichen Geschwindigkeit gegeneinander dreht. Auch dann sieht man wieder ein ruhendes Rad, aber mit der doppelten Speichenzahl, als sie die wirklichen Räder besitzen (Plateau, Faraday; vgl. Linke, 1240, S. 402 ff.. Die Stellen, an denen man die ruhenden Speichen sieht, sind die Begegnungsstellen, an denen sich zwei Speichen der hintereinander rotierenden Räder immer gerade decken. Da sich je zwei gegeneinander laufende Speichen bei einer vollen Umdrehung von 360° zweimal überdecken, ergibt sich daraus auch die Verdoppelung der Speichenzahl. Ein analoger Fall mit Kammrädern bei Plateau (1263), am Abplattungsmodell bei Emsmann (1183), an Schwungrädern bei Kurz (1237). Vgl. ferner Marbe (1246, S. 378, Anm. 4), Fälle mit stereoskopischem Effekt bei P. Czermak (1171).

man in einem »Binokularstroboskop« die aufeinander folgenden Phasen abwechselnd dem rechten und linken Auge allein darbietet (Exner, 1185, S. 589).

Als Grund dafür, daß sich die zeitlichen Lücken zwischen den aufeinander folgenden Lichtreizen schließen, nahm man zunächst ebenso, wie
bei der Farbenmischung am Farbenkreisel, die Nachdauer der vorhergehenden
Erregung an. Eine Bewegungsvorstellung sollte nur dann entstehen, »wenn
immer schon eine neue Phasenfigur ihr Bild auf die Netzhaut wirft, solange
das Nachbild der vorhergehenden noch nicht ganz geschwunden ist«
(O. Fischer, 1196). Gegen diese Ansicht haben sich insbesondere Linke
(1240, 1243) und Hillebrand (1217) gewendet. Bei der Farbenmischung
am Kreisel erzeugen die sukzessiven Erregungen eine einzige einfache Wahrnehmung, die keine Korrelate ihrer Komponenten erkennen läßt. Bei der
stroboskopischen Bewegung hingegen entstehe nicht eine neue Wahrnehmung,
die von den Wahrnehmungen der einzelnen exponierten Objekte nichts mehr
erkennen läßt, sondern diese letzteren bleiben unversehrt erhalten[1]. Die
sukzessive Lichtmischung oder Nachbildwirkung der vorhergehenden Erregungen habe nur die Bedeutung eines technischen Hilfsmittels, das beim
Kinematographen die Wirkung der zum Verdecken des Bildtransports verwendeten Blende, also das Flimmern, beseitigt. In der Tat hatte schon
Bourdon (3, S. 196) gefunden, daß beim Aufblitzen zweier isolierter Lichtpunkte im Dunkelzimmer der Bewegungseindruck auch dann noch vorhanden war, wenn er die zeitliche Lücke so groß machte, daß von einer
Nachdauer der primären Erregung nicht mehr die Rede sein konnte. Bei
einer Anordnung, bei der die primäre Erregung nach ungefähr 0,35″ verschwunden war, erhielt Bourdon noch einen deutlichen Bewegungseindruck,
wenn das Intervall zwischen den zwei aufeinander folgenden Lichtreizen
0,5″ lang war. Wurde das Intervall noch länger gemacht, so nahm der
Bewegungseindruck allerdings an Deutlichkeit ab[2]. Spätere Versuche, über
die im folgenden berichtet wird, haben das durchaus bestätigt und erweitert.

Mit der Erscheinung, daß die Lücke zwischen den Bildern einer
stroboskopischen Bilderserie unbemerkt bleibt, so daß der Eindruck einer
kontinuierlichen Bewegung zustande kommt, haben sich Grützner (1208),
Marbe (1246) und Dürr (1180) beschäftigt. Grützner zeigte, daß man

---

[1] Ganz genau trifft das allerdings nicht zu. Wenn man einen Gegenstand
rasch hin und her bewegt, so geben nur die Anfangs- und Endlage eine ganz deutliche Wahrnehmung. Dort, wo der Gegenstand rasch über den Grund wegwandert,
erscheint er nicht so klar, wie in der Ruhelage. Bewegt man einen schmalen
schwarzen Streifen über weißem Papier sehr rasch in kleinen Exkursionen (zitternd)
hin und her, so sieht man schließlich überhaupt bloß die beiden Endlagen und dazwischen einen grauen flimmernden Streifen entsprechend der Lichtverschmelzung
von Objekt und Grund.

[2] Weiteres darüber bei Linke (1240, S. 472 ff.). Linkes Versuchspersonen sahen
skroboskopische Scheinbewegung je nach den Umständen noch bei einem Zeitintervall von 0,7—0,8 Sekunden.

bei geeigneten stroboskopischen Serien eine ganze Reihe von Phasen verdecken kann, ohne daß der Ausfall bemerkt wird. Vielmehr werden die
fehlenden Phasen durch eine Art ergänzender Gestaltproduktion hinzugefügt.
Auch MARBE nahm an, daß die Lücke im Verlauf einer stroboskopischen
Bewegung infolge zentraler Vorgänge unbemerkt bleibe, weil der Ausfall
bei genügender Aufmerksamkeit und geeigneter Richtung derselben bewußt
werden kann. DÜRR dagegen erklärte die Erscheinung, daß sogar ein
größerer Phasenausfall im Verlaufe einer stroboskopisch dargebotenen Bewegung bei hinreichend kurzer Dauer der Unterbrechung nicht bemerkt
wird, aus der Nachdauer der Netzhauterregung und der Folgebewegung der
Augen, die auch bei stroboskopisch erzeugter Bewegung stattfinde. Sobald
ein fester Punkt fixiert werde, und das Verfolgen der Bewegung mit den
Augen aufhöre, werde die Lücke ohne weiteres bemerkt.

Die Gesetzmäßigkeiten, nach denen sich in stroboskopischen Reihen-
expositionen die Ortsverschiedenheit der Bilder eines Objekts zum kontinuierlichen Bewegungseindruck zusammenschließt, hat dann eingehend LINKE
(1240) untersucht. Er exponierte sukzessive Phasenbilder eines sich
drehenden Speichenrades mit vier in gleichen Abständen befindlichen Speichen
(eines Ringes mit einem rechtwinklichen Kreuz) und zeigte durch entsprechendes Verdecken einzelner Phasenbilder, daß sich das Rad stets in der
Richtung der kleinsten Lageabweichung der Speichen dreht. Waren die
Lageabweichungen der Speichen nach beiden Seiten hin gleich groß, wurde
also immer abwechselnd ein Rad mit horizontal-vertikalen und dann eines
mit unter 45° geneigten Speichen exponiert, so trat auch eine Drehung auf.
Sie konnte aber entweder im Sinne des Uhrzeigers oder entgegengesetzt erfolgen, ja die Drehungsrichtung wechselte innerhalb eines einzelnen Versuchs,
sie konnte invertiert werden. Anstelle der fortlaufenden Drehung konnte
aber in diesem Versuch auch eine Pendelbewegung gesehen werden, wobei
das Rad zwischen den beiden angegebenen Lagen hin- und herzurücken
schien. Manche Beobachter sahen sogar gelegentlich den Radkranz stillstehen, während die Speichen sich spalteten, ihre beiden Hälften nach entgegengesetzter Richtung auseinander gingen, in der neuen Stellung sich wieder
vereinigten und sich dann wieder trennten.

LINKE hält es, wie vorher schon STERN (1281, S. 353), für die
Grundbedingung der Entstehung des Bewegungssehens, daß man die aufeinander folgenden Phasenbilder auf ein und dasselbe Objekt bezieht. Mit
dem Fehlen dieser Beziehung auf ein Objekt, der »Identifikation«, ver-
schwinde auch der Bewegungseindruck, man sehe dann nicht mehr ein
sich bewegendes Objekt, sondern zwei voneinander verschiedene Objekte.
Zur Identifikation ist es indessen nicht notwendig, daß die identifizierten
Objekte einander vollkommen gleichen, sie können auch in Form und Farbe
voneinander verschieden sein. Wesentlich ist eben immer nur die Möglich-

keit, die Bilder auf ein, eventuell sich änderndes Objekt zu beziehen, und zwar gehen »bei richtiger stroboskopischer Vorführung die Wahrnehmungen ähnlicher Gesamtgestaltungen ineinander über, sie bilden eine einzige Einheit und der Übergang wird als Bewegung gesehen«. LINKE hat seine auf dieser Grundanschauung aufgebaute Theorie des Bewegungssehens später (1243) noch einmal sehr ausführlich entwickelt, worauf wir in anderem Zusammenhang weiter unten S. 572 zu sprechen kommen.

Wenn man im Stroboskop oder im Kinematographen eine kontinuierliche Bewegung durch sukzessive getrennte Darbietung ihrer einzelnen Phasen nachahmen will, so müssen zwei Forderungen der Kontinuität erfüllt sein: Es dürfen keine räumlichen Lücken zwischen den aufeinanderfolgenden Phasenbildern des bewegten Objekts zu sehen sein, und es darf ferner die Bewegung nicht ruckweise vor sich gehen, das bewegte Objekt darf nicht bei jeder Exposition einen Augenblick stillstehen. Diese letztere Forderung gilt natürlich nur für Seriendarbietungen, das erstere, die Entstehung des »stroboskopischen Elementarphänomens« von HILLEBRAND (KENKELS β-Bewegung), läßt sich dagegen einfach schon bei der Darbietung bloß zweier sukzessiver Bilder studieren.

Daß schon bei aufeinanderfolgender Darbietung zweier ortsverschiedener Lichtpunkte ein Bewegungseindruck entstehen kann, hatten bereits EXNER (1185) und BOURDON (3, S. 193) bemerkt. EXNER sah die Bewegung allerdings nur dann, wenn sich die Zerstreuungskreise der beiden Lichtpunkte in seinem myopischen Auge gegenseitig überdeckten, BOURDON auch bei größerem Abstand der beiden Punkte voneinander. Nach weiteren Versuchen von LINKE (1240) und SCHUMANN (1278) hat dann WERTHEIMER (1297) diese Erscheinung systematisch untersucht. Er zeigte zunächst, daß auch für das Zustandekommen der stroboskopischen Elementarbewegung Augenbewegungen nicht erforderlich sind, daß sie ferner auch nicht durch das An- und Abklingen der Erregung an den beiden gereizten Netzhautstellen herbeigeführt wird. Bei Exposition des ersten und zweiten Objektes (je eines zum anderen senkrecht stehenden hellen schmalen Streifens) von je 0,05″ Dauer wurden beide Objekte bei einem Zeitintervall zwischen den beiden Expositionen $\tau = 0,03″$ simultan (»Sim-Stadium«), bei einem Intervall von ungefähr 0,2″ sukzessiv (»Suk-Stadium«) ruhend gesehen. Bei den zwischen diesen beiden Werten liegenden Zeitintervallen traten Bewegungsphänome auf, die bei optimalem Reizintervall (»Opt-Stadium«) in einer »Ganzbewegung« vom ersten zum zweiten Objektort hin bestanden. In anderen Fällen (bei Verlängerung des Reizintervalls) traten »duale Teilbewegungen« auf, indem das erste und das zweite Objekt nacheinander eine kleine Bewegung in der gleichen Richtung ausführten (das erste aus der Anfangslage heraus, das zweite in die Endlage hinein, dazwischen Fehlen eines deutlichen Bewegungseindrucks), oder endlich eine »Singularbewegung«, bei der bloß das erste

der beiden exponierten Objekte eine Teilbewegung zeigte. Wertheimer
sucht das Entstehen der stroboskopischen Elementarbewegung durch physiologische Vorgänge im Zentralnervensystem zu erklären. Mit der Erregung der
Stelle a im zentralen Sehorgan sei zugleich eine physiologische Wirkung in
einem gewissen Umkreis um sie herum verbunden, und eine gleiche Umkreiswirkung habe auch die Erregung der Nachbarstelle b. Folgt nun die Erregung von b kurze Zeit nach der von a, so trete eine Art physiologischen
Kurzschlusses von a nach b ein. Im Abstand zwischen beiden finde ein
spezifisches Hinüber von Erregung statt, dessen Bewußtseinskorrelat der
Bewegungseindruck, das »φ-Phänomen«, ist. Dieses schließe keineswegs,
wie Linke meinte, die Identifikation mit einem bewegten Objekt in sich,
vielmehr gebe es Bewegungssehen ohne Sehen eines bewegten Objekts (das
»reine φ-Phänomen«). Demgegenüber meinte Linke (1243), daß es sich dabei
entweder um diffuses Sehen eines Objekts handle, dessen Einzelheiten man
nicht deutlich erkenne (es huscht ja immer noch »etwas« hinüber), oder
aber es handle sich um einen spezifischen Fall »assimilativer Wahrnehmung«,
d. h. einer Verschmelzung von Wahrgenommenem mit bloß Vorgestelltem
(s. unten S. 572). Hillebrand (1217) lehnt die Annahme eines reinen
Bewegungssehens ohne bewegtes Objekt als lediglich durch die ungenaue
Ausdrucksweise der Versuchsperson bedingt, ganz ab.

Gegen Wertheimers Theorie wendet Linke (1243) ein, daß sie außer-
stande sei, das Ergebnis seines oben beschriebenen Zweikreuzversuches zu
erklären. Indessen dürfte Wertheimer hier darauf hinweisen, daß für das
Hinübergehen der Erregung nicht bloß die Konfiguration der äußeren Reize,
sondern auch Gestaltfaktoren maßgebend sind. Speziell dürfte, wie dies
schon Bethe für einen analogen Fall (s. unten S. 576) annahm, die auf eine
bestimmte Stelle gerichtete Aufmerk-
samkeit die Reizbarkeit gerade in
diesem Bezirk erhöhen, und so ließe
sich dann wohl denken, daß je nach
der Verteilung der Aufmerksamkeit
bald diese, bald jene Bewegungs-
richtung bevorzugt wird. Gerade die Möglichkeit einer halb willkürlichen
Inversion bei längerer Betrachtung würde sogar als Argument dafür geltend
gemacht werden können.

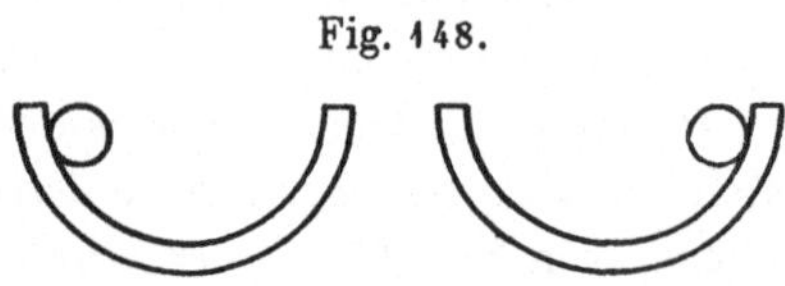

Fig. 148.

Durch eine solche reizbarkeitserhöhende Wirkung der Aufmerksamkeit ließe
sich ja wohl auch ein weiterer Versuch von Linke erklären, der darin besteht,
daß man zuerst das Bild einer Kugel nahe an dem einen Ende, sodann am
anderen Ende einer Rinne, wie in Fig. 148 exponiert. In der stroboskopischen
Scheinbewegung scheint nun die Kugel nicht auf dem geraden Wege hinüber-
zuspringen, sondern längs der Rinne im Bogen. Daß es sich dabei nicht um
Reproduktion des Rollens einer Kugel in einer Rinne handelt, zeigten Wittmann
(1303a) und Koffka (1233) dadurch, daß sie das Bild umkehrten, die Rinne

oberhalb der Kugel und nach oben gebogen. Trotzdem trat die Erscheinung wieder ebenso ein.

Einen zweiten Einwand leitete LINKE aus folgendem Versuch her: Es wird zunächst kurz exponiert ein weißer Strich auf schwarzem Grunde und darnach ein benachbarter schwarzer Strich auf weißem Grunde. Beide verwandeln sich dann ineinander und diese Verwandlung wird gleichzeitig als Bewegung gesehen. Spricht man hier wie WERTHEIMER von einer Umkreiswirkung des ersten und zweiten Reizes, so gerät man in der Tat in Verlegenheit. Wenn der erste weiße Strich verschwindet, soll er eine Umkreiswirkung hinterlassen, an die sich die Umkreiswirkung des zweiten Reizes anschließen würde. Dieser zweite Reiz ist aber eine große weiße Fläche. Würden also die durch den Reiz ausgelösten nervösen Regungen ineinander überfließen, so wäre eine Erweiterung des weißen Strichs zur großen weißen Fläche und ein Zusammenschrumpfen des ersten schwarzen Grundes zum schwarzen Strich zu erwarten, anstelle der wirklich gesehenen Bewegung von einem Strich zum anderen. Nimmt man aber an, es käme nicht auf den farbigen Reiz, sondern auf die Form an, so handelt es sich um die Umwandlung einer Gestalt in die andere und damit allerdings um Vorgänge, die man nicht mehr durch den primitiven Kurzschluß einer Erregung mit einer gleichen oder mindestens sehr ähnlichen benachbarten Erregung vergleichen kann. Hier müßte dann eine andere Konstruktion einsetzen, die sich etwa auf der KÖHLERschen Gestalttheorie oder auf einer der anderen unten besprochenen Theorien der Gestaltwahrnehmung aufbaut. Dasselbe gilt für alle jene im folgenden aufgezählten Fälle, in denen durch bloße Gestaltfaktoren Bewegungserscheinungen hervorgerufen werden.

Einen eigenartigen Einwand sowohl gegen LINKE als gegen WERTHEIMER hat PIKLER (11, S. 327 ff.) aus folgender Beobachtung abgeleitet: Erzeugt man sich Doppelbilder eines Objekts und schließt oder verdeckt dann das eine Auge, so verschwindet das ihm entsprechende Halbbild nicht an seinem Ort, sondern es macht eine Bewegung zum anderen Halbbild hin und verschwindet in ihm, indem es in dasselbe eingeht. Analog entsteht beim Wiederaufdecken oder Öffnen des Auges das Halbbild nicht an seinem Ort, vielmehr sondert es sich aus dem anderen Halbbild heraus und bewegt sich nach seinem definitiven Ort hin. PIKLER nannte das die »vereinfachende und verdoppelnde Kinematographie«. Die verdoppelnde Kinematographie widerlegt nach ihm die Ansicht LINKES von der Wahrnehmung der Einheit zweier an zwei Orten erscheinender Sehdinge, die vereinfachende Kinematographie aber widerspricht der WERTHEIMERschen Theorie vom Hinüberfluten der zeitlich ersten zentralen Erregung zur zentralen Stelle der zweiten Erregung.

Die Abhängigkeit der stroboskopischen Elementarbewegung von der Lichtstärke, dem Abstand der Reize und ihren zeitlichen Verhältnisse hat dann KORTE (1235) eingehend untersucht. KORTES Hauptergebnis läßt sich dahin zusammenfassen, daß der optimale Bewegungseindruck bei sukzessiver Dar-

bietung von zwei Lichtreizen, wenn er einmal aufgetreten ist, erhalten
bleibt, wenn mit dem räumlichen Abstand der Reize voneinander ihre Stärke
oder die Pause zwischen ihnen in demselben Sinne oder wenn mit der
Stärke die Pause im entgegengesetzten Sinne geändert wird. Endlich variierte
HILLEBRAND (1217) in systematischer Weise bei gleichbleibendem Abstand
und gleicher Lichtstärke der Reize gesondert die Expositionszeiten T_1 des
ersten, T_2 des zweiten Reizes (je eines Lichtpunktes) und das Zeitintervall
τ zwischen dem Verschwinden des ersten und dem Auftauchen des zweiten
Reizes. Zugleich suchte er durch Färbung des ersten und zweiten Lichtpunktes den Anteil, den jeder Reiz an der Ganz- oder dualen Teilbewegung
nimmt, festzustellen. Nach HILLEBRAND wird eine Ganzbewegung im allgemeinen nur bei wanderndem Blick erzielt, wenn T_1 und T_2 genügend
lang ist und die Zwischenpause τ gänzlich fehlt oder sehr kurz ist. Bei
verschiedener Färbung der Lichtpunkte merkt man, daß die Ganzbewegung
nur zu einem sehr kurzen Stück von dem positiven Nachbild des ersten
Lichtpunktes ausgeführt wird, der weitaus größere Teil dagegen dem
zweiten Lichtpunkt angehört. Verkürzung der Expositionszeit des zweiten
Lichtpunktes T_2 macht die Endstrecke kleiner und zerreißt ihren Zusammenhang mit der Anfangsstrecke. Es entsteht dann eine leere Zwischenstrecke
und duale Teilbewegung. Im Grenzfalle, bei äußerst kurzem Aufblitzen des
zweiten Lichtpunktes hört die stroboskopische Bewegung überhaupt auf.
Bei strenger Fixation wird auch für lange Expositionszeiten T_1 und T_2 und
Fehlen der Zwischenpause τ duale Teilbewegung zur Regel, nur bei sehr
geringem Abstand der beiden Lichtpunkte voneinander wird die leere
Zwischenstrecke unmerklich; Verkürzung von T_2 hat bei strenger Fixation
dieselbe Wirkung einer Verkürzung der Endstrecke, wie bei bewegtem Blick.
Führt man eine Zwischenpause τ ein, so verlangsamt diese bei kleinen Be-
trägen zunächst bloß die stroboskopische Bewegung. Wird die Zwischenpause länger, so entsteht auch bei wanderndem Blick eine duale Teilbewegung, wobei aber immer die Endstrecke weitaus länger ist, als die
Anfangsstrecke. Je länger die Zwischenpause, desto größer wird die leere
Zwischenstrecke auf Kosten sowohl der kürzeren Anfangs- wie der längeren
Endstrecke. Das hat zur Folge, daß die erstere zuerst, die letztere zuletzt
verschwindet. Auch Vergrößerung des räumlichen Abstandes der beiden
Lichtpunkte führt zur dualen Teilbewegung, und auch hier wird die An-
fangsstrecke früher aufgezehrt, als die Endstrecke. Übrigens hält es HILLE-
BRAND nicht für ganz sicher, daß wirklich die Anfangsstrecke der dualen
Teilbewegung auch bei ganz strenger Blickruhe auftritt. Er vermutet, daß
bei ihrem Entstehen unwillkürliche Augenbewegungen mitspielen.

In seiner eigenen Theorie der stroboskopischen Elementarbewegung
geht HILLEBRAND aus von seiner oben S. 374 ff. dargelegten Ansicht über
die Umwertung der retinalen Lokalzeichen bei einer Verlagerung der Auf-

merksamkeit, durch die er dort die Kompensation der Bildverschiebung auf der Netzhaut bei willkürlichen Augenbewegungen erklärte. Nur fügt er jetzt hinzu, die Umwertung der retinalen Raumwerte sei erst dann ganz vollzogen, wenn die als Zielpunkt ins Auge gefaßte zunächst seitliche Sehfeldstelle das Maximum der Deutlichkeit auch wirklich erreicht hat. Verhindere also irgend ein Umstand, daß dem Zielpunkt der Bewegung sofort das Deutlichkeitsmaximum zukommt, so wird dieser Umstand auch verhindern, daß die retinale Umwertung sofort in ihrem vollen Ausmaß zustande kommt. Gesetzt den Fall, man blicke von einem vorübergehend sichtbaren, median erscheinenden Lichtpunkt nach dessen Verschwinden zu einem neu auftauchenden rechts gelegenen Lichtpunkt hin, und die retinale Umwertung vollziehe sich erst hinterher, nachdem der Blick schon auf den rechts gelegenen Lichtpunkt gerichtet ist, so wird dieser Punkt, solange der Raumwert der Fovea noch nicht umgewertet ist, noch median erscheinen, und erst wenn die Umwertung vollzogen ist, erscheint er rechts. In der Zeit der Umwertung durchläuft aber der rechtsgelegene Punkt alle Zwischenstadien zwischen mangelnder und völliger Umwertung, kurz den Weg von der Mediane zur Rechtsstellung, und die stroboskopische Elementarbewegung ist nach HILLEBRAND das Korrelat dieses allmählichen Umwertungsprozesses. Der fremde Umstand, der die sofortige Umwertung der retinalen Lokalzeichen verhindert, bestehe aber darin, daß der mediane Punkt auch nach seinem Verschwinden noch ein ihm an Anschaulichkeit gleichkommendes Residuum hinterlasse, das die Aufmerksamkeit in stetig abnehmendem Maße in Anspruch nimmt, und verhindert, daß der rechts gelegene Punkt sogleich den vollen Deutlichkeitsgrad, der ihm vermöge seiner fovealen Abbildung zukommt, erreicht. In dem Maße aber, in dem das Gewicht des Residuums des ersten (medianen) Punktes abnimmt, nimmt das des rechten zu, und das führt im günstigsten Falle zu einer Ganzbewegung, in anderen weniger günstigen Fällen zur dualen Teilbewegung. HILLEBRAND erweitert dann seine Theorie auch für den Fall der Blickruhe, und er berücksichtigt ferner auch den Fall, daß von einem in der Mitte des Sehfeldes liegenden fixierten Punkt eine Scheinbewegung gleichzeitig nach rechts und nach links ausgeht. Er kommt dabei zu dem Schluß, daß zwar eine solche Doppelbewegung von der Mitte des Sehfeldes aus möglich sei, nicht aber eine solche auf einer Seite des Sehfeldes, weil nämlich mit der Verlagerung der Aufmerksamkeit auch eine Erweiterung der Sehfeldgrenze nach der betreffenden Seite hin verbunden sei und wohl eine Erweiterung der Sehfeldgrenzen nach beiden Seiten vom Fixationspunkt hin möglich ist, eine gleichzeitige Erweiterung und Einengung der Grenze nach einer Seite hin aber natürlich undenkbar ist. Nach WERTHEIMER (1299) sollen allerdings entgegengesetzte Bewegungen auch in einer und derselben Sehfeldhälfte sehr wohl möglich sein. Es ist aber fraglich, ob diese von HILLEBRAND so stark betonte Erweiterung der

Sehfeldgrenzen wirklich zu den notwendigen Bestandteilen seiner Annahme gehört.

Direkt gegen den Kern der HILLEBRANDschen Theorie richtet sich ein zweiter Einwand WERTHEIMERS. Nach HILLEBRAND beruht die stroboskopische Elementarbewegung auf einer Änderung der absoluten optischen Lokalisation. Diese ergreift aber immer den ganzen Sehfeldinhalt auf einmal, also müßte auch im Fall der stroboskopischen Bewegung alles Gesehene die Scheinbewegung mitmachen. Nun kann man den Versuch, statt im Dunkeln mit isoliert sichtbaren Lichtern, auch im Hellen ausführen, und dann kann man sich ganz offenkundig davon überzeugen, daß zwar die tachystoskopisch exponierten Objekte, nicht aber ihre Umgebung eine Bewegung ausführen. Dieser auf den ersten Blick durchschlagende Gegengrund ist aber — wenigstens für den Fall gleichzeitiger Blickbewegung — durchaus nicht beweiskräftig. Denn bei einer Seitenwendung der Augen wird ja eben die Änderung der absoluten Raumwerte durch die gleichzeitige Verschiebung der Netzhautbilder im entgegengesetzten Sinne kompensiert, die Umgebung erscheint wegen dieser gegenseitigen Kompensation ruhend, und die stroboskopische Bewegung kommt ja gerade dadurch zustande, daß das vorher auf der Fovea abgebildete Objekt trotz der Blickwendung wieder auf der Fovea liegt. Für diesen Fall würde also die HILLEBRANDsche Theorie zu einer völlig befriedigenden Erklärung führen. Für die strenge Fixation sind die Schwierigkeiten freilich beträchtlich größer und auch durch HILLEBRANDS Ausführungen noch nicht ganz überwunden. Schwierigkeiten bereiten der Theorie ferner die komplizierteren Bewegungsfälle, in denen z. B. ein Strich durch Drehung in der Ebene in eine andere Lage kommt, wie sie unter anderem von LINKE (1240, S. 524 ff.) in größerer Zahl beschrieben worden sind.

Die HILLEBRANDsche Theorie der stroboskopischen Elementarbewegung ist deswegen so bestechend, weil sie dieselbe an die alltäglichen Erscheinungen bei der Blickwendung anschließt. Außer dem schon von HILLEBRAND hervorgehobenen übereinstimmenden Punkt erscheint mir noch der bemerkenswert, daß in beiden Fällen eine Lücke überbrückt werden muß, — bei der stroboskopischen Bewegung der leere Zwischenraum, bei der Blickwendung das im allgemeinen leere Intervall während der Ausführung der Augenbewegung selbst (siehe oben S. 388 ff.). Wenn es möglich wäre, die HILLEBRANDsche Theorie so auszubauen, daß sie beides einheitlich umfaßt, daß also die Aufmerksamkeitsverlagerung bei sukzessiv an verschiedenen Orten auftauchendem gleichen Reiz — Formreiz, nicht Farbenreiz — zum Bewegungseindruck führt, beim sukzessiven Auftauchen derselben Form vor und nach der Blickwendung an zwei um den Betrag der Augendrehung gegeneinander verschobenen Netzhautstellen zur »Änderung der absoluten Raumwerte der Netzhaut«, gewissermaßen also zu einer Kompensation der Bewegung, so wäre damit ein außerordentlich wichtiger Fortschritt in Richtung einer einheitlichen Zusammenfassung scheinbar weit entlegener Gebiete getan.

Neuerdings hat endlich Köhler (1228a) für die stroboskopische Elementarbewegung eine physiologische Erklärung auf Grund seiner später (S. 589 ff.) angeführten Ansichten über die Gestaltwahrnehmungen abzuleiten versucht. Er setzt den Fall, ein Reiz a rufe im Sehorgan eine Strömung von der Netzhaut weg hervor, die im psychophysischen Niveau eine dem Reiz a entsprechende Gestalt A erzeugt. Von dem Reize b in anderer Lage werde, wenn er isoliert auftritt, eine Strömung erzeugt, die an einer anderen Stelle des psychophysischen Feldes Anlaß zum Gestaltprozeß B gibt. Die Stellen des phychophysischen Feldes, an welche die durch die Reize a und b erzeugten Strömungen hingelangen, sind aber nicht ein für allemal starr festgelegt, vielmehr werden, wenn während der Einwirkung des Reizes a eine zweite, durch b erzeugte Strömung von der Netzhaut aufsteigt, die beiden Strömungen sich gegenseitig anziehen, sodaß sie sich schon unterhalb des psychophysischen Niveaus vereinigen. In diesem wird dann an Stelle von zwei Prozessen nur e i n e r anlangen, und zwar wird, wenn die erste Stromsäule noch voll ausgebildet ist, und die zweite erst im Entstehen begriffen ist, die Strömung von b nach a hineingerissen. Wenn a abklingt, erhält b das Übergewicht, und der Prozeß wird nach b hin verschoben. Als Stütze für seine Hypothese führt Köhler Experimente von Benussi (1148, S. 285 ff.) und Gelb (1203) an, die im Dunkelzimmer drei in einer Geraden liegenden Lichtpunkte nacheinander aufblitzen ließen. Dabei zeigte sich nun, daß die Zwischenstrecke zwischen zwei Lichtpunkten kürzer erschien, wenn das Intervall zwischen ihrem Aufblitzen verkleinert wurde. Dasselbe ist bei Druck- und Schallreizen der Fall [siehe die Literatur bei Köhler (1228a, S. 401) und Scholz (1277a)]. Köhler fand ferner, daß eine ähnliche scheinbare Verkürzung der scheinbaren Streckenlänge auch auftritt, wenn ein Paar von Lichtpunkten dauernd und ein zweites Paar, das mit dem ersten zusammen die Eckpunkte eines Rechtecks markiert, nacheinander exponiert wird. Ist die Zwischenzeit zwischen dem Aufblitzen der Lichtpunkte groß (über eine Sekunde), so erscheint der Abstand zwischen den zwei sukzessive auftretenden Lichtpunkten ungefähr ebenso groß, wie der zwischen den dauernd sichtbaren. Wird die Zwischenzeit (die man vom Einsetzen des ersten bis zum Auftauchen des zweiten rechnen muß) verkleinert, so wird der Zwischenraum zwischen den sukzessive auftauchenden Lichtpunkten verkürzt bis zu einem Maximum, bei dem auch optimale stroboskopische Bewegung auftritt, bei weiterer Verkürzung aber wieder verlängert. Vergleiche auch die ausführliche Mitteilung von Scholz (1277a).

Eine höchst eigenartige Erklärung der stroboskopischen Elementarbewegung hat Pikler (11), ausgehend von seiner allgemeinen Theorie der Empfindung, gegeben. Nach Pikler entstehen Empfindungen dann, wenn der Trieb zum Wachsein

die physischen Wirkungen eines Reizes im Organismus, speziell im Nervensystem,
verhindert, indem er ihnen entgegenwirkt und dadurch ein dem Reiz angepaßtes
inneres Gleichgewicht schafft. Der Empfindungsvorgang ist ein Erhaltungs- oder
Anpassungsvorgang des Organismus, der eine Störung durch den äußeren Reiz
ausgleicht, er ist »Ausgleichung einer Bedrohung«. Wirken zwei Reize nacheinander
ein, so ist nach dem ersten eine Bereitschaft zur Wiederholung desselben Gleichgewichts vorhanden, das die Wirkung des ersten Reizes neutralisierte. Ist der
zweite Reiz vom ersten verschieden, so korrigiert oder ändert man das Gleichgewicht in passender Weise und diese Anpassung nimmt man bei langsamer
Folge der Reize als Empfindung des Unterschiedes wahr. Unter gewissen Umständen wird nun bei raschem Wechsel der Reize das Hervorgehen der dem
zweiten Reize entsprechenden Empfindung aus der Wiederholung des ersten
Gleichgewichts samt der korrigierenden Anpassung an den zweiten Reiz direkt
gesehen, und das ist der Fall bei der stroboskopischen Elementarbewegung. Die
Wahrnehmung des Verhältnisses zwischen dem ersten und zweiten Reiz bei lang-
samerem Wechsel ist eine Art inneren Sehens, bei schnellem Wechsel ein äußeres
Sehen. PIKLER sucht diese seine Auffassung der stroboskopischen Elementarbewegung durch zahlreiche Experimente zu begründen. Seine Annahme steht
und fällt natürlich mit seiner allgemeinen Empfindungstheorie, über die hier nicht
zu diskutieren ist.

In engem Zusammenhang mit den stroboskopischen Erscheinungen
stehen die anorthoskopischen Täuschungen, d. h. die Veränderungen
einer bewegten Figur bei Betrachtung durch einen bewegten oder ruhenden
Spalt. Bewegen sich Bild und Spalt mit nicht allzugroßer Geschwindigkeit
in entgegengesetzter Richtung gegeneinander, so erscheint das Bild in der
Richtung der Bewegung verkürzt. Man kann so ein in die Länge ge-
zogenes Bild eines Objektes wieder richtig sehen (daher der von PLATEAU
[1264] herrührende Name »Anorthoskop«), während z. B. ein Kreis als
Ellipse mit der langen Achse senkrecht zur Bewegungsrichtung erscheint.
Werden Bild und Spalt gleichsinnig, das Bild aber mit geringerer Geschwindigkeit bewegt, als der Spalt, so wird die Figur nach der Bewegungsrichtung hin in die Länge gezogen, ein Kreis erscheint als Ellipse mit der
langen Achse in der Bewegungsrichtung. Die Erscheinungen erklären sich,
wie LINKE (1240, S. 428 ff.) eingehend auseinandersetzt, aus der relativen
Verschiebung des Bildes gegenüber dem Spalt während ihrer Bewegung.
Ist die Figur ein Kreis und erscheint sie im Versuch ruhend, wie dies nach
LINKE bei gleichzeitiger Bewegung von Bild und Spalt immer der Fall ist,
so läßt sich diese Verschiebung leicht berechnen. Sie ist gleich dem Weg,
den das zuletzt exponierte Ende des zur Spaltrichtung senkrechten Durchmessers des Kreises während der Zeit zurücklegt, die verstreicht von dem
Augenblick an, in dem der Anfangspunkt dieses Durchmessers im (linienförmig
gedachten) Spalt auftaucht, bis zum Erscheinen des letzten Endes desselben
im Spalt. Nennen wir diesen Weg x, den Durchmesser des Kreises d, und
nehmen wir an, die Geschwindigkeit des Spaltes sei n mal größer, als die
des Bildes, so ergibt sich, wenn wir die Entfernung des Spaltes und des

Bildes vom Auge gleich setzen, bei gleichsinniger Bewegung von Spalt und Bild eine Verschiebung von $x = \dfrac{d}{n-1}$ entgegengesetzt der Bewegungsrichtung, demnach eine entsprechende Verlängerung des Bildes, bei gegensinniger Bewegung ist $x_1 = -\dfrac{d}{n+1}$, es erfolgt eine Verkürzung des Bildes. Berücksichtigen wir ferner, daß die relative Verschiebung von Spalt und Bild auch noch von ihrer Entfernung vom Auge abhängt, und nennen wir den Abstand des Bildes vom Spalt a, die Entfernung des Spaltes vom Auge h, so ergibt sich für objektiv gleiche Geschwindigkeit von Spalt und Bild $x = d \cdot \dfrac{h}{a}$ für gleichsinnige, und $x_1 = -d\,\dfrac{1}{2+\dfrac{a}{h}}$ für gegensinnige Bewegung beider.

LINKE hat Schätzungen dieser Scheinverzerrung von Figuren ausgeführt und sie mit dem Ergebnis der Formeln verglichen. Beide Werte zeigten gute Übereinstimmung, nur war die Scheinverlängerung bei gleichsinniger Bewegung von Spalt und Bild in Wirklichkeit etwas kleiner, als sie aus der Formel errechnet wird.

Wird bloß das Bild hinter dem ruhenden Spalt bewegt, so sieht man es bewegt, bei nicht zu langsamer Bewegung aber langsamer, als es wirklich der Fall ist, und dabei erscheint es auch wieder verzerrt, bei rascher Bewegung deutlich verkürzt, bei ganz langsamer eher etwas verlängert. Diese von ZÖLLNER (1306) entdeckte Erscheinung wurde später von HELMHOLTZ (I, S. 605), VIERORDT (1292), GERTZ (1205), STEWART (1282), ROTHSCHILD (1272) und HECHT (1211) weiter untersucht. Dabei treten aber außerdem noch eine Reihe anderer Erscheinungen auf. Diese beruhen zum Teil darauf, daß die zur Spaltrichtung annähernd oder genau senkrechten Konturen der Figur sich eine Strecke weit in sich selbst verschieben und sich infolgedessen deutlicher vom Grund abheben, wie die zur Spaltrichtung schrägen oder gar die ihr parallelen Konturen. Am deutlichsten wird der Unterschied an einem Quadrat, dessen eines Seitenpaar dem Spalt parallel verläuft, er ist aber auch noch am Kreis gut zu sehen. Dazu kommen aber auch noch andere Dinge, nach ROTHSCHILD insbesondere der Unterschied zwischen Figur und Grund und die Auffassung komplizierterer Figuren. Augenbewegungen, an die HELMHOLTZ gedacht hatte, sind nach den übereinstimmenden Aussagen aller späteren Untersucher für das Zustandekommen der Täuschung nicht erforderlich. Dagegen fand ich es nach vielen vergeblichen Versuchen, die Erscheinung hervorzurufen, notwendig, die Aufmerksamkeit ausschließlich auf die bewegte Figur zu richten und den Spalt nicht zu beachten, was inzwischen auch schon von HECHT berichtet worden ist. Aus der simultanen stroboskopartigen Zusammenfassung der sukzessiven Einzeleindrücke zur Gesamtgestalt erklärt es sich wohl auch, daß diese schließlich viel breiter erscheint, als der Spalt. Nach Hecht wandert die Anfangskontur der Figur im Sehraum langsamer, als die Figur im wirklichen Raum, deshalb erscheine im Moment des Entstehens der hinteren, abschließenden Kontur der Anfangskontur im Sehraum näher an ersterer, als in Wirklichkeit und die ganze Figur verkürzt. Daraus, sowie aus der von Hecht beobachteten Angleichung der Seitenkonturen an die Form des Spaltes[1]) erklären sich nach diesem Autor auch die sonstigen Verzerrungen, die man bei diesen Versuchen beobachtet.

Bewegt man endlich bloß den Spalt vor dem ruhenden Bild hin und her, so tritt eine anorthoskopische Verzerrung nur dann auf, wenn die Augen mit der Spaltbewegung mitgehen und dadurch eine Verschiebung des Netzhautbildes der Figur hervorgerufen wird, die eine ähnliche Wirkung hat, wie eine objektive Verschiebung des Bildes (Linke).

Wertheimer, Koffka und Linke reihen, wie schon vorher Witasek und Benussi die stroboskopische Elementarbewegung, wie den Bewegungseindruck überhaupt, unter die Gestaltwahrnehmungen ein. Allerdings fassen beide Gruppen von Autoren den Begriff der Gestalt etwas anders auf, oder beleuchten ihn zum mindesten von verschiedener Seite. Nach Witasek (14, S. 305) werden ursprünglich gegebene Empfindungsinhalte erst hinterher durch einen psychischen Prozeß, der häufig unwilkürlich einsetzt und abläuft, jedoch in beiderlei Belangen auch dem Willen vielfach zugänglich ist, gestaltet. Linke (1243) hält die Frage nach dem Entstehen von Gestalten für ganz verfehlt. Es könne überhaupt nur nach der Entstehung neuer Gestalten aus anderen, bereits vorhandenen gefragt werden. Dementsprechend nimmt er an, daß alles sinnlich Wahrnehmbare von vorne herein gestaltet sei. Jener Vorgang, den Witasek und Benussi als Gestaltproduktion bezeichnet haben, stelle also nicht eine Neuschaffung von Gestalten, sondern eine Gestaltumformung dar. Wenn wir aber »phantasiemäßig« Umformungen von Gestalten vornehmen, so seien diese psychischen Vorgänge außer von allgemein psychophysischen Gesetzmäßigkeiten auch noch von »Gesetzen rein gegenständlicher Art« bedingt, die sie speziell betreffen. »Forme ich zwei örtlich verschiedene Punkte oder Striche so um, daß der eine die Anfangs-, der andere die Endphase einer einheitlichen Bewegung bildet, so bin ich damit infolge der Natur der Bewegung eo ipso genötigt, so vorzugehen, daß diese Bewegung eine bestimmte Geschwindigkeit und Richtung hat, daß sie sich in einem zeitlichen Kontinuum über ein räumliches Kontinuum hinwegerstreckt . . . daß ferner dabei ein bewegtes Etwas als identischer ‚Träger‘ der Bewegung bestehen bleibt« usw. Solche zwangsläufige Vereinigungen mehrerer Elemente, eigentlich wahrgenommener mit bloß vorgestellten, nennt Linke assimilative Wahrnehmungen, und darunter fällt nach ihm auch die stroboskopische

---

1) Analoge Beobachtungen beschrieb schon Boswell (1155).

Elemementarbewegung. Wodurch die assimilative Wahrnehmung zustande-
kommt, ob durch eine reproduktive Assimilation im Sinne von Wundt oder
auf Grund angeborener Dispositionen, läßt Linke unentschieden, hält aber
die erstere Annahme für wenig wahrscheinlich. Nach Benussi (1147, S. 40)
entsteht hingegen der Bewegungseindruck nicht erst aus der Vereinigung
der Elemente, vielmehr sei es gerade umgekehrt, man komme beim stroboskopischen Versuch gar nicht dazu, die einzelnen Phasen klar in der Zeit
gegliedert oder zerlegt aufzufassen, und die so einheitlich erscheinende
Lageänderung sei eben die Bewegungswahrnehmung.

Auch Wertheimer rechnet die Bewegungswahrnehmung unter die Gestaltwahrnehmungen. Er definiert die Gestalt als eine Einheit, die sich
nicht aus der bloßen Summe ihrer einzelnen Teile zusammensetzt — keine

bloße »Und-Verbindung« ist —, sondern bestimmte »Ganz-Eigenschaften«
besitzt, die sich aus ihrem Charakter
als einer Einheit ergeben, und durch
die die Gestalt erst wirklich fundiert
wird. Köhler hat später aus dem
Vergleich mit physikalischen Gestalten
heraus, über den wir unten S. 589
weiter sprechen, noch hinzugefügt,
daß die Gestalt auch ein charakte-
ristisches inneres Gefüge, eine einheitliche »Struktur« besitzt. Was damit
gemeint ist, geht am klarsten aus
der Betrachtung der Fig. 149 hervor.

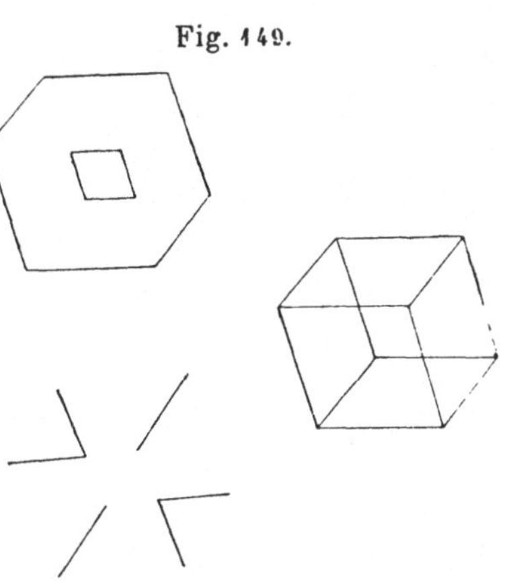

Fig. 149.

Der Eindruck der perspektivischen Würfelzeichnung ist nicht einfach die
Summe aus den Eindrücken, die die links daneben abgebildeten Einzelteile
erwecken, aus denen sie sich zeichnerisch zusammensetzt, sondern etwas
durchaus neues, und die Tiefenerstreckung, die an den isolierten Teilen
gar nicht vorhanden ist, entspringt erst aus dem einheitlichen Charakter
der Gesamtgestalt, deren einzelne Bestandstücke sich gegenseitig stützen
und tragen.

Köhler sowohl, wie Wertheimer nehmen an, daß auch alle physischen
Vorgänge im Sehorgan in dem angegebenen Sinne »gestaltet« sind. Dadurch wird aber der Begriff der Gestalt weit über das hinaus ausgedehnt,
was Ehrenfels und die Meinongsche Schule darunter verstanden. Da ferner
diese Annahme vorläufig doch nur einen rein hypothetischen Charakter hat,
möchte ich im folgenden auch weiterhin den Ausdruck »Gestaltwahrnehmung« nur für jene psychischen Gebilde verwenden, bei denen die Grundlage der Gestaltung, das, was sie einheitlich zusammenfaßt und über die
bloße Und-Summe ihrer Teile hinaushebt, ihr Sinn ist, wie ich es oben

S. 107 ausgeführt habe. Allerdings darf man diesen Sinn des Ganzen nicht wieder als eine den Einzelempfindungen des Komplexes gleichwertige Teileigenschaft betrachten. Er besteht vielmehr in etwas durchaus anderem, er ist der psychische Repräsentant der Einheit der Gestalt, dessen physisches Korrelat ein irgendwie »gestalteter« Prozeß im Gehirn ist. Einen gewissen Sinn hat nun alles, was wir sehen und beachten. Auch wenn uns die Farbenflecke eines impressionistischen Gemäldes, wie wir oben S. 107 erwähnten, zunächst als ein ganz untergeordneter Wirrwarr erscheinen, so ist es eben doch »ein Haufen von Farbflecken«, und als solcher zwar von einer sehr unbestimmten, in seinem Durcheinander schlecht charakterisierten Gestalt, die sich von der »guten Gestalt« des endlich in seinem Sinn durchschauten Gemäldes aufs schärfste abhebt, aber doch eben ein zur Einheit zusammengefaßter, wenn auch schlecht durchstrukturierter Komplex. Beim aufmerksamen Sehen des Erwachsenen ist also in der Tat die Gestalt von vornherein ohne unser willkürliches Zutun gegeben, und die Gestaltproduktion beschränkt sich auf bloße Gestaltumformung. Wie es in dieser Beziehung in der ersten Entwicklung des Kindes steht, können wir natürlich nur vermuten. Hier wird aber die Lücke ausgefüllt durch die Beobachtungen an operierten Blindgeborenen, über die wir oben S. 157 ff. berichtet haben, und von denen für unsere Frage vor allem die Untersuchungen Uhthoffs wichtig sind. Da gibt es nun unleugbar eine Gestaltproduktion aus dem ursprünglichen ganz unbegriffenen Chaos heraus[1] —, wenn man nicht etwa schon die bloße Beziehung auf das Ich, den Umstand, daß der Sehende die Gesichtsempfindungen als seine eigenen erkennt, als Gestaltwahrnehmung bezeichnen will.

Von diesen »sinnvollen Gestalten«, die erst aus der Verarbeitung des Sehstoffes entstehen, möchte ich nun solche primitive Vorgänge, die vielleicht auch auf gestalteten physischen Nervenprozessen beruhen, die aber nicht erst sekundär erworben sind, sondern schon beim ersten optischen Eindruck z. B. des operierten Blindgeborenen wirksam sind, als einfache Formen des Sehens absondern. Für einen derart primitiven Vorgang, der auf eine elementare Grundfunktion des Sehorgans zurückzuführen ist und sich wohl auch in mehr peripheren Zonen des Sehorgans abspielt, halte ich nun auch das Bewegungssehen. Bewegung sieht der operierte Blindgeborene als eigenartigen Vorgang sofort, nur kann er ihn ebenso wenig verstehen oder gar beschreiben, wie er die als verschieden erkannten Formen beschreiben oder benennen kann (vgl. Dufours Patienten, oben S. 156). Daß das Bewegungssehen unter Umständen bei Hirnerkrankungen isoliert ausfallen kann (Pötzl und Redlich, 1267a; derselbe Fall von Wertheimer

---

[1] Nach einem kritischen Studium der Beobachtungen an Kriegsverletzten schließt sich auch Gneisse (1206) der Ansicht der Meinongschen Schule über die Gestaltproduktion an.

untersucht, 1297, S. 246, Anm. 7; GOLDSTEIN und GELB, 140)[1]), beweist nichts für die Gestaltauffassung, da ja auch ganz elementare Vorgänge, wie das Farbensehen, isoliert ausfallen können.

Sowie nun elementare Vorgänge, wie die Farbenempfindungen oder die Lokalisation, durch die Gestaltauffassung abgeändert, oder wie der monokulare Tiefeneindruck, auf dem Wege der Gestaltauffassung ganz direkt erst produziert werden, so kann auch die Bewegungsempfindung durch die Gestaltauffassung modifiziert, ja sogar direkt hervorgerufen werden. Eine auf diese Weise hervorgerufene Scheinbewegung, die lediglich der Gestaltauffassung entspringt, ist jene, die auftritt, wenn man nach der oben S. 113 angegebenen WUNDTschen Projektionsmethode oder nach der BÜHLERschen Methode den Nebenreiz einer optischen Täuschungsfigur zu dem Hauptreiz hinzutreten, bzw ihn dann wieder verschwinden läßt. Man sieht dann, wie schon oben S. 141 erwähnt wurde, und wie es neuerdings von BENUSSI (1147), KENKEL (1223), WINGENDER (1300) und BATES (1144) an der HERINGschen, ZÖLLNERschen, MÜLLER-LYERschen und an anderen Täuschungen eingehend studiert wurde, eine dem Auftreten und Verschwinden der betreffenden Täuschung entsprechende Scheinbewegung, die von BENUSSI als S-Bewegung, von KENKEL als α-Bewegung bezeichnet wurde. Durch kompliziertere Bilder lassen sich dabei mannigfache Scheinbewegungs-Kombinationen hervorrufen, wie sie BENUSSI (1150) ausführlich beschrieben hat. Daß es sich hier um eine rein zentrale, aus der Gestaltauffassung entspringende Bewegung handelt, geht am deutlichsten daraus hervor, daß, wie ich oben S. 141 auseinandersetzte, die Bewegung sogar durch die bloße Vorstellung einer bestimmten Figur hervorgerufen wird. Die Täuschungsmotive brauchen dabei, wie schon BÜHLER (4, S. 98ff.) feststellte, eine gewisse Zeit, um wirksam zu werden. WINGENDER hat diese Zeit in der Weise gemessen, daß er in raschem Wechsel die Nebenreize entstehen und vergehen ließ und die Expositionsdauer bestimmte, bei der die Scheinbewegung am besten entwickelt war. Sie betrug bei den oben angeführten Täuschungen im Durchschnitt 0,346″. WINGENDER bestimmte ferner die untere Grenze der Geschwindigkeit des Phasenwechsels, bei der die Täuschungsfigur trotz dem Kommen und Gehen der Nebenlinien gerade in Ruhe blieb. Sie betrug im Mittel 0,263 oder rund $1/4''$. Vergleicht man damit MARBES »kritische Periodendauer«, d. h. die Zeit, bei der sukzessive Lichtreize zu einer konstanten Empfindung verschmelzen, und die je nach den Umständen zwischen 0,1 und 0,02″ wechselt, ferner die Sukzessionsgeschwindigkeit, bei der

---

1) Nach POPPELREUTER (1267) liegt im Falle von GOLDSTEIN und GELB wahrscheinlich gar kein Verlust der optischen Gestaltwahrnehmungen vor. Vielmehr sei dieser durch eine ringförmige paramakuläre Amblyopie vorgetäuscht. Man kann die Erscheinung, daß Personen optische Formen nur durch nachfahrende Bewegungen erkennen, dadurch künstlich erzeugen, daß man die Bilder der seitlichen Netzhautteile bis auf ein ganz kleines zentrales Gebiet abblendet.

räumlich verschieden gelagerte Striche simultan nebeneinander gesehen werden (Wertheimers Sim-Stadium mit rund 0,03″), so erkennt man in der Differenz dieser Werte eine gewisse Trägheit des Apparates für das Erfassen der Gestaltveränderungen. Da diese Trägheit mit der Kompliziertheit der Täuschungsfigur wächst (Kenkel, S. 420), so scheint mir das ein ganz offenkundiger Hinweis auf das gestaltende Eingreifen von Bewußtseinsprozessen im Sinne der oben S. 150 angenommenen Rückwirkung der geistigen Einstellung auf untergeordnete, vor der psychophysischen Sphäre ablaufende Erregungsvorgänge.

Nach Lindemann (1239) erlebt man unter Umständen unmittelbar das Entstehen und Vergehen einer Gestalt aus einer gegebenen Reizkonfiguration als Bewegungsvorgang. Exponiert man nämlich eine Figur nur kurze Zeit — im Maximum je nach der Lichtstärke zwischen 0,22 und 0,111″ —, so nimmt man eine Bewegung derselben wahr, die sich im allgemeinen als ein Sich-Ausdehnen beim Auftauchen und ein darauffolgendes Wieder-Zusammenziehen bei ihrem Verschwinden kennzeichnen läßt, und die von Kenkel als γ-Bewegung bezeichnet wurde[1]). Die Bewegung steigert sich mit abnehmender Expositionszeit sowohl in ihrer Eindringlichkeit wie in ihrer Amplitude bis zu einem Optimum, das zwischen 0,07 und 0,035″ liegt, verliert aber dann rapide an Eindringlichkeit und ist unter 0,03 — 0,02″ fast vollkommen verschwunden. Mit dieser Art von Scheinbewegung hängt die von Bethe (1153) beobachtete Erscheinung zusammen, daß bei momentaner Beleuchtung einer größeren Fläche das Licht sich scheinbar vom Fixationspunkt nach allen Seiten hin zu einem großen, sodann wieder zusammenschrumpfenden Fleck ausbreitet. Aufmerksame Beachtung eines Gebietes fördert, wie schon Bethe fand, die Bewegung in ihm, während die Fixation eines Gebietes die Scheinbewegung in ihm hemmt. Ist die dargebotene Reizfigur mehrdeutig, so können je nach der Auffassung verschiedene Bewegungen auftreten. Die Scheinbewegung erweist sich also auch hierin, wie in anderer Beziehung (s. weitere Einzelheiten bei Lindemann) ganz von der Gestaltauffassung abhängig. Sie wird nicht von allen Personen gesehen, und es bedarf häufig einiger Übung, d. h. des Erwerbes einer bestimmten geistigen Einstellung, um sie gut wahrzunehmen. Sie verschwindet aber auch bei solchen Personen, die sie an Figuren sehen, bei der Exposition von wirklichen Objekten. Exponiert man zwei räumlich benachbarte Objekte, die bei sukzessiver Darbietung stroboskopische Bewegung ergeben, rhythmisch in Serien nacheinander und steigert die Expositionsfrequenz so weit, daß eben noch nicht ganz ruhiges Simultansehen zustande kommt, so äußert sich die γ-Bewegung in einer eigentümlichen Unruhe, Flackern, Helligkeitswechsel,

---

1) Als β-Bewegung bezeichnet Kenkel das Bewegungssehen bei sukzessiver Darbietung wirklich verschieden großer oder verschieden gelagerter Objekte, also die stroboskopische Elementarbewegung.

es tritt eine »Innenbewegung« auf, indem einzelne Teile der Figur etwas früher als andere auftauchen (Wertheimer, 1297, S. 197; Kenkel, 1223, S. 402). Vgl. dazu ferner Hartmann (1210a).

Eine ebenfalls von Lindemann beschriebene weitere Scheinbewegung wurde von G. F. Müller (1253, S. 54) als eidotrope Bewegung bezeichnet. Sie entsteht, wenn im tachistoskopischen Versuch eine Figur dargeboten wird, bei der ein Teil etwas von der Lage in einer prägnanten »guten« Gestalt abweicht, und sie verläuft im Sinne der Herstellung der guten Gestalt. Wenn z. B. elf Punkte im Kreise angeordnet sind und ein zwölfter etwas von der Peripherie abweicht, so führt er eine Bewegung nach der Peripherie des Kreises hin aus.

Eine Scheinbewegung, deren Entstehen gleichfalls durch die Art der Aufmerksamkeitsverteilung bedingt sein dürfte, ist die sogenannte δ-Bewegung von Korte (1235, S. 205). Exponiert man rasch nacheinander zwei nebeneinander liegende Reize, von denen der zweite lichtstärker ist als der erste, so entsteht bei Fixation der Mitte zwischen den beiden und bei Beachtung des stärkeren Reizes der Eindruck einer Gegenbewegung vom zweiten Objekt zum ersten hin und dann wieder nach der Stelle des zweiten Reizes zurück. Vielleicht hängt mit dieser Erscheinung eine häufig bei kurzer Exposition eines einzigen Gegenstandes beobachtete Scheinbewegung zusammen, die sich als ein Herspringen des Objektes ins Gesichtsfeld oder ein Heranfliegen an die Projektionsfläche charakterisiert.

Endlich gehören hierher noch die Scheinbewegungen, die bei einem Wechsel der Belichtung der Netzhautperipherie auftreten. Exner (1186a) bemerkte, daß eine Fläche, deren Beleuchtung im Zentrum am hellsten war, bei veränderlicher Beleuchtung und indirekter Betrachtung einen Bewegungseindruck ergibt, weil die Ringe gleicher Helligkeit bei der Abnahme der Belichtung nach dem Zentrum hin, bei ihrer Zunahme nach der Peripherie zu rücken, und Stern (1281, S. 358) gibt an, daß ein auf der peripheren Netzhaut auftauchender Lichtreiz ohne weiteres als Bewegung ins Gesichtfeld hinein aufgefaßt wird.

Wie in den eben beschriebenen Fällen eine Scheinbewegung aus der Gestaltauffassung ebener Bilder entspringt, so kann sie auch aus geänderter Tiefenauffassung hervorgehen. Als Übergang zur Scheinbewegung aus reiner Gestaltauffassung kann man dabei jene Scheinbewegung betrachten, die sich aus dem Auftreten und Verschwinden der binokularen Tiefenwahrnehmung ergibt. Wenn man zu einem Teil eines dauernd exponierten stereoskopischen Doppelbildes, das ein in der Frontalebene liegendes Sammelbild liefert, plötzlich auf einer Seite ein querdisparates Halbbild hinzufügt und es dann wieder verschwinden läßt, so springt der mit der Querdisparation abgebildete Teil des Sammelbildes aus der Ebene, in der er ursprünglich lag,

nach vorn oder nach hinten heraus[1]). Auch für diese Scheinbewegung
ergibt sich bei rhythmischem Expositionswechsel nach den Messungen von
WINGENDER (1300) eine kritische Geschwindigkeitsgrenze, unterhalb der die
Scheinbewegung nicht mehr auftritt. Sie betrug bei einfachen Figuren
durchschnittlich 0,269″ oder rund $^1/_4$″, wie bei den Scheinbewegungen an
geometrisch-optischen Täuschungen, was sich aus der oben S. 436 ff. besprochenen Entwicklungszeit des binokularen Tiefensehens erklärt. Wechseln
die Expositionen noch rascher, so bleibt die Figur ruhig und zwar behält
sie bei rhythmischem Wechsel dauernd den Tiefenunterschied bei. Der
durch die Querdisparation der Bilder beider Augen hervorgerufene Tiefeneindruck setzt sich also stärker durch, als der nur vom Bild einer Seite
erzeugte Tiefeneindruck, was mit den früheren Darlegungen (S. 434) über
die geringe Bestimmtheit des Tiefeneindrucks einseitiger Halbbilder durchaus übereinstimmt.

Rein dem Gebiete der Gestaltauffassung gehört jene Scheinbewegung
an, die beim Invertieren perspektivischer Strichzeichnungen oder sonstiger
Objekte (s. oben S. 447) auftritt. Sie besteht in einem plötzlichen Um-
springen nach der Tiefe zu, an das sich entsprechend der völligen Ausbildung der neuen Gestalt ein langsameres Weiterausdehnen anschließt.
Diese Scheinbewegung ist das volle Analogon zur α-Bewegung bei den
geometrisch-optischen Täuschungen, und hier erlebt man in der Tat die
Gestaltproduktion direkt als Bewegung.

Durch die gestaltmäßige Auffassung eines Hintereinander kann aber
auch umgekehrt eine wirkliche Objektbewegung in scheinbare Ruhe umgewandelt werden. Wir haben oben S. 444 die Beobachtung von RUBIN
angeführt, daß sich bei einer ebenen Figur der Grund kontinuierlich unter der
Figur fortzusetzen scheint, so daß ein Hintereinander zustande kommt, indem
der Grund ein teilweise von der Figur verdecktes Ganze bildet. Ließ nun
WITTMANN (1303, S. 30 ff.) langsam rotierende Scheiben fixieren, die in zwei
verschiedenfarbige Sektoren eingeteilt waren, so gingen die Versuchspersonen
nach kurzer Zeit von selbst dazu über, einen Sektor besonders zu beachten. Je mehr es ihnen nun gelang, diesen Sektor in Gestalt und Bewegung gesondert zu erfassen, um so mehr verlor der Sektor der anderen
Farbe seinen Bewegungscharakter. Seine sukzessiven Bilder schlossen sich zu
dem Eindruck einer ruhenden ebenen Vollscheibe zusammen, vor der in einer
zweiten Ebene jener isoliert und bewegt gesehene andere Sektor rotierte[2]).

---

1) Dasselbe ist bei vielen Personen der Fall, wenn ihnen bei Betrachtung
stereoskopischer Bilder nach vorausgegangenem Flachsehen plötzlich der binokulare Tiefeneindruck auftaucht (v. KARPINSKA, 979).

2) Eine Scheinbewegung in der Weise, daß ein zwei schwarze Flächen
trennender weißer Streifen entweder in der Ebene der schwarzen Flächen erscheint oder als ein den schwarzen Grund verdeckendes Band darüber vorspringt,
beschreibt auch PIKLER (11, S. 377 ff.).

Auf eine Änderung der egozentrischen Beziehung der Sehdinge ist endlich eine von LEWIN (793a) beschriebene Scheinbewegung zurückzuführen, die bei manchen Personen auftritt, wenn ihnen im Tachistoskop eine Reihe auf dem Kopf stehender Buchstaben, Wörter und einfacher Figuren ruckweise rhythmisch dargeboten werden. Wenn sie diesem Vorgang eine Weile zusehen, richten sich bei solchen Personen die auf dem Kopf stehenden Objekte auf, und das kann mit einer Scheinbewegung verbunden sein, die entweder in einer Drehung des Objekts in der Ebene oder in einem Umklappen nach der Tiefe zu besteht.

Als eine der charakteristischen, wenn auch nicht gerade notwendigen Eigenschaften der Gestaltwahrnehmung war besonders von BENUSSI (149, a) ihre Mehrdeutigkeit betont worden, d. h. die Möglichkeit, durch eine veränderte geistige Einstellung die Gestalt in eine andere umzuformen. Dazu gehörte als Spezialfall auch die Inversion ebener Figuren nach der Tiefe. Ihr entspricht beim Bewegungssehen die Inversion der Bewegungsrichtung, wie sie zuerst von SINSTEDEN an der Bewegung entfernter Windmühlenflügel beobachtet wurde. Neuerdings hat v. REUSS (1063) in einem analogen Falle nicht bloß Inversion, sondern auch andersartige Bewegungsformen gesehen. LINKE (1240, S. 494 ff.; 1243, S. 326 ff.) fand Mehrdeutigkeit auch bei der stroboskopischen Elementarbewegung, von der wir einige Beispiele schon oben S. 562 angeführt haben. WITTMANN (1303) gibt an, daß es bei dem soeben beschriebenen Sektorenversuch der Versuchsperson unter Umständen gelingt, von der Beachtung des einen Sektors zu der des anderen überzugehen, womit sich dann die Umwandlung des bewegten Sektors in die scheinbar ruhende Vollscheibe des Grundes verbindet.

Diese gegenseitige Übertragung von Ruhe und Bewegung je nach der Beachtung, also durch einen ausgesprochenen Gestaltungsfaktor, glaubt nun WITTMANN auch in jener oben S. 557 erwähnten Übertragung der Bewegung von bewegten auf ruhende Objekte wiederzufinden, die von anderen als Simultankontrast angesehen wird. Daß in der Tat auch bei dieser Erscheinung Gestaltungsfaktoren im Sinne wechselnder Auffassung mitwirken können, zeigen die Untersuchungen von CARR und HARDY (1163). In ihren Versuchen wurden der Versuchsperson im Dunkelzimmer zwei übereinander befindliche Lichtpunkte sichtbar gemacht, von denen nach Belieben entweder der obere oder der untere rhythmisch nach rechts und links bewegt werden konnte. Stellte sich nun die Versuchsperson das ganze System als ein einfaches hängendes Pendel vor, so sah sie besonders leicht den unteren Punkt bewegt, auch wenn er in Wirklichkeit ruhte. Stellte sie sich hingegen das System nach Art eines Metronoms vor, so erschien die Bewegungsvorstellung des oberen Lichtpunktes bevorzugt, und wenn die Versuchsperson sich die beiden Lichtpunkte an den Enden eines in der Mitte aufgehängten hin und her schwingenden Pendels vorstellte, so sah sie be-

sonders leicht beide Lichtpunkte gegeneinander bewegt. Auch die Übertragung der Bewegung von der bewegten Umgebung auf den am selben
Orte bleibenden Menschen bei Wandeldekorationen gehört hierher (Stern,
1281).

Es ist indessen zu betonen, daß die Übertragung der Bewegung auf
ruhende Körper zwar gelegentlich durch die Auffassung der Versuchsperson
mitbedingt sein kann, daß sie aber doch nicht allein aus ihr erklärt werden
kann. Freilich ist eine befriedigende Erklärung dieser Erscheinung noch
nicht gegeben. Der Hinweis von Helmholtz (I, S. 619) und Hering (R. S.
557), daß eine Bewegung, die einen großen Teil des Gesichtsfeldes ausfüllt,
leicht als Bewegung kleiner ruhender Teile gesehen wird (Mond in den
Wolken[1]) genügt nicht für alle Fälle. Eine andere Erklärung leitete Mach
(10a, S. 117 ff.) aus folgendem Versuche ab: Ein einfach gemusterter Lauf-
teppich wird horizontal über zwei in Lagern befestigte Walzen gezogen
und mit Hilfe einer Kurbel in gleichmäßige Bewegung gesetzt. Quer über
den Teppich wird ein Faden mit einem Knoten gespannt, der dem Beobachter
als Fixationspunkt dienen kann. Folgt nun der Beobachter mit den Augen
der Zeichnung des bewegten Teppichs, so sieht er diesen in Bewegung,
sich selbst aber und die Umgebung in Ruhe. Fixiert er hingegen den
Knoten, so glaubt er selbst mit dem ganzen Zimmer in entgegengesetzte
Bewegung zu geraten, während der Teppich stillzustehen scheint. Mach
erklärt die Erscheinung so, daß bei fester Fixation der vom bewegten
Objekt ausgehende Bewegungsanreiz für die Augen durch einen ihm entgegengesetzten willkürlichen Innervationsstrom kompensiert werden muß,
ganz so, als wäre der ruhig fixierte Punkt gleichmäßig entgegengesetzt bewegt und als wollte man ihm mit den Augen folgen.

Nun fällt der Versuch freilich nicht bei allen Personen so aus, wie
ihn Mach beschreibt (James, 10, II, S. 512ff.). Auch kann man sich leicht
davon überzeugen, daß gerade dann, wenn man einem bewegten Objekt
mit dem Blick folgt, der Hintergrund oder auch ein vor dem bewegten
Objekt liegender Punkt) eine Bewegung im entgegengesetzten Sinne auszuführen scheint. Das zeigt insbesondere ein von Helmholtz (I, S. 568)
angegebener Versuch. Man zeichne auf einem Papier eine lange gerade
Linie A und bewege eine Spitze, die man fixiert, in Richtung einer zweiten
(gedachten oder wirklich gezogenen) geraden Linie B, welche die erste
unter einem kleinen Winkel schneidet. Folgt man nun der bewegten Spitze
mit dem Blick, so scheint die Linie A eine Bewegung entgegengesetzt der
Bewegung der Spitze zu machen. »Das Bild der Linie A verschiebt sich
dabei auf der Netzhaut teils parallel sich selbst, teils in Richtung der Breite.
Die erstere Bewegung wird wenig oder gar nicht bemerkt, wenn die Linie

---

1) Man vgl. gerade für dieses Beispiel und für zahlreiche andere Hoppe (1219).

lang ist und keine deutlich gezeichneten Merkpunkte besitzt; die zweite Bewegung senkrecht zu ihrer Länge wird dagegen desto deutlicher bemerkt. Dabei scheint auch die Richtung der Linie A verändert, und zwar so, daß der Winkel, den sie mit der Linie B macht, in der sich die Spitze bewegt, vergrößert erscheint« [1]. Auf diese Scheindrehung einer geraden Linie bezieht nun Helmholtz auch die Verstärkung, die die Heringsche und Zöllnersche Täuschung bei Blickbewegungen in bestimmter Richtung erfahren, während sie bei fester Fixation und bei Momentanbeleuchtung stark abgeschwächt sind. Man bewege vor der Fig. 35 auf S. 115 eine Spitze, die man fixiert, mit mittlerer Geschwindigkeit von rechts nach links. Dann sieht man, daß die — von rechts aus gezählten — ungeradzahligen Streifen der Figur (der 1., 3. und 5.) mit ihrem oberen Ende sich der Richtung, in der die Spitze bewegt wird, entgegen, die dazwischen liegenden gradzahligen Streifen (der 2., 4. und 6.) mit demselben Ende sich im Sinne der Bewegungsrichtung drehen. Bewegt man die Spitze von links nach rechts, so neigen sich die ungeradzahligen Streifen mit dem oberen Ende in der Bewegungsrichtung, die geradzahligen ihr entgegen. In beiden Fällen erfolgt also die Neigung des oberen Endes der ungeradzahligen Streifen nach rechts, der geradzahligen nach links, so daß die Zöllnersche Täuschung während der Bewegung in besonders auffallender Weise zum Vorschein kommt [2]. Noch schöner sieht man die Scheindrehung, wenn man die Figur hinter der feststehenden fixierten Spitze vorbeibewegt. Führt man denselben Versuch mit der Thompsonschen Figur (Fig. 154 auf S. 588) aus, so beobachtet man kleine Rollungen der Kreise um ihr Zentrum. Ich glaube aber, wie gesagt, nicht, daß man die hier zuletzt aufgezählten Scheinbewegungen unter die eigentlichen Gestaltwahrnehmungen einrechnen kann.

An die oben dargelegten Fälle reiner Gestaltauffassung schließen sich nun zahlreiche weitere Fälle an, in denen sich die Gestaltauffassung erst auf anderen objektiven oder subjektiven Phänomenen aufbaut. Dazu gehören zunächst jene Fälle, in denen eine fortschreitende Bewegungsform, obwohl sie fortwährend andere Teile eines gleichartig aussehenden Gegenstandes ergreift, als ein sich bewegender Gegenstand aufgefaßt wird. Beispiele dafür sind: Die scheinbare Wanderung des Kreuzungspunktes zweier

---

[1] Eine ähnliche Scheindrehung beschreiben Stern (1281, S. 330) und Hanselmann (1210, S. 44) bei Pendelversuchen.

[2] Gleichzeitig scheinen die ungradzahligen Streifen, wenn man die Spitze von links nach rechts führt, nach unten, die geradzahligen nach oben zu steigen (bei Bewegung der Spitze von rechts nach links umgekehrt). Das geschieht aber nur bei einer gewissen mittleren Geschwindigkeit und ist höchstwahrscheinlich bedingt durch die Vereinigung des positiven Nachbilds jedes vorhergehenden Querstrichs mit dem Bild des nachfolgenden, entspricht also den unten S. 587 beschriebenen Erscheinungen (vgl. auch Pierce, 1259). Zwei andere Scheinbewegungen, die man an der Zöllnerschen Täuschung beobachten kann, beschreiben Filehne (174) und Pierce (1259, 1261).

Telegraphendrähte, wenn man im Eisenbahnzug ihnen entlang fährt (angeführt von Stern, 1281); die vom Orte der Störung auf der Oberfläche des Wassers sich fortbewegenden Transversalwellen; die fortschreitende Welle, die man sieht, wenn der Wind über ein Ährenfeld streicht (Faraday, 1192), die Poggendorffsche Schraubentäuschung (ebenda, S. 606), die darin besteht, daß man die Schraubengänge, wenn man eine Schraube rasch dreht, längs der Achse fortwandern sieht, vorwärts oder rückwärts, je nachdem die Drehung im Sinne oder entgegengesetzt dem Gewindeanstieg gedreht wird.

Man kann diese letztere Erscheinung in der Weise nachahmen, daß man die Schraubenlinie auf einen Zylinder aufzeichnet und nun den Zylinder rotieren läßt. Blickt man dann von der Seite auf ihn, so scheinen die Linien (oder Streifen), je nach der Drehungsrichtung und je nachdem, ob die Schraubenlinie nach rechts oder links ansteigt, in der Richtung der Zylinderachse auf- oder abzusteigen. Es handelt sich im Grunde um dieselbe Erscheinung, die man erhält, wenn man hinter einem Spalt einen zur Spaltrichtung schrägen Streifen senkrecht zur Längsrichtung des Spaltes vorbeibewegt. Man erkennt nicht, daß immer verschiedenen Stellen des Streifens hinter dem Spalt erscheinen, und sieht nur immer das sichtbare Stück des Streifens an sukzessive verschiedenen Stellen des Spaltes, sieht also eine Bewegung in der Längsrichtung desselben[1]). Der Spalt ist im Schraubenversuch durch den einseitigen Aufblick auf die eine Hälfte der Schraube ersetzt. Mit dieser von Linke (1240; vgl. ferner Hamann, 1209) gegebenen Erklärung ist auch die richtige Deutung einiger anderer analoger Erscheinungen gefunden: So für die die scheinbare Schwellung und Schrumpfung der Plateauschen Spirale bei ihrer langsamen Drehung (Stern, Linke), und für die Erscheinung, daß ein hinter einem fensterförmigen Ausschnitt bewegtes System schräger paralleler Striche eine Bewegung in der Längsrichtung des Fensters ausführt (nicht senkrecht zur Richtung der Striche, wie v. Szily und Pleikart-Stumpf, 1266, angaben).

Ein weiterer, hierher gehöriger Fall ist das Staketenphänomen von O. Fischer (1196). Blickt man während des Vorübergehens durch einen Staketenzaun auf einen dahinter liegenden gleichen Zaun, so sieht man zwischen denselben breite Schatten, die sich mit dem Beobachter mit einer Geschwindigkeit mitbewegen, welche die, mit der sich die beiden Zäune scheinbar aneinander verschieben, weit übertrifft. Man kann die Erscheinung mittels zweier hintereinander bewegter Kämme oder mit zwei Gittern aus Karton, die man hintereinander verschiebt, bequem nachahmen (Linke, 1240, S. 409). Dabei ergibt sich auch die Erklärung des Phänomens auf folgende Weise (die von Fischer und von Linke übereinstimmend gegebene ist nicht vollständig): Man lege zwei Kämme übereinander, bei denen die

---

1) Eine interessante Modifikation dieses Versuches s. Nagel (1254).

Zahl der Zähne und Zahnabstände pro Längeneinheit etwas verschieden ist. Dann decken sich abwechselnd eine Strecke weit die Zähne des vorderen und hinteren Kammes mehr oder weniger und durch ihre Zwischenräume hindurch sieht man den dahinterliegenden Grund. In den Zwischenstrecken liegen die Zähne des einen Kammes mehr oder weniger vollständig über den Zwischenräumen des anderen. Hier sieht man also den Hintergrund nicht. Verschiebt man nun den vorderen Kamm langsam der Länge nach, so wandern die Überdeckungsstellen als Schatten in der Längsrichtung der Kämme fort, und zwar wenn die Zahl der Zähne im vorderen Kamme überwiegt, mit der Bewegung des vorderen Kammes mit, wenn die Zahl der Zähne im hinteren Kamme etwas größer ist, in entgegengesetzter Richtung. Fischer hat den letzteren Fall beobachtet: Eigenbewegung des Körpers nach vorn, daher relative Rückwärtsbewegung des nahen Zauns gegenüber dem hinteren; relatives Überwiegen der Staketenzahl im hinteren Zaun rein optisch durch die größere Entfernung verursacht; daher Bewegung der Schatten entgegen der Rückwärtsbewegung des nahen Zauns mit dem Beobachter nach vorn.

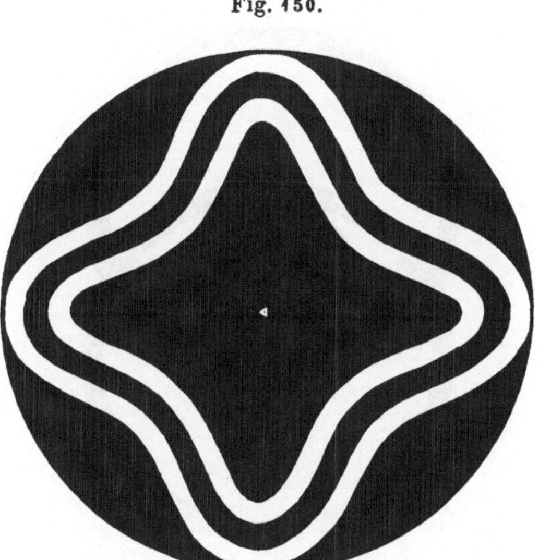

Fig. 150.

In dieselbe Gruppe von Scheinbewegungen gehört auch das sogenannte »Schlagen« nicht genügend zentrierter rotierender Scheiben, womit man die hin- und hergehende Bewegung bezeichnet, die der Rand der Scheibe bei rascher Drehung infolge des fortwährenden Wechsels von näher und entfernter vom Zentrum liegenden Stellen auszuführen scheint. Man kann auch diese Scheinbewegung nachahmen, wenn man die in Fig. 150 wiedergegebene Zeichnung vergrößert langsam um ihr Zentrum rotieren läßt. Man sieht dann den weißen Streifen in schlängelnder Bewegung, indem seine Teile sich dem Zentrum abwechselnd zu nähern und von ihm zu entfernen scheinen. Die Figur, die mit vielen anderen ohne weitere Analyse in der Zeitschrift Prometheus (1306a) veröffentlicht wurde, läßt sich in mannigfacher Weise abändern.

Komplizierter ist das Eingreifen der Gestaltauffassung in einer zweiten Gruppe von Täuschungsfiguren, die ebenfalls im Prometheus veröffentlicht

waren, und von denen Fig. 151 ein Beispiel gibt, das ich schon früher
(8a, S. 338ff.) etwas genauer analysiert habe. Vergrößert man die Figur
auf ungefähr das dreifache und dreht sie mit gleichmäßiger Geschwindigkeit nicht zu schnell um ihr Zentrum c, so tritt sehr bald die Täuschung
auf, als ob sich die beiden exzentrischen Kreisringe auf der Peripherie des
inneren Kreises abrollten. Sie scheinen also nicht, wie es wirklich der
Fall ist, im Kreise herumgeschwungen zu werden, sondern »sie behalten
anscheinend während der Drehung ihre Orientierung auf der Scheibe bei
oder führen sogar eine scheinbare Gegenrollung in sich selbst aus«, sie berühren also scheinbar den inneren Kreis mit fortwährend wechselnden Stellen
ihrer Peripherie. Betrachtet
man die Figur während des
Rotierens mit einem Auge,
so tritt ferner ein deutlicher
Tiefenunterschied der beiden
exzentrischen Kreise zutage.
Daß dieser nicht etwa durch
einen Zeichenfehler (un-
gleiche Größe der Kreise)
hervorgerufen ist, ergibt sich
daraus, daß bei längerer
Betrachtung Inversion er-
folgen kann, der früher vor-
tretende Kreis tritt dann nach
hinten zurück. Vielmehr
können offenbar aus Gestal-
tungsgründen die beiden
beim Abrollen sich überein-

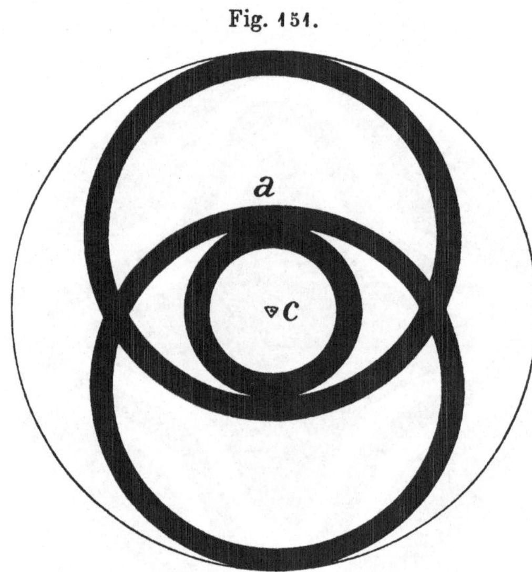

ander schiebenden Kreise nicht in einer Ebene erscheinen, sondern müssen
hintereinander gesehen werden, wobei aber wegen des Mangels eindeutiger
Tiefenmotive die Möglichkeit der Inversion vorliegt. Neuerdings zeigte
Musatti (1253b), daß infolge der »Stabilität der Orientierung« bei geeigneten
Figuren nicht bloß Tiefeneindruck, sondern auch ein starker Eindruck der
Körperlichkeit hervorgerufen wird (s. oben S. 445).

Daß auch das Phänomen des Abrollens auf der Gestaltauffassung beruht, die die weniger geläufige Bewegungsform des Umschwingens auf die
bekanntere des Rollens zurückführt, geht daraus hervor, daß man durch
geeignete Maßnahmen auch die wirklich vorhandene Bewegung sichtbar
machen kann, wenn man z. B. die Stelle a, an welcher der eine exzentrische
Kreis den inneren Kreis berührt, mit einem weißen Papier überklebt. Dann
sieht man, daß diese Stelle beim Rotieren dauernd mit dem inneren Kreise
in Berührung bleibt und infolgedessen erscheint der markierte Kreis dann

herumgeschwungen zu werden, während der andere nach wie vor abrollt. Es ist das eine Erscheinung, die nach LINKE (1243) für die Scheinbewegungen der wandernden Form allgemein gilt, daß nämlich durch eine sehr deutliche Marke die Scheinbewegung erschwert oder sogar aufgehoben wird. In vielen Fällen läuft allerdings die wandernde Form trotzdem unter der nicht wandernden Marke fort, wie z. B. die Form der Wasserwellen unter einem Holzstück, das auf der Wasseroberfläche liegt und an Ort und Stelle auf- und niedersteigt. Ganz dasselbe beobachtet man auch in unserem Versuch, wenn man rascher dreht, sodaß die Konturen etwas mehr verschwimmen. Dann tritt die Scheinrollung auch am markierten Kreis wieder auf, und zwar sieht es so aus, als ob er hinter dem an der Stelle a angebrachten Papier durchrollte (sogenanntes »Tunnelphänomen«, s. WERTHEIMER, 1297, S. 224). Ganz dasselbe tritt auf, wenn man sonstige hervorstechende Details an einem der äußeren Kreise anbringt. Solange man sie deutlich wahrnimmt, erscheint der Kreis wie in Wirklichkeit herumgeschwungen, sobald sie nicht mehr scharf erkennbar sind, rollt er wieder ab. Damit hängt es offenbar zusammen, daß auch Augenbewegungen einen Einfluß auf das Phänomen ausüben. Wenn man bei ganz langsamer Rotation dem Kreise mit dem Auge folgt, so scheint er umgeschwungen zu werden, nicht abzurollen. Das liegt aber wohl bloß daran, daß man in diesem Falle an den scharf gesehenen Details der fixierten Stelle die wirkliche Bewegung erkennt.

Ein weiterer Fall, an dem die Gestaltauffassung wenigstens insofern mitbeteiligt ist, als dabei eine in Wirklichkeit andersartige Bewegungsform bei mangelnder Aufmerksamkeit oder wegen ungenügender Schärfe der Wahrnehmung umgedeutet wird, ist das Phänomen der »flatternden Herzen«. (HELMHOLTZ, I, S. 383, II, S. 533; weitere reichhaltige Literaturangaben bei MAYERHAUSEN, 1251). Bringt man auf einem lebhaft roten Papier eine sattgrüne oder blaue Figur, oder umgekehrt auf blauem bzw. grünem Grund eine sattrote Figur an, so erscheint beim Hin- und Herbewegen des Blattes die Figur auf dem Grund hin- und herzuschwanken. Die Erscheinung wird besonders deutlich bei mäßiger Dunkeladaptation und im indirekten Sehen. Die Erklärung wurde von MAYERHAUSEN (1251) und SZILI (1284, 1285) gegeben, und sie läßt sich am besten an folgendem Versuch von SZILI klarmachen, der zugleich die genauere Beschreibung der Bewegungsform der »flatternden Herzen« liefert: »Wenn man in einem bloß durch eine Kerze erleuchteten Zimmer in geeigneter Entfernung von der Flamme vor einem roten Karton ein blaugrünes Kärtchen an dem Ende eines Federstieles hin und her bewegt, dann merkt man folgendes: An dem der Bewegung entgegengesetzten Rande schleppt das Objekt ein Nachbild nach sich, welches, soviel bei seiner kurzen Dauer und bei dem raschen Ortswechsel geurteilt werden kann, viel heller als der Grund ist, über welchen das Objekt bewegt wird, und mit ihm gleich gefärbt zu sein scheint. Im Augenblick der

Bewegungsumkehr verschwindet hier das Nachbild, um sofort an dem entgegengesetzten Rande des Objektes aufzutauchen, geradeso, als wäre es hinübergeschleudert worden. . . . Diese Erscheinungen machen in ihrem aufeinanderfolgenden Wechsel den Eindruck, als würde das Kärtchen stets am Ende des Federstieles wie eine hin- und hergeschwenkte Fahne in die der Bewegung entgegengesetzte Richtung wehen. Das gleiche zeigt uns ein vor dem roten Grunde hin- und herschwankendes graues Kärtchen«. Mayerhausen drückt sich in einem Punkt noch klarer aus, in dem er das Nachbild als ein positives bezeichnet, das dem Vorbild, nicht dem Grunde gleichgefärbt ist. Bewegt man statt einer größeren Fläche einen ganz schmalen Streifen vor dem Grunde hin und her, so erscheint statt des kontinuierlich ins Vorbild übergehenden Nachbildrandes ein vom Vorbild getrenntes ihm nachlaufendes Nachbild, von den englischen Autoren »ghost« genannt. Fraglich ist nur, ob es sich dabei um das erste (Heringsche, von Dittler und Eisenmeier [1175] genauer beschriebene) oder um das zweite (Purkynjesche) positive Nachbild handelt. McDougall (1245) hält das Nachbild für das Purkynjesche und schließt sich der Meinung von v. Kries an, daß es auf der gegenüber den Zapfen verspätet einsetzenden Stäbchenerregung beruht. Er schließt das daraus, daß man das Nachbild als einen weißlichen Schimmer sieht, daß es im zentralen, stäbchenfreien Bezirk nicht sichtbar ist, und daß man demgemäß an sehr kleinen Objekten, die man während der Bewegung dauernd fixiert, die Erscheinung der flatternden Herzen nicht beobachten kann.

Unter dem Namen der »Pendel-Peitschenschmitzen-Täuschung« (pendular whiplash illusion) wurde neuerdings eine Modifikation der vorher zitierten Versuche von Mayerhausen beschrieben. Bringt man an den beiden Enden eines zweiarmigen Pendels je einen Lichtpunkt an und fixiert während des Hin- und Herschwingens des Pendels das eine der beiden Lichter, so sieht man das direkt gesehene Licht am Ende der Schwingung eine Zeitlang ruhend, während das indirekt gesehene zunächst noch weiter zu schwingen scheint. Es sieht so aus, als ob beide Lichter durch einen elastischen Stab miteinander verbunden wären, der am nicht fixierten Ende noch etwas weiter schwingt, während das fixierte schon zur Ruhe gekommen ist (Dodge, 1176). Carr (1161) machte auf das nachlaufende positive Nachbild aufmerksam, das im indirekten Sehen als Verbreiterung des Lichtes während der Bewegung imponiert, die am Ende der Schwingung abnimmt und zu Beginn der Rückschwingung auf die andere Seite hinüberhuscht, wie dies ja Mayerhausen und Szili schon beschrieben hatten. Vielleicht hat nach Carr auch der Umstand einen gewissen Einfluß, daß die Schwelle für das Erkennen von Bewegungen bei stillstehenden Augen niedriger ist als bei Verfolgung des bewegten Gegenstandes mit dem Blick. Ford (1199) endlich suchte den Einfluß des nachlaufenden Bildes durch Abdecken der Bewegungsbahn des indirekt gesehenen Lichtpunktes auszuschalten und fand dabei, daß die Erscheinung trotzdem noch bestehen bleibt, wenn er nur die Aufmerksamkeit ungleich auf die beiden Lichter verteilte. Das beruht nach ihm darauf, daß die Lichtempfindung, der die Aufmerksamkeit voll zugewandt wird, früher zu Bewußtsein kommt, als eine Lichtempfindung, die nicht besonders beachtet wird. Wenn das weniger beachtete Licht am Ende seiner Bahn angelangt zu sein scheint, ist das voll beachtete schon auf dem Rückweg begriffen, und zu dieser Zeit tritt dann die scheinbare Biegung des Pendels auf.

Auf die Mitwirkung des nachlaufenden Bildes ist auch die Täuschung der Thompsonschen (1290) Zahnradfigur (Fig. 152 a und b) zurückzuführen. Versetzt man diese Figur in rasch kreisende Bewegung (s. die nächste Seite), so sieht man bei einem bestimmten, ziemlich kleinen Radius des Kreisens, daß das Rad mit den nach außen gerichteten Zähnen im Sinne des Kreisens, das mit den nach innen gerichteten Zähnen entgegengesetzt rotiert. Die Erscheinung erklärt sich, was in den Grundzügen schon von Bowditch und Hall (1157) ausgeführt wurde, durch die Verschmelzung des nachlaufenden Bildes eines jeden Zahnes mit dem Bild des Nachbarzahnes. Man kann sich von der Rolle des nachlaufenden Bildes in diesen Versuchen am besten an der Fig. 153 von Bourdon (3, S. 331) überzeugen. Versetzt man diese in kreisende Bewegung, so sieht man bei einer bestimmten Geschwindig-

Fig. 152.   Fig. 153.

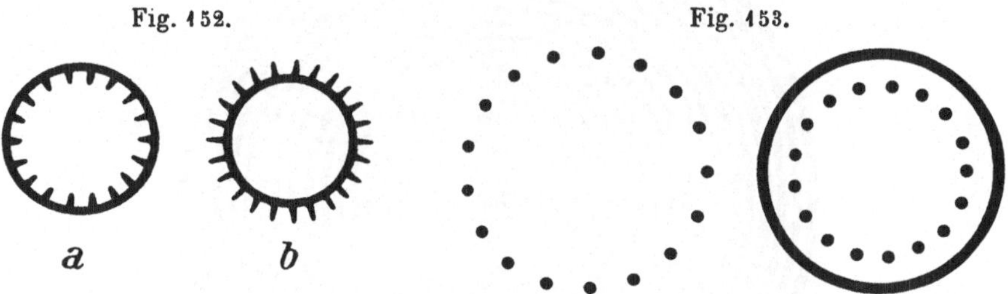

keit jeden Punkt eine Kreisbewegung ausführen, wobei natürlich gegen das Zentrum des Kreises zu die Bewegung rückläufig, gegen die Peripherie zu mit dem Kreisen gleichläufig ist. Genau dieselbe Bewegung führen die Zähne der Zahnräder aus. Nur fällt beim Zahnrad der Fig. 152a die dem Kreisen gleichläufige Bewegung des äußeren Endes der Zähne mit der Peripherie des ausgezogenen Kreises zusammen, bleibt daher unbemerkt und nur die rückläufige Bewegung des inneren Endes der Zähne wird als Bewegung des einen Zahns zum nächsthinteren hin gesehen. Umgekehrt bleibt beim Zahnrad der Fig. 152b die Rückbewegung der inneren Enden der Zähne, weil sie in den Kreisumfang hineinfällt, unbemerkt und nur die Vorwärtsbewegung der äußeren Enden wird gesehen. Daß man bei einer bestimmten Geschwindigkeit und Größe des Kreisens auch schon an den Punkten der Fig. 153 eine schwache rückläufige Bewegung wahrnimmt, erklärt sich nach Bourdon dadurch, daß bei Fixation der Mitte der Figur die rückläufige Bewegung der Punkte auf mehr periphere Netzhautstellen fällt, als die rechtläufige, und diese Scheinbewegungen, wie schon Cobbold (1168) bemerkte, im indirekten Sehen deutlicher werden. Daß ferner die Vorwärtsbewegung des Rades mit den nach außen gerichteten Zähnen weniger deutlich ist, als die

Rückwärtsbewegung des Rades mit den nach innen gerichteten Zähnen
(BOURDON), beruht vielleicht einfach darauf, daß die Zahnenden im ersteren
Falle weiter auseinander stehen, als im letzteren. Man kann solche Scheinbewegungen im indirekten Sehen auch bei Blickbewegungen und feststehenden
Objekten wahrnehmen, deren Einzelheiten sich regelmäßig wiederholen (z. B.
an fettem Sperrdruck), wenn man den Blick in der Nähe derselben, am
besten unter Führung eines Fixationszeichens, hin und her bewegt.

Auf der Umgestaltung regelmäßig wechselnder optischer Bilder in einen
Bewegungsvorgang beruht endlich auch folgende von THOMPSON (1290) beschriebene Täuschung. Wenn man die Fig. 154 derart im Kreise herum-

Fig. 154.

bewegt, wie man Wasser in einem Glase herumschwenkt — ich will diese
Bewegung kurz als »Kreisen« bezeichnen — so sieht man zwei diametral
durch die Figur hindurchlaufende schmale Sektoren in der Richtung des
Kreisens mitwandern. Die Sektoren sind wohl zu unterscheiden von jenen,
die durch einen regelmäßigen Hornhautastigmatismus hervorgerufen werden,
die man schon bei ruhendem Blick wahrnimmt, oder den durch den
Linsenstern verursachten, die man nur bei unscharfer Abbildung sieht.
Sie kommen vielmehr nach BOWDITCH und HALL (1157) und nach COBBOLD
(1168) dadurch zustande, daß sich die jeweils in der Bewegungsrichtung des Kreisens liegenden Bogenstücke der schwarz-weißen Ringe in
sich selbst verschieben, daher scharf gesehen werden, die jeweils zur
Richtung des Kreisens schräg gerichteten dagegen verwaschen erscheinen.

Bewegt man die Figur geradlinig hin und her, so kann man den Unterschied zwischen den scharf und unscharf gesehenen Teilen der Ringe (die sich dann natürlich nicht drehen) gut wahrnehmen. Läßt man die Figur recht rasch 4—6 mal in der Sekunde, kreisen, so scheint sich die ganze Figur in der Richtung des Kreisens mitzudrehen. Legt man zwei Thompsonsche Figuren nebeneinander und dreht die eine von ihnen, die man fixiert, so tritt auch in der indirekt gesehenen ruhenden eine Zeigerbewegung auf (Danilewsky bei Nagel, 1254) während bei Fixation der ruhenden Scheibe nur die indirekt gesehene gedrehte sie aufweist. Nagel führt das auf unbeabsichtigte Augenbewegungen zurück, die beim direkten Anblick der gedrehten Scheibe auftreten. In der Tat braucht man zu diesem Versuch gar keine zweite Thompsonsche Scheibe, es genügt, wenn man neben der Figur eine Bleistiftspitze im Kreise herumbewegt und letztere mit dem Blick verfolgt.

Wohin die Beobachtung von Gehrke und Lau (1201) zu rechnen ist, daß ein weißes Kreuz auf schwarzem Karton bei einer gewissen Umdrehungsgeschwindigkeit in einen fünf- oder sechsstrahligen rotierenden Stern verwandelt wird, ist noch ungewiß. Piéron (1261a) beobachtete eine ähnliche Erscheinung (Charpentiers retinale Stroboskopie), wenn er rotierende Sektorenscheiben durch elektrisches Licht beleuchtete, das von Wechselstrom herrührte. In diesem Falle wurde sie durch unbemerkte Helligkeitsänderungen erzeugt.

Nach dem Prinzip des psychophysischen Parallelismus ist anzunehmen, daß auch den durch die Gestaltauffassung hervorgerufenen Scheinbewegungen bestimmte physische Vorgänge im Sehorgan entsprechen. Welche speziellen Vorstellungen man sich über diese Vorgänge macht, das wird davon abhängen, wie man sich die den Gestaltwahrnehmungen im allgemeinen zugrunde liegenden physischen Prozesse denkt. In dieser Hinsicht hatte nun schon Wertheimer im Anschluß an seine oben S. 564 besprochene Kurzschlußtheorie angenommen, daß der psychischen Gestalt auch physiologisch eine spezifische Gesamtgestalt entspreche, »Quer- und Gesamtvorgänge«, bei denen auch wieder die Gesamtform das eigentlich Entscheidende wäre. Diesen damals noch sehr allgemein gehaltenen Vermutungen hat später Köhler (1228) eine bestimmtere Formulierung gegeben durch den Hinweis darauf, daß sich ganz analoge Gesamteigenschaften, die sich nicht als bloße Summe der Einzelteile darstellen, sondern auf der Gesamtkonfiguration beruhen, auch auf physikalischem Gebiete nachweisen lassen[1]. Die Verteilung der Elektrizität auf einem isolierten Leiter bietet ein Beispiel dafür. Bringt man eine bestimmte Elektrizitätsmenge auf einen isolierten Leiter, so verteilt sich die Gesamtladung blitzschnell zu einer Gleichgewichtsanordnung, bei der das Potential an der ganzen Oberfläche des Leiters den gleichen

---

[1] Es ist selbstverständlich ausgeschlossen, hier mehr als einen kurzen Hinweis auf den Grundgedanken von Köhler zu geben. Eine etwas eingehendere Besprechung bringt Becher (1145).

Wert hat, und die, solange kein weiterer Eingriff erfolgt, dauernd bestehen bleibt, die Ladung hat eine charakteristische »Eigenstruktur«. Diese ist nicht eine bloße Summe — eine Und-Verbindung — der einzelnen Teile, denn man kann keinen Teil von ihr fortnehmen, ohne auch die anderen Teile mit zu ändern. Es stellt sich dann reißend eine neue Gleichgewichtsverteilung her, in welcher, wie in der früheren, jeder Teil von der Gesamtheit der anderen abhängig ist und andererseits selbst dazu beiträgt, die gesamte Gleichgewichtsverteilung aufrecht zu erhalten, die also im obigen Sinne Ganz-Eigenschaften hat, Gestalt besitzt. Was für die Ladung gilt, gilt in gleicher Weise auch für das den Leiter umgebende elektrische Feld, dessen Kraftlinien und Äquipotentialflächen wieder eine bestimmte Struktur zeigen, die beharrt, solange kein weiterer Eingriff erfolgt, die sich aber sofort in ihrer Gesamtheit ändert, wenn die Eigenstruktur der Ladung verändert wird. Ladungs- und Feldeigenstruktur hängen nun unmittelbar von der Form des Leiters ab. Köhler nennt solche physikalische Gestalten, die unmittelbar von der räumlichen Form abhängen, »gute Gestalten«, solche, die nicht von Raumformen abhängen, wie z. B. die statische Wärmeverteilung auf einer Anzahl von Körpern in einem wärmedicht abgeschlossenen Raum, »schwache Gestalten«. Außer den bisher erwähnten ruhenden, »statischen« Gestalten gibt es auch solche, in denen Bewegung herrscht, und die doch als Ganzes unverändert bleiben, »stationäre Gestalten«, wie z. B. konstante Strömungen von Flüssigkeiten, von Elektrizität usw.

Analog diesen rein physikalischen Gestalten nimmt nun Köhler auch bestimmt gestaltete Vorgänge im somatischen Sehfeld an, die sich nicht als eine bloße Summe von Teilerregungen darstellen, und zwar denkt er an stationäre oder periodisch stationäre (oszillierende) Strömungsvorgänge, elektrische Ströme verbunden mit entsprechenden Strömungen chemischer Substanz. Spezialannahmen dieser Art werden notwendig durch den augenblicklichen Stand unserer Kenntnisse über die physiologischen Vorgänge in der nervösen Substanz überhaupt bedingt und begrenzt sein, und da ist allerdings mit Jaensch (966) zu sagen, daß wir heute nicht mehr glauben, das verwickelte chemische Geschehen des Stoffwechsels der nervösen Substanz durch verhältnismäßig einfache physikalische oder physikalisch-chemische Modelle erschöpfend darstellen zu können. Wichtiger erscheint daher die von diesen Spezialannahmen unabhängige Frage, welchen Teilen des Sehorgans die physiologischen Erregungsgestalten angehören, die den psychischen Gestaltwahrnehmungen entsprechen. Am geläufigsten ist ja die Anschauung, daß dies bloß ein ganz zentral gelegenes Gebiet der Hirnrinde sei, und zugunsten dieser Ansicht lassen sich jetzt auch schon gewichtige Gründe geltend machen (s. oben S. 462).

Unter dieser Voraussetzung könnte man sich nun die Vorgänge in dem Sehorgan etwa so denken, daß zwar schon in der Netzhaut selbst ein durch ihre Querverbindungen räumlich vermitteltes oder durch Unterschiede im chemischen Geschehen qualitativ gestaltetes Geschehen zustande kommt, das seinerseits als Reiz in weiteren Etappen der Sehbahn neue Erregungsformen auslöst. Da aber diese Etappen nicht bloß unter dem Einfluß von der Peripherie herkommender zentripetaler, sondern auch unter dem Einfluß zentrifugaler, von oben herkommender Leitungsreize stehen, so wären diese Erregungsformen nicht bloß von den Vorgängen in den untergeordneten Stellen, sondern auch von der spezifischen Einstellung des eigenen Niveaus abhängig, das auch von oben her mit beeinflußt werden kann. Diese verschiedenen Niveaus würden etwa dem entsprechen, was POPPELREUTER (253b) als relativ unabhängig registrierende Systeme bezeichnet hat. Physiologisch wäre die Eigenfunktion dieser Systeme so zu erklären, daß die aufeinander folgenden Neurone nicht als bloße indifferente Leitungsbahnen, sondern als Organismen auf den Leitungsreiz mit ihrer spezifischen eigenen Reaktion antworten (s. oben S. 150 ff. sowie 1217a. Andere Auffassungen siehe bei MATTHAEI, 1250). Dieses Eigenleben beruht gewiß im wesentlichen auf einer angeborenen Veranlagung der Neurone. Wir dürfen aber nach Analogie mit zahlreichen anderen Vorgängen die Möglichkeit von Modifikationen desselben, ein »Umlernen« annehmen, und dies wird nach allem um so leichter erfolgen, je höher die Schicht ist, in der es sich abspielt, im Neencephalon weitgehender als im Paläencephalon. Wenn demgegenüber WERTHEIMER und wohl auch KÖHLER, den inneren Gesetzen der Gestaltung nachgehend, den Einfluß der Erfahrung zugunsten einer angeborenen Anlage zurücktreten lassen, so erhebt sich hier eine neue Form des Nativismus, welcher auch der sonst völlig andere Bahnen verfolgende JAENSCH (966) nicht fernsteht.

Diesen Tendenzen gegenüber möchte ich denselben Standpunkt einnehmen, den ich schon oben bei der Besprechung des Zusammenhanges von Sehferne und Sehgröße ausgesprochen habe. Nicht die Gestalt ist ursprünglich gegeben, sondern bloß die Fähigkeit zur Gestaltbildung, auf deren Grundlage die Erfahrung gestaltbildend wirksam ist, ähnlich wie die Anlage zur Sprache jedem Menschen angeboren ist, aber erst und nur unter dem Einfluß der Umgebung ausgebildet wird. Beides, die angeborene Anlage und ihre Ausbildung durch die Erfahrung, ist für den Enderfolg gleich notwendig. Daß ferner die Mitwirkung der »Erfahrung« bei der Gestaltbildung durch das Bewußtsein in der Weise hindurchgehen muß, daß die zugehörigen Sinneseindrücke gemeinsam beachtet werden müssen, scheint mir keinem Zweifel zu unterliegen. Die gemeinsame Beachtung kann allerdings durch die besondere Kombination der Sinneseindrücke nahegelegt, vielleicht sogar durch physiologische Einrichtungen erzwungen werden. So erklärt es sich, daß man allgemeine Sätze aufstellen kann über die Art, wie die Gestaltbildung zustande kommt. Solche »Gestaltfaktoren« sind insbesondere von WERTHEIMER (1298) nachgewiesen worden, wie z. B. der Faktor der räumlichen (oder zeitlichen) Nähe, der Gleichheit, des gemeinsamen Schicksals, die bei ungezwungenem Verhalten nahe, gleiche oder gleichartig verschobene Formen aus den übrigen herausheben und zur einheitlichen Gestalt verbinden. Die hier wirksamen Faktoren sind aber schon von G. E. Müller (1253) als »Kohärenzfaktoren« für die Bildung »psychischer Komplexe« angeführt worden, und von ihm als Tendenzen bezeichnet worden, die eine kollektive Auffassung auslösen bzw. sie erleichtern. Gewiß sind auch nach G. E. Müllers Ansicht manche von ihnen physiologisch begründet, so der Einfluß der Kontur, der sich im binokularen Wettstreit als Prävalenz derselben äußert; der Faktor der Nachbarschaft, der bewirkt, daß die prävalierende Kontur auch die Farbe des angrenzenden Grundes mit durchsetzt; der Faktor der Gleichheit, der sich beispielsweise mit der oben S. 99 ff. angenommenen gegenseitigen Verstärkung gleichartiger farbiger Erregungen benachbarter Netzhautstellen berührt. Aber sie wirken sich auch psychologisch in Form einer besonderen Anziehungskraft auf die Aufmerksamkeit aus. Zu ihnen kommen dann sekundäre, empirische Kohärenzfaktoren hinzu, die durch Erfahrung und Gewohnheit erzeugt werden. Direkt beobachtbar sind sie nur auf der psychischen Seite, aber natürlich muß ihnen auch ein physischer Vorgang im Gehirn entsprechen, den G. E. Müller ebenso wie ich als eine Rückwirkung von höheren Zonen des Sehorgans auf niedere auffaßt. Er führt diesen allgemeinen Gedanken dann noch näher aus, indem er die Existenz einer unterbewußten »formativen Zone« im Sehorgan voraussetzt, deren spezielle Funktion es sei, auf zugeleitete Erregungen mit einer bestimmten »Kollektivdisposition« zu reagieren, d. h. bei der Wiederkehr einer bestimmten Erregungskombination mit immer größerer Leichtigkeit eine bestimmte Auffassung derselben auftreten zu lassen, und er unterscheidet diese Kollektivdisposition ausdrücklich von der Wiedererweckung der von früheren Einwirkungen zurückgebliebenen Gedächtnisresiduen. Alle diese Überlegungen, auf die hier des näheren nicht einzugehen ist, bedürfen natürlich noch sehr der weiteren gedanklichen und experimentellen Durcharbeitung. Ihr Grundgedanke deckt sich aber so weitgehend mit den allgemeinen Anschauungen, die ich oben S. 149 ff. entwickelt habe, daß ich vorläufig keinen Zwang sehe, von dem dort Geäußerten in wesentlichen Punkten abzuweichen.

VIII. Der optische Raumsinn im Verband des Gesamtorganismus.

Unser Sehorgan ist als »Organ« eingefügt in den Gesamtorganismus und dient als solches dreierlei Zwecken: Es leitet uns bei der Ausführung willkürlicher Bewegungen; es verhilft uns zusammen mit anderen Sinnen zur Orientierung im Raum; es vermittelt uns, gleichfalls zusammen mit anderen Sinnen, Kenntnisse von den Dingen der »Außenwelt« und liefert uns somit die Grundlage für die Ausbildung unseres Geistes.

Was zunächst den Zusammenhang des Gesichtssinnes mit der Motilität anlangt, so dürfen wir nach dem allgemeinen Prinzip der gegenseitigen Anpassung der sensorischen und motorischen Seite unseres Organismus voraussetzen, daß diese auch bezüglich der Leistungen unseres Gesichtssinnes und der Ausbildung unserer Motilität gegeben sein wird. Für einige Handlungen, das Ausweichen vor Hindernissen, das Erhaschen von Beute hat schon Pütter in diesem Handbuch (1354, S. 397) die gegenseitigen Beziehungen zwischen dem Auflösungsvermögen und der Feinheit der Motilität genauer festzulegen versucht. Man darf diese Anpassung weder so auffassen, daß die Leistung des Sinnesorgans durch die Ausbildung des motorischen Apparates bedingt sei, noch so, daß sich der motorische Apparat auf Grund der sensorischen Leistung ausgebildet habe. Vielmehr ist sie eine gegenseitige, und die Frage ihrer Entstehung noch durchaus offen. In neuester Zeit hat zuerst Jensen (1340) im Anschluß an einen Gedanken von Fechner, und ausführlicher Köhler (1229) auf Grund der Gestalttheorie auseinandergesetzt, wie man sich das gegenseitige Angepaßtsein der Organfunktionen und ihre Zusammenfassung im einheitlichen Gesamtorganismus nach physikalischen Gesetzen entstanden denken könnte. Ich kann auf diese prinzipiell wichtigen Erörterungen, die einen Ersatz für die Drieschsche Entelechielehre anstreben, da sie weit über unser Thema hinausführen, hier nur eben hinweisen.

Das Zusammenarbeiten des Gesichtssinnes mit der Motilität kann sich beziehen auf die allgemeine Direktive für die Einleitung einer Bewegung oder Handlung und auf die Kontrolle ihrer Ausführung. Wir nehmen den letzteren Fall als den einfacheren vorweg und haben dabei zu beachten, daß das Sehen nicht der alleinige Kontrollsinn für unsere Bewegungen ist, sondern daß daneben noch die Hautsinne, die Tiefensensibilität und der statische Sinn mitbeteiligt sind. Sehr schön läßt sich dieses Zusammenarbeiten der Kontrollsinne beim ruhigen Stehen beobachten. Stehen wir mit geschlossenen Füßen frei da, so wirken die Tiefensensibilität insbesondere der unteren Extremitäten, die Hautsensibilität insbesondere der auf dem Boden aufgesetzten Fußsohle und das statische Organ im Kopf zur Erhaltung der aufrechten Stellung zusammen. Trotzdem führen wir bei aller Aufmerksamkeit fortwährend unwillkürliche kleine Schwankungen aus. Man kann sie graphisch registrieren, wenn man auf den Kopf eine Metallkappe mit einem nach oben gerichteten federnden weichen Schreiber (Pinsel) aufsetzt und dessen Bewegungen auf einer über dem Kopf befindlichen horizontalen berußten Glasscheibe verzeichnen läßt (Vierordt und andere). Die Schwankungen halten sich bei offenen Augen innerhalb sehr enger Grenzen. Jede kleine Verschiebung des Kopfes ruft nämlich sofort eine parallaktische Scheinverschiebung der verschieden weit entfernten Objekte hervor, und dies führt zu einer unwillkürlichen Korrektur der Stellungsinnervation. Schließt man die Augen, so werden die Exkursionen viel größer. Die Schwankungen des Körpers werden nämlich jetzt erst dann korrigiert, wenn sie so groß sind, daß sich die Haut- und Tiefensensibilität an den unteren Extremitäten merklich anders verteilt[1]. Der Gesichtssinn gewährleistet also beim aufrechten Stehen die Feinregulierung, während die Grobeinstellung durch die übrigen Kontrollsinne vermittelt wird. Auch bei anderen Bewegungen, wie etwa beim Greifen, den Hand- und Fingerbewegungen beim Schreiben und Zeichnen usf. hängt die Regulierung zum Teil vom Gesichtssinn ab, wovon man sich durch den einfachen Versuch, bei geschlossenen Augen zu schreiben oder zu zeichnen, vergewissern kann. Dabei leidet nicht so sehr die Präzision der Linienführung in einem Zug, obwohl auch diese bestimmte Abänderungen erleidet (s. LOEB, 796a), als vielmehr die Treffsicherheit beim freien Ansetzen an einer neuen Stelle. Infolgedessen verliert man bei wiederholtem Ansetzen an immer neuen Stellen bei geschlossenen Augen leicht die Orientierung, die Striche der Zeichnung gehen nach einiger Zeit wirr durcheinander, es fehlt die Gesamtübersicht.

Damit nähern wir uns schon der anderen Leistung des Gesichtssinns, der durch ihn gegebenen allgemeinen Direktive für die Einleitung einer Bewegung. Diese Direktive ist ohne weiteres deutlich bei den Willkürbewegungen nach einem sichtbaren Ziel hin, wie den Greifbewegungen, dem Werfen nach einem Ziel, den Ausweichbewegungen usf. Aber mit diesen offenkundig vom Gesichtssinn eingeleiteten Bewegungen und Handlungen ist der Einfluß desselben auf unsere Tätigkeit nicht erschöpft. GOLDSTEIN (1329) hat neuerdings an Seelenblinden gezeigt, daß durch eine grobe Beeinträchtigung oder durch völliges Fehlen des optischen Vorstellungsvermögens auch die Fähigkeit, isolierte willkürliche Bewegungen oder sinnvolle Handlungen auszuführen, stark geschädigt wird. Wir werden also auf Grund dieser Erfahrungen zu unterscheiden haben zwischen der Befähigung zur Einleitung von Bewegungen im allgemeinen, die beim Fehlen der optischen Vorstellungen mit wegfällt, beim Nichtsehen des Normalen (im Dunkelraum oder bei geschlossenen Augen) dagegen erhalten bleibt, und im speziellen der Einleitung von Bewegungen nach einem Ziel hin, das entweder dauernd sichtbar sein oder wenigstens kurz vorher dargeboten werden muß und zur Zeit der Bewegung lebhaft vorgestellt wird.

Unter diesen letzteren, den Zielbewegungen, ist insbesondere e i n e eifrig studiert und für klinische Zwecke verwertet worden, das Hinzeigen nach einem Ziel mit der gegen Sicht verdeckten Hand, der Tast- oder

---

1) Über den Anteil jeder dieser beiden Faktoren an der Lagewahrnehmung beim Stehen siehe ARNDTS (1308a). Hier weitere Literaturangaben.

Zeigeversuch[1]). Wir sind geübt, einen nahen Gegenstand mit dem Finger richtig zu treffen, auch wenn wir den letzteren während seiner Bewegung nicht sehen, indem wir auf Grund der optischen Lokalisation des Gegenstandes eine passende Innervation erteilen und die Bewegung in ihrem Fortschreiten mittels der nicht-optischen Kontrollsinne fortdauernd regulieren. Man kann den Zeigeversuch, wie es v. Graefe eingeführt hat, dazu benutzen, um eine Änderung der absoluten optischen Lokalisation festzustellen. Ändert sich diese und bleibt die Motilität der Hand ungestört, so zeigen wir in der veränderten Richtung an dem Gegenstande vorbei, und wir sind so imstande, durch das Hinzeigen mit der verdeckten Hand die Richtung anzugeben, in der wir den Gegenstand erblicken. Die Genauigkeit dieser Richtungsangabe hängt ab von der Genauigkeit, mit der wir den Gegenstand auch schon bei normaler optischer Lokalisation zu treffen vermögen, worüber insbesondere Roelofs (810) eingehende Untersuchungen angestellt hat. Diese Verwendung des Zeigeversuchs zur Untersuchung der optischen Lokalisation haben wir schon früher bei der Lehre von der Richtungslokalisation ausführlich besprochen, worauf hier zu verweisen ist.

Man kann den Zeigeversuch aber auch als Indikator für die richtige Ausführung der Zeigebewegung selbst benützen. Wenn nämlich die optische Lokalisation unverändert bleibt, weist ein Fehler im Zeigeversuch darauf hin, daß entweder von vorne herein eine falsche Innervation erteilt worden ist, oder daß die Ausführung der Bewegung während ihres Ablaufs falsch oder schlecht geregelt wird. Fälle dieser Art liegen vielleicht vor bei Erkrankungen des Kleinhirns und vermutlich auch des Stirnhirns. Solange allerdings dabei die optische Lokalisation nicht für sich geprüft und mit der haptischen Lokalisation verglichen worden ist, läßt sich etwas Bestimmtes darüber nicht aussagen. Auch wären diese Fälle, sofern es sich dabei bloß um eine Störung der Motilität handelt, nicht mehr Gegenstand unserer Besprechung, und ich verweise daher auf den ausführlichen Bericht darüber von Brunner (455, S. 1013 ff.). Hier kann die Angelegenheit nur insoweit behandelt werden, als daneben auch noch Störungen der optischen Lokalisation anzunehmen sind. Darüber liegen aber kaum besondere Untersuchungen vor. Insbesondere fehlen sie für die Verhältnisse bei Reizung und Erkrankung des Vestibularapparates. Zwar können wir hier aus den früher besprochenen Änderungen der Richtungslokalisation z. B. während und nach dem Drehen einige Schlüsse ziehen, doch steht meines Wissens ein quantitativer Vergleich des Vorbeizeigens und des Vorbeilokalisierens auch hier noch aus.

Nur für einen Fall liegen wenigstens die ersten Ansätze zu einer Analyse vor, das ist das Vorbeizeigen bei starker seitlicher Blickwendung.

---

1) Ich spreche hier nur vom Hinzeigen im allgemeinen, nicht vom speziellen »Bárányschen Zeigeversuch«.

Y. Delage (s. Aubert, 1310, S. 34) hatte angegeben, und Fischer (1325) hat
es bestätigt, daß man bei verdeckten oder geschlossenen Augen und starker
seitlicher Blickwendung entgegengesetzt der Blickrichtung vorbeizeigt. Noch
stärker ist dies der Fall (s. auch Reinhold, 1356), wenn man mit den
Augen auch den Kopf stark nach der Seite wendet. Nach Delage beträgt
der Fehler in diesem Falle 15°, nach Aubert nimmt er mit dem Betrage der
Kopfwendung zu, nach Fischer sind die Abweichungen nicht so groß. Kiss
(1344) der mit offenen Augen und verdeckter Hand zeigen ließ, fand dagegen beim Seitenblick Vorbeizeigen nach der Seite der Blickrichtung.
Bárány (1311) führte den Gegensatz zwischen den beiderlei Angaben auf den
Augenschluß zurück. Goldstein und Riese (1332) sehen den Unterschied
darin, daß beim Hinsehen nach einem optischen Ziel, sei es nun wirklich
sichtbar oder bloß vorgestellt, nach der Seite der Blickrichtung vorbeigezeigt wird. In der Tat können wir nach unseren früheren Auseinandersetzungen (S. 396) annehmen, daß bei stark seitlichem Blick die scheinbare
Mediane und mit ihr alle anderen egozentrischen Richtungen allmählich etwas
nach der Seite der Blickrichtung hin verdreht werden, wie denn manche
Personen im Dunkeln schließlich meinen, sie hätten sogar den Kopf nach
dieser Seite gewandt. Dreht man die Augen rein willkürlich nach der
Seite, wie dies insbesondere bei geschlossenen Augen zumeist der Fall sein
wird, aber auch bei offenen Augen vorkommen kann, wenn man »ins Leere
starrt«, so tritt nach Goldstein und Riese eine reflektorische Änderung der
Motilität, im Sinne einer »induzierten Tonusänderung« ein, wie sie dieselben
Autoren (1331) im Anschluß an Magnus beim Menschen speziell bei Kopfwendungen genauer studiert haben. An »Kopfstellreflexe« hatte auch schon
Reinhold gedacht, während O. Müller (1346), der bei geschlossenen und
offenen Augen Vorbeizeigen entgegengesetzt der Blickrichtung fand, als
Grund dafür nicht eine Beeinflussung der Zeigebewegung, sondern eine veränderte räumliche Lokalisation des Zielpunktes annimmt. Nach Wodak und
Fischer (1365a) bewirken seitliche Kopf- und Augendrehungen eine Verdrehung der Körperfühlmediane nach der entgegengesetzten Seite und darauf
beruhe das Vorbeizeigen beim Angeben der Richtung gerade nach vorn[1]).
Bei der Kopfwendung mache sich aber beim Zeigen allmählich die durch
die Kopfdrehung hervorgerufene Abweichreaktion (tonische Stellungsänderung) der Arme geltend, und infolge derselben werde die Körperfühlmediane schließlich immer mehr nach der Seite der Kopfwendung hin
gezeigt.

---

1) Das ist im Grunde auch die Erklärung von Delage. Nur meint dieser
Autor, man beurteile den Grad der Kopfdrehung nach der Augenstellung, und die
Augen seien bei der Kopfwendung um 15° weiter gedreht, als der Kopf, was aber
nach den oben S. 322 angeführten Befunden von Sachs und Wlassak nicht der
Fall ist.

Zuverlässigere Beziehungen des Zeigeversuchs zur optischen Lokalisation ergeben sich aus Beobachtungen von BEST (267b, S. 104ff.) an Hemiamblyopikern. Diese zeigen bei einer seitlichen Blickwendung in dem Sinne vorbei, daß näher zur Mediane, also entgegengesetzt der Blickrichtung, abgewichen wird. Diesem Vorbeizeigen entspricht nun auch die Art des Halbierens einer gegebenen Strecke: es wird die gegen die Mediane zu gelegene Teilstrecke unterschätzt. BEST setzt den Halbierungs- und Zeigefehler zu der starken zentrischen Schrumpfung im amblyopischen Teil des Gesichtsfeldes (s. oben S. 189) in Beziehung. Die Verhältnisse sollen hier umgekehrt liegen, wie bei einer Augenmuskelparese: Bei dieser wird in der Blickrichtung vorbeigezeigt, weil die Änderung der absoluten Raumwerte größer ist, als die ausgeführte Augendrehung, beim Hemiamblyopiker wird zwar die Innervation richtig erteilt, aber die Änderung der absoluten Raumwerte ist wegen der Schrumpfung des Sehfeldes geringer, als die Verschiebung der Netzhautbilder durch die Augenbewegung. Es wird also entgegengesetzt der Blickrichtung vorbeigezeigt.

Komplizierter, als das Hinzeigen auf einen gesehenen Gegenstand ist das Hingehen in der Richtung auf ein gesehenes Objekt. Die Patienten von G. HOLMES (545) mit Verletzung des Parietalhirns waren nicht imstande, diese Zielbewegung richtig auszuführen.

Während bei den bisher besprochenen Bewegungen unmittelbar Gesehenes oder frische optische Erinnerungsbilder bestimmend waren, gibt es eine weitere Gruppe von Handlungen, bei denen erst die aus dem unmittelbar gegebenen optischen Eindruck abgeleiteten Vorstellungen ziel- und richtunggebend wirken. Ein solcher Fall liegt vor beim optischen Suchen nach einem Gegenstande, über dessen Verlust bei Hirnverletzungen POPPELREUTER (11a) Näheres mitgeteilt hat. Auch hier wird es wieder auf das richtige Zusammenarbeiten der optischen Vorstellungen mit der Motilität ankommen, woran nach PFEIFFER (1353) auch das Stirnhirn beteiligt sein soll. Ferner gehört zu dieser Gruppe von Handlungen das Hingehen auf ein nicht gesehenes, aber nach den augenblicklich sichtbaren Dingen vorgestelltes Ziel, z. B. das von BUSCH (1316) an Hirnverletzten studierte Suchen nach dem Ausweg in einem Irrgarten.

Die Sicherheit der Ausführung solcher Handlungen hängt von den Vorstellungen ab, die wir uns auf Grund unserer Erfahrung über die gegenseitige Anordnung auch der im Augenblick nicht sichtbaren Objekte im Raum erworben haben und von der Vorstellung des Ortes, an dem wir uns in dieser Anordnung selbst befinden, unserer Orientierung im Raume. Bei dieser bildet nicht mehr, wie bei der egozentrischen Lokalisation der Sehdinge, der eigene Körper den Ausgangspunkt der Lokalisation, sondern wir verlegen dabei gerade umgekehrt unseren Körper an einen bestimmten Ort im vorgestellten äußeren Raum. Während daher bei der egozentrischen Lokalisation das Bezugssystem, in das wir die Sehdinge einordnen, mit der Lage unseres Körpers wechselt, bildet umgekehrt bei der Orientierung im Raume unsere Umgebung das feststehende Bezugssystem, auf das wir den Standort unseres Körpers beziehen. Auch hierbei spielt wieder beim Normalen der Gesichtssinn eine entscheidende Rolle. Er vermittelt uns im Hellen ganz direkt die Orientierung über die nächste Umgebung, die wir uns durch vorwiegend optische Vorstellungen nach allen Seiten hin erweitern und ergänzen. Optische Vorstellungen aber sind es auch, die uns bei Ausschluß des Sehens, im völlig dunklen, aber bekannten Raum durch andersartige Sinneserregungen geweckt, die Orientierung vermitteln. Wenn man beim Erwachen am Morgen mit geschlossenen Augen da liegt, ist es das optische Erinnerungsbild des Schlafzimmers, das vor einem auftaucht, und in das man seinen Körper in einer seinem Lagegefühl entsprechenden Stellung hineinverlegt denkt. Ja selbst wenn man in einem völlig dunklen und ganz unbekannten Raum sich bewegt, werden die durch das aktive Tasten und die Bewegungsempfindungen erhaltenen Sinneseindrücke wieder in optische Vorstellungen transponiert.

Trotz dieser überragenden Bedeutung des optischen Vorstellungslebens darf man die Rolle der übrigen Körpersensationen für unsere Orientierung im Raum nicht unterschätzen[1]. Diese, die ja beim Blindgeborenen die einzige Quelle der Orientierung sind, äußern sich auch beim Normalen schon in dem einfachsten Falle der Orientierung über die vertikale und horizontale Richtung. Freilich sind beim freien Umhersehen im hellen Raum auch hiefür wieder optische Eindrücke in erster Linie maßgebend. Wir orientieren uns rein optisch über die vertikale und horizontale Richtung an Gegenständen von bekannter und geläufiger Raumlage, Häusern, Türen, Fenstern usf. Ja dieser optische Eindruck ist so mächtig, daß er bei ungewohnter Richtung der sonst immer vertikalen und horizontalen Konturen zu Täuschungen Veranlassung gibt. Eine solche Täuschung beschreibt DONDERS (320, S. 67) in engen Straßen mit nach vorn geneigten Hausgiebeln, die trotzdem vertikal erscheinen. Sitzt man in einem Eisenbahnwagen, der auf einer Kurve schräg steht, so erscheinen seine Wände trotzdem vertikal und die Häuser, Türme, Schlote beim Hinausblicken schräg (v. CYON, 1318), auch wenn der Zug stillsteht und nicht fährt. Wie stark

---

1) HARTMANN (1333) bezeichnet als Orientierung »die psychische Verwertung der Beziehung eines Organismus zum umgebenden Raum nach Richtung und Lokalisation... durch Vermittlung der Zentralstätte eines Sinnesgebietes«, dagegen als Orientiertheit die psychische Verwertung der Beziehungen des Organismus zum umgebenden Raum durch Vermittlung der Zentralstätten sämtlicher Sinnesgebiete. Die letztere Bezeichnung widerspricht dem Sprachgebrauch, der unter Orientierung den Vorgang des Sich-Orientierens, unter Orientiertheit den Zustand des Orientiert-Seins versteht. Ich verwende daher im obigen den Ausdruck Orientierung auch für den Vorgang des Sich-Orientierens durch das Zusammenwirken mehrerer Sinne.

solche Erfahrungsmotive wirken, zeigen die Versuche von Hofmann und Bielschowsky (1337). Betrachtet man längere Zeit eine schräg gestellte Druckschrift, die den größten Teil des Gesichtsfeldes ausfüllt, oder auch bloß parallele gerade Striche, so stellt man in diesem Gesichtsfeld die scheinbare Vertikale und Horizontale in ganz bestimmtem Sinne geneigt ein, und zwar so, daß bei geringer Abweichung der schrägen Striche von der vertikalen Richtung die scheinbare Vertikale, bei geringer Abweichung der schrägen Striche von der horizontalen Richtung die scheinbare Horizontale gegen die Richtung der Striche hin abgelenkt wird[1]). Daß das Phänomen nicht mit der Zöllnerschen Täuschung, d. h. einer Überschätzung des Winkels zwischen den schrägen Strichen und der eingestellten Vertikale bzw. Horizontale zu erklären ist, ergibt sich daraus, daß auch die schrägen Striche gleichzeitig weniger geneigt erseheinen. Besonders auffällig wird die Erscheinung, wenn man den Kopf nach der Seite neigt, weil dabei, wie wir sogleich sehen werden, das Urteil über die Vertikale sehr unsicher und durch Nebenumstände leicht beeinflußbar wird (Hofmann, 1335, 1336). Es ist sogar möglich, durch diesen optischen Eindruck ihm entgegenstehende Körpersensationen zu verdrängen, bzw. sie umzustimmen. Das geschieht besonders eindringlich bei der bekannten Jahrmarktsvorführung, bei der man unbewegt in einem Zimmer sitzt, dessen Wände um eine querhorizontale Achse langsam hin- und hergedreht werden, so daß sie oben bald nach vorn, bald nach hinten geneigt sind. Trotzdem erscheinen sie einem nach wie vor vertikal, während man das deutliche Gefühl hat, selbst im entgegengesetzten Sinne geneigt zu werden (vgl. dazu Hamann, 1209; Wood, 1366).

Man könnte nach diesen höchst eindrucksvollen Experimenten geneigt sein, das Erkennen der vertikalen und horizontalen Richtung überhaupt auf bloß optische Erfahrungsmotive zurückzuführen. Indessen lehrt eine genauere Überlegung doch, daß das nicht angeht. Wir haben — wenigstens bei aufrechtem Kopf und Körper — auch dann noch ein äußerst feines Erkennungsvermögen für die vertikale und horizontale Richtung, wenn optische Anhaltspunkte für dieses Erkennen völlig fehlen. Wir haben ja schon früher (S. 360) gesehen, daß man in solchen Fällen den Vertikaleindruck direkt zur Untersuchung der Orientierung der Netzhaut verwenden kann, weil er dann streng an die Abbildung auf bestimmte Netzhautschnitte, die Längsschnitte von Hering — Helmholtz' scheinbar vertikale Meridiane — gebunden ist. Jastrow (117) fand bei aufrechter Kopfhaltung und Blick geradeaus für die Vertikaleinstellung eines Striches auf gleichmäßigem Grund einen mittleren variablen Fehler von 36'. Für die Horizontaleinstellung betrug er 39', für die Einstellung einer um 45° geneigten Richtung stieg er

---

bis auf 2° 55′ an. Bei Hofmann und Fruböse (1338), die einen drehbaren, schwach glühenden Draht im Dunkelzimmer vertikal stellten, zeigten sich individuelle Unterschiede. Hofmann stellte die Vertikale mit einem variablen Fehler von 0,2—0,25° ein, Fruböse mit etwa 0,3—0,4°. Delabarre (1323) erhielt bei ganz Geübten sogar kurze Einstellungsserien mit nur 0,1°, ja einmal mit 0,08° mittlerem variablem Fehler. Aber auch bei seinen Versuchspersonen schlichen sich wie bei Hofmann und Fruböse in längeren Reihen immer wieder größere Unregelmäßigkeiten ein. Die Einstellungen der scheinbaren Horizontalen waren bei Hofmann und Fruböse etwas ungenauer, bei Hofmann betrug der mittlere variable Fehler etwa 0,5°.

Trotz der großen Bestimmtheit dieser Einstellungen müssen wir uns darüber klar sein, daß die bloße Abbildung auf Netzhautlängsschnitten allein für sich noch nicht die Vorstellung der vertikalen Richtung auslösen könnte. Abgesehen von optischen Erfahrungsmotiven ist nämlich die vertikale Richtung, nur durch die Richtung des Zuges der Schwerkraft charakterisiert. Würde uns daher diese nicht noch durch andere Körpersensationen vermittelt, so könnten wir die vertikale Richtung im Dunkeln ebensowenig einstellen, wie wir etwa ohne Kompaß die Richtung des magnetischen Meridians einstellen können. Der Eindruck, eine Richtung sei vertikal, kann daher nur heißen, sie stimmt mit der von uns auch sonst erkannten Zugrichtung der Schwerkraft überein.

Ist es aber so, so muß die Bestimmtheit des Erkennens der vertikalen Richtung nicht allein von den Abbildungsverhältnissen auf der Netzhaut, sondern auch von der Genauigkeit abhängen, mit der wir durch andere Sinneseindrücke die Richtung der Schwerkraft wahrnehmen. Daß dies wirklich der Fall ist, ergibt sich aus den Versuchen von Hofmann und Fruböse (1338). Sie zeigten insbesondere, daß die Bestimmtheit der Einstellung der Vertikalen wesentlich von der Kopfstellung abhängt. Legt man sich horizontal auf den Rücken oder auf den Bauch und hebt den Kopf um 45° oder neigt man ihn aufrecht sitzend um 45° nach vorn, so beträgt der mittlere variable Fehler für die Einstellung der Vertikalen bei Hofmann rund 0,6°. Sie ist also bei nach vorn oder hinten geneigtem Kopf viel ungenauer als bei aufrechter Kopfhaltung. Die gleichzeitige Rumpflage scheint dagegen keinen besonderen Einfluß auf die Beurteilung der vertikalen Richtung auszuüben. Man darf daher wohl annehmen, daß die Empfindung der Richtung der Schwere in der Hauptsache durch vom Kopf ausgehende Sensationen vermittelt wird, und man wird zunächst dazu neigen, sie auf das statische Organ zu beziehen[1]. Gewisse Erfahrungen von Hofmann und

---

[1] Diese Ansicht ist grundverschieden von der längst widerlegten Meinung v. Cyons (1319 und anderwärts), daß die Erregung der drei Bogengänge die Ursache der Dreidimensionalität des Raumes sei, so daß, wenn bei einem Tiere bloß zwei Bogengänge vorhanden wären, dieses auch bloß zwei Raumdimensionen wahrnehmen würde.

Fruböse und die letzten Versuche von Goldstein (s. unten S. 606) machen es aber wahrscheinlich, daß auch Sensationen vom Halse her daran beteiligt sind. Sicherlich werden diese bei jenen Taubstummen, deren statisches Organ verkümmert ist, für letzteres eintreten, denn die Kenntnis der Richtung der Schwere ist ja auch bei solchen Personen mit unentwickeltem Labyrinth vorhanden.

Noch viel unbestimmter, als bei Vor- und Rückwärtsneigung des Kopfes wird die Beurteilung der vertikalen Richtung, wenn man entweder Kopf und Körper zusammen oder auch den Kopf allein — denn auch hier ist nach den Versuchen von Sachs und Meller (1358, 1359) wieder im wesentlichen die Kopfstellung maßgebend — um die sagittale Achse nach rechts oder nach links neigt. Dann fällt das Bild einer vertikalen Linie nicht mehr, wie bei aufrechtem Kopf und ungerollten Augen auf korrespondierende Längsschnitte, auch nicht mehr, wie bei vor- oder rückwärts geneigtem Kopf auf symmetrisch zu den Längsschnitten orientierte Schrägschnitte, sondern auf einander korrespondierende Schrägschnitte. Dennoch sehen wir auch mit seitlich geneigtem Kopf vertikale Linien an Gegenständen, deren Lage im Raum uns bekannt ist, entsprechend dem schon erwähnten weitgehenden Einfluß der rein optischen Orientierung unverändert vertikal. Das wird anders, wenn die optischen Orientierungsmotive ausgeschaltet sind, wie z. B. bei der Betrachtung einer isolierten Leuchtlinie im Dunkelzimmer. Dann erscheint den meisten Menschen eine wirklich vertikale Linie in der der Kopfneigung entgegengesetzten Richtung schräg geneigt, und man muß sie, um sie vertikal zu sehen, mit ihrem oberen Ende im Sinne der Kopfneigung drehen. Das ist das nach seinem Entdecker benannte Aubertsche Phänomen[1]). Gelegentlich findet man aber gerade das entgegengesetzte: Die wirklich vertikale Linie erscheint schwach im Sinne der Kopfneigung schräg. Diese Erscheinung hat G. E. Müller (1345), der die Vorgänge sehr eingehend untersucht hat, als das E-Phänomen bezeichnet.

Die Beobachtungen bei seitlicher Kopfneigung werden erklärlich, wenn man annimmt, daß dabei mehrere Lokalisationsmotive miteinander in Wettstreit treten. Bei ruhendem Blick sind es vor allem zwei. Zunächst ist die Tendenz vorhanden, das auf Längsschnitten Abgebildete vertikal, d. h. in Übereinstimmung mit der im Augenblick wahrgenommenen Zugrichtung der Schwerkraft zu sehen. Wir haben oben S. 364 schon auseinandergesetzt, daß diese Tendenz auf einer angeborenen Anlage beruhen muß, ähnlich wie die Netzhautkorrespondenz, und daß sie beim Fehlen sonstiger empirischer Lokalisationsmotive rein für sich zum Vorschein kommt. Von solchen empirischen Motiven bleibt aber nach Ausschaltung der optischen

---

1) Manche Personen sehen auch im Hellen noch eine Andeutung des Aubertschen Phänomens.

im Dunkelzimmer noch die Tendenz übrig, die mit der Zugrichtung der
Schwerkraft übereinstimmend gerichteten Linien, gleichgültig wie sie bei
seitlicher Kopfneigung im Auge abgebildet werden, vertikal zu sehen. Wäre
diese Tendenz allein vorhanden, so würde man die Leuchtlinie bei seitlich
geneigtem Kopf zwar sehr ungenau, aber doch ohne konstanten Fehler
richtig vertikal stellen können. Diese Tendenz hat nun mit der angeborenen Tendenz, das auf Längsschnitten abgebildete vertikal, d. h. in der
jeweiligen Richtung der Schwerkraft zu sehen, anzukämpfen, wobei je nach
den Umständen bald die eine, bald die andere überwiegt. Erschwert wird
die Analyse der Erscheinungen durch das Auftreten der oben S. 320 beschriebenen, individuell verschieden großen parallelen Gegenrollung der
Augen. Nehmen wir zur Veranschaulichung an, wir hätten den Kopf um
90° nach rechts geneigt, so liegt der mittlere Längsschnitt der Netzhaut ll'

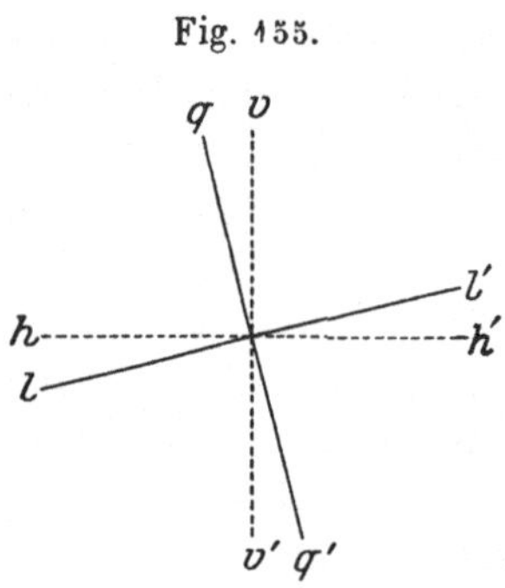

bei dieser Kopfneigung nicht horizontal, sondern
ist um $6{-}10^\circ$ mit dem rechten Ende nach oben
geneigt, und dementsprechend ist auch der mittlere Querschnitt qq' in Fig. 155 nicht vertikal,
sondern um ebensoviel mit dem oberen Ende
nach links geneigt. Bildet sich nun im Auge ein
vertikaler Strich vv' ab, so liegt sein Bild auf
einem Schrägschnitt, der mit dem oberen Ende
nach links vom mittleren Längsschnitt ll' abweicht.
Steht, wie das im Dunkelzimmer zumeist der Fall
ist, die Tendenz zum Vertikalsehen des auf dem
Längsschnitt Abgebildeten im Vordergrund, so
muß demnach die vertikale Linie mit ihrem oberen Ende nach links geneigt
erscheinen. Es tritt das AUBERTsche Phänomen auf. Es wird allerdings in
seinem Ausmaß gewöhnlich gemildert durch das ihm entgegenwirkende Er-
fahrungsmotiv der abweichenden Schwerkraftsrichtung, das in ihrer vollen
Wirkung den Erfolg hätte, die in Wirklichkeit vertikale Linie vv' auch
wirklich vertikal zu sehen. Zudem kommt aber noch ein drittes hinzu.
Wird mit bewegtem Blick beobachtet, so macht man die Erfahrung, daß
der Blickpunkt, wenn man den Blick willkürlich nach rechts und links
wendet, nicht längs vv', sondern längs qq' wandert. Aus dem Erfolg der
willkürlichen Augenbewegung allein würde man also den Schluß ziehen,
daß qq' jene Richtung darstellt, die quer zum Kopf parallel zur Basallinie
der Augen gerichtet ist. Haben wir daher eine etwas unbestimmte Vorstellung von der Kopflage relativ zur Richtung der Schwerkraft, so wird
durch die Blickwanderung der Eindruck erzeugt werden, qq' sei die vertikale Richtung und die wirkliche Vertikale vv' muß dann mit ihrem oberen
Ende nach rechts, also im selben Sinne gedreht erscheinen, wie der Kopf,
nur lange nicht so stark, höchstens entsprechend dem Grade der Gegen-

rollung der Augen.   Diese Erscheinung wäre dann das E-Phänomen.   Ob und in welchem Umfange das AUBERTsche oder das E-Phänomen auftritt, das wechselt nicht bloß je nach der Versuchsperson, sondern ist auch bei einer und derselben Person zu verschiedenen Zeiten verschieden, ja es kommt vor, daß im Laufe eines Versuches das anfänglich vorhandene E-Phänomen in das AUBERTsche umschlägt.   Das entspricht der allgemeinen Erfahrung, daß die Abweichung im Sinne des AUBERTschen Phänomens bei längerer Dauer des Versuchs stärker wird, offenbar deswegen, weil das Bewußtsein der Kopfneigung immer schwächer wird.

Das hier Vorgetragene ist die Weiterführung einer in den Grundzügen von G. E. MÜLLER (1345) dargelegten Theorie.   MÜLLER unterscheidet drei »egozentrische Bezugssysteme«: Ein System der Blickkoordinaten (B-System), das mit der binokularen Blickrichtung mitwandert, ein System der Kopfkoordinaten (K-System), das die Bewegungen des Kopfes mitmacht, und ein System der Standpunktskoordinaten, (S-System), das sich nicht ändert, wenn die Stelle, auf der sich der Körper sitzend oder stehend befindet, dieselbe bleibt, aber wechselt bei einer Änderung des Standortes, und außerdem mit der Hebung und Senkung des Rumpfes mitgeht.   Nach MÜLLER besteht nun das AUBERTsche Phänomen in einem Überwiegen der »S-Komponente« der optischen Lokalisation — d. h. der Tendenz, eine auf den beiden mittleren Querschnitten abgebildete Linie wagrecht zu sehen — über die »B-Komponente«, d. i. die Tendenz, eine frontale und zur Basallinie parallele Leuchtlinie der Basallinie gleichgerichtet zu sehen.   Das E-Phänomen bestehe hingegen im Zurücktreten der S-Komponente zugunsten der B-Komponente unter Berücksichtigung der parallelen Gegenrollung der Augen.   Dazu kommt dann noch eine Tendenz, objektiv vertikale Linien auch subjektiv vertikal zu sehen (R-Tendenz).   Über die Grundlagen der B- und S-Komponente und der R-Tendenz äußert G. E. MÜLLER abgesehen von dem Hinweis, daß die B-Komponente vom Empfinden der Kopflage abhängt und sich gemeinsam mit ihrem Undeutlichwerden abschwächt, keine Vermutung.   Ich habe im obigen versucht, die S-Komponente durch die ursprüngliche Lokalisationstendenz der Netzhautlängsschnitte, die R-Tendenz durch die Einwirkung der Schwerkraft und die B-Komponente durch die Orientierung mittels der Blickwendung zu erklären.   Eine eingehende Erörterung dieses Gegenstandes würde aber hier viel zu weit führen.   Ich verweise daher bezüglich weiterer Einzelheiten und der früheren Theorien von SACHS-MELLER (1358), FEILCHENFELD (1324) u. A. auf die zitierte Abhandlung von G. E. MÜLLER.   Über die haptische Lokalisation der Vertikalen bei seitlicher Kopf- und Körperneigung vgl. man SACHS und MELLER (1359 sowie W. NAGEL (1350), in gewissem Sinne auch v. CYON (1320).

Wie bei seitlicher Kopfneigung die scheinbar vertikale Richtung in der Frontalebene nach rechts und links abgelenkt werden kann, ebenso kann

sie bei einer Kopfneigung nach vorn und hinten Wanderungen in der Sagittalebene ausführen. Am weitesten ging dies bei Fruböse (1338). Wenn dieser
im Dunkelzimmer auf dem Rücken liegend eine über seinen Augen in der
Längsrichtung des Körpers verlaufende Leuchtlinie längere Zeit betrachtete,
so richtete sie sich allmählich mit dem stirnwärts liegenden Ende auf und
schien schließlich wie ein senkrechtes Lot von der Zimmerdecke herabzu-
hängen. Dabei hatte Fruböse das Gefühl, mit dem Kopf und den Schultern
halb aufgerichtet zu sein und schräg nach oben auf das untere Ende der
Leuchtlinie hinzublicken. Jede starke Betonung der Kopflage aber, wie sie
z. B. durch den zunehmenden Druck auf der harten Unterlage gegeben war,
oder auch eine starke Blickwendung entlang der Leuchtlinie nach oben und
unten zerstörte den Vertikaleindruck und ließ die Linie wieder in ihrer
wirklichen horizontalen Lage erscheinen. Bei Hofmann war die Wanderung
der Leuchtlinie in diesen Versuchen lange nicht so groß, wie bei Fruböse.
Dagegen sah Hofmann gerade umgekehrt, wenn er mit erhobenem Kopf im
Dunkelzimmer auf dem Rücken liegend eine vertikale Leuchtlinie lange betrachtete, daß sich diese mit dem oberen Ende nach vorn neigte, bis sie
schließlich fast horizontal mit einer geringen Neigung gegen die Füße zu
über ihm zu schweben schien. Man könnte in den Versuchen von Fruböse eine Bestätigung dafür sehen, daß die Abbildung auf Längsschnitten
die Tendenz erzeugt, die Linie in der Richtung der Schwerkraft, also bei
Rückenlage in ventrodorsalem Verlauf zu sehen. Beide Versuche, der von
Fruböse und der von Hofmann, zeigen jedenfalls, daß wir auch über die
Neigung des Kopfes nach vorn und hinten, wenn sie längere Zeit ruhig
beibehalten wird, ebenso schlecht orientiert sind, wie über eine dauernd
beibehaltene seitliche Kopfneigung, und daß deswegen der Ausgangsort für
die absolute Tiefenlokalisation, unser Urteil über die Lage der Frontalebene
mit der Zeit ganz unsicher wird. Übrigens lockert sich auch schon durch
dauernde seitliche Kopfneigung dieses Urteil sehr, denn auch dabei beobachteten Sachs und Meller (1358, S. 396) sowie G. E. Müller (1345, S. 189)
ähnliche scheinbare Schwankungen einer vertikalen Leuchtlinie in der
Sagittalebene. In allen diesen Versuchen handelt es sich, wie gesagt, immer
um längeres Einhalten einer bestimmten Stellung. Während wir also, wie
wir aus den Versuchen von Garten und seinen Schülern, sowie von Gemelli-
Tessier-Galli (s. die Literatur bei W. Fischer, 1326) wissen, daß wir eine
Änderung unserer Körperlage im Raum sehr genau wahrnehmen, schläft
bei längerem Verweilen in einer Stellung unser Lagebewußtsein allmählich
ein und wird hochgradig unbestimmt, wenn es nicht durch neuerliche Bewegungen oder durch besondere Betonung der durch die Körperlage hervorgerufenen Sinnesempfindungen (Druck der Unterlage) wieder geweckt
wird. Man vergleiche dazu Hofmann (777, S. 32) und die unten folgenden
analogen Fälle.

Die Vermutung, die wir oben äußerten, daß die Richtung der scheinbaren Vertikalen sehr wesentlich von der Einwirkung der Schwerkraft auf das statische Organ abhängt, findet eine kräftige Stütze in einem durch v. Weizsäcker (1365) untersuchten Falle von linksseitiger Erkrankung des Vestibularapparates, bei dem die vestibular vermittelte Wahrnehmung der Richtung der Schwerkraft verfälscht war. Dem Kranken erschien eine wirklich vertikale Linie (auch im Hellen) mit dem oberen Ende nach links und nach vorn gegen ihn zu geneigt. Da dieselbe Neigung auch bei der Betrachtung von Flächen auftrat, erschien ihm ein Quadrat perspektivisch als Rhombus, und bei der Aufforderung, ein Quadrat zu zeichnen, zeichnete er einen Rhombus mit Neigung der Vertikalen nach oben rechts. Dieser gestörten Raumwahrnehmung hatten sich auch die Greifbewegungen des Patienten angepaßt. Er griff richtig nach den Gegenständen und stellte mit geschlossenen Augen einen Stab, den er vertikal stellen sollte, schräg (mit dem oberen Ende nach rechts geneigt).

Nach Schilder (1360) soll auch schon die bloße Vorstellung einer vertikalen Leuchtlinie durch den labyrinthären Schwindel beeinflußt werden. Reizte er sein rechtes Labyrinth durch Kaltspülung und stellte sich dabei mit geschlossenen Augen eine vertikale Linie vor, so war es ihm unmöglich, die vertikale Richtung festzuhalten, vielmehr neigte sich die Linie während der Spülung mit dem oberen Ende nach links und nach der Spülung nach rechts. F. Reichmann (1355) bemerkt dazu allerdings, daß bei diesen Versuchen nicht rein physiologische Faktoren, sondern auch psychische Motive stark im Spiele sind und sie sehr erheblich modifizieren.

Gegen die Annahme, daß die Wahrnehmung der Richtung der Schwerkraft durch das Labyrinth und die Halsempfindungen auch die optische Lokalisation der vertikalen Richtung beeinflußt, scheint bei flüchtiger Betrachtung der Umstand zu sprechen, daß nach allgemeiner Angabe Flieger in dichten Wolken ihre Orientierung über die Vertikale schließlich fast ganz verlieren. Die Ursache davon ist noch nicht völlig aufgeklärt. Noltenius (1351) legt das Hauptgewicht darauf, daß der Flieger, um seine Orientierung aufrecht zu erhalten, jeder Änderung seiner Lage sofort mit der Aufmerksamkeit folgen müsse. Wahrscheinlich handelt es sich auch hier wieder um die oben schon besprochene Tatsache, daß wir zwar jede rasche Änderung unserer Lage gut merken, daß aber ein dauerndes Verharren in der betreffenden neuen Lage die Lageempfindung verwischt, eine allzu langsame Änderung aber, wenn sie unbemerkt bleibt, sie geradezu fälscht. Dazu kommen dann noch andere, die Orientierung erschwerende Umstände, von denen Garten (1327, S. 37 ff.) einige anführt. Daß wir überhaupt keine Kenntnis von der Zugrichtung der Schwerkraft haben, wird man aus diesen Beobachtungen nicht schließen wollen, da doch Stigler (1361) gezeigt hat, daß man selbst beim Untertauchen unter Wasser noch ein deutliches Gefühl der Schwere hat, das bei ungestörter Aufmerksamkeit ein Erkennen von oben und unten ermöglicht.

Ein ernsterer Einwand gegen unsere Annahme, daß auf Längsschnitten abgebildete Linien in der Zugrichtung der Schwere gesehen werden, ergibt sich aus der Neigung der scheinbar vertikalen Richtung bei einer Drehung des aufrechten Kopfs und Körpers um eine vertikale, aber seitlich neben dem Körper vorbeiziehende Achse, wie im Karussel. Dabei erscheint eine wirklich vertikale Linie mit ihrem oberen Ende von der Drehungsachse weggeneigt zu sein und beim Versuch, eine drehbare Linie vertikal zu stellen, wird sie mit dem oberen Ende gegen die Drehungsachse hin geneigt. Nach Breuer und Kreidl (1314) beruht dies auf einer Rollung beider Augen mit dem oberen Ende gegen die Drehungsachse zu, und zwar sollen nach ihnen nach wie vor auf den — jetzt im beschriebenen Sinne gedrehten — Längsschnitten der Netzhaut abgebildete Linien vertikal erscheinen. Indessen kann man diese Versuche noch nicht als abschließend ansehen. Kreidl selbst hatte früher (1342) angegeben, daß Taubstumme mit geschädigtem Labyrinth bei dem Karusselversuch einen drehbaren Zeiger wirklich vertikal einstellten, während sie doch, auch wenn das Labyrinth funktionsunfähig war, die durch die Zentrifugalkraft abgeänderte Zugrichtung der Schwere auf andere Weise hätten erkennen müssen. Daß sie durch die übrigen Empfindungen bloß.über die Richtung der Schwerkraft allein und nicht über ihre Änderung durch die Zentrifugalkraft unterrichtet werden, wie Kreidl meint, ist unwahrscheinlich. Gegen die Annahme einer Beteiligung des Labyrinths spricht endlich, daß Brünings (1315) bei kalorischer Reizung desselben gar keine, bei galvanischer wenigstens keine nennenswerte Beeinflußung der vertikalen Richtung beobachtete. Abweichend davon hatte aber vorher schon Urbantschitsch (1364a) angegeben, daß beim Ausspritzen des Ohres an Gesunden mit dem Auge der gleichen Seite oft Schrägstellung eines Kreuzes von 1—4° beobachtet wird, die beim binokularen Sehen meist fehlt. Die Befunde von Urbantschitsch sind aber so wechselnd, daß damit die Frage noch nicht als entschieden angesehen werden kann.

Dagegen hat zuletzt Goldstein (1329a) gezeigt, daß man bei Normalen durch Abkühlung einer Halsseite ein Schrägerscheinen von Strichzeichnungen hervorrufen kann und zwar neigt sich ein vertikaler Strich mit dem oberen Ende nach der Seite der Reizung. Dasselbe fand Goldstein bei einseitigen Erkrankungen des Kleinhirns oder des Frontalhirns, aber nur bei Betrachtung der Zeichnungen mit einem Auge, bei Kleinhirnkranken mit dem Auge derselben Seite, bei Stirnhirnkranken mit dem Auge der Gegenseite. Die Bildänderung bestand in einer seitlichen Neigung vertikaler Linien (bei Kleinhirnkranken mit dem oberen Ende nach der herdgleichen, bei Stirnhirnkranken nach der gekreuzten Seite) und aus Verzerrungen

(Knickungen einer Vertikalen im Fixationspunkt; Umwandlung eines Quadrats in einen Rhombus u. dgl.). Sie ging einher mit analogen Tasttäuschungen und wird von Goldstein zu unbewußten Tendenzen zu Muskelkontraktionen in Beziehung gebracht. Hierin berührt er sich, wie es scheint, mit Annahmen von Pötzl (1353a; vgl. auch Herrmann, 1334a), der die von ihm, A. Pick u. a. (s. oben S. 410) nach Läsion des Scheitelläppchens beobachteten Orientierungsstörungen nach rechts und links ebenfalls auf gehemmte oder abgelenkte Muskelinnervationen zurückzuführen sucht.

Von der Beurteilung der vertikalen Richtung ist zu unterscheiden das Erkennen von oben und unten. Daß diesem eine Sonderstellung zukommt, hat insbesondere G. E. Müller (803) betont und durch zahlreiche Beispiele aus der Pathologie belegt. Aber auch davon ist weiterhin noch der Eindruck des »richtigen« Aufrechtsehens einzelner Gegenstände abzutrennen, dessen Besonderheit Lewin (793a) anläßlich seiner oben S. 579 erwähnten Versuche hervorgehoben hat.

Für die Orientierung in der Horizontalebene ist wiederum das Zusammenwirken der optischen Eindrücke mit den Bewegungs- und Lageempfindungen von Kopf und Körper maßgebend. Wir haben dabei zu unterscheiden die Erscheinungen bei der Drehung und bei der geradlinigen Vorwärtsbewegung. Unsere Orientierung im Raum während anhaltender Drehung und der darauf folgenden scheinbaren Nachdrehung läßt sich im allgemeinen folgendermaßen zusammenfassen: Im Beginn der Drehung erhält man nicht bloß durch die Labyrinthreizung, sondern auch durch die Sensationen der übrigen Körperteile, die wegen der Trägheit des Körpers auf der Unterlage verschoben werden, den Eindruck, selbst gedreht zu werden. Dabei bleibt die sichtbare Umgebung zunächst stehen, und wir drehen uns in ihr. Das macht aber bei rascher Drehung sehr bald der Empfindung Platz, daß sich die sichtbare Umgebung in dem der Drehrichtung entgegengesetzten Sinne um uns herumdreht. Nach Schluß der Drehung hat man das Gefühl, selbst nach der entgegengesetzten Seite gedreht zu werden, während nicht bloß der Sehfeldinhalt, sondern, wie Münsterberg und Pierce (1347) sowie Lindemann (bei Dittler, 752) fanden, auch ein Schall, der das Ohr aus stets gleicher Richtung trifft, sich im umgekehrten Sinne dreht. Im einzelnen bestehen hierin aber große individuelle Unterschiede. Bárány (396, S. 223) hat während der Nachdrehung im Hellen bei offenen Augen die Empfindung einer Drehung des eigenen Körpers nie. Mach merkte Scheindrehung des eigenen Körpers und der äußeren Gegenstände gleichzeitig. Nach Holt (780) hängt es von der Richtung der Aufmerksamkeit ab, ob das eine oder das andere auftritt. Ist diese auf den eigenen Körper gerichtet, so fühlt man die eigene Drehung. Im anderen Falle wirbeln die Sehdinge im Kreise herum, während der Körper ruhend gefühlt wird. Holt fand dabei ebenso wie Mach im Bewußtsein eine leise

Andeutung davon, als ob sich der Sehfeldinhalt in einem anderen unsichtbaren, ruhenden Raum drehen würde.

Über die Orientierung bei einer dauernd eingehaltenen seitlich gewendeten Kopf- und Körperstellung liegen die schon erwähnten Zeigeversuche von Y. DELAGE und von AUBERT bei Kopfwendung vor. BREUER (1313) und NAGEL (1349, S. 397) erhielten bei diesem Versuch allerdings ganz inkonstante Resultate. Nach REINHOLD (1356) fehlt die Reaktion in etwa 10% der Fälle. Je öfter man den Versuch wiederholt, desto deutlicher werde er, man neige immer mehr dazu, eine nach der Seite der Kopfwendung gedrehte Ebene mit der Medianebene zu verwechseln. Da die Reaktion auch bei Ablenkung der Aufmerksamkeit deutlicher wird, glaubt REINHOLD, daß es sich um einen Halsreflex nach MAGNUS handelt. Die Auffassung von WODAK und FISCHER haben wir schon oben S. 596 angeführt.

Versuche über die Orientierung in Rückenlage nach einer einmaligen Drehung um die vertikale, im Körper sagittale Achse wurden von HOFMANN und FRUBÖSE (1338) ausgeführt. Es zeigte sich, daß dabei wieder die Kopfdrehung der Körperdrehung gegenüber führend ist. Dreht man auf dem Rücken liegend bloß den Kopf zur Seite, und stellt optisch im Dunkelzimmer mittels einer Leuchtlinie die scheinbare Kopf- und Körperrichtung ein, so findet man, daß sich die letztere der ersteren nach einiger Zeit immer mehr nähert. Gleichzeitig nimmt auch das Gefühl der Abknickung am Halse ab. Dreht man bloß den Körper zur Seite, während der Kopf unverrückt still liegt, so verringert sich auch wieder mit der Abnahme des Gefühls der Abknickung am Halse das Gefühl der Körperdrehung, man glaubt schließlich mit dem Körper ungefähr in der Längsrichtung des Kopfes zu liegen. Das Überwiegen der Kopf- über die Körperrichtung für die räumliche Orientierung erwies sich auch darin, daß das Gefühl, im Zimmer schief zu liegen, in ausgesprochenem Maße nur nach einer Kopfdrehung auftrat, bei bloßer Körperdrehung dagegen nur schwach vorhanden war. In allen Fällen, auch bei gleichzeitiger Drehung von Kopf und Körper stumpft sich das im Anfang deutliche Gefühl des Schiefliegens allmählich immer mehr ab unter gleichzeitiger Zunahme der Unsicherheit über die Lage im Raum.

Die Erscheinungen bei geradliniger Vorwärtsbewegung sind in vieler Beziehung denen bei Drehung ähnlich. Bei aktiver Progressivbewegung, z. B. beim Gehen, hat man im allgemeinen die Empfindung, selbst sich vorwärts zu bewegen, während die Objekte am Orte stehen bleiben. Aber auch da beobachtet man schon an nahen Gegenständen, an denen man vorbeigeht, wenn man darauf achtet, eine Scheinbewegung nach rückwärts (parallaktische Verschiebung, s. oben S. 548). Noch deutlicher wird dies beim raschen Laufen, wobei schließlich nahe Gegenstände geschwind nach hinten enteilen. Am allerstärksten aber ist die Übertragung der eigenen Bewegung auf die Umgebung beim Fahren. Wenn man während einer

Eisenbahnfahrt ohne Fixationsabsicht durch das Fenster sieht, schießen nahe Gegenstände mit großer Geschwindigkeit nach rückwärts, und auch wenn man sie fixiert und am Fixationsort bloß die Relativbewegung gegen den eigenen Körper übrigbleibt, hat man dabei den Eindruck einer Bewegung des fixierten Objektes, nicht des eigenen Körpers[1]. Das ist durchaus begreiflich, denn die Fortbewegung erfolgt in diesem Falle nicht aktiv, auch verursacht uns die geradlinige Fortbewegung bei gleichmäßiger Geschwindigkeit außer dem optischen Eindruck keinerlei andere Körpersensation.

Andererseits kann aber auch eine gleichmäßige anhaltende Bewegung der Sehdinge zu einer Übertragung ihrer Bewegung auf den eigenen ruhenden Körper führen. Wenn wir von einer Brücke auf einen gleichmäßig dahinströmenden breiten Fluß heruntersehen, setzt sich bald nicht bloß die Brücke, sondern auch wir mit ihr in Bewegung. Da wir eine Fortbewegung mit gleichbleibender Geschwindigkeit, wie bemerkt, körperlich gar nicht empfinden, ist das Endergebnis verständlich. Aber es entgeht uns auch der Anfang der Scheinbewegung, dem sich doch unsere Körpersensationen entgegenstellen müßten. Sie werden eben offenbar durch die stärkeren optischen Eindrücke übertönt.

Verschieben sich die Bilder der Objekte bei der Kopfbewegung in ungewohnter Weise, so stört das die Orientierung im Raume sehr stark. R. DU BOIS-REYMOND (1312) hat das experimentell dadurch gezeigt, daß er vor jedes Auge einen Spiegel unter 45° anbrachte, daß sich die Sehdinge bei der Vorwärts- und Rückwärtsbewegung statt nach hinten und vorn nach rechts und links verschoben (Tierbrille). Hält man sich ein Spiegelglas in dieser Weise vor ein Auge, schließt das andere und geht durch eine Tür, so verschiebt sich beim Durchschreiten das Bild des offenen Türflügels statt neben dem Beobachter vorbei gerade vor ihn gegen die Mitte zu, so daß er in ihn hineinzulaufen vermeint. Ferner werden in diesem Falle auch die parallaktischen Verschiebungen verschieden weit entfernter Objekte, die der Unbefangene leicht übersieht[2], höchst auffällig.

Die Orientierung über die Länge und Richtung des zurückgelegten Weges wird uns, soweit es dabei auf den Gesichtssinn ankommt, bei freier Sicht und genügender Differenzierung der Umgebung durch den Vergleich der aufeinanderfolgenden Situationsbilder vermittelt. Bei fehlender Sicht im Dunkeln oder in gleichförmiger Umgebung ohne hervorstechende Merkmale, wie im ebenen, gleichmäßig bestandenen Wald, in der Steppe usf.

---

1) Die rasche Verschiebung naher Gegenstände bei geradliniger Fortbewegung ist die Ursache einer von DOVE (1323a) bemerkten Täuschung. Beim Fahren auf der Eisenbahn erscheinen uns die ganz nahen Objekte merklich kleiner als sonst, weil uns die schnell vorüberbewegten Gegenstände zu nahe herangerückt und folglich zu klein aussehen (SICK bei VIERORDT, 1292, S. 135).

2) FERRI (1194) weist darauf hin, daß bei einer Kopfwendung bloß der Fixationspunkt und jene Punkte unbewegt bleiben sollten, die auf einem Kreis durch den Fixationspunkt und die Lage des Knotenpunktes eines Auges vor und nach der Bewegung liegen. Da dieser Kreis für beide Augen verschieden ist, müßten wir eigentlich fortwährend bei jeder Kopfbewegung alles ausser dem Fixationspunkt bewegt sehen. Für gewöhnlich bleibt aber diese Scheinbewegung unbeachtet.

kann, wenn wir vom Stand der Sonne und Sterne absehen, die Länge des
Weges nur indirekt aus der Kenntnis der Bewegungsgeschwindigkeit und
der verstrichenen Zeit, die Richtung aus der Kenntnis der Muskelinner-
vation und aus den kinästhetischen Empfindungen erschlossen werden. Dabei
kommen dann infolge der Unfähigkeit, ohne optische Führung längere Zeit
geradeaus zu gehen, kleine unbemerkte Abweichungen von der beabsichtigten
geraden Richtung vor, die sich innerhalb längerer Zeit summieren und dazu
führen, daß Menschen (und Tiere) in einem großen Kreise und zwar, wie es
scheint, meist nach links herumgehen. Die geläufige Erklärung dafür ist die
schon von G. Darwin (1322) gegebene, daß bei den meisten Menschen die
rechte Körperhälfte kräftiger ist, als die linke. Daher sei die Schrittlänge
des rechten Beines etwas länger, als die des linken und diese kleine Differenz summiere sich allmählich zu der großen Ablenkung. Dagegen wurde
aber geltend gemacht, daß manche Menschen nach rechts und daß Linkshänder trotz des Überwiegens der linken Seite nach links im Bogen gehen.
Szymansky (1362) hat an einer größeren Zahl von Personen untersucht, wie
weit sie von der geraden Richtung abweichen, wenn sie mit verbundenen
Augen zunächst eine Strecke gerade nach vorn gehen, dann Kehrt machen
und wieder an den Ausgangsort zurückzukehren suchen. Er fand doppelt
soviel Abweichungen nach links als nach rechts und bezieht das auch auf
das Überwiegen der linken Hemisphäre. Da es aber so viele Linkshänder
gar nicht gibt (Szymanski hat nicht festgestellt, welche von seinen Versuchspersonen Linkshänder waren) sprechen diese Versuche eigentlich mehr gegen
einen direkten Zusammenhang mit der Rechts- und Linkshändigkeit. Man
kann daher die Frage auch heute noch nicht als voll entschieden ansehen.
Übrigens hat schon Cremer (s. J. Loeb, 796a, S. 43) festgestellt, daß nicht
etwa bei Rechtshändern die rechte, bei Linkshändern die linke Hand bei
gleichem Innervationsimpuls den größeren Weg zurücklegt. Guldberg (1332a),
der die Kreisbewegung bei Tier und Mensch genauer untersucht hat, führt
sie auf den asymmetrischen Bau der Bewegungsorgane im allgemeinen
zurück, ohne spezielle Beziehung zur Rechtshändigkeit.

Wenn wir während der aktiven Fortbewegung bewußt unsere Richtung ändern, so kombiniert sich mit dem Bewußtsein der eingeschlagenen
Richtung die Schätzung der Weglänge und zwar so, daß wir mehr oder
weniger genau die gerade Richtung zum Ausgangspunkt der Bewegung hin
abschätzen können. Das ist besonders auffällig gut entwickelt bei Tieren
(s. v. Máday, 22, S. 91 ff. und die Literatur bei Claparède, 1317). Beim
Menschen ist diese Fähigkeit individuell sehr verschieden stark ausgebildet (vgl.
Szymanski 1362). Exner (240, S. 236) berichtet von sich selbst, daß er das
Bewußtsein der Richtung nie verlor, auch wenn er in einer fremden Stadt
herumging oder sogar, wenn er auf dem rechtwinklig geknickten wendel-
treppenartigen Wege des Markusturms in Venedig aufstieg und absichtlich

nicht darauf achtete, wieviel Wendungen er schon gemacht hatte. Über einen ähnlichen Fall ausgezeichneter Orientierung berichtet Rudzki (1357). Es handelt sich auch hier wieder um einen jener Komplexe, die fertig ins Bewußtsein eintreten, ohne daß man sich über ihr Entstehen durch Selbstbeobachtung Rechenschaft geben kann. Gegenüber den ebenfalls bereits komplexen Vorstellungen der egozentrischen Lokalisation stehen sie aber auf einer höheren Stufe. Das äußert sich darin, daß sie trotz sonst gleicher Sinnesschärfe individuell stark verschieden entwickelt sind, und daß sie verhältnismäßig leicht gestört werden können. So führt Binet (1311 a; hier weitere Literatur) mehrere Fälle an, in denen während der Fortbewegung die zwingende Vorstellung auftauchte, man gehe nach der entgegengesetzten oder einer um 90° gedrehten Richtung. Im Alter soll das Richtungsbewußtsein rasch abnehmen.

Auf der anderen Seite ist die Rückwirkung einer falschen Orientierung auf die optische Gnosis so stark, daß sie unter Umständen das Erkennen selbst wohlbekannter Dinge verhindern kann. So berichtet Exner (240, S. 237 ff.) über mehrere Fälle, in denen unbemerkte Wendungen der Eisenbahn oder eines Schiffes um 180° in ihm den Eindruck hervorriefen, daß er nach der entgegengesetzten Richtung fahre, z. B. trotz der Wahrnehmung der Wasserströmung stromauf statt stromab, ja daß er sogar die ihm wohl bekannte Gegend wegen dieser Täuschung nicht wiedererkannte. Solche Erfahrungen sind ein weiterer Beweis dafür, daß wir die Einzelheiten des Sehfeldes immer im Zusammenhange eines einheitlichen Ganzen und im Rahmen unserer Gesamtvorstellungen erfassen, und sie rejhen sich weiterführend dem an, was wir schon oben S. 400 ff. über verlagerte Raumformen berichten konnten.

Zu den von Exner sonst noch berichteten Täuschungen über die Orientierung nach der Windrose an fremdem Ort kann ich aus eigener Erfahrung folgendes hinzufügen: In Marburg a. d. Lahn stand ich dauernd unter dem Zwange, das Lahntal als von Osten nach Westen gerichtet anzusehen, offenbar deswegen, weil ich. aus der allgemeinen geographischen Lage schloß, die Lahn müsse, um in den Rhein einzumünden, nach Westen fließen. Sie fließt indessen gerade bei Marburg fast genau von Norden nach Süden. Aber selbst die Beobachtung des Sonnenlaufs und die Einprägung der Landkarte konnte mich von dem Fehlurteil nicht ganz befreien.

Mit dem Umstande, daß die Elemente für die Orientierung von uns unbemerkt zusammenarbeiten, und daß wir sie im eigenen Bewußtsein nicht mehr isoliert auffinden, hängt es zusammen, daß man vielfach gemeint hat, es gebe einen besonderen Sinn der Orientierung. Speziell bei Tieren, die aus weiter Ferne wieder in ihr früheres Heim zurückfinden, hat man einen solchen eigenen »Fernsinn« angenommen (Literatur bei Claparède, 1317). Beim Menschen ist ein ähnlicher »sechster Sinn« als Fähigkeit, die Annäherung an große feste Massen zu erkennen, ebenfalls angenommen worden, der insbesondere bei Blinden eine große Rolle spielen sollte. Die genauen Untersuchungen darüber, die vor allem von Truschel (1363, hier Literatur; 1363a, 1364) Krogius (1342a) und Kunz (1343) angestellt worden sind, haben aber ergeben, daß es vermutlich genügt anzunehmen, daß durch die verschiedene Reflexion des Schalls der Tritte bei der Annäherung an eine Wand, bzw. durch geringe Temperaturänderungen, durch das Abschirmen von Luftströmungen, bei einem sich bewegendem großen Körper endlich durch die stärkere Erschütterung des Bodens die Annäherung erkannt wird. Darüber, welcher der genannten Faktoren der eigentlich entscheidende ist, gehen die Meinungen der Autoren allerdings auseinander. Andererseits halten Wölfflin (1365b) u. a. an der Annahme eines besonderen Fernsinns fest. Weiteres darüber mit Literatur bei Bürklen (1315a).

Wir nannten oben die Orientierung im wirklichen Raum eine weitere, höhere Etappe der geistigen Verwertung der optischen Eindrücke, die noch über der egozentrischen Lokalisation gelagert ist, ja diese in ihrem Ausgangspunkt geradezu umkehrt. Dabei ist es ebenso wenig nötig, die Einschaltung eines völlig neuen Zentrums anzunehmen, wie bei dem Übergang von der relativen zur egozentrischen Lokalisation. Es handelt sich nur um die immer weitergehende Ausbildung schon vorher vorhandener Anlagen. Denn freilich muß auch für die Fähigkeit zur Orientierung eine Anlage gegeben sein, deren höchste Ausbildung schließlich zu der allen Menschen gemeinsamen Vorstellung eines allseitig ausgedehnten »wirklichen Raumes« führt. Mit der Erörterung dieser Fragen würden wir aber die Grenzen der Physiologie des optischen Raumsinns überschreiten. Denn hier beginnt die gedankliche Verarbeitung der räumlichen Sinneseindrücke, die in ihrer weitesten Ausbildung schließlich im umfassenden Weltbild der Wissenschaft endet.

Zum Schluß aber möchte ich es nicht unterlassen, nach der Fülle von Details, die wir berücksichtigen mußten, noch einmal auf den Gesamtweg zurückzublicken, den wir von den einfachsten zu immer komplizierteren Vorgängen zurückgelegt haben: Zunächst von der durch die Unschärfe der Abbildung und den Simultankontrast bestimmten Irradiation und dem Auflösungsvermögen über das bloße Lokalisationsvermögen nach Höhe und Breite, das Erkennen einfachster Formen und die Gestaltauffassung im ebenen Sehfeld zum Zusammenwirken beider Augen und dem daraus folgenden binokularen, sowie dem gestaltmäßigen monokularen Tiefensehen. Von dieser relativen Lokalisation der Sehdinge gegeneinander führte der Weg zur Abstands- und Richtungslokalisation, die den Standort des eigenen Ich zum Ausgang der optischen Lokalisation macht und eng mit der Motilität verbunden ist, und von da zur Orientierung im Raum, die von der Annahme eines feststehenden äußeren Raumes ausgeht und unseren Standort als variabel in diesen hineinverlegt. Dieser Entwicklung vom Einfacheren zum Komplizierteren entspricht ein zunehmend stärkeres Mitwirken des Psychischen, das sich in einer zunehmend stärkeren Modulationsfähigkeit der Wahrnehmungen kundgibt.

Als physiologische Grundlage dieser Prozesse erscheint ein Stufenbau des Sehorgans am wahrscheinlichsten, wobei den einfachsten Prozessen mehr periphere, den komplizierteren immer weiter zentral gelegene Organisationen entsprechen. Nur sind diese nicht als aufeinander folgende »Zentren« zu denken, die immer nur von der Peripherie her durch Zuleitung von Leitungsreizen in Erregung versetzt werden können, sondern als untereinander in Wechselwirkung stehende Zonen, in denen auch eine Beeinflussung der niederen vonseiten der höheren Stellen durch rückläufige Leitungen statthat. Diese Rückwirkung ist um so stärker und ausgiebiger, je näher man an die psychophysische Sphäre selbst herankommt. Erst in dieser letzteren aber, psychologisch gesprochen in der Helle des Bewußtseins, vollzieht sich dann der eigentlich gedankenmäßige Ausbau des Gesehenen, den wir oben als letztes Endglied hingestellt haben.

———

Literatur.

Vgl. die Vorbemerkungen auf S. 198.

Die Netzhautkorrespondenz.

303. **Adam**, Über normale und anormale Netzhautlokalisation bei Schielenden. Zeitschr. f. Augenheilk. XVI. S. 110. 1905.
304. **Ammann**, E., Einige physiologisch-klinische Beobachtungen an Schielenden. Arch. f. Augenheilk. LXXXII. S. 113. 1917.
305. **Berger**, E., The importance of psychical inhibition (neutralization) in binocular single vision. Brit. Journ. of Ophth. VI. S. 22. 1922.
306. **Best**, F., Über Unterdrückung von Gesichtsempfindungen und ihre Beziehung zu einigen Amblyopieformen. Klin. Monatsbl. f. Augenheilk. XLIV. S. 493. 1906.
306a. **Derselbe**, Hemianopsie und Seelenblindheit bei Hirnverletzten. v. Graefes Arch. f. Ophth. XCIII. S. 49. 1917.
307. **Derselbe**, Zur Theorie der Hemianopsie und der höheren Sehzentren. Ebenda C. S. 1. 1919.
307a. **Derselbe**, Ergebnisse der Kriegsjahre für die Kenntnis der Sehbahnen und der Sehzentren. Zentralbl. f. Ophth. III. S. 193. 1921.
308. **Bielschowsky**, A., Über monokuläre Diplopie ohne physikalische Grundlage nebst Bemerkungen über das Sehen Schielender. v. Graefes Arch. f. Ophth. XLVI, 1. S. 143. 1898.
309. **Derselbe**, Untersuchungen über das Sehen der Schielenden. Ebenda L, 2. S. 406. 1900.
310. **Derselbe**, Ein neuer Prismen-Apparat (»Universalprismenapparat«). Bericht üb. d. 38. Vers. d. Ophth. Ges. Heidelb. S. 317. 1912.
311. **Birnbacher**, Th., Die Lichtprojektion bei geschlossenen Lidern. v. Graefes Arch. f. Ophth. CX. S. 37. 1922.
312. **Bjerke**, Das Schielen. Ebenda LXIX. S. 543. 1909.

313. **Bourdon, B.,** La distinction locale des sensations correspondantes des deux yeux. Bull. de la soc. scient. et méd. de l'ouest. Neuvième année. T. IX. No. 1. 1900. Rennes. (Zit. nach Brückner und v. Brücke [317]).

314. **Derselbe,** Sur la distinction des sensations des deux yeux. L'année psycholog. IX. S. 41. 1903.

314 a. **Breese, B. B.,** Binocular rivalry. Psychol. Rev. XVI. p. 410. 1909.

314 b. **Derselbe,** Can binocular rivalry be suppresed by practice? Journ. of Philos. Psychol. a. Sci. Methods VI. p. 686. 1909. Ref. in Zeitschr. f. Psychol. LVII. S. 121.

315. **Brückner, A. und v. Brücke, E. Th.,** Zur Frage der Unterscheidbarkeit rechts- und linksäugiger Gesichtseindrücke. Pflügers Arch. f. d. ges. Physiol. XC. S. 290. 1902.

316. **Dieselben,** Über ein scheinbares Organgefühl des Auges. Ebenda XCI. S. 360. 1902.

317. **Dieselben,** Nochmals zur Frage der Unterscheidbarkeit rechts- und linksäugiger Eindrücke. Ebenda CVII. S. 263. 1905.

317 a. **Chauveau, A.,** Phénomènes d'inhibition visuelle. Compt. rend. de l'Acad. CLII. p. 481. 1911.

317 b. **Derselbe,** Lutte des champs visuels dans le stéréoscope. Ebenda CLII. p. 659. 1911.

318. **Diaz-Caneja.** Das Wheatstonesche Experiment. Arch. de oft. hispano-americ. XXII. S. 297. 1922 (Spanisch). Zit. nach Zentralbl. f. Ophth. VIII. S. 405. 1923.

319. **Dimmer, F.,** Über die Lichtempfindung bei geschlossenen Lidern. v. Graefes Arch. f. Ophth. CV. S. 794.

320. **Donders, F. C.,** Die Projektion der Gesichtserscheinungen nach den Richtungslinien. Ebenda XVII, 2. S. 1. 1871.

320 a. **Enslin,** Kurze Mitteilung über ein Augensymptom bei Linkshändern. Münch. med. Wochenschr. Jahrg. 57. S. 2242. 1910.

320 b. **Exner, S.,** Zur Kenntnis des zentralen Sehaktes. Zeitschr. f. Psychol. XXXVI. S. 194. 1904.

321. **Fechner, G. Th.,** Über einige Verhältnisse des binokularen Sehens. Ber. Sächs. Ges. d. Wiss. VII. S. 378.

321 a. **Feilchenfeld, H.,** Über das Einfachsehen bei angeborenen Augenmuskellähmungen. Zeitschr. f. Augenheilk. VI. S. 198. 1901.

322. **Fleischl v. Marxow,** Physiologisch-optische Notizen. I. Sitzungsber. Wien. Ak. d. Wiss. 3. Abt. LXXXIII. S. 199. 1881. Auch: Gesammelte Abh. S. 149. Leipzig 1893. Barth.

323. **Fuchs, W.,** Experimentelle Untersuchungen über das simultane Hintereinandersehen auf derselben Sehrichtung. Zeitschr. f. Psychol. XCI. S. 145.

324. **Gaudenzi, C.,** Intorno la così detta »imagine visiva cerebrale«. Arch. di oftalm. XIII. p. 217. 1906 und Giorn. della r. acad. di med. di Torino XI. fasc. 11/12. 1905.

324 a. **Gellhorn, E.,** Zur Kenntnis der psychologischen Ursachen des Wettstreites. Pflügers Arch. f. d. ges. Physiol. CCVI. S. 237. 1924.

324 b. **Griesbach, H.,** Über Linkshändigkeit. Deutsche med. Wochenschr. S. 1408. 1919.

325. **Grossmann und Mayerhausen,** Beitrag zur Lehre vom Gesichtsfeld bei Säugetieren. v. Graefes Arch. f. Ophth. XXIII, 3. S. 217. 1877.

326. **Grützner, P.,** Über die Lokalisierung von diaskleral in das Auge fallenden Lichtreizen. Pflügers Arch. f. d. ges. Physiol. CXXI. S. 298. 1908.

327. **Heine, H.,** Die Unterscheidbarkeit rechtsäugiger und linksäugiger Wahrnehmungen und deren Bedeutung für das körperliche Sehen. Klin. Monatsbl. f. Augenheilk. 39. Jahrg. II. S. 615. 1901.

328. **Derselbe,** Zur Frage der Unterscheidbarkeit rechts- und linksäugiger Gesichtseindrücke. Pflügers Arch. f. d. ges. Physiol. CI. S. 67. 1904.

329. **Henning, H.**, Ein optisches Hintereinander und Ineinander. Zeitschr. f. Psychol. LXXXVI S. 144.

330. **Hering, E.**, Über die ..normale Lokalis ion der Netzhautbilder bei Strabismus alternans. Deutsch. Arch. . klin. Med. LXIV. S. 15. 1899.

331. **Derselbe**, Grundzüge der Lehre vom Lichtsinn. Handb. d. Augenheilk. 2. Aufl. Leipzig. Engelmann.

332. **Hess, C. v.**, Gesichtssinn. Wintersteins Handb. d. vergl. Physiol. IV. S. 555. 1913.

333. **Hirsch**, Monokulare Vorherrschaft beim binokularen Sehen. Münch. med. Wochenschr. S. 1461. 1903.

334. **Hofmann, F. B.**, Die neueren Untersuchungen über das Sehen der Schielenden. Ergebn. d. Physiol. I. 2. Abt. S. 801. 1902.

335. **Derselbe**, Über das Formensehen. Ber. 7. Kongr. f. exp. Psychol. Marburg. S. 126. 1921.

335a. **Imamura, Sh.**, Über die kortikalen Störungen des Sehaktes und die Bedeutung des Balkens. Pflügers Arch. f. d. ges. Physiol. C. S. 495. 1903.

336. **Javal, E.**, Manuel théorique et pratique du strabisme. Paris 1896. Masson.

337. **Köllner, H.**, Das funktionelle Überwiegen der nasalen Netzhauthälften im gemeinsamen Sehfeld. Arch. f. Augenheilk. LXXVI. S. 153, 1914.

338. **Derselbe**, Über das Problem der Unterscheidbarkeit rechts- und linksäugiger Eindrücke. Sitzungsber. Physik.-med. Ges. Würzburg. 1920.

339. **Krusius**, Zur Pathologie der Fusion. Bericht üb. d. 35. Vers. d. Ophth. Ges. Heidelb. S. 109. 1908.

340. **Ladd-Franklin, Ch.**, A method for the experimental determination of the horopter. Amer. Journ. Psychol. I. p. 99. 1888.

341. **Landolt, M.**, Chiasma et vision binoculaire. Arch. d'Opht. XLI. S. 193. 1924.

341a. **Lenz, G.**, Zur Pathologie der zerebralen Sehbahn usw. v. Graefes Arch. f. Ophth. LXXII. S. 1 u. 197. 1909.

341b. **Derselbe**, Die hirnlokalisatorische Bedeutung der Makulaaussparung im hemianopischen Gesichtsfelde. Klin. Monatsbl. f. Augenheilk. LIII. S. 30. 1914.

341c. **Lindworsky, J.**, Zur Theorie des binokularen Einfachsehens und verwandter Erscheinungen. Zeitschr. f. Psychol. XCIV. S. 134. 1924.

342. **Lohmann, W.**, Zur experimentellen Zerfällbarkeit des binokularen Scheindrucks. Arch. f. Augenheilk. LXXXV. S. 95. 1919.

343. **Mac Dougall**, Note on the principle underlying **Fechner's** »paradoxical experiment« and the predominance of contours in the struggle of the two visual fields. British Journ. of Psychol. I. S. 114. 1904.

344. **Derselbe**, On the relations between corresponding points of the two retinae. Brain XXXIII. S. 374. 1911.

345. **Meyer, H.**, Über den Einfluß der Aufmerksamkeit auf die Bildung des Gesichtsfeldes usw. v. Graefes Arch. f. Ophth. II, 2. S. 77. 1855.

346. **Milutin, E.**, Untersuchungen über das Gesetz der identischen Sehrichtungen. Zeitschr. f. Biol. LX. S. 41. 1913.

347. **Minkowski**, Über den Verlauf, die Endigung und die zentrale Repräsentation von gekreuzten und ungekreuzten Sehnervenfasern bei einigen Säugetieren und beim Menschen. Schweiz. Arch. f. Neurol. u. Psychiatrie VI. S. 201 u. VII. S. 268. 1920. Sur lés conditions anatomiques de la vision binoculaire dans les voies optiques centrales. Encéphale XVII. S. 65. 1922.

348. **Mocchi, A.**, Neueste Untersuchungen über die Projektion monokularer Nachbilder durch das nichtbelichtete Auge. Zeitschr. f. Sinnesphysiol. XLIV. S. 81. 1910.

349. **van Moll, F. D. A.**, Over de normale incongruentie der netvliezen. Onderzoek. Physiol. Labor. Utrecht, 3. Reihe, III. S. 39. 1875. Das Ergebnis siehe bei **Donders** (480).

350. **Mott, F. W.**, The progressive evolution of the structure and functions of the visual cortex in mammalia. Transact. Ophth. Soc. XXV. p. LIII. 1905.

351. **Mügge**, Über anomale Sehrichtungsgemeinschaft bei Strabismus convergens. v. Graefes Arch. f. Ophth. LXXIX. S. 1. 1911.

352. **Müller, J.**, Beiträge zur vergleichenden Physiologie des Gesichtssinnes. Leipzig 1826.

353. **Nagel, A.**, Das Sehen mit zwei Augen. Heidelberg 1861. Winter.

354. **Ohm, J.**, Klinische Untersuchungen über das Verhalten der anomalen Sehrichtungsgemeinschaft der Netzhäute nach der Schieloperation. v. Graefes Arch. f. Ophth. LXVII. S. 439. 1908.

355. **Panum**, Physiologische Untersuchungen über das Sehen mit zwei Augen. Kiel 1858. Schwerssche Buchh.

355a. **Pfeifer, R. A.**, Myelogenetisch-anatomische Untersuchungen über den zentralen Abschnitt der Sehbahn. Berlin. Julius Springer. 1925.

355b. **Pötzl, O.**, Über die Rückbildung einer reinen Wortblindheit. Zeitschr. f. Neurol. u. Psychiatrie LII. S. 241. 1919.

356. **Prévost**, Essai sur la théorie la vision binoculaire. Genf 1843 und Pogg. Ann. d. Physik LXII. S. 548. 1843.

357. **Ramon y Cajal**, Die Struktur des Chiasma opticum. Deutsch von **Bresler**. Leipzig 1900. Barth.

358. **Derselbe**, Studien über die Hirnrinde des Menschen. 1. Heft. Die Sehrinde. Deutsch von **Bresler**. Leipzig 1900. Barth.

358a. **Reichard, S.**, Das Einfachsehen und seine Analagien. Zeitschr. f. Psychol. XI. S. 286. 1896.

359. **Rochon-Duvigneaud**, La situation des foveæ simples et doubles dans la rétine des oiseaux et le problème de leurs relations fonctionelles. Ann. d'Oculist. CLVII. p. 673. 1920.

359a. **Derselbe**, Contribution à la physiologie de la vision de la chouette chevèche. Ebenda CLVIII. p. 561. 1921. Une méthode de détermination du champs visuel chez les vertébrés. Ebenda CLIX. p. 561. 1922.

359b. **Rönne, H.**, Über die Inkongruenz und Asymmetrie im homonym hemianopischen Gesichtsfeld. Klin. Monatsbl. f. Augenheilk. LIV. S. 399. 1915.

360. **Rosenbach**, Über monokulare Vorherrschaft beim binokularen Sehen. Münch. med. Wochenschr. 1903. S. 1290, 1880.

361. **Sachs, M.**, Über das Sehen der Schielenden. v. Graefes Arch. f. Ophth. XLIII, 3. S. 597. 1897.

362. **Derselbe**, Über das Alternieren der Schielenden. Ebenda XLVIII, 2. S. 443. 1899.

363. **Schlodtmann, W.**, Studien über anomale Sehrichtungsgemeinschaft bei Schielenden. Ebenda LI. S. 256. 1901.

364. **Schön, W.**, Zur Lehre vom binokularen Sehen. a) v. Graefes Arch. f. Ophth. XXII, 4. S. 31. 1876; b) XXIV, 1. S. 27; c) XXIV, 4. S. 47. 1878.

365. **Derselbe**, Das Schielen. München 1906. Lehmann.

366. **Schumann, F.**, Die Dimensionen des Sehraumes. Zeitschr. f. Psychol. LXXXVI. S. 253. 1922.

367. **Sherrington, C. S.**, On binocular flicker and the correlation of activity of »corresponding« retinal points. Brit. Journ. of Psychol. I. p. 26. 1904.

368. **Derselbe**, The integrative action of the nervous system. London 1911. Constable & Co.

369. **Storch, E.**, Die optische Wahrnehmung der Objekte. Klir. Monatsbl. f. Augenheilk. XXXIX. S. 775. 1901.

370. **Derselbe**, Über die mechanischen Korrelate von Raum und Zeit usf. Zeitschr. f. Psychol. XXVI. S. 201. 1901.

370a. **Stratton, G. M.**, The localisation of diasclerotic light. Psychol. Review XVII. S. 294. 1910.

371. **Towne**, The stereoscop and stereoscopic **results**. Guy's hosp. reports 1862 u. 1863. S. 103. XI. S. 144.

372. **Derselbe**, Dasselbe. Ebenda 1865. S. 144. Zitiert nach **Helmholtz**' (II).

373. **Tschermak, A.**, Über anomale Sehrichtungsgemeinschaft der Netzhäute bei einem Schielenden. v. Graefes Arch. f. Ophth. XLVII, 3. S. 508. 1899.

374. **Derselbe**, Über physiologische und pathologische Anpassung des Auges. Leipzig 1900. Veit.

375. **Derselbe**, Über einige neuere Methoden zur Untersuchung des Sehens Schielender. Zentralbl. f. prakt. Augenheilk. 1902. S. 332 u. 357.

376. **Derselbe**, Studien über das Binokularsehen der Wirbeltiere. Pflügers Arch. f. d. ges. Physiol. XCI, 1. 1902.

377. **Derselbe**, Das Leben der Fische. Naturwissenschaften. 1915. S. 14.

378. **Derselbe**, Über einen Apparat (Justierblock) zur subjektiven Bestimmung der Pupillardistanz und zur Festsetzung der Stellung der Gesichtslinien. Pflügers Arch. f. d. ges. Physiol. CLXXXVIII. S. 21. 1921.

379. **Veraguth, O.**, Die Verlegung diaskleral in das menschliche Auge einfallender Lichtreize in den Raum. Zeitschr. f. Psychol. XLII. S. 162. 1906.

379a. **Vieth**, Über die Richtung der Augen. Zentral-Zeitg. f. Opt. u. Mechan. XLIV, S. 216, 222, 232. 1923.

380. **Volkmann, A. W.**, Die stereoskopischen Erscheinungen in ihrer Beziehung zu der Lehre von den identischen Netzhautpunkten. v. Graefes Arch. f. Ophth. V, 2. S. 1. 1859.

380a. **Wells, W. Ch.**, An essay upon single vision with two eyes etc. London. Cadell. 1792. Übersetzt von M. v. **Rohr**: Zwei Aufsätze von W. Ch. Wells. Zeitschr. f. ophth. Optik X, S. 12, 38, 68. 1922.

381. **Wessely, K.**, Zur Unterscheidung rechts- und linksäugiger Eindrücke. Verhandl. d. 85. Vers. Deutsch. Naturf. u. Ärzte in Wien. 2. Teil, 2. Hälfte. 687. 1914. Auch: Klin. Monatsbl. f. Augenheilk. 1913. II. S. 596.

382. **Derselbe**, Physiologische falsche Lokalisation. Sitzungsber. d. Physik.-med. Ges. Würzburg 1914.

83. **Worth**, Das Schielen. Deutsch von Oppenheimer. Berlin 1905.

384. **Zehentmayer, W.**, Monocular diplopia, with especial reference to that associated with cerebral lesions. Transact. of the Americ. ophth. soc. XXI. S. 223. 1923.

Augenbewegungen.

385. **Ach, N.**, Über die Willenstätigkeit und das Denken. Göttingen 1905. Vandenhoeck & Rupprecht.

386. **Derselbe**, Über den Willensakt und das Temperament. Leipzig 1910. Quelle & Meyer.

387. **Adamük, E.**, Zur Physiologie des N. oculomotorius. Zentralbl. f. d. med. Wiss. S. 177. 1870.

388. **Derselbe**, Über die Innervation der Augenbewegungen. Ebenda. S. 66.

389. **Ahlstroem, G.**, Über die Bewegungsbahnen des Auges. Arch. f. Augenheilk. LI. S. 95. 1904.

390. **Alexander, G.**, Die Reflexerregbarkeit des Ohrlabyrinthes an menschlichen Neugeborenen. Zeitschr. f. Sinnesphysiol. XLV. S. 153. 1911.

390a. **Derselbe und Marburg, O.**, Handbuch der Neurologie des Ohres. I. Wien 1923. Urban & Schwarzenberg. Darin Artikel von **Dusser de Barenne** und **Karplus**.

391. **Angier, R. P.**, Vergleichende Messung der kompensatorischen Rollungen beider Augen. Zeitschr. f. Psychol. XXXVII. S. 235. 1905.

392. **Asher, L.**, Monokulares u. binokulares Blickfeld eines Emmetropen. v. Graefes Arch. f. Ophth. XLVIII. S. 427. 1899.

393. **Asher, W.**, Monokulares und binokulares Blickfeld eines Myopischen. Ebenda. XLVII. S. 318. 1899.

393a. **Aubert**, Handbuch d. Augenheilk. 1. Aufl. II, 2. 1876.

394. **Bàràny**, R., Über die vom Ohrlabyrinth ausgelöste Gegenrollung der Augen bei Normalhörenden, Ohrenkranken und Taubstummen. Arch. f. Ohrenheilk. LXVIII. S. 1. 1906.

395. **Derselbe**, Augenbewegungen durch Thoraxbewegungen ausgelöst. Zentralbl. f. Physiol. XX. S. 298. 1906.

396. **Derselbe**, Untersuchungen über den vom Vestibularapparat des Ohres reflektorisch ausgelösten rhythmischen Nystagmus und seine Begleiterscheinungen. Monatsschr. f. Ohrenheilk. XL. S. 191. 1906.

397. **Derselbe**, Über einige Augen- und Halsmuskelreflexe bei Neugeborenen. Acta oto-laryngol. I. S. 97. 1918.

398. **Derselbe**, Zur Klinik und Theorie des Eisenbahnnystagmus. Arch. f. Augenheilk. LXXXVIII. S. 139. 1921 und Acta oto-laryngol. III. S. 260. 1922.

399. **Derselbe**, Untersuchungen über die Funktion des Flocculus am Kaninchen. Jahrb. f. Psychiatrie u. Neurol. XXXVI. S. 631. 1914.

400. **Derselbe**, Kortikale Hemmung des Nystagmus bei Augenmuskellähmungen. Acta oto-laryngol. IV. S. 66. 1922.

401. **Derselbe und Vogt**, C. und O., Zur reizphysiologischen Analyse der kortikalen Augenbewegungen. Journ. f. Psychol. u. Neurol. XXX. S. 87.

402. **Bard**, L., De l'origine sensorielle de la déviation conjuguée des yeux etc. Semaine Méd. S. 9. 1904.

403. **Barnes**, B., Eye-movements. Americ. Journ. of Psychol. XVI. S. 199. 1905.

404. **Bartels**, M., Die Reguliernng der Augenstellung durch den Ohrapparat. I. Arch. f. Ophth. LXXVI. S. 1. — II. Ebenda. LXXVII. S. 531. 1910. — III. Ebenda. LXXVIII. S. 129. — IV. Ebenda. LXXX. S. 207. 1911.

405. **Derselbe**, Über Anomalien der Augenbewegung und Augenstellung. 37. Ber. d. Ophth. Ges. Heidelberg. S. 188. 1911.

406. **Derselbe**, Über die vom Ohrapparat ausgelösten Augenbewegungen (labyrinthäre Ophthalmostatik). Klin. Monatsbl. f. Augenheilk. N. F. XIV. S. 187. 1912.

407. **Derselbe**, Über willkürliche und unwillkürliche Augenbewegungen. Klin. Monatsbl. f. Augenheilk. LIII. S. 358. 1914.

408. **Derselbe**, Über kortikale Augenabweichungen und Nystagmus, sowie über das motorische Rindenfeld für die Augen- und Halswender. Ebenda. LXII. S. 673. 1919.

409. **Derselbe**, Aufgaben der vergleichenden Physiologie der Augenbewegungen. v. Graefes Arch. f. Ophth. CI. S. 299. 1920.

410. **Derselbe**, Über Drehnystagmus mit und ohne Fixation. Ebenda. CX. S. 426. 1923.

411. **Derselbe**, Bemerkungen zur »Theorie des Bewegungsnystagmus« von Kestenbaum und Cemach. Zeitschr. f. Hals-, Nasen- u. Ohrenheilk. V. S. 48. 1923.

412. **Derselbe**, Der Einfluß der Lichtempfindlichkeit und des Fixierens auf die Entstehung des Dunkelzitterns. Klin. Monatsbl. f. Augenheilk. LXX. S. 452. 1923.

413. **Derselbe**, Sehnervendurchschneidung und Dunkelzittern. Ber. d. Dtsch. ophth. Ges. zu Heidelberg. XLIV, S. 21. 1924. Dazu Disk.-Bem. von **Sattler**.

414. **Basler**, Ein Modell, welches die bei bestimmten Stellungen des Auges auftretende scheinbare Verzerrung eines Nachbildes anschaulich macht. Pflügers Arch. f. d. ges. Physiol. CXXVI. S. 323. 1909.

414a. **Bauer**, V., Beiträge zur Kenntnis der kompensatorischen Augenbewegungen. Pflügers Arch. f. Physiol. CCV. S. 628. 1924.

415. **Bauer**, J. und **Leidler**, R., Über den Einfluß der Ausschaltung verschiedener Hirnabschnitte auf die vestibulären Augenreflexe. Monatsschr. f. Ohrenheilk. XLV. S. 937. 1911.

416. **Bechterew, W. v.**, Über die Lage der motorischen Rindenzentren des Menschen nach Ergebnis faradischer Reizuug derselben bei Gehirnoperationen. Engelmanns Arch. f. Physiol. Suppl. S. 543. 1899.

417. **Derselbe**, Das kortikale Sehfeld und seine Beziehungen zu den Augenmuskeln. Ebenda. S. 53. 1905.

418. **Derselbe**, Über die Lokalisation des Sehzentrums auf der medialen Fläche des Okzipitallappens bei Hunden. **Rubners** Arch. f. Physiol. S. 33. 1912.

419. **Beck, K.**, Experimentelle Untersuchungen über die Abhängigkeit der kompensatorischen Gegenbewegungen der Augen bei Veränderung der Kopflage vom Ohrapparat. Zeitschr. f. Sinnesphysiol. XLVI. S. 135. 1912.

420. **Beevor, Ch. E. und Horsley, V.**, A further minute analysis by electrical stimulation of the so-called motor region of the cortex cerebri in the monkey (macacus sinicus). Philos. Transact. Roy. Soc. CLXXIX. B. p. 205. 1889.

421. **Dieselben**, An experimental investigation into the arrangement of the excitable fibres of the internal capsula of the bonnet monkey (macacus sinicus). Ebenda. CLXXXI. p. 49. 1890.

422. **Dieselben**, A record of the results obtained by electrical excitation of the so-called motor cortex and internal capsula in an Orang-Outang (simia satyrus). Ebenda. p. 129. 1890.

423. **Benjamin, C. E.**, Contribution à la connaissance des réflexes toniques des muscles de l'œil. Arch. néerland. de physiol. de l'homme et des anim. II. p. 536. 1918.

424. **Berger**, Über die Reflexzeit des Drohreflexes am menschlichen Auge. Zeitschr. f. d. ges. Neurol. u. Psychiatrie. XV. S. 273. 1913.

425. **Berlin, E.**, Beitrag zur Mechanik der Augenbewegungen. v. Graefes Arch. f. Ophth. XVII, 2. S. 154. 1871.

426. **Bernheimer, St.**, Die Wurzelgebiete der Augennerven. Graefe-Saemisch, Handb. d. Augenheilk., Leipzig. 2. Aufl. 1900.

427. **Derselbe**, Die Gehirnbahnen der Augenbewegungen. v. Graefes Arch. f. Ophth. LVII. S. 363. 1903.

428. **Derselbe**, Über Nystagmus. Med. Klinik. S. 1010. 1910.

428a. **Broca, A. und Turchini**, Sur les mouvements des yenx. Compt. rend. de l'Acad. CLXXVIII, S. 1574. 1924.

429. **Bethe, A.**, Beiträge zum Problem der willkürlich beweglichen Prothesen. II. Abh. Münch. med. Wochenschr. S. 1001. 1917.

430. **Bielschowsky, A.**, Über die sogenannte Divergenzlähmung. Diskussionsbemerkung dazu von F. B. **Hofmann**. Ber. über die 28. Vers. der ophth. Ges. zu Heidelberg. S. 110. 1900.

431. **Derselbe**, Das klinische Bild der assoziierten Blicklähmung und seine Bedeutung für die topische Diagnostik. Münch. med. Wochenschr. S. 1666. 1903.

432. **Derselbe**, Über die Genese einseitiger Vertikalbewegungen der Augen. Zeitschr. f. Augenheilk. XII. S. 545. 1904.

433. **Derselbe**, Über den reflektorischen Charakter der Augenbewegungen usw. Klin. Monatsbl. f. Augenheilk. XLV, Beilageheft S. 67. 1907.

434. **Derselbe**, Über einseitige bzw. nicht-assoziierte Innervationen der Augenmuskeln. Pflügers Arch. f. d. ges. Physiol. CXXXVI. S. 658. 1910.

435. **Derselbe**, Über angeborene und erworbene Blickfelderweiterungen. Ber. Dtsch. Ophthalm. Ges. Heidelberg. XXXVII. S. 192. 1911.

436. **Derselbe**, Über die relative Ruhelage der Augen. 39. Vers. d. Ophth. Ges. zu Heidelberg. S. 67. 1913.

437. **Derselbe**, Die Motilitätsstörungen der Augen nach dem Stande der neuesten Forschungen. Handb. d. Augenheilk. 2. Aufl.

438.   Bielschowsky, A., und Steinert, Ein Beitrag zur Physiologie und Patho-
       logie der vertikalen Blickbewegungen. Münch. med. Wochenschr. S.1613
       u. 1664. 1906.
439.   Derselbe und A. Ludwig, Das Wesen und die Bedeutung latenter Gleich-
       gewichtsstörungen der Augen, insbesondere der Vertikalablenkungen.
       v. Graefes Arch. f. Ophth. LXII. S. 400. 1906.
440.   Birch-Hirschfeld, A., Die Krankheiten der Orbita.   Handb. d. Augen-
       heilk. 2. Aufl.
441.   Blaschek, A., Binokuläres Doppeltsehen in den Grenzstellungen des ge-
       meinsamen Blickfeldes.   Zeitschr. f. Augenheilk. IX. S. 416. 1903.
442.   du Bois-Reymond, R. und Silex, P., Über kortikale Reizung der Augen-
       muskeln.   Engelmanns Arch. f. Physiol. S. 174. 1899.
443.   Borries, G. V. Th., Kopfnystagmus beim Menschen.   Arch. f. Ohren-, Nasen-
       Kehlk.-Heilk. CVIII. S. 127. 1921.
444.   Derselbe, Vestibular nystagmus in the nineteenth century.   Acta oto-
       laryngol. III. S. 348. 1922.
445.   Derselbe, Zur Klinik des experimentellen optischen Nystagmus (Eisen-
       bahnnystagmus). Arch.f. Ohren-, Nasen-u. Kehlkopfkrankh. CX. S. 135.
       1922.
445a. Derselbe, Weitere Untersuchungen über den experimentellen optischen
       Nystagmus.   v. Graefes Arch. f. Ophth. CXI. S. 159. 1922.
446.   Derselbe, Contribution à la théorie de la phase rapide du nystagmus.
       Arch. intern. de laryngol. II. S. 292. 1923.
446a. Derselbe und Meisling, Optischer Nystagmus und zentrale Fixation.
       v. Graefes Arch. f. Ophth. CXII. S. 197. 1923.
447.   Bowditch, H. P., Apparatus for illustrating the movements of the eye.
       Journ. Boston Soc. f. med. Scienc. II. S. 224. 1898.
448.   Brabant, V. G., Nouvelles recherches sur le nystagmus et le sens de l'équi-
       libre. Arch. méd. Belges. LXXIV. S. 257. 1921.
449.   Brennecke, Beiträge zur Frage nach dem »Augendrehpunkt«. Klin. Monatsbl.
       f. Augenheilk. 1922. II. S. 227.
450.   Breuer, J., Über die Funktion der Bogengänge des Ohrlabyrinths.   Mediz.
       Jahrb. d. Ges. d. Ärzte, Wien. S. 72. 1874.
450a. Broca, A. und Turchini, Sur les mouvements des yeux.   Cpt. rend. de
       l'Acad. CLXXVIII. S. 1574. 1924.
451.   Brodmann, K., Vergleichende Lokalisationslehre der Großhirnrinde usw.
       Leipzig 1909. Barth.
451a. Brown, A. Crum, A lecture on the relation between the movements of the
       eyes and the movements of the head.   Lancet. XXXVII, 1. S. 1293;
       und Nature. LII. S. 184. 1895.
452.   Browning, W., Ein binokulares Ophthalmotrop.   Arch. f. Augenheilk. XI.
       S. 69. 1881.
453.   Brückner, A., Über die Anfangsgeschwindigkeit der Augenbewegungen.
       Pflügers Arch. f. d. ges. Physiol. XC. S. 73. 1902.
454.   Derselbe, Zur Kenntnis des sogenannten willkürlichen Nystagmus.   Zeit-
       schr. f. Augenheilk. XXXVII. S. 184. 1917.
455.   Brunner, H., Allgemeine Symptomatologie der Erkrankungen des nervus
       vestibularis, seines peripheren und zentralen Ausbreitungsgebietes.
       Alexander-Marburgs Handbuch d. Neurologie des Ohres. I, 2. S. 939.
       1924.
456.   Burmester, L., Kinematische Aufklärung der Bewegung des Auges. Sitzungs-
       ber. Bayr. Akad. Wiss. Math.-Physik.-Klasse. S. 171. 1918.
457.   Buys, Beitrag zum Studium des Drehnystagmus.   Monatsschr. f. Ohren-
       heilk. XLVII. S. 675. 1913.
458.   Derselbe, Contribution à l'étude du nystagmus de la rotation. C. R.
       Soc. Biol. LXXXIII. p. 1234. 1920.

458a. **Cantelli, O.,** Il fenomeno degli »occhi di bambola« etc. Rif. med. XXXVII. S. 874. 1921. Intorno al »fenomeno degli occhi di bambola.« Policlinico. XXX. S. 265. 1923. Refer. Zentralbl. f. Ophth. X. p. 47 u. 297.

458b. **Clarke, R. H.,** The effect of structural changes connected with the development of binocular vision on associated movements of the eyes. Brain. XXXI. p. 138. 1908.

459. **Cords, R..** Die myostatische Starre der Augen. Klin. Monatsbl. f. Augenheilk. LXV. S. 1. 1921.

460. **Derselbe,** Die Augensymptome bei der Encephalitis epidemica. Zentralbl. f. Ophth. V. S. 225. 1921. Okuläre Restsymptome nach Encephalitis epidemica. Klin. Monatsbl. f. Augenheilk. LXXII. S. 394. 1924.

461. **Derselbe,** Die Ergebnisse der neueren Nystagmusforschung. Zentralbl. f. Ophth. IX. S. 369. 1923.

462. **Dearborn, W. F.,** Retinal local signs. Psychol. Review. XI. S. 297. 1904.

462a. **Déjèrine u. Roussy,** Un cas d'hémiplegie avec déviation conjuguée de la tête et des yeux chez une aveugle de naissance. Rev. neurol. XIII. S. 161. 1905.

463. **Delage, Y.,** Mouvements de torsion de l'œil. Arch. de zool. exp. et gén. III. p. 261. 1903. Vorl. mitgeteilt in Compt. rend. de l'acad. CXXXVII. p. 107.

464. **Demetriades, Th.,** Untersuchungen über den optischen Nystagmus. Monatsschr. f. Ohrenheilk. LV. S. 314. 1921.

465. **Dobrowolsky, W.,** Über Rollung der Augen bei Konvergenz und Akkommodation. v. Graefes Arch. f. Ophth. XVIII, 1. S. 53. 1872.

466. **Dodge, R.,** The reaction time of the eye. Psychol. Rev. VI. p. 477. 1899.

467. **Derselbe,** Five types of eye movement in the horizontal meridian plane of the field of regard. Amer. journ. of physiol. VIII. p. 307. 1903.

468. **Derselbe,** An experimental study of visual fixation. (Psychol. Rev. Monogr. Suppl. VIII. Nr. 4. 1907.) Übersetzt von H. **Wilmanns.** Zeitschr. f. Psychol. LII. S. 321. 1909.

469. **Derselbe,** A mirror-recorder for photographing the compensatory movement of closed eyes. Journ. of exp. psychol. IV. p. 165. 1921.

470. **Derselbe,** The latent time of compensatory eye-movements. Ebenda. IV. p. 247. 1921.

471. **Derselbe,** Habituation to rotation. Ebenda. VI. p. 1. 1923.

472. **Derselbe,** Adequacy of reflex compensatory eye-movements etc. Ebenda. VI. p. 169. 1923.

473. **Derselbe und Cline, Th. S.,** The angle velocity of eye movements. Psychol. Review. VIII. p. 145. 1901.

474. **Donders, F. C.,** Beitrag zur Lehre von den Bewegungen des menschlichen Auges. Holländ. Beitr. z. d. anat. u. physiol. Wiss. I. S. 104, 384. 1847.

475. **Derselbe,** Die Anomalien der Refraktion und Akkommodation des Auges. (Deutsch von Becker, Wien) 1866.

476. **Derselbe,** Die Bewegungen des Auges, veranschaulicht durch das Phänophthalmotrop. v. Graefes Arch. f. Ophth. XVI, 1. S. 154. 1870.

477. **Derselbe,** Über angeborene und erworbene Assoziation. Ebenda. XVIII, 2. S. 153. 1871.

478. **Derselbe,** Über die Stützung der Augen bei Blutandrang durch Ausatmungsdruck. Ebenda. XVII, 1. S. 80. 1871.

479. **Derselbe,** Über das Gesetz von der Lage der Netzhaut in Beziehung zu der Blickebene. Ebenda. XXI, 1. S. 125. 1875.

480. **Derselbe,** Die korrespondierenden Netzhautmeridiane und die symmetrischen Rollbewegungen. Ebenda. XXI, 3. S. 100. 1875.

481. **Derselbe,** Versuch einer genetischen Erklärung der Augenbewegungen. Pflügers Arch. f. d. ges. Physiol. XIII. S. 373. 1876.

482. **Derselbe und Dojer,** Die Lage des Drehpunktes des Auges. Arch. f. d. holländ. Beitr. III. S. 560. 1862.

482 a. **Duane, A.**, The associated movements of the eye. Americ. journ. of ophth. VII. S. 16. 1924.

483. **Elschnig**, Diagramm der Wirkungsweise der Bewegungsmuskeln des Augapfels. Wien. klin. Wochenschr. S. 883. 1902.

483 a. **Engelking, E.**, Über den Nystagmus bei der angeborenen totalen Farbenblindheit. Pflügers Arch. f. d. ges. Physiol. CCI. S. 220. 1923.

484. **Erdmann und Dodge**, Psychologische Untersuchungen über das Lesen. Halle 1898. Niemeyer.

485. **Ewald, R.**, Physiologische Untersuchungen über das Endorgan des nervus octavus. Wiesbaden 1892. Bergmann.

486. **Feilchenfeld**, Ein Fall von sensorischer Ataxie der Augenmuskeln. Zeitschr. f. klin. Med. LVI. S. 389. 1904.

487. **Ferree, C. F. und Rand, G.**, The inertia of adjustment of the eye for clear seeing at different distances. Americ. journ. of ophth. 3. Ser. I, p. 764. 1918.

488. **Dieselben**, The speed of adjustment of the eye for clear seeing at different distances. Amer. journ. of psychol. XXX. p. 40. 1919.

489. **Ferrier, D.**, Die Funktionen des Gehirns. Übersetzt von **Obersteiner**. Braunschweig 1879. Vieweg.

489 a. **Derselbe und Turner**, An experimental research upon cerebro-cortical afferent and efferent tracts. Philosoph. Transact. CXC, B. p. 1. 1899.

490. **Fick, A.**, Die Bewegungen des menschlichen Augapfels. Zeitschr. f. ration. Med. IV. S. 801. 1854.

491. **Derselbe**, Neue Versuche über die Augenstellungen. Moleschott's Unters. V. S. 193. 1858. Ges. Schriften III. S. 370.

492. **Fick, R.**, Handb. der Anatomie und Mechanik der Gelenke. Jena. 1910.

493. **Fischer, F. P.**, Über die Verwendung von Kopfbewegungen beim Umhersehen. v. Graefes Arch. f. Ophth. CXIII. S. 394 u. CXV. S. 49. 1924.

494. **Fischer, M. H.**, Über die sog. Ruhelage der Augen. Klin. Monatsbl. f. Augenheilk. LXVI. S. 931. 1921.

495. **Derselbe**, Beiträge und kritische Studien zur Heterophoriefrage usw. v. Graefes Arch. f. Ophth. CVIII. S. 251. 1922.

496. **Derselbe und Wodak, E.**, Experimentelle Untersuchungen über Vestibularisreaktionen. Zeitschr. f. Hals-, Nasen- u. Ohrenkrankh. III. S. 198. 1922.

497. **Fischer, O.**, Zur Kinematik des Listing'schen Gesetzes. Abh. mathemat.-phys. Klasse Sächs. Gesellsch. d. Wissensch. XXXI. S. 1. 1909.

498. **Derselbe**, Medizinische Physik. Leipzig. 1913.

499. **Fleisch, A.**, Tonische Labyrinthreflexe auf die Augenstellung. Pflügers Arch. f. d. ges. Physiol. CXCIV. S. 554. 1922.

500. **Foerster, O.**, Die Topik der Hirnrinde in ihrer Bedeutung für die Motilität. Dtsch. Zeitschr. f. Nervenheilk. LXXVII. S. 124. 1924.

501. **Fuss, G.**, Über die relative Akkommodations- und Konvergenzbreite. Diss. Marburg. 1920.

502. **Derselbe**, Absolute und relative Konvergenz- und Divergenzbewegung. v. Graefes Arch. f. Ophth. CIX. S. 428. 1922.

503. **Gertz, H.**, Ein Versuch über das direkte Sehen. Skandin. Arch. f. Physiol. XX. S. 357. 1908.

504. **Derselbe**, Eine ophthalmometrische Vorrichtung. Ebenda. XXII. S. 323. 1909.

505. **Derselbe**, Über die kompensatorische Gegenwendung der Augen bei spontan bewegtem Kopf. Zeitschr. f. Sinnesphysiol. XLVII. S. 420. 1913. XLVIII. S. 1. 1914.

506. **Derselbe**, Über gleitende (langsame) Augenbewegungen. Ebenda XLIX. S. 29. 1916.

507. **Derselbe**, Sur le mécanisme central des mouvements des yeux. Acta med. Scandinav. LIII. p. 445. 1919.

507a. **Gertz, H.**, Zur Kenntnis der Labyrinthfunktion. Acta oto-laryngol. I. S. 215. 1919.

508. **Gött, T.**, Über zerebellare Asynergie beim Blickwechsel. Münch. med. Wochenschr. 1919. S. 1071.

508a. **Goldstein, K.**, Über induzierte Veränderungen des Tonus (Halsreflexe, Labyrinthreflexe und ähnliche Erscheinungen). Acta oto-laryngol. VII. S. 13. 1924.

509. **Gorge, S. G., Toren** and **Lowell**, Study of the ocular movements in the horizontal plane. Americ. Journ. of Ophth. 3 VI. S. 833. 1923.

510. **Gowers, W. R.**, Note on a reflex mechanism in the fixation of the eyeballs. Brain I. S. 39. 1879.

511. **Graefe, A. v.**, Symptomenlehre der Augenmuskellähmungen. Berlin 1867.

512. **Graefe, A.**, Über Fusionsbewegungen der Augen beim Prismaversuch. v. Graefes Arch. f. Ophth. XXXVII, 1. S. 243. 1891.

513. **Derselbe**, Motilitätsstörungen in Handbuch der Augenheilkunde. a) 1. Aufl. VI. Teil 4. 1880. b) 2. Aufl. VIII. 1898.

514. **Graham Brown, T.**, Reflex orientation of the optical axes and the influence upon it of the cerebral cortex. Arch. néerl. de physiol. VII. S. 571. 1922.

514a. **Greene, W. F.** and **Laurens, H.**, The effect of exstirpation of the embryonic ear and eye on equilibration in amblystoma punctatum. Amer. Journ. of Physiol. LXIV. S. 120. 1923.

515. **Grim, K.**, Über die Genauigkeit der Wahrnehmung und Ausführung von Augenbewegungen. Zeitschr. f. Sinnesphysiol. XLV. S. 9. 1910.

516. **Grünbaum, A.**, Représentation de la direction et mouvements des yeux. Arch. néerl. de Physiol. IV. p. 216. 1920.

517. **Grünbaum** and **Sherrington, C. S.**, Observations on the physiology of the cerebral cortex of some of the higher apes. Proceed. Roy. Soc. LXIX. S. 206. 1901.

518. **Guillery**, Über intermittierende Netzhautreizung bei bewegtem Auge. Pflügers Arch. f. d. ges. Physiol. LXXI. S. 607. 1898.

519. **Derselbe**, Über die Schnelligkeit der Augenbewegungen. Ebenda LXXIII. S. 87. 1898.

520. **Derselbe**, Über den Einfluß von Giften auf den Bewegungsapparat der Augen. Ebenda LXXVII. S. 321. 1899.

521. **Hansen Grut**, Die Schieltheorien. Arch. f. Augenheilk. XXIX. S. 69. 1894.

521a. **Gutmann, M. J.**, Über Augenbewegungen der Neugeborenen und ihre theoretische Bedeutung. Arch. f. Psychol. XLVII, S. 108. 1921.

522. **Hegner**, Zur Verteilung der überwindbaren Höhenfehler im Blickfelde. Hab.-Schrift. Jena 1912. Kämpfe.

523. **Helmholtz, H.**, Über die Bewegungen des menschlichen Auges. Verhandl. d. naturhist.-med. Ver. zu Heidelberg III. S. 62. 1863.

524. **Derselbe**, Über die normalen Bewegungen des menschlichen Auges. v. Graefes Arch. f. Ophth. IX, 2. S. 153. 1863.

524a. **Derselbe**, Über die Augenbewegungen. Heidelberger Jahrb. d. Lit. 1865. Nr. 16. S. 255; Nr. 17. S. 257.

525. **Hering, E.**, Die sogenannte Raddrehung des Auges in ihrer Bedeutung für das Sehen bei ruhendem Blick. Du Bois' Arch. 1864. S. 278.

526. **Derselbe**, Die Lehre vom binokularen Sehen. Leipzig 1868.

527. **Derselbe**, Über die Rollung des Auges um die Gesichtslinie. v. Graefes Arch. f. Ophth. XV, 1. S. 1. 1869.

528. **Derselbe**, Über Muskelgeräusche des Auges. Sitzungsber. Wiener Akad. d. Wiss. LXXIX. Abt. 3. S. 137. 1879.

529. **Hering, H. E.**, Über zentripetale Ataxie beim Menschen und beim Affen. Neurolog. Zentralbl. S. 1077. 1897.

529a. **Derselbe**, Die intrazentralen Hemmungsvorgänge in ihrer Beziehung zur Skelettmuskulatur. Ergebn. d. Physiol. Jahrg. 1, Abt. 2. S. 503. 1902.

530. **Hermann, L.**, Ein Apparat zur Demonstration der aus dem Listingschen Gesetz folgenden scheinbaren Raddrehungen. Pflügers Arch. f. d. ges. Physiol. VIII. S. 305. 1873.

531. **Derselbe**, Die optische Projektion der Netzhautmeridiane auf einer zur Primärlage der Gesichtslinie senkrechten Ebene. Ebenda LXXVIII. S. 87. 1899.

532. **Herz, M.**, Die Bulbuswege und die Augenmuskeln. Ebenda XLVIII. S. 385. 1891.

533. **Hess, C.**, Die Anomalien der Refraktion und Akkomodation. Handb. d. Augenheilk. 2. Aufl. 1902.

534. **Hess, W. R.**, Eine neue Untersuchungsmethode bei Doppelbildern. Arch. f. Augenheilk. LXII. S. 233. 1908.

534a. **Hilpert, P.**, Der Koordinationsmechanismus. Klin. Wochenschr. III. S. 1889. 1924.

535. **Hitzig, E.**, Untersuchungen zur Physiologie des Großhirns. Du Bois' Arch. 1873. S. 397. Abgedr. in: Physiol. u. klin. Untersuchungen über das Gehirn. Ges. Abh. 2. Aufl. Berlin 1904. Hirschwald.

536. **Högyes**, Über den Nervenmechanismus der assoziierten Augenbewegungen. Monatsschr. f. Ohrenheilk. XLVI. S. 685, 809, 1027, 1353, 1554. 1912.

537. **Hoeve, J. van der**, Über Augenmuskelwirkungen u. Schielen. Klin. Monatsbl. f. Augenheilk. LXIX. S. 620. 1922.

538. **Hoeve, J. van der und de Kleijn, A.**, Tonische Labyrinthreflexe auf die Augen. Pflügers Arch. f. d. ges. Physiol. CLXIX. S. 241. 1917.

539. **Hoffmann, P.**, Über die Aktionsströme der Augenmuskeln bei Ruhe des Tieres und beim Nystagmus. Rubners Arch. f. Physiol. 1913. S. 23.

540. **Hofmann, F. B.**, Einige Fragen der Augenmuskelinnervation. I. Teil. Ergebn. d. Physiol. Jahrg. II, Abt. 2. S. 799. 1903.

541. **Derselbe**, Dasselbe, II. Teil. Ebenda V. S. 599. 1906.

542. **Derselbe**, Augenbewegungen und relative optische Lokalisation. Zeitschr. f. Biol. LXXX. S. 81. 1924.

543. **Hofmann, F. B. und Bielschowsky, A.**, Über die der Willkür entzogenen Fusionsbewegungen der Augen. Pflügers Arch. f. d. ges. Physiol. LXXX. S. 1. 1900.

544. **Dieselben**, Die Verwertung der Kopfneigung zur Diagnostik von Augenmuskellähmungen aus der Heber- und Senkergruppe. v. Graefes Arch. f. Ophth. LI. S. 174. 1900.

545. **Holmes, G.**, Disturbances of visual space perception. Keystone Magaz. of Optometry. XVII. p. 36. 1920.

546. **Derselbe**, Palsies of the conjugate ocular movements. Brit. Journ. of Ophth. V. p. 241. 1921.

547. **Holt, E. B.**, Eye-movements during dizziness. Harvard Psychol. Stud. II. S. 57. 1906.

548. **Hornemann, M.**, Zur Kenntnis der Blickfeldbestimmung. Dissert. Halle a. S. 1891.

549. **Horsley, V. und Schäfer, E. A.**, A record of experiments upon the functions of the cerebral cortex. Philos. Transact. Roy. Soc. CLXXIX. B. S. 1. 1889.

550. **Hoshino, T.**, Beiträge zur Funktion des Kleinhirnwurms beim Kaninchen. Acta oto-laryngol. Suppl. II. S. 1. 1921.

551. **Hueck**, Die Achsendrehung des Auges. Dorpat 1838.

552. **Huey, E. B.**, Preliminary experiments in the physiology and psychology of reading. Americ. journ. of psychol. IX. S. 575. 1898.

553. **Derselbe**, On the physiology and psychology of reading. Ebenda. XI. S. 283. 1900.

554. **Hunnius**, Zur Symptomatologie der Brückenerkrankungen und über die konjungierte Deviation der Augen bei Hirnkrankheiten. Bonn 1881. Cohen.

555. **Inouye, N.**, Über die Geschwindigkeit der positiven und negativen Konvergenzbewegungen. v. Graefes Arch. f. Ophthalm. LXXVII. S. 500. 1910.

556. **Jackson, E.**, Transfer of function of ocular muscles. Americ. journ. of ophth. 3. Ser. VI. p. 117. 1923.

556a. **Jakob, A.**, Die extrapyramidalen Erkrankungen usf. Berlin 1923. Springer.

557. **Judd, Ch. H.**, Photographic records of convergence and divergence. Psychol. Rev. Monogr. Suppl. VIII. No. 3. p. 370. 1907.

558. **Kaz, R.**, Heterophorie infolge fehlerhafter Haltung bei Schulkindern. Wochenschr. f. Therapie u. Hyg. d. Auges. XVII. S. 133. 1914.

559. **Kestenbaum, A.**, Der latente Nystagmus und seine Beziehungen zur Fixation. Zeitschr. f. Augenheilk. XLV. S. 97. 1921.

560. **Derselbe**, Der Mechanismus des Nystagmus. v. Graefes Arch. f. Ophth. CV. S. 799. 1921.

560a. **Derselbe**, Frequenz und Amplitude des Nystagmus. Ebenda. CXIV. S. 550. 1924.

561. **Derselbe und Cemach**, Zur Theorie des Bewegungsnystagmus. Zeitschr. f. Hals-, Nasen- u. Ohrenheilk. II. S. 442. 1922.

562. **de Kleijn, A.**, Tonische Labyrinth- und Halsreflexe auf die Augen. Pflügers Arch. f. d. ges. Physiol. CLXXXVI. S. 82. 1921.

563. **Derselbe**, Experimentelle Untersuchungen über die schnelle Phase des vestibulären Nystagmus beim Kaninchen. v. Graefes Arch. f. Ophth. CVII. S. 480. 1922.

564. **Derselbe und Tumbelaka**, Über vestibuläre Augenreflexe. II. Ebenda. XCV. S. 314. 1918.

565. **Derselbe und Versteegh, C.**, Über Unabhängigkeit des Dunkelnystagmus der Hunde vom Labyrinth. Ebenda. CI. S. 228. 1920.

566. **Derselbe und Magnus, R.**, Tonische Labyrinthreflexe auf die Augenmuskeln. Pflügers Arch. f. d. ges. Physiol. CLXXVIII. S. 179. 1920.

567. **Dieselben**, Über die Unabhängigkeit der Labyrinthreflexe vom Kleinhirn und über die Lage der Zentren für die Labyrinthreflexe im Hirnstamm. Ebenda. CLXXVIII. S. 124. 1920.

568. **Dieselben**, Über die Funktion der Otolithen. I. Otolithenstand bei den tonischen Labyrinthreflexen. Ebenda. CLXXXVI. S. 6. 1921.

569. **Knoll, Ph.**, Über die Augenbewegungen bei Reizung einzelner Teile des Gehirns. Sitzungsber. d. Akad. Wien, Mathem.-naturw. Kl. XCIV. S. 3. 1886.

570. **Koch, E.**, Über die Geschwindigkeit der Augenbewegungen. Arch. f. d. ges. Psychol. XIII. S. 196. 1908.

571. **Köllner, H. und Hoffmann, P.**, Der Einfluß des Vestibularapparates auf die Innervation der Augenmuskeln. Arch. f. Augenheilk. XC. S. 170. 1922.

572. **Koeppe, L.**, Wo liegt näherungsweise der Schwerpunkt des lebenden Auges? Dtsch. opt. Wochenschr. IX. S. 242, 252, 265. 1923.

572a. **Kompanejetz, S. M.**, Die Beteiligung des mechanischen Faktors bei der Gegenrollung der Augen. Arch. f. Ohren-, Nasen- u. Kehlkopfheilk. CXII. S. 1. 1924.

573. **Koster, W.**, Une méthode de détermination du point de rotation de l'œil. Arch. néerland. d. scienc. exact. et nat. XXX. p. 370. 1896.

574. **Krause, F.**, Die Sehbahn in chirurgischer Beziehung und die faradische Reizung des Sehzentrums. Klin. Wochenschr. III. S. 1260. 1924.

574.a. **Kroman, K.**, The movements of the human eye. Acta ophth. II. S. 54. 1924.

575. **Kunn, C.**, Der Bewegungsmechanismus der Augen usw. Deutschmanns Beitr. z. Augenheilk. Heft 76. S. 1. 1910.

576. **Lafon, Ch.**, Etudes sur le nystagmus. Ann. d'oculist. CLVII. p. 209 et 529.

577. **Lamansky, S.**, Bestimmung der Winkelgeschwindigkeit der Blickbewegung respektive Augenbewegung. Pflügers Arch. f. d. ges. Physiol. II. S. 418. 1869.

578. **Landolt**, Un ophtalmotrope. Arch. d'Opht. XIII. p. 721. 1893.
579. **Landolt, E.**, Die Untersuchungsmethoden. Handb. d. Augenheilk. 2. Aufl.
      IV. 1. Abt. 1904.
580. **Le Conte**, Rotation of the eye on the optic axis. Americ. journ. of sc. and
      arts. 2. ser. XLVII. p. 153. 1872. Zitiert nach **Nagels** Jahresber. f.
      Ophth. 1872.
581. **Lederer, R.**, Der Binnendruck des experimentell und willkürlich bewegten
      Auges. Arch. f. Augenheilk. LXXII. S. 1. 1912.
581 a. **Lee, F. S.**, A study of the sense of equilibrium in fishes. I. Journ. of physiol.
      XV. p. 311. 1893. II. Ibid. XVII. p. 192. 1894.
582. **Lempp**, Untersuchungen über die Ruhelage des Bulbus. Zeitschr. f. Augen-
      heilk. XXVII. S. 487. 1912.
583. **Levinsohn, G.**, Über die Beziehungen der Großhirnrinde beim Affen zu
      den Bewegungen des Auges. v. Graefes Arch. f. Ophth. LXXI. S. 313.
      1900.
584. **Leyton, A. S. F. und Sherrington, C. S.**, Observations on the excitable
      cortex of the chimpanzee, orang-utan and gorilla. Quart. journ. of
      exp. physiol. XI. p. 135. 1917.
585. **Lindworsky**, Der Willen. Leipzig 1918. Barth.
586. **Löwenstein und Borchardt**, Symptomatologie und elektrische Reizung
      bei einer Schußverletzung des Hinterhauptlappens. Dtsch. Zeitschr.
      f. Nervenheilk. LVIII. S. 264. 1918.
587. **Loring, M.**, An investigation of the law of eye-movements. Psychol. Review.
      XXII. p. 254. 1915.
588. **Ludwig, A.**, Zur Demonstration des Hervortretens des Bulbus bei willkür-
      licher Erweiterung der Lidspalte. Klin. Monatsbl. f. Augenheilk. 1903.
      Beilageheft S. 389.
589. **Lutz, A.**, Über die Bahnen der Blickwendung und deren Dissoziierung.
      Ebenda. LXX. S. 213. 1923.
589 a. **MacDougall, R.**, On the relation of eye movements to limiting visual
      stimuli. Americ. journ. of physiol. IX. S. 122. 1903.
590. **Derselbe**, The influence of eye-movements in judgments of number. Ebenda.
      XXXVII. S. 300. 1915.
590 a. **Maddox**, Die Motilitätsstörungen des Auges. Übersetzt von W. **Asher**.
      Leipzig. 1902.
591. **Magnus, R.**, Körperstellung und Labyrinthreflexe beim Affen. Pflügers
      Arch. f. d. ges. Physiol. CXCIII. S. 396. 1922.
592. **Derselbe**, Körperstellungsreflexe bei neugeborenen Tieren. Skandinav.
      Arch. f. Physiol. XLIII. S. 39. 1923.
593. **Derselbe**, Körperstellung. Berlin, Julius Springer. 1924.
594. **Derselbe und de Kleijn, A.**, Analyse der Folgezustände einseitiger
      Labyrinthexstirpation usw. Pflügers Arch. f. d. ges. Physiol. CLIV.
      S. 178. 1913.
595. **Mangold, E. und Löwenstein, A.**, Über experimentell hervorgerufenen
      einseitigen Nystagmus. Klin. Monatsbl. f. Augenheilk. N. F. XVI.
      S. 207. 1913.
596. **Marburg, O.**, Zur Lokalisation des Nystagmus. Neurol. Zentralbl. XXXI.
      S. 1366. 1912.
596 a. **Derselbe**, Über die neueren Fortschritte in der topischen Diagnostik des
      Pons und der Oblongata. Dtsch. Zeitschr. f. Nervenheilk. XLI. S. 41.
      1911.
597. **Marina**, Die Theorien über den Mechanismus der assoziierten Konvergenz-
      und Seitwärtsbewegungen usw. Ebenda. XLIV. S. 138. 1912.
598. **Marlow, F. W.**, Prolonged monocular occlusion as a test for the muscle-
      balance. Amer. journ. of ophth. IV. S. 238. 1921 und Brit. journ. of
      ophth. IV. S. 145. 1920.

599. **M a r x**, E., Untersuchungen über Fixation unter verschiedenen Bedingungen. Zeitschr. f. Sinnesphysiol. XLVII. S. 79. 1913.

600. **D e r s e l b e** und **T r e n d e l e n b u r g**, W., Über die Genauigkeit der Einstellung des Auges beim Fixieren. Ebenda. XLV. S. 87. 1911.

601. **M a s u d a**, T., Beitrag zur Physiologie des Drehnystagmus. Pflügers Arch. f. d. ges. Physiol. CXCVII. S. 1. 1922.

602. **M a u t h n e r**, L., Vorlesungen über die optischen Fehler des Auges. Wien. 1876.

603. **M a x w e l l**, **B u r k e** und **R e s t o n**, The effect of repeated rotation on the duration of after-nystagmus in the rabbit. Americ. journ. of physiol. LVIII. p. 432. 1922.

604. **M c A l l i s t e r**, Cl. N., The fixation of points in the visual field. Psychol. Review, Monogr. Suppl. VII. p. 17. 1905.

605. **M e i n o n g**, A., Über Raddrehung, Rollung und Aberration. Zeitschr. f. Psychol. XVII. S. 161. 1898.

606. **M e i s s n e r**, G., Beiträge zur Physiologie des Sehorgans. Leipzig. 1854.

607. **D e r s e l b e**, Zur Lehre von den Bewegungen des Auges. v. Graefes Arch. f. Ophth. II, 1. S. 1. 1855.

608. **D e r s e l b e**, Über die Bewegungen des Auges, nach neuen Versuchen. Zeitschr. f. rat. Med. 3. VIII, S. 1. 1859.

608a. **M e r k e l** und **K a l l i u s**. Makroskopische Anatomie des Auges. Handb. d. Augenheilk. 2. Aufl. 1901.

609. **M i n k o w s k i**, M., Zur Physiologie der Sehsphäre. Pflügers Arch. f. d. ges. Physiol. CXLI. S. 171. 1911.

610. **M o n a k o w**, C. von, Gehirnpathologie. Wien 1897. Hölder.

611. **M o t a i s**, Anatomie de l'appareil moteur de l'œil de l'homme et des vertébrès. Paris. 1887.

612. **M o t t**, F. W., Report on associated eye-movements produced by unilateral and bilateral cortical faradisation of the monkey's brain. Brit. med. journ. I. p. 1419. 1890.

613. **D e r s e l b e** und **S c h ä f e r**, On associated eye-movements produced by cortical faradisation of the monkeys brain. Brain. XIII. S. 165. 1890.

613a. **D e r s e l b e**, **S c h u s t e r** und **S h e r r i n g t o n**, Motor localisation in the brain of the gibbon etc. Proc. of the roy. soc. LXXXIV. B. p. 67. 1911.

614. **M ü l l e r**, J. J., Untersuchungen über den Drehpunkt des menschlichen Auges. v. Graefes Arch. f. Ophth. XIV, 3. S. 183. 1868.

615. **M u l d e r**, Über parallele Rollbewegungen der Augen. Ebenda. XXI, 1. S. 68. 1875.

616. **D e r s e l b e**, De la rotation compensatrice de l'œil en cas d'inclinaison à droite ou à gauche de la tête. Arch. d'ophtalm. XVII. p. 465. 1897.

617. **M ü n s t e r b e r g**, H. und **C a m p b e l l**, W. W., The motor power of ideas. Psychol. Review. I. p. 441. 1894.

618. **M u n k**, J., Sehsphäre und Augenbewegungen. Sitzungsber. Berliner Akad. S. 53. 1890. Abgedruckt in: Über die Funktionen der Großhirnrinde. Ges. Abh. 2. Aufl. S. 293. Berlin 1890. Hirschwald.

619. **M y g i n d**, S. H., Head-nystagmus in human beings. Journ. of laryngol. a. otol. XXXVI. p. 72. 1921.

620. **N a g e l**, A., Das Sehen mit zwei Augen. Leipzig u. Heidelberg. 1861.

621. **D e r s e l b e**, Über das Vorkommen von wahren Rollungen des Auges um die Gesichtslinie. v. Graefes Arch. f. Ophth. XIV, 2. S. 228. 1868.

622. **D e r s e l b e**, Dasselbe. Ebenda. XVII, 1. S. 237. 1871.

623. **D e r s e l b e**, Die Anomalien der Refraktion und Akkommodation. Handb. d. Augenheilk. 1. Aufl. VI. S. 257. 1880.

624. **N a g e l**, W., Über kompensatorische Raddrehungen der Augen. Zeitschr. f. Psychol. XII. S. 331. 1896.

625.   Nasiell, V., Inhibition du nystagmus spontané et expérimentalement provoqué, par l'occlusion des yeux, la fixation et la convergence. Acta oto-laryngol. IV. p. 45. 1922.

625a. Derselbe, Zur Frage des Dunkelnystagmus und über postrotatorischen Nystagmus und Deviation der Augen bei Lageveränderungen des Kopfes und des Körpers gegen den Kopf beim Dunkelkaninchen. Ebenda. VI. S. 175. 1924.

626.   Nylén, A nystagmus phenomenon. Ebenda. III. p. 502. 1922.

627.   Öhrwall, Hj., Die Bewegungen des Auges während des Fixierens. Skand. Arch. f. Physiol. XXVII. S. 65 u. 304. 1912.

628.   Offergeld, Über nystagmusartige Zuckungen bei Gesunden. Dissert. Bonn. 1893.

628a. Ohm, J., Zur Untersuchung des Doppeltsehens. Zentralbl. f. Augenheilk. XXX. S. 322. 1906. — Ein Apparat zur Untersuchung des Doppeltsehens. Ebenda. XXXI. S. 201. 1907.

629.   Derselbe, Das Augenzittern der Bergleute und Verwandtes. Berlin 1916. Julius Springer.

630.   Derselbe, Zur Lehre vom Augenzittern. Jahrb. f. Kinderheilk. LXXXVIII. S. 397. 1918.

631.   Derselbe, Über Registrierung des optischen Drehnystagmus. Münch. med. Wochenschr. S. 1451. 1921.

631a. Derselbe, Analyse des Doppeltsehens. Klin. Monatsbl. f. Augenheilk. LXVI. S. 20. 1921.

632.   Derselbe, Die klinische Bedeutung des optischen Drehnystagmus. Ebenda. LXVIII. S. 323. 1922.

632a. Derselbe, Über den Einfluß der Narkose auf das jugendliche Augenzittern und seine ›Inversion‹ am optischen Drehrad. Ebenda. LXIX. S. 385. 1922.

633.   Derselbe, Entstehung und Verhütung des Augenzitterns der Bergleute. Klin. Wochenschr. 1. Jahrg. S. 2339. 1922.

634.   Derselbe, Ein Tierversuch über den Einfluß des Sehens auf das Dunkelzittern. Klin. Monatsbl. f. Augenheilk. LXXI. S. 158. 1923.

635.   Derselbe, Der optische Drehnystagmus bei Makulakolobom. Zeitschr. f. Augenheilk. LI. S. 127. 1923.

635a. Derselbe, Hemmung des Augenzitterns der Bergleute durch Lidschluß. Klin. Monatsbl. f. Augenheilk. LXXII. S. 26. 1924.

635b. Derselbe, Beweise für das Heringsche Gesetz aus dem Augenzittern der Bergleute. Ebenda. S. 413. 1924.

636.   Oppenheim, Lehrbuch der Nervenkrankheiten. Berlin 1905. Karger.

637.   Ovio, G., Movimenti degli occhi e movimenti del capo combinati. Arch. di ottalmol. XI. S. 190. 1903.

637a. Pfeifer, R. A., Die Störungen des optischen Sucheaktes bei Hirnverletzten. Dtsch. Zeitschr. f. Nervenheilk. LXIV. S. 140. 1919.

637b. Pick, A., Zur Pathologie und Lokalisation des optischen Einstellungsreflexes (Blickreflexes). Arch. f. Augenheilk. LXXX. S. 31. 1915.

638.   Pietrusky, F., Das Verhalten der Augen im Schlafe. Klin. Monatsbl. f. Augenheilk. I. S. 355. 1922.

639.   Piltz, J., Über zentrale Augenmuskelnervenbahnen. Neurol. Zentralbl. XXI. S. 482. 1902.

640.   Plotke, L., Über das Verhalten der Augen im Schlaf. Arch. f. Psychiatrie, X. S. 205. 1880.

641.   Prévost, J.-L., De la déviation conjuguée des yeux et de la rotation de la tête dans certains cas d'hémiplégie. Thèse de Paris. 1868.

642.   Derselbe, De la déviation conjuguée des yeux et de la rotation de la tête en cas de lésions unilatérales de l'encephale. Cinquantennaire Soc. de Biol. Vol. jubilaire. p. 99. 1899.

643. **Raehlmann**, Zur Frage vom Einflusse des Bewußtseins auf die Koordination der Augenbewegungen und auf das Schielen. Klin. Monatsbl. f. Augenheilk. S. 1. 1879.

644. **Raudnitz, R. W.**, Experimenteller Nystagmus. Münch. med. Wochenschr. S. 1868. 1902.

645. **Derselbe**, Kritisches zum Spasmus nutans. Jahrb. f. Kinderheilk. LXXXVII. S. 15. 1918.

646. **Reddingius, R. A.**, Das sensumotorische Sehwerkzeug. Leipzig. 1898.

647. **Derselbe**, Die Fixation. Zeitschr. f. Psychol. XXI. S. 417. 1899.

648. **Ritzmann, E.**, Über die Verwendung von Kopfbewegungen bei den gewöhnlichen Blickbewegungen. v. Craefes Arch. f. Ophth. XXI 1. S. 131. 1875.

648a. **Roaf, H. E. und Sherrington, C. S.**, Experiments in examination of the »locked jaw« induced by tetanus toxin. Journ. of Physiol. XXXIV. p. 315. 1906.

649. **Roelofs, O.**, Der Zusammenhang zwischen Akkommodation und Konvergenz. v. Graefes Arch. f. Ophth. LXXXV. S. 66. 1919.

650. **Rosenfeld**, Der vestibuläre Nystagmus und seine Bedeutuug für die neurologische und psychiatrische Diagnostik. Berlin. 1911.

651. **Rothfeld**, Über den Einfluß des Stirnhirns auf die vestibulären Reaktionsbewegungen. Pflügers Arch. f. d. ges. Physiol. CXCII. S. 272. 1921.

652. **Roux, J.**, Double centre d'innervation corticale oculomotrice. Arch. de Neurol. 2. S. VIII. p. 177. 1899.

653. **Ruete, Th.**, Lehrbuch der Ophthalmologie. 2. Aufl. 1854.

654. **Derselbe**, Ein neues Ophthalmotrop. Leipzig. 1857.

655. **Russell, J. S. Risien**, An experimental investigation of eye movements. Journ. of Physiol. XVII. p. 1. 1894. — Further researches on eye movements. Ebenda. S. 378. 1895.

656. **Ruttin**, Über Kompensation des Drehnystagmus. Verhandl. dtsch. otol. Ges. 23. Vers. S. 93. 1914.

657. **van Rynberk, G.**, Das Lokalisationsproblem im Kleinhirn. Ergebn. d. Physiol. VII. S. 652. 1908.

658. **Sachs, M.**, Über die Beziehungen zwischen den Bewegungen des Auges und deuen des Kopfes. Zeitschr. f. Augenheilk. III. S. 287. 1900.

659. **Derselbe**, Über labyrinthogene Störungen der Blickbewegung. Arch. f. Augenheilk. LI. S. 96. 1904.

660. **Derselbe**, Zur Frage der Seitenwenderlähmung. Verhandl. dtsch. Naturf.-Ges., Wien. Teil 2. S. 712. 1914.

661. **Sahli**, Beitrag zur kortikalen Lokalisation des Zentrums für die konjugierten Seitwärtsbewegungen der Augen und des Kopfes. Dtsch. Arch. f. klin. Med. LXXXVI. S. 1. 1906.

662. **Schäfer**, A comparison of the latency periods of the ocular muscles on excitation of the frontal and occipital temporal regions of the brain. Proc. of the roy. soc. p. 411. 1887.

663. **Derselbe**, Experiments on the electrical excitation of the visual area of the cerebral cortex in the monkey. Brain. XI. p. 1. 1889.

664. **Scharnke**, Über die Bedeutung des Nystagmus für die Neurologie. Arch. f. Psychiatrie u. Nervenkrankh. LXV. S. 249. 1922.

665. **Schnabel, I.**, Kleine Beiträge zur Lehre von den Augenmuskellähmungen und zur Lehre vom Schielen. Wiener klin. Wochenschrift. 1899. S. 587.

666. **Schneller**, Studien über das Blickfeld. v. Graefes Arch. f. Ophth. XXI 3. S. 133. 1875.

667. **Derselbe**, Anatomisch-physiologische Untersuchungen über die Augenmuskeln Neugeborener. Ebenda. XLVII. S. 178. 1898.

667a. **Schöler, H.**, Zur Identitätsfrage. Ebenda. XIX, 1. S. 1. 1873.

668. Schön, W., Zur Raddrehung. I. Mitt. v. Graefes Arch. f. Ophth. XX (2). S. 171 u. 308. 1874; II. Mitt. Ebenda. XXI, 2. S. 205. 1875.

669. Derselbe, Apparat zur Demonstration des Listing-Donders'schen Gesetzes. Klin. Monatsbl. f. Augenheilk. XIII. S. 430. 1875.

669 a. Schubert, G., Studien über das Listing'sche Bewegungsgesetz am Auge. Pflügers Arch. f. d. ges. Physiol. CCV. S. 637. 1924.

670. Schuster, P., Zur Pathologie der vertikalen Blicklähmung. Dtsch. Zeitschr. f. Nervenheilk. LXX. S. 97. 1921.

671. Schwartz, L., Zur Lokalisation des nystagmus rotatorius. Neurol. Zentralbl. XXXVI. S. 178. 1917.

672. Sherrington, C. S., Note on the knee-jerk and the correlation of antagonistic muscles. Proc. of the roy. soc. LII. p. 556. 1893.

673. Derselbe, Further experimental note on the correlation of antagonistic muscles. Ebenda LIII. p. 407. 1893.

674. Derselbe, Experimental note on two movements of the eye. Journ. of physiol. XVII. p. 27. 1894.

675. Derselbe, Further note on the sensory nerves of the eye muscles. Proc. of the roy. soc. LXIV. p. 120. 1898.

676. Derselbe, A simple apparatus for demonstrating the Listing-Donders law. Journ. of Physiol. L. p. 46. 1916.

676 a. Shukoff, G. E., Zur Frage der Physiologie des Nystagmus (Tierversuche). Russisch. Referat: Zentralbl. f. Ophth. XIII. S. 260. 1924.

677. Simon, R., Zur Lehre von der Entstehung der coordinierten Augenbewegungen. Zeitschr. f. Psychol. XII. S. 102. 1896.

678. Derselbe, Über Fixation im Dämmerungssehen. Ebenda. XXXVI. S. 186. 1904.

679. Simons, A., Kopfhaltung und Muskeltonus. Zeitschr. f. Neurol. u. Psychiatrie. LXXX. S. 499. 1923.

680. Skrebitzky, A., Ein Beitrag zur Lehre von den Augenbewegungen. v. Graefes Arch. f. Ophth. XVII, 1. S. 107. 4871.

681. Smoira, J., Ein Beitrag zum Bellschen Phänomen. Zeitschr. f. Augenheilk. XLVII. S. 10. 1922.

682. Snellen und Landolt, Untersuchungsmethoden des Auges. Handb. d. Augenheilk. 1. Aufl. III, 1. Abt. 1874.

683. v. Stein, St., Die Lehren von den Funktionen der einzelnen Teile des Ohrlabyrinths. Übersetzt von C. v. Krzywicki, Jena. 1894.

684. Derselbe, Über einen neuen selbständigen, die Augenbewegungen automatisch regulierenden Apparat. Zentralb. f. Physiol. XIV. S. 222. 1900.

685. Stevens, G. T., Die Anomalien der Augenmuskeln. 1. Teil. Arch. f. Augenheilk. XVIII. S. 445. 2. Teil. Ebenda. XXI. S. 325. 1888.

686. Stilling, J., Über die Entstehung des Schielens. Ebenda. XV. S. 73. 1885.

686 a. Ter Kuile, Th. E., La règle de Listing (mouvements des yeux). Arch. néerland. de physiol. IX. p. 142. 1924.

687. Topolanski, N., Das Verhalten der Augenmuskeln bei zentraler Reizung des Koordinationszentrums usw. v. Graefes Arch. f. Ophth. XLVI. S. 452. 1898.

688. Tozer, F. und Sherrington, Receptors and afferents of the third, fourth and sixth cranial nerves. Proc. of the roy. soc. LXXXII. p. 450. 1910.

699. Trendelenburg, W. und Kühn, A., Vergleichende Untersuchungen zur Physiologie des Ohrlabyrinthes der Reptilien. Engelmanns Arch. f. Physiol. S. 160. 1908.

700. Trèves, Z., Observations sur les mouvements de l'œil chez les animaux durant la narcose. Arch. ital. d. biol. XXIII. p. 438. 1895.

701. Trombetta, I movimenti dei bolbi oculari nei neo veggenti. Ann. di ottalmol. XXX. p. 16. 1901.

702. Tschermak, Über physiologische und pathologische Anpassung des Auges. Leipzig. 1900.

703. Derselbe, Die Physiologie des Gehirns. Nagels Handbuch d. Physiologie. IV. 1909.

704. Tscherning, M., La loi de Listing. Thèse de Paris. 1887.

705. Derselbe, Quelques conséquences de la loi de Listing. Ann. d'oculist. C. p. 101. 1888.

706. Türk, S., Über Retraktionsbewegungen der Augen. Dtsch. med. Wochenschr. Nr. 13. 1896.

706a. Turner, W. A., A note on conjugate movements of the eyeballs. Transact. of the ophth. soc. of the Kingdom. XVIII. p. 395. 1898.

707. Tuyl, A., Über das graphische Registrieren der Vorwärts- und Rückwärtsbewegungen des Auges. v. Graefes Arch. f. Ophth. LII. S. 233. 1901

708. Uffenorde, Spontan auftretender Spätnystagmus bei Ohrnormalen. Passows Beitr. z. Anat., Physiol. u. Pathol. d. Ohres. XVIII. S. 37. 1922.

709. Uhthoff, Die Augensymptome bei den Erkrankungen der Medulla oblongata, des Pons usw. Handb. d. Augenheilk. 2. Aufl. 1906—1911.

710. Derselbe, Die Augenveränderungen bei Erkrankungen des Gehirns. Ebenda. 1915.

710a. Velter, E., Troubles oculo-moteurs associés et régulation du tonus musculaire. Arch. d'ophth. XL. p. 206. 1923.

711. Veress, E., La sensibilité des muscles droits internes et externes de l'œil. Arch. internat. de physiol. IV. p. 261. 1906.

712. Zur Verth, Über das Rindenzentrum für die kontralaterale Augen- und Kopfdrehung. Mitt. a. d. Grenzgeb. d. Med. u. Chirurgie. XIV. S. 195. 1906.

713. Verweij, A., Particularités de l'acte de fixer un objet ou une méthode facile pour les observer objectivement. Arch. néerland de physiol. de l'homme. III. S. 76. 1918.

714. Vierordt, Grundriß der Physiologie des Menschen. 4. Aufl. Tübingen. 1871.

715. Vogt, Céc. und O., Zur Kenntnis der elektrisch erregbaren Hirnrindengebiete bei den Säugetieren. Journ. f. Psychol. u. Neurol. Erg.-Heft zu VIII. 1907.

716. Dieselben, Die physiologische Bedeutung der architektonischen Rindenfelderung auf Grund neuer Rindenreizungen. Ebenda. XXV, Erg.-Heft 1. S. 399. 1919.

717. Volkmann, A. W., Artikel »Sehen« in Wagners Handwörterbuch d. Physiol. III. S. 337. 1846.

718. Derselbe, Zur Mechanik der Augenmuskeln. Ber. d. Sächs. Ges. d. Wiss. Math.-naturw. Klasse XXI. S. 28. 1869.

719. Wanner, F., Über die Erscheinungen von Nystagmus bei Normalhörenden, Labyrinthlosen und Taubstummen. München. Mühlthaler. 1901. Zitiert nach Bárány.

720. Weiland, C., Sind unsere gegenwärtigen Vorstellungen vom Mechanismus der Augenbewegungen zutreffend? Arch. of Ophth. XXVII. S. 46. Ref. in Arch. f. Augenheilk. XXXVIII. S. 191. 1898.

721. Weiss, Zur Bestimmung des Drehpunktes im Auge. v. Graefes Arch. f. Ophth. XXI, 2. S. 132. 1875.

722. Weiss, L., Über das Verhalten des m. rectus externus und rectus internus bei wachsender Divergenz der Orbita. Arch. f. Augenheilk. XXIX. S. 298. 1894.

723. Derselbe, Über das Wachstum des menschlichen Auges und über die Veränderungen der Muskelinsertionen am wachsenden Auge. Merkel-Bonnets anat. Hefte, 1. Abt. Heft 25. S. 191. 1897.

724. **Weiss, O.**, Das Verhalten der Akkommodation beim stereoskopischen Sehen. Pflügers Arch. f. d. ges. Physiol. LXXXVIII. S. 79. 1901.

725. **Derselbe**, Die zeitliche Dauer der Augenbewegungen und der synergischen Lidbewegungen. Zeitschr. f. Physiol. d. Sinnesorgane. XLV. S. 313. 1911.

725a. **Wernicke, C.**, Herderkrankung des unteren Scheitelläppchens. Arch. f. Psychiatrie. XX. S. 243. 1889.

726. **Westien, H.**, Augenbewegungsmodell nach Prof. Aubert. Zeitschr. f. Instrumentenkunde. VII. S. 53. 1887.

727. **Wheeler**, Theories of will and kinaesthetic sensations. Psychol. review. XXVII. S. 351.

728. **Wichodzew**, Zur Kenntnis des Einflusses der Kopfneigung zur Schulter auf die Augenbewegungen. Zeitschr. f. Sinnesphysiol. XLVI. S. 394. 1912.

729. **Wilbrandt, H. und Saenger, A.**, Die Neurologie des Auges. III. Anatomie u. Physiologie d. optischen Bahnen u. Zentren. 1904.

730. **Dieselben, Dasselbe.** VIII. Die Pathologie der Bahnen und Zentren der Augenmuskeln. 1921.

731. **Wilson, H.**, The axes of rotation of the ocular muscles, with a simple method of calculating their position, and the correction of certain errors. Arch. of Ophth. XXIX. S. 404. 1900.

732. **Winternitz, L.**, Ein Diagramm als Beitrag zur Orientierung über die Wirkungsweise der Augenmuskeln usw. Wiener klin. Wochenschr. Nr. 11. 1889.

733. **Wodak, E.**, Neue Beiträge zur Funktionsprüfung des Labyrinthes. Monatsschr. f. Ohrenheilk. LVI. S. 826. 1922.

734. **Woinow, M.**, Über den Drehpunkt des Auges. v. Graefes Arch. f. Ophth. XVI, 1. S. 243. 1870.

735. **Derselbe**, Beiträge zur Lehre von den Augenbewegungen. Ebenda. XVII (2). S. 233. 1871.

736. **Wundt, W.**, Über die Bewegungen des Auges. Verh. d. nat.-med. Ver. zu Heidelberg. 1859. Zeitschr. f. rat. Med. VII, 3. S. 355. 1859.

737. **Derselbe**, Über die Bewegungen der Augen. v. Graefes Arch. f. Ophth. VIII, 2. S. 1. 1862.

738. **Derselbe**, Beschreibung eines künstlichen Augenmuskelsystems usw. Ebenda. S. 88. 1862.

740. **Zoth**, Die Wirkungen der Augenmuskeln und die Erscheinungen bei Lähmungen derselben. Bewegliches Schema zur Ableitung der Lage der Doppelbilder. Wien. 1897.

741. **Derselbe**, Über die Drehmomente der Augenmuskeln bezogen auf das rechtwinkelige Koordinatensystem von Fick. Sitzungsber. d. Wiener Akad. Mathem.-naturw.-Kl. CIX, 3. S. 509. 1900.

Richtungslokalisation.

742. **Adam**, Studien über absolute Lokalisation und sogenannte »paradoxe Doppelbilder« bei Schielenden. Zeitschr. f. Augenheilk. XXII. S. 483. 1909.

743. **Benussi, V.**, Monolokalisationsdifferenz und haploskopisch erweckte Scheinbewegungen. Arch. f. Psychol. XXXIII. S. 266. 1915. Bemerkungen dazu von **Witasek**. Ebenda. S. 273.

744. **Best, F.**, Zur Theorie der Hemianopsie und der höheren Sehzentren. v. Graefes Arch. f. Ophth. C. S. 1. 1919.

745. **Derselbe**, Über Störungen der optischen Lokalisation bei Verletzungen und Herderkrankungen im Hinterhauptslappen. Neurol. Zentralbl. XXXVIII. S. 427. 1919.

746. **Beyer, E.**, Über Verlagerungen im Gesichtsfeld bei Flimmerskotom. Neurol. Zentralbl. XIV. S. 10. 1895.

747. **Bielschowsky, A.**, Über Störungen der absoluten Lokalisation. 33. Vers. d. dtsch. ophth. Ges. Heidelberg. S. 226. 1906.

748. **Bourdon, B.**, La sensibilité musculaire des yeux. Revue philos. S. 413. 1897.

748a. **Derselbe**, Quelques expériences sur la localisation spatiale. Ebenda. LXXVIII. S. 192. 1914.

749. **Cornelius, C. S.**, Zur Theorie des räumlichen Vorstellens mit Rücksicht auf eine Nachbildlokalisation. Zeitschr. f. Psychol. II. S. 164. 1891.

750. **Czermak, J.**, Physiologische Studien III. Über das sogenannte Problem des Aufrechtsehens. Sitzungsber. Wiener Akad. XVII. S. 566. 1863.

751. **Dietzel, H.**, Untersuchungen über die optische Lokalisation der Mediane. Zeitschr. f. Biol. LXXX. S. 289. 1924.

752. **Dittler, R.**, Über die Raumfunktion der Netzhaut in ihrer Abhängigkeit vom Lagegefühl der Augen und vom Labyrinth. Zeitschr. f. Sinnesphysiol. LII. S. 274. 1921.

753. **Dodge, R.**, Visual perception during eye movements. Psychol. review. VII. S. 454. 1900.

754. **Derselbe**, The illusion of clear vision during eye movement. Psychol. bull. II, 6. S. 193. 1905. Zit. nach Zeitschr. f. Psychol. XLIII. S. 128. 1906.

755. **Donders, F. C.**, On the relation between the apparent movement of objects and the rotation of the eye. Transact. of the ophth. soc. London. II. S. 213. 1881/2.

756. **Dufour**, Sur l'expérience des sens. Bull. de la soc. méd. de la Suisse Romande. XIV. S. 88, 156, 401. 1880.

757. **Fick, A. E.**, Über die Verlegung der Netzhautbilder nach außen. Zeitschr. f. Psychol. XXXIX. S. 102. 1905.

757a. **Fildes, L. G.**, Experiments on the problem of mirrorwriting. Brit. journ. of psychol. XIV. S. 57. 1923.

758. **Fischer, M. H.**, Messende Untersuchungen über das scheinbare Gleichhoch, Geradevorne u. Stirngleich. Pflügers Arch. f. d. ges. Physiol. CLXXXVIII. S. 161. 1921.

759. **Frey, H.**, Über die Beeinflussung der Schallokalisation durch Erregungen des Vestibularapparates. Monatsschr. f. Ohrenheilk. XLVI. S. 16. 1912.

760. **Fruböse, A.**, Zur Analyse des galvanischen Schwindels. Zeitschr. f. Biol. LXXVI. S. 267. 1922.

761. **Fuchs, W.**, Untersuchungen über das Sehen der Hemianopiker und Hemiamblyopiker. I. Teil, Verlagerungserscheinungen. Zeitschr. f. Psychol. LXXXIV. S. 129. 1920.

762. **Derselbe**, Eine Pseudofovea bei Hemianopikern. Psychol. Forsch. I. S. 157. 1921.

763. **Goblot, E.**, La vision droite. Rev. philos. XLIV. p. 476. 1897.

764. **Goldstein, K.** und **Gelb, A.**, Über den Einfluß des vollständigen Verlustes des optischen Vorstellungsvermögens auf das taktische Erkennen. Zeitschr. f. Psychol. LXXXIII. S. 1. 1919.

765. **Graefe, A. v.**, Beiträge zur Physiologie und Pathologie der schiefen Augenmuskeln. v. Graefes Arch. f. Ophth. I, 1. S. 1. 1854.

766. **Graefe, A.**, Die neuropathische Natur des Nystagmos. Ebenda. XLIII, 3. S. 123. 1895.

768. **Gullstrand, A.**, Tatsachen und Fiktionen in der Lehre von der optischen Abbildung. Arch. f. Optik. I. S. 2 u. 81. 1907.

769. **Haberlandt, L.**, Studien zur optischen Orientierung im Raume und zur Präzision der Erinnerung an Elemente derselben. Zeitschr. f. Sinnesphysiol. XLIV. S. 231. 1910.

770. Hamburger, C., Bemerkungen zu den Theorien des Aufrechtsehens. Klin. Monatsbl. f. Augenheilk. Beilageheft S. 106. 1905. Engelmanns Arch. f. Physiol. S. 400. 1905.

771. Henri, V., Über die Raumwahrnehmungen des Tastsinnes. Berlin, Reuther u. Reichard. 1898.

772. Hering, E.. Über Ermüdung und Erholung des Sehorgans. v. Graefes Arch. f. Ophth. XXXVII, 3. S. 1. 1891.

773. Derselbe, Offener Brief an Sattler. Ebenda. XXXIX, 2. S. 274. 1893.

773a. Herrmann G., Selbstbeobachtungen über Spiegelsehen. Zeitschr. f. d. ges. Neurol. u. Psychiatrie. XCII. S. 78. 1924.

774. Hillebrand, F., Die Heterophorie und das Gesetz der identischen Sehrichtungen. Zeitschr. f. Psychol. LIV. S. 1. 1909.

775. Derselbe, Zur Frage der monokularen Lokalisationsdifferenz. Ebenda. LVII. S. 293. 1910.

776. Derselbe, Die Ruhe der Objekte bei Blickbewegungen. Jahrb. f. Psychiatrie u. Neurol. XL. S. 213. 1920.

777. Hofmann, F. B., Über die Grundlagen der egozentrischen (absoluten) optischen Lokalisation. Skandin. Arch. f. Physiol. XLIII. S. 17. 1923.

778. Holt, Eye-movement and central anaesthesia. Psychol. review. Monogr. Suppl. IV (Harvard psychol. Studies I). p. 3. 1903.

779. Derselbe, Vision during dizziness. Harvard Psychol. Studies II. p. 67. 1906.

780. Derselbe, On ocular nystagmus and the localization of sensory data during dizziness. Psychol. review. XVI. p. 377. 1909.

781. Hoppeler, E., Über den Stellungsfaktor der Sehrichtungen. Zeitschr. f. Psychol. LXVI. S. 249. 1913.

781a. Herbertz, R., Überblick über die Geschichte und den gegenwärtigen Stand des psychophysiologischen Problems der Augenbewegungen. Zeitschr. f. Psychol. XLVI. S. 123. 1908.

782. Hyslop, Upright vision. Psychol. review. IV. p. 71 u. 142. 1897.

783. Imbert, A., Illusion de mouvement due à la fatigue des muscles de l'œil. Compt. rend. de la soc. de biol. p. 607. 1902.

784. Kaila, E., Die Lokalisation der Objekte bei Blickbewegungen. Psychol. Forschung. III. S. 60. 1923.

784a. Klemm, O., Lokalisation von Sinneseindrücken bei disparaten Nebenreizen. Wundts Psych. Studien. V. S. 73. 1909.

785. Köllner, H., Das gesetzmäßige Verhalten der Richtungslokalisation im peripheren Sehen nebst Bemerkungen über die klinische Bedeutung ihrer Prüfung. Pflügers Arch. f. d. ges. Physiol. CLXXXIV. S. 134. 1920.

786. Derselbe, Die klinische Prüfung der Richtungslokalisation im peripheren Sehen, ihre Ergebnisse bei Einäugigen, sowie über die phylogenetische Bedeutung des Lokalisationsgesetzes. Arch. f. Augenheilk. LXXXVIII. S. 117. 1921.

787. Derselbe, Die Sehrichtungen. Ebenda. LXXXIX. S. 67. 1921.

788. Derselbe, Die haptische Lokalisation der Sehrichtungen, sowie über die Sehrichtung von Doppelbildern. Ebenda. LXXXIX. S. 121. 1921.

789. Derselbe, Über die Abhängigkeit der räumlichen Orientierung von den Augenbewegungen. Klin. Wochenschr. II, 1. S. 482. 1923.

790. Derselbe, Wandlungen und Fortschritte der Lehre von den physiologischen Grundlagen der räumlichen Orientierung. Klin. Wochenschr. II. S. 1293. 1923.

791. Derselbe, Scheinbewegungen beim Nystagmus und ihr diagnostischer Wert. Arch. f. Augenheilk. XCIII. S. 130. 1923.

792. v. Kries, J., Wettstreit der Sehrichtungen beim Divergenzschielen. v. Graefes Arch. f. Ophth. XXIV, 4. S. 117. 1878.

793. v. Kries, J., Allgemeine Sinnesphysiologie. Leipzig 1923. Vogel.

793a. Lewin, Kurt, Über die Umkehrung der Raumlage auf dem Kopf stehender Worte und Figuren in der Wahrnehmung. Psychol. Forsch. IV. S. 210. 1923.

794. Lipp, O., Die Unterschiedsempfindlichkeit im Sehfeld unter dem Einfluß der Aufmerksamkeit. Arch. f. Psychol. XIX. S. 313. 1910.

795. Lipps, Th., Über eine falsche Nachbildlokalisation. Zeitschr. f. Psychol. I. S. 60. 1890.

796. Derselbe, Die Raumanschauung und die Augenbewegungen. Ebenda. III. S. 123. 1892.

796a. Loeb, J., Untersuchungen über die Orientierung im Fühlraum der Hand und im Blickraum. Pflügers Arch. f. d. ges. Physiol. XLVI. S. 1. 1889.

797. Lohmann, W., Untersuchungen über die optische Breitenlokalisation mit besonderer Berücksichtigung ihrer Beziehungen zur haptischen Lokalisation. Arch. f. Augenheilk. LXXXIX. S. 35. 1921.

798. Derselbe, Über optische und haptische Raumdaten bei dem Studium der Lokalisation peripherer Eindrücke. Ebenda. XC. S. 235. 1922.

799. MacDougall, R., The subjective horizont. Psychol. review, Monogr. Suppl. IV (zugleich Harvard Psychol. Studies, I). S. 145. 1903.

799a. Mann, S., Über Störungen des Raumsinnes der Netzhaut usw. Neurol. Zentralbl. XXXVIII. S. 212. 1919.

800. Meyer, Paula, Über die Reproduktion eingeprägter Figuren und ihrer räumlichen Stellungen bei Kindern und Erwachsenen. Zeitschr. f. Psychol. LXIV. S. 34. 1913.

801. Dieselbe, Weitere Versuche über die Reproduktion räumlicher Lagen früher wahrgenommener Figuren. Ebenda. LXXXII. S. 1. 1919.

802. Morrey, C. B., Die Präzision der Blickbewegung und der Lokalisation an der Netzhautperipherie. Ebenda. XX. S. 317. 1899.

803. Müller, G. E., Zur Analyse der Gedächtnistätigkeit und des Vorstellungsverlaufs. Erg.-B. IX der Zeitschr. f. Psychol. 1917.

804. Oetjen, F., Die Bedeutung der Orientierung des Lesestoffs für das Lesen usw. Zeitschr. f. Psychol. LXXI. S. 321. 1915.

805. Ohm, J., Ein Beitrag zur Kenntnis der verschiedenen Arten der absoluten Lokalisation beim konkomittierenden Schielen. v. Graefes Arch. f. Ophth. LXVI. S. 120. 1907.

806. Derselbe, Die absolute Lokalisation in einem Falle von Rollungsschielen. Zentralbl. f. Augenheilk. XXXII. S. 194. 1908.

806a. Ostwalt, F., Pourquoi ne voit-on pas les mouvements de ses propres yeux dans une glace? Rev. scientif. 4, V. p. 466. 1896.

807. Pearce, H. J., Experimental observations upon normal motor suppestibility. Psychol. review. IX. p. 329. 1902.

808. Piéron, H., Du rôle des réflexes localisateurs dans les perceptions spatiales. Le nativisme réflexe. Journ. de Psychol. XVIII. S. 804. 1921.

808a. Pickler, J., Über den Blick auf einäugig und auf doppelt gesehene Gegenstände. Arch. f. Augenheilk. XCIV. S. 104. 1924.

808b. Prandtl, Eine Nachbilderscheinung. Zeitschr. f. Psychol. XLII. S. 175. 1906.

809. Reddingius, Eine Anpassung. Zeitschr. f. Psychol. XXII. S. 96. 1899.

809a. Reinhold, J. und Alt, L., Die Bogengänge als anatomische Grundlage der Schallrichtungswahrnehmung. Jahrb. f. Psychiatrie. XXXIV. S. 322. 1913.

810. Roelofs, O., Über die Lokalisation mittels des Gesichtssinnes. v. Graefes Arch. f. Ophth. CXIII. S. 239. 1924.

810a. Derselbe und de Favauge-Bruyel, A. J., Über das Zentrum der Sehrichtungen. Arch. f. Augenheilk. XCV. S. 111. 1924.

811. Ruben, L., Über Störungen der absoluten Lokalisation bei Augenmuskellähmungen und ungewöhnlichen Fusionsinnervationen. Ebenda. LXXXV. S. 43. 1919.

812. **Sachs, H.,** Die Entstehung der Raumvorstellung aus Sinnesempfindungen. Zeitschr. f. Psychol. XV. S. 232. 1897.

813. **Sachs, M.,** Zur Analyse des Tastversuchs. Arch. f. Augenheilk. XXXIII. S. 111. 1896.

814. **Derselbe,** Bemerkungen zur Analyse des Tastversuchs. Zentralbl. f. Physiol. XI. S. 497. 1897.

815. **Derselbe.** Zur Symptomatologie der Augenmuskellähmungen. v. Graefes Arch. f. Ophth. XLIV, 2. S. 320. 1897.

816. **Derselbe,** Zur Frage der Lokalisation bei beschränkter Beweglichkeit und anomaler Stellung der Augen. Zentralbl. f. Physiol. XVIII. S. 161. 1904.

817. **Derselbe,** Über absolute und relative Lokalisation. Arb. a. d. neurolog. Inst. in Wien (Obersteiner). Festschrift. S. 1. 1907.

818. **Derselbe,** Ein Beitrag zur Frage der Lokalisation des Gesehenen. Festschr. d. k. k. Erzherzog-Rainer-Realgymnasiums in Wien 1914.

819. **Derselbe und R. Wlassak,** Die optische Lokalisation der Medianebene. Zeitschr. f. Psychol. XXII. S. 23. 1899.

820. **Derselbe und Meller,** Über einige eigentümliche Lokalisationsphänomene in einem Falle von hochgradiger Netzhautinkongruenz. v. Graefes Arch. f. Ophth. LVII. S. 1. 1903.

821. **Schlodtmann,** Ein Beitrag zur Lehre von der optischen Lokalisation bei Blindgeborenen. v. Graefes Arch. f. Ophth. LIV. S. 256. 1902.

822. **Schwarz, O.,** Bemerkungen über die von Lipps und Cornelius besprochene Nachbilderscheinung. Zeitschr. f. Psychol. III. S. 398. 1892.

822a. **Sheard, Ch.,** The dominant or sighting eye. The Optician. LXV. p. 34. 1923.

823. **Sherrington, C. S.,** Further note on the sensory nerves of the eye muscles. Proc. Roy. Soc. LXIV. p. 120. 1898.

824. **Stern, W.,** Die Entwicklung der Raumwahrnehmung in der ersten Kindheit. Zeitschr. f. angewandte Psychol. II. S. 412. 1909.

825. **Derselbe,** Über verlagerte Raumformen. Ebenda II. S. 498. 1909.

826. **v. Sternek, R.,** Über wahre und scheinbare monokulare Sehrichtungen. Zeitschr. f. Psychol. LV. S. 300. 1910.

827. **Stratton, G. M.,** Some preliminary experiments on vision without inversion of the retinal image. Psychol. review III. p. 611. 1896.

828. **Derselbe,** Vision without inversion of the retinal image. Ebenda IV. p. 341 u. 463. 1897.

829. **Derselbe,** The spatial harmony of touch and right. Mind, N. S., VIII. p. 492. 1899.

830. **Tozer, F.,** and C. S. Sherrington, Receptors and afferents of the third, fourth and sixth cranial nerves. Proc. Roy. Soc. LXXXII. p. 450. 1910.

831. **Tschermak, A.,** Über die absolute Lokalisation bei Schielenden. v. Graefes Arch. f. Ophth. LV. S. 1. 1902.

832. **Tscherning,** Optique physiologique. Paris 1898, Masson.

833. **Vaschide et Vurpas,** La vie biologique d'un anencéphale. Rev. gén. des Sciences. p. 373. 1901.

834. **Weinberg, E.,** Über individuelle Verschiedenheiten im Verlaufe der Sehrichtungen und ihre Feststellung. Pflügers Arch. f. d. ges. Physiol. CXCVIII. S. 421. 1923.

835. **Witasek, St.,** Zur Lehre von der Lokalisation im Sehraum. Zeitschr. f. Psychol. L. S. 161. 1908.

836. **Derselbe,** Lokalisationsdifferenz und latente Gleichgewichtsstörung. Ebenda LIII. S. 61. 1909.

837. **Derselbe,** In Sachen der Lokalisationsdifferenz. Ebenda LVI. S. 85. 1910.

837a. **Wittmann, J.,** Raum, Zeit und Wirklichkeit. Arch. f. d. ges. Psychol. XLVII. S. 428. 1924.

Tiefenlokalisation.

838. **Aall, A.,** Über den Maßstab beim Tiefensehen in Doppelbildern. Bathoskopische Untersuchungen mit einer Figur. Zeitschr. f. Psychol. XLIX. S. 108 u. 161. 1908.

838a. **Ackermann und Hartmann,** Eine Tiefentäuschung. Psychol. Forsch. II. S. 144. 1922.

839. **van Albada, L. E. W.,** Der Einfluß der Akkomodation auf die Wahrnehmung von Tiefenunterschieden. v. Graefes Arch. f. Ophth. LIV. S. 430. 1902.

840. **Derselbe,** Orthostereoskopie, Photogr. Korresp. XXXIX. S. 551, 685. 1902; XL. S. 21, 150. 1903.

841. **d'Almeida, J. C.,** Nouvel appareil stéréoscopique. Compt. rend. de l'Acad. XLVII. p. 61. 1858.

841a. **Andersen, E. E.,** und F. W. **Weymouth,** Visual perception and the retinal mosaic. I. Retinal mean local sign — an explanation of the fineness of binocular perception of distance. Americ. Journ. of physiol. LXIV. S. 561. 1923.

841b. **Allport, G. W.,** Eidetic imagery. Brit. Journ. of psychol. gener. sect. XV. p. 100. 1924.

842. **Angell,** Projection of the negative after-image in the field of the closed lids. Americ. Journ. Psychol. XXIV. p. 576. 1913.

843. **Derselbe und Root,** Size and distance of projection of an after-image on the field of the closed eyes. Ebenda p. 262. 1913

843a. **Anton, G.,** Beiderseitige Erkrankung der Scheitelgegend des Gehirns. Wiener klin. Wochenschr. XII. S. 1193. 1899.

844. **Arrer, M.,** Über die Bedeutung der Konvergenz- und Akkomodationsbewegungen für die Tiefenwahrnehmung. Wundts philos. Studien XIII. S. 116. 1897.

845. **Ascher, K. W.,** Zur Frage nach dem Einfluß von Akkomodation und Konvergenz auf die Tiefenlokalisation und die scheinbare Größe der Sehdinge. Zeitschr. f. Biol. LXII. S. 508. 1913.

846. **Derselbe,** Versuche zu einer Methode, die sekundären Motive der Tiefenlokalisation messend zu beobachten, usf. v. Graefes Arch. f. Ophth. XCIV. S. 275. 1917.

847. **Derselbe,** Zur Frage der Gewöhnung an das einäugige Sehen. Klin. Monatsbl. f. Augenheilk. LXXI. S. 322. 1923.

848. **Ashley,** Concerning the significance of intensity of light in visual estimates of depth. Psychol. review. V. p. 595. 1908.

849. **v. Aster, E.,** Beiträge zur Psychologie der Raumwahrnehmung. Zeitschr. f. Psychol. XLIII. S. 161. 1906.

850. **Aubert,** Beiträge zur Kenntnis des indirekten Sehens. Moleschotts Untersuch. usw. IV. S. 16. 1858.

851. **Baird, J. W.,** The influence of accommodation and convergence upon the perception of depth. Americ. Journ. Psychol. XIV. S. 150. 1903.

852. **Bappert, J.,** Neue Untersuchungen zum Problem des Verhältnisses von Akkommodation und Konvergenz zur Wahrnehmung der Tiefe. Zeitschr. f. Psychol. XC. S. 167. 1922.

852a. **Bard, L.,** Du grossissement réalisé par la vision binoculaire et de son rôle dans la perception du relief. Arch. d'opht. XXXVIII. S. 513. 1921.

853. **Basevi,** De la vision stéréoscopique dans ses rapports avec l'accomodation et les couleurs. Ann. d'Oculist. CIII. S. 222. 1890.

854. **Baumann, C.,** Beiträge zur Physiologie des Sehens. I. Pflügers Arch. f. d. ges. Physiol. XCI. S. 353. 1902. II. Ebenda XCV. S. 357. 1903. VI. Ebenda CLVIII. S. 434. 1917.

855. **Becher,** Über umkehrbare Zeichnungen. Arch. f. Psychol. XVI. S. 397. 1910.

856. Becker, O., und A. Rollett, Beiträge zur Lehre vom Sehen der dritten Dimension. Sitzungsber. Wiener Akad. XLIII, 2. S. 667. 1861.

857. Benussi, V., Über die Motive der Scheinkörperlichkeit bei umkehrbaren Zeichnungen. Arch. f. Psychol. XX. S. 363. 1911.

858. Berlin, Über die Schätzung der Entfernungen bei Tieren. Zeitschr. f. vergl. Augenheilk. VII. S. 1. 1891.

859. Bernstein, F., Das Leuchtturmphänomen und die scheinbare Form des Himmelsgewölbes. Zeitschr. f. Psychol. XXXIV. S. 132. 1904.

859a. Best, F., Die Form des Himmelsgewölbes und verwandte Fragen. Die Helligkeit als sekundäres Moment bei der Tiefenschätzung. Zentralbl. f. Ophth. VII. S. 449. 1922.

860. Bickeles, G., Beobachtungen über physiologische Erscheinungen vom Gepräge optischer Agnosien. Zentralbl. f. Physiol. XXX. S. 241. 1915.

861. Bielschowsky, A., Parinauds Theorie des binokularen Sehens. Klin. Monatsbl. f. Augenheilk. XXXIX. S. 741. 1901.

862. Derselbe, Über ungewöhnliche Erscheinungen bei Seelenblindheit. Bericht d. 35. Vers. d. ophthalm. Ges. Heidelberg. S. 174. 1908.

863. Blochmann, F., und v. Husen, E., Ist der Pecten des Vogelauges ein Sinnesorgan? Biol. Zentralbl. XXXI. S. 150. 1911.

864. Blumenfeld, W., Untersuchungen über die scheinbare Größe im Sehraume. Zeitschr. f. Psychol. LXV. S. 241. 1913.

865. Bocci, B., Giudizio della grandezza e distanza, della forma, del rilievo nella visione binoculare e monoculare. L'accommodamento visivo. Arch. ital. d. biolog. XXXVI. p. 134. 1901.

866. Bourdon, R., Expériences sur la perception visuelle de la profondeur. Revue philosoph. XLIII. p. 29. 1897.

867. Derselbe, La perception monoculaire de la profondeur. Ebenda XLVI. p. 124. 1898.

868. Derselbe, Les objets paraissent-ils se rapetisser en s'élevant audessus de l'horizon? Année psychol. V. p. 55. 1899.

869. Derselbe, L'acuité stéréoscopique. Revue philos. XLIX. p. 74. 1900.

870. Brewster, D., Description of several new and simple stereoscopes etc. Philos. Mag. 1852, 4. III. p. 16. Übersetzt von M. v. Rohr (1072).

871. Derselbe, Notice of a chromatic stereoscope. Ebenda p. 31.

872. Brücke, E., Über die stereoskopischen Erscheinungen. Müllers Arch. f. Physiol. 1841. S. 459.

873. Derselbe, Über asymmetrische Strahlenbrechung im menschlichen Auge. Sitz.-Ber. Wiener Akad. LVIII. 2. Abt. S. 321. 1868.

873a. Bryant, C. H., The third dimension in monocular vision. Brit. Journ. of ophth. VII. S. 271. 1923.

874. Burmester, L., Theorie der geometrisch-optischen Gestalttäuschungen. Zeitschr. f. Psychol. a) XLI. S. 321. 1906, b) L. S. 219. 1908.

875. Carr, H., Voluntary control of the distance localisation of the visual field. Psychol. rev. XV. p. 139. 1908.

876. Derselbe, Visual illusions of depth. Ebenda XVI. p. 219. 1909.

877. Derselbe und J. B. Allen, A study of certain relations of accommodation and convergence to the judgement of the third dimension. Ebenda XIII. p. 258. 1906.

878. Chauveau, A., Sur la perception du relief et de la profondeur dans l'image simple des épreuves photographiques ordinaires. Compt. rend. de l'acad. CXLVI. p. 725. 1908.

879. Derselbe, Sur un complément de démonstration du mécanisme de la stéréoscopie monoculaire. Ebenda p. 846. 1908.

880. Claparède, E., Stéréoscopie monoculaire paradoxale. Rev. méd. de la Suisse rom. p. 730. 1905 und Arch. de psychol. IV. p. 222. 1904.

881. Claparède, E., L'agrandissement et la proximité apparents de la lune à l'horizon. Arch. de psychol. V. p. 121. 1905.

881a. Comberg, Zur Psychologie der Tiefenauffassung. Zeitschr. f. Augenheilk. LII. S. 183. 1924.

881b. Derselbe, Die Dysmorphopsie der Hirnverletzten. v. Graefes Arch. f. Ophth. CXV. S. 349. 1925.

882. Cords, R., Bemerkungen zur Untersuchung des Tiefenschätzungsvermögens. I. Zeitschr. f. Augenheilk. XXVII. S. 346. 1912. — Derselbe und Bardenhewer, Dasselbe. II. Ebenda XXX. S. 1. 1913. — Derselbe, Dasselbe. III. Ebenda XXXII. S. 34. 1913.

883. De Boer, Über umkehrbare Zeichnungen. Arch. f. d. ges. Psychol. XVIII. S. 179. 1910.

884. Depène, R., Über die Abhängigkeit der Tiefenwahrnehmung von der Kopfneigung. Klin. Monatsbl. f. Augenheilk. I. S. 48. 1905.

885. Dixon, E. T., On the relation of accommodation and convergence to our sense of depth. Mind. N. S. IV. p. 195. 1895.

886. Donders, F. C., Das binokulare Sehen und die Vorstellung von der dritten Dimension. v. Graefes Arch. f. Ophth. XIII, 1. S. 1. 1867.

886a. Dove, H. W., Über die Kombination der Eindrücke beider Ohren und beider Augen zu einem Eindruck. Monatsbl. Berliner Akad. S. 251. 1841. — Über Stereoskopie. Poggendorffs Ann. d. Physik. CX. S. 494. 1860.

887. Derselbe, Über die Unterschiede monokularer und binokularer Pseudoskopie. Ebenda CI. S. 302. 1857.

887a. Ebbecke, U., Die kortikalen Erregungen. Leipzig 1919. Barth.

888. Edridge-Green, Binocular vision. Proc. physiol. soc. p. XXXVIII. Journ. of physiol. XLVIII. 1914.

889. Einthoven, Stereoskopie durch Farbendifferenz. v. Graefes Arch. f. Ophth. XXXI, 3. S. 211. 1885.

890. Derselbe, On the production of shadow and perspective effects by difference of colour. Brain 1893. 61/62. Stück S. 191.

891. Elschnig, A., Zur Kenntnis der binokularen Tiefenwahrnehmung. v. Graefes Arch. f. Ophth. LII. S. 294. 1901.

892. Derselbe, Weiterer Beitrag zur Kenntnis der binokularen Tiefenwahrnehmung. Ebenda LIV. S. 411. 1902.

892a. Emmert, E., Größenverhältnisse der Nachbilder. Klin. Monatsbl. f. Augenheilk. XIX. S. 443. 1881.

893. Erggelet, H., Ein Beitrag zur Frage der Anisometropie. Zeitschr. f. Sinnesphysiol. XLIX. S. 326. 1916.

894. Derselbe, Versuche zur beidäugigen Tiefenwahrnehmung bei hoher Ungleichsichtigkeit. Klin. Monatsbl. f. Augenheilk. LXVI. S. 685. 1921.

894a. Derselbe, Zur Raumauffassung bei der Änderung der Augenstandlinie. Verhandl. Dtsch. Ophth. Ges. 1921. S. 317.

895. Exner, S., Perspektivische Täuschungen an farbigen Bildern, die durch prismatische Brillen betrachtet werden. Zentralbl. f. Physiol. XIX. S. 843. 1906.

896. Ewald, J. R., und Groß, O., Über Stereoskopie und Pseudoskopie. Pflügers Arch. f. d. ges. Physiol. CXV. S. 514. 1906.

897. v. Feuerbach, A., Kaspar Hauser. Ansbach 1832.

898. Filehne, W., Die Form des Himmelsgewölbes. Pflügers Arch. f. d. ges. Physiol. LIX. S. 279. 1894.

898a. Derselbe, Über die Rolle der Erfahrungsmotive beim einäugigen perspektivischen Fernsehen. Rubners Arch. f. Physiol. S. 392. 1910.

898b. Derselbe, Über die Betrachtung der Gestirne mittels Rauchgläser und über die verkleinernde Wirkung der Blickerhebung. Ebenda S. 523. 1910.

899. Derselbe, Über eine dem Brentano-Müller-Lyerschen Paradoxon analoge Täuschung im räumlichen Sehen. Ebenda S. 273. 1911.

900.   **Filehne, W.**, Die mathematische Ableitung der Form des scheinbaren Himmelsgewölbes. Rubners Arch. f. Physiol. S. 1. 1912.

901.   **Derselbe**, Über die scheinbare Form der sogenannten Horizontebene. Ebenda S. 461.

902.   **Derselbe**, Horizontradius und Zenithöhe in ihrem scheinbaren Größenverhältnisse. Ebenda S. 373. 1915.

903.   **Derselbe**, Der absolute Größeneindruck beim Sehen der irdischen Gegenstände und der Gestirne. Ebenda S. 197. 1917.

904.   **Derselbe**, Absolute Größeneindrücke und scheinbare Himmelsform. Ebenda S. 183. 1918.

905.   **Derselbe**, Über die scheinbare Gestalt des Himmelsgewölbes. Zeitschr. f. Sinnesphysiol. LIV. S. 1. 1923.

906.   **Fischer, F. P.**, Über Asymmetrien des Gesichtssinnes, speziell des Raumsinnes beider Augen. Pflügers Arch. f. d. ges. Physiol. CCIV. S. 203. 1924.

907.   **Derselbe**, Experimentelle Beiträge zum Begriff der Sehrichtungsgemeinschaft der Netzhäute usf. Ebenda S. 234.

908.   **Derselbe**, Über Stereoskopie im indirekten Sehen. Ebenda S. 247.

908a.   **Derselbe**, Vergleichende Prüfung des Einflusses von Brillengläsern auf das stereoskopische Sehen. v. Graefes Arch. f. Ophth. CXIV. S. 441. 1924.

909.   **Flügel, J. C.**, The influence of attention in illusions of reversible perspective. Brit. Journ. of Psychol. V. S. 357. 1913.

910.   **Derselbe**, Some observations on local fatigue in illusions of reversible perspective. Ebenda VI. S. 60. 1913.

911.   **Förster**, Ophthalmologische Beiträge. Berlin 1862. Enslin.

912.   **Frank, M.**, Beobachtungen betreffs der Übereinstimmung der Hering-Hillebrandschen Horopterabweichung und des Kundtschen Teilungsversuches. Pflügers Arch. f. d. ges. Physiol. CIX. S. 63. 1905.

913.   **Franz, V.**, Das Pekten, der Fächer, im Auge der Vögel. Biol. Zentralbl. XXVIII. S. 449. 1908.

914.   **Freiling, H.**, Über die räumlichen Wahrnehmungen der Jugendlichen in der eidetischen Entwicklungsphase. 1. Über den scheinbaren Ort. Zeitschr. f. Sinnesphysiol. LV. S. 69. 1023. 2. Über die scheinbare Größe. Ebenda S. 86. 3. Über die scheinbare Gestalt. Ebenda S. 126.

914a.   **v. Frey, M.**, Über die sogenannte Empfindung des leeren Raumes. Zeitschr. f. Biol. LXXIII. S. 263. 1921.

915.   **Fröhlich, B.**, Unter welchen Umständen erscheinen Doppelbilder in ungleichem Abstand vom Beobachter. v. Graefes Arch. f. Ophth. XLI, 4. S. 134. 1895.

916.   **Fruböse, A.**, und **Jaensch, P. A.**, Der Einfluß verschiedener Faktoren auf die Tiefensehschärfe. Zeitschr. f. Biol. LXXVIII. S. 119. 1923.

917.   **Fuchs, B.**, Über die stereoskopische Wirkung der sogenannten Tapetenbilder. Zeitschr. f. Psychol. XXXII. S. 81. 1903.

918.   **Geipel, H.**, Die Transformation des wirklichen Raumes in den Sehraum. Physikal. Zeitschr. XXI. S. 169. 1920.

918a.   **Gelb**, Über eine eigenartige Sehstörung (»Dysmorphopsie«) infolge von Gesichtsfeldeinengung. Psychol. Forsch. IV. S. 38. 1923.

918b.   **Derselbe** und **Goldstein**, Zur Frage nach der gegenseitigen funktionellen Beziehung der geschädigten und der ungeschädigten Sehsphäre bei Hemianopsie. Ebenda VI. S. 187. 1924.

918c.   **Gellhorn, E.**, Beiträge zur Physiologie des optischen Raumsinnes. Pflügers Arch. f. d. ges. Physiol. CCIII. S. 186. 1924.

919.   **Gertz**, Über die Raumabbildung durch binokulare Instrumente. Zeitschr. f. Sinnesphysiol. XLVI. S. 301. 1912.

919a.   **Goldschmidt, R. H.**, Größenschwankungen gestaltfester. urbildverwandter Nachbilder und der Emmertsche Satz. Arch. f. Psychol. XLIV. S. 51. 1923.

920. **Grabke, H.**, Über die Größe der Sehdinge im binokularen Sehraum bei ihrem Auftreten im Zusammenhang miteinander. Arch. f. Psychol. XLVII. S. 237. 1924.

921. **Greeff, R.**, Untersuchungen über binokulares Sehen mit Anwendung des Heringschen Fallversuchs. Zeitschr. f. Psychol. III. S. 21. 1892.

922. **Grünbaum**, Zur Frage des binokularen räumlichen Sehens. Folia neurobiol. IX. S. 567. 1915.

923. **Grünberg, V.**, Über die scheinbare Verschiebung zwischen zwei verschiedenfarbigen Flächen im durchfallenden Licht. Zeitschr. f. Psychol. XLII. S. 10. 1906.

924. **Grützner, P.**, Einige Versuche über stereoskopisches Sehen. Arch. f. d. ges. Physiol. XC. S. 525. 1902.

925. **Guilloz, Th.**, Sur la stéréoscopie obtenue par les visions consécutives d'images monoculaires. Compt. rend. Soc. Biol. 1904. I. p. 1053.

926. **Guttmann, A.**, Blickrichtung und Größenschätzung. Zeitschr. f. Psychol. XXXII. S. 333. 1903.

927. **Haenel, H.**, Die Gestalt des Himmels und Vergrößerung der Gestirne am Horizonte. Ein Versuch zur Lösung eines alten Problems. Ebenda LI. S. 161. 1909.

927a. **Hartinger**, Über Veränderungen der Raumwahrnehmung durch Brillengläser. Klin. Monatsbl. f. Augenheilk. LXX. S. 763. 1923. — Brille und Raumwahrnehmung. Zentral-Zeit. f. Opt. u. Mechan. XLIV. S. 21. 1923.

928. **Hegner, C. A.**, Über die Bedeutung der Perspektive beim ein- und beidäugigen Sehakt. Festschr. z. 50jähr. Bestehen d. Univ.-Augenklinik Basel. S. 140. 1914.

929. **Heilbronner, K.**, Über Mikropsie und verwandte Zustände. Dtsche. Zeitschr. f. Nervenheilk. XXVII. S. 414. 1904.

930. **Heine, L.**, Sehschärfe und Tiefenwahrnehmung. v. Graefes Arch. f. Ophth. LI. S. 146. 1900.

931. **Derselbe**, Über ›Orthoskopie‹ oder über die Abhängigkeit relativer Entfernungsschätzungen von der Vorstellung absoluter Entfernung. Ebenda LI. S. 563. 1900.

932. **Derselbe**, Über Orthostereoskopie. Ebenda LIII. S. 306. 1901.

933. **Derselbe**, Über die Bedeutung der Längenwerte für das Körperlichsehen. Bericht üb. die 31.Vers. d. ophth. Gesellsch. zu Heidelberg S. 179. 1903.

934. **Derselbe**, Zur Frage der binokularen Tiefenwahrnehmung auf Grund von Doppelbildern. Arch. f. d. ges. Physiol. CIV. S. 316. 1904.

935. **Derselbe**, Über die richtige Plastik in Stereophotogrammen. Zeitschr. f. wissensch. Photographie. S. 65 u. 108. 1904.

936. **Derselbe**, Über Wahrnehmung und Vorstellung von Entfernungsunterschieden. v. Graefes Arch. f. Ophth. LXI. S. 484. 1905.

937. **Derselbe**, Über Körperlichsehen im Spiegelstereoskop und im Doppelveranten. Klin. Monatsbl. f. Augenheilk. 1905. I. S. 40.

938. **Helmholtz, H.**, Das Telestereoskop. Poggendorffs Annal. d. Physik CII. S. 167. 1857.

938a. **Derselbe**, Über die Bedeutung der Konvergenzstellung der Augen für die Beurteilung des Abstandes binokular gesehener Objekte. Du Bois' Arch. S. 323. 1878.

939. **Henning, H.**, Das Panumsche Phänomen. Zeitschr. f. Psychol. LXX. S. 373. 1915.

940. **Derselbe**, Herings Theorie des Tiefensehens, das Panumsche Phänomen und die Doppelfunktion. Fortschr. d. Psychol. V. S. 143, 1918.

941. **Derselbe**, Die besonderen Funktionen der roten Strahlen bei der scheinbaren Größe von Sonne und Mond am Horizont usf. Zeitschr. f. Sinnesphysiol. L. S. 275. 1919.

942. **Derselbe**, Ein neuartiger Tiefeneindruck. Zeitschr. f. Psychol. XCII. S. 161. 1923.

943. **Hering, E.,** Die Gesetze der binokularen Tiefenwahrnehmung. Du Bois' Arch. 79 u. 132. 1865.

944. **Derselbe,** Bemerkung zu der Abhandlung von **Donders** über das binokulare Sehen. v. Graefes Arch. f. Ophth. XIV, 1. S. 1. 1868.

945. **Derselbe,** Über die Herstellung stereoskopischer Wandbilder mittelst Projektionsapparates. Pflügers Arch. f. d. ges. Physiol. LXXXVII. S. 229. 1901.

946. **Heß, W. R.,** Direkt wirkende Stereoskopbilder. Zeitschr. f. wiss. Photogr. XIV. S. 33. 1914.

947. **Hillebrand, F.,** Die Stabilität der Raumwerte auf der Netzhaut. Zeitschr. f. Psychol. V. S. 1. 1893.

948. **Derselbe,** Das Verhältnis von Akkommodation und Konvergenz zur Tiefenlokalisation. Ebenda VII. S. 97. 1893.

949. **Derselbe,** In Sachen der optischen Tiefenlokalisation. Ebenda XVI. S. 71. 1898.

950. **Derselbe,** Theorie der scheinbaren Größe bei binokularem Sehen. Denkschriften d. math.-nat. Kl. d. Akad. Wien. LXXII. 1903.

951. **Hoefer, P.,** Beitrag zur Lehre vom Augenmaß bei zweiäugigem und bei einäugigem Sehen. Arch. f. d. ges. Physiol. CXV. S. 483. 1906.

952. **Hofbauer, L.,** Über die Ursachen der Differenzen zwischen wirklicher und scheinbarer Körpergröße. Zeitschr. f. Psychol. XV. S. 206. 1897.

953. **Holtz, W.,** Über den unmittelbaren Größeneindruck bei künstlich erzeugten Augentäuschungen. Göttinger Nachr. S. 496. 1893.

954. **Hoppe, J.,** Beitrag zur Erklärung des Erhaben- und Vertieftsehens. Pflügers Arch. f. d. ges. Physiol. XL. S. 523. 1887.

955. **Derselbe,** Die Umkehrung des Sehens und des Gesehenen mit Beziehung auf die gleichzeitige Sehabprägung. Ebenda XLIII. S. 295. 1888.

956. **v. Hornbostel, E. M.,** Über optische Inversion. Psychol. Forsch. I. S. 130. 1921.

956a. **Horovitz, K.,** Beiträge zur Theorie des Sehraumes. Sitz.-Ber. Wiener Akad., math.-naturw. Kl., Abt. IIa, CXXX. S. 405. 1921.

956b. **Derselbe,** Größenwahrnehmung und Sehraumrelief. Pflügers Arch. f. d. ges. Physiol. CXCIV. S. 629. 1922.

956c. **Derselbe,** Heteromorphies due to the variation of effective aperture and visual acuity. Journ. of Opt. Soc. of America. VI. S. 597. 1922.

957. **Howard, J.,** A test for the judgment of distance. Americ. Journ. of Ophth. 3. Ser. II. p. 656. 1919.

958. **Hyslop, J. H.,** On Wundt's theory of psychic synthesis in vision. Mind. XIII. p. 499. 1888.

959. **Derselbe,** Experiments in space perception. Psychol. rev. I. p. 257 und 581. 1894.

960. **Isakowitz, J.,** Messende Versuche über Mikropie durch Konkavgläser usf. v. Graefes Arch. f. Ophth. LXVI. S. 477. 1907.

961. **Issel, E.,** Messende Versuche über binokulare Entfernungswahrnehmung. Dissert. Freiburg i. B. 1907.

962. **Jäger, G.,** Das Strobostereoskop. Sitz.-Ber. d. Wiener Akad., math.-naturw. Kl. CXII, Abt. IIa, S. 985. 1903.

963. **Jaensch, E. R.,** Über die subjektiven Anschauungsbilder. Ber. 7. Kongr. f. exp. Psychol. S. 3. Marburg. 1921.

964. **Derselbe,** Über den Nativismus in der Lehre von der Raumwahrnehmung. Zeitschr. f. Sinnesphysiol. LII. S. 229. 1921.

965. **Derselbe,** Über Raumverlagerung und die Beziehung von Raumwahrnehmung und Handeln. Zeitschr. f. Psychol. LXXXIX. S. 116. 1922.

966. **Derselbe,** Wahrnehmungslehre und Biologie. Ebenda XCIII. S. 129. 1923.

967. **Derselbe,** Über den Aufbau der Wahrnehmungswelt und ihre Struktur im Jugendalter. Leipzig 1923. Barth. Abdruck von Nr. 964—966, 968—970, 914, 996.)

968. **Jaensch, E. R.**, und **Reich**, Über die Lokalisation im Sehraum. Zeitschr. f. Psychol. LVIII. S. 278. 1921.

969. **Derselbe** und **Freiling**, Der Aufbau der räumlichen Wahrnehmungen. Ebenda XCI. S. 321. 1923.

970. **Derselbe, Freiling** und **Reich**, Das Kovariantenphänomen usf. Zeitschr. f. Sinnesphysiol. LV. S. 47. 1923.

971. **Derselbe** und **Schönheinz**, Einige allgemeinere Fragen der Wahrnehmungslehre, erläutert am Problem der Sehgröße. Arch. f. Psychol. XLVI. S. 3. 1924.

972. **Jastrow, J.**, The pseudoscope and some of its recent improvements. Psychol. review VII. S. 47. 1900.

973. **Judd**, Some Facts of binocular vision. Ebenda IV. S. 374. 1897.

974. **Derselbe**, Visual Perception of the third dimension. Ebenda V. S. 388. 1898.

975. **Kahn, R. H.**, Über Tapetenbilder. Engelmanns Arch. f. Physiol. S. 56. 1907.

976. **Derselbe**, Beiträge zur Physiologie des Gesichtssinnes. III. Binokulare Vereinigung pendelnder Kugeln. Prager naturw. Zeitschr. Lotos LVI. Heft 4. 1908.

977. **Kaila, Eino**, Versuch einer empiristischen Erklärung der Tiefenlokalisation von Doppelbildern. Zeitschr. f. Psychol. LXXXII. S. 129. 1919.

978. **Derselbe**, Eine neue Theorie des Aubert-Försterschen Phänomens. Ebenda LXXXVI. S. 193. 1921.

979. **v. Karpinska, L.**, Experimentelle Beiträge zur Analyse der Tiefenwahrnehmung. Ebenda LVII. S. 1. 1910.

980. **Kiesow, F.**, Über Metallglanz im stereoskopischen Leben. Arch. f. Psychol XLIII. S. 1. 1922.

981. **Kipfer, R.**, Über die Beteiligung des Kontrastes an der elementaren physiologischen Raumempfindung. Zeitschr. f. Biol. LXVIII. S. 163. 1917.

982. **Kirschmann, A.**, Die Parallaxe des indirekten Sehens und die spaltförmigen Pupillen der Katze. Wundts philos. Studien. IX. S. 447. 1894.

983. **Derselbe**, Der Metallglanz und die Parallaxe des indirekten Sehens. Ebenda XI. S. 147. 1895.

984. **Derselbe**, Zum Problem der Grundlagen der Tiefenwahrnehmung. Ebenda XVIII. S. 114. 1902.

985. **Derselbe**, Über die Verschmelzung beim binokularen und stereoskopischen Sehen. Wundts psychol. Stud. X. S. 239. 1916.

986. **Köhler, W.**, Optische Untersuchungen am Schimpansen und am Haushuhn. Abh. Berl. Akad.. math.-naturw. Kl. 1915 Nr. 3.

986a. **Köllner, H.**, Über die Lage scheinbar paralleler nach der Tiefe verlaufender Linien und ihre Beziehung zu den Sehrichtungen. Pflügers Arch. f. d. ges. Physiol. CXCVII. S. 518. 1923.

987. **Koffka, K.**, Über die Untersuchungen an den sogenannten optischen Anschauungsbildern. Psychol. Forschung III. S. 124. 1923.

988. **Koster, W.**, Zur Kenntnis der Mikropsie und Makropsie. v. Graefes Arch. f. Ophth. XLII. 3. S. 134. 1896. — Nachtrag dazu. Ebenda XLV, 1. S. 90. 1898.

989. **Kothe, R.**, Tiefenvorstellungen und Tiefenwahrnehmungen und ihre Beziehung zur stereoskopischen Photographie. Zeitschr. f. wissensch. Photogr. I. S. 268 u. 305. 1903.

990. **Derselbe**, Über Längsdisparationen und über die Überplastizität naher Gegenstände. Arch. f. Augenheilk. XLIX. S. 338. 1904.

991. **Kramer**, Über eine partielle Störung der optischen Tiefenlokalisation. Monatsschr. f. Psychiatrie u. Neurol. XXII. S. 189. 1907.

992. **Krause**, Über eine bisher wenig beachtete Form von Gesichtstäuschungen bei Geisteskrankheiten. Arch. f. Psychiatrie XXIX. S. 830. 1897.

993. Krellenberg, P., Über die Herausdifferenzierung der Wahrnehmungs- und
      Vorstellungswelt aus der originären eidetischen Einheit. Zeitschr. f.
      Psychol. LXXXIX. S. 56. 1922.

994. v. Kries, J., Über das Binokularsehen exzentrischer Netzhautteile. Zeit-
      schr. f. Sinnesphysiol. XLIV. S. 165. 1909.

995. Derselbe und Auerbach, Die Zeitdauer einfachster psychischer Vorgänge.
      Du Bois' Arch. S. 297. 1877.

996. Kröncke, K., Zur Phänomenologie der Kernfläche des Sehraums. Zeitschr.
      f. Sinnesphysiol. LII. S. 217. 1921.

997. Krusius, F. F., Zur Analyse und Messung der Fusionsbreite. Arch. f. Augen-
      heilk. LXI. S. 204. 1908.

998. Derselbe, Über zweiäugig und einäugig erzeugte Tiefeneindrücke und über
      die Verwertung einäugig gewonnener Tiefeneindrücke zu einer ver-
      gleichenden Entfernungsmessung. Ebenda LXII. S. 340. 1909.

999. Lau, E., Neue Untersuchungen über das Tiefen- und Ebenensehen. Zeit-
      schr. f. Sinnesphysiol. LIII. S. 1. 1922.

1000. Derselbe, Versuche über das stereoskopische Sehen. Psychol. Forschung
      II. S. 1. 1922.

1000a. Derselbe, Über das stereoskopische Sehen. Ebenda VI. S. 121. 1924.

1001. v. Liebermann, P., Beitrag zur Lehre von der binokularen Tiefenlokali-
      sation. Zeitschr. f. Sinnesphysiol. XLIV. S. 428. 1910.

1001a. Linksz, A., Über Stereoskopie bei seitlicher Neigung des Kopfes. Pflü-
      gers Arch. f. d. ges. Physiol. CCV. S. 669. 1924.

1002. Lippmann, G., Epreuves réversibles. Photographies intégrales. Cpt. rend.
      de l'Acad. CXLVI. S. 446. 1908.

1003. Loeb, J., Über optische Inversion ebener Linienzeichnungen bei einäugiger
      Betrachtung. Pflügers Arch. XL. S. 274. 1887.

1004. Lohmann, W., Über den Wettstreit der Sehfelder und seine Bedeutung
      für das plastische Sehen. Zeitschr. f. Psychol. XL. S. 187. 1905.

1005. Derselbe, Zur Frage der Ontogenese des plastischen Sehens. Zeitschr.
      f. Sinnesphysiol. XLII. S. 130. 1907.

1006. Derselbe, Über die Lage der physiologischen Doppelbilder. Ebenda XLIV.
      S. 100. 1909.

1007. Derselbe, Die Störungen der Sehfunktionen. Leipzig 1912. Vogel.

1008. Derselbe, Über die Tiefenlage höhendistanter Doppelbilder. Arch. f. Au-
      genheilk. LXXXVI. S. 264. 1920.

1009. Derselbe, Untersuchungen über die absolute Tiefenlokalisation. Ebenda
      LXXXVIII. S. 16. 1921.

1010. Derselbe, Zur Genese der akkommodativen Mikropsie und Makropsie.
      Ebenda LXXXVIII. S. 149. 1921.

1011. MacDougall, Perspective illusions from the use of myopic glasses.
      Science, N. S. IX. p. 889. 1899.

1012. Derselbe, Physiological factors of the attention-process. Mind. N. S. XV.
      p. 329. 1906.

1013. Mach, E., Über die physiologische Wirkung räumlich verteilter Lichtreize.
      Sitzungsber. Wiener Akad. LIV. Abt. 2. S. 393. 1866.

1014. Derselbe, Beobachtungen über monokulare Stereoskopie. Ebenda LVIII,
      Abt. 2. S. 731. 1868.

1015. Mann, Ida C., The function of the pecten. Brit. Journ. of Ophth. VIII.
      p. 209. 1924.

1016. Marie und Ribaut, Observations sur la théorie de la vision stéréoscopique,
      et secondairement de la vision binoculaire ordinaire (théorie de
      M. Parinaud). Journ. d. physiol. et d. pathol. génér. III. p. 573. 1901.

1017. Martin, L. J., Die Projektionsmethode und die Lokalisation visueller und
      anderer Vorstellungsbilder. Zeitschr. f. Psychol. LXI. S. 321. 1912.

1018. **Martin**, L. J., Über die Lokalisation der visuellen Bilder bei normalen und anormalen Personen. Monatsschr. f. Psychiatrie und Neurol. XXXI. S. 316, 1912.

1019. **Martius**, G., Über die scheinbare Größe der Gegenstände und ihre Beziehungen zur Größe der Netzhautbilder. Wundts philos. Studien V. S. 601. 1889.

1019a. **Marx**, Proeven over dieptewaarneming usf. Nederl. Tijdschr. v. Geneesk. II. p. 656. Zit. nach Nagels Jahresber. S. 129. 1912.

1019b. **Marzynski**, G., Sehgröße und Gesichtsfeld. Psychol. Forsch. I. S. 319. 1922.

1020. **Mayerhausen**, Über die Größenverhältnisse der Nachbilder bei geschlossenen Augen. v. Graefes Arch. f. Ophth. XXIX, 2. S. 23. 1883.

1021. **Mayr**, R., Die scheinbare Vergrößerung von Sonne, Mond und Sternbildern am Horizont. Arch. f. d. ges. Physiol. CI. S. 349. 1904.

1022. **Derselbe**, Erwiderung an O. Zoth. Ebenda CV. S. 380. 1904.

1023. **van der Meulen**, Stereoskopie bei unvollkommenem Sehvermögen. v. Graefes Arch. f. Ophth. XIX, 1. S. 100. 1873.

1023a. **Derselbe und van Dooremaal**, Stereoskopisches Sehen ohne korrespondierende Halbbilder. Ebenda. S. 137. 1873.

1023b. **Meumann**, E., Über einige optische Täuschungen. Arch. f. d. ges. Psychol. XV. S. 401. 1909.

1024. **Meyer**, H., Über einige Täuschungen in der Entfernung und Größe der Gesichtsobjekte. Arch. f. physiol. Heilk. I. S. 316. 1842.

1025. **Meyer**, St., Wie groß ist der Mond? Physikal. Zeitschr. XXI. S. 168. 1920.

1026. **Mohorovičić**, S., Ein Beitrag zur Theorie des Sehraumes. Ebenda XXI. S. 515. 1920.

1027. **Moussard**, E., Appareil d optique au moyen duquel on voit en relief et dans leur sens normal les objets moulés on gravés en creux. Cpt. rend. de l'Acad. CXXIV. S. 182. 1897.

1028. **Müller**, A., Über den Einfluß der Blickrichtung auf die Gestalt des Himmelsgewölbes. Zeitschr. f. Psychol. XL. S. 74. 1905.

1029. **Derselbe**, Einige Bemerkungen über die Täuschung am Himmelsgewölbe und an den Gestirnen. Arch. f. d. ges. Psychol. XVI. S. 549. 1910.

1030. **Derselbe**, Die Referenzflächen des Himmels und der Gestirne. (Die Wissenschaften LXII.) Braunschweig 1918. Vieweg.

1030a. **Derselbe**, Über eine physiologische Erklärung der Referenzflächen der Gestirne. Physik. Zeitschr. XXI. S. 497. 1920.

1031. **Derselbe**, Beiträge zum Problem der Referenzflächen des Himmels und der Gestirne. Arch. f. d. ges. Psychol. XLI. S. 47. 1921.

1031a. **Müller**, G. E., Zur Psychophysik der Gesichtsempfindungen. Zeitschr. f. Psychol. X. S. 1, 321. 1896.

1032. **Müller**, R., Über Raumwahrnehmung beim monokularen indirekten Sehen. Wundts Philos. Studien. XIV. S. 402. 1898.

1032a. **Münsterberg**, H., Perception of distance. Journ. of philos., psychol. and scient. Meth. I. p. 617. 1904.

1033. **Nagel**, A., Über die ungleiche Entfernung von Doppelbildern, welche in verschiedener Höhe gesehen werden. v. Graefes Arch. f. Ophth. VIII, 2. S. 368. 1862.

1034. **Nagel**, W., Stereoskopie und Tiefenwahrnehmung im Dämmerungssehen. Zeitschr. f. Psychol. XXVII. S. 264. 1901.

1035. **Oppel**, J. J., Notiz über ein Anaglyptoskop (Vorrichtung, vertiefte Formen erhaben zu sehen). Jahresber. physikal. Verein Frankfurt a. M. LV. 1854/5 und Poggendorffs Ann. d. Physik. XCIX. S. 466. 1856.

1036. **Panum**, Die scheinbare Größe der gesehenen Objekte. v. Graefes Arch. f. Ophth. V, 1. S. 1. 1859.

1037. **Parinaud, H.**, La vision binoculaire. Ann. d'oculist. CXV. S. 401. 1896. Relations fonctionelles des deux yeux etc. Ebenda CXVIII. S. 161, 241, 334. 1897. Stéréoscopie et projection visuelle. Ebenda CXXXI. S. 241, 321, 401. 1904.

1038. **Peter, R.**, Untersuchungen über die Beziehungen zwischen primären und sekundären Faktoren der Tiefenwahrnehmung. Arch. f. d. ges. Psychol. XXXIV. S. 515. 1915.

1039. **Petermann, B.**, Über die Bedeutung der Auffassungsbedingungen für die Tiefen- und Raumwahrnehmung. Ebenda XLVI. S. 351. 1924.

1040. **Pfalz, G.**, Ein verbesserter Stereoskoptometer zur Prüfung des Tiefenschätzungsvermögens. Klin. Monatsbl. f. Augenheilk. XLV, 2. S. 85. 1907.

1041. **Pfeifer, R. A.**, Über Tiefenlokalisation von Doppelbildern. Psychol. Stud. v. Wundt. II. S. 129. 1908.

1042. **Derselbe**, In Sachen der optischen Tiefenlokalisation von Doppelbildern. Ebenda III. S. 299. 1908.

1043. **Pfister**, Zur Kenntnis der Mikropsie und der degenerativen Zustände des Zentralnervensystems. Neurol. Zentralbl. S. 242. 1904.

1043a. **Pick, A.**, Über Störungen der Tiefenlokalisation infolge cerebraler Erkrankungen. Beitr. z. Pathologie u. path. Anatom. d. Zentralnervensystems. S. 185. Berlin 1898. Karger.

1044. **Pierce, A. H.**, Professor Judd's illusion of the deflected threads. Psychol. review VII. p. 490. 1900.

1045. **Derselbe**, A preliminary report of experiments on the stereoscopic efficiency of vision. Psychol. bull. XII. p. 205. 1915.

1046. **Pigeon, L.**, Sur un stéréoscope dièdre à grand champ, à miroir bissecteur. Cpt. rend. d'acad. CXLI, 1. p. 247.

1047. **Derselbe**, Sur les rôles respectifs de l'accommodation et de la convergence dans la vision binoculaire. Ebenda CXLI. p. 372. 1905.

1048. **Ponzo, M.**, Rapporto fra alcune illusioni di contrasto angolare dell' apprezzamento di grandezza degli astri all' orizzonte. Riv. di psicol. VIII. p. 390. 1912.

1049. **Poppelreuter, W.**, Über die Bedeutung der scheinbaren Größe und Gestalt für die Gesichtsraumwahrnehmung. Zeitschr. f. Psychol. LIV. S. 311. 1909.

1050. **Derselbe**, Beiträge zur Raumpsychologie. Ebenda LVIII. S. 200. 1911.

1051. **Pozděna, F.**, Eine Methode zur experimentellen und konstruktiven Bestimmung der Form des Firmamentes. Ebenda LI. S. 200. 1909.

1052. **Prandtl, A.**, Die spezifische Tiefenauffassung des Einzelauges und das Tiefensehen mit zwei Augen. Fortschr. d. Psychol. IV. S. 257. 1917.

1053. **Pulfrich**, Über eine Prüfungstafel für stereoskopisches Sehen. Zeitschr. f. Instrumentenkunde XXI. S. 249. 1901.

1054. **Derselbe**, Stereoskopisches Sehen und Messen. Jena 1911. Fischer.

1055. **Derselbe**, Die Stereoskopie im Dienste der isochromen und hetèrochromen Photometrie. Naturwissenschaften X. S. 553. 1922 und Buch: Julius Springer, Berlin.

1056. **Quidor, A.**, De la sensation du relief. Compt. rend. de l'acad. d. scienc. CXLIX. p. 60. 1909.

1057. **Derselbe**, Études stéréoscopiques et contributions à la physiologie des phénomènes visuels. Annal. d'oculist. CXLI. p. 401; CXLII. p. 26. 100. 281. 1909.

1058. **Derselbe**, De la vision binoculaire. Ann. d. chimie et d. phys. 8e sér. XIX. p. 233. 1910.

1058a. **Raehlmann, E.**, Physiologisch-psychologische Studien über die Entwickelung der Gesichtswahrnehmungen bei Kindern und bei operierten Blindgeborenen. Zeitschr. f. Psychol. II. S. 53. 1891.

1059. **Randle, H. N.**, Sense-data and sensible appearences in size-distance perception. Mind XXXI. p. 284. 1922.

1060. **Reimann, E.**, Die scheinbare Vergrößerung der Sonne und des Mondes am Horizont. Zeitschr. f. Psychol. XXX, 1. S. 161. 1902.

1061. **Derselbe**, Dasselbe. Ebenda XXXVII. S. 250. 1905.

1062. **Reimar**, Über parallaktische und perspektivische Verschiebung zur Erkennung von Niveaudifferenzen, bzw. das monokulare körperliche Sehen im Auge. Arch. f. Augenheilk. XLI. S. 163. 1900.

1063. **v. Reuss, A.**, Über eine optische Täuschung. Zeitschr. f. Sinnesphysiol. XLII. S. 101. 1907, Zentralbl. f. Physiol. XXI. S. 231. 1907 und Klin. Monatsbl. f. Augenheilk. XLV. S. 271. 1907.

1064. **Rivers, W. H. R.**, On the apparent size of objects. Mind. N. S. V. p. 71. 1896.

1065. **Robinson, T. R.**, Ligth intensity and depth perception. Americ. Journ. of psychol. VII. p. 518. 1895.

1066. **v. Rohr, M.**, Das Sehen. Winkelmanns Handb. d. Physik. 2. Aufl. VI. S. 270. 1906.

1067. **Derselbe**, Die Theorie des Doppelveranten usw. Zeitschr. f. wiss. Photogr. II. S. 336. 1904.

1068. **Derselbe**, Die beim beidäugigen Sehen durch optische Instrumente möglichen Formen der Raumanschauung. Sitzungsber. Bayr. Akad. Math. physik. Kl. XXXVI. S. 487. 1906.

1069. **Derselbe**, Über Einrichtungen zur subjektiven Demonstration der verschiedenen Fälle der durch das beidäugige Sehen vermittelten Raumanschauung. Zeitschr. f. Sinnesphysiol. XLI. S. 408. 1907.

1070. **Derselbe**, Die binokularen Instrumente. Berlin: Julius Springer. 1. Aufl. 1907. 2. Aufl. 1920. Seitenzitate im Text nach der 2. Aufl.

1071. **Derselbe**, Über ein neues Spiegelstereoskop von Pigeon. Zeitschr. f. Instrumentenkunde. XXVII. S. 255. 1907.

1072. **Derselbe**, Abhandlungen zur Geschichte des Stereoskops usw. Ostwalds Klassiker Nr. 168. Leipzig 1908. Engelmann.

1073. **Derselbe**, Zur Dioptrik des Auges. Ergebn. d. Physiol. VIII. S. 541. 1909.

1074. **Derselbe**, Die Brille als optisches Instrument. 3. Aufl. Berlin 1921. Julius Springer.

1075. **Rollet, A.**, Physiologische Versuche über Binokularsehen, angestellt mit Hilfe planparalleler Glasplatten. Sitzungsber. Wiener Akad. Math.-naturw. Kl. XLII. S. 488. 1860.

1076. **Rollmann, W.**, Zwei neue stereoskopische Methoden. Poggendorffs Ann. d. Physik. XC. S. 186. 1853.

1076a. **Derselbe**, Pseudoskopische Erscheinungen. Ebenda CXXXIV. S. 615. 1868.

1076b. **Rubin, E.**, Visuell wahrgenommene Figuren. I. Kopenhagen, Berlin, London 1921. Zitiert nach dem ausf. Referat von Koffka in Psychol. Forsch. I. S. 186.

1077. **Sachs, M.**, Über die Ursachen des scheinbaren Näherstehens des unteren von zwei höhendistanten Doppelbildern. v. Graefes Arch. f. Ophth. XXXVI, 1. S. 193. 1890.

1078. **Derselbe**, Zur Erklärung der Mikropie. Ebenda XLIV, 1. S. 87. 1897.

1079. **Derselbe**, Weitere Beiträge zur Mikropiefrage. Ebenda XLVI, 3. S. 621. 1898.

1079a. **Santos-Fernández, J.**, Seltenes freiwilliges Doppelsehen beim Gesunden. Rev. cubana de oft. II. S. 39. Zitiert nach Zentralbl. f. Ophth. IV. S. 198. 1920.

1080. **Schilder, P.**, Medizinische Psychologie. Berlin 1924. Julius Springer.

1081. **Schmidt-Rimpler, H.**, Über das binokulare Sehen Schielender vor und nach der Operation. Dtsch. med. Wochenschrift 1894. S. 833.

1082. **Derselbe**, Über eine Methode, das Körperlich-Sehen beim Monokular-Sehen zu heben. Zentralbl. f. prakt. Augenheilk. XXVI. S. 1. 1902.

1082a. **Schriever, W.**, Experimentelle Studien über stereoskopisches Sehen. Zeitschr. f. Psychol. XCVI. S. 113. 1924.

1083. **Schroeder, H.**, Über eine optische Inversion mit freiem Auge. Poggendorffs Ann. d. Physik. LXXXVII. S. 306. 1852.

1083a. **Derselbe**, Über eine optische Inversion bei Betrachtung verkehrter, durch optische Vorrichtung entworfener physischer Bilder. Ebenda CV. S. 298. 1858.

1084. **Schubotz**, Beiträge zur Kenntnis des Sehraumes auf Grund der Erfahrung. Arch. f. d. ges. Psychol. XX. S. 101. 1911.

1085. **Schumann, F.**, Die Repräsentation des leeren Raumes im Bewußtsein. Zeitschr. f. Psychol. LXXXV. S. 224. 1922.

1085a. **Schwab, G.**, Vorläufige Mitteilung über Untersuchungen zum Wesen der subjektiven Anschauungsbilder. Psychol. Forsch. V. S. 321. 1924.

1086. **Schwarz, O.**, Zur akkommodativen Mikropie. Klin. Monatsbl. f. Augenheilk. Jahrg. 45. N. F. III. S. 42. 1907.

1087. **Simon, R.**, Über den Heringschen Fallversuch bei Strabismus. Zentralbl. f. prakt. Augenheilk. XXVI. S. 225. 1902.

1088. **v. Sterneck, R., Daublebsky**, Versuch einer Theorie der scheinbaren Entfernungen. Sitzungsber. d. Wiener Akad. Math.-naturw. Kl. Abt. IIa. CXIV. S. 1685. 1906.

1089. **Derselbe**, Über die scheinbare Form des Himmelsgewölbes und die scheinbare Größe der Gestirne. Ebenda. CXV. S. 547. 1906.

1090. **Derselbe**, Das psychophysische Gesetz und der Minimalsehraum. Zeitschrift f. Psychol. XLVIII. S. 96. 1908.

1091. **Derselbe**, Der Sehraum auf Grund der Erfahrung. Leipzig 1907. Barth.

1092. **Stöhr, A.**, Zur nativistischen Behandlung des Tiefensehens. Wien 1892. Deuticke.

1093. **Stolze, Fr.**, Die Stereoskopie und das Stereoskop in Theorie und Praxis. 2. Aufl. 1908. Halle a. S., Knapp.

1094. **Stratton, G. M.**, A mirror pseudoscope and the limit of visible depth Psychol. review V. p. 632. 1898.

1095. **Derselbe**, Der linear-perspektivische Faktor in der Erscheinung des Himmelsgewölbes. Zeitschr. f. Psychol. XXVIII. S. 42. 1902.

1096. **Straub, M.**, Monokuläre Stereoskopie. Arch. f. Augenheilk. LI. S. 101. 1904.

1097. **Derselbe**, Über monokulares körperliches Sehen nebst Beschreibung eines als monokulares Stereoskop benutzten Stroboskopes. Zeitschr. f. Psychol. XXXVI. S. 431. 1904.

1098. **Stroobant, P.**, Sur l'agrandissement apparent des constellations, du soleil et de la lune à l'horizon. Bull. Acad. Roy. de Belgique. 3e série. 1884. VIII. S. 719 und X. S. 315. 1885.

1099. **Stücklen, H.**, Zur Frage nach der scheinbaren Gestalt des Himmelsgewölbes. Dissert. Göttingen. 1919.

1100. **v. Szily, A.**, Stereoskopische Versuche mit Schattenrissen. v. Graefes Arch. f. Ophth. CV. S. 964.

1101. **Tichý, G.**, Experimentelle Analyse der sog. Beaunisschen Würfel. Zeitschr. f. Psychol. LXIX. S. 73. 1914.

1102. **Titchener, E. B.**, Über binokulare Wirkung monokularer Reize. Wundts Philos. Studien VIII. S. 231. 1893.

1103. **Tschermak, A.**, Beitrag zur Lehre vom Längshoropter. (Über die Tiefenlokalisation bei Dauer- und bei Momentanreizen. Nach Beobachtungen von Dr. Kiribuchi-Tokio.) Pflügers Arch. f. d. ges. Physiol. LXXXI. S. 328. 1900.

1104. **Derselbe**, Über Farbenstereoskopie. Ebenda CCIV. S. 177. 1924.

1105. **Derselbe und Hoefer, P.**, Über binokulare Tiefenwahrnehmung auf Grund von Doppelbildern. Ebenda XCVIII. S. 299. 1903.

1106. **van Valkenburg, C. T.**, Zur Kenntnis der gestörten Tiefenwahrnehmung. Dtsch. Zeitschr. f. Nervenheilk. XXXIV. S. 322. Ebenda XXXV. S. 472. 1908.

1106a. **Veraguth, O.**, Über Mikropsie und Makropsie. Dtsch. Zeitschr. f. Nervenheilk. XXIV. S. 453. 1903.

1107. **Verhoeff, F. H. und Stratton, G. M.**, The space-threshold by the pseudoscopic method. Psychol. review VII. S. 640. 1900.

1108. **Verwey, A.**, Über die Genauigkeit des Tiefsehens mittelst der monokularen Parallaxe. Arch. f. Augenheilk. LXVI. S. 93. 1910. Berichtigung dazu. Ebenda LXVII. S. 427. 1911.

1109. **Vicholkowska, A.**, Illusions of reversible perspective. Psychol. review XIII. S. 276. 1906.

1110. **Waechter, F.**, Über die Grenzen des telestereoskopischen Sehens. Sitzungsbericht d. Wien. Akad. d. Wiss. Math.-naturw. Kl. CV. Abt. IIa. S. 856. 1896.

1111. **Wallin, J. E. W.**, Optical illusions of reversible perspective: a volume of historical and experimental researches. Princeton, 1905. Zitiert nach der Besprechung von **Benussi**. Zeitschr. f. Psychol. XLIII, 1. p. 303.

1112. **Derselbe**, The duration of attention, reversible perspectives, and the refractory phase of the nervous arc. Journ. of Philos. Psychol. a. Scient. Meth. VII. p. 33. 1910.

1112a. **Washburn, M.**, The perception of distance in the inverted landscape. Mind III. p. 438. 1894.

1113. **Watt, H. J.**, Stereoscopy as a pure visual, bisystemic, integrative process. Brit. journ. of psychol. VIII. p. 131. 1916.

1114. **Weinhold, M.**, Über das Sehen mit längsdisparaten Netzhautmeridianen. v. Graefes Arch. f. Ophth. LIV. S. 201. 1902.

1115. **Derselbe**, Über Entfernungsvorstellungen bei binokularer Verschmelzung von Halbbildern. Ebenda LIX. S. 459. 1904.

1116. **Weiss, O.**, Das Verhalten der Akkommodation beim stereoskopischen Sehen. Arch. f. d. ges. Physiol. LXXXVIII. S. 79. 1901.

1117. **Wheatstone, Ch.**, Contributions to the theory of vision. Part. I. Philos. Transact. 1838. p. 371. Deutsche Übersetzung in Pogg. Ann. Ergänz.-Band I. S. 1. 1842.

1118. **Derselbe**, Dasselbe, Part II. Philos. Transact. 1852. p. 1.

1119. **Witte, H.**, Über den Sehraum. I. Physik. Zeitschr. XIX. S. 142; II. Ebenda XX. S. 61; III. Ebenda S. 114. 1919; IV. Ebenda S. 126; V. Ebenda S. 368; VI. Ebenda S. 389; VII. Ebenda S. 439; VIII. Ebenda S. 470.

1120. **Wittmann, J.**, Die Invertierbarkeit wirklicher Objekte. Arch. f. Psychol. XXXIX. S. 69. 1920.

1121. **Derselbe**, Besprechung von A. **Müller**, Die Referenzflächen usw. Naturwissenschaften. VII. S. 655. 1919.

1122. **Wundt, W.**, Über die Entstehung des Glanzes. Poggendorffs Ann. d. Physik. CXVI. S. 627. 1862.

1123. **Derselbe**, Zur Theorie der räumlichen Gesichtswahrnehmungen. Philos. Studien. XIV. S. 1. 1898.

1124. **Derselbe**, Zur Frage der umkehrbaren perspektivischen Täuschungen. Psychol. Studien. IX. S. 272. 1914.

1124a. **Zehender**, Anleitung zum Studium der Dioptrik. Erlangen. 1856. Zitiert nach **Demselben**. Klin. Monatsbl. f. Augenheilk. XIX. S. 451. 1881.

1125. **v. Zehender, W.**, Die Form des Himmelsgewölbes und das Größererscheinen der Gestirne am Horizont. Zeitschr. f. Psychol. XX. S. 353. 1899.

1126. **Derselbe**, Dasselbe, Ebenda XXIV. S. 218. 1900. Zur Abwehr einer Kritik des Herrn **Storch**. Ebenda XXX. S. 433. 1902.

1127. **Zeman, K.**, Verbreitung und Grad der eidetischen Anlage. Zeitschr. f. Psychol. XCVI. S. 208. 1924.

1128. **Zimmer, A.,** Die Ursachen der Inversionen mehrdeutiger stereometrischer Konturenzeichnungen. Zeitschr. f. Sinnesphysiol. XLVII. S. 106. 1913.

1129. **Zimmermann, P.,** Über die Abhängigkeit des Tiefeneindrucks von der Deutlichkeit der Konturen. Zeitschr. f. Psychol. LXXVIII. S. 273. 1917.

1130. **Zoth, O.,** Über den Einfluß der Blickrichtung auf die scheinbare Größe der Gestirne und die scheinbare Form des Himmelsgewölbes. Pflügers Arch. f. d. ges. Physiol. LXXVIII. S. 363. 1899.

1131. **Derselbe,** Bemerkungen zu einer alten ›Erklärung‹ und zu zwei neuen Arbeiten betr. die scheinbare Größe der Gestirne und Form des Himmelsgewölbes. Ebenda LXXXVIII. S. 201. 1901.

1131a. **Derselbe,** Erwiderung an Dr. R. Mayr. Ebenda CIII. S. 133. 1904.

1132. **Derselbe,** Ein einfaches Plastokop. Zeitschr f. Sinnesphysiol. XLIX. S. 85. 1915.

Bewegungssehen und Gestaltwahrnehmungen.

1133. **Adams, H. F.,** Autokinetic sensations. Psychol. review. 1912. Monogr. Suppl. XIV Nr. 2 (Der ganzen Reihe Nr. 59).

1134. **Aubert, H.,** Die Bewegungsempfindung. Pflügers Arch. f. d. ges. Physiol. XXXIX. S. 347. 1886.

1135. **Derselbe,** Dasselbe. 2. Mitteil. Nebst Nachtrag. Ebenda XL. S. 459. 1887.

1136. **Basler, A.,** Über das Sehen von Bewegungen. I. Mitteil. Die Wahrnehmung kleinster Bewegungen. Ebenda CXV. S. 582. 1906.

1137. **Derselbe,** Über das Sehen von Bewegungen. II. Mitteil. Die Wahrnehmung kleinster Bewegungen bei Ausschluß aller Vergleichsgegenstände. Nach gemeinsamen mit stud. med. H. Schloßberger ausgeführten Untersuchungen. Ebenda. CXXIV. S. 313. 1908.

1138. **Derselbe,** Über das Sehen von Bewegungen. III. Mitteil. Der Ablauf des Bewegungsnachbildes. Ebenda CXXVIII. S. 145. 1909.

1139. **Derselbe,** Über das Sehen von Bewegungen. IV. Mitteil. Weitere Beobachtungen über die Wahrnehmung kleinster Bewegungen. Ebenda CXXVIII. S. 427. 1909.

1140. **Derselbe,** Über das Sehen von Bewegungen. V. Mitteil. Untersuchungen über die simultane Scheinbewegung. Ebenda CXXXII. S. 131. 1910.

1141. **Derselbe,** Über das Sehen von Bewegungen. VI. Mitteil. Der Beginn des Bewegungsnachbildes. Ebenda CXXXIX. S. 611. 1911.

1142. **Derselbe,** Eine Versuchsanordnung, die es ermöglicht, die Wahrnehmbarkeit kleiner Bewegungen direkt zu vergleichen mit der sog. Sehschärfe. Zentralbl. f. Physiol. XXIII. S. 284. 1909.

1143. **Derselbe,** Der Einfluß der Helligkeit auf das Erkennen kleinster Bewegungen. Pflügers Arch. f. d. ges. Physiol. CXCIX. S. 457. 1923.

1144. **Bates, M.,** A study of the Müller-Lyer illusion, with special reference to paradoxical movement and the effect of attitude. Americ. journ. of psychol. XXXIV. p. 46. 1923.

1145. **Becher, E.,** W. Köhlers physikalische Theorie der physiologischen Vorgänge, die der Gestaltwahrnehmung zugrunde liegen. Zeitschr. f. Psychol. LXXXVII. S. 1. 1921.

1146. **Beevor,** On apparent movement of objects associated with giddiness. Ophth. review. VIII. p. 220. 1889.

1147. **Benussi,** Stroboskopische Scheinbewegungen und geometrisch-optische Gestalttäuschungen. Arch. f. d. ges. Psychol. XXIV. S. 31. 1912.

1148. **Derselbe,** Psychologie der Zeitauffassung. Heidelberg 1913. Winter.

1149. **Derselbe,** Die Gestaltwahrnehmungen. Zeitschr. f. Psychol. LXIX. S. 256. 1914.

1150. **Derselbe,** Über Scheinbewegungskombinationen. Arch. f. d. ges. Psychol. XXXVII. S. 233. 1918.

1151. **Berlin, R.,** Über ablenkenden Linsenastigmatismus und seinen Einfluß auf das Empfinden von Bewegung. Zeitschr. f. vergl. Augenheilk. V. S. 11. 1887.

1152. **Best, F.,** Über Projektion stereoskopischer Photographien und über stereoskopische Scheinbewegung. Klin. Monatsbl. f. Augenheilk. Jahrg. 1903. I. S. 449.

1153. **Bethe, A.,** Beobachtungen über die persönliche Differenz an einem und an beiden Augen. Pflügers Arch. f. d. ges. Physiol. CXXI. S. 1. 1907.

1154. **Borschke, A.** und **Hescheles, L.,** Über Bewegungsnachbilder. Zeitschr. f. Psychol. XXVII. S. 387. 1901.

1155. **Boswell, F. P.,** Visual Irradiation. Harvard Psychol. Stud. II. p. 75. 1906. Irradiation der Gesichtsempfindung. Zeitschr. f. Sinnesphysiol. XLI. S. 119. 1906.

1156. **Bourdon, B.,** La perception des mouvements par le moyen des sensations tactiles des yeux. Rev. philos. XXXV. p. 1. 1900.

1157. **Bowditch and Hall, G. S.,** Optical illusions of motion. Journ. of Physiol. III. S. 297. 1882.

1158. **Budde, E.,** Über metakinetische Scheinbewegung. Du Bois' Arch. p. 127. 1884.

1159. **Burmester, L.,** Über die Erscheinung bei der Beobachtung der Speichen eines hinter parallelen Stäben bewegten Rades, genannt das Staketphänomen. Sitzungsber. d. Bayr. Akad. 1914, Heft 2. S. 141.

1160. **Carr, H.,** A visual illusion of motion during eye closure. Psychol. review. Mon. Suppl. VII. p. 3 (Ganze Reihe Nr. 31). 1906.

1161. **Derselbe,** The pendular whiplash illusion of motion. Psychol. review. XIV. p. 160. 1907.

1161a. **Derselbe,** Apparent control of the visual field. Ebenda S. 357.

1162. **Derselbe,** The autokinetic sensation. Ebenda XVII. p. 42. 1910.

1163. **Derselbe und Hardy, M. C.,** Some factors in the perception of relative movement. Ebenda XXVII. p. 24. 1920.

1164. **Cermak, P.** und **Koffka, K.,** Untersuchungen über Bewegungs- und Verschmelzungsphänomene. Psychol. Forsch. I. S. 66. 1921.

1165. **Charpentier, A.,** Sur une illusion visuelle. Cpt. rend. de l'acad. CII. p. 1155. 1886.

1166. **Derselbe,** Nouveaux faits à propos du balancement des étoils. Ebenda p. 1462.

1167. **Classen,** Über das Schlußverfahren des Sehaktes. Rostock 1863.

1168. **Cobbold, C. S. W.,** Observations on certain optical illusions of motion. Brain. IV. p. 75. 1881.

1169. **Cords, R.** und **v. Brücke, E. Th.,** Über die Geschwindigkeit des Bewegungsnachbildes. Pflügers Arch. f. d. ges. Physiol. CXIX. S. 54. 1907

1170. **Czermak, J.,** Zur Physiologie der Gesichtseindrücke. Das Plateau-Oppelsche Phänomen und sein Platz in der Reihe gleichartiger Erscheinungen. Arch. f. Augenheilk. Jahrg. XI, 2. S. 241. 1881.

1171. **Czermak, P.,** Eine virtuelle stereoskopische Täuschung. Zeitschr. f. d. physik. u. chem. Unterr. 17. Jahrg. S. 341. 1904.

1172. **Danilewsky,** Beobachtungen über eine subjektive Lichtempfindung im variablen magnetischen Feld. Engelmanns Arch. f. Physiol. 1905. S. 513.

1173. **Dexler, H.,** Das Köhler-Wertheimersche Gestaltenprinzip und die moderne Tierpsychologie. Naturwiss. Zeitschr. Lotos LXIX. S. 143. 1921. Diskussionsbemerk. dazu von **Fürth, Tschermak, Kraus.** Ebenda S. 227.

1174. **Dimmick, F. L.,** An experimental study of visual movement and the phi phenomenon. Americ. journ. of psychol. XXXI. p. 317. 1920.

1175. **Dittler, R.** und **Eisenmeier, J.,** Über das erste positive Nachbild nach kurzdauernder Reizung des Sehorgans mittelst bewegter Lichtquelle. Pflügers Arch. f. d. ges. Physiol. CXXVI. S. 610. 1909.

1176. **Dodge, R.**, The participation of the eye movements in the visual perception of motion. Psychol. review. XI. p. 1. 1904.

1177. **Dove, H. W.**, Über optische Täuschungen bei der Bewegung. Monatsber. Berl. Akad. S. 129. 1865.

1178. **Dresslar, F. B.**, A new and simple method for comparing the perception of rate of movement in the direct and indirect field of movements. Americ. journ. of psychol. VI. p. 312. 1894.

1179. **Dufour, M.**, Sur la spirale de J. Plateau. Compt. rend. de la soc. d. biol. LXX. p. 151. 1911.

1180. **Dürr, E.**, Über die stroboskopischen Erscheinungen. Wundts Philos. Studien. XV. S. 501. 1900.

1181. **Dunlap, K.**, The shortest perceptible time-interval between two flashes of light. Psychol. review. XXII. p. 226. 1915.

1182. **Dvořák, V.**, Versuche über Nachbilder von Reizveränderungen. Sitzungsbericht d. Wiener Akad. d. Wiss. Math.-naturw. Kl. LXI. Abt. 2. S. 257. 1870.

1183. **Emsmann**, Optische Täuschung, welche sich an dem Abplattungsmodelle zeigt usw. Poggendorffs Ann. LXIV. S. 326. 1845.

1184. **Engelmann, Th. W.**, Über Scheinbewegung in Nachbildern. Jenaische Zeitschr. f. Med. u. Naturw. III. S. 443. 1867. Zitiert nach v. Szily (1286).

1185. **Exner, S.**, Experimentelle Untersuchungen der einfachsten psychischen Prozesse. III. Abh. Pflügers Arch. f. d. ges. Physiol. XI. S. 403; IV. Abh. Ebenda S. 581. 1875.

1186. **Derselbe**, Über das Sehen von Bewegungen und die Theorie des zusammengesetzten Auges. Sitzungsber. d. Wiener Akad. LXXII, 3. S. 156. 1876.

1186a. **Derselbe**, Über die Funktionsweise der Netzhautperipherie und den Sitz der Nachbilder. v. Graefes Arch. f. Ophth. XXXII, 1. S. 233. 1886.

1187. **Derselbe**, Ein Versuch über die Netzhautperipherie als Organ der Wahrnehmung von Bewegungen. Pflügers Arch. f. d. ges. Physiol. XXXVIII. S. 217. 1886.

1188. **Derselbe**, Einige Beobachtungen über Bewegungsnachbilder. Zentralbl. f. Physiol. I. S. 135. 1887.

1189. **Derselbe**, Über optische Bewegungsempfindungen. Biol. Zentralbl. VIII. S. 437. 1888.

1190. **Derselbe**, Über autokinetische Empfindungen. Zeitschr. f. Psychol. XII. S. 313. 1896.

1191. **Derselbe**, Notiz über die Nachbilder vorgetäuschter Bewegungen. Ebenda. XXI. S. 388. 1899.

1192. **Faraday**, Über eine besondere Klasse von optischen Täuschungen. Poggend. Annal. XXII. S. 601. 1831. Dazu Anm. von Poggendorff. S. 606.

1193. **Ferree, C. E.**, The streaming phenomenon. Americ. journ. of psychol. XIX. p. 500. 1908.

1194. **Ferri, L.**, Dei movimenti apparenti. Osservazioni di fisiologia sulla sensazione visiva di movimento. Ann. di ottalm. XX. p. 400. 1891.

1195. **Filehne, W.**, Über das optische Wahrnehmen von Bewegungen. Zeitschr. f. Sinnesphysiol. LIII. S. 134. 1922.

1195a. **Derselbe**, Über foveale Wahrnehmung scheinbarer Ruhe an bewegten Körpern usw. Ebenda S. 234 und LIV. S. 159. 1922.

1196. **Fischer, O.**, Psychologische Analyse der stroboskopischen Erscheinungen. Wundts Philos. Studien. III. S. 128. 1886.

1197. **v. Fleischl, E.**, Physiologisch-optische Notizen. IV.—VI. Sitzungsber. d. Wiener Akad. LXXXVI, 3. S. 8. 1882. Abgedruckt in den Gesammelten Abhandlungen. Leipzig. Barth 1883 auf S. 164.

1198. **Fleischmann, L.**, Gesundheitsschädlichkeit der Magnetwechselfelder. Naturwissenschaften. X. S. 434. 1922.

1199. **Ford, A. S.,** The pendular whiplash illusion. Psychol. review XVII. p. 192. 1910.

1200. **Fujita, T.,** Die Schätzung der Bewegungsgröße bei Gesichtsobjekten. Zeitschr. f. Sinnesphysiol. XLIV. S. 35. 1909.

1201. **Gehrke, E. und Lau, E.,** Versuche über das Sehen von Bewegungen. Psychol. Forsch. III. S. 1. 1923.

1202. **Gelb, A.,** Theoretisches über „Gestaltqualitäten". Zeitschr. f. Psychol. LVIII. S. 1. 1911.

1203. **Derselbe,** Versuche auf dem Gebiet der Zeit- und Raumanschauung. Ber. VI. Kongr. f. exper. Psychol. S. 36. 1914.

1204. **Gentil, Karl,** Der stroboskopische Effekt. Dtsch. opt. Wochenschr. VII. S. 684. 1921.

1205. **Gertz, H.,** Untersuchungen über Zöllners anorthoskopische Täuschung. Skand. Arch. f. Physiol. X. S. 53. 1899.

1206. **Gneisse, K.,** Die Entstehung der Gestaltvorstellungen usw. Arch. f. d. ges. Psychol. XLII. S. 295. 1922.

1207. **Grünbaum,** Über die psychophysiologische Natur des primitiven optischen Bewegungseindrucks. Fol. neurobiolog. IX. S. 699. 1915.

1208. **Grützner, P.,** Einige Versuche mit der Wunderscheibe. Pflügers Arch. f. d. ges. Physiol. LV. S. 508. 1894.

1209. **Hamann, R.,** Über die psychologischen Grundlagen des Bewegungsbegriffs. Zeitschr. f. Psychol. XLV. S. 231, 341. 1907.

1210. **Hanselmann, H.,** Über optische Bewegungswahrnehmung. Diss. Zürich. 1911.

1210a. **Hartmann, L.,** Neue Verschmelzungsphänomene. Psychol. Forsch. III. S. 319. 1923.

1211. **Hecht, H.,** Neue Untersuchungen über die Zöllnerschen anorthoskopischen Zerrbilder. Von F. Schumann. I. Die simultane Erfassung der Figuren. Zeitschr. f. Psychol. XCIV. S. 153. 1924.

1212. **Heine, L.,** Scheinbewegungen in Stereoskopbildern. Klin. Monatsbl. f. Augenheilk. II. S. 369. 1902.

1213. **Derselbe,** Zur Erklärung der Scheinbewegungen in Stereoskopbildern. v. Graefes Arch. f. Ophth. LIX. S. 189. 1904.

1214. **Henning, H.,** Refraktärstadien in sensorischen Zentren. Pflügers Arch. f. d. ges. Physiol. CLXV. S. 605. 1916.

1215. **Hering, E.,** Über die Herstellung stereoskopischer Wandbilder mittelst Projektionsapparat. Ebenda LXXXVII. S. 229. 1902.

1216. **Derselbe,** Eine Methode zur Beobachtung und Zeitbestimmung des ersten positiven Nachbildes kleiner bewegter Objekte. Ebenda CXXVI. S. 604. 1909.

1217. **Hillebrand, F.,** Zur Theorie der stroboskopischen Bewegungen. Zeitschr. f. Psychol. LXXXIX. S. 209 und XC. S. 1. 1922.

1217a. **Hofmann, F. B.,** Die physiologischen Grundlagen der Bewußtseinsvorgänge. Naturwissenschaften, IX. S. 165. 1921.

1218. **Holmgren,** Studien über elementare Farbenempfindungen. Skand. Arch. f. Physiol. I. S. 176. 1889.

1219. **Hoppe, J. J.,** Die Scheinbewegungen. Würzburg 1879.

1220. **Derselbe,** Sudien zur Erklärung gewisser Scheinbewegungen. Zeitschr. f. Psychol. VII. S. 29. 1894.

1221. **Hunter, W. S.,** The after-effect of visual motion. Psychol. review. XXI. p. 245. 1914.

1222. **Derselbe,** Retinal factors in visual after-movements. Ebenda XXII. p. 479. 1915.

1223. **Kenkel, F.,** Untersuchungen über den Zusammenhang zwischen Erscheinungsgröße und Erscheinungsbewegung bei einigen sogenannten optischen Täuschungen. Zeitschr. f. Psychol. LXVII. S. 358. 1913.

1224. **Kinoshita**, T., Zur Kenntnis der negativen Bewegungsnachbilder. Zeitschr. f. Sinnesphysiol. XLIII. S. 420. 1909.

1225. **Derselbe**, Über die Dauer des negativen Bewegungsnachbildes. Ebenda S. 434. 1909.

1226. **Klein**, Das Wesen des Reizes. Engelmanns Arch. 1904. S. 305; 1905. S. 140.

1227. **Kleiner**, Physiologisch-optische Beobachtungen. IV. Über Scheinbewegungen. Pflügers Arch. f. d. ges. Physiol. XVIII. S. 542. 1879.

1228. **Köhler**, W., Die physischen Gestalten in Ruhe und im stationären Zustand. Braunschweig. Vieweg 1918.

1228a. **Derselbe**, Zur Theorie der stroboskopischen Bewegung. Psychol. Forsch. III. S. 397. 1923.

1229. **Derselbe**, Gestaltprobleme und Anfänge einer Gestalttheorie. Jahresber. d. Physiol. für 1922. Berlin. Springer.

1230. **Koffka**, K., Beiträge zur Psychologie der Gestalt- und Bewegungserlebnisse. Einleitung. Zeitschr. f. Psychol. LXVII. S. 353. 1913.

1231. **Derselbe**, Zur Grundlegung der Wahrnehmungspsychologie. Ebenda. LXXIII. S. 11. 1915.

1232. **Derselbe**, Zur Theorie einfachster gesehener Bewegungen. Ebenda LXXXII. S. 257. 1919.

1233. **Derselbe**, Über den Linkeschen Kreisbogenversuch. Psychol. Forsch. II. S. 148. 1922.

1234. **Derselbe**, Zur Theorie der stroboskopischen Bewegung. Ebenda III. S. 397. 1923.

1234a. **Derselbe**, The perception of movement in the region of the blind spot etc. Brit. Journ. of Psychol. gen. sect. XIV. p. 289. 1924.

1235. **Korte**, Kinematoskopische Untersuchungen. Zeitschr. f. Psychol. LXXII. S. 193. 1915.

1236. **ter Kuile**, T. E., Stereokinematoskopie dichopisch gesehener harmonischer Punktbewegungen. Pflügers Arch. f. d. ges. Physiol. CLXXIV. S. 233. 1919.

1237. **Kurz**, A., Über optische Erscheinungen, welche durch zwei rasch sich drehende Körper hervorgerufen werden. Poggendorffs Ann. Ergänz. Band V. S. 653. 1871.

1238. **Lasersohn**, W., Kritik der hauptsächlichsten Theorien über den unmittelbaren Bewegungseindruck. I. Abh. der Untersuchungen über die Wahrnehmung der Bewegung durch das Auge. Herausgegeben von F. Schumann. Zeitschr. f. Psychol. LXI. S. 81. 1912.

1239. **Lindemann**, E., Experimentelle Untersuchungen über das Entstehen und Vergehen von Gestalten. Psychol. Forsch. II. S. 5. 1922.

1240. **Linke**, P., Die stroboskopischen Täuschungen und das Problem des Sehens von Bewegungen. Psychol. Studien v. Wundt. III. S. 393. 1908.

1241. **Derselbe**, Meine Theorie der stroboskopischen Täuschungen und Karl Marbe. Zeitschr. f. Psychol. XLVII. S. 203. 1908.

1242. **Derselbe**, Das paradoxe Bewegungsphänomen und die neue Wahrnehmungslehre. Arch. f. d. ges. Psychol. XXXIII. S. 261. 1915.

1243. **Derselbe**, Grundfragen der Wahrnehmungslehre. München 1918.

1244. **MacDougall**, Sensations excited by a single moment stimulation of the eye. Brit. journ. of psychol. I. p. 78. 1904.

1245. **Derselbe**, The illusion of the "fluttering heart" etc. Ebenda p. 428. 1905.

1246. **Marbe**, K., Die stroboskopischen Erscheinungen. Wundts philos. Studien. XIV. S. 376. 1898.

1247. **Derselbe**, Wundts Stellung zu meiner Theorie der stroboskopischen Erscheinungen und zur systematischen Selbstwahrnehmung. Zeitschr. f. Psychol. XLVI. S. 345. 1908.

1248. Marbe, K., Bemerkungen zu Herrn Professor H. Wirths „Erwiderung". Ebenda. XLVII. S. 291. 1908. — Bemerkung zu dem Aufsatz des Herrn P. Linke. Ebenda. S. 321. 1908.

1249. Derselbe, Theorie der kinematographischen Projektionen. Leipzig 1910.

1250. Matthaei, R., Von den Theorien über eine allgemein-physiologische Grundlage des Gedächtnisses. Zeitschr. f. allgem. Physiol. XIX. Sammelreferate S. 1. Die Erregung des Neurons als physiologische Grundlage psychischer Vorgänge. Zeitschr. f. Psychol. XCIV. S. 113. 1924.

1250a. Derselbe, Nachbewegungen beim Menschen. Pflügers Arch. f. Physiol. CCIL. S. 88. 1924.

1251. Mayerhausen, Über eine subjektive Erscheinung bei Betrachtung von Konturen. v. Graefes Arch. f. Ophth. XXX, 2. S. 191. Nachtrag dazu. Ebenda. XXX, 4. S. 311. 1884.

1252. Derselbe, Studien über die Chromatokinopsien. Arch. f. Augenheilk. XIV. S. 31. 1884.

1253. Müller, G. E., Komplextheorie und Gestalttheorie. Göttingen 1923.

1253a. Müller, J., Die phantastischen Gesichtserscheinungen. Koblenz 1826.

1253b. Musatti, C. L., Sui fenomeni stereocinetici. Arch. ital. di psicol. III. S. 105. 1924.

1254. Nagel, W., Zwei optische Täuschungen. Zeitschr. f. Psychol. XXVII. S. 277. 1901.

1255. Öhrwall, H., Über einige visuelle Bewegungstäuschungen. I. Charpentiers Täuschung. II. Exners Punktschwanken. Skand. Arch. f. Physiol. XXVII. S. 33 u. 50. 1912.

1256. Derselbe, Die Bewegungen des Auges während des Fixierens. Ebenda. S. 65 u. 304. 1912.

1257. Oppel, J. J., Neue Beobachtungen und Versuche über eine eigentümliche, noch wenig bekannte Reaktionstätigkeit des menschlichen Auges. Poggendorffs Annalen XCIX. S. 540. 1856.

1258. Peterson, J., Some striking illusion of movement of a single light on mountains. Americ. journ. of psychol. XXVIII. p. 476. 1917.

1259. Pierce, A. H., A new explanation for the illusory movements seen by Helmholtz on the Zöllner diagram. Psychol. review VII. p. 356. 1900.

1260. Derselbe, The illusory dust drift. Science N. S. XII. S. 208.

1261. Derselbe, Studies in auditory and visual space perception. New York. Longmans, Green Co. 1901. (Enthält auch die beiden vorigen Abhandlungen.)

1261a. Piéron, H., A quoi est du le phénomène de la ›stroboscopie rétinienne‹ (figure radiée apparaissant au cours de la rotation des disques à secteurs). Cpt. rend. de la soc. de biol. LXXXV. p. 300. 1911.

1262. Pikler, J., Über verdoppelnde und vereinfachende Kinematographie und die kinematographische Natur des Binokularsehens. Zeitschr. f. Psychol. LXXV. S. 145. 1916.

1263. Plateau, J., Über einige Eigenschaften der vom Lichte auf das Gesichtsorgan hervorgebrachten Eindrücke. Poggend. Ann. XX. S. 304.

1264. Derselbe, Notiz über ein Anorthoskop. Ebenda XXXVII. S. 464. 1836.

1265. Derselbe, Vierte Notiz über eine neue, sonderbare Anwendung des Verweilens der Eindrücke auf der Netzhaut. Ebenda LXXX. S. 289. 1850.

1266. Pleikart-Stumpf, Über die Abhängigkeit der visuellen Bewegungsempfindung und ihres negativen Nachbildes von den Reizvorgängen auf der Netzhaut. Zeitschr. f. Psychol. LIX. S. 321. 1911.

1267. Poppelreuter, W., Zur Psychologie und Pathologie der optischen Wahrnehmung. Zeitschr. f. d. ges. Neurol. u. Psychiatrie. LXXXIII. S. 26. 1923.

1267a. Pötzl und Redlich, Demonstration eines Falles von bilateraler Affektion beider Okzipitallappen. Wiener klin. Wochenschr. XXIV. S. 517. 1911.

1268. **Purkynje, J.,** Beobachtungen und Versuche zur Physiologie der Sinne. I. Beiträge zur Kenntnis des Sehens in subjektiver Hinsicht. Prag. 1. Aufl. 1819. Zitate im Text nach der 2. Aufl. 1823.
1269. **Derselbe,** Dasselbe II. Neue Beiträge usw. Berlin 1826.
1269a. **Rönne, H.,** False movements appearing during vision through spectacle glasses etc. Acta ophth. I. p. 55. 1923.
1270. **Roget,** Erklärung eines optischen Betruges bei Betrachtung der Speichen eines Rades durch vertikale Öffnungen. Poggend. Ann. V. S. 93. 1825.
1271. **Rollet, H.,** Über ein subjektives optisches Phänomen bei der Betrachtung gestreifter Flächen. Zeitschr. f. Sinnesphysiol. XLVI. S. 198. 1913.
1272. **Rothschild, H.,** Untersuchungen über die sog. Zöllnerschen anorthoskopischen Zerrbilder. Zeitschr. f. Psychol. XC. S. 137. 1920.
1273. **Sachs, M.,** Bild und Wirklichkeit. Wiener med. Wochenschr. 1921. S. 1079.
1274. **Sanders, E. H.,** Over den invloed van vermoeienis op de optische schijnbewegingen. Nederlandsch tijdschr. v. geneesk. 1921, 2. S. 1820. Refer. in Psychol. Forsch. III. S. 175 und Zentralbl. f. Ophth. VI. S. 490.
1275. **Derselbe,** L'influence de la fatigue sur les mouvements optiques apparents. Arch. Néerland. de Physiol. VI. 421. 1922.
1276. **Schapringer, A.,** Zur Theorie der „flatternden Herzen". Zeitschr. f. Psychol. V. S. 385. 1893.
1277. **Schilder, P.,** Über autokinetische Empfindungen. Arch. f. d. ges. Psychol. XXV. S. 36. 1912.
1277a. **Scholz, W.,** Experimentelle Untersuchungen über die phänomenale Größe von Raumstrecken, die durch Sukzessivdarbietung zweier Reize begrenzt werden. Psychol. Forsch. V. S. 219. 1924.{
1278. **Schumann, F.,** Über einige Hauptprobleme der Lehre von den Gesichtswahrnehmungen. Bericht über den V. Kongreß f. exp. Psychol. S. 179. 1912.
1279. **Schwertschlager, J.,** Über subjektive Gesichtsempfindungen und -Erscheinungen. Zeitschr. f. Psychol. XVI. S. 35. 1898.
1280. **Sinsteden, W. J.,** Über ein pseudoskopisches Bewegungsphänomen. Poggendorffs Ann. d. Physik. CXI. S. 336. 1860.
1281. **Stern, L. W.,** Die Wahrnehmung von Bewegungen vermittelst des Auges. Zeitschr. f. Psychol. VII. S. 321. 1894.
1282. **Stewart, C. C.,** Zöllners anorthoscopic illusion. Americ. journ. of psychol. XI. S. 340. 1900.
1283. **Stratton, G. M.,** The psychology of change: how is the perception of movement related to that of succession? Psychol review. XVIII. S. 262. 1911.
1284. **Szili, A.,** Zur Erklärung der „flatternden Herzen". Du Bois Arch. S. 157. 1891.
1285. **Derselbe,** „Flatternde Herzen". Zeitschr. f. Psychol. III. S. 359. 1892.
1286. **v. Szily, A.,** Bewegungsnachbild und Bewegungskontrast. Ebenda. XXXVIII. S. 81. 1905.
1287. **Derselbe,** Zum Studium des Bewegungsnachbildes. Zeitschr. f. Sinnesphysiol. XLII. S. 109. 1907.
1288. **Takei, T.,** Über die Dauer des negativen farbigen Bewegungsnachbildes. Zeitschr. f. Sinnesphysiol. XLVII. S. 377. 1913.
1289. **Thalmann, W. A.,** The after-effect of a seen movement, when the whole visual field is filled by a moving stimulus. Americ. journ. of psychol. XXXII. p. 429. 1921.
1290. **Thompson, S. P.,** Optical illusions of movement. Brain III. S. 289. 1880.
1291. **v. Tschermak, A.,** Über Simultankontrast auf verschiedenen Sinnesgebieten (Auge. Bewegungssinn, Geschmackssinn, Tastsinn und Temperatursinn). Pflügers Arch. f. d. ges. Physiol. CXXII. S. 98. 1908.
1292. **Vierordt, K.,** Zeitsinn. Tübingen 1868. Laupp.

1292a. Vierordt, K., Die Bewegungsempfindung. Zeitschr. f. Biol. XII. S. 226. 1876.
1293. Watt, H. J., The psychology of visual motion. Brit. journ. of psychol. VI. S. 39. 1913.
1294. Weinhold, M., Zur Erklärung der paradoxen parallaktischen Verschiebung der Stereographenbilder. v. Graefes Arch. f. Ophth. LVIII. S. 202. 1904.
1295. Derselbe, Parallaktische Verschiebung und Scheinbewegung in Sammelbildern binokular verschmolzener Halbbilder. Ebenda. LIX. S. 581. 1904.
1296. Derselbe, Über die Bedeutung einiger psychischer Momente für die Bilderbetrachtung bei Bewegung. Ebenda. LXIII. S. 460. 1906.
1297. Wertheimer, M., Untersuchungen über das Sehen von Bewegung. Zeitschrift f. Psychol. LXI. S. 161. 1912.
1298. Derselbe, Untersuchungen zur Lehre von der Gestalt. I. Psychol. Forsch. I. S. 47. 1921. II. Ebenda. IV. S. 301. 1923.
1299. Derselbe, Bemerkungen zu Hillebrands Theorie der stroboskopischen Bewegungen. Ebenda. III. S. 106. 1923.
1299a. Whipple, G. M., The possibility of psychical factors in illusion sof reversed motion. Science N. S. XXIII. S. 507. 1906.
1300. Wingender, P., Beiträge zur Lehre von den geometrisch-optischen Täuschungen. Zeitschr. f. Psychol. LXXXII. S. 21. 1919.
1301. Wirth, W., Erwiderung gegen K. Marbe. Ebenda. XLVI. S. 429. 1908.
1302. Witasek, St., Beiträge zur Psychologie der Komplexionen. Ebenda. XIV. S. 401. 1897.
1303. Wittmann, J., Über das Sehen von Scheinbewegungen und Scheinkörpern. Leipzig 1921. Barth.
1303a. Derselbe, Über den Linkeschen Kreisbogenversuch. Psychol. Forsch. II. S. 154. 1922.
1304. Wohlgemuth, A., On the after-effect of seen movement. Brit. journ. of psychol. Monogr.-Suppl. I. 1911.
1305. Zehfuß, G., Über Bewegungsnachbilder. Wiedemanns Ann. d. Physik. N. F. IX. S. 672. 1880.
1306. Zöllner, F., Über eine neue Art anorthoskopischer Zerrbilder. Poggendorffs Ann. CXVII. S. 477. 1862.
1306a. Über relative Bewegungen auf rotierenden Scheiben. Prometheus. XVII. S. 501. 1906.

Optischer Raumsinn und Gesamtorganismus.

1307. Ahlmann, W., Zur Analysis des optischen Vorstellungslebens. Arch. f. d. ges. Psychol. XLVI. S. 193. 1924.
1308. Alexander, G. und Bárány, R., Psychophysiologische Untersuchungen über die Bedentung des Statolithenapparates für die Orientierung im Raum an Normalen und Taubstummen. Zeitschr. f. Psychol. XXXVII. S. 321. 1904.
1308a. Arndts, F., Ein Beitrag zur Frage nach den der Lagewahrnehmung dienenden Sinnesfunktionen. Zeitschr. f. Biol. LXXXII. S. 131. 1924.
1309. Aubert, H., Eine scheinbar bedeutende Drehung von Objekten bei Drehung des Kopfes nach rechts oder links. Virchows Arch. XX. S. 381. 1861.
1310. Derselbe, Physiologische Studien über die Orientierung unter Zugrundelegung von Yves Delage: Etudes expérimentales sur les illusions statiques etc. Tübingen 1888.
1311. Bárány, R., Das Fischersche und das Kißsche Vorbeizeigen bei Seitenwendung des Blicks. Acta oto-laryngol. IV. S. 94. 1922.
1311a. Binet, A., Reverse illusion of orientation. Psychol. review. I. S. 337. 1894.
1312. du Bois-Reymond, R., Zur Lehre von der subjektiven Projektion. Zeitschrift f. Psychol. XXVII. S. 399. 1901.

1313.   Breuer, J., Über die Funktion der Otolithenapparate. Pflügers Arch. f. d.
        ges. Physiol. XLVIII. S. 195. 1891.
1314.   Derselbe und Kreidl, Über die scheinbare Drehung des Gesichtsfeldes
        während der Einwirkung einer Zentrifugalkraft. Ebenda. LXX.
        S. 494. 1898.
1315.   Brünings, Untersuchungen über die Vertikalempfindung. Verhandl. d.
        dtsch. otol. Ges. 21. Vers. 1912. S. 132.
1315a. Bürklen, K., Blindenpsychologie. Leipzig. 1924. Barth.
1316.   Busch, Untersuchungen an Sehhirnverletzten. Münch. med. Wochenschr.
        1918. S. 920.
1317.   Claparède, E., La faculté d'orientation lointaine. Arch. de Psychol. II.
        S. 133. 1903.
1318.   Cyon, E. v., Bogengänge und Raumsinn. Du Bois' Arch. f. Physiol. 1897. S. 29.
1319.   Derselbe, Ohrlabyrinth, Raumsinn und Orientierung. Pflügers Arch. f. d.
        ges. Physiol. LXXIX. S. 211. 1900.
1320.   Derselbe, Täuschungen in der Wahrnehmung der Richtungen durch das
        Ohrlabyrinth. Ebenda. XCIV. S. 139. 1903.
1321.   Dabney, T. G., Lateral vision and orientation. Science XLIV. p. 749. 1916.
1322.   Darwin, G., Moving in a circle. Nature. VIII. p. 6. 1873. Bemerkungen
        dazu. Ebenda. S. 27, 77. 1873.
1323.   Delabarre, E. B., Accuracy of perception of verticality, and the factors
        that influence it. Journ. of Philos., Psychol. and Scient. Methods I.
        p. 85. 1904.
1323a. Dove, H. W., Über eine optische Täuschung beim Fahren auf der Eisen-
        bahn. Poggendorffs Ann. d. Physik. LXXI. S. 118. 1847.
1324.   Feilchenfeld, H., Zur Lageschätzung bei seitlichen Kopfneigungen. Zeit-
        schrift f. Psychol. XXXI. S. 127. 1903.
1325.   Fischer, B., Der Einfluß der Blickrichtung und Änderung der Kopfstellung
        (Halsreflex) auf den Bárányschen Zeigeversuch. Wiener klin. Wochen-
        schrift 1914. S. 1169.
1326.   Fischer, W., Das Erinnerungsvermögen an bestimmte Lagen im Raum usw.
        Zeitschr. f. Biol. LXXVII. S. 1. 1922.
1327.   Garten, S., Die Bedeutung unserer Sinne für die Orientierung im Luft-
        raume. Leipzig 1917.
1328.   Goldstein, K., Über den heutigen Stand der Lehre von der Rindenblind-
        heit. Zeitschr. f. Neurol. u. Psychiatrie. Ref. XIV. S. 97. 1917.
1329.   Derselbe, Über die Abhängigkeit der Bewegungen von optischen Vor-
        gängen. Monatsschr. f. Psychiatrie u. Neurol. LIV. S. 141. 1923.
1329a. Derselbe. Über den Einfluß unbewußter Bewegungen resp. Tendenzen zu
        Bewegungen auf die taktile und optische Raumwahrnehmung. Klin.
        Wochenschr. IV. S. 294. 1925.
1330.   Derselbe und Reichmann, F., Über praktische und theoretische Er-
        gebnisse aus den Erfahrungen an Hirnschußverletzten. Ergebn. d. inn.
        Med. u. Kinderheilk. XVIII. S. 405. 1920.
1331.   Derselbe und Riese, Über induzierte Veränderungen des Tonus usw.
        I. Über induzierte Veränderungen des Tonus beim normalen Menschen.
        Klin. Wochenschr. II. S. 1201. 1923.
1332.   Dieselben, Dasselbe. II. Blickrichtung und Zeigeversuch. Ebenda. II.
        S. 2338. 1923.
1332a. Guldberg, F. O., Die Zirkularbewegung als tierische Grundbewegung usw.
        Zeitschr. f. Biol. XXXV. S. 419. 1897.
1333.   Hartmann, Die Orientierung. Leipzig 1902. Vogel.
1334.   Heller, Studien zur Blindenpsychologie. Wundts Philos. Studien. XI.
        S. 226. 1895.
1334a. Herrmann, G., Über eine besondere Projektions- und Raumsinnstörung
        bei Großhirnläsion. Med. Klinik. XX. S. 9. 1924.

1335. Hofmann, F. B., Über den Einfluß schräger Konturen auf die optische Lokalisation bei seitlicher Kopfneigung. Einleitende Versuche. Pflügers Arch. f. d. ges. Physiol. CXXXVI. S. 724. 1910.

1336. Derselbe, Der Einfluß schräger Konturen auf die scheinbare Horizontale und Vertikale. IV. Kongr. f. exper. Psychol. Innsbruck. S. 236. 1910.

1337. Derselbe und Bielschowsky, A., Über die Einstellung der scheinbaren Horizontalen und Vertikalen bei Betrachtung eines von schrägen Konturen erfüllten Gesichtsfeldes. Pflügers Arch. f. d. ges. Physiol. CXXVI. S. 453. 1909.

1338. Derselbe und Fruböse, A., Über das Erkennen der Hauptrichtungen im Sehraum. Zeitschr. f. Biol. LXXX. S. 94. 1923.

1339. Holmes, G., Visual localisation and orientation. (Abstract.) Brit. med. journ. 1917. S. 826.

1340. Jensen, Organische Zweckmäßigkeit, Entwicklung und Vererbung vom Standpunkte der Physiologie. Jena 1907. Fischer.

1341. Kiss, J., Über das Vorbeizeigen bei forciertem Seitwärtsschauen. Zeitschr. f. d. ges. Neurol. u. Psychiatrie. LXV. S. 14. 1921.

1342. Kreidl, A., Beiträge zur Physiologie des Ohrlabyrinths auf Grund von Versuchen an Taubstummen. Pflügers Arch. f. d. ges. Physiol. LI. S. 119. 1892.

1342a. Krogius, A., Zur Frage vom sechsten Sinn der Blinden. Zeitschr. f. exper. Pädagogik. V. S. 77. 1907. Weiteres zur Frage vom sechsten Sinn der Blinden. Ebenda. VII. S. 162. 1908.

1343. Kunz, M., Das Orientierungsvermögen und das Ferngefühl der Blinden und Taubblinden. Internat. Arch. f. Schulhygiene. IV. S. 80. 1907. Nochmals der (von Laien und Dilettanten sogenannte) „sechste Sinn" der Blinden. Zeitschr. f. exper. Pädagogik. VII. S. 16. 1908.

1344. Mach, E., Grundlinien der Lehre von den Bewegungsempfindungen. Leipzig 1875. Engelmann.

1345. Müller, G. E., Über das Aubertsche Phänomen. Zeitschr. f. Sinnesphysiol. XLIX. S. 109. 1916.

1346. Müller, O., Über den Einfluß der Kopf- und Augenstellung auf die Lokalisationsbewegung des Armes. Dtsch. Zeitschr. f. Nervenheilk. LXXVIII. S. 325. 1923.

1347. Münsterberg und Pierce, The localization of sound. Psychol. review. I. p. 461. 1894.

1348. Mulder, M. E., Ons oordeel over verticaal, bij neiging van het hoofd naar rechts of links. Feestbundel, Donders-Jubiläum, Amsterdam. Van Rossen. 1888.

1349. Nagel, W. A., Über das Aubertsche Phänomen und verwandte Täuschungen über die vertikale Richtung. Zeitschr. f. Psychol. XVI. S. 373. 1898.

1350. Derselbe, Die Lage-, Bewegungs- und Widerstandsempfindung. Sein Handbuch d. Physiol. III. S. 735. 1904.

1351. Noltenius, F., Raumbild und Fallgefühl im Fluge. Arch. f. Ohren-, Nasen-, Kehlk.-Krankh. CVIII. S. 107. 1921.

1352. Peirce, B. O., The perception of horizontal and of vertical lines. Science N. S. X. S. 425. 1899.

1353. Pfeiffer, R. A., Die Störungen des optischen Sucheaktes bei Hirnverletzten. Dtsch. Zeitschr. f. Nervenheilk. LXIV. S. 140. 1919.

1353a. Pötzl, O., Über die Herderscheinungen bei Läsion des linken unteren Scheitellappens. Med. Klinik. XIX. S. 7. 1923. Über das Syndrom bei Herderkrankungen der Scheitel-Hinterhauptlappen. Ebenda. XX. S. 10. 1924.

1354. Pütter, A., Organologie des Auges. Graefe-Saemisch Handb. d. Augenheilkunde 3. Aufl. Leipzig 1912. Engelmann.

1355. Reichmann, F., Zur Phänomenologie subjektiver optischer Erscheinungen.
          Neurol. Zentralbl. XXXIX. S. 771. 1920.
1356. Reinhold, J., Über die Abhängigkeit der Báranyschen Zeigereaktion von
          der Kopfstellung. Dtsch. Zeitschr. f. Nervenheilk. L. S. 158. 1914.
1356a. Roderfeld, M., Über die optisch-räumlichen Störungen. Diss. Würz-
          burg. 1919.
1357. Rudzki, M. P., Über ein angeborenes Gefühl der Kardinalrichtungen des
          Horizonts. Biol. Zentralbl. XI. S. 63. 1891.
1358. Sachs, M. und Meller, J., Über die optische Orientierung bei Neigung
          des Kopfes gegen die Schulter. v. Graefes Arch. f. Ophth. LII. S. 387.
          1901.
1359. Dieselben, Untersuchungen über die optische und haptische Lokalisation
          bei Neigungen um eine sagittale Achse. Zeitschr. f. Psychol. XXXI.
          S. 89. 1903.
1360. Schilder, P., Studien über den Gleichgewichtsapparat. Wiener klin.
          Wochenschr. 1918. S. 1350.
1361. Stigler, R., Versuche über die Beteiligung der Schwerempfindung an der
          Orientierung des Menschen im Raume. Pflügers Arch. f. d. ges. Physiol.
          CXLVIII. S. 573. 1912.
1362. Szymanski, J. S., Versuche über den Richtungssinn beim Menschen.
          Ebenda. CLI. S. 158. 1913.
1363. Truschel, L., Der sechste Sinn der Blinden. Die experim. Pädagogik.
          Herausgeg. von Meumann. III. S. 109. IV. S. 129. Nachtrag. Zeitschr.
          f. exp. Pädag. V. S. 66. 1906/07.
1363a. Derselbe, Das Problem des sogenannten sechsten Sinnes der Blinden.
          Arch. f. Psychol. XIV. S. 133. 1909.
1364. Derselbe, Contribution à l'étude du sens de la direction chez les aveugles.
          Compt. rend. Acad. CLII. S. 1022. 1911.
1364a. Urbantschitsch, V., Über Störungen des Gleichgewichtes und Schein-
          bewegungen. Zeitschr. f. Ohrenheilk. XXXI. S. 234. 1897.
1365. v. Weizsäcker, V., Über einige Täuschungen in der Raumwahrnehmung
          bei Erkrankung des Vestibularapparates. Dtsch. Zeitschr. f. Nerven-
          heilkunde. LXIV. S. 1. 1919.
1365a. Wodak, E., und Fischer, M. H., Zur Analyse des Báranyschen Zeige-
          versuchs. Monatsschr. f. Ohrenheilk. LVIII. S. 404 u. 1107. 1924.
1365b. Wölfflin, E., Untersuchungen über den Fernsinn der Blinden. Zeitschr.
          f. Sinnesphysiol. XLIII. S. 187. 1909.
1366. Wood, R. W., The "haunted swing" illusion. Psychol. review. II. S. 277.

Literatur-Nachtrag zum I. Teil.

Zu: Irradiation, Auflösungsvermögen und Feinheit des Raumsinns.

Arps, G. F., Visual discrimination of rectangular areas by varying degrees of
          achromatic light. Journ. of exp. psychol. II. p. 41. 1917.
Day, L. M., The effect of illumination on peripheral vision. Americ. journ. of
          psychol. XXIII. p. 533. 1912.
Ferree, C. E. und Rand, G., Visual acuity at low illumination etc. Americ.
          journ. of ophth. 3. Ser. III, p. 408. 1920.
Dieselben, Lantern and apparatus for testing the light sense and for determining
          acuity at low illuminations. Ebenda. p. 335. 1920.
Dieselben, The effect of intensity of illumination on the acuity of the normal
          eye etc. Americ. journ. of psychol. XXXIV. p. 244. 1923.
Gleichen, A., Beitrag zur Theorie der Sehschärfe. v. Graefes Arch. f. Ophth.
          XCIII. S. 303. 1917.

Gleichen, A., Zur Begriffsbestimmung der Sehschärfe. Arch. f. Augenheilk. XC. S. 211. 1922.

Derselbe, Über das Sehvermögen bei unscharfer Abbildung. v. Graefes Arch. f. Ophth. CVIII. S. 398. 1922.

Gullstrand, A., Über gleichzeitige Bestimmung von Refraktion und Sehschärfe. Svenska läkaressällskapets handlingar. XLVIII. S. 53. 1922.

Hartridge, H., Chromatic aberration and resolving power of the eye. Journ. of physiol. LII. p. 175. 1918.

Derselbe, Visual acuity and the resolving power of the eye. Ebenda. LVII p. 52. 1922. Hier weitere Literatur!

Derselbe, Physiological limits to the accuracy of visual observation and measurement. Philos. mag. XLVI. S. 47. 1923.

v. Hofe, Chr., Apparat zur Prüfung der Sehleistung bei Noniuseinstellungen. Zeitschr. f. techn. Physik. I. S. 85. 1920.

Jaeckel, G., Reizschwellenwert, Irradiation und Abbildungsfehler des menschlichen Auges. Physikal. Zeitschr. XXV. S. 13. 1924.

Katzenellenbogen, E. W., Die zentrale und periphere Sehschärfe des hell- und dunkeladaptierten Auges. Wundts Psychologische Studien III. S. 272. 1907.

Kirsch, Sehschärfenuntersuchungen mit Hilfe des Visometers von Zeiss. v. Graefes Arch. f. Ophth. CIII. S. 253. 1920. (Die Sehschärfe nimmt bei der Akkommodation ab.)

Kohlrausch, A., Über den Helligkeitswert verschiedener Farben. Pflügers Arch. f. d. ges. Physiol. CC. S. 210. 1923. Hierin auch Messungen mit der Sehschärfenmethode.

Knight-Dunlap, A new measure of visual discrimination. Psychol. review. XXII. p. 28. 1915.

Kreiker, A., Die psychische Komponente in der Sehschärfe. v. Graefes Arch. f. Ophth. CXI. S. 128. 1923.

Löwenstein, A., Über den Einfluß einseitiger Beschränkung des Lichteinfalles auf die Sehschärfe. Ebenda. CV. S. 844. 1921.

Öhrwall, Hj., Über Zerstreuungsillusionen. Skand. Arch. f. Physiol. XLII. S. 104. 1922. Betonung der starken Lichtzerstreuung im Auge. Erklärt daraus die Exnersche Summation (siehe oben S. 100).

Reuß, A. v., Studien über das Sehen in Zerstreuungskreisen. v. Graefes Arch. f. Ophth. LXXXVII. S. 549. 1914.

Rice, Visual acuity with lights of different colors and intensities. Arch. of psychol. No. 20. S. 59. 1912. Zit. nach Nagels Jahresber. f. Ophth.

Roelofs, C. O., Le minimum separabile et la plus petite largeur de sensation. Arch. néerland. de physiol. de l'homme. II. p. 199. 1918.

Derselbe und Zeeman, Die Sehschärfe im Halbdunkel usw. v. Graefes Arch. f. Ophth. XCIX. S. 174. 1919.

Derselbe und Bierens de Haan, Über den Einfluß von Beleuchtung und Kontrast auf die Sehschärfe. Ebenda. CVII. S. 151. 1922.

Schulz, H., Über Meßfehler einstationärer Entfernungsmesser. Zeitschr. f. Instrumentenkunde. XXXIX. S. 91, 124, 242. 1919.

Derselbe, Physiologische Beobachtungen. Zentralzeitg. f. Optik u. Mech. 1919. Nr. 31.

Derselbe, Zur Physiologie des Messens. Zeitschr. f. techn. Physik I. S. 116. 1920.

Veress, E., Sur la nature de l'irradiation. Arch. internat. de physiol. I. p. 138. 1904.

Zu: Augenmaß, Formensehen und Metamorphopsien.

Bernstein, N., Zur Frage der Größenwahrnehmung. Zeitschr. f. Psychol., Neurol. u. Psychiatrie I. S. 21. 1923. (Russisch. Zitiert nach Zentralbl. f. Ophth. XI. S. 136.) Enthält Theorie des Weberschen Gesetzes.

Dwelshauvers, G., Recherches sur la mémoire des formes. Année psychol. XXIII. S. 125. 1923.

Erggelet, Zur Korrektion der einseitigen Aphakie. Zeitschr. f. ophth. Optik. 1913.

Hofmann, F. B., Zur Deutung des Weberschen Gesetzes beim Augenmaß. Zeitschrift f. Biol. LXXX. S. 73. 1924.

Labitzke, P., Untersuchungen über psychologisch-physiologische Bisektionsfehler. Zeitschr. f. Instrumentenkunde. XLIV. S. 61, 155. 1924.

Lentz, M., Untersuchungen über die Bedeutung von Augenbewegungsempfindungen für die Schätzung des räumlichen Charakters von Bewegungsgrößen. Arch. f. d. ges. Psychol. XLVIII. S. 423. 1924.

Leroy, C. J. A., De la perception monoculaire des grandeurs ou des formes apparentes. Arch. d'ophth. V. p. 216. 1885.

Rubin, E., Zur Psychophysik der Geradheit. Zeitschr. f. Psychol. XC. S. 67. 1922. Enthält Messungen der Krümmungsschwelle.

Weiß, E., Die prismatischen Fehler der Brillengläser. Ber. Dtsch. ophth. Gesellsch. 43. Vers. 1922. S. 101, 115.

Zu den geometrisch-optischen Täuschungen.

Bardorff, W., Untersuchungen über räumliche Angleichungserscheinungen. Zeitschr. f. Psychol. XCV. S. 181. 1924.

Darwin, H. und Rivers, W. H. R., A method of measuring a visual illusion. Journ. of physiol. XXVIII. p. XI. 1902.

Guye, A. A., L'illusion optique dans la figure de Zöllner. Rev. scient. LI. S. 593. 1893.

Hennig, R., Eine unerklärte optische Täuschung. Zeitschr. f. Psychol. LXXII. S. 383. 1915.

Katz, D., Über individuelle Verschiedenheiten bei der Auffassung von Figuren. Ebenda. LXV, S. 161. 1913.

Maxfield, An experiment in linear space perception. Psychol. Monogr. XV. No. 64. 1913.

Pintner, R. and Anserson, M. M., The Müller-Lyer illusion with children and adults. Journ. of exp. psychol. I. S. 200. 1916.

Smith, W. G., The prevalence of spatial contrast in visual perception. Brit. journ. of psych. VIII. S. 317. 1916,

Stöhr, Zur Erklärung der Zöllnerschen Pseudoskopie. Leipzig u. Wien. 1898.

Tichý, G., Über eine vermeintliche optische Täuschung. Zeitschr. f. Psychol. LX. S. 267. 1912.

Watanabe, R., On the quantitative determination of an optical illusion. Americ. journ. of psychol. VI. S. 509. 1893.

Werner, Heinz, Über Strukturgesetze und deren Auswirkung in den sogenannten geometrisch-optischen Täuschungen. Zeitschr. f. Psychol. XCIV. S. 248. 1924. Die Angleichung beruht auf einheitlicher, der Kontrast auf gegliederter Auffassung der Figur.

Zu: Verteilung der Raumwerte und Ausfüllung des blinden Flecks.

Cascio, G. Lo., Sulla forma e sulla curvatura della superficie retinica nell'occhio umano etc. Ann. di ottalm. L. S. 314. 1922.

Filehne, W., Der Größeneindruck an gleichen, aber verschieden gerichteten Strecken. Rubners Arch. f. Physiol. 1918. S. 242.

Gellhorn, E. und Wertheimer, E., Über den Parallelitätseindruck. Pflügers Arch. f. d. ges. Physiol. CXCIV. S. 535. 1922.

Derselbe, Dasselbe. 2. Mitt. Ebenda. CXCIX. S. 278. 1923.

Kühl, Physiologische Beobachtungen. Zentral-Zeitg. f. Opt. u. Mechan. XLI. S. 103, 119. 1920. Seine Messungen der Horizontal-Vertikaltäuschung bestätigen die Ficksche Folgerung aus ungleicher Krümmung der Netzhaut (oben S. 183).

Lobsien, M., Zeichnen und Sehen. Zeitschr. f. angew. Psychol. XX. S. 89. 1922. Ähnlich wie Winch (293 a).

Nußbaum, F., Über die Raumwerte in der Umgebung des blinden Flecks. Arch. f. Augenheilk. LXXXVII. S. 142. Widerlegung der Wittichschen Theorie und der Versuchsergebnisse von Ferree und Rand (296a). 1921.

Ovio, Der Mariottesche Fleck und die Irradiation. Klin. Monatsbl. f. Augenheilk. N. F. V. S. 192. 1908.

Pötzl, O., Bemerkungen über den Augenmaßfehler der Hemianopiker. Wiener klin. Wochenschr. 1918. S. 1149 u. 1183.

Polimanti, O., Contribution à la physiologie de la tache aveugle de Mariotte. Journ. d. psychol. normal. et pathol. V. p. 289. 1908.

Ritter, S. M., The vertical-horizontal illusion. Psychol. Monogr. Nr. 23, (der ganzen Reihe Nr. 101). 1917.

Wassenaar, Th., Une contribution à l'étude de la tache aveugle. Arch. néerland. de physiol. de l'homme. III. S. 267. 1918.

Berichtigungen.

S. 551, Zeile 20 von oben ist zu setzen: Die hellen Bänder sind schwach bläulich mit eingestreuten gelblichen Sprenkeln.

S. 660, nach Zeile 3 von unten ist einzuschalten: Gehlhoff, G., und Schering, H., Über die Abhängigkeit des Reizschwellenwertes des Auges vom Sehwinkel. Zeitschr. f. Beleuchtungswesen, XXV, S. 17. 1919.

Sachverzeichnis.